PALAEONTOLOGI
Catalogus bio-bibliographicus

This is a volume in the Arno Press collection

History of Geology

Advisory Editor
Claude C. Albritton, Jr.

Editorial Board
Peter W. Bretsky
Cecil Schneer
Hubert C. Skinner
George W. White

*See last pages of this volume
for a complete list of titles*

PALAEONTOLOGI

Catalogus bio-bibliographicus

K. Lambrecht
and
W. and A. Quenstedt

ARNO PRESS

A New York Times Company

New York / 1978

Editorial Supervision: ANDŘEA HICKS

———————•◦⦿◦•———————

Reprint Edition 1978 by Arno Press Inc.

Reprinted from a copy in
  The University of North Carolina Library

HISTORY OF GEOLOGY
ISBN for complete set: 0-405-10429-4
See last pages of this volume for titles.

Manufactured in the United States of America

———————•◦⦿◦•———————

Library of Congress Cataloging in Publication Data

Lambrecht, Kálmán, 1889-1936.
  Palaeontologi : catalogus bio-bibliographicus.

  (History of geology)
  Reprint of the 1938 ed. published by W. Junk, 's-Gravenhage, which was issued as pars 72 of Fossilium catalogus, 1: Animalia.
  1. Geology--Bio-bibliography. 2. Paleontology--Bio-
bibliography. I. Quenstedt, Werner, 1893-1960, joint
author. II. Quenstedt, A., joint author. III. Title.
IV. Series. V. Series: Fossilium catalogus : 1,
Animalia ; pars 72.
QE21.L35 1977   550'.92'2 [B]   77-6526
ISBN 0-405-10445-6

Fossilium Catalogus

I: Animalia.

Editus a

W. Quenstedt.

Pars 72:

K. Lambrecht†, W. et A. Quenstedt.

Palaeontologi.

Catalogus bio-bibliographicus.

Dr. W. Junk
Verlag für Naturwissenschaften
's-Gravenhage
1938.

INHALT:

	Seite
Vorrede des Herausgebers	III
Vorwort (K. Lambrecht)	X
Literatur über allgemeine Geschichte der Paläontologie (K. Lambrecht)	XIII
Von den Überarbeitern vielbenutzte Quellen	XVI
Abkürzungen (Quenstedt)	XVII
Anweisung für den Gebrauch der Bibliographie	XXII
Biographien u. Bibliographien der Palaeozoologen u. Phytopalaeontologen (K. Lambrecht, W. u. A. Quenstedt)	1
Supplementum I (W. u. A. Quenstedt)	477
Corrigenda	492

Vorrede des Herausgebers.

Der vorliegende bio-bibliographische Katalog ist ein Versuch. Aber trotz seiner Unvollständigkeit und anderer Mängel füllt er eine fühlbare Lücke im paläontologischen Schrifttum aus: Wie oft vermißt man doch bisher bei der Suche nach Literatur eine Quelle, die rasch die Auffindung der sämtlichen wissenschaftlichen Arbeiten eines Paläontologen vermittelt! Wie oft ist ein Autorname, der hinter der Speziesbestimmung folgt, nicht ohne weiteres, auch nicht aus den referierenden Zeitschriften, ausfindig zu machen! Recht schwierig kann ferner manchmal das Auseinanderhalten verschiedener Forscher gleichen Familiennamens sein. Biographische Angaben vermögen bei der Identifizierung von Sammlungsmaterial, bei der Entscheidung von Prioritätsfragen unter Umständen wichtige Dienste zu leisten. Ja, öfter als man zunächst annimmt, steht die Schreibweise eines Autornamens nicht fest oder der Vorname ist ganz oder teilweise unbekannt und kann dadurch Verwirrung in der Literatur stiften.

Wir entschlossen uns aus diesen Gründen im Sommer 1934 trotz mancher Bedenken zur Veröffentlichung eines verdienstlichen Manuskripts im Fossilium Catalogus, das der ungarische Palaeoornithologe und Ornithologe, Prof. K. Lambrecht, bereits vom Tode gezeichnet, zum Abschluß gebracht hatte. Wir glaubten, auch nach Einholung des Rates erfahrener Fachgenossen, dieses Novum um so eher wagen zu dürfen, als es der Sammel- und Sichtungstätigkeit vieler Jahre, ja einer Lebensarbeit bedürfte, um Vollständigkeit auf diesem Gebiet zu erreichen.

Noch während der Korrektur des Katalogs verstarb der Autor im Winter 1935/36. Nach seinem Tod bestand nun unsere Aufgabe darin, in verhältnismäßig kurzer Zeit nach Möglichkeit die Lücken zu schließen und Fehler auszumerzen. Vor allem trachteten wir darnach, unvollständige Angaben zu ergänzen, besonders die zahlreichen Autorennamen, die nur gewissermaßen als „nomina nuda", d. h. ohne Vornamen, biographische Daten und bio- oder bibliographische Hinweise aufgenommen waren. (Bei vielen, auch jetzt noch in diesem unvollständigen Zustand verbliebenen Sammlern ist diese Ergänzung meist noch schwieriger, auch eher zu entbehren). Bei dieser Tätigkeit ergab sich die Notwendigkeit einer vollständigen Überarbeitung des Katalogs. Dieser Aufgabe hat sich A. Quenstedt in angestrengter zweijähriger Arbeit unterzogen.

Wie bei allen Überarbeitungen posthumer Werke waren auch hier Unschönheiten und Ungleichmäßigkeiten nicht zu vermeiden. Die Formulierungen des Textes wurden nur in Fällen, in denen sie sachlich und sprachlich unannehmbar waren, abgeändert. Um die Korrekturkosten, die bereits ganz erheblich das zulässige Maß überschritten, nicht noch weiter zu erhöhen, sind auch oftmals die biographischen Daten nicht in allen Einzelheiten nachgetragen, wenn sie uns auch vielfach vorlagen. Dann aber sind diese Angaben, falls bekannt, in den biographischen Quellen zu finden, die bei dem be-

treffenden Namen angeführt werden, besonders wenn es sich um
so leicht zugängliche Werke wie den „Poggendorff" handelt. Dies
gilt namentlich auch für Autoren, die für die Paläontologie nur höchst
nebensächliche Bedeutung haben. Korrektur-Einsparungen bewogen uns
auch, von einer Änderung der alphabetischen Reihenfolge (vgl.
Anweisung für den Gebrauch des Kataloges) abzusehen.

Die Angaben Lambrechts wurden zum größten Teil einzeln nach-
geprüft; leider nicht alle, da für die Überprüfung nicht unbegrenzt
Zeit zur Verfügung stand und da auch, selbst in Berlin, nicht
sämtliche von Lambrecht angeführten Quellen einzusehen waren.

Wie weit die ursprünglichen Angaben Lambrechts ergänzt wurden, ergibt sich daraus, daß sämtliche Zitate aus den „Scient. Papers"
(vgl. Abkürzungen), aus „Poggendorff" und aus allen nationalen
und regionalen Biographien, namentlich aus der Allgem. Deutschen
Biogr., aus „Wurzbach" usw., neben vielen anderen Quellenangaben
erst von der Überarbeiterin eingefügt und ausgewertet wurden. Dem-
zufolge hat sich auch die ursprüngliche Zahl der im Kapitel „Abkürzungen" aufgenommenen Quellen verdoppelt.

Alle Paläontologen, die von den Überarbeitern dem Katalog
nachträglich hinzugefügt wurden und viele von denen, die bei
Lambrecht nur als „nomina nuda" verzeichnet standen und mit
sämtlichen oder fast allen ihren bio-bibliographischen Angaben ver-
sehen werden mußten, sind am Schluß mit (Qu.) gekennzeichnet.

Paläontologen, die noch während und nach der Umbruchs-
korrektur neu dazu kamen, und Ergänzungen zu solchen, die bereits
im Katalog Aufnahme gefunden hatten, dort aber nicht mehr aufgenommen werden konnten, sind von den Überarbeitern zum
Supplementum I vereinigt.

Die Umgrenzung und Behandlung des hier zu verarbeitenden biographischen Stoffes erfordert Klarheit der Zielsetzung. Zunächst hatte
Lambrecht mit Recht fast nur Paläontologen aufgeführt, die bereits
verstorben sind, oder von Lebenden (mit Ausnahme weniger lebender Historiker der Naturwissenschaft) doch bloß Männer, über die
umfassende bio- und bibliographische Angaben vorliegen, die also ihr
Lebenswerk ganz oder großenteils abgeschlossen haben. Die lebenden
Paläontologen sind dagegen in Geologen-, Biologen-Kalendern und in
ähnlichen Nachschlagewerken aufzusuchen.

Weiterhin erheischt ein Katalog wie der vorliegende die Lö-
sung dreier verschiedener Aufgaben: Zunächst muß man sich klar
darüber werden, was man unter einem Paläontologen für den vorliegenden Fall zu verstehen hat. Dann ist der Weg zu suchen, der
die aufzunehmenden Persönlichkeiten möglichst vollzählig auffinden
läßt, und drittens müssen über die ermittelten Namen die erforder-
lichen bio- und bibliographischen Angaben gesammelt werden.

Der praktisch verwendbare Begriff des Paläontologen kann hier
kaum weit genug gezogen werden. Mit Recht hat Lambrecht nicht
nur alle Autoren aufgenommen, die sich irgendwie, vielleicht nur ein
einziges Mal in selbstständiger wissenschaftlicher Arbeit mit fossilen Tieren und Pflanzen und mit daran zu knüpfenden systematischen, morphologischen, stratigraphischen, deszendenztheoretischen und
anderen allgemeinen Fragen befaßt haben, sondern auch die um die
Wissenschaft verdienten Sammler und Zeichner. Hat doch mancher
gewissenhafte Sammler, der sehr wohl das Zeug zur wissenschaftlichen
Bearbeitung seines Materials besaß, nur aus Hochachtung vor der Forschung nicht oder kaum zur Feder gegriffen, während Vielschreiber,
die ihre Verantwortung der Wissenschaft gegenüber vielleicht wenig
ernst genommen haben, als Autoren ihren selbstverständlichen Platz
im Katalog beanspruchen dürfen!

Lambrecht war aber mit der Aufnahme von Namen entschieden
zu weitherzig. Immerhin glaubten wir im Zweifelsfall lieber einen

Forscher zu viel als einen zu wenig in einer bereits vorliegenden biographischen Sammlung beibehalten zu müssen. So finden sich auch jetzt noch Persönlichkeiten im Katalog, die kaum je etwas mit Paläontologie zu tun hatten. Zu diesen gehört z. B. Abraham Gottlob Werner. Vom Standpunkt der Geschichte der Paläontologie läßt sich seine Aufzählung im vorliegenden Zusammenhang aber doch rechtfertigen; denn seine unbiologische Stratigraphie hat zweifellos den Gang der paläontologischen Forschung nachhaltig beeinflußt. In anderen Fällen ist es oft sehr schwierig oder praktisch fast unmöglich, rasch zu entscheiden, ob ein Forscher, der auf ganz anderen Gebieten wissenschaftlich gearbeitet hat, nicht etwa auf seinen Reisen eine wertvolle Versteinerungs-Sammlung zusammengebracht hat. Da ferner auch für diesen ' Gesichtspunkt die Korrekturkosten eine Rolle spielten, andererseits aber mancher streng genommen nicht hierher Gehörige bio-bibliographisch manchmal schwer zu erfassen ist und in seiner Eigenschaft als Geologe oder Biologe mit seinen biographischen Daten in Ermangelung entsprechender Nachschlage-Möglichkeit auf dem Gebiet der Nachbarwissenschaften willkommen sein dürfte, haben wir einen Ausweg gewählt: Alle Persönlichkeiten des Lambrechtschen Katalogs, deren Beziehung zur Paläontologie den Überarbeitern des Katalogs zweifelhaft erscheint oder noch zu klären wäre, wurden mit * bezeichnet. — Die eigentliche Bedeutung von Männern, deren Gewicht auf ganz anderen Gebieten liegt, geht aus Lambrechts Angaben über ihre oft recht nebensächliche paläontologische Betätigung manchmal nicht oder nicht genügend hervor (z. B. Fürst Metternich).

Die zweite Aufgabe, das systematische Aufsuchen der Paläontologen, war von Lambrecht besonders an Hand von Zittels Geschichte der Geologie und Paläontologie vorgenommen worden, ein Verfahren, das für sich allein noch zu große Lücken zeitigt. Man kann dabei vielleicht besser von dem Katalog einer großen paläontologischen Bibliothek ausgehen oder von den Repertorien des Neuen Jahrbuchs f. Min., Geol. u. Paläontologie. Die Scheidung von Paläontologen und Geologen wird dann aber oft nicht leicht fallen und vor allem wird man bei vielen Namen von etwa 1880 an im Zweifel sein, ob ihre Träger nicht heute noch leben. Wir wählten daher als Ausgangspunkt die Literaturangaben in den fünf Bänden des Zittelschen Handbuches der Paläontologie, das auf einzelne Exzerpt-Zettel ganz ausgezogen wurde. Daran reihte sich eine entsprechende Durchsicht von zoologischen Katalogen auf ihren Gehalt an Arbeiten über fossile Tiere, wie der Foraminiferenkataloge von Sherborn und Beutler, des Spongienkatalogs von Vosmaer, des Fischkatalogs von Dean. Auch die Autoren der Palaeontographica und vieler anderer Periodica, Kataloge und sonstiger Veröffentlichungen wurden verarbeitet. Ein anderer, viel benutzter Weg führte uns von den Nekrolog-Listen und Toten-Verzeichnissen der referierenden Zeitschriften, der Leopoldina, der Jahressitzungen der Geolog. Reichsanstalt in Wien, der Geologenkalender usw. zu verstorbenen Paläontologen und gleichzeitig zu ihren bio-bibliographischen Quellen. Endlich verdanken wir einer ganzen Reihe von Fachgenossen mündliche Hinweise auf aufzunehmende Autoren und Sammler.

Die dritte und schwierigste Aufgabe bestand in der möglichst systematischen Erfassung der biographischen und bibliographischen Quellen. Da es sich dabei um eine Arbeit handelt, die dem Naturwissenschaftler von Haus aus recht fern liegt, ließ sich der Herausgeber von Fachmännern, insbesondere von Herrn Dr. Max Arnim an der Preußischen Staatsbibliothek zu Berlin über den besten und kürzesten Weg beraten, der dabei einzuschlagen war. Herr Dr. Arnim vermittelte uns die

Benutzung seiner zunächst noch nicht erschienenen Personalbibliographie und verwies uns besonders auf die „Scient. Papers". Wenn irgendwo, so mußte hier in Berlin mit seinen glänzenden Bibliotheken eine methodische bibliographische Arbeit wenigstens angestrebt werden. Im Lauf der Überarbeitung hat sich der Kreis der erschlossenen, auch auf diesem Gebiet oft recht versteckten Quellen bedeutend erweitert. Vor allem. erwies sich die Benutzung der dem Herausgeber zugänglichen Magazine verschiedener großer Berliner Bibliotheken, besonders der Universitätsbibliothek mit ihrer reichen Dissertations- und Schulschriften-Sammlung, als eine unentbehrliche Voraussetzung für unsere abschließende Ergänzungsarbeit.

Besonderen Wert legten wir auch auf die Ermittlung von noch nicht veröffentlichten, biographischen Original-Angaben, die uns von den verschiedensten Seiten, insbesondere von Angehörigen oder Nachkommen oder von Fachgenossen der betreffenden Paläontologen auf unsere Bitte in der freundlichsten Weise manchmal mit Mühe verschafft und zur Verfügung gestellt wurden. Dadurch erhält der Katalog den Wert einer biographischen Original-Quelle, nicht nur den eines Kompilates. Doch ist die Zeit und Mühe, die auf solche Erkundungen anzuwenden ist, so groß, daß sie nur in verhältnismäßig beschränktem Maß, immerhin im Ganzen in über 40 Fällen, aufgewendet werden konnte.

Wir hatten ursprünglich beabsichtigt, alle verstorbenen erfaßbaren Paläontologen, besonders die Autoren, aufzuführen, ohne Rücksicht darauf, ob biographische Angaben über sie vorliegen oder nicht. Aber abgesehen von der Schwierigkeit, auch hier einigermaßen Vollständigkeit zu erreichen, hätte eine solche Zusammenstellung nur dann Zweck, wenn sie gleichzeitig eine vollständige paläontologische Bibliographie böte. Eine solche Aufgabe würde jedoch ein vielbändiges Werk füllen, wie der Umfang schon des vorliegenden Katalogs zeigt. Nomina nuda haben aber keinen Zweck: Wer genaueres über einen biographisch unbekannten Autor sucht, geht ja gewöhnlich von dessen Veröffentlichung aus, von der hier nicht einmal das bibliographisch genaue Zitat gebracht werden könnte. Nur in wenigen Fällen haben wir — im Gegensatz zu Lambrecht — eine Ausnahme gemacht und selbst nomina nuda aufgenommen, von denen weitere Dutzende und Hunderte mit Leichtigkeit aufzutreiben gewesen wären, und zwar dann, wenn wir bereits einiges über die Lebensverhältnisse des Betreffenden oder seine wissenschaftliche Bedeutung (etwa als Sammler) zu ermitteln vermochten, weitere biographische Ergebnisse aber mindestens zunächst nicht erzielbar erscheinen (vgl. z. B. Milaschewitsch).

Das Ziel eines Gesamtkataloges der paläontologischen Autoren und Sammler der Erde zu allen Zeiten, in denen eine Naturwissenschaft bestand, ist auch deshalb so schwer zu erreichen, weil die Unterlagen dafür oft weitgehend fehlen. Für einzelne Gebiete wie für Nordamerika bestehen bereits glänzende biographische und bibliographische Vorarbeiten für unsere Disziplin. Für andere Länder, wie für das deutsche Sprachgebiet, ist hier dagegen noch so viel bisher unterblieben, daß über manche namhaften deutschen Paläontologen in der Literatur keine biographischen Angaben zu finden waren. Besonders die Museal-Geschichte liegt noch vielfach so im Argen, daß an eine auch nur einigermaßen vollständige Erfassung der wissenschaftlichen Sammler heute noch nicht im Entferntesten gedacht werden kann. Das glänzende Beispiel, das F. A. Quenstedt mit der Geschichte seiner Tübinger Sammlung gegeben hat, hat leider bisher recht wenig Nachahmung gefunden. Biographische Unterlassungs-Sünden von Jahrzehnten sind noch nachzuholen und konnten von uns in der kurzen zur Verfügung stehenden Zeit nicht wettgemacht werden. — Unvollständigkeit können wir für den vorliegenden

Katalog vielleicht auch um so eher in Kauf nehmen, als wohl alle größeren biographischen Sammlungen auf irgend welchem Gebiet — auch z. B. der „Poggendorff" — Lücken aufweisen und als im Lauf der Jahre ohnehin Ergänzungen notwendig werden, die das früher noch nicht Erfaßte nachtragen können.

Trotz der Unvollständigkeit des Ergebnisses wurde die Ueberarbeitung aber nicht etwa innerhalb einer uferlos erscheinenden Aufgabe zu einem beliebigen Zeitpunkt abgebrochen, sondern sie wurde zu einem gewissen Abschluß gebracht: Von den vielen Hunderten von Exzerpt-Zetteln blieben schließlich nur etwa 200 als nomina nuda (die freilich leicht zu vermehren wären) übrig, welche mit unseren bisher zur Anwendung gebrachten bio-bibliographischen Hilfsmitteln wohl ausnahmslos nicht weiter ergänzt werden könnten. Von der Veröffentlichung dieser bloßen Namen wurde aus dem oben auseinandergesetzten Grund abgesehen. — Eine Weiterarbeit müßte nunmehr auf einer neuen Sammlung von Paläontologen-Namen aufbauen, die zweckmäßig vor allem aus den Literaturlisten des Fossilium Catalogus zu gewinnen wäre.

Um mit ein paar Zahlen das bisher Erreichte zu kennzeichnen: Von den über 3000 Paläontologen, die nach Lambrechts Angabe in seinem Manuskript enthalten waren, schied aus verschiedenen Gründen bei der Ueberarbeitung eine ganze Anzahl aus: Vor allem erscheinen uns 500 Autoren und Sammler in ihrer Eigenschaft als Paläontologen zweifelhaft und wurden daher mit dem * bezeichnet. Die Zahl der von Lambrecht aufgenommenen eigentlichen Paläontologen (im engern und weitern Sinn) verringert sich insgesamt auf gegen 2300. Dafür wurden von uns im Ganzen (Hauptkatalog und Supplement) etwas über 700 Paläontologen, d. h. fast ein Viertel aller eigentlichen Paläontologen, neu hinzugefügt (oder bei Lambrecht als nomina nuda vertretene ergänzt). Damit erhöht sich die Gesamtzahl der in den vorliegenden Katalog aufgenommenen Paläontologen auf rund 3000 und die aller angeführten Namen auf rund 3500.

Erst mit Abschluß der Ueberarbeitung und Ergänzung wurde im Einvernehmen mit dem Verlag Junk der ursprünglich von Lambrecht vorgesehene Titel des Katalogs „Biographiae et Bibliographiae Palaeontologorum" aus verschiedenen Gründen in „Palaeontologi" abgeändert, mit dem Untertitel „Catalogus bio-bibliographicus".

Die Bedeutung des vorliegenden Katalogs ergibt sich nach verschiedenen Richtungen. Als b i b l i o g r a p h i s c h e s H i l f s m i t t e l wurde er eingangs schon gewürdigt. Als solches fällt er um so mehr ins Gewicht, als alle referierenden Zeitschriften oder sonstigen bibliographischen Hilfsmittel der Paläontologie an nicht mehr zu schließenden oder noch nicht geschlossenen Lücken kranken.

Andererseits bietet der vorliegende Katalog, wie auch Lambrecht in seinem Vorwort betont, eine Stoff-Sammlung für die G e s c h i c h t e der P a l ä o n t o l o g i e. Zwar sind auch heute seine Lücken noch zu groß, um an seiner Hand die Geschichte der Erforschung einer systematischen oder stratigraphischen Gruppe oder um die regionale Paläontologie eines bestimmten Gebietes historisch darzustellen. Auch eine Geschichte der Anhäufung des gesamten bis jetzt bekannten paläontologischen Materials, nach dem Vorbild des Zittel'schen Werkes, würde durch das noch Fehlende behindert werden. Aber für eine Problemgeschichte der Paläontologie würde hier zweifellos der allermeiste Stoff in gedrängtester Form zur Verfügung stehen.

Ferner ist der Katalog in seiner jetzigen Gestalt als m e t h o d i s c h e Q u e l l e nicht zu unterschätzen. Die benutzten bibliographischen Quellen und Hilfsmittel, die in Berlin so reichlich zur Verfügung stehen und die von uns zwar nicht ausgeschöpft, wohl aber zu einem sicher recht erheblichen Teil ausgewertet wurden, weisen den Weg, der weiterführt. Dies gilt nicht nur für die bio-bibliographische Erfassung der Paläontologen, sondern auch für die Vertreter anderer Naturwissenschaften, insbesondere für die Geologen. Ein wichtiger Zweck der vorliegenden Arbeit wäre erreicht, wenn sie befruchtend auf ähnliche Bestrebungen auf dem Gebiet der Nachbarwissenschaften wirken sollte.

Schließlich streben wir nicht nur darnach, den biographischen Stoff der paläontologischen Wissenschaft dienstbar und ihrer Geschichte möglichst zugänglich zu machen. Sondern es ist selbstverständliche Dankespflicht den Männern gegenüber, auf deren Verdiensten die heutige Forschung ruht und aufbaut, ihrer nicht zu vergessen!

Der heutigen Unvollkommenheit unserer gemeinsamen Arbeit ist sich niemand eindringlicher bewußt als der Herausgeber. Mögen auch in Zukunft besonders die Fachgenossen biographische Lücken schließen helfen, wie dies für den vorliegenden Katalog von den verschiedensten Seiten geschehen ist. Allen denen, die mich als Autor und Herausgeber bei dieser Arbeit unterstützt haben, spreche ich hiermit meinen verbindlichsten D a n k aus. Leider ist es nicht möglich alle Helfer hier namentlich aufzuführen. Vor allem sind folgende Herren zu nennen, die sich auf unsere Bitte selbst mit biographischen Nachforschungen befaßten, uns Biographien und Angaben aus der Literatur verschafften, Büchereien zugänglich machten, auf Paläontologen hinwiesen, auf oft schwierige biographische und bibliographische Anfragen schriftliche und mündliche Auskunft erteilten, uns durch Uebersetzung russischer Texte, durch die Erlaubnis der Durchsicht von Nekrolog-Sammlungen und durch Beratung der verschiedensten Art zu Dank verpflichteten: In Berlin: Dr. H. Ahlenstiel, Prof. Dr. C. Apstein, Prof. Dr. W. Arndt, Dr. M. Arnim, Dr. W. Bauhuis, Prof. Dr. M. Belowsky, Prof. Dr. H. Bischoff, Dr. H.-W. Denzer, Prof. Dr. P. Dienst, Prof. Dr. W. O. Dietrich, Dr. F. Franke, Prof. Dr. W. Gothan, Dr. W. Groth, Dr. K. Gundlach, Prof. Dr. E. Haarmann, Dr. E. Haberfelner, Prof. Dr. M. Hering, Dr. H. Hedicke, Prof. Dr. W. Janensch, Prof. Dr. P. G. Krause, G. Krollpfeiffer, F. K. Mixius, Prof. Dr. L. v. zur Mühlen, R. Mührer, W. Neben, Dr. N. Polutoff, O. Schliephack, Prof. Dr. Th. Schmierer, Dr. J. Schuster, Prof. Dr. E. Stresemann, Prof. Dr. E. Weissermel, Geh. Bergr. Prof. Dr. E. Zimmermann; in München: Prof. Dr. E. Dacqué, mein Vater Dr. E. Quenstedt, Dr. J. Schröder, Prof. Dr. E. Stromer; an verschiedenen Orten: H. Andert (Bankdirektor, Ebersbach Sa.), A. Bogen (Museumsdirektor, Magdeburg), M. Dürnhofer (Archivrat, Tegernsee), Prof. Dr. B. v. Freyberg (Erlangen), Herr E. Griep und Frau (Potsdam), Dr. S. Jaskó (Budapest), Dr. W. Junk, Dr. F. Kirchheimer, Prof. Dr. R. Kräusel (Frankfurt a. M.), Prof. Dr. O. Krimmel † (Studienrat, Stuttgart), E. Kummerow (Brandenburg (Havel)), Prof. Dr. R. Lauterborn (Freiburg i. Br.), Prof. Dr. F. Mayr (Eichstätt), J. Hefter (Koblenz), Prof. Dr. B. Müller (Direktor der Deutschen Handelsakademie, Reichenberg), Prof. Dr. R. Richter (Frankfurt a. M.), Dr. R. Rutsch (Basel), P. Hugo Sauter (Fiecht bei Schwaz), Dr. Th. Schneid (Hauptkonservator, Bamberg), Dr. M. Silber (Direktor des Städtisch. Museums Carolino Augusteum, Salzburg), Prof. Dr. J. Stigler (Eichstätt), P. Camillus Thäle (Bamberg), Dr. H. Vincent (Direktor d. Oberschule, Meseritz), Prof. Dr. W. Vortisch (Prag), Dr. W. Wolterstorff (Magdeburg), Prof. Dr. R. Zaunick

(Dresden). — Die Angehörigen und Verwandten folgender Paläontologen haben uns, meist mit sehr wertvollen Originalangaben unterstützt: G. Borchert (Witwe, Berlin), A. Born (Witwe, Berlin), M. Fiebelkorn (Witwe, Berlin; Nichte (Witwe von Dr. F. Tornau), Berlin), O. Follmann (Witwe), J. Haberfelner (Enkel Dr. E. H., Berlin), E. und F. Haeberlein (Schwiegersohn von E. H., Robert Pfeiffer, München), A. H. Hauff (Sohn Prof. Dr. W. v. H.,, Berlin), C. L. Haushalter (Neffe Carl H., München), H. Imkeller (Witwe, München), A. Krause (Tochter Else K., Brandenburg u. Havel), O. Krimmel (Tochter Ottilie K., Stuttgart), K. Lambrecht (Witwe, Fünfkirchen (Pécs)), H. Monke (Witwe, Berlin), F. Oswald (Prof. Dr. E. Stechow, München), A. v. der Pahlen (Sohn Dipl. Ing. Arend v. d. P., Berlin), E. und K. Picard (Sohn von K. P., Prof. Dr. E. P., Berlin), G. Schacko (Tochter Helene Sch., Frauendorf-Stettin, Neffe Richard Sch., Berlin-Lichtenrade), R. Schröder (Sohn Dr. Joachim Sch., München), Th. Schrüfer (P. Camillus Thäle, Bamberg), F. E. Schwerd (Sohn Prof. Dr. Friedrich Sch., Hannover), S. v. Wöhrmann (Camillo v. W., Wendischbora bei Nossen). — Originalangaben verdanken wir ferner der biographischen Entomologenkartei des Deutschen Entomologischen Instituts der Kaiser-Wilhelm-Gesellschaft in Berlin-Dahlem. — Bereitwilligste Unterstützung mit oft wichtigen Auskünften fanden die Ueberarbeiter des Katalogs bei den Beamten und Beamtinnen bezw. den Verwaltern folgender benutzter Büchereien: Universität Berlin: Universitätsbibliothek, Geologisch-Paläontologisches Institut, Mineralogisches Institut, Zoologisches Institut, Geographisches Institut, Historisches Seminar, Zoologisches Museum (Haupt- und Abteilungsbibliotheken), Landwirtschaftliche Abteilung (Hauptbibliothek), Botanisches Institut der Landwirtschaftlichen Abteilung; Preußische Akademie der Wissenschaften Berlin: Bibliothek, „Tierreich" und „Nomenclator animalium generum"; Institut für Geschichte der Medizin und Naturwissenschaften Berlin; Preußische Geologische Landesanstalt; Preußische Staatsbibliothek; Bibliotheken wissenschaftlicher Gesellschaften in Berlin: Deutsche Geologische Gesellschaft, Deutsche Entomologische Gesellschaft, Deutsche Ornithologische Gesellschaft, Gesellschaft Naturforschender Freunde, Gesellschaft für Höhlen- und Karstforschung, Verein für Märkische Geschichte; Bibliothek des Stiftes Fiecht bei Schwaz. — Unser Dank gebührt schließlich den großen Bemühungen des Verlags W. Junk im Haag und der Druckerei G. Feller in Neubrandenburg (Mecklenburg).

Katalog abgeschlossen im April 1938.

Die Überarbeiter:
Werner und Annemarie Quenstedt.

Vorwort

K. Lambrecht.

An einer Geschichte der Paläontologie arbeitend, mußte ich die Biographien, Nachrufe, Autobiographien, Gedächtnisreden und zugleich die Bibliographien der Paläontologen aller Zeiten und Nationen sammeln, exzerpieren und verarbeiten. Natürlich kamen da neben ex asse Paläontologen — einem L. Agassiz, Cuvier, Al. u. Ad. u. Ch. Brongniart, O. Heer, Saporta, Leidy, Cope u. Marsh, d'Orbigny, Davidson, O. u. E. Fraas, Jaekel, Nopcsa, Osborn, Pompeckj, Zigno — die Pionierwerk leisteten, auch Anatomen, Zoologen und Botaniker, Geologen und Mineralogen — wie R. Owen, K. Keller, E. Haeckel — Schulmänner — wie Emmrich — und vielfach einfache und eifrige Sammler — wie Robert Dick, der Bäcker von Thurso, Hugh Miller, der Maurer von Cromarty, Marie Rouault, der Schäfer und Barbier zu Rennes, ja sogar Diplomaten und Träger hoher militärischer und Zivil-Würden — Admiral Sir E. Belcher, Erzherzog Johann, Fürst Metternich usw. — an die Reihe, die in ihrem Nebenberufe oder in ihren Mußestunden gar manches Scherflein zu unserer Wissenschaft beigetragen haben.

Es versteht sich von selbst, daß bei der Schilderung der Geschichte einer Wissenschaft eigentlich nur diejenigen Gelehrten erwähnt und gewürdigt werden können, die Wesentliches auf dem Gebiete der betreffenden Wissenschaft geleistet haben. Es handelt sich bei der geschichtlichen Darstellung eines Wissenszweiges in erster Reihe um jene Pioniere und Schulen, die das Leitmotiv der in Frage stehenden Wissenschaft: Probleme, Methoden aufgestellt und erarbeitet haben. Groß ist aber auch die Zahl derjenigen Forscher, die zum Hauptgebäude der betreffenden Wissenschaft wenig Wesentliches beigetragen haben, in einzelnen Detailfragen aber grundlegende Arbeit leisteten und dadurch neue Wege erschlossen haben.

Eben deshalb habe ich beschlossen, vor der Schilderung der Geschichte der Paläontologie alle von mir gesammelten Angaben, biographische Daten, mit Angabe der biographischen Quellen und der Bibliographien in alphabetischer Reihenfolge zu veröffentlichen.

Im Folgenden gebe ich nach Vor- und Zunamen des betreffenden Gelehrten Data seiner Geburt und seines Ablebens an, ferner Profession, die wichtigsten Ereignisse seines Lebens — Professur, Amt u. dgl. — das Hauptfach — Tier- oder Pflanzengruppe, Stratigraphie, historisches Schrifttum — endlich die über den betreffenden Gelehrten erschienenen Biographien, Nachrufe, Notizen, Bibliographien.

Zu diesem Zweck habe ich die bedeutendsten Zeitschriften der geologisch-paläontologischen Literatur, sowie die Veröffentlichungen der verschiedenen geologischen Landesanstalten, Museen exzerpiert. Um nur die wichtigsten zu nennen, wurden folgende Z e i t s c h r i f t e n durchgearbeitet: Neues Jahrbuch für Mineralogie, Geologie und Paläontologie — seit 1807, bis zu den neuesten Heften —, Central-

blatt für Mineralogie, Geologie und Paläontologie; Geologisches und
Palaeontologisches Zentralblatt; Revue de géologie; Revue cri-
tique de paléozoologie; Paläontologische Zeitschrift; Beiträge zur
Geol. Pal. Österreich-Ungarns und des Orients; Geological Magazine; Palaeontographica; Geol.-pal. Abhandlungen; Palaeontogr.
Italica; Palaeobiologica; American Journal of Science; dann
Publikationen der einzelnen geologischen Lan-
desanstalten — Jahrbuch und Verhandlungen der K. K.
Geologischen Reichs-, später einfach Bundesanstalt Wien; Jahr-
buch der Preußischen Geologischen Landesanstalt; Notizblatt des
Vereins für Erdkunde und der Hessischen Geol. Landes-in-
stalt, Darmstadt; Beiträge zur geologischen Karte der Schweiz; Memoria der Commission das investigaciones paleont. y geol.; Record
Geological Survey of India; Bolletino Comitato Reale di Geologia
Italiana; Abhandlungen zur geol. Spezialkarte Preußens, Elsaß-Loth-
ringens; Bulletin Comité géologique Russie; Annual Report U. S.
Geological Survey; Norges geol. undersökelse, Danmarks geol. undersökelse; Geognostische Jahreshefte; usw. — ferner die Zeitschriften verschiedener naturforschender Gesellschaf-
ten — Verhandlungen der naturforschenden Ges. Basel; dasselbe
Brünn; Vierteljahresschrift naturf. Ges. Zürich; Actes soc. Helv.-
Verhandlungen schweizerischen naturf. Ges.; Leopoldina; Sitzungsberichte des naturhistorischen Vereins der preußischen Rheinlande
und Westfalens; Schriften der physikalisch-ökonomischen Gesellschaft
Königsberg i. Pr.; Mitteilungen des naturwissenschaftlichen Vereins
für Steiermark; Jahresberichte und Abhandlungen des naturwissenschaftlichen Vereins Magdeburg — ferner naturwissenschaftliche Zeitschriften allgemeinen Inhalts — Nature,
London; Revue des questions scientifiques —, endlich natürlich die
akademischen Nachrufe — Annuaire Acad. roy. Belgique;
Sitzungsberichte preuß. Akademie der Wissenschaften; Magyar Tudományos Akadémia emlékbeszédek; Biographical memoirs of the National Academy of science.

Große Dienste leisteten mir die verschiedenen Bibliographien,
vor allem Rollier's Geologische Bibliographie der Schweiz 1770—
1900, 1900—1910 (Matér. carte géol. Suisse), Dewalque's Catalogue des ouvrages de géologie, de minéralogie et de paléontologie
ainsi que des cartes géologiques qui se trouvent dans les principales
bibliothèques de Belgique (1884), und ganz besonders die sehr wertvollen Bibliographien Margerie's und Mathews'. Emmanuel
de Margerie stellte im Auftrage des 5.—6. internationalen geologischen Kongresses im Jahre 1896 seine voluminöse, rund 3386
Titel anführende Bibliographie der geologischen Literatur zusammen (Catalogue des bibliographies géologiques, pp. 733), in der
nach Ländern geordnet auch die Biographien der Geologen, Paläontologen und Mineralogen zusammengestellt sind. Diese grundlegende Arbeit wurde im Jahre 1923 von Edward B. Mathews
fortgesetzt, der im Auftrage der Division of Geology and Geography,
National Research Council der National Academy of Science in Washington die Bibliographien der geologischen Literatur 1896—1920
zusammenstellte (Catalogue of published bibliographies in geology
1896—1920; Bull. National Research Council, vol. 6, Part 5, No. 36,
Washington, pp. 228 mit 3312 Titeln).

Beide genannten Bibliographien haben besonders bezüglich der
älteren bibliographischen Literatur wertvolles Material enthalten.
Während Margerie's Bibliographie die Biographien von 720 Paläontologen, Mathews' Bibliographie diese von rund 400 Paläontologen enthält, umfaßt mein vorliegendes Verzeichnis die
Biographien von über 3000 Paläontologen aller Zeiten
und aller Nationen.

Natürlich habe ich die in Buchform erschienenen Biographien mit besonderer Sorgfalt durchgearbeitet, zumal in diesen sehr wichtige Angaben über Gelehrte sich fanden, die mit den Helden 'der betreffenden Biographie in Berührung standen. Aus der langen Reihe der verarbeiteten Paläontologen-Biographien erwähne ich an dieser Stelle nur die klassischen Biographien Sir Archibald G e i - k i e's über M u r c h i s o n, E d w a r d F o r b e s, dann die Biographien von L y e l l, P r e s t w i c h, S e d g w i c k, J a m e s H a l l of A l b a n y, O s w a l d H e e r, Ch. G. E h r e n b e r g, K o w a l e w s - k y, B u c k l a n d, C r o l l, J. D. F o r b e s, R i c h a r d O w e n, T h. H u x l e y, A l e x a n d e r v. H u m b o l d t, ferner die Autobiographien von Archibald G e i k i e, Eduard S u e s s, Grafen Kaspar S t e r n b e r g, die Autobiographie des verdienten amerikanischen „Fossil-Hunter" S t e r n b e r g, endlich O s b o r n's klassische C o p e - B i o g r a p h i e und die von R o l l i e r herausgegebenen Briefe Amanz G r e s s l y's.

Sehr wertvolle Einzelheiten fanden sich in den Geschichten der vier größten geologischen Gesellschaften, nämlich H. B. W o o d w a r d's History of the Geological Society of London, F a i r c h i l d's History of the Geological Society of America, K o k e n's Geschichte der Deutschen Geologischen Gesellschaft und im Livre jubilaire des Centenaire der Societé géologique de la France, endlich in verschiedenen Presidential-Addresses, die unter Literatur über Allgemeine Geschichte der Paläontologie aufgezählt sind.

Durch wertvollen Rat und durch Zusendung von ihren inhaltsreichen biographischen Arbeiten wurde ich von folgenden Damen und Herren freundlichst unterstützt:

O. Abel, Wien, O. Ampferer, Wien, G. Arthaber, Wien, weil. F. A. Bather, London, F. Berckhemer, Stuttgart, A. Baldacci, Bologna, Ch. Berkey, New York, Bigot, Paris, F. Broili, München, G. Birkás, Pécs, P. Dienst, Berlin, W. O. Dietrich, Berlin, G. F. Dollfus, Paris, L. Fairchild, New York, W. Fischer, Dresden, weil. Baron G. J. de Fejérváry, Budapest, Gortani, Milano, Gothan, Berlin, H. E. Gregory, Chicago, W. K. Gregory, New York, T. Györy, Budapest, A. Heintz, Oslo, Holm, Stockholm, Hildegarde Howard, Los Angeles, H. Helbing, Basel, K. Hummel, Gießen, Houlbert, Rennes, W. J. Jongmans, Haarlem, weil. S. Killermann, Regensburg, K. Keilhack, Berlin, R. Kettner, Prag, P. G. Krause, Berlin, A. Lacroix, Paris, R. S. Lull, New Haven, E. B. Mathews, Washington, A. Padtberg, S. J. Freiburg, B. Peyer, Zürich, W. A. Parks, Ottawa, J. Perner, Prag, W. Quenstedt, Berlin, Ch. Schuchert, New Haven, J. Schuster, Berlin, W. Serlo, Bonn, W. B. Scott, Princeton, H. G. Stehlin, Basel, V. van Straelen, Bruxelles, O. H. Schindewolf, Berlin, R. Steiger, Zürich, G. Tornier, Berlin, E. Vadász, Budapest, A. Vendl, Budapest, J. Weigelt, Halle a. Saale, W. Wetzel, Kiel, O. Wilckens, Bonn, K. Wiman, Upsala, A. S. Woodward, Heavards Heath, R. Zaunick, Dresden.

Allen, sowie Herrn Kollegen Werner Quenstedt, dem Herausgeber des Fossilium Catalogus, wie auch Herrn Dr. W. Junk, dem Verleger, spreche ich auch auf diesem Wege meinen besten Dank für die Förderung meiner Bestrebungen aus.

Und nun folgen als Band I. der Geschichte der Paläontologie die Quellen dieser Historie: [1])

I. Literatur über allgemeine Geschichte der Paläontologie.

II. Biographien und Bibliographien der Paläontologen.

---

[1]) Verf. verstarb vor der Ausführung dieser Absicht (Qu.).

Literatur über allgemeine Geschichte der Paläontologie

(außer den bei Margerie und Mathews angeführten Werken):

A d a m s, F. D., Earliest use of the term geology. Bull. Geol. Soc. America, 43, 1932, 121—123.

A m i, H. M.: Un siècle des Graptolites. C. R. Sommaire, Soc. géol. France, 1929, 212—214.
(Geschichte des Fundes Andrias Scheuchzeri). Vierteljahresschrift naturf. Ges. Zürich, 89, 1887, 7—9.

A r a m b o u r g, C.: Paléontologie générale et Paléontologie humaine. L'Oeuvre de M. Marcellin Boule. Revue générale des Sciences 1937, 15 nov., 11 pp. (Erst nach Abschluß des Katalogs eingesehen, daher für M. Boule leider nicht mehr berücksichtigt).

B a s s l e r, R. S., Development of invertebrate paleontology in America. Bull. Geol. Soc. Amer. 44, 265—286, 1933.

B e r k e y, C h. P.: Geology 1904—1929. A quarter century of learning. Columbian Univ. Press. 1931, 339—380.

B i a n c o n i, G. G.: Cenni storici sugli studi paleontologici i geologici in Bologna e catalogo ragionato della collezione geognostica de l'Apennino bolognese. Atti Soc. Ital. Sci. Nat. Milano 1862, pp. 30. (Aldrovandi, Marsigli, Bassi, Galeazzi, Ghedini, Biancani, Monti, Ranzani, Beccari.)

B ö c k h, J.: A geologia fejlödésének rövid története Magyarországon 1774-töl 1896-ig. (Kurze Geschichte der Entwicklung der Geologie in Ungarn zwischen 1774—1896.) Budapest 1896, pp. 23.

B r a n c a, W.: Über die Abtrennung der Paläontologie und der Geologie. Naturw. Wochenschr. N. F. 25, 1910, 113—115.

C e r m e n a t i, M a r i o: Considerazione e notizie relative alla storia delle scienze geologiche ed a due precursori bresciani. Boll. Soc. Geol. Ital., 20, XCIII—CXXXIII, 1901.

C o s t a n t i n, J.: Aperçu historique des progrès de la botanique depuis cent ans (1834—1934). Ann. Sci. nat. Botanique sér. 10, tome 16, Paris 1934, pp. 203.

C o t t a, B.: Die Geologie seit Werner, pp. 22.

D i c k e r s o n, R o y E.: Review of Philippine Paleontology. Philippine Journ. Sci. 20, 195—229, 1922, Taf. 16.

D o l l f u s, G. F.: Un chapitre de l'évolution des idées géologiques. Livre jubilaire Soc. géol. Belge, 1926, 299—326, 1927.

E i c h w a l d, E. v.: Beitrag zur Geschichte der Geognosie und Paläontologie in Rußland. Bull. Soc. Nat. Moscou, 39, 463—534, 1866.

F a i r c h i l d, H. L.: The development of geologic science. Sci. Mo. 19, 1924, 77—101.

— — The Geological Society of America 1888—1930. A chapter in earth science history. New York 1932, pp. XVII + 232 Portraits. (Verkürzt Fairchild).

G a l l o w a y: The change in ideas about Foraminifera. Journ. of Palaeontology, 2, 216—228, 1928.

G e i k i e, A.: A Yorkshire Rector of the Eighteenth Century. Naturalist 1918, 7—24 (John Michell Rector of Thornhill, born ca. 1724, A memoir of John Michell, pp. 118).

G r e g o r y, H. E.: History of geology. Sci. Monthly, 1921, 97—126.

G u i d e to an exhibition illustrating the early history of palaeontology (by W. N. Edwards) British Museum (Nat. Hist.) Special Guide No. 8, London 1931, pp. 68 (Verkürzt: Edwards Guide).

H a a g, F.: Geschichte Geolog. Württemberg. Württembergische Jahrbücher f. Statistik u. Landeskunde Jhg. 1925—26, 1927, 173—183.

H a u p t, O.: Aus der paläontologischen Sammlung des· Hessischen Landesmuseums zu Darmstadt. Die bedeutendsten vorzeitlichen Säugetiere Hessens und ihre Geschichte. Darmstadt 1934, 47—55.

H e i m, A.: Geologie der Schweiz (Geschichte, p. 3—28).

H e n d e r s o n, J.: Recent progress in Colorado Paleontology and Stratigraphy. Proc. Colorado Sci. Soc., 11, 5—22, 1934.

H u m m e l, K.: Geschichte der Geologie. Sammlung Göschen No. 899, 1925.

I r m l e r, A l b i n: Geschichte der Geologie-Paläontologie. Prag 1903. Hornické a Mutucki 99—100, 155—156, 169—170.

J a e k e l, O.: Geologie und Paläontologie an den deutschen Hochschulen. Naturw. Wochenschr., 25, 1910, 33—35.

J o n g m a n s, W. J.: De Ontwikkeling der palaeobotanie en haer verband met botanie en geologie. Haarlem 1932.

K a t z e r, F r.: Geschichtlicher Überblick der geologischen Erforschung Bosniens und Herzegovinas. 1904, pp. 46, 6 Portr.

K e f e r s t e i n, Ch.: Geschichte und Literatur der Geognosie. Ein Versuch. Halle 1840, pp. XIV + 281.

K e t t n e r, R a d i m: O vyvoji geologi v cechách (Über die Entwicklung der Geologie in Böhmen), Tschechisch in Festschrift Prirod Klub: Vyvoj ceske prirodovédy, p. 129—165, mit Tafeln, Prag 1931.

K l a u t s c h, T h.: Zur Geschichte der geologischen Forschung im Herzogtum Coburg. Aus dem Coburg-Gothaischem Lande, 1906, H. 4, 56—64.

K o h l b r u g g e, J. H. F.: Das biogenetische Grundgesetz. Eine historische Studie. Zool. Anz., 38, 447—453, 1911.

K o k e n, E.: Die deutsche geologische Gesellschaft in den Jahren 1848—1898 mit einem Lebensabriß von Ernst Beyrich. Zeitschr. deutsche geol. Ges. 1901, 1—69.

K u b a c s k a, A.: Die Grundlagen der Literatur über Ungarns Vertebraten-Paläontologie. Budapest 1928, pp. 91, m. Taf.

L e m o i n e, E.: Evolution et Paléontologie. Bull. Soc. Hist. nat. Savoie, 19, 103—142, 1919—1921.

L o c y, W. A.: The growth of biology: Zoology from Aristoteles to Cuvier, Botany from Theophrastos to Hofmeister, Physiology from Harvey to Claude Bernard, New York, 1925, pp. XIV, 481, Fig. 140 (Posthum).

L u l l, R i c h a r d S w a n n: The development of vertebrate paleontology. Amer. Journ. Sci., 46, 1918, 193—221.

M a t t h e w, W. D.: Recent progress and trends in vertebrate paleontology, Bull. Geol. Soc. America, 34, 401—418, 1923.

M e r r i a m, J o h n C.: An outline ·of progress in paleontological research on the Pacific Coast. University California Publications Bull. Dep. Geol., 12, No. 3, 1921, 237—266.

Merrill, G. P.: The first one hundred years of American geology. New Haven, 1924, pp. 773, 36 Taf., 130 Fig. (vergl. Merrill im Text).

Morison, S. E.: The geological museum of the Harvard University 1907—1929. The development of H. U. 1929, p. 329—331.

Neugeboren, J. L., Geschichtliches über die Siebenbürgische Paläontologie und deren Literatur. Archiv Hermannstadt. 3, 432—463.

Obrutschew, W. A.: Historia geologicseskovo 1931—34, russisch. (3 Bd.)

Parks, W. A.: The development of stratigraphic geology and paleontology in Canada. Presidential Address. Trans. Roy. Soc. Canada (3) 16, 1—46, 1922.

Peach, B. N.: Scottish Paleontology during the last twenty years Edinburgh Roy. Phys. Soc. Proc., 14, 361—394, 1902.

Pia, J.: Aus der Geschichte der Paläontologie in Wien. Verhandl. zool.-bot. Ges. Wien, 77, 1927, 39—48.

Poulton, E. B.: A hundred years of evolution. Brit. Assoc. Adv. Sci. London, 1931, 71—95, 1932.

Quenstedt, F. A.: Bericht über die Leistungen im Felde der Versteinerungskunde während des Jahres 1835. Wiegmanns Arch. 1836, II: 328—361.

Quenstedt, Werner: Neue und alte Richtungen in der Paläontologie. Forschungen und Fortschritte, 5, 1929, 322—323.

Renier, A.: Comment on fait revivre les Fossiles. Rev. quest. sci. 1927, pp. 36.
— — La Belgique aux Temps houillers. Bull. Acad. roy. Belg. Cl. Sci. (5) 14, 706—737, 1928.

Schmeisser, K.: Die Geschichte der Geologie und des Montanwesens in den 200 Jahren des Preußischen Königreichs. Jahrbuch Preuß. Geol. Landesanst., 22, I—XXXVI, 1901.

Schuster, J.: 100 Jahre Phytopaläontologie in Deutschland. Mitt. Gesch. Med. Naturw., 20, 204—206 (Auszug).

Schwippel, K.: Die Paläontologie als selbständige Wissenschaft. Gaea, 25, 1889.
— — Die ersten Anfänge geologischer Untersuchung bis zum XVIII. Jahrhundert. Ebenda, 26, 1890.
— — Die geologischen Formationen. Ebenda, 26, 1890.
— — Die Geologen und Paläontologen in der ersten Hälfte des XIX. Jahrhunderts, Ebenda, 27, 1891.
— — Geologie und Paläontologie in der zweiten Hälfte des XIX. Jahrhunderts. Ebenda, 28, 1892.

Scott, W. B., Development of American Paleontology. Proc. Amer. Philos. Soc., 66, 1927, 410—429.

Sollas, W. J.: Influence of Oxford on the history of geology in: The Age of the Earth, 1905, p. 219.

Steinmann, G.: 100 Jahre Paläontologie in Bonn. Die Naturwissenschaften, 7, 1919, 535 ff.

Symposium on ten years progress in Vertebrate paleontology. Bull. Geol. Soc. America, 31, 1920. (Merriam: Historical geology, Kemp: Structural geology, Schuchert: American paleontologists and the immediate future of paleontology 363—373, Cleland: Hist. geology, Jackson, R. T.: Teaching paleontology 395—399.)

Symposium on ten years progress in Vertebrate paleontology. Bull. Geol. Soc. America, 23, 1912, 155—266.

Tornier, G., Über den Erinnerungstag an das 150-jährige Bestehen der Gesellschaft (naturforschender Freunde in Berlin). Rückblick auf die Paläontologie. Sitz-Ber. Ges. naturf. Freunde Berlin 1923, 12—71 (z. T.), 1924, 9—61, 1925, 72—106. (Verkürzt Tornier 1923, 24, 25).

W a g n e r, A d o l p h: Geschichte des Lamarckismus, als Einführung in die psycho-biologische Bewegung der Gegenwart. Stuttgart o. J. (1909), pp. VIII, 314.

W a l l a c e, A. R.: The dawn of a great discovery. My relations with Darwin in reference to the theory of natural selection. London, 1903, pp. 78, Taf., Portr.

W i m a n, K.: Die Stellung der Paläontologie in Schweden. Palaeontologische Zeitschrift, 5, 1923, 363—367.

W o o d w a r d, A. S.: Modern progress in vertebrate palaeontology. Huxley Memorial Lecture, London 1931, pp. 21.

Z a u n i c k, R.: Dresden und die Pflege der Geologie. Zeitschr. deutsch. Geol. Ges. 86, 1934, 592—601.

Z i t t e l, K. A.: Geschichte der Geologie und Paläontologie, München 1899.

— — History of Geology and Paleontology. Translated by M. Ogilvie-Gordon, London 1902, 13 + 562 pp.

— — History of Instruction in Geology and Paleontology in German Universities. Translated by Eastman. Am. Geol., 1894, 14, 179—185.

Von den Überarbeitern vielbenutzte Quellen.

(Soweit nicht unter „Abkürzungen" aufgeführt).

A l l i b o n e, Austin: A Critical Dictionary of English Literature and British und American Authors. I—III, London 1881. Dazu das Supplement: K i r k, John Foster: A Supplement to Allibone's Critical Dictionary etc. I—II, Philadelphia 1891.

A n d r e e, K.: Bernstein-Forschung einst und jetzt. Bernsteinforschungen, Heft 1, Berlin-Leipzig 1929, I—XXXII.

A r n i m, Max: Internationale Personalbibliographie 1850—1935. Leipzig 1936, 572 pp.

B ö r n e r's Reichsmedizinalkalender (u. andere Medizinalkalender).

Botanik u. Zoologie in Österreich 1850—1900. Festschrift zool.-bot. Ges. Wien 1901.

Gothaisches Genealogisches Taschenbuch.

H o r n, Walther & Ilse K a h l e: Über entomologische Sammlungen. Entomol. Beihefte Berlin-Dahlem 2—4, Berlin-Dahlem 1935—37, 536 pp.

International Catalogue of Scientific Literature. H. Geology. First annual issue, London 1903 — Fourteenth annual issue, London 1920.

International Catalogue of Scientific Literature. K. Palaeontology. First annual issue, London 1903 — Fourteenth annual issue, London 1919.

Jahresverzeichnis der an den Deutschen Universitäten erschienenen Schriften.

K u n z e, Karl: Kalender f. d. höhere Schulwesen Preußens.

L o r e n z, Otto: Catalogue général de la librairie française. I. Paris 1867 ff.

O e t t i n g e r, E.-M.: Moniteur des Dates. 2 Bde. Leipzig 1869 und 1873.

Q u e n s t e d t, F. A.: Ueber Pterodactylus suevicus im Lithographi-
schen Schiefer Württembergs. Tübingen 1855, 52 pp.
Q u e n s t e d t, F. A.: Das mineralogische u. geognostische Institut.
In: Die unter . . . König Karl an der Univ. Tübingen er-
richteten . . . Institute der Naturw. u. der Mediz. Fakultät.
Tübingen 1889, 9 pp.
S c h n e i d e r, Georg: Handbuch der Bibliographie. 4. Aufl. Leipzig
1930.
S c h u m a n n, E.: Geschichte der naturf. Ges. Danzig. Schriften
naturf. Ges. Danzig (N. F.) VIII, 2. Danzig 1893.
S r b i k, Robert Ritter von: Geologische Bibliographie der Ostalpen.
I—II, München-Berlin 1935. 1. Fortsetzung. Innsbruck 1937.
T a s c h e n b e r g, O.: Bibliotheca Zoologica II., Bd. I, Leipzig 1887,
Bd. VII, Leipzig 1913—1921, Bd. VIII, Leipzig 1923.
V o s m a e r, G. C. J.: Bibliography of Sponges 1551—1913 edited by
G. P. Bidder and C. S. Vosmaer-Roëll. Cambridge 1928.
Wer ist's ?
Who 's who ?
Who was who ?
ferner Adreßbücher, Universitätsgeschichten (Dorpat, St. Peters-
burg u. a.), Gesellschaftsschriften (außer Wien, Danzig), Generalregister (NJM., Geol. Zentralbl., Deutsche Geol. Ges., Jahrb. preuß.
geol. Landesanstalt, Geol. Reichsanst. Wien, Württemberg. Jahreshefte, Carinthia II, Senckenberg usw.), Museumsfestschriften, Mit-
gliederverzeichnisse wissenschaftl. Gesellschaften (handschriftl. Verzeichnis d. Deutschen Geol. Ges. angelegt von P. Dienst, handschriftl.
Kontribuentenliste des Zool. Mus. Berlin, Ges. naturf. Freunde Berlin
u. viele andere), Kalender (Geologen-, Biologen-Kalender, Index
biologorum, Zoologen-Adreßbücher, Kürschner, Minerva usw.), Per-
sonalangaben aus dem Zool. Anzeiger u. anderen ref. Zeitschriften,
Jahresübersichten (Geol. Soc. London im Quart. Journ., Soc. géol. de
France in dem Compte rendu, Geol. Reichsanst. Wien in den Verh.),
Städtebiographien (Das geistige Wien, Berlin usw.).

Abkürzungen.

Adelung, Gelehrtenlexikon = Adelung, Johann Christoph: Fort-
setzung zu Chr. G. Jöchers allgemeinem Gelehrten-Lexicon
1 (Leipzig 1787) — 5 (Bremen 1816).
Allgem. Deutsche Biogr. = Allgemeine Deutsche Biographie, Bd. I,
Leipzig 1875 — Bd. LV, Leipzig 1910.
Almquist, Große Biologen = Almquist, Ernst: Große Biologen. Eine
Geschichte der Biologie und ihrer Erforscher. München
1931, 143 pp.
AmJSci. = American Journal of Science. New Haven.
Beutler, Bryozoenlit. = Beutler, Karl: Pal.-stratigr. u. zool.-system.
Literatur über Bryozoen (Polyzoa) fossil u. rezent bis Ende
1911. (Ohne Ort u. Jahr.)
Beutler, Foraminiferenlit. = Beutler, Karl: Pal.-stratigr. u. zool.-
system. Literatur über marine Foraminiferen fossil u. rezent
bis Ende 1910 (ohne Ort u. Jahr).
Biogr. Jahrb. = Biographisches Jahrbuch u. Deutscher Nekrolog
herausgegeben von A. Bettelheim, Bd. 1 (1896), Berlin 1897
— Bd. 18 (1913), Berlin 1917.
Biogr. nationale de Belgique = Biographie nationale publiée par
l'Académie des Sciences, des Lettres et des Beaux-Arts de
Belgique I (Bruxelles 1866) — XXV (Bruxelles 1866) —
XXV (Bruxelles 1930—32) (noch nicht abgeschlossen).

Biogr. universelle = Biographie universelle ancienne et moderne (Michaud), nouvelle édition I (Paris 1843) — XLV (Paris 1865).

Biogr. Woordenboek der Nederlanden (oder Van der Aa, Biogr. W. etc.) = Van der Aa, A. J.: Biographisch Woordenboek der Nederlanden I (Haarlem 1852) — XX (Haarlem 1877) + Bijvoegsel 1878.

Biologenkal. = Schmid, B. & Thesing, C.: Biologen-Kalender. 1. Jhg. Leipzig u. Berlin 1914.

Buckland-Agassiz: Geol. = Buckland, W.: Geologie u. Mineralogie in Beziehung zur natürl. Theologie. Übersetzt von L. Agassiz. 2 Bde. Neufchatel 1839.

Casey Wood = Wood, Casey A.: An Introduction to the literature of vertebrate zoology. London 1931.

Centenaire de la Societé Géol. France 1830—1930. = Livre jubilaire.

Cermenati 1911 = Cermenati, M.: Da Plinio a Leonardo, dallo Stenone allo Spallanzani. Boll. Soc. Geol. It. 30, 1911, CDLI—DIV.

CfM. = Centralblatt für Mineralogie, Geologie, Palaeontologie.

Clarke, James Hall of Albany = Clarke, J. M.: James Hall of Albany, geologist and paleontologist, 1811—1898. Albany 1921. Second edition Albany 1923.

Costantin 1934 = Costantin, J.: Aperçu historique des progrès de la botanique depuis cent ans (1834—1934). Ann. sci. nat., Botanique, (10) 16, Paris 1934, VII—CCIII.

Dansk biogr. Lexikon = Dansk biografisk Lexikon (udgivet af C. F. Bricka) 1 (Kopenhagen 1887) — 19 (Kopenhagen 1905).

Dansk biogr. Leksikon = Dansk biografisk Leksikon (grundlagt af C. F. Bricka) 1 (Kopenhagen 1933) — 11 (Kopenhagen 1937) (noch nicht abgeschlossen).

Darmstaedter, Miniaturen = Darmstaedter, Ludwig: Naturforscher u. Erfinder. Biogr. Miniaturen. Bielefeld u. Leipzig 1926, 182 pp.

Dean I, II, III = Dean, Bashford: A Bibliography of Fishes. Cambridge Mass. vol. I 1916, vol. II 1917, vol. III 1923.

Dict. Am. Biogr. = Dictionary of American Biography I (London— New York 1928) — XX (London—New York 1936).

Dict. Nat. Biogr. = Dictionary of National Biography I (London, 1885) — LXIII (London 1900) + Supplement I—III (London 1901) + Second Supplement I—III (London 1912) + 1912—1921 (London 1927) + Twentieth Century 1922— 1930 (London 1937).

diss. = Dissertation.

Edinburgh's place in scientific progress = Flett, J. S.: Experimental Geology. Address. Report Brit. Association for the Advancement of Science Meeting 89 Edinburgh 1921. London 1922, 56—74 (und weitere Vorträge dieses Jahrgangs).

Edwards: Guide = siehe unter Literatur I: Guide to an exhibition illustrating the early history of palaeontology, 1931.

Enciclop. it. = Enciclopedia italiana di scienze, lettere ed arti I (Milano 1929) — XXXV (Roma 1937).

Fairchild = Fairchild, H. L.: The Geological Society of America 1888—1930. New York 1932.

Freyberg = Freyberg, B. v.: Die geologische Erforschung Thüringens in älterer Zeit. Berlin, Borntraeger 1932, pp. 160, Taf. Hierher gehört: Claus, H.: Beiträge zur Geschichte der geologischen Erforschung in Thüringen. Beitr. z. Geol. von Thüringen, H. 2, 1926, 1—35.

Geikie, A long life's work = Geikie, A.: A long life's work. London 1924.
Geikie, Murchison = Geikie, A.: Life of Sir R. I. Murchison. I & II, London 1875.
Geikie, Ramsay (Geikie, Ramsay's life, Geikie, A. C. Ramsay) = Geikie, A.: Memoir of Sir Andrew Crombie Ramsay. London 1895.
Geikie, Founders of geology = Geikie, A.: The founders of geology. London 1897, 297 pp.
GM. = Geological Magazine.
Gordon, Life of Buckland = The Life and Correspondence of William Buckland by his daughter, Mrs. Gordon. London 1894.
Haag = Haag, F.: Geschichte der Geologie Württembergs. Württembergische Jahrbücher f. Statistik u. Landeskunde, Jhg. 1925—26, 1927, 173—183.
Haddon, Hist. of Anthropology = Haddon, Alfred Cort: History of Anthropology. London 1910.
Haupt, O., Darmstadt (Haupt 1934) = Haupt, O.: Aus der paläont. Sammlung des Hess. Landesmus. zu Darmstadt. Die bedeutendsten vorzeitlichen Säugetiere Hessens u. ihre Geschichte. Darmstädter Adreßbuch. Röder, Darmstadt 1934, 47—55.
Heer, O., Escher von der Linth = Heer, Oswald: Arnold Escher von der Linth. Lebensbild eines Naturforschers. Zürich 1873.
Hist.-biogr. Lexikon d. Schweiz = Historisch-biographisches Lexikon der Schweiz I (Neuenburg 1921) — VII (Neuenburg 1934) + Supplement 1934.
Hist. Brit. Mus. I = The History of the Collections of the BM. (N. H.) I, 1904.
Hofberg, Svenskt biogr. Handlexikon = Hofberg, Herman: Svenskt biografiskt Handlexikon, 2. Aufl. I & II (Stockholm 1906).
Horn-Schenkling, Lit. entom. 1928—29 = Horn, W. & Schenkling, S.: Index Litteraturae Entomologicae. Serie 1. 4 Bde., Berlin 1928—1929.
Index biologorum = Hirsch, G. Chr.: Index biologorum. Editio prima. Berlin 1928.
Jahrb. KK. Geol. RA. Wien = Jahrbuch der K. K. geologischen Reichsanstalt (Bundesanstalt) Wien.
Jöcher, Gelehrtenlexikon = Jöcher, Christian Gottlieb: Allgemeines Gelehrtenlexikon 1—4 (Leipzig 1750—1751).
Jonker = H. G. Jonker: Lijst van geschriften voor de Geologie van Nederland. Verh. K. Ak. van Wetensch. 2. Sect., Deel 13, Nr. 2, Amsterdam 1907.
Kat. Brit. Mus. = Catalogue of the Library of the British Museum (Nat. Hist.). Catalogue of the Books, Manuscripts, Maps, and Drawings in the British Museum (Nat. Hist.). I—VII, London 1903—1933 (bes. auch Vol. VI (Suppl. A—I), Addenda et Corrigenda Vols. I and II).
Kettner = Kettner, R.: O vyvoji geol. v cechach, 1931 (s. unter Teil I).
Köppen II = Köppen, Friedr. Theodor: Bibliotheca zoologica rossica, Band II, St. Petersburg 1907.
Kukula 1892 u. 1893 = Kukula, Richard: Bibliographisches Jahrbuch der deutschen Hochschulen. Innsbruck 1892, Ergänzungsheft. Innsbruck 1893.
Lacroix, Figures de Savants = Lacroix, Alfred: Figures de Savants, I & II, Paris 1932.
Lauterborn: Der Rhein I u. Der Rhein 1934 = Lauterborn, R.: Der Rhein, Berichte d. naturf. Ges. Freiburg i. Br., 30, 1930; 33, 1934.

Life of Buckland siehe Gordon, Life of Buckland.
Life of Forbes, J. D. = Shairp, J. C., Tait, P. G. & Adams-Reilly,
 A.: Life and Letters of J. D. Forbes. Edinburgh 1873.
Life of Logan = Harrington, B. J.: Life of Sir William Logan.
 Montreal 1883.
Life of Lyell siehe Lyell I, Lyell II.
Life of Owen = Life of Richard Owen, edited from his Letters and
 Diaries by his Grandson Richard Owen. I & II. London
 1894.
Life of Sedgwick siehe Sedgwick's life.
Livre jubilaire = Centenaire de la Soc. géol. France 1830—1930.
 2 Bde. Paris 1930.
Lyell I, Lyell II (Life of Lyell) = Life, Letters, and Journals of Sir
 Charles Lyell, Bart. Edited by his Sister-in-Law, Mrs.
 Lyell. I & II, London 1881.
Margerie = Margerie, Emm. de: Catalogue des Bibliographies géo-
 logiques. Paris 1896.
Merrill 1904 = Merrill, G. P.: Contributions to the history of
 American Geology. Ann. Rep. U. S. Nat. Mus. 1904, 189—
 733 Portr., wesentlich dasselbe: The first one hundred years
 of American geology. Yale University Press, New Haven,
 1924, pp. XXI + 773, Portr.
Merrill 1920 = Contributions to a history of American state geological
 and natural history surveys. Bull. U. S. Nat. Mus., No. 109,
 1920, pp. 549, Portr.
Meusel, Gelehrtes Deutschland = Das gelehrte Teutschland od.
 Lexikon der jetzt lebenden teutschen Schriftsteller ange-
 fangen von Georg Christoph Hamberger, fortgesetzt von
 Joh. Georg Meusel I (Lemgo 1796) — XXI (Lemgo 1827).
Meusel, Teutsche Schriftsteller 1750—1800 = Meusel, Joh. Georg:
 Lexikon der vom Jahr 1750 bis 1800 verstorbenen teutschen
 Schriftsteller. I (Leipzig 1802) — XV (Leipzig 1816).
Modern Engl. Biogr. = Modern English Biography by Frederic
 Boase I (Truro 1892) — VI (Truro 1921).
Nickles (Nickles I) = Nickles, John M.: Geologic Literature on
 North America 1785—1918. U. S. Geol. Survey Bull. 746,
 Washington 1923.
Nickles II = Nickles, John M.: Bibliography of North American
 Geology 1919—1928. U. S. Geol. Surv. Bull. 823, Washing-
 ton 1931.
Nieuw Nederl. Biogr. Woordenboek = Nieuw Nederlandsch.
 Biografisch Woordenboek I (Leiden 1911) — IX (Leiden
 1933).
NJM. = Neues Jahrbuch für Mineralogie, Geologie, Palaeontologie.
Nordenskjöld, Gesch. d. Biologie = Nordenskjöld, Erik: Die Ge-
 schichte der Biologie. Ein Überblick. Deutsch von Guido
 Schneider. Jena 1926, 648 pp.
Norsk biogr. Leksikon = Norsk biografisk Leksikon (Redaktion
 Edv. Bull, Anders Krogvig, Gerhard Gran) I (Kristiania
 1923) — VII (Oslo 1936) (noch nicht abgeschlossen).
Nouv. biogr. générale = Nouvelle biographie générale depuis les
 temps les plus reculés jusqu'à nos jours (publiée par MM.
 Firmin Didot frères) I (Paris 1852) — XLVI (Paris
 1866).
Osborn: Cope, master naturalist = Osborn, Henry Fairfield: Cope
 master naturalist. The life and letters of Edward Drinker
 Cope. Princeton 1931. 740 pp.
PGS. London = Proceedings of the Geological Society of London.
Poggendorff = J. C. Poggendorff's biogr.-literar. Handwörterbuch,
 Bd. 1—6 (seit 1863).

Prestwich life = Life and Letters of Sir Joseph Prestwich. Written and edited by his wife. London-Edinburgh 1899.

Quenstedt, Epochen d. Natur = Quenstedt, F. A.: Epochen der Natur. Tübingen 1861.

Quenstedt, Klar u. Wahr = Quenstedt, F. A.: Neue Reihe populärer Vorträge über Geologie. 2. Ausg. Tübingen 1871.

Quérard, la France littéraire = Quérard, J. M.: La France littéraire I (Paris 1827) — XII (Paris 1859—64).

Quérard, la littérature française contemporaine = Quérard, J. M.: La littérature française contemporaine I (Paris 1842) — VI (Paris 1857).

QuJGS. London = Quarterly Journal of the Geological Society of London.

Schröter, Journ. = J. C. Schröter, Journal für die Liebhaber des Steinreichs und der Konchyliologie 1773—1780 (Bd. 1—6).

Scient. Papers = Catalogue of Scientific Papers compiled by the Royal Society of London, Bd. I (London 1867) — Bd. XIX Cambridge 1925).

Scott = Scott, W. B.: Development of American Paleontology. Proc. Amer. Philos. Soc. 66, 1927, 410—429.

Sedgwick's life = Clark, J. W. & Hughes, Th. M.: The Life and Letters of the Reverend A. Sedgwick. I & II. London 1890.

Sterchi = Sterchi, Jakob: Kurze Biographien hervorragender Schweizerischer Naturforscher, Bern 1881.

Svenskt biogr. Lexikon = Svenskt biografiskt Lexikon (Red. Bertil Boëthius) I (Stockholm 1918) — X (Stockholm 1931) (noch nicht abgeschlossen).

Tornier 1923, 24, 25 = Tornier, Rückblick auf die Paläontologie. Sitzungsber. Ges. naturf. Freunde Berlin 1923, 24, 25.

Thomson, Great biologists = Thomson, Sir J. Arthur: The great biologists. London 1932, 176 pp.

Van der Aa, Biogr. Woordenboek etc. siehe Biogr. Woordenboek der Nederlanden.

Verh. K. K. Geol. RA. Wien = Verhandlungen der K. K. Geol. Reichsanstalt (Bundesanstalt) Wien.

Vogdes = Vogdes, A. W.: Bibliography of the palaeozoic Crustacea Occasional Papers California Acad. Sci. 4, 1893.

Walch 1773 = Walch, Joh. Ernst Immanuel: Die Naturgeschichte der Versteinerungen. Nürnberg 1773.

Woodward, H. B.: Hist. Geol. Soc. London = The History of the Geological Society of London, London 1908, pp. XX + 336, Portr. Hierher gehört: The centenary of the Geol. Soc. of London celebrates september 26th to october 3 rd. 1907. London 1907, pp. 166.

Wurzbach = Wurzbach, Constant v.: Biographisches Lexikon des Kaiserthums Oesterreich. Bd. I, Wien 1856 — Bd. 60, Wien 1891.

Zaunick 1934 = Zaunick, R. in Zeitschr. Deutsche Geol. Ges. 86, 1934, 592—601.

Zittel, Gesch. = Zittel, K. A. v.: Geschichte der Geol. u. Paläont. bis Ende des 19. Jh. München u. Leipzig 1899.

Anweisung für den Gebrauch der Bibliographie.

A l p h a b e t i s c h e R e i h e n f o l g e : ä steht nicht, wie sonst
üblich, entweder bei ae oder wird nicht wie a behandelt
(also z. B. är auf ar folgend), sondern ä folgt nach az, ae
ist dagegen zwischen ad und af eingeordnet. Entsprechendes
gilt für ö und ü, bezw. oe und ue.

vor einem Namen bedeutet, daß die Beziehung dieser Persönlichkeit zur Paläontologie noch zu klären wäre und in
vielen Fällen (den Ueberarbeitern des Katalogs) zweifelhaft
erscheint.

A b k ü r z u n g e n : Für häufig zitierte Quellen sind weitgehend
Abkürzungen benutzt, siehe „Abkürzungen" p. XVII.

(Qu.) Die von den Ueberarbeitern neu eingefügten Paläontologen und
solche, deren bio-bibliographische Angaben ganz oder fast
vollständig von den Überarbeitern stammen, sind am Schluß
mit (Qu.). gekennzeichnet.

B i b l i o g r a p h i e n : Die Zitate bibliographischer Quellen sind als
solche durch einen Zusatz (Bibliographie, Teilbibliographie)
gekennzeichnet, soweit dies nicht schon in ihrem Titel
zum Ausdruck kommt. Ein entsprechender Hinweis f e h l t
ferner bei den folgenden bekannten, viel zitierten Bibliographien: Beutler, Dean, Nickles, Scient. Papers, Vogdes
(genaue Titel siehe „Abkürzungen" p. XVII). — Die Überarbeiter haben von Autoren, von denen mehrere Bibliographien erschienen sind, in der Regel nur die wichtigsten u. am
leichtesten zugänglichen zitiert; weitere Bibliographien oft
besonders bei Arnim (siehe „Vielbenutzte Quellen" p. XVI).

R u s s i s c h e N a m e n sind nach den benutzten Quellen und daher
nicht einheitlich transkribiert, daher die Unsicherheit ihrer
Stellung im Alphabet.

Viel benutzte, aber n i c h t oder wenig z i t i e r t e Q u e l l e n siehe
besonders Abschnitt „Von den Überarbeitern vielbenutzte
Quellen" (p. XVI).

Paläontologen, über die sich im S u p p l e m e n t u m I (p. 477) Nach-
träge finden, sind im Hauptkatalog in dieser Hinsicht nicht
gezeichnet.

G e b u r t s - und T o d e s d a t e n und biographische Angaben sind
gewöhnlich den Quellen entnommen, die bei den betreffenden
Persönlichkeiten angeführt sind. Wo dies nicht der Fall
ist und wo die Quellenangabe fehlt, entstammen die Daten
fast ausnahmslos dem „Kat. Brit. Mus." (vgl. „Abkürzungen").

O r i g i n a l a n g a b e n sind als solche (jeweils nach Qu.) gekennzeichnet.

Die V e r a n t w o r t u n g als A u t o r für die Aufführung aller
Namen, die n i c h t mit (Qu.) gekennzeichnet sind, trägt K.
Lambrecht. Für diese Namen ist Lambrecht auch nach Inhalt
und Form des Textes trotz der Ueberarbeitung und Ergänzung
als Autor in erster Linie verantwortlich; desgleichen für die
alphabetische Reihenfolge. * vor einem Namen ist von den
Ueberarbeitern gesetzt.

Weitere Ausführungen über den Katalog siehe die beiden Vorworte.

Biographien und Bibliographien
der Palaeozoologen
und Phytopalaeontologen

Abadie, G. F., gest. 11. II. 1904.
Schiffskapitän, der in den 50er Jahren auf Madagaskar herumreiste und Aepyornithiden- etc. Reste sammelte.
Nachruf: Leopoldina 40: 76.

Abbott, W i l l i a m J a m e s L e w i s, geb. 1853, gest. 3. VIII. 1933.
Englischer Juwelier, sammelte Vertebraten und Tardenois-Kultur.
Seine Sammlungen befinden sich im Geol. Survey, Nat. Hist. und Welcome Historical Museum.
D e w e y, H.: Obituary QuJGS. London, 90, 1934, L—LI.
A. S. W o o d w a r d : Obituary, Proc. Geol. Assoc., 45, 1934, 97.
Hist. Brit. Mus. I: 260.

Abdullah B e y, siehe **Hammerschmidt**, K.

Aberle, C a r l, geb. 1818, Salzburg, gest. 19. III. 1892, Penzing.
Österreichischer Stratigraph.
Nachruf: Verhandl. Geol. Reichsanstalt Wien, 1892, 143—144.

Abich, H e r m a n n W i l h e l m, geb. 11. XII. 1806 Berlin, gest.
1. VII. 1886 Wien (nach Zittel in Graz).
1842 Prof. Mineralogie in Dorpat, 1853 Akademiker zu St. Petersburg; lebte seit 1877 in Wien. Studierte die Stratigraphie des Kaukasus.
U m l a u f t, F r.: Nachruf in: Abich: Aus kaukasischen Ländern, Reisebriefe, Wien 1896, II: 311—313, Portr.
Nekrolog: Bull. Comité Géol. Russie, 5, No. 9—10, S. 1—8, 1886 (Bibliographie).
K a r p i n s k y, A.: A la mémoire de —. Mém. Acad. Sci. St. Petersburg, 53, 1886, livr. 2, S. 5—8.
Z i t t e l, Gesch.

Abildgaard, S ö r e n, geb. 18. II. 1718, gest. 2. VII. 1791 Kopenhagen.
Lebte als Zeichner des königlichen Archivs in Kopenhagen.
Studierte die Kreide Dänemarks, schrieb: Beschreibung von Stevens-klint und dessen Merkwürdigkeiten, Kopenhagen-Leipzig 1759, ref. Schröter. Journ. 4: 1—5.
T o r n i e r, 1924: 28.
Z i t t e l, Gesch.
Dansk biogr. Lexikon 1, 74—76.
P o g g e n d o r f f, 1, 4.

Achenbach, A d o l f, geb. 25. I. 1825 Saarbrücken, gest. 13. VI. 1906 Clausthal.
Berghauptmann in Clausthal. Publizierte 1857 geol. Karte von Hohenhollern, bes. Jurastratigraphie.
R o t h e r t, W.: Allgem. hannöversche Biogr. I, 1912, 1—6 (Qu.).

Achepohl, L u d w i g, gest. 1902.
Obereinfahrer in Essen. Karbonflora, -fauna, -stratigraphie Ruhr-
gebiet. Vergl. Verh. Nat. Ver. Rheinl. Westf. 60, 1903, 2 (Qu..).

d'Achiardi, A n t o n i o, geb. 28. XI. 1839 Pisa, gest. 10. XII. 1902.
Prof. Geol. in Pavia und Pisa, studierte Korallen (des Tertiär u.
des Jura).
C a n a v a r i, M.: Necrologia Annuario Reale Univ. Pisa, 1903—04,
473—483, 1904.
M a n a s s e, E.: Alla memoria di — Boll. Soc. Geol. Ital., 22, 1903,
CXI—CXXIII (Bibliographie mit 77 Titeln).

Ackner, J o h a n n M i c h a e l, geb. 25. I. 1782 Schäßburg (Sieben-
bürgen), gest. 12. VIII. 1862 Hammersdorf (Siebenbürgen).
Pfarrer, Archäolog u. Naturforscher. Petrefaktensammler u.
-forscher.
Allgem. Deutsche Biogr. 1, 1875, 39.
P o g g e n d o r f f 3, 9.
Transsilvania. Beiblatt des siebenbürg. Boten, Nr. 14, 1862 (Biblio-
graphie). (Qu.).

Adams, A n d r e w L e i t h, gest. August 1882.
Englischer Militär-Chirurg, später Prof. der Zoologie am Queens
College. Studierte und sammelte Mollusca und Mammalia (Zwerg-
säugetiere der Mittelmeerinseln) von Malta.
H u l k e, J. W.: Pres. address QuJGS. London, 1883, Proc. 38.
Hist. Brit. Mus. I: 260.
Obituary. Scottish Naturalist 7, 1883—84, 41—43.
Dict. Nat. Biogr. 1, 94.

Adams, C h a r l e s B a k e r, geb. 11. I. 1814 Dorchester, Mass.; gest.
18. I. 1853 St. Thomas, Westindien.
Theologe, Conchyliologe und Geologe. Seine Sammlung im Amherst
College.
D a l l, Wm. H.: Some American Conchologists. Proc. Biol. Soc.
Washington 4, 1886—88, 112—116.
S e e l y, H. M.: Sketch of the life and work of —. Amer. Geol. 32,
1903, 1—12; Rept. Vermont State Geologist, 4, 1904, 1—15
(Bibliographie mit 13 Titeln).
C l a r k e: James Hall of Albany, 173.
M e r r i l l 1904, 391—392, 689 (Portr.).

Adams, G e o r g e I r v i n g, geb. 17. VIII. 1870 Lena, Illinois, gest.
8. IX. 1932.
Studierte bei Williston und Zittel. 1893—94 Lehrer an der Kansas
State Normal School. Geologe, Prof. in China, dann an der Univ.
Alabama. Studierte Felidae, Stratigraphie.
B u r c h a r d, E. F.: Memorial of —. Bull. Geol. Soc. America, 44,
1933, 288—301 (Portr. Bibliographie mit 72 Titeln).

Agassiz, A l e x a n d e r, geb. 17. XII. 1835 Neuchâtel, gest. 28. III.
1910 auf See.
Sohn von Louis Agassiz, studierte Echinodermata mit Vergleich
der fossilen Formen. In erster Linie Ozeanograph.
A g a s s i z, C. R.: Letters and recollections of — with a sketch of
his life and work. London 1913, XII, 454 pp., Taf. 1-13, Karte 2.
W a l c o t t, H. P.: Obituary Proc. Amer. Acad. Art Sci., 48, 31-44,
1912.
J u d d: Obituary Nature London, 1910, 163.
S m i t h s o n i a n Report for 1910, 447 ff.
Le C o n t e's Autobiographie.

Agassiz, L o u i s J e a n R o d o l p h e, geb. 28. V. 1807 Môtier, gest. 14. XII. 1873 Cambridge, Mass.
Studierte in Zürich, Heidelberg, München, in Paris bei Cuvier. 1832 Prof. in Neuchâtel. Studierte Pisces, Echinodermata, Gletscher. Übersiedelte 1846 nach Nordamerika, wo er 1852 Professor zu Charlestown, 1853 am Harvard College zu Cambridge wurde, begründete das Museum of comparative zoology daselbst. Reiste in Brasilien und leitete Tiefsee-Expeditionen.

A g a s s i z, Elizabeth Cary: Louis Agassiz, his life and correspondence edited by —. Bd. I—II, Boston 1885, pp. 794, Portr.,
— — Traduction française par Auguste Mayor, Neuchâtel 1887.
M e t t e n i u s, C.: Louis Agassiz's Leben und Briefwechsel, Berlin 1886, pp. 448 (Portr.).
B l a n c, Henri: Louis Agassiz, ses travaux en zoologie et en paléontologie. Bull. Soc. Vaud. Sci. Lausanne 1907, pp. 26.
B l a n c h a r d, E.: Un naturaliste du dix-neuvième siècle. Rev. des Deux Mondes Juillet-Août 1875, pp. 64.
B l i s s, R.: Obituary Pop. Sci. Mo. 4, 1874, 608—618.
E a s t m a n, R.: Agassiz's work on fossil fishes. Amer. Natural. 32, 1898, 170—185.
F a v r e, E.: Louis Agassiz. Arch. Sci. phys. nat. n. ser 59, 1877. 73—126; englisch in Smithsonian Report for 1878, 236—261 (Bibliographie mit 16 Titeln).
— — Louis Agassiz. Notice biographique. Bull. Univ. Genève 1877, pp. 83.
— — Louis Agassiz, son activité à Neuchâtel comme Naturaliste et comme Professeur de 1832 à 1846. Bull. Soc. Sc. Nat. Neuchâtel 12, 1881, 355—372.
D a w s o n, J. W.: Agassiz's contribution to the Natural History of the United States. Bd. I—II, 1858.
G u y o t, A.: Biographical memoir in Biogr. Mem. Nat. Acad. Sci., 2, 1886, 41—73.
M a r c o u, J.: Life, letters and works of —. New York 1896, Bd. I—II, pp. 302, 318 (Bibliographie mit 425 Titeln).
M a r g ó, T.: Emlékbeszéd A-ról. Ért. Tört. Tud. Köréböl, Magyar Tudományos Akadémia, Budapest, 5 : 10, 1874, pp. 24.
P o r c h e t: Louis Agassiz. Quelques souvenirs de sa jeunesse. Bull. Soc. Vaud. Sc. Nat. Lausanne (5) 43, 301—302, 313—14.
W a l c o t t, Ch. D.: L. A. Smithson. Misc. Coll. 50, 1907, 216—218 (Portr.).
Nachruf NJM. 1874, 333—335.
G o r d o n: Life of Buckland, 198—210.
Lyells Life I: 457, II: 184, 401 u. öfter.
Sedgwicks life I: 447, II: 85—87 u. öfter.
G e i k i e: Murchison I: 225, 232 u. öfter.
— — The founders of geology, 272 ff.
G o d e t, P.: Le Prof. Louis Agassiz et le Muséum d'Hist. Nat. de Neuchâtel. Bull. Soc. Sc. Nat. Neuchâtel 34, 288—294.
C l a r k e: James Hall of Albany, 169, 171, 187, 192, 194, 234, 255, 462—463 u. öfter.
Nachruf Leopoldina 10: 66—69.
Necrolog: Journ. de Conchyl., 22, 1874, 131—134.
N o r d e n s k j ö l d: Gesch. d. Biologie, 487 ff.
Notice historique sur M. G. S. Perrottet et Louis Agassiz. Lausanne 1831.
R ü t i m e y e r, L.: Nekrolog Basler Nachrichten, Dezember 1873, Januar 1874.
Handwörterbuch der Naturw. II. Aufl.
Z i t t e l: Gesch.

L y m a n, Th.: Obituary Proc. Amer. Acad. Arts Sci. n. s. 1, 310—322, 1874.

Obituary Geol. Magaz. 1874, 47—48.

R i c h a r d s o n, R.: Obituary Trans. Edinburgh Geol. Soc. 2, 1874, 285—287.

Scientific worthies: XIV—L. J. R. Agassiz. Nature London, 19, 1879, 573—576 (Portr.).

H o l d e r, Ch. Fred: Louis Agassiz: his life and work. New York— London 1892, pp. XVIII, 327, Fig. 28.

F a v r e, L.: L. A. Programme Ac. Neuchâtel 1879—80. The life and writings of — Edinburgh New Philos. Journ. 46, 1849, 1—27.

T r i b o l e t, M. de: L. A. et son séjour à Neuchâtel de 1832 à 1846, Actes Soc. Helv. Sc. Nat. 90, 176—193.

K e l l e r, C.: L. A. und seine Stellung in der Biologie. Verhandl. Naturf. Ges. Basel, 40, 1928-29.

L a u t e r b o r n: Der Rhein, 1934, 78—94.

V o l g e r, O.: Vortrag über Schimper. Naturf. Versamml. Heidelberg 1889, Sep. 3. Aufl. 1889.

V o g t, C.: Aus meinem Leben, 1896, 196—197, 200—201.

V o g t, W.: La vie d'un homme: Carl Vogt. Paris, Stuttgart 1896, pp. 265.

V o g t, C.: Eduard Desor. Lebensbild eines Naturforschers. Breslau 1885, 18—19, 23—24.

Agnus, A l e x a n d r e, gest. 8. III. 1909 Tarnia (Peru). Assistent Gaudry's am Mus. d'Hist. Nat. Paris, Insecta.

L a c r o i x, C.: Necrolog Bull. Soc. géol. France, (4) 10, 1910, 336.

Agricola = G e o r g B a u e r, geb. 24. III. 1494 Glauchau, Meißen, Sachsen, gest. 21. XI. 1555 Chemnitz.

Studierte in Italien, war Arzt in Joachimstal, später Stadtphysikus und Bürgermeister zu Chemnitz. Mineralog und Palaeontolog. Gesamtausgabe seiner Werke erschien 1558 lateinisch in Basel. Deutsche Übersetzung von Ernst Lehmann 1806—1813 in Freiberg. Seine Metallurgie übersetzte Herbert Hoover ins Englische.

B e c h e r, F. L.: Die Mineralogen Georg Agricola zu Chemnitz im 16-ten und A. G. Werner zu Freiberg im 19-ten Jahrhundert Winke zu einer biographischen Zusammenstellung aus Sachsens Culturgeschichte, Freiberg, 1819, pp. 67.

D a r m s t a e d t e r: Georg Agricola 1494—1555. Leben und Werk. München 1926, pp. 96, mit 12 Abbildungen.

H a a s, Hippolyt: Georg Agricola, der Vater der Mineralogie. Lebensbild eines deutschen Naturforschers aus dem 16. Jahrhundert, in: Aus der Sturm und Drangperiode der Erde. Bd. 3, 1— 46, Portr. nach Sambuci aus dem Jahre 1574 (Biobibliographie).

H o f m a n n, R.: Dr. Georg Agricola. Ein Gelehrtenleben aus dem Zeitalter der Reformation. Gotha 1905, pp. 142.

J a c o b i, G. H.: Der Mineraloge Georg Agricola und sein Verhältnis zur Wissenschaft seiner Zeit. Ein Beitrag z. Gesch. Wiss. der Reformationszeit, Werdau 1879, pp. 72 (Bibliographie).

S c h r a u f, Albr.: Zur Erinnerung an —, geboren zu Glauchau 1494, den 24. März. Zeitschr. f. prakt. Geol. 1894, 217—224 (Portr.).

K e t t n e r: 129 ff.

F i g u i e r, L.: Vies des savants ill. de Renaissance 1868, 213-230 (Portr.).

Freyberg.

E d w a r d s, Guide 11, 14, 48, 50.

Q u e n s t e d t, F. A., Ueber Pterodactylus suevicus 1855, 1.

Ahlburg, J o h a n n e s H e i n r i c h W i l h e l m, geb. 9. IX. 1883
Treuenbrietzen, Mark, gest. 22. II. 1919.
Studierte bei Branca in Berlin. 1906 Assistent an der Bergakade-
mie, 1908 Mitarbeiter der Preuß. Geol. Landesanst. Studierte
Wellenkalkfauna Oberschlesiens. Stratigraphie des Lahngebietes.
K e g e l, W.: Nachruf, Jahrb. Preuß. Geol. Landesanst., 41,
1920, II: I—XI (Portr., Bibliographie mit 27 Titeln).

* **Aikin**, A r t h u r, geb. 1773, gest. 1854.
Unitarischer Geistlicher, Chemiker und Mineralog. Stratigraphie.
M u r c h i s o n, Obituary, Proc. Geol. Soc. 3: 647.
W o o d w a r d, H. B.: Hist. Geol. Soc. London, 10.

***Al Akfani (Sachawi)**; geb. 1347/48.
Arabischer Naturforscher.
C h e i k o, P. L.: Unedierter Text über die kostbaren (Edel-) Steine
von Scham Al Din I bu/ al Akfani nicht Akmani (al Marchriq.
Bd. 11, 751—765, 1908.

Albers, J o h a n n C h r i s t i a n, geb. 1795, gest. 1857.
Schrieb über subfossile Mollusken von Madeira.
opus 1853 ref. NJM. 1855, 507.

Albert v. Bollstaedt siehe **Albertus Magnus**.

Alberti, F r i e d r i c h A u g. v o n, geb. 4. IX. 1795 Stuttgart, gest.
12. IX. 1878 Heilbronn.
1815 Beamter an der Saline Sulz, 1820 Salineninspektor in Fried-
richshall, 1836 Bergrat, 1852—70 Salinenverwalter daselbst.
Nannte Buntsandstein (Vogesensandstein), Muschelkalk und Keuper: Trias. Triasstratigraphie u. -paläontologie.
F r a a s, O.: Nachruf, Jahresh. Württemberg 1878, 39—52, Bibliographie im Text.
R i c h t e r, R.: Die „Trias" vor 100 Jahren aufgestellt. Natur
und Volk, 64, 1934, 232—233 (Portr.).
Z i t t e l: Gesch.
Freyberg.
H a a g, 180—183.

Alberti, L e o n e B a t t i s t a, geb. 1404, gest. 1472.
Italienischer Architekt, beschrieb Echiniden.
E d w a r d s: Guide, 27.

Alberti, V a l e n t i n, geb. 1635 Lehna, Schlesien, gest. 1697.
Prof. Philosophie und Theologie in Leipzig, schrieb 1675 über
Mansfeldische Petrefakten.
Freyberg.
Allgem. Deutsche Biogr. 1, 215—216.
S c h r ö t e r, Journ. 2, 1—4.

Albertus Magnus oder A l b e r t v o n B o l l s t a e d t, geb. 1193 Lau-
ingen, Schwaben, gest. 1280 Köln.
Studierte in Padua und Bologna, Dominikaner, Lector an den
Klosterschulen zu Köln, Hildesheim, Freiburg, Regensburg,
dann zwischen .1245—1248 in Paris. 1260 Bischof von Regensburg.
Betrachtete die Versteinerungen als Produkte der Vis formativa.
A l b e r t, P. P.: Zur Lebensgeschichte des A. M. Freiburger Dio-
zösanarchiv, N. F. 3, 1903, 283—298.
L o ë, P.: De vita et scriptis Bolstaedti Alberti Magni. Analecta
Bollandiana, 21, fasc. III—IV, 1902.

L o ë, P.: Kritische Streifzüge auf dem Gebiet der A. M.-Forschung. Annalen Hist. Ver. f. d. Niederrhein, 1902, H. 34.

S t r u n z, Fr.: A. M. Weisheit und Naturforschung im Mittelalter. Wien-Leipzig 1926, pp. 187.

Z a u n i c k, R.: A. M. der Prärenaissance-Zoologe. Ostdeutscher Naturwart 1924, H. 2, 124—128.

A b e l, O.: Tiere der Vorwelt, 27, 46.

E d w a r d s: Guide 11.

Z i t t e l: Gesch.

N o r d e n s k j ö l d: Gesch. d. Biologie, 81—82.

L a u t e r b o r n: Der Rhein, I: 61—76.

H e r t l i n g, G. v o n: Biographie. Ausgabe von J. H. Endres, 1914.

P e l s t e r, F.: Studien über —. 1920.

M i c h a e l, E.: Geschichte des deutschen Volkes vom 13. Jahrhundert bis zum Ausgang des Mittelalters (II) 1903.

Albinus, P e t e r, geb. 1543 (nicht 1534), gest. 1598.

Professor in Wittenberg. Opus 1590, ref. Schröter Journ. 4: 7—14. Freyberg.

S o m m e r f e l d t, G.: Erzgebirgische Forschungen zur Kulturgeschichte und Geschlechterkunde, 1. Dresden 1929, 3—36.

Z a u n i c k, R.: Dresden und die Pflege der Geologie. Zeitschr. deutsch. Geol. Ges., 86, 593.

P o g g e n d o r f f, 1, 24.

Albrecht, J o h a n n   S e b a s t i a n, geb. 4. VI. 1695 Coburg, gest. 8. X. 1774 daselbst.

Arzt, Professor der Physik am Gymnasium zu Coburg. Schrieb auch über Paläontologie. Opus 1737, ref. Schröter Journ. 4: 189. Freyberg.

P o g g e n d o r f f, 1, 25.

Aldrich, T r u m a n   H e m i n w a y, geb. 17. X. 1848 Palmyra, Newyork, gest. 28. IV. 1932 Birmingham, Alabama.

Ingenieur, Bankier, Tertiärpaläontologe. 1894 Mitglied des Congresses der Vereinigten Staaten (Republikaner), seit Thomas Jefferson der erste Paläontologe im Kongress. 1930 Paläontologe am Alabama Museum of Nat. Hist. Mollusca, Fährten.

G a r d n e r, Julia: Memorial of — Bull. Geol. Soc. America, 44, 1933, 301—307 (Portr. Bibliographie mit 41 Titeln).

Aldrovandi, U l i s s e, geb. 1522 Bologna, gest. 1605.

Schüler Konrad Gesner's. Kaufmann, dann Dr. medicinae, 1560 Prof. in Bologna. Pharmakologe, Gründer eines botanischen Gartens, Sammler. Ref. Schröter, Journ. I: 1—9.

C a p e l l i n i, G.: Cenni storici sulla Paleontologia e Geologia (Esquisses historiques de Pal. et Géol.) Riv. Ital. Paleont. 7, 92.

C e r m e n a t i, M.: Considerazioni e notizie relative alla storia delle scienze geologiche ed a due precursori bresciani. Boll. Soc. Geol. Ital., 20, 1901, CIII—CIV.

F o r e s t i, L.: Sopra alcuni fossili illustrati e descritti nel Museum metallicum di Ulisse Aldrovandi. Boll. Soc. Geol. Ital., 6, 1887, 81—116.

G o r t a n i, M.: Reliquiae geologiche Aldrovandiane. Studi intorno alla vita e alla opera di Ulisse Aldrovandi. III. Centenario Aldrovandiano Bologna, 1907, 183—193.

— — Relazione delle feste Aldrovandiane a Bologna (12—13 Giugno, 1907). Boll. Soc. Geol. Ital., 26, 1907, CIII—CVII Taf.

E d w a r d s, Guide 52, 55.

N o r d e n s k j ö l d: Gesch. d. Biologie, 97—99.

L e g a t i, L.: Museo Cospiano annesso a quello del famoso Ulisse Aldrovandi. Bologna 1677, zitiert von Cermenati, 1911. Onoranza a Ulisse Aldrovandi. Imola, 1908, Taf., p. 151.

Alessandri, A l e s s a n d r o, degli, geb. 1461, gest. 1523.
Neapolitanischer Jurist und Dichter, erwähnte in einer Rhapsodie versteinerte Conchylien in den calabrischen Bergen, deren Bedeutung er richtig erkannte.
E d w a r d s: Guide, 27.
Z i t t e l: Gesch.
F r e y b e r g: S. 19.
P o g g e n d o r f f, 1, 29.

Allen, H e n r y A t t w o o l, gest. im 79. Lebensjahr am 3. X. 1934.
1875 Mitglied der Geol. Survey England. Evertebrata.
Obituary: Nature, London, 134, p. 562.

Allen, J o e l A s a p h, geb. 1838, gest. 1921.
1867–85 Curator Mus. Comp. Zoology, 1885 am Am. Mus. Nat. Hist. Leiter der Abt. für Vögel u. Säugetiere, schrieb 1876 über Bison. Mammalia, Rodentia, Aves.
C h a p m a n, F. M.: J. A. A. Memoirs Nat. Ac. Sci. 21, 1 (1922), 1926, 1—20 (Portr., Bibliographie).

* **Allen**, R o l l a n d C r a t e n.
1909—1919 Direktor der Geological Survey Michigan. Stratigraphie.
M a r t i n, H. M.: Brief history Michigan geol. surv., 1922, 729—749 (Portr.).

Allioni, C a r l o, geb. 1725, gest. 28. VII. 1804.
Turiner Geologe, schrieb 1757 Oryctographia Pedemontana (ref. Schröter, Journ. 1: 9—10).
T o r n i e r 1924: 28.
P o g g e n d o r f f, 1, 32.

Allport, S a m u e l, geb. 1816, gest. 1897.
Englischer Petrograph, auch Sammler in Bahia, Brasilien, dann Sammler in Birmingham. Trilobita, Mollusca, Echinodermata.
Hist. Brit. Mus. I: 260.
Obituary QuJGS. London, 54, 1898, LX—LXII; Geol. Magaz. 1897, 430—431.

Almera, J a u m e, geb. 5. V. 1845, gest. 14. II. 1919 Barcelona.
Chanoine. Stratigraphie Kataloniens.
F a u r a: Bull. Soc. géol. France, (4) 20, 268—270.
Scient. Papers 13, 73.

Alth, A l o i s E d l e r v o n, geb. 2. VI. 1819 Czernszowka (Galizien), gest. 4. XI. 1886 Krakau.
Prof. Min. Jagellonische Univ., Krakau Geologie u. Paläontologie von Galizien (z. B. Fauna des Oberjurakalks von Nizniow u. altpaläozoische Fische von Podolien).
S t u r, D.: Nachruf. Verh. k. k. Geol. Reichsanst. Wien 1886, 342—343.
P o g g e n d o r f f, 3, 24.
Scient. Papers 1, 12; 7, 26; 13, 75 (Qu.).

Althaus, A u g u s t H e i n r. J a c., Baron von, geb. 25. VII. 1791 Paris, gest. ?
schrieb 1840 über Chirotherium und Pisces von Richelsdorf, Eisleben. Badischer Bergrat in Freiburg.
F r e y b e r g.
P o g g e n d o r f f, 3, 25.

d'Alton, E d u a r d, geb. 17. VII. 1803, gest. 25. VII. 1854.
Professor in Halle und Berlin. Zeichner Pander's, schrieb mit Bur-
meister 1854 über den „Gavial von Boll", mit Pander 1818 über
Megatherium. Trilobita.
T o r n i e r, 1924: 50.
N o r d e n s k j ö l d: Gesch. d. Biologie, 373.
Allgem. Deutsche Biogr. 1, 373.

Amalitzky, W l a d i m i r P r o h o r o w i t s c h, geb. 1860, gest. 15/28.
I. 1917, Kislovodsk.
Prof. Geologie in Warschau, sammelte und bearbeitete mit seiner
Frau Amphibia und Reptilia aus der Dvina-Gegend. Perm-
lamellibranchiaten.
V e n g u é r o v, S.: Dictionnaire biographique et critique des hom-
mes de lettres et de savants russes. (Biobibliogr. russisch.)
B a t h e r, F. A.: Obituary Geol. Magaz. 1918, 384.
A. S. W (o o d w a r d): Obituary Geol. Magaz., 1918, 432.

Ameghino, F l o r e n t i n o, geb. 18. IX. 1854, Lujan, gest. 6. VIII.
1911 La Plata.
Direktor und Begründer des La Plata-Museum. Erforscher der
südamerikanischen Vertebratenfaunen.
T o r c e l l i, A. J.: Vida y obras del sabio. Obras completas y cor-
respondencia cientifica di —, Bd. I, 375—391 (Portr. Biblio-
graphie mit 186 Titeln, Gesammelte Schriften bisher in 11
Bänden.)
A m b r o s e t t i, J. B.: Doctor Fl. A. Anales Museo Nacional Hist.
Nat. Buenos Aires (3) 15, 1912, XI—LXV (Portr., Bibliographie).
K r a g l i e v i c s: Nekrolog. Monitor No. 16 (Bibliographie).
M a t t h e w, W. D.: Obituary Pop. Sci. Mo. March 1912.
vgl. S i m p s o n, G. G.: Attending marvels. A Patagonian Journal.
New York 1934, p. 61—62.

Ami, H e n r y M a r c, geb. 23. XI. 1858 Montreal, Canada, gest. 4.
I. 1931, Mentone.
1882 Mitarbeiter der Geológical Survey Canada, bis 1910, dann
Urmenschforscher. Stratigraphie, Graptolithen, Bryozoa, Mollus-
ca, Mammalia u. a.
W h i t e, D.: Memorial of — Bull. Geol. Soc. America, 43, 1932,
23—43 (Portr. Bibliographie mit 239 Titeln.)
A. S. W (o o d w a r d): Obituary QuJGS. London, 1931, LXVIII—
LXIX.

Ammon, L u d w i g v o n, geb. 14. XII. 1850 Gunzenhausen, gest.
26. VII. 1922 München.
Vorstand der Geol. Landesuntersuchung Oberbayerns. Stratigraphie
Bayerns. Gastropoden, Asseln, Pisces, Amphibia, Reptilia, Aves.
R e i n d l, J.: Nachruf, Deutsche Rundschau f. Geographie, 37,
1914-15.
R e i s, O. M.: Nekrolog, Geognost. Jahreshefte, 35, 1922, 240—246
(Portr. Bibliographie mit 67 Titeln).

Amoreux, F i l s, P i e r r e J o s e p h, geb. Beaucaire, gest. 1824
Montpellier.
schrieb 1783 über marine Fossilien von Languedoc.
T o r n i e r, 1924: 28.
Biogr. universelle 1, 594.

Anderson, J a m e s S i r,
Schiffskapitän in Boston, in den 60er Jahren, Naturforscher, Mitarbeiter von Agassiz, Walker, Murchison, Sedgwick, Capellini, besaß in London ein pal. Museum.
C l a r k e: James Hall of Albany, 393, 395.

Anderson, W i l l i a m, geb. Februar 1860, gest. 30. V. 1915 Sydney. 1886 Mitarbeiter der Geol. Survey NS.-Wales, dann bis 1896 der Geol. Survey India, 1899 Geologe in Natal u. Mineningenieur., Stratigraphie.
E t h e r i d g e, R.: Obituary, Geol. Magaz. 1915, 478—480.
Scient. Papers 13, 96.

Andersson, C a r l F i l i p G u n n a r, geb. 25. XI. 1865 Ystad, gest. 5. VIII. 1928.
Prof. ökon. Geogr. Handelshochschule Stockholm. Botaniker. Floren des Quartär.
W a l l é n, A., H e s s e l m a n, H., J o n a s s o n, O.: G. A. Ymer 48, 1928, 193—226 (Portr., Bibliographie) (Qu.).

Andersson, J o h a n G u n n a r, geb. 3. VII. 1874.
Direktor der schwedischen Geol. Survey, 1925 Prof. Geol. Stockholm. (CfM. 1925, B. 32). Trilobita, Mollusca, Forschungen u. Ausgrabungen in China.
P a l a n d e r, L., A n d e r s s o n, G., A x e l L a g r e l i u s: Prof. J. G. Anderssons forskningar, Ymer Stockholm, 39, 1919, 157—173.
Prof. J. G. A.'s vetenskapliga arbeten i Kina. Ymer 42, 1922, 129—163.
Svenskt biogr. Lexikon 1, 751—754.

*Andrade, A l f r e d.
Italienischer Geologe.
I s s e l, A.: Necrolog Atti Soc. Liguria Storia, 47, Genova, 1927.

Andrae, C a r l J u s t u s, geb. 1. XI. 1816 Naumburg, gest. 8. V. 1885.
Phytopaläontologe.
B e r t k a u, Ph.: Nachruf, Verhandl. naturf. Ver. preuß. Rheinlande-Westfalen, 1885, 42. Generalversammlung Corrbl.· 37—44 (Auszug Verhandl. Geol. Reichsanst. Wien, 1885, 377—378).
P o g g e n d o r f f 3, 28.

*André, C h r i s t i a n K a r l, geb. 20. III. 1763 Hildburghausen, gest. 19. VII. 1831 Stuttgart.
Studierte um 1800 Stratigraphie Mährens.
Z i t t e l: Gesch.
W u r z b a c h 1, 35—36.

Andreae, A c h i l l e s, geb. 1859 Frankfurt, gest. 17. I. 1905 Hildesheim.
1887 Prof. Heidelberg, 1894 Direktor des Römer-Museums. Foraminifera, Mollusca, Reptilia Jura, Tertiär vom Elsaß, Mainzer Becken.
Nachruf: Leopoldina, 41, 1905, 36.
P o g g e n d o r f 4, 24.
Scient. Papers 13, 103—104.

Andreae, J o h a n n G e r h a r d R e i n h a r d, geb. 17. XII. 1724 Hannover, gest. 1. V. 1793 ebenda.

Apotheker in Hannover. Sammler. Beschrieb Schweizer Fossilien. Opus 1763, ref. Schröter, Journ. 4: 14—20.
R u t s c h, R.: Originalien der Basler Geol. Samml. zu Autoren des 16.—18. Jh. Verh. Naturf. Ges. Basel 48, 1937, 28—29.
P o g g e n d o r f f 1, 44 (Qu.).

Andrews, C h a r l e s W i l l i a m, geb. 1866 Hampstead, gest. 25. V. 1924 London.
1892 Mitarbeiter des British Museum. Leitete Expeditionen nach den Christmas-Inseln und Fayum. Reptilien (marine), Aves, Mammalia.
A. S. W (o o d w a r d): Obituary notice, Proc. Roy. Soc. B. 100, p. I—III (Portr.) und Geol. Magaz. 1924, 479—480.
P y c r a f t, W. P.: The passing of a great palaeontologist. The Illustrated London News, 14. Juni 1924, p. 1128.
Obituary QuJGS., London, 81, LXV.
Würdigung anläßlich der Erteilung der Lyell Medal: QuJGS. London, 72, 1916, XLIII.
Scient. Papers 13, 108.

Andrian, F e r d i n a n d F r e i h e r r v o n, geb. 15. IX. 1835 Schloß Varnbach a. Jnn, gest. 10. IV. 1914 Nizza.
Mitarbeiter geol. Reichsanst. Wien, später Hofrat im Finanzministerium. Anthropologie, Stratigraphie.
vergl. T i e t z e, E.: Nachruf, Jahrb. Geol. Reichsanst. Wien, 1914, 175—177.

Andrussow, N i c o l a i J w a n o w i t s c h, geb. 7. XII. 1861 Odessa, gest. 26. IV. 1924 Prag.
Prof. Geol. Pal. Min. Dorpat, seit 1904 in Kiew. Neogene Faunen.
B o g d a n o v, A.: Matériaux pour l'histoire de l'activité scientifique et industrielle en Russie, dans le domaine de la Zoologie et des sciences voisines, de 1850 à 1887. Bull. Soc. Imp. des Amis des Sc. Nat. Moscou, 70, 1891 (Portr.).
B r o c k h a u s & E f r o n e: Dictionnaire encyclopédique 5, 1891, St. Pétersbourg.
L o e v i n s o n - L e s s i n g: Biographien der Professoren und Dozenten der kaiserl. Univ. Dorpat, 1902, 230—235.
B o r i s s i a k, A.: Nécrologie. Bull. Ac. Sci. de Russie (6) 19, 1925, 133—140 (Portr.).
Nachruf. Annales géol. Péninsule balkanique 10, 2, 1931, 11—14.
P o g g e n d o r f f 4, 27.

Andrzejowsky, A n t o n i, geb. 1785, gest. 12. /24. XII. 1868.
Prof. Direktor Naturh. Mus. Kiew um 1833. Mollusca.
Lexique biographique des Professeurs de l'Université Impériale de Saint-Vladimir Kiew, 1884.
K ö p p e n II, 54.

Angelin, N i l s P e t e r, geb. 1805 Lund, gest. 13. II. 1876 Stockholm.
Professor und Intendant der paläontologischen Sammlungen des Riksmuseum Stockholm. Crinoidea, Trilobita, Mollusca.
N a t h o r s t, A. G.: En vetenskapsman av gamla stammen: N. P. A. Stockholm 1916, Svenska Dagblad 1916.
L o v e n, S.: N. P. A. Lefnadsteckningar öfver Kongl. Svenska Vetenskaps Akademien efter ar 1854 aflidna Ledamöter, 2, No. 48, Stockholm 1878, 131—138 (Bibliographie).
Obituary Geol. Magaz. 1876, 432.
vergl. W e s t e r g a u d, A. H.: Index to N. P. Angelin's Palaeont. Scandinavica. Lunds Univ. Arskrift, 6, No. 2, 1—48, 1910.
N. P. A. Svenskt Biogr. Lexikon 1, 783—785 (**Portr., Bibliographie**).

* **Angelucci**, A n g e l o, gest. 70 Jahre alt 5. VII. 1891 Torino.
Italienischer Palethnologe.
Necrolog: Rassegna geol. Ital., 1, 1891, 495—496 (Bibliographie mit 27 Titeln).

Anker, M a t t h i a s J o s e p h, geb. 1. (od. 6.) V. 1772 (od. 1771) Graz, gest. 3. IV. 1843 ebenda.
Kreischirurg in Graz, später Prof. Min. und Kustos am Landesmuseum Joanneum, Graz. Sammler. Wirbeltiere des steirischen Tertiärs. Stratigraphie der Steiermark.
S t u r, D.: Geologie der Steiermark 1871, XX, XIII.
v. L e i t n e r : M. A. Mitt. hist. Ver. Steiermark 4, 1853, 243 bis 251.
W u r z b a c h 1, 42—43 (Qu.).

Anning, M a r y, geb. Mai 1799 Lyme Regis, gest. 9. III. 1847.
Fossiliensammlerin zu Lyme Regis.
Obituary: Proc. Geol. Soc. London, 4, 1848, XXIV.
W o o d w a r d, H. B.: Hist. Geol. Soc. London, 115.
P o g g e n d o r f f 1, 50.
C a r u s, G.: England und Schottland im Jahre 1844, Berlin 1845, 2: 15.
L y e l l I, 153, 247, 250.

Annone, J o h a n n J a c o b d', geb. 12. VII. 1728 Basel, gest. 18. IX. 1804 daselbst.
Schweizerischer Naturforscher um 1750 in Basel. Opus 1755, ref.
Schröter, Journ. 4: 20—29. Besitzer einer schönen Sammlung.
T o r n i e r, 1924: 28.
P o g g e n d o r f f 1, 50.
R u t s c h, R.: Originalien der Basler Geol. Samml. zu Autoren des 16.—18. Jh. Verh. Naturf. Ges. Basel 48, 1937, 24—28 (mit Angaben auch über Hieronymus d'Annone 1697—1770, gleichfalls ein eifriger Fossiliensammler).

* **Anschütz**, J o h a n n M a t t h ä u s, geb. 1745, gest. 1802.
Gewehrhändler in Suhl. Schrieb über Kursachsen.
Freyberg.
P o g g e n d o r f f 1, 50.

* **Ansted**, D a v i d T h o m a s, geb. 1814, gest. 1880.
Prof. Geol. King's College London.
Obituary Geol. Magaz. 1880, 336.

Anstice, W i l l i a m, gest. 1859.
Sammler. Insecta des Carbon.
Obituary QuJGS. London 16, 1860, XXVII. (Qu.).

* **Aplin**, C h r i s t o p h e r d'O y l y H a l e.
Mitarbeiter der Geol. Survey Victoria.
D u n n, E. J.: Biographical sketch of the founders of the Geological Survey of Victoria and bibliography by D. J. Mahry. Bull. Geol. Surv. Victoria 23, 1910. (Bibliographie mit 28 Titeln.)

Aradas, A n d r e a, gest. 1. XI. 1882 Catania.
Prof. Zool. Catania. Mollusca, Echinida, Mammalia von Sizilien.
Bibliographie. Atti Acc. Gioenia (3) 2, 1868, 174—175, 305—307.
Todesnachricht. Leopoldina 19, 1883, 54 (Qu.).

Arber, E d w a r d A l e x a n d e r N e w e l l, geb. 5. VIII. 1870 London, gest. 14. VI. 1918.
1899 Demonstrator für Paläobotanik Univ. Cambridge. Phytopaläontologie.
O b i t u a r y: Geol. Magaz. 1918, 426—431 (Bibliographie mit 58 Titeln, Portr.), QuJGS. London 75, 1919, LX.
Obituary. Annals of botany 32, 1918, VIII f. (Bibliographie).

d'Archiac, É t i e n n e J u l e s A d o l p h e D e x m i e r d e S i m o n, Vicomte, geb. 24. IX. 1802 Reims, gest. 24. XII. 1868 (durch Selbstmord).
1821—30 Kavallerieoffizier, studierte 1842—47 Kreide und Tertiär Frankreichs und Belgiens, schrieb 1847—60 Geschichte der Fortschritte der Geologie zwischen 1834—59 in 8 Bänden. 1861 Prof. Paläontologie am Jardin des Plantes (Nachfolger d'Orbigny's). Stratigraphie u. Faunen der Kreide, des Tertiär. Devonfossilien, Foraminifera. Geschichte der stratigraph. Paläontologie.
G a u d r y, A.: Notice sur les travaux scientifiques du —. Bull. Soc. géol. France (3) 2, 1874, 230—245 (Bibliographie mit 84 Titeln).
Notice sur les travaux géologiques de M. d'Archiac, Paris 1847, pp. 31, II. Aufl. 1856, pp. 35, III. Aufl. 1856, pp. 7.
C r o s s e, H., & P. F i s c h e r: Necrolog Journ. de Conchyl. 18, 1870, 157—158.
H u x l e y, Th. H.: Obituary QuJGS. London, 26, 1870, XXIX— XXXII.
G e i k i e: Murchison 2: 281.
Z i t t e l: Gesch.

* **Arderon**, W i l l i a m, geb. 1703, gest. 1767.
K i t t o n, F.: William Arderon, F. R. S. An old Norwich Naturalist. Trans. Norfolk & Norwich Naturalist's Soc. 2, 1878, 429—458 (Bibliogr.).
Dict. Nat. Biogr. 2, 77.

Arduino, G i o v a n n i, geb. 16. X. 1714 Caprino Veronese, gest. 21. III. 1795 Venezia.
Bergwerksdirektor im Vicentinischen und in Toscana, Prof. Min. Metallurgie in Venedig. (Bibliographie seiner Werke zwischen 1760—1795 in: Bibliographie géologique et paléontologique de l'Italie 1881.) Stratigraphie.
S t e g a g n o, G.: Il veronese —, e il suo contributo al progresso della scienza geologica. Opera pubblicata sotto gli auspicii del Ministro dell' Istruzione Pubblica, Verona, 1929, pp. 42 (Portr.).
C a t u l l o, T. A.: Elogio di — Padova 1839.
C r o z a t t i, G.: Pro montibus Veronese Caprino, 1924.
Centenario e Commemorazioni. Riv. di Storia d. Sci. med. e. Nat., 1925, p. 65.
E d w a r d s, Guide: 48.
Z i t t e l: Gesch.
P o g g e n d o r f f 1, 58.

Areitio y Larrinaga, A l f o n s o d e, gest. 1884.
Geologie u. Paläontologie Spaniens.
S o l a n o y E u l a t e, J.: Noticia necrologica d'Alfonse de — Anales Soc. Esp. Hist. Nat., 13, 109—111, 1884.

Arenswald, v o n.
Schrieb Geschichte der pommerschen und mecklenburgischen Versteinerungen. (Gelehrte Blätter zu den Mecklenburg-Schwerin-
schen Nachrichten, 1774, 46—49, Der Naturforscher, 5, 1779,
Gesterding's Pommersches Magazin).

d'Arezzo, R i s t o r o, oder Cecco d'Ascoli, geb. 1257, gest. 1327.
Italienischer Mönch, schrieb in seinem Poem Acerba über Blatt-
abdrücke.
E d w a r d s: Guide, 17, 21.

Argenville, A n t. J o s. D e z a l l i e r d', geb. 4. VII. 1680 Paris,
gest. 29. XI. 1765 ebenda.
Publizierte seinen Katalog: Enumerationis fossilium, quae in om-
nibus Galliae provinciis reperiuntur tentamina, Paris 1721, opus
1742, 1755, 1772, ref. Schröter, Journ. 3: 1—17.
E d w a r d s, Guide: 44 (1755).
Z i t t e l: Gesch.
Biogr. universelle 10, 598.

Aristoteles, geb. 384, gest. 322 v. Chr.
S e y b o l d, C. F.: Besprechung von „Das Steinbuch" des Aristo-
teles mit Literatur.
R u s k a, J.: Das Steinbuch des — mit literaturgeschichtlichen
Anmerkungen, 1912, pp. 208.
B u r c k h a r d t, R.: Mauthners Aristoteles. Offener Brief an
Herrn Georg Brandes. Basel, 1904.
Aristoteles-Cuvier Zool. Annalen, 3, 1908.
T h o m p s o n d'A r c y: On Aristotle as a Biologist. Oxford. 1913.
A l m q u i s t: Große Biologen.

Arldt, T h e o d o r, geb. 20. I. 1878.
Schrieb Handbuch der Paläogeographie.

Armstrong, J a m e s, formerly of Glasgow, geb. 1. I. 1832 Leith
Firth of Forth, gest. 28. XI. 1892 Brooklyn, Newyork.
Einer der Begründer der Glasgow Geological Society, Mitarbeiter
des Catalogue of Western Scottish Fossils, besaß ein reiches
Museum, das z. T. in das Museum of Science and Art, Edin-
burgh, z. T. in das Kilmarnock, z. T. in das British Museum
gelangte (vorwiegend Carbon).
Obituary Geol. Magaz. 1893, 94.
Hist. Brit. Mus. I: 261.

Arnaud, H i l a i r e, geb. 10. IX. 1827 Angoulême, gest. 1. XI. 1907.
Advokat. Stratigraphie u. Paläontologie der südwestfrz. Kreide.
Rudista, Echinodermata.
G r o s s o u v r e, A. d e: Notice nécrologique sur — Bull. Soc.
géol. France, (4) 8, 1908, 223—233 (Bibliographie mit 31
Titeln).

*Arnim, G e o r g F r i e d r i c h' v o n, gest. 12. I. 1774.
Senioratsherr auf Sukkow. Besaß ein Naturalienkabinett zu
Prenzlau für die Uckermark. Mollusca.
Nachruf: Schröter, Journ. I: 1: 122—123.

Arnold, J o s e p h, geb. 28. XII. 1782 Beccles, gest. Juli 1818 Padang.
Englischer Sammler.
Life of Lyell I: 41.
Dict. Nat. Biogr. 2, 110.

Arnold, T h e o d o r.
Opus 1733 über fossile Fische ref. Schröter Journ. 4: 29—33.

Arnstein, H e i n r i c h, gest. 23. ͵XI. 1864 im 41. Lebensjahr.
H a i d i n g e r: Jahrb. Geol. Reichsanst. Wien, 14, 1864, Verhandl.
215.

Artis, E d m u n d   T y r e l l, geb. 1789 Sweflin, gest. 24. XII. 1847
Doncaster.
Schrieb 1825 über Phytopaläontologie, ref. NJM.   1831,   357.
Sammler und Zeichner von Karbonpflanzen.
Obituary. QuJGS. London 5, 1849, XXII—XXIII.

Ascoli siehe **Arezzo**.

* **Ashburner**, C h a r l e s   A l b e r t, geb. 1854, gest. 1889.
Amerikanischer Geol. Mineningenieur. Oel- und Kohlengeologie.
Bibliographie von Fr. A. Hill: Bull. Geol. Soc. America, 5, 561—
567 (Bibliographie mit 70 Titeln), Biographie ebenda I: 521.
L e s l e y, J. P.: Obituary notice of — Proc. Amer. Philos. Soc.
28, 53—59, 1890.
— — Biographical notice of —. Trans. Amer. Inst. Min. Engi-
neer. 18, 365—370, 1890.
W i n c h e s t e r, D. E.: Obituary Amer. Geol. 6, 1890, 69—78
(Portr.).

Ashe, T h o m a s, geb. 15. VII. 1770 bei Dublin, gest. 17. XII. 1835
Bath.
Schrieb 1806 über Ohio Mammuth in Amerika.
Dict. Nat. Biogr. 2, 169.
N i c k l e s   50 (Qu.).

Asmuß, H e r m a n n   M a r t i n, geb. 31. V. 1812 Dorpat, gest.
6. XII. 1859 ebenda.
Dozent der Zool. an der Univ. Dorpat. Vertebrata.
Scient. Papers 1, 107.
P a n c k, J o h. v.: Silhouetten Dorpater Hochschullehrer, Dorpat
1932 (Portr.).
L e v i c k y, G. V.: Jurewsk. Univ. I, 1902, 267—270 (Qu.).

Assmann, A u g u s t, gest. 1898 Breslau.
Fossile Jnsekten (1870).
Scient. Papers 1, 107; 12, 28 (Qu.).

Ast, P h i l i p, geb. 1839 in Bayern, gest. 8. V. 1903.
Künstler. 1871 Mitarbeiter von James Hall (of Albany). Lithograph der Tafeln zur Palaeontology of New York.
C l a r k e: James Hall of Albany 407, 409.
— — New York State Museum Bull. 69, Palaeontology 9. Rep.
of the State Paleontologist 1902. Albany 1903, 872—873 (Nachruf). (Qu.).

Astier, J. E.
Prof. Collège de Grasse (Var), beschrieb 1851 neokome Ancylo-
ceraten.
Hist. Brit. Mus. I: 261.

Astruc, J e a n, geb. 19. III. 1684 Sauves, gest. 5. V. 1766 Paris.
Versteinerungen von Boutonnet 1708, ref. Schröter Journ. I:
2: 9—10.
Biogr. universelle 2, 343—345.

Atherstone, William Guybon, geb. 1814, gest. Ende des 19. Jahrhunderts (1898).
Arzt in Grahamstown, Südafrika, wo er Karroo-Reptilien sammelte. Sammelte 1871 im Prince Albert Distrikt Dinocephalia, Pisces.
Broom, R.: The mammal-like Reptiles of South Africa, 1932 334, 335.
Hist. Brit. Mus. I: 261.
Obituary. QuJGS. London 55, 1899, LVIII.

Atkinson, Wheatley James, gest. 83 Jahre alt 9. XII. 1933.
Advokat, Sammler in London.
M. S. J.: Obituary Proc. Geol. Assoc. 45, 1934, 98.

Atthey, Thomas, gest. 14. IV. 1880, 65 J. alt, Newcastle-on-Tyne.
Ladenbesitzer. Foss. Fische, Anthracosaurus u. a. aus dem Karbon (zus. mit A. Hancock).
Nekrolog. Zool. Anz. 3, 1880, 240.
Nat. Hist. Transactions of Northumberland 8, 1884—1889, 46 bis 50. (Qu.).

Atwater, Caleb, geb. 1778, gest. 1867.
Schrieb 1818—20 über Mammalia, Homo foss. Nordamerikas.
Dict. Am. Biogr. 1, 415.
Nickles 52.

* **d'Aubuisson** de Voisins, Jean François, geb. 1769 Toulouse, gest. 1841 daselbst.
Chefingenieur der Minen in Frankreich, schrieb 1819 Traité de Géognosie. Stratigraphie.
Boucheporn, de: Notice nécrologique sur — Ann. des Mines (4) 11, 1847, 667—709 (Bibliographie).
Zittel: Gesch.
Life & letters of Lyell I: 275, 276.

Audouin, Jean Victor, geb. 27. IV. 1797 Paris, gest. 9. XI. 1841 ebenda.
Prof. d. Entomologie Mus. d'hist. nat. Paris. Trilobita (1821).
Duponchel: Notice sur la vie et les travaux de J. V. A. Annales Soc. entomol. France 11, 1842, 95—164 (Bibliographie).

Auer, Erwin, geb. 8. III. 1885 Sulz a. Neckar, gest. 20./21. X. 1914. (Heldentod).
Oberrealschullehrer. Studierte Krokodile.
Nachruf: Jahreshefte Ver. vaterl. Naturk. Württemberg, 71, 1915, LXXXIX—XC.

Auerbach, Johann Alexander, geb. 31. III. 1815 Moskau, gest. 16. XI. 1867 ebenda.
Sekretär kais. naturf. Ges. Moskau. Stratigraphie der Umgegend von Moskau.
Poggendorff 3, 49 (Qu.).

Auinger, Mathias, gest. 11. X. 1890 im 80. Lebensjahr.
Custos am Museum Wien. Mollusca.
Stur, D.: Nachruf Verhandl. Geol. Reichsanst. Wien, 1890, 257—258.
Nachruf: Leopoldina, 27: 201.

Austin, C h a r l e s E d w a r d, geb. 22. VI. 1819 Wotton-under-
Edge, gest. 8. IV. 1893.
Ingenieur. Pisces und Estherien Sibiriens.
Obituary QuJGS. London, 50, 1894, Proc. 44.

Austin, T h o m a s, geb. 1795, gest. 11. III. 1881.
Major in der englischen Armee, studierte in Bristol Echinodermen,
schrieb 1843—49 Monographie der Crinoideen. Collection Austin
z. T. im Bristol, z. T. im British Museum.
Obituary QuJGS. London, 38, 1882, Proc. 52—53.
Hist. Brit. Mus. I: 262.

Avebury, L o r d, siehe L u b b o c k, J o h n.

Avicenna (I b n S i n a), geb. 980, gest. 1037.
Arabischer Commentator und Übersetzer von Aristoteles, leitete die
Versteinerungen aus der Vis plastica her.
N o r d e n s k j ö l d: Gesch. d. Biologie, 71—72.
Z i t t e l: Gesch.
E d w a r d s: Guide 10.
P o g g e n d o r f f 1, 78.

Aycke, J o h a n n C h r i s t i a n, geb. 7. IX. 1766 Danzig, gest.
23. XII. 1854.
Stadtrat in Danzig. Bernsteinhölzer.
P o g g e n d o r f f 1, 78.
S c h u m a n n, E.: Geschichte naturf. Ges. Danzig 1743—1892.
Schrift. Naturf. Ges. Danzig VIII, 2, 1893, p. 61, 88 (Qu.).

Aylesford, C o u n t e s s o f,
Schenkte 1817 dem British Museum Ichthyolithen von Loughbo-
rough.
Hist. Brit. Mus. I: 262.

Aymard, A u g u s t e.
Studierte Auvergne Tertiär. Homo fossilis. Lebte in Le Puy.
Z i t t e l: Gesch.

* **Babbage**, C h a r l e s, geb. 26. XII. 1792, gest. 20. XI. 1871.
Prof. Mathematik. Cambridge.
Obituary, Geol. Magaz., 1871, 491.
P o g g e n d o r f f 1, 81.

Baber, J a m e s, gest. 1887.
Fabrikbesitzer in Knightsbridge, England, und Sammler, Freund
von John Morris. Collectio Baber im British Museum und Museum der Aberdeen University.
Hist. Brit. Mus. I: 262.

* **Bach**, H.
Mitarbeiter in den 60er Jahren der geol. Landesaufnahme Würt-
tembergs.
Z i t t e l: Gesch.
Allgem. Deutsche Biogr. 1, 752.

Bachmann, I s i d o r, geb. 4. IV. 1837, gest. 2. IV. 1884 (ertrank in
der Aare).
Prof. Bern. Stratigraphie. Glazialgeologie. Fossilien bes. tertiäre.
Poggendorf III, 57.

Baer, K a r l E r n s t v o n, Edler von Huthorn, geb. 28. II. 1792
    Piep, Estland, gest. 28. oder 29. XI. 1876 Dorpat.
Prof. in Königsberg, 1834 Akademiker in St. Petersburg. Bahn-
    brecher der modernen Embryologie, auch Anthropologe, Ethno-
    graph, Archaeologe und Paläontologe. Mammuth.
Autobiographie: Nachricht über Leben und Schriften des Herrn
    Geheimrates — mitgeteilt von ihm selbst. Veröffentlicht bei Ge-
    legenheit seines 50jährigen Doctorjubiläums am 29. August 1864
    von der Ritterschaft Estlands. St. Petersburg, II. Ausgabe Braun-
    schweig 1886, pp. 519.
Dr. K. E. v. Baer. Eine Selbstbiographie, gekürzt herausgege-
    geben von Paul Conradi. Leipzig 1912, pp. 220 (I. Ausgabe
    1864).
H a a c k e, W.: K. E. v. B. Klassiker der Naturwissenschaften, 3,
    Leipzig, 1905, pp. VIII + 175 (Bibliographie mit 23 Titeln).
S t i e d a, L.: K. E. v. B. Eine biographische Skizze. Braunschweig
    1878, pp. XII + 301 (Portr.).
Das 50jährige Jubiläum des Geheimrats ⊣ St. Petersburg 1865.
A l m q u i s t: Große Biologen.
N o r d e n s k j ö l d: Gesch. d. Biologie, 367—370.
T o r n i e r: 1924: 51, 1925: 81.
Z a d d a c h, G.: K. E. v. Baer, Gedächtnisrede Phys. ök. Ges.
    Königsberg, 1877, pp. 35.
D a r m s t a e d t e r: Miniaturen 41—45, Taf. 72-73.
Allgem. Deutsche Biogr. 46, 207—212.
K ö p p e n II, 58—64.

Bagg, R u f u s M a t h e r.
Amerikanischer Paläontologe, publizierte seit den 90er Jahren über
    Foraminiferen.
Nickles I, 55; II, 26.

Baier, F e r d i n a n d J a k o b, geb. 1707 Altdorf, gest. 1788 Ansbach.
Sohn des vorigen. Schrieb Supplement zur Oryct. norica u. anderes
    über Fossilien.
Opus 1757: Schröter, Journ. 2: 11—13; 1765, 2: 13—15.
P o g g e n d o r f f 1, 88 (Qu.).

Baier, J o h a n n J a k o b, geb. 1677 Jena, gest. 1735.
Prof. der Medizin in Altdorf. Opus: Oryctographia Norica, 1708,
    mit Nachtrag 1757, ref. Schröter, Journ. 2: 4—11, 3: 17—20.
E d w a r d s: Guide 43.
G ü n t h e r, S.: Bayerland I: 53 ff.
L a u t e r b o r n: Der Rhein I: 189, 190.
A n d r e a s W i l l in Nopitsch: Würzburger Gelehrten-Lexikon.
Allgem. Deutsche Biogr. 1, 774—775.

Baier, J o h a n n W i l h e l m, geb. 1675 Jena, gest. 1729.
Prof. Physik u. Mathematik, Theologie in Altdorf. Schrieb fossil.
    diluvii univers. monum. Altdorf 1712.
F r e y b e r g.
Allgem. Deutsche Biogr. 1, 774.

Bailey, J a c o b W h i t m a n, geb. 1811, gest. 1857.
Prof. Chemie, Min. Military Academy, West Point. Vater Loring
    W. Baileys. Mikropalaeontologie.
C l a r k e: James Hall of Albany 323, 325.
M a r c o u, J. B.: Bibliographies of American Naturalists. III.
    Bibliography of publications relating to the collection of fossil
    invertebrates in the United States National Museum. Bull. U. S.
    Nat. Mus. No. 30,, 1885, p. 201.
Dict. Am. Biogr. I, 498.
N i c k l e s 56—57.

Bailey, L o r i n g   W o a r t, geb. 28. IX. 1839 West Point, gest.
10. I. 1925 Fredericton (New Brunswick).
Stratigraphie Neu-Braunschweig.
B o u r i n o t, J. G.: Bibliography of the Members of the Royal
Society of Canada. Proc. Trans. Roy. Soc. Canada, 12, 1894.
B a i l e y, J. W.: Loring Woart Bailey; the story of a man of
Science. 1925, 141 pp.
Nickles I, 57—59; II, 27.
Poggendorff 3, 62; 4, 55; 6, 108.

* **Bailey,** T o m   E s m o n d   G e o f f r e y, geb. 15. IV. 1883, gefallen
auf dem russischen Kampfplatz 2. IV. 1919.
Kapitän, 1910 Geologe in Nyassaland, Borneo.
Obituary: Geol. Magaz. 1919, 288.
L a m p l u g h, G. W.: Obituary QuJGS. London 1920, XLVIII—
LIII.

Baily, W i l l i a m H e l l i e r, geb. 7. VII. 1819 Bristol, gest. 6.
VIII. 1888 Rathmines bei Dublin.
1837 Curator des Bristol Museum, 1844 Zeichner des Geol. Survey
Great Britain, 1857 Paläontologe der Irish Geol. Survey, 1868
Demonstrator der Pal. am Royal College Irland. Kreidefauna
Südafrikas, Krim Evertebraten, Spongia, Korallen, Bryozoa,
Echinodermata, Mollusca.
B l a n f o r d, W. T.: Obituary QuJGS. London, 45, 1889, suppl.
39—41.
Obituary Geol. Magaz. 1888, 431—432, 575 (Bibliographie mit
43 Titeln).
G e i k i e: Ramsay 66.

Bain, A n d r e w   G e d d e s, geb. 1797, gest. 1864.
Schottischer Ingenieur, emigrierte nach Capland. Entdeckte die
Karroo-Reptilien Südafrikas.
B r o o m, R.: The mammal-like Reptiles of South Africa. Lon-
don, 1932, 334.
W o o d w a r d, H. B.: Hist. Geol. Soc. London 175.
Obituary QuJGS. London, 21, 1865, LII; Geol. Magaz. 1864
296; 1865, 47—48.

Bain, F r a n c i s, geb. 1842, gest. 1894.
Stratigraph.
W a t s o n, L. W.: Francis Bain Geologist. Trans. Roy. Soc. Ca-
nada, (2) 9, 1903, 135—142 (Bibliographie mit 62 Titeln).

Bain, T h o m a s   C h a r l e s   J o h n, gest. 64 J. alt 28. IX. 1893
Rondebosch bei Cape Town.
Sohn von Andrew Geddes Bain, begleitete Seeley 1889 nach der
Capkolonie. Ingenieur und Geologe. Sammler von Karroo-Repti-
lien.
B r o o m, R.: The mammal-like Reptiles of South Afrika, London
1932, 334.
T. R (u p e r t) J (o n e s): Obituary Geol. Magaz., 1894, 96.
Obituary in Maray and Nairu Express, 16. Dezember 1893.

* **Baird,** S p e n c e r   F u l l e r t o n, geb. 1823, gest. 1887.
Präsident U. S. Nat. Mus.
O s b o r n: Cope, Master Naturalist, 401.

Baker, A n n e   E l i z a b e t h, geb. 1786, gest. 1861.
Schrieb zum Werk ihres Bruders, George Baker: History of the
County of Northampton (1822—41), Geologie und Botanik, und
publizierte: Glossary of Northampton words and phrases. Sam-
melte plistozäne Vertebraten und jurassische Vertebraten und
Evertebraten.
Hist. Brit. Mus. I: 263.
Dict. Nat. Biogr. 3, 1.

Baker, H e n r y, geb. 8. V. 1698 London, gest. 24. XI. 1774 ebenda.
Schrieb: De ebore fossili Hamburg. Magaz. Ref. Schröter, Journ.
2: 527—28.
Dict. Nat. Biogr. 3, 9—10.

Baker, W i l l i a m, geb. 3. III. 1787 Eastover, Bridgewater, gest.
8. X. 1853.
Geologie von Somerset.
B o w e n, J o h n: A brief memoir of the life and character of —.
prepared principally from his Diary and Correspondence by John
Bowen. Taunton, 1854, pp. 128.
Modern Engl. Biogr. 1, 138.
Scient. Papers 1, 165.

Baker, W.i l l i a m   E r s k i n e, geb. 1808 Leith, gest. 16. XII.
1881 Banwell.
Offizier und Jngenieur in Jndien. Entdecker fossiler Säugetiere
Jndiens.
Dict. Nat. Biogr. 3, 21—22.
Scient. Papers I, 165 (Qu.).

* **Bakewell**, Robert, geb. 1768, gest. 1843.
Englischer Geologe, schrieb 1813: An Introduction to Geology,
das 5 Auflagen erlebte.
W o o d w a r d, H. B.: Hist. Geol. Soc. London, 53. 84.
Z i t t e l: Gesch.
Dict. Nat. Biogr. 3, 23—24.

Balbini siehe B a l b i n u s.

Balbinus, oder **Balbini**, B o g u s l a u s, geb. 1611, gest. 1689.
Schrieb: Miscellanea historia regni Bohemia. Prag 1682, ref.
Schröter Journ. I: 11—12.
Biogr. universelle 1, 94.

Baldassari, G i u s e p p e, geb. 1705, gest. 1785 Siena.
Italienischer Naturforscher, schrieb 1767 über die Versteinerungen
von Siena.
Z i t t e l: Gesch.
E d w a r d s: Guide 42—43.
P o g g e n d o r f f 1, 94.

* **Balduinus**, B a s c h a s i u s.
Opus 1547 (Anhang zu Ruaeus), ref. Schröter, Journ. 2: 16—18.

* **Ball**, V a l e n t i n e, geb. 14. VII. 1843, gest. 15. VI. 1895.
Mitarbeiter der Geol. Surv. in Jndien. Museumsdirektor in Dublin.
B a l l, V.: Jungle life in India, or the journeys and journals of an
Indian Geologist. London 1880, pp. 720.
Obituary Geol. Magaz. 1895, 382—383 (Bibliogr.).

2*

Ballenstedt, Johann Georg Justus, geb. 11. ;VIII. 1756, gest. 12. XII. 1840.
Herausgeber des Archivs für die neuesten Entdeckungen in der Urwelt (Quedlinburg 1819—1824). Evangelischer Prediger zu Pabstdorf bei Quedlinburg, schrieb über den Elephanten von Burgtonna in seinem Archiv etc. und Die Urwelt, 1819.
Freyberg.
Zittel: Gesch.
Allgem. Deutsche Biogr. 2, 22.

* **Ballore.**
Seismologie.
Geol. Mag. 1923, 285—286.

Balsamo-Crivelli, Giuseppe, geb. 1. IX. 1800 Milano, gest. 15. XI. 1874.
Marchese, Zoologe, Prof. Ateneo Pavese. Vertebrata, Sauria.
Taramelli, T.: Commemorazione di — Rendic. R. Ist. Lombardo (2) 16, 1883, 888—898.
Cenno storico sulla R. Univ. di Pavia 1873, 149—151 (Bibliographie).

Baltzer, Armin, geb. 16. I. 1842 Zwickau, gest. 4. XI. 1913 Hilterfingen.
Prof. Geol. u. Min. Bern. Stratigraphie der Alpen. Jnterglaziale Pflanzenfunde und andere kurze pal. Notizen.
Heim, A. & Hugi E.: Nekrolog. Verh. Schweiz Naturf. Ges. 1914, I, 82—105 (Portr., Bibliographie).
Nachruf: Zeitschr. deutsch. Geol. Ges. 1913: 633.
Obituary. QuJGS. London 70, 1914, LXVI—LXVIII (Qu.).

* **Banks**, Joseph.
Baronet, President der Royal Society.
Hooker, J. O.: Journal of Sir — 1906.

* **Baptista**, Isidoro Emilio, geb. 24. IX. 1815 Lulotim, gest. 16. XII. 1863.
Portugiesischer Stratigraph.
Choffat, P.: Deux précurseurs de la Com. géol.¹du Portugal. Com. Serv. Geol. Portugal, 8, 1910-11, 90—109.

Barbot de Marny, N. P., geb. 1832, gest. 17. IV. 1877 Wien.
Studierte die sarmatischen Faunen in Podolien, Volhynien, Südrußland, mit Eichwald.
Zittel: Gesch.
Poggendorff 3, 873—874.
Nachruf. Verh. Russ. Min. Ges. St. Petersburg (2) 13, 1878, 396—399.

Barclay, Francis Hubert, geb. 16. IX. 1869, gest. 1935.
Friedensrichter, Sammler, Forest Bed Norfolk.
Obituary. QuJGS. London 91, 1935, LXXXV. (Qu.).

Bardin, Abbé, gest. 1900.
Dozent Univ. libre d'Angers. Miocänfauna.
Notice nécrologique. Bull. Soc. géol. France (4) 1, 1901, 280 (Qu.).

Bardou, Paul, gest. 1935.
Arzt. Stratigraphie der oberen Kreide.
Notice nécrologique. Bull. Soc. géol. France (5) 5, 1935, 129 (Qu.).

* Barelli, V.
Italienischer Palethnologe, publizierte in den Jahren 1872—85 Liste des publications sur l'Archéologie préhistorique de l'Italie. Bull. di Paletnol. ital. 16, 1890, 84.

Baretti, M a r t i n o, geb. 25. XI. 1841, Torino, gest. 18. IX. 1905 Forno Rivara.
Italienischer Geologe. Studierte Mammalia.
S a c c o, F.: — Cenni biografici. Boll. Soc. Geol. Ital., 26, 1907, CXXXI—CXXXIV (Portr. Bibliographie mit 36 Titeln).

Bargatzky, A u g u s t, geb. 19. IV. 1855 Heinsberg,
Studierte rheinisches Devon, bes. Stromatoporen 1881.
Z i t t e l: Gesch.
Lebenslauf in diss. 1881 (Qu.).

Barkas, T h o m a s P a l l i s t e r, geb. 5. III. 1819 Newcastle upon Tyne, gest. 13. (oder 10.) VII. 1891.
Architekt und Lecturer, Sammler von Pisces, Reptilien.
G e i k i e, A.: Obituary QuJGS. London, 48, 1892, Proc. 55.
Obituary Geol. Magaz., 1891, 576.
D e a n I, 67—68 (Teilbibliographie).

* Barlow, A l f r e d E r n e s t, geb. 17. VI. 1861 Montreal, gest. 28. V. 1914. (Untergegangen an Bord des Schiffes „Empress of Ireland" im Golf von Lawrence.)
Zeichner der Geological Survey Canada. Publizierte Fossilienliste von Gaspé.
A d a m s, F. D.: Memoir of — Bull. Geol. Soc. America, 26, 1915, 13—18 (Portr. Bibliographie mit 61 Titeln, vorwiegend Petrographie).

Barlow, C a l e b, geb. 7. VII. 1840 Alton, Staffordshire, gest. 8. V. 1908.
Ursprünglich Maurer. Modelleur und Präparator am British Museum (modellierte Scelidosaurus, Omosaurus, Cryptocleidus, Aepyornis, Moa, Dodo etc.).
H. W (o o d w a r d): Obituary Geol. Magaz. 1908, 335—336.

* Barlow, H e n r y C l a r k, geb. 1806, gest. 1876.
Architekt, Dr. med. Studierte Dante. Geologie.
W o o d w a r d, H. B.: Hist. Geol. Soc. London 251.

Barnes, J o n a t h a n, geb. 1855, gest. 1928.
Chemiker. Bryozoen von Derbyshire. Sammlung im Manchester Museum.
Obituary: QuJGS. London 85, 1929, LXIV—LXV. (Qu.).

Baron, R i c h a r d, geb. 1847 Kendal, gest. 12. X. 1907 Moracambe, Madagaskar.
Missionar, Sammler in Madagaskar. Schrieb die erste Geologie in malagassischer Sprache (1896, pp. 191, Fig.). Seine Sammlungen sind im Brit. Museum.
G e i k i e, A.: Obituary QuJGS. London, 64, 1908, LXIV.
Obituary Geol. Magaz. 1907, 527—528.
Hist. Brit. Mus. I: 263.

Barrande, J o a c h i m, geb. 11. VIII. 1799 Sangues (Haute-Loire), gest. 5. X. 1883 Frohsdorf bei Wien.
Jngenieur, begleitete 1830 die vertriebene Königsfamilie Frankreichs nach England, Schottland, dann als Lehrer und Erzieher des Prinzen Heinrich von Chambord 1831 nach Böhmen. Erschloß die paläozoischen Faunen Böhmens. Graptolithen, Cystoidea, Brachiopoda, Mollusca, Cephalopoda, Trilobita u. a.
Sketch of the life of — Geol. Magaz., 1883, 529—533 (Portr.).
G e i n i t z, H. B.: Nekrolog. Leopoldina, 20, 1884, 78—82 (Bibliographie).
L a u b e, G. C.: Nekrolog, Lotos, Jahrb. f. Naturw., (N. F. 5), 1884, 9 pp. (Bibliographie im Text).
R o e m e r, Ferd.: J. B. Ein Nekrolog. NJM. 1884, I, pp. 5.
M a i s o n n e u v e, L. P.: Note biographique sur M. — Mém. Soc. Nat. d'Agriculture Sc. et Arts d'Angers, nouv. période, 27, 1885, 90.
B a r r a n d e, J.: Système silurien du Centre de la ¦Bohème. Partie I: Recherches paléontologiques. Continuation éditée par le Musée Bohème. Bd. 7. Classe des Echinodermes. Ordre des Cystidées. Ouvrage posthume publié par W. Waagen, Prague 1887 (p. IX—XVI, Bibliographie Barrandes).
P o u s s i n, Ch. L. J. de la V a l l é e: Joachim Barrande et sa carrière scientifique. Rev. quest. sci. 16.
P o c t a, F.: Aus den Notizen Barrandes. Zeitschr. d. Mus. f. d. Königreich Böhmen. Naturw. Teil. Prag 1918, 72—82, 97—107 (Bibliographie).
M e r r i l l: 1904, 667.
K o l i h a, J.: Joachim Barrande and his paleontological work. Nature, London, 133, 1934, 437—438.
C l a r k e: James Hall of Albany, 346, 372, 477, 507.
K e t t n e r: 134, Portr., Taf. 18.
M a r c o u, J.: Barrande and the Taconic System. Amer. Geol. 3, 1889, 118—137.
K r e j c i, J.: Joachim Barrande. Jahresb. k. böhm. Ges. Wiss. 1884, XII—XXXVIII (Bibliographie).
F r i c, A.: Joachim Barrande. Politik, Prag, 1881, No. 257.
H y a t t, A.: Obituary, Sci. 2, 1883, 699—701, 727—729.
G e i k i e: Murchison II: 12, 153, 273.
Life of Lyell, II: 222—226, 230.
Z i t t e l: Gesch.
Hist. Brit. Mus., I: 263.
P e r n e r, J.: Joachim Barrande. Védi Priroda 14, 297—301, Fig. 1, Prag 1933.
K o l i h a, J.: J. B. Cas. Nár. Mus. 107 (3—4), 90—97, Fig. 3. Praha.
Portr. Livre jubilaire Taf. 20.

* Barré.
Schrieb Erläuterung zur geol. Karte des Moseldepartements 1867.
Z i t t e l: Gesch.

* Barrell, J o s e p h, geb. 15. XII. 1869 New Providence, gest. 4. V. 1919 New Haven.
Amerikanischer Paläoklimatologe. Prof. in New Haven.
S c h u c h e r t: Obituary Amer. Journ. Sci. (4) 48, 1919, 251—280 (Bibliographie mit 93 Titeln).

* Barrère, P i e r r e, geb. 1690, gest. 1. XI. 1755 Perpignan.
Arzt in Cayenne, dann Prof. Bot. in Perpignan. opus 1746:
Observations sur l'origine et la formation des pierres figurées.
Biographie universelle 3, 156 (Qu.).

Barrett, L u c a s, geb. 14. XI. 1837 London, gest. 19. XII. 1862
Jamaica (als Taucher).
Direktor der Geol. Survey Jamaica. Stratigraphie.
Obituary QuJGS. London, 20, 1864, XXXIII—XXXIV.
Life of Sedgwick, II: 323.

Barris, W i l l i s H e r v e y, geb. 9. VII. 1820 Bush Creek, Beaver
county, Pa., gest. 1 0. VI. 1901 Davenport, Jowa.
Theologe. Crinoidensammler u. -forscher.
P r e s t o n, C. H.: Prof. W. H. B. Am. Geologist 28, 1901, 358
bis 361 (Portr.).
N i c k l e s 73—74. (Qu.).

Barrois, C h a r l e s E u g è n e, geb. 1851.
Prof. d. Geologie in Lille. Stratigraphie u. Faunen, bes. des
Paläozoikum.
Liste des publications de M. — Ann. Soc. Géol. Nord, 33,
1904, 231—282 (Portr., Bibliographie mit 179 Titeln).
Notice sur les travaux scientifiques de — Paris 1904, pp. 56.
C l a r k e: James Hall of Albany, 486, 487.

* Barth, H e i n r i c h v o n, geb. 16. II. 1821 Hamburg, gest. 25. XI.
1865 Berlin.
Reiste 1850 in Afrika.
Z i t t e l: Gesch.

Bartholinus, C a s p a r T h o m e s e n, geb. 10. IX. 1655 Kopenhagen,
gest. 11. VI. 1738 ebenda.
Prof. Med. u. Phys. Univ. Kopenhagen. Schrieb 1704 über
Glossopetren.
D e a n III, 214.
P o g g e n d o r f f 1, 109 (Qu.).

Barton, B e n j a m i n S m i t h, geb. 1766, gest. 1815.
Amerikanischer Naturforscher, schrieb Archaeologiae americanae
telluris collectanea et specimina ... (on the extinct species of
American elephant), Philadelphia 1814, pp. VII, 64.
Dict. Am. Biogr. 2, 17—18.
N i c k l e s 74.

Bärtling, R i c h a r d, geb. 17. XI. 1878 Hildesheim, gest. 7. X. 1936
Berlin.
Landesgeologe an der preuß. geol. Landesanstalt. Stratigraphie
(Kreide, Diluvium u. Karbon Nordwestdeutschlands, Molasse
Oberbayerns).
D i e n s t, P.: R. B. Jahrb. Preuß. Geol. Landesanstalt 57, (1936),
1937, 1—16 (Portr., Bibliographie). (Qu.).

Bassani, F r a n c e s c o, geb. 29. X. 1853 Thiene, prov. Vicenza,
gest. 26. IV. 1916 Capri.
Studierte in Padova bei Meneghini, dann in Paris bei Hébert,
Vaillant, Gaudry, in Wien bei Suess und Neumayr. 1875 Dozent
Geol. Padova, 1882 Prof. Geol. Miner. am Ateneo Modenese,
1883 Tit. Prof. Milano, 1887 Prof. Geol. Napoli. Mollusca,
Crustacea, Pisces, Reptilia, **Mammalia.**

d'E r a s m o, G.: Commemorazione di —. Boll. Soc. Geol. Ital.,
35, 1916, XLIX—LXXVI (Portr. Bibliographie mit 105 Titeln).
L o r e n z o, G. De: Commemorazione di —. Rendic. R. Accad. Sci.
Sci. fis. e mat. Napoli, (3) 22, 1916, 69—88. (Portr. Bibliographie mit 105 Titeln).
P a r o n a, C. F.: Cenno necrologico. Atti R. Accad. Sci. Torino,
51, 1915—16, 945—950.
— —: A ricordo di F. B. Boll. Com. Geol. d'It. (5) 6, 1919,
89—102 (Portr., Bibliographie).
S t e f a n i, C.: Commemorazione del Prof. — Atti R. Accad. Lincei (5) Rendic. 26, 1917.

Bassi, F e r d i n a n d o, gest. 1774.
Publizierte 1757 Tabella oryctographica in Bologna.
Vergl. V i n a s s a d a R e g n y P. E.: Boll. Geol. Soc. Ital., 18,
1899, 491—500.
B i a n c o n i, G.: Atti Soc. it. sci. nat. 4, 1862, 244.

* **Baster**, H i o b, gest. März 1775.
Prof. Anatomie, Botanik. Zirickzee, Corallinen.
Nachruf: Schröter, Journ. 2: 528—29.

Basterot, Baron de, gest. 1887 Rom.
Französischer Geologe. Studierte um 1825 das aquitanische Becken,
tertiäre Mollusca.
Z i t t e l: Gesch.
Obituary. QuJGS. London 44, 1888, 48.

Bate, C h a r l e s S p e n c e, geb. 16. III. 1818 Trennick, Truro,
gest. 29. VII. 1889.
Zahnarzt zu Plymouth. Studierte marine Faunen, schrieb Catalog
der amphipoden Crustaceen des British Museum.
Obituary. Geol. Magaz., 1889, 526—528 (Bibliographie mit 52
Titeln im Cat. Sci. Papers Roy. Soc. I, 1867, VII, 1877).

Bather, F r a n c i s A r t h u r, geb. 1863 Winchester, gest. 20.
III. 1934 London.
1887 Mitarbeiter des. Brit. Mus. 1902 deputy Keeper (Nachfolger
Henry Woodwards). 1924—28 Keeper des Geol. Dep. (Nachfolger
A. S. Woodwards). Jn den 90er Jahren Herausgeber der Natural
Science, dann des Museum's Journal. Echinodermata (Crinoidea).
L a n g, W. D.: Obituary Nature, 133, 1934, 485—486.
C a l m a n, W. T., L o w e, E. E., M i e r s, H. A., M i l l i g a n, H.
N.: Obituary notices: Bather as a museum colleague, B. and the
Museum Association, in Museums Journal, 34, 1934, 41—46
(Portr.).
R i c h t e r, R.: Unserm Freunde —. Natur u. Mus., 64, 1934, 241—
242 (Portr.).
S c h u c h e r t, Ch.: Obituary. Amer. Journ. Sci. 28, 1934, 78.
R a y m o n d, P. E.: Memorial of F. A. B. Proc. Geol. Soc. Am.
1934, 173—186 (Bibliographie).
B a t h e r, F. A.: List of 100 scientific writings of F. A. B.
(1886—1901). (Printed for private distribution). 1901.

Batsch, A u g u s t J o h a n n G e o r g K a r l, geb. 1761, gest. 1802.
Professor der Philosophie in Jena. Schrieb u. a. über Foramini-
feren.
vgl. C u s h m a n, J. A.: Notes on the Foraminifera described by
Batsch in 1791. Contributions Cushman Laboratory Foram. Re-
search 7, 62—72.
Freyberg.
Z i t t e l, Gesch.
Allgem. Deutsche Biogr. 2, 132—133.

Bauder, J o h a n n   F r i e d r i c h, geb. 8. I. 1713 Hersbruck, gest.
  31. V. 1791 Altorf.
Fossilienhändler, opus 1754, 1771, 1772, ref. Schröter, Journ. I: 2:
  145—151, I: 121; 6, 516—530.
P o g g e n d o r f f 1, 114. (Qu.).

Bauer, F r a n z, geb. 28. IV. 1870 Dollnstein, abgestürzt 21.
  VI. 1903 am Risserkogel b. Tegernsee.
Privatdozent techn. Hochschule München. Ichthyosaurus.
Nachruf. Leopoldina 39, 1903, 100 (Qu.).

Bauer, G e o r g, s. **Agricola**.

Baugh, T h o m a s.
Englischer Fossiliensammler in Shropshire um 1870.
Hist. Brit. Mus. I: 264.

Bauhin, J o h a n n e s, geb. 1541, Basel, gest. 1613.
Leibarzt des Herzogs von Mömpelgard und Sammler. Schrieb
  über Fossilien aus Boll: Historia fontis et balnei admirabilis
  Bollensis 1598.
vergl. H a a g, 174.
N o r d e n s k j ö l d: Gesch. d. Biol., 196 ff.
L a u t e r b o r n: Der Rhein I: 185, 101.
Q u e n s t e d t, F. A., Ueber Pterodactylus suevicus 1855, 3—5.

Baumer, J o h a n n   W i l h e l m, geb. 1719 Rehweiler in Franken,
  gest. 1788.
Prof. der Physik, dann der Medizin in Erfurt, seit 1765 Prof. Me-
  dizin und Bergrat in Gießen. Schrieb u. a. Naturgeschichte des
  Mineralreichs, 1763, 1764, etc. Opus 1759, 1771, ref. Schröter,
  Journ. I: 2: 10—18.
Freyberg.
P o g g e n d o r f f 1, 116.

Baur, C a r l   T h e o d o r   v o n, geb. 25. XI. 1836, Ulm, gest. 20. I.
  1911 Degerloch.
Studierte bei F. A. Quenstedt. Bergrat in Stuttgart. Sammelte
  Muschelkalk- und Braunjurafossilien. Stratigraphie Schwabens.
  Collection im Mus. z. Stuttgart.
F r a a s, E.: Zum Gedächtnis an —. Jahreshefte Ver. vaterl. Na-
  turk. Württemberg, 67, 1911, XL—XLIII (Portr.).

Baur, G e o r g   H e r m a n n   C a r l   L u d w i g, geb. 4. I. 1859 Weiß-
  wasser, Böhmen, gest. 25. VI. 1898.
Studierte bei Credner und Leuckart in Leipzig, 1884—90 Assistent
  neben Marsh an der Yale University. Prof. Chicago. Verte-
  brata.
W h e e l e r, W. M.: Georg Baur's life and writings Amer. Na-
  turalist, 33, 1899, 15—30 (Portr., Bibliographie mit 114 Titeln).
H a y, O. P.: Obituary Sci. n. s. 8, 1898, 68—71.
Obituary Geol. Magaz., 1898, 379—381 (Teilbibliographie).
O s b o r n, Cope, Master Naturalist, 401.

Bausch, J o h a n n e s   L a u r e n t i u s, geb. 1605 Schweinfurt, gest.
  1665.
Arzt und Bürgermeister zu Schweinfurt, Stifter und Präsident
  der Akad. der Naturforscher. Schrieb Tractatio de unicornu
  fossili. Jena 1666. ref. Schröter, Journ. 2: 21—23.
Freyberg.
Allgem. Deutsche Biogr. 2, 182.

Bauza, Felipe, geb. 12. IX. 1802, gest. 12. IX. 1875.
Präsident der Com. Mapa geol. de España. Stratigraphie Spaniens.
El ilmo. D. Felipe Bauzá y sus trabajos geologicos. Bol. Com.
mapa geol. Espana, 3, 1876, 97—114 (Portr.).

* **Baxter**, Wynne Edwin, geb. 1844 Lewes, gest. 1. X. 1920.
Advokat in Lewes, dann High Constable daselbst, Coroner for East
London. Diatomaceen.
Oldham, R. D.: Obituary QuJGS. London, 77, 1921, LXXIV.

Bayan, Joseph Felix Ferdinand, geb. 19. XI. 1845, gest.
20. IX. 1874 Boulogne-sur-mer.
Stratigraphie, Aves, Mollusca.
Lapparent, A. de: Notice biographique sur —. Bull. Soc. géol.
France (3) 3, 1875, 343—354 (Bibliographie mit 20 Titeln).
Soland, Aimé de: L'Art, l'Industrie, les Sciences en Anjou. Fer-
dinand Bayan. Ann. Soc. Linnéenne de Maine-et-Loire, 1880,
163—177 (Bibliographie)'.
Crosse, H. & P. Fischer: Nécrolog. Journ. de Conchyl. 23,
1875, 96.
Nachruf: NJM. 1874, 395.

Bayer, Edwin, geb. 7. VII. 1862 Choteboi, gest. 17. III. 1921
Prag.
Phytopaläontologie.
Nemejc, F.: E. B. Vestnik statn. geol. ust. Českosl. Rep. 3,
1927, 69—73.

Bayer, Joh. Jak., siehe Baier, J. J.

Bayer, Joseph, geb. 10. VII. 1882 Oberhollabrunn, gest. 23. VII.
1931 Wien.
1907 Assistent am Naturhistorischen Hofmuseum Wien, 1913 Dozent
Wien, 1919 Direktor der prähistorischen Abteilung daselbst.
Homo fossilis.
Ampferer, O.: Nachruf Verhandl. Geol. Bundesanst. Wien,
1931, 191—192.
Trauth, F.: Nachruf. Mitt. Geol. Ges. Wien, 24, 1932, 147—149.

Bayfield, Thomas Gabriel, geb. 17. I. 1817, gest. 27. III.
1893.
Eisenhändler, Sammler im Norwich Crag. Coll. im Brit. Mus.
Obituary Geol. Magaz., 1893, 240.
Woodward, H. B.: Obituary Trans. Norfolk & Norwich Natu-
ralist's Soc., 5, 1893, 333.

Bayle, Emile, geb. 1819 La Rochelle, gest. 17. I. 1895.
1846 beauftragter Prof. an der Ecole des Mines Paris über franz.
Leitfossilien, Mollusca (bes. Rudisten).
Notice sur les travaux scientifiques de M. Bayle candidat à la
chaire de Paléontologie du Muséum d'Histoire Naturelle. Paris
1857, pp. 15.
Supplément à la liste des travaux scientifiques de M. Bayle. Paris
1855, pp. 8.
(Nachricht NJM. 1846, 214.)
Douvillé, H.: Notice nécrologique. Annales des mines (9) 9,
1896, 269—283 (Bibliographie)/

Beadnell, H u g h   J o h n   L l e w e l l y n.
Trat 1905 von der Leitung der geol. Kartierung Aegyptens zurück.
Leitete die Fayum-Expeditionen des British Museum mit C. W.
Andrews.
Vergl. Retirement of Mr. —. Geol. Magaz. 1905, 527 (Bibliographie
mit 15 Titeln).

Bean, William.
Gärtner zu Scarborough, Cousin William Smith's, Pionier in der
Geologie Yorkshires. Legte eine reiche Sammlung von Yorkshire-
schen Fossilien an.
Hist. Brit. Mus. I: 265.

Beasley, H e n r y   C h a r l e s, gest. im 83. Lebensjahr am 14. XII.
1919 Liverpool.
Trias-Fährten zu Storeton. Collection im Free Public Museum Liverpool.
Obituary Geol. Magaz. 1920, 94—95.

Beaudouin, J u l e s, gest. 1894.
Sammler und Stratigraph (arr. Chatillon-sur-Seine).
Notice nécrologique. Bull. Soc. géol. France (3) 23, 1895, 168. (Qu.).

* **Beaumont**, L é o n c e   É l i e   d e, geb. 25. IX. 1798 Canon, Départem.
Calvados, gest. 21. IX. 1874 ebenda.
Studierte an der École polytechnique und des Mines, 1821 reiste er
im Auftrag der Regierung mit Dufrénoy in England, usw. In-
genieur, dann Chefingenieur im Bergkorps. 1829 Prof. an der
École des Mines, 1832 auch am Collège de France. Später Gene-
ralinspektor der Minen und Senator; nach Arago Sekretär der
Akademie. Stratigraphie.
Observations et Mémoires géologiques publiés par M. — Prof. ad-
joint de Géologie à l'École des Mines. (1832) pp. 4.
Notice des mémoires et autres travaux relatifs à la Géologie et
à l'Art des Mines, publiés par M. — Paris 1835, pp. 4.
B o u é, A.: Werke correspondierender Mitglieder. Léonce Beau-
mont. Almanach K. Akad. Wiss. Wien, 8, 173—179, 1858.
P o t i e r: Exposé des travaux de M. — Ann. des Mines, (7) 8,
259—317, 1875 (Bibliographie mit 235 Titeln).
B e r t r a n d, J.: Éloge historique de — lu dans la séance pu-
blique annuelle de l'Acad. des Sci. le lundi 21 juin 1875, Paris,
1875, pp. 28.
Inauguration de la Statue de — à Caen le dimanche 6 Août 1876.
C. R. Soc. Linnéenne de Normandie 1876, pp. 104, Taf., Caen.
C h a n c o u r t o i s, B. de: Discours prononcé le Vendredi 25 Sep-
tembre 1874 à Paris, aux funérailles de M. — Paris, pp. 8.
D u m a s, Ch. Sainte-Claire-Deville, Daubrée, Laboulaye: Discours
prononcés aux funérailles de M. — Inst. de France. Acad. des
Sci. 25. Sept. 1875, pp. 27.
C o t t a, B.: Nekrolog. NJM. 1874, 895—896.
S a i n t e - C l a i r e   D e v i l l e, Ch.: Coup d'oeil historique sur la
Géologie et sur les travaux d'Élie de Beaumont. Leçons profes-
sées au Collège de France (Mai-Juillet, 1875) Bd. 1, Paris, 1878,
p. 381—582 (Bibliographie).
Obituary QuJGS. London, 1875, XLIII—XL.
Livre jubilaire Soc. géol. France (Portr., Taf. 17).
Sedgwicks life, I: 371.
Z i t t e l: Gesch.

Beccari, J a c u p o   B a r t o l o m m e o, geb. 25. VII. 1682 Bologna, gest. 18. I. 1766 ebenda.
Entdeckte 1711 die ersten fossilen Foraminiferen im tertiären Sand von Bologna.
Z i t t e l: Gesch.
P o g g e n d o r f f 1, 123.
C a p e l l i n i: Sulla data precisa della scoperta dei minuti Foraminiferi . . . per J. B. B. Mem. R. Acc. Sci. Bologna (5) 6, 1897, 631—637.
B i a n c o n i, G.: Atti Soc. it. Sci. nat. 4, 1862; 245—246 (Qu.).

Beche, H e n r y   T h o m a s   d e   l a, geb. 1796, gest. 13. IV. 1855.
Studierte in der Militärschule in Great Marlowe, widmete sich aber der Geologie. Reiste in der Schweiz, Frankreich, Jamaica, schrieb 1831 ein Lehrbuch der Geol. Erster Direktor und Organisator des Museum of practical geology, der Geological Survey und der Bergschule. Stratigraphie.
H a m i l t o n, W. J.: Obituary QuJGS. London 12, 1856, XXXIV— XXXVII.
G e i k i e: Ramsay's life, 34—50.
— Murchison II: 177 u. öfter.
— A. C. Ramsay 228.
Z i t t e l: Gesch.
Portr. W o o d w a r d, H. B.: Hist. Geol. Soc. London Taf. 106, Text p. 103 ff. und öfter.
Dict. Nat. Biogr. 4, 73—74.

* **Becher**, J. L.
Schrieb 1789 Mineralogische Beschreibung des Oranien-Nassauischen Landes nebst einer Geschichte des Siegenschen Hütten- und Hammerwesens (Marburg).
Z i t t e l: Gesch.
P o g g e n d o r f f 1, 125.

Beck, H e n r i c k   H e n r i c k s e n, geb. 25. III. 1799 Aalboorg, gest. 26. XI. 1863 Soro.
Zoologe und Jnspektor der Sammlung des Prinzen Christian in Kopenhagen. Stratigraphie, Conchyliologie.
G e i k i e: Murchison I: 232.
Lyell's life I: 411.
Dansk biografisk Leksikon 2, 292—293.

Beck, R i c h a r d, geb. 24. XI. 1858 Niederpfannenstiel, gest. 18. VIII. 1919.
Prof. Geol. u. Lagerstättenlehre Freiberg. Phytopaläontologie.
S t u t z e r, O.: R. B. Zeitschr. f. prakt. Geol. 27, 1919, 149—153 (Portr., Bibliographie).
S c h r e i t e r, R.: Nachruf. 8. Ber. Freiberger Geol. Ges. (1915 bis 1920), 1920, 12—25 (Portr., Bibliographie).
Ber. Sächs. Ak. Math.-Phys. Kl. 71, 1919, 360—364 (Bibliographie). (Qu.).

Becker, E w a l d, gest. 7. II. 1873 München.
Assistent am Pal. Museum Bayerns. Korallen.
Nachruf: NJM. 1873, Verhandl. Geol. Reichsanst. Wien, 1873: 70—71.

* **Becker**, G e o r g e   F e r d i n a n d, geb. 5. I. 1847 New York City, gest. 20. IV. 1919.

Mineraloge und Petrograph, studierte auch Stratigraphie.
List of papers published by — (ohne Jahr, Bibliographie von 1875
  bis 1894 mit 40 Titeln).
D a y, A. L.: Obituary Amer. Journ. Sci. (4) 48, 1919, 242—245.
E v a n s, J. P.: Biographical memoir of —. Bull. Geol. Soc. Ame-
  rica, 31, 1919, 14—25 (Bibliographie mit 128 Titeln).
M e r r i l l, G. P.: Biographical memoir of —. Mem. Nat. Acad.
  Sci., 21, 1—19 (Portr.).

Beckles, S a m u e l H u s b a n d, gest. 1890.
Sammler in St. Leonards (Iguanodon, Mammalia), Purbeck Beds
  bei Swanage.
Hist. Brit. Mus. I: 265.
Obituary QuJGS. London 47, 1891, 54.

Beckmann, J o h a n n, geb. 4. VI. 1739 Hoya, gest. 3. II. 1811
  Göttingen.
Schrieb 1773 Commentatio de reductione rerum fossilium ad genera
  naturalia etc. Crustacea.
Vogdes.
P o g g e n d o r f f 1, 127.

* Bedemar, V a r g a s G r a f.
Schrieb 1819 Reise durch den hohen, Norden, Schweden, Norwegen
  und Lappland.
P o g g e n d o r f f 2, 1174—1175.

* Beder, R o b e r t, geb. 16. II. 1885 Zürich, gest. 19. XI. 1930
  Cordoba, Argentinien.
1911 Mitarbeiter des La Plata Museum Buenos Aires, 1912 Geo-
  loge Argentinien, 1926 Prof. Mineralogie Geol. Univ. Cordoba.
Mineraloge.
B u r r i, C.: Nekrolog. Verhandl. Schweiz. Naturf., Ges., 113, 1932,
  455—462 (Bibliographie mit 36 Titeln).
G ö h r i, H., & W e h r l i, L.: Zum Andenken an —, Zürich, 1931.

Beecher, C h a r l e s E m e r s o n, geb. 9. X. 1856 Dunkirk, New
  York, gest. 14. II. 1904.
1878—88 Assistent bei James Hall in Albany, dann neben Marsh
  1891 Lehrer der Geologie in Yale. 1892 Assistent-Prof. der historischen Geologie in der Sheffield Scientific School. 1897 Prof.
  daselbst. 1899 Nachfolger Marsh's als Curator des Peabody Mu-
  seum. 1902 Prof. Pal. ebendort. Lamellibranchiata, Gastropoda,
  Cephalopoda, Spongiae, Brachiopoda, Trilobita, Pteropoda, Ko-
  rallen, Phyllocarida.
S c h u c h e r t, Ch.: Memoir of —. Bull. Geol. Soc. America, 16,
  1905, 541—548 (Portr., Bibliographie mit 37 Titeln).
—   — Obituary Amer. Journ. Sci., (4) 17, 1904, 411—422
  (Portr. Bibliographie).
B u s h & C h i t t e n d e n & S c h u c h e r t: Obituary in Yale
  Alumni Weekly, 2. März, 1904.
D a l l: Obituary Sci. n. s. 19, 1904, 453—455.
—   Biographical memoir of —. Biograph. Mem. Nat. Acad. Sci.,
  6, 1906, 57—70 (Portr., Bibliographie).
B u s h, L. P.: Bibliography of —. Amer. Geol., 34, 1904, 10—13
  (Bibliographie mit 70 Titeln).
J a c k s o n, A. T.: Obituary. Amer. Natural., 38, 1904, 407—426,
  (Bibliographie mit 108 Titeln).
W o o d w a r d: Obituary Geol. Magaz., 1904, 284—286 (Portr.).
C l a r k e: Obituary Amer. Geol., 34, 1904, 1—13 (Portr.).

B a t h e r, F. A.: Obituary QuJGS. London, 61, 1905, XLIX—L.
Bibliographies of the present officers of Yale University. New
Haven 1893. p. 19—20 (Bibliographie mit 27 Titeln, davon
17 Paläont.).
Obituary Museum's Journal, London, April, 1904.
C l a r k e: James Hall of Albany, 415, 492, 494, 495 und öfter.'

Beecke, B. v a n.
Deutscher Sammler in den 50er Jahren, sammelte Höhlenfaunen
in Westfalen.
Hist. Brit. Mus. I: 266.

Beesley, T h o m a s, geb. 28. III. 1818 Banbury, gest. 15. V. 1896.
Chemiker und Drogist, Botaniker und Belemniten-Sammler,
W o o d w a r d, H. B.: Obituary. Geol. Magaz. 1896, 336.

* Behn, W i l h e l m F r i e d r i c h G e o r g, geb. 25. XII. 1808 Kiel,
gest. 14. V. 1878.
Prof. Anatomie, Zoologie, Präsident Leopold. Akademie. Aves.
Nachruf: Leopoldina, 14: 68—71.

* Behrend.
Schrieb 1712 Hercynia curiosa.
Freyberg.

Beinert, C a r l C h r i s t i a n, geb. 15. I. 1793 Waitsdorf, gest.
20. XII. 1868 Charlottenbrunn.
Phytopaläontologe. Carbon.
P o g g e n d o r f f 1, 137; 3, 98.

Beissel, I g n a z, geb. 11. IX. 1820, gest. 26. III. 1887.
„a younger geologist, son of a . . . merchant at Aix, devoted
himself to the marine beds above the Aachenian", Bryozoa.
Lyell's life II: 240.
U b a g h s, C.: Biographie d'Ignace Beissel d'Aix-la-Chapelle. Bull.
Soc. Belge Géol. Pal. Hydrol., 2, 1888, 193—195. (Teilbibliographie).

Bekker, H e n d r i k, geb. 29. XII. 1891, gest. 22. VI. 1925.
Prof. Dozent f. Geol. Univ. Dorpat Paläontologie u. Stratigraphie
des Altpaläozoikum Estlands.
In memoriam: H. B. Sitzber. Naturf. Ges. Univ. Tartu (Dorpat)
1926, 11—27 (Portr., Bibliographie S. 13) (Qu.).

Belcher, E d w a r d, geb. 1799, gest. 1877.
Englischer Admiral, Sir, sammelte auf seiner Arktischen Expe-
dition 1852 auf der Suche nach John Franklin Fossilien.
Hist. Brit. Mus. I: 266.
Dict. Nat. Biogr. 4, 142—143.

Belgrand, E u g è n e, geb. 23. IV. 1810 Champigny, gest. 8. IV. 1878
Paris.
Französischer Hydrologe, studierte in den 60er Jahren das Pa-
riser Becken.
Notice sur l e s travaux scientifiques de M. — Paris 1871, pp. 27.
D e l a i r e, Alexis: Notice sur les travaux scientifiques de —.
Bull. Soc. géol. France, (3) 8, 1880, LXV—LXXXII (Biblio-
graphie mit 18 geologischen, 42 geophysikalischen, hydrauli-
schen Titeln).
L a l a n n e, L.: Notice sur la vie et les travaux de M. —
Annales des Ponts et Chaussées 1881, pp. 53 (Bibliographie).

Bell, A l e x a n d e r, M o n t g o m e r i e, gest. 13. II. 1920.
Englischer Urmenschforscher und Phytopalaeontologe, Politiker.
Obituary QuJGS. London, 77, 1921, LXXII.

Bell, A l f r e d, geb. 28. VI. 1835 Marylebone, gest. 28. VI. 1925.
Englischer Sammler von pliozänen Mollusken. Paläontologie des
Crag (Monographie zus. mit Harmer).
Obituary QuJGS. London, 82, LIX.

Bell, R o b e r t, geb. 3. VI. 1841 Toronto, gest. Juni 1917 Rath-
well, Manitoba.
Mitglied der Geolog. Survey Canadas, zuletzt Direktor.
Stratigraphie.
A m i, H. M.: Memorial of —. Bull. Geol. Soc. Amer., 38, 1927,
18—34 (Portr. Bibliographie mit 118 Titeln).
A d a m s, F. D.: Obituary Bull. Canad. Min. Inst., 66, 1917,
850—852, Bull. Am. Ing. Min. Eng., 131, 1917, XLIX—L.
B o u r i n o t, J. G.: Bibliography of the members of the Royal
Soc. Canada Proc. Trans. Roy. Soc. Canada, 12, append. 1894.

Bell, R o b e r t G e o r g e, geb. 1833, gest. 1888.
Englischer Sammler (mit seinem Bruder Alfred Bell) im Pliozän.
Hist. Brit. Mus. I: 266.
Obituary: QuJGS. London 44, 1888, 47—48.

Bell, T h o m a s, geb. 11. X. 1792 Poole (Dorsetshire), gest. 13.
III, 1880.
Zahnarzt und Zoologe. Fossile Malacostraken 1857, 1862. Chelonia
1849.
Dict. Nat. Biogr. 4, 175. (Qu.).

Bellardi, L u i g i, geb. 18. V. 1818 Genua, gest. 17. IX. 1889.
Prof. der Naturgeschichte zu Torino, Entomolog, Mollusca ter-
tiaria.
S a c c o, F.: Cenni biografici. Bull. Soc. Malacol. Ital. 14, 1889,
153—155 (Bibliographie mit 18 Titeln).
— Note biographique. Bull. Soc. Belge Géol. Pal. Hydrol., 3,
1889, 456—460 (Portr. Bibliographie mit 24 Titeln).
S p e z i a, G.: Commemorazione del —. Atti R. Accad. Sci.
Torino, 25, 1890.
Obituary QuJGS. London, 46, 1890, Proc. 52.

Bellini, R a f f a e l l o, geb. 22. VII. 1874 Foligno, gest. 13. IV. 1930.
Prof. scienze naturali R. Acc. Belle Arti Neapel. Mollusca.
Necrologia. Boll. Soc. Geol. it. 51, 1932, CLXI—CLXVI (Portr.,
Bibliographie). (Qu.).

Bellotti, C h r i s t o f o r o, geb. 1823, gest. 24. V. 1919.
Jchthyologe in Mailand. Triadische Fische der Südalpen (Perledo
etc.) 1857 (in Stoppani: Studii geologici e pal. s. Lombardia),
Nachruf: Atti Soc. Ital. scienz. nat. Mus. Civ. Milano 58 (1919),
Pavia 1920, 365—370 (Portr., Bibliographie) (Qu.).

Beltrémieux, E d o u a r d, gest. 1897.
Bürgermeister von La Rochelle. Beschrieb Faunen des dép.
Charente-Inférieure.
Notice nécrologique. Bull. Soc. géol. France (3) 26, 1898, 288
(Qu.).

Benecke, Ernst Wilhelm, geb. 16. III. 1838 Berlin, gest.
6. III. 1917 Straßburg.
Prof. Geol. Straßburg. Trias, Jura. Elsaß-Lothringen. Baden.
Nachruf: Jahresber. Mitt. Oberrhein. Geol. Ver., 8, 1919, 6—12
(Portr., Bibliographie).
Steinmann, G.: Nachruf. Geol. Rundschau 8, 1917, 271—277
(Bibliographie).

Beneden, Edouard van, geb. 5. III. 1846 Löwen, gest. 28. IV.
1910 Lüttich.
Studierte die systematische Stellung der Trilobiten, sonst Zoologe.
Zittel.
Nécrologie. Annuaire Ac. Sc. Belgique 89, 1923, 235—242.

Beneden, Pierre-Joseph van, geb. 19. XII. 1809 Malines,
gest. 8. I. 1894 Löwen.
1831 Conservator am Cabinet d'Hist. Nat. zu Louvain, 1835 Prof.
agrégée Universität Gent, 1836 Prof. an der katholischen Uni-
versität, dann Prof. Zool. vergl. Anatomie Louvain. Cetacea u. a.
Gaudry, A.: Statue de Van Beneden, fêtes de Malines, La Na-
ture, Paris, 6. Août, 1898.
Errera, Isabella: Répertoire abrégé d'Iconographie fasc. 2.
Obituary QuJGS. London, 50, 1894, Proc. 56.
Mourlon, M.: Discours prononcé aux funérailles de M. —. Bull.
Acad. roy. Belg. Sci. 1894, (3) 27, 198—199, 201—208.
Université catholique de Louvain. Bibliographie 1834—1900. Louvain
1900, 285—298 (Bibliographie).
Kem'na, Ad.: P. J. v. B. La vie et l'oeuvre d'un zoologiste.
Annales Soc. Roy. zool. et malacol. Belgique 44 (1909), 1910,
205—324 (Portr., Teilbibliographie).

Benett, T. Etheldred, geb. 1776, gest. 1845.
Englische Fossiliensammlerin in Norton House, bei Warminster,
Wilts, schrieb: A Catalogue of the Organic Remains of the
County of Wilts 1831. Spongiaria.
Hist. Brit. Mus. I: 266—267.
Woodward, H. B.: Hist. Geol. Soc. London, 118—119.

* Bennett, Francis James, geb. 1845, gest. 23. VI. 1920.
Englischer Paläoanthropologe.
Obituary QuJGS. London, 1921, LXXV.

* Bennett, Frederick William, geb. 1860, gest. 1931.
Lowe, E. E., B. Stracay & H. H. Gregory: In memoriam —. Trans. Leicester Lit. Philos. Soc., 32, 1931, 25—34.

Bennett, George, geb. 1804, gest. 1893.
Arzt zu Sydney, sammelte fossile Knochen aus N.S.-Wales und
Queensland. (Megalania, Miolania). Sein Sohn, G. F. Bennett
setzte die Sammlung fort.
Hist. Brit. Mus. I: 267.
Mennell, Philip: Dict. of Australasian Biogr. 1892, 35.

Bennie, James, geb. 23. IX. 1821, gest. 28. I. 1901.
Sammler des Geol. Survey Schottland. Entdeckte neue Blastoidea,
Phyllopoda, Eurypteriden-Reste, fossile Sporen.
Horne, J.: Obituary notice of the late Mr. —. Trans. Edin-
burgh Geol. Soc., 8, 1905, 192—193 (Bibliographie mit 19
Titeln).
Obituary Scotsman 30. Jan. 1901, Geol. Magaz. 1901, 143.
Hist. Brit. Mus. I: 267.

Bensley, B e n j a m i n A r t h u r, geb. 5. XI. 1875 Hamilton (Ontario), gest. 20. I. 1934.
Prof. d. Biologie Univ. Toronto. Pleistocäne Vertebraten.
Obituary. Proceed. Roy. Soc. Canada (3) 28, 1934, XXI—XXII (Portr.).
N i c k l e s I, 93; II, 49. (Qu.).

Bensted, W i l l i a m H a r d i n g, gest. im 71. Lebensjahr 2. IV. 1873 Maidstone.
Steinbruchbesitzer und Fabrikant zu Maidstone, wo er fast komplette Skelette von Iguanodon entdeckte, die von Mantell beschrieben wurden. Diese waren ursprünglich in dessen Museum zu Brighton ausgestellt und gelangten später in das British Museum. Entdeckte auch Plesiosaurus latispinus und Chelone Benstedi.
Obituary Geol. Magaz. 1873, 240.

Berendt, G e o r g C a r l, geb. 13. VI. 1790 Danzig, gest. 4. X. 1850 ebenda.
Arzt in Danzig. Sammler und Bearbeiter von Bernsteineinschlüssen (Insekten, Arachnoideen).
Allgem. Deutsche Biogr. 2, 356—357.
S c h u m a n n, E.: Geschichte d. naturf. Ges. Danzig. Schriften naturf. Ges. Danzig (N. F.) 8, 2, 1893, p. 48, 62, 92 (Qu.).

Berendt, G o t t l i e b M i c h a e l, geb. 4. I. 1836 Berlin, gest. 27. I. 1920 Schreiberhau.
1869 Dozent in Königsberg, 1873 a. o. Prof. daselbst, 1875—1902 Landesgeologe an der Preuß. Geol. Landesanst. Marine Diluvialfaunen, Bernstein, Kreide, Tertiär, Geschiebe, Mammalia.
K e i l h a c k, K.: Nachruf Jahrb. Preuß. Geol. Landesanst., 40, II, 1922, I—XVII (Portr. Bibliographie mit 149 Titeln).

* **Bergen**, C a r l A u g u s t u s v o n.
Opus 1760, ref. Schröter, Journ. 5: 1—10.
Allgem. Deutsche Biogr. 2, 367—368.

Berger, H. A. C.
Arzt in Coburg, schrieb: Die Versteinerungen der Fische und Pflanzen im Sandsteine der Coburger Gegend, Coburg 1832.
F r e y b e r g p. 74.

* **Berger**, J. F.
Wernerschüler in Genf, schrieb 1816 über Geol. Nordost-Irlands, geb. Deutscher.
Z i t t e l: Gesch.
W o o d w a r d, H. B.: Hist. Geol. Soc. London 51 ff.
P o g g e n d o r f f 1, 148.

Bergeron, J u l e s, geb. 5. V. 1853 Paris, gest. 27. V. 1919.
1876 Ingenieur (Metallurgie), 1878 Präparator am Laboratoire Géol. der Sorbonne, 1894 Prof. der Geologie an der École centrale, Crustacea, (Trilobita), Faunen des frz. Cambrium, Stratigraphie des Paläozoikum.
B i g o t, A.: Not. nécrol. Bull. Soc. géol. France, (4) 20, 1920, 110—123 (Portr. Bibliographie mit 139 Titeln.).
Centenaire Soc. géol. France (Portr. Taf. 12).
Obituary Geol. Magaz. 1919, 432.

* Bergmann, T o r b e r n   O l a f, geb. 1735, gest. 1784.
Prof. der Chemie Upsala. Schwedischer Mineralog, schrieb Physik. Beschreibung der Erdkugel, übers. 1769.
Z i t t e l: Gesch.
P o g g e n d o r f f 1, 150—151.

* Bergner, A.
Schrieb: Über die Bildung der Oberfläche auf beiden Seiten des Finngebirges in Thüringen, in den sichtbaren Schöpfungsperioden und Revolutionen in der Urwelt, 1822.
Freyberg.

Beringer, J o h a n n   B a r t h o l o m a e u s   A d a m.
Prof. der Medizin an der Univ. Würzburg, Rat und Hofmedikus des Fürstbischofs daselbst. Schrieb seine berüchtigte Lithographia Wirceburgensis, 1726.
A n d r é e, K.: Einige Bemerkungen zur Geschichte der Geologie, insbesondere der „phantastischen Periode" der Paläontologie. Naturw. Wochenschr. N. F. 16, 1917, 719—721, 3 Abbild., 1920, 295 ff.
C r o s s e, H.: Curiosités bibliographiques. Une mystification scientifique du XVIIe siécle. (Lithographia Wirceburgensis.) Journ. de Conchyl., 14, 1866, 76—79.
P a d t b e r g, A. S. J.: Die Geschichte einer vielberufenen paläontologischen Fälschung. (Beringer's Lithogr. Wirceburg.) Stimmen der Zeit, 104, 1922, 32—48. (Mit kompletter, 52 Titel zählender Bibliographie des „Falles Beringer".)
Thümmel's Reisetagebuch: Ein ehrlicher Forscher. Münchner Neueste Nachrichten, 28.-29. Jänner, 1922, S. 2.
K i r c h n e r, H r.: Die Beringer'schen Lügensteine. Fränkischer Kurier, Nürnberg, 1927.
D a r m s t a e d t e r: Miniaturen 101—104, Fig. 2.
L a u t e r b o r n: Der Rhein I: 289.
Allgem. Deutsche Biogr. 2, 1875, 399.

Bernard, F é l i x, geb. 1863, gest. August 1898.
Französischer Pal. Geol. Mollusca.
Not. nécrol. Bull. Soc. géol. France, 1899, 158.
Obituary Geol. Magaz., 1898, 528.
Nécrologie. Journ. de Conchyl. 47, 1899, 68—71.

Bernard, H e n r y   M e y n e r s, geb. 29. XI. 1853, gest. 4. I. 1909 London.
Kaplan in Moskau (studierte unter Haeckel), Trilobita, Korallen.
Obituary Geol. Magaz., 1909, 92 (Bibliographie mit 12 Titeln).

Bernhardi, R e i n h a r d.
Professor an der Forstakademie in Dreißigacker bei Meiningen.
Schrieb über Chirotherium, 1834, 1841.
Freyberg.
L a u t e r b o r n: Der Rhein, 1934, 73 Fußnote.

* Bernoulli, C h r i s t o p h, geb. 1782, gest. 1863.
Prof. industriellen Wissenschaften zu Basel, schrieb 1811 Geognosie über die Schweiz.
L a u t e r b o r n: Der Rhein, 1934: 107.
P o g g e n d o r f f 1, 163.

Bernsen, J. J. A., geb. 2. V. 1888, gest. 5. VI. 1932.
Holländischer Geistlicher und Paläontologe. Mammalia von Tegelen.
W a a g e, G. H.: In memoriam Pater Dr. — Natuurhistorisch
Maandblad Maastricht, 21, 1932, 73—74 (Portr.).
V l e r k, J. M. v. d.: Nachruf. Geologie en Mijnbouw 11, 1932,
56—58 (Portr.).

Beroldingen, F r a n z C ö l e s t i n v o n, geb. 11. X. 1740 St. Gallen,
gest. 8. III. 1798 Walshausen.
Schrieb 1788 Reise durch die Pfälzischen und Zweybrückschen
Quecksilber-Bergwerke, Berlin.
Z i t t e l : Gesch.
P o g g e n d o r f f 1, 163.

* Bertelli, P. T i m o t e o, geb. 1826, gest. 1905.
Jtalienischer Naturforscher. Erdbebenforscher.
B a r a t t a, M.: L'opera scientifiche al —. Riv. geograph. Italia,
12, 1905, 193—203, 340—350.

Berthelin, J e a n G e o r g e s, geb. 20. VI. 1840 Troyes, gest. 27.
VIII. 1897 Courtenot.
Secrétaire du Préfet de la Loire inf., dann Secrétaire général de
Saône-et-Loire: Mollusca, Foraminifera, Stratigraphie.
D o l l f u s, G.: Notice nécrologique. Bull. Soc. géol. France, (3)
26, 1898—99, 333—335 (Bibliographie im Text).

Berthold.
Schrieb 1835 über Chirotherium.
Freyberg.

Bertkau, P h i l i p p, geb. 11. I. 1849 Köln, gest. 22. X. 1895
Kessenich bei Bonn.
Custos am zool. u. vergl.anat. Inst. Bonn. Zoologe (bes.
Spinnen). Fossile Spinnen von Rott 1878.
V o i g t, W.: Ph. B. Verh. naturhist. Ver. Rheinl. u. Westf. 53,
1896, 9—19 (Qu.).

Bertrand, B e r n a r d N i c o l a s, geb. 1715 Paris, gest. 1780.
Schrieb 1773: Éléments d'Oryctologie, ou distribution méthodique
des fossiles, Nürnberg.
P o g g e n d o r f f 1, 170.

Bertrand, C. E g., geb. 1851 Paris, gest. 1920.
Prof. Univ. Lille, Phytopalaeontologie.
B a r r o i s, Ch.: L'oeuvre géologique de —. Lille 1920, pp. 18.

Bertrand, É l i e, geb. 1712, gest. 1797 (?)
Pasteur de l'Église française de Berne. Schrieb Dictionnaire uni-
versel des fossiles propres et des fossiles accidentels, 1763, ref.
Schröter, Journ. 5: 273—324; 6: 349—391.
T o r n i e r : 1924: 28.
J e a n n e r e t, F. A. M.: Biogr. neuchateloise 1, 1863, 44—46
(Bibliographie).
Biogr. universelle 4, 183.

Bertrand-Geslin, C h.
D u f o u r, Ed.: Notice biographique sur M. le Baron —. lue en
séance d'inauguration du Cours Municipal de Géologie et de
Minéralogie le 29 Mars 1865 Nantes, 1865, pp. 30 (Bibliographie.)

3*

* Bertrand, M a r c e l, geb. 2. II. 1847, gest. 13. II. 1907.
Französischer Geologie-Prof. Stratigraphie.
K i l i a n, W., & J. R é v i l: Notice sur la vie et les travaux de —.
Trav. laborat. géol. fac. sci. Grenoble, 8, 1908.
— — dto. Bull. Soc. nat. Chambéry, (2) 13, 1907—8, 1—37
(Bibliographie mit 124 Titeln).
T e r m i e r, P.: Éloge de —. Bull. Soc. géol. France, (4) 8, 1908,
163—204 (Portr. Bibliographie mit 133 Titeln.)
— — Marcel Bertrand, Ann. des Mines, (10) Mem. 13, 1908,
338—346 (Bibliographie mit 133 Titeln).
C a y e u x: Nécrol. Bull. Soc. géol. France (4) 7, 42—44.
W i l c k e n s, O.: Zur Erinnerung an —. CfM. 1909, 499—501.
Notice sur les travaux scientifiques de —. Ingenieur en chef des
Mines. Paris 1894, pp. 35 (Bibliographie mit 95 Titeln).
Obituary QuJGS. London. 64, 1908, L—LIV.
Portr. Livre jubilaire, Taf. 8.

* Bertrand, P.
Französischer Geologe. Schrieb 1797: Nouveaux Principes de
Géologie, Paris.

Bertrand, P a u l, geb. 10. VII. 1879 Los-lez-Lille.
Sohn von C. Eg. Bertrand. 1906 Präparator am Muséum houillier
de Lille, 1910 Privatdozent Pal. und Conservator am selben
Museum, 1919 Prof. daselbst. Mitarbeiter der Carte géol. de la
France.
Phytopalaeontologie.
Titres et travaux scientifiques de M. P. B. Lille 1933, pp. 33,
(mit 107 Titeln).

Besler, M i c h a e l R u p e r t, geb. 1607, gest. 1661.
Besitzer einer Fossilsammlung, zus. mit Basil Besler (1561—1629),
beschrieben 1642 u. 1733: Gazophylacium rerum naturalium,
ref. Schröter, Journ. 3: 20—23. Eine spätere Beschreibung von
Lochner s. dort.
Allgem. Deutsche Biogr. 2, 555 (Qu.).

* Betke.
Schrieb Curieuser Harzwald, 1744.
Freyberg.

Beudant, F r a n ç o i s S u l p i c e, geb. 5. IX. 1787 Paris, gest. 9. XII.
1850.
Französischer Mineraloge und Geologe, Prof. in Avignon und
Marseille, Vicedirektor der mineralogischen Abteilung des Mu-
sée d'hist. nat. Paris, Prof. Mineralogie Paris. Reiste in Ungarn.
Mollusca, Radiata, Zoophyta, Belemniten.
L a c r o i x, A.: Notice historique sur — et Alfred Des Cloi-
zeaux. Acad. des Sci. Paris, 1930, pp. 101 (Portr. Bibliographie
mit 29 Titeln).
— — Figures des savants.
B i r k á s, G.: Egy francia tudós dunántuli utazása 1818. —
ban. Györi Szemle 2, 1931, pp. 21 (Portr.).
— — Egy francia tudós Debrecenben 1818 — ban. Debreceni
Szemle, 1931, pp. 6.
— — La Hongrie vue par un savant français en 1818. Le
voyage de —. Bibliothèque de la Revue des Études hongroi-
ses, 6, Paris, 1934, pp. 32.
Nouvelle biogr. générale 5, 856—858 (Teilbibliographie).

Beushausen, Hermann Emil Louis, geb. 18. VII. 1863 Elbingerode a. Harz, gest. 21. II. 1904.
1883 Assistent Koenen's in Berlin, 1887 Geologe an der Preuß.
Geol. Landesanstalt, 1901 Prof. Geol. Pal. an der Bergakademie
Berlin. Lamellibranchiata, Devon-Stratigraphie und Paläontologie.
Nachruf: Jahrb. Preuß. Geol. Landesanstalt, 25, 1904, 1017—
1029 (Portr. Bibliographie mit 33 Titeln).
Nachruf: CfM. 1904, 155; Zeitschr. deutsch. Geol. Ges., 1904,
Monatsber. 15—16.

Beust, Fritz von, geb. 26. IX. 1856 Hottingen, gest. 28. VII.
1908.
Lehrer (Schweiz). Fossile Hölzer Grönlands.
Nachruf. Verh. Schweiz. Naturf. Ges. 91, 1908, Anhang 1—3
(Bibliographie mit 3 Titeln) (Qu.).

Beuth, Franciscus.
Schrieb 1776 Juliae et Montium subterranea sive fossilium variorum per utrumque ducatum. ref. Schröter Journ. 4: 33—37.

*__Beyer__, Samuel Walker.
Amerikanischer Stratigraph.
Bain, G. W.: Memorial of —. Bull. Geol. Soc. America, 43,
1932, 44—46 (Portr.).

Beyrich, August Heinrich Ernst, geb. 31. VIII. 1815 Berlin, gest. 9. VII. 1896 daselbst.
Studierte bei Goldfuss in Bonn, 1840 Assistent am mineral. Museum Berlin, 1857 Leiter der pal. Sammlungen daselbst, 1865
Prof. Geol. Pal. an der Universität und Bergakademie Berlin,
1873 Direktor Preuß. Geol. Landesanstalt. Trilobita, Cephalopoda, Lamellibranchiata, Crinoidea, Wirbeltiere u. a., Mesoz.,
Tertiär.
Dames, W.: Gedächtnisrede auf —. Abhandl. Akad. Berlin, 1898,
I—II, pp. 6.
Hauchecorne, W.: Nekrolog: Jahrb. Preuß. Geol. Landesanst., 17, 1896, CII—CXXXVIII (Portr. Bibliographie mit 203
Titeln).
Koken, E.: Die Deutsche Geologische Gesellschaft in den Jahren 1848—1898, mit einem Lebensriß von —. Zeitschr. deutsch.
Geol. Ges. 1901, 1—69 (Portr.).
Meyer, L.: Nekrolog: Sitzungsber. deutsch. Geol. Ges., 30, 682.
Nachruf: Verhandl. Geol. Reichsanst. Wien, 1896, 301—302.
Fritsch, K.: Nachruf Leopoldina, 32: 110—113.
Tornier: 1924: 46—48, 1925: 96.
Allgem. Deutsche Biogr. 46, 536—538.

Biancani, Giacomo.
Schrieb 1771 über Delphinreste und Fossilien der Umgegend von
Bologna.
Bianconi, G.: Atti Soc. it. Sci. nat. 4, 1862, 244 (Qu.).

Bianchi, Johannes-Janus Plancus, geb. 1695, gest. 3.
XII. 1775 Rimini.
Italienischer Naturforscher, schrieb 1739, 1760 über Foraminifera.
Nachruf: Schröter, Journ. 3: 496—497.
Fornasini, C.: Foraminiferi illustrati da Bianchi e Gualtieri,
Boll. Soc. Geol. Ital., 6, 1887, 33—54.
Nouv. biogr. générale 5, 915—916.

Bianconi, G i a n G i u s e p p e, geb. 1809 Bologna, gest. 18. X. 1878 daselbst.
1842 Prof. der Naturgeschichte, 1860 Prof. der Zoologie in Bologna. Aves, Stratigraphie.
Cenno necrologico. Boll. R. Com. Geol. Ital., 9, 1878, 548—549.
Vergl. Cenni storici sugli studi palaeontologici e geologici in Bologna e catalogo ragionato della collezione geognostica del Apennino Bolognese. Atti Soc. Ital. Sc. Milano, 1862, pp. 30.
Bibliographie in A. P o r t i s, Bibliogr. géol. et pal. de l'Italie. 1881, bes. p. 420—421.

* **Bibra**, E r n s t, Freiherr von, geb. 9. VI. 1806 Schwebheim, gest. 5. VI. 1878 Nürnberg.
Chemiker, analysierte fossile Knochen.
G ü n t h e r, S.: Der fränkische Naturforscher Ernst v. Bibra 1806—78 in seinen Beziehungen zur Erdkunde. Festschrift Jub. Naturf. Ges. Nürnberg, 1801—1901, Nürnberg, 1901, 1—16 (Portr.).
Allgem. Deutsche Biogr. 47, 758.

* **Bickmore**, A l b e r t S m i t h, geb. 1. III. 1839, St. George. Maine, gest. 12. VIII. 1914.
Studierte bei L. Agassiz, Prof. der Naturgeschichte in Madison (jetzt Colgate University), Superintendent des Mus. Nat. Hist. bis 1884.
K u n z, G. F.: Memorial of —. Bull. Geol. Soc. America, 26, 1915, 18—21.
vgl. J. M. B.: Biography of Prof. B. Watchman Examiner N. Y. Boston, 23. August 1914, pp. 1159.

Biedermann-Imhoof, A d o l f W. G., geb. 27. II. 1829 Winterthur, gest. 9. IV. 1900.
Lehrer der Naturwissenschaften am Gymnasium zu Winterthur. Studierte die Fauna seines Wohnortes.
K e l l e r, R.: Festschrift zur Feier des 50jährigen Bestandes des Gymnasiums und der Industrieschule Winterthur, III, 1912.
— — Führer durch die pal. Sammlungen des Mus. Winterthur, 159.

Bielz, E d u a r d A l b e r t, geb. 4. II. 1827 Hermannstadt, gest. 26. V. 1898 daselbst.
Sohn des Lithographen, Conchyliologen und evangelischen Pfarrers Michael Bielz, 1848—50 Lieutenant, Sekretär des Hermannstädter Museums und Schulinspektor. Stratigraphie und Paläontologie Siebenbürgens.
Nachruf. Verh. k. k. geol. Reichsanst. 1898, 228—231 (Bibliographie).
C a p e s i u s, J.: E. A. B. Verh. und Mitt. siebenbürg. Ver. f. Naturw. Hermannstadt 48, 1899, 1—24 (Bibliographie).
Nachruf: Jahrb. Siebenbürg. Karpathenver., 19, 1899, 1—4 (Portr.).

Bielz, M i c h a e l, geb. 10. V. 1787 Birthälm, Siebenbürgen, gest. 27. X. 1866 Hermannstadt.
Lithograph. S. Bielz, E. A.
Nekrolog. Verh. u. Mitt. siebenbürg. Ver. f. Naturw. Hermannstadt 17, 1866, 209—216.

Biering, J o h a n n A l b e r t.
Schrieb 1734 über Mansfeld'sche Fossilien, ref. Schröter, Journ.,
5: 10 ff.

Bigot, A l e x a n d r e P i e r r e D é s i r é, geb. 15. V. 1863 Cherbourg.
Prof. Geol. u. Pal. Caen. Paläontologie u. Stratigraphie bes. der Normandie.
P o g g e n d o r f f 4, 122; 6, 220 (Qu.).

*** Bigot**, d e M o r o g u e s, Baron, P i e r r e M a r i e S é b a s t i e n
geb. 1776, gest. 1840.
Französischer Geologe.
Notice des travaux scientifiques et littéraires de M. P. M. S.
Bigot, Baron de Morogues. 1834, p. 15 (ohne Ort).
Nouv. biogr. générale 36, 629—631.

Bigsby, J o h n J e r e m i a h, geb. 14. VIII. 1792 Nottingham,
gest. 10. II. 1881 London.
Militärarzt, ausgewandert nach Canada, studierte er Faunen des
Silurs, Devons und Carbons. Verf. von Thesaurus Siluricus
und Devonico-Carboniferus.
Obituary Geol. Magaz., 1881, 238, QuJGS. London, 37, 1881,
Proc. 39.
C l a r k e: James Hall of Albany, 347—348, 398, 430—438.
Hist. Brit. Mus. I: 267.
Scient. Pap. Bd. 1, 363; 7, 172.

Bill, P h i l i p p K a r l, geb. 15. V. 1889 Straßburg, gest. 2. XI.
1914 im Weltkrieg.
Studierte Crustacea.
Todesnachricht: CfM. 1915, 688.

Billaudel, J e a n - B a p t i s t e - B a s i l i d e, geb. 12. VI. 1793
Rethel, gest. ?
Ingenieur, studierte um 1830 Mammalia von Bordeaux.
Q u é r a r d, La littérature française contemporaine 1, 503—505
(Qu.).

Billings, E l k a n a h, geb. 5. V. 1820 ‹Gloucester, Canada, gest.
14. VI. 1876 Montreal.
Jurist, begründete 1856 The Canadian Naturalist, 1856—76 Pa-
läontologe der Geol. Survey Canada, Cystoidea, Crinoidea, Aste-
roidea, Blastoidea, Brachiopoda, Trilobita, palaeozoische Faunen
bes. des Silur.
A m i, H. M.: Brief biographical sketch of —. ‹Amer. Geol., 27,
1901, 265—281 (Bibliographie mit 167 Titeln); Bd. 28: 132.
— — The Billings Memorial. A portrait to be placed in the
Geol. Survey Dep. Ottawa Naturalist, 14, 1900, 91—92.
W a l k e r, B. E.: List of the published writings of —. Canada
Rec. Sci., 8, 1902, 366—388 (Bibliographie mit 167 Titeln).
C r o s s e, H., & P. F i s c h e r: Necrolog Journ. de Conchyl. 1878,
111—112.
W h i t e a v e s, J. F.: Obituary Geol. Magaz., 1877, 43.
Obituary QuJGS. London, 33, 1877, Proc. 48 ff.
M e r r i l l: 1904, 690 u. öfter (Portr., Fig. 138).
Life of Logan 326—327.
C l a r k e: James Hall of Albany, 306, 365.
Obituary Amer. Journ. Sc., (3) 14, 1877, 78—80.

Billings, W a l t e r R., gest. 71 Jahre alt, 1. III. 1920 Ottawa.
Architekt. Neffe Elkanah Billings'. Crinoidea.
K i n d l e, E. M.: Obituary Geol. Magaz., 1920, 287—288.
N i c k l e s 103—104.

* **Billingsfey**, J o h n.
Schrieb 1797 über die Geologie von Somerset.
W o o d w a r d, H. B.: Hist. Geol. Soc. London, 4.

* **Billy**, E d o u a r d d e, geb. 26. V. 1802 Antwerpen, gest. 4. IV.
1874 Périgny.
Publizierte 1848 geol. Karte des Vogesendepartm.
Z i t t e l: Gesch.
P o g g e n d o r f f 1, 191; 3, 131.

Binkhorst t o t d e n B i n k h o r s t, J o h a n T h e o d o o r, geb.
3. VIII. 1810, gest. 22. XII. 1876 Mastricht.
Studierte die Kreide von Mastricht. Mollusca, Crustacea. Seine
Sammlung in Berlin.
U b a g h s, C.: Notice biographique du géologue B. tot den B.
Publ. Soc. hist. et arch. duché de Limbourg 23, 1886, 441—447
(Bibliographie).
Nieuw Nederlandsh biogr. Woordenboek 4, 1918, 151 (Biblio-
graphie). (Qu.).

Binney, A m o s, geb. 18. X. 1803 Boston, Mass., gest. 18. II. 1847
Rom, Italien.
Conchyliologe.
M e r r i l l, 1904, 398—99, 690.
N i c k l e s 104.

Binney, E d w a r d W i l l i a m, geb. 7. XII. 1812, gest. 19. XII.
1881.
Englischer Phytopaläontologe, Vicepräsident der Pal. Society.
List of papers published by — in the Transactions of the Man-
chester Geological Society. Trans. Manchester Geol. Soc., 16,
1881, 257—258 (Bibliographie mit 33 Titeln).
Obituary Geol. Magaz., 1882, 96; QuJGS. London, 38, 1882,
Proc. 58.
Dict. Nat. Biogr. 5, 56—57.
Scient. Papers 1, 372—373; 7. 174—176; 9, 243—244.

Binninger, L u d w i g R e i n h a r d, geb. 1742 Buchsweiler (Elsaß),
gest. 18. VIII. 1776.
Arzt, beschreibt Petrefakten seiner Heimat..
Opus 1762, ref. Schröter, Journ. 2: 23—26.
M e u s e l, Teutsche Schriftsteller 1750—1800, 1, 413 (Qu.).

Bioche, A l p h o n s e, geb. 16. XII. 1844, gest. 22. IV. 1918.
Französischer Geologe, studierte Stratigraphie des Pariser Beckens.
D o l l f u s, G. F.: Notice nécrologique Bull. Soc. géol. France.
(4) 19, 1919, 163—164.

Birch.
Englischer Oberst, sammelte in den 1820er Jahren zu Bath und
Lyme Regis.
Hist. Brit. Mus. I: 268.

Bird.
Englischer Geologe, schrieb 1831 Monographie über Stratigraphie von Yorkshire, mit Young (A geol. survey of the Yorkshire Coast, Whitby, 1822).
Z i t t e l: Gesch.

Birkmaier, A n t o n, gest. 2. XII. 1926.
Universitätszeichner zu München.
S c h l o s s e r: Nachruf: CFM. 1927, B, 30—31.

Birley, C a r o l i n e, geb. 16. XI. 1851, gest. 15. II. 1907.
Fossiliensammlerin.
Obituary Geol. Magaz. 1907, 143—144.

* **Bischof**, K a r l G u s t a v, geb. 1792 Nürnberg, gest. 30. XI. 1870 Bonn.
Chemiker, schrieb 1817 über das Fichtelgebirge.
Freyberg.
W i l c k e n s, O.: Geologie der Umgegend von Bonn 1927.
P o g g e n d o r f f 1, 201—202; 3, 134.

Bistram, A l e x a n d e r, B a r o n v o n, ermordet gelegentlich eines Aufstandes in der Kirche in Kurland am 16. VII. 1905.
Begleitete Steinmann auf seinen Reisen. Studierte Lias.
Nachruf: CfM. 1905, 470.

Bittner, A l e x a n d e r, geb. 16. III. 1850 Friedland (Böhmen), gest. 31. III. 1902 Wien.
Seit 1877 Mitarbeiter der Geol. Reichsanst. Wien. Brachiopoda, Decapoda, Mollusca, Echinida. Alpine Trias, Tertiär Österreichs.
Nachruf: Verhandl. Geol. Reichsanst. Wien, 1902, 52, 165—170
P o g g e n d o r f f 3, 136; 4, 128.

Blaas, J o s e f, geb. 29. IV. 1851, gest. 11. VII. 1936.
Prof. der Geologie in Innsbruck. Geologe u. Mineraloge.
Stratigraphie und Pflanzenaufsammlungen in der Höttinger Breccie.
S r b i k, R. v.: J. B. Ein Gedenkblatt zum 80. Geburtstag. Verh. Geol. Bundesanst. Wien 1931, 193—200 (Bibliographie).
Weitere Biographien siehe R. v. S r b i k: Geolog. Bibliogr. d. Ostalpen. 1. Forts. Innsbruck 1937, 132.
Todesanzeige. Verh. Geol. Bundesanst. Wien 1936, 181 (Qu.).

Black, D a v i d s o n, gest. 49 Jahre alt 15. III. 1934 Peking.
Studierte an der Universität Toronto, dann bei Elliot Smith in Manchester, Homo fossilis. 1916 Prof. Neurologie an dem Peking Union Medical College, 1929 Honorardirektor des Cenozoic Research Laboratory der Geol. Survey Chinas.
E l l i o t S m i t h, G.: Obituary. Nature, London, 133, 1934, 521—522.
B a r b o u r, G. B.: Memorial of —. Proc. Geol. Soc. Am. (1934), 1935, 193—201 (Portr., Bibliographie).
Bull. Geol. Soc. China 13, 1934, 319—325 (Portr., Bibliographie) (Qu.).

Black J a m e s, gest. 79 Jahre alt, 30. IV. 1867 Edinburgh.
Arzt, Sammler. Fährten.
Obituary. Geol. Magaz., 1867, 288.
Scient. Papers 1, 401.
Dict. Nat. Biogr. 5, 106—107.

Blackmore, Humphrey Purnell, gest. 1928.
Archäologe. Aptychi. Arvicoliden.
Obituary. QuJGS. London 85, 1929, LXV (Qu.).

Blainville, Marie Henri Ducrotay De, geb. 1777 Arques,
Normandie, gest. 1850.
Maler, dann Student Cuvier's, Prof. der Naturgeschichte an der
Universität Paris (Nachfolger Lamarck's) und vergl. Anatomie
(Nachfolger Cuvier's). Belemniten, Spongia, Brachiopoda, Pisces,
Amphibia, Reptilia, Mammalia.
Note analytique sur les travaux anatomiques, physiologiques et
zoologiques de M. — Paris, pp. 18 (ohne Jahr), II. Aufl. 1825,
pp. 27.
N i c a r d, P.: Notices historiques sur la vie et les écrits de M. —
Paris, 1850 (Bibliographie mit 181 Titeln).
P r é v o s t, C.: Discours prononcé aux funérailles de M. — Paris,
1850.
F l o u r e n s: Éloge historique de —. Paris Acad. des Sci. 1856
in Flourens Éloges historiques lus dans les séances publiques
de l'Acad. des Sci. Paris, 1856, 285—342 (Bibliographie).
B é c l a r d, J.: Éloge de M. — prononcé dans la Séance annu-
elle de l'Academie Jmpériale de Médecine du 15. Décembre 1863,
Paris, 1864, pp. 22.
B o u r g u i n, A.: Les grands naturalistes français au com-
mencement du XIXe siècle. Ann. Soc. Linn. Départem. de
Maine-et-Loire, 18, 1869, 111—148.
F l o u r e n s: Memoir of —. Annual Rep. Smithsonian Inst., 1864,
175—188.
V a n   d e r   H o e v e n: Abn. Dagverhaal van Prof. Jan van der
Hoeven van zijn reis in 1824, naverteldt door zijn kleinzoon
Rotterdamsche Jaarboek, 1926, pp. 88 (über Paris: Cuvier,
Blainville, Lamarck, St. Hilaire, Laurillard etc.).
E r r e r a   I z a b e l l: Répertoire abrégé d'Iconographie fasc. 22.
Wetten, 34—654.
L y e l l: Obituary. QuJGS. London, 7, 1851, XXVI.
T o r n i e r: 1924: 51.
N o r d e n s k j ö l d: Gesch. d. Biol. 364—367.

Blake, John Frederick, geb. 3. IV. 1839 Stoke-next-Guild-
ford, gest. 7. VII. 1906.
Studierte bei A. Sedgwick. Clericus, dann 1880 Prof. Naturgeschichte in Nottingham. Cephalopoda, mesozoische Stratigraphie
und Faunen.
Obituary. Geol. Magaz. 1906, 426—431 (Bibliographie mit 94
Titeln).

Blake, John Hopwood, geb. 22. VII. 1843 London, gest. 5.
III. 1901 Oxford.
Ingenieur, dann Geologe bei der Geol. Survey England. Lias,
Keuper, Forest-Bed Stratigraphie.
H. W(oodward): Obituary. Geol. Magaz., 1901, 238—240.

Blake, William Phipps, geb. 1. VI. 1826 New York, gest.
22. V. 1910.
1864 Prof. Geol. Mineralogie am California College, später Prof.
der Geol. Univ. Arizona. In 1. Linie Mineraloge. Notizen über
Mammalia, Trilobita u. a.
B a b c o c k, K. Ch.: The published writings of — 1850—1910.
Presidential Rep. of Reg. Univ. Arizona for 1909, pp. 23, 1910
(Bibliographie mit 206 Titeln).

R a y m o n d, R. W.: Biographical notice of —. Trans. Amer. Inst. Min. Eng., 41, 1911, 851—864 (Portr., Bibliographie mit 204 Titeln).
— —: Memoir of—. Bull. Geol. Soc. Am. 22, 1911, 36—47 (Portr., Bibliographie).
Obituary. QuJGS. London, 67, 1911, LVII; Amer. Journ. Sci., (4) 30, 1910, 95—96; Eng. M. Journ. 89, 1910, 1099.

Blanchard, E m'i l e, geb. 7. V. 1819 Paris, gest. 11. II. 1900.
Französischer Zoologe, Entomologe, Prof. am Mus. d'hist. nat. Paris. Aves.
G a u d r y, A.: Discours prononcé aux funérailles de —. le 14. fevr. 1900. Acad. Sci. Paris.
B o u v i e r, E.-L.: E. B. Nouv. Arch. Mus. d'hist. nat. Paris (4) 2, 1900, III—XXVIII (Portr. Bibliographie).

Blanford, H e n r y F r a n c i s, geb. 1834 Whitefriars, gest. 23. I. 1893 Folkestone.
1855—62 Mitarbeiter der Geol. Survey India. Nautiloidea, Belemnitidae.
Obituary. Geol. Magaz. 1893, 191—192; QuJGS. London, 49, 1893, Proo. 52—54.

Blanford, W i l l i a m T h o m a s, geb. 7. X. 1832 London, gest. 23. VI. 1905.
Zoologe und Stratigraph. 1855—82 Mitarbeiter der Geol. Survey India, kehrte 1883 nach England zurück.
Eminent living geologists: Geol. Magaz. 1905, 1—15 (Portr., Bibliographie).
H. T. H (o l l a n d): Obituary Rec. Geol. Surv. India, 32, 1905, 241—257 (Bibliographie mit 175 Titeln).
Obituary QuJGS. London, 62, 1906, LVI ff.
Necrolog: Bull. Soc. géol. France, 1906, 297.
Hist. Brit. Mus. I: 268.
Portr. W o o d w a r d, H. B.: Hist. Geol. Soc. London, Taf. 256, Text p. 253 und öfter.

* Blasius, W i l h e l m, gest. 26. V. 1870.
Prof. in Braunschweig, Spelaeologe.

Blaschke, F r i e d r i c h, geb. 1. V. 1883 Wien, gest. 26. III. 1911.
Assistent am Wiener Hofmuseum. Gastropoda, Tithonversteinerungen von Stramberg.
T r a u t h, F.: Nachruf. Mitt. Geol. Ges. Wien 4, 1911, 322—323 (Qu.).

Bleicher, M a r i e G u s t a v e, geb. 16. XII. 1838 Colmar, gest. 8. VI. 1901 Nancy (durch Attentat).
Prof. und Direktor der École de Pharmacie zu Nancy. Stratigr.
Biographie de M. — prof. à l'École supérieure de Pharmacie à Nancy. Bull. Soc. d'Hist. Nat. Colmar, 6, 1902, 161—197 (Portr. Bibliographie).
F l i c h e, P.: Notice sur —. Bull. Soc. géol. France, 1902, 231—239, 421.
M. le Prof. — Nancy 1901, pp. 52 (Portr.).
C h o f f a t, P.: Necrolog: Com. Serv. geol. Portugal, 4, 1901, 237—239.

Blezinger, R i c'h a r d, gest. 4. VI. 1928, 81 J. alt.
Apotheker in Crailsheim. Sammler im Muschelkalk und der
Lettenkohle seiner Heimat. Sammlung im geol. Inst. Univ.
Tübingen, weitere Funde im Naturalienkabinett, Stuttgart.
B e r c k h e m e r, F.: Nachruf. Jahresh. Ver. vaterländ. Naturk.
Württemberg 84, 1928, XXIV—XXV (Qu.).

* Blöde, K. A.
Schrieb Nekrolog auf A. G. Werner, Dresden, 1819.

Blumenbach, J o h a n n F r i e d r i c h, geb. 11. V. 1752 Gotha,
gest. 22. I. 1840.
1776 Prof. der Anatomie in Göttingen, seine Zeitgenossen nann-
ten ihn „Magister Germaniae". Schrieb u. a.: über die fossilen
Gebeine von Elefanten und Mammutstieren und über andere
präadamitische Tiere und Pflanzenreste 1831, Ein Wort über
die im vorjährigen Oktoberstück (des Bergm. Journals) be-
schriebenen Abdrücke in Bituminösem-Mergelschiefer 1791.
B ö r l e b e n: Prof. — auf dem Katheder. Eine Erinnerung aus
dem Göttinger Studentenleben. Ule & Müller's Natur, 12, 1863,
121—23, 143—44, 145—47, 204—06, 230—40, 254—55, 278—80,
294—96, 313—14, 335—36, 337—39, 351—56, 358 − 70, 375—76,
382 − 84, 387—88, 398—400.
V o i t k a m p, P. H.: Vier-en-twintig voorgangenheiten, Jaarb.
Kon. Inst. Genootschap Amsterdam den 1869, 137—202 (über
Gesner, Linné, Buffon, Lamarck, Cuvier, Blumenbach).
G e i k i e: Murchison, I: 157.
M u r c h i s o n: Obituary, Proc. Geol. Soc. London, 3, 1842, 533
bis 537.
Vergl. G o e t h e.
Kupferstich in Leonhard's Taschenbuch, 4, 1810 (Titelbild).
N o r d e n s k j ö l d: Gesch. d. Biologie, 308—311.
Allgem. Deutsche Biogr. 2, 748—751.
F l o u r e n s, P.: Eloges historiques I, 1856, 197—228.

* Blücher, H. v o n.
Publizierte 1829 über Mecklenburg.
Z i t t e l: Gesch.
P o g g e n d o r f f 3, 145.

* Boblaye, E m. L e P u i l l o n d e, geb. 1792, gest. 1843.
Französischer Offizier und Geologe, schrieb mit Virlet: Expédi-
tion scientifique de Morée. II. Géologie et Minéralogie, Paris,
1833.
V i r l e t D'A o u s t: Notice biographique sur M. Em. — Biographie universelle 24, 240.
Note sur les travaux scientifiques publiés par M. — capitaine
d'état major, 1833, pp. 2.
R o z e t: Notice sur la vie et les travaux du Commandant —
lue à la Société de France dans la séance du /1er Avril 1844,
pp. 11.
P o g g e n d o r f f 1, 215.

Boccaccio, G i o v a n n i, geb. 1313, gest. 1375.
Italienischer Poet, Novellist, erwähnt in seinem De montibus, silvis,
fontibus.. et maris cca 1370 marine Muscheln aus Toscana, die
er als Reste einstmals gelebter Tiere deutete. In seinem Roman
Il Filocopo spricht er über einen kleinen Hügel auf der Ebene,
der voll von marinen Muscheln ist. Er kennt auch die Mammut-
zähne von Trapani, die er als Riesen deutet.
E d w a r d s: Guide 21.

* Bocchi, Fr.
Italienischer Palethnologe.
Liste des publications sur l'Archéologie préhistorique Bull. di
Paletnol. ital., 14, 1888, 108 (Bibliographie mit 4 Titeln).

Boccone, Paulo (Sylvio), geb. 24. IV. 1633 Palermo, gest.
22. XII. 1704 ebenda.
Cisterzienser, zeitweise Prof. Bot. Padua. Schrieb über Glosso-
petren.
Poggendorff 1, 216.
Dean III, 218 (Qu.).

Bock, Friedrich Samuel, geb. 20. V. 1716 Königsberg, gest.
1786 ebenda.
Schrieb 1767-83 über Bernstein.
Poggendorff 1, 217.
Allgem. Deutsche Biogr. 2, 766.

Bockenhofer siehe **Brackenhofer.**

Boettger, Oskar, geb. 31. III. 1844 Frankfurt a. M., gest. 25.
IX. 1910 ebenda.
Oberlehrer in Frankfurt a. M. Tertiäre u. diluviale Mollusken.
Kinkelin, F.: O. B. Offenbacher Ver. f. Naturk. Bericht
51—53, 1912, 57 pp. (Portr., Bibliographie).
Nachruf. 42, Ber. Senckenberg. Naturf. Ges. 1911, 74—83 (Portr.)
Boettger, Oscar: Verzeichnis der von Prof. Dr. O. B. heraus-
gegebenen Schriften. Nachrichtsblatt Deutsch. Malakozoolog. Ges.
43, 1911, 187—215 (Autobiographische Bibliographie) (Qu.).

* Bogatschew, W.
Schrieb: Lomonosow, der erste russische Geolog. Schriften Wiss.
Ges. Dorpat, 19, 1912 (Geol. Zentralbl. 17: no. 1147).

* Bogg, E.
Englischer Stratigraph um 1813.
Woodward, H. B.: Hist. Geol. Soc. London 51.

Bohdanowicz (Bogdanowitsch), Karol, geb. 1865.
Prof. Berginstitut St. Petersburg (bis 1919), Mitglied und seit
1914 Direktor des geol. Kom. St. Petersburg. 1921 Prof. ange-
wandte Geol. Ecole sup. des mines Krakau. Forschungsreisen,
Lagerstätten. Paläontologie (Jura, Kreide, Tertiär) und Strati-
graphie von Transkaspien und Nordpersien.
Czarnocki, St.: K. B. Ann. Soc. géol. Pologne 12, 1936,
XIII—LVII (Portr., Bibliographie) (Qu.).

Bojanus, Ludwig Heinrich, geb. 16. VII. 1776, gest. 2. IV. 1827.
Schrieb: De uro nostrate 1827 (Bison).
Vergl. Gromova, Vera: Über den Typus des Bison priscus Bo-
janus, Zool. Anz., 99, 1932, 207—221.
Allgem. Deutsche Biogr. 3, 84—85.

Bois, Fr. du, de Montperreux siehe **Dubois.**

Boisduval, Jean Baptiste Alphonse, geb. 17. VI. 1799
Ticheville, gest. 30. XII. 1879 ebenda.
Arzt in Paris. Lepidopterologe. Fossiler Schmetterling 1840.
Nachruf. Annales Soc. Entomol. France (5) 10, 1880, 129—138.
Horn-Schenkling, Lit. entom. 1928—29, 98—100 (Bibliographie)
(Qu.).

Boissy, A n g e - B e r n a r d M e r c i e r de, geb. Sept. 1801, Pithiviers, Loir, gest. März 1856.
Französischer Molluskenforscher.
d'A r c h i a c: Notice biographique sur —. lue à la Société géologique de France dans la séance du 15. Décembre 1856, Paris, pp. 4.

Boistel, A., gest. 1908.
Jurist. Tertiärfauna und -flora.
Notice nécrologique. Bull. Soc. géol. France (4) 9, 1909, 202—03 (Qu.).

Bolkay, I s t v á n, geb. 29. III. 1887 Rimaszombat, Ungarn, gest. durch Selbstmord 17. VIII. 1930 Serajevo, Bosnien.
Kustos am Ungarischen Nationalmuseum, dann am Museum zu Serajevo. Amphibien, Reptilien, Homo fossilis.
Publications of —. 1907—1927, Serajevo 1928 (Bibliographie mit 89 Titeln).
F e j é r v á r y, G. J. Freiherr: Stephan J. Bolkay, Verhandl. Zool. bot. Ges. Wien, 82, 1932, 34—51 (Bibliographie mit 13 Titeln).

Boll, E r n s t, geb. 21. X. 1817 Neubrandenburg, gest. 20. I. 1868 ebenda.
Schrieb 1846—1851 über Ostseeländer, Mecklenburg, sowie Die weiland Görnersche jetzt Großherzogliche Petrefaktensammlung zu Neu-Strelitz, Arch. Ver. Freunde Naturgesch. Mecklenburg, 1859. Stud. Nautiliden, Beyrichien.
Z i t t e l: Gesch.
B o l l, F.: Dr. E. F. A. B. Arch. Ver. Freunde Naturgesch. Mecklenburg 22, 1869, 1—34.
Allgem. Deutsche Biogr. 3, 108 (Qu.).

Bolley, P o m p e j u s, geb. 7. V. 1812 Heidelberg, gest. 3. VIII. 1870.
Studierte 1837 Lias von Langenbrücken.
Nachruf. Verh. Schweiz. Naturf. Ges. 54 (1871), 1872, 265—268.

Bolten, J o a c h i m F r i e d r i c h, geb. 11. VIII. 1718 Horst (Holstein), gest. 6. I. 1796.
Arzt in Hamburg. Besitzer eines berühmten Konchylienkabinetts. Ammoniten.
Vergl. Museum Boltenianum sive catalogus ameliorum e tribus regnis naturae quae olim collegerat Joa. Fried. Bolten, Pars secunda. continens conchylia sive testacea Univalvia, bivalvia, et multivalvia. Hamburg 1798, Facsimile 1906.
S c h r ö d e r, Lexikon hamb. Schriftsteller 1, 329—331 (Bibliographie) (Qu.).

Bolton, H e r b e r t, geb. 1863 Bacup, gest. 18. I. 1936 Reading.
Curator, später Direktor des Bristol Museum. Stratigraphie und Paläontologie bes. des Karbons, vor allem Karboninsekten.
Obituary. QuJGS. London 92, 1936, XCIX—CI (Qu.).

Bolton, J o h n, geb. 1788, gest. 1873.
Englischer Sammler.
Obituary, Geol. Magaz., 1873, 95—96.

Bomare, J a c q u e s C h r i s t o p h e V a l m o n t de, geb. 17. IX. 1731 Rouen, gest. 24. VIII. 1807 Paris.
Opus ref. Schröter, Journ. 2: 26—35 (Minéralogie 1762; Dictionnaire d'hist. nat. 1764, in beiden Werken auch Versteinerungen). Sammler.
Biogr. universelle 42, 513—514.
Une autobiographie inédite de V. de B. Bull. Mus. d'hist. nat. 12, 1906, 4—7 (Qu.).

Bonanni siehe **Buonanni.**

Bonaparte, Charles Lucien Jules Laurent, Prinz von
Canino, geb. 24. V. 1803, gest. 29. VII. 1857,
Französischer Naturforscher, Freund von L. Agassiz. Aves.
Richard (du Cantal): Notice sur les travaux scientifiques de
S. A. le Prince Charles Lucien Bonaparte par M. Elie de Beau-
mont. Réflexions sur le travail sousmises à Son Exc. Drouyn de
Lyuys Bull. Soc. Imp., 1866, 404—438.
Nekrolog: Leopoldina, 2, 1860, 93—95. 121.
Nouv. biogr. générale 37, 447 (115)—447 (117).

Bonetti, Filippo, geb. 24. V. 1854 Rom, gest. 17. X. 1911 Monto-
poli in Sabina.
Prof. der Physik und Chemie. Diatomaceen.
Clerici, E.: Pubblicazioni del —. Boll. Soc. Geol. Ital., 31,
1912, CXXVII—CXXX. (Portr. Bibliographie mit 13 Titeln, davon nur 3 pal. Inhalts.)

Bonjour, Jacques, geb. 1793 Onglières (Jura), gest. 1869
Champagnole.
Konservator des Museums von Lons-le-Saunier, später von Cham-
pagnole. Stratigraphie des Jura.
Marcou, J.: Les géologues et la géologie du Jura jusqu'en 1870.
Mém. Soc. d'émulation du Jura (4) 4, 1888, 190—191 (Qu.).

* **Bonnard,** A. H. de, gest. Januar 1857.
Schrieb Aperçu géognostique des Terrains. Ann. des Mines, 1819.
Dufrénoy: Discours prononcé aux funérailles de M. — le 8.
janvier 1857. Paris Acad., pp. 4.
Poggendorff 1, 233; 3, 159.

* **Bonnet,** Charles.
Arbeitete um 1850 an der Geol. Portugals.
Choffat, P.: Deux précurseurs de la Com. Géol. de Portugal.
Com. Serv. géol. Portugal, 8, 1910-11, 90—98.

Bonney, Thomas George, geb. 27. VII. 1833 Rugeley, Stafford-
shire, gest. 9. XII. 1923.
1861—77 Tutor am St. John's Coll. Cambridge, 1877 Prof. Geol.
Min. University Coll. London, Geologe, Naturforscher, Theologe.
Journalist, Stratigraph.
Bonney, Th. G.: Memoirs of a long life. Cambridge, 1921, pp.
VII + 112.
Marr, J. E., & Rastall, R. H.: Obituary, QuJGS. London, 80,
XLVIII—LI.
Eminent living geologists. Geol. Magaz., 1901, 385—400 (Portr.,
Bibliographie mit 176 Titeln).
Obituary, Geol. Magaz., 1924, 49—51.

Boodt, Anselmus Boëtius de, geb. 1550, gest. 1634.
Schrieb 1609 Gemmarum et Lapidum Historia, Hanau. Opus
1609, 1636, 1647, ref. Schröter, Journ., I: 2: 253—259.
Edwards: Guide 39.
Biogr. nationale de Belgique 4, 814—816.

Borchert, Gustav, geb. 22. III. 1863 Mohrin (Neumark), gest.
20. III. 1934 Berlin-Hermsdorf.
Oberpräparator am Paläontologischen Museum der Universität
Berlin. Präparierte das Berliner Exemplar von Archaeopteryx

(Archaeornis). Glyptodon, war beteiligt an der Präparation der Dinosaurierausbeute vom Tendaguru.
D a m e s, W.: Sitzber. preuß. Akad. Wiss. Berlin 1897, 819 Anm.
K r o n e c k e r: Sitzber. Ges. Naturf. Freunde Berlin 1910, 90 (Portr.).
J a n e n s c h, W.: Forsch. u. Fortsch. 1931, 85, Anm. 2; und Zeitsch. Deutsch. Geol. Ges. 89, 1937, 550, Anm. 2.
(Qu. — Originalmitt, der Witwe).

* Bordin.
Schrieb 1830 über Geol. Iberiens.
Z i t t e l: Gesch.

* Borlase, W i l l i a m, gest. 1. IX. 1772 London.
Englischer Naturforscher, schrieb über Geol. Cornwalls.
Nachruf: Schröter, Journ., I: 2: 250.
Dict. Nat. Biogr. 5, 398—399.

Born, A x e l, geb. 5. II. 1887 Prenzlau, gest. 1. IX. 1935 Berlin.
1925—1935 o. Prof. d. Geol. u. Pal. an der Techn. Hochschule in Charlottenburg (Berlin). Arbeitete über Trilobiten, silurische und devonische Fauna, Fluorographie d. Fossilien. Abschnitte: Cambrium und Silur in: Salomon, Grundzüge der Geologie; Paläozoikum in: Handwörterbuch der Naturwiss. (Qu.).

Born, I g n a z, geb. 20. oder 26. XII. 1742 Gyulafehérvar, gest. 24. VII. 1791 Wien.
Mineraloge. Schrieb Lithophylacium Bornianum. Pragae 1772, Crustacea etc.
H e l t a y, I.: Lovag Born Ignác. Természettudományi Közlöny, 65, 1933, 456—462 (Portr. Bibliographie im Text).
K e t t n e r: 130 (Portr. Taf. 7).
W u r z b a c h 2, 71—74 (Bibliographie).

Bornemann, J. G., geb. 20. V. 1831 Mühlhausen (Thür.), gest. 5. VII. 1896 Eisenach.
Deutscher Geologe und Paläontologe, studierte Trias von Thüringen, Foraminifera, Phytopaläontologie.
P o t o n i é, H.: Nachruf, Ber. Deutschen Botan. Ges., 15, 1897, 29 —34.

* Borsari, F e r d i n a n d o, geb. 8. IX. 1858 Finale dell'Emilia, gest. 7. IX. 1891.
Dozent der Geographie in Neapel, Stratigraphie Afrikas, Spelaeologie.
Necrolog: Rassegna Sci. geol. Ital., 1, 1891, 492—494 (Portr. Bibliographie im Text).

Borson, S t e f a n o, geb. 19. X. 1758, gest. 25. XII. 1832 Turin.
Italienischer Naturforscher. Mammalia.
V e g e z z i, G.: Nécrologie de M. Étienne Borson, professeur de minéralogie à Turin, 1832, pp. 4.
P o g g e n d o r f f 1, 244.

* Bory, J. B., Baron de Saint Vincent, gest. Dezember 1846.
Studierte 1821 Mastricht.
Catalogue des ouvrages scientifiques de —. Paris, 1831, pp. 7.
H é r i c a r t d e T h u r y: Discours prononcé aux funérailles de M. — le 26 Décembre 1846, Paris Acad. 1846, pp. 6.
— — Notice sur le —. Bruxelles, 1848.
P o g g e n d o r f f 1, 245.

Bosc, L o u i s A u g u s t e G u i l l a u m e, geb. 1759, gest. 1828.
Studierte tertiäre Süßwassermollusca.
Z i t t e l: Gesch.
P o g g e n d o r f f 1, 246.
Q u é r a r d, La France littéraire 1, 423—424 (Bibliographie)
(Qu.).

* Bosizio, A.
Schrieb um 1877: Geologie und Sündflut, Mainz.

Bosniaski, S i g i s m u n d G r z y m a l a, geb. 1831, gest. ?
Sammlung u. Beschreibung fossiler Fische.
D e a n I, 157 (Qu.).

Bosquet, J o s e p h - A u g u s t i n - H u b e r t, geb. 7. II. 1814
Mastricht, gest. 28. VI. 1880.
Studierte Kreide u. Tertiär von Limburg u. Belgien. Crustacea,
Brachiopoda, Mollusca.
U b a g h s, C.: Notice biographique de —. Publ. Soc. hist. et arch.
duché de Limbourg 18, 1881, 406—412 (Teilbibliographie im
Text).
Notice biographique de —. Ann. Soc. Géol. Belge, 1880—81, Mém.
20—26.
E t h e r i d g e, R.: Obituary, QuJGS. London, 37,- 1881, Proc. 50—
51.

Bosworth, T h o m a s O w e n, gest. 1929.
Mitarbeiter Geol. Surv. Schottland. Später Oelgeologe. Trias,
Chalk. Stratigraphie.
G r e g o r y, J. W.: Obituary, QuJGS. London,- 85, LXIV.

Botti, U l d e r i g o, geb. 4. VI. 1822 Montelupo, gest. 25. VI. 1905.
Studierte Mammalia, Spelaeologie, sammelte bei Reggio Calabria.
Bibliographie erschien in Reggio Calabria, 1902.
D e s t e f a n o, G.: Necrolog. Boll. Geol. Soc. Ital., 25, 1906,
LXXXIII—LC (Bibliographie mit 29 Titeln).

Bouchard N i c o l a s R o b e r t, gest. im 63. Lebensjahr 22. XI. 1864.
Direktor des Mus. in Boulogne-sur-mer. Sammler. Devon des
Boulonnais, Brachiopoda.
Obituary, Geol. Magaz. 1865, 96.
Notiçe nécrologique. Journ. de Conchyl. 14, 1866, 101.

* Boucher, d e C r è v e c o e u r d e P e r t h e s, J a c q u e s, geb. 1788
Rethel, gest. 2. VIII. 1868.
Zolldirektor zu Abbeville, Altertumsforscher, Schriftsteller, Ver-
fasser mehrerer Tragödien. Homo fossilis.
Bibliographie. Extr. du Journ. général de l'Instruction Publique
Mercredi 4. Septembre, 1861, pp. 6.
L e d i e u, A.: Illustrations contemporaines. Panthéon abbevillois.
Boucher de Perthes, sa vie, ses oeuvres, sa correspondance. Ab-
beville, 1885.
Obituary, Geol. Magaz., 1868, 487—488; QuJGS., London, 25, 1869,
XXX—XXXI.
M o r t i l l e t: Matériaux pour l'histoire primitive de l'homme,
1868, 265—267.
L é c u y e r, R.: Regards sur les musées de province: I: Abbeville.
l'Illustration Paris, 89, No. 4632, 12. Dez. 1931, 502—506
(Figs. Portr. Lithographie Grevedon, Palais Boucher's, Interieur,
Statuen etc.).

Prestwich life, 119, 134, 141, 148 ff, 178—184.
Brandicourt, V.: L'aurore de la préhistoire. Boucher de
Perthes. La Nature No. 2940, 1934, 385—390, Fig. 6. (Portr.
und Büste).
H. de Varigny: Les débuts de la préhistoire. Rev. gén. des
Sci. 31 mars 1934.
Thieullen, A.: Hommage à B. de P. Paris 1900.

Boué, Ami, geb. 16. III. 1794, Hamburg, gest. 21. XI. 1881 Vöslau
bei Wien.
Studierte in Edinburgh Medizin, gehörte zu den Begründern der
Soc. géol. France, bereiste Mittel- und Südeuropa, den Balkan,
Türkei. Stratigraphie. Homo fossilis.
Benecke, E. W.: Nachruf: NJM. 1882, II: — 334 —
Nachruf: Verhandl. Geol. Reichsanst. Wien, 1881, 309.
Poggendorff: I, 253; III: 169.
Toula, F.: Aus meinen Erinnerungen —. Jahrb. Geol. Reichsanst.
Wien, 1882, 32—36; Der Geologe 1912, 133—136.
Necrolog: Bull. Soc. géol. France, 1883, III ff. Progr. géol.
Catalogue de ses ouvrages. Almanach K. Akad. Wien für das
Jahr 1851, 126—128.
Catalogue des Oeuvres, Mémoires, et Notices du —. Distribué
après sa mort. Wien, 1876, pp. LXVIII mit Autobiographie.
Nachruf. Almanach Ak. Wiss. Wien 32, 1882, 270—276 (Teil-
bibliographie).
Hauer, Fr. v.: Zur Erinnerung an —. Jahrb. Geol. Reichs-
anst. Wien, 32, 1882, 1—6; Leopoldina, 20, 1884, 118—122.
Szabó, J.: Emlékbeszéd Boué Ami külsöö tag fölött. Magyar
Tudományos Akadémia Emlékbeszédek, I: 7, 1883.
Lyell's life, II: 229.
Geikie: Murchison, I: 163, II: 72—74.
— — A long life work, 123—124, 126—127, 141, 151, 188.
Portr. Livre jubilaire Frontispice.

Bouillerie, Baron de la, gest. 1926.
Arbeitete über Fossilien der Sarthe.
Notice nécrologique. Bull. Soc. géol. France (4) 26, 1926, 129
(Compte rendu) (Qu.).

Bouillet, Jean Baptiste, geb. 24. IV. 1799 Cluny, gest. 8. XII.
1878 Clermont.
Studierte in den 30er Jahren in Clermont-Ferrand Conchylien.
Nouvelle biogr. générale 6, 923.
Poggendorff 1, 255 (Qu.).

Boulay, Jean Nicolas, gest. im 69. Lebensjahr 23. X. 1905.
Abbé, Prof. am Institut catholique, Lille. Phytopolaeontologe.
Peron, A.: Necrolog: Bull. Soc. géol. France, 1906, 299.

Boule, Marcellin, geb. 1. 1. 1861 Montsalvy (Cantal).
Französischer Paläontologe und Urmenschenforscher. Prof. der
Pal., Begründer und Herausgeber der Annales de Paléontologie.
Würdigung seiner wissenschaftlichen Leistungen aus Anlaß der Er-
teilung des Fontannes-Preises von Gaudry im Jahre 1897: Bull.
Soc. géol. France, (3) 25, 1897-98, 241—244. Mammalia, Homo
fossilis, Palethnologie, Stratigraphie.
Titres et travaux scientifiques supplément 1903—1908, Paris, 1908,
pp. 28.

Bourdet, P. F. M. de la Niévre.
Schrieb 1820 Notice sur des fossiles inconnus, Genève.
Dean I, 172.

Bourdot, Jules Damase, geb. 1837, gest. 21. IV. 1906.
Französischer Ingenieur. Conchyliologe.
Cossmann, M.: Notice nécrologique sur —. Journ. de Conchyl.
57, 1909, 352—354.

Bourgeat, gest. 1926.
Chanoine. Jurastratigraphie. Sammler. Mitarbeiter von Loriol.
Notice nécrologique. Bull. Soc. géol. France (4) 26, 1926, 129
(Compte rendu) (Qu.).

Bourgeois, Louis Alexis, geb. 1819 Moulins-d'Ardins (Ven-
dôme), gest. 1878.
Französischer Abbé, 1851—69 Prof. der Philosophie an der École
de Pont-Levoy, 1869—78 Direktor daselbst. Seine reiche Samm-
lung befindet sich im Museum der Ecole de Pont-Levoy (Loir-
et-Cher). Mammalia, Palethnologie.
Monsabré, le P. J. M. L.: Éloge funèbre de M. — ancien Di-
recteur de l'École de Pont Levoy, Paris, 1879, pp. 35.
Delaunay, G.: L'Abbé Bourgeois, Directeur de l'École de Pont
Levoy. Blois, (ohne Jahr), pp. 14.
Houssay, Fr.: L'oeuvre de l'abbé Bourgeois. Paris, 1904.
Stehlin, H. G., & Helbing, H.: Catalogue des ossements de
mammifères tertiaires de la Collection Bourgeois à l'École de Pont
Levoy. Bull. Soc. d'Hist. Nat. et d'Anthropolog. Loir-et-Cher, 18,
1925, 77—277 (auch biographische Daten).
Scient. Papers 1, 534; 7, 230.

Bourguet, Louis, geb. 1678 Nîmes, gest. 1742.
Prof. der Philosophie und Mathematik zu Neuchâtel. Schrieb:
Mémoires pour servir à l'histoire naturelle des pétrifications, dans
les quatre parties du Monde. Neaulme, 1742.
Freyberg.
Nouv. biogr. générale, 7, 91—93.
Jeanneret, F. A. M.: Biogr. neuchateloise I, 1863, 59—80
(Bibliographie).

Bourguignat, Jules-René, geb. 1829, gest. in den 90er Jahren.
Präparator für Paläontologie am Museum in Saint Germain-en-
Laye.
Tertiärgeologie.
In seiner Monographie du nouveau genre Filholia (Saint Germain
1881), findet sich eine Liste „Ouvrages de mégalithologie, d'
épigraphie, d'ostéologie et de paléontologie" (pp. 16).

* **Bournon,** James Lewis (Jacques Louis) de, geb. 1751,
gest. 1825.
Franz. (zeitweise in England lebender) Mineralog und Conchyli-
ologe.
Woodward, H. B.: Hist. Geol. Soc. London 11—13.
Poggendorff 1, 261.

Boussac, Jean, geb. 19. III. 1885 Paris, gest. 22. VIII. 1916
(Heldentod vor Verdun).
1908 Präparator an der Sorbonne, 1912 Prof. Geol. Jnst. catholique
Paris. Stratigraphie und Paläontologie des alpinen Eocän.
Foraminiferen, bes. Nummulinen, Cerithien.

4*

L u g e o n: Notice nécrologique sur —. Bull. Soc. géol. France, (4) 17, 1917, 321—341 (Portr. Bibliographie mit 63 Titeln).

Bouvé, T h o m a s   T r a c y, geb. 14. I. 1815 Boston, gest. 3. VI. 1896.
Nordamerikanischer Paläontologe, schrieb zwischen 1845—1880 über Echiniden, Fährten, Zeuglodon.
Memorial meeting. Proc. Boston Soc. Nat. Hist., 27, 1896, 291—241.
N i c k l e s 120.

Bower, C. R.
Englischer Geistlicher, Sammler von Chalk-Fossilien in Lincoln-shire und Yorkshire (Collection im Hull-Museum).
Geol. Magaz., 1919, 483.

Bowerbank, J a m e s   S c o t t, geb. 14. II. 1797 Bishopsgate, London, gest. 8. III. 1877.
Cognac-Fabrikant in London. Zoologe, vergleichender Anatom und Botaniker. Der erste Präsident der Pal. Society, fossile Früchte.
D u n c a n, P. M.: Obituary, QuJGS. London, 34, 1878, Proc. 36—37.
Obituary, Geol. Magaz., 1877, 191—192; 1896, 385 (Portr., 1897, 135.).
W o o d w a r d, H. B.: Hist. Geol. Soc. London, 162.
History Brit. Mus., I: 269.
Life of Sir Charles J. F. Bunbury, Bart. edited by Mrs. H. Lyell. II, 1906; 101.
Scient. Papers 1, 552—553; 7, 237; 9, 325.

Bowles, W i l l i a m, geb. 1705 nahe Cork, gest. 25. VIII. 1780 Madrid.
Schrieb in Philos. Trans. 1766 und in Introducion a la historia y a la geogr. fis. de Espana 1775 über Versteinerungen Spaniens.
Z i t t e l: Gesch.
Dict. Nat. Biogr. 6, 69.

Bowman, J o h n   E d d o w e s, geb. 30. X. 1785 Nantwich, gest. 4. XII. 1841 Manchester.
Botaniker in Wrexham, dann in Manchester. Phytopaläontologie, Silur Stratigr.
M u r c h i s o n: Obituary, Proc. Geol. Soc. London, 3, 1840, 638—639.
Dict. Nat. Biogr. 6, 72—73.
Scient. Papers 1, 553—554.

Bownocker, J o h n   A d a m s, geb. 11. III. 1865 Saint Paul (Ohio), gest. 21. X. 1928.
Prof. Geol. Ohio State Univ. Oel- u. Gasgeologie. Paläontologie der „Corniferous rocks" von Ohio.
S t a u f f e r, C. R.: Memorial. Bull. Geol. Soc. Am. 40, 1929, 17—22 (Portr., Bibliographie) (Qu.).

Boxberg, I d a   v o n, geb. 23. VIII. 1806 Jüterbog, gest. 1. XI. 1893 Zschorna bei Radeburg.
Sammlerin von Kreideschwämmen, jetzt im Zwinger, Dresden.
D e i c h m ü l l e r, J.: Nachruf. Sitzber. Naturw. Ges. Isis Dresden 1893, 36—38 (Qu.).

Boyd-Dawkins siehe **Dawkins**.

* **Boyer,** G e o r g e s, gest. 1892.
Quartärgeologie.
G i r a r d o t, Alb.: Notice sur les travaux géologiques de M. —
Mém. Soc. d'Émulation du Doubs, (6) 7, 1893, 257—263 (Bibliographie mit 13 Titeln).

Boyle, C. B.
Schrieb: A catalogue and bibliography of North American mesozoic Jnvertebrata. Bull. U. S. Geol. Survey, 1893, pp. 315.
N i c k l e s 124.

Böckh, H u g ó v o n N a g y s u r, geb. 15. VI. 1874 Budapest, gest.
6. XII. 1931 Budapest.
Prof. an der Bergakademie zu Selmecbánya, dann Sektionschef im
Kgl. Ung. Finanzministerium, 1920 Chefgeologe der Anglo-Persian Oil Co., in dessen Auftrag er die Geologie und Paläontologie
Mesopotamiens, Guatemalas studierte. 1928 Direktor der Kgl.
Ungarischen Geol. Anstalt. (Nachfolger Nopcsa's). Ölgeologie,
etwas Palaeontologie, Mammalia.
V e n d l, A.: Böckh Hugó emlékezete. Magyar Tudományos Akadémia Emlékbeszédei, 21: 23, pp. 35, Budapest 1934.
R o z l o z s n i k, P.: Nachruf, Földtani Közlöny 61, 1932, 15—36
(Bibliographie).

Böckh, J á n o s v o n N a g y s u r, geb. 20. X. 1840 Pest, gest. 10.
V. 1909 Budapest.
1869 Geologe, dann 1882—1909 Direktor der Kgl. Ungarischen
Geol. Anstalt. Cephalopoda, Lias, Trias, Mammalia.
S c h a f a r z i k, F.: Böckh János emlékezete. Emlékbeszédek a
Magyar Tudományos Akadémia tagjai fölött. Budapest, 16: 12,
1914, pp. 40 (Portr., Bibliographie).
L ó c z y, L. sen.: Nachruf: Mitt. aus dem Jahrb. Kgl. Ung. Geol.
Anstalt, 1910.
P á l f y, M.: Nachruf in Bányásziaatiés Kohászati Lapok, 42.
P a p p, K.: Nachruf: Földtani Közlöny, 39, 545.
R o t h, L. von Telegd: Nachruf: Verhandl. Geol. Reichsanst. Wien,
1909, 179—181.
S z o n t a g h, T.: Nachruf: Földtani Közlöny, 40, 1910, 1—28 (Port.
Bibliographie mit 71 Titeln).

Böhm, G e o r g, geb. 21. XII. 1854 Frankfurt a. O., gest. 18. III.
1913.
Studierte bei Zittel, später Mitglied der Badischen Geol. Landesanst. und Prof. Geol. Freiburg i. Br. Mollusca, Mesozoische
Faunen.
Nachruf: Zeitschr. deutsch. Geol. Ges., 68, 1913, 189.
D e e c k e: Nachruf: CfM. 1913, 289—295 (Bibliographie).

Böhm-Böhmersheim, A u g u s t, geb. 1858 Wien, gest. 19. X. 1930
Graz.
Prof. der mathematischen Geographie Univ. Graz. Trias-Nomenklatur. Brachiopoden von Madura, Echinoideen von Kelheim.
G e y e r, G.: Nachruf: Verhandl. Geol. Reichsanst. Wien, 1930,
229—232.
S c h a f f e r, F. H.: A. B. — B. Mitt. Geol. Ges. Wien 23 (1930),
1931, 156—159.
Kürschners Gelehrtenkalender 1928/29, Sp. 199 (Teilbibliographie).

Bölsche, W i l h e l m, geb. 19. VII. 1843, gest. 22. VI. 1893.
Gymnasiallehrer in Braunschweig, dann Osnabrück. Nordwest-
deutsche Jura- und Kreidefaunen, bes. Korallen.
P o g g e n d o r f f 3, 149.
L i e n e n k l a u s, E.: Dr. W. Bölsche. 10. Jahresber. naturw.
Ver. Osnabrück (1893—1894), 1895, 241—246 (Bibliographie)
(Qu.).

Böse, E m i l, geb. 1868 Hamburg, gest. 1927 Sabinal (Texas).
Geologe in Mexiko u. Texas. Geologie u. Paläontologie bes. der
Kreide Mexikos. Jurabrachiopoden der Ostalpen, Stratigraphie
der Ostalpen.
C a v i n i, O. A.: Biographical sketch of —. Bull. Texas University
No. 2748, p. 5—6, 1927.
Obituary, Amer. Journ. Sci., (4) 15, 1928, 88.
Nachruf. CfM. Abt. B., 1928, 207—208.
N i c k l e s I, 116—117; II, 61.

Brackenhofer, J o h a n n J o a c h i m, auch Bockenhofer genannt.
Prof. in Straßburg.
Opus 1677 Museum Brackenhoferanum, ref. Schröter, Journ.,
I: 17, 38—40.

Bradley, F r a n k H o w e, geb. 20. IX. 1838 New Haven, Conn.,
gest. 27. III. 1879 Nacoochee.
Prof. Geol. Min. Univ. von Tennessee. Trilobita. Stratigraphie.
M e r r i l l: 1904, 691.
Obituary, Amer. Journ. Sci., 17, 1879, 415.
N i c k l e s 124—125.

Brady, A n t o n i o, geb. 1811, gest. 12. XII. 1881.
Sir, Marinebeamter und Judge, Sammler, Mammalia.
H. W (o o d w a r d): Obituary, Geol. Magaz., 1882, 93—94.
Obituary, QuJGS. London, 1882, Proc. 50.
D a v i e s, W.: Catalogue of the pleistocene Vertebrata in the Col-
lection of Sir —. Privately printed, 1874.
Hist. Brit. Mus., I: 269.
Dict. Nat. Biogr. 6, 190—191.

Brady, H e n r y B o w m a n, geb. 23. II. 1835 Gateshead, Newcastle-on-Tyne, gest. 10. I. 1891 Bournemouth.
Arzt, Botaniker, Chemiker. Mitglied der Society of Friends. Foraminifera.
Obituary, Geol. Magaz. 1891, 95; Newcastle Daily Journal, 15. Jan.
1891.
Scient. Papers 1, 562; 7, 240; 9, 328.

Brady, G e o r g e S t e w a r d s o n, geb. 1832, gest. ?
Tertiäre und nachtertiäre Ostracoden.
Scient. Papers 7, 239—240; 9, 327—328 (Qu.).

Brainerd, J e h u.
Nordamerikanischer Geologe, publizierte in den 50er Jahren über
Pisces.
N i c k l e s 126.

Branca, W i l h e l m v o n, früher Branco, geb. 9. IX. 1844 Potsdam,
gest. 12. III. 1928 München.
Offizier, dann Landwirt, studierte Geol. Pal. in Halle und Heidelberg, 1881 Dozent Berlin, 1887 Prof. in Königsberg i. Pr., 1890
Prof. in Tübingen (Nachfolger Quenstedts); 1895 Prof. an der

Landwirtschaftlich. Hochschule Hohenheim, 1899 Prof. Geol. Pal. Berlin. Cephalopoda, Pisces, Amphibia, Reptilia, Mammalia, Homo fossilis.
P o m p e c k j, J. F.: Gedächtnisrede auf —. Sitzungsber. Preuß. Akad. Wiss. Berlin, 1928, pp. 26 (Bibliographie mit 43 paläontologischen Titeln, Nachrufe 86—90).
T o r n i e r: 1925: 96.
H e n n i g: Jahreshefte Ver. vaterl. Naturk. Württemberg, 84. Jahrg. 1928 XXIII—XXIX.
R e c k: Zeitschr. f. Vulkanologie. Bd. 12. (Portr.) 1929.

Branco siehe B r a n c a.

Brander, G u s t a v u s, geb. 1720 London, gest. 1787.
Als Schwede lebte B. in London als Kaufmann und öffentlicher Beamter, war Patron der Künste und Wissenschaften, weshalb er in das Trustee des British Museum berufen wurde. Aus der Umgebung seines Wohnorts: Christchurch und Lymington legte er eine große Sammlung an (eocäne Fossilien), die Solander für seine Fossilia Hantoniensia zu Grunde lagen. Diese Collection befindet sich jetzt im British Museum.
Hist. Brit. Mus., I: 269.
Dict. Nat. Biogr., 6, 218.

Brandes, T h e o d o r, gest. 8. II. 1916 (Fliegersturz).
Dozent Geol. Leipzig. Stratigraphie u. Paläontologie des nordwestdeutschen Jura. Plesiosaurus.
Todesnachricht: CfM. 1916, 120; Der Geologe, No. 17.

Brandt, A l e x a n d e r v o n, geb. 16. II. 1844 St. Petersburg, gest. 9. III. 1932 Dorpat.
Sohn J. F. Brandt's. Prof. d. Zoologie in Charkow. Fossile Medusen, Elasmotherium.
B r a n d t, W.: A. v. B. Anat. Anz. 77, 1934, 291—315 (Portr. Bibliographie) (Qu.).

Brandt, J o h a n n F r i e d r i c h, geb. 25. V. 1802 Jüterbog, Brandenburg, gest. 15. VII. 1879 Bad Meeresköll, Finnland.
Studierte in Berlin Botanik, Physiologie, 1826 Chirurg, Gynäkologe, 1831 Direktor des Zool. Museums zu St. Petersburg. Cetacea, Elasmotherium, Mammut, Bison, Hyrax, Dinotherium.
Bibliotheca J. F. Brandt. Petropolii, 1876, pp. 52 (führt an 176 zoologische, 24 vergl. anatomische, 35 paläontologische, 11 zoogeographische, ferner archäologische, botanische, museologische Titel).
Das fünfzigjährige Doctorjubiläum des Akademikers Geh. J. F. Br. St. Petersburg (Druckerei d. K. Ak. Wiss.) 1877, 105 pp. (Portr.).
R a t z e b u r g, J. T. C.: Biographische Skizze in Forstwissenschaftliches Schriftsteller-Lexikon, Berlin, 1874, 72—76.
G e i n i t z, H. B.: Nachruf: Leopoldina, 16, 20—21 (15, 113).
Vergl. N o r d m a n n, Alex.
S o r b y, H. C.: Obituary, QuJGS. London, 36, 1880, Proc. 44.
T o r n i e r: 1925: 82.
Allgem. Deutsche Biogr. 47, 182—184.

Brard, C y p r i e n P r o s p e r, geb. 21. XI. 1788 L'Aigle (Orne), gest. 28. XI. 1838 Lardin (Dordogne).
Französischer Mineningenieur. Studierte Mollusca des Pariser Beckens.
J o u a n n e t, F.: Notice historique sur —. Ingénieur civil des Mines. Périgueux-Bordeaux, 1839, pp. 31 (Portr. Bibliographie).
P o g g e n d o r f f 1, 281.

Brauer, Friedrich Moritz, geb. 12. V. 1832 Wien, gest. 29. XII. 1904.
Prof. Zool. Wien. Entomologe, auch foss. Insekten.
Handlirsch, A.: F. M. B. Verh. zool.-bot. Ges. Wien 55, 1905, 129—166 (Portr., Bibliographie) (Qu.).

Braun, Frederick, geb. 29. IV. 1841 Nordhausen, gest. 12. XI. 1918 Brooklyn, New York.
Fossiliensammler in Nordamerika. Besonders Crinoidea.
Obituary, Amer. Journ. Sci., (4) 48, 1919, 402.

Braun, Heinrich Alexander, geb. 10. V. 1805 Regensburg, gest. 29. III. 1877 Berlin.
1832—46 Prof. am Polytechnikum und Direktor des Naturalienkabinetts zu Karlsruhe, später Prof. in Berlin. Botaniker, Tertiärpflanzen von Oeningen (Meersburger Sammlung), auch Tertiärconchylien.
Lauterborn: Der Rhein, 1934: 249.
Tornier: 1924: 50.
Allgem. Deutsche Biogr. 47, 186—193.
Nachruf. Leopoldina 13, 1877, 50—60, 66—72 (Bibliographie).

Braun, Karl Friedrich Wilhelm, geb. 1. XII. 1800, gest. 20. VII. 1864 Bayreuth.
Phytopaläontologe, Placodus u. a.
Haidinger, M.: Nachruf: Jahrb. Geol. Reichsanst. Wien, 14, 1864, Verhandl. 147—8.
Allgem. Deutsche Biogr. 3, 269—271 (Bibliographie im Text).
Weiß, G. W.: Bayreuth als Stätte alter erdgeschichtlicher Entdeckungen. Bayreuth 1937, 24—32 (Portr.).

Brauns, David August, geb. 1. VIII. 1827 Braunschweig, gest. 1. XII. 1893.
Studierte in den 80er Jahren Jura Norddeutschlands, Kreide. Als Arzt nahm er teil am Krim-Krieg, 1874 Mitglied der Preuß. Geol. LA., Phytopal., Sauropsiden, Jura.
Kloos, J. H.: Nachruf: Beitr. z. Geol. Pal. Herzogt. Braunschw., 1, 1894, 195—202 (Bibliogr.).
Poggendorff 3, 184; 4, 176.

*Bravais, Auguste.
Notice des travaux scientifiques de M. — Paris, 1851, pp. 15; II. Aufl. 1854, pp. 20.
Beaumont, Élie de: Eloge historique d' —. Lu à la Séance publique annuelle du 6. Février 1865. Paris, Acad., 1865, pp. 76 (Bibliographie).
Poggendorff 1, 283—284; 3, 184—185.

Bravard, Auguste, geb. 18. VI. 1803 Issoire, gest. 20. III. 1861 Mendoza (Argentinien).
Geborener Auvergnese, Vertebraten-Sammler in Vaucluse, Allier und Puy de Dôme. Ging 1852 zum Fossilsammeln nach Südamerika, wo er eine Sammlung fossiler Mammalia der Pampas-Formation Argentiniens anlegte. Seine Sammlungen im British Museum und Mus. d'hist. nat. Paris. Mammalia.
Mège, F.: Un naturaliste Issoirien. Auguste Bravard. Revue d'Auvergne, 3, 1886, 198—217 (Bibliographie im Text).
Hist. Brit. Mus., I: 270.

Brébisson, Alphonse de, geb. 25. IX. 1798 Falaise, gest. 1872.
Botaniker, kambrische Fossilien.
Morière, J.: Notice biographique sur —, naturaliste. Caen, 1874 (Bull. Soc. Linn. Normandie (2) 8, 3—27) (Portr., Bibliographie).

Breda van siehe, Van Breda.

Bredetzky, Samuel, geb. 18. III. 1772 Németjakubaj, Ungarn, gest. 25. VI. 1812.
Evang. Geistlicher und Superintendent, schrieb Beiträge zur Topographie des Königreichs Ungarn, Wien 1803—05.
Wurzbach 2, 127.

* **Breislak**, Scipione, geb. 1748 Rom, gest. 1826 Mailand.
Sohn eines eingewanderten Schwaben. Prof. Physik in Ragusa, später am Collegio Nazareno Rom, mußte während der Revolution nach Frankreich fliehen, wurde von Napoleon zum Inspektor der Pulverfabrikation in Italien ernannt, später Direktor der Alaunfabrik an der Solfatara.
Schrieb 1811 Introduzione alla Geologia, 1819 Lehrbuch der Geologie, erwähnt Proboscidea Italiens.
Configliachi, L.: Memorie intorno alle opere ed agli scritti del Geologo Scipione Breislak, lette all I. R. Accademia delle Scienze, Lettere ed Arti di Padova nel l'Aduanza di 19. Giugno 1827. Padova 1827, pp. 28.
Zittel: Gesch.
Poggendorff 1, 288.

Brewer, William Henry, geb. 1829, gest. 1910.
Amerikanischer Geologe, Homo fossilis, Stratigraphie.
Jenkins, E. H.: Obituary, Amer. Journ. Sci., (4) 31, 1911, 71—74.
Nickles 129—130.

Breyn (oder Breyne), Johann Philipp, geb. 1680 Danzig, gest. 1764 daselbst.
Naturforscher in Danzig. Schrieb Dissertatio physica de Polythalamiis etc. Commentatio de Belemnitis Prussicis tandemque schediasma de Echinis Gedani 1732.
Poggendorff 1, 297.

Briart, Alphonse, geb. 25. II. 1825 'Chapelle-lez-Herlaimont (Hainaut), gest. 15. III. 1898 Morlanwelz.
Ingenieur und Geologe. Geologie und Paläontologie Belgiens, bes. der Kreide.
Malaise, C. & a. M.: Notice sur —. Ann. Soc. Géol. Belge, 28, 1900—01, B, 135—162—196 (Bibliographie mit 88 Titeln) —205 (Portr.).
— —: Notice sur A. B. Annuaire Ac. Roy. Belgique 1901, 103—141 (Portr., Bibliographie).
Alphonse Briart, Ingenieur et Géologue. Publié par la Societé Charbonnage de Bascoup et de Mariemont.
Cornet, J.: Notice biographique sur —. Bull. Soc. Belge Géol. Pal. Hydrol., 12, 1898, 268—269.

Brickenden, Richard Thomas William Lambart, geb.
1809, gest. 1900.
Englischer Major, sammelte Iguanodon und Fischreste aus dem
Upper Old Red Sandstone bei Elgin.
Hist. Brit. Mus.: I: 270.
Obituary. QuJGS. London 56, 1900, LXI.

* **Brigham**, Albert Perry, geb. 12. VI. 1855 Perry, N. Y., gest.
31. III. 1932 Washington.
Pastor, 1892—1930 Prof. Geol. Colgate Univ. Schrieb Textbook of
geol. 1902.
Keith, A.: Memorial of —. Bull. Geol. Soc. Amer., 44, 1933,
307—317 (Portr. Bibliographie mit 85 Titeln).

Bright, Benjamin, gest. um 1900.
Schenkte die Sammlungen der Bright-Familie dem British Museum.

Bright, Benjamin Heywood, geb. 1787, gest. 1843.
Sammelte Silur-Versteinerungen.

Bright, Henry, gest. 1870.
Sammler.

Bright, Richard sen., geb. 1754, gest. 1840.
Englischer Kaufmann, Bankier und Sammler.
Obituary. Proc. Geol. Soc. London 3, 1842, 520—522.

Bright, Richard jun., geb. 1789, gest. 1858.
Arzt, bereiste Ungarn, Sammler.
Obituary. QuJGS. London 16, 1860, XXVII.

Bright, Robert.
Sohn von Richard Bright senior, Kaufmann, Sammler.
Stammbaum und weitere Einzelheiten über die Familie Bright in
Hist. Brit. Mus., I: 270—272.

* **Bristow**, Henry William, geb. 17. V. 1817, gest. 14. VI. 1889.
Englischer Stratigraph, seit 1842 Mitarbeiter des Geol. Survey
England and Wales.
H. B. W(oodward): Obituary, Geol. Magaz. 1889, 381—384
(Bibliographie mit 19 Titeln).

Broadhead, Garland Carr, geb. 30. X. 1827 Charlottesville, Vir-
ginia, gest. 12. XII. 1912.
Geologe der Missouri Geol. Survey, 1887 Prof. Geologie an der
Univ. Missouri (Nachfolger von Norwood). Stratigraphie, Masto-
don.
Greenland, C. W.: Obituary, Missouri Hist. Rev., 9, 57—74,
Portr. 1915 (Bibliographie mit 217 Titeln).
Keyes, Ch. R.: Memorial of —. Bull. Geol. Soc. America, 30,
1919, 13—27 (Portr. Bibliographie mit 190 Titeln).

Broca, Pierre Paul, geb. 1824, gest. 1880.
Französischer Anthropologe, Homo fossilis.
Beddoe: Necrolog: Journ. Anthrop. Inst. 20, 1891, 349.
Haddon: History of Anthropology 1934, 21—23, Portr. p. 22.
Pozzi, S.: Rev. d'Anthrop. (2) 3, 1880, 577—608 (Portr.,
Bibliographie) (Qu.).

Brocchi, G i o v a n n i B a t t i s t a, geb. 18. II. 1772 Bassano, gest. 23. IX. 1826 Chartum.
Studierte Jus und Theologie, Prof. der Naturgeschichte in Brescia, später Inspektor der Bergwerke Italiens. Reiste 1823 zum Libanon, Aegypten, Sudan. Mollusca etc.
M e l i, R.: Una lettera inedita dell' insigne naturalista Giambattista Brocchi. Boll. Soc. Zool. Ital., (2) 7, 1906, 303—323.
B r o c c h i, G.: Biographia in Giornale delle osservazioni fatte nei viaggi in Egitto, nella Siria e nella Nubia de —. I: p. XIII—XXIV.
M a z i o, L.: Studii storici letterarii e filozofici, Roma 1872, 379—383.
C l e r i c i, E.: In occasione del centenario dell' opera di —. etc. Boll. Soc. Geol. Ital., 38, 1919, LXXXIII—XCII (Portr.).
S i l v e s t r i, Giov.: Notizie su la vita e su le opere dell' autore. In: Brocchi, Conchiol. fossile subapennina p. VII—XXIV, Milano 1814; Editio II, 1845.
S t o p p a n i, A.: Elogio a Giambattista Brocchi. Atti Feste commemorative il primo centenario della nascita di — celebratosi in Bassano il XV. Ottobre 1872 Bassano, 1873, separat Milano 1874, 1881 (Bibliographie mit 69 Titeln).
L a r b e r, G.: Elogio storico di — bassanese, compilato dal suo concittando. Padova 1828, pp. 80—32 (Portr.).
T o r n i e r: 1924: 52.
P o g g e n d o r f f, I: 303.
Z i t t e l: Gesch.

* **Brochant**, d e V i l l i e r s, A n d r é J e a n M a r i e, geb. 6. VIII. 1772, gest. 16. V. 1840 Paris.
Französischer Geologe, schrieb 1800 Traité élémentaire de Minéralogie, Prof. an der École des Mines, arbeitete 1825 an der geol. Karte Frankreichs.
B r o n g n i a r t, Al.: Discours prononcé aux funérailles de M. — le 19. Mai 1840, Paris, Acad., 1840, pp. 4.
M i g n e r o n: Notice nécrologique sur M. — Ann. des Mines, (4) 10, 1846, 707—754 (Bibliographie).

Brockbank, R i c h a r d B o w m a n, geb. 1824, gest. 31. I. 1912, The Nook Corsby bei Maryport, Cumberland.
Farmer und Tierzüchter, Lias-Stratigraph, Mitglied der Society of Friends.
H o l m e s, T. V.: Obituary, Geol. Magaz., 1912, 189.

Broderip, W i l l i a m J o h n, geb. 1789, gest. 27. II. 1859.
Zoologe, Mitarbeiter Bucklands. Crustacea, Radiata, Lyme Regis.
P h i l l i p s, J.: Obituary, QuJGS. London, 16, 1860, XXVII.

Brodie, P e t e r B e l l i n g e r, geb. 1815 London, gest. 1. XI. 1897 Rowington, Warwickshire.
Vikar zu Rowington, President der Warwickshire Nat. Hist. and Archaeol. Society und des Naturalists und Archeologists Field Club. Sammler. Collectio Brodie z. T. im British Museum, z. T. in Wien (Universität). Mollusca, Insecta.
W o o d w a r d, H. B.: Eminent living geologists: The Reverend —. Geol. Magaz., 1897, 481—485 (Portr.) und p. 576.
Obituary, QuJGS. London, 54, 1898, LXVII ff.
Hist. Brit. Mus., I: 272.

Broeck, v a n d e n, E r n e s t, geb. 1. XII. 1851 Brüssel, gest. 12. IX. 1932.
Belgischer Geologe, Conservator des Museums f. Naturgesch. Brüssel. Tertiär, Mollusca, Foraminifera.
Z i t t e l : Gesch.
Obituary. QuJGS. London 89, 1933, CI—CII.
B e u t l e r, Foraminiferenlit. 16 (Qu.).

Broegger, W a l d e m a r C h r i s t o f e r, geb. 10. XI. 1851 Kristiania.
Schrieb: Die silurischen Etagen 2 und 3 im Christiania Gebiet und auf Eker. Christiania 1882, studierte Trilobita. Prof. Min. Geol. Kristiania 1890—1917.
Z i t t e l.
Norsk Biogr. Leksikon 2, 299—314 (Bibliographie im Text).

Bromell, M a g n u s v o n, geb. 1679, gest. 1731.
Schwedischer Naturforscher. Schrieb: Lithographia Suecana, Upsala 1726—27. Opera 1729, 1730, 1740, ref. Schröter, Journ., 2: 41—43.
Z i t t e l : Gesch.
Svenskt biogr. Lexikon 6, 392—401 (Portr., Bibliographie).

Brongniart, A d o l p h e T h e o d o r e, geb. 14. I. 1801 Paris, gest. 18. II. (nach Zittel 19. II.) 1876.
Sohn Alexander Brongniarts, Begründer der Phytopaläontologie. Sollte Arzt werden, widmete sich aber der Botanik. 1833 Prof. Botanik am Jardin des Plantes, 1852 Generalinspektor der Universitäten von Frankreich. Phytopaläontologie.
S a p o r t a, G.: Étude sur la vie et les travaux paléontologiques 'd' —. Bull. Soc. géol. France, (3) 4, 1876, 373—407 (Bibliographie mit 52 Titeln).
Discours prononcés le 21 février 1876 sur la tombe de M. — Paris 1876, pp. 31 (Bibliographie).
Notice des principaux Mémoires et Ouvrages publiés par M. — Paris (ohne Jahr), pp. 17.
K o b e l l, F. v.: Nekrolog: Sitzungsber. bayer. Akad. Wiss. München, 6, 1876, 120—121.
D u m a s : Éloge de M. Alexander Brongniart et Adolphe Brongniart. Membres de l'Acad. des Sci. Mem. Acad. Sci. Paris, 39, 1877, XXXVII—CXX.
B r o n g n i a r t, Ch.: Notice sur A. et A. T. Brongniart. Separat; aus: Panthéon de la Légion d'honneur, III, Paris 1878.
D u n c a n : Obituary QuJGS. London, 1877, Proc. 50—52.
Obituary, Geol. Magaz. 1876, 192.
G e i k i e : Murchison, I: 149.
Nachruf: Müller, Natur, N. F., 2, 1876, 195.
S a r t o n, G.: Medallic Illustrations of the History of Science. I. ser.: XIX & XX centuries, 9th article, Isis 14, 1930, 417—419, No. 49.
Portr. C o n s t a n t i n: 1934: p. CLIV.
R e g n a u l t, F.: La Maison des Brongniart. La Nature No. 2942, 1934, 510—512, Fig. 1—6.

Brongniart, A l e x a n d r e, geb. 5. II. 1770 Paris, gest. 7. X. 1847.
Sohn des berühmten Architekten Alexandre Théodore Brongniart. Studierte Chemie, Prof. Min. Chemie bis 1844 in Paris, Direktor d. Porzellanfabrik in Sèvres. (Sein Schwager war Pichon). Studierte Trilobita, gruppierte die Reptilien in die 4 Ordines. Stratigraphie des Pariser Tertiärs.

Funérailles de M. — Paris 1847, pp. 39 (Discours par Elie
de Beaumont, Duméril, Chevreul, Dufrénoy, Ebelmen, Virlet
d'Aoust, Constant Prévost.)
Vergl. unter Adolphe Theodore Brongniart die Nachrufe von Dumas
und Ch. Brongniart.
Beche, de la: Obituary, QuJGS. London, 4, p. XXI.
Lyell life, I: sub 1823.
Geikie: Founders of geology, 213 ff.
Portr. Livre jubilaire Soc. Géol. France, Taf. 18.
s. unter A. Th. Brongniart: Regnault.
Poggendorff 1, 306.

Brongniart, Charles Jules Edme, geb. 11. II. 1859 Paris,
gest. 18. IV. 1899, Enkel des Phytopaläontologen Adolphe Th.
Brongniart. Assistent am Museum zu Paris. Insecta.
Milne-Edwards, A.: Allocution prononcée sur la tombe du —.
Bull. Mus. d'Hist. Nat. Paris, 1899, 5, 1899, 141—142.
Bouvier, E.—L.: Discours. ibidem 142—144.
Notice sur les travaux scientifiques de —. Paris 1895, p. 77.
Necrolog: Bull. Soc. géol. France, 1900, 511—512.
Obituary, Geol. Magaz. 1900, 430; QuJGS. London 56, 1900, LIII.

Bronn, Heinrich Georg, geb. 3. III. 1800 Ziegelhausen bei
Heidelberg, gest. 5. VII. 1862 Heidelberg.
1822—32 Leiter des Mineralcomptoirs Heidelberg, 1824—27 reiste
er in Italien; Prof. Zool. und Gewerbewissenschaften in Heidel-
berg. Herausgeber des Neuen Jahrbuches für Min. Geol. Pal.
Mollusca, Gesamtpaläontologie, paläont. Sammelwerke: Lethaea
geognostica, Klassen und Ordnungen des Thierreichs, Handbuch
d. Geschichte d. Natur.
Gümbel: Allg. Deutsche Biogr., 3, 355 ff.
Haidinger, M.: Nachruf: Jahrb. Geol. Reichsanst. Wien, Ver-
handl., 12, 1861—62, 262—264.
Ramsay, Al.: Obituary, QuJGS. London, 19, 1863, XXXII.
Obituary, Amer. Journ. Sci., (2) 84, 1862, 304.
Nachruf: Leopoldina, 3: 88.
Martius, C. F. Ph. v.: Akad. Denkreden 1866, 495—500.

Brown, Alfred, geb. 1854 Cirencester, England, gest. 1920 Cape-
town, Südafrika.
Wanderte früh nach Südafrika aus, wo er Lehrer in Bloemfontein,
dann Postmeister und Bibliothekar wurde. Sammler von Karroo-
Fossilien.
Broom, R.: The mammal-like Reptiles of South Africa. London,
1932, 336—338.

Brown, Amos Peaslee, geb. 3. XII. 1864 Philadelphia, gest. 9. X.
1917.
1892 Prof. Geol. Min. Univ. Pennsylvania. Mollusca.
Penrose, R. A. F. jr.: Memorial of —. Bull. Soc. Geol. Soc.
America, 29, 1918, 13—17 (Portr. Bibliographie mit 33 Titeln).

Brown, Charles Barrington, geb. 23. VIII. 1839, Cape Breton
Nova Scotia, gest. 13. II. 1917.
1864—73 Geologe in Brit. Guayana. Stratigraphie.
Obituary, Geol. Magaz., 1917, 235—238 (Portr., Bibliographie).

Brown, Henry Yorke Lyell, geb. 1844.
Evertebratensammler.
Dunn, E. G.: Biographical sketch of the founders of the Geo-
logical Survey of Victoria. Bull. Geol. Surv. Victoria, 23, 1910,
43 (Bibliographie mit 7 Titeln, Portr.).
Hist. Brit. Mus., I: 273.

Brown, J o h n, geb. 1780, gest. 1859.
Maurer in Braintree und Colchester. Nachdem, er sich 1830 zurück-
zog, sammelte er Fossilien von Essex, entdeckte plistozäne Mam-
malia und sammelte plistozäne nicht marine Mollusca zu Copford.
Coll. Brown im Oxford Museum und British Museum.
W i r e, A. P.: Memoir of the late John Brown, F. G. S. of Stan-
way. Essex Naturalist, 4, 1891, 158—168 (Bibliographie).
Hist. Brit. Mus., I: 273.
Prestwich life, 144.
Obituary. QuJGS. London 16, 1860, XXVII—XXVIII.

* **Brown,** J o h n A l l e n, geb. 3. IX. 1831 London, gest. 24. IX. 1903
Ealing.
Diamantenhändler und Justice of peace. Homo fossilis.
H. B. W (o o d w a r d): Obituary, Geol. Magaz., 1903, 527—528.

Brown, R o b e r t, geb. 21. XII. 1773 Montrose, gest. 10. VI. 1858.
Keeper bot. collect. Brit. Mus. Botaniker. Auch phytopal. Arbei-
ten. Seine Sammlung foss. Hölzer im brit. Mus.
Obituary. QuJGS. London 15, 1859, XXV—XXVI.
Dict. Nat. Biogr. 7, 25—27.
G e i k i e: Murchison I, 213—214.
P o g g e n d o r f f 3, 203 (Qu.).

Brown, T h o m a s.
Englischer Kapitän, schrieb: Illustrations of the fossil Conchology of Great Britain und Ireland, 1849.

Brown, T h o m a s C l a c h a r, geb. 28. III. 1882 Lunenburg,
Mass., gest. 28. II. 1934.
Prof. d. Geol. in Middleburg, Vermont, später Farmer. Paläo-
zoische Korallen. Tertiärfauna.
M a t h e r, K. F.: Memorial of —. Proc. Geol. Soc. Am. 1934, 203
bis 207 (Portr., Bibliographie) (Qu.).

Browne siehe J u k e s - B r o w n e.

Bruckmann, J. A.
Schrieb: Die Öninger Steinbrüche und die bis jetzt dort gefundenen Petrefakten. Jahresh. Ver. vaterl. Naturk. Württemberg,
1850, 215—238, 1846 NJM. über Kreideversteinerungen.
L a u t e r b o r n: Der Rhein, 1934, 249.

Bruckner, D a n i e l, geb. 1705, gest. 1781.
Baseler Gelehrter. 1748—1763 Merkwürdigkeiten der Landschaft
Basel mit Fossilbeschreibungen.
R u t s c h, R.: Originalien der Baseler Geol. Samml. zu Autoren
des 16.—18. Jh. Verh. Naturf. Ges. Basel 48, 1937, 22—23 (Qu.).

Bruder, G e o r g, geb. 9. V. 1856 Innsbruck, gest. 10. XII. 1916
Aussig.
Dr. phil., Assistent am geolog. Inst. d. Deutschen Universität
in Prag (1882—1890), dann Gymnasiallehrer in Saaz (Böhmen)
(1890—1893), anschließend Prof. und Schulrat (1911) am Kom-
munal-Gymnasium in Aussig. Schöpfer des geologischen Stadt-
museums in Aussig. Paläontologie und Stratigraphie und Re-

gionalgeologie Nordböhmens und Sachsens, insbesondere des böhmisch-sächsischen Jura und Ammoniten der böhmischen Kreide.
H e r g e l, Gustav: Nachruf in den Veröffentlichungen des Komm.-Gymn. in Aussig (Bibliographie mit 8 Titeln).
(Qu. — Abschrift des Nachrufs mitgeteilt von Bruno Müller, Reichenberg).

* Brugmans, S e b a l d J u s t i n, geb. 24. III. 1763 Franeker, gest. 22. VII. 1819 Leyden.
Schrieb: De lapidibus et saxis agri Groningensi. 1781.
Jonker, p. 4.
P o g g e n d o r f f '1, 316.
Nieuw Nederl. biogr. Woordenboek 1, 487—490.

Bruguières, J e a n G u i l l a u m e, geb. 1750 Montpellier, gest. 1. X. 1799 Ancona.
Französischer Naturforscher, schrieb über Faluns der Touraine (1777), Nummulinen (1789), Mollusca, Brachiopoda.
C u v i e r, G.: Notice biographique sur —. Rapport général des Travaux de la Société Philomatique, 3, Paris an VII, p. 99—134.
Z i t t e l: Gesch.
Nouv. biogr. générale 7, 585—586.

Brullé, G a s p a r d A u g u s t e, geb. 7. IV. '1809 Paris, gest. 21. I. 1873 Dijon.
Prof. Zool. u. vergl. Anat. Dijon. Fossile Insekten 1839.
Nachruf. Annales Soc. entomol. France (5) 2, 1872, 513—516 (Bibliographie).
H o r n - S c h e n k l i n g, Lit. entom. 1928—29, 144—145 (Bibliographie) (Qu.).

* Brunner, J o h a n n.
Schrieb 1803 Handbuch der Geognosie.
Z i t t e l: Gesch.

Brunner- v o n W a t t e n w y l, K a r l, geb. 13. VI. 1823 Bern, gest. 24. VIII. 1914 Wien.
Schrieb 1855 über Geol. der Stockhornkette, Schweiz. Tertiär.
Z i t t e l: Gesch.
Nekrolog. Verh. Schweiz. Naturf. Ges. 1915, 1. Nekrol. 52—62 (Bibliographie).

Bruno, C a r l o, geb. 20. VIII. 1831 Murazzano, gest. 19. IV. 1916 im Seminar zu Mondovi.
Italienischer Forscher. Lehrer der Naturgeschichte im Reale Ist. Tecnico Mondovi. Geistlicher. Entdeckte plistozäne Mammalia.
S a c c o, F.: Necrolog: Boll. Soc. Geol. Ital., 35, 1916, XCIX—CVI (Portr.).

* Bruno, G i o r d a n o, geb. 1548 Nola bei Neapel, gest. 17. II. 1600.
L o r e n z o, G. de: — nella storia della geologia. Boll. Soc. Naturalisti in Napóli, 9, 1895, 29—37.

Brusina, S p i r i d i o n, geb. 11. XII. 1845 Zara, gest. 21. V. 1908 Agram.
Prof. Zool. Agram u. Direktor des dortigen National-Museum. Conchyliologe. Jungtertiäre Mollusken.

L a n g h o f f e r, A.: Nachruf. Glasnik hrvatskoga prir. društva
21, 1909, 128—129 (Bibliographie).
S t u r a n y, R.: Biogr. Angaben in: Botanik u. Zoologie in
Österreich 1850—1900. Festschr. zool.-bot. Ges. Wien 1901,
392, 394—95 (Teilbibliographie).
D a u t z e n b e r g, Ph.: Nécrologie. Journ. de Conchyl. 56, 1908,
292—294. (Qu.).

Brückmann, F r a n c i s c u s E r n e s t u s, geb. 1697 Mariental bei
Helmstedt, gest. 21. III. 1753 Wolfenbüttel.
Arzt in Wolfenbüttel. Schrieb Magnalia Dei in locis subterraneis
1727, Epistolae 1728—1753, Thesaurus subterraneus Ducatus
Brunswigi 1728.
Freyberg.
E d w a r d s: Guide, 44.
P o g g e n d o r f f 1, 312—313.

* Brückmann, U r b a n F r i e d r i c h B e n e d i k t, geb. 1728 Wol-
fenbüttel, gest. 1814.
Arzt und Prof. in Braunschweig.
Freyberg.
P o g g e n d o r f f 1, 313.

Brückner, G u s t a v A d a m, geb. 18. XII. 1789, gest. 30. III.
1860.
Schrieb 1825—27 über Geol. Mecklenburgs.
Z i t t e l: Gesch.
Allgem. Deutsche Biogr. 3, 399.

Brünnich, M o r t e n T h r a n e, geb. 30. IX. 1737 Kopenhagen,
gest. 19. IX. 1827.
Schrieb: Beskrivelse over Trilobiten Kjöbenhavn, 1781.
V o g d e s.
P o g g e n d o r f f 1, 315.
Dansk biogr. Leksikon 4, 276—278 (Qu.).

Bryce, J a m e s, geb. Okt. 1806, Kalleauge, Irland, gest. 1877
Inverfairigaig bei Foyers. Starb durch Unfall.
Superintendent der High School zu Glasgow. Stratigraph.
R i c h a r d s o n, R.: Obituary notice of —. Trans. Edinburgh
Geol. Soc., 3, 1880, 141—147 (Bibliographie).
Obituary, Geol. Magaz. 1877, 383—384.

Bucaille, E r n e s t - L u c i e n, geb. 13. XII. 1835 Criquetot-l'Esne-
val, gest. 6. V. 1891 Rouen.
Kaufmann. Sammler bes. der Versteinerungen der Normandie.
Seine Sammlung im Mus. von Rouen. Echinida.
F o r t i n, R.: Notice biographique sur — et Liste de ses travaux
scientifiques. Bull. Soc. des Amis des Sci. Nat. de Rouen, 1892,
T. 28, 245—261. (Bibliographie).

* Bucca, L o r e n z o, geb. 23. XI. 1857 Palermo, gest. 25. IV.
1930.
Prof. Min. Geol. Universität Catania. Petrograph.
S a l v a t o r e d i F r a n c o: Necrolog: Boll. Soc. Geol. Ital.,
49, 1930, LXXVI—LXXX (Bibliographie mit 33 Titeln).

Bucchich, G r e g o r i o, gest. 11. I. 1911 Lesina, 82 J. alt.
Verdienter Sammler in Lesina.
K e r n e r, F. v.: G. B. Verh. geol. Reichsanst. Wien 1911,
47—48 (Qu.).

Buch, Leopold von, geb. 25. IV. 1774 Schloß Stolpe bei Angermünde, gest. 4. III. 1853 Berlin.

Studierte in Freiberg, Halle und Göttingen, 1796 Bergreferendar, schied aber bald aus dem Staatsdienst und widmete sich ganz der Wissenschaft, unternahm große Reisen. Studierte besonders eingehend Cephalopoda, Brachiopoda, Cystoidea, Jura-Stratigraphie usw.

Boué, A.: Chronologischer Katalog seiner (Buch's) sämtlichen Publicationen. Almanach K. Akad. Wien, 3, 1853, 179—194.

Carnall, v.: Leopold v. Buch. Gedächtnisrede, gehalten in der Versammlung der Deutschen Geol. Ges. Zeitschr. deutsch. Geol. Ges., 5, 1853, 248—263.

Dechen, H. v.: Leopold v. Buch. Sein Einfluß auf die Entwickelung der Geognosie. Verhandl. Naturhist. Ver. Preuß. Rheinlande, Westfalens, 10, 1853, 241—265; Nova Acta Leopold. 24, 2, 1854, CI—CXXV.

— — Leopold von Buch. Verhandl. Naturf. Ver. Preuß. Rheinl. Westfalen, 31, 1874, 41—59, Correspondenzblatt.

Geinitz, H. B.: Gedächtnisrede auf — am 23. April 1853 in der Polytechnischen Schule Dresden. (Bibliographie.)

Haidinger, M.: Zur Erinnerung an —. Jahrb. Geol. Reichsanst. Wien, 4, 1853, 207—220.

Gedächtnisfeier für —, begangen in der Bergakademie zu Freiberg am 19. März 1853. Illustr. Zeitung Leipzig, 1853, No. 510.

Flourens, P.: Éloge historique de — in Eloges historiques lus dans les séances publiques de l'Académie des Sciences, Paris I, 1856. Auch in Ann. Rep. Smithson. Inst., 1862, 358—372.

Giebel, C. G.: Leopold von Buch, sein Leben und seine wissenschaftliche Bedeutung. Fortschritte der Naturwiss. in biographischen Bildern, Heft 4, Berlin 1857, pp. 99.

Hauer, Fr. v., & Hörnes, M.: Das Buch-Denkmal, Bericht über die Ausführung desselben an die Teilnehmer der Subscription. Wien 1858, pp. 34, Karte 1.

Leopold von Buch's gesammelte Schriften, herausgegeben von J. Ewald, J. Roth, H. Eck und W. Dames. Berlin 1867—85, Bd. I—IV (Bd. I: V—XLVIII Biographie, IV: VI).

Günther, S.: Alexander von Humboldt, Leopold von Buch. Geisteshelden, Bd. 29, Berlin, 1900, 185—271 (Portr. Bibliographie).

Pompeckj, J. F.: Die Auffassung vom Vulkanismus seit L. v. Buch. Sitzungsber. Preuß. Akad. Wiss., 1925, 1—21.

Ule, O.: Leopold von Buch. Sein Leben und seine wissenschaftliche Bedeutung. Natur, 1853 (?), 30—36.

Zaunick, R.: Briefe Leopold von Buchs. Mitgeteilt von —. Der Geologe, No. 34, 1924, 669—674.

Buch's Bildnis bei der Naturforscher-Versammlung Wiesbaden, 1852, Jahrb. Ver. f. Naturk. Nassau, mit Text.

Geikie: Murchison, I: 165, 291—292, II: 75—80.

— The founders of geology, 141 ff.

Life of Forbes, J. D., 171, 172, 233, 231.

Tornier: 1924: 38—40.

Zittel: Gesch. 92—95.

Geikie: A. C. Ramsay, 73.

Ewald: Nachruf: Abhandl. Berliner Akad. Phys. Klasse, 1854.

Gümbel: Allgem. Deutsche Biogr., 3: 464—475.

Nordenskjöld: Gesch. d. Biol., 461.

* **Bucher**, Samuel Friedrich.
Opus 1713, ref. Schröter, Journ. 2: 44—46.

* **Buckland**, F r a n c i s T r e v e l y a n, geb. 17. XII. 1826, gest. 19.
XII. 1880.
Sohn William Bucklands. Zoologe.
Obituary, Nature, London, 23, 1880, 175.
Nachruf: Zool. Anz., 4, 1881, 120.

Buckland, W i l l i a m, geb. 12. III. 1784 Axminster, gest. 14. VIII.
1856 Clapham.
Studierte in Oxford. 1813 Prof. Min. Oxford am Corpus Christy
Coll. 1819 auch Prof. Geol. ebendort, 1845 Dechant des West-
minsters. Reptilia, Mammalia. Pal. generalis. Plistozäne Faunen.
G o r d o n, Mrs.: The life and correspondence of —. London 1894,
pp. XVII, 288 (Portr. Figs. Bibliographie mit 60 Titeln).
B u c k l a n d, F.: Curiosities of Natural History; Editio, 1900, II:
1—4.
D a v i s, J. W.: History of the Yorkshire Geological and Poly-
technical Society, 1817—1877, 1889, 145—149.
F o x, Caroline: Memoirs of old friends, 1881, Editio II, p. 83,
117—118.
W o o d w a r d, H. B.: History Geol. Soc. London, 42, 117 und
öfter (Portr.).
B u c k l a n d, W.: Geology and Mineralogy. Considered with re-
ference to Natural Theology by the late very Rev. — London,
Bd. I—II, 1858 (Bibliographie mit 128 Titeln).
G u n t h e r, R. T.: Early Medicine and Biological science. Oxford,
1926.
P o r t l o c k: Obituary, QuJGS. London, 13, 1857; XXVI—XLV.
G e i k i e: Murchison, I: 123, 225, 234, 267 und öfter.
Sedgwick's life, I: 471, 511, II: 76, 77.

Buckley, S a m u e l B o t s f o r d, geb. 9. V. 1809 bei Penn Yan,.
Yates county, gest. 18. II. 1884 Austin, Texas.
Botaniker. Entdeckte Zeuglodon-Skelett 1841 in Clark Co. Alabama.
M e r r i l l: 1904, 692.
Dict. Am. Biogr. 3, 232—234.
N i c k l e s 148—149.

Buckman, J a m e s, geb. 1814 Cheltenham, gest. 23. XI. 1884 Bradford Abbas farm, Dorsetshire.
Vater Sydney Savory Buckman's. Chemiker. Prof. am Agricultural Coll. Cirencester. Jura-Ammoniten.
B o n n e y, T. G.: Obituary, QuJGS., London, 41, 1885, Proc. 43-44.

Buckman, S y d n e y S a v o r y, geb. 3. IV. 1860 Cirencester, gest. 26.
II. 1929.
Englischer Ammoniten-, Brachiopoden-Forscher in Cheltenham.
D a v i e s, A. Morley: The geological life-work of —. Proc. Geol.
Assoc. London, 41, 1930, 221—240
S c h u c h e r t, Ch.: Obituary, Amer. Journ. Sci., (4) 18, 1929.
Obituary, QuJGS. London, 86, 1930, LXIII—LXVI.

Buffon, G e o r g e s L o u i s L e c l e r c d e, geb. 1707 Montbard,
Burgund, gest. 1788 Paris.
Physiker und Mathematiker. 1739 Intendant des Jardin des Plan-
tes, Paris. Kosmogonie, (Théorie de la terre).
F l o u r e n s, P.: Buffon. Histoire de ses travaux et de ses idées.
Paris 1844.
— — Histoire des travaux et des idées de Buffon. Editio II,
Paris 1850.

Geoffroy Saint-Hilaire: Notice historique sur Buffon. Études sur sa vie, ses ouvrages et ses doctrines. Oeuvres complètes de Buffon, publiées par Pillot, pp. XXIV; 1838.

Ville de Montbard: Inauguration de la statue de Buffon. Dijon 1865, pp. 44 (Lettres de Duruy, Villemain, Nisard, Discours de Chevreul, Dumeril etc.).

Bazile, H.: Buffon, sa famille, ses collaborateurs et ses familiers. Mémoires par M. Humbert Bazile, son secrétaire, mis en ordre, annotés et augmentés de documents inédits par Henri Nadaul de Buffon, son arrière-petit-neveu. Paris 1863, pp. XVI, 432 (mit 5 Portr.).

Correspondence inédite de Buffon, à laquelle, ont été réuni les lettres publiées jusqu' à ce jour, recueillie et annotée par Henri Nadaul de Buffon. Paris 1860, pp. XXXVIII, 1155.

Damas-Hinard: La Fontaine et Buffon. Paris 1861, pp. 143.

Flourens, P.: Des manuscrits de Buffon. Paris 1859, pp. C, 298.

Lovejoy-Arth, O.: Buffon and the problem of species. Pop. Sci. Mo., 79, 1911, 464—473, 554—567.

Michaut, N.: Éloge de Buffon, Précédé d'une notice par E. Gebhardt. Paris 1878, pp. XXVII, 235.

Voitkamp, P. J.: Vier-en-twintig etc. siehe unter Blumenbach.

Zittel: Gesch., 64—70.

Nordenskjöld: Gesch. der Biol., 220—233.

Geikie: The founders of geology, 8 ff.

Edwards Guide: 43.

* **Buhse**, Friedrich, geb. 18. XI. 1821 Riga, gest. 17. XII. 1892 ebenda.
Sammelte in den 40er Jahren in Persien.
Zittel: Gesch.; Köppen II, 80.

Bukowski, Geyza v., geb. 28. XI. 1858 Bochnia (Galizien).
Chefgeologe geol. Reichsanst. Wien bis 1919. Geol. Kleinasiens. Mollusca. Stratigraphie von Dalmatien.
Zittel: Gesch.; Eisenberg, L.: Das geistige Wien II, 1893, 67.

Bullen, Robert Ashington, geb. 11. VI. 1850, St. George Bermuda, gest. 14. VIII. 1912 auf See bei Calais.
Geistlicher. Mollusca, Eolithe.
Obituary, Geol. Magaz., 1912, 525—528 (Portr. Bibliographie mit 28 Titeln) und p. 432.

Bunbury, Sir Charles J. F., geb. 1809, gest. 1886.
Schwager Lyell's. Phytopaläontologe in den 40—50er Jahren.
Obituary. QuJGS. London 43, 1887, 39—40.

Buonanni, Filippo, geb. 1638, gest. 1725.
Italienischer Conchyliologe. Schrieb 1681 Ricreazione dell occhio e della mente nell' osservazione delle Chiocciole Roma, 1684: Recreatio mentis et oculi in observatione animalium testaceorum 1684, Paris 1685; Musaeum Kircherianum 1709; opus 1681 ref. Schröter, Journ. 5, 13—24.
Poggendorff 1, 341.

Buonaparte siehe **Bonaparte**.

* **Burat**, Amédéé.
Französischer Geologe, studierte Geol. von Auvergne.
Notice sur les travaux géologiques de M. — Paris 1848, pp. 10 (II. Aufl. 1851, pp. 16).
Selle, A. de: Notice nécrologique sur M. — Bull. Soc. Minéral. France, 6, 1883, 285—287.

Burbach, O t t o C a r l H e i n r i c h, geb. 18. III. 1838 Uelleben
bei Gotha, gest. 22. IV. 1888.
Prof. am Lehrerseminar in Gotha. Liasforaminiferen von Gotha.
Nachruf. Zeitschr. f. Naturwiss. 61, 1888, 206—210; ibidem 492.
bis 496 (Gedenkworte an O. B. von F. Dreyer mit Teilbibliographie) (Qu.).

Burckhardt, C a r l E m a n u e l, geb. 26. III. 1869 Basel, gest.
26. VIII. 1935 Mexiko.
Chefgeologe am geol. Inst. von Mexiko 1904—1915, dann Privatgelehrter. Stratigraphie u. Paläontologie von Jura u. Kreide
Mexikos.
B u x t o r f, A.: Nachruf. Verh. Schweiz. Naturf. Ges. 1935,
425—435 (Portr., Bibliographie).
M ü l l e r r i e d, F. K. G.: Č. B. Zentralbl. f. Min. etc. Abt. B.
1936, 169—175 (Portr., Bibliographie) (Qu.).

Burckhardt, C a r l R u d o l f, geb. 30. III. 1866 Basel, gest. 14. I.
1908.
Studierte bei Rütimeyer. Zoologe, zuletzt Direktor zool. Station
in Rovigno. Pisces, Aves.
I m h o f, Gottl.: Nachruf: Verhandl. Schweiz. naturf. Ges., 1908,
4—25 (Portr. Bibliographie mit 63 Titeln).
S a u e r b e c k, E.: Nachruf: Leopoldina, 44, 1908, 68—69.
M a y, W.: Forschungen von R. Burckhardt. Mitt. Gesch. Med.
Naturw., 7, 357—362.
P a p p, K.: Nachruf: Földtani Közlöny. 38, 1908, 687.

Bureau, E d o u a r d, geb. 20. V. 1830 Nantes, gest. 14. XII. 1918.
Prof. Mus. d'hist. nat. Paris. Phytopaläontologie, Stratigraphie.
Notice sur les travaux scientifiques de M. — Paris 1874, pp. 38;
II. Aufl. 1886, pp. 64.
C a r p e n t i e r, A.: Notice nécrologique sur —. Bull. Soc. géol.
France, (4) 19, 1919, 115—120 (Bibliographie mit 31 Titeln).
G a g n e p a i n, F.: Edouard Bureau, sa vie et son oeuvre. Rev.
gén. bot., 31, 1919, 209—218 (Bibliographie mit 158 Titeln).
Discours prononcé par Dangeaud, P. A., Leconte, H., Perrier, E.,
Bull. Mus. d'Hist. Nat., Paris 1919, 2—11.
Portr. C o n s t a n t i n, 1934, p. CLVIII.

Burgerstein, L e o, geb. 30. VI. 1853 Wien.
Österreichischer Geologe, studierte in den 70er Jahren die Chal-
kidike. Mollusca.
E i s e n b e r g, L.: Das geistige Wien II, 1893, 69—71 (Bibliographie).

****Burkart**, J.o s e p h, geb. 12. V. 1798, gest. 4. XI. 1874.
Studierte in den 1820er Jahren Geol. Rheinland, Westfalen.
Nekrolog. Corrbl. naturhist. Ver. preuß. Rheinl. u. Westf. 1874,
112—121.

Burmeister, K a r l H e r m a n n K o n r a d, geb. 15. I. 1807 Stral-
sund, gest. 2. V. 1892 Buenos Aires.
1831 Gymnasiallehrer u. Privatdoz. in Berlin, 1837 Prof. Zoologie
Halle, bis 1850 Abgeordneter, 1850—52 bereiste er Brasilien;
1861 Direktor des Museums in Buenos Aires (an Stelle Bravard's,
der den Ruf nicht akzeptierte), 1880 Prf. Univ. Cordoba. Studierte neben rezenten Insekten Trilobita, Labyrinthodontia, Gavial,
Macrauchenia, Glyptodon, Toxodon, Megatherium, Equidae.
T a s c h e n b e r g, O.: Nekrolog: Leopoldina, 29, 1893, 43—46,
62—64, 78—82, 94—97 (Bibliographie mit 224 Titeln).

S e l l a c k, C.: Die naturwissenschaftliche Fakultät der Universität Cordoba in Südamerika. Berlin 1874, pp. 16.
Bericht über die Feier des 50jährigen Doctorjubiläums des H. Burmeister, begangen den 19. Dezember 1879 in Buenos Aires. Buenos Aires 1880.
B e r g, C.: C. G. B.: Resena biografica. Anales Mus. Nac. Buenos-Aires, 4, 1895, 315—357 (Portr., Bibliographie).

Burrow, E d w a r d J o h n, geb. 1785, gest. 1861.
Englischer Reverend, Conchyliologe.
W o o d w a r d, H. B.: Hist. Geol. Soc. London, 34.
Dict. Nat. Biogr. 7, 447.

Burtin, F r a n ç o i s X a v i e r d e, geb. 1743 Dezember, Maastricht, gest. 9. VIII. 1818 Bruxelles.
Belgischer Naturforscher, schrieb Oryctographie de Bruxelle 1784. Glossopetren, Proboscidea. Phytopaläontologe.
V a n B e n e d e n, P. J.: Notice sur —. Ann. Acad. roy. Belg., 43, 1877, 247—258 (Bibliographie mit 22 Titeln).

* **Burton**, J o s e p h J a m e s, geb. 1848, gest. 1931.
In Memoriam — Proc. Yorkshire Geol. Soc. n. s., 22, 1932, 151—152 (Portr.).

Bush, L. G.
Amerikanischer Geistlicher „whose various parishes were not in villages but on geological formations". Freund in den 60er Jahren von James Hall of Albany.
C l a r k e: James Hall of Albany, 402.

Busk, G e o r g e, geb. 1807, gest. 10. VIII. 1886.
Chirurg, studierte Bryozoa, Mammalia, Homo fossilis.
J u d d, J. W.: Obituary, QuJGS., London, 43, 1887, Suppl., 40—41.
W o o d w a r d, H. B.: Hist. Geol. Soc. London, 210.
Hist. Brit. Mus., I: 274.
Prestwich life: 278.

Busquet, H o r a c e, geb. 1839 Toulouse, gest. 1931.
Mitarbeiter der Carte géol. France.
Necrolog: Societé Amis des anciennes élèves de l'École Nat. sup. des Mines de Saint-Etienne, Circul. No. 249, 5. Oct. 1931, 29 et 31.
Bull. Soc. géol. France (5) 2, 1932, 139 (Compte rendu).

Butler, F r a n c i s H.
Englischer Fossilienhändler in den 80—90er Jahren.
Hist. Brit. Mus. I: 275.

Buvignier, A r m a n d, gest. 1880.
Studierte 1842 Kreide der Ardennen, 1852 Jura des Dep. Meuse.
Z i t t e l: Gesch.

Buy, W i l l i a m.
Englischer Arbeiter und Sammler zu Chippenham, Wiltshire, in den 50er Jahren.
Hist. Brit. Mus. I: 275.

Büchner, J o h a n n G o t t f r i e d, geb. 1695 Erfurt, gest. 1749.
Gräflich Reußischer geheimer Archivarius und Rath. Schrieb: De Lapidibus pretiosis in Voigtlandia reperiendis 1740, De memorabilibus Voigtlandiae subterranibus etc. 1743.
Freyberg.
P o g g e n d o r f f 1, 333.

* Bücking, H u g o, geb. 12. IX. 1851 Bieber (Cassel), gest. 18.
XI. 1932 Heidelberg.
Mitarbeiter der Preuß. Geol. Landesanstalt 1873, Direktor der
Els.-Lothr. Geol. Landesanstalt. Prof. Min. Straßburg. Geol.
und Min.
Z i t t e l, Gesch.
P o g g e n d o r f f 3, 212; 4, 201—202; 6, 365.

Bühler, G e o r g W i l h e l m C h r i s t i a n v o n, geb. 21. I. 1797
Oberroth, gest. 5. III. 1860.
Oberbaurat in Stuttgart. Sammler. Seine Sammlung jetzt im
Stuttgarter Naturalienkabinett.
F r a a s, O.: Nekrolog. Jahresh. Ver. f. vaterländ. Naturk. Würt-
temberg 16, 1860, 24—26 (Qu.).

* Bünting, J o h a n n P h i l i p p.
Opus 1693: Sylvam subterraneam od. Nutzbarkeit des unter-
irdischen Waldes der Steinkohlen.

Büttner, D a v i d S i g i s m u n d, geb. 1660 Schneeberg im Meißen-
schen, gest. September 1725 Querfurt.
1683 Pastor in Stedten und Farnstedten, 1690—1719 Diakonus in
Querfurt. Schrieb: Rudera Diluvii testes, Leipzig 1710, Corallo-
graphia subterranea seu dissertatio de coralliis fossilibus, in
specie de lapide corneo Horn- oder gemeinen Feuer-Stein, Lipsiae 1714. Opus 1710, ref. Schröter, Journ. I: 2: 21—24.
Freyberg.
T o r n i e r: 1924: 12.
E d w a r d s: Guide, 20, 41, 44.

Bytemeister, H e i n r i c h J o h a n n.
Opus 1785, ref. Schröter, Journ. 4; 40—42.

Cacciamali, G i a m b a t t i s t a, gest. 26. II. 1856 Brescia, gest.
13. XI. 1934 ebenda.
Prof. Naturgesch. Brescia. Stratigraphie. Mammalia (Elefanten);
Homo fossilis
Necrologia. Boll. Soc. geol. it. 53, 1934, CXIII—CXIX (Portr.,
Bibliographie) (Qu.).

* Cadell, H e n r y.
Englischer Geologe.
R i c h a r d s o n, R.: Obituary notice of Mr. — of Grange, for-
merly Vice-President of the Society. Trans. Edinburgh Geol.
Soc., 5, 1888, 502—506.

* Cailliaud, F r é d é r i c d e N a n t e s.
Reiste 1815—1822 in Ägypten. Stratigraphie.
G i r a r d o t, Baron de: Frédéric Cailliaud de Nantes, Voyageur,
Antiquaire, Naturaliste. Paris 1875, pp. 48.
P o g g e n d o r f f 1, 225.

* Cairnes, D e l o r m e D o n a l d s o n, geb. 1879, gest. 1917.
Nordamerikanischer Stratigraph.
C a m s e l l, Ch.: Memorial of —. Bull. Geol. Soc. America, 29,
1918, 17—20, (Portr.).

Cairns, R o b e r t, geb. 1854, gest. 29. XII. 1911 Hurst, Ashton-
Under-Lyne. Lancashire.
Pädagoge, Sammler von Carbonfossilien, die in das Manchester
Museum gelangten. Publizierte nicht. Sammelte Pisces und auch
Kreide.
J. W. J (a c k s o n): Obituary, Geol. Magaz., 1912, 190—191.

Calceolarius, F r a n c i s c u s, auch C a l z o l a r i genannt, geb. 1521, gest. 1600.
Italienischer Naturforscher zu Verona, besaß ein Museum, dessen Catalog von J. B. Olivi veröffentlicht wurde. Ref. Schröter, Journ., 3: 23—25.
E d w a r d s: Guide, 52, 55.
Biogr. universelle 6, 381.

Calderon y Arana, S a l v a d o r, geb. 22. VIII. 1851 Madrid, gest. 3. VII. 1911 ebenda.
Spanischer Geologe, Palaeontologe. Vertebrata.
H e r n á n d e z - P a c h e c o. Ed.: El prof. — y su labor cientifica. Bol. R. Soc. Espana Hist. Nat., 11, 1911, pp. 30 (Bibliographie).

*****Calker**, F r i e d r i c h J u l i u s P e t e r v o n, geb. 29. VIII. 1841 zu Bonn, gest. 16. VII. 1913.
Prof. zu Groningen, Diluvium. Geschiebe.
W a h n s c h a f f e, Felix: Nachruf: Zeitsch. deutsch. Geol. Ges., 65. 1913. 355—357.
P o g g e n d o r f f 3, 228; 4, 213; 5, 1289.

Callaway, C h a r l e s, geb. 1838 Bristol, gest. 29. IX. 1915 Cheltenham.
Curator am Bradford Museum der Philosoph. Soc., war auch Assistent von James Hall of Albany, später Curator am Sheffield Museum. Cambrium.
R i c h a r d s o n, L.: Obituary Geol. Magaz., 1915, 525—528 (Portr. Bibliographie mit 40 Titeln).
Obituary, Proc. Cotteswold Naturalists' Field Club. 1915.
C l a r k e: James Hall of Albany, 417.

Calvin, S a m u e l, geb. 2. II. 1840 Wigtonshire, Schottland, gest. 17. IV. 1911 Iowa City.
1862—64 Instruktor für Naturgesch. am Lenox Coll., 1884 Lehrer der Naturgeschichte an der State University Iowa, 1892 Staatsgeologe Iowas. Coelenterata, Vermes, Molluscoidea, Mollusca, Arthropoda, Mammalia.
S h i m e k, B.: Memoir of —. Bull. Geol. Soc. America, 23, 1912. 4—12 (Portr., Bibliographie mit 74 Titeln).
B a i n, H. F.: Obituary, Journ. of Geol., 19, 1911, 385—391.

Calzolari siehe C a l c e o l a r i u s.

Camden, W i l l i a m, geb. 1551, gest. 1623.
Schrieb in seiner Britannia 1586 über englische Ammoniten usw.
E d w a r d s: Guide, 14.
Dict. Nat. Biogr. 8, 277—285.

Camerarius, E l i a s, geb. 1672, gest. 1734.
Hochfürstlich Württembergischer Leibarzt und Prof. der Medizin in' Tübingen, Gegner der Sintfluttheorie Woodward's. Leibarzt des Erbprinzen Friedrich Ludwig. Schrieb mehrere Briefe aus Turin contra Woodward an verschiedene Gelehrte. Evertebrata.
H a a g: Geschichte der Geologie in Württemberg, 1925-26.
Sedgwick life, I: 176.
L a u t e r b o r n: Der Rhein, I: 189—190.
Q u e n s t e d t, F. A.: Ueber Pterodactylus suevicus 1855, 9—11.
Allgem. Deutsche Biogr. 3, 719.

* **Campani**, G i o v a n n i, geb. 6. VI. 1820, gest. 5. IX. 1891 Siena.
Italienischer Geologe. Schrieb Biographie Pillas.
Necrolog: Rassegna Soc. geol. Ital., 1, 1891, 490—492 (Portr. Bi-
bliographie mit 29 Titeln).

Camper, A d r i a n G i l l e s, geb. 1759, gest. 1820, und

Camper, P e t e r, geb. 1722 Leiden, gest. 1789,
lebten um 1780 in Lankum bei Franeker und arbeiteten als erste
über die Versteinerungen aus dem Petersberg bei Maastricht.
T o r n i e r: 1924: 29.
N o r d e n s k j ö l d: Gesch. der Biol., 262—263.
E d w a r d s: Guide, 63.
Nieuw. Nederlandsch. Biogr. Woordenboek 1, 550—555.

Campiche, G u s t a v e, geb. August 1809, gest. 1870.
Schweizer Geologe, Arzt. Studierte Kreide der Umgebung von Ste-
Croix.
J a c c a r d, A.: Le Dr. Campiche. Notice biographique. Bull. Soc.
Vaud. Sc. Nat., 11, 1871, 127—134.

Canaval, J o s e f L e o d e g a r, geb. 2. X. 1820 Linz, gest. 21.
IV. 1898 Klagenfurt.
Kustos am naturhist. Mus. Klagenfurt. Stratigraphie Kärntens.
Verh. geol. Reichsanst. Wien 1898, 227—228.
F. S.: J. L. C. Carinthia II, 88, 1898, 110—116 (Portr.) (Qu.).

Canavari, M a r i o, geb. 27. XI. 1855 Camerino, gest. 19. XI. 1928.
Studierte bei Meneghini in Pisa, 1881—82 bei Zittel. 1882 Paläon-
tologe des Reale Uffizio Geol., residierend in Pisa, 1889 Nachfolger Meneghini's als Prof. Univ. Pisa. Begründete 1895 Palaeontographia Italica, die er bis Bd. 29 redigierte. Brachiopoda,
Hydrozoa, Cephalopoda, Ostracoda. Faunen u. Stratigraphie des
Jura.
d'A c h i a r d i, G.: Note biografiche. Boll. Soc. Geol. Italiana, 48,
1929, S. XXXI—XLIV. (Bibliographie mit 119 Titeln und
Photo.).
Nachruf in Pal. Ital., 29—30, 1923—1926, S. IX, Taf.
C a t e r i n i, Fr.: M. C. Annali Università Toscane (N. S.) 12,
2, 1929, 175—192 (Portr., Bibliographie).

* **Cancrin**, F r a n z L u d w i g v o n, geb. 1738 Breitenbach, Darmstadt, gest. 1812 St. Petersburg.
Fürstlich Hessen-Nassauischer Rentkammersekretär, später russischer Staatsrat. Bergwerksdirektor. Schrieb 1767 über Mansfeld
usw.
Freyberg.
Allgem. Deutsche Biogr. 3, 740—742.

Candolle, A l p h o n s e d e, geb. 27. X. 1806 Paris, gest. 4. IV. 1893
Genf.
Botaniker, auch Phytopaläontologie.
E n g l e r, A.: Nekrolog: Ber. Deutsch. Bot. Ges., 11, 1893.
B o n n i e r, G.: A. de C. Rev. gén. de Botanique 5, 1893, 191—
208 (Portr., Bibliographie).

Canéto, A b b é.
Schrieb um 1837 über Dinotherium von Armagnac (Gers).

* Cantore, A n t o n i o, geb. 4. VII. 1860 in Sampierdarino, gest. 20.
VII. 1914.
Generalmajor. Stratigraph.
I s s e l, A.: Il maggior generale A. C. Boll. Soc. Geol. Ital., 34.
1915.

Cantraine, F r a n ç o i s J o s e p h, geb. 1. XII. 1801 Ellezelles,
gest. 22. XII. 1863 Gent.
Zoologe. Mollusca tertiaria.
D e K o n i n c k, L. G.: Notice sur F. J. C. Annuaire Acad. Belg.,
35, 1869, 101—120 (Portr., Bibliographie).

Canu, F e r d i n a n d, geb. 8. XII. 1863 Paris, gest. 12. II. 1932
Versailles.
Bryozoenforscher.
Notice nécrologique. Bull. Soc. géol. France (5) 3. 1933, 130—131
(Compte rendu) (Qu.).

Capek, V a c l a v, geb. 11. II. 1862 Barboa bei Zbejsov, Mähren,
gest. 25. VI. 1926 Oslavany, Mähren.
Lehrer in Oslavany. Oberpliozäne und plistozäne Aves.
L a m b r e c h t, K.: Nachruf: Ornithol. Monatsber. 35, 1927, 186.
Z e l i z k o, J. V.: Nachruf: Die Eiszeit, 3, 1926, S. 55—56.

Capellini, G i o v a n n i, geb. 1833 Spezia, gest. 28. V. 1922.
Studierte in Pisa, war Prof. Geol. Bologna. Foraminifera, Tomi-
stoma, Ichthyosaurus, Protosphargis, Aves, Mammalia, Phyto-
paläontologie, Palethnologie.
Liste de ses publications. Bologna, 1884 (Bibliographie mit 107
Titeln).
D'E r a s m o, G.: Necrolog: Rendic. R. Accad. Sc. Fis. Mat. Na-
poli, (3) 28, 1922, 181—184 (Portr.).
S e w a r d, A.: Obituary, QuJGS. London, 79, 1923, LV—LVI.
S t e f a n i, C. de: Commemorazione del Senatore Prof. —. Atti
R. Accad. Lincei, (5) Rendic., 32, 1924.
Portrait: Boll. Geol. Soc. Ital., 20, 1901, appendice.
Z a c c a g n a, D.: G. C. Boll. Soc. geol. it. 42 (1923), 1924,
XLVIII—LXI (Portr., Bibliographie).

* Capocci, E.
Schrieb um 1835 über Bohrmuscheln von Pozzuoli.
P o g g e n d o r f f 3, 234.

Cappeler siehe K a p p e l e r.

Capron, J. R a n d.
Advokat zu Guildford, England, sammelte etwa 1400 Chalk-Fossi-
lien, speziell Fische aus dem Südosten Englands, die 1879 in das
British Museum gelangten.
Hist. Brit. Mus., 1: 275.

Carapezza, E., gest. Februar 1915 Palermo.
Ingenieur. Geol. u. Paläontologie Siziliens.
Necrologia. Boll. Soc. Geol. It. 34, 1915, XXVI—XXVII (Qu.).

Cardano, G i r o l a m o, geb. 1501, gest. 1576.
Deutete die Fossilien im 16. Jahrhundert als organische Pro-
dukte. Seine Diluvial-Hypothese wurde von Palissy heftig be-
stritten.
E d w a r d s: Guide, S. 27.
P o g g e n d o r f f 1, 376—377.

Cardeza, J. M.
Schrieb 1877—79 in Philadelphia über Fossil casts in sandstone.

Carez, L é o n, geb. 13. XI. 1854 Paris, gest. 28. I. 1932.
Tertiär, Mesozoikum, bes. Stratigraphie u. Paläontologie der frz.
Pyrenäen.
P o g g e n d o r f f 4, 221.
Notice nécrologique. Bull. Soc. géol. France (5) 3, 1933, 129—130
(Compte rendu) (Qu.).

Carl, J o h a n n   S a m u e l, geb. 1676 Öhringen, gest. 13. VI. 1757
Meldorf.
Opus 1704 über Lapis Lydius, Ref. Schröter, Journ., 5: 35—45.
P o g g e n d o r f f 1, 378.

Carley, J.
Sammelte um 1835 Silur-Fossilien in Cincinnati für James Hall.
Vergl. C l a r k e: Hall of Albany, S. 87.

* **Carnall**, R u d o l f   v o n, geb. 9. II. 1804 Glatz, gest. 17. XI. 1874
Breslau.
Kartierte Schlesien.
Nachruf: NJM. 1875, 112 (Bibliographie mit 5 Titeln).

Carpenter, P h i l i p   H e r b e r t, geb. 6. II. 1852 Westminster, gest.
22. X. 1891.
Sohn William Benjamin Carpenter's, studierte in London, Cambridge und Würzburg. 1877 Assistant master im Eton College,
wo er Biologie bis zum Ende seines Lebens las. Echinodermata,
spez. Crinoidea. Verfaßte mit R. Etheridge jr. Catalogue of the
Blastoidea in the British Museum.
B (a t h e r), F. A.: Obituary, Geol. Magaz., 1891, S. 573—575
(Carpenter's Bibliographie siehe Challenger Report und Cat. Bla-
stoidea, zu denen hier in diesem Nachruf noch 10 Titel aufge-
zählt werden).
S p r i n g e r, F.: Obituary, Geol. Magaz., 1892, S. 44.
Nachruf: Leopoldina, 27, 205.
Obituary. Proc. Roy. Soc. London 51, 1892, XXXVI—XXXVIII.

Carpenter, W i l l i a m   B e n j a m i n, geb. 1813 Exeter, gest. 10.
XI. 1885.
Mediziner, dann 1844 Schriftsteller und Fullerian Prof., 1851—59
Prof. Univ. Foraminifera, Eozoon, Crinoidea, Belemniten, Bra-
chiopoda.
B o n n e y, T. G.: Obituary, QuJGS. London, 42, 1886, Suppl.
41—43.
M i l n e - E d w a r d s, A.: Notice sur la vie et les travaux de M.
W. B. C.: C. R. Acad. Paris, 101, 1885, 983—985.
M e r r i l l: 1904, S. 638—640.
Hist. Brit. Mus., 276.

Carruthers, W i l l i a m, geb. 29. V. 1830 Moffat, Dumfries-shire,
gest. 2. VI. 1922.
1871—1895 Keeper der botanischen Abteilung des British Mu-
seum und 1871—1909 Botaniker der Royal Agricultural Soc.
Phytopaläontologie und Graptolithen.
Eminent living geologists: Geol. Magaz. 1912, S. 193—199 (Portr.
Bibliographie mit 72 Titeln).
B r i t t e n, J.: In memory of W. C. Journ. of Botany, 1922, Sept.
S e w a r d, A. C.: Obituary, QuJGS. London, 79, 1923, S. LVIII,

Carter, Henry John, geb. 1813, gest. 1895.
Arzt in Bombay. Spongia, Stromatoporidea, Foraminifera, sammelte
auch Vertebraten in der Trias Devonshires, die in das British
Museum gelangten.
Hist. Brit. Mus. I: 276.
Obituary. Proc. Roy. Soc. London 58, 1895, LIV—LVII.

Carter, James, geb. 3. X. 1813, gest. 31. VIII. 1895 Cambridge.
Arzt. Crustacea, Reptilia, Mammalia.
W(oodward), H.: Obituary, Geol. Magaz., 1895, 479.

*** Carter,** William Lower, geb. 9. VIII. 1855 Stafford, gest.
19. VI. 1918 London.
Lecturer Geol. Cristallogr. im East London College.
Obituary, Geol. Magaz., 1918: 382—383 (Portr.).

Cartheuser, Friedrich August, geb. 1734 Halle, gest. 12.
XII. 1796 Schierstein.
Opus 1755, Ref. Schröter, Journ., 2: 47—54.
Poggendorff 1, 385.

Cartier, Pierre, gest. 1759.
Pfarrer bei Neuchâtel. Arbeitete über Versteinerungen. Zeichnete
unter anderem die Tafeln für Bourguet, Traité des pétrifications.
Jeanneret, F. A. M.: Biogr. neuchateloise 1, 1863, 124
bis 125 (Qu.).

Cartier, Robert, geb. 9. I. 1810 Oensingen, gest. 23. I. 1886.
Schweizer Pfarrer. Sammelte in Egerkingen u. Oberbuchsitten, bes.
eocäne Säugetiere.
Lang, Fr.: Nachruf Actes Soc. Helvét. sci. nat. 69, 1885—86,
152—155.

Carus, Carl Gustav, geb. 3. I. 1789 in Leipzig, gest. 28. VII.
1869 Dresden.
Prof. der Geburtshülfe in Leipzig und Dresden, Zoologe. In
seinen Werken: Reise durch Deutschland, Italien und die
Schweitz, im Jahre 1828 (Leipzig 1835), England und Schottland im Jahre 1844 (Berlin 1845), The King of Saxony's Journey
through England and Scotland in the year 1844 (London 1846)
und Lebenserinnerungen, Bd. 1—4, finden sich interessante Mitteilungen über die Paläontologen seiner Zeit, so über Miß Mary
Anning usw. Schrieb auch über Koch's berüchtigten Hydrarchos
(1847 u. 1850). Näheres über diesen sehr vielseitigen Forscher
siehe bei Zaunick, R.: C. G. C. eine historisch-kritische Litera-
turschau mit zwei Bibliographien (Carus Werke mit 69 Titeln
und Literatur über Carus 54 Titeln); Wissenschaftlicher Führer durch die Gruppe C. G. C. und sein Kreis auf der Internat.
Hygiene-Ausstellung Dresden, 1930 (Sonderkatalog, Privatdruck,
1930, pp. 39, m. 2 Taf.).
Vergl. noch Walther, Joh.: C. G. C. zum Gedächtnis. Leopol-
dina, 1928, 3: 113—126 (Bibliographie, Portr.).
Carus, G.: Nekrolog: Jahresber. Ges. Naturf. Heilkunde, Dres-
den, 1870, 1—31.
Nekrolog: Sitzungsb. Isis, Dresden, 1870, 114.
Nachruf: Leopoldina, 7: 9.
Schuster, J.: C. G. C. Die großen Deutschen. Neue Deutsche
Biographie, Berlin 166—171 (Portr.).
Zaunick, R.: C. G. C. XIII. Präsident der Leopoldina. Ber. 250.
Wiederkehr usw. Leopoldina 1937, 68—82.

Cash, W i l l i a m, geb: 1843 Halifax, Yorkshire, gest. 16. XII. 1914.
Amateur, Phytopaläontologie. Seine Sammlung gelangte in das Manchester Museum.
S'(h e p p a r d), T(homas): Obituary, The Naturalist, No. 696, 1915, 30 (Bibliographie mit 33 Titeln).
W:o o d w a r d, A. S.: Obituary, QuJGS. London, 71, 1915, LX.

Caspary, R o b e r t, geb. 29. I. 1818 Königsberg, gest. 18. IX. 1887.
Prof. d. Botanik in Königsberg i. Pr. Phytopaläontologie (fossile Nymphaeaceen, pflanzl. Bernsteineinschlüsse, fossile Hölzer).
T o r n i e r: 1924, 52.
A b r o m e i t: Gedächtnisrede. Schrift. phys.-ökonom. Ges. Königsberg 28 (1887), 1888, 1,1—134 (Bibliographie).
Annals of Botany 1, 1887, 387—395 (Bibliographie) (Qu.).

Castelli, F.
Besaß in Leghorn (Livorno) ein Museum, das 1898 aufgelöst wurde. 1272 Fossilien Norditaliens (Mammalia aus dem Unterpliozän von Casino und Monte Tignosa) gelangten in das British Museum.
Hist. Brit.· Mus., I: 276.

*****Castelnau**, F r a n c i s F. d e L a p o r t e, Comte de Castelnau, geb. 1812, gest.. 1880.
Necrolog: Le Naturaliste 1880, 207, 208.
P o g g e n d o r f f 3, 245.

Castillo, D o n A'n t o n i o d e l, geb. 1820, gest. 22. X. 1895 Pungarabato, Michoacao, Mexico.
1861 Direktor der Geological Survey Mexico und Direktor der Ingenieurschule. Mammalia u. a.
A g u i l e r a, J. G.: Nachruf: Bol. Inst. Geol. Mexico, 4—6, 1897, S. 3—7, Taf. Portr. (Bibliographie mit 32 Titeln).
O r d o n e z, Ezequiel: Memoir of C. Bull. Geol. Soc. America, 7, 1896, 486—488 (Bibliogr. mit 20 Titeln).
A m i, H. M.: Obituary, Ottawa Naturalist, 9, 1895, 180—181.

Castro y Suero, M a n u e l F e r n a n d e z d e, geb. 25. XII. 1825 Madrid, gest. 7. V. 1895.
Ingenieur, lebte eine Zeitlang auf Cuba, zuletzt Direktor der Comm. geol. Karte Spaniens. Fossile Säugetiere Cubas, neuer fossiler Fisch von Cuba.
P u i'g y L a r r a z: Noticia biográfica. Anales Soc. esp. hist. nat. 24, 1895, Actas 110—128 (Portr., Bibliographie) (Qu.).

Catullo, T o m'm a s o A n t o n i o, geb. 9. VII. 1782 Belluno, gest. April 1869.
1851 Prof. der Agrarwissenschaften und Naturgeschichte Verona, später Vicenza und Padua. Mineralogie. Stratigr. Fauna Venetia.
C a i l l a u x, A.: Notice sur la vie et les travaux de M. C. Bull. Soc. Géol. France, (2) 27, 1869-70, 539—544.
Nachruf: Padua 1869, 16 pp. Verhandl. K. K. Geol. Reichsanst. Wien, 1869, 130—131.
Z i g n o, A.: Commemorazione del prof. cav. — Atti Ist. Veneto, (3) 15, 1869, pp. 20.
C a t u l l o, T. A.: Trattato sopra la costituzione geognostico-fisica dei terreni alluviali o postdiluviani delle Provincie Venete. II. Aufl. Padova, 1844 (Bibliographie mit 76 Titeln).
Prospetto degli scritti pubblicati da 'Tomaso Antonio Catullo, Professore emerito di Storia naturale nell I. R. Universita di Padova, compilato da un suo amico e discepolo. Padova 1857.

* Cauchy, F. P.
Prof. Mineralogie Brüssel, schrieb: Geschichte der Geologie in Belgien, Bull. Acad. Brux. 1835, II.
Q u e t e l e t, A.: Notice sur —. Annuaire de l'Acad. roy. Belg., 9, 1843, 77—92.

Caumont, A r c i s s e d e, geb. 28. VIII. 1801 Bayeux, gest. 16. IV. 1872.
Französischer Archäologe, schrieb 1828 über Calvados.
R o b i l l a r d d e B e a u r e p a i r e, E. de: M. de Caumont, sa vie et ses oeuvres. Mém. Acad. Sci. Arts et Belles Lettres de Caen, 1874, 324—401 (Bibliographie).

Cautley, P r o b y T., geb. 1802, gest. Januar 1871.
Colonel in Indien, wo er mit Hugh Falconer die Vertebratenreste des Siwalik aufsammelte und beschrieb.
Obituary, QuJGS., London, 27, 1871, XXXI—XXXIII.
M u r c h i s o n: Palaeontological memoirs and notes of Hugh Falconer, London, 1868 (Abdruck der Siwalikarbeiten).
Hist. Brit. Mus. I: 276.
Dict. Nat. Biogr. 9, 333—335.

Cavanilles, A. J., geb. 16. I. 1745 Valencia, gest. 1804.
Spanischer Botaniker. Schrieb: Observaciones sobre la historia natural, geographia, agricultura del reyno de Valencia, Madrid, 1795, Bd. I—II.
Z i t t e l: Gesch.
Biogr. universelle 9, 1854, 285—287.

Cazalis siehe F o n d o u c e.

Caziot, E u g è n e, geb. 5. I. 1844, gest. 1931.
Französischer Offizier. Mollusca.
J a c o b, Ch.: Notice nécrol. Bull. Soc. Géol. France (5) 2, 1932, 138.
I s n a r d, P.: Nécrologie. Bull. ass. des natur. de Nice 1931, 60—73 (Bibliographie).

* Cermenati, M a r i o, geb. 16. X. 1868 Lecco, gest. 8. X. 1924 Castelgandolfo.
Italienischer Geologe und Historiker der Naturwissenschaften an der Univ. Rom.
N e v i a n i, A.: Necrolog. Boll. Soc. Geol. Italia, 44, 1925, CXVIII—CXXIX.
— — Necrolog: Arch. storico Sci., 6, 1925, 59—65.

Ceruti, B e n e d e t t o.
Italienischer Naturforscher. Schrieb mit Andrea Chiocco: Musaeum F. Calceolarii, Verona 1622.
Edwards Guide: 25—27. 30.

* Cerutti, G u s t a v.
Schrieb 1823 über Holzkohle von Köstritz.
F r e y b e r g.

* Ceselli, L.
Italienischer Palethnologe.
Liste des publications sur l'Archéologie préhistorique, Bull. di Paletnol. Ital., 8, 1882, 104 (Bibliographie mit 9 Titeln).

Chadwick, S a m u e l, geb. 1845, gest. 18. III. 1903 Waikopiro, Neuseeland.
Schaffarmer in Neuseeland, eifriger Sammler von Jura-Kreide-Versteinerungen in Yorkshire. Sammlung im Malton Museum.
Obituary, Geol. Magaz., 1903, 335.

* **Chamberlin** T h o m a s C h r o w d e r, geb. 25. IX. 1843 Mattoon,
gest. 15. XI. 1928.
1873 Prof. Geologie in Beloit, Direktor Geological Survey Wisconsin, 1887 President der Wisconsin Univ., 1882—1904 auch Mitglied der Glacial Division des U. S. Geol. Surv., 1892—1919 Prof.
Chicago. Stratigraphie.
S c h u c h e r t, Ch.: Chamberlin's philosophy of correlation. Journ.
of. Geol., 37, 1929, 328—340.
Memoir of —. Bull. Geol. Soc. America, 40, 1929, 23—45 (Portr.,
Bibliographie).
Verzeichnis der Nachrufe über Ch. Geol. Zentralbl., 40: No.
1941—1948.

Chambers, R o b e r t, geb. 1802, gest. 1871.
Verfasser des seinerzeit oft zitierten und umstrittenen, anonym er-
schienenen Werkes: Vestiges of creation.
C h a m b e r s, William: Memoir of William and Robert Chambers.
1893.
W o o d w a r d, H. B.: Hist. Geol. Soc. London, 153—154.
G e i k i e: A long life work, 17.
Sedgwick's life: II: 81.
B e r n a r d: Principles of Palaeontology, S. 141.
Vergl. Buckland's Biographie.
Obituary. QuJGS. London 28, 1872, XXXIX—XL.

Champernowne, A r t h u r, geb. 19. III. 1839, gest. 22. V. 1887.
Stromatoporidae, Stratigraphie.
Obituary, Geol. Magaz., 1887, S. 382—384.

* **Chancourtois**, A. E. B é g u y e r d e, geb. 20. I. 1820, gest. 14.
XI. 1886.
Französischer Geologe.
F u c h s, Edm.: Notice nécrologique sur M. A. E. Béguyer de
Chancourtois. — Ann. des Mines, (8) 11, 1887, 505—536 (Biblio-
graphie mit 86 Titeln).

Chantre, E r n e s t, geb. 1843.
Prof. Anthrop. Lyon. Mammalia.
Publizierte 1901 Paléontologie humaine: L'homme quaternaire dans
le bassin du Rhône. Étude géologique et archéologique. Lyon, pp.
393 (Bibliogr. mit 123 Titeln).

Chao, Y a t s e n g T., geb. 1898 Li Hsien, Hopei; ermordet 16. XI.
1929 Cha Hsin Chang, N. Yunnan.
Chinesischer Paläontologe. Brachiopoda. Pelecypoda.
G r a b a u: Obituary, Bull. Geol. Soc. China, 8, 1929, 257—261
(Portr., Bibliographie).
Memorial of late Mr. Y. T. Ch. Bull. Geol. Soc. China 13, 1934,
659—662 (chinesisch).

Chaper, M a u r i c e, geb. 13. II. 1834 Dijon, gest. 5. VII. 1896
Wien.
Ingenieur der Eisenbahnen. Plagioptychus, Terebratula, Mollusca,
Stratigraphie.
D o u v i l l é, H.: Notice nécrologique sur M. Ch. Bull. Soc. Géol.
France, (3) 27, 1899, S. 174—190 (Bibliographie mit 36 Titeln).

Chapin, J a m e s H e n r y, geb. 31. XII. 1832 Leavenworth, Indiana, gest. 14. III. 1892 South Norwalk, Conn.
1873—85 Pastor; Prof. Geol. Min. Lawrence Univ. Stratigraph. Phytopaläont.
D a v i s, W. M.: Memorial of —. Bull. Geol. Soc. America, 4, 1893, 406—408 (Bibliographie mit 7 Titeln).

Chapman, E d w a r d J o h n, geb. 22. II. 1821, gest. 28. I. 1904 The Pines, Hampton Wick.
Prof. Min. Geol. Univ. Toronto, Herausgeber von: The Canadian Journal of Industry, Sci. and Art. Crinoidea, Trilobita u. a.
Obituary, Geol. Magaz., 1904, 144.
N i c k l e s 186—188.
P o g g e n d o r f f 1, 419; 3, 260; 4, 239; 5, 213.

Chapman, F r e d e r i c k.
Foraminiferenforscher.
Sammelte plist. nichtmarine Mollusca, Foraminifera, Ostracoda.
Hist. Brit. Mus., I: 277.

Chapman, W i l l i a m.
Ingenieur in Whitby.
Schrieb 1758 in Philos. Trans. über Mystriosaurus.
E d w a r d s: Guide, 61.

Chapuis, F é l i c i e n, geb. 29. IV. 1824 Verviers, gest. 30. IX. 1879.
Arzt und Entomologe in Verviers. Mesozoische Fossilien der Prov. Luxemburg zus. mit Dewalque.
Notice biographique. Annuaire Ac. roy. Belgique 46, 1880, 357 bis 372 (Bibliographie) (Qu.).

Charlesworth, E d w a r d, geb. 13. IX. 1813 Clapham, Survey, gest. 28. VII. 1893 Saffron-Walden.
1835 Curator Ipswich Museum, 1844 Curator Yorkshire Philos. Soc. Museum. Sammelte Crag Mollusken und Mammalia.
Hist. Brit. Mus., I: 277.
Obituary, Geol. Magaz., 1893, 526—528.
W o o d w a r d, H. B.: Hist. Geol. Soc. London, 121.

Charleton, W a l t e r, geb. 1619, gest. 1707.
Physicus von Charles II. Verfasser des 1668 erschienenen Onomasticon Zoicon. Darin auch Fossilien, z. B. Glossopetren.
Dict. Nat. Biogr. 10, 116—119.

* **Charmasse**, J e a n C l a u d e D e s p l a c e s d e.
B u l l i o t, J. G.: —, Vice-Président, de la Société Éduenne. Notice biographique lue à la Séance du 4. Septembre 1889, Autun, 1890, pp. 17.

* **Charpentier**, J e a n d e, geb. 7. XI. 1786 Freiberg, gest. 12. IX. 1855 Bex.
Direktor der Minen im Canton Waadt.
L u g e o n, M.: Discours. Bull. Soc. Vaud. Sc. Nat., 53, 1920, 465—481.
W i l c z e k, E.: Discours, ibid., 483—494.
G a b b u d, M.: Discours, ibid., 495—499.
L a r d y: Not. nécr. Bull. Soc. Géol. France, (2) 13, 1856, S. 17—21.
L e b e r t, H.: Nekrolog. Mitt. Naturf. Ges., Zürich, 4, 1856, pp. 16.
— Biographie de —. Actes Soc. Helv., 60, 1877, 140—154; Arch. Sc. phys. nat., 60, 1877, 272—285.

*Charpentier, Johann Friedrich Wilhelm von, geb. 1728 Dresden, gest. 1805 Freiberg.
Studierte Jus, 1767 Prof. Mathematik und Zeichenkunst an der Bergakademie in Freiberg, 1773 Mitglied des Oberbergamts, 1802 Ober-Berghauptmann. Kartierte Kursachsen.
Zittel: Gesch.
Poggendorff 1, 422.

Chellonneix, Emile, gest. 1885.
Zollbeamter. Stratigraphie von Nordfrankreich.
Gosselet: Discours prononcé au nom de la Soc. Géol. du Nord sur la tombe de —. Ann. Soc. géol. du Nord, 13, 1885—86, 98—100.

Chelot, Emile, geb. 19. X. 1862, gest. 1930.
Mollusca.
Delaunay: Galerie des naturalistes sarthois. Bull. Soc. d'Agric. Sci. Arts Sarthe, (3) 4, 1931, 52—74 (Portr., Bibliographie).

Chemnitz, Johann Hieronymus, geb. 1730 Magdeburg, gest. 1800 Kopenhagen.
Pastor und Museumskonservator in Kopenhagen. Schrieb im 18. Jahrhundert eine Testaceotheologie. Ref. Schröter, Journ. 4: 42—60. Mollusca, Kreide Dänemarks, setzte Martini's Conchylien-cabinet fort.
Tornier: 1924: 12.
Lyell's life, II: 16.
Poggendorff 1, 428.
Dansk biogr. Leks. 4, 612—614.

Chenu, Jean Charles, geb. 30. VIII. 1808 Metz, gest. 12. XI. 1879 Paris.
Militärarzt, Conchyliologe. Auch fossile Mollusken in: Manuel de Conchyliologie et de Paléontologie conchyliologique 1859.
Todesnachricht. Zool. Anz. 3, 1880, 144.
Horn-Schenkling, Lit. entom. 1928—29, 187 (Qu.).

*Chiaje, delle, Stefano, geb. 1794, gest. 1860.
Studierte 1832 mit Cuvier Cephalopoda.
Zittel: Gesch.
Nicolucci, G.: Sulla vita e sulle opere di —. Mem. mat. e fis. Soc. it. Sci. (3) 3, 1879, CXXIII—CXXXIX (Bibliographie im Text).

*Chierici, Gaetano.
Italienischer Palethnologe.
Pigorini, L., & Strobel, P.: Memoria di — e la Paletnologia italiana. — Appendix zu Bull. Palethnol. ital., 1886, Parma 1886 (Bibliographie mit 80 Titeln zwischen 1855—85).

Chiocco, Andrea, geb. in Verona, gest. 1624 ebenda.
Schrieb mit B. Ceruti Musaeum F. Calceolarii. Verona 1622.
Edwards: Guide, 30, 52, 55.
Schröter, Journ. 3, 23—24.
Biogr. universelle 8, 160—161.

Choffat, Paul, geb. 14. III. (nach Simoes 14. V.) 1849 Porrentruy, Schweiz, gest. 6. VI. 1919 Lissabon.
Studierte in Zürich. Doz. am Zürcher Polytechnikum, 1878 Geologe des Geol. Surv. Portugal unter Delgado. Pelecypoda, Cephalopoda, Brachiopoda, Homo fossilis, Stratigr. und Faunen von Jura, Kreide, Tertiär Portugals.

Fleury, Ernest: Une phase brillante de la géologie Portugaise:
P. Ch. Conférence faite le 2 avr. 1919 à la Société Portug. des
Sci. nat. Mém. Soc. Portug. Sci. Nat., sér. géol., 3, 1920, pp. 54
(4 Portraits, Bibliogr. mit 186 Titeln).
Bibliographie. Comm. Geol. Serv. Portugal, 1911, 143—177 (Biblio-
graphie mit 276 Titeln).
Nachruf: Vierteljahresschr. Zürich, 1919, 64, S. 848—849; Verhandl.
Schweiz. Naturf. Ges., 1920, 102, 13—25 (Portr., Bibliographie)).
Obituary, QuJGS., London, 76, 1920, LI—LII; Amer. Journ. Sci.,
(4) 48, 1919, 250.
Simoes, J. de M. de O.: Biografia de geologos portugueses, Com.
Geol. Portugal, 13, 1919—1922, p. VII—XI (Portr.) und Portr.
Bd. 14, Taf. 22.
Choffat, P.: Commission des Travaux Géologiques du Portugal.
Etude géol. du Tunnel du Rocio. Lisbonne, 1889 (Bibliographie
mit 36 Titeln).

Choulant, Joh., geb. 12. XI. 1791 Dresden, gest. 18. VII. 1861.
Publizierte: Die Vorwelt der organischen Wesen auf der Erde, eine
Einleitung zu Friedrich Holl's Handbuch der Petrefaktenkunde,
Dresden 1830, pp. 90.
Grosse, J.: Biographie. Janus VI, 1901.

* **Christen**, Madame, geb. Sydney. Mary Thompson, gest. Juli 1923
Llandudno.
Malerin, seit 1900 Gattin Rodolphe Christens, eines schweizer
Künstlers, dessen Biographie sie schrieb. Studierte Stratigraphie
von Belfort. (In der Biographie Bibliographie mit 7 Titeln.)
Obituary, Geol. Magaz., 1923, 478—479.

* **Christian**, Kronprinz v. Dänemark, geb. 18. IX. 1786, gest. 20.
I. 1848.
Später König Christian VIII. Besitzer einer großen Konchylien-
sammlung.
Vergl. Lyell life, I: 413, 417, II: 16, Geikie: Murchisons life II:
28, 52.
Obituary. QuJGS. London 6, 1850, XXVII—XXVIII.

Christol, Jules de.
Prof. der Naturgeschichte in Dijon. Mammalia.
Gervais, P.: Discours prononcé aux funérailles de M. de Chri-
stol, Professeur et Doyen de la Faculté des Sciences de Dijon.
Montpellier, 1861, pp. 4.

* **Christophorus**.
Publizierte 1557 De re metallica ... lapidum.
Freyberg.

Christy, David, geb. 1802, gest.?
„(James) Hall (of Albany) had .. inspired David Christy of Ox-
ford, Ohio, an agent of the Liberian Colonization Society, who
travelled much in assembling his negroes in order to send them
out, to what, in his letters, he calls „Ohio in Africa", and he
finds fossils as well as negroes all along his pathways". Sammelte
Silur für Hall in Cincinnati.
Clarke: J. Hall of Albany, 87, 242—243.
Dict. Am. Biogr. 4, 97—98.
Nickles 190.

Christy, H e n r y, geb. 26. VII. 1810 Woodbines, Kingston-upon-Tha-
mes, gest. 4. V. 1865 La Palisse, Frankreich.
Bankier, der nach einer Weltreise in Mexico, den Vereinigten Staa-
ten, Canada mit Lartet die Höhlen Südfrankreichs durch-
forschte.
H a m i l t o n, W. J.: Obituary, QuJGS., London, 22, 1866, S.
XXX—XXXI; Geol. Magaz., 1865, 286—288.
(F o e t t e r l e, F.): Jahrb. K. K. Geol. Reichsanst. Wien, 15, 1865,
Verhandl. 146.
Prestwich life: 148.

Chudeau, R e n é, geb. 1860, gest. 1921.
Lehrer. Forschungsreisender in der Sahara. Stratigraphie der
Sahara.
Entdeckung von Faunen.
B o u r c a r t, J.: R. Ch. Bull. Soc. géol. France (4) 25, 1925,
449—467 (Bibliographie).

Ciampini, G i o v a n n i   G i u s t i n o.
Italienischer Gelehrter, erkennt 1688, daß die Riesenknochen Reste
von Elefanten sind.
E d w a r d s: Guide, 45.
C a p e l l i n i, G.: Riv. it. Pal. 7, 1901, 95 (Qu.).

Cimarelli, V i n c e n z o   M a r i a, geb. in Corinalto, gest. 1660
Brescia.
Italienischer Schriftsteller, schrieb in seinen Risolutione filosofiche,
politiche e morali Brescia 1655, 270—271 über Troglodyten von
Girgenti (Mammalia).
C e r m e n a t i, M.: Boll. Soc. geol. it. 30, 1911, CDLXXVI.
Biogr. universelle 8, 299—300.

Ciofalo, S a v e r i o, geb. 9. IV. 1825, gest. 9. IV. 1924 Termini
Imerese.
War 41 Jahre lang Prof. der Naturgeschichte an den Scuole medie
in Termini (bis 1912). Mollusca, Kreide.
G r e g o r i o, A. de: Necrologia. Boll. Geol. Soc. Italia, 44, 1925,
XLIII—XLIV (Bibliographie mit 21 Titeln).

Clapp.
Dr., sammelte für James Hall Silur-Versteinerungen in Cincin-
nati um 1835.
C l a r k e: J. Hall of Albany, 87.

Clara, F r a n z, geb. 2. X. 1781 Turri, gest. 3. III. 1873 St.
Michael.
Expositus in St. Michael (Südtirol). Mitarbeiter von H. F.
Emmrich. „Pseudomonotis clarai".
K l e b e l s b e r g, R. v.: Geologie von Tirol 1935, 669 (Qu.).

* **Claraz**, G e o r g e s, geb. 16. IX. 1832 Freiburg, gest. 1930.
Geol. u. Min. von Brasilien (zus. mit Chr. Heuser).
S c h i n z: Nachruf: Vierteljahresschrift Zürich, 76, 1931, 479—
493.
Vergl. Erinnerungen an Ch. Heusser, Ebenda, 72, 1927, 372—395.

Clark, J o s e p h.
Sammelte um 1835 in Cincinnati für James Hall.
C l a r k e: James Hall of Albany, 87, 150.

Clark, W i l l i a m.
Sammelte in Berea, Ohio, Devon-Fische, die in das Museum der
Columbia und Harvard Universität, sowie in das British Museum
gelangten.
Hist. Brit. Mus. I: 277.
N i c k l e s 195.

Clark, W i l l i a m B u l l o c k, geb. 15. XII. 1860 Brattlebow (Ver-
mont), gest. 27. VII. 1917 North Haven, Maine.
Studiert 1885 bei Zittel, wird 1887—94 Prof. der Geologie an der
John Hopkins Universität zu Baltimore und Direktor der Mary-
land Geological Survey. Ammonites, Echinodermata, Mollusca,
Brachiopoda, Stratigr. Kreide, Tertiär.
C l a r k e, J. M.: Biographical memoir of Bull. Geol. Soc. America,
29, 1918, S. 21—29 (Portr., Bibliographie mit 102 Titeln).
— — National Academy Sci. Biographical Memoirs, 9, pp. 18,
1918 (Bibliogr. mit 102 Titeln).
E m e r s o n, B. K.: W. B. C. Amer. Acad. Arts Proc., 54, S. 412—
415, 1919.
M (a t t h e w), E. D.: Obituary Maryland Geol. Surv., 10, 1918,
31—37 (Portr.).
Obituary, QuJGS., London, 74, 1918, LII; Geol. Magaz. 1917,
432.
B e r r y, E. W.: Obituary, Amer. Journ. Sci., (4) 44, 1917, 247—
248.
Obituary, Science n. s., 46, 1917, 104—106; Ann. Rep. Smithson.
Inst., 1917, 663—666.
Portr. F a i r c h i l d, Taf. 177.

Clarke, J o h n M a s o n, geb. 15. IV. 1857 Canandaigua New York,
gest. 29. V. 1925.
1878 Assistent Emerson's am Amherst College, 1880 Lehrer an der
Utica Free Academy, 1881 Instructor der Geologie, Mineralogie
und Zoologie am Smith College. Studiert 1883 in Göttingen bei
Koenen, wird 1886 Assistent James Hall's und stand von da
an bis zu seinem Tode im Dienste der Geological Survey New
Yorks, wo er 1898 Direktor des Staatspaläontologe, wurde. Seit 1894 war er auch Prof. der Geologie und
Mineralogie an dem Rensselaer Polytechnic Institute in Troy,
NY. Brachiopoda, Crustacea, Spongia, Eurypterida, Stratigr.
u. Faunen des Devon. Geschichte der Paläont. (Schrieb Nach-
rufe auf Williams G. H., Beecher, Laflamme, Whitfield, Cushing,
A. Geikie und die Biographie James Hall's.)
Eminent living geologists Geol. Magaz., 1921, S. 292—294 (Portr.).
S c h u c h e r t, Ch.: Memorial of —. Bull. Geol. Soc. America, 37,
1926, S. 49—93 (Portr. Bibliographie mit 378 Titeln).
— — Obituary, Am. Journ. Sci., 10, 1925.
— — & R u e d e m a n n, R.: Obituary, Science, 62, 1925, 117—
121.
Obituary, QuJGS., London, 82, XLV.

Clarke, W i l l i a m B r a n w h i t e, geb. 2. VI. 1798 East Bergholt,
Suffolk, gest. 17. VI. 1878 North Shore bei Sydney.
Reverend, nahm 1830-31 teil am Belgischen Freiheitskrieg. Lebte
1839—1870 in Neusüdwales. R. Etheridge jr. nennt ihn den
Vater der Geologie Australiens. Stratigr. Auch Poet.
E t h e r i d g e, R. jr.: Obituary, Geol. Magaz., 1878, 378—382.
Journ. and Proc. R. Soc. New South Wales 13 (1879), 1880, 4—23.

* Clausnitzer, O t t o, geb. 15. VIII. 1880 Ülzen, gest. 6. X. 1914 bei
Hébuterne (Heldentod).
Bergassessor, Stratigraph.
T o r n o w: Nachruf: Jahrb. Preuß. Geol. Landesanst., 39, 1918,
XXXIV—XXXV (Portr.).

Claussen, P.
Studierte die Geologie der Provinz Minas Geraes Brasilien, beschrieb die Knochenreste dieser Höhlen im Bull. Acad. Bruxelles
1841. Collection im Brit. Mus.
Hist. Brit. Mus., I: 278.

Claypole, E d w a r d W a l l e r, geb. 1. VI. 1835 Ross, Hereford,
gest. 17. VIII. 1901, Long Beach, Californien.
1873 Prof. der Naturgeschichte am Antioch College, Ohio, 1883—89
in Buchtel College, Akron Ohio, 1898 Instructor der Biologie
in Pasadena. Pisces, Phytopaläontologie. Herausgeber des Am.
Geologist von 1888.
O o m s t o c k, T. B.: Memoir of —. Bull. Geol. Soc. America, 13,
1902, 487—497 (Bibliogr. mit 149 Titeln).
O o m s t o c k, T. B., R i c h a r d s o n, G. M., B r i d g e, N.: Am.
Geologist, 29, 1902, S. 1—47 (Bibliographie mit 150 Titeln,
Portr.).
W i n c h e l l, N. H.: Obituary, Amer. Geol., 28, 1901, 247—248.

Cleland, H e r d m a n F i t z g e r a l d, geb. 13. VII. 1869 Milan,
Ill., gest. 24.. I. 1935.
Prof. Geol. u. Min. Williams College, Williamstown (Mass.).
Stratigraphie u. Paläontologie des nordamerik. Paläozoikum (bes.
Devon).
R a y m o n d, P. E.: Memorial of —. Proc. Geol. Soc. Am. for
1935, 1936, 183—188 (Portr., Bibliographie) (Qu.).

Clelland, M a c, J o h n, gest. 31. VII. 1883.
Schrieb 1834 über Fossilien des Himalaya (Journ. Asiatic Soc.).
Modern Engl. Biogr. 2, 1897, 572.

Clessin, S t e f a n, geb. 1833 Würzburg, gest. 24. XII. 1911.
Stratigraphie des Plistozäns. Faunen des Plistozäns.
Nachruf: Ber. Naturw. Ver. Regensburg, Heft 13, 1912, 126—130
(Bibliographie mit 31 Titeln).
Nekrolog. Nachrichtenblatt deutsche Malakozool. Ges. 44, 1912,
49—56, 145—151 (Portr., Bibliographie).

Clift, W i l l i a m, geb. 1775, gest. 1849.
Keeper des Hunterian Museum des College of Surgeons. Verte-
brata, Höhlenfaunen, Mastodon, Megatherium. Illustrierte z. T.
Buckland's und Cuvier's Werke.
L y e l l, Ch.: Obituary, QuJGS., London, 6, 1850, XXIX.
W o o d w a r d, H. B.: Hist. Geol. Soc. London, 128.

* Clinch, G e o r g e, geb. 1860, gest. 1921.
Bibliothekar des British Museum. Palaeolithe Kent's.
O l d h a m, R. D.: Obituary, QuJGS., London, 1922, LI.

* Clough, C. T., geb. 23. XII. 1852, gest. 27. VIII. 1916 Bo'ness (bei
Feldaufnahme überfahren).
1875 Geol. Survey England. Stratigraphie Schottland.
Obituary: Geol. Magaz., 1916, 525—527.

* Clüver, Dethlev (Eudoxus).
Publizierte im Jahre 1700 in Hamburg Geologia, die Leibniz in
seiner Protogaea heftig angriff.
Poggendorff 1, 457—458.

Cobbold, Edgar Sterling, geb. 7. IV. 1851 St. Albans, gest.
20. XI. 1936 All Stretton.
Engl. Sammler im Kambrium. Stratigr. u. Paläontologie des
Kambrium.
Obituary. QuJGS. London 93, 1937, XCVII—XCIX; Proc. Geolo-
gists' Ass. 48, 1937, 106—107 (Qu.).

Cocchi, Igino, geb. 27. X. 1827 Terrarossa im Val di Magra,
Prov. Massa, gest. 18. VIII. 1913 Livorno.
Studierte in Pisa, Paris, London, war Assistent bei Savi und Me-
neghini. Prof. Geologie, Mineralogie im R. Ist. Studi Sup.
Firenze. Schenkte seine Collection der Stadt Firenze. Pisces,
Affen, Elephas antiquus, Stratigr. Homo fossilis.
Issel, A.: Necrolog. Boll. R. Com. Geol. Italia, 44, 1914, 1—9
(Portr. Bibliographie mit 31 Titeln).
Pantanelli, D.: Necrolog. Boll. Soc. Geol. Italia, 32, 1913,
XCIX—CII, (Portr. Bibliographie mit 28 Titeln).
Stefani, C. De: Necrolog. Atti R. Acc. Lincei Rendic. (5) 23,
1914. 178—184.
— L'opere di I. C. Mem. Accad., Giov. Capellini, 4, 1922.
Obituary: W(oodward, H.]: QuJGS., London, 70, 1914, LXVIII;
Geol. Magaz., 1914, 47.

Cockburn, Charles Frederick, geb. 1830, gest. 6. X. 1908.
Offizier. Sammler von Chalk-Fossilien, beschrieben von Baily,
Forbes, Wright.
Obituary. Geol. Magaz. 1908, 527—528 (Qu.).

Coemans, Eugène H. L. G., geb. 30. X. 1825 Brüssel, gestl.
8. I. 1871 Gent.
Belgischer Phytopaläontologe.
Malaise, C.: Notice sur —. Annuaire Acad. roy. Belg., 38,
1872, 109—138 (Portr. Bibliographie).

Coggeshal, Ralph de.
Hat im 13. Jahrhundert zwei große (Elefanten-) Zähne gesehen,
die er als Reste von Riesen deutete. Vgl. Camden Britannia 1586.
Edwards: Guide, 14.
Dict. Nat. Biogr. 11, 223.

* Cohen, Emil, geb. 12. X. 1842 Aakjar, Jütland, gest. 13. IV.
1905.
Prof. Greifswald. Mineralogie, Petrographie.
Deecke, W.: Nachruf: CfM., 1905, 523—530.
— Ber. 40. Vers. Oberrhein. geol. Ver. Lindau, 1907.

Colbeau, Jules, geb. 1. VII. 1823 Namur, gest. 11. IV. 1881
Ixelles.
Belgischer Malacologe.
Jules Colbeau et la Société royale Malacologique de Belgique. Ann.
Soc. roy. Malacol. Belg., 16, 1881, I—XXXI (Portr. Biblio-
graphie).

Colcanap, geb. in der Bretagne, gest. 1909 44 Jahre alt.
Offizier der Colonialarmee Madagascar. Sammelte Pisces, Glosso-
pteris und Saurier aus dem Perm, Ammonites Madagascar.
Lacroix: Necrolog: Bull. Soc. Geol. France (4) 10, 1910,
336—338.

Colchester, W i l l i a m, geb. 21. VII. 1813, gest. 15. XI. 1898.
Gründete zur Verwertung des coprolithischen Kalkphosphates in
Felixstowe u. Colchester eine Phosphatfabrik. Seine Sammlung
gelangte in das Ipswich Museum.
Obituary: Geol. Magaz., 1899, 136—138.

Cole, G r e n v i l l e A r t h u r J a m e s, geb. 1859 London, gest. 20.
IV. 1924 Carrickmines, Dublin.
1890—1923 Prof. Geol. Royal College Sci. Ireland, 1905 auch Direktor der Geol. Survey Ireland. Carbon, Fenestellidae, Cirripedia, Belinurus.
W r i g h t, W. B., & M. C. W r i g h t: Obituary, Geol. Magaz.,
1924, 285—288.
P o g g e n d o r f f 4, 265—266.

* Cole, T h o m a s.
Reverend.
C l a r k e, J. M.: Obituary, University of ·the State of New York,
Bull. to the Schools, 6, No. 6—7, Dec. 1919, 1—15.

Cole, V i s c o u n t, siehe Lord **Enniskillen.**

* Colebroke, H e n r y T h o m a s, gest. 1837.
Englischer Arzt und Geologe in Indien.
W o o d w a r d, H. B.: Hist. Geol. Soc. London, 67.
Obituary. Proc. Geol. Soc. London 2, 1838, 629—630.

Colenso, W i l l i a m, geb. 1811 Penzance, gest. 1898 Neu-Seeland.
Reverend.. Natur- und Sprachforscher in Neu-Seeland. Moa.
Obituary. Transact. New Zealand Inst. 31, 1899, 722—724; Nature
59, 1898—99, 420; Proc. Roy. Soc. 75, 1905, 57—60 (Qu.).

Collegno, G i a c i n t o P r o v a n a d i, geb. 4. VI. 1794 Turin,
gest. 29. IX. 1856 Baveno.
Publizierte 1844 die erste geol. Karte Italiens. Tertiär.
Z i t t e l: Gesch.
P o g g e n d o r f f 2, 539—540 (Qu.).

Collenot, J e a n J a c q u e s, geb. 27. VII. 1814 Moux, Nièvres.
gest. 23. IX. 1893 Semur-en-Auxois.
Konservator des Mus. in Semur. Stratigr. u. Paläont. des Auxois.
G i l l o t, Le Dr. F. X.: Notice biographique sur — de Semur-en-
Auxois, Soc. d'Hist. Nat. d'Autun, Proc. Verb. Séances, 1893,
33—38.
P o g g e n d o r f f 4, 266 (Qu.).

Collett, R o b e r t, geb. 2. XII. 1842 Christiania, gest. 27. I. 1913.
Assistent, Konservator Zool. Mus. Christiania, 1884 Prof. Zool.
Alca impennis.
H (e l m s), O.: Nachruf: Dansk Ornith. Forenings Tidskrift, 7,
1913, 137—138.
Norsk biograf. Leksikon, 3, 121—124.

Collini, C o s m u s, geb. 14. X. 1727 Florenz, gest. 22. III.
1806 Mannheim.
Museumsvorsteher in Mannheim in den Jahren 1771—82; schrieb:
Über ·einige Zoolithen und Encriniten aus dem Naturalienkabinett
des Pfalzes Kurfürsten, Zoophyten aus Bayern 1784. 1. Be-
schreibung eines Flugsauriers.
T o r n i e r, 1924: 29.
L a u t e r b o r n: Der Rhein, I: 259.
P o g g e n d o r f f 1, 465.

* Collomb, E d o u a r d, geb. 8. III. 1801 Vevey, gest. 28. V. 1875
Paris.
Studierte mit Verneuil 1849—61 Geol. d. Iberischen Halbinsel.
Nachruf. Bull. Soc. d'hist. nat. Colmar 24—26, 1885, 461—504 (Bibl.).

Collot, L o u i s M a r i e F r a n ç o i s, geb. 16. VI. 1846 Cannat
bei Aix, gest. 30. VIII. 1915.
Präparator Faculté Sc. Montpellier, Privatdozent der Phar-
mazeutischen Hochschule ebendort, 1881 Doz. Geol. Min. Universität Grenoble, 1882 Prof. Geol. Min. Univ. Dijon. 'Goniatites,
Teleidosaurus, Metriorhynchus, Reineckia, Anthracotherium, He-
lix, Trogontherium, Ursus spelaeus. Stratigr.
General J o u r d y: Notice nécrologique Bull. Soc. Géol. France,
(4) 16, 1916, S. 226—248 (Bibliographie mit 71 Titeln).

Colonna, F a b i o, geb. 1567, gest. 1650.
Enkel des Vizekönigs von Neapel, der selbst Neffe des Papstes
Martin V. war. Deutete die Glossopetren 1616 als Haizähne.
Opus 1616. Ref. Schröter, Journ., 5: 45—59.
P o g g e n d o r f f 1, 466.
D e a n III, 230—231.

* Combaz, P a' u l, geb. 1880 Saint-France (Savoie), gest. 11. IX.
1930 Grand Séminaire de Chambéry.
Prof. an der Faculté des Sciences zu Grenoble. Stratigraphie,
G i g n o u x, M.: A la mémoire du chanoine —, géologue savo-
yard. Trav. Laborat. géol. Univ. Grenoble, 16, 1932, 187—190.
R e v i l, J.: La vie et l'oeuvre géologique du chanoine Combaz.
Bull. Soc. Hist. Nat. Savoie, (3) 22, 1932, 125—138 (Portr.).

Commont, V i c t o r, geb. 28. VI. 1866, gest. 4. IV. 1918.,
Prähist. Archäologe der Sommegegend. Diluvialstratigraphie.
L a m o t h e, L. de: Nécrologue, Bull. Soc. Géol. France, (4) 19,
1919, 124—128.

Compter, G u s t a v, geb. 8. IV. 1831 Jena, gest. 22. VII. 1922.
Lehrer, Phytopaläontologie.
C o m p t e r, H.: Zum 100. Geburtstag — s. Beitr. Geol. Thürin-
gens, 3, 1931, 1—4 (Portr., Bibliographie).

* Condamine, R i t t e r C. M. d e l a, gest. II. 1775 im 94. Lebens-
jahr.
Opus 1749 Ref. Schröter, Journ., 2: 502—503.
P o g g e n d o r f f 1, 470.

Condon, T h o m a s, geb. 1822, gest. 1907.
Nordamerikanischer Geologe. Stratigraphie, Pinnipedia, Mammalia.
W a s h b u r n e, C h. W.: Obituary, Journ. of Geol., 15, 1907,
280—282 (Bibliographie).
O s b o r n: C o p e, Master Naturalist, 260.

* Conestabile, G. C.
Italienischer Palethnologe.
Nécrologue et liste des publications sur l'Archéologie préhistori-
que. Bull. Paletn. ital., 3, 1877, 144 (Bibliographie mit 5
Titeln).

Conrad, T i m o t h y A b b o t t, geb. 21. VI. 1803 bei Trenton, New
Jersey, gest. 9. VIII. 1877 Trenton.
Buchdrucker. 1827—42 Geologe und Paläontologe New York State
(Vorgänger James Hall's). Mollusca.

D a l l, Wm. H.: Biogr. Proc. Biol. Soc. Washington, 4, 1886—88, 112—114.
M e r r i l l: 1904, 320 (Portr., Taf. 17), 355, 693 und öfter.
C l a r k e: James Hall of Albany, 53, 54, 62.
A b b o t t, Ch. C.: T. A. C., Pop. Sci. Mo., 47, 1895, 257-63 (Portr.).·
W h e e l e r, H. E.: T. A. C. Bull. Am. Pal. 23 (No. 77), Ithaca N. Y. 1935, 157 pp.
The writings of T. A. C. Bull. U. S. Nat. Mus. No. 30, 1885, 205—222.

Conte siehe L e C o n t e.

Contejean, C h a r l e s L o u i s, geb. 15. IX. 1824 Montbéliard (Doubs), gest. 13. II. 1907 Paris.
1860 Präparator Geol. Mus. d'Hist. Nat. Paris. 1866 Prof. Geol. Poitiers, Kimmeridge Stratigraphie und Paläontologie.
W e l s c h, J.: Not. nécrol. Bull. Soc. Géol. France, (4) 8, 1908, 204—208.
F a l l o t, E.: Notice sur Ch. C. Mém. Soc. d'Emulat. Montbéliard 35, 1908, 95—105 (Portr., Bibliographie).

Conwentz, H u g o, geb. 20. I. 1855 Danzig, gest. 12. V. 1922 Berlin.
Direktor staatl. Stelle f. Naturdenkmalpflege in Preußen. Paläobotaniker (Bernsteinflora, fossile Hölzer).
M o e w e s, F.: H. W. C. Ber. Deutsche bot. Ges. 40, 1922, (90)—(96) (Portr.).
Deutsches biogr. Jahrb. 4 (für 1922), 1929, 21—25.
Nachruf. Beiträge zur Naturdenkmalpflege 9, 1923, 444—448 (Bibliographie) (Qu.).

Conybeare, J o h'n J o s i a h, geb. 1779, gest. 1824.
Prof. zu Oxford, Vicar, Bruder W. D. Conybeare's, beschäftigte sich auch mit Stratigraphie und etwas Pal.
S o l l a s, W. J.: Influence of Oxford on the history of geology in: Age of earth 1905, 219.
W o o d w a r d, H. B.: Hist. Geol. Soc. London 41, Anm. 2.
P o g g e n d o r f f 1, 474.
Scient. Papers 2, 38.

Conybeare, W i l l i a m D a n i e l, geb. VI. 1787, gest. 12. VIII. 1857 Llandaff.
Geistlicher zu Sully in Glamorganshire, dann Llandaff. Studierte in Oxford bei Kidd, befreundet mit Buckland, Philip Serle usw. Sammelte Ichthyosaurus-Reste und beschrieb Plesiosaurus.
Letters and exercises of the Elizabethan Schoolmaster, John Conybeare, with fragment of Autobiography by W. D. Conybeare. Edited by F. C. Conybeare 1905, 136.
P o r t l o c k: Obituary, QuJGS., London, 1858, XXIV—XXXII.
W o o d w a r d, H. B.: Hist. Geol. Soc. London, 40—41, 83 und öfter (Portr.).
Lyell life: I: 151, 310, 318 und öfter.
G e i k i e: Murchison, I: 115, 126, 245.
Sedgwick life: II: 340 und öfter.
Scient. Papers 2, 38—39.

Cook, G e o r g e H a m m e l, geb. 1818, gest. 1889.
Staatsgeologe in New Jersey. Stratigraphie.
S m o c k, J. C.: — late State Geologist of New Jersey. Amer. Geol., 4, 1889, 321—326. (Portr.).

— — Biographical notice of —. Trans. Amer. Inst. Min. Eng., 18, 1889, 218—222.
— — Geological writings of —. Bull. Soc. Geol. Soc. Amer., 5, 1894, 569—571 (Bibliographie mit 47 Titeln).
Obituary, Ebenda, 1, 519.

Cooke, John Henry.
Lehrer in Malta, Erforscher der Ghar Dalam Höhle. Stratigr. Mollusca. Echinoidea. Seine Sammlungen gelangten in das British Museum, nach Valetta, Bologna und Edinburgh.
Hist. Brit. Mus., I: 278—279.

Cookson, George.
Reverend. Sammelte um 1825 Oolith-Versteinerungen in Wiltshire Viele seiner Objekte sind bei Sowerby abgebildet.
Hist. Brit. Mus., I: 279.

Coombe, G. Augustus.
Lebte in Peppering bei Arundel und sammelte tertiäre und Kreide-Fossilien in Sussex, die z. T. in das British Museum gelangten.
Hist. Brit. Mus., I: 279.

Cooper, James Graham, geb. 1830, gest. 1902.
Nordamerikanischer Paläontologe. Mollusca, Tertiär.
Raymond, W. J.: Dr. James G. Cooper. Nautilus, 16, 1902, 73—75 (Portr.).
— — Writings of — on conchology and paleontology. With list of species described by him. Ebenda, 18, 1903, 14—16 (Bibliographie mit 48 Titeln).

Cope, Edward Drinker, geb. 28. VII. 1840 Philadelphia, gest. 12. IV. 1897 daselbst.
Studierte bei J. Leidy. Nach einer europäischen Reise im Jahre 1863 wird er Prof. vergl. Anatomie am Haverford College bis 1867, nimmt 1865—89 teil teils auf eigenen, teils an den Haydenschen und Wheelerschen Expeditionen in Kansas, Colorado, Wyoming, New Mexico und Texas. 1889 Prof. Geol. Mineralogie an der Academy Pennsylvania.
Seine ungemein vielseitige Forschertätigkeit umfaßte das ganze fossile und rezente Tierreich. Die von Osborn mitgeteilte complette Bibliographie zählt 1395 Titel auf. Chronologisch geordnet findet sich diese in Osborn's Biographical memoir of — Biogr. Mem. Nat. Acad. Sci., 13, 1930, 172—317, sachlich gruppiert in der großen Cope-Biographie Osborn's (1931). Invertebrata, Pisces, Amphibia, Reptilia, Aves, Mammalia, Faunistik, Stratigraphie, Vergleichende Anatomie, Odontologie, Anthropologie, Homo, Ethnologie, Psychologie, Soziologie, Philosophie, Biographien usw.
Außer Osborn's schon erwähntem Biogr. memoir:
Osborn, H. F.: Cope: Master Naturalist, The life and letters of — with a bibliography of his writings classified by subject with cooperation of Helen Ann Warren. Princeton Univ. Press, New Jersey, 1931, pp. XVI, 740. (Portr. Figs.).
Frazer, P.: The life and letters of —. Amer. Geol., 26, 1900, 67—128.
King, Helen Dean: Edward Drinker Cope. Ebenda, 23, 1899, 1—41 (Portr. Bibliographie mit 815 Titeln).
Kingsley, J. S.: Obituary, Amer. Naturalist, 31, 1897, 414—419.
Frazer, P.: Catalogue chronologique des publications de —. Ann. Soc. géol. Belge, 29, B 1902, 3—77 (Bibliographie mit 1216 Titeln).

G i l l, Th. N.: Edward Drinker Cope, naturalist, a chapter in the
history of science. Amer. Natural., 31, 1897, 831—863 (Portr.),
Sci. n. s., 6, 1897, 225—243.
F r a z e r, P.: Obituary notice, Amer. Natural., 31, 1897, 410—413.
— — Alphabetical cross = reference catalogue of all the Publi-
tions of — from 1859 until his death in 1897. Mem. Soc. Cient.
Antonio Alzate, 14, 39—77, 233—256, 15: 81—96, 1899—1900
(Bibliographie mit 1216 Titeln).
O s b o r n, H. F.: E. D. C. Pop. Sci. Mo., 70, 1907, 314—316
(Portr.).
S c o t t, W. B.: Memoir of —. Bull. Geol. Soc. Amer., 9, 1898,
401—408.
Necrolog: Bull. Soc. géol. France, 26, 290.
C o p e - M a t t h e w, W. D.: Hitherto unpublished plates of ter-
tiary and permian Vertebrates. U. S. Geol. Surv. & Amer. Mus.
Nat. Hist. Monograph., ser. 2, 1915.
Osborn's große Cope-Biographie enthält wichtige Angaben über
die Paläontologen Nordamerikas, besonders über Marsh, Leidy,
Jefferson, Lucas, Condon, Stejneger, Baur, dann Matheron, Lo-
riol, Seeley, Schlosser.
K e y e s, Ch. R.: Cope and american geology. Pan Amer. Geol.
54, I—IV, 1930.

Coppi, F r a n c e s c o, gest. 21. II. 1937.
Dozent Min. und Geol. Univ. Modena. Paläontologie (bes. Mollus-
ca) von Modena und Umgebung.
B e n t i v o g l i o, T i t o: Cenni bio-bibliografici sul Dott. F. C.
Atti Soc. dei Naturalisti e Matematici di Modena (6) 5—6, 1927,
140—144 (Bibliographie) (Qu.).

Coppinger, R i c h a r d W i l l i a m.
Chirurg an Bord H. M. S. Discovery während der Alert u. Disco-
very Arctic Expedition 1875—76. Die von ihm gesammelten
Fossilien gelangten in das British Museum.
Hist. Brit. Mus., I: 279.

Coquand, H e n r i, geb. 1813 Aix, Provence, gest. 1881 Marseille.
Prof. Geologie Besançon und Marseille. Stratigr. Kreide. Seine
Sammlung befindet sich z. T. in Marseille, z. T. im Museum
der Kgl. Ungarischen Geologischen Anstalt Budapest. Mollusca.
F i s c h e r: Not. nécrol. Bull. Soc. Géol. France, (3) 10, 1881—
82, 297.
H u l k e, J. W.: Obituary, QuJGS., London, 40, 1884, Proc. 38
(Bibliogr. mit 76 Titeln — nicht mitgeteilt).
P o g g e n d o r f f 3, 299.

* **Coquebert**, d e M o n t b r e t.
B r o n g n i a r t, Ch.: Notice sur — Panthéon de la Légion d'hon-
neur 3, Paris 1878.
P o g g e n d o r f f 1, 476—477.

Corda, A u g u s t J o s e p h, geb. 10. IX. 1811 Reichenberg,
gest. September 1849, untergegangen an Bord des Schiffes Victoria bei New Orleans.
Apotheker, Phytopaläontologe am Museum zu Prag.
W e i t e n w e b e r, W. R.: Denkschrift über —. Leben und litera-
risches Wirken. Abhandl. kgl. böhm. Ges. Wiss., 5, Prag, 1852,
pp. 38 (Bibliographie im Text).
K e t t n e r: 133 (mit Karikatur auf Taf. 20).
W u r z b a c h 2, 442—443.

* Cordier, L o u i s A n t o i n e, geb. 31. III. 1777, gest. 1861.
Prof. Geol. Paris. Nachfolger von Faujas de Saint Fond. Mineraloge.
„Antilope, Cerithium, Anodonta cordieri".
Catalogue de livres et d'une belle collection de cartes géologiques
provenant de la bibliothèque de feu M. P. L. A. Cordier ...
précédé d'une notice sur la vie et ses travaux et d'une liste
raisonnée de ses ouvrages. Paris, 1861 (Bibliographie mit 130
Titeln).
J a u b e r t, Comte: Notice sur la vie et les travaux de M. —
Paris 1862 (Bibliographie).
R a u l i n, V.: Notice sur les travaux scientifiques de M. — Actes
Soc. Linn. Bordeaux, 23, 1862, pp. 32 (Bibliographie).
B e r t r a n d, M. J.: Necrolog: Ann. des Mines, (9) 8, 1895, 599—
620.
Portr. Livre jubilaire, Taf. 19.

Corfield, W i l l i a m, geb. 14. XII. 1843, gest. 26. VIII. 1903 Mar-
strand Schweden.
Prof. der Hygiene Univ. College London. Entdeckte Bohrmuschel-
spuren im Aymestry Limestone.
Obituary: Geol. Magaz., 1903, 479—480; The Times, 27. August
1903.

Cornalia, E m i l i o, geb. 25. VIII. 1824 Mailand, gest. 8. VI. 1882.
Direktor des Museums zu Mailand. Zoologe, Paläontologe, Botaniker. Mammalia.
L e s s o n a: Commemorazione di —. Atti R. Accad. Sci. Torino,
18, 1883, 741—754 (Bibliographie mit 76 Titeln).
S t o p p a n i, A.: Commemorazione di —. Atti Soc. ital. Sci. nat.,
27, 1884, 17—41 (Bibliographie mit 92 Titeln).

Cornet, F r a n ç o i s L e o p o l d, geb. 21. II. 1834 Givry (Hainaut),
gest. 20. I. 1887 Mons.
Mineningenieur. Geologie und Paläontologie Belgiens, bes. der
Kreide. Zusammenarbeit mit Briart, der in 1. Linie die Paläontologie übernahm.
B r i a r t: Notice nécrologique sur M. C. Bull. Soc. Géol. France,
(3) 16, 1887—88, 477—482 (Bibliographie mit 51 Titeln).
D e w a l q u e, G.: Notice sur —. Ann. Soc. Géol. Belge, 16, 1888—
89, CLIX—CLXXXI und Annuaire Acad. roy. Belg., 55, 1889,
529—544 (Portr. Bibliographie mit 79 Titeln).
F i r k e t, Ad.: Discours prononcé sur la tombe de —. Ann. Soc.
géol. Belg., 14, 1886—87, CV—CIX.

Cornet, J u l e s, geb. 4. III. 1865 St. Vaast (Hainaut), gest.
17. V. 1929 Mons.
Prof. Geol. Ec. des Mines Mons. Stratigraphie von Belgien und
Belgisch-Kongo.
Liber memorialis Univ. de Gand II 1913, 369—375 (Teilbiblio-
graphie).
Notice nécrologique. Bull. Soc. géol. France (4) 29, 1929, 132
(Compte rendu).
L e r i c h e, M.: J. C. Le Flambeau, Brüssel 1931, 15 pp.
A la mémoire de J. C. 1865—1929. Hommage des disciples etc.
Mons [1936] (Portr., Bibliographie).
Nécrologie. Inst. Roy. Colonial Belge, Bruxelles 1931, fasc. 1,
24—36 (Qu.).

Cornuel, J., gest. 1886 Vassy (Haute-Marne) 79 J. alt.
Stratigraphie u. Paläontologie des dép. Haute-Marne. Foraminifera,
Mollusca, Entomostraca, Pisces u. a.
Notice nécrologique. Bull. Soc. géol. France (3) 15, 1887, 466
bis 467 (Qu.).

Cortesi,
Berichtete Ende des 18. Jahrhunderts über Rhinoceros und Plesio-
saurus von Pugnasco bei Piacenza.
Z i t t e l: Gesch.

Corti, B e n e d e t t o, geb. 1868 Como, gest. 27. III. 1906.
Studierte Foraminiferen, Diatomaceen in Italien.
T a r a m e l l i, T.: Necrolog: Rendic. R. Ist. Lombardo, (2) 40,
1907, 476—477.
— — Necrolog: Boll. Soc. Geol. Ital., 26, 1907, CXX—CXXIII
(Bibliographie mit 36 Titeln).
Nachruf: Riv. Ital. Paleont., 13, 1907, 101—105 (Bibliographie).

Cossmann, M a u r i c e, geb. 18. X. 1850 Paris, gest. 17. V. 1924
Enghien-les-Bains.
Ingenieur der Chemins de Fer du Nord. Begründete 1897 die
Revue critique de paléozoologie, die er bis zu seinem Tode redi-
gierte (dann wurde sie von Dollfus fortgesetzt). Gastropoda,
Lamellibranchiata.
D o l l f u s, G. F.: Notice nécrologique sur M. C. avec un résumé
de ses travaux paléontologiques. Bull. Soc. Géol. France, 25,
1925, 627—678. (Portr. Bibliographie mit 74 Titeln.)
— — Necrol. Journ. de Conchyl., 69, 1929, 65—76.
Obituary, QuJGS., London, 81, 1925, XLIX—LI.

Costa, E m a n u e l M e n d e s D a, geb. 4. VI. 1717 London, gest.
1791.
Publizierte 1757 Natural history of fossils, London 1771, Conchology or Natural History of shells. Ref. Schröter, Journ., I: 2:
154—158.
P o g g e n d o r f f 1, 484.
Dict. Nat. Biogr. 12, 271—272.

Costa, O r o n z i o G a b r i e l e, geb. 26. VIII. 1787 Alessano,
gest. 7. XI. 1867.
Prof. Zool. Neapel. Foraminifera, Pisces u. a.
Cenni biografici. Atti R. Ist. d'incoraggiamento Napoli (2) 5,
1868, 21—36 (Bibliographie).
Vergl. F o r n a s i n i, C.: Riv. it. di Pal. 7, 1901, 15—17, 43—44
(Qu.).

Cotta, B e r n h a r d, geb. 24. X. 1808 Zillbach bei Eisenach, gest. 15.
IX. 1879 (nach Zittel am 14. IX.) Freiberg.
1839 Lehrer Forstanstalt Tharandt, 1842 Prof. Geologie an der
Bergakademie Freiberg (Nachfolger Naumann's) bis 1874. Phyto-
paläontologie, Stratigraphie Sachsens. Die paläobotanische Samm-
lung Cotta's in Berlin. Die Hälfte der Collection seines Vaters ge-
langte in das British Museum.
A. S t (e l z n e r): Nekrolog. NJM. 1879 15 pp. (Teilbibliographie).
S o r b y, H. C.: Obituary, QuJGS., London, 36, 1880, Proc., 40—42.
P e t h ö, Gy.: Cotta emlékezete. Földtani Közlöny, 1880, 90—97.
Hist. Brit. Mus., I: 279—280.

Cotteau, G u s t a v e H o n o r é, geb. 17. XII. 1818 Auxerre, gest.
10. VIII. 1894.
Richter in Auxerre. Echinodermata.
Notice sur les travaux scientifiques de M. — Paris 1885, pp. 45,
 .Supplement 1885—86, pp. 6 (Bibliographie mit 109 + 121 Titeln.)
P e r o n, A.: Notice biographique sur —. Bull. Soc. Sci. Hist. Nat.,
    Yonne 49, II, 1895, 3—44 (Portr. Bibliographie mit 168
    Titeln).
— — Dasselbe, Bull. Soc. géol. France, (3) 23, 1895, 231—270
    (Bibliographie mit 168 Titeln).
Anekdote: Les hasards d'une vocation. Indépendent Auxerrois, No.
    30. August 1894.
Obituary, QuJGS., London 51, 1895, Proc. LI.

Cotter, J o r g e C a n d i d o B e r k e l e y, geb. 19. XII. 1845, gest.
28. XI. 1919.
Studierte Mollusca, Echinodermata Portugals.
S i m o e s, J. de M. de O.: Biografia de geologos portugueses. Com.
    Geol. Portugal, 13, 1919—22, XIII—XVI (Portr. Bibliographie
    mit 9 Titeln).

Cottle, J o s e p h, geb. 1770, gest. 1853.
Buchhändler und Poet zu Bristol. Freund Wordsworth's und Co-
    leridge's, untersuchte die Oreston-Höhlen bei Plymouth
    1822—23. Seine Sammlung befindet sich im Bristol und Bri-
    tish Museum.
Hist. Brit. Mus., I: 280.
Dict. Nat. Biogr. 12, 296—297.

Coulon, L o u i s d e, geb. 2. VII. 1804 Neuchâtel, ,gest. 1894.
Präparator am Museum zu Neuchâtel.
F a v r e, L.: Nachruf: Actes Soc. Helv., 77, 1893—94, 257—62.
— —: Nachruf. Bull. Soc. sci. nat. Neuchâtel 22, 1894, 273
    bis 304 (Portr.).

Coulon, P a u l L o u i s, geb. 28. II. 1777 Neuchâtel, gest. 22. III.
1855.
Sammler in Neuchâtel. Ostrea couloni Defr.
B o v e t, F.: Nécrologie. Actes Soc. helvét. sci. nat. 40, 1855,
    225—242.
J e a n n e r e t, F. A. M.: Biogr. neuchateloise 1, 1863, 218—228
    (bes. 225) (Qu.).

* **Coupé.**
Französischer Naturforscher, schrieb 1804—06 über Paris. Stratigr.
Z i t t e l: Gesch.
Q u é r a r d, La France littéraire 2, 310.

Courtiller, A u g u s t e, geb. 1795.
Paläontologie der Kreide von Saumur u. Umgegend (Schwämme,
    Ammoniten).
Scient. Papers 2, 75—76; 7, 450 (Qu.).

* **Couthouy,** J o s e p h P i t t y, geb. 6. I. 1808 Boston, gest. „shot on
    U. S. S. Chillicothe, off Grand Ecore, La. 3. IV. 1864" und starb
    am folgenden Tag.
War Schiffsjunge auf dem Schiff seines Vaters. Wurde 1836 Mit-
    glied der Boston Society of Nat. Hist., nahm als Conchyliologe
    teil an der Wilkes Expedition. Kommandierte „US. vessels
    from outbreak of rebellion".
D a l l, Wm. H.: Some American Conchologists. Proc. Biol. Soc.
    Washington, 4, 1886—88, 108—111.
M e r r i l l: 1904, 373, 694.

Cowderoy, M i s s, gest. 1852.
Legte in Portman Square eine reiche Collection von Vertebraten
und Evertebraten an aus dem Eozän und Oligozän Englands und
Nizzas, so wie aus dem Jura und der Kreide Englands, die
sich im British Museum befindet.
Hist. Brit. Mus., I: 280.

Cowper.
Schrieb mit Mitchill 1824 über Megatherium. (Ann. Lyceum Nat.
Hist. Newyork).
B u c k l a n d - A g a s s i z: Geol., I: 164.

Cox, E d w a r d T r a v e r s, geb. 21. IV. 1821 Culpeper County,
Virginia, gest. 6. I. 1907 Jacksonville, Florida.
Mineningenieur. Lebte in Robert Owen's New Harmony Colony.
1869 Staatsgeologe Indiana; auch Prof. Univ. Indiana, Chemi-
ker, 1896—1902 Postmeister in Albion. Stratigraphie.
M e r r i l l, G. P.: Biogr. Smithsonian Misc. Coll., 52, 1908, 83—
84 (Portr.).
N i c k l e s 245—246.

Cozzens, I s s a c h a r, geb. 1780, gest. 1865.
Nordamerikanischer Geologe und Paläontologe, schrieb 1843—46
über Stratigraphie von Manhattan und Fossilien von Ohio.
V o g d e s, A. W.: Biographical sketch of — jr. Amer. Geol., 24,
1899, 327—328.
N i c k l e s 246.

Cracherode, C l a y t o n M o r d a u n t, geb. 1730, gest. 1799.
Geistlicher und Sammler, dessen Collection (Animalia und Plan-
tae) in das British Museum gelangte.
Hist. Brit. Mus., I: 280.
E d w a r d s: Guide, 63.
Dict. Nat. Biogr. 12, 433—434.

Crahay, J a c q u e s G u i l l a u m e, geb. 3. IV. 1789 Maestricht,
gest. 21. X. 1855 Löwen.
Belgischer Meteorologe, auch belg. Paläontologie (Mollusca, Mammalia).
Q u e t e l e t, A.: Notice sur —. Annuaire Acad. roy. Belg., 22,
1856, 119—136 (Portr. Bibliographie.).

Cramer, J o s e p h A n t o n, geb. 1737, gest. 1794.
Schrieb Physische Briefe über Hildesheim und dessen Gegend.
Hildesheim 1792.
Z i t t e l: Gesch.
P o g g e n d o r f f 1, 494.

Crane, A g n e s.
Tochter Edward Cranes. Publizierte 1877 über Pisces.

Crane, E d w a r d, geb. 22. XI. 1822 Thorney, Cambridgeshire, gest.
25. IV. 1901 Brighton.
Mitarbeiter des Museum zu Brighton, dessen Typenkatalog er
1891—92 publizierte.
Obituary, Geol. Magaz., 1901, 286—287.

Crawfurd, J o h n, geb. 1783, gest. 1868.
Gouverneur von Singapore, Botschafter in Burma, entdeckte in
Ava Fossilien.
Lyell's life, I: 176.
Obituary. Journ. Roy. Geogr. Soc. London 38, 1868, CXLVIII
bis CLII.

Credner, H e i n r i c h, geb. 1809 Waltershausen, gest. 1876 Halle. 1858 Oberbergrat in Hannover, 1866 in Berlin, 1868 in Halle. Vater Hermann Credner's. Studierte Stratigraphie Thüringens. Nekrolog: NJM. 1876, 895—896.
P o g g e n d o r f f 3, 309.

Credner, H e r m a n n, geb. 1. X. 1841 Gotha, gest. 21. VII. 1913 Leipzig.
Studierte bei Ferd. Roemer in Breslau, Seebach in Göttingen, 1864—68 Gutachter für Goldminen in Nordamerika, habilitiert sich 1869 für Geol. Pal. bei C. F. Naumann, Leipzig, wird nach Naumann's Tod 1870 ao. Prof., 1877 Honorarprofessor, 1895 Ordinarius für Geol. Pal. ebendort. Trat 1912 in Pension. Neben seinen: Elemente der Geol. (I. Aufl. 1872, XI. Aufl. 1912) studierte er speziell die Stegocephalen des Plauenschen Grundes bei Dresden.
E t z o l d, Fr.: Zu H. Credner's Gedächtnis. CfM., 1914, 577—592 (Bibliographie mit 102 Titeln).
P a p p, K.: Nachruf: Földtani Közlöny, 38, 1908, 687—688.
R i n n e, F.: H. Credner, Necrolog, Ber. Sächs. Ges. Wiss. Math. phys. Klasse, 65, pp. 22, 1913 (Bibliographie).
W a h n s c h a f f e, F.: Zum Gedächtnis H. C.'s. Zeitschr. Deutsch. Geol. Ges., 65, 1913, Monatsber., 470—488. (Portr., Bibliographie).
Obituary, QuJGS., London, 70, 1914, LXIVff.
C l a r k e: James Hall of Albany, 398.

Crépin, F r a n ç o i s, geb. 30. X. 1830 Rochefort, gest. 30. IV. 1903 Brüssel.
1872 Konservator für Phytopaläontologie am Mus. d'Hist. Nat. Brüssel, 1876 Direktor bot. Garten Brüssel. Botaniker, auch Phytopaläontologie.
E r r e r a, L. & Th. D u r a n d: F. C. Annuaire Ac. Roy. Belgique 62, 1906, 85—190; Bull. Soc. Roy. de Botanique 43, 1906 5—95 (Portr., Bibliographie) (Qu.).

* **Crichton**, A l e x a n d e r, S i r, geb. 2. XII. 1763 Edinburgh, gest. 1856.
Arzt, Paläoklimatologe.
P o r t l o c k: Obituary, QuJGS., London, 13, 1857, LXIV—LXVI.

Crick, G e o r g e C h a r l e s, geb. 9. X. 1856 Bedford, gest. 18. X. 1917 Wimbledon.
Beamter bei der Kommission für Minenunglücke, Volontär im Geol. Dep. Brit. Mus.; einer der Curatoren eines bekannten Sammlers. 1882 Assistent am Brit. Mus. Cephalopoda.
W o o d w a r d, B. B.: Obituary, Geol. Magaz., 1917, 555—560 (Bibliographie mit 67 Titeln) und 528.
Obituary, QuJGS., London, 78, 1918, LIX.

Crick, W a l t e r D r a w b r i d g e, geb. 15. XII. 1857, gest. 23. XII. 1903.
Englischer Lias-Sammler. Foraminifera.
Obituary, Geol. Magaz., 1904, 144 (Bibliographie).

Crié, L o u i s A., geb. 1. IV. 1850 Comie (Sarthe), gest. 1912. Prof. Bot. Rennes. Phytopaläontologie (Floren Westfrankreichs, exotische fossile Pflanzenreste (Japan, Philippinen, Polynesien, Australien usw.)).
G u b e r n a t i s, A. de: Dict. international des écrivains du jour Florenz 1888—1891, 733.
Scient. Papers 9, 602—603; 13, 404 (Qu.).

Cristofori, J o s e p h d e, geb. 1803, gest. 1837.
Gründete eine Sammlung in Mailand.
J a n, G.: Cenni storici di Museo Civico Milano. Jahrb. Geol.
Reichsanst. Wien, 8, 1857, 172—173.

Croft, C h a r l e s.
Herausgeber der Keighley News. Sammelte in den 70er 'Jahren
mesozoische Fossilien. Trilobita etc. in Shropshire.
Hist. Brit. Mus., I: 280.

Croghan.
Nordamerikanischer Autor, sammelte Ende des 18. Jahrhunderts
Proboscidea.
Z i t t e l: Gesch.

Croisiers de Lacvivier, C h a r l e s S i x t e, geb. 1841, gest. 1922.
Stratigraphie des Mesozoikum, bes. der Kreide von Ariège.
Notice nécrologique. Bull. Soc. géol. France (4) 23, 1923, Compte
rendu 98.
Scient. Papers 6, 543; 10, 487 (Qu.).

Croizet, gest. um 1863.
Französischer Abbé in der Auvergne, sammelte Vertebrata aus
dem Oligozän und Miozän, die in das British Museum gelangten.
G r e l l e t, F.: Éloge biographique · de M. l'abbé Croizet. Membre
titulaire de l'Académie des Sciences, Belles-Lettres et Arts ̈de
Clermont-Ferrand. Lu à la Séance du 4. Juin 1863. Clermont-
Ferrand, 1863, pp. 28.
Hist. Brit. Mus., I: 281.

＊Croll, J a m e s, geb. 2. I. 1821 Little Whitefield Parish of Car-
gill, gest. 15. XII. 1890 Collace.
Geologe an der Geol. Survey Schottlands. Evolution.
Autobiographical sketch of —, with memoir of his life and work
by James Campbell Irons. 1896, pp. 553 (Portr. Bibliographie
mit 92 Titeln).
List of scientific papers and works by — (ohne Jahr) pp. 7 (Bibliographie mit 80 Titeln zwischen 1861—83).
H o r n e, J.: Obituary notice of —. Trans. Edinburgh Geol. Soc.
6, 1891, 171—187 (Bibliographie mit 92 Titeln).
W o o d w a r d, H. B.: Hist. Geol. Soc. London, 238.

Cronstedt, A x e l F r e d r i k, geb. 1722, gest. 1765.
Schwedischer Mineralog.
Z e n z é n, N.: A. F. Cronstedt. Svenskt biografiskt lexikon, 9,
1929, 279—295 (Portrait). Ref. Geol. För. Tidsk. Stockholm,
52, 1930, 753.
F r e y b e r g: 6.

Crook, A l j a R o b i n s o n, geb. 1864 Circleville, Ohio, gest. 30.
V. 1930.
1887—89 Superintendent der öffentlichen Schulen am Mount
Carmel, Ohio, studierte 1890—92 bei Zittel, dann im British
Museum, Paris und Brüssel, 1893 Prof. Naturgeschichte Whea-
ton College Illinois, 1895 Prof. Mineralogie, Petrologie Northwestern Universität Evanston, Illinois, 1906 Curator des Illinois State Museum Springfield, Ill. Pisces, Elephas primigenius.
F a r r i n g t o n, O. C.: Memorial of A. R. C. Bull Geol. Soc.
America, 42, 1931, 19—25 (Bibliographie, Portr.).

Cross, J o h n E d w a r d, geb. 1821, gest. 28. II. 1897.
Vikar von Appleby bei Brigg, Lincolnshire. Jura. Lias. Mollusca.
W (o o d w a r d), H. B.: Obituary, Geol. Magaz., 1897, 192.

Crosse, J o s e p h C h a r l e s H i p p o l y te, geb. 1826, gest. 7.
VIII. 1898 Paris.
Malacologe.
Obituary, Geol. Magaz., 1898, 528.
Notice biographique. Journ. Conchyl., 47, 1899, 5—27 (Portr.,
Teilbibliographie).

Crosskey, H. W., geb. 1826, gest. 1. X. 1893.
Reverend, Ingenieur. Crustacea posttertiaria.
Obituary, Geol. Magaz., 1893, 576.
A r m s t r o n g, R. A.: H. W. Crosskey, his life and work, with
chapter on his scientific researches and publications by C.
Lapworth 1895.

Crow, F r a n c i s.
Sammelte um 1810 fossile Früchte aus Sheppey.
E d w a r d s: Guide, 65.

Crusius, M a r t i n C., geb. 1526, gest. 1607.
Prof. Tübingen „berichtet, man habe im Jahre 1494 in der freien
Reichsstadt Hall das Horn" des Einhorns gefunden.
Vergl. Haag, 174.
Q u e n s t e d t, F. A., Ueber Pterodactylus suevicus 1855, 1, 3.
Allgem. Deutsche Biogr. 4, 633—634.

Cumberland, G e o r g e, geb. 9. XII. 1752 London, gest. 8. VIII.
1848 Bristol.
Maler und Geologe. Publizierte 1826 Reliquiae Conservatae mit
eigenen Lithographien nach seinen Sammlungen z. T. im
British und Manchester Museum. Crinoidea.
B e c h e, de la: Obituary, QuJGS., London, 5, 1849, XX—XXI.
Hist. Brit. Mus., I: 281.

Cunming, J. G., geb. 1812, gest. 1868.
Reverend, studierte Geologie der Insel Man.
W o o d w a r d, H. B.: Hist. Geol. Soc. London, 192

Cunningham, R o b e r t O.
Entdecker von Homalodontotherium Cunninghami in Patagonien.
Hist. Brit. Mus. I, 281 (Qu.).

Cunnington, W i l l i a m, geb. 1813, gest. II. 1906.
Honorarcurator des Devizes Museum, Enkel des mit William
Smith befreundeten William Cunnington. Sammler von Spongia, Decapoda, Brachiopoda, Cephalopoda, Blastoidea, Crinoidea
und Mammalia um Wiltshire. Homo fossilis.
Obituary, Geol. Magaz., 1906, 191—192.
Hist. Brit. Mus., I: 281.
Obituary. The Wiltshire Arch. and Nat. Hist. Mag. 34 (1905
bis 1906), 1906, 324—327 (Bibliographie).

Cupani, F r a n c e s c o, geb. 1657 Mirto, gest. 1711.
1713 erschien sein posthumes Werk: Panphyton ɪsiculum mit
Fossilabbildungen Siziliens.
Dean III, 233.
cf. Archivio storico per la Sicilia orientale (2) 9, 1933, 102
(Qu.).

Curioni, G i u l i o, geb. 1796, gest. 1878.
Italienischer Geologe. Stratigraphie. Reptilia.
Necrolog: Boll. R. Com. Geol. Ital., 9, 1878, 436—438 (Biblio-
graphie mit 19 Titeln).
S t o p p a n i, A.: Necrolog. Rendic. R. Ist. Lombardo. (2), 12,
1879, 729—743 (Bibliographie mit 35 Titeln).

* **Currie**, J a m e s.
Mineraloge.
J e h n, T. J.: Obituary, Proc. Roy. Soc. Edinburgh, 51, 1932,
202—204.

Currie, L e s l i e D., geb. 19. IV. 1904, gest. 9. XI. ı1925 (ertrank
in Burma).
Paläontologe der Burma Oil Co. Xiphosura.
J. W. G (r e g o r y): Obituary, Geol. Magaz., 1927, 190.

Curtis, J o h n, geb. 3. IX. 1791 Norwich, gest. 6. X. 1862 London.
Entomologe. Fossile Insekten 1829.
Nécrologie. Ann. Soc. Entom. France (4) 3, 1863, 525—540.
H o r n - S c h e n k l i n g, Lit. entom. 1928/29, 224—229 (Biblio-
graphie) (Qu.).

* **Cushing**, H e n r y P l a t t, geb. 10. X. 1860 Cleveland Ohio, gest.
14. IV. 1921.
1893—1909 Prof. Geol. Western Reserve University Cleveland.
Stratigraphie.
C l a r k e, J. M., & S m y t h, C. H. jr., & R u e d e m a n n, E.:
Obituary, Sci. n. s., 13, 1921, 510—512.
K e m p, J. F.: Memoir of —. Bull. Geol. Soc. Amer., 33, 1922,
44—55 (Portr. Bibliographie mit 56 Titeln).

Cutler, W i l l i a m E d m u n d, geb. in den 70er Jahren zu London,
gest. 30. VIII. 1925 an Malariafieber in Tanganyika, Afrika.
Emigrierte mit seinen Eltern nach Canada und wurde Vertebraten-
sammler. Nahm teil am Weltkrieg, dann kehrte er zurück nach
Canada und sammelte im canadischen Ordovicium für die Ma-
nitoba Universität. 1924 leitete er die Expedition des British
Museum nach Tanganyika.
Obituary, QuJGS., London, 82, LVIII.

Cuvier, L e o p o l d C h r é t i e n F r é d é r i c D a g o b e r t G e o r-
g e s, geb. 24. VIII. 1769 Montbéliard (Mömpelgard), gest.
13. V. 1832 Paris.
Studierte an der Stuttgarter Karlsschule bei Kielmeyer, 1888
Hauslehrer beim Grafen d'Héricy in Fiquainville (Calvados),
1800 Prof. Collège de France, 1802 Prof. vergl. Anatomie Jardin
des Plantes, 1814 Staatsrat, 1819 Abteilungschef im Ministe-
rium des Innern und Baron, 1831 Pair Frankreichs. Begründer
der modernen Paläontologie (speziell Vertebraten).
Die beste moderne Zusammenfassung und Würdigung seiner Tätigkeit gibt R o u l e, L.: Cuvier et la science de la nature in:
L'Histoire de la nature vivante d'après l'Oeuvre des grands
naturalistes Français, Paris, Flammarion 1926, 242 pp. und die
. Festschrift: Centenaire de G. Cuvier, Arch. Mus. d'Hist. Nat.,
(6) 8, Paris 1932, pp. 82 mit Tafeln und Textabbildungen, mit
folgenden Beiträgen:

Bultingaire, L.: Iconographie de G. C., 1—12.
Roule, L.: La vie, la carrière et la mort de C. 13—20.
Anthony, R.: Cuvier et la science d'Anatomie comparée du Museum National d'Hist. Nat., 21—31.
Boule, M.: G. C. fondateur de la Paléontologie. 33—46.
Roule, L.: Cuvier Ichthyologiste, 47—54.
Joubin, L.: Études sur les Mollusques, 55—61.
Roule, L.: Cuvier, historien scientifique, 76—82.
Gravier, Ch.:. Les Vers et les Arthropodes dans le règne animale, 55—67.
Lacroix, A.: G. C. et la Minéralogie, 69—75.
Weitere wichtigere Arbeiten über Cuvier:
Brianchon: La jeunesse de C. -Havre, 1878
Dollfus, G. F.: Le séjour de G. C. en Normandie, Ses prémières études d'histoire naturelle (1788—1795). Bull. Soc. Linn. Normandie (7) 8, 1925, 156—178, Caen, 1926.
Duvernoy, G. L.: Notice historique sur les ouvrages et la vie de M. le Baron Cuvier. Paris, 1833.
George Cuvier's Briefe an C. H. Pfaff aus den Jahren 1788 bis 1792, herausgegeben von W. F. T. Behn, Kiel, 1845.
Mrs. Lee (formerly Mrs. T. Ed. Bodwich, J.): Memoirs of Baron Cuvier. London, 1833.
— — Mémoires sur le Baron G. C. traduits de l'anglais par M. Théodore Lacordaire. Paris, 1833.
Cerf, Léon: Souvenirs de David d'Angers sur ses contemporains, extrait de carnet de notes autographes. Renaissance du Livre, 1928.
Notes intimes sur G. C. rédigées en 1836, par le Dr. Quoy publiées et commentées par Dr. E. T. Hamy. Paris, 1906 (Extr. Arch. médicine navale, Décembre 1906), pp. 26.
Breitenbach, W.: G. C. und die Schöpfungslehre. Neue Weltanschauung, 1909, 377—380.
Dehérain, H.: Les manuscrits scientifiques d. G. C. Journ. des Savants Mars, 1904.
Wilckens, O.: Zwei Briefe Cuvier's an Joh. Abr. Albers. Abh. Naturw. Ver. Bremen, 17, 1903.
Kohlbrugge, J. H. F.: G. C. und K. F. Kielmeyer, Biol. Centralbl., 32, 1912, 291—295.
— — B. de Maillet, J. de Lamarck und Ch. Darwin. Ebenda, 32, 1912, 505—518.
Kohlbrugge, J. H. F.: G. C. en Nederlandsche Natuuronderusoekers. Nederl. Tijdschr. voor Geneeskunde, 1912, 702—703.
Flourens: Memoirs of Cuvier. Ann. Rep. Smithson. Inst. for 1868, 121—140.
— — History of the works of Cuvier. Ebenda, 141—165, 159—165.
Schuster, J.: Die Anfänge der wissenschaftlichen Erforschung der Geschichte des Lebens von Cuvier und Geoffroy Saint-Hilaire. Arch. Gesch. Med. Naturw. Technik, 12, 1930.
Mlle Heloïse Pillard: Éloge du baron C. sur cette question: quel est le pas qu'il a fait faire aux sciences? Paris, 1833, pp. 80. (Titel in Bull. Soc. géol. France, 1833, 454.)
Larronde, N.: Cuvier et la géographie. La Géographie, 57, 1932, 301—308.
Daudin, H.: C. et Lamarck. Les classes zoologiques etc. 1790—1830, Paris, 1926.
Lubosch, W.: Der Akademiestreit zwischen Geoffroy St. Hilaire und Cuvier im Jahre 1830 und seine leitenden Gedanken. Biol. Centralbl., 38, 1929, 357—455 (c/a Kohlbrugge).

B r i a n c h o n: La jeunesse de C. 1769—1795 (Portr.), Recueil de public. Sc. nat. Havraise d'étud. divers, 41—42, 1874—75, 1876, 299—313; 43. 1876, 1877, 225—264.
Ein bisher ungedruckter Brief G. C.'s an C. H. Pfaff. Mitt. Ver. nördl. d. Elbe, 6, 1863, 34—45 (Fig.); Gäa, 2, 1866, 404—408.
B o u r g u i n, A.: Les grands naturalistes français au commencement du XIXe siècle. Ann. Soc. Linn. de Maine-et-Loire, 8, 1866, 83—132.
F l o u r e n s, P.: Éloges historiques Paris, 1856, 105—196 (Portr.).
L a m b r e c h t, K.: G. C. — zu seinem 100. Todestage. Aus der Heimat, 45, 1932, 79—135 (Portr.).
R a p a i c s, R.: C. és Darwin hatása Magyarországon. Természettudományi Közlöny, 64, 1932, 425—428.
L a c r o i x, A.: Discours à l'occasion du Centenaire de C. Paris, Acad., 1932, pp. 16.
H o e v e n, Van der: Abm. Dagverhaal van Prof. Dr. Jan van der Hoeven: van zijn reis in 1824 naverteld door zijn kleinzoon. Rotterdamsche Jaarboek, 1926, pp. 88 (2 Bilder).
N o r d e n s k j ö l d: Gesch. Biol., 334—348.
G o r d o n: Life of Buckland, 11, 37, 77, 93, 124—125.
Lyells life, I: 125, 127—128, 132—133, 134, 136—137, 249—250.
E d w a r d s: Guide, 46, 62.
P a r i s e t: Discours prononcé aux obsèques de M. — 16. Mai 1832, Paris, pp. 4.
— — Éloge de G. C. lu dans la séance publique du 9. juillet, 1833, Paris, Acad.
L a u r i l l a r d, C. L.: Notice historique sur les ouvrages et la vie de M. le Baron Cuvier. Paris, 1833.
L e e, Mrs.: Mémoires du Baron Georges Cuvier, publiés en anglais par Mistress Lee, et en français par M. Théodore Lacordaire, sur les documents fournis par sa famille. Paris, 1833, pp. 369 (Bibliographie).
F l o u r e n s, P.: Analyse raisonnée des travaux de — précédée de son éloge historique. Paris, 1841, pp. 287 (Bibliographie).
— — Cuvier, histoire de ses travaux. II. Aufl., Paris, 1845.
— — Histoire des travaux de —. Troisième édition, Paris, 1858, pp. 296.
— — Recueil des Éloges historiques lu dans les séances publiques de l'Institut de France. Nouv. édit. Paris, 1861 (p. XLVI—LV, Bibliographie).
L a c r o i x: Figures des Savans.
W i g a n d, Alb.: Der Darwinismus und die Naturforschung Newtons und Cuviers. Beiträge zur Methodik der Naturforschung und der Speciesfrage. Braunschweig, Bd. I—III, 1874—77.
S c h i e r b e c k, A.: Van Aristoteles tot Pasteur. Leven en werken der groote biologen. Amsterdam 1923, pp. 479 (Fig. 121).
V o i t k a m p, s. unter Blumenbach.
G e i k i e: The founders of geology, 210 ff.
T h o m s o n: Great biologists.
Sedgwicks life, I: 271, 274.
G e i k i e: Murchison, I: 166.
B a e r, K. E. von: Lebensgeschichte von Cuvier. Herausgegeben von L. Stieda, Braunschweig 1897.
V i e n o t, J. P a s t e u r: Georges Cuvier était-il Allemand? Bull. Mus. Nat. d'Hist. Nat. (2) 4, 1932, 202—207.
T r o u e s s a r t, E. L.: Cuvier et Geoffroy Saint-Hilaire d'après les naturalistes allemands. Paris 1909, Mém. Soc. d'Emulation de Montbéliard 1909.

Czjzek, Joh'ann Baptist Anton Karl, geb. 25. V. 1806
Groß-Girna, Böhmen, gest. 17. VII. 1855 Atzgersdorf bei Wien.
1850 Mitglied der K. K. Geol. Reichsanstalt Wien. Foramini-
fera, Congeria.
Haidinger, W.: Zur Erinnerung an J. C. Jahrb. K. Geol.
Reichsanst. Wien, 6, 1855, 665—681 (Bibliographie). Wiener
Zeitung, 7. August 1855.
Meynert, H.: Jetztzeit. 4. August 1855, 489.
Wurzbach 3, 114—116.
Poggendorff 1, 508.

Czoernig, Carl Freih. v.
K. k. wirkl. Geh.-Rat. Vermachte seine große Fossiliensamm-
lung dem Geol. Inst. d. Univ. Innsbruck.
Klebelsberg, R. v.: Geologie von Tirol 1935, 669 (Qu.).

* Dahll, Tellef, geb. 25. XI. 1822, gest. 19. VI. 1893.
Schwedischer Mineningenieur, kartierte Norwegen. Stratigraph.
Necrolog: Geol. Fören. Stockholm Förhandl., 15, 1893, 397.

Daimeries, Anthyme, geb. 27. IV. 1859, gest. 1925.
Honorarprofessor an der Univ. Brüssel. Pisces.
Cornet, J.: Notice nécrologique. Bull. Soc. Belge Géol. Pal.
Hydrol., 36, 1926, 10.
Dean I, 291.

* Dainelli, Giotto, geb. 19. V. 1878.
Prof. Geol. Firenze.
Biogr. und Bibliogr. Ann. R. Accad. Italia, 4, 1931—32, 146—148.

Daintree, Richard, geb. Dezember 1831 Hemingford Abbots,
Huntingdonshire, gest. 20. VI. 1878.
1857 Mitglied der Geol. Survey Victoria. Stratigraphie. „Taeni-
opteris daintreei".
Dunn, E. J.: Biographical sketch of the founders of the Geol.
Survey of Victoria, Bull. Geol. Surv. Victoria, 23, 1910, 10—17
(Bibliographie mit 87 Titeln).
R. E(theridge), jr.: Obituary, Geol. Magaz., 1878, 429—432.

Dalimier, Paul, geb. 1835, gest. 1863.
Französischer Geologe. Stratigraphie.
Hébert: Notice sur Paul Dalimier, vicesecrétaire de la Société
Géologique de France. Paris (ohne Jahr), pp. 3.
Poggendorff 3, 321.

Dall, William Healey, geb. 21. VIII. 1845 Boston, Mass.,
gest. 27. III. 1927.
Studierte bei L. Agassiz. 1884 Paläontologe am U. S. Geolo-
gical Survey, 1880 Mitarbeiter am U. S. National-Museum, 1893
Prof. Evertebraten-Palaeontologie am Wagner-Institute of Sci-
ence, Philadelphia. Conchyliologie.
Dollfus, G. F.: Necrolog. Journ. de Conchyl., 72, 1928, 271—
313 (Portr., Teilbibliographie).
Schuchert, Ch.: Obituary, Amer. Journ. Sci., (5) 14, 1927,
88.
Obituary, QuJGS., London, 84, LIII.
Merrill: 1904, 694.
List of papers 1866—82. Washington, 1882, pp. 11.
Nickles I, 263—266; II, 151—152.

* Dalla-Rosa-Prati, G.
Italienischer Palethnologe.
Liste de ses publications sur l'Archéologie préhistorique. Bull. di
  Palethnol. Ital., 8, 1882, 204 (Bibliographie mit 4 Titeln).

Dallas, J a m e s, geb. 1853, gest. 12. IX. 1916 Bampton, Oxon.
Sohn W. S. Dallas'. Curator des Albert-Museum, Exeter.
Obituary: Geol. Magaz. 1916, 477.

Dallas, W i l l i a m S w e e t l a n d, geb. 31. I. 1824 Islington,
  gest. 29. V. 1890.
Entomologe, 1858 Curator York Museum, Mitarbeiter Darwins.
  Übersetzte auf englisch Heer's Primaeval world, Nietzsch's Pte-
  rylographie. 1868—1890 Herausgeber des Annals Magaz. Nat.
  Hist. War befreundet mit Lyell, Owen, Waterhouse, Huxley,
  J. P. Woodward und Wallace. Schrieb über Moa-Feder.
H. W (o o d w a r d): Obituary, Geol. Magaz., 1890, 333—336
  (Bibliographie).
G e i k i e: Obituary QuJGS. London 1891, 62—63.

Dalman, J o h a n W i l h e l m, geb. 1787, gest. 1828.
Skandinavischer Zoologe (bes. Insekten), auch Trilobita, Brachi-
  opoda.
Biographie öfver —. Kongl. Svenska Vetenskaps akad. handl., 1828,
  224—231 (Bibliographie).
Z i t t e l: Gesch.
Svenskt biografiskt Lexikon 10, 83—93 (Portr., Bibliographie).

Dalmer K., gest. 59 Jahre alt, 12. XII. 1908 Jena.
Studierte Geol. Schlesiens. Encriniten.
Nachruf: Földtani Közlöny Budapest, 1909, 547.

* Damasio, J o s e V i c t o r i o.
D e l g a d o, J. F. N.: Elogio historico de J. N. D. Lisboa, Rev.
  d. obras publ. e minas, VIII, pp. 46.

Dames, W i l h e l m B a r n i m, geb. 9. VII. 1843 Stolp, Pommern,
  gest. 22. XII. 1898.
Studierte in Breslau und Freiberg. 1871 Assistent an der Univ.
  Berlin, nahm teil am Feldzug 1871-72. 1874 Privatdozent, 1878
  a. o., 1891 o. ö. Prof. Geol. Pal. Berlin. Echinodermata, Spongia,
  Korallen. Pisces, Testudinata, Zeuglodon, Aves (Archaeopte-
  ryx), Mammalia, Fährten, Reptilia, Crustacea. Stratigraphie:
  Devon, Jura.
B r a n c o, W.: Nachruf: Naturw. Wochenschrift, 14, 1899, 78—79.
K o k e n, E.: Nachruf: Neues Jahrb. Min., 1899, Bd. II, pp. 14
  (Bibliographie mit 100 Titeln).
F r e c h, F.: Nachruf: Geol. Pal. Abhandl., N. F., 4, 1898, VI—
  VIII (Bibliographie mit 101 Titeln, Portr.).
G. L (i n d s t r ö m): Geol. Förn. Förhandl., 21, 1899, 207—209
  (Portr.).
T i e t z e, E.: Nachruf: Verhandl. Geol. Reichsanst. Wien, 1898,
  408—410.
T o r n i e r: 1925: 73—76, 96—97.

Damon, R o b e r t, geb. 1814 Weymouth, gest. 4. V. 1889 Weymouth
  Dorset.
Naturalienhändler, dessen Firma von seinem Sohn R. F. Damon
  weitergeführt wurde. Seine Sammlungen aus Dorsetshire gelang-
  ten z. T. in das British Museum.
Obituary, Geol. Magaz., 1889, 336.
Hist. Brit. Mus., I: 282.

Dana, James Dwight, geb. 12. II. 1813 Utica, New Jersey, gest. 14. IV. 1895 New Haven. Connecticut.
Prof. der Geologie, Mineralogie New Haven. Geologe u. Mineraloge. Auch paläont. Notizen.
Hadley, A. T., Rice, Hovey, Merrill, Clark: Dana-Centenary (Dana the man, the teacher, the geologist and zoologist), Bull. Geol. Soc. America, 24, 1913, 55—69.
Beecher, Ch. E.: Obituary, Am. Geol., 17, 1896, 1—16 (Portr. Bibliographie).
Gilman, D. C.: The life of J. D. D., scientific explorer, mineralogist, geologist, zoologist. Prof. in Yale University. New York 1899, pp. 409 (Illustriert. Bibliographie mit 217 Titeln).
Le Conte: Memoir of —. Bull. Geol. Soc. America, 7, 1895, 461—479 (Portr. Bibliographie mit 170 Titeln). Komplette Bibliographie in Amer. Jour. Sci., 1895, May vol. XLIX.
Merrill, G. P., 1904, 694 und öfter.
Williams, H. Shaler: J. D. D. his work as a geologist. Journ. of Geol., 1895, 601—621.
Pirsson, L. V.: Biographical memoir of —. Biogr. Mem. Nat. Acad. Sci., 9, 1919, 83—92 (Bibliographie mit 217 Titeln).
Dana, E. S.: Obituary, Amer. Journ. Sci., (3) 49, 1895, 329—356 (Portr. Bibliographie mit 240 Titeln).
Hadley, A. T.: Obituary, Pop. Sci. Mo., 70, 1907, 306—308 (Portr.).
Ami, H. M.: Obituary, Ottawa Naturalist, 9, 1895, 55.
Farrington, O. C.: — as a teacher of Geology. Journ. of Geol., 3, 1895, 335—340.
Powell, J. W.: Memorial Addresses before the Scientific Societies of Washington: J. D. D. Sci. n. s., 3, 1896, 181—185.

Daniels, Edward.
Apotheker, Politiker, der erste Geologe Wisconsins 1853.
Clarke: James Hall of Albany, 287, 289.
Merrill 1904, 442.
Nickles 275.

Danz, Caspar Friedrich, geb. 1. IX. 1796, gest.16. VIII.1881.
Studierte in den 40—50er Jahren Kreide von Schmalkalden.
Poggendorff 3, 325—326.

* **Danz**, Georg Friedrich, geb. 1. VIII. 1733 Blankenburg, gest. 1813.
Schneiderlehrling, Grubenarbeiter, Mineralienhändler. Reiste in Paris, Wien, Ungarn, Petersburg. Seine Sammlung gelangte in die Göttinger Universitätssammlung, die er einrichtete. Bergkommissionsrat, 1797 trieb er in Blankenburg Bergbau.
Freyberg: 148, und Lit. No. 238.

Darbishire, Robert Dukinfield.
Sammelte in den 60er—80er Jahren marine Mollusken im Plistozän Central-Englands. Beschrieb die Macclesfield Collection 1865, seine Sammlung gelangte in das British Museum.
Hist. Brit. Mus., I: 282.

Darell, Robert Darell Smythe, geb. 12. V. 1851 Plymouth, gest. 26. IX. 1936 Torquay.
Eifriger Sammler. Sein Material z. T. bearbeitet von Th. Davidson u. S. S. Buckman. Ammonitengattung „Darellia".
Obituary. QuJGS. London 93, 1937, C—CI (Qu.).

Darluc, M i c h e l, geb. 1707, gest. 1783.
Studierte im 18. Jahrhundert die Geologie der Provence.
Z i t t e l: Gesch., 147.
Nouv. biogr. universelle 13, 124—125.

Darrow
exploitierte die Fossilien der Asphaltsümpfe von Rancho la Brea.
S c o t t: 426.

Darwin, C h a r l e s, geb. 12. II. 1809, gest. 1882.
Begründer der Deszendenzlehre auf Grund der natürlichen Zucht-
wahl. Cirripedia.
Aus der umfangreichen Literatur über Darwin und den Darwinis-
mus erwähnen wir hier nur die wichtigsten, die paläontologisch
beachtenswert sind:
G e i k i e: Life of Murchison, II: 321—322 (Murchison c/a Dar-
win).
G r a b a u, A. W.: Sixty years of Darwinism. Nat. Hist., 20, 1920,
59—72 (Fig. 6).
H u n t, A. R.: A vindication of Bacon, Huxley, Darwin and Lyell.
Geol. Magaz., (4) 4, 1909, 265—274.
K r a g l i e v i c s, L.: Darwin. Ann. Soc. Cient. Argentina, CIX,
1930, pp. 24.
N e u m a y r, M.: Nachruf auf D. NJM., 1882, Bd. II, pp. 4.
R a m s a y, A. C., in Geikie: Ramsay's life, 357.
Segdwick's life, I: 379, II: 356—357 f. (Darwinismus).
S e w a r d, A. C.: Darwin and modern science. Cambridge Univ.
Press, 1909, Cap. XI: W. P. Scott: The palaeontological record.
I./Animals (S. 185—199), Cap. XII Plants (S. 200—222).
S p e c t o r, B.: Down house-Darwin's home. Nat. Hist., 34, 1934,
67—73 (Fig. 11).
T h o m s o n: Great biologists.
N o r d e n s k j ö l d: Geschichte der Biol.
Z i t t e l: Gesch.
W o o d w a r d, H. B.: Hist. Geol. Soc. London, 127.
Biographisches in: The life and letters of — including an auto-
biographical chapter. Edited by his son, Francis Darwin. Lon-
don, 1888 (Portr. Bibliographie).
La Vie et la Correspondance de — avec un chapitre autobiogra-
phique publiées par son fils, M. Francis Darwin. Paris, Bd.
I—II. 1890 (Portr. Bibliographie.).
Leben und Briefe von —. Übers. von Carus.
G r a y, Asa: Scientific worthies: — Nature London, 10, 1874, 78—
81 (Portr.).
Obituary, Geol. Magaz., 1882, 239—240.
H u x l e y, Th. H., R o m a n e s, G. J., G e i k i e, A., D y e r, W.
Th.: Memorial notices of —. Nature London, 1882.
Adresses delivered on the occasion of the Darwin Memorial Meeting
held in the Lecture room of the U. S. Nat. Mus. May 12, 1882,
Smithson. Misc. Coll., 25, 1883 (Dall, W. H., True, F. W.,
Bibliogr.).
T r u e, F. W.: Chronologisch geordnetes Verzeichnis der Schriften
Darwins. Leopoldina, 20, 1884, 176—179.
H o p k i n s o n, J.: An address. Trans. Herts. Nat. Hist. Soc., 6,
1893, 101—136.
L e s s o n a, Commemorazione di —. Atti R. Accad. Sci. Torino, 18,
1883, 709—718 (Bibliographie).
R i c h a r d s o n, R.: Darwins geological work. Inaugural address.
Trans. Edinburgh Geol. Soc., 6, 1888—89, 1—16.
C l a y p o l e, E. W.: Darwin and Geology. The Amer. Geol., 1,
1889, 152—162, 211—221.

P r e y e r, W.: Charles Darwin. Berlin 1895, pp. 240.
P e t r o n i e v i c s, Br.: Ch. Darwin and A. R. Wallace, Beitrag
zur höheren Psychologie und zur Wissenschaftsgeschichte. Isis,
7, 1925, 25—57.
D i e n e r, C.: Darwin und die moderne Paläontologie. Neue Freie
Presse Wien, 12. Febr. 1909, Morgenblatt.
S t e v e n s o n, J. J.: Darwin and geology. Pop. Sci. Mo., 74,
1909, 340—354.
Fifty years of Darwinism. Modern aspects of evolution. Cen-
tennial addresses in Honor of —, before the American Assoc.
Adv. Sci. New York, 1909, pp. 284: darin:
O s b o r n, H. F.: Darwin and paleontology, p. 209—250.
W a r d, Ch. H.: Charles Darwin: the man and his warfare. India-
nopolis, 1927, pp. 12 + 472 (Plate 27).
D a r m s t a e d t e r: Miniaturen 42—48, Fig. 7.

Das Gupta, H e m C h a n d r a, siehe Gupta.

Dathe, J o h a n n F r i e d r i c h E r n s t, geb. 22. X. 1845 Wellers-
walde, gest. 21. V. 1917 Berlin.
Lehrer. 1880 Mitarbeiter der Preuß. Geol. Landesanstalt. Saurier,
Phytopaläont.
K ü h n: Nachruf. Jahrb. Preuß. Geol. Landesanst., 38, 1917, II:
401—415 (Portr. Bibliographie mit 79 Titeln).

Daubenton, L o u i s - J e a n - M a r i e, geb. 29. V. 1716 Montbar,
gest. 1. I. 1800.
Mitarbeiter Buffon's. Vorläufer Cuviers in der Anwendung der
vergleichenden Anatomie zur Bestimmung fossiler Knochen.
F l o u r e n s: Memoir of Cuvier. Ann. Rep. Smiths. Inst. 1868, 130.
Nouv. biogr. universelle 13, 162—166.

* **Daubrée**, G a b r i e l A u g u s t e, geb. 25. VI. 1814 Metz, gest.
29. V. 1896 Paris.
1834 Bergingenieur, dann Prof. Mineralogie, Geologie Straßburg,
1861 Prof. Geol. Muséum Paris, 1862 Prof. Geol. Jardin des
plantes und Mineralogie École des mines, 1872 Director Ecole des
mines, Mineraloge. Wenige pal. Notizen.
L a p p a r e n t, A.: Not. nécrol. Bull. Soc. Géol. France, (3) 25,
245—285 (Bibliographie mit 439 Titeln).
G e i k i e: A long life work, 247.
Notice des travaux de M. — doyen de la Faculté des Sciences de
Strasbourg. Paris, 1857, pp. 20.
— — II. Aufl. 1861, pp. 24.
D a u b r é e, A.: Études synthetiques de Géologie expérimentale,
Paris, 1879, (Bibliographie).
Portr. Livre jubilaire, Taf. 7.

Dautzenberg, P h i l i p p e, geb. 20. XII. 1849 Ixelles, gest. 9. V.
1935 Paris.
Malacologe, Sammler. Hatte auch Interesse für fossile Formen
(Arbeiten über die Fauna der faluns de la Touraine, Roussillon
und die Pelecypoden des Mittelmiocäns im Loirebecken, zus.
mit G. Dollfus).
L a m y, Ed.: Ph. D. Journ. de Conchyliologie 79, 1935, 183—203
(Portr., Bibliographie) (Qu.).

David, T. W. E d g e w o r t h S i r, geb. 28. I. 1858 St. Fagan's
Rectory bei Cardiff, gest. 28. VIII. 1934.

Studierte bei Prestwich und Judd. 1882 Staatsgeologe am Geol.
Survey NS Wales, 1891 Prof. Geologie Universität Sydney. 1916
nahm er als Major und Ratgeber für Minenwesen auf dem fran-
zösischen Kriegsschauplatz teil. Radiolaria, Phytopaläontologie,
Palaeozoikum.
Eminent living geologists: Geol. Magaz., 1922, 4—13 (Portr. Biblio-
graphie mit 133 Titeln).
S c h u c h e r t, Ch.: Obituary Amer. Journ. Sci. 1934, ·399.
Obituary. QuJGS. London 91, 1935, XC—XCIII.
A n d r e w s, E. C.: Memorial of —. Proc. Geol. Soc. Am. for 1935,
1936, 215—248 (Portr., Bibliographie).

Davidson, T h o m a s, geb. 17. V. 1817 Edinburgh (nach Hist. Brit.
Mus. geb. in Muir House, Midlothian), gest. 14. X. 1885
Brighton.
Maler. Studierte in Paris bei Cordier, Élie de Beaumont, Constant
Prévost, Dufrénoy, Geoffroy St. Hilaire, Duméril, Valenciennes,
Blainville, Milne-Edwards. Unternahm 1836 eine Reise nach
Belgien, Schweiz, Deutschland, Italien. War befreundet mit
Buch. Brachiopoda. Seine Sammlung von 1796 Arten und 22 831
Individuen von Brachiopoden gelangte in das British Museum.
Eminent living geologists: Geol. Magaz. 1871, 145—149 (Portr.
Bibliographie mit 49 Titeln, deren Umfang 2220 pp. mit 244
Tafeln über Brachiopoden betrug).
Obituary, Geol. Magaz., 1885, 528.
B o n n e y, T. G.: Obituary, QuJGS., London, 42, 1886, Suppl. 40.
Hist. Brit. Mus., I: 283.
Y o u n g, J.: Notice of the late Dr. — Trans. Geol. Soc. Glasgow,
8, 1884—88, 138—142.

Davies, H e n r y N a t h a n i e l, gest. 6. II. 1920.
Homo fossilis, Geologe, Archäologe und Sammler (Coll. in Bristol
University).
Obituary, QuJGS., London, 1921, LXXV.

Davies, W i l l i a m, geb. 1814 Holywell, Flintshire, gest. 13. II.
1891.
Botaniker, dann 1843 Mineraloge im Geol. Dep. British Museum
bis 1887. Pisces, Aves, Mammalia.
A. S. W (o o d w a r d): Obituary, Geol. Magaz., 1891, (144),
190—192 (Bibliographie mit 15 Titeln) und QuJGS., London,
47, 1891, Proc. 56

Davila, D o n P e d r o F r a n c o, gest. 1785.
Prof. Madrid.
opus 1767: Catalogue systématique et raisonné des curiosités
du Cabinet Davila. Ref. Schröter, Journ., I: 2, 158—162.
T o r n i e r: 1924, 30.
E d w a r d s: Guide, 61.
Nouvelle biogr. générale 13, 250.

Davis, C h a r l e s A., geb. 29. IX. 1861 Portsmouth, N. Hampshire,
gest. 9. IV. 1916.
Torfexpert.
L a n e, A. C.: Memorial of Ch. A. D. Bull. Geol. Soc. America,
28, 1917, 14—40 (Portr. Bibliographie mit 59 Titeln).

Davis, J a m e s   W i l l i a m, geb. 15. IV. 1846 Leeds, gest. 21. VII.
1893 Chevinedge, Halifax.
Inhaber einer Stoffärberei, Mayor von Halifax, Herausgeber der
Westminster Review und Natural Science. Pisces aus dem
Carbon, Lias Englands, des Libanon und Skandinaviens. Seine
Fischsammlung aus Yorkshire gelangte in das British Museum.
W (o o d w a r d), A. S.: Obituary Geol. Magaz. 1893, 427—432
(Portr. Bibliographie mit 56 Titeln).
Obituary: QuJGS. London 1894, Proc. 45 ff.
Hist. Brit. Mus. I: 283.

Davis, L. S.
Sammler in Ost-Oregon.
S c o t t: 421.

Davreux, C h a r l e s   J o s e p h, geb. 10. IX. 1800 Lüttich, gest.
11. IV. 1863 ebenda.
Arbeitete um 1833 über die Geologie von Lüttich.
Z i t t e l: Gesch.
D e w a l q u e, G.: Biogr. nat. Ac. de Belgique 4, 733—735.

Dawes, J o h n   S a m u e l, geb. 1802 Birmingham, gest. 20. XII.
1878 Edgbaston.
War in der Eisenindustrie beschäftigt. Notizen zur Karbonflora.
Obituary. QuJGS. London 35, 1879, 54—55.
Scient. Papers 2, 180—181 (Qu.).

Dawkins, W i l l i a m   B o y d-, geb. 26. XII. 1838 Buttington Vica-
rage, Welshpool, gest. 15. I. 1929.
1861 Curator des Museum of Practical Geology, 1869 Curator am
Manchester Museum, 1874—1909 Prof. der Geologie am Owen's
College daselbst, Mammalia plistocaenica, Homo fossilis.
Eminent living geologists: Watson, D. M. L.: Sir Boyd-Dawkins
Geol. Magaz., 1909, 529—534 (Portr. Bibliographie bis 1909
mit 77 Titeln).
A. S. W (o o d w a r d): Obituary notice. Proc. Roy. Soc. B.
107, XXIII—XXVI (Portr.).
Obituary, QuJGS., London, 85, LIX.

Dawson, C h a r l e s, geb. 11. VII. 1864 Fulkeith Hall, Lanca-
shire, gest. 10. VIII. 1916 Castle Lodge, Lewes.
1890—1916 Advokat zu Uckfield. Sammelte Dinosaurier aus dem
Wealden von Hastings; entdeckte Eoanthropus dawsoni.
A. S. W (o o d w a r d): Obituary, Geol. Magaz., 1916, 477—479.
Hist. Brit. Mus., I: 283.

Dawson, G e o r g e   M e r c e r, geb. 1. VIII. 1849 Pictou, Nova
Scotia, gest. 2. III. 1901 Ottawa Canada.
Sohn Sir William Dawsons. 1873 Geologe und Botaniker der
North American Boundary Surveys, 1895—1901 Direktor Geol.
Survey Canada. Stratigraphie.
A d a m s, F. D.: Obituary, Sci. n. s., 13, 1901, 561—563 (Portr.).
A m i, H. M.: Bibliography of —. Amer. Geol., 28, 1901, 76—86
(Bibliographie).
— — The late —. Ottawa Naturalist, 15, 1901, 43—52 (Portr.).
— — Bibliography of —. Ottawa Naturalist, 15, 1901, 202—
213; Proc. Trans. Roy. Soc. Canada, (2) 8, IV. 1902, 192—201;
Canad. Rec. Sci., 8, 1902, 503—516 (Bibliographie mit 131
Titeln).
A d a m s, F. D.: Memoir of —. Bull. Geol. Soc. Amer., 13,
1903, 497—509 (Portr. Bibliographie von Ami).

Harrington, B. J.: Obituary, Amer. Geol., 28, 67—76, 1901
(Portr.); Proc. Trans. Roy. Soc. Canada, (2) 9, IV. 183—192
1902; Canad. Rec. Sci., 8, 413—425, 1902 (Portr.).

Dawson, John William Sir, geb. 13. X. 1820 Pictou, Nova
Scotia, gest. 19. XI. 1899 Montreal, Canada.
1850 Superintendent of Education, 1855 Principal und Prof. Mc.
Gill University in Montreal. Fährten (Limulus, Sauropus),
Luftatmer (Tetrapoda) des Carbons, Phytopaläontologie, Spon-
gia, Insecta. Problematica, Eozoon, Homo fossilis.
Adams, F. D.: Memoir of —. Bull. Geol. Soc. Amer., 11, 1899,
550—580. (Portr. Bibliographie mit 363 Titeln), Sci. n. s., 10,
1899, 905—910 (Portr.).
— In memoriam —. Proc. Trans. Roy. Soc. Canada, (2) 7,
IV. 3—14, 1901, (Portr.), Canad. Rec. Sci., 8, 1900, 137—140
(Portr.); Journ. of Geol., 7, 727—736, 1899.
Ami, H. M.: Necrolog. L'Aurore, 34, 1899, 4—5, No. 50, Mon-
treal.
Fifty years of work in Canada. Autobiographical notes edited by
Rankine Dawson, 1901, pp. 306 (Portr.).
Ami, H. M.: — a brief biographical sketch Amer. Geol., 26,
1900, 1—48 (Portr. Bibliographie mit 514 Titeln); Proc. Trans.
Roy. Soc. Canada, (2), 7, IV, 15—44 (1901).
— Memoir of —. Bull. Geol. Soc. Amer., 11, 1900, 557—580
(Bibliographie).
Hist. Brit. Mus., I: 283.
Obituary, Geol. Magaz., 1899, 575; QuJGS., London, 50, 1900,
LIV.
Necrolog. Bull. Soc. Belge Geol. Pal. Hydrol., 13, 1899, Proc.
Verb., 255—256.
Merrill: 1904, 446, 577 ff, 637 ff, 695 u. öfter, Portr. Taf. 29.
Lyell & Dawson: Bibl. Univ. Genéve Arch. des Sci. phys.
nat., 1853, XXIV, 92.

Dean, Bashford, geb. 28. X. 1867 New York City, gest. 6. XII.
1928 Battle Creek, Michigan.
Studierte bei J. S. Newberry, Columbia University, 1903—28 Cu-
rator der fossilen Fische am American Museum of Natural
History New York, arbeitete zur gleichen Zeit auch am Metro-
politan Museum of Art, dessen Armaturen D. pflegte. Im
Weltkrieg „Chairman of the National Research Council", dann
Major im Ordnance Department. Pisces.
Gregory, W. K.: Memorial of Bashford Dean. Article I. in
The B. D. — memorial volume. New York, 1930, pp. 40, mit 8
Tafeln, quarto (Bibliographie mit 315 Titeln).
Weitere Obituaries:
Gregory, W. K.: Science, 1928, 68, 635—638.
Osborn, H. F.: Nat. Hist., 1929, 102—103 (Portr.).
Woodward, A. S.: Nature, 123, 1929, 99—100.
(Gudger, E. W.): Sci. Monthly, 28, 1929, 191—192 (Portr.).
Dean, B.: Bibliography of fishes, Bd. I, 308—312; III, 46 (Teil-
bibliographie).
Gregory, W. K.: Memorial of B. D. Bull. Geol. Soc. America,
41, 1930, 16—25 (Portr., Teilbibliographie).

Deane, Henry, geb. 26. III. 1847 Clapham, London, gest. 1924.
Eisenbahningenieur in Neu-Süd-Wales. Phytopaläontologie (ter-
tiäre Pflanzen Australiens).
Chapman, F.: The late H. D. Records Geol. Survey of
Victoria 4, 1925, 499—501 (Teilbibliographie) (Qu.).

Deane, J a m e s, geb. 24. II. 1801 Coleraine, Mass., gest. 8. VI.
1858 Greenfield, Mass.
Arzt. Studierte fossile Fährten im Sandstein des Connecticut-Tales.
M e r r i l l: 1904, 628, 633, 695 u. öfter.
N i c k l e s 301.

Debey, M a t t h i a s H u b e r t, gest. 1884.
Studierte um 1857 die Versteinerungen der oberen Kreide von
Aachen, speziell Phytopaläontologie. Prakt. Arzt in Aachen.
Life of Lyell, II: sub 1857.
Z i t t e l: Gesch.
Bibliographie (5 Titel) in M o u r l o n, M.: Géologie de la Bel-
gique II, 1881, 274.

Dechen, E r n s t H e i n r i c h C a r l v o n, geb. 25. III. 1800 Berlin, gest. 15. II. 1889 Bonn.
1831 Oberbergrat in Berlin, 1834 a. o. Prof. Geol. daselbst, 1841
Berghauptmann in Bonn, schied 1864 aus dem Staatsdienste als
wirklicher Geheimrat, um sich ganz der Wissenschaft widmen
zu können. Schwager von Oeynhausen. Stratigraphie.
R o e m e r, F.: Nachruf: NJM. 1889, I, pp. 22 (Bibliographie
mit 302 Titeln); Leopoldina 25, 155—157, 178—182, 195—197,
207—210 (Bibliogr.).
L a s p e y r e s, H.: Heinrich von Dechen. Ein Lebensbild. Ver-
handl. naturhist. Ver. preuß. Rheinlande Westfalen, 46, 1889.
165—340 (Portr. Bibliogr.).
S c h m i d t, G.: Die Familie von Dechen.
S t u r, D.: Nachruf: Földtani Közlöny, 19, 1889, 393—395.
G e i k i e: Life of J. D. Forbes, 426.
— — A long life work, 120.
— — Murchison, I: 157.
W i l c k e n s, O.: Geologie der Umgegend von Bonn, 1927.

Deecke, W i l h e l m, geb. 25. II. 1862, gest. 23. X. 1934 Freiburg
i. Br.
Prof. Geol. Pal. in Freiburg i. Br. (Nachfolger Steinmann's).
Foraminifera, Nothosauridae, Palaeobiologie der Fische, Koral-
len, Foraminiferen, Crustaceen, Crinoideen usw. Bis 1924 Di-
rektor der Badischen Geol. Landesanst.
G r ö n w a l l, K. A.: Nachruf. Geol. Fören. Stockholm Förhandl.
56, 619—620, 1934.
Deecke-Festschrift zum 70. Geburtstag: Fortschritte d. Geol. und
Pal. 11, 1932 (Portr., Bibliographie p. VII—XX).
S o e r g e l, W.: Nachruf. Jahresber. u. Mitt. Oberrhein. geol. Ver.
(N. F.) 24, 1935, XIII—XIV (Portr.).

Deffner, C a r l, geb. 8. VII. 1817, gest. 11. VI. 1878.
Machte geologische Studien in Baden, Württemberg, Schwaben.
Sammler. Seine Sammlung im Naturalienkabinett, Stuttgart.
F r a a s, O.: Nekrolog: Jahresh. Ver. vaterl. Naturk. Württem-
berg, 1878, 61—75.

Defrance, J a c q u e s L o u i s M a r i n, geb. 22. X. 1758 Caen, gest.
12. XI. 1850 Sceaux.
Lebte in Sceaux (Seine) bei Paris. Besaß eine große Sammlung.
Foraminifera, Korallen, Bryozoa, Mollusca, Annelida, Echini-
da. Studierte die Chemie der Fossilien.
D a m o u r, A.: Notice biographique sur —. Soc. géol. France
(Paris), 1850, pp. 11.
P o g g e n d o r f f 1, 534—535.

Dehée, R e n é, geb. 5. III. 1898 Raismes bei Valenciennes, gest. 3. III. 1928 (Autounfall).
Chef der geologischen Mission in Togo. Echinodermata, Rudista.
B a r r o i s, Ch.: Necrolog: Ann. Soc. géol. du Nord, 53, 260— 269 (Portr. Bibliographie mit 20 Titeln).

Deichmüller, J o h a n n e s, geb. 14. IV. 1854.
Hofrat in Dresden. Beamter am Min.-geol. Mus. u. der prähist. Sammlung. Insecten (Solnhofen), Saurier, Kreidefossilien, Diatomeen.
Vorwort in der Deichmüller-Festschr.: Sitzber. u. Abh. naturw. Ges. Isis 1929, 3—4 (Portr.) (Qu.).

Deicke, C a r l, geb. 23. XII. 1802 Braunschweig, gest. 9. V. 1869 St. Gallen.
Schweizer Naturforscher, Molasse, Fossilisation.
W a r t m a n n, B.: Biographische Notizen über die Professoren Carl Deicke und Othmar Riethmann. Ber. Tätigkeit St. Gall-schen Naturw. Ges., 1869—70, 384—426, 1870.
P o g g e n d o r f f 3, 342.

Dekay siehe K a y, d e.

De la Beche siehe B e c h e.

De la Harpe, P h i l i p p e, geb. 1. IV. 1830 Paudex bei Lausanne, gest. 25. II. 1882.
Schweizer Paläontologe. Nummulinen. Chelonia. Mammalia. Phy-topaläontologie.
R e n e v i e r, E.: — sa vie et ses travaux scientifiques. Bull. Soc. Vaud. Sci. nat., 25, 1889, 1—16 (Bibliographie mit 49 Titeln).
Lyell's Life, II: 213.
P o g g e n d o r f f 3, 589.

Delaunay siehe L a u n a y, d e.

Delbos, J o s e p h, geb. 2. VII. 1824 Bordeaux, gest. 2. VI. 1882.
Prof. in Mülhausen, seit 1870 in Nancy. Ostrea, Ursus. Kar-tierte 1865 Haut-Rhin, studierte das Tertiär Südfrankreichs.
M i e g, M.: Notice nécrol. sur —. Bull. Soc. Industr. Mulhouse, 52, 1882, 537—542.

* **Delebecque**, A n d r é.
Liste par ordre chronologique (1887—1894) des publications scien-tifiques de M. — (Ohne Jahr und Ort) pp. 4.

* **Delesse**, A c h i l l e, geb. 3. II. 1817 Metz, gest. 24. III. 1881 Paris. 1845 Prof. Min. Geol. Besançon, 1878 Mineninspektor. Strati-graphie.
G e i n i t z, H. B.: Nachruf: Leopoldina, 17, 195—197 (Biblio-graphie mit 86 Titeln).
L a p p a r e n t, A. de: Not. nécrol. Bull. Soc. géol. France, (3) 10, 1882, 306—328 (Bibliographie mit 263 Titeln).
Notice sur les travaux scientifiques de M. — Paris 1857, 24 pp.; 1861 pp. 28; 1869 pp. 31.
Notice sur les titres scientifiques de M. — Paris 1877, pp. 30; 1878, pp. 40.
D a u b r é e, A.: Notice nécrologique sur —. Bull. Soc. Minéral. France, 4, 1881, 145—148.
Portr. Livre jubilaire, Taf. 7.

* Delessert.
Collectio — in Genf. Verhandl. Geol. Reichsanst. Wien, 1869, 44.
Hist.-biogr. Lexikon d. Schweiz 2, 685 (Portr.).

Delgado, J o a q u i m F i l i p p e N e r y, geb. 26. V. 1835 (nach
Geol. Magaz., 1908: 480: 1844), Elvas, gest. 3. VIII. 1908
Figueira-da-Foz.
1857 Geologe der Geol. Landesanstalt Portugals, 1882 Direktor
ebendort (Nachfolger Ribeiro's). Paläozoikum, Silur, Carbon,
Nereites, Bilobites, Trilobita, Tertiär, Quartär, Homo fossilis.
Spelaeologie.
C h o f f a t , P.: Notice nécrologique sur —. Jorn. Sci. Math. Phys.
Nat. (2) 7, Lisboa, 1908, pp. 14 (mit 3 Portr. von 1863, 1880,
1906, Bibliographie u. weitere biogr. Lit.).
— — La géologie portugaise et l'oeuvre de Nery Delgado.
Bull. Soc. port. des Sci. nat. 3 suppl., Lisboa 1909, pp. 35.
S o l l a s, W. J.: Obituary, QuJGS., London, 1909, LXXIV.
Nachruf: Leopoldina, 44, 1909, 93.
Portr. in Com. Geol. Serv. Geol. Portugal, 14, 1923, Taf. 16.
vergl. Serv. Com. Geol. Com. Portugal, 7, 1907—09, I—XXI und
p. 62.

Delhaes, W i l h e l m, geb. 31. X. 1883, gest. 25. IX. 1915 (Helden-
tod).
Leiter der geol.-pal. Sammlung des Provinzial-Museums zu Han-
nover. Mollusca.
Todesnachricht: CfM., 1916, 24.
Nachruf. Geol. Rundschau 7, 1917, 86—87 (Portr., Bibliographie).

Deloo, C h r i s t i a n V a n.
Fossiliensammler um 1857 zu Muttonville. Crinoidea.
C l a r k e : Hall James of Albany, 294, 412—413.

Deluc siehe L u c.

Delvaux, E m i l e, geb. 21. XI. 1837 Tournai, gest. 18. XII. 1901.
Offizier im Belg. kartograph. Institut. Geologie u. Paläontologie
des Tertiärs u. Quartärs von Belgien.
Catalogue des Mémoires et Ouvrages de Géologie, de Paléontologie et d'Anthropologie publiés de 1874 à 1887 par — Liège,
1887 (Bibliographie mit 53 Titeln).
Discours prononcés aux funérailles d'E. D. et liste des publications. Annales Soc. géol. Belgique 29, 1901—02, B 71—B 91
(Portr., Bibliographie) (Qu.).

Denckmann, A u g u s t, geb. 6. V. 1860 Salzgitter, Goslar, gest. 7.
III. 1925.
Studierte bei H. Roemer in Hildesheim, Koenen in Goettingen,
1886 Assistent am Geol. Inst. Marburg, 1888 Mitglied der Preuß.
Geol. Landesanst., 1906 Prof. an der Bergakademie Berlin.
Ammoniten, palaeozoische, mesozoische Faunen.
F u c h s, A.: Nachruf: Jahrb. Preuß. Geol. Landesanst., 46,
1925, LXIII—LXXIX (Portr. Bibliographie mit 75 Titeln).

Deninger, K a r l, geb. 18. III. 1878 Mainz, gest. 15. XII. 1917
(Heldentod in Italien).
Studierte in Freiburg, Zürich, München. 1912 a. o. Prof. Geol.
Pal. Freiburg (Br.). Jura, Kreide Sardiniens, Mollusca, Ta-
bulata, Hydrozoa, Mammalia, Homo fossilis.
P (o m p e c k j), J. F.: Nachruf: CfM., 1918, 167.
W i l c k e n s, O.: Nachruf: Geol. Rundschau, 1918, 62—64 (Portr.,
Bibliographie mit 13 Titeln).

Dennis, J a m e s P. P i g g o t, gest. 1861 45 J. alt.
Mikroskop. Untersuchungen von fossilen Knochen.
Obituary. QuJGS. London 18, 1862, XXXV.
Scient. Papers 2, 239 (Qu.).

Denny, H e n r y, geb. 1803 Norwich, gest. 1871.
Entomologe. Mammalia, Phytopaläontologie.
D a v i s, J. W.: Biographie: in History Yorkshire Nat. History
Polytechn. Soc. 1837—87, Halifax, 1889, 242—248.
Dict. Nat. Biogr. 14, 374—375.
Scient. Papers 2, 239; 7, 516—517.

Denso, J o h a n n D a n i e l, geb. 1708, gest. 1795 Wismar.
Schrieb: Erste bis siebente Anzeige von pommerschen gegrabe-
nen Seltenheiten. Schulprogramm Stettin, 1747—52 (Bernstein,
Adlerstein, Spongien, Korallen).
P o g g e n d o r f f 1, 549—550.

Denys de Montfort siehe M o n t f o r t.

Depéret, C h a r l e s, geb. 25. VI. 1854 Perpignan, gest. 17. V.
1929 Lyon.
Studierte nach Absolvierung der Militärschule 1878 Medizin, war
bis 1885 Militärarzt, 1886 Collaborateur au Service de la Carte
géologique de la France, 1889 Prof. Faculté des Sciences Lyon.
Mammalia, Reptilia, Aves, Dinosauria, Faunen (Vaucluse, Eg-
genburg, Roussillon), Stratigraphie des Tertiärs u. Quartärs.
G i g n o u x, M.: Necrologie —. Bull. Soc. géol. France, (4) 30,
1930, 1043—1073 (Portr. Bibliographie mit 223 Titeln).
Notice sur les travaux scientifiques de —. Lyon, 1913, pp. 73.
L e m o i n e, E.: Nécrologie Bull. Soc. d'Hist. nat. Savoie, (3)
22, 1932, 45—46, 106—113 (Portr.) Chambéry.
O s b o r n, H. F.: Obituary, Sci., 69, 1929, 636—637.
Obituary, QuJGS., London, 86, 1930, LVI—LVII.
B o r i s s i a k, A.: Nekrolog: C. R. Acad. USSR., 1930, 583—586.
R a g u i n, E.: Discours aux funérailles de —. Paris, Inst. de
France, 1929, No. 9.

Derby, O r v i l l e, geb. 1851 zu Niles, Cayuga County, N. Y., gest.
27. XI. 1915.
Studierte auf der Cornell University. Assistent im Geological
Survey Brasiliens, 1879 Mitglied Museu Nacional, 1886 organisierte er die Geological Survey des Staates Sao Paulo. Stratigraphie u. Paläontologie Brasiliens.
C l a r k e: James Hall of Albany, 426, 412.
Obituary, QuJGS., London, 72, LVIII.
B r a n n e r, J. C.: Memorial of —. Bull. Geol. Soc. Amer., 27,
1916, 15—21 (Portr. Bibliographie mit 15 Titeln.); ibidem
20, 1910, 36—42 (Bibliographie).

Deshayes, G é r a r d P a u l, geb. 13. V. 1796 Nancy, gest. 9. VI.
1875.
Studierte in Straßburg. War ursprünglich Mediziner, wurde aber
„der erste Conchyliologe Europas". 1869 Prof. der Naturgeschichte
am Mus. Paris (Lamarck's Lehrstuhl). Seine reiche Sammlung
tertiärer Mollusken aus dem Pariser Becken u. Bordeaux gelangte
zum großen Teil in das Museum der École des Mines (um
4000 Pfund angekauft), z. T. in das British Museum.
Obituary, Geol. Magaz., 1875, 430; QuJGS., London, 32, 1876,
Proc. 80 ff.

Hist. Brit. Mus., I: 284.
Amer. Journ. Sci., (3) 10, 1875, 80, 240.
Life of Lyell, I: 247, 306—307, 308, 458 u. öfter.
Prestwich life, 90.
G e i k i e: Murchison, I: 149.
C r o s s e, H. & F i s c h e r, P.: Nécrologie. Journ. de Conchyl.,
  (3) 16, 1876, 123—127.
Note des Publications faites par M. — Paris 1838, pp. 8 (Biblio-
  graphie mit 25 Titeln).
Scient. Papers 2, 251—254; 7, 524.

Deslongchamps, E u g è n e E u d e s, geb. 1830, gest. 21. XII. 1889
Château Matthieu, Calvados.
Sohn von Jacques Amand Eudes Deslongchamps. Prof. Zool. und
  Geologie in Caen. Brachiopoda, Mollusca, Reptilia, Jura Strati-
  graphie.
Obituary, Geol. Magaz., 1890, 95—96.
B i g o t, H.: Notice nécrologique sur M. E.-E. Deslongchamps.
  Bull. Soc Géol. France, (3) 18, 1889—90, 380—391 (Biblio-
  graphie mit 20 Titeln).

Deslongchamps, J a c q u e s A m a n d E u d e s, geb. 17. I. 1794
Caen, gest. 18. I. 1867 ebenda.
Marinearzt in Caen, 1825 Prof. Zool. u. Mitgründer des Mus.,
  Caen. Crocodilia (Teleosaurus) u. a. Freund von Cuvier, Etienne
  Geoffroy St. Hilaire, Humboldts.
S m y t h, W. W.: Obituary, QuJGS., London, 23, 1867, LII—LIII.
Obituary, Geol. Mag., 1867, 140—141.

Desmarest, A n s e l m e - G a ë t a n, geb. 16. III. 1784 Paris, gest.
4. VI. 1838.
Sohn Nicolas Desmarest's. Prof. der Zoologie an der Veterinärhoch-
  schule zu Alfort. Crustaceen.
O b i t u a r y, Proc. Geol. Soc. London, 3, 71—72 (Bibliographie
  im Text).

Desmarest, N i c o l a s, geb. 16. IX. 1725 Soulaines bei Bar-sur-Aube,
Champagne, gest. 28. IX. 1815.
Prof. an der École des Arts et Métiers, reiste 1763—66 in Süd-
  frankreich; später Generalinspektor der Porzellanfabrik in Sèvres.
Neben Studien über Basalt, Vulkane, auch Fossilbeschreibungen.
C u v i e r, G.: Éloges historiques, II, 1819, 332—354.
G e i k i e, A.: The founders of geology, 15, 48 ff.
L a c r o i x, A.: Notice historique sur le troisième fauteuil de la
  Section de Minéralogie. Paris, Acad. 1928, 5—14.
Q u é r a r d, La France littéraire 2, 519—520 (Teilbibliographie).

Des Moulins, C h a r l e s, geb. 13. III. 1798 Southampton, gest.
23. XII. 1875.
Französischer Botaniker, Malacologe und Echinologe.
C a s t e l n a u d'E s s e n a u l t, Marquis de: Éloge de M. — Actes
  Acad. Sci. Belles-Lettres et Arts de Bordeaux, (3) 38, 1876,
  538—584.
C r o s s e, H., & P. F i s c h e r: Nécrologie. Journ. de Conchyl., 24,
  1876, 127—128.
D e l f o r t r i e, E.: Discours prononcé sur la tombe de —. Actes
  Soc. Linn. de Bordeaux, (3) 10, 1875, CXXIX—CXXX.
Necrologie. Bull. Soc. Linn. Bruxelles, 4, 1875, 222.
Notice de —. Annuaire de l'Institut des Provinces, (2) 2, 1860,
  301—308.

Desnoyers, J u l e s, geb. 1801, gest. 1887.
1834 Bibliothekar am Musée d'hist. nat. zu Paris. Studierte
Stratigraphie der Tertiärbecken Frankreichs. Einer der Be-
gründer der Soc. Géol. France.
G a u d r y: Nécrol. Bull. Soc. Géol. France, (3) 16, 1887-88, 455—
456.
Obituary, QuJGS., London, 44, 1888, Suppl., 51.
Scient. Papers 2, 266.

Desor, E d u a r d, geb. 13. II. 1811 Friedrichsdorf, Homburg, gest.
23. II. 1882 Nizza.
Studierte in Gießen und Heidelberg Jus; Prof. in Neuchâtel. Mitarbeiter von L. Agassiz und K. Vogt. Ging mit Agassiz nach
Amerika, kehrte aber infolge Zwistigkeiten zurück. Nach Über-
nahme der Erbschaft seines Bruders legte er die Professur an
der Akademie in Neuchâtel nieder und lebte seinen paläontologischen und archäologischen Studien in Combe Varin im Val des
Ponts. Politiker. Echinodermata. Stratigraphie.
Liste des publications de — se rapportant à l'Archéologie de l'Ita-
lie. Bull. Paletnol. Ital., 13, 1887, 31—32 (Bibliographie mit 5
Titeln).
F a v r e, L.: Notice nécrologique. Bull. Soc. Sc. Nat. Neuchâtel, 12,
1882, 551—576; Actes Soc. Helv., 65, 1882, 81—104.
G e i n i t z, H. B.: Zur Erinnerung an —. Isis, Dresden, 1882,
27—30 (Bibliographie).
L e s l e y, J. P.: Obituary, Proc. Amer. Philos. Soc., 20, 1882,
519—528.
R o e m e r, Ferd.: Nekrolog, NJM. 1882, Bd. I, pp. 2.
V o g t, K.: Eduard Desor. Lebensbild eines Naturforschers. Deut-
sche Bücherei, No. 24; Breslau 1885, pp. 37.
C l a r k e: James Hall of Albany, 172, 226, 227, 230, 351, 445, 446
und öfter.
Nachruf: Földtani Értesitö, 3, 73—75.
L a u t e r b o r n: Der Rhein, 1934: 127.
V o g t, K.: Aus meinem Leben, 1896, 194—202.
Scient. Papers 2, 266—269; 7, 525—526; 9, 688—689.

Dewalque, G i l l e s   J o s e p h   G u s t a v e, geb. 2. XII. 1828 (nach
Leopoldina, 41: 102, geb. 1826) Stavelot, gest. 3. XI. 1905
Lüttich.
Chirurg und Gynäkologe. 1850 Lehrer Liège, 1852 Präparator da-
selbst, 1855 Custos am min.-geol. Kabinet, 1857 Prof. Min. Geol.
Pal. Liège. Archäologe und Historiker. Pisces, Silur-Carbon,
Devon, überhaupt Stratigraphie und Paläontologie Belgiens.
L o h e s t, M. u. a. M.: Notice sur —. Ann. Soc. Géol. Belge, 38,
1910—11, B 77—B 158 (Bibliographie mit 388 Titeln über Geol.
Pal. Min., 38 varia, 118 biographischen Titeln = 544).
—   —: G. D. Annuaire Ac. Roy. Sci. Belgique 77, 1911, 53—103
(Portr.).
L e   R o y, A.: Notice biographique sur —. L'Université de Liège
depuis sa fondation Liège, 1869, pp. 11 (Bibliographie mit 46
Titeln).
P e r o n, A.: Nécrologie. Bull. Soc. géol. France, 1906, 300—301.
S o r e i l, Manifestation en l'honneur de M. — Ann. Soc. géol.
Belge, 26, 1898—99, CXXII—CXXVIII (Taf. Medaillon).
Nachruf: Leopoldina, 41, 1905, 102.
F i r k e t, Ad.: Manifestation en l'honneur de —. Ann. Soc. géol.
Belg., 10, 1882—83, CXCIX—CCVII.
Obituary, Geol. Magaz., 1906, 48; QuJGS. London, 62, 1906, LV f.

Dewitz, Hermann, geb. 5. XI. 1848 Obelischken (Krs. Inster-
burg), gest. 15. V. 1890 Berlin.
Custos am zool. Mus. Berlin. Nautiloidea.
Tornier 1925, 80.
(Qu. — Mitt. von H. Bischoff: Kontribuentenliste des Zool. Mus.
Berlin Manuskript).

Dezallier siehe Argenville.

Dick, Robert, geb. I. 1811 Tullibody, gest. 24. XII. 1866 Thurso.
Bäcker und Fossiliensammler, der ungemein reiche Old Red Fisch-
reste in der Umgebung von Thurso aufsammelte, die z. T. von
Hugh Miller beschrieben wurden. Eingehende Würdigung teils
mit den Worten Murchison's u. a. M. in der großen Biographie:
Smiles, S.: Robert Dick, baker of Thurso, geologist and bota-
nist. London, 1878, pp. XX, 436 (Illustriert).
Vergl. Woodward, H. B.: History Geol. Soc. London, 132—33.
Obituary. Geol. Magaz. 1867, 142—144.
Dict. Nat. Biogr. 15, p. 16.

Dickson, Edmund, geb. 1855, gest. 7. III. 1929.
Lenkte die Aufmerksamkeit „to the derivation of the carbonate of
lime of marine shells from the sulphate of lime of the sea-water,
and some of his analyses proved the presence of sulphate of lime
in Oyster-shells".
Obituary, QuJGS., London, 86, LXVI.

Dickson, Oskar Freiherr, geb. 2. XII. 1823, gest. 6. VI. 1897.
Förderer der Reisen Nordenskiölds u. der phytopaläont. For-
schungen in Schweden. „Artocarpus dicksoni".
N(athorst), A. G.: Nachruf. Geol. För. Förhandl. Stockholm,
19, 1897, 494—495.
— — Ymer, 1897, 159—165 (Portr.).

Didelot, Léon, gest. 1896.
Arbeitete 1875 über Pycnodon.
Notice nécrologique. Bull. Soc. géol. France (3) 24, 1896, 195
(Qu.).

Diener, Carl, geb. 11. XII. 1862 Wien, gest. 6. I. 1928 Wien.
Studierte bei Neumayr und Suess, 1897 Prof. Geol. Wien, 1903
Prof. Paläontologie ebendort, Trias Ammonites, Biostratigra-
phie, Faunen bes. des Himalaya.
Ampferer, O.: Nachruf: Verhandl. Geol. Bundesanst. Wien,
1928, 89—93.
Kieslinger, A.: Das Lebenswerk C. D.'s. Der Geologe, 44,
1928, pp. 1123—1132, 1201—1208 (Portr. Bibliographie mit
224 Titeln).
Schuchert, Ch.: Obituary, Amer. Journ. Sci., 15, 1928, May.
Arthaber, G.: Gedenkfeier der Geol. Ges. zur Erinnerung an —.
Mitt. Geol. Ges. Wien, 1929, 21, 1—14 (Portr., Bibliographie).
Zelizko, J. V.: Nachruf. Priroda 21, 80, 1928.
Arthaber, G. v.: Deutsches Biogr. Jahrb. X (Jahr 1928),
1931, 43—45.

Dietlen, Karl Rudolf, geb. 31. VIII. 1857 Plattenhardt, gest.
23. XI. 1931 Urach.
Generaloberarzt. Sammler in der Umgegend von Ulm. Böttinger
Sprudelkalk. Ochetoceras uracense.
Nachruf: Jahreshefte Ver. vaterländ. Naturk. Württemberg 87,
1931, XXXIV—XXXVI (Qu.).

Dillwyn, L e w i s W e s t o n, geb. 1778 Ipswich, gest. 31. VIII. 1855.
Porzellanfabrikant. Mollusca.
H a m i l t o n, W. J.: Obituary, QuJGS., London, 12, 1856, XL.
Scient. Papers 2, 205.
Dict. Nat. Biogr. 15, 90—91.

Dinkel.
Der Zeichner L. Agassiz's.
Life of Lyell, I: 448.
A g a s s i z, L. — s. Biographie.

Dippel, L e o p o l d, geb. 4. VIII. 1827 Lauterecken (Rheinpfalz),
gest. 4. III. 1914 Darmstadt.
Prof. Bot. techn. Hochschule Darmstadt. Dendrologie, Mikroskopie,
Pflanzenhistologie (foss. Holz Tylodendron in: Weiß, Ch. E.,
Fossile Flora d. jüngsten Steinkohlenform. u. des Rothlieg.
im Saar-Rhein-Gebiete. Bonn 1869—1872, 183—184).
Nachruf. Mitt. Deutsche Dendrolog. Ges. 1914, 308—310 (Portr.,
Bibliographie) (Qu.).

Dittmar, A l p h o n s J u l i e w i t s c h v o n, gest. 1903.
Alpine und russische Evertebratenfaunen (Brachiopoda, Gastro-
poda u. a.).
Nécrologie. Annuaire géol. et min. de Russie 7, 1904—05, 38
(Teilbibliographie mit 6 Titeln) (Qu.).

Dixon, F r e d e r i c, geb. 1799, gest. 27. IX. 1849.
Arzt zu Worthing und Sammler tertiärer und cretazischer Ver-
steinerungen aus Sussex. Collection im British Museum.
Hist. Brit. Mus., I: 284.
L y e l l: Obituary, QuJGS., London, 6, 1850, XXXI.

* **Dobrzenski**, J o h a n n e s.
opus 1670: de anatome cerebri povis petrefacti Misc. curios. 1670
(Ref. Schröter, Journ. 3: 168).

Doderlein, P i e t r o, geb. 3. II. 1810 Ragusa, gest. 28. III.
(25. I.) 1895 Palermo.
Prof. Naturgesch. Modena 1839—1862, Prof. Zool. Palermo 1862
bis 1894. Zoologe u. Geologe. Stratigraphie u. Molluskenpaläon-
tologie des Miöcäns im nördl. Apennin.
Nachruf. Atti Soc. dei naturalisti Modena (3) 14, 1896, XXXIII
bis XXXIV.
Nachruf. Bull. Soc. malacol. it. 18 (1893), 1895, 414 (Qu.).

Dohrn, F e l i x A n t o n, geb. 29. XII. 1840 Stettin, gest. 26. IX.
1909 München.
Begründer der Zoologischen Station Neapel. Foss. Arthropoda.
Obituary, Geol. Magaz., 1909, 527—528.
Nachruf. Anatom. Anz. 35, 1910, 596—603 (Bibliographie).

* **Dokutschaev**, V. V.
Russischer Naturforscher, Geologe. Biographie in: Annuaire géol.
min. Russie 7, 1904—05, 3—28 (Portr., Bibliographie).

* **Dolce**, L.
Publizierte 1565, 1605, 1617: Trattato delle gemme che produce la
natura, nel quale si discorre della qualità, grandezza etc. Venezia.
C e r m e n a t i, M.: Da Plinio a Leonardo, dallo Stenone allo
Spallanzani. Boll. Geol. Soc. Ital., 30, 1911, CDLXIV ff.
Nouv. biogr. générale 14, 454.

Dollfus, A u g u s t e, geb. 31. III. 1840 Le Havre, gest. 3. VII. 1869.
Jurafauna (Kimmeridge) vom Cap de la Hève bei Le Havre. P o g g e n d o r f f 3, 369 (Qu.).

Dollfus, G u s t a v e F r é d e r i c, geb. 1850 Paris, gest. 6. XI. 1931.
Sammelte schon als 7jähriger Knabe mit seinem Cousin Duméril und mit Milne-Edwards. Studierte 1868—72 unter Hébert an der Sorbonne. 1879 Collaborateur Service de la Carte géol. France, Conchyliologie. Führte die Begriffe Sparnacien, Cuisien, Auversien ein. Schrieb seine Conchyliologie mit Dautzenberg 1882—98. Tertiärstratigraphie u. -paläontologie (bes. Mollusca).
G a r r o d, E. J.: Obituary, QuJGS., 88, 1932, LXVI—LXVIII.
D o u v i l l é, H.: G. F. D. Bull. Soc. géol. France (5) 3, 1933, 677—726 (Portr., Bibliographie, auch weitere biogr. Lit.).

Dollo, L o u i s A n t o i n e M a r i e J o s e p h, geb. 7. XII. 1857 Lille, gest. 19. IV. 1931 Uccle bei Bruxelles.
Studierte bei Giard und Gosselet, 1882 Conservator am Musée de Bruxelles, 1909 Prof. Paläontologie und Zoogeographie Univ. Bruxelles. Pisces, Reptilia, Aves, Paläobiologie.
A b e l, O.: L. D. Ein Rückblick und Abschied. Paläobiologica, 4, 1931, 321—344 (Portr. Bibliographie mit 139 Titeln).
— — L. Dollo. Zur Vollendung seines siebzigsten Lebensjahres. Palaeobiologica, 1, 1928, 7—12 (Portr.).
Dr. D. T. (Tilly Edinger): Nachruf für den Meister der Paläontologen. Frankfurter Zeitung, 1. Mai 1931.
S t r a e l e n, V. van: L. D. Notice biographique avec liste bibliographique. Bull. Musée roy. d'Hist. nat. de Belg., 9, No. 1, 1933, pp. 29. (Portr. Bibliographie mit 475 Titeln).
W o o d w a r d, A. S.: Obituary notice. Proc. Linn. Soc. London Session 143, 1930—31, 170—171.
Obituary, QuJGS., London, 88, 1932, LXVIII.

* **Dolomieu,** D e o d a t G u y S. T a n c r è d e d e, geb. 1750 Dolomieu (Dauphiné), gest. 1801 Paris.
Maltheserritter und Offizier, 1796 Prof. École de Mines. Reiste in Sizilien, Italien, Pyrenäen, Alpen, begleitete die französische Expedition nach Ägypten. „Auf der Heimreise wurde er in Neapel festgehalten und aus politischen Gründen zwei Jahre eingekerkert. Nach seiner Befreiung wurde er 1800 Prof. Mineralogie am Museum d'hist. nat. in Paris, starb aber schon im nächsten Jahr." (Zittel). Mineraloge. Erwähnt die fossilen ₁Elefanten Italiens.
L a c r o i x, A.: Déodat Dolomieu, membre de l'Institut, sa correspondance, sa vie aventureuse, sa captivité, ses oeuvres. Bd. I—II, pp. LXXXI, 256, 322, Paris, 1922.
L a c é p è d e: Notice historique sur la vie et les Ouvrages de —. Journ. des Mines Paris, 12, pp. 30, 1802.
C h o f f a t, P.: Dolomieu en Portugal. (1778). Com. Serv. geol. Portugal, 4, 1901, 184—189.
Biographie universelle 11, 161—164.

Domeyko, I g n a z, geb. 22. VIII. 1801 oder 31. VII. 1802 Niedzwiadka, Litauen, gest. 23. I. 1889 Santiago, Chile.
1883 Prof. Chemie Mineralogie Bergakademie Chile Sarena, Mineralogie, auch Fossilien Chiles.
S t e l z n e r, A. W.: Nachruf: NJM., 1889, II. pp. 12 (Bibliographie mit 44 Titeln).

Jurkiewicz, K.: Nekrolog: Wszechswiat (Journal hebdomadaire de Varsovie), 1889, No. 7—8.
Kužniar, W.: I. D. Ann. Soc. géol. Pologne 6 (1929), 1930, 372—381 (Portr.).

Donald siehe Longstaff.

Donati, Vitaliano, geb. 1713, gest. 1763.
Verglich in seiner 1750 erschienenen Historia naturale marina del Adriatico Venezia die Sedimente der Adria mit fossilienführenden Gesteinen am Fuße der Apenninen.
Zittel: Gesch.
Edwards: Guide, 43.
Bonino, G. G.: Biografia medica piemontese II Torino, 1825 (Cermenati, 1911).
Lyell, Ch.: Principles of Geology I, 1835 (4. ed.), 67.
Biographie universelle 11, 197.

Donnezan, Albert, geb. 14. X. 1846 Perpignan, gest. 1914.
Studierte Faunen von Perpignan, Roussillon, Serrat d'en Vaquer etc.
Anonyme: Le docteur Albert Donnezan. Bull. Soc. Agr. Sci. et Litt. des Pyr.-orient. 55, 1914, 425—430 (Portr., Teilbibliographie im Text).

Dorlodot, Abbé Henry de, geb. 15. VII. 1855, gest. 1928.
Prof. der dogmatischen Theologie im Seminar zu Namur, Prof. Geol. stratigraphischen Pal. an der katholischen Universität Louvain. Versuchte in seiner Arbeit: Le Darwinisme au point de vue de l'orthodoxie catholique 1921 den Nachweis, daß Darwin der Nachfolger des Heiligen Gregor von Nyssa und des Hl. Augustin ist. Stratigraphie des belg. Paläozoikum.
Obituary, QuJGS., London, 85, LXVII.
Teilbibliographie in: Université catholique de Louvain, Bibliographie 1834—1908; 1834—1900; 1899—1901 (suppl. 1), 1903 bis 1905 (suppl. 3); 1908—1911 (suppl. 5).
Discours aux funérailles. Ann. Soc. géol. de Belgique 52, 1928, B 63—B 74.

Dormal, Victor, gest. Juni 1900.
Mitarbeiter der Geologischen Landesanstalt Belgiens. Ammoniten, Devon, Trias, Jura, Quartär, Prähistorie.
Mourlon, Van Dooren, Jerôme: Discours prononcés aux funérailles de —. Bull. Soc. Belge Geol. Pal. Hydrol., 14, 1900, Proc. Verb., 187—200 (Bibliographie mit 18 Titeln).
Necrolog: L'Echo de Luxemburg, 29, VI, 1900.

Doss, Karl Bruno, geb. 1. XII. 1861 Auerbach, Sächsisches Vogtland, gest. 28. V. 1919.
Prof. in Riga, wurde 1915 aus dem russischen Staatsdienst entlassen, in den er 1889 eintrat. Quartärfaunen.
Loewinson-Lessing: Biogr. Lexikon der Professoren und Dozenten der Universität Jurjew, 1802—1902.
Kupfer, K. R.: Nachruf und seine Verdienste um die Durchforschung der ostbaltischen Gebiete. Korrespondenzblatt Naturf. Ver. Riga, 58, 1924, 3—6 (Bibliographie mit 103 Titeln).
Beck, R.: Nachruf: CfM., 1919, 257—268 (Bibliographie mit 75 Titeln).

Doue, B e r t r a n d d e (J a c q u e s M a t h i e u), geb. 23. X. 1776 Le Puy, gest. 1862.
Publizierte 1829 Mémoires sur les ossements fossiles de Saint-Privat, Allier, Le Puy (Mammalia).
Obituary. QuJGS. London 19, 1863, XXXIII—XXXIV.

* Douglas, S t a i r Mrs.
schrieb Life of W. Whewell, 1882.
W o o d w a r d, H. B.: Hist. Geol. Soc. London, 128.

Douglass, E a r l, geb. 28. X. 1862 Medford (Minnesota), gest. 13. I. 1931 Salt Lake City.
Mitglied und Sammler des Carnegie Museum. Reptilia, Mammalia.
H o l l a n d, J. W.: Earl Douglass. A sketch in appreciation of his life and work. Ann. Carnegie Mus., 20, 1931, 279—292 (Portr., Teilbibliographie).
N i c k l e s I, 316; II, 170 (Qu.).

Douvillé, J o s e p h H e n r i F e r d i n a n d, geb. 1846, gest. 1937.
Prof. Ecole sup. des mines, Paris. Rudista, Echinida.
Notice sur les travaux scientifiques de M. — Lille pp. 110, 1903, Fig. 165. (Bibliographie mit 173 Titeln).
Notice nécrologique. Compte rendu sommaire des séances Soc. géol. France 1937, 21—22.

Douvillé, R o b e r t, geb. 26. VII. 1881 Lunéville (Meurthe-et-Moselle), gest. 4. XI. 1914 (Heldentod).
Studierte bei Munier-Chalmas und Haug. Prof. an der École des Mines. Foraminifera, Cephalopoda. Jura, Kreide.
B l a y a c, J.: Notice nécrologique sur —. Bull. Soc. Géol. France, (4) 18, 1918, 322—336 (Bibliographie mit 55 Titeln).

Douxami, H e n r i, geb. 1871, gest. 1913.
Prof. Univ. Lille. Alpine Tertiärstratigraphie.
B a r r o i s, Ch.: L'oeuvre de —. Ann. Soc. géol. du Nord, 42, 1913, Lille 33—44.
V a c h e r, A.: Bibliographie des principales publications de —. Ebenda 42, 1913, 352—359 (mit 97 Titeln).
Nachruf: Leopoldina, 49, 1913, 70.

Dover, W i l l i a m K i n s e y, gest. 75 Jahre alt am 27. III. 1891.
Kaufmann, 1835—68 Soldat. Sammelte Ordovicische Fossilien für das Woodwardian Museum Cambridge.
Obituary, Geol. Magaz., 1892, 47—48.

Dowker, G e o r g e, geb. 1828, gest. 1899.
Lebte als Landwirt in Kent und sammelte Eozän und Kreide aus seiner Umgebung. Coll. im British Mus.
Hist. Brit. Mus., I: 285.
Obituary. QuJGS. London 56, 1900, LV—LVI; Geol. Magaz. 1899, 528.

Döderlein, L u d w i g, geb. 3. III. 1855 Bergzabern, gest. 23. III. 1936 München.
Direktor der Straßburger zool. Sammlung bis 1918, dann Prof. d. Zool. Univ. München. Systematiker, Tiergeograph, Paläontologe (Flugsaurier, Echinodermen. Wirbeltiere in: Steinmann-Döderlein, Elemente der Paläontologie) (Qu.).

Drake, H e n r y C h a r l e s, geb. 1864, gest. I. 1919 Scarborough.
Studierte Pal. von Leicester, Hull und Scarborough. Cephalopoda,
Reptilia.
Obituary, Geol. Magaz., 1919, 144, 482.

Drevermann, F r i t z, geb. 15. II. 1875, Auhammer bei Batten-
berg, gest. 16. III. 1932.
1894 Praktikant bei den Bergwerken des Rheinlandes, 1900 Assistent bei E. Kayser, Marburg, 1903—1905 Privatdozent ebendort, 1905 Assistent am Senckenberg-Mus., 1914 Prof. Pal.
Geol. Frankfurt a. M. Paläozoische Faunen, Reptilien, Museologie.
R i c h t e r, R.: Nachruf. Aus Natur und Museum, 62, 1932, 141—
149 (Portr.), Bibliographie in Senckenbergiana, 14, 1932, 193—
197; Paläont. Zeitschr. 14, 1932, 133—136.
S a l o m o n - C a l v i, W.: Nachruf: Geol. Rundschau, 23, 1932,
283—288 (Portr. Bibliographie mit 71 Titeln).

Dreyer, F r i e d r i c h A u g u s t, geb. 6. VIII. 1866.
Dr. phil., Privatgelehrter in Jena. Foraminiferen des Lias von
Gotha. Radiolarien von Caltanisetta.
Biologenkalender 1914, 189 (Bibliographie).
B e u t l e r, Foraminiferenlit. 31 (Qu.).

Drugčevič. F e r d i n a n d, geb. 1856 St.. Peter bei Graz, gest.
12. IV. 1928.
Beamter am Landesmuseum Joanneum in Graz. Sammler und
Präparator.
Nachruf. Mitt. Naturw. Ver. Steiermark 66, 1929, 229—230 (Qu.).

Dubois, A u g u s t e, geb. 17. V. 1862 La Chaux-de-Fonds, gest.
19. IV. 1923 Neuchâtel.
Lehrer in Neuchâtel. Stratigraphie d. Schweiz. Nerinea. Spelaeologie.
S c h a r d t, H.: A. D. Verh. Schweiz. Naturf. Ges. 104, 1923,
17—20 (Bibliographie).
Nachruf. Bull. Soc. neuchateloise sci. nat. 50 (1925), 1926,
120—123 (Portr., Bibliographie) (Qu.).

Dubois, E u g e n, geb. 26. I. 1858.
Holländischer Militärarzt. Prof. Amsterdam, Direktor des Teyler
Museum Haarlem. Entdeckte 1894 Pithecanthropus erectus auf
Java.
M o l e n g r a a f f, G. A. F.: Huldigung van E. D. (anläßlich seines
70. Geburtstages), Tijdschr. Kon. Ned. Aardrijkskund. Genoot-
schap, (2) XLV, 1928, 359—361.
D e J o n g h, A. C.: De Trinil collectie van Prof. Dubois. Tijd-
schr. K. nederl. aardrijksk. Genootsch. (2) 48, 350—353, Lei-
den 1931.
Portr. in H r d l i c k a: The skeletal remains of early man 1930.

Dubois d e M o n t p e r r e u x, F r é d é r i c, geb. 28. V. 1798
Môtiers, Canton Neuchâtel, gest. 7. V. 1850.
Erzieher in Litauen, Reisen in Polen u. im Caucasus. Prof. Arch.
in Neuchâtel. Mollusca. Stratigraphie des Caucasus.
L y e l l: Obituary, QuJGS., London, 7, 1851, XXVII.
J e a n n e r e t, F. A. M.: Biogr. neuchâteloise .1, 1863, 270
bis 293.
Biogr. universelle 11, 362—364.

Dubreuil, J.
Prof. École de Méd. Montpellier. Mitarbeiter von M. de Serres.
Schrieb in Montpellier über fossile Hyänen, Mem. Mus. d'Hist.
nat. 1828.

Du Bus de Gisignies, Vicomte Bernard-Amé-Léonard,
geb. 21. VI. 1808 Tournai, gest. 6. VII. 1874 Ems.
Ornithologe. Mammalia aus dem Crag von Antwerpen.
Notice biographique. Annuaire Ac. roy. Belgique 49, 1883, 243—
bis 270 (Portr., Bibliographie) (Qu.).

Duchatel, Conte.
Lyell besuchte 1833 bei Mons die Maastrichter Schichten und sam-
melte 250 specimen „and were shown me by Conte D.".
Life of Lyell, I: 402.

* Dufay.
Nouv. biogr. générale 15, 63—64.

Dufrénoy, Pierre Armand, geb. 5. IX. 1792 Sevran (Seine-et-
Oise), gest. 20. III. 1857 Paris.
Bergingenieur, 1823 Prof. an der École, des Mines, 1847 auch Prof.
der Mineralogie am Jardin des Plantes. Freund Valenciennes'.
Mineraloge. Stratigraphie.
Lacroix, A.: Notice historique sur le troisième fauteuil de la
section de Minéralogie. Paris, Acad. 1928, 24—33.
Notice sur les travaux minéralogiques et géologiques de —. Paris
(ohne Jahr), pp. 6; II. Aufl., pp. 8.
Funérailles de —. Discours prononcés par MM. de Senarmont, Flourens, Valenciennes et Élie de Beaumont le 22. Mars
1857. Paris, Acad., pp. 20.
d'Archiac, A.: Notice sur la vie et les travaux de — suivie
d'une liste bibliographique de ses publications lue à la Société
Géol. de France dans la séance du 21. Mai 1860. Paris, pp. 31.
Billy, De: Notice sur —, Inspecteur générale des Mines. Ann.
des Mines, (6) 4, 1863, 129—163 (Bibliographie im Text).

Du Gard, T., gest. 1840.
Mitarbeiter Murchison's. Arzt u. Sammler in Shrewsbury.
Woodward, H. B.: Hist. Geol. Soc. London, 93.
Obituary. Proc. Geol. Soc. 3, 1842, 523.

Dujardin, Félix, geb. 5. IV. 1801 Tours, gest. 1860.
Studierte um 1830 Foraminifera.
Ouvrages et Mémoires publiés par —. Paris, 1844, pp. 6.
Notice sur les travaux scientifiques de —. Paris, 1850, pp. 24.
Nouv. biogr. générale 15, 118—119.

Dulac, Jean-Louis Alléon-, gest. 1768.
Frz. Naturforscher, erwähnt auch fossile Pflanzen.
Zittel, Gesch.
Nouv. biogr. générale 2, 155.

Dumas, Émilien, geb. 4. XI. 1804 Sommière (Gard), gest.
21. IX. 1870.
Stratigraphie des dép. Gard.
Lombard-Dumas, A.: Étude sur la vie et les travaux d' —
de Sommière, lue à l'Académie du Gard dans les séances du 21
Avril et du 5. Mai 1877. Mém. Acad. du Gard, 1877, pp. 73
Nîmes (Portr., Bibliographie).

Duméril, A n d r é M a r i e C o n s t a n t, geb. 1. I. 1774 Amiens,
gest. 14. VIII. 1860.
Prof. der Zoologie Paris, (führte 1807 den Namen Brachiopoda ein).
Fossile Säugetiere.
M o q u i n - T a n d o n: Eloge de D. Séance de rentrée Fac. de
Méd. Paris 15 nov. 1861 (Bibliographie).
Nouv. biogr. générale 15, 1 79—181.
M i l n e - E d w a r d s: Discours aux funérailles de D. Ann. Soc.
entomol. France (3) 8, 1860, 647—650 (Portr.).

* **Dumont,** A n d r é, geb. 15. II. 1809 Lüttich, gest. 1. III. 1857
(nach Omalius 28. II. 1857).
Prof. an der Universität Lüttich. Stratigraphie Belgiens.
O m a l i u s d'H a l l o y: Notice sur —. Annuaire Acad. roy. Belg.
1858, 91—100 (Portr.).
— — Notice sur la vie et les travaux géologiques de — né
à Liège le 15. févr. 1809, mort le 28. févr. 1857, Paris, pp. 7.
M o u r l o n, M.: Mémoires sur les terrains crétacés et tertiaires
préparés par feu A. D. édités par — I. Bruxelles, 1878 (Biblio-
graphie).
F a y n, J.: André Dumont, sa vie et ses travaux. Paris et Liége,
1864, pp. 275 (Bibliographie mit 28 Titeln).
H o r i o n, Ch.: André Dumont et la philosophie de la nature.
Bruxelles, 1866, pp. 87.
R e n i e r, A.: A propos d'un centenaire scientifique: A. D. et la
constitution géologique de la province de Liège. Bull. Acad. Roy.
Belg., (5) 16, 1930, 548—560.
M o u r l o n, M.: Réflexions au sujet de l'appréciation par M. G.
Dollfus de l'oeuvre d'André Dumont. Bull. Soc. Belg. Géol.
Pal. Hydrol., 17, 1903, PV. 52—56.
D e w a l q u e: Biogr. nationale Belg.
H a i d i n g e r: Nachruf: Jahrb. Geol. Reichsanst. Wien, 8, 1857,
175.
Obituary, QuJGS., London, 14, 1853, LXII—LXXI.
G e i k i e: Murchison, I: 165.

Dumortier, V i n c e n t - E u g è n e, geb. 1801, gest. 13. VIII. 1876.
Ammonitenforscher. Jurastratigraphie u. -paläontologie.
F a l s a n, A.: Notice sur la vie et les travaux de V. E. D., Président. Ann. de la Soc. Agric. Lyon, (4) 10, 1877, 1—28 (Bibliographie).
T e i s s i e r: Allocution prononcée dans la séance du 7. Nov. 1876
à l'occasion de la mort de —. Mém. Acad. Lyon. 'class. Sci.,
22, 1876-77, 169—172.

Duncan, P e t e r M a r t i n, geb. 20. IV. 1824 Twickenham, gest.
28. V. 1891.
1870 Prof. Geol. King's College. Protozoa, Spongia, Corallia,
parasitische Algae, Echinoidea.
Obituary, Geol. Magaz., 1891, 332—336; Rec. Geol. Surv. India,
24, 1891, 153—154 (Bibliographie).

Dunker, R u d o l f W i l h e l m, geb. 21. II. 1809 Eschwege, gest.
13. III. 1885 Marburg.
Studierte 1830 bei Blumenbach in Göttingen, 1839 Dozent Min.
Geol. Cassel, 1854 Prof. Min. Marburg. Mollusca. Monographie der
norddeutschen Wealden-Bildung. Begründete mit H. v. Meyer
die Paläontographica.
K o e n e n, A. v.: Nachruf: NJM., 1885, II, pp. 5.
— — Nachruf: Paläontogr., 31, 331—335. (Bibliographie mit
70 Titeln 336—338).

* **Duparc,** L o u i s, geb. 13. II. 1866 Collonge bei Genf, gest. 20. X.
1932.
1888 Prof. Min. Petrogr. Genf. Petrograph. Seine Bibliographie
beträg; bis 1924 271 Titel.
S'p e n c e r, L. J.: Obituary, QuJGS., London, 1933, LXXXIX.

Duponchelle, gest. 1885.
Belg. Geologe Mitübersetzer von Zittels Paläontologie (Echinodermata) ins Franz.
G o s s e l e t: Notice nécrol. sur —. Ann. Soc. géol. du Nord, 12,
1884-85, 399—401.

Dupont, E d o u a r d F r a n ç o i s, geb. 31. I. 1841, gest. 31. III.
1911.
Direktor Mus. Bruxelles. Carbon Belgiens, Cephalopoda, Iguano-
don. Homo fossilis, Speläologie.
W a t t s, W. W.: Obituary, QuJGS., London, 68, 1912, L—LI.
Obituary, Geol. Magaz., 1911, 283.
Notices biogr. et bibliogr. Ac. Roy. Sci. Belgique 1874, 34—35;
1886, 173—176; 1896, 200—209; 1907—09, 899—909 (Teilbi-
bliographie).
P o g g e n d o r f f 3, 390; 4, 358; 5, 314.

Dusén, P e r, geb. 4. VIII. 1855 Vimmerby (Schweden), gest. 22. I.
1926 Tranås (Schweden).
Schwed. Botaniker. Auch Phytopaläontologie (Tertiäre Flora der
Magellansländer).
B i r g e r, S.: P. D. Svensk Bot. Tidskrift 20, 1926, 77—85
(Portr., Bibliographie im Text) (Qu.).

* **Dutton,** M a j o r C. C., geb. 15. V. 1841 Wallingford Conn., gest.
4. I. 1912 Engleword N.-Jersey.
Offizier. Arbeitete bei James Hall und Whitefield.
B e c k e r, G. F.: Obituary, Am. Journ. Sci., (4) 33, 1912, 387—
388.

Duval-Jouve, J o s e p h, geb. 7. IV. 1810 Bassy-Lamberville (Eure),
gest. 25. VIII. 1883 Montpellier.
Französischer Botaniker und Paläontologe ,zu Montpellier. Belemniten.
Notice sur les titres et ouvrages scientifiques de —. Montpellier
1872, pp. 16, 1877, pp. 19.
F l a h a u l t, Ch.: Notice biographique sur —. Bull. Soc. Botanique
de France, 31, 1884, 167—182 (Bibliographie).
S a h u t, Félix: Notice biographique sur —. Bull. Soc. d'Études
scientifiques d'Angers n. s., 15, 1885, 29—60, 1886 (Bibliographie).

Duvalde, M a r t i n.
Notiz über Ausgrabung von fossilen Säugerknochen 1802.
M e r r i l l: 1904, 213.

Duvernoy, G e o r g e s L o u i s, geb. 6. VIII. 1777 Montbéliard, gest.
1. III. 1855.
Prof. Mus. d'hist. nat. Paris. Mammalia.
O u s t a l e t: Notice biographique. Mém. Soc. d'Emulation de
Montbéliard 1, 1856, 31—35 (Compte rendu 1855) (Qu.).

Dwight, W i l l i a m B u c k, geb. 22. V. 1833 Constantinopel, gest.
29. VIII. 1906 Cottage City, Mass.

1865 Bergingenieur, 1870 Prof. Naturgeschichte, 1878 Prof. am Vassar Coll. Stratigraphie.
Merrill, F. J. H.: Memorial — Bull. Geol. Soc. America, 18, 1906, 571—2.

Dybowski, Wladislaw, geb. 18./30. IV. 1838 Gut Adamasyn (Gouv. Minsk), gest. 14./27. VII. 1910 Gut Wojnów (Gouv. Minsk).
Privatdozent in Dorpat, später Privatgelehrter. Paläozoische Korallen.
Nekrolog. Sitzber. Naturforscher-Ges. Jurjew (Dorpat) 19, 1910, 1—15 (Portr., Bibliographie) (Qu.).

Eastman, Charles Rochester, geb. 5. VI. 1868 Cedar Rapids Iowa, gest. 27. IX. 1918 Long Beach, New Jersey (ertrank).
Studierte an der John Hopkins Universität und bei Zittel, 1894 Instruktor der Pal. und Historischen Geol. am Mus. Comp. Zool. Harvard Coll., 1895 am Radcliffe College, 1895 Curator der Vertebraten Paläontologie im Harvard Museum, 1910 Prof. Pal. Pittsburgh und Curator des Carnegie Museums, 1914 U. S. National Museum und Geologe im New England District des U. S. Geol. Survey. Bei der amerikanischen Kriegserklärung rückte er ein, zog sich eine Influenza zu. „On the night of his death he left the hotel after dinner, took a walk on the boardwalk, and fell through a broken portion of the pier into the surf. Stunned by the fall, he was drawn into deeper water and drowned." Pisces, Aves.
Dean, Bashford: Memorial of —. Bull. Geol. Soc. America, 30, 1919, 27—36 (Portr. Bibliographie mit 100 Titeln).
— — Obituary, Am. Mus. Journ., 18, 1918, 506—507; Science, n. s., 49, 1919, 139—141.
Obituary, Am. Journ. Sci., (4) 46, 1918, 692.
Sternberg, Ch. H.: Hunting Dinosaurs, p. 163.
Holland, W. J.: Obituary, Ann. Carnegie Mus., 12, 1919, 346—352 (Portr.).

Eaton, Amos, geb. 1776, gest. 1842.
Nordamerikanischer Geologe. Prof. Rensselaer School Troy, Leiter der Geol. Survey Vicinity of the Erie Canal; auch Botaniker. Stratigraphie.
Clarke: James Hall of Albany, 25—29 ff.
Merrill, 1904, 251 ff, 234 (Portr., Taf. 6, p. 234), p. 695 und öfter.
Merrill, G. P.: The first one hundred years of American geology. New Haven, 1924.
Sketch of —. Pop. Sci. Mo., 38, 1890, 64—69.
Durfee, C.: A sketch of the life . . . . of A. E. 1860 (Bibliographie).
Nickles 331—332.

Ebel, Johann Gottfried, geb. 1764 Züllichau, Schlesien, gest. 1830 Zürich.
1793 Arzt in Frankfurt a. M. „Wegen einer Übersetzung der Schriften von Sieyès wurde Ebel politisch verdächtigt und genötigt, nach Paris überzusiedeln, wo er sich neben seinem ärztlichen Beruf mit Anatomie und Naturwissenschaften beschäftigte. 1810 wählte er Zürich zum dauernden Aufenthalt." Stratigraphie der Schweizer Alpen.
Zittel: Gesch.
Nekrolog. Actes Soc. helv. sci. nat. 17, 1832, p. 128—136 (Portr.).

L a u t e r b o r n: Der Rhein, I: 233—234, 1934: 99—100.
E s c h e r, H.: Ebels Leben und Wirken, 1836.
Allgem. Deutsche Biogr. 5, 518—19.

Eberhard, L u d w i g, H e r z o g v o n W ü r t t e m b e r g, geb. 1676, gest. 1733.
ließ 1700 fossile Knochen von Cannstatt ausgraben.
L a u t e r b o r n: Der Rhein, I: ·190.

Ebert, T h e o d o r, geb. 6. V. 1857 Cassel, gest. 1. IX. 1899.
Studierte bei Dunker, Koenen. 1883 Mitarbeiter der Preuß. Geol. Landesanstalt. 1895 Prof. Pal. Bergakademie. Echinidae, Decapoda, Mollusca.
Nachruf: Jahrb. Preuß. Geol. Landesanst., 20, 1899, CXVII—CXX (Portr. Bibliographie mit 28 Titeln).
T o r n i e r: 1925: 97.
Selbstbiographie. Abh. u. Ber. 45 Ver. f. Naturk. Kassel 1900 1—19 (Bibliographie).

Ebray, C h a r l e s - H e n r i - T h é o p h i l e, geb. 1823 Basel, gest. 5. II. 1879 Petit-Sacconnex.
Ingenieur. Stratigraphie u. Paläontologie Frankreichs, bes. dép. de la Nièvre u. frz. Alpen.
F a l s a n, A.: Notice sur la vie et les travaux de T. E. Mém. Ac. sci., belles-lettres et arts de Lyon, Cl. des sciences 24, 1879—80, 207—228 (Bibliographie).
P o g g e n d o r f f 3, 397—98 (Qu.).

Eck, H e i n r i c h v o n, geb. 13. I. 1837 Gleiwitz-Hütte (Oberschlesien), gest. 11. III. 1925 Stuttgart.
Prof. Min. Geol. Polytechnikum Stuttgart. Triasstratigraphie und -paläontologie.
S a u e r, Ad.: Nachruf. Jahresh. Ver. vaterländ. Naturk. Württemberg 81, 1925, XXIX—XXXIII (Portr., Bibliographie) (Qu.).

Eckstein, K a r l, geb. 28. XII. 1859 Grünberg (Oberhessen).
Prof. Zool. Forstl. Hochschule Eberswalde. Forstwirtschaft und Fischerei. Säugetierhaare im Bernstein 1890.
Festschr. zum 70. Geb. von K. E. Berlin 1929, 5—39 (Portr., Bibliographie) (Qu.).

Edward, T h o m a s, geb. 24. XII. 1814 Gosport, Portsmouth, gest. 27. IV. 1886.
Schuhmacher, dann Zoologe in Banff. Studierte Kjökkenmöddings.
S m i l e s, S.: Life of a scotch naturalist — associate of the Linnean Society, II. Aufl. London, 1877, pp. 438 (Portr.).
Dict. Nat. Biogr. 17, 106—107.

Edwards, A l p h o n s e M i l n e, s. Milne-Edwards, Alphonse.

Edwards, F r e d e r i c k E r a s m u s, geb. 1. X. 1799, gest. 15. X. 1875.
Jurist, Chief Clerk of Masters Wingfield and Blunt. Einer der Begründer des London Clay Club und Palaeontographical Society. Studierte eozäne Mollusken Englands. Sammelte auch Vertebratenreste, Pflanzen und Evertebratenreste. Seine Sammlung, bestehend aus 39 000 Mollusken, gelangte in das British Museum.
J. M. & H. W (o o d w a r d): Obituary, Geol. Magaz., 1875, 571—572 (Bibliographie).
Obituary, QuJGS., London, 32, 1876, Proc., 89.
Hist. Brit. Mus., I: 285.

Edwards, H e n r i M i l n e-, s. Milne-Edwards, H.

Egerton, Sir Philip de Malpas Grey-, geb. 13. XI. 1806, gest. 6. IV. 1881 London.
Studierte bei Buckland und Conybeare und reiste nach Beendigung seiner Studien mit seinem jugendlichen Freund Earl of Enniskillen in Deutschland usw. Nach Aufschließung mehrerer Höhlen Frankens erschien er 1830 in Begleitung Lord Cole's in Neuchâtel, wo er neben Agassiz sich mit foss. Fischen zu beschäftigen begann. Seine Sammlung gelangte in das British Museum. Im übrigen Deputy Lieutenant, Justice of Peace und Abgeordneter.
E t h e r i d g e, R.: Obituary, QuJGS., London, 38, 1882, Proc. 46—48. (Seine Bibliographie beträgt 73 Titel über Pisces, 6 über Reptilien, 2 über Höhlentierreste).
Life of Lyell, I: 265, II, 73, 79, 90, 104.
Life of Owen, I: 275—281.
Hist. Brit. Mus., I: 286.
Obituary, Geol. Mag., 1881, 239—240.

Egerton, Rev. William Henry, geb. 13. XI. 1811, gest. 17. III. 1910.
Bruder Sir Philipp de Malpas Grey Egertons. Studierte bei Buckland, beschäftigte sich mit Lias und Indischen Faunen.
Obituary, Geol. Magaz., 1910, 287 (Portr.).

Egger, Joseph Georg, gest. 24. III. 1913 München.
Obermedizinalrat. Monographien über Mikrofaunen, besonders über Foraminiferen namentlich der Oberkreide Bayerns.
22. Ber. Naturw. Ver. Passau (1912—1916), 1916, 6.
Vergl. B e u t l e r, Foraminiferenlit. 32, 130 (Qu.).

Ehlers, E r n s t, geb. 11. XI. 1835, gest. 31. XII. 1925 Göttingen.
Prof. Zool. Erlangen, zuletzt Göttingen. Zoologe. Fossile Würmer von Solnhofen.
Todesnachricht. Zool. Anz. 65, 1926, 264.
Bibliographie. Zeitschr. f. wissensch. Zool. 83, 1905, 733—741 (Qu.).

Ehrenberg, Christian Gottfried, geb. 19. IV. 1795 Delitzsch, gest. 27. VI. 1876 in Berlin.
Prof. der Medizin in Berlin, leitete 1820—1826 Expedition nach Ägypten, 1827 Prof. Begründer der Mikropaläontologie.
L a u e, M.: Christian Gottfried Ehrenberg. Ein Vertreter deutscher Naturforschung im neunzehnten Jahrhundert. Nach seinen Reiseberichten, seinem Briefwechsel mit A. v. Humboldt, v. Chamisso, Darwin, v. Martius und anderen Familienaufzeichnungen, sowie anderem statistischen Material. Berlin 1895, pp. 287.
H a n s t e i n, Joh.: Ch. G. E. Ein Tagwerk auf dem Felde der Naturforschung des 19. Jahrhunderts. Bonn 1877, pp. VIII—162 (Portr.).
G e i k i e: Murchison, I: 293.
Life of J. D. Forbes, 234.
T o r n i e r: 1924: 43, 1925: 97.
Obituary, QuJGS., London, 33, 1877, Proc. 56 ff.
H o l l ä n d e r, E.: Anekdoten aus der medizinischen Weltgeschichte. Stuttgart 1931, 150—152, Portr.
M o h l, R. v.: Lebenserinnerungen. Stuttgart-Leipzig 1902, II: 414—415.
D a r m s t a e d t e r, L.: Miniaturen, Bielefeld & Leipzig, 1926, 95—98.
C i b a - Zeitschrift No. 14, 1934 Okt., 466.
Allgem. Deutsche Biogr. 5, 701—711.

Ehrhart, B a l t h a s a r, geb. 29. VII. 1700 Kaufbeuren, gest. 1756.
Schrieb 1724 über schwäbische Belemniten, die er mit Nautilus
und Spirula verglich, also als erster die Cephalopodennatur er-
kannte. Sammelte in Württemberg.
H a a g: Gesch. Geol. Württemberg, 1925—26.
T o r n i e r: 1924: 12.
M ü l l e r, Th.: B. E. Württembergische Jahrbücher für Sta-
tistik und Landeskunde für 1877, 1878, IV. 81—IV. 93.
Q u e n s t e d t, F. A.: Ueber Pterodactylus suevicus 1855, 15 ff.
(Qu.).

Ehrlich, F r a n z C a r l, geb. 5. XI. 1808 Wels, gest. 23. IV. 1886
Linz.
Custos am Museum Franc. Carol. Linz. Stratigraphie Österreichs
Fossile Säugetiere.
Nachruf: Verh. Geol. Reichsanst. Wien, 1886, 151—152.
S c h a d l e r, J.: Geschichte d. mineral.-geolog. Sammlungen.
Jahrb. d. Oberösterreich. Musealver. 85 (Festschr. z. Jahrhundert-
feier). Linz 1933, 366 ff., 377.
(W i n k l e r, A.): Das Oberösterreichische Museum Francisco-
Carolinum in Linz. Linz 1873, 33—36 (Bibliographie).

Eichler, G. Chr.
Schrieb 1712: Fossilia diluvii universalis monumenta Altdorf.
Freyberg.

Eichwald, E d u a r d I w a n o w i t s c h v o n, geb. 4. VII. 1795
Mitau, gest. 4.-16. XI. 1876.
1821 Privatdozent Dorpat, dann Prof. Kasan, Kollegienrat u. Prof.
Wilna, 1840 Staatsrat u. Prof. Berginstitut St. Petersburg.
Mammalia Rußlands, Ceratiten, Ichthyosauria, „Lethaea ros-
sica".
W a l t h e r, Chr. F.: Viro excellentissimo et doctissimo Dr. Eduar-
do de Eichwald, memoriam recolenti d. 18. m. maii MDCCCLXIX,
St. Petersburg 1869.
L i n d e m a n n, Ed. v.: Das 50jährige Doktorjubiläum E. v.
Eichwalds, in: Eichwald: Nils von Nordenskiöld und Alex. v.
Nordmann, nach ihrem Leben und Wirken. St. Petersburg, 1870,
110—190. (Portr.); auch Verh. russ. k. mineral. Ges. St.
Petersburg (2) 5, 1870, 278—358 (Bibliographie).
Nachruf: Jahrb. K. K. Geol. Reichsanstalt, 7, 1856, 832.
K ö p p e n II, 96—97.

Eights, J a m e s, geb. 1798, gest. 1882 Ballston, New York.
Assistent Vanuxems.
Lebensskizze: Clarke, J. M.: Sci. Monthly, 1916, Febr., p. 189.
C l a r k e: James Hall of Albany, 55—56.
N i c k l e s 336—337.

Elie de Beaumont siehe B e a u m o n t.

Elsholtz, J o h a n n S i g i s m u n d, geb. 26. VIII. 1623 Frankfurt
a. O., gest. 28. II. 1688 Berlin.
Opus: de succino fossile et lapide belemnite Misc. curios. 1678—79,
Ref. Schröter Journ., 3: 172.
P o g g e n d o r f f 1, 660.

Embleton, D e n n i s, geb. 1. X. 1810 Newcastle, gest. 12. XI. 1900.
Arzt in Newcastle. Loxomma (zus. mit Th. Atthey).
Archaeologia Aeliana (3) 10, 1913, 321—324 (Bibliographie) (Qu.).

Emerson, Benjamin Kendall, geb. 20. XII. 1843 Nashua,
New Hampshire, gest. 7. IV. 1932 Amherst Mass.
Prof. der Geol. zu Amherst. Petrograph, schrieb mit Loomis über
Mollusca, Stegomus. Lehrer von J. M. Clarke, Kemp, Loomis.
L o o m i s, F. B.: Memorial of —. Bull. Geol. Soc. Amer., 44,
1933, 317—325 (Portr. Bibliographie mit 50 Titeln, vorwiegend
Petrogr.). Amer. Journ. Sci., (5) 24, 1932, 96.

Emmerling, Ludwig August, geb. 7. V. 1765 Arnstadt, gest.
24. XII. 1842 Darmstadt.
Rat an der Hofkammer Gießen, hessischer Mineraloge und Bergmann, schrieb mit Langsdorf 1820: Beiträge zur Naturgesch. der
Vorwelt der Natur mit treuen Abbildungen und Beschreibungen
aus den fossilen Resten organischer Schöpfungen aus der Braun-
kohlenformation, gab 1797 ein Lehrbuch der Min. heraus.
T o r n i e r: 1924: 30.
Allgem. Deutsche Biogr. ·6, 87—88.

Emmons, Ebenezer, geb. 16. V. 1799 (nach Zittel [falsch] 1800)
Middlefield, Mass., gest. 1. X. 1863 Brunswick County N. C.
Gynäkologe. 1836 Geologe beim New York State Geol. Survey,
dann in N. Carolina. Begründer des Taconic-Systems.
M a r c o u, J.: Biogr. Am. Geol., 7, 1891, 1—23. (Portr. Bibliogra-
phie mit 31 Titeln); Sci. 5, 1885, 451—458 (Portr.).
Obituary, Amer. Journ. Sci., 37, 1864, 151.
Cbituary, Pop. Sci. Mo., 48, 1896, 406—411 (Portr.).
M e r r i l l: 1904, 696 u. öfter.
Proc. Boston Soc. Nat. Hist., 12, 1868-69, 214.
C l a r k e, James Hall of Albany 99, 206 ff und öfter.

Emmons, Ebenezer jr., gest. 1908 87 Jahre alt.
Zeichner für die Nat. Hist. of New York.
C l a r k e: James Hall of Albany, 101, 315—16.

* **Emmons**, Samuel Franklin, geb. 29. III. 1841 Boston, gest.
28. III. 1911 Washington.
Geologe am King Survey; schrieb King's Biographie.
H a g u e, A.: Memorial of —. Bull. Geol. Soc. Amer., 23, 1912,
12—28 (Portr. Bibliographie mit 94 Titeln.)
— — Biographical memoir of —. Biogr. Mem. Nat. Acad. Sci.,
7, 1912, 330—334 (Bibliographie mit 95 Titeln).
Obituary, Eng. M. Journ., 91, 1911, 701—702 (Portr.).
Liste of principal scientific publications (ohne Jahr und Ort)
(1890), pp. 3.

Emmrich, Hermann Friedrich, geb. 7. II. 1815 Meiningen,
gest. 24. I. 1879 Meiningen.
Prof. Realschule Meiningen. Trilobiten, Stratigraphie der Ost-
alpen und Thüringens.
Z i t t e l, Gesch.
P o g g e n d o r f f 1, 664; 3, 408.
NJM., 1879, 224 a (Qu.).

Endlicher, Stephan Ladislaus, geb. 24. VI. 1804 Preßburg,
gest. 28. III. 1849 Wien.
Prof. Bot. u. Direktor bot. Garten Wien. Fossile Coniferen (in:
Synopsis Coniferarum 1847).
W u r z b a c h 4, 44—46 (Qu.).

Engel, Theodor, geb. 20. XI. 1842 Eschenbach, OA. Göppingen, gest. 29. I. 1933 zu Eislingen an der Fils.
Evangelischer Pfarrer zu Eislingen. Schwäbischer Jura. Schrieb: Geognostischer Wegweiser durch Württemberg.
Berckhemer, F.: Nachruf. Jahresh. vaterl. Naturk. Württemberg 89, 1934, XXXV—XXXIX (Portr. Bibliographie mit 40 Titeln).

Engelhardt, Hermann, geb. 1839, gest. 1918.
Dresdener Phytopaläontologe.
Deichmüller, J.: Nachruf. Sitz. Ber. Isis, Dresden 1918 (1919), V—X, Portr. und Leopoldina 55, 1919, 64—68, 70—72 (Bibliographie).

* **Engelhardt**, Moritz von, geb. 27. XI. 1779 Wieso (Esthland), gest. 10. II. 1842 Dorpat.
Wernerist, Geol. Finnland. 1820.
Zittel: Gesch.
Biograph. Lexicon Prof. Doz. Dorpat, 1902, 201—205.
Poggendorff 1, 669.

* **Engelmann**, George, geb. 1809, gest. 1884.
Nordamerikanischer Botaniker zu St. Louis.
White, Ch. A.: Memoir of —. Biogr. Mem. Nat. Acad. Sci., 4, 1902, 1—21.
Clarke: James Hall of Albany, 246—247.

* **Engelspach**, Auguste dit Larivière, geb. 7. V. 1799 Brüssel, gest. 23. VII. 1831.
Schrieb 1823 über Geol. Luxemburgs.
Alvin, L.: Notice sur Auguste Engelspach dit Larivière. Biographie nationale de Belgique, 6, 1878, 586—600.

Enniskillen, William Willoughby Cole, III. Earl of Enniskillen oder Viscount Cole, geb. 1807, gest. 21. XI. 1886.
Studierte in Oxford unter Buckland und Conybeare, sammelte mit seinem Freund, Sir Philip Egerton zuerst plistozäne Mammalia in verschiedenen Höhlen des Kontinents, besonders Frankens (Küssloch, Rabenstein, Scharzfeld, Gailenreuth), widmet sich nach einer Reise in der Schweiz (Oeningen) auf Anregung Agassiz's dem Studium der fossilen Pisces. Er verbrachte eine Sommerfrische in Lyme Regis, wo er mit Mary Anning Liasfossilien sammelte.
Judd, J. W.: Obituary, QuJGS., London, 43, 1887, Suppl., 38—39; Geol. Magaz., 1887; 144.
Life of Owen, I: 170, 194, 285, II: 73, 206, 262.
Hist. Brit. Mus., I: 286.

* **Erastus**, Thomas.
Schrieb: De natura, materia, ortu et usu lapidis fabulosis qui in Palatinatu ad Rhenum reperitur. Ref. Schröter, Journ., 3; 31—34.

* **Ercker**, Lasar, gest. 1593.
Kais. Oberbergmeister in Böhmen. Berg- u. Hüttenkunde.
Kettner: 130.
Allgem. Deutsche Biogr. 6, 214—215.

* Erdmann A x e l.
Begründete 1858 und leitete bis 1869 die geol. Anstalt Schwedens.
T ö r n e b o h m, A. E.: Axel Joachim Erdmann, Professor, Chef
für Sveriges Geologiska 'Undersökning. Lefnadsteckningar öfver
Kgl. Svenska Veteuskap Akademien efter ar 1854 aflidna Leda-
möter, II, 495—529. Stockholm, 1885 (Bibliographie).
P o g g e n d o r f f 1, 675.

Erdmann, E d v a r d, geb. 1. X. 1840 Stockholm, gest. 8. IX. 1923.
Stratigraph.
G a v e l i n, A.: Nachruf: Geol. Förn. Förhandl. Stockholm, 46,
1924, 682—691 (Portr. Bibliographie).

Erman, A d o l p h, geb. 12. V. 1806 Berlin, gest. 12. VII. 1877
ebenda.
A. o. Prof. Physik Berlin. Paläont. Nachrichten anläßlich seiner
Weltreise (russ. Versteinerungen, Besselia paradoxa u. a.).
P o g g e n d o r f f 1, 677—678; 3, 416—417 (Qu.).

Escher v o n d e r L i n t h, A r n o l d, geb. 8. VI. 1807 Zürich, gest.
12. VII. 1872.
1830—1833 reiste er mit Fr. Hoffmann in Italien, 1834 Privat-
dozent Univ. Zürich, 1852 Prof. Univ., 1856 auch Polytechnikum.
Sammlungen im Polytechnikum Zürich. Stratigr. Vorarlberg
Trias, Kreide, Jura, Tertiär der Schweiz.
H e e r, O.: A. E. v. d. L. Lebensbild eines Naturforschers, 1873,
pp. 385 (Portr.).
D e s o r: Notice nécrologique sur —. Journal de Genève, 17 Août,
. 1872.
T o r n i e r: 1924: 30.
L a u t e r b o r n: Der Rhein, 1934: 107—110.
H e i m, A.: Geol. d. Schweiz I, 8—10 (Portr.); Verh. Schweiz.
Naturf. Ges. 79, 1896, 1—26.

* Escher v o n d e r L i n t h, H a n s C o n r a d, geb. 1767, gest. 1823
Zürich.
Vater Arnold E's. Stratigr. Schweiz, publizierte 1796 geogn.
Übersicht der Schweiz.
H e e r, O.: Hans Conrad Escher von der Linth. Vortrag im
Schweizer Alpenclub, 3. IX. 1871, Zürich, 1871, pp. 29.
L a u t e r b o r n: Der Rhein, 1934, 105—107.
W o l f, R.: Biographien zur Kulturgeschichte d. Schweiz 4, 1862,
317—348.

Eser, A n t o n F r i e d r i c h, geb. 14. II. 1798 Hürbel, gest. 13.
VI. 1873.
Oberfinanzrat in Stuttgart. Geologie Württembergs. Sammler im
Jura und Tertiär Schwabens. Seine Sammlung von Hyatt für die
Univ. Boston angekauft.
Nekrolog. Jahresh. Ver. f. vaterländ. Naturk. Württemberg 31,
1875, 54—60 (Qu.).

* Escholt, M. P.
Schrieb Geologia Norvegica, die von Daniel Collins 1663 ins Eng-
lische übersetzt wurde. Gebrauchte das Wort Geologie als einer
der Ersten im heutigen Sinne.
E d w a r d s: Guide, 47, 49.
Norsk biogr. Leksikon 3, 1926, 586.

Eschwege, W i l h e l m   L u d w i g,   B a r o n, geb. 15. XI. 1777, gest. 1855.
Minenfachmann in portugies. Diensten. Stratigraphie d. Iberischen Halbinsel und Brasiliens.. Hippuriten.
C h o f f a t, P.: Biographies de géologues portugais. Comm. Serv. geol. Portugal, 9, 1912—13, 180—214 (Bibliographie mit 60 Titeln).
Allgem. Deutsche Biogr. 6, 373.

*** Esmarch** oder E s'm a r k, J e n s, geb. 1763 Houlberg, Stift Aarhuus, gest. 1839,
1802 Lektor der Miner. u. Physik Bergschule Kongsberg, 1814 Prof. Bergwissenschaft Univ. Christiania. Wernerianer. Norweger.
Z i t t e l: Gesch.
Obituary, Proc. Geol. Soc. London, 3: 260.
P o g g e n d o r f f 1, 683.

Esmark siehe **Esmarch.**

Esper, J o h'a n n   F r i e d r i c h, geb. 6. X. 1732 Drossenfeld b. Bayreuth, gest. 18. VII. 1781 Wunsiedel.
Pastor. Schrieb 1774: Ausführliche Nachricht von neu entdeckten Zoolithen vierfüßiger Tiere des Markgraftums Bayreuth, Nürnberg.
Opus 1774, Ref. Schröter, Journ., I: 2: 259—262.
L a u t e r b o r n: Der Rhein, I: 290.
Allgem. Deutsche Biogr. 6, 376—377.

Essich, F r a u.
Fossiliensammlerin im Jahre 1745 in Württemberg.
H a a g: Geol. Württembergs, 1925—26, 176.
Q u e n s t e d t: Klar und Wahr.
Q u e n s t e d t, F. A.: Ueber Pterodactylus suevicus 1855, 13.

Étallon, C l a u d e - A u g u s t e, geb. 28. IV. 1826 Luxeuil, gest. 22. II. 1862 Gray.
Gymnasiallehrer. Schrieb mit Thurmann: Lethaea Bruntrutana du Jura Bernois, 1861—64. Stratigraphie und Paläontologie des Schweizer Jura.
G u y o t d e   F è r e: Notice sur M. —, Professeur de Mathématiques et géologue. Biographie et Dictionnaire des Littérateurs et des Savants français contemporains. Amiens (ohne Jahr), pp. 2.
M a r c o u, J.: Les géologues et la géologie du Jura jusqu'en 1870. Mém. Soc. d'Emulation du Jura (4) 4 (1888), 1889, 179—187.

Etheridge, R o b e r t, geb. 3. XII. 1819 Ross, Herefordshire, gest. 18. XII. 1903.
Paläontologe des Geological Survey, 1881 Assistant-Keeper und Curator am British Museum Geol. Dep. Sammelte in Bristol Silur, Devon, Carbon, Jura. Seine Sammlung gelangte in das British Museum. Schrieb den pal. Teil zahlreicher Kartenerläuterungen. Mollusca, Faunen.
Obituary, Geol. Magaz., 1904, 42—48 (Portr. Bibliographie mit 51 Titeln); QuJGS., 60, London, 1904, LXVIII.
G e i k i e: Murchison, II: 259.
A brief notice of the sci. labours of —. London, 1891, pp. 11. (Bibliographie mit 44 Titeln).

9*

Etheridge, R o b e r t, jr. geb. 1847, gest. 4. I. 1920 Colo Vale bei Sydney.
Sohn Robert Etheridge's. Studierte an der Royal School of Mines bei Ramsay und bei seinem Vater. Dann Geologe a. d. Geol. Survey Victoria, 1873 Paläontologe a. d. Geological Survey Scotland, 1874 Assistant Geol. Dep. British Museum, 1887—95 Paläontologe Geol. Survey NS.-Wales und Australian Museum, Sydney, 1895—1917 Curator des Museums, 1917—20 Direktor und Curator ebendort.
Foraminifera, Lamellibranchiata, Carbon, Polyzoa, Silur, Crustacea, Echinodermata, Madreporaria Rugosa, Mollusca, Brachiopoda, Reptilia, Aves, Phytopal.
Obituary, Geol. Magaz., 1920, 239—240 (u. Addendum R. Bullen Newton, p. 194).
E d g e w o r t h, David: Sydney Daily Telegraph.
B (a t h e r), F. A.: Obituary, QuJGS., London, 1920, LIX—LX.
D u n n, E. J.: Biographical sketch of the founders of the Geological Survey of Victoria Bull. Victoria Geol. Surv., 23, 1910 (Bibliographie mit 10 Titeln, Portr.).
D u n, W. S.: Obituary, Record Austral. Mus., 15, 1926—27, 1—27. (Portr. Bibliographie mit 355 + 54 Titeln).

Ettingshausen, C o n s t a n t i n, Freiherr von, geb. 16. VI. 1826 Wien, gest. 1. II. 1897 Graz.
Studierte in Wien Medizin, Custos-Adjunkt an der Geol. Reichsanstalt, 1854 Prof. Physik, Zool., Min. Botanik an der medizinisch-chirurgischen Josephs-Akademie Wien, 1871 Prof. Botanik und Phytopaläontologie Univ. Graz. Phytopaläontologie.
H o e r n e s, M.: Zur Erinnerung an C. Frhr. v. E. — Mitt. Naturf. Ver. Steiermark, 34, 1897, 78—106 (Portr. Bibliographie mit 194 Titeln).
Obituary, Geol. Magaz., 1897, 575; QuJGS., London, 53, 1897, LVII.
S t a u b, M.: Báró Ettingshausen Konstantin. Földtani Közlöny, 28, 1898, 1—12 (Bibliographie mit 114 Titeln).
Hist. Brit. Mus., I: 287.
K r a s s e r, F.: C. Freih. v. E. Österr. bot. Zeitschr. 47, 1897, 273—281, 349—356 (Portr., Bibliographie).

Eury siehe Grand-Eury.

Evans, C a l e b, geb. Juli 1831, gest. 16. IX. 1886 Hampstead.
Studierte bei Owen. Clerk on the Chancery Pay Office zu Hampstead, sammelte Kreide-, Tertiär-Fossilien, die in das Brit. Mus. gelangten.
Obituary, Geol. Magaz., 1887, 141—142.
Hist. Brit. Mus., I: 287.

Evans, J o h'n, geb. 14. II. 1812, gest. 13. IV. 1861 Washington.
Sammelte 1852 die ersten Versteinerungen der Mauvaises Terres der White River Region.
C l a r k e: James Hall of Albany, 245.
N i c k l e s 352.
P o g g e n d o r f f 3, 419—420.

Evans, J o h n (Sir), geb. 17. XI. 1823 Britwell Court, Burnham Bucks, gest. 31. V. 1908.
Papierfabrikant, studierte Archaeopteryx, an dem er Reste des Gehirns entdeckte. Homo fossilis.
Eminent living geologists: Geol. Magaz., 1908, 1—9 (Portr. Bibliographie mit 44 Titeln).
Obituary, QuJGS., London, 65, 1909, LVIII.

Evans, J o h n   W i l l i a m, geb. 27. VII. 1857 London, gest. 16. XI. 1930.
Scholar, Philosoph, Jurist, reiste in Bolivien und Brasilien. Entdeckte bei Cule, Bolivien, die erste Graptolithenfauna Südamerikas. Staatsgeologe in Kathiawar, Mysore, 1906—20 Lektor der Geologie am Birkbeck College. Reiste auch in Ägypten und Palästina. Devon.
S p e n c e r, L. J.: Obituary, QuJGS., London, 1931, LXII (Bibliographie im Lit. Cat. der Geol. Soc. mit 153 Titeln).

Everlange-Witry, L o u i s   H y a c i n t h e d', geb. 1719, gest. 17. XII. 1791.
Belgischer Abbé und Mineraloge. Auch Arbeiten über Versteinerungen.
Biogr. nationale de Belgique 6, 768 (Bibliographie) (Qu.).

* **Eversmann**, E d u a r d   F r i e d r i c h, geb. 23. I. 1797 Hagen, gest. 26. IV. 1860 Kasan.
Russischer Naturforscher.
B o g d a n o v, A.: Matériaux pour l'histoire de l'activité scientifique et industrielle en Russie, dans la domaine de la Zoologie et des sciences voisines de 1850 à 1887. Bull. Soc. Imp. des Amis des Sci. Nat. Moscou, 70, 1891.

Ewald, J u l i u s   W i l h e l m, geb. 3. XII. 1811 Berlin, gest. 11. XII. 1891.
Studierte bei Christian Samuel Weiss. Rudista, Kreide. Seine Sammlung im Mus. zu Berlin. Schrieb Biographie L. v. Buch's.
Nachruf: Leopoldina, 28: 42—43.
D a m e s: Nachruf: NJM., 1892, pp. 8.
T o r n i e r: 1924: 48—49, 1925: 72, 97.
Allgem. Deutsche Biogr. 48, 453—454.

Eymar siehe Mayer-Eymar.

Ezquerra del Bayo.
Publizierte 1845—50 die erste geol. Karte Spaniens. Stratigraphie und Paläontologie Spaniens.
Z i t t e l: Gesch.

Fabre, G e o r g e s, gest. 1911.
Forstmeister im dép. Lozère, studierte bei E. de Beaumont, Deshayes, Hébert. Stratigr. Perm, Jura, Posidonia.
J o u r d y (General): Notice nécrologique sur G. F. Bull. Soc. Géol. France, (4) 12, 1912, 369—376 (Bibliographie mit 40 Titeln, die zwischen 1866—1911 erschienen sind).

Fabricius, J o h. C h r i s t i a n, geb. 1743 Tondern, gest. 3. III. 1808.
Vielseitiger Naturforscher, Entomologe in Kiel, arbeitete um 1774—1808 auch über foss. Insekten.
T o r n i e r: 1924: 30.
Allgem. Deutsche Biogr. 6, 1877, 521—522.

Fack, M. W. geb. 4. XI. 1823 Delve (Dithmarschen), gest. ?
Lehrer am Gymnasium Kiel. Sammler holsteiner Versteinerungen. „Nassa, Turbonilla, Segaster facki."
P e t e r s, M. W. F. zum 80. Geb. Die Heimat 13, Kiel 1903, 241—243 (Portr.) (Qu.).

* Fairchild, H e r m a n Le Roy.
Amerikanischer Geologe, schrieb History der Geol. Soc. America
1932. Portr. hier Taf. p. 170.
Published writings of —. 1877—1932, pp. 15.
N i c k l e s I, 354—356; II, 193—194.

Falckenstein, K u r't V o g e l v., geb. 25. III. 1876, erlitt 1914
den Heldentod.
Bodenkundler, Brachiopoda, Mollusca.
CfM.: 1915, 96.

Falconer, H u g h, geb. 29. II. 1808 Forres, Nord-Schottland,
gest. 31. I. 1865.
Studierte im King's College zu Aberdeen und 1826 in Edinburgh
Medizin, 1829 Assistent-Chirurg in Indien, studierte 1830 die
fossilen Knochen der Asiatic Society Bengal aus Ava, 1832 Leiter des Botanischen Gartens zu Suharumpoor, wo er die unweit
seines Wohnortes liegenden Sivalik-Hügel mit Cautley zu studieren begann, lebte 1842—47 in Europa, kehrte 1848—1855 zu-
rück nach Indien und siedelt sich 1856 in England an. Mam-
malia, Testudinata.
M u r c h i s o n , Ch.: Biographical sketch in Palaeontological
Memoirs and notes of Hugh Falconer, London, 1868.
Obituary, QuJGS., 21, 1865, XLV—XLIX; Geol. Magaz., 1865,
142—144.
W o o d w a r d , H. B.: Hist. Geol. Soc. London, 128—129, 177, 208.
D o u g l a s , Stair Mrs.: Life of William Whewell, 1882, 184.
T o d h u n t e r , J.: William Whewell, 2, vol. 1876.
Life of Lyell, II, 238, 254, 269, 339 und öfter.
Life of Prestwich: 121, 139, 195 und öfter.

Falger, J o h'a n n A n t o n, geb. 9. XI. 1791 Elbingenalp (Lech-
tal), gest. 15. XII. 1876 ebendort.
Verdienter Sammler des Lechtals.
K l e'b e l s b e r g , R. v.: Geologie von Tirol. 1935, 670 (Qu.).

Fallaux, C o r n e l i u s, gest. 29. VIII. 1885 Friedek.
Bergverwalter. Mitarbeiter Hoheneggers. Stratigraphie (und Palä-
ontologie) der schlesischen Nordkarpathen.
Verh. geol. Reichsanst. Wien 1885, 293 (Qu.).

Fallopio, G a b r i e l l o, geb. 1523, gest. 1562.
Geistlicher, dann 1547 Prof. Ferrara, später Padua, studierte bei
Vesalius, praktizierte auch als Arzt. Hielt die fossilen Ele-
fantenzähne für Konkretionen und meinte, daß die fossilen
Schalen entweder Produkte der Fermentation oder terrestrischer
Exhalation sind. (De fossilibus 1557.)
E d w a r d s: Guide, 11.
N o r d e n s k j ö l d: Gesch. Biol.
P o g g e n d o r f f 1, 717.

Fallot, E m m a n u e l, geb. 11. III. 1857 Montbéliard, gest. 1929.
Prof. Geol. und Min. Bordeaux. Stratigraphie (Kreide, Tertiär)
Südfrankreichs.
Notice nécrologique. Bull. Soc. géol. France (4) 29, 1929, 229.
P o g g e n d o r f f 4, 403—404 (Qu.).

Falsan, A l b e r t, geb. 1833, gest. 1902.
Beamter. Stratigraphie des Rhônebeckens.
C h a n t r e , E.: Notice sur la vie et les travaux d'A. F. Bull. Soc.
Anthrop. Lyon, 21, 1902, 109—116 (Bibliographie mit 27 Ti-
teln, Portr.).

Farey, J o h n, geb. 1766, gest. 6. I. 1826.
Ingenieur, schrieb 1808 Stratigraphie von Derbyshire. Weitere
stratigr. Arbeiten auf der Grundlage von W. Smith.
M i t c h e l l, W. St.: Biographical notice of —, Geologist. Geol.
Magaz., 1873, 25—27.
Scient. Papers 2, 261—263.

Faujas de Saint Fond, B a r t h é l é m y, geb. 19. V. 1741
Montélimart, gest. 1819 Soriel bei Valence.
1793 Prof. Geologie (erster) Musée d'hist. nat. Paris, Commissar
der französischen Bergwerke, Prof. Geol. 1793—1819. Echinodermata. Korallen, Mollusca, Pisces, Reptilia, Mammalia. Stra-
tigr. Dauphiné, Mainzer Becken, Tertiär, Maastricht-Kreide,
Phytopaläontologie. Monte Bolca Fische.
B o r y de S a i n t - V i n c e n t, J. B. M.: Éloges de M. M. Brug-
man et Faujas de St. Fond. Ann. générales sci. phys. Bruxelles, 2,
1819, 7—32.
G e i k i e: A long life work, 357.
T o r n i e r: 1924: 23.
F r e y c i n e t de: Essai sur la vie, les opinions et les ouvrages
de Barthélémy Faujas de Saint - Fond. Valence, 1820, pp. 56
(Bibliographie mit 48 Titeln).
Z i t t e l: Gesch.
Nouv. biogr. générale 17, 168—172 (Teilbibliographie).

Faure-Biguet.
Schrieb 1810 über Belemniten.

Favre, E r n e s t, geb. 14. VI. 1845 Genf, gest. 7. I. 1925 ebenda.
Mitarbeiter an der geol. Karte d. Schweiz. Stratigraphie und
Paläontologie der Schweiz. Stratigraphie des Kaukasus. Mollusca
der Kreide von Lemberg.
S c h a r d t, H.: E. F. Verh. Schweiz. Naturf. Ges. 106, 1925,
12—19 (Portr., Bibliographie) (Qu.).

Favre, J e a n A l p h o n s e, geb. 1815 Genf, gest. 11. VII. 1890.
1844 Prof. Geol. Akademie Genf, wurde aus politischen Gründen
1852 durch Karl Vogt ersetzt, Direktor Geol. Landesaufnahmen.
Studierte die Stratigraphie, bes. Kreide und Tertiär der Schweiz.
Z i t t e l: Gesch.
Nachruf: Verhandl. Geol. RA. Wien, 1890, 225.
B r i q u e t, C. M.: Necrolog: Echo des Alpes, 3, 1890, 218—248.
D e l a R i v e, L.: Not. biogr. Actes Soc. Helv. Sci. nat. 73, 1890,
227—234.
— — Notice sur — in: Rapport du Président. Mém. Soc. Phys.
31, 1891, XXXV—XLI.
D a u b r é e: Notice sur les travaux de M. — C. R. Acad. Paris,
111, II: 153—155.
E. de M(a r g e r i e): Nécrologie. Club Alpin Français, Bull.
mensuel, 1890, 274—275.
F o u q u é, G: Notice nécrologique sur —. Bull. Soc. franç. Minéral., 14, 1891, 63—64.
J a c c a r d, A.: Notice sur la vie et les travaux de —. Arch. Sc.
phys. et nat., 26, 1891, 280—320 (Bibliographie mit 48 Titeln).
Alphonse Favre. 1815—1890. Trois notices biographiques. Genève
1891, pp. 113 (Portr. Briquet u. Jaccard, op. cit., Bibliographie
mit 86 Titeln).

De Fay.
Schrieb 1782 in Orleans über versteinertes Holz.
T o r n i e r: 1924: 30.

Featherstonhaugh, G e o r g e W i l l i a m, geb. 1780, gest. 1866.
Geborener Engländer, der nach Nordamerika übersiedelte, wo er
1831 The Monthly American Journal of Geology begründete.
Später Diplomat (Konsul in Le Havre). Notizen über Mammalia
und Stratigraphie.
Obituary, Geol. Magaz., 1866, 528.
F e a t h e r s t o n h a u g h, J. D.: Memoir of —. Amer. Geol.,
1889, 217—223 (Portr.).
C l a r k e: James Hall of Albany, 29, 54, 106—107.
N i c k l e s 360—361.

* **Fegraeus**, T o r b e r n J a r l S e v e r n, geb. 1853 Kuse Gotland,
gest. 1923.
Petroleumgeologe.
B a c k l u n d, H. G.: Minnestäckning. Geol. För. Förhandl. Stockholm, 45, 1923, 592—597 (Portr.).

Feilden, H e n r y W e m y s s, geb. 1838, gest. 1921.
Colonel, Mitglied der Alert und Discovery Arctic Expedition
1875—76, sammelte paläozoische und miozäne Fossilien. Samm-
lung im British Museum.
Hist. Brit. Mus., I: 288.
Obituary. QuJGS. London 78, 1922, LI.

Feistmantel, K a r l, geb. 14. II. 1819, Prag, gest. 29. IX. 1885
Prag-Smichow.
Hüttenbeamter, Phytopaläontologie.
K a t z e r, F.: Nachruf: NJM. 1886, Band I. pp. 4.
Nachruf: Verhandl. Geol. R.A. Wien, 1885, 313—314.
K e t t n e r: S. 138—139 (Portr. Taf. 25.).
P o g g e n d o r f f 3, 434; 4, 410.

Feistmantel, O t t o k a r, geb. 20. XI. 1848 Stare Huti Beraun,
gest. II. 1891 Prag.
1868 Assistent an der phytopaläontologischen Abteilung des Mu-
seum Prag, 1872 Assistent an der Geol. RA. Wien, 1875 Geol.
Survey India, Prof. Min. Geol. Polytechnikum Böhmens Prag.
Stratigraphie und Paläontologie, bes. Phytopaläontologie Böhmen,
Indien, Australien.
S t u r, D.: Nachruf: Verhandl. Geol. RA. Wien, 1891, 81—82.
K e t t n e r: 142 (Portr. Taf. 68).
P o g g e n d o r f f 3, 435; 4, 410.

Fejérváry, G é z a G y u l a I m r e, Baron von Komlóskeresztes, geb.
1894 Budapest, gest. 2. VI. 1932 Budapest
1913 Praktikant der Zoologischen Abteilung des Ungarischen Nationalmuseums, 1915 Assistent Zoologie, vergl. Anatomie Budapest, 1916 Leiter der Herpetologischen Abteilung des Nationalmuseums, 1930 Prof. Zoologie Pécs. Amphibia, Reptilia.
V e r s l u y s, J.: Nachruf: Verhandl. zool.-bot. Ges. Wien, 82,
1932, 29—33 (Portr., Teilbibliographie).
L a m b r e c h t, K.: Fejérváry, Géza Gyula. Budapesti Hirlap, 12.
Jun. 1932 (Vasárnapi Ujsáy II. — Portr.).
S c h l e s c h, H.: Nachruf. Folia zoologica et hydrobiologica (Riga)
5, 1933, 35—38 (Bibliographie).

Feldmann, B e r n h a r d, geb. 11. XI. 1704 Cölln an der Spree, gest.
1776.
Arzt in Neuruppin und Bürgermeister. Sammler.
Nachruf: Schröter, Journ., 5: 558—562.

* **Fellenberg**, geb. 9. III. 1838, Bern, gest. 10. V. 1902.
Studierte bei B. Studer, 1867 Kustos am Antiquar-Museum Bern.
Stratigraphie.
B a l t z e r, A.: Nachruf: Verhandl. Schweiz. Naturf. Ges., 85,
1902, XXIII—XXXVI (Bibliographie mit 41 Titeln).

Ferber, J o h a n n J a k o b, geb. 1743 Carlscrona (Schweden), gest.
1790 Bern.
Prof. Naturgeschichte in Mitau, St. Petersburg, 1766 Bergrat und
Akademiker in Berlin, ging 1788 nach der Schweiz. Schrieb
über Fossilien 1790.
Freyberg.
T o r n i e r: 1924: 18.
Allgem. Deutsche Biogr. 6, 629—630.

Ferdinand, II., geb. 14. VI. 1529 Linz, gest. 25. I. 1595 Innsbruck.
Erzherzog, begründete im Schloß Amras (Tirol) 1564 ein Museum.
1596 befinden sich hier Sternsteine etc.
E d w a r d s: Guide, 52.
H i r n: Erzherzog F. von Tirol. Innsbruck 1885-87, Bd. 1—2.

* **Ferrar**, H a r t l e y T r a v e r s, geb. 1879, gest. 1932.
H e n d e r s o n, J.: Obituary, NZJourn. Sci., 14, 1932, 38—40
(Portr.).

Ferry, H e n r i d e, geb. 5. II. 1826, gest. 9. XI. 1869 Bussières
(Saône-et-Loire).
Setzte Desmarest's Encyclopédie méth. fort. Paläont. von Mâcon
(bes. Korallen). Homo fossilis.
A r c e l i n, A.: Not. biogr. sur —. Annales Acad. Mâcon, 10, 1870,
73—91.
Scient. Papers 2, 598; 7, 655; 12, 236.
Nécrologie. Matériaux hist. primit. et nat. de l'homme 5, 1869,
468 (Qu.).

Férussac, A n d r é E t i e n n e J u s t P a s c a l J o s e p h F r a n -
ç o i s d'A u d e b a r d, Baron de, geb. 30. XII. 1786 Chartron,
gest. 21. I. 1836 Paris.
Oberstleutnant im Generalstab, Direktor und Gründer des Bulletin
des sciences et de l'industrie. Mollusca.
Notice analytique sur les travaux de M. —, offrant un extrait des
rapports faits à l'Académie par ses commissaires sur ceux de ses
travaux qui lui ont été présentés. Paris (ohne Jahr), pp. 16,
II. Aufl., pp. 20.
Note supplémentaire à la notice des travaux de —. Paris, 1825,
pp. 3.
Life of Lyell, I: 303, 139—140.
Obituary. Proc. Geol. Soc. London 2, 1838, 481—482.
Biogr. universelle 14, 31—32.

Fichtel, J o h a n n E h r e n r e i c h v o n, geb. 29. IX. 1732 Pozsony,
gest. 4. II. 1795 Nagyszeben.
Advokat, dann Verwaltungsbeamter, Gubernialrat in Nagyszeben
(Hermannstadt) Siebenbürgen. „Vater der Siebenbürgischen Pa-
läontologie", schrieb 1780: Beitrag zur Mineralgeschichte von
Siebenbürgen, Nürnberg, 1780, 2 Bde. Vielleicht unter dem
Vornamen Leopold: Foraminifera, zus. mit J. P. C. Moll 1803.
T o r n i e r 1924: 30.
Z i t t e l: Gesch.

Cushman, J. A.: The work of Fichtel and Moll and of Mon-
fort. Contrib. Cushman Laboratory, No. 50, 1927.
Neugeboren: Allgem. Deutsche Biogr. 6, 771—772 (Bibliographie).
Arch. Ver. siebenbürg. Landesk. (N. F.) 3, 1858, 432—433.

Fichtel, Leopold von siehe Fichtel, J. E. von.

Fiedler, Heinrich, geb. Febr. 1833, gest. 22. I. 1899.
Dr. phil. zuletzt Direktor der Oberrealschule· und Baugewerbe-
schule in Breslau. Monographie der Karpolithen der Stein-
kohlenformation. (N. Act. phys.-med. Acad. Leop.-Car. 26, 1857).
Kunze, K.: Kalender f. d. höh. Schulwesen Preußens 5, 2.
Teil, 1898—99, 72; ibidem 6, 2. Teil, 1899—1900, IX. (Qu.).

* **Figuier,** Guillaume Louis, geb. 15. II. 1819 Montpellier, gest.
8. XI. 1894 Paris.
Historiograph: Vies des savants illustres du moyen âge, Paris, 1867.
La terre avant le déluge, Paris, 1868.
Poggendorff 1, 746; 3, 441.

* **Filhol,** Édouard (père), geb. 7. X. 1814 Toulouse, gest. 25. VI.
1883 Toulouse.
1858 Director Ecole de méd. Toulouse. Chemie, Spelaeologie. Homo
fossilis, Paläoethnologie.
Timbal: Nécrol. Bull. Soc. Sci. Phys. Nat. Toulouse, 5, pp. 7
(Portr.).
(Garrigou, F.: A M. É. F. Lettre, Toulouse, pp. 24.)
Poggendorff 3, 441—42; 4, 419.

Filhol, Henri, geb. 1843 Toulouse, gest. 28. IV. 1902.
Prof. vergl. Anatomie Mus. d'hist. nat. Paris. Mammalia von
Quercy, St. Gérand le Puy, Ronzon, Sansan u. a. Fundorten.
Nachruf: CfM., 1902, 412.
Notice sur les travaux scientifiques de M. — Corbeil, 1886, pp.
64 (Bibliographie mit 107 Titeln zwischen 1863—86).
Gaudry, A.: Necrolog. La Nature, 10. Mai, 1902.
Pettit, A.: Le prof. H. F. Bull. Soc. sci. nat. Autun 15. 1902,
415—463 (Portr.).
Liste des ouvrages et mémoires publiés de 1863 à 1907 par H. F.
Nouv. Arch. Mus. d'Hist. Nat. (4) 4, 1902, III—XVI (Portr.).

Finch, John.
Geologe. Verkaufte 1834 dem British Museum seine Coll. ter-
tiärer Fossilien Nordamerikas (400 specimens).
Merrill: 1904, 265.
Hist. Brit. Mus., I: 289.
Scient. Papers 2, 611—612.

Finckh, Alfred, erlitt am 26. IX. 1914 Heldentod in Frankreich.
Chemiker, sammelte für das Museum Stuttgart.
Nachruf: CfM., 1915, 128.
Sauer, Ad.: Nachruf: Jahresh. Ver. Vaterl. Naturk. Württem-
berg, 71, 1915, XCIV—XCVIII.

* Finckh, L u d w i g, geb. 13. V. 1871 Stuttgart, gest. 1. IV. 1930.
Apotheker, studierte bei E. Fraas, 1895 Universität Erlangen, dann
Assistent neben E. Fraas, 1901 Mitarbeiter der Preuß. Geol.
Landesanst. Stratigraphie Pommerns und Schlesiens.
K ü h n, B.: Nachruf: Jahrb. Preuß. Geol. Landesanst., 51, II,
1930, LXXVII—LXXXVI (Portr. Bibliographie mit 33 Titeln).

Firket, A d o l p h e, geb. 9. IX. 1837 Liège, gest. 19. II. 1905.
Chefing. des belgischen Corps des mines. Mineraloge, Strati-
graphie Belgiens.
F o r i r, H. u. a. M.: A. F., sa vie, son oeuvre. Ann. Soc. Géol.
Belge, 32, 1904—05, B. 155—179 (Portr. Bibliographie mit 93
Titeln).

Fischer, C a r l E r n s t, geb. 23. II. 1818 Dresden, gest. 2. X.
1886 ebenda.
Porzellanmaler. Fische aus dem Pläner von Plauen etc. 1856.
Sammler. Zeichner für H. B. Geinitz: Elbthalgebirge, Carbon-
form. u. Dyas in Nebraska.
Nachruf. Sitzber. naturw. Ges. Isis Dresden 1886, 60—62 (Bibliographie) (Qu.).

Fischer, C h r i s t i a n G a b r i e l, geb. 1690 Königsberg, gest. 15.
XII. 1751 ebenda.
Besuchte verschiedene Naturalienkabinette 1727—1731. Bufoniten.
P r e d e e k, Albert: Bibliotheksbesuch eines gelehrten Reisenden
im Anfange des 18. Jahrhunderts. Zeitschr. f. Bibliothekswesen,
45, 1928, 221—265, 342—354, 393—407.
Allgem. Deutsche Biogr. 7, 49—50.

Fischer, E r n s t, geb. 29. IV. 1888 Reutlingen, gest. 21. VIII. 1914
(Heldentod).
Assistent an der Univ. Tübingen. Studierte Saurier.
H o h e n s t e i n, V.: Nachruf Jahresh. Ver. vaterl. Naturk. Würt-
temberg, 71, 1915, XCVIII—C (Bibliographie mit 7 Titeln).

Fischer, H u g o, geb. 30. III. 1864 Stuttgart, gest. 10. V. 1926
Rottweil.
Studienrat. Stratigraphie des Doggers. „Oppelia fischeri".
Nachruf. Jahreshefte Ver. f. vaterländ. Naturk. Württemberg
82, 1926, XXVI (Qu.).

Fischer, P a u l H e n r i, geb. 7. VII. 1835 Paris, gest. 29. XI.
1893 Paris.
1863 Arzt, 1872 Assistent am Mus. d'Hist. Nat. Paris. (Nachfolger von Deshayes). Mollusca, Brachiopoda. Herausgeber des
Journ. de Conchyliologie.
C r o s s e, H.: P. F. Journ. de Conchyl. 42, 1894, 5—12 (Portr.).
G a u d r y, A.: Necrol., Nature, 9. XII. 1893.
Discours prononcés aux funérailles de M. P. F. 1. Dez. 1893. Paris
1894, pp. 27.
D o u v i l l é: Not. nécrol. Bull. Soc. Géol. France, (3) 23, 1895,
203—230 (Bibliogr. mit 315 Titeln).
Notice sur les travaux scientifiques de M. — Lille 1892 (Biblio-
graphie mit 300 Titeln).

* Fischer, P i e r r e M a r i e H e n r i, geb. 1866, gest. 10. VII. 1916
Paris.
Direktor des Journ. de Conchyl.
Obituary, Geol. Magaz., 1916, 432.

Fischer-Benzon, R u d o l f J a c. D i e d r i c h v o n, geb. 2. II.
1839 Westermühlen bei Hohn, gest. 18. VII. 1911 Wyk a. Föhr.
Oberlehrer am Gymnasium in Kiel. Crustacea des Faxe-Kalks
1866. Halysites.
H e d e m a n n - H e e s p e n, P. v.: R. v. F.-B. Die Heimat 22,
Kiel 1912, 33—39, 59—67 (Portr.).
A l b e r t i, Schlesw.-Holst. Schriftsteller 1829—1866, I, 215; ibidem
1866—1882, I, 182 (Qu.).

Fischer-Ooster, C a r l v o n, geb. 27. II. 1807 Sacconex bei Genf,
gest. 24. IX. 1875.
Botaniker und Phytopaläontologe in Thun, dann in Bern. Arbeitete
auch über Fucoidae, Ichthyosauria, Mammalia, Rhät-Stratigra-
phie.
F i s c h e r, L.: Nekrolog: Act. Soc. Helv. Sci. nat. 58, 1874—75,
228—234 (Bibliographie mit 19 paläontologischen Titeln).

* **Fischer-Sigwart**, H e r m a n n, geb. 1842.
Besaß ein Museum in Zofingen.
Katalog 1915, pp. 36, 1919, pp. 62.

Fischer v. W a l d h e i m, G o t t h e l f F r i e d r i c h, geb. 15. X.
1771 Waldheim, Sachsen, gest. 6. X. 1853 Moskau.
Studierte in Leipzig Medizin, Lehrer Naturgesch. Mainz Central-
schule, 1804 Prof. Naturgesch. Direktor des naturhistor. Cabinets
Moskau, später Staatsrat. Begründer der Naturforsch. Ges.
Moskau. Pal. generalis. Pisces.
Jubilaeum semisaeculare Dr—is Med. & Phil. G. F. d. W.
celebrant sodales societatis Caesareae Naturae scrutatorum Mos-
quensis in X (XXII) Februari an. 1847, pp. 98, 8 Taf. Folio,
Moscou, 1847 (Bibliographie).
B o g d a n o w, A.: Charles F. Rouillier et ses prédécesseurs dans la
chaire de Zoologie de l'Université de Moscou. Bull. Soc. Imp.
des Amis des Sc. Nat., 43, 1885, livr. 2. I—X, 1—215 (Biblio-
graphie Rouilliers u. Fischer d. W.-s.).
H a m i l t o n: Obituary, QuJGS., London, 11, 1855, XLIV.
Allgem. Deutsche Biogr. 7, 84—85; K ö p p e n II, 102 f.

Fischli, H e i n r i c h, geb. 27. XII. 1857 Oberurdorf, gest. 12. XI.
1932 Dießenhofen.
Chemiker. Radiolaria, Molassepetrefakten.
K e l l e r, R.: Führer durch die pal. Sammlungen des Museums
zu Winterthur, 160.
G e i l i n g e r, G.: Nachruf. Mitt. Naturwiss. Ges. Winterthur
19, 1932, 293—298 (Portr., Bibliographie).

* **Fisher**, C a s s i u s A s a.
Nordamerikanischer Geologe.
B a i n, G. W.: Memoir of —. Bull. Geol. Soc. Amer., 43, 1932,
53—57 (Portr.).

Fisher, O s m o n d, geb. 17. XI. 1817 Osmington, Dorset, gest. 12.
VII. 1914.
Schüler Lyell's. Geistlicher. Sammler in den Bracklesham beds,
Crag, Plistozän, Stratigr.
Eminent living geologists: Geol. Magaz., 1900, 49 ff (Portr.).
Obituary, QuJGS., London, 71, 1915, LV.
P o g g e n d o r f f 3, 446; 4, 426; 5, 372.

Fitch, R o b e r t, geb. 21. X. 1802 Ipswich, gest. 4. IV. 1895.
Drogist, Sammler (Crag Fossilien). Seine Sammlung befindet sich
im Museum Norwich Castle.
Obituary, Geol. Magaz., 1895, 527.

Fitton, W i l l i a m H e n r y, geb. Januar 1780 Dublin, gest. 13. V.
1861 London.
Studierte im Trinity College, in Edinburgh bei Jameson, prakti-
zierte 8 Jahre lang als Arzt zu Northampton, Kreide. Stratigr.
W o o d w a r d: Hist. Geol. Soc. London, 79—80 und öfter (Portr.).
G e i k i e: Murchison, I: 115.
Dict. Nat. Biogr. 19, 84—85.
Obituary. QuJGS. London 18, 1862, XXX—XXXIV.

Fitzinger, L e o p o l d J o s e p h, geb. 13. IV. 1802 Wien, gest.
22. IX. 1884. Hietzing.
Apotheker, Arzt, 1844 Mitarbeiter des Naturhist. Mus. Wien, 1863
Tiergartendirektor. Schrieb 1840 über Palaeosaurus, 1842 Haly-
therium, 1846 Enneodon, sonst Zoologe.
W u r z b a c h 4, 258—260.
Nachruf. Almanach Ak. Wiss. Wien 35, 1885, 182—190.

Flacourt, É t i e n n e d e, geb. 1607, gest. 1666.
Erforschte Madagaskar und sammelte daselbst.

Flach, K a r l, geb. 1856, gest. 1920.
Bahnarzt in Aschaffenburg. Fossile Käfer 1885, 1890. Böhm.
Fauna 1891.
Scient. Papers 15, 4 (Qu.).

Fleming, J o h n, geb. 10. I. 1785 Bathgate, gest. 18. XI. 1857
Edinburgh.
Englischer Reverend, stellte die Gruppe der Blastoidea auf (1828).
Mollusca u. a.
B r y s o n, A.: Memoir of Rev. — Trans. Roy. Soc. Edinburgh,
22, 1860—61, 655—680 (Bibliographie mit 129 Titeln zwischen
1808—59).
Edinburghs Place in the scientific progress. Brit. Assoc., 1921.

*** Fletcher**, H u g h, geb. 1848, gest. 1909.
Amerikanischer Geologe. Stratigraphie.
B r o c k, R. W.: Obituary, Canad. Min. Journ., 30, 1909, 677—678.
S c h u c h e r t, Ch.: Obituary, Amer. Journ. Sci., (4) 28, 1909,
508.

Fletcher, T h o m a s W i l l i a m, geb. 25. V. 1808 Darlaston, Staf-
fordshire, gest. 1. II. 1893 Lawneswood House bei Stourbridge.
Colonel, Solicitor, Barrister. Trilobita. Sammlung im Woodwardian
Museum.
Obituary, QuJGS., 49, 1893, Proc. 54.

Fliche, P a u l, geb. 8. VI. 1836 Rambouillet, gest. 29. IX. 1908
Nancy.
Prof. an der École des Eaux et Forêts Nancy. Phytopaläontologie.
D o u v i l l é, H.: Notice Bull. Soc. Géol. France, (4) 9, 1909, 204.
Z e i l l e r, Ch. R.: Notice sur M. P. Fliche, sa vie et ses travaux.
Bull. Soc. Bot. France, 56, 1909, 480—499 (Bibliographie).

Flower, J o h n W i c k h a m, geb. 11. VIII. 1807 London, gest. April
1873 Croydon.
Paläoethnologie. Sammler.
Prestwich life: 73.
Obituary, Geol. Mag., 1873, 430—432 (Bibliogr. m. 14 Titeln).

Flower, Sir William Henry, geb. 30. XI. 1831 Stratford on
Avon, gest. 1. VII. 1899.
Chirurg im Krim-Krieg, 1861 Conservator des Hunterian Museum,
1884 Direktor British Mus. Nat. Hist. (Nachfolger Owen's.) Zoo-
logie und Mammalia fossilia.
Obituary, Geol. Magaz., 1899, 381—82; QuJGS., 56, 1900, LVI.
C o r n i s h, C. J.: Sir W. H. Flower. London 1904, 286 pp.

Flurl, Mathias von, geb. 1756 Straubing, Niederbayern, gest.
1823 Kissingen.
Studierte Theologie, wurde Repetitor für Physik am Lyceum in
München, 1780 Prof. Phys. Naturgesch. Landakademie. 1788
Direktor Porzellanfabrik Nymphenburg, Direktor Salinen-, Berg-,
Hüttenwesens. Stratigraphie der bayr. Alpen, mit Erwähnung
ihrer Versteinerungen.
Z i t t e l: Gesch.
L a u b m a n n, H.: M. v. F. München 1919, 97 pp. 2 Taf.
Allgem. Deutsche Biogr. 7, 140—142.

Foerste, August Frederick, geb. 7. V. 1862 Dayton (Ohio),
gest. 23. IV. 1936 ebenda.
1893—1932 Lehrer an der Steel High School in Dayton, dann
associate in palaeontology am U. S. Nat. Mus. Faunen bes. des
Ordovicium u. Obersilur. Cephalopoda.
Obituary. Journ. Washington, Acad. Sci. 26, 1936, 266.
B a s s l e r, R. S.: Memorial of—. Proc. geol. Soc. Amer. for
1936 (1937), 143—157 (Portr., Bibliographie) (Qu.).

Foetterle, Franz, geb. 2. II. 1823 Mramotitz, Mähren, gest. 1876
Wien.
1849 Geologe an der Österreichischen Geol. Reichsanstalt, 1873 Vize-
direktor. Stratigraphie.
Nachruf: Verhandl. Geol. RA. Wien, 1876, 305—306.
P o g g e n d o r f f 3, 456.

Folgner, Raimund, geb. 16. X. 1888, gest. 31. I. 1916 Woronesch
(Heldentod).
Studierte bei Uhlig, Diener. Demonstrator Geol. Inst. Wien Univ.
Stratigraphie.
A m p f e r e r, O.: Nekrolog: Mitt. Geol. Ges. Wien, 9, 1916, 112—
118.
W i n k l e r, A.: Nachruf: Verhandl. Geol. RA. Wien, 1916, 177—
179.

Follmann, Otto, geb. 10. (11.) XII. 1856 Landscheid (Kreis
Wittlich), gest. 11. VI. 1926 Koblenz.
Dr., Prof. am Gymnasium in Koblenz. Eifelgeologe. Paläon-
tologie und Stratigraphie des rheinischen Devon.
Die Sammlungen F.s z. T. in der Preuß. Geolog. Landesanst.
in Berlin, z. T. in Halle, z. T. in Bonn.
M o r d z i o l: O. F. † als Geologe. Eifelvereinsblatt 27, 1926,
131—132 (Portr., Bibliographie im Text).
(Qu. — Mitget. von P. Dienst: Z. T. Originalangaben der Witwe,
z. T. von P. Dienst).

Fondouce, Paul Cazalis de, gest. 94 Jahre alt 1932 Montpellier.
Prähistoriker. Mitarbeiter Cartailhacs, Déchelettes, Boules. Aus-
grabung von Elephas meridionalis von Durfort.
Jubilé de M. — 9. Mars 1918, Montpellier, 1920, pp. 18 (Portr.).
J a c o b, Ch.: Not. nécrol. C. R. Somm. Soc. géol. France, 1932,
139 (Proc.-verb.).

Fontaine, W i l l i a m M., geb. 1. XII. 1835 Louisa Co. Virginia, gest.
30. IV. 1913, Virginia.
Prof. der Naturgeschichte u. Geol. Univ. Virginia. Phytopaläontologie. Mesozoikum.
W a t s o n, Th. L.: Memoir of —. Bull. Geol. Soc. America, 25,
1914, 6—13 (Portr. Bibliographie mit 43 Titeln).

Fontannes, C h a r l e s F r a n ç o i s, geb. 1839 Lyon, gest. 29. XII.
1886 Lyon.
Kaufmann, Foraminifera, Ammonites, Mollusca, Mammalia, Stratigraphie. Seine Sammlungen befinden sich im Museum zu Paris,
in der École des mines und der Sorbonne.
D o u v i l l é, H.: Notice nécrologique. Bull. Soc. Géol. France, (3)
15, 1886—87, 173—174, 470—489 (Bibliographie mit 92 Titeln).
Obituary, Geol. Magaz., 1887, 143.
Portr. Livre jubilaire, Taf. 15.

Foord, A r t h u r H u m p h r e y s, geb. 1845, gest. 12. VIII. 1933
Hove, Sussex.
1891—1920 Bibliothekar der Royal Dublin Soc. Cephalopoden (bes.
Nautiloideen), Bryozoen u. a.
B a t h e r, F. A.: Obituary, QuJGS., London, 90, 1934, II.
Scient. Papers 15, 47.

Foot, F r e d e r i c k J., kam am 17. I. 1867 beim Schlittschuhlaufen
um.
1856 Assistent Geologe am Geol. Survey Ireland. Posidonomya, Cervus megaceros.
Obituary, Geol. Magaz., 1867, 95—96, 132—133.

* **Foote,** A l b e r t E., geb. 1846, gest. 10. X. 1896.
Prof. Geol. Mineralogie.
K u n z, G. F.: Memoir of —. Bull. Geol. Soc. America, 7, 1896,
481—484 (Bibliographie mit 12 Titeln).

Foote, R o b e r t B r u c e, geb. 22. IX. 1834 Cheltenham, gest.
29. XII. 1912.
1858 Mitglied Geol. Survey India. Stratigraphie Indiens.
Obituary. QuJGS. London 69, 1913, LXV—LXVI.
P o g g e n d o r f f 3, 458; 4, 438 (Qu.).

Forbes, E d w a r d, geb. 12. II. 1815 Douglas, Isle of Man, gest.
November 1854 Edinburgh.
Studierte 1831 in London Kunst, ging über zur Medizin und Na-
turwissenschaften, die er auch in Paris studierte. 1842 Curator
der Geological Society, 1843 Prof. Botanik Kings College London,
1844 Paläontologe der Geol. Survey, 1853 Prof. Naturgeschichte
Edinburgh. Zoologe und Paläontologe. Echinodermata (Cystoidea,
Asteridae u. a.), Mollusca, Faunen, hist. Entwicklung von
Floren und Faunen.
W i l s o n, G., & A. G e i k i e: Memoir of Edward Forbes. Cam-
bridge-London, 1861, pp. X, 589 (Bibliographie, Portr.).
Obituary, QuJGS., London, 11, 1855, XXVII—XXXVI.
Edinburgh's place in Scientific Progress; Brit. Association 1921.
B a l f o u r, J. H.: Sketch of the life of —. Ann. Magaz. Nat.
Hist., (2) 15, 1855, 35—52.
Literary papers by Prof. — London 1855 (Portr.).

* **Forbes**, J a m e s D a v i d; geb. 20. IV. 1809, Edinburgh, gest. 31.
XII. 1868.
Prof. der Naturgeschichte Edinburgh, St. Andrews. Mitarbeiter
von Élie de Beaumont, L. Agassiz, Dechen, Chr. G. Ehrenberg,
J. Hall of Albany, John Hunter, Hugh Miller, Sismonda.
Obituary, Geol. Magaz., 1869, 95—96, 137—139.
S t u d e r, B.: Über das Verdienst von J. Forbes um die Physik
der Gletscher. Mitt. naturf. Ges. Bern, 1869, XI.
G e i k i e, A.: Obituary, Trans. Edinburgh Geol. Soc., 1870, 238—
249.
S h a i r p, J. C., T a i t, P. G., A d a m s - R e i l l y, A.: Life and
letters of —. Edinburgh, 1873, pp. XIII + 598 (Bibliographie
mit 149 Titeln).
T y n d a l l, J.: Principal Forbes and his biographers. London, 1873,
pp. X + 35.

Forchhammer, J o h a n n G e o r g, geb. 26. VII. 1794 Husum, gest.
14. XII. 1865.
Prof. Min. Geol. Kopenhagen. Stratigraphie Dänemarks.
G e i k i e: Murchison, II: 27, 28.
Life of Lyell, I: 411.
J o h n s t r u p, J. F.: Nekrol. Nordisk Universitets Tidskrift, 10,
1866, 78—90, Separat: Almenfatteliger Afhandlinger of fore-
drag af J. G. F. med forfatteren biografi og en fortegnelsa
over hans litteraere arbejd., p. XI—LX, 1869.
Dansk biogr. Leksikom (Bricka) 7, 167—177.
Nachruf: Leopoldina, 6: 25.

Foresti, L o d o v i c o, geb. 27. III. 1829 Bologna, gest. 23. V. 1913.
1862—91 Assistent Pal. Geol. Bologna. Mollusca tertiaria.
P a n t a n e l l i, D.: Commemorazione Boll. Soc. Geol. Ital., 32, 1913,
CV—CVIII (Portr. Bibliographie mit 20 Titeln).
Vergl. A l d r o v a n d i, U.

Forir, H e n r i, geb. 1. I. 1856 Liège, gest. 14. VII. 1907.
Conservator der Mineralien Collection Univ. Liège, Repetitor cours
Geol. ebendort. Stratigraphie: Cambrium, Devon, Carbon, Jura,
Kreide, Tertiär.
F o u r m a r i e r, P.: H. F. Sa vie, son oeuvre. Ann. Géol. Soc.
Belge, 34, 1906—07, B, 157—183 (Portr. Bibliographie mit 170
Titeln).

Forma, E r n e s t o, geb. 21. IX. 1869 Turin, gest. 5. X. 1911.
Sammler für das Museum von Turin.
D e r m i e u x, E.: Necrologia., Boll. Soc. geol. it. 31, 1912,
CXXXVIII—CXL (Qu.).

Fornasini, C a r l o, geb. 3. XI. 1854 Bologna, gest. 1931.
Schrieb über Soldani's Foraminiferen. Coll. im Mus. Firenze 1894,
über Bibl. geol. del Bolognese 1648—1896 (Riv. It. Pal., 2, 1896,
278—290), über d'Orbigny's gezeichnete, aber nicht publizierte
Nodosaria, Rotaliden (1908) und über O. G. Costa. Foraminifera,
Mollusca.
G o r t a n i, M.: In memoria di —. Boll. Soc. Geol. Ital., 51,
1932, XXXV—XLIII (Portr. Bibliographie mit 102 Titeln).

*Forskal, Peter.
Wies 1742 nach, daß die Korallenriffe von Korallentieren gebildet
    werden.
Zittel: Gesch.
Poggendorff 1, 775.

Forsyth Major, Charles Immanuel, geb. 15. August 1843,
    gest. 1923.
Enkel des schottischen Seemannes John Major, Sohn des Theologen
    Charles Major, der seinen Nachnamen dem Geschlechtsnamen sei-
    ner Mutter anhängte. 1869 Arzt in Basel, 1872 Milano und Fi-
    renze, gab aber die ärztliche Praxis bald auf und widmete sich
    ausschließlich der Paläontologie. Unternahm Forschungs- und
    Sammelreisen: 1886—89 Samos, 1884—96 Madagaskar. Seine
    Sammlungen gelangten in das British Museum und das Museum
    zu Basel. Mammalia, Aves.
Stehlin, H. G.: Nekrolog: Verhandl. Naturf. Ges. Basel. 36,
    1925, 1—23 (Portr. Bibliographie mit 137 Titeln).
Hist. Brit. Mus., I: 309.
Obituary, Geol. Mag., 1923, 286.

Fortis, Giovanni Battista Alberto, geb. 1741 Padua, gest.
    1803 Bologna.
Augustiner Abt, Bibliothekar in Bologna. Nummulinen (die er für
    Schalen von Mollusken hält), Mollusca, Elefanten, Pisces.
Schröter, Journ., I: 2: 230.
Zittel: Gesch.
Tornier: 1924: 31.
Poggendorff 1, 778.
Dean I, 408—409; III, 62.

*Foster, James T.
Schulmeister zu Greenbush New York, publizierte 1849 eine geol.
    Karte, um die ein heftiger Streit mit James Hall ausbrach.
Clarke: James Hall of Albany, 204 ff.

Fougt, Henricus.
Schüler Linnés, publizierte 1745 über silurische Korallen von
    Gotland.
Zittel: Gesch.

*Fournel, Henri.
Französischer Geologe, studierte Geologie Algeriens.
Dugat, G.: Notice biographique sur —. Paris, 1877, pp. 20.

Fournet, J. J., geb. 1801, gest. 1869.
Ingenieur. Prof. Geol. u. Min. Lyon. Mineralogie, wenig Strati-
    graphie u. Paläontologie.
Chantre, E.: Notice historique sur la vie et les travaux de —.
    Ann. Soc. Sci. Industrielles Lyon, 1869, pp. 87 (Bibliographie
    mit 280 Titeln).
Cailloux: Notice sur la vie et les travaux de —. Bull. Soc.
    géol. France, (2) 27, 1870, 521—539.
Falsan: Des progrès de la Minéralogie et de la Géologie à
    Lyon et de l'influence de Joseph Fournet sur l'avancement de
    ces sciences. Mém. Acad. Lyon Classe Sci., 20, 1873—74, 219—
    275 (Bibliographie).

Fourtau, René, geb. 26. II. 1867, gest. 2. XI. 1920.
Siedelte 1888 nach Ägypten über, wo er bald der Geol. Survey
    Egypt nähertrat und dort später Paläontologe wurde. Echinida,
    Vertebrata, Stratigraphie.
Hume, W. F.: Obituary, Geol. Magaz., 1921, 334—336.

*Fox, C a r o l i n e.
Cousine von Howard Fox, schrieb Memoirs of old friends, 2. ed.
1882, darin über Buckland, Beche usw.
Obituary, QuJGS., 79, 1923, p. LVIII.

Fox, H o w a r d, geb. 1836 Falmouth, gest. 15. XI. 1922.
Consul. Stratigraphie.
T e a l l, J. J. H.: Obituary, QuJGS., London, 79, 1923, LX—LXI.

Fox, W i l l i a m D a r w i n, gest. 1882.
Lebte auf der Isle of Wight, wo er in den 30er Jahren Dino-
saurierreste sammelte. Seine Coll. gelangte in das Brit. Mus.
Hist. Brit. Mus., I: 289—290.

Fox-Strangways, C h a r l e s E d w a r d, geb. 13. II. 1844 Rewe,
gest. 5. III. 1910.
Mitglied Geol. Survey England. Stratigraphie.
Obituary. Geol. Magaz. 1910, 235—238 (Bibliographie); QuJGS.
London 67, 1911, LV—LVI.

Fraas, E b e r h a r d, geb. 26. VI. ˙1862 Stuttgart, gest. 6. III. 1915
ebendort.
Sohn von Oskar Fraas. Studierte 1882 bei Credner, 1884 bei
Zittel. 1891 Assistent am Naturalienkabinett Stuttgart, 1894 Konservator ebendort (Nachfolger seines Vaters). Auf seiner
Deutschostafrikanischen Reise 1907 besuchte er die Dinosaurier-
lager des Tendaguru. Echinodermata, Cephalopoda, Coelenterata,
Pisces, Stegocephalia, Amphibia, Ichthyosauria, Parasuchia, Pseu-
dosuchia, Meerkrokodile, Dinosauria, Testudinata, Mammalia, An-
passungen. Trias, Carbon, Jura, Tertiär.
P o m p e c k j, J. F.: Zur Erinnerung an — und an sein Werk.
Jahreshefte Ver. vaterl. Naturk. Württemberg, 71, 1915, XXXIII
bis LXXX (Portr.; Bibliographie mit 150 Titeln).
J a e k e l. O.: Nekrolog: Pal. Zeitschr., 2, 1918, 1—X (Portr.
Bibliographie mit 350 Titeln).
S a l o m o n, W. Calvi: Nachruf: Mitt. Oberrhein. Geol. Ver., 1915,
10—25 (Portr., Bibliographie).
S t r e m e r, E.: Nachruf: CfM., 1915, 353—359 (Bibliographie mit
44 Titeln).

Fraas, O s k a r, geb. 17. I. 1824 Lorch im Remstale, gest. 22. XI.
1897 Stuttgart.
Studierte Theologie und fungierte auch als Vikar und Pfarrer, als
Schüler Quenstedts ging er aber bald zur Geologie und Paläontologie über. Wurde 1854 zum Konservator der geologisch-
paläontologischen Sammlungen des Naturalienkabinetts zu Stutt-
gart berufen, wo er bis 1894 wirkte. Mammalia, Pterosauria,
Aetosaurus, Squatina, Steinheim, Spelaeologie, Anthropologie.
F r a a s, E.: Nekrolog: Leopoldina, 34, 1898, 13—18 (Bibliographie
mit 52 Titeln).
L a m p e r t, K.: Zum Gedächtnis an Direktor —. Jahresh. Ver.
vaterl. Naturk. Württemberg, 1898, XXIX—XXXIII (Portr.).
Zur Erinnerung an die Übergabe der Büste des Direktors — im
Naturalienkabinett Stuttgart, 1899, pp. 26.
S e i d l i t z, K. von: O. v. Fraas. Handwörterbuch der Naturw.
II. Aufl. 4, 533—534, 1933.

Fracastoro, G i r o l a m o H i e r o n y m u s, geb. 1483 zu Verona,
gest. 1553.

Italienischer Arzt, der 1517 als Erster die Fossilien (als durch
Festungsarbeiten am Castello di San Pietro bei Verona tertiäre
Schichten mit fossilen Muscheln aufgeschlossen wurden) richtig
deutete. Ist daher Nachfolger Leonardo da Vincis. 1502 Pro-
fessor d. Philosophie Padua, Leibarzt des Papstes Paul III.
E d w a r d s, Guide 25—27.
Z i t t e l: Gesch.
R o e m e r: NJM., 1857, 814.
T r u f f i, Mario: Jérome Fracastor (1478 (?) —1553). Ann. Dermat.
et Syphiliograph., 2, 1931, 321—339 (Fig. 4, „Vater der mo-
dernen Pathologie").

Fraipont, J u l i e n, geb. 1857, gest. 1910.
Prof. Univ. Lüttich. Cnidaria, Echinodermata, Brachiopoda,
Mollusca, Eurypteridae, Pisces, Homo fossilis.
F o u r m a r i e r, P.: J. F. Ann. Soc. géol. Belgique, 41, 1913—14,
B 337—350 (Bibliographie mit 78 Titeln, Portr.).
Notice sur J. F. Annuaire Ac. Sci. Belgique 91, 1925. 131—197
(Portr., Bibliographie).

Francis, J a m e s, starb im 83. Lebensjahr am 3. XI. 1925.
1863—69 Lehrer an der St. Peter School, Jersey, sammelte Lias-
Ammoniten und Belemniten.
E v a n s, J. W.: Obituary, QuJGS., London, 82, LVI.

Franco, P a s q u a l e, geb. 1852, gest. 1907.
Dozent für Min. Neapel. Trilobita.
S c a c c h i, E.: Commemorazione Boll. Soc. geol. Ital., 26, 1907,
CXXV—CXXVI (Bibliographie mit 37 Titeln).

Frank, W i l h e l m, geb. 12. I. 1891 Gießen, gest. 25. VIII. 1914
Heldentod bei Nancy.
1914 Mitarbeiter der Preuß. Geol. Landesanst. Gosau.
W o l f f, W.: Nachruf: Jahrb. Preuß. Geol. Landesanst., 39, 1918,
II: XVII—XIX (Portr.).

Franke, A d o l f, geb. 17. VIII. 1860 Ettischleben bei Arnstadt
(Thüringen).
Lyzeallehrer und Studienrat. Foraminiferen des Jura, der Kreide
und des Tertiärs.
S c h ö n h e i d, K.: Studienrat a. D. A. F. in Arnstadt. Eine
Würdigung. Beitr. zur Geol. v. Thüringen 4, 1937, 125—128
(Portr., Teilbibliographie) (Qu.).

Franklin, B e n j a m i n, geb. 17. I. 1706 Boston, gest. 17. IV. 1790.
Der nordamerikanische Staatsmann schrieb 1788 an Abbé Soulavie
in Derbyshire unten am Berg seien „oyster shells mixed in the
stones", was er auf die Elevation des Landes über den Meeres-
spiegel zurückführte.
M e r r i l l: 1904, 211.

*****Franks**, S i r A u g u s t u s, geb. 1826 Genf, gest. 21. V. 1897.
Keeper der ethnographischen und mittelalterlichen Abteilung des
British Museum. Homo fossilis, Paläoethnologie. Besuchte 1864 mit
Henry Christy, E. Lartet, R. Jones, J. W. J. Hamilton, Lubbock
das Vézère Tal.
Obituary, Geol. Magaz., 1897, 428; QuJGS., London, 54, 1898,
LVIII.

Franzenau, A u g u s t, geb. 2. IX. 1856 Klausenburg, gest. 19. XI.
1919.
Kustos Nationalmus. Budapest, Foraminiferenforscher.
Nachruf. Mag. Akad. Emlekbeszedek 20 (Nr. 19), 1930, 1—17
(Portr., Bibliographie) (Qu.).

Frauenfeld, G e o r g, gest. 8. X. 1873 Wien.
Custos am Naturhist. Museum Wien. Aves (Didus), Mollusca.
Biogr. Angaben in: Botanik und Zool. in Österreich 1850—1900.
Festschrift zool.-bot. Ges. Wien 1901, 13—14 (Portr.), 395
bis 396 (Bibliographie).

Frauscher, K a r l, geb. 23. X. 1852 Mattighofen (Oberösterreich), gest. 12. IV. 1914 Klagenfurt.
Mittelschullehrer in Klagenfurth. Brachiopoda, Nautilus, Phytopaläontologie Kärntens, Mollusca, Eocänfaunen.
G e y e r, G.: Nachruf: Verhandl. Geol. RA. Wien, 1914, 243—
244 (Bibliographie mit 7 Titeln).
L a t z e l, R.: Professor Dr. K. F. Fr. †, Carinthia II., 104,
1914, 1—6 (Bibliographie).

* **Frazer**, P e r s i f o r, geb. 24. VII. 1844 Philadelphia, gest. 7. IV.
1909 ebendort.
Studierte in Freiberg, dann Mineraloge und Metallurgist der
Hayden Survey, 1869—70 Prof. Chemie Univ. Philadelphia,
1870—74 Assistent Geol. Survey Pennsylvania.
P e n r o s e, R. A. F. jr.: Memoir of —. Bull. Geol. Soc. America,
21, 1910, 5—12 (Portr. Bibliographie mit 40 Titeln).
H a r r i s o n, A. C., and Others: Persifor Frazer. Journ.
Franklin Inst., 168, 1909, 76—79.

Frech, F r i t z, geb. 16. III. 1861 Berlin, gest. 28. IX. 1917 Aleppo
an Malaria tropica.
Studierte in Berlin bei Beyrich, Dames, Richthofen, 1887 Privatdozent, 1893 Prof. Min. Geol. Breslau (Nachfolger F. Roemers),
1897 auch Prof. Techn. Hochschule. Devon, Korallen, Graptolithen, Mollusca, Cephalopoda, Paläogeographie, Extinctio. Pal.
generalis.
P o m p e c k j, J. F.: Nachruf: NJM., 1919, I—XXXVIII (Portr.
Bibliographie).
— — Gedächtnisworte an seinem Todestage. Pal. Zeitschr., 10,
1928, 109—111.
T o r n i e r: 1925, 83.
B u b n o f f, S. v.: F. F. Deutsches Biogr. Jahrb. II, 1928, 69
bis 74 (Teilbibliographie).

Freiesleben, J o h a n n K a r l, geb. 1774 Freiberg, gest. 1846 Nieder-
Auerbach.
1796 Bergamtsassessor, 1800 Direktor der Mansfelder Bergwerke
in Eisleben, 1808 Bergrat in Freiberg, 1838 Oberberghauptmann.
Schüler und Mitarbeiter Werners, stand in nahen Beziehungen zu
A. v. Humboldt, L. v. Buch, Schlotheim. Stratigraphie Harz,
Perm, Trias.
Z i t t e l: Gesch.
Freyberg (auch Portr.).
P o g g e n d o r f f 1, 796.

Fresenius, G e o r g, geb. 25. IX. 1808 Frankfurt a. M., gest. 1.
XII. 1866 ebenda.
Prof. Bot. Senckenberg-Inst. Frankfurt a. M. Botaniker. 2 kleine
Arbeiten über Tertiärpflanzen (Palaeontographica 4 und 8).
Nachruf. Botan. Zeitung 25, 1867, 7—8 (Teilbibliographie) (Qu.).

Freyer, H e i n r i c h, geb. 7. VII. 1802 Idria, gest. 21. VIII. 1865 Laibach.
Kustos am Museum in Laibach, dann Konservator am Mus.. Ferdinando-Maximilianum in Triest. Sammler von Krainer Fossilien für das Krainer Landesmuseum, stellte zuerst das naturhist. Mus. in Klagenfurt auf. Botaniker, Zoologe, Geologe. Tertiärfauna u. -flora von Radoboj, Foraminiferen, Höhlenbär.
W u r z b a c h 4, 352—354.
U l l e p i t s c h: Magister H. Fr. Carinthia 56, 1866, 398—400.
H ö r n e s, M.: Ber. Reise. Sitzber. math.-nat. Cl. Ak. Wien 4, 1850, 202—203 (Qu.).

Frič siehe **F r i t s c h.**

Fricke, K a r l, geb. 15. III. 1852, gest. 10. I. 1915.
Prof. an der Oberrealschule in Bremen. Monographie der Fische des Ob. Jura von Hannover 1875 (Paläontographica Bd. 22).
K u n z e, Karl: Kalender f. d. höhere Schulwesen Preußens etc. (Qu.).

Fridvalszky, J á n o s, geb. 13. XII. 1730 Pozsony, gest. 1784.
Ungarischer Jesuit. Schrieb 1767: Mineralogia magni Principatus Transsylvaniae (Claudiopoli).
N e u g e b o r e n, J. L.: Arch. Ver. siebenbürg. Landesk. (N. F)
3, 1858, 430.
W u r z b a c h 4, 356.

Friedrich, P a u l, geb. 4. VI. 1856, gest. 3. II. 1918 Lübeck.
Oberlehrer in Lübeck. Phytopaläontologie.
R a n g e, P.: Nachruf: Jahrb. Preuß. Geol. Landesanst., 39, 1918, II: CIV—CIX (Portr. Bibliographie mit 34 Titeln).

Frisch, J o d o c u s L e o p o l d, geb. 29. X. 1714 Berlin, gest. 1787 Grüneberg.
Schrieb 1741 Musei Hoffmanniani petrefacta. Halle (ref. Schröter, Journ., I: 19).
P o g g e n d o r f f 1, 805.

Fritel, P.-H., geb. 1867 Evreux (Eure), gest. 1927.
Sous-directeur Laboratoire paléobotanique Mus. d'hist. nat. Paris. Paläozoologie u. Paläobotanik. Schrieb 1903: Paléontologie (animaux fossiles), 1904: Paléobotanique (plantes fossiles).
Notice nécrologique. Bull. Soc. géol. France (4) 28, 1928, 103 (Compte rendu) (Qu.).

Fritsch, A n t o n (auch Fri č geschrieben), geb. 30. VII. 1832 Prag, gest. 15. XI. 1913 Prag.
1852 Assistent des Böhmischen Museums, 1882 Prof. der Zoologie in Prag. Arbeitete über Arthropoda, Pisces, Amphibia Reptilia, Silur, Kreide, Gaskohle Perm, Plist. Mammalia, Homo fossilis.
Schrieb: Geol. Bilder aus der Urzeit Böhmens, Prag 1874, Cerky po Evropé a Amerike (Reisen in E. u. A.), (Prag 1900).
K e t t n e r: p. 140—141, (Portr. Taf. 38).
Z e l i z k o, J. V.: Nachruf: Verhandl. Geol. RA. Wien, 1913, 362.
Nachruf: CfM., 1914, .32; Zeitschr. deutsch. Geol. Ges., 65, 1913, 635.
Obituary, QuJGS., London, 70, 1914, LXI.
Vesmir: 31: 1902: 232—237 (70-Jahr-Jubiläum).

Publicationen des ordentlichen Mitgliedes —. Jahresber. Böhm.
Ges. Wiss., 1880, LXX—LXXV.
P u r k y n ě, C.: A. F. Časopis Narodného Musea 107, 1933, 1—9
(Portr.).

Fritsch, K a r l v., Freiherr, geb. 11. XI. 1838 Weimar, gest.
9. I. 1906.
1867 Prof. Frankfurt a. M., 1872 Prof. Min. Geol. Halle a. S.
Stratigr. Karbon, Rotliegendes, Cenoman, Oligozän, Pliozän.
Phytopaläontologie, Mammalia, Reptilia, Cephalopoda u. a.
B o i s t e l, A.: Not. necr. Bull. Soc. Géol. France, (4) 7, 1907, 122.
L u e d e c k e, O.: Nachruf: Zeitsch. f. Naturw., 78, 1906, 145—
159; Leopoldina, 42, 1906, 44—53 (Portr. Bibliographie mit 75
Titeln).

Fritz-Gaertner, R e i n h o l d.
In den 70er Jahren Geologe in Honduras, kam aus England nach
USA. Astraeospongia.
C l a r k e: James Hall of Albany, 412.
N i c k l e s 383.

Fromentel L o u i s E d o u a r d G o u r d a n de, geb. 29. VIII. 1824
Champlitte, gest. ?
Setzte fort d'Orbigny's Pal. franç. Spongiaria, Korallen.
Z i t t e l: Gesch.
V a p e r e a u, G.: Dict. univ. des contemporains, 6. éd. 1893, 632.

Fromherz, C a r l, geb. 10. XII. 1797 Constanz, gest. 27. I. 1854
Freiburg.
Schrieb 1837—42 über Jura von Breisgau u. Freiburg.
P o g g e n d o r f f 1, 810—811.

Frosch, H a n s, gest. 1925.
Oberlehrer in Bayreuth. Sammler (Jura, Muschelkalk, Rhät von
Bayreuth). Seine Sammlung jetzt in der Kreissammlung Bay-
reuth. „Williamsonia (besser Piroconites) froschi"
W e i ß, G. W.: Bayreuth als Stätte alter erdgeschichtlicher Ent-
deckungen. Bayreuth 1937, 41—42 (Qu.).

Frossard, E m i l i e n, geb. 1802, gest. 1881.
Französischer Geologe. Stratigraphie der Pyrenäen.
V a u s s e n a t, C. X.: Emilien Frossard, 1801—1881, fondateur de
la Société Ramond, son oeuvre Pyrénéenne. Explorations Pyrénéennes. Bull. Soc. Ramond, 16, 1881, 129—152 (Portr. Bibl.).

Früh, J a k o b, geb. 22. VI. 1852 Märwil, Kanton Thurgau.
1877—90 Prof. Naturw. u. Geogr. Trogen Kantonschule, 1889
Assistent geol. Mus. Polytechnikum Zürich, 1899 Prof. Geogra-
phie ebendort. Lithothamnien, Mammalia, Stratigr.
N i g g l i, P.: J. F. zum 70. Geburtstag. Vierteljahresschr. naturf.
Ges. Zürich, 67, 1922, 167—174 (Portr. Bibliographie mit 76
Titeln, vorwiegend Geogr.).

Fuchs, A l e x a n d e r, geb. 19. VIII. 1874 Bornich, gest. 5. XII.
1935 Berlin.
Geologe an der preuß. geol. Landesanstalt. Devonstratigraphie
und -faunen.
B e h r, J. & P. D i e n s t: Nachruf. Jahrb. preuß. geol. Landesanstalt 56 (1935), 1936, 22 pp. (Portr., Bibliographie) (Qu.).

Fuchs, J o h a n n C h r i s t o p h, geb. 1. III. 1726 Groß-Germers-
leben, gest. 28. IX. 1795 Berlin.
Pagenhofmeister. Fossilien des Diluvium (Geschiebe, Mammuth).
P o g g e n d o r f f 1, 813 (Qu.).

* **Fuchs**, J o h a n n N e p o m u k v., geb. 1774 Mattenzell, Nieder-
bayern, gest. 1856 München.
Studierte Medizin, beschäftigte sich mit Chemie und Mineralogie,
1805 Prof. Chemie, Min. Landshut, 1807 Prof. u. Conservator
min. Staatssamml. München.
J. N. v. F. Ges. Schriften, redigiert und mit Nekrolog von C. G.
Kaiser. München 1856, pp. 297 (Portr.).
P o g g e n d o r f f 1, 814.

Fuchs, T h e o d o r, geb. 15. IX. 1842 Eperjes, gest. 4. X. 1925
Steinach am Brenner.
Studierte Medizin, 1863 Assistent am Mineralienkabinett in Wien
(Nachfolger Zittel's), später Custos u. Direktor d. geol.-pal.
Abt. Mammalia, Mediterranfaunen u. -stratigraphie.
S c h a f f e r, F. X.: Nachruf: Mitt. Geol. Ges. Wien, 18, 1925,
174—187 (Portr.).
— —: Th. F. Sein Leben und sein Werk. Annalen naturhist.
Mus. Wien 41, 1927, 1—24 (Portr., Bibliographie).

Fugger, E b e r h a r d, geb. 3. I. 1842 Salzburg, gest. 21. VIII. 1919
ebenda.
Dr. h. c., zuletzt Prof. Math. u. Phys. Oberrealschule Salzburg,
Leiter des städt. Mus., dessen geol. Sammlung er zum großen
Teil geschaffen hat.
Stratigraphie, Paläontologie u. regionale Geologie der Salzburger
Alpen.
P i l l w e i n, E.: E. F. Sein Leben (Portr.) u. J ä g e r, V.:
E. F. Sein Werk. Mitt. Ges. Salzburger Landeskunde 59, 1919,
1—16 (Qu.).

Fuhlrott, J o h a n n C a r l, geb. 1. I. 1804 Leinefelde, gest. 17. X.
1877 Elberfeld.
Lehrer der Mathematik am Realgymnasium Elberfeld. Entdeckte
Homo neanderthalensis.
B ü r g e r, Willy: J. C. F., der Entdecker des Neanderthalmen-
schen. Festschrift zur Jubelfeier d. städt. Realgymnasiums Elberfeld, 1930, pp. 39, 2 fig.
S c h ü t z, L., u. O. H a u s e r: Die Feier zur Erinnerung an die
50. Wiederkehr des Todestages von Prof. Dr. C. Fuhlrott in Elberfeld am 16., 22. und 24. Oktober 1927, in: Hauser, O.: Neue
Dokumente zur Menschheitsgeschichte, Bd. I., Weimar, 1928, 95—
111. (Portr. u. Erinnerungstaf.).
S c h a a f f h a u s e n, H.: Nekrolog. Correspondenzbl. deutsche
anthrop. Ges. München 1878, 27—29.

Futterer, K a r l, geb. 2. I. 1866 Stockach (Baden), gest. 18.
II. 1906.
Prof. Min. u. Geol. techn. Hochschule Karlsruhe. Stratigraphie
und Paläontologie der venetianischen Kreide, Hippuriten, Lias-
ammoniten u. a.
P o g g e n d o r f f 4, 471.
Notice nécrologique. Bull. Soc. géol. France (4) 7, 1907, 123
(Qu.).

Füchsel, G e o r g C h r i s t i a n, geb. 1722 Ilmenau, gest. Juli 1773.
Studierte 1741—50 in Jena, Leipzig Medizin, Theologie, Astrono-

mie, Min., dann in Rudolstadt, 1767 Hofmedicus, 1770 Bibliothe-
kar. Stratigraph, der wichtigste Vorgänger Wm. Smith's.
Nekrolog: Journ. Schröter, 2: 505—507.
E d w a r d s: Guide, 43.
Freyberg: 149.
G e i k i e: The founders of geology, 98—101.
K e f e r s t e i n, C.: Nachruf: Journ. de Géol., 2, 1830, 191.
Z i t t e l: Gesch.
Allgem. Deutsche Biogr., 8, 175.

Fürbringer, M a x, geb. 1846 Wittenberg, gest. 6. III. 1920 Heidel-
berg.
Schüler Gegenbaurs. 1874 Prosektor in Heidelberg, 1879 Prof. Ana-
tomie Amsterdam, 1888 Prof. Jena (Nachfolger O. Hertwigs),
1901 Prof. Heidelberg (Nachfolger Gegenbaurs). Sauropsida.
B r a u s, H.: M. F. Die Naturwissenschaften, 8, 1920, 357—359.
B l u n t s c h l i, H.: M. F. Anat. Anz. 55, 1922, 244—255 (Portr.'
Bibliogr.).

Gabb, W i l l i a m M o r e, geb. 20. I. 1839 Philadelphia, Pa., gest.
30. V. 1878 ebendort.
1862 Paläontologe der Geological Survey California unter Whitney.
Carbon, Kreide, Tertiär, Ammonites, Jura, Mollusca, Trias,
Strombidae, Aporrhaidae (überhaupt Evertebratenfaunen, bes.
der Kreide und des Tertiär).
D a l l, W. H.: Biographical memoir of —. Biogr. Mem. Nat.
Acad. Sci., 6, 1909, 345—361 (Bibliographie mit 88 Titeln).
M e r r i l l: 1904, 697.

* Gadd.
Arbeitete über die Geologie Finnlands.
Z i t t e l: Gesch.
P o g g e n d o r f f 1, 826.

Gagel, K u r t, geb. 7. II. 1865 Heiligenbeil Ostpreußen, gest. 22. I.
1927.
Studierte bei Branco. 1891 Mitarbeiter der Preuß. Geol. Landes-
anstalt. Brachiopoda, Mollusca, Spatangidae.
K ü h n: Nachruf: Jahrb. Preuß. Geol. Landesanst., 48, 1927,
I—XIX. (Portr. Bibliographie mit 175 Titeln).

Gagnebin d e l a F e r r i è r e, A b r a h a m, geb. 29. VIII. 1707
Renan, gest. April 1800 La Ferrière.
Arzt und Botaniker. Petrefaktensammler. Mitarbeiter von Bourguet
und Hofer. Evertebraten.
T h u r m a n n, J.: Abraham Gagnebin· de la Ferrière. Fragment
pour servir à l'Histoire scientifique du Jura bernois et neuchâtelois pendant le siècle dernier. Avec un Appendice géologique. Porrentruy 1851, pp. X + 143.
W o l f, R.: Biographien zur Kulturgeschichte der Schweiz. III,
227—240, 1860.
J e a n n e r e t, F. A. M.: Biogr. neuchateloise 1, 1863, 357—
361 (Bibliographie).
R u t s c h, R.: Originalien der Basler Geol. Samml. zu Autoren
des 16.—18. Jh. Verh. Naturf. Ges. Basel 48, 20—22.

Gaillardot, C l a u d e A n t o i n e, geb. 1774 Lunéville, gest. 10. IX.
1833 ebenda.

Lebte in den 30er Jahren in Lunéville, beschrieb die in der Umgebung seiner Stadt gefundenen Fossilien. Arzt u. Naturforscher.
Oettinger, E. M.: Moniteur des dates II, 1866, 106.
Scient. Papers 2, 754—755 (Qu.).

* Gaimard, Paul, geb. 1790, gest. 1858.
Naturforscher der Freycinet'schen Expedition 1818—20. Korallen.
Zittel: Gesch.

Galeazzi (Galeati), Domenico Maria Gusmano, geb. 4. VIII. 1686 Bologna, gest. 30. VII. 1775 ebenda.
Arzt. Prof. Phys. Bologna. Spricht in seinem Werk: Iter Bononia ad alpes S. Pellegrini über Fossilien.
Poggendorff 1, 830.
Bianconi, G.: Atti Soc. it. Sci. nat. 4, 1862, 244 (Qu.).

Galeotti, Henri Guillaume, geb. 10. IX. 1814 Paris, gest. 14. III. 1858 Brüssel.
Machte 1837 geologische Studien in Brabant, später in Mexiko. Stratigraphie.
Quetelet, A.: Notice sur Henri Guilleaume Galeotti. Annuaire Acad. roy. Belg., 25, 1859, 139—148 (Bibliographie).

Gallenstein, Hans **Taurer** Ritter von, geb. 30. VIII. 1846 Klagenfurt, gest. 24. VI. 1927.
Professor a. d. Realschule in Görz, zuletzt Kustos an der paläontologischen Abteilung des Naturhist. Landesmus. für Kärnten. Malakozoologe. Schrieb über die Fauna und Stratigraphie der Carditaschichten Kärntens. Entdeckte und beutete die reiche Fauna der Raibler Schichten von Launsdorf (Kärnten) aus (beschrieben von Gugenberger).
Nachruf: Carinthia II, 1928, 90—92 (Bibliographie).
Adensamer, W.: Prof. H. von Taurer-G. Ein Nachruf. Ann. Naturhist. Mus. Wien 42, 1928, Notizen (2)—(3) (Bibliographie) (Qu.).

Gamble, W.
Sammelte Polyzoa aus dem Kalk unweit Rochester, Kent, speziell Chatham, die er auch beschrieb. Seine Sammlung gelangte in das Brit. Mus
Hist. Brit. Mus., I: 290.

* Garbiglietti, A.
Italienischer Prähistoriker.
Necrolog und Bibliographie in Bull. di Paletnol. Ital., 13, 1887, 31—32 (Bibliographie mit 5 Titeln).

* Garboe, Axel.
Schrieb in seinen Kulturhistoriske Studier over Aedelstene med saerligt kenblik paa del 17. aarhundrede. Kopenhagen & Kristiania, 1915, pp. XV + 274, über Bezoarsteine und Museum Wormianum. (Ref. Mitt. Gesch. Med. Naturw., 14, 195—196),

Gardner, John Starkie.
Sammelte in den 70er Jahren im Gault Folkestones und tertiäre Pflanzenreste auch in Irland, Sammlung im British Museum. Phytopaläontologie, Mollusca.
Hist. Brit. Mus., I: 290.
Scient. Papers 9, 960—961; 15, 208.

Garriga, J.
Beschrieb 1796 Megatherium in Madrid.
Zittel: Gesch.

Garrigou, F é l i x, geb. 16. IX. 1835 Tarascon (Ariège), gest. 1920 Toulouse.
Französischer Geologe und Speläologe.
Monographie de Bagnères-de-Luchon. Extr. de la Monographie des Eaux minérales des Pyrénées, I, Paris 1872 (Bibliographie mit 46 Titeln).
Titres et travaux pour la candidature du Dr. — de Tarascon (Ariège), Paris, 1882, pp. 12.
P o g g e n d o r f f 3, 493; 4, 479.

* **Garrucci**, R.
Italienischer Prähistoriker.
Bibliographie (mit 7 Titeln) in Bull. di Paletn. Ital., 11, 1885, 96.

Gastaldi, B a r t o l o m e o, geb. 10. II. 1818, gest. 1879.
Studierte Jus, dann in Paris Geologie, Prof. Geol. Torino, Direktor des Museo Civico Torino. Crinoidea, Mammalia, Stratigraphie Piemonts.
Cenno necrologico: Boll. R. Com. Geol. Ital., 10, 1879, 81—86 (Bibliographie mit 38 Titeln).
S e l l a, Qu.: Cenno necrologico. Transunti R. Accad. Lincei, (3) 3, 1879, 82—92 (Bibliographie).
Bibliographie seiner prähist. Artikel in Bull. di Paletn. Ital., 5, 1879, 32 (11 Titel).
B a r e t t i, Cenno biografico del prof. — Annuario R. Univ. Torino, 1880 (Bibliographie mit 59 Titeln).
C a v a l l e r o, A.: Notizie sulla vita e sulle opere di — Atti R. Accad. d'Agricultura Torino, 22, 1879 (Bibliographie mit 65 Titeln).
R i c o t t i, E.: Cenni biografici di —. Atti R. Accad. Torino, 14, 1879, 339—348 (Bibliographie mit 59 Titeln).
Z i g n o, A.: Biografia di —. Mem. Matem. Fisica Soc. Ital. Sci., (3) 6, 1887, XLII—XLVIII (Bibliographie mit 61 Titeln).

Gaudin, C h a r l e s T h é o p h i l e, geb. August 1822 Lausanne, gest. 7. I. 1866.
Schweizer Phytopaläontologe. Entdeckte Zwergelefanten auf Sizilien.
H e e r, O.: Nachruf; Act. Soc. Helv. Sci. nat. 50, 1866, 300—309 (Teilbibliographie im Text).
Obituary, QuJGS., London, 23, 1867, L.

Gaudry, A l b e r t, geb. 15. IX. 1827 St.-Germain-en-Laye, gest. 27. XI. 1908 Paris.
Studierte bei d'Orbigny, Alix, Ducrotay de Blainville, reiste 1853—54 nach Cypern und besuchte Pikermi, 1872 Prof. Pal. (Mus. hist. nat. Paris, Nachfolger E. Lartet's). Paläontologia generalis: Evolution, Homo fossilis, Mammalia, Aves, Reptilia, Amphibia, Pisces, Stelleridae, Ancyloceras, Geologie, Museologie, schrieb Biographien über A. d'Orbigny, Rozet, d'Archiac, Lacaze-Duthiers, Hébert, Stahl, P. Fischer, Saporta, V. Lemoine, E. Blanchard, A. Milne-Edwards, B. Renault, Marquis de Nadaillac, Piette.
T h e v e n i n, A.: Not. necrol. Bull. Soc. Géol. France, (4) 10, 1910, 351—374 (Portr. Bibliographie mit 205 Titeln).
Jubilé scientifique de M. A. G. Discours de Perrier, M. Boule, Liard, etc. Paris Masson, 1902, pp. 80.
Eminent living geologists: Geol. Magaz., 1903, 49—51 (Portr.).
B o u l e, M.: La Paléontologie au Muséum et l'oeuvre de M. A. G. Rev. scient., 28. Mai 1904.

Barrois, Ch.: A. G. Ann. Soc. géol. du Nord, 27, 1908, 287—293 (Portr.).
Bassani, F.: Commemorazione di A. G. Rendic. R. Accad Sci. Napoli, 1908, 235—238.
Boule, M.: Nécrol. L'Anthropologie, 19, 1908, 604—612 (Portr.).
Douvillé, H., Michel Lévy, A., E. Perrier: Discours prononcés aux funérailles d'A. G. Publ. Ac. Sci., Paris, 1908.
Thevenin, A.: Necrol. La Nature, 5. Dec. 1908.
— — Necrol. Rev. scientifique, 22. Jan. 1910.
Eastman, R.: Obituary, Science, 29, No. 734, 1909.
Dollfus, G.: Nécrol. Journ. de Conchyl., 57, 1909, 274.
Gillot, X.: Notice biographique sur A. G. Bull. Soc. Hist. nat. Autun, 22, 1909, 1—38 (Portr. Bibliographie sub stella).
Glangeaud: A. G. et l'évolution du monde animal. Rev. gén. des Sc. 3. Mars, 1909, englisch in Smithsonian Report for 1909, 417 ff.
Pavlow, M.: A la mémoire d'A. G. (russisch) Bull. Soc. Nat Moscou, 1908 (1910), 54—62.
Hommage à M. A. G. La Nature, 1902, No. 1503, 236—238.
Stefani, C. de: Commemorazione di A. G. Atti Accad. Lincei, (5), Rendic. 18, 1909.
Boule, M.: Liste des ouvrages et mémoires publiés de 1850 à 1909 par A. G. Nouv. Arch. Mus. hist. nat. Paris (5) 1, 1909, CI—CXVI (Bibliographie mit 201 Titeln).
Prestwich life, 88.
Geikie: A long life work, 248, 315.
Notice sur les travaux scientifiques de M. — Paris, 1881, pp. 55 (Bibliographie mit 72 Titeln zwischen 1852—81).
Taramelli, T.: Elogio di — Rendic. R. Ist. Lombardo, 32, 1909, 30.

Gauthier, Victor-Auguste, geb. 5. III. 1837 Tonnerre, Yonne, gest. 20. II. 1911.
1883 Prof. am Lyzeum zu Vanves. Echinidae.
Lambert, J.: Not. nécrol. Bull. Soc. Géol. France, (4) 11, 1911, 156—161 (Bibliographie mit 27 Titeln).

* Gavelin, Axel O., geb. 1875.
Direktor der Geol. Survey Schweden 1916.
Geol. Magaz., 1916, 384.

* Gay, Claude.
Botaniker und Forschungsreisender.
Lettre addressée à M. le Président de l'Académie des Sciences par M. — relative à ses travaux scientifiques. Paris, 1856, pp. 12.
Raynaud, V.: Vie de —, Membre de l'Institut, citoyen de Chili. Bull. Soc. d'Études sci. et archéol. de la ville de Draguignan; 1877, pp. 40.
Nouv. biogr. générale 19, 753—756.

Gazola, Conte Giovambattista.
Sammler von fossilen Fischen (beschrieben 1796—1809 von G. S. Volta).
Dean III, 69 (Qu.).

Gebhard, John.
Farmer in Schoharie Court House, N. Y. Studierte in den 1820er Jahren Kalksteinhöhlen der Umgebung und Mineralien. Stand in regem Briefwechsel mit James Hall, Ebenezer Emmons, Eaton. Sammelte Fossilien.
Clarke: James Hall of Albany, 40—41 substella.

Gebhard, J o h n jr., geb. 1800 Schoharie (?), gest. 1886 Albany NY.
Illegaler Sohn John Gebhard's, wurde am Natural History Survey
NY. Assistent unter Mather, später Curator des State Museum.
Lebte dann, nach Verkauf seiner Sammlung an Hall als Justice
of Peace in Schoharie, kehrte aber betagt nach Albany zurück
zum Museum. 1841 besuchte ihn Lyell.
C l a r k e: James Hall of Albany, 40—41, sub stella.

* **Gebler**, F.
Schrieb 1834: Über eine Knochenhöhle ... in Sibirien.
Nécrologie: Bull. Soc. Imp. Nat. Moscou 23, 2, 1850, 580—591
(Bibliographie).

* **De Geer**, G e r a r d.
Glazialgeologie und -chronologie.
Svenskt biografiskt Lexikon 10, 550—567 (Portr., Bibliographie).

* **Gegenbaur**, K a r l, geb. 1826 Würzburg, gest. 1903.
Morphologe und vergl. Anatom, studierte bei Kölliker, 1855 Prof.
Jena, 1872 Prof. in Heidelberg.
F ü r b r i n g e r, M.: Carl Gegenbaur. Heidelberger Professoren aus
dem 19. Jahrhundert. Festschrift, II, 1904, 389—466.
G e g e n b a u r, C.: Erlebtes .und Erstrebtes. Leipzig, 1901, pp. 114
(Portr.).

Gehler, J o h a n n K a r l, geb. 17. V. 1732 Görlitz, gest. 6. V. 1796
Leipzig.
Schrieb: De quibusdam varioribus agri Lipsiensis petrificatis.
Spec. 1. Trilobites f. Entomolithus paradoxus Lipsiae, 1793, Taf.
1.
V o g d e s.
Allgem. Deutsche Biogr. 8, 498—499.

* **Geikie**, A r c h i b a l d, geb. 28. XII. 1835 Edinburgh, gest. 10.
XI. 1924.
Studierte ursprünglich Humaniora, ging aber z. T. unter Einfluß
Hugh Millers zur Geologie über, studierte bei A. C. Ramsay
und Murchison. 1855 Geologe der Geol. Survey. 1860 Lektor an
der School of mines, 1867 Direktor der Schottischen Survey,
1871—82 Prof. Geol. Univ. Edinburgh, 1882—1903 Generaldirektor der Englischen Survey, 1903—08 Sekretär der Royal Society,
1908—13 Präsident derselben.
Außer zahlreichen stratigraphischen Abhandlungen und Hand-
büchern schrieb Geikie viele wertvolle historische Beiträge und
Biographien: The founders of geology London, 1897, Life of Mur-
chison, Life of A. C. Ramsay, Life of Edward Forbes, Biogra-
phie Hugh Miller's. Seine Autobiographie: A long life's work,
London, 1924, pp. XII + 426, enthält interessante historische
Bemerkungen über Chambers, H. Miller, Macculloch, Dechen,
Boué, J. Hutton, Playfair, James Hall, Marsh, Leidy, Darwin,
Duke of Argyll, Daubrée, Gaudry, Lapparent, Osborn, Faujas,
Fortis usw.
Autobiographie eingehend referiert von Zaunick: Der Geologe,
Nr. 37, 1925, 815.
Obituary, Bull. Geol. Soc. America, 36, 1925.
S a c c o, F.: Necrolog, 1925.
C. f. Min., 1924, 752.
Eminent living geologists Geol. Magaz., 1890, 49—51 (Portr.).
S t r a h a n, A.: Obituary, QuJGS., London, 81, 1925, und Smith-
son. Rep., 1924; 591—598.

L a p p a r e n ,t, A. de: Scientific Worthies: XXVIII: Sir —. Nature, London, 47, 217—220 (Portr. 1893).
W o o d w a r d, H. B.: Hist. Geol. Soc. London, Taf. 262.

* Geikie, J a m e s, geb. 23. VIII. 1839, gest. 1. III. 1915.
Bruder Archibald Geikie's. Prof. Geol. Univ. Edinburgh bis 1914.
Glazialgeologie. Notizen über Karbon Schottlands, Bos primigenius.
Eminen,t living geologists: Geol. Magaz., 1913, 241—48 (Bibliographie mi,t 98 Titeln).
J. S. F.: Obituary, Geol. Magaz., 1915, 192.
N e w b i g i n, Marion J., & J. S. F l e ,t t: James Geikie, the man and .the geologist. Edinburgh, 1917, pp. XI + 227 (4 Portr. Bibliographie mit 100 Titeln).
H o r n e, J.: The influence of J. G.'s researches on the development of glacial geology. Proc. Roy. Soc. Edinburgh, 36, 1915—1916, 20—25 (Bibliographie mit 100 Titeln).

* Geikie, J a m e s S o m e r v i l l e, geb. 1881, gest. 1920 Borneo.
Neffe Archibald Geikie's. Mineningenieur, Stratigraphie.
Obituary, Geol. Magaz., 1920, 528.

Geinitz, E u g e n, geb. 15. II. 1854 Dresden, gest. 9. III. 1925.
1878—1925 Prof. Geol. Rostock. Mecklenburger Lias-Fauna, bes.
Insekten. Phytopaläontologie.
S c h'u h, F.: E. G. Mitt. Mecklenburg. Geol. Landesanstalt, 36, (N. F. 1), 1925, 3—24 (Bibliographie, Portr.).

Geinitz, H a n n s B r u n o, geb. 16. X. 1814 Altenburg, gest. 28. I. 1900 Dresden.
Verbrachte 4 Jahre als Apothekergehilfe, studierte 1834—36 in Berlin Chemie und Geologie (bei Quenstedt). 1838 Hiffslehrer für Physik und Chemie an der technischen Bildungsanstalt in Dresden (später Technische Hochschule). Prof. Min. Naturgesch. am technol. Institut Dresden und Direktor der Königl. Naturaliensammlung im Zwinger zu Dresden, dessen Führer, ferner Geschichte und 1846 Grundriß der Versteinerungskunde er schrieb. Stratigraphie, Phytopaläontologie, Foraminifera, Spongia, Vermes, Echinodermata, Mollusca, Stegocephalia u. a.
G e i n i ,t z, E u g e n: H. B. G. Ein Lebensbild aus dem 19. Jahrhundert. Halle, 1900, pp. 53 (Portr. Bibliographie mit 189 Titeln).
H i n d e, G. J.: Obituary, Geol. Magaz., 1900, 143; QuJGS., London, 56, 1900, LI.
K a l k o w s k y, E.: H. B. G. Die Arbeit seines Lebens. Sitzungsberichte Isis, 1900.
G e i n i t z, F. E.: Nachruf: CfM., 1900, 6—21 (Bibliographie mit 188 Titeln); Leopoldina 36, 1900, 59—70, 85—89, 98—104 (mit cpl. Bibliographie).
S t e v e n s o n, J. J.: Obituary, Ann. New York Acad. Sci., 11, 625, 13, 472—473, 1900.
Z a u n i c k, R.: H. B. G. Der ehemalige Ehrenpräsident der Dresdener Isis. Dresdner Neueste Nachrichten, 1934, No. 129, 7. Juni, S. 4; Sitzber. Naturw. Ges. Isis (1935), 1936, 156—158.
C o n w e n t z: Nachruf. Sitz.-Ber. Naturf. Ges. Danzig, 7, 1900.
T i e t z e, E.: Nachruf. Verhandl. Geol. RA. Wien, 1900, 35—36.

Gemmellaro, C a r l o, geb. 4. XI. 1787 Catania, gest. 21. X. 1866.
Prof. Catania, Sizilien, arbeitete bes. über Vulkanologie (Ätna), gab eine geol. Karte Siziliens heraus. Mollusca.

A r a d a s, A.: Elogio accademico del prof. cav. — Atti Accad. Gioe-
nia, (3) 2, 1868, 115—303 (Bibliographie Portr.).
B r a n c a l e o n e: Sull elogio di — per il professore Andrea
Aradas. Catania, 1868, pp. 8.
B o l t s h a u s e r, S. A.: Elogio di —, letto il 17 di Marzo
1870, Catania, 1870, pp. 24.
L o m b a r d i, G. E.: Carlo Gemmellaro, scrittore di cose patrie.
Catania, 1870, pp. 18.
D i F r a n c o, S.: I primi geologi siciliani e i Gemmellaro.
Arch. storico per la Sicilia orientale (2) 9, 1933, 104—105.

Gemmellaro, G a e t a n o G i o r g i o, geb. 25. II. 1832 Catania,
gest. 16. III. 1904 Palermo.
Prof. Univ. Palermo. Paläontologie Siziliens: Brachiopoda, Cepha-
lopoda, Lamellibranchiata, Pisces, Mammalia u. a.
B a s s a n i, Fr.: Necrologia. Rendic. R. Acc. Sci. fiz. math. di Na-
poli, 1904, 157—158.
— —: Cenno necrologico. Riv. ital. paleont. 10, 1904, 62—64.
B u c c a, L.: Necrol. Boll. Soc. Geol. Ital., 23, 1904, CLXXI—
CLXXIII.
P a r o n a, C. F.: Commemorazione. Atti R. Acc. Sci. Torino, 39,
1903—04, 564—566.
G r e c o, B.: A proposito di una critica all'opera scientifica di G.
G. G. Boll. Soc. geol. it. 54, 1935, 301—312.
D i F r a n c o, S.: I primi geologi siciliani e i Gemmellaro.
Arch. storico per la Sicilia orientale (2) 9, 1933, 106—108.

Gemmellaro, M a r i a n o, geb. 18. XII. 1879 Palermo, gest. 16.
VI. 1921.
Prof. Geol. Univ. Palermo. Mollusca, Crustacea, Pisces, Reptilia.
Faunen Siziliens.
C h e c c h i a - R i s p o l i, G.: M. G. Riv. it. di Paleont. 27, 1921,
33—38 (Portr., Bibliographie).
D i F r a n c o, S.: I primi geologi siciliani e i Gemmellaro,
Arch. storrico per la Sicilia orientale (2) 9, 1933, 108 (Qu.).

Gemming, C a r l E m i l v o n, geb. 26. IV. 1794 Heilbronn, gest.
29. I. 1880 Nürnberg.
Oberst a. D. Sammelte Versteinerungen. H. v. Meyer benannte nach
ihm den Rhamphorhynchus Gemmingi aus dem Solnhofer
Schiefer.
Biogr. Notiz: Leopoldina 16, 1880, 47 (Qu.).

Generelli, C i r i l l o.
Carmeliter, Adept Lazzaro Moro's. opus 1749.
Z i t t e l: Gesch.
G e i k i e: Founders of geol., 5, 34.
L y e l l, Ch.: Principles of Geology 1835 (4. ed.), 61—65.

Gennevaux, M a u r i c e, gest. 1918 Montpellier.
Sammler pliocäner Vertebraten und anderer Faunen von Mont-
pellier. Seine Sammlung in der Univ. Lyon.
Notice nécrologique. Bull. Soc. géol. France (4) 19, 1919, 66—68
(Qu.).

* Genssanne, de, gest. 1780.
Schrieb 1776—79. Vulkane und Bodenschätze. Naturgeschichte von
Languedoc.
Nouv. biogr. générale 19, 939.

Genzmer, Gottlob Burchard, gest. 20. V. 1773.
Präpositus und Pastor zu Stargard, Mecklenburg. Die von ihm
gesammelten Petrefakten bildete Knorr ab. Opus 1758 über
Trilobiten, 1773 über Trochiten.
Schröter, Journ., I, 1774: 122.
Vogdes.

Geoffroy Saint-Hilaire, Étienne, geb. 15. IV. 1772 Etampes
bei Paris, gest. 19. VI. 1844.
Geistlicher, 1793 Prof. Zool. am Mus. d'hist. nat. (Jardin des
Plantes), Paris. Nahm teil an der ägyptischen Expedition Na-
poleons. Gegner Cuvier's. Saurier d. Normandie, Anoplotherium.
Lutra, Ursus.
F l o u r e n s: Memoir of G. S. H. Smithsonian Report for 1861,
161—174.
— —: Recueil des Eloges historiques. 1 série. Paris 1856, 229—
284 (Teilbibliographie).
B o u r g u i n, A.: Les grandes naturalistes Ann. Soc. Linn., 1863,
185—221; 1865, 67—115.
Life of Sedgwick, II: 86.
Hoeven s. Cuvier.
S a r t o n, G.: Medallic Illustrations of the history of geology.
I. ser. XIX & XX centuries, 9th Article. Isis 14, 1930, 417—419.
S c h u s t e r, J. siehe Cuvier, (im Separ. vollst. pal. Bibliogr.).
G e o f f r o y S a i n t - H i l a i r e, J.: Vie, travaux et doctrine
scientifique d'E. G. S.-H. Paris 1847, 479 pp (Bibliographie).

* **Geoffroy Saint-Hilaire,** Isidore, geb. 16. XII. 1805, gest.
10. XI. 1861.
Sohn Étienne G. S. H.s. 1824 Assistent am Jardin des Plantes,
1841 Inspektor Acad.
Q u a t r e f a g e s, de: Memoir of Isidore G. S. H. Smithson. Rep.
for 1862, 384—394.
Nachruf: Leopoldina, 3, 3.

Georgi, Johann Gottlieb, geb. 31. XII. 1729 Wachholzhagen,
gest. 27. X. 1802 St. Petersburg.
gab 1797—1802 eine geographisch-naturhistorische Beschreibung
Rußlands, darin auch Paläontologie.
T o r n i e r: 1924, 31.
Allgem. Deutsche Biogr. 8, 713—714.

* **Gerhard,** Karl Abraham, geb. 1738 Lerchenbrunn Schlesien,
gest. 9. III. 1821 Berlin.
Arzt, Oberbergrat, schrieb 1781 Versuch einer Geschichte des Mi-
neralreichs.
Freyberg.
Allgem. Deutsche Biogr. 8, 772.

* **Gerlach,** Heinrich, geb. 24. XI. 1822 Madfeld, verunglückte 6.
IX. 1871 Furka.
Schweizer Geologe, der die Stratigraphie des Rhônetals und vom
Wallis studierte.
Nachruf: Verhandl. Geol. RA. Wien, 1871, 244—245.
Heinrich Gerlach. Sein Leben und Wirken. Beitr. zur geol. Karte
der Schweiz, 27, 1, 1883, 1—13.

Germar, Ernst Friedrich, geb. 3. XI. 1786, gest. 8. VII. 1853.
Studierte in Freiberg, 1816 Prof. Min. Halle (Schwager Kefersteins). Insecta von Solnhofen, Mansfelder Versteinerungen. Phytopaläont.

Freyberg.
Geikie: Murchison, I: 159.
Tornier, 1924: 53.
Schaum, H.: Nekrolog von E. F. G. Stettiner entomol. Zeitung
    14, 1853, 375—390 (Bibliographie).

Gerrard, Edward.
Fossilienhändler in den 80er Jahren, dem das British Museum Ho-
    plophorus, Mylodon, Aphanapteryx (Chatham-Ins.) und Ma-
    dagassische Fossilien abkaufte.
Hist. Brit. Mus., 1: 291.

Gerstäcker, Adolf, geb. 30. VIII. 1828 Berlin, gest. 20. VII.
    1895 Greifswald.
Prof. Zoologie, bearbeitete in Bronn's Classen und Ordnungen die
    Arthropoden, schrieb über Archaeopteryx, Gegner der Deszen-
    denzlehre.
Tornier: 1923, 25.
Zittel: Gesch.
Allgem. Deutsche Biogr. 49, 678—679.

Gerster, Carl, geb. 25. VIII. 1853 Regensburg, gest. 30. V. 1929.
Dr. med. et phil. Zuerst bayr. Landesgeologe, dann Mediziner,
    zuletzt geh. Sanitätsrat und Kurarzt in Braunfels bei Wetzlar.
    Historiker der Medizin. Fauna der oberen Kreide von Nieder-
    bayern (diss.) in Verh. Leop.-Carol. D. Ak. Naturf. 42, 1881.
Wer ists? 9, 1928, 479—480; 10, 1935, 1811 (Qu.).

Gervais, François Louis Paul, geb. 24. IX. 1816 Paris, gest.
    10. II. 1879.
1835 Assistent für vergl. Anatomie, neben Blainville, 1845 Prof.
    Zoologie und vergl. Anatomie zu Montpellier, 1865 Prof. Zoologie
    Paris, 1868 auch der vergl. Anat. bis 1879. Arbeitete mit Blain-
    ville an dessen Osteographie, schrieb die Handbücher: Zoologie
    et paléontologie franç. und Zool. et pal. générales. Reptilia,
    Mammalia.
Sorby, H. C.: Obituary, QuJGS., London, 36, 1880, Proc., 43.
Liste des ouvrages et mémoires de Zoologie et d'Anatomie com-
    parée publiés par —. Montpellier, 1852, pp. 8.
Notice sur les travaux de Paléontologie publiés par — (ohne Jahr
    und Ort), pp. 7 (1852!), Paris, 1857, pp. 8.
Notice sur les travaux de Zoologie, d'Anatomie comparée et de
    Paléontologie publiés par —. Paris, 1861, pp. 31.
Notice sur les travaux scientifiques publiés par —. Paris, 1871, pp.
    35.
Deuxième notice ... Paris, 1873, pp. 23.

Gesner, Johann, geb. Zürich 1709, gest. 1790 daselbst.
Dr. med., Prof. der Physik und Mathematik und Kanonikus in
    Zürich. Schrieb neben Botanik 1758: Tractatus physicus de pe-
    trificatis in duas partes distinctus, quarum prior agit de petrifi-
    catorum differentiis et eorum vero origine, altera vero de petri-
    ficatorum variis originibus praecipuarumque telluris mutatio-
    num testibus, defendit Esslinger, Seebach, Ziegler. Lugduni
    Batavorum, 1752: De petrificatorum differentiis et varia
    origine Tiguri.
opus 1758. Ref. Schröter, Journ., 3: 34—39.
Lauterborn: Der Rhein, I: 246.
Allgem. Deutsche Biogr. 9, 103—106.
Wolf, R.: Biographien zur Kulturgeschichte der Schweiz 1, 1858,
    281—322.

Gesner, K o n r a d, geb. 26. III. 1516 Zürich, gest. 13. XII. 1565
ebendort.
Studierte in Basel, Paris, Montpellier Linguistik, Naturwissenschaften, Medizin. War eine Zeitlang Prof. in Lausanne, dann
Stadtarzt in Zürich. Berühmter Zoograph der Renaissancezeit,
dessen paläontologisch wichtigstes Hauptwerk aus dem Jahr 1565
in Schröter, Journ., 3: 39—43 referiert ist. Gesner beschrieb
die ersten Nummuliten aus Europa, die er zu den Ammoniten
stellte.
B a y, J. Chr.: Conrad Gesner (1516—1565), the father of bibliography. An appreciation. Papers Bibliogr. Soc., 10, Chicago, 1916,
pp. IV + 53—86, Fig.
F i g u i e r, L.: Vies de savants de renaissance (Portr. S. 231).
H a n h a r t, R.: Conrad Gesner. Biographie Winterthur, 1824.
L e y, W.: Konrad Gesner. Leben und Werk. Münchner Bücher zur
Gesch. und Literatur der Naturw. u. Medizin, H. 15-16, München, 1929, pp. 8 + 154 (Fig. 6).
N o r d e n s k j ö l d: Gesch. der Biologie, 90—96.
Q u e n s t e d t: Klar und Wahr; Epochen der Natur, 447, 585, 674.
V o i t k a m p siehe unter Buffon.
L a u t e r b o r n: Der Rhein, I: 130—140 (hier weitere Literatur).
Allgem. Deutsche Biogr. 9, 107—120.
W o l f, R.: Biographien zur Kulturgeschichte d. Schweiz 1, 1858,
15—42 (Portr.).
R u t s c h, R.: Originalien der Basler Geol. Samml. zu Autoren
des 16.—18. Jh. Verh. Naturf. Ges. Basel 48, 1937, 16—20.

Geyer, D a v i d, geb. 6. XI. 1855 Köngen, gest. 6. XI. 1932 Stuttgart.
Mittelschullehrer in Stuttgart. Malacologie.
B e r c k h e m e r, F.: Nachruf: Jahresber. Mitt. Oberrhein. geol.
Ver., 1933, XXV—XXVI.
Autobiographie (zum 70. Geburtstag). Arch. Molluskenkunde, 57,
1925, 162—170 (Taf. 4, Portr.).
W e n z, W.: Nachruf: Pal. Zeitschr., 15, 1933, 196—200 (Bibliographie mit 34 Titeln, nur geol. pal. Inhalts).
W ä g e l e, H.: Nachruf: Arch. f. Molluskenkunde, 65, 1933, 70—
84 (Portr., Bibliographie).
S c h w e n k e l, H.: Nachruf: Jahresh. Ver. vaterl. Naturk. Württemberg, 88, 1932, XXIX—XXXVII (Portr., Bibliographie).
W a g n e r, G.: Dr. h. c. — Aus der Heimat, 46, 1—3, 1933
(Portr. 3).

Geyer, G e o r g, geb. 20. II. 1857 Schloß Auhof bei Blindenmarkt
(Niederösterreich), gest. 25. XI. 1936.
Mitglied und zuletzt Direktor (1919—1923) der geol. Reichsanst. Wien. Stratigraphie der Ostalpen. Cephalopoden, Brachiopoden des alpinen Lias.
A m p f e r e r, O.: G. G., sein Leben und sein Werk. Jahrb. geol.
Bundesanst. Wien 86, 1936, 373—390 (Portr., Bibliographie).
Todesnachricht. Verh. Geol. Bundesanst. Wien 1926, 231—233.
Nachruf. Carinthia 127, Klagenfurt 1937, 109—111 (Qu.).

Geyer, J o h a n n D a n i e l, geb. 10. IX. 1660 Regensburg, gest.
1735
Arzt in Alzey, später in Mannheim. opus 1687: de variis ossibus
lapidefactis animantium et gigantum Misc. cur. Ref. Schröter,
Journ. 3: 175, opus 1687: De montibus conchiferis et glossopetris Alzeyensibus, Francofurti.
L a u t e r b o r n: Der Rhein, I: 188.
Allgem. Deutsche Biogr. 8, 503—504 (Qu.).

Geyler, H e r m a n n T h e o d o r, geb. 15. VI. 1834 Schwarzbach,. gest. 22. III. 1889.
Studierte 1864—67 bei Cramer in Zürich, 1867 Prof. Botanik am Senckenberg. med. Inst. Frankfurt a. M. Mitarbeiter Oswald Heer's. Phytopaläontologie (u. a. des Mainzer Beckens).
K i n k e l i n, Fr.: Nachruf: NJM., 1889, Bd. II, Bibliographie mit 20 Titeln; Leopoldina, 25, 1889, 98—100.
— —: Ber. Senckenberg. Naturf. Ges. 1890, C—CV (Bibliographie).
Annals of Botany 3, 1889—90, 462—463 (Bibliographie).

Ghedini, A n t o n i o, geb. 1684, gest. 1767.
Naturforscher, schrieb über Belemniten der Umgebung Bolognas. Biogr. universelle 16, 385.
B i a n c o n i, G.: Atti Soc. it. Sci. nat. 4, 1862,, 244 (Qu.).

* Giaccometti ,V.
Italienischer Palethnologe.
Liste des ses publications sur l'Archéologie préhistorique. Bull. Paletnol. Ital., 14, 1888, 108 (Bibliographie mit 3 Titeln).

Giard, A l f r e d, geb. 1846 Valenciennes, gest. 8. VIII. 1908 Paris.
Prof. d. Biologie an der Sorbonne. Zoologe. Kurze Arbeiten über fossile Insekten.
Nécrologie.˙ Annales Soc. entomologique de France 81, 1912, 237—270 (Portr., Bibliographie) (Qu.).

Gibb, H u g h, geb. 27. II. 1860 Glasgow, gest. 28. II. 1932.
Präparator am Peabody Mus. Montierte Brontosaurus, Brontops, Claosaurus usw.
S c h u c h e r t, Ch.: Obituary. Am. Journ. Sci. (5) 23, 1932, 564 (Qu.).

Gibbes, R o b e r t W i l s o n, geb. 8. VII. 1809 Charleston S. C., gest. 15. X. 1866.
Arzt und Gelehrter. Arbeitete über fossile Squaliden, Myliobates, ferner über Mosasaurus in Nordamerika.
Dict. Am. Biogr. 7, 235—236.
N i c k l e s 396 (Qu.).

* Gibbs, G e o r g e, geb. 1815, gest. 1873.
Nordamerikanischer Geologe. Stratigr.
N i c k l e s 396.
P o g g e n d o r f f 3, 513.

Gibson, J o h n, gest. 1840.
Sammler fossiler Mammalia. Entdecker der Höhlenfauna von Kirkdale.
Obituary. Proc. Geol. Soc. London 3, 1842, 524—525 (Qu.).

Gidley, J a m e s W i l l i a m s, geb. 7. I. 1866 Springwater, Iowa, gest. 26. IX. 1931.
Studierte an der Princeton Univ. bei W. B. Scott, 1892 Assistent vert. Pal. American Mus. Nat. Hist. Präparator, Custos, 1912 Assistent Curator. Mammalia (Equidae, Ruminantia, Proboscidea usw.).
L u l l, R. S.: Memorial of J. W. G. Bull. Geol. Soc. America, 43, 1932, 57—68 (Portr. Bibliographie mit 88 Titeln).

Giebel, Christoph Gottfried Andreas, geb. 18. IX. 1820 Quedlinburg, gest. 14. XI. 1881 Halle a. S.
Studierte bei Germar, Burmeister, 1848 Dozent Pal. Geol., 1851 Vertreter Burmeisters, 1852—58 Vertreter Germar's, 1859 Prof. Zool. Halle a. S. Molluska, Insecta, Mammalia, Pisces u. a. Bibliograph.
Fritsch, v.: Nachruf: NJM., 1882, I: 471—474.
Allgem. Deutsche Biogr. 49, 683—684.
Nekrolog. Zeitschr. f. d. gesamten Naturwiss. 54, 1881, 613—637 (Portr., Bibliographie).

Gilbert, Grove Karl, geb. 6. V. 1843 Rochester, N. Y., gest. 1. V. 1918 Jackson, Michigan.
1862—69 Mitarbeiter von Prof. H. A. Ward, 1869 Geologe der Ohio-Survey, 1871 Geol. Survey Utah, Nevada, Arizona. Stratigr. Mastodon (Cohoes). Schrieb Biographien über Barrande, Barrois, G. M. Dawson, Hall, Hayden, Owen, Orton, Vanuxem, J. F. James, I. C. Russell, E. Howell.
Andrews, E. C.: G. K. G. Bull. Sierra club, 11, 1920, 60—68.
Fairchild, H. L.: G. K. G. Proc. Rochester Acad. Sci., 5, 1919, 251—259 (Portr.).
Mendenhall, W. C.: Memorial of G. K. G. Bull. Geol. Soc. America, 31, 1920, 26—64 (Portr. Bibliographie mit 400 Titeln).
Merriam, C. Hart: G. K. G. Bull. Sierra Club, 10, 1919, pp. 39.
Clarke: James Hall of Albany, 386.
Obituary, Geol. Magaz., 1919, 44—45.
Davis, W. M.: Obituary, Amer. Journ. Sci., (4), 46, 1918, 669—681; Mem. Nat. Ac. Sci. 21, 5 (1922), 1926, 1—303 (Portr.).
Fairchild, H. Le Roy: Obituary, Sci., n. s., 48, 1918, 154.

Gilbertson, William.
Englischer Apotheker und Chemiker, lebte in der ersten Hälfte des 19. Jahrh. zu Preston, wo er eine reiche Collection von Fossilien aus dem Distrikt Bolland sammelte. Seine Sammlung von 2646 Stück Korallen, Echinodermata, Bivalvia, Univalvia, Crustacea, gelangte in das British Museum. Mitarbeiter John Phillips's.
Hist. Brit. Mus., I: 291—292.

Gilkinet, Alfred, geb. 21. V. 1845 Ensival, gest. 30. IX. 1926.
Prof. Pharm. Lüttich. Phytopaläontologie.
Liber memorialis. L'Université de Liège de 1867 à 1935, III, 1936, 73—79 (Bibliographie) (Qu.).

Gill, Theodore Nicholas, geb. 21. III. 1837, gest. 25. XI. 1914.
Zoologe. Kurze paläont. Notizen über Mollusken u. a.
Dict. Am. Biogr. 7, 285—286.
Nickles 402.

Gilliéron, Victor, geb. 30. III. 1826 Genf, gest. 1890.
Lehrer in Basel. Mollusca. Stratigraphie u. Paläontologie der Schweiz.
Greppin, E.: Nachruf: Act. Soc. Helv. Sci. nat. 73, 1889—1890, 234—238.
Koby, F.: Nachruf: Actes jurassiennes d'Émulation, Porrentruy, 1889, 273—275.
Poggendorff 3, 517; 4, 499.

Gimbernat, Don Carlos De, geb. 19. IX. 1765 Barcelona, gest. 1839.
Sohn eines Arztes in Barcelona. Verließ aus politischen Gründen Spanien. Direktor Mus. Madrid. Fährten.

Obituary, Proc. Geol. Soc. London, 3: 261—262.
T o r n i e r: 1924: 31.
V i l a n o v a, J.: Noticias biograficas sobre —, autor de los planos
geognosticos de los Alpes de la Suiza. Anales Soc. Esp. Hist.
Nat., 3, Actas, 25—29, 1874.

* Ginanni, G i u s e p p e G r a f, gest. 23. X. 1753 im 61. Lebensalter.
Opere postume de Conte G. G. Ravenata Venezia 1755-57, Bd.
I—II ist dem Scipio Maffei zugeschrieben. Ref. Schröter, Journ.
I: 2: 262—268.

* Giordano, F e l i c e, geb. 6. I. 1825 Turin, gest. 16. VII. 1892 Val-
lombrosa.
Direktor der Geologischen Anstalt Italiens. Schrieb Nekrologe über
Sella, Meneghini.
Cenno necrologico: Boll. R. Com. Geol. Ital., 23, 1892, 292—301
(Bibliographie).
Necrolog. Rassegna sc. geol. Ital., 2, 1892, 107—109 (Bibliogra-
phie mit 27 Titeln).

Girard, C a r l A d o l p h, geb. 2. VI. 1814 Berlin, gest. 11. IV.
1878.
1849 Prof. Geol. Marburg, 1853 Prof. Min. Geol. Halle (Nachfolger Germars). Calceola, Coprolith, Fährten, Terebratula.
Nachruf: Leopoldina, 17, 14—16 (Bibliographie mit 53 Titeln).
T o r n i e r: 1924, 54.

Girardot, A l b e r t, geb. 1848 Besançon, gest. 1930 ebenda.
Forscher in Besançon. Stratigraphie der Franche-Comté (Jura)
Speläologie, Prähistorie.
Notice nécrologique. Bull. Soc. géol. France (5) 1, 1931, 142
(Compte rendu) (Qu.).

Giraud-Soulavie, siehe S o u l a v i e.

Giuliani, F r a n c i s c u s F e r d i n a n d u s.
Arzt in Innsbruck. Schrieb 1741 über Muscheln aus den Puster-
taler Bergen.
K l e b e l s b e r g, R. v.: Geologie von Tirol 1935, 672 (Qu.).

Glangeaud, P h i l i p p e, geb. 8. X. 1866 St. Dizier (Creuse), gest.
1930.
Prof. Fac. Sci. Clermont. Ammonites, Vertebrata.
P o g g e n d o r f f 4, 503.
Notice nécrologique. Bull. Soc. géol. France (5) 1, 1931, 142
(Compte rendu) (Qu.).

Glass, R e v e r e n d N o r m a n, geb. 4. XII. 1832, gest. 2. XII. 1893
Blackpool.
Geistlicher. „He had devised a method whereby the delicate cal-
careous internal structure of many of the Paleozoic Brachiopod
shells could be exposed for examination (knife, Hydrochloric
acid, water). Brachiopoda. Mitarbeiter von Davidson.
Obituary, R. B. N(ewton): Geol. Magaz. 1895, 287—288 (Bibliographie).

Gläser, F r i e d r i c h G o t t l o b, oder **Glaeser**, geb. zu Großkams-
dorf, gest. 1804.
K. Sächs. Vize-Bergmeister zu Voigtsberg im Vogtland, Bergamtsassessor.

opus 1775: Ref. Schröter, Journ., 4: 69 ff (die erste kol. Karte).
Freyberg; Allgem. Deutsche Biogr. 9, 217.
E d w a r d s: Guide, 43.

* Gleditsch, J o h a n n G o t t l i e b, geb. 5. II. 1714 Leipzig, gest.
5. X. 1786 Berlin.
Botaniker, schrieb 1771 „Beobachtungen über den wahren Bein-
bruch (Osteocolla) in der Churmark, Opus 1748 ref. Schröter,
Journ., I: 2: 162—164.

Glocker, E r n s t F r i e d r i c h, geb. 1. V. 1793 Stuttgart, gest.
15. VII. 1858 ebenda.
Prof. Min. Breslau; schrieb 1839 eine Petrefaktenkunde.
Allgem. Deutsche Biogr. 9, 238—240.

Gmelin, J o h a n n F r i e d r i c h, geb. 8. VIII. 1748 Tübingen,
gest. 1. XI. 1804 Göttingen.
Prof. Med. und Chemie in Göttingen. Schrieb über schwäb. Ver-
steinerungen.
Q u e n s t e d t, F. A.: Ueber Pterodactylus suevicus 1855, 21.
L a u t e r b o r n: Der Rhein I, 286.
P o g g e n d o r f f 1, 914—915 (Qu.).

Gmelin, J o h a n n G e o r g, geb. 17. VIII. 1674 Münchingen, gest.
22. VIII. 1728 Tübingen.
Apotheker in Tübingen. Erfolgreicher Sammler.
Q u e n s t e d t, F. A.: Ueber Pterodactylus suevicus 1855, 14.
P o g g e n d o r f f 1, 913.
H a a g 177 (Qu.).

Gmelin, P h i l i p p F r i e d r i c h, geb. 19. VIII. 1721 Tübingen,
gest. 9. V. 1768 ebenda.
Prof. Bot. u. Chemie Tübingen, beschrieb 1745 Mammalienreste.
Q u e n s t e d t, F. A.: Ueber Pterodactylus suevicus 1855, 18—19.
P o g g e n d o r f f 1, 914 (Qu.).

Gmelin, S a m u e l G o t t l i e b, geb. 23. VI. 1743 Tübingen, gest.
7. VIII. (27. VII. alten Stils) 1774 Achmetkent (Kaukasus).
Prof. Botanik St. Petersburg. Starb in Tartarengefangenschaft.
Orthoceratites.
Nachruf: Schröter, Journ. 2: 519—521.
Q u e n s t e d t: Klar und Wahr.
P o g g e n d o r f f 1, 914.
Allgem. Deutsche Biogr. 9, 273—74.

Gobanz, J o s e f, gest. 29. IX. 1899.
Dr., Hofrat, Landesschulinspektor in Klagenfurt. Geograph und
Geologe. Tertiäre Binnenmollusken von Rein in Steiermark
(Sitzber. Ak. Wien. 1854).
B r a u m ü l l e r: Hofrath Dr. J. G. Carinthia II. 89, 1899,
204—205 (Qu.).

* Gobet.
Schrieb: Les anciens minéralogistes du royaume de France. Avec
des notes. Paris 1779, Vol. 1—2.
P o g g e n d o r f f 1, 918.

Godman, J o h n D a v i d s o n, geb. 20. XII. 1794, gest. 17. IV. 1830.
Schrieb 1824 über das Zungenbein des Mastodon in Journ.
Acad. Nat. Sci. Phila., 4: 67, Mammalia.
N i c k l e s 407.
Dict. Am. Biogr. 7, 350—351.

Godwin-Austen, Robert Alfred Cloyne, geb. 1808, gest. 25.
XI. 1884 Shalford House bei Guildford.
Englischer Stratigraph. Devon, Kreide. Mitarbeiter A. Sedgwick's.
Obituary, Geol. Magaz., 1885, 1—10 (Bibliographie mit 40 Titeln).
Woodward, H. B.: Hist. Geol. Soc. London, 108 (Portr.). .

Goeldi, Emil August, geb. 28. VIII. 1859, gest. 4. VII. 1917
Bern.
Zoologe. 1914 Tierwelt der Schweiz (auch fossile Formen).
Nachruf: Verhandl. Schweiz. Naturf. Ges., 1917, I: 36—59 (Portr.;
Bibl.).

Goeppert, Heinrich Robert, geb. 25. VII. 1800 Sprottau,
Niederschlesien, gest. 18. V. 1884 Breslau.
Studierte in Breslau bei Treviranus Botanik, 1824 in Berlin mit
Chamisso, 1826 Operateur und Ophthalmologe in Breslau, 1827
habilitiert für Medizin und Botanik in Breslau, 1830 Prof. Path.
Therapie, 1839 Ordinarius, 1827 Assistent am Botanischen Gar-
ten Breslau, 1852 Prof. Botanik Breslau. Phytopaläontologie.
Conwentz, H.: H. R. G. Sein Leben und Wirken. Schriften Na-
turf. Ges. Danzig, VI: 2, 253—285 (Portr. Bibliographie, com-
plett, die paläontologisch-phytopaläontologische umfaßt 104 Titel).
Staub, M.: Megemlékezés Göppert H. Robertröl. Földtani Köz-
löny, 15, 1885, 35—38.
Nachruf: NJM., 1885, Bd. I.
Obituary, QuJGS., London, 41, 1885, Proc. 44.
Zittel: Gesch.
Tornier: 1924: 54.
Cohn, Ferd.: Rede gehalten von —. Breslau, 1884.
— — Nachruf: Breslauer Zeitung, 20, 27. Mai, 8. Juni 1884;
Leopoldina, 20, 196—199, 211—214 (Bibliographie mit 105 pal.
Titeln. Ebenda, 21, 135—139, 149—154).
Teilbibliographie: Palaeontographica 28, 1882, 140 ff. (5 p.).

Goethe, Johann Wolfgang, geb. 1749, Frankfurt a. M., gest.
1832 Weimar.
Der Dichterkönig hat sich wenig mit paläontologischen Fragen
beschäftigt, gehört aber mit in die Geschichte der Deszendenzlehre (idealist. Morphologie). Aus der endlosen Goethe-Literatur
sei hier nur auf folgende, Goethe als Paläontologen behandelnde
Arbeiten verwiesen:
Abel, O.: Goethe und die Biologie. Forschungen und Fortschritte,
1932.
Bratranek, F. Th.: Goethe's naturwissenschaftliche Korrespondenz. 1812—1832, Bd. I—II, Leipzig, 1874.
Briefwechsel zwischen Goethe und Kaspar Graf von Sternberg.
1820—33, Wien, 1866.
Hansen, A.: Die Aufstellung von Goethes naturwissenschaft-
lichen Sammlungen im Neubau des Goethehauses zu Weimar.
Die Naturwissenschaften, 1914, 576—581.
Kossmann: War Goethe ein Mitbegründer der Deszendenz-
lehre. Eine Warnung vor E. Haeckel's Zitaten. Heidelberg, 1877,
pp. 32.
Krumbiegel, Ingo: Das sog. Kompensationsgesetz Goethe's.
Zeitschr. f. Säugetierkunde, 6, 1931, 186—202.
Linck, G.: Goethes Verhältnis zur Mineralogie und Geognosie.
1906, pp. 48.
Zaunick, R.: Goethe und Vicq-d'Azyr. (Vergl. Mitt. Gesch.
Med. Naturw., 13, p. 351.)
Hansen: Naturw. Wochenschr., 13, 1914. 577—579.

Z a p l e t a l , K.: Goethe geolog a palaeontolog. Priroda, 25, 1932, 91—93, Brünn, Fig. 1 (tschechisch).
T o t z a u e r , R.: Goethes Sammlungen aus Böhmen im Stifte Teplitz. Lotos Prag, 61, 1913, 169—180.
S e m p e r , M.: Die geologischen Studien Goethes. Leipzig 1914, bes. p. 37—42.
(In Goethes Korrespondenz s. d'Alton, Blumenbach, Graf K. Sternberg, Karl Ernst von Hoff, Rasumowsky, Nees von Esenbeck, Sömmerring, Römer usw.).

Goldenberg, F r i e d r i c h , geb. 11. XI. 1799 Halzenberg bei Wernelskirchen, gest. 26. VIII. 1881 Malstadt bei Saarbrücken.
Oberlehrer am Gymnasium zu Saarbrücken. Stratigraphie des Rheinlandes, Phytopaläontologie des Saarbrückener Carbons, Insekten und andere Arthropoden.
Die Originale zu seiner Fauna Saraepontana Fossilis (1873—77) gelangten in das British Museum.
Nachruf: NJM., 1882, I: — 164 —.
Hist. Brit. Mus., I: 292.
D e c h e n , H. v.: Fr. G. Verh. naturhist. Ver. preuß. Rheinl. und Westf. 1881, 58—66.

Golder, J., in Calcutta.
Schrieb 1831 über fossile Knochen in Ava, Indostan.

Goldfuss, G e o r g A u g u s t , geb. 18. IV. 1782, Thurnau, bei Bayreuth, gest. 2. X. 1848 Bonn.
Studierte in Erlangen, habilitierte sich dort 1804, 1818 Prof. Zoologie Erlangen, dann Prof. Zool. Min. Bonn. In seinen grundlegenden Petrefacta Germaniae bearbeitete er das ganze Gebiet der Vertebraten und Evertebraten. Gab 1826 den Katalog des Bonner Univ. Museums heraus.
T o r n i e r : 1924: 54.
Allgem. Deutsche Biogr. 9, 1879, 332—333.

Gomes, J a c i n t o P e d r o , geb. 29. IV. 1844 Lissabon, gest. 5. I. 1910.
1883 Direktor Museum Lissabon. Museumsfachmann, auch Evertebrata, Saurier.
C h o f f a t , P.: Biographies de géologues portugais. Com. Serv. Geol. Portugal, 11, 1915-16, 129—131 (Bibliographie mit 3 Titeln).

Goodchild, J o h n G e o r g e , geb. 26. V. 1844 London, gest. 21. II. 1906.
Mitglied Geol. Survey England, dann Kurator der geol. Sammlungen am Edinburgh Museum.
Allgemeine Geologie und Stratigraphie.
G r e g o r y , J. W.: Obituary. Transact. Geol. Soc. Edinburgh 9, 1910, 331—350 (Portr., Bibliographie, darunter 6 pal. Titel) (Qu.).

* **Gordon**, Mrs.
Schrieb 1874 Bucklands Biographie.

Gordon, C h a r l e s H e n r y , geb. 10. V. 1857 Caledonia N. Y., gest. 12. VI. 1934 Anna Maria, Florida.
Prof. Geol. Min. Univ. of Tennessee. Stratigraphie.
H a l l , G. M.: Memorial of —. Proc. Geol. Soc. Am. 1934, 225—231 (Portr., Bibliographie) (Qu.).

Gordon, Reverend G e o r g e, geb. 23. VII. 1801 Manse of Ur-
quhart, Morayshire, gest. 12. XII. 1893 Braebirnie bei Elgin.
Entdeckte im Sandstein•die von Huxley und E. T. Newton be-
schriebenen Reptilien, darunter Gordonia.
Obituary, Geol. Magaz., 1894, 95.
W o o d w a r d, H. B.: Hist. Geol. Soc. London, 177.
Obituary. Ann. Scott. Nat. Hist. 1894, 65—71.

Gorjanovic-Kramberger, K a r l, geb. 28. X. 1856, gest. 22. XII.
1936 Zagreb.
Prof. Geol. Pal. Zagreb. Pisces, Mollusca, Homo fossilis (Krapina).
Biographie und Bibliographie in Xenia Krambergeriana. Glasnik
hrv. prir. drustva 38—39, 1925—1926, XXIII—XLVIII (Portr.,
Bibliogr.).
(Zum 70. Geburtstag). Bull. Inst. géol. Zagreb 1 (1925—26), 1926,
178—185.

Goss, H e r b e r t, gest. 1908.
Engl. Forscher. Fossile Insekten.
Scient. Papers 10, 31—32; 15, 390 (Qu.).

Gosselet, .J u l e s, geb. 19. VIII. 1832 Cambrai, gest. 20. III.
1916 Lille.
1864 Prof. Geol. Min. Fac. Sci. Lille, begründete 1870 Société géol.
du Nord. Stratigraphie der Ardennen, Belgiens,. (Palaeozoikum),
Brachiopoda, Palaeozoikum, Proboscidea, Ptychodus, Nummulinen,
Iguanodon, Rhynchonella, Ammoniten, Palethnologie, Belemniten,
Spirifer.
C a y e u x, L.: Not. nécr. Revue générale des Sci. VII, 15, 1916.
B a r r o i s, Ch.: Not. nécrol. Bull. Soc. géol. France, (4) 20, 1920,
97—109 (Portr.).
— — La vie et l'oeuvre de Jules Gosselet. Lille, 1916, pp. 38
(Portr.).
H a r k e r, A.: Obituary, QuJGS., London, 73, LV—LVII.
Jubiläum am 30. XI. 1902, Bull. Soc. Belge, Géol. Pal. Hydrol.,
16, 1902, PV., 623—627.
M a r g o t t e t, K u h l m a n n, B a r r o i s, H a u g, C a y e u x, M a -
l a i s e, M o u r l o n, L o h e s t, R u t o t: Cinquantenaire scienti-
fique de M. — 30. Nov. 1902, Soc. géol. du Nord, Lille, 1903,
157—296 (Portr. Bibliographie mit 382 Titeln).
Exposé des travaux scientifiques de M. — Poitiers, 1864, pp. 13.
Portr. Livre jubilaire. Taf. 14.

Gottsche, C a r l C h r i s t i a n, geb. 1855 Altona, gest. 11. X.
1909.
Studierte bei Sandberger und Zittel, 1881—84 Prof. Geol. Tokio,
1885—87 Berlin, 1900 Prof. Min. Hamburg, Jura, Miozän,
Stratigraphie Schleswig-Holstein, Devon Japan, Mollusca tertiaria.
W o l f f, W.: K. G. Ein Lebensbild. Zeitschr. deutsch. Geol. Ges.,
61, 1909, Monatsber., 417—425 (Bibliographie mit 67 Titeln,
Portr.).
Obituary, Geol. Magaz., 1909, 575.
P e t e r s e n, J.: Gedächtnisrede. Mitt. geogr. Ges. Hamburg 24,
1909, 301—315 (Bibliographie).

Gottschick, F r a n z, geb. 14. VIII. 1865 Zang, gest. 18. IX. 1927
Tübingen.
Forstbeamter zu Steinheim, studierte die Mollusken dieses
Beckens.
B e r c k h e m e r, F.: Nachruf. Jahreshefte Ver. vaterl. Naturk.
Württemberg, 83, 1927, XXXIII—XXXIV (Bibliographie mit
9 Titeln).
W e n z, W.: Nachruf. Arch. f. Molluskenkunde 60, 1928, 20—24
(Bibliographie).

Goubert, E m i l e, gest. 1867.
Stratigraphie (Eozän Pariser Becken). Fossilien von Glos (zus.
mit Zittel).
Notice nécrologique. Bull. Soc. géol. France (2) 25, 1868, 15.
Scient. Papers 2, 957—958; 7, 804 (Qu.).

* Gould, A u g u s t u s A d d i s o n, geb. 1805, gest. 1866.
Seine Sammlung rezenter Mollusken erwarb James Hall für das
Albany-Museum.
C l a r k e: James Hall of Albany, 388.
W y m a n, Jeffries: Biographical memoir of A. A. G. Biogr. Mem.
Nat. Acad. Sci., 5, 1905, 106—113 (Bibliographie mit 125
Titeln).

* Gozzadini, G.
Italienischer Palethnologe.
Bibliographie in Bull. di Paletn. Ital., 13, 1887, 134—136 (Biblio-
graphie mit 50 Titeln).

Grabau, A m a d e u s W., geb. 9. I. 1870 Cedarburgh, Wisconsin.
War Buchbinderlehrling, bildete sich botanisch aus, betrat 1890 das
Massachusetts Inst. of Technology, kam unter den Einfluß von
Alpheus Hyatt. 1896—97 hielt er als Assistent am Techn. Inst.
pal. Vorlesungen. Stand in Verkehr mit A. Agassiz, Powell,
Walcott, J. Hall, Le Conte, T. C. Chamberlin. 1901 Lektor der
Pal. an der Columbia Univ., 1902 Adjunkt-Prof., 1905—19 Prof.
Pal. ebendort, 1920 Prof. Pal. Peiping und Chefpaläontologe
National Geol. Survey China. Eurypteridae, Brachiopoda, Korallen,
Trilobita, Gastropoda, Fusus. Graptolithes, Perm der Mongolei.
Chinesische Faunen.
T i n g, V. K.: Biographical sketch of A. G. Bull. Geol. Soc.
China, 10, Grabau Anniversary, I—XVIII, (Portrait von Sven
Hedin, Poem chinesisch).
N i c k l e s I, 415—417; II, 235—236.

Grabbe, H e i n r i c h, geb. 14. I. 1858 Liekwegen (Regbez. Cassel).
Arbeitete über Schildkröten des Wealden (diss.). Saurierfährten.
Lebenslauf in diss. 1883 (Qu.).

* Graffenhauer, J. Ph.
Studierte am Ende des 18. Jahrhunderts Geol. der Vogesen.
Z i t t e l: Gesch.; Guérard, La France littéraire 3, 440.

Graham, W i l l i a m A. P., geb. 16. II. 1899 Philadelphia, gest.
11. VIII. 1934.
Prof. Ohio State Univ. Crustacea.
G r o u t, F. F.: Memorial of —. Proc. Geol. Soc. Am. 1934, 233—
236 (Portr., Bibliographie) (Qu.).

* Gramont, A r n a u d d e.
Notice sommaire sur les travaux scientifiques. Paris, 1910, pp. 36.
P o g g e n d o r f f 4, 526; 5, 444.

Grand'Eury, F r a n ç o i s C y r i l l e, geb. 9. III. 1839 Houdreville,
gest. 22 VII. 1917 Malzeville bei Nancy.
Mineningenieur. 1863—99 Prof. École des Mines Saint-Étienne.
Phytopaläontologie.
B e r t r a n d, P.: C. Gr.E. Bull. Soc. géol. France, (4) 19, 1919,
148—162 (Bibliographie mit 36 Titeln).
Obituary, Geol. Magaz., 1917, 528.

Grandidier, A l f r e d, geb. 20. XII. 1836 Paris, gest. 13., IX. 1921.
Unternahm große Forschungsreisen in Spanien, Italien, Nord-,
Südamerika, Tibet, Ceylon, Zanzibar. Leitete großzügige Gra-
bungen nach fossilen und subfossilen Vögeln und Säugetieren
auf Madagaskar. Publizierte vieles mit Alphonse Milne-Edwards.
L a c r o i x, A.: Notice historique sur A. G. Paris Acad. Sci., 1922,
pp. 58, quarto (Portr. Bibliographie mit 100 Titeln).
J u l i e n, G.: A. G. Revue scientifique, 60, 1922, 429—437.
F r o i d e v a u x, Henri: A. G. La Géographie, 36, 1921, 565—580,
645 (Portr.).
Notice nécrologique. Bull. Soc. géol. France 4 (22), 1922, Compte
rendu 122—123.

* **Grant**, R o b e r t E d m o n d, geb. 11. XI. 1793 Edinburgh, gest.
23, VIII. 1874.
Arzt, 1827 Prof. vergl. Anatomie u. Zool. London University bis
1874. Zoologe, kurze pal. Notizen.
E v a n s, J.: Obituary, QuJGS., London, 31, 1875, XLIX—LII.

* **Grant**, U l y s s e s S h e r m a n, geb. 14. II. 1867 Moline, Illinois,
gest. 21. IX. 1932 Evanston, Ill.
Staatsgeologe in Minnesota. Prof. Northwestern Univ.
B r a i n, H. F.: Memorial of —. Bull. Geol. Soc. Amer., 44, 1933,
328 337 (Portr. Bibliographie mit 70 Titeln).

Gras, A l b i n, gest. 1854.
Arbeitete um 1848 über Systematik der fossilen Seeigel.
Z i t t e l: Gesch.
V a l l i e r, G.: Notice sur —. Bull. Soc. Statistique de l'Isère, 4,
1860, 73—79 (Bibliographie).

Gras, S c i p i o n, geb. 20. I. 1806 Grenoble, gest. 1873.
Ingenieur. Stratigraphie Jura, Kreide Südostfrankreichs.
Z i t t e l: Gesch.
P o g g e n d o r f f 3, 542—543 (Qu.).

Grasset, C h a r l e s d e, gest. 1899.
Sammelte palaeozoische Fossilien von Hérault.
B e r g e r o n, J.: Notice nécrol. Bull. Soc. géol. France, 1899, 33.

Gratacap, L o u i s P o p e, geb. 1. XI. 1851 Gowanus, Long Island,
gest. 19. XII. 1917.
Curator für Mineralogie am Am. Mus. Nat. Hist., in 1. Linie,
Museumsbeamter. Kleinere paläont. Arbeiten.
K u n z, G. F.: Biographical sketch of the late L. P. G. Am.
Mus. Journ. 18, 1918, 302—304 (Portr.).
N i c k l e s 422—423 (Qu.).

Grateloup, J e a n P i e r r e S y l v e s t r e d e, geb. 31. XII. 1782 Dax,.
gest. 23. VIII. 1861 Bordeaux.
Arzt, Botaniker und Malacologe.
F i s c h e r, P.: Notice nécrol. sur la vie et les travaux du docteur
— Journ. de Conchyl., 10, 1862, 102—105 (Bibliographie mit 13
conchyl. Titeln).

Grauel, J o h a n n P h i l i p p, geb. 13. XI. 1711 Straßburg, gest.
29. XI. 1761 ebenda.
Besaß ein Museum: Museum Grauelianum. Argentorati, 1772, pp.
184.
Ref. Schröter, Journ., I: 2: 180—184.
M e u s e l, Teutsche Schriftsteller 1750—1800, 4, 331—332.

* Graves, L o u i s, geb. 1791, gest. 1857.
Geologie des Departement Oise.
T r e m b l a y, V.: Hommage à la mémoire de M. Graves. Notice
ou sont rappelés sommairement, les utiles travaux de ce savant,
lue à la Societé Académique de l'Oise, dans la séance du 15. Juin
1857, Beauvais, 1857, pp. 8.
P a s s y, A.: Notice biographique sur —. Paris, 1860, pp. 10.

Gray, A s a, geb. 18. XI. 1810 Sauquoit (N. Y.), gest. 31. I. 1888
Cambridge Mass.
Schrieb 1847 über die Nahrung des Mastodons (AmJSci.).
Nachruf. Leopoldina 26, 1890, 118—19.

Gray, M r s. E l i z a b e t h, geb. 1831 Ayrshire, gest. 1924.
Erfolgreiche Sammlerin im Silur Schottlands. Sammlung jetzt
im Brit. Mus.
Obituary. Transact. Edinburgh Geol. Soc. 11 (3), 1925, 392—393
(Qu.).

Gray, J o h n.
Eisenfabrikbesitzer in Hagley bei Stourbridge, Mitarbeiter Murchi-
son's. Seine Sammlung gelangte 1861 in das British Museum.
Trilobita, Echinodermata, Corallen, Brachiopoda, Mollusca.
Hist. Brit. Mus., I: 293.

Gray, J o h n E d w a r d, geb. 12. II. 1800 Walsall, gest. 7. III.
1875 London.
Keeper Brit. Mus. Zoologe.
Studierte in den 60er Jahren foss. Cephalopoden. Korallen.
W o o d w a r d, H. B.: Hist. Geol. Soc. London, 75.
Z i t t e l: Gesch.
Dict. Nat. Biogr. 23, 9.

Grebe, H e i n r i c h, geb. 11. V. 1831 Rauschenberg bei Kirchhein,
gest. 8. III. 1903.
Studierte Stratigraphie des Rheinlandes.
L e p p l a, A.: Nachruf: Jahrb. Preuß. Geol. Landesanstalt, 24,
1903, 813—819 (Portr. Bibliographie mit 21 Titeln).

Green, A l e x a n d e r H e n r y, geb. 10. X. 1832 Maidstone, gest. 19.
VIII. 1896 Boar's Hill bei Oxford.
1861 Assistent beim Geol. Survey England-Wales„ 1874 Prof. Geol.
Yorkshire Coll. Leeds, 1885 Prof. Mathematik, auch Lektor Geol.
School Mil. Engineering Chatham. Jura, Kreide, Karbon, Stra-
tigr. Yorkshire.
Obituary, Geol. Magaz., 1896, 480.
Obituary. Proc. R. Soc. London 62, 1898, V—IX.

Green, C h a r l e s.
Geistlicher zu Bacton, Norfolk, sammelte Vertebraten aus den Forest
beds und fens. Viele seine Objekte sind in Owen's Hist. Brit.
Mamm. Birds beschrieben. Seine Sammlung gelangte 1843 in das
British Museum.
Hist. Brit. Mus., I: 293.

Green, J a c o b, geb. 26. VII. 1790 Philadelphia, gest. 1. II. 1841.
Prof. Chemie Philadelphia. Trilobita.
D a l l, Wm. H.: Some American Conchologists. Proc. Biol. Soc.
Washington, 4, 1886—88, 104.
M e r r i l l: 1904, 305, 698, Portr. fig. 21.
N i c k l e s 424.

Green, T h.
Sammler.
Sedgwick life, I: 194.

* **Green**, U p f i e l d, geb. 4. VIII. 1834 London, gest. 31. V. 1917
Bristol.
Geologe und Buchdrucker. Stratigraphie Cornwall.
C. D. S. (S h e r b o r n): Obituary, Geol. Magaz., 1917, 336.

Greenough, G e o r g e B e l l a s, geb. 1778, gest. 1855 Neapel.
Widmete sich in Cambridge und Göttingen der Jurisprudenz, als
Student Blumenbach's wurde er aber Naturforscher. 1807 Parla-
mentsmitglied, einer der Begründer der Geol. Soc. London. Stra-
tigraph. Sammler.
G e i k i e: Murchison, I: 367.
W o o d w a r d, H. B.: Hist. Geol. Soc. Lonndon, 12 (Portr.)! und
öfter.
Obituary. QuJGS. London 12, 1856, XXVI—XXXIV.

Gregorio, A n t o n i o d e, geb. 27. VI. 1855 Messina, gest. 15.
XII. 1930 Palermo.
Mammalia Plist. Sicilia. Ital. Faunen und Fossilien bes. des Jura,
Tertiär und Quartär.
C i p o l l a, F.: A. de G. Boll. Soc. Geol. Italia, 50, 1931, CXXXVII
bis CXLIX. (Portr., Teilbibliographie).
A n o n y m u s: In memoria del Marchese A. de G. (ohne Jahr.,
ohne Ort). (Portr., Bibliographie mit 626 Titeln) (Qu.).

Gregory, J o h n W a l t e r, geb. 27. I. 1864 London, ertrunken in
einem Fluß in Peru, 2. VI. 1932.
Studierte als Kaufmann an der Universität zu London, wird 1887
Assistent am Brit. Mus. Unternahm Reisen (N.-Amerika, W.-
Indien, Afrika, Spitzbergen, Australien). 1900 Prof. Geol. Univ.
Melbourne,. 1904 Prof. Geol. Univ. Glasgow. Bryozoa, Korallen,
Echinodermata.
P. G. H. B.: Obituary notices. Roy. Soc., 1, 1932, 53—59 (Portr.).
C. W. R.: Prof. John Walter Gregory. Geogr. Journ. London, 80,
1932, 261—273.
S c h u c h e r t, Ch.: Obituary, Am. Journ. Sci., (5) 24, 1932, 176.
Hist. Brit. Mus., I: 294.
L o n g w e l l, Ch. R.: Memorial tribute to —. Bull. Geol. Soc.
Amer., 44, 1933, 414—415 (Portr.).
Obituary. QuJGS. London 89, 1933, XCI—XCIV; Proc. Roy. Soc.
Edinburgh 52 (1931—1932), 1933, 460—462.
Scient. Papers 15, 447—448.

Gregory, W i l l i a m, geb. 25. XII. 1803 Edinburgh, gest. 24.
IV. 1858 ebenda.
Prof. Chemie Glasgow, dann Aberdeen, zuletzt Edinburgh. Fossile
Diatomeen (vergl. Scient. Papers III, 9).
P o g g e n d o r f f 1, 949.
Dict. Nat. Biogr. 23, 105 (Qu.).

Grenfell, J. G.
Master im Clifton College, sammelte in den 70er Jahren Crinoiden
aus dem Carbon von Avon usw. Collection im Brit. Mus.
Hist. Brit. Mus., I: 294.

Greppin, E d u a r d, geb. 28. IX. 1856, gest. 14. VI. 1927 Basel.
Chemiker. Faunen des Jura.
T o b l e r, A.: Nekrolog: Basler Nachrichten, 15. Juni 1927; CfM.,
1927 B, 344.

Nachruf. Verh. Schweiz. Naturf. Ges. 110, 1929, 15—19 (Bibliographie).
S t e h l i n, H. G.: E. G. Verh. Naturf. Ges. Basel 39 (1927—28), 1929, 66—78 (Portr. Bibliographie) (Qu.).

Greppin, J e a n B a p t i s t e, gest. 1881.
Schweizer Arzt, studierte Jurastratigraphie.
G i l l i é r o n, V.: Necrolog: Act. Soc. Helv. Sci. Nat. 65, 1882, 74—80 (Bibliographie mit 17 Titeln).

Gressly, A m a n z, geb. 17. VII. 1814 Schmelze bei Bärschwyl (Schweiz), gest. 13. IV. 1865 Irrenanstalt Waldau.
Sollte Theologe werden, studierte in Solothurn, Luzern, Freiburg, Straßburg. Unter dem Einfluß besonders von Thurmann u. Agassiz widmete er sich der Geol.-Paläontologie. Später führte er ein bedürfnisloses Wanderleben, wobei er sich aus geologischen Gutachten erhielt. Arbeitete neben Agassiz in Neuchâtel, 1859 sandte ihn sein Gönner Desor nach Cette, die marinen Organismen zu studieren. 1861 nahm er teil an der Berna'schen Expedition nach dem Nordkap und Island. Eifriger Sammler, Begründer des Fazies-Begriffes.
Autobiographisch gilt: Amanz Gressly's Briefe. Lettres d'Amand Gressly, le géologue jurassien (1814—1865), Rassemblées et annotées par L. Rollier-Moutier, 1913, pp. 439 (Portr. Bibliographie mit 7 Titeln). Zu diesen gehören aber auch die zitierten inhaltsreichen Briefe. (Sep. Act. Soc. Jur. d'émul., (2) 16, 1909—1912).
B a c h e l i n, A.: Gressly, Musée neuchâtelois, 3, 68—74. Neuchâtel, 1866 (Portr. Auszug in Alpenpost, 2, 163, Glarus 1872).
B o n a n o m i, J.: Amand Gressly, le géologue jurassien. Actes Soc. jur. d'émulation, 17, sess. Bienne, 1865, 129—152, Porrentruy, 1866—67.
D e s o r, E.: Présentation des derniers travaux de Gressly. Actes Soc. helv. sci. nat. 50. sess. Neuchâtel, 1866, 75.
F a v r e, L., & F. B e r t h o u d: Note sur Gressly dans la Biographie de Desor. Musée neuchâtelois, 20, 53—55, Neuchâtel, 1883.
G u i l l a u m e: A. Gressly, Rameau de sapin, 8, 37—38 (Portr.), Neuchâtel, 1874.
H a r t m a n n, Alf.: Amanz Gressly. Gallerie berühmter Schweizer der Neuzeit, Bd. 1, No. 36, pp. 4 (Portr.) Baden im Aargau, 1868.
J a c c a r d, A.: Les géologues contemporains. Thurmann-Gressly etc. Galerie suisse, Biographies nationales publiées par E. Secretan, 3, 179—208, Lausanne, 1880.
L a n g, Fr.: Amanz Gressly. Verhandl. Schweiz. Naturf. Ges., 49. Genéve, 1865, 130—138.
— — Lebensbild eines Naturforschers. Amanz Gressly und die geologische Forschung seiner Zeit. Programm-Beilage Kantonschule Solothurn, 1873, pp. 28 (Portr.).
M a r c o u, J.: Les géologues et la géologie du Jura jusqu'en 1870. Mém. Soc. d'émulation du Jura, 1889, pp. 80, Lons-le-Saunier, 1889.
— — Life, letters and works of Louis Agassiz. Vol. 1—2, New York, 1896 (Kap. VI: 134—135, 223—224 etc.).
S c h l a t t e r, G., & Alf. H a r t m a n n: Rede gehalten bei der Einweihung des Gressly-Steines in der Einsiedelei St.-Verena bei Solothurn, 26. Mai 1866. Beilage: Gressly an seine Freunde. Humoreske etc. Solothurn, 1866, pp. 16.
T a r n u z z e r, Chr.: Amanz Gressly ... et des notices nécrologiques dans le. — Solothurner Landbote, 1865, No. 53, 59, Schweizer Handels-Courier, 1865, No. 105, 123, 124 (Biel).

W a l k m e i s t e r, Chr.: Amanz Gressly, der Jura-Geologe, sein Charakter und seine Wirksamkeit. Ber. St. Gall. naturw. Ges., 1886—87, 109—144. St. Gallen, 1888.
R. T.: Obituary, Geol. Magaz., 1865, 288.
G r e s s l y, A.: Erinnerungen eines Naturforschers aus Südfrankreich, Album von Combe-Varin, Zürich 1861.
— — Briefe aus dem Norden. Bund No. 246—284, 1861.
L i n d e r, Ch.: Amand Gressly, le géologue jurassien, 1814—65. Bull. Soc. Vaud. sci. nat., 50, Lausanne, 1914, 123—140 (Fig. 1).
B l o c h: Denkschrift zur Eröffnung des Museums und des Saalbaus der Stadt Solothurn. 1902, 240—241 (Portr.).
K e l l e r, R.: Führer durch die pal. Sammlungen des Mus. Winterthur, 160—161.
Galerie berühmter Schweizer der Neuzeit. Lieferung 9, 1866.
L a u t e r b o r n: Der Rhein, 1934, 119—127.

Grevé, C a r l H e i n r i c h, geb. 9. 1. 1855 (28. 12. 1854 alten Stils) Moskau, gest. 30. (17. alt. St.) 4. 1916 Riga.
Studierte in Dorpat und Moskau. 1883—1905 Oberlehrer für Naturwissenschaften in Moskau. Seit 1905 in Riga, erst Oberlehrer für Biologie, dann Redakteur der Zeitschrift „Neue baltische Waidmannsblätter", zuletzt Direktor des zoologischen Gartens. Schrieb außer faunistischen und tiergeographischen Abhandlungen über rezente und fossile Wale Rußlands.
(Qu. — Originalmitt. von W. O. Dietrich).

Grew, N e h e m i a h, geb. 1641, gest. 1712.
Gab 1681 heraus den Catalog: Musaeum Regalis Societatis, or a Catalogue and Description of the Natural and Artificial Rarities belonging to the Royal Society and preserved at Gresham College. Whereunto is subjoyned the Comparative Anatomy of Stomachs and Guts London. (Hier abgebildet Tetrabelodon angustidens).
E d w a r d s: Guide, 57, 58, 61.
Dict. Nat. Biogr. 23, 166—168.

Grewingk, K o n s t a n t i n, geb. 2. I. 1819 Fellin, Livland, gest. 18. VI. 1887 Dorpat.
1854 Prof. Min. Geol. Dorpat bis 1888, 1846 Conservator Mus. Akad. St. Petersburg (unter Helmersen), 1852 auch Bibliothekar Berginstitut Petersburg, Stratigr. Liv-Kurland, Hoplocrinus, Baerocrinus, Kreide, Tertiär, Archäologie.
S c h m i d t, Fr.: Nachruf, NJM., 1888, Bd. 1.
Biogr. Lexikon der Prof. Doz. Dorpater Univ., 1902, 216—221.
Not. nécrol. Bull. Comité Geol. Russie, 6, 1887, No. 12, 1—23 (Bibliographie).
S c h m i d t, C.: Lebensbild von C. G. Verh. Gelehrt. Estn. Ges. Dorpat 13, 1888, 81—146 (Portr., Bibliographie); Sitzber. naturf. Ges. Dorpat 8, 1889, 279—297 (Bibliographie).
Allgem. Deutsche Biogr. 49, 542—544.

Grey Egerton, P h i l i p p, siehe Egerton.

Griepenkerl, O t t o, geb. 22. II. 1820 Braunschweig, gest. 25. (od. 5.) XII. 1888 Königslutter.
Geh. Sanitätsrat in Königslutter. Sammelte und bearbeitete die Senonfauna der dortigen Gegend. Muschelkalkceratit.
Sammlung G.'s heute im Geol. Inst. d. Technisch. Hochschule in Braunschweig (Neues Jahrb. f. Min. etc. Beil. Bd. 78, B, 1937, 3).
Nachruf. Palaeont. Abh. IV, Heft X, 1889, 303.
6. Jahresber. Ver. f. Naturwiss. Braunschweig für 1887—1889, 1891, 3 (Qu.).

Griesbach, K a r l L u d o l f, geb. 11. XII. 1847 Wien, gest. 13.
IV. 1907 Graz.
Begleitete Diener in Indien. Leiter Geol. Surv. India. Stratigr.
Österreich, Südafrika, Indien und umliegende Gebiete.
T i e t z e, E.: Nachruf. Verhandl. Geol. RA. Wien, 1907, 203—
205.
Obituary. Geol. Magaz. 1907, 240; Retirement. ibidem 1903, 287—
288 (Bibliographie).

Griffith, S i r R i c h a r d J o h n, geb. 27. IX. 1784 Dublin, gest.
22. IX. 1878.
Offizier, dann Zivil- und Mineningenieur. Stratigraphie, Carbon.
Obituary, Geol. Magaz., 1878, 524—528 (Bibliographie mit 30
Titeln).
M i l n e - H o m e: Obituary, Trans. Edinburgh Geol. Soc., 3, 181 ff.

Griffiths, J o h n, gest. 1911.
Sammler zu Folkestone, Gault.
Obituary, Geol. Magaz., 1911, 528.

Grinnell, G e o r g e B i r d, geb. 20. IX. 1849 Brooklyn N.Y.
Studierte 1870 Yale University. 1874—80 Assistent Osteologie
Peabody Museum Yale.
M e r r i l l: 1904, 568, 698.
N i c k l e s 429—430.

* **Groddeck**, A. v o n, geb. 25. VIII. 1837, gest. 18. VII. 1887.
Prof. zu Clausthal, Geologe und Petrograph, schrieb über den Harz.
Mitarbeiter der Preuß. Geol. Landesanstalt.
L o s s e n, K. A.: Nachruf: Jahrb. Preuß. Geol. Landesanst., 1887,
CIX—CXXXII (Portr. Bibliographie mit 34 Titeln).
— — Nachruf: NJM., 1888, I, 22—24.

Grossouvre, A l b e r t d e, geb. 1849, gest. 18. V. 1932.
Ammonitenforscher. Jura und Kreide Frankreichs.
D o u v i l l é, H.: Notice sur les travaux d'Albert de Grossouvre.
C. R. Acad. Paris, 194, 1932, 2181—84.
Notice nécrologique. Bull. Soc. géol. France (5) 3, 1933, 131.

Grote, A u g u s t u s R a d c l i f f e, geb. 7. II. 1841 Aigburth (bei
Liverpool), gest. 12. IX. 1903 Hildesheim.
Lepidopterologe, zuletzt am Römer-Museum in Hildesheim tätig.
Arbeitete auch mit Pitt über Gigantostraken Amerikas, wo er sich
lange aufhielt.
Dict. Am. Biogr. 8, 27.
N i c k l e s 430 (Qu.).

* **Gruendler**, J o h a n n A u g u s t, gest. 61 Jahre alt 16. I. 1775
Halle.
Maler und Kupferstecher. Nachruf: Schröter, Journ.: 2: 529.
„Das Tier einer Terebratulina wurde erst 1774 durch G. be-
kannt" (Zittel, Gesch., 812).

Gruner, G o t t l i e b S i g m u n d, geb. 20. VII. 1717, gest. 10. IV.
1778.
Erklärte Scheuchzer's Homo diluvii testis als Fisch. Entdeckte
Fundorte von Versteinerungen in den Berner Alpen und im
Molassegebiet.
W o l f, R.: Biographien zur Kulturgeschichte der Schweiz, IV:
161—172, Zürich 1862.
S t e r c h i.
Allgem. Deutsche Biogr. 10, 40—41.

* Gruner, L o u i s, geb. 11. V. 1809, gest. 26. III. 1883.
Ingenieur, schrieb 1847 über Geol. Dép. Loire.
P a r r a n, A.: Notice sur les travaux géologiques de —. Bull.
Soc. géol. France, (3) 12, 380—410 (Bibliographie mit 39
Titeln).
Notice sur les travaux scientifiques de —. Paris, 1876, pp. 30;
1882, pp. 7.

Grunow, A l b e r t, geb. 3. XI. 1826 Berlin, gest. 17. III. 1914
Berndorf.
Chemiker. Algen- (bes. Diatomeen-) Forscher. Fossile Diatomeen
Öst.-Ungarns 1882 (Beitr. Pal. Öst.-Ung. 2).
T o n i, G. B. de: A. G. Annalen naturhist. Mus. Wien 38, 1925,
1—6 (Portr., Bibliographie im Text).
R e c h i n g e r, K.: A. G. Verh. zool.-bot. Ges. Wien 65, 1915, 321—
328 (Bibliographie) (Qu.).

Grünewaldt, M o r i t z v o n, geb. 21. III. 1827 Koick (Estland),
gest. 21. IX. 1873 Riga.
Dr. phil., Landwirt, zuletzt Sekretär der livländ. Ritterschaft.
Versteinerungen des schles. Zechsteins. Stratigr. u. Paläontologie
des Urals.
P o g g e n d o r f f 1, 963; 3, 555 (Qu.).

Grzybowski, J o s e f, geb. 1869, gest. 1922.
Prof. Paläont. Univ. Krakau. Mikrofauna der Karpathen (Fora-
miniferen der Kreide und des Tertiärs), Tertiärmollusken von
Peru, Stratigraphie der Karpathen.'
S z a j n o c h a, W.: Prof. Dr. J. G. Ann. Soc. géol. Pologne 1,
(1921—1922), 1923, 81—95 (Portr., Bibliographie) (Qu.).

Gualtieri, N i c o l a u s, geb. 1688, gest. 25. II. 1744 Florenz.
Conchyliologe. Foraminifera.
Opus: Corporum lapidifactorum agris Veronensis Catalogus. Ve-
rona, 1744, ferner opus 1742 ref. Schröter, Journ., 4: 74—118.
F o r n a s i n i, C.: Foraminiferi illustrati da Bianchi e da Gual-
tieri. Boll. Soc. Geol. Ital., 6, 1887, 33—54.

Guebhard, J o h n, siehe G e b h a r d, J o h n.

Guebhard, J o h n jr., siehe G e b h a r d, J o h n jr.

Guenther, R o b e r t T h e o d o r e.
Sammelte 1898 in Maragha. Collection im British Museum.
Hist. Brit. Mus., I: 294.

Guérin, F é l i x E d o u a r d, geb. 12. X. 1799 Toulon, gest. 26.
I. 1874 Paris.
Gab in den 30er Jahren zu Paris Magasin de Conchyliologie, ou
description et figures de mollusques vivans et fossiles inédits
et non encore figurés heraus.
Nouv. biogr. générale 22, 436—437.

Guernsey.
Schrieb in Nordamerika in den 30er Jahren über Rochester-New
York-Mastodon, Sillimans Journ. 1840.
N i c k l e s 431.

Guettard, J e a n É t i e n n e, geb. 22. IX. 1715 zu Étampes bei
Paris, gest. 7. I. 1786.

Kartierender Geologe und Mineraloge (Vulkane der Auvergne), studierte Medizin, begleitete den Prinzen von Orléans, dessen Museumskustos er wurde. Lebte nach Ableben des Prinzen im Königl. Schloß zu Paris als Pensionist. Schrieb ca. 200 Abhandlungen über Botanik und Pal. Neuentdeckt wurden seine Verdienste erst von d'Archiac 1862 und 1866. Spongia, Corallia, Mollusca, Pisces, Mammalia, Trilobita u. a.

C o n d o r c e t: Éloge. Condorcet's Oeuvres édit., 1847, III: 220.
C u v i e r: Éloge sur Desmarest. Éloges historiques, 2: 354, 1819.
D i d e r o t - d' A l e m b e r t: Encyclopédie Méthodique An III, 1794 (Sub Géographie Physique).
D e v i l l e, Ch. Saint-Claire: Coup d'oeil historique sur la Géologie 1878, 311—314.
S o l a n d, Aimé de: Étude sur Guettard. Ann. Soc. Linn. Maine-et-Loire, 13, 14, 15, 1871—73, 32—88 (Bibliographie mit 92 Titeln).
G e i k i e: Founders of geology, 12—46, eingehende Würdigung des Paläontologen Guéttard: 25—28.
E d w a r d s: Guide, 43, 44.
F a i r c h i l d: 11, 53.
Q u e n s t e d t: Epochen der Natur, 36, 37.
L a u t e r b o r n: Der Rhein, I: 244—245, 286.
Nouv. biogr. générale 22, 472—477 (Teilbibliographie).

Guibal, C h a r l e s F r a n ç o i s, geb. 1781 Lunéville, gest. 1861 Nancy.
Juge de paix in Nancy. Jura des dép. Meurthe 1841. „Ammonites Guibalianus d'Orb."
cf. Bull. Soc. géol. France (4) 17, 1917, 301 (Qu.).

Guidoni, G e r o l a m o, geb. 19. II. 1794 Vernazza, gest. 2. VII. 1870 ebenda.
Stratigraphie und Paläontologie der Berge am Golf von Spezia.
C a p e l l i n i, G.: Gerolamo Guidoni di Vernazza e le sue scoperte geologiche in Liguria e in Toscana. Note biographiche corredate di lettere inedite di Bertoloni, Collegno, Meneghini, Nesti, Pareto, Pilla, Repetti, Savi, Viviani ed altri Naturalistï. Res Ligusticae Genova, 20, 1892, pp. 133 (Portr. Bibliographie mit 19 Titeln) (= Annali Mus. Civico di storia naturale di Genova (2) 12, 1892, 577—704).

Guidotti.
Prof. in Parma um 1828, Besitzer einer großen Sammlung känozoischer Mollusken.
Life of Lyell, I: 206.

Guillier, A l b e r t, geb. 21. IX. 1839 Ecommoy (Sarthe), gest. 17. IV. 1885.
Geologie und Stratigraphie des dép. de la Sarthe.
C h e l o t, E.: Supplément à la Géologie du département de la Sarthe d'Albert Guillier. Le Mans, 1886, S. 7—14, unter dem Titel separat — Notice sur —, sa vie, ses travaux in: Bull. Soc. d'Études Sci. d'Angers, 15, 1885, 237—251 (Bibliographie).

Guirand, E d m o n d, geb. 30. V. 1812 Saint-Claude, gest. 6. I. 1888 ebenda.
Zeichenlehrer in Saint-Claude. Eifriger Sammler, bes. von Valfin. Seine Sammlung jetzt in Lyon. Mitarbeiter von Ogérien.
G i r a r d o t, L. A.: Edmond Guirand. Notice biographique. Mém. Soc. d'Émulation du Jura (4) 3, (1887), 1888, 24—60 (Portr.).

Guiscardi, Guglielmo, geb. 1821 Neapel, gest. 11. XII. 1885 ebenda.
Prof. Geol. Neapel. Mineraloge. Schrieb: Fauna fossile vesuviana 1856, Sui Crinoidi del periodo terziario, über Rudisten u. a.
Tornier: 1924: 54.
Obituary. QuJGS. London 43, 1887, 50.
Necrologia. Boll. Soc. geol. it. 5, 1886, 15—16 (Qu.).

Gunn, John, geb. 9. X. 1801, gest. 28. V. 1890 Rosary, Norwich.
Sammelte mit Miss Anna Gurney Forest-Bed-Fossilien: Elephas, Hippopotamus. Kaplan, Rektor in Norfolk. Sammlungen im Norfolk u. Norwich Museum.
Geikie, A.: Obituary, QuJGS., 47, 1891, Proc. 57.
Memorials of —, being some account of the Cromer Forest Bed and its Fossil Mammalia, of the associated Strata in the Cliffs of Norfolk and Suffolk, from the MS. Notes of the late John Gunn, with a Memoir of the Author. Edited by H. B. Woodward with the assistance of E. T. Newton. Norwich, 1891 (Portr. Bibliographie mit 110 Titeln).
Obituary, Geol. Magaz., 1890, 331—333.

Gunn, Robert Marcus, geb. 1850 (oder 1851), gest. 2. XII. 1909.
Ophthalmologe. Phytopaläontologie.
Obituary, Geol. Magaz., 1910, 191; QuJGS., London, 66, 1910, LII.

Gunnerus, Johann Ernst, geb. 26. II. 1718 Christiania, gest. 25. IX. 1773 Christiansund.
Bischof von Drontheim. Bekam von Walch eine Petrefaktensammlung, die er nach Kopenhagen mitnahm.
Nachruf: Schröter, Journ., I: 331—332.
Norsk biogr. Leksikon 5, 98—103.

Guppy, Robert John Lechmere, geb. 15. VIII. 1836 London, gest. 5. VIII. 1916 Trinidad.
Ingenieur; durchreiste Australien, Tasmanien, Neuseeland, lebte in Trinidad als Eisenbahningenieur. 1868—91 Schulinspektor, Paläontologie Westindiens. Foraminifera, Brachiopoda, Echinoidea, Crustacea, Pelecypoda.
Harris, G. D.: A reprint of the more inaccessible palaeontological writings of —. Bull. Amer. Pal., 8, 1921, pp. 198.
Addresses presented on the retirement of R. J. Lechmere Guppy, from the office of chief inspector of schools, Trinidad, with other papers. London, 1891 (Privatdruck.) (Bibliographie mit 53 Titeln.).
Obituary, Geol. Magaz.: 1916, 479—480.
Nickles 432—434.

Gupta, Hem Chandra Das, geb. im Dinajpur Distrikt, Bengal, gest. 53 Jahre alt 1. I. 1933.
Prof. Geol. am Presidency Coll. Calcutta. Schrieb: A record of fifty years progress in Indian premesozoic palaeontology. Proc. 15 Indian Sci. Congr., 1929, 237—284.
Heron, A. M.: Obituary, QuJGS., London, 90, 1934, LI—LII.

Gurow, Alexander Wassiljewitsch, geb. 24. VIII. 1845 Saratow.
Dozent Univ. Charkow. Karbonpaläontologie des Donetzbeckens. Stratigraphie Rußlands.
Poggendorff 3, 566 (Qu.).

Gußmann, K a r l G o t t l o b E r i c h, geb. 7. VII. 1839 Altensteig, gest. 1916 Metzingen.
Pfarrer in Eningen bei Reutlingen. Beutete die Hamitenbank des mittleren Braunen Jura aus. Seine Arbeiten über die Hamiten und die Braunjurastratigraphie von Eningen in den Jahresheften d. Ver. f. vaterl. Naturkunde Württembergs. Sammlung in Reutlingen.
(Qu. — Originalmitt. von Otto Krimmel).

Gutbier, C h r i s t i a n A u g u s t v o n, geb. 11. VII. 1798, gest. 9. V. 1866.
Offizier; schrieb 1835 über Phytopaläontologie d. Zwickauer Kohlengebirges und weitere phytopal. Arbeiten. Mammalia.
G e i n i t z, H. Br.: Worte der Erinnerung an Chr. A. v. G. und Friedrich Eduard Mackroth, Sitzungsber. Naturw. Ges. Isis Dresden, 1866, 59—64 (Bibl.).
Allgem. Deutsche Biogr. 10, 216—217.

Gutzwiller, A n d r e a s, geb. 12. IX. 1845 Therwil bei Basel, gest. 14. IX. 1917.
Studierte bei Escher von der Linth, Ed. Hébert, Munier-Chalmas, 1869—76 Lehrer Naturk. Geogr. Mädchenrealschule St. Gallen, 1876—1912 Lehrer Realschule Basel. Stratigraphie Tertiär, Quartär.
S c h m i d t, C.: Worte der Erinnerung an —. Verhandl. Naturf. Ges. Basel, 29, 1918, 114—121 (Portr. Bibliographie mit 28 Titeln).
B u x t o r f, A.: Nachruf. Verh. Schweiz. Naturf. Ges. 1918, 116—122 (Bibliographie).

*Guyot, A r n o l d H e n r i, geb. 28. IX. 1807 Boudevilliers, gest. 8. II. 1884 Princeton.
1831—48 Prof. Academie Neuchâtel, hielt 1848 in Boston Vorlesungen bis 1884. Geograph, Glazialgeologe.
F a u r e, Ch.: Vie et travaux de —. Le Globe, Journ. géogr., Organe de la Soc. de géogr. Genève, 23, Mém. 1884, 3—72.
D a n a, J. D.: Biographical memoir of —. Smithsonian Report 1887. Biogr. Mem. Nat. Acad. Sci., 2, 309—347. (Bibliographie mit 34 Titeln).
F a v r e, L.: Necrolog: Musée Neuchâtelois, 1885.

Gümbel, C a r l W i l h e l m, R i t t e r v o n, geb. 11. II. 1823 Dannenfels Rheinpfalz, gest. 18. VI. 1898 München.
Studierte in Heidelberg und München Bergbaukunde und Naturwissenschaften, 1850 Markscheider zu St. Ingbert, 1851 Bergmeister München, bei der geogn. Landesuntersuchung, 1854 Leiter derselben bis zu seinem Tode. 1868 Prof. Geol. technischen Hochschule, nach Knorr's Tod Direktor des Oberbergamtes. Phytopaläontologie, Mollusca, Foraminifera, Ostracoda, Spongien, Stratigraphie Bayerns und der Alpen.
A m m o n, L. von: Nekrolog: Ber. K. Techn. Hochschule München, 1897-98.
— — Nekrolog: Geognost. Jahreshefte, 11, 1898—1899 (2 Portr.), 1—37 (Portr., Bibliographie mit 204 Titeln).
B r a n c a, W.: Nachruf: Naturw. Rundschau, 13, 1898, 426—427.
R e i s, O. M.: Carl von Gümbel in seinen Anfängen (1846—51). Nach einem Tagebuch dargestellt, Pfälzische Heimatkunde, 17, H. 10, 11—12, pp. 8 (Portr.) 1921.
Nachruf: Verhandl. Geol. RA. Wien, 1898, 261—268 (Bibliographie mit 76 Titeln).
Z i t t e l, K.: Nachruf: Münchner Neueste Nachrichten, 13. Juli 1898 und Zeitschr. Deutsche geol. Ges. 51, 1899, Verh. 78—82.

180 Gümbel—Haase Pars 72

Obituary, QuJGS., London, 55, 1899, LIII.
Allgem. Deutsche Biogr. 49, 623—627.
Voit, v.: W. G. Gedächtnisrede. Sitzber. Ak. Wiss. München. 29, 1899, 281—314.

Günther, Albert Charles Lewis Gotthilf, geb. 3. X. 1830, gest. 1. II. 1914.
Abkömmling der Fürsten Württembergs. Schüler Joh. Müller's.
Ichthyologe des British Museum, 1864 Assistent, 1875 Keeper Zool. Dep. bis 1895. Pisces.
Obituary, Geol. Magaz., 1914, 141.

Günther, A. F. gest. im 66. Lebensjahre 13. VIII. 1871 Dresden.
Dr. med. Generalstabsarzt und Prof. Veterinärakad. Dresden, trieb auch pal. Studien. Sammlung im mineral. Inst. der techn. Hochschule Dresden.
Nachruf: NJM., 1871, 784.
Geinitz, H. B.: Nachruf. Sitzber. naturw. Ges. Isis Dresden Jahrg. 1871, 1872, 177.

Günther, Friedrich Christian, geb. 22. IV. 1726, gest. 24. IV. 1774.
Arzt und Bürgermeister zu Kahla, besaß ein Kabinett.
Nachruf: Schröter, Journ., 2: 510.

Gürich, Georg, geb. 25. IX. 1859.
1909 Dir. Geol. Inst. Hamburg. Phytopal., Evertebr., Pisces u. a.
Festschrift gewidmet dem langjährigen Direktor des Mineralogisch-geologischen Staatsinstituts. Herrn Prof. Dr. G. G. Mitt. Min. Geol. Staatsinst. Hamburg, 14, 1930, 1—16 (Portr. Bibliographie mit 211 Titeln und Referate).
Heinz, R.: G. Gürich zum 75. Geburtstag. Forschungen und Fortschritte, 10, 1934, 352.

Haak, Maria.
Schrieb in London 1831 Geological sketches and glimpses of the ancient earth.

Haan, Wilhelm de, geb. 7. II. 1801 Amsterdam, gest. 15. IV. 1853 Haarlem.
Conservator Museum Leyden. Schrieb 1825: Specimen philosophicum inaugurale, exhibens monographiam Ammoniteorum Lugduni Batavorum.
Van der Aa, Biogr. Woordenboek der Nederlanden 8, 1, 1867, 16—17 (Bibliographie, weitere biogr. Lit.) (Qu.).

Haas, Hippolyt Julius, geb. 5. XI. 1855 Stuttgart, gest. 2. IX. 1913 München.
Schriftsteller, Popularisator, habilitierte sich 1883 in Kiel, 1905 Honorarprofessor. Stratigraphie Schleswig-Holstein. Brachiopoda, Mollusca, Oligozän.
Potonié, H.: Nachruf: Naturw. Wochenschr., 28, 1913, 753—757.
Nachruf: Zeitschr. deutsch. Geol. Ges., 65, 1913, Mb. 538; CfM., 1913, 592.

Haase, Erich, geb. 19. I. 1857 Cöslin, gest. 24. IV. 1894 Bangkok.
Privatdoz. f. Zool. Königsberg. Direktor des kgl. siamesischen Museums in Bangkok. Entomologe. Fossile Insekten 1890; Arachniden.
Dittrich, R.: E. H. Zeitschr. f. Entomol. (N. F.) 19, Breslau 1894, 19—26 (Bibliographie) (Qu.).

Haast, S i r J u l i u s v., geb. 1. V. 1824 (nach Leopoldina 1822) Bonn, gest. 15. VIII. 1887 Christchurch.
Direktor des Museums und Prof. Geol. Univ. zu Christchurch, Neuseeland. Aves (Dinornis), Stratigr.
Obituary, Geol. Magaz., 1887, 432; QuJGS., London, 44, 1888, Suppl., 45.
R a t h, G. v.: Nekrolog: Leopoldina, 25, 1890, 23—25, 42—44, 63—65 und Sitzungsber. Niederrhein. Ges. Nat. Heilkunde, Bonn, 7, 1887.
P a r k, J.: Geology of New Zealand 1910, 423—425 (Bibliographie).

Habel, C h r i s t i a n F r i e d r i c h, gest. 20. II. 1814.
Zuletzt nassauischer Hofkammerrat in Schierstein, schrieb 1793: Etwas über Versteinerungen im Gips.
T o r n i e r: 1924: 32.
P o g g e n d o r f f 1, 983.

Haberfelner, J o s e f, geb. 2. VII. 1830 Lunz am See, gest. im 83. Lebensjahr 28. II. 1913 Lunz.
Hammerschmied, Bergmann. Stratigraphie der Ostalpen. Seine Sammlung (aus den Lunzer Schichten und der Grauwackenzone) in Wien (geol. Bundesanst., naturhist. Hofmuseum).
G e y e r, G.: Nachruf: Verhandl. Geol. RA. Wien, 1913, 108—109.

* **Habets**, A l f r e d, geb. 16. III. 1839, Liège, gest. 16. II. 1908.
Belgischer Stratigraph, Carbon.
R e n i e r, A.: A. H., sa vie, son oeuvre géologique. Ann. 'Soc. géol. Belge, 36, 1908—09, B. 313—337 (Portr. Bibliographie mit 123 Titeln).

Habicot, N i c o l a s, geb. um 1550 Bonny, gest. 17. VI. 1624 Paris.
Erklärte im 17. Jahrh. entgegen Riolan, daß die Knochen aus der Dauphiné Knochen des Riesen Teutobochus und nicht Elefantenreste sind.
Z i t t e l: Gesch.
Nouv. biogr. générale 23, 18—19.

Hacquet, B e l s a z a r, geb. 1739 Le Conquet (Bretagne), gest. 10. I. 1815 Wien.
Arzt in Idria, später Prof. in Laibach und Lemberg, reiste in den „dinarischen, julischen, rhätischen und norischen Alpen" ist somit einer der ersten Alpengeologen. Schrieb über Schaltiere.
Z i t t e l: Gesch.
T o r n i e r: 1924: 32.
L a u t e r b o r n: Der Rhein, I: 239.
J a c o b, G.: B. H. Leben und Werke. In: Große Bergsteiger, München 1930. 251 pp.
Nouv. biogr. générale 23, 34—35.

Haeberlein, E r n s t, geb. 3. VII. 1819 Pappenheim, gest. 18. II. 1895 Pappenheim.
Sammler von Versteinerungen des Solnhofener Schiefers. Verkaufte das zweite Exemplar von Archaeopteryx (Archaeornis), heute im Paläontologischen Museum der Universität Berlin.
D a m e s, Rurik: Werner v. Siemens und der Archaeopteryx. Nachrichten d. Ver. d. Siemens-Beamten Berlin E. V., 19, 1927, 233—234.
(Qu. — Mitget. von W. O. Dietrich auf Grund von Originalangaben des Schwiegersohns (Robert Pfeiffer)).

Haeberlein, F r i e d r i c h K a rl, geb. 28. X. 1787 Solnhofen, gest.
20. II. 1871 Pappenheim.
Vater des Vorigen. Landarzt in Pappenheim. Sammler. Ver-
kaufte das erste Exemplar von Archaeopteryx an das Britische
Museum.
Hist. Brit. Mus., I: 294—295.
(Qu. — Originalmitt. von R. Pfeiffer, München).

Haeckel, E r n, s t, geb. 16. II. 1834 Potsdam, gest. 9. VIII. 1919
Jena.
Prof. der Zoologie Jena, Vorkämpfer der Evolutionslehre. Kon-
struierte eine Anzahl z. T. hypothetischer Stammbäume.
Auch pal. Studien: Medusae, Cystoidea, Crustacea (der Name
Gigantostraca stammt von ihm). Aus der umfangreichen Lite-
ratur über diesen kampflustigen Forscher nenne ich nur:
W a l t h e r, Joh.: E. H. als Mensch und Lehrer. Die Naturwis-
senschaften, 7, 1919, 946.
N o r d e n s k j ö l d: Gesch. d. Biol., 513.
Bibliographie: Die Naturwissenschaften 7, 1919, 961—966.

Hagen, H e r m a n n A u g u s t, geb. 30. V. 1817 Königsberg, gest.
8. XI. 1893 Cambridge (Mass.).
Arzt in Königsberg, später Universitätsprof. in Cambridge, Mass.
Entomologe. Fossile Insekten (Neuropteren des Bernsteins, Soln-
hofen, Braunkohle von Rott u. Sieblos, Devoninsekten v. Neu-
Braunschweig u. a.).
H o r n, W. u. S c h e n k l i n g, S.: Index Litteraturae Entomolo-
gicae Ser. 1, Bd. 2, 1928, 495—500 (Bibliographie).
Nekrolog. Deutsche Entomol. Zeitschr. 1894, 323—325 (Portr.)
(Qu.).

Hagen, M a x, geb. 10. II. 1831 Frankenheim bei Schillingsfürst,
gest. 22. VI. 1893.
1858 Arzt in Weinberg, dann Schillingsfürst, Ipsheim, 1874 in
Scheszlitz. Paläontologie des fränk. Jura.
B a u m ü l l e r, B.: Nekrolog: Abhandl. Naturh. Ges. Nürnberg, 10,
35—43 (Portr.).

Hagenow, F r i e d r i c h v o n, geb. 19. I. 1797 Langenfelde, gest.
18. X. 1865 Greifswald.
Arbeitete 1839—51 über Rügensche Echinodermata, Bryozoen, Fo-
raminiferen, Inoceramus, „Zur Erleichterung des Zeichnens der
Petrefakten erfand er ein sinnreich konstruiertes Instrument:
Dikatopter". Landwirt, später Privatgelehrter in Greifswald.
B e y r i c h: Nachruf. Zeitschr. deutsch. Geol. Ges., 18, 1866, 2—3.
T o r n i e r: 1924: 55.
Allgem. Deutsche Biogr. 10, 349—351.

* **Hague**, A r n o l d, geb. 1840, gest. 1917.
Vulkanologie.
I d d i n g s, J. P.: Biographical memoir of A. H. Biogr. Mem.
Nat. Acad. Sci., 9, 1919, 36—38 (Bibliographie mit 45 Titeln).
— Memorial of A. H Bull. Geol. Soc. America, 29, 1917, 46—48
(Bibliographie mit 44 Titeln).

Hahn.
Schrieb 1672 (?): Bericht von denen zu Camburg ausgeschwemmten
Gebeinen.
Freyberg

Hahn, Friedrich Felix, geb. 29. V. 1885 München, gest. 8. IX. 1914 in den Kämpfen bei Nancy. Studierte in München, Berlin, Marburg. 1911—1912 Kurator für Pal. an der Columbia Universität New York bei Grabau, 1913 Assistent Naturaliensammlung Stuttgart.
Flysch, Lias-Fossilien, Stratigraphie.
Ampferer, O.: Nachruf: Mitt. Geol. Ges. Wien, 7, 1914, 331—334.
Lebling. Nachruf: CfM., 1915, 193—195 (Bibliographie 215—223, 1914: 704).
Lampert, K.: Nachruf: Jahresh. Ver. vaterl. Naturk. Württemberg, 71, 1915, C—CII.

Hahn, Otto, geb. 13. VII. 1828 Ellwangen, gest. 21. II. 1904 Stuttgart.
Jurist und Mineraloge in Reutlingen. Schrieb: Die Meteorite (Chondrite) und ihre Organismen, Tübingen 1880. Eozoon.
Scient. Papers 10, 111 (Qu. — Originalmitt. von Otto Krimmel).

Haidinger, Wilhelm von, geb. 5. II. 1795 Wien, gest. 19. III. 1871 Dornbach.
Studierte 1812 in Graz Mineralogie, 1817 in Freiberg als Schüler von Mohs. 1822—27 Reisen in Europa, lebte eine Zeit lang in Edinburgh beim Bankier Thomas Allan. Leitete 1827—1840 die Porzellanfabrik zu Ellbogen. 1840 Direktor der Mineraliensammlung Wien. 1849—66 Direktor Geol. Reichsanstalt Wien, In 1. Linie Mineraloge. Begründete „Freunde der Naturwissenschaften", Verein, in dessen Berichten und Abhandlungen Barrande, Czjzek, Ettingshausen, Foetterle, Morlot, Pettko, Simony, Stur, Suess, Zepharovich u. a. m. publizierten. Kleine pal. Notizen, z. B. über Fährten, Hydrarchos.
Hauer, F.: Zur Erinnerung an —. Jahrb. K. K. Geol. RA. Wien, 21, 1871, 31—40 (Titel seiner Bibliogr. betragen 200).
Kettner: 135—137 (Portr. Taf. 17).
Bericht über die Haidinger-Feier am 5. Februar 1865. Wien, 1865.
Scarpellini, Caterina: La gran festa scientifica celebrata il 5. febraio 1865 nell I. R: Istituto geologico di Vienna per il settantissimo anno di vita del somma naturalista Guglielmo Haidinger. Roma, 1865.
Abschiedsgruß von —. NJM., 1868, 377—384.
Nachruf. Almanach Ak. Wiss. Wien 21, 1871, 159—204 (Bibliographie).

Haime, Jules, geb. 28. III. 1824 Tours, gest. 28. IX. 1856.
Prof. der Naturgeschichte am Lycée Napoléon Paris. Foraminifera (Nummulinen), Korallen, Bryozoen.
d'Archiac, Ad.: Notice sur la vie et les travaux de —. Paris, 1856, pp. 12 (Bibliographie mit 27 Titeln).
Lesèble, O.: Notice sur —. Lu à la Société d'Agriculture, Sciences, Arts et Belles-Lettres dans la Séance du 14. Mars 1857, d'Archiac, Ad.: Notice sur la vie et les travaux de —. Paris, Tours, 1857, pp. 13.
Poggendorff 3, 574.

Halâtre, Pierre.
Gärtner in Mautort, Frankreich, Sammler.
Prestwich life, 154, 155.

Halaváts, G y u l a, geb. 7. VII. 1853 Zsema, gest. 28. VII. 1926
    Budapest.
Mitglied der Kgl. Ungarischen Geol. Anstalt. Stratigraphie, Pannon,
    Mollusca. Mammalia (Castor, Mammuth).
N o s z k y, J.: Nachruf: Földtani Közlöny, 57, 1927, 83—86.

Halfar, A n t o n, geb. 21. X. 1836 Ratscher Mühle, Kreis Ratibor,
    gest. 21. XI. 1893.
1871—73 technischer Lehrer in Saarbrücken, 1873 Mitglied der
    Preuß. Geol. Landesanst. Stratigraphie, Asteroidea, Pentamerus,
    Conocardium.
B e u s h a u s e n, L.: Nekrolog: Jahrb. Preuß. Geol. Landesanst.,
    14, 1893, LXXXI—LXXXV (Portr.).

Hall, C h a r l e s E d w a r d.
    Der jüngere Sohn von James Hall of Albany, half eine Zeit lang
    seinem Vater. Versteinerungen von Pennsylvanien.
C l a r k e: James Hall of Albany, 412.
N i c k l e s 439.

* **Hall**, Ch(r i s t o p h e r W e b b e r, geb. 1845, gest. 1911.
Nordamerikanischer Stratigraph.
W i n c h e l l, N. H.: Memoir of —. Bull. Geol. Soc. Amer., 23,
    1912, 28—30.
M a r t i n, L.: Memoir of —. Ann. Assoc. Amer. Geogr., 2, 1913,
    101—104.

* **Hall**, J a m e s (of Edinburgh oder of Dunglass), geb. 1761, gest.
    1832.
Schottischer Physikus und Petrograph, Freund Hutton's und Play-
    fairs, nicht zu verwechseln mit James Hall of Albany.
G e i k i e: A long life work, 143.
— — Murchison, I: 107, 210.
— — The Founders of geology, 184 ff.
Edinburgh's place in scientific progress. Brit. Association, 1921.
Obituary. Proc. Geol. Soc. London 1, 1834, 438—440.

Hall, J a m e s o f A l b a n y, geb. 12. IX. 1811 Hingham, Mass.,
    gest. 7. VIII. 1898 Echo Hill, Bethlehem.
Studierte bei Amos Eaton in der Rensselaer Schule zu Troy, wo
    er Assistent-Prof. wurde. Begann die geologische Aufnahme von
    New York-Staat unter Emmons, übernahm die Leitung der Sur-
    vey 1843, die er bis zu seinem Tode leitete. Sein Hauptwerk ist
    das klassische: Paleontology of New York, Bd. 1—7; arbeitete
    aber auch in Wisconsin, Ohio, Kentucky und 40. Parallel. Coelen-
    terata, Cystoidea, Vermes, Brachiopoda, Mollusca, Cephalopoda,
    Phyllocarida, Trilobita, Bryozoa, Graptolithes u. a.
Seine ausführliche Biographie berichtet über viele interessante Epi-
    soden der Frühgeschichte der Paläontologie in Nordamerika:
C l a r k e, J. M.: James Hall of Albany, Geologist and Paleontolo-
    gist. 1811—1898, Albany, 1921, zweiter Druck 1923, pp. IX +
    565 mit zahlreichen Tafeln, Portraits.
B a r r o i s, Ch.: Notice sur James Hall. Bull. Soc. géol. France, (3)
    27, 1899, 168—173.
C l a r k e, J. M.: A great American geologist of the last century:
    Prof. J. H. Geol. Magaz., 57, 1920, 483—486 (Portr.).
— — J. H. University State of New York Regents Bull., 48,
    1899, 382—385.
— — Prof. J. H. and the Troost manuscript. Am. Geol., 35,
    1905, 256—257.
— — H. memorial Albany etc.

H o v e y, H. C.: The life and work of J. H. Am, Geol., 23,
1899, 137—168 (Bibliographie mit 302 Titeln).
K e y e s, Ch.: J. H. and American Paleontology. Pan-Amer. Geo-
logist, 38, 1922, 265—266.
S t e v e n s o n, John J.: Memorial of J. H. Bull. Geol. Soc. Amer.,
10, 1898, 425—436 (Bibliographie mit 267 Titeln); Am. Geol.,
22, 87—88.
F a i r c h i l d: 27, 32, 39, 41, 45, 53, 152, 165.
J. D. Forbes life, 72.
M e r r i l l: 1904, 379—383, 698 u. öfter, Portr., Taf., 20, und
Fig. 33, pag. 381.
— — 1920, (Portr., Taf. 24 vor p. 345).
Obituary, Geol. Magaz., 1898, 431; QuJGS., London, 55, 1899.
LIV; Amer. Journ. Sci., (4) 6, 1898, 437.
G r a t a c a p, L. P.: Relation of James Hall to American Geology.
Amer. Natural., 32, 1898, 891—902.
— — The Hall geological collection. Amer. Mus. Journ., 1,
1900, 51—60 (Figs.).
E m e r s o n, B. K., & others: Honors to James Hall. Buffalo Sci.,
n. s., 1896, 697—717.
M u r r a y, D.: A catalogue of the published works of —. 36. Ann.
Rep. New York State Mus. Nat. Hist., 79—94, 1884 (Biblio-
graphie mit 22 Büchern und 222 Artikeltiteln).

Hall, R i c h a r d.
Stand 38 Jahre lang, bis 1918, im Dienst des British Museum als
Präparator, Geol. Dep.
R. B u l l e n N e w t o n: Jubilaeum. Geol. Magaz., 1918, 336.

Hall, T h o m a s S e r g e a n t, geb. 1858, gest. 21. XII. 1915.
Lektor d. Biologie Melbourne Univ. Graptolithes Victoria, Tertiär.
Schrieb unter dem Pseudonym „Physicus" populäre Artikel für
„Australasian".
Obituary, Geol. Magaz., 1916, 144.
Scient. Pap. 15, 585—586.

Hall, T o w n s h e n d M o n c k t o n, geb. 1845, gest. 1899.
Lebte in Pilton, bei Barnstaple u. studierte die Geologie von North
Devon. Brachiopoda. Sammelte auch Pisces, Evertebraten, Pflan-
zen, die in das British Museum gelangten.
Hist. Brit. Mus., I: 295.
Obituary. Geol. Magaz. 1900, 431; QuJGS. London 56, 1900, LVII—
LVIII.

Hamilton, W i l l i a m J o h n, geb. 1805, gest. 1867.
Diplomat in Madrid, Paris und Florenz. Parlamentsmitglied. Ter-
tiär.
Obituary, Geol. Magaz., 1867, 383—384.
W o o d w a r d, H. B.: Hist. Geol. Soc. London, 146.

Hammerschmidt, K a r l, gest. 30. VIII. oder VII. 1874 Konstanti-
nopel. = Dr. Abdullah Bey.
Prof. Zool. und Medizin in Konstantinopel. (NJM., 1874, 895.)
Notizen über Hydrarchos, devonische Fossilien v. Bosporus u. a.

Hamy, Th,é o d o r e-J u l e s-E r n e s t, geb. 22. VI. 1842 Boulogne-
sur-mer, gest. 18. XI. 1908 Paris.
Prof. Anthrop. Mus. d'hist. nat. Paris. Homo fossilis.

S a u v a g e, E.: Le prof. E. H. Bull. Soc. acad. Boulogne-sur-mer 8, 1909, 417—442 (Portr., Bibliographie).
Notice sur E. T. H. Compte rendu Ac. Inscript. et Belles-Lettres 1911, 55—142 (Portr., Bibliographie).
Nekrolog: Bull. Mus. d'hist. nat. Paris 14, 1908, 322—326; Bibliographie und Portr.: Nouv. Arch. Mus. d'hist. nat. Paris 1, 1909, XI—C (Qu.).

Hancock, A l b a n y, geb. 1806 Newcastle, gest. 24. X. 1873 ebendort.
Arbeitete über Bohrmuscheln, Cliona, Ctenodus, Labyrinthodontidae, Anthracosaurus, Dipterus, Loxomma u. a.
G. A. L.: Obituary, Geol. Magaz., 1873, 575—576 (Bibliographie mit 22 Titeln).

Handlirsch, A n t o n, geb. 20. I. 1865 Wien, gest. 28. VIII. 1935 ebenda.
Studierte Pharmazie, später Zoologie, bes. Entomologie.
Kustos am Naturhist. Museum Wien bis 1922. 1924 Privatdozent, 1931 a. o. Prof. Univ. Wien. Insecta.
B e i e r, Max: Nachruf. Konowia 14, Wien 1935, 340—347 (Portr., Bibliographie).
S c h u c h e r t, Ch.: A. H. Am. Journ. Sci. (5) 30, 1935, 565—566 (Qu.).

Hannemann, J o h a n n L u d w i g, geb. um 1640 Amsterdam, gest. 25. X. 1724 Kiel.
Chemische Analyse von Fossilien.
Opus 1674, Ref. Schröter, Journ., 3: 168 ff.
P o g g e n d o r f f 1, 1012.

Hantken, M i k s a v o n P r u d n i k, geb. 26. IX. 1821 Jablunka, Öst. Schlesien, gest. 26. VI. 1893 Budapest.
1861—67 Prof. an der Handelsakademie in Budapest, 1866—69 Custos am Ungarischen Nationalmuseum, 1868 Direktor der Kgl. Ungarischen Geol. Anstalt, 1882 Prof. Paläontologie Universität Budapest. Stratigr. Foraminifera.
K o c h, A.: Nachruf: Földtani Közlöny, 1894, 261—268 (deutsch 315—317) (Bibliographie mit 56 Titeln).

Harbort, E r i c h, geb. 1. VIII. 1879 Elbingerode Harz, gest. 14. XII. 1929 Dahlem.
Studierte bei Koenen in Göttingen, 1917 Prof. Lagerstättenkunde Berlin-Charlottenburg. 1903 Mitglied Geol. Preuß. Landesanstalt. Dozent Bergakademie, bereiste 1925-28 Südafrika, 1929 Brasilien. Trilobita, Kreidefaunen, Stratigraphie, Homo fossilis.
M e s t w e r d t, A.: Nachruf. Jahrb. Preuß. Geol. Landesanst., 51, II, 1930, LXV—LXXVI (Portr. Bibliographie mit 52 Titeln).

* **Hardman**, E d w a r d T o w n l e y, geb. 6. IV. 1845 Drogheda, gest. 30. IV. 1887.
Mitarbeiter der Geol. Survey United Kingdom. Stratigraphie.
Obituary, Geol. Magaz., 1887, 334—336 (Bibliographie mit 33 Titeln).

Harenberg, J o h a n n C h r i s t o p h, geb. 1696 Langenholzen bei Alfeld, gest. 12. XI. 1774.
Probst zu Schoeningen. Prof. Braunschweig. Publizierte 1729 über Encrinus.
Nachruf: Schröter, Journ., 2: 524—526.
P o g g e n d o r f f 1, 1019.

Harford, F r e d e r i c k.
Präparierte die von Joseph Wood gesammelten Chalk-Fossilien
aus Cuxton und Burham (Kent). Pisces. Seine Sammlung gelangte in das British Mus.
Hist. Brit. Mus., 1: 295—296.

Harger, O s c a r, geb. 12. I. 1843 Oxford, Conn., gest. 6. XI. 1882
New Haven.
Prof. Pal. Zoologie an der Yale University. Assistent von Marsh.
Fossile Spinne, Vertebraten (ein Teil der Beschreibungen Marsh's
stammt von ihm).
W i l l i s t o n, S. W.: — Biographical memoir of —. Amer. Nat.,
21, 1887, 1133—1134.
Nachruf: Leopoldina, 23, 217.

Harker, A l l e n, geb. 31. VII. 1847, gest. 19. XII. 1894.
Prof. der Agrikultur am Coll. Cirencester. Stratigraphie.
Obituary, Geol. Magaz., 1895, 96.

Harkness, R o b e r t, geb. 28. VII. 1816, gest. 1878.
1853 Prof. Geol. Queens Coll. Cork Stratigraphie, Graptolithes,
Fährten.
S o r b y, H. A.: Obituary, QuJGS., London, 35, 1879, Proc. 41—44.
Obituary, Geol. Magaz., 1878, 574—576 (Portr.); Nature Oct. 10.
1878.
G o o d c h i l d, J. G.: Obituary, Trans. Cumberland Assoc. Adv.
Sci. No. 8, 1883, 145—148 (Portr.).
Obituary, Mineralog. Magaz., 1879, 153—154.

Harlan, R i c h a r d, geb. 19. IX. 1796 Philadelphia, gest. 30. IX.
1843 New Orleans, La.
Arzt und Paläontologe. Mammalia, Reptilia.
Life of Lyell, II: 59.
M e r r i l l: 1904, 699.
Dict. Am. Biogr. 8, 273—274.
N i c k l e s 455.

Harlé, E d o u a r d, geb. 13. V. 1850 Toulouse, gest. 1922.
Tertiäre, quartäre Mammalia.
F a b r e: Harlé Edouard, Necrologie. Bull. Soc. Hist. nat. Tou-
louse, 50, 1922, 335—342 (Bibliographie).

Harmer, F r e d e r i c W i l l i a m, geb. 24. IV. 1835, gest. 11. IV.
1923.
Pliozäne Mollusca. Tertiärstratigraphie.
J. E. M.: Obituary, Geol. Magaz., 1923, 285.
Obituary, QuJGS., London, 80, LII.

Harpe, siehe De la Harpe.

Harris, G e o r g e F r e d e r i c k, geb. 13. IX. 1862 Anglesey, Hamp-
shire, gest. 16. VII. 1906.
Tertiäre Mollusken.
Obituary, Geol. Magaz., 1906, 431.

Harris, I s r a e l H o p k i n s, geb. 23. XI. 1823 Centerville, gest.
17. X. 1897.
Sammler von silurischen Evertebraten.
S c h u c h e r t, Ch.: The J. H. Harrison collection of invertebrata
fossils in the U. S. National Museum. Am. Geol., 1903, 131—
135 (Portr. Biogr.).

Harris, W i l l i a m, geb. 1797, gest. 13. V. 1877 Charing, Kent.
Sammelte Spongien, Brachiopoda, Serpulae, Korallen, Pisces, Ich-
thyosauria, Crinoidea, Entomostraca, Foraminifera aus dem Chalk
von Charing, Kent. Kartierte auch. Sammlungen im Brit. Mus.
T. R. J (o n e s): Obituary, Geol. Magaz., 1877, 381—382.
Hist. Brit. Mus., I: 296.

* **Harrison,** B e n j a m i n, geb. 1837, gest. 1921.
Eolithenforscher.
O l d h a m: Obituary, QuJGS., London, 78, 1922, LIII.

Harting, P e t e r, geb. 27. II. 1812 Rotterdam, gest. 7. XII. 1885.
Prof. Zool. u. Geol. Utrecht. Foraminifera, Diatomaceae, Stratigraphie Hollands.
Nachruf. Jaarboek Kon. Akad. v. Wetensch. 1888, 1—60 (Bibliographie) (Qu.).

Hartley, G r i f f.
Schrieb: De conchis fossilibus Lipsiae, 1685.

Hartmann, E r n s t G u s t a v F r i e d r i c h v o n, geb. 27. XI.
1767 Stuttgart, gest. 11. XI. 1851.
Oberamtsarzt in Göppingen. Sammler im schwäb. Jura. Teile
seiner Aufsammlungen in Leyden (Univ.), Stuttgart (Natura-
lienkabinett), Tübingen (Univ.). Benutzt wurde die Samm-
lung u. a. von Stahl (1824), Jäger (1828), Hartmann (1830),
Zieten (1832).
P l i e n i n g e r: Nekrolog. Jahreshefte Ver. vaterländ. Naturk.
Württemberg 9, 1853, 25—33.
Q u e n s t e d t, F. A.: Ueber Pterodactylus suevicus 1855, 25
(Qu.).

Hartmann, F r i e d r i c h.
Gab 1830 Verzeichnis der schwäbischen Fossilien, heraus. Lebte in
Sulz als Oberamtsarzt. Sohn des vorigen.
Z i t t e l: Gesch.

Hartmann, R o b e r t, geb. 1. X. 1831 Blankenburg (Harz), gest.
20. IV. 1893.
Anatom, schrieb 1877 über das fossile Vorkommen des Dingo in
Australien.
T o r n i e r: 1925: 80.
Nachruf. Anat. Anz. 8, 1893, 543.

Hartt, C h a r l e s F r e d e r i c, geb. 23. VIII. 1840 Fredericton,
New Brunswick, gest. 19. III. 1878 Rio de Janeiro.
Prof. der Cornell University, Mitarbeiter der Geol. Survey Bra-
siliens. Palaeozoische Faunen, Mastodon.
R a t h b u n, Richard: Sketch of the life and scientific work of
Prof. — Proc. Boston Soc. Nat. Hist., 19, 1878, 338—364 (Biblio-
graphie mit 41 Titeln).
Obituary, Geol. Magaz., 1878, 336.
C l a r k e: James Hall of Albany, 425.
H a y, G. U.: The scientific work of Prof. — Proc. Trans. Roy.
Soc. Canada, (2) 5, IV, 1899, 155—165.
S i m o n d s, F. W.: Prof. Ch. F. H. A Tribute. Am. Geol. 19,
1897, 69—90 (Portr., Bibliographie).

Hasse, C a r l, geb. 17. X. 1841 Tönning, gest. 30. VI. 1922
Buchwald b. Schmiedeberg.

Prof. Anatomie Breslau. Fossile Wirbel, Elasmobranchier, Alcyonarien.
G r ä p e r, L.: C. H. Anatom. Anz. 56, 1922, 209—221 (Portr.,
Bibliographie, pal. Titel p. 220—221) (Qu.).

Hassencamp, E r n s t, geb. 16. X. 1824 Frankenberg, gest. 27.
VI. 1881.
Apotheker. Stratigraphie, fossile Flora und Fauna d. Rhön (Insekten, Ophiure u. a.).
Nekrolog. Ber. Ver. f. Naturk. Cassel 29—30 (1881—1883), 1883,
5, 26 (Teilbibliographie) (Qu.).

Hastings, B a r b a r a, Marchioness of, geb. 1810, gest. 1858.
Barbara, Baroness Grey de Ruthyn, sammelte mit Hilfe Henry
Keeping's Vertebratenreste aus den Hordwell beds von Hampshire und von der Insel Wight und verschaffte sich Vergleichsmaterial vom Montmartre, Allier und Mainzer Becken. Ihre
Sammlung gelangte in das British Museum.
Hist. Brit. Mus.. I: 296.

Hatcher, J o h n B e l l, geb. 11. X. 1861 Cooperstown, Illinois,·
gest. 3. VII. 1904 Pittsburg.
1884—93 Assistent Marsh's, 1890 Assistent am Geol. Lehrstuhl
Yale Univ., 1893 Curator Vertebrate Pal. und Assistent-Geologist New Jersey Coll., Princeton Univ., 1900 Curator Pal.; and
Osteology Carnegie Mus. Pittsburg, leitete im Auftrage Marsh's
eine Expedition nach Nebraska, dann 1896-99 im Auftrage der
Princeton University drei Expeditionen nach Patagonien, Feuerland. Unter seiner Leitung wurden die nach Europa gesandten
Gipse von Diplodocus verfertigt. Dinosauria, Mammalia.
S c o t t, W. B.: Memorial of J. B. H. Bull. Geol. Soc. America,
16, 1905, 548—555 (Portr. Bibliographie mit 47 Titeln); Sci:,
1904, 139—42.
M c G e e, W. J.: Hatcher's work in Patagonia. Nat. Geogr. Magaz., 8, 1897, 319—322.
H o l l a n d, W. J.: In memoriam J. B. H. Ann. Carnegie Mus.,
2, 597—604, 1904 (Portr.).
E a t o n, G. F.: Obituary, Am. Journ. Sci., (4) 18, 1904, 163—164.
S c h u c h e r t, Ch.: Obituary, Am. Geol., 35, 1905, 131—141 (Portr.
Bibliographie mit 48 Titeln).
O s b o r n, H. F.: Explorations of — for the paleontological monographs of the U. S. Geol. Surv. together with a statement
of his contributions to American geology and paleontology.
Monographs U. S. Geol. Surv., 49, XVII—XXVI, 1907 (Bibliographie mit 52 Titeln).
Obituary, Geol. Mag., 1904, 568—573.

Hauchecorne, W i l h e l m, geb. 13. VIII. 1824 Aachen, gest. 15.
I. 1900 Berlin.
1858—66 Bergbeamter, 1866 Direktor der Bergakademie, Stratigraphie.
B e y s c h l a g, Fr.: Gedächtnisrede auf W. H. Jahrb. Preuß. Geol.
Landesanst., 21, 1900, XCVI—CXIV (Portr. Bibliographie mit 62
Titeln).
K i r m s s, D.: Trauerrede am Sarge W H.s. Berlin, 1900, pp. 15.
V a c e k, M.: Nachruf: Verhandl. Geol. Reichsanstalt Wien, 1900,
36—37.

Hauer, F r a n z, geb. 30. I. 1822 Wien, gest. 20. III. 1899 Wien.
1867—85 Direktor der K. K. Geol. Reichsanstalt Wien, 1885—96

Intendant des Naturhistorischen Hofmuseums Wien. (Nachfolger Hochstetter's). Cephalopoda, Trias-Jura, Ostalpen.
T i e t z e, E.: Fr. v. Hauer. Sein Lebensgang und seine Tätigkeit. Ein Beitrag zur Geschichte der österreichischen Geologie. Jahrb. Geol. Reichsanstalt Wien, 1899, 679—827 (Bibliographie mit 360 Titeln, Portr.).
B ö c k h, J.: Emlékbeszéd H. F. felett. Magyar Tudományos Akadémia Emlékbeszédek, XI: 2, 1901.
V a c e k, M.: Nachruf: Verhandl. Geol. Reichsanstalt Wien, 1899, 120—126.
Obituary, Geol. Magaz., 1900, 430.
B ö h m, A.: Zur Erinnerung an F. v. H. Abhandl. Geogr. Ges. Wien, 1, 1899, 91—118.
T o u l a, F.: Nachruf. Leopoldina, 36, 117—121, 137—142.

Hauer, J o s e p h v o n, gest. im 85. Jahr 2. II. 1863.
Vicepräsident K. K. allg. Hofkammer. Sammelte Fossilien des Wiener Beckens, reiste in Siebenbürgen, Tirol, Italien.
F o e t t e r l e, F.: Nachruf: Jahrb. K. K. Geol. Reichsanstalt Wien, 13, 1863, Verhandl., 6.
H i n g e n a u, O. v.: — biographische Skizze. Wiener Zeitung, 1863.

Hauff, B e r n h a r d.
Sammler und Besitzer des Paläontologischen Ateliers Holzmaden. Unter seiner Leitung wurden die prachtvollsten Reptilien, Crinoiden und Cephalopoden (Ichthyosaurus, Thaumatosaurus, Hautexemplare von Ichthyosaurus, Mystriosaurier usw.) geborgen und präpariert. In Anerkennung der Verdienste des eifrigen Sammlers wurde ihm 1921 das Doktorat h. c. von der Universität Tübingen verliehen. Interessante Angaben über die Aufsammlungen von Holzmaden und Boll, sowie über die Fossilienjäger-Familie Hauff sind mitgeteilt im Januarheft 1930 der Monatsschrift „Württemberg", darunter folgende Beiträge: Lämmle, R.: Ein Besuch in Holzmaden; Hauff, B.: Wie ein Ichthyosaurus das Licht der Welt wieder erblickt; Schwenkel, H.: Die Steine reden; Berckhemer, Fr.: Der fossile Gavial von Boll; Schwenkel, H.: Die Jura-Ölschieferwerke A.G. in Holzheim, 7—39, mit Portr. B. Hauff's, und Abbildungen.

Haug, E m i l e, geb. 19. VI. 1861 Drusenheim, gest. 28. VIII. 1927.
1885 Präparator Geol. Straßburg, 1917 Prof. Geol. Sorbonne. Studierte bei Kilian, Hébert, Munier-Chalmas.
Schrieb: La chaire de géologie à la Sorbonne. Brongniart, Prévost, Hébert, Munier-Chalmas. Rev. génér. sci. 1904, 842—850. Stratigr. Ammoniten. Hauptwerk: Traité de géol.
Notice sur les travaux scientifiques de M. E. H. Lille 1903, pp. 96. Supplément Lille, 1908, pp. 36; 2. suppl. Paris, 1912, pp. 20.
L a c r o i x, A.: Notice historique, 9—83, sur le 13. fauteuil de la sect. de Min. Acad. Sci. Paris, 1928, 79—83.
B a r r o i s, Ch.: Comptes rendus Ac. Sci. Paris 185, 1927, 517—520.
Portr. Livre jubilaire Taf. 9.

Haupt, K a r l, geb. 12. VIII. 1829 Kottwitz (Kr. Sagan), gest. 29. V. 1882 Lerchenborn bei Liegnitz.
Pastor in Lerchenborn. Volkskundler und Altertumsforscher.
Fauna des Graptolithengesteins (Geschiebe) 1878. Seine Sammlung in der Univ. Breslau.
Nachruf. C. J. Th. H. Neues Lausitzisches Magazin 58, 1882, 456—458 (Teilbibliographie im Text) (Qu.).

Hausmann, J o h a n n F r i e d r i c h L u d w i g, geb. 1782 Hannover, gest. 1859 Göttingen.
Studierte Jurisprudenz, Min. Chemie, Technol. 1803 Bergamtsauditor in Clausthal, 1806—08 Reisen in Skandinavien, 1809 Generalinspektor des westfälischen Montanwesens, 1811 Prof. Technologie, Bergwissenschaft, Min. Univ. Göttingen. Stratigr. Mesozoikum und Paläozoikum. Harz, Wesergebiet, Baden, Skandinavien.
Z i t t e l: Gesch.
Die feierliche Sitzung der Kaiserlichen Akademie der Wissenschaften am 30. Mai 1860. Wien (Bibliographie) = Almanach k. Ak. Wiss. Wien 10, 1860, 182—195.

Hauthal, R u d o l f, geb. 3. III. 1854 Hamburg, gest. 18. XII. 1928 Hildesheim.
Bis 1905 am La Plata Museum, dann Direktor des Römermuseum zu Hildesheim. Grypotherium, Höhlenforscher.
Festschrift zu seinem 70. Geburtstag. 17. Jahresber. Niedersächsischen geol. Ver., 1925, I—X (Portr., Bibliographie).
Nachruf. Petermann's Mitt. 75, 1929, 87—88 (Bibliographie).

Hawker.
War in den 30er Jahren Mitarbeiter an dem Werke über foss. Saurier mit Day, Gimbernat und Johnson. Lebte in Stroud.

Hawkins, S a m u e l J a m e s.
Sammelte in den 80er Jahren Pisces und Pterosauria aus dem Chalk von Burham, Kent. Sammlung im Brit. Mus.
Hist. Brit. Mus., I: 297.

Hawkins, B e n j a m i n W a t e r h o u s e, geb. 8. II. 1807 London, gest. 1889 New York.
Dinosaurierrekonstruktionen.
s. W o o d w a r d, H. B.: Hist. Geol. Soc. London, 116.
Modern Engl. Biogr. (Boase) 5, 608.
N i c k l e s 463.

Hawkins, T h o m a s, geb. 25. VII. 1810 Glastonbury, gest. 29. X. 1889 Ventnor.
Sammelte aus dem Lias von Somerset- und Dorsetshire Ichthyosauria und Plesiosauria. Seine Sammlungen gelangten in das British Museum, und Mus. Univ. Oxford, Cambridge. Schrieb ein populäres Buch: The Book of the Great Sea-Dragons 1840. Enaliosauria.
B l a n f o r d, W. T.: Obituary, QuJGS., London, 46, 1890, Proc. 48.
Life of Sedgwick, II: 321.
W o o d w a r d, H. B.: Hist. Geol. Soc. London, 116—117.
Hist. Brit. Mus., I: 297.

Hawkshaw, J o h n, geb. 1811 Leeds, gest. 2. VI. 1891 London.
Ingenieur. Publizierte Beobachtungen über foss. Stämme beim Bau der Manchester-Boltoner Eisenbahn.
Obituary. QuJGS. London 48, 1892, 52—53.

Hawn, F r e d e r i c k, geb. 1810, gest. 1898.
Entdeckte Permfossilien in Kansas.
B r o a d h e a d, G. C.: Major F. H. Am. Geologist 21, 1898, 267—269 (Bibliographie).
M e r r i l l 1904, 485—486, 699.

*Haworth, E̜rasmus, geb. 17. IV. 1855 Warren Co., gest. 19.
XI. 1932 Wichita.
1892—1920 Prof. Geol. Min. Univ. Kansas Lawrence. Stratigraphie.
Moore, R. C.: Memorial of —. Bull. Geol. Soc. Amer₁, 44, .1933,
338—347 (Portr. Bibliographie mit 69 Titeln.).

Hay, Oliver Perry, geb. 22. V. 1846 Saluda Township, Indiana,
gest. 2. XI. 1930.
Wollte Geistlicher werden, wirkte 1870—72 als Professor der Na-
turgeschichte am Eureka College, 1874—76 im Oskaloosa Coll.
Iowa, 1877—79 im Abingdon College, Illinois, 1879—92 Prof.
Biologie und Geologie am Butler College, Indianopolis. Nach
seinen Studien 1876—77 an der Yale und Indiana Univ. unternahm er eine Sammelreise nach W.-Kansas 1889—90. 1895—97
Assistent-Curator für Zoologie am Field Museum, Nat. Hist.
Chicago, 1900—1907 Assistent-Curator für Paläontologie am
American Museum Nat. Hist. New York, 1912—26 Forscher in
der Carnegie-Institution Washington. Beherrschte deutsch, franzö-
sisch, griechisch, lateinisch, russisch, italienisch und englisch.
1902—05 gab er American Geologist heraus. Bibliographien
der Vertebraten N.-Amerikas. Pisces, Reptilia, Mammalia, Aves.
Lull, R. S.: Memorial of O. P. H. Bull. Geol. Soc. America, 42,
1931, 30—48 (Portr. Bibliographie mit 216 Titeln).
Nachruf: CfM., 1931, B, 192.

Hay, Robert, geb. 1835, gest. 1895.
Geologe in Kansas. Cephalopoda, Stratigr. von Kansas. Bibliographie der Geologie von Kansas.
Hill, R. Th.: Memoir of R. H. Bull. Geol. Soc. America, 8,
1897, 370—374 (Bibliographie mit 38 Titeln).
Thompson, A. H.: Obituary, Trans. Kansas Acad. Sci., 15,
1898, 133—134 (Bibliographie mit 41 Titeln).

Hayden, Ferdinand Vandiveer, geb. 7. IX. 1829 Westfield,
Mass., gest. 22. XII. 1887 Philadelphia.
Prof. Min. Geol. Univ. Pennsylvania. 1853—78 leitete er Expedi-
ticnen nach Rocky Mountains, Laramie, Dakota, Bad Lands,
Niobrara. Sammlungen im Mus. Nat. Acad. Philadelphia. Strati-
graphie. Evertebraten zus. mit Meek.
Obituary, Geol. Magaz., 1888: 143; QuJGS., London, 44, 1888,
suppl. 52.
Cope: Obituary, Bull. Soc. Belge Géol. Pal. Hydrol., 2, 1888,
34—36; Am. Geol., 1, 1889, 110—113.
Merrill: 1904, 585—606, 699 (Portr. Taf. 31).
Osborn: Cope, Master Naturalist, 29.
Peale, A. C.: Bibliography of the writings of —. MS. (Margerie).
Lesley, J. P.: Obituary. Proc. Amer. Philosoph. Soc. 25, 1888, 59
—61.
Richardson, R.: Obituary. Trans. Edinburgh Geol. Soc., 5,
1888, 532—533.
Peale, A. C.: Obituary. Bull. Philosoph. Soc. Washington, 11,
1888—89, 476—478.
Obituary, Sci., 11, 1888, 1—2.
Obituary, Ann. Rep. U. S. Geol. Surv., 9, 1887—88, 31—38.
White, C. A.: Memoir of —. Biogr. Mem. Nat. Acad. Sci., 3,
1895, 397—413 (Bibliographie mit 60 Titeln).

Hayden, S i r H e n r y H u b e r t, geb. 25. VII. 1869, gest. August 1923.
Studierte in Natal und Dublin. 1897 Curator Geol. Museum India, 1902 Superintendent Indian Museum, 1900 Direktor Geol. Survey India. Stratigraphie, Foraminifera.
Obituary, Rec. Geol. Surv. India, 1924, 269—273.

Hayden, H o r a c e H a n d e l, geb. 1769, gest. 1844.
Architekt, Zahnarzt. Stratigraphie Baltimore.
M e r r i l l: 1904, 256—260, 699 (Portr.).
N i c k l e s 472.

* Hayes, C h'a r l e s W i l l a r d, geb. 1859, gest. 1916.
Stratigraphie.
B r o o k s, A. H.: Memorial of Ch. W. H. Bull. Geol. Soc. America, 28, 1916, 81—123 (Bibliographie mit 97 Titeln).
W h i t e, Ch. D.: Obituary, Sci. n. s., 44, 1916, 124—126.

Hays, I s a a c, geb. 5. VII. 1796 Philadelphia, gest. 13. IV. 1879 ebenda.
Arzt, medizinischer Schriftsteller. Mammalia (Proboscidea).
Dict. Am. Biogr. 8, 462—463.
N i c k l e s 476.
Obituary. Proc. Am. Philos. Soc. 18, 1880, 259—260 (Qu.).

Hazslinsky, F r i g y e s Á g o s t v o n, geb. 6. I. 1818 Késmárk, gest. 19. IX. 1896 Eperjes.
Prof. Naturgesch. am Kollegium Eperjes. Phytopaläontologie.
S t a u b, M.: Nekrolog. Földtani Közlöny, 27, 1897, 69—71.
Nachruf. Emlekbeszedek Magyar Akad. IX, 10, 1899, 1—29 (Portr. Bibliographie).

Häberle, D a n i e l, geb. 8. V. 1864, gest. Mai 1934 Heidelberg.
Honorarprofessor. Pfalz. Stratigr. Gastropoden von Predazzo.
Todesnachricht: CfM., 1934, B, 320.
B e c k e r, A.: D. Häberle. Geistige Arbeit, 1934, 20. Juli, p. 12, Portr.
H e t t n e r, A.: Nachruf. Geogr. Zeitschr. 40, 1934, 242—243.
Nachruf. Jahresber. u. Mitt. Oberrhein. geol. Ver. (N. F.) 24, 1935, XI—XII.

Hebenstreit, J o h a n n E r n s t, geb. 15. I. 1703 Neustadt a. d. Orla, gest. 1757.
Arzt und Prof. der Medizin Leipzig. Veröffentlichte 1743: Museum Richterianum Lipsiae mit Abbildungen von Pisces, Echinod. Mollusca.
Ref. Schröter, Journ., 4: 118—128.
Freyberg.
Allgem. Deutsche Biogr. 11, 196.

Hébert, E d, m o n d, geb. 12. VI. 1812 Villefargeau (Yonne), gest. 6. IV. 1890 Paris.
1833 Präparator in Chemie, Repetitor Physik École Centrale, Hauptkonservator Coll. Physic. Chemie 1840, Dozent Phys. Collège de Saint-Louis, 1841 Vicedirektor, 1857 Prof. Geol. Sorbonne (Nachfolger C. Prévost's). Coryphodon, Micraster, Jura, Kreide, Tertiär.
B e r t r a n d, E.: Not. nécrol. Bull. Soc. Géol. France, (3) 19, 565—567.

G a u d r y, A.: Discours prononcé aux funérailles de M. Hébert le
8. Avril 1890, Acad. Sci. Paris.
L a c r o i x, A.: Notice historique sur le troisième fauteuil de la
section de minéralogie. Acad. Sci. Paris, 1928, 43—51.
L u n d g r e n, B.: E. H. Geol. Fören. Förhandl. Stockholm, 12,
1890, 451—452 (mit aus 7 Titeln bestehender, auf Schweden
bezüglicher Bibliographie).
V a c e k, M.: Nachruf: Verhandl. K. K. Geol. Reichsanst. Wien,
1890, 175—176.
Necrol. Bull. Soc. Belge Géol. Pal. Hydrol., 4, 1890, 289—291 (mit
aus 12 Titeln bestehender, auf Belgien bezüglicher Biographie).
Notice sur les travaux scientifiques de M. E. H. Paris C. R. Acad.,
83, 1877.
R u t o t; A.: Nécrologie Bull. Soc. belge Géol., 4, 1890, Mem. 289—
291 (Bibliogr.).
Note sur les titres scientifiques et universitaires de —, candidat à
la Chaire de Géologie de la Faculté des Sciences de Paris. Paris
1857, pp. 16.
Notice des travaux scientifiques de —. Paris 1861, pp. 19; 1862, pp.
24; 1869, pp. 16; 1877, pp. 52.
F a l l o t, E.: Notice nécrologique sur —. Proc. Verb. Soc. Linn.
Bordeaux. 1890 (Bibliographie mit 216 Titeln).
Edmond Hébert. (Portr.) Paris (ohne Jahr) pp. 69. Discours pro-
noncés aux funérailles par A. Gaudry, Darboux, Tannery, M.
Bertrand, Bergeron, Fouqué, Munier-Chalmas, Velain.

Heckel, J o h a n n J a k o b, geb. 22. I. 1790 Mannheim, gest. 1. III.
1857 Wien.
Studierte an der Wirtschaftlichen Hochschule in Keszthely, Volon-
tär des Wiener Naturalienkabinetts, 1851 Reise in Italien, 1852
Custos-Adjunkt am Zool. Kabinett Wien, 1854 Reise nach Leyden
und Paris. Paläoichthyologie.
H a i d i n g e r, W.: Nekrolog: Jahrb. K. K. Geol. Reichsanstalt
Wien, 8, 1857, 173—174.
S t e i n d a c h n e r, Fr.: J. J. H. in: Botanik und Zoologie in
Österreich 1850—1900. Festsch. k. k. zool.-bot. Ges. Wien 1901,
408—414 (Portr., Bibliographie im Text u. p. 432—434)ı.
Nachruf. Almanach Akad. Wiss. Wien 8, 1858, 142—168 (Bi-
bliographie).

Hector, S i r J a m e s, geb. 16. III. 1834 Edinburgh, gest. 5. XI.
1907 Wellington.
1865—1905 Direktor Geol. Survey Neuseeland. Reptilia, Aves.
Obituary, Trans. New Zeal. Inst., 54, 1923, IX—XI (Portr.);
Geol. Magaz., 1907, 576; QuJGS., London, 64, 1908, LXI; Nature,
London, 133, 1934, 407.
G e i k i e: Murchison, II: 255.
P a r k, J.: Geology of New Zealand 1910, 427—430 (Bibliographie).

Heer, O s w a l d, geb. 31. VIII. 1809 Niederutzwyl, St. Gallen, gest.
27. IX. 1883 Lausanne.
Studierte in Halle Theologie, habilitierte sich 1834 für Botanik an
der Universität Zürich, 1852 Prof. Bot. und Entomologie Univ.
Zürich, später auch am Polytechnikum. „Zur Bekämpfung eines
Lungenleidens brachte er 1852 acht Monate in Madeira zu, er-
krankte aber von Neuem und starb am 27. September 1883 in
Zürich". (Zittel, Gesch.) Phytopaläontologie, Paläoentomologie.
Er beschrieb in seinen phytopaläontologischen Arbeiten 1947 neue
Arten und bildete dieselbe auf 764 Tafeln ab.

Seine Urwelt der Schweiz wurde ins Französische, Englische und z. T. ins Ungarische übersetzt. Er schrieb die Biographie Escher v. d. Linth's.
Oswald Heer. Lebensbild eines schweizerischen Naturforschers. I: Die Jugendzeit von J. Justus Heer, II—III: O. Heer's Forscherarbeit und dessen Persönlichkeit von C. Schröter,; G. Stierlin, Gottfr. Heer. Zürich 1885—87, I, pp. 144 (Portr.), II—III, pp. 543 m. Taf. (Diese ausführliche Biographie berichtet über die Studienzeiten und Forscherjahre des großen Phytopaläontologen. Wichtige Angaben über Museen: Stuttgart, Darmstadt, Universität Halle: Germar, Kalchbrenner, Nitzsch, Escher von der Linth, Scheuchzer, Ad. Brongniart, Goeppert, Corda, Unger, Al. Braun, Ettingshausen, Oeningener Fundort, Miss Bourdett, Cotta, Buch, Andersson, Pax, Nathorst, E. de Beaumont, Gastaldi, Capellini, Massalongo.)
M a l l o i z e l, Godefroy: O. H. Bibliographie et tables iconographiques précédé d'une notice bibliographique par R. Zeiller. Stockholm, 1888, pp. 176 (Über 300 Titel).
N a t h o r s t: The work of the late O. H. Geol. Magaz., (3) 5, 1888, 277—282.
P r o b s t, J.: Nekrolog: NJM., 1884, Bd. I, nach S. 310. pp. 8.
R o t h p l e t z, A.: O. H. Botan. Zentralbl., 17, 1884, 157—167 (Portr.).
S t a u b, M.: H. O. emlékezete. Földtani Közlöny, 14, 1884, 449—480 (Bibliographie) Budapest.
S t u r, D.: Nachruf. Verhandl. Geol. Reichsanst. Wien, 1883, 207—208.
Nachruf: Geol. Fören. Förhandl. Stockholm, 7, 1884—85, 54—55 (Bibliogr.).
L e s q u e r e u x, L.: Obituary, Proc. Amer. Philos. Soc., 21, 1883, 286—289.
S c h r ö t e r, C.: Nachruf: Neue Zürcher Zeitung, No. 289—291, 16—18. Oct. 1883; Vierteljahresschr. Naturf. Ges. Zürich, 28, 1883, 298—319; Act. Soc. Helv. Sci. nat. 66, 1883, 165—190 (Bibliographie im Text).
K e l l e r, R.: Führer durch die pal. Sammlungen Mus. Winterthur, 161.
J e n t z s c h, A.: Gedächtnisrede auf —. Schrift. phys. ökon. Ges. Königsberg, 25, 1884, 1—26; Leopoldina, 21, 18—20, 22—30, 42—49 (Bibliographie mit 145 Titeln).
K l e i n, Gy.: Emlèkbeszéd Heer's. fölött. Magyar Tudományos Akadémia Emlèkbeszédek, 6: 8, Budapest 1890, pp. 36 (Bibliographie mit 70 Titeln).
O. H. Denkschrift zur Hundertjahr-Feier 1909, Naturf. Ges. Glarus, 1910, pp. 88 (Portr. Bibliographie).
L i m a, W. de: Oswald Heer e la flora fossil portugueza. Comm. Com. dos Trab. Geol., 1, 1887, 169—187 (Bibliographie).
Lyell's life, II: 237, 245 und öfter.
L a u t e r b o r n: Der Rhein, 1934: 134—141.
F o r e l, A.: Aus meinem Leben.
Portr. C o n s t a n t i n, p. CLV.

Hees, V a n.
Schrieb 1829 mit Breda Geognosie von Mastricht. Mammalia.

Hehl, J o h. C a r l L u d w i g, geb. 18. IX. 1774, gest. 3. VII. 1853.
Bergrat in Stuttgart, Sammler, schrieb 1841 über Geol. Württembergs. NJM., 1852, 383. Seine Sammlung jetzt in der Univ. Tübingen. „Pecten Hehli".·
Z i t t e l: Gesch.

K u, r r, v.: Nachruf. Jahreshefte Ver. vaterländ. Naturk. Württemberg 11, 1855, 57—60 (Qu.).

Heilprin,, A n g e, l o, geb. 31. III. 1853 Sátoraljaujhely, Ungarn, gest. 17. VII. 1907.
Kam 1856 nach Amerika, studierte bei C. Vogt, 1880—99 Prof. Pal. Philadelphia, 1904 Lektor Geogr. Yale. Foraminifera, Mollusca, Stratigr. und Paläont. bes. des Tertiär.
G r e g o r y, H. E..: Memorial of A. H. Bull. Geol. Soc. America, 19„ 1907, 527—536 (Portr. Bibliographie mit 112 Titeln).
P o l l a k, G.: Michael Heilprin and his sons. London, 1912.
Obituary, Bull. Amer. Geogr. Soc., 39, 1907, 666—668; Bull. Geogr. Soc. Phila., 5, 1907, 67—68.
P i r s s o n, L. V.: Obituary, Amer. Journ. Sci., (4) 24, 1907, 284.

Heim, A l b e r t, geb. 12. IV. 1849 Zürich, gest. 11. IX. 1937.
Prof. Geol. Zürich.
Geologie, bes. Tektonik der Schweizer Alpen. Deformation von Fossilien.
B ö h i, Alice: Verzeichnis der Publikationen von A. H. Vierteljahresschr. Naturf. Ges. Zürich, 64, 1919, 499—518 (Bibliographie mit 328 Titeln) und ibidem 74, 1929, Beiblatt 1—5.
Todesnachricht: Geol. Rundschau 28, 1937, 455.

Heim, G e o r g C h r i s t o p h, geb. 1743 Solz, gest. 2. V. 1807 Meiningen.
Bruder J. L. Heims, Pfarrer zu Gumpelstadt. Schrieb 1804 über Stratigr. des Sachsen-Koburg-Meiningischen Amtes Altenstein.
Freyberg.
P o g g e n d o r f f 1, 1048.

* Heim, J o h a n n L u d w i g, geb. 29. VI. 1741 Solz im Meiningischen, gest. 1819.
Studierte Theologie in Jena, begleitete als Instructor die Prinzen Georg und Karl nach Straßburg, wurde später Consistorialrat, 1803 wirkl. Geh. Rat. Seine min.-geognostischen Sammlungen befinden sich auf der Universität Jena. Stratigr. Thüringen.
Z i t t e l: Gesch.
Freyberg.
Allgem. Deutsche Biogr. 11, 325—326.

Helck, J o h a n n C h r i s t i a n, geb. um 1717 in Albrechts i. Thür. (Kreis Schleusingen), gest. 1770 Warschau.
Subrektor und Lehrer der Mathematik am Gymnasium zu Bautzen, dann Prof. Mathematik an der Ritterakademie in Warschau. Faunen von Dresden.
Z a u n i c k, R.: Dresden und die Pflege der Geologie. Zeitschr. deutsch. Geol. Ges., 86, 1934, 596.

Helmersen, G r e g o r v o n, geb. 29. IX. 1803 Duckershof, Livland, gest. Februar 1885 St. Petersburg.
Geologe, Akademiker. Publizierte 1833—35 über Stratigr. d. Ural, Sibiriens. Brachiopoda.
K ö p p e n, A.: Zum 50jährigen Jubiläum des Akademikers Gregor v. H. Russische Revue, 12, St.Petersburg, 1878; Verh. Russ. Min. Ges. St. Petersburg, (2) 14, 1879, 174—188 (Portr.).
Nekrolog: Geol. För. Förhandl. Stockholm, 7, 1884-85, 603—604.
Not. necrol. Bull. Com. Geol. Russie, 4, No. 3, 1885, 1—30 (Bibl.).
K ö p p e n II, 117.

* **Helmhacker**, R u d o l f, geb. 15. XI. 1841 Rokycanech, gest. 24. V. 1915 Prag.
Prof. Min. Geol. Lubné.
K e t t n e r: 139—140 (Portr., Taf. 50).

Helwing, G e o r g A n d r e a s, geb. 14. XII. 1666 Angerburg, gest. 3. I. 1748 ebenda.
Publizierte 1717: Lithographia Angerburgica, Regiomonti.
Z i t t e l: Gesch.
P o g g e n d o r f f 1, 1062 (Qu.).

Henderson, J o h n, gest. 1899.
Stratigraphie bes. des Paläozoikum von Schottland.
G o o d s c h i l d, J. G.: J. H. Transact. Edinburgh Geol. Soc. 8, 1905, 165—175 (Bibliographie) (Qu.).

Henkel, J o h a n n F r i e d r i c h, geb. 11. VIII. 1679 Merseburg. gest. 26. I. 1744 Freiberg.
Bergrat, Arzt, Chemiker in Freiberg.
Opus 1744 und anderes: Ref. Schröter, Journ., 2: 66—78.
Freyberg.
Allgem. Deutsche Biogr. 11, 760—761.

Hennah, R i c h a r d, gest. im 81. Lebensjahr 1846.
1804 Caplan. Paläontologie und Stratigraphie von Plymouth.
H o r n e r, L.: Obituary, QuJGS., London, 3, 1847, XXIII—XXVI.

Henry, J., gest. 1924.
Prof. Ecole de Méd. Besançon. Liasstratigraphie der Franche Comté.
Notice nécrologique. Bull. Soc. géol. France (4) 24, 1924, Compte rendu 51 (Qu.).

Hensel, R e i n h o l d F r i e d r i c h, geb. 9. IX. 1826 Adenau, Schlesien, gest. 6. XI. 1881 Oppeln.
Studierte bei Goeppert, Nees v. Esenbeck in Breslau, 1850—60 Lehrer der Naturgeschichte. Forschungsreisender. Mammalia von Pikermi. Homo fossilis.
M a r t e n s, E. v.: Nachruf: Leopoldina, 18, 1882, 19—21 (Bibliographie mit 23 Titeln).
T o r n i e r 1925, 80.

Henslow, G e o r g e, geb. 23. III. 1835, gest. 30. XII. 1925.
Geistlicher. Phytopaläontologe.
E v a n s, J. W.: Obituary, QuJGS., London, 82, LI.

Henslow, J o h n S t e v e n s, geb. 1796, gest. 1861.
Geistlicher, Botaniker, Prof. Mineralogie Cambridge. Entdeckte Coprolithe im Red Crag von Suffolk und Cambridge-Grünsand, die er zu Industriezwecken benutzte.
J e n y n s, Leonard Reverend: Memoir of Rev. John Stevens Henslow. London, 1862, pp. 278 (Portr. Bibliographie).
W o o d w a r d, H. B.: Hist. Geol. Soc. London, 240.
Obituary. QuJGS. London 18, 1862, XXXV—XXXVII.

Hentschel, S a m u e l.
Opus 1662, ref. Schröter, Journ. 2: 78—80.

Herbich, F r a n z, geb. 1821 Pozsony, gest. 15. I. 1887 Kolozsvár.
Studierte Medizin, dann Bergschule in Selmecbánya. 1845—54 Berg-

198 Herbich—Hermann Pars 72

beamter in der Bukovina, 1854—59 Bergdirektor in Erdély (Sie-
benbürgen), 1869 Custos des Erdélyi Muzeum, Kolozsvár, wo er
1878 Geologie u. Paläontologie Siebenbürgens schrieb. 1875 Dozent
Universität Koloszvár. Mesozoische Evertebraten. Stratigraphie.
K o c h, A.: H. F. Földtani Közlöny, 17, 1887, 59—63 (Bibliographie
mit 20 Titeln).
K. P.: Nachruf. Verhandl. Geol. Reichsanst. Wien, 1887, 41—42.
B i e l z, E. A.: Dr. Fr. H. Verh. u. Mitt. siebenbürg. Ver. f.
Naturw. Hermannstadt 38, 1888, 7—14 (Bibliographie).

Héricart de Thury, L o u i s - E t i e n n e - F r a n ç o i s, geb. 3.
VI. 1776 Paris, gest. 15. I. 1854 Rom.
Studierte 1806—13 Geologie Dép. Isère. Weitere Arbeiten zur
Stratigraphie Frankreichs.
Z i t t e l: Gesch.
P o g g e n d o r f f 1, 1075.

Herman, O t t ó, geb. 26. VI. 1835 Breznóbánya, gest. 27. XII. 1914,
Budapest.
Ornithologe, Ethnograph, Abgeordneter, Begründer des Ungari-
schen Ornithologischen Institutes, der die ersten Kulturreste des
Urmenschen in Ungarn erkannte und die speläologischen und pa-
läoethnologischen Forschungen in Ungarn veranlaßte.
L a m b r e c h t, K.: Otto Herman. Barlangkutatás Höhlenforschung,
3, 1915, 21—28.
— — Herman Ottó, az utolso magyar polihisztor élete és
kora. Budapest, 1920 (Biobibliographie) (Portr.).
— — Herman Ottó. éleste. Budapest, 1934, pp. 263 (Portr.).

Hermann, A d a m.
Präparator im American Museum Nat. Hist. Newyork.
M a t t h e w, W. D.: Honor to A. H. Natural History, 19, 1919,
741—742.

Hermann, D a n i e l, geb. um 1543 Neidenburg (Ostpreußen), gest.
29. XII. 1601 Riga.
Humanist, Poet. 1580 de rana et lacerta succino prussiaco insitis
discursum (vergl. Zittel, Handbuch III, 611).
Allgem. Deutsche Biogr. 12, 166—167.
J ö c h e r, Gelehrtenlexikon 2, 1538 (Qu.).

Hermann, J o h a n n, geb. 31. XII. 1738 Barr (Elsaß), gest. 4. X.
1800 Straßburg.
Prof. in Straßburg. Arbeitete über Versteinerungen, unter anderem
über Trigonia.
M e u s e l, Teutsche Schriftsteller 1750—1800, 5, 399—401.
P o g g e n d o r f f 1, 1079 (Qu.).

Hermann, L e o n h a r d D a v i d, geb. 27. VI. 1670 Massel, gest.
1. V. 1736 ebenda.
Pfarrer in Massel. Publizierte: Maslographia, oder Beschreibung des
Schlesischen Massel im Oels-Bernstädtischen Fürstentum. Brieg
1711 (Ref. Schröter, Journ. I: 2: 24—28; Opus 1729 ref. ebendort, I: 2: 268—271).
P o g g e n d o r f f 1, 1077 (Qu.).

Hermann, R u d o l f, gest. im 43. Lebensjahr 1924.
Verweilte 12 Jahre in Argentinien, lebte früher in Danzig.
Mammalia.
Nachruf. CfM., 1924, 608.

Herrmann, Fritz Heinrich Ulrich, geb. 16. VI. 1883 Berlin, gest. 31. I. 1920 ebendort.,
1910 Assistent Geol. Inst. Marburg, 1912 Dozent Geol. Pal., 1913 Mitglied Preuß. Geol. Landesanstalt. Paläozoische Faunen; Stratigraphie.
Kayser, E.: Nachruf: Jahrb. Preuß. Geol. Landesanstalt, 41, 1920, 2, XII—XXII (Bibliographie mit 13 Titeln, Portr.).

Herrmannsen, August Nicolaus, geb. 24. III. 1807 Flensburg, gest. 19. IX. 1854 Kiel.
Arzt, Privatdozent. Schuf in seinem: Indicis generum malacozoorum primordia. Cassellis 1846—1852 einen der ersten Kataloge der damals bekannten rezenten und fossilen Mollusken- und Brachiopodengattungen. Nach Kefersteins Fossilkatalog und nach den Gattungskatalogen L. Agassiz' begonnen, folgen die entsprechenden Werke Giebels, Bronns, d'Orbignys erst etwas später.
Alberti, Schlesw.-Holst. Schriftsteller 1829—1866 I, 359.
Mitth. Ver. nördl. der Elbe zur Verbreit. naturw. Kenntnisse H. 1, 1857, S. IV. (Qu.).

Hernandez-Pacheco, Eduardo, geb. 1872.
Prof. Geol. Pal. Madrid. Stratigraphie, Spanien, Mastodon, Mammalia, Reptilia, Archaeocyathus, Homo fossilis.
Publicaciones cargos y nombramientos de caracter cientifico de E. H. — P. Madrid, 1895—1927 (Bibliogr. mit 94 + 15 Titeln).

Herrick, Clarence Luther, geb. 1858, gest. 1904.
Nordamerikanischer Geol., Paläontologe.
Tight, W. G.: Obituary, Amer. Geol., 36, 1905, 1—26 (Portr., Bibliographie).
Bibliography of —. Denison Univ. Sci. Labor., 13, 1905, 28—33.
Cole, A. D.: Obituary, Sci., n. s., 20, 1904, 600—601.
— — C. L. Herrick as a maker of scientific man. Bull. Denison Univ. Sci. Labor., 13, 1905, 1—13 (Portr.).
Bardden, H. H.: Obituary, ebenda, 13, 1905, 14—22.

Herz, Otto, geb. 1853, gest. 1905 St. Petersburg.
Kustos am Zoologischen Museum St. Petersburg, Leiter der Beresovka-Mammut-Expedition, 1901-02.
Nachruf: Vesmir, 35, 1906, 84.
Pfizenmayer, E. W.: Mammutleichen und Urwaldmenschen in Nordost-Sibirien, Leipzig, 1926.
Digby, Bassett: The mammoth and mammoth-hunting in North-East Siberia. London, 1926.
Nachruf. Revue Russe d'Entomol. 5, 1905, 311—312 (Portr., Bibliographie).

Herzer, Henry, geb. 1833, gest. 1912 (nach Nickles: Herman).
Reverend. Entdeckte in den 70er Jahren Dinichthys, Titanichthys im Oberdevon Ohios.
Clark: James Hall of Albany, 418.
Nickles 486.

* **Hewitt**, William, geb. 30. VIII. 1851 Keighley, Yorkshire, gest. 27. XI. 1929.
Studierte bei Th. H. Huxley, A. C. Ramsay. 1877—92 Demonstrator in Liverpool. Stratigraphie.
Obituary, Geol. Magaz., 1930, 94—95.

Heyden, Lucas von, geb. 22. V. 1838 Frankfurt a. M., gest. 13. IX. 1915 ebenda.

Insekten (Dipteren, ferner zusammen mit seinem Vater (Carl
v. H. 1793—1866) fossile Käfer und andere Insekten).
K o b e l t, W.: L. v. H, 46. Ber. Senckenberg. Ges. ,1916, 153—
161.
R e i t t e r, E.: Nachruf. Entomol. Mitt. 4, 1915, 253—267 (Portr.)
(Qu.).

Heydenreich, G o t t l i e b A d o l p h H e i n r i c h, gest. im 59.
Lebensjahr, 11. II. 1774 Weimar.
Archivar in Weimar. Objekte seiner Petrefaktencollection sind ab-
gebildet bei Knorr. Coll. Heydenreich. Ref. Schröter, Journ. I:
2: 138—141.
Biographie Schröter, Journ., I: 1: 123—124.

Heymann, H e r m a n n, gest. 1871.
Grubendirektor in Bonn. Mitteilungen zur Paläont. des rhein.
Paläozoikum.
Todesnachricht. Verh. Naturhist. Ver. Rheinl. Westfalen 29, 1872,
Corrbl. 82 (Qu.).

* **Hiärne**, U r b a n, geb. 1641, gest. 1724.
Physiker. Bahnbrecher der skandinavischen Geol.
Z i t t e l: Gesch.
Svenskt biogr. Handlexikon 1, 1906, 502.

Hibbert-Ware, S a m u e l, geb. 21. IV. 1782 Manchester, gest.
30. XII. 1848.
Sammelte um 1840 mit Conybeare Saurier, Pisces in der Umge-
bung von Edinburgh.
Obituary. QuJGS. London 5, 1849, XXI—XXII.
Dict. Nat. Biogr. 26, 344—345 (Qu.).

Hicks, H e n r ÿ, geb. 1837 St. David's, Pembrokeshire, gest. 18. XI.
1899.
1862—71 Arzt zu St. David's, 1871 zu Hendon, Middlesex. Stratigraphie Palaeoz. Speläologie.
Obituary, Geol. Mag., 1899, 574—575.

Hiemer, E b e r h a r d F r i e d r i c h, geb. 24. V. 1682 Gächingen,
Urach, gest. 5. V. 1727 Stuttgart.
Besuchte in Cannstatt Mittelschule, dann im Kloster Blaubeuren
und Bebenhausen, Konsistorialrat, Hofprediger, Visitator der
Univ. Tübingen. Erster Beschreiber von „Caput medusae".
(Referat über Caput medusae: Schröter, Journ., I: 2: 270—274.)
Q u e n s t e d t: Klar und Wahr, 204—206. Epochen der Natur.
H a a g, p. 176.
L a u t e r b o r n: Der Rhein, I: 190.
Allgem. Deutsche Biogr. 12, 388—389.

Higgins, A l b e r t W i l l i a m, geb. 1863 Butleigh, Somersetshire,
England.
Gärtner, seit 1882 in Südafrika, Queenstown. Eifriger Sammler von
Karroo-Vertebraten. Entdeckte fossiles Fischlager bei Bekkers
Kraal und Mesosuchus. Phytopal. Sammlung im Cape Town
Museum.
B r o o m, R.: The mammal-like Reptiles of South Africa and the ori-
gin of mammals. London, 1932, 338.

* **Higgins**, D a n i e l F r a n k l i n, geb. 1882, gest. 1930.
Obituary, Journ. of Pal., 4, 1930, 211.
Obituary. QuJGS. London 87, 1931, LXXI—LXXII.

Higgins, H e n r y H u g h, geb. 28. I. 1814, gest. 2. VII. 1893 Liverpool.
Reverend. Sammler. Mitarbeiter am Liverpool Museum.
Obituary, Geol. Magaz., 1893, 380—384.
In memory of —. Proc. Lit. Phil. Soc. Liverpool 48, 1894, 36—67 (Portr.).

Hilber, V i n z e n z, geb. 29. VI. 1853 Graz, gest. 19. XI. 1931 Graz.
1891 Prof. Geol. Pal. Graz. Lamellibranchiata, Gastropoda, Mammalia. Tertiär.
T e p p n e r: Nachruf: Mitt. naturw. Ver. Steiermark, 69, 1932, 87—89.
H e r i t s c h, F.: V. H. Verh. Geol. Bundesanst. 1931, 241—242.

Hildenbrand, J a k o b, geb. 14. XII. 1826 Dürnau, gest. 28. IV. 1904 Ohmenhausen bei Reutlingen.
Geognost und Gehilfe Fr. A. Quenstedts. Kartierte in Württemberg und leitete die von Quenstedt ins Leben gerufene Schieferölfabrik bei Reutlingen, in der in den 50er Jahren des vorigen Jahrhunderts aus dem Liasposidonienschiefer durch Destillation Erdöl gewonnen wurde — die erste geglückte planmäßige Erdölgewinnung in Deutschland. H. barg die im Schieferbruch der Ölhütte gefundene Platte mit „Schwabens Medusenhaupt".
Q u e n s t e d t, F. A.: Ueber Pterodactylus suevicus 1855, 28.
(Qu. — Originalmitt. von Otto Krimmel u. Ernst Quenstedt.)

Hildreth, S a m u e l P r e s c o t t, geb. 30. IX. 1783 Methuen (Mass.), gest. 24. VII. 1863.
Arzt in Marietta (Ohio). Kohlefossilien von Ohio.
Dict. Am. Biogr. 9, 21.
N i c k l e s 491—492 (Qu.).

Hilgard, E u g e n e W o l d e m a r, geb. 1833, gest. 1916.
Nordamerikanischer Pedologe. Stratigraphie.
S l a t e, Fr.: Biographical memoir of Eugene Wold. H. Biogr. Mem. Nat. Acad. Sci., 9, 1919, 143—155 (Bibliographie mit 326 Titeln).
S m i t h, E. A.: Memorial of E. W. H. Bull. Geol. Soc. America, 28, 1917, 40—67 (Bibliogr. mit 326 Titeln).
M e r r i l l: 1904, 483.

Hilgendorf, F r a n z, geb. 5. XII. 1839 Neudamm, gest. 5. VII. 1904 Berlin.
Kustos am Zoologischen Museum Berlin. Planorbis multiformis, Abstammungslehre.
J a e k e l, O.: Nachruf: Zeitschr. deutsch. Geol. Ges. Mb., 1904, 92.
T o r n i e r: 1923: 30—32.
W e l t n e r, W.: F. H. Archiv f. Naturgesch. 72, I, 1906, I— XII (Portr., Bibliographie).
A b e l: Paläontologie und Stammesgeschichte.

Hill, J o h n, geb. 1716 Peterborough, gest. 22. XI. 1775 London.
Arzt. Opus 1748: The History of Fossils.
Nachruf: Schröter, Journ.: 4: 504—509.
Dict. Nat. Biogr. 24, 397—401.

Hill, R o b e r t T h o m a s.
Nordamerikanischer Geologe. Stratigraphie, bes. von Texas.
H i l l, R. T.: Geology of Parts of Texas Indian territory and
Arkansas adjacent to Red River. Bull. Geol. Soc. Amer., 5,
1894, 297—338 (Bibliographie mit 16 Titeln).
N i c k l e s I, 495—497; II, 271—272.

Hill, W i l l i a m, geb. 2. VIII. 1849 Hitchin, gest. 9. XI. 1914
ebendort.
Studierte Kreide SO.-Englands, Radiolaria.
A. S. W (o o d w a r d): QuJGS., London, 71, 1915, LVII—LVIII.

Hind, W h e e l t o n, geb. 1860 Roxeth bei Harrow, gest. 21. VI. 1920
Ashley, bei Stoke-on-Trent.
Chirurg. Stratigraphie, Carbon, Mollusca.
Obituary, Geol. Magaz., 1920, 476—480 (Bibliographie mit 90
Titeln).
— QuJGS., London, 77, LXVIII—LXIX.

Hinde, G e o r g e J e n n i n g s, geb. 24. III. 1839 Norwich, gest.
18. III. 1918 Ivythorn, Croydon.
Studierte Hugh Miller's Werke, hörte Vorträge W. Pengelly's.
Farmer, Gutsbesitzer. 1862 in Buenos-Aires Schaf-Farmer, stu-
dierte bei Prof. Nicholson, Toronto Universität, kehrte 1874 zu-
rück nach England, hörte 1879—80 Zittels Vorträge. Annelida,
Spongia, Entomostraca, Radiolaria u. a.
Obituary, Geol. Magaz., 1918, 233—240 (Portr. Bibliographie
mit 75 Titeln).
Obituary, QuJGS., London, 75, LVII ff.
O'C o n n e l l, M.: Obituary, Sci. n. s., 48; 1918, 588—590.

Hingenau, O t t o, F r e i h e r r v o n, geb. 19. XII. 1818 Triest,
gest. 22. V. 1872 Wien.
Zuletzt Prof. für Bergrecht in Wien. Stratigraphie Mährens
und Österreich. Schlesiens.
P o g g e n d o r f f 1, 1108; 3, 634.
W u r z b a c h 9, 35—38.
Verh. Geol. Reichsanst. Wien 1872, 224 (Qu.).

Hirßberg, F r a n c i ß e k, geb. 1863, gest. 1933.
Reptilia.
Nekrolog. Annales Soc. géol. Pologne IX, 1933, 296—298 (Portr.)
(Qu.).

* **Hise**, C h a r l e s R i c h a r d, V a n, geb. 29. V. 1857 Fulton
(Wisconsin), gest. 1918.
Präsident der Wisconsin Univ. Geologie des Präcambrium.
Obituary, Eng. Min. Journ. 106, 1918, 999—1000 (Portr.).
Memorial of —. Bull. Geol. Soc. Am. 31, 1920, 100—110 (Portr.,
Bibliographie).

Hisely, C h a r l e s, geb. Febr. 1805 Neuveville, gest. 19. III. 1871.
Sammler (Neocom).
Nekrolog. Bull. Soc. Sci. nat. Neuchâtel 9, 1873, 114—115 (Qu.).

Hisinger, W i l h e l m, geb. 22. XII. 1766, gest. 28. VI. 1852.
Bahnbrecher der Geol. Schwedens: Lethaea Suecica 1837 (berichtete über die Vorarbeiten Linnés, Wahlenberg's, Nilsson's, Dalman's). Brachiopoda, Trilobita.
Z i t t e l: Gesch.

W. H. Kongl. Vetensk.-Akad. Handlingar för 1852, Stockholm
1854, 385—391 (Bibliographie).
P o g g e n d o r f f 1, 1111—1112.

Hislop, S t e p h e n, geb. 8. IX. 1817 Duns, gest. 4. IX. 1863 Nagpore
(Indien).
Missionar in Nagpore (Indien). Sammler der dortigen fossilen
Fauna und Flora. Tertiäre Mollusca.
Obituary, The Rev. — of Nagpur, The Geologist, 6, 1863, 428—29.
Obituary. QuJGS. London 20, 1864, XXXIX—XL.
Dict. Nat. Biogr. 27, 12—13 (Qu.).

Hitchcock, C h a r l e s   H e n r y, geb. 23. VIII. 1836 Amherst,
Mass., gest. 5. XI. 1919.
Studierte im Amherst College. 1857—61 Assistent State Geol.
Survey Vermont, 1861—62 in Maine, 1868—78 in New Hamp-
shire, 1866 Prof. Geol. Lafayette College, 1868 Prof. Geol. Dart-
mouth College. Stratigr. Fährten.
U p h a m, W.: Memorial of Ch. H. H. Bull. Geol. Soc. America,
31, 1920, 64—80 (Portr. Bibliographie mit 238 Titeln).
M e r r i l l, 1904, 700 und öfter, Fig. 73.
Titles of the more important geological publications of —. (ohne
Jahr), pp. 8 (Bibliographie mit 113 Titeln zwischen 1855—90).
Obituary, Pop. Sci. Mo., 54, 1898, 260—268 (Portr.).
Portr. F a i r c h i l d, Taf. 144.

Hitchcock, E d w a r d, geb. 23. V. 1793 Deerfield, Mass., gest. 27.
II. 1864 Amherst Mass.
Astronom, Geologe, Geistlicher und Pädagoge. 1821—25 Geistlicher
an der Congregational Church zu Conway, Mass. 1825—45 Prof.
Chemie und Naturgeschichte Amherst College, 1855—64 Prof.
Geol. ebendort, 1830—33, 1841—44 Staatsgeologe von Massa-
chusetts, 1857—60 von Vermont, Bahnbrecher der Fährten-
kunde.
Reminiscences of Amherst College. Northampton, Mass. 1863.
Obituary, Am. Journ. Sci., 37, 1864, 302. QuJGS., London, 21,
1865, L—LI.
Biographical memoir in Biogr. Mem. Nat. Acad. Sci., 1, 1877.
M e r r i l l, 1904, 268, 307, 700 u. öfter, Taf. 13.
L e s l e y, J. P.: Biographical notice of —. Ann. Nat. Acad. Sc.
for 1866, 127—154, 1867.
H i t c h c o c k, Ch. H.: Obituary, Amer. Geol., 16, 133—149
(Portr. Bibliographie).
Obituary, Pop. Sci. Mo., 47, 1895, 689—696.

* **Hobson**, B e r n a r d, gest. in seinem 73. Lebensjahr 27. III. 1933
Sheffield, wo er auch geboren ist.
Lektor der Petrologie, Manchester Universität. Archäologe. Strati-
graphie. Sammlungen in der Sheffield Universität.
Obituary, Proc. Geol. Assoc., 45, 1934, 98.
Obituary. QuJGS. London 89, 1933, XCVI—XCVII.

Hochstetter, F e r d i n a n d, geb. 30. IV. 1829 Eßlingen, Württemberg, gest. 18. VII. 1884 Wien.
Studierte bei Quenstedt. 1852 Mitglied Geol. Reichsanstalt Wien,
1857—59 Leiter der Novara-Expedition (Weltumseglung), verbrachte 1859 9 Monate auf Neuseeland, 1860 Prof. Min. Geol.
Technische Hochschule Wien, 1876—84 Superintendant K. K. Naturhistorischen Hofmuseums. Mammalia, Aves.

H a u e r, F.: Zur Erinnerung an F. H. Jahrb. Geol. Reichsanst. Wien, 34, 1884, 601—608; Leopoldina, 21: 98—102.
T o u l a, F.: F. v. H. Neue Illustrierte Zeitung, 1884, 706.
Nachruf: Verhandl. Geol. Reichsanstalt Wien, 1884, 217.
Obituary, Geol. Magaz., 1884, 526—528.
H e g e r, Fr.: F. v. H. Mitt. geogr. Ges. Wien 27, 1884, 345— 392 (Bibliographie).

Hoeninghaus, F r i e d r i c h W i l h e l m, geb. 17. VIII. 1770, gest. 13. VII. 1854.
Präsident der niederrheinischen Handelskammer und Kaufmann in Crefeld, arbeitete über Calymmene, Isocardia, Crania. Sammlung im Bonner Museum.
N o e g g e r a t h: F. W. H. Verh. nat. Ver. Rheinl. Westph. 12, 1855, Corrbl. 8—16.
T o r n i e r: 1924: 55.
Freyberg.

Hoernes, M o r i t z, geb. 14. VII. 1815 Wien, gest. 4. XI. 1868.
Direktor des Hof-Mineralienkabinetts Wien. Mollusca.
(B o u é, A.): Not. nécrol. Bull. Soc. géol. France, (2) 26, 1868-69, 714—716.
C r o s s e, H., & P. F i s c h e r: Not. nécrol. Journ. de Conchyl., 17, 1869, 168.
L a u b e, G.: Nachruf. NJM. 1869, 127—128.
Nachruf. Almanach Akad. Wiss. Wien 19, 1869, 321—326 (Bibliographie).

Hoernes, R u d o l f, geb. 7. X. 1850 Wien, gest. 20. VIII. 1912 Judendorf bei Graz.
Sohn von Moritz Hoernes (seine Mutter war die Schwester der Gemahlin von E. Suess). Studierte bei E. Suess, 1872 Praktikant Geol. Reichsanstalt Wien, Mitarbeiter A. v. Mojsisovics's, 1876 (1883) Prof. Geol. Pal. Graz. Stratigr. Pal. Neogen. Conchylien, Mammalia, Gastropoda, Testudinata, Megalodus, Trilobita, Extinctio.
Druckschriften von Dr. R. H. Graz 1906 (Bibliographie mit 211 Titeln).
H e r i t s c h, F.: Zur Erinnerung an R. H. Mitt. naturw. Ver. Steiermark, 49, 1912, 3—58 (Portr. Bibliographie mit 249 Titeln).
D r e g e r, J.: R. H. Verhandl. Geol. Reichsanstalt Wien, 1912, 265—268.
S p e n g l e r, E.: R. H. Mitt. Geol. Ges. Wien, 5, 1912, 309—323 (Bibliographie in Fußnoten).

Hoeven, J a n v a n d e r, geb. 9. II. 1801 Rotterdam, gest. 10. III. 1868 Leyden.
Publizierte 1838 über fossile Limuliden. 1926 erschien: Abm. Dagverhaal van Prof. — van zijn reis in 1824 naverteld door zijn kleinzoon. Rotterdamsche Jaarboek, pp. 88 (über Cuvier usw.).
H a r t i n g, P.: Levensberigt van J. v. d. H. Jaarboek Kon. Akad. Wetensch. 1868, 1—34 (Bibliographie).

Hofer, J o h a n n, geb. 1720 Mülhausen, gest. ?
Arzt, Besitzer einer reichen Sammlung. Schrieb 1760 über Crinoiden.
S c h r ö t e r: Journ. 5, 189, 190; 6, 483—486, 502—516.
R u t s c h, R.: Originalien der Basler Geol. Samml. zu Autoren des 16.—18. Jh. Verh. Naturf. Ges. Basel 48, 1937, 23—24 (Qu.).

Hoff, K a r l E r n s t A d o l f v o n, geb. 1. XI. 1771 Gotha, gest. 24. V. 1837.
Studierte Jus in Jena und Göttingen, nebenbei Naturwissenschaften, 1791 Legationssekretär, Hofrat, Chef des geheimen Archivs, 1826 Geheimer Konferenzrat, 1829 Oberkonsistorialpräsident. Stratigraphie.
A n d r é e: K. E. A. v. H. als Schriftgelehrter und die Begründung der modernen Geologie. Schriften phys.-ök. Ges. Königsberg i. Pr., 4, 1930, pp. 28.
R e i c h, O.: K. E. A. v. H., der Bahnbrecher moderner Geologie. Eine wissenschaftliche Biographie. 1905, pp. 144.
G e i k i e: Murchison, I: 169.

Hoffmann, E d u a r d I w a n o w i t s c h, gest. 30. V. 1867 auf der Reise nach Samara..
Schüler Kutorgas, 1865 Privatdozent für Mineralogie und Geognosie an der Universität St. Petersburg. — Schrieb: Sämtliche bis jetzt bekannte Trilobite Rußlands. (Verh. Russisch-Kais. Mineralog. Ges. St. Petersburg (1857—1858) St. Petersburg 1858. Die Juraformation in der Gegend von Ilezkaja Saschtschta.' 1863 (russisch) (Magisterdiss.) (Uralgegend). Mesites, eine neue Gattung der Crinoideen. (Verh. Russ.-K. Min. Ges. St. Petersburg (2) 1, St. Petersburg 1866) (Cystoidee). Monographie der Versteinerungen des Sewerskij Osteolith. (russisch) (Materialien z. Geologie Rußlands. 1. St. Petersburg 1869). (Spongien, Brachiopoden, Mollusken dieses Oberkreidevorkommens, Arbeit von 100 Seiten, mit 19 Tafeln) (Doktordiss.). — Seine Sammlung in der Universität St. Petersburg.
G r i g o r i e f f, W. W.: Die Kais. Petersburger Universität in den ersten 50 Jahren ihres Bestehens. St. Petersburg 1870, S. 352—353 usw. (russisch) (Qu.).

Hoffmann, F r i e d r i c h, geb. 6. VI. 1797 Pinnau bei Wehlau (Ostpreußen), gest. 1836 Berlin.
Studierte in Göttingen und Berlin, habilitierte sich in Halle, a. o. Prof. Berlin. Stratigr. Schrieb 1838 Gesch. der Geognosie, 1838 posthum erschienen. Phytopaläont.
T o r n i e r: 1924: 56.
Freyberg.
H o f f m a n n, F.: Hinterlassene Werke, Bd. I, Berlin 1837, XIII—XL (Bibliographie).
Allgem. Deutsche Biogr. 12, 588—590.

***Hoffmann**, J o h a n n F r i e d r i c h, gest. Dezember 1759.
Consul in civitate patria Sondershusana. Ph. Dr. Bergrichter daselbst, schrieb: De generatione Lapidum, praecipue globosorum, 1761.
Freyberg.
P o g g e n d o r f f 1, 1126—27.

Hofmann, A d o l f, geb. 17. I. 1853 Zebrak, gest. 9. IX. 1913 Prag. Prof. Montanistischen Hochschule Pribram. Phytopaläontologie, Crocodilia, Mammalia.
S l a v i k, F.: Nachruf: Verhandl. Geol. Reichsanstalt Wien, 1913, 339—342 (Bibliographie mit 44 Titeln).
— Nachruf: CfM.: 1913, 721—722.

Hofmann, K á r o l y v o n, geb. 27. XI. 1839 Ruszkabánya, gest. 21. II. 1891 Budapest.
Prof. Miner. Geol. Polytechnikum Budapest. Stratigraphie.

B ö c k h, J.: Nachruf: Jahresber. Kgl. Ungar. Geol. Reichsanst.,
1890, 1—9 (Bibliographie mit 20 Titeln).
R o t h, L. von Telegd: Nachruf: Földtani Közlöny, 22, 65—79, 101
—119 (Portr.).

* Hogard.
Arbeitete 1845 an der Stratigr. der Vogesen.
Z i t t e l: Gesch.; Guérard, Litt. franç. contemp. 4, 307.

Hohe, C.
Zeichenlehrer an der Universität Bonn. Zeichner der berühmten
lithographischen Tafeln des Atlas zu Aug. Goldfuß, Petrefacta
Germaniae 1826—1844.
Vergl. G o.l d f u ß, Petrefacta Germaniae, Theil III, S. IV (Qu.).

Hohenegger, L u d w i g, geb. 1807 Memmingen, gest. 25. VIII.
1864 Teschen.
Generaldirektor, Berg- und Hüttenmann. Fossilsammler. Stratigraphie und Paläontologie der westl. Karpathen.
H i n g e n a u, O. Freih. v.: L. H. Jahrb. geol. Reichsanst.ᴵ Wien
14, 1864, 449—453.
P o g g e n d o r f f 3, 648.
H ö r n e s, M. Ber. Reise. Sitzber. math.-nat. Cl. Ak. Wien 4,
1850, 164 (Qu.).

Holl, H a r v e y B u c h a n a n, geb. 28. IX. 1820, gest. 11. IX.
1886.
Studierte bei de la Beche. Chirurg im Krim-Krieg, sammelte silu-
rische Ostracoden u. a. u. bearbeitete sie z. T. zusammen mit
Rupert Jones.
Obituary, Geol. Magaz., 1886, 526—528. (Bibliographie mit 14
Titeln).
W o o d w a r d, H. B.: Hist. Geol. Soc. London, 219.
Hist. Brit. Mus., I: 298.

Holland, W i l l i a m J a c o b, geb. 16. VIII. 1848 Bethany, Jamaica,
Brit. West-Indien, gest. 13. XII. 1932.
1874—1891 Geistlicher, nahm 1889 teil an einer Expedition nach
Japan, 1892 Kanzler Western University Pittsburg, 1898—1922
Direktor Carnegie Museum. Entomolog (rezent), Dinosauria,
Mammalia.
L e i g h t o n, H.: Memorial of —. Bull. Geol. Soc. America, 44,
1933, 347—352 (Portr. Bibliographie mit 37 Titeln).

Hollendonner, F e r e n c, geb. 1882, gest. 1935.
Ungarischer Forscher. Histologie fossiler Holzkohlen und Holzreste.
G a á l, I.: H. F. emlékezete. Barlangvilág 6, 1936, 1—9 (Portr.,
Bibliographie) (Qu.).

Holler, A n t o n, geb. 12. VI. 1826. Neudorf bei Wildon, gest.
26. IX. 1909 Graz.
Irrenarzt in Wien. Tertiäre Mollusken-Faunen Österreichs. Samm-
ler. Seine Sammlungen im Joanneum u. geol. Inst. d. Univ.
Graz.
H o e r n e s, R.: Zur Erinnerung an Dr. A. H. Mitt. Naturw.
Ver. Steiermark 46 (1909), 1910, 382—388 (Portr., Biblio-
graphie im Text) (Qu.).

Hollick, A r t h u r, geb. 6. II. 1857 New Brighton N. Y., gest.
11. III. 1933.

Konservator am New York bot. Garten. Phytopaläontologie.
H o w e, M. A.: A. H. Bull. Torrey bot. Club 60, 1933, 537—553
(Portr., Bibliographie).
A n o n y m u s: A. H. Proc. Staten Island Inst. Arts and Sci. 7,
1933, 11—23 (Portr., Bibliographie) (Qu.).

Hollmann, S a m u e l C h r i s t i a n, geb. 3. XII. 1696 Stettin, gest.
4. IX. 1787 Göttingen.
Prof. Philos. Göttingen. Fossilien (vergl. Walch 1773, 93).
P o g g e n d o r f f 1, 1131—1132.

Holloway, B e n j a m i n, geb. 1691 ?, gest. 10. IV. 1759.
Studierte 1723 Kreide von Bedfordshire.
Z i t t e l: Gesch.
Dict. Nat. Biogr. 27, 177—178.

Holm, G e r h a r d E d v a r d J o h a n n, geb. 19. IV. 1853 Stockholm,
gest. 21. VI. 1926.
1887—1900 Paläontologe der Geological Survey Schwedens, 1901
Keeper Pal. Collectionen Stockholm. Trilobita, Graptolithen,
Cephalopoda.
G r ö n w a l l, K. A.: Nachruf: Geol. För. Förhandl. Stockholm, 49,
1927, 597—620. (Portr. Bibliographie mit 51 Titeln. Portr. mit
Wiman, S. 604).
W i m a n, K.: E. J. G. H. Minnesteckning. K. Svenska Vetens-
kapsakademiens Arsbok, 1927, 281—290 (Portr. Bibliographie
mit 39 Titeln).
B a t h e r, F. A.: Obituary, QuJGS., London, 83, LIV.

Holmes, F r a n c i s S i m m o n s, geb. 1815 Charleston (Süd-Caro-
lina), gest. 1882.
Prof. Geol. u. Zool. Lyceum Charleston, später Privatmann dort.
Pliocäne u. postpliocäne Versteinerungen von Süd-Carolina.
P o g g e n d o r f f 3, 651.
N i c k l e s 520 (Qu.).

* Holmquist.
A m i n o f f, G.: Prof. Holmquist zum 65. Geburtstage Geol. Fören.
Stockholm Förhandl., 53, 1931, 103—104.

Holub, E m i l, geb. 7. X. 1847 Holitz, gest. 21. II. 1902 Wien.
Afrikaforscher, Arzt. Reptilia, Mollusca Südafrikas.
Z e l i z k o, J. V.: Schicksal der naturwissenschaftlichen Samm-
lungen des Afrikaforschers E. H. Casopis Narodn. Mus. CV, Prag,
1931, 145—151 (Biographie).
— — Nachruf. Sbornik ceske spolecnosti zemevedne, 8, 1902, pp.
66, Praha 1902, Vidensky narodni kalendar II 1907, 66—71,
Priroda 15, 233—238, Brno 1922, Völkerkunde, Beitr. z. Kenntn.
v. Menschen u. Kultur 1, 7—9, 175—179, 2 Portr. Wien 1925,
Anteil des Dr. E. H. an der geol.-pal. Erforschung Südafrikas
CR. XV. Internat. Geol. Congr. II: 614—619.
P o g g e n d o r f f 3, 653; 4, 661.

Holzapfel, E d u a r d, geb. 18. X. 1853 Steinheim (Westf.), gest.
11. 6. 1913 Straßburg.
Schüler von Dunker u. Koenen. Prof. Geol. u. Pal. Aachen, später
Straßburg. Mollusca, Ammoniten, Faunen und Stratigraphie De-
von, Kreide, Karbon.
Nachruf: CfM. 1914, 97—101 (Bibliographie).
P o g g e n d o r f f 4, 661; 6, 554.
K a y s e r, E.: Nachruf. Geol. Rundschau 4, 1913, 400—402 (Portr.).

Hombres-Firmas, L o u i s A u g u s t i n B a r o n d', geb. um 1785
Alais (Gard), gest. 5. III. 1857 ebenda.
Gutsbesitzer, Privatgelehrter. Versteinerungen der Umgegend von
Alais (Nerinea, Sphaerulites, Hippurites, Terebratula u. a.).
Nouvelle biogr. générale 25, p. 23—24.
P o g g e n d o r f f 1, 1136.
Scient. Papers 3, 410—413 (Qu.).

Home, S i r E v e r a r d, geb. 6. V. 1756 Hull, gest. 31. VIII. 1832
London.
Beschrieb den ersten Schädel von Ichthyosaurus aus dem Lias von
Lyme Regis unter dem Namen Proteosaurus (Philos. Trans.
1814). Spelaeolog.
Z i t t e l: Gesch.
Dict. Nat. Biogr. 27, 227—228.

Homfray, D a v i d, geb. 21. VI. 1822, gest. 22. VI. 1893.
Jurist, clerk to the Justice of peace zu Portmadoc, North Wales.
Sammelte paläozoische Fossilien aus seiner Umgebung (Tremadoc
beds). Trilobita. Seine. Sammlungen gelangten in das British,
Manchester und Woodwardian Museum.
W. i l l i a m s, G. J.: Obituary, Geol. Magaz., 1893, 479—480.
Hist. Brit. Mus., I: 298—299.

Hon, H e n r i S e b a s t i a n L e, geb. 1809, gest. 31. I. 1872 San Remo.
Belgischer Paläontologe. Paläozoische Crinoidea u. anderes. Homo
fossilis.
Obituary, Geol. Magaz., (1) 9, 192; Verhandl. K. K. Geol. Reichsanstalt Wien, 1872, 122.
D u p o n t, E.: Notice sur H. Le H. in: H. Le Hon, L'homme
fossile en Europe, 3 e éd. 1877.
Bibliographie in: M. M o u r l o n, Géologie de la Belgique II, 1881
327—329.

Honeyman, D a v i d, geb. 1814, gest. 1889.
Nordamerikanischer Geologe, Paläontologe, Museumsforscher. Phy-
topal. Nautilus u. a.
L y o n s, A. B.: Obituary, Amer. Geol., 5, 1890, 185—186.
M c G r e g o r, J. G.: Geological writings of —. Bull. Geol. Soc.
Amer., 5, 1894, 567—569 (Bibliographie mit 67 Titeln).

Hooke, R o b e r t, geb. 1635, gest. 1703.
Englischer Physiker, „experimental philosopher" u. Mathematiker,
Curator der Experimente an der Royal Society. H. benutzte als
Erster das zusammengesetzte Mikroskop zum Studium der Fossi-
lien und schrieb über Struktur des Lignits und fossilen Holzes.
Schrieb über fossiles Holz in John Evelyn's Sylva (1664), dann in
seiner Micrographia 1665, in der er auch Foraminiferen, Am-
moniten behandelt. Discourse of Earthquakes 1686, 1689, erschien
posthum 1705.
E d w a r d s: Guide, 33—37, 39, 56.
G u n t h e r, R. T.: Early Medical and biological Science. Oxford
Univ. Press, 1926.
L y e l l, Ch.: Principles of Geology I, 1835 (4. ed.), 47—51.
Dict. Nat. Biogr. 27, 283—287.
P a v l o w, A. P.: R. H. Un évolutionniste oublié du XVIIe siècle.
Palaeobiologica 1 (Dollofestschrift), 1928, 203—210.

Hooker, J o s e p h D a l t o n, geb. 30. VI. 1817 Halesworth, Suffolk, gest. 10. XII. 1911 The Camp, Sunningdale, Berkshire.
Arzt und Naturforscher der Erebus-Antarktis-Expedition 1839—43. 1846 Botaniker der Geol. Survey Great Britain, lebte 1847—51 in Indien, 1865 Direktor des Kew Garden. 1860 Expedition Syrien, Palästina. Phytopaläontologie.
W (o o d w a r d) H. B.: Obituary, Geol. Magaz., 1912, 47—48.
Obituary, QuJGS., London, 68, 1912, LIIIff.

Hooley, R e g i n a l d W a l t e r, gest. in seinem 57. Lebensjahr 5. V. 1923.
Unternehmer, gründete sich ein Museum in Winchester, wo er die von ihm gesammelten Testudinaten, Pisces und Reptilien (Iguanodon) aus dem Wealden unterbrachte.
W (o o d w a r d), A. S.: Obituary, QuJGS., London, 80, LVII.

*****Hoover**, H e r b e r t C l a r k, geb. 1874.
Präsident der USA., war Assistent am Geol. Institut der Stanford Universität. Übersetzte Agricola's De re metallica 1912 ins englische mit Unterstützung seiner Frau.
F a i r c h i l d: 9.
K o r n i s, Gy.: Az államférfi. Budapest, 1933, I: 216, 217 ff.

Hope, F r e d e r i c k W i l l i a m, geb. 3. I. 1797 London, gest. 15. IV. 1862.
Reverend. Entomologe, auch fossile Insekten.
P e t t i g r e w, T. J.: Obituary Notice of the Rev. F. W. H. in: W e s t w o o d, J. O.: Thesaurus Entomol. Oxoniensis 1874, XVII bis XXIV (Bibliographie).
H o r n - S c h e n k l i n g, Lit. entom. 1928—29, 572—575 (Bibliographie) (Qu.).

Hopkins, W i l l i a m.
Schrieb 1854 in Washington über Ichthyodorulithe.
N i c k l e s 526.

Hopkinson, J o h n, geb. 1844 Leeds, gest. 5. VII. 1919.
Pianofabrikant, Amateur-Geologe, Paläontologe, Meteorologe. Schrieb mit Lapworth über zonale Verteilung der Graptolithen.
Obituary, Geol. Magaz., 1919, 431—432 (Portr.); QuJGS., London, 1920, LII.

Hoppe, T o b i a s K o n r a d.
Spezereihändler in Gera. Schrieb 1745 über Gryphiten, fossile Hölzer 1751.
Freyberg.
T o r n i e r: 1924: 12.

Horn, G e o r g e H e n r y, geb. 7. IV. 1840 Philadelphia, gest. 24. XI. 1897 Beesley's Point, New Jersey.
Amerikanischer Entomologe. Fossile Käferreste. Bryozoen u. Korallen zus. mit W. M. Gabb.
C a l v e r t, P. P.: A biographical notice of G. H. H. Transact. Amer. Entomol. Soc. 25, 1898/99, App. I—LXXII (Portr., Bibliographie).
N i c k l e s 527 (Qu.).

Horne, J o h n, geb. 1. I. 1848 Campsie, Glasgow, gest. 30. V. 1928 Edinburgh.

1867—1911 Mitglied der Geol. Survey Schottlands, Freund Peach's
Stratigraphie, Olenellus Fauna.
G r e g o r y, J. W.: Obituary, QuJGS., London, 85, LX—LXII.
Obituary. Geol. Magaz. 1928, 381—384.
C a m p b e l l, R.: J. H. and his Contributions to Geological
Science. Transact. Edinburgh Geol. Soc. 12, 1932, 267—279
(Portr., Bibliographie).

Horne, W i l l i a m, gest. 1928, 92 Jahre alt.
Kaufmann in Leyburn, sammelte in den 70er Jahren Elasmo-
branchier-Zähne aus Yorkshire. Sammlungen im York und Bri-
tish Museum.
Hist. Brit. Mus., I: 299.
Obituary. QuJGS. London 85, 1929, LXVI.

Horner, L e o n a r d, geb. 1785, gest. 1864.
Englischer Geologe. Seine Tochter heiratete Lyell. Fossilkataloge.
Megalichthys.
Memoir of —. Edited by his daughter Katharine M. Lyell, Lon-
don, 1890, Bd. I—II.
G e i k i e, A.: Obituary, Proc. Roy. Soc., 14, 1865, V.
W o o d w a r d, H. B.: Hist. Geol. Soc. London, 34—35 u. öfter.
Obituary. QuJGS. London 21, 1865, XXX—XL.

Hornschuch, H e r m a n n G o t t l i e b, geb. 25. IX. 1746 Erfurt,
gest. 21. III. 1795.
Arzt. 1775 Landphysikus und Prof. am Gymnasium Coburg, richtete
1782 ein naturw. Museum ein, dessen Inhalt nach seinem Tode
verschleudert wurde.
F r e y b e r g: S. 151.

Horsford, E b'e n N o r t o n, geb. 1818, gest. 1893.
Assistent von James Hall, später Prof. Chemie Harvard.
C l a r k e: James Hall of Albany, 68.

Hosius, A u g u s t, geb. 23. X. 1825 Werne (Westf.), gest. 10.
V. 1896 Münster.
O. Prof. Geognosie u. Min. in Münster. Geologie u. Paläontologie
bes. Westfalens. Arbeitete über Pflanzen und Fische der West-
fälischen Kreide und über Tertiärforaminiferen.
Kurzer Nachruf: Leopoldina 32, 1896, 103.
P o g g e n d o r f f 3, 659; 4, 666.
Scient. Papers 3, 445; 7, 1019; 10, 276; 15, 950 (Qu.).

*Houghton, D o u g l a s s, ertrank 36 Jahre alt im Lake Superior
1845.
Arzt, Erster Staatsgeologe der Michigan Geol. Survey 1837—45.
Stratigraphie.
A l l e n, R. C.: A brief history of the Geological and Biological
Survey of Michigan. Michigan Hist. Magaz., 6, 1922, 675—681
(Portr.).
B r a d i s h, A.: A memoir of D. H., Detroit, 1889.
H u b b a r d, B.: Memoir of D. H. Am. Journ. Sci., 55, 1848, 217—
227.
C l a r k e: James Hall of Albany, 33—34.
W i n c h e l l, Al.: Obituary, Amer. Geol., 4, 1889, 129—139 (Portr.)
Obituary, Michigan Mineralogist, 2, 26—27, 1889 (Portr.).

Houttuyn, M a r t i n u s, geb. 1720, gest. ?
Holländischer Naturforscher, schrieb 1780 Natuurlijke Historie. 1.
Stuk. Versteeningen.

Jonker, p. 4.
Biogr. Woordenboek d. Nederlanden (van der Aa) 8, 2, 1867, 1334.

Hovelacque, M a u r i c e, geb. 1858, gest. 1898.
Phytopaläontologie (Lepidodendron).
Notice nécrologique. Bull. Soc. Linnéenne Normandie (5) 3,
1899, LXI; Bull. Soc. géol. France (3) 26, 1898, 384; (3) 27,,
1899, 154 (Qu.).

Hovey, E d m u n d O t i s.
Entdecker der Crinoidenlager von Crawfordsville, Indiana. Groß-
vater des gleichnamigen Geologen.
C l a r k e: James Hall of Albany 295.
Bull. geol. Soc. Am. 36, 1925, 85—86 (Qu.).

Hovey, E d m u n d O t i s, geb. 1862, gest., 27. IX. 1924.
1894 Mitglied Amer. Mus. Nat. Hist., 1901 Associate Curator.
Mineralogie, wenig Stratigraphie.
K e m p, J.: Memoir of —. Bull. Geol. Soc. Amer., 36, 1925,
85—100 (Portr., Bibliographie).
Obituary, Am. Journ. Sci., 8, 1924, 475.
Portr. F a i r c h i l d: Hist. Geol. Soc. Amer. Taf. 171.

Hovey, H o r a c e C a r t e r, geb. 28. I. 1833 Rob Roy, Indiana, gest.
27. VII. 1914 Newburyport, Mass.
Pastor, Speläologe. Brachiospongia, Mammalia (Megalonyx). Schrieb
Bibliographie der Mammoth Cave.
C l a r k e, J. M.: Memoir of H. C. H. Bull. Geol. Soc. America, 26,
1915, 21—27 (Portr. Bibliographie mit 56 Titeln).

* **Howell**, E,d w i n E u g e n e, geb. 1845, gest. 1911.
Publizierte über Stratigr. Nevada, Utah, N. Mexico.
F a i r c h i l d, H. L.: E. E. H. Proc. Rochester Acad. Sci. ,5, 1919.
250—261.
G i l b e r t, K. G.: Obituary, Sci. n. s., 33, 1911, 720—721.
— — Memorial of —. Bull. Geol. Soc. Amer., 23, 1912, 30—32
(Portr.).

Howchin, W a l t e r, gest. 1937 im Alter von 92 J.
Prof. Geol. Adelaide. Foraminiferen, Crinoiden, Ammoniten.
A List of Original Papers and Other Works published by W.
H. from 1874—1933. Transact. and Proc. R. Soc. South Australia
57, 1933, 242—249; Obit. Am. J. Sci. (5) 35, 1938, 159 (Qu.).

Howell, H e n r y H y a t t, geb. 13. VII. 1834 Prinknash Park,
Gloucestershire, gest. Juni 1915.
1850 Ingenieur, dann Geol. Surv. Great Brit. 1882—1899 Direktor
ebenda. Trias, Carbon, Perm. Stratigr.
Eminent living geologists. Geol. Mag., 1899, 433—437 (Portr.).
Obituary. QuJGS. London 72, 1916, LX.

* **Howorth**, S i r H e n r y H o y l e, geb. 1. VII. 1842 Lissabon,. gest.
15. VII. 1923.
Jurist, Publizist (The Times), 14 Jahre lang Parlamentsmitglied
der konservativen Partei. Sein bekanntes Buch führt den Titel:
The Mammoth and the flood.
Obituary, Geol. Magaz., 1923, 431—432; QuJGS., London, 80,
LVIII.

Howse, R i c h a r d, geb. 1821 Oxfordshire, gest. 1901.
Lehrer in South Shields, Leiter des Hancock Museum in Newcastle

upon Tyne. Schrieb Catalogue of Permian Fossils, Phytopal.
(Carbon).
L e b o u r, G. A.: Obituary, Geol. Magaz., 1901, 382—384.

Hoyer, J o h a n n G e o r g, geb. 23. VIII. 1663 Mühlhausen, gest.
1737 ebenda.
Schrieb 1699—1700 in Misc. curios. de ebore fossile Ref. Schröter,
Journ., 3: 180.
A d e l u n g, Gelehrtenlexikon 2, 1787, 2169—2170.

* **Högbom,** A. G.
H u l t h, J. M.: Bibliographia Högbomiana. A list of writings of
Prof. A. G. H. 1881—1916. Bull. Geol. Inst. Upsala, 15, 1916,
V—XV (Bibliographie mit 145 Titeln).

* **Hövel,** F r. v o n.
Schrieb 1806: Geognostische Bemerkungen über die Grafschaft
Mark.
Z i t t e l: Gesch.
P o g g e n d o r f f 1, 1121.

* **Hubbard,** B e l a, geb. 1814, gest. 1896.
Assistent Houghton's an der Geol. Survey Michigan. Stratigraphie
Michigans.
H u b b a r d, B.: Memorials of a Half-Century, 1884.
C l a r k e: James Hall of Albany, 86.
R u s s e l l, I. C.: B. H. Mich. Ac. Sci. Rep. 4, 1904, 163—165
(Portr.).

* **Hubbard,** L u c i u s L e e, geb. 1849, gest. 3. VIII. 1933.
1893—99 Direktor Geol. Survey Michigan. Stratigraphie.
M a r t i n, H. M.: A brief history of the geol. surv. and biol. surv.
of Michigan. Mich. Hist. Magaz., 6, 1922, 710—717 (Portr.).
Am. Mineralogist 19, 1934, 118—121 (Portr.).

Hubert, R., oder Forges.
Publizierte London 1664: A catalogue of many natural rarities,
with great industry collected by R. H. alias Forges.
E d w a r d s: Guide, 56, 61, fig. 16.

Hudleston, W i l f r i d H u d l e s t o n (formerly Simpson), geb. 2.
VI. 1828 York, gest. 29. I. 1909 West Holme, Wareham.
Jurist 1853, arbeitete im Dorset County Museum. Studierte bei
Alfr. Newton, Playfair, J. Morris. Gastropoda (Oolith).
Eminent living geologists. Geol. Magaz., 1904, 431—438 (Portr.
Bibliographie mit 58 Titeln).
Obituary, ebenda, 1909, 143—144.
S o l l a s, W. J.: Obituary, QuJGS., London, 65, 1909, LXI—LXIII.
Nachruf: Földtani Közlöny, 1909, 550—551.

Hudson, G e o r g e H e n r y, geb. 1. X. 1855 North Bangor N. Y.,
gest. 20. III. 1934 New York.
Lehrer an der State Normal School, Plattsburg. Echinodermen,
bes. Cystoideen.
R u e d e m a n n, R.: Memorial of —. Proc. Geol. Soc. Am. 1934,
245—250 (Bibliographie, Portr.). (Qu.).

Hueck, A l e x a n d e r F r i e d r i c h von, geb. 7. XII. 1802 Reval,
gest. 28. VII. 1842 Dorpat.
Prof. in Dorpat. Publizierte 1839: Über die Lagerstätte fossiler
Knochen in Livland.

Hasselblatt, A. u. Otto, G.: Album Academicum Kais. Univ.
Dorpat 1889, Nr. 1594.
Levickij, G. V.: Biograph. Lexikon d. Prof. u. Doz. K.
Jurjewer (Dorpater) Univ. für 100 Jahre ihres Bestehens
1802—1902. (russisch) Jurev 1903. Bd. 2, 11—13 (Bibliographie)
(Qu.).

Hughes, Thomas Mc Kenny, geb. Dezember 1832 Aberystwyth,
gest. 9. VI. 1917.
1873 Prof. Geol. Cambridge (Nachfolger A. Sedgwick's). Aus
seiner Schule gingen hervor: Marr, La Touche, Reid, Kitchin,
Miß Ethel M . R. Wood, Henry Woods, Cowper Reed. Speläologe,
Stratigraphie, Homo fossilis, Fährten.
Eminent living geologists Geol. Magaz., 1906, 1—13 (Portr. Biblio-
graphie mit 93 Titeln).
Obituary, ebenda. 1917. 334—335; Times, 11. Juni 1917; Boll.
Geol. Soc. Itai., 38, 1919, XXXVI.

Hughes, Mrs. Mc Kenny, gest. Juli 1916.
Gattin des oben genannten Prof. Sammelte nicht-marine Mollus-
ken aus den Barnwell gravels, Cambridge. Coll. im Brit. Mus.
Hist. Brit. Mus., I: 299; Geol. Magaz., 1888, 193; ibidem 1906, 9.

Hugi, Franz Joseph, geb. 23. I. 1796 Grenchen, Schweiz, gest.
25. III. 1855.
Stifter des Solothurner Museums, studierte bei Tiedemann. Lehrer
und Museumsdirektor. Mitt. zur Stratigr. u. Pal.
Lang, F.: Beiträge zur Gründung des naturhist. Mus. Solothurn
in: Denkschrift zur Eröffnung des Museums und Saalbaues der
Stadt Solothurn. 1902, 219—225 (Portr.).
Krehbiel: Hugis Bedeutung für die Gletscherkunde. Mün-
chen. Geogr. Studien, 1902.
Allgem. Deutsche Biogr. 13, 308—309.

Huguenin, J., gest. 1900 Valence-sur-Rhône (Drôme).
Sammler im Jura von Crussol. Stratigraphie (Qu.).

Hulke, John Whitaker (holländisch Hulcher), geb. 6. XI.
1830 Deal, gest. 19. II. 1895.
Ophthalmologe, studierte mesozoische Dinosauria, Ichthyosauria,
Crocodilia. Seine Sammlung von Wealden-Dinosauriern, beste-
hend aus 400 Stücken, gelangte in das Brit. Mus.
Obituary, Geol. Magaz., 1895, 189—192 (Port.); Lancet, 1895.
Woodward, H.: QuJGS., London, 52, 1896, LIV—LVIII.
Hist. Brit. Mus., I: 299.

Hull, Edward, geb. 21. V. 1829 Antrim, gest. 18. X. 1917
London.
1850 Mitglied der Geol. Survey England, 1867 der von Scotland,
1869 der von Ireland. Prof. Geol. Roy. Coll. Sci. Dublin. Stratigraphie. Carbon.
Hull, E.: Reminiscences of a strenuous life 1910 (Bibliographie
mit 250 Titeln).
G(eikie), A.: Obituary, Geol. Magaz., 1917, 553—555 (Portr.)
und S. 528.
Obituary, QuJGS., London, 74, LIV.

Humbert, Aloïs, geb. 22. IX. 1829 Genf, gest. 14. V. 1887.
Konservator am Museum in Genf. Sammelte Libanonfische.
Mitarbeiter von Pictet (Pisces, Testudinata, Eocänfauna aus dem
Waadtland).

Nekrolog. Actes Soc. Helvét. Sci. nat. 70, 1887, 144—156 (Bibliographie). (Qu.).

Humboldt, A l e x a n d e r v o n, geb. 1769 Berlin, gest. 6. V. 1859.
Der große Naturforscher schrieb auch über Geol. Pal. Phytopaläontologie.
G e i k i e: Murchison, II: 275.
Life of Lyell, 1, 125.
E d w a r d s: Guide, 63.
T o r n i e r: 1924: 40—41.
Nachrufe von Ch. G. Ehrenberg, L. Agassiz, H. v. Dechen usw. in Margerie: No. 554—570.

Hummel, K a r l, geb. 4. X. 1889.
Prof. Geol. Gießen. Schrieb: Geschichte der Geologie. Sammlung Göschen, 1925, pp. 123, No. 899, Testudinata.

* Hundeshagen.
Studierte um 1820 Geol. Württembergs.
Z i t t e l: Gesch.
P o g g e n d o r f f 1, 1160.

Hunt, A r t h u r R o o p e, geb. 8. I. 1843 Oporto (Portugal), gest. 19. XII. 1914 „Southwood" Torquay.
Sohn eines englischen Weinhändlers, der wegen der port. Revolution 1852 nach England heimkehrte. Befreundet mit W. Pengelly. Geologie von Devonshire, untersuchte mit Pengelly Kent's Höhlen, allein schottische Höhlen.
W (o o d w a r d), H.: Obituary, Geol. Magaz., 1915, 140—142 und S. 96.

Hunt, T h o m a s S t e r r y, geb. 5. IX. 1826 Norwich, Conn., gest. 12. II. 1892 New York.
Vorwiegend Mineraloge und Geologe, Rhizopoda, Stratigraphie, Chemiker.
D a w s o n, J. W.: Obituary, Can. Rec. Sci., 4, 1892, 145—149, Portr.
S. E. Geol. För. Förhandl., 14, 1892, 258.
C l a r k e: James Hall of Albany, 448.
L a f l a m m e, J. C. K.: Le docteur — Annuaire de l'Univ. Laval, 1892—93, Quebec, 1892, 32—41.
P u m p e l l y, R.: Memorial of —. Bull. Geol. Soc. Amer., 4, 1893 379—393 (Bibliographie mit 219 Titeln).
D o u g l a s, J.: Biographical notice of —. Trans. Amer. Inst. Min. Eng., 21, 1892, 400—410.
F r a z e r, P.: Obituary, Amer. Geol., 11, 1893, 1—13 (Portr.).

Hunter, J o h n, geb. 1728 Schottland, gest. 1793.
Englischer Arzt, Anatom. Berühmte Sammlung (Hunterian Museum, jetzt im Besitz des R. Coll. of Surgeons) mit zahlreichen Fossilien.
Life of J. D. Forbes, 130.
Dict. Nat. Biogr. 28, 287—293.

Hunter, R o b e r t, geb. 1823 Newburgh, gest. 25. II. 1897.
1847—55 Missionar in Nagpur, Indien, sammelte auf Bermuda foss. Knochen, in Indien Mollusca, Reptilia, foss. Pflanzen. Sammlung im Brit. Mus.
W (o o d w a r d), H.: Obituary, Geol. Magaz., 1897, 382; The Presbyterian, 15. Sept. 1893, 4. März 1897.
Hist. Brit. Mus., I: 300.

Hunter, W i l l i a m, geb. 23. V. 1718 East Kilbride, gest. 30. III.
1783.
Bruder John Hunters. Anatom. Publizierte 1768 über Proboscidea.
Notes on the life of W. H. Nature, London, 121, No. 3041, 802—
803.
N e w m a n, G.: Interpreters of nature. London-Newyork, 1927,
pp. VIII + 296. (Hunter, Pasteur) [W. oder John H.?].
S c o t t: 414.
N i c k l e s 548.

Hunton, L o u i s, gest. 1840.
Studierte Lias-Ammoniten.
Nach Woodward Hist. Geol. Soc. Lond. (S. 121): „Mr. C. Fox Strang-
ways informs us that L. H. was probably son of William Hun-
ton, at that time manager of the Lofthouse Alum Work".
Obituary. Proc. Geol. Soc. 3, 1842, 260.

Huot, J e a n J a c q u e s N i c o l a s, geb. 1790 Paris, gest. 19. V.
1845 Versailles.
Französischer Naturforscher; Mitbegründer der Soc. Géol. de
France. Studierte Belemniten, Vertebraten, Homo fossilis. Lebte
in Versailles.
H u o t, P.: La vie et les oeuvres de —. Continuateur de Malte-
Brun. Versailles, 1846, pp. 48.
H a r d o u i n - M i c h e l i n: Notice lue à la Société géol. de
France, le 16. Juin 1845 à l'occasion du décès de — l'un des
membres fondateurs. Paris (ohne Jahr), pp. 4.
Nouv. biogr. générale 25, 578—579.

Hupé, L o u i s - H i p p o l y t e, gest. 22. II. 1867.
Aide-naturaliste Mus. d'hist. nat. Paris. Schrieb mit F. Dujardin:
Hist. nat. des zoophytes echinodermes 1862.
Notice nécrologique. Journ. de Conchyliologie 16, 1868, 121 (Qu.).

Hupsch, J o h a n n W i l h e l m C a r l A d a m F r e i h e r r v o n,
siehe Hüpsch.

Hutchinson H e n r y N e v i l l e, Reverend, geb. 1856, gest. 30.
X. 1927.
Schrieb sehr gründliche populäre Werke: Autobiographie der
Erde, 1897, St. Petersburg; Extinct Monsters and Creatures of
other days 1910.
Obituary, QuJGS., London, 84, LVII.

Hutton, F r e d e r i c k W o l l a s t o n, geb. 16. XI. 1836, gest. 27. X.
1905 auf See, während seiner Rückreise aus England nach Neu-
seeland.
Sohn Rev. H. F. Hutton's. Geboren in England, wurde er Marine-
offizier, emigrierte 1866 nach Neuseeland, 1877 Prof. Naturgesch.
Otago Univ., 1873 Curator des Otago Museums, später Prof.
Biologie Univ. New Zealand und Curator Christchurch Mus.
Stratigraphie. Aves, Reptilia, Mollusca.
Obituary, Geol. Magaz., 1905, 575—576; QuJGS., London, 62,
1906, LXII.
W o o d w a r d, H. B.: Hist. Geol. Soc. London, 200.
Obituary. Transact. Proc. New Zealand Institute 38, 1906, V—
VII (Portr.).
P a r k, J.: Geology of New Zealand 1910, 434—438 (Bibliographie).

* Hutton, J a m e s, geb. 1726 Edinburgh, gest. 1797.
Arzt; Verfasser von „Theory of the earth" 1788.
Biographical account of Dr. J. H. by his friend and illustrator
Playfair. Trans. Roy. Soc. Edinburgh; Playfair's coll. works,
vol. 4.
G e i k i e: A long life work, 143; The founders of geol. 151—200.
F a i r c h i l d: 18.
P o u s s i n, Ch. L. de la V a l l é e: J. H. et la géol. de notre
temps. Rev. quest. sci., 1891, pp. 35.
W o o d w a r d, H. B.: Hist. Geol. Soc. London, 85, 86, 233.
G e i k i e: Murchison, I: 101, 102.
R i c h a r d s o n, R.: Inaugural address. James Hutton, the Foun-
der of the Edinburgh School of Geology. Trans. Edinburgh
Geol. Soc., 5, 1887, 249—267.
Z i t t e l: Gesch.

Hutton, R o b e r t, geb. 1784, gest. 1870.
Irischer Sammler.
W o o d w a r d, H. B.: Hist. Geol. Soc. London, 128.
Obituary. QuJGS. London 27, 1871, XXXI.

Hutton, W i l l i a m, geb. 1798, gest. 20. XI. 1860 West Hartlepool.
Schrieb 1831—37 mit John Lindley Phytopaläontologie Englands.
W o o d w a r d, H. B.: Hist. Geol. Soc. London, 166.
Obituary. QuJGS. London 18, 1862, XXXVII.

Huxley, T h o m a s H e n r y, geb. 4. V. 1825, gest. 29. ' VI. ₁1895.₁
1854 Prof. an der School of Mines London, dann Prof. vergl.
Anat. u. Phys. R. College of Surgeons. Belemniten, Arthropoda,
Pisces, Amphibia, Reptilia, Aves, Mammalia, Homo fossilis.
G i l l: Huxley. Ann. Rep. Smiths. Inst., 1895, 753 ff.
Huxley reminiscences, ebenda, 1900, 713.
Life and Letters of —. Edited by L. Huxley, London, 1900.
H u x l e y, Aldous: T. H. H. as a man of letters. Huxley Memo-
rials Lecture, London, 1932, pp. 28.
L e v e r k ü h n, P.: Th. H. H. Ornith. Monatsber., 1895, 260.
M a r s h, O. C.: Th. H. H. Am. Journ. Sci., 50, 177—183.
P o n g r á c z, S.: Huxley. Allattani Közlemények, 22, 1925, 105—
110.
O s b o r n: Cope, Master Naturalist 243, 247.
— —: Memorial tribute to Prof. H. Trans. N. Y. Ac. Sci. 15,
1895—96, 40—50; Science (N. S.) 3, 1896, 147 ff.
Obituary, QuJGS., London, 52, 1896, LXIII—LXX.
H. W (c o d w a r d): An uncrowned King in Science. In memo-
riam. — Geol. Magaz., 1895, 337—341 (Portr. Bibliographie mit
48 geol. pal. Titeln).
W e l l s, H. G.: Autobiography.

Hübler, J o h a n n F r i e d r i c h, gest. 3. IX. 1846 in Strehlen,
68 Jahre alt.
Geognost u. Petrefaktenhändler in Strehlen bei Dresden.
Nekrolog. Allgem. Deutsche Naturhist. Zeitung II, 210—211
(Qu. — Originalmitt. R. Zaunick).

Hüpsch, J o h a n n W i l h e l m C a r l A d a m, F r e i h e r r v o n,
oder Hübsch, geb. 1730 Vielsalm, gest. 1. I. 1805 Köln.
Legationsrat in Köln, schrieb 1768, 1771, 1774 über Mollusken.
Opus 1768, ref. Schröter, Journ., 2: 80—82.
T o r n i e r: 1924: 32.
Q u e n s t e d t: Epochen, 324.
L a u t e r b o r n, Der Rhein 1930, 303—305.
S c h m i d t, A d.: Baron H. u. sein Kabinett. Darmstadt 1906.

Hyatt, A l p h e u s, geb. 5. IV. 1838 Washington City, gest. 15. I.
1902 Cambridge, Mass.
Studierte bei L. Agassiz. 1867 Curator Essex Inst. Salem, Mass.
1871 Custos Boston Soc. Nat. Hist., ferner Prof. Zool. Pal. Massa-
chusetts Inst. Technology. Mollusca, Cephalopoda, Eozoon.
C r o s b y, W. O.: Memoir of A. H. Bull. Geol. Soc. America, 14,
1903, 504—512 (Portr., Bibliographie mit 76 Titeln).
B r o o k s, W. K.: Biographical memoir of A. H. Biogr. Mem.
Nat. Acad. Sci., 6, 1909, 311—325 (Bibliographie mit 101
Titeln).
T a r r, R. S.: Obituary, Pop. Sci. Mo., 1885, 261—267.
Obituary, QuJGS., London, 59, 1903, LII.
M e r r i l l, 1904, 701.
D a l l, W. H.: Obituary, Pop. Sci. Mo., 60, 1902, 439—441 (Portr.).
C r i c k m a y, C. H.: Some of Alpheus Hyatt's unfigured types
from the Jurassic of California. U. S. Geol. Surv. Prof. Papers
No. 165, B pp. 51—64, pl. XIV—XVIII, Washington 1933.

Hyde, J e s s e E a r l, geb. 2. V. 1884 Rushville, gest. 3. VII. 1936
1936.
Prof. Geol. Western Reserve Univ. Stratigraphie, Camarophorella,
Ausbeutung der Fischfauna in dem „Cleveland shale".
M o r r i s, F. R.: Memorial of —. Proc. geol. Soc. Amer. for 1936
(1937), 163—173 (Portr., Bibliographie) (Qu.).

*Iddings, J o s e p h P a x t o n, geb. 21. I. 1857 Baltimore Maryland,
gest. 20. IX. 1920.
1880 Mitglied U. S. Geol. Surv., 1892 Prof. Geol. Chicago, 1908
Privatier. Stratigr. Petrograph.
M e r r i l l, G. P.: Obituary, Am. Journ. Sci., (4) 50, 1920, 326.
W a l c o t t, J. P.: Obituary, Ann. Rep. Smithson. Inst., 1921,
23—24 (1922).
Obituary, QuJGS., London, 1921, LXI—LXIII.
M a t h e w s, E. B.: Memorial of —. Bull. Geol. Soc. Amer., 44,
1933, 352—374 (Portr. Bibliographie).

Ihering, H e r m a n n v o n, geb. 29. X. 1850 Kiel, gest. 24. II.
1930.
Lebte seit 1880 bis 1920 in Südamerika. Schöpfer und Direktor
des Mus. São Paulo. Zoologe. Mollusca.
Bibliographia dos trabalhos scientificos do Dr. H. v. I. 1872—
1911 Rev. Museu Paulista, 1, fasc. 2, 1911, 1—39 (Bibliographie
mit 270 Titeln).
Festschrift H. v. Jh. Phoenix 13, Buenos Aires 1927, 7—60 (Portr.,
Bibliographie).
Nécrologie. Journ. de Conchyliologie 74, 1930, 81—88 (Teil-
bibliographie).
C h i a r e l l i, A n g e l a: Nekrolog. Physis, Buenos Aires, 10, 339—
342, 1931 (Portr.).
Obituary, Nature, London, 125, 678—679, 1930.
Nekrolog: Rev. Museu Paulista, 17, 1931, 553—566 (Portr.).
S c h u c h e r t, C.: Obituary, Amer. Journ. Sci., 19, 1930, 416, 482.

Image, T h o m a s, geb. 1772, gest. 8. III. 1856 Whepstead.
Rektor von Whepstead bei Bury St. Edmunds. Schuf wertvolle
Lokalsammlung, später im Woodwardian Museum zu Cam-
bridge.
Life of Sedgwick, II: 321—322.
W o o d w a r d, H. B.: Hist. Geol. Soc. London, 164.
Dict. Nat. Biogr. 28, 417.

Imhoof-Blumer, F r i e d r i c h, geb. 11. V. 1838 Winterthur, gest. 26. IV. 1920 ebendort.
Numismatiker, Archäologe; schenkte dem Museum zu Winterthur Holzmadener Petrefakten.
K e l l e r, R.: Nachruf: Landbote, Winterthur, 1920, No. 100.
— — Führer durch die pal. Samml. des Mus. zu Winterthur, 162.
N a c h r u f: Neues Winterthurer Tageblatt, 1920, No. 98, 102.

Imkeller, H a n s, geb. 16. IV. 1854 Königshofen (Grabfeld), gest. 8. VI. 1926 München.
Dr. phil. Prof. an der städtischen Handelsschule in München. Kartierte Ende des 19. Jahrhunderts im Helvet d. bayerischen, Alpen, bearbeitete die Fauna der helvet. Kreide. Sammlung heute in der alpinen Abt. der pal. Staatssamml. in München.
Z i t t e l: Gesch.
Bibliographie bei S r b i k, R. v.: Geol. Bibliographie d. Ostalpen 1935, dazu Abschnitt helvet. Kreide bei E. Dacqué (Mitt. Geogr. Ges. München 7, 1912) u. Karte der Kreidezone bei W. Fink (Geogn. Jahresh. 16 (1903) 1905).
(Qu. — Lebensdaten Originalangaben der Witwe u. von E. Dacqué).

Imperato, F e r r a n t e, geb. 1550, gest. 1625.
Schrieb 1599 Historia naturale. Neapel. (Referiert in Schröter's Journ., 2: 85—89.) Angeblich Arbeit von Nicolaus Antonius Stelliola.
E d w a r d s: Guide, 28—30.
Nouv. biogr. générale 25, 831.

Imperato, F r a n c i s c o.
Schrieb 1610 De Fossilibus Opusculum, Neapel, 1610.
E d w a r d s: Guide, 39.

* Inberg, I. J., geb. 7. VII. 1835, gest. 17. XII. 1893.
Kartograph. Stratigraphie.
Not. nécrol. Geol. Fören. Stockholm Förhandl., 16, 1894, 67—68 (Bibliographie).

• Incoronato, A n g e l o, gest. 25. XI. 1891.
Prof. Anatomie Rom. Homo fossilis.
Nekrolog: Rassegna geol. Ital., 1, 1891, 496.

Inglefield, (Sir) E d w a r d A u g u s t u s, geb. 1820, gest. 1894.
Admiral, sammelte auf seiner antarktischen Reise Fossilien für das Museum of Practical Geology, die später in das British Museum überführt wurden.
Hist. Brit. Mus., I: 300.
P o g g e n d o r f f 3, 676.

Inostranzew, A l e x a n d e r, geb. 12. VII. 1843 St. Petersburg, gest. 1920.
Prof. Geol. St. Petersburg. Brachiopoda, Dactylodus rossicus u. a. In 1. Linie Mineraloge.
B o g d a n o v, A.: Matériaux pour l'histoire de l'activité scientifique et industrielle en Russie, dans le domaine de la Zoologie et des Sciences voisines, de 1850 à 1887. Bull. Soc. des Amis Imp. Sc. Nat. Moscou, 1888.

B r o c k h a u s & E f r o n e: Dictionnaire encyclopédique St. Pétersbourg, 5, 1891.
Nekrolog. Bull. Com. géol. Léningrad 38, 1919 (Nr. 4—7 1924), 479—490 (Portr., Bibliographie).

* Ippen, J o s e p h A n t o n.
S c h a d l e r, J.: Nachruf: Mitt. Naturw. Ver. Steiermark, 54, 1918, 5—6 (Bibliographie mit 20 Titeln).

* Irving, R o l a n d D u e r, geb. 29. IV. 1847, gest. 1888.
Prof. Geologie.
C h a m b e r l i n, T. C.: Am. Geol., 3, 1889, 1—6 (Portr.).
R u s s e l l, I. C.: Bull. Phil. Soc. Washington, 11, 1888—91, 478—480.
Obit.: 9th Ann. Rep. U.S. Geol. Surv., 1887—88, 38—42 (1889).

Issel, A r t u r o, geb. 11. IV. 1842 Genua, gest. 27. XI. 1922 Genua.
Prof. Geologie und Mineralogie. Mollusca, Aves, Mammalia, Speläologia, Homo fossilis.
C a n a v a r i, M.: Commemorazione Mem. R. Accad. Lincei, (5) 14, 1922, 679—697 (Bibliographie).
S a c c o, F.: Necrol. Boll. R. Uffizio geol. Italia, 49, 1922—1923, 1—24 (Portr. Bibliographie mit 274 Titeln).
Obituary, QuJGS., London, 79, 1923, LVII.
R o v e r e t o, G.: In ricordo di A. I. Atti Soc. Ligustica sci. e lett. 3, 1924, 169—193 (Bibliographie).

Jaccard, A u g u s t e, geb. 6. VII. 1833 Culliairy b. Sainte-Croix, gest. 5. I. 1895 Le Locle.
Uhrmacher, erwirbt sich durch Selbststudium sein pal. Wissen. 1868 Prof. f. Geol. an der Akad. von Neuchâtel. Stratigraphie und Faunen des Schweizer Jura.
T r i b o l e t, M. de: Nécrologie. Bull. Soc. Sc. Nat. Neuchâtel 23, 1895, 210—242, 266—275 (Portr., Bibliographie); Actes Soc. Helvét. Sc. Nat. 78, 1895, 205—211 (Qu.).

Jackson, C h a r l e s T h o m a s, geb. 21. VI. 1805, gest. 1880.
Stratigraphie.
M e r r i l l, 1904, 290, 346, 707 u. öfter (Portr. Taf. XI).
W o o d w o r t h, J. B.: Life of Ch. Th. J. Am. Geol., 1897, 69—110 (Portr., Bibliographie mit 340 Titeln).

Jacob.
Arzt zu Queens; schrieb in den 70er Jahren über fossile Madreporen jener Gegend.

* Jacquemont, V.
W a r r e n d e: La vie et les oeuvres de V. J., discours de réception à l'Académie de Stanislas, prononcé à Nancy, le 24. Juin 1852. pp. 47, Nancy 1852.
P o g g e n d o r f f 1, 1184.

Jacquot, E u g è n e, geb. 23. XI. 1817 Metz, gest. 27. II. 1903.
Ingenieur. Arbeitete über die Stratigraphie Frankreichs.
Z i t t e l: Gesch.
Nécrologie. Bull. Serv. carte géol. France tome 13, bull. 91, 1901—02, V—VIII (Bibliographie).

Jaekel, O t t o, geb. 21. II. 1863 zu Neusalz a. d. Oder, gest. 6. III. 1929 Peking.
Prof. Geol. Pal. Greifswald, dann in Kanton. Pal. univ. spez. Echinodermata, Pisces, Reptilia.
A b e l, O.: Nachruf: Palaeobiologica, 2, 1929, 143—186 (Portr. Bibliographie mit 214 Titeln, auch sachlich geordnet).
B o r i s s i a k, A. A.: O. J. Necrol. Bull. Acad. Sci. USRR. Cl. sci. phys. math., 1929, 771—775.
B u b n o f f, S.: O. J. als Forscher. Mitt. Naturw. Ver. Neuvorpommern und Rügen in Greifswald, 57—58, 1929—30, 1—10 (Portr.).
B ü l o w, K. v.: O. J. und Pommern. Abhandl. Ber. Pommerschen Naturf. Ges., 9, 1928, 97—102.
K r ü g e r, F.: O. J. als Persönlichkeit, Mitt. Naturw. Ver. Neuvorpommern u. Rügen, 57—58, 1929—30, 10—17 (Portr.).
T o r n i e r: 1925: 78, 98.

Jahn, J a r o s l a v J i l j i, geb. 21. V. 1865 Pardubitz, gest. 21. X. 1934 Prag.
Prof. Min. u. Geol. Techn. Hochschule Brünn. Stratigraphie und Paläontologie des Altpaläozoikum und der Kreide Böhmens. Paläozoische Crinoiden.
J a h n o v á, H.: Prof. Dr. J. J. J. a jeho životnídílo. 141 pp. 6 Taf., Prag 1935 (vollst. Bibliographie).
Z e l i z k o, J. V.: J. J. J. Verh. geol. Bundesanst. Wien 1934, 97—100 (Teilbibliographie).
K e t t n e r, R.: J. J. J. Č. Akad. Věd. a Umění, Prag 1935, 1—65 (Qu.).

James, J o s e p h F r a n c i s, geb. 9. II. 1857 Cincinnati Ohio, gest. 29. III. 1897 Hingham Massachusetts.
Sohn von Uriah Pierson James. 1881 Custos Cincinnati Soc. Nat. Hist., 1886 Prof. Botanik u. Geol. Miami Univ., 1888 Prof. Naturgeschichte Agricultural College Maryland, 1889 Assistent Pal. US. Geol. Surv., 1891 Vegetable pathologist, Dep. Agriculture, 1895 Arzt.
Phytopal. Problematica, Cephalopoda. Protozoa, Pisces, Mammalia.
G i l b e r t, G. K.: Obituary, Am. Geol., 21, 1898, 4—11 (Bibliographie mit 124 Titeln).
S t a n t o n, T. W.: Memorial of J. F. J. Bull. Geol. Soc. America, 9, 1897, 408—412 (Bibliographie mit 49 Titeln [cpl. etwa 200, viel populär]).

James, U r i a h P i e r s o n, geb. 30. XII. 1811 Goshen County, New York, gest. 25. II. 1889 bei Loveland, Ohio.
Buchdrucker und Stereotypeur, dann Verleger und Paläontologe.
J a m e s, J. F.: Obituary, Am. Geol., 3, 1889, 281—285 (Bibliographie).
M e r r i l l: 1904, 702.

Jameson, R o b e r t, geb. 1774, gest. 1854.
Wernerianer, Prof. der Naturgeschichte in Edinburgh. Pisces.
F a i r c h i l d: 19.
G e i k i e, A.: Founders of geology, 192.
T o r n i e r: 1924: 57.
Z i t t e l: Gesch.
Edinburghs place in Scientific progress. 1921.
G e i k i e, Murchison I, Taf. p. 108 (Portr.) u. Text 101, 108, 112.
Obituary. QuJGS. London 11, 1855, XXXVIII—XLI.
J a m e s o n, L.: Biogr. Memoir of —. Edinburgh New Phil. Journ. 57, 1854, 1—49 (Portr.).

Janet, L é o n, geb. 6. XII. 1861 Paris, gest. 29. X. 1909 ebendort.
1884 Ingenieur in Valenciennes, dann Paris, 1892 Mitarbeiter
Carte géol. France. Kartograph, Stratigraphie Becken v. Paris,
Barton-Ludien.
D o l l f u s, G. F.: Not. nécrol. Bull. Soc. Géol. France, (4) 10,
1910, 375—379 (Bibliographie mit 27 Titeln).

Jasche, C h'r i s t o p h F r i e d r i c h, geb. 1781 Ilsenburg, gest.
1871 ebenda.
Publizierte über den Harz. Seine Fossilaufsammlungen wurden
später von Römer benutzt.
Freyberg.
Allgem. Deutsche Biogr. 13, 727—728 (Qu.).

Jäger, G e o r g F r i e d r i c h, geb. 25. XII. 1785 Stuttgart, gest.
10. IX. 1866 daselbst.
1817 Aufseher des Kgl. Naturalienkabinetts Stuttgart (unter Direktor Kielmeyer), Medizinalrat. Ichthyosauria, Phytopal. Mam-
, malia (Cannstatt), Reptilia.
C a r u s: Necrolog: Leopoldina, 5, 1866, No. 14—15, 138.
K u r r, v.: Nachruf: Jahresh. Ver. vaterl. Naturk. Württ., 23,
1867, 31—38 (Bibliographie mit 27 Titeln).
Nachruf: NJM., 1866, 880.

Jäger, R o b e r t, im 25. Lebensjahr 27. VI. 1915 auf dem nördlichen
Kriegsschauplatz gefallen.
Studierte bei Suess und Diener. Flysch, Foraminiferen.
W i n k l e r, A.: Nachruf: Verhandl. Geol. Bundesanst. Wien, 1915,
239—241 (Bibliographie mit 5 Titeln).

Jeanjean, A d r i e n, gest. 26. II. 1897 Saint Hippolyte-du-Fort
(Gard), 76 J. alt.
Sammler im Jura und Neokom seiner Heimat. Stratigraphie
Notice nécrologique. Bull. Soc. géol. France (3) 25, 1897, 165.
Nekrolog. Bull. Soc. d'Etude des Sci. nat. Nîmes 1897, 25—30.
R o m'a n, F.: A. J. Bull. Soc. géol. France (4) 7, 1907, 644—645
(Qu.).

Jean-Jean, B.
Publizierte zu Montpellier mit Marcel de Serres, Dubreuil und
Menard: Recherches sur les ossements fossiles de Lunel-Vieil,
1827. (Hyänen).
Z i t t e l: Gesch.
Scient. Papers 3, 540.

Jefferson, T h o m a s, geb. 1743, gest. 1826.
Präsident der Vereinigten Staaten von Nordamerika, publizierte
1797 über Mastodonten Nordamerikas. Besaß im Weißen Haus
eine pal. Kollektion.
L u c a s, F. A.: Th. J. Paleontologist. Nat. Hist., 26, 1926, 328—
330.
O s b o r n, H. F.: Th. J. the pioneer of American paleontology.
Sci. 69, 1929, 410—413.
F a i r c h i l d: 28.
O s b o r n: Cope, Master Naturalist, 12—15.
M e r r i l l: 1904: 213.
Z i t t e l: Gesch.

Jeffreys, J o h n G w y n, geb. 18. I. 1809 Swansea, gest. 24. I.
1885 London.

Mollusca. Rechtsanwalt.
Obituary, Geol. Magaz., 1885, 144.

Jenkins, H e n r y M i c h a e l, geb. 30. VI. 1841 Fairwater Mills, Ely
bei Llandaff, gest. 24. XII. 1886.
Agent, dann Assistent der Geological Society. Mollusca.
Obituary, Geol. Magaz., 1887, 95—96 (Bibliographie mit 7 Titeln).
Obituary, QuJGS., London, 43, 1887, Suppl. 44.

Jentzsch, A l f r e d, geb. 29. III. 1850 Dresden, gest. 1. VIII.
1925 Gießen.
Mitglied der Preuß. Geol. Landesanstalt. Stratigraphie, Phyto-
paläontologie, Palethnologie.
B e h r, J.: Nachruf: Jahrb. Preuß. Geol. Landesanst., 47, 1926,
XIX—LV (Portr. Bibliographie mit 281 Titeln).
Z i t t e l: Gesch.

* Jeremejew, P. W., gest. 1899.
Russischer Geologe.
Bibliographie und Biogr. Bull. Com. géol. Russie, 18, 1899, 1—17
(Bibliographie mit 119 Titeln).

* Jerofejev, B. G.
Not. nécrol. Bull. Comité géol. Russie, 3, 1884, No. 8, 1—4 (Bibliographie).

Jesson, T h o m a s, gest. 4. III. 1928, 78 Jahre alt.
Sammelte in den 70er Jahren aus dem Cambridge Grünsand, Red-
chalk von Hunstanton, Oolith von St. Ives. Collection im British
Museum.
Hist. Brit. Mus., I: 300.
Obituary. QuJGS. London 85, 1929, LXVI—LXVII.

Jewett, E z e k i e l.
Sammelte um 1850 in Nordamerika.
C l a r k e: James Hall of Albany, 241.

Jex.
In den 80—90er Jahren Sammler der Fossilienhandlung Damon,
sammelte unter anderem Devon-Fische in Canada, Mammalia der
Santa Cruz-beds Patagoniens.
Hist. Brit. Mus., I: 301.

* Jillson, W i l l a r d R o u s e.
Amerikanischer Geologe.
W i l l i s, G. L.: W. R. J. Kentuckian geologist, authors publica-
tions Louisville, 1930, pp. 211.
N i c k l e s I, 569; II, 302—308.

Joass, J. M.
Reverend. Sammler.
W o o d w a r d, H. B.: Hist. Geol. Soc. London, 177.

Jobert, A n'toi n e C l a u d e G a b r i e l.
Der ältere, war Redakteur des Journals der Geognosie in Paris.
Publizierte 1824 mit Bravard: Recherches sur les ossements fos-
siles du Puy de Dôme.
Z i t t e l: Gesch.

Johann, E r z h e r z o g, geb. 20. I. 1782, gest. 11. Mai 1859.
Sammler in Österreich.
Life of Sedgwick: I: 351—354.
G e i k i e: Life of Murchison, I: 159—161.

* John, C o n r a d v o n, geb. 1852, gest. 1918.
H a c k l, O.: Zur Erinnerung an C. v. J. Verhandl. Geol. Reichsanst. Wien, 1918, 180—184 (Bibliographie mit 70 Titeln).

John, J o h a n n F r i e d r i c h, geb. 10. I. 1782 Anklam, gest.
5. III. 1847 Berlin.
Prof. Frankfurt a. Oder; publizierte 1812 über Proboscidea, 1848
über Muschelkalk-Bivalve.
T o r n i e r: 1924: 57.
P o g g e n d o r f f 1, 1197—1198.

Johnsen, A r r i e n, geb. 8. XII. 1877 Munkbrarup, gest. 22. III.
1934 Berlin.
Prof. Min. Berlin. Permocarb. Bryozoen.
S e i f e r t, H.: A. J. CfM. Abt. A, 1935, 3—13 (siehe p. 5)
(Qu.).

Johnson, H e n r y, geb. 1823 Trindle Road, Dudley, gest. VII. 1885.
Ingenieur und Sammler. Kollektion im British Museum.
T. R. J.: Obituary, Geol. Magaz., 1885, 432.
Hist. Brit. Mus., I: 301.

* Johnson, J. P., geb. 1880 London, gest. 18. X. 1918 Johannesburg.
Studierte 1902 die Petroglyphen Südafrikas. Pleistozän Süd-
englands, Geologie Südafrikas.
Obituary, Geol. Magaz., 1918, 95.

Johnson, J a m e s R., gest. 1845.
Arzt zu Hot Wells, Bristol und Sammler.
Hist. Brit. Mus., I: 301.

Johnston, R o b e r t M a c k e n z i e, gest. 20. IV. 1918 Hobart, Tas-
mania.
Stratigraphie. Mollusca, Phytopaläontologie u. a.
Obituary, Geol. Magaz., 1918, 288.
Papers Proc. R. Soc. Tasmania 1918, 136 (Bibliographie).

Johnston-Lavis, H e n r y J a m e s, geb. 19. VII. 1856 London, gest.
10. VIII. 1914.
Vulkanologe, entdeckte Labyrinthodon Lavisi Seeley in der Trias.
Obituary, Geol. Magaz., 1914, 574—576.
List of books, memoirs, articles etc. of J. H. J.-L. London 1912.
Liste des travaux scientifiques du D. H. L. J.-L. de 1876 à 1895.
Lyon, 1895, pp. 24.
Z i t t e l: Gesch.

Johnstone (Johnston, Jonston, Jonstonius), J o h n, geb. 1603, gest.
1675.
Schrieb 1632 Thaumatographia naturalis Amstelodami (editio II,
1633), davon eine englische Übersetzung 1657: An history of the
wonderful things of nature (Ref. Schröter, Journ., 5: 59 ff.).
E d w a r d s: Guide, 15.
C a s e y - W o o d: p. 409.
P o g g e n d o r f f 1, 1202.

Johnstrup, J o h a n n e s F r e d e r i k, geb. 12. III. 1818, gest. 31.
XII. 1894 Kjöbenhavn.

Prof. Min. u. Geol. Univ. Kopenhagen. Stratigraphie.
Fortegnelse over J. F. J's udgivne geologiske og kemiske Arbeider. Dansk geol. foren. Meddel., I, 3, 1896, 1—12 (Bibliographie mit 38 Titeln).
R o r d a m, K.: J. F. J. Hans Liv og Virksomhed; Ebenda, 5; No.
15, 1918, 1—61 (Portr., Bibliographie mit 58 Titeln).
W a n d, C. F.: Nekrolog, Medd. Grönland, 16: 1, 1896.
M a d s e n, V.: Geol. Fören. Stockholm Förhandl. 17, 1895, 85—
96 (Bibl.).

Joinville, S i r e d e, geb. 1224, gest. um 1317.
Schrieb 1248 Geschichte des Heiligen Ludwig, mit pal. Angaben.
E d w a r d s: Guide, 14.

Jokely, J o h a n n, geb. 1826 Erlau, gest. 23. VII. 1862 Budapest.
Mitglied der Geol. Reichsanst. Wien, 1862 Prof. Polytechnik Budapest. Stratigraphie, fossile Pflanzenreste.
H a i d i n g e r: Nachruf: Jahrb. K. K. Geol. Reichsanst. Wien, 12,
1861—62, Verhandl. 261—262.

Joly, N i c o l a s, geb. 11. VII. 1812 Toul, gest. 1885.
Prof. Zool. u. Anat. Toulouse. Zoologe. Nummuliten 1848 (zus.
mit Leymerie).
A l i x: Éloge de N. J. Mém. Ac. Sci. Toulouse (9) 3, 1891,
491—524 (Bibliographie, Geol. u. Pal. p. 523) (Qu.).

Jones, D a n i e l, geb. 8. V. 1836 South Staffordshire, gest. 23. XI.
1918.
Leiter einer Eisen- und Kohlengrube. Carbon Stratigraphie.
Obituary, T. C. C.: QuJGS., London, 75, LXXI.

* **Jones**, J. C l a u d e, geb. 2. VII. 1877 Merrimac Wisconsin, gest. 2.
III. 1932.
1904—06 Instruktor an der Univ. Illinois. 1909 Prof. Univ.
Nevada. Mineraloge.
L o u d e r b a c k, G. D.: Memorial of —. Bull. Geol. Soc. Amer.,
44, 1933, 374—377 (Portr. Bibliographie mit 16 Titeln).

Jones, T h o m a s R u p e r t, geb. 1. X. 1819 Wood Street Cheapside,
gest. 13. IV. 1911.
1858 Lektor Geologie Royal Military Coll. Sandhurst, 1862 Prof.
Geol. Foraminifera, Entomostraca.
Hist. Brit. Mus., I: 302.
Eminent living geol. Geol. Magaz., 1893, 1—3 (Portr.). (Jubi-
läum, 90 Jahre alt, ebenda, 1909, 481 (Portr.).
Obituary, Geol. Magaz., 1911, 193; QuJGS., London, 68, 1912,
LVIII.
Z i t t e l: Gesch.
G e i k i e: Murchison, II: 274.
W o o d w a r d, H. B.: Hist. Geol. Soc. London, 200 u. öfter.
B e u t l e r, Foraminiferenlit. 58—59.

* **Jones**, W i l l i a m R u p e r t, geb. 1855, gest. 17. XII. 1915.
Sohn Prof. Th. Rupert Jones's. 1872—1912 Assistent-Bibliothe-
kar Geol. Soc. London.
Obituary, Geol. Magaz., 1916, 96; QuJGS., London, 72, LXIV.

Jones, W. W e a v e r.
sammelte in den 60er Jahren Fischzähne aus dem Carbon von
Oreton.
Hist. Brit. Mus., I: 302.

Jonkaire, de la.
Schrieb in den 20er Jahren zu Antwerpen über die Astarten und
über das Becken von Antwerpen.
M o u r l o n, M.: Géologie de la Belgique 2, 1881, 282.

Jordan, D a v i d S t a r r, geb. 19. I. 1851 nahe Gainsville (N. Y.),
gest. 19. IX. 1931 Serra House, Stanford Univ. (Cal.).
Zoologe (bes. Ichthyologe), Botaniker. 1891—1913 Präsident der
Leland Stanford Junior Univ. Fossile Fische.
Dict. Am. Biogr. X, 211—214.
N i c k l e s I, 578; II, 318—319.
J o r d a n, D. St. The days of a man. 1922 (Autobiographie)
(Qu.).

Jordan, H e r m a n n, geb. 1808 Wetzlar, gest. 9. VIII. 1887
Saarbrücken.
Dr. med., Sanitätsrat in Saarbrücken. Schüler von Joh. Müller.
Permische u. karbonische Arthropoden (bes. Gampsonyx, Ar-
thropleura), Archegosaurus u. Fische aus dem Saargebiet,
namentlich von Lebach, diluviale Säugetiere. Sammlung im
Paläont. Mus. Univ. Berlin.
Lebensdaten aus der med. Doktordiss. Berlin 1834 u. Original-
Mitt. des Standesamtes Saarbrücken.
Scient. Papers 3, 578; 8, 39 (Qu.).

* **Jordan,** J o h a n n L u d w i g, geb. 6. VI. 1771 Göttingen, gest.
1. V. 1853 Osterode.
Arzt u. Münzwardein in Klausthal, schrieb 1803 über Geol. Thürin-
gens.
Freyberg.
Z i t t e l: Gesch.
P o g g e n d o r f f 1, 1202.

Jordan, T. B.
Schrieb 1841 über Kopien von Petrefakten auf galvanischem
Wege (NJM. 1842, 629).

Jouannet, F. R. B. V a t a r, geb. 31. XII. 1765 Rennes, gest.
18. IV. 1845 Bordeaux.
Schrieb 1827 über ein Rudistenvorkommen der Dordogne.
L a m o t h e, L. de: Jouannet, sa vie et ses écrits. Bordeaux, 1847.
L a p o u y a d e, J. F.: Essai sur la vie et les travaux de F. R. B.
Vatar J. la Réole, 1848.
Nouv. Biogr. générale 27, 13.

Jourdan, C l a u d e, gest. 1873.
Dr. med., Direktor u. Schöpfer des Mus. in Lyon. Paläontologie
des Rhônetals, bes. Mammalia.
Notice nécrologique. Bull. Soc. géol. France (3) 1, 1873, 205.
Vergl. auch Arch. Mus. d'hist. nat. Lyon 2, 1878, Widmung
u. p. 285 (Qu.).

* **Jönnsson,** J., geb. 31. III. 1848, gest. 29. VIII. 1895.
Geologe und Agrogeologe.
Nekrol. Geol. Fören. Stockholm Förhandl., 17, 1895, 79—84 (Biblio-
graphie mit 23 Titeln).

Judd, J o h n W e s l e y, geb. 18. II. 1840, gest. 3. III. 1916 Kew.
Prof. Geol. Roy. Coll. Sci. Stratigraphie.

Bonney, T. G.: Obituary, Geol. Magaz., 1916, 190—192.
Eminent living geol. Geol. Magaz., 1905, 385—397 (Portr. Biblio-
graphie mit 95 Titeln).
Obituary, QuJGS., London, 73, LVII—'LX.
Wells, H. G.: Autobiography, 1934.

Jugler, Friedrich Ludwig Christian, geb. 11. VI. 1792
Gifhorn, gest. 30. XI. 1871 Hannover.
Oberbergrat in Hannover. Sehr bedeutende Sammlung von Ver-
steinerungen (Grundlage für F. A. Roemer, Versteinerungen
d. norddeutsch. Kreide).
Stratigraphie von Hannover, Lebensspuren.
Gümbel, C. W. in: Allgem. Deutsche Biogr. 14, 660—661.
Poggendorff 1, 1208; 3, 701 (Qu.).

Jukes, Joseph Beete, geb. 10. X. 1811, gest. 1869.
Prof. Geol., Dir. Geol. Survey Irlands. Stratigraphie.
Letters and extracts from the addresses and occasional writings of
J. B. J. the late Director of the Geol. Survey of Ireland. Edited
with connecting memorial notes by his Sister. London, 1871, pp.
596 (Portr., Bibliographie mit 77 Titeln; vergl. Geol. Magaz.,
1871, 565—569).
Obituary, Geol. Magaz., 1869, 430—432.
Woodward, H. B.: Hist. Geol. Soc. London, 228—229 und
öfter, Portr. Taf. p. 228.

Jukes-Browne, Alfred John, geb. 16. IV. 1851, gest. 14.
VIII. 1914 Westleigh, Ash Hill Road, Torquay.
1874—1901 Mitarbeiter am Geological Survey Great Britain. Stra-
tigraphie, Kreide.
Obituary, Geol. Magaz., 1914, 431 (Bibliographie mit 9 Titeln).
Fairchild: 24.

* **Julien**, Alexis Anastay, geb. 13. II. 1840 New York, gest. 4.
V. 1919.
Chemiker, Petrograph.
Kemp, J. F.: Memorial of A. A. J. Bull. Geol. Soc. America, 31,
1920, 81—88 (Portr. Bibliographie mit 76 Titeln).
Zittel: Gesch.

Julien, Pierre Alphonse, geb. 5. IV. 1838 Clermont-Ferrand,
gest. 18. I. 1905 ebendort.
Prof. Geol. Univ. Clermont-Ferrand (Nachfolger Lecocq's). Stra-
tigraphie u. Faunen des Devon, Carbon.
Peron, A.: Not. necrol. Bull. Soc. Géol. France, 1906, 295.
Glangeaud: Necrol. Revue d'Auvergne 23, 1906, 1—13 (Portr.,
Bibliographie).

* **Junghuhn**, Franz Wilhelm, geb. 26. X. 1812 Mansfeld, gest.
1864 Lembang.
Arzt, Direktor der Chinakulturen in Java. Vulkanolog.
Kroon, A. W.: Levenschets van F. W. J. Separat aus De Dage-
raad Port. Amsterdam, 1864, pp. 48.
Rochussen, H.: Levensbericht van dr. F. W. J. Naturk. Tijd-
schr. Nederl. Indie, 28, 1865, 342—356.
Zittel: Gesch.

Jussieu, Antoine de, geb. 6. VII. 1686 Lyon, gest. 22. IV.
1758 Paris.

Schrieb 1718 über Aussterben, 1721 über Versteinerungen.
E d w a r d s: Guide, 42.
Biographie universelle 21, 349.
D e a n III, 265.

Justi, J o h a n n H e i n r i c h G o t t l o b v o n, geb. 1720 zu
Brücken, Thüringen, gest. 1771 Küstrin.
Schrieb 1757 Grundriß der Gesch. des Mineralreichs (Ref. Schrö-
ter, Journ., I: 20—25, 3: 47—54).
Freyberg.
T o r n i e r: 1924: 56.
Allgem. Deutsche Biogr. 14, 747 ff.

Kaempfer, E n g e l b r e c h t, geb. 16. IX. 1651 Lemgo, gest. 2. XI.
1716 ebenda.
Reiste im 18. Jahrh. in Japan; brachte einen Belemniten für
die Sloane Coll.
E d w a r d s: Guide, 59, 61.
Allgem. Deutsche Biogr. 15, 62—64.

Kafka, J o s e p h, geb. 25. X. 1858 Rokycanech, gest. 3. V. 1919
Strasnicich.
Direktor d. Mus. Prag. Mammalia, Cirripedia, Ostracoda.
K e t t n e r (Portr. Taf. 90).
Scient. Pap. 16, 170.

Kannemeyer, D. V., geb. 1840, gest. 1926.
Sammelte in Südafrika Karroo-Reptilien.
B r o o m, R.: The mammallike Reptiles of South Africa, 1932, 336.

* **Kant,** I m m a n u e l, geb. 22. IV. 1724 Königsberg, gest. 12. II.
1804 daselbst.
Vergl. A d i c k e s, E.: Kant's Ansichten über Geschichte und Bau
der Erde, Tübingen, 1911, pp. 207.
Z i t t e l: Gesch.

Kapff, S i x t F r i e d r i c h J a k o b, geb. 4. XII. 1809 Stuttgart,,
gest. 20. I. 1887.
Oberkriegsrat in Stuttgart. Sammler u. hervorragender Präparator
von Keuperfossilien. Sämtliche Originale im Stuttgarter Naturalienkabinett (z. T. von O. Fraas beschrieben).
F r a a s, O.: Nekrolog. Jahreshefte Ver. f. vaterländ. Naturk.
Württemberg 44, 1888, 28—29 (Qu.).

Kappeler, M o r i t z, geb. 9. VI. 1685 Willisau, gest. 1769.
Arzt in Luzern, war auch pal. tätig.
W e b e r, P. X.: Dr. Moritz Kappeler 1685—1769. Stans 1915,
pp. 93 (Portr.).
W o l f, R.: Biographien zur Kulturgeschichte d. Schweiz 3, 1860,
133—150.

Karg, J o s e p h M a x i m i l i a n.
Lehrer d. Naturgesch. Konstanz, Stadtarzt.
Erforschte 1805 den Steinbruch von Oeningen und das Hegau.
Z i t t e l: Gesch.
L a u t e r b o r n: Der Rhein 1934, 247—249.

* **Karlsson,** V i k t o r, geb. 17. VII. 1827, gest. 17. IV. 1879.
Schwedischer Stratigraph.
Nekrol. Geol. För. Stockholm Förhandl., 4, 336.

15

Karpinsky, A l e x a n d e r P e t r o w i t s c h, geb. 7. I. 1847 Bogos-
lowsk, gest. 15. VII. 1936.
Prof. Berginst. St. Petersburg u. Direktor d. russ. geol. Com.,
zuletzt Präsident d. Akad. d. Wiss. der USSR. Cephalopoda,
Pteropoda, Pisces (Helicoprion), Trochilisken, Problematica u. a.
V o l o g d i n, A. G.: The Archaeocyathinae of Siberia. Leningrad
1932 (mit Portr. Karpinsky's).
S c h m i d t, Fr.: Analyse des travaux de M. A. K. C. R. Soc. Imp.
russe de Géogr., 1892, 5—16 (Bibliogr.).
P o g g e n d o r f f 3, 709; 4, 727; 6, 1283.
T o l m a c h o f f, J. P.: Memorial of A. P. K. Proc. geol. Soc.
Amer. for 1936 (1937), 175—206 (Portr., Bibliographie).
B o r i s i a k, A.: A. P. K. Bull. Acad. Sci. URSS., Cl. sci math.
et nat., sér. géol. 4, 1937, 599—656 (Portr.); Bibliographie
ibidem 795—804 (Qu.).

Karrer, F e l i x, geb. 11. III. 1825 Venedig, gest. 19. IV. 1903.
Mitarbeiter des Mineralienkabinetts Wien, Foraminifera, Stratigraphie.
F u c h s, Th.: Nachruf: Monatsblätter Wiss. Klub Wien 1903, No.
9, pp. 6.
T i e t z e: Nachruf: Verhandl. Geol. Reichsanst. Wien, 1903, 163—
164.
B e r w e r t h, F.: Zur Erinnerung an F. K. Annalen nat.-
hist. Hofmuseum Wien 18, 1903, Not. 3—8 (Bibliographie).

Karsch, F e r d i n a n d, geb. 2. IX. 1853 Münster, gest. 20. XII.
1936.
Entomologe (ehemals Kustos zool. Mus. Univ. Berlin u. Privatdoz. Landwirtschaftl. Hochschule Berlin). Karbonspinne (Anthracomartus voelkelianus) 1882 (Zeitschr. deutsche geol. Ges.).
Bernsteinmilben.
Nachruf. Mitt. Deutsche entomol. Ges. 7, 1937, 101—102 (Qu.).

* **Karsten**, C a r l J o h a n n.
Begründete 1829 und redigierte das Archiv f. Min. Geognosie,
Bergbau u. Hüttenkunde.
K a r s t e n, G.: Umrisse zu C. J. K. Leben und Wirken, Berlin,
1854, pp. 184 (Bibliogr.).
Z i t t e l: Gesch.
P o g g e n d o r f f 1, 1227—1228.

Karsten, D i e t r i c h L u d w i g G u s t a v, geb. 1768 Bützow, gest.
1810 Berlin.
Kgl. Preuß. Staatsrat, Prof. Min. Berlin, Chef des preuß. Berg-
wesens, schrieb 1795 über Cornucopiae, 1800 über Lythrodes und
Ichthyophthalm. Mineraloge.
Freyberg.
T o r n i e r: 1924: 20—22.
B u c h, L.: Lobrede auf D. L. G. K. gelesen in der Kgl. Aka-
demie, Berlin, 1814.
Allgem. Deutsche Biogr. 15, 422—425.

Karsten, G u s t a v, geb. 24. XI. 1820 Berlin, gest. 15. III. 1900
Kiel.
Prof. Physik u. Min. Univ. Kiel. Silurgeschiebe 1869.
P o g g e n d o r f f 1, 1220; 3, 710; 4, 728.
Biogr. Jahrb. 5, 76—78.
W e b e r, L.: Zum Gedächtnis G. K.'s. Kiel 1900. 24 pp. (Portr.)
(Qu.).

Karsten, H e r m a n n, geb. 3. XI. 1809, gest. 26. VIII. 1877.
Prof. in Rostock. Tertiärfossilien. Kristallographie.
Nekrolog: Leopoldina, 13, 162—163, 1877 (Bibliogr. mit 12 Titeln).
Allgem. Deutsche Biogr. 15, 425—426.

Kastner, K a r l, geb. 16. I. 1847 Glurns (Tirol), gest. 6. IV. 1907
Salzburg.
Schulrat, von 1876—1906 Prof. an der Realschule in Salzburg.
Stratigraphie, Paläontologie u. regionale Geologie der Salzburger
Alpen, meist zusammen mit E. Fugger.
F u g g e r, E.: Schulrat K. K. Mitt. Ges. für Salzburger Landes-
kunde 47, 1907, 402—405 (Bibliographie) (Qu.).

Katzer, F r i e d r i c h, geb. 5.. VI. 1861 Rokycanech, gest. 3. II.
1925 Zagreb.
Direktor Geol. Landesanst. Bosnien-Herzegowina. Stratigraphie.
K e t t n e r: 148 (Portr. Taf. 94).
P o g g e n d o r f f 4, 730—731.

Kaub, J o h a n n v o n (oder Johannes de Cuba).
Schrieb 1511 Hortus sanitatis Venetiis mit einem Kapitel De la-
pidibus.
Catalogo Mostra: 9.
Nouv. biogr. générale 12, 574.

Kaufmann, F r a n z J o s e p h, geb. 15. VII. Winikon, gest. 19.
XI. 1892.
Lehrer in Luzern. Kreide am Vierwaldstätter See. Foraminifera.
A m b e r g, B., & B a c h m a n n, J.: F. J. K. sein Leben und
seine Werke. Luzern, 1893, pp. 57 (Portr.).
B a c h m a n n, H.: Nachruf. Verh. Schweiz. naturf. Ges. 88 (1905),
1906, I—VII (Portr., Bibliographie).

Kaup, J o h a n n J a k o b, geb. 20. IV. 1803 Darmstadt, gest. 4. VII.
1873 ebendort.
1840 Inspektor des Großherzogl. Naturalienkabinetts seiner Hei-
matstadt. Mammalia (Eppelsheim), nebenbei auch rezente Cole-
opterologie. (Ein Teil seiner Privatsammlung gelangte in das
British Museum, Hist. Brit. Mus., I: 302.)
Vergl. über das Schicksal des Typus von Dinotherium giganteum:
Andrews, C. W.: Note on the skull of Dinotherium giganteum
in the British Museum, Proc. Zool. Soc. London, 1921, 525—
534, Figs.
Nekrolog. Leopoldina 9, 1873, 18—20 (8: 98).
K e l l e r, R.: Führer durch die pal. Sammlungen Winterthur.
H a u p t, O.: Darmstadt, Portr. p. 48.
Allgem. Deutsche Biogr. 15, 505—506.

Kay, J a m e s E l l s w o r t h d e (besser D e k a y), geb. (1792,
gest. 1851.
Studierte 1829—30 die Grünsandablagerungen New Jerseys. Eury-
pteriden, Vertebrata.
Z i t t e l: Gesch.
N i c k l e s 302.

Kaye, C h a r l e s T u r t o n, geb. 1812 London, gest. Juli 1846.
Lebte 1831—41 in Indien und war Beamter in Madras. 1838
Richter, kehrte 1845 nach Indien zurück. Sammelte in Pondi-
cherry, Trichinopoly. Seine Sammlungen bearbeiteten Egerton
(Pisces) und Forbes (Evertebrata).

Horner, L.: Obituary, Proc. Geol. Soc. London, 3, 1847, XXVI—XXVII.

Kayser, Friedrich Heinrich Emanuel, geb. 26. III. 1845 Friedrichsberg bei Königsberg, gest. 29. XI. 1927 München.
Prof. Geol. Pal. Marburg (Nachfolger Dunker's). Brachiopoda, Trilobita, Pisces, Mollusca, Stratigr. u. Paläont. bes. des Devon, schrieb Handbücher.
Krause, P. G.: Nachruf: Jahrb. Preuß. Geol. Landesanst., 49, 1928, II: XCV—CXIX (Portr. Bibliographie mit 170 Titeln).
Richter, R.: Nachruf: Geol. Rundschau, 19, 1928, 155—160.
Schuchert, Ch.: Obituary, Amer. Journ. Sci., (5) 15, 1928, 286.
Hamberg: Nachruf: Geol. För. Stockholm Förhandl., 1928, 111.

Keeping, Henry, geb. II. 1827 Milton, Hampshire, gest. 31. I. 1924.
Sammler der Marchioness of Hastings u. Osmond Fisher's im Tertiär von Hampshire. 1864 bis 1911 Curator Woodwardian Museum. Mollusca.
Keeping, H.: Reminiscences of my life. II. Auflage, Cambridge, 1921, pp. 24.
Obituary, Geol. Magaz., 1924, 140—141.
Hist. Brit. Mus., I: 302.

Keeping, Walter, geb. 6. I. 1854, gest. 22. II. 1888.
Sohn Henry Keepings. Prof. Naturgesch. Aberystwyth. Echinodermata. Stratigr.
Obituary, Geol. Magaz., 1888, 287—288.

Keferstein, Christian, geb. 20. I. 1784 Halle a. S.; gest. 1866 ebendort.
Jurist, trat aus dem Staatsdienst, um sich ganz der Geologie und Reisen widmen zu können. Schrieb Geschichte u. Lit. d. Geogn. 1840. Erster Fossilkatalog 1829.
Keferstein, Ch.: Erinnerungen aus dem Leben eines alten Geognosten und Ethnographen mit Nachrichten über die Familie Keferstein, Skizze der literarischen Wirksamkeit von Hofrat Ch. K. Halle a. S., 1855.
Freyberg.
Zittel: Gesch.
Tornier: 1924: 57.
Allgem. Deutsche Biogr. 15, 522—525.

Keferstein, Wilhelm, geb. 7. VI. 1833 Winsen, gest. 25. I. 1870 Göttingen.
Prof. Zool. Göttingen. Publizierte 1862—66 über Mollusken, tertiäre Korallen.
Nekrol.: NJM., 1870, 256.
Zittel: Gesch.
Allgem. Deutsche Biogr. 15, 525—526.

*****Keilhau,** Baltazar Mathias, geb. 2. XI. 1797 Birid, gest. 1. I. 1858 Christiania.
Studierte Stratigr. Norwegens.
Professor B. M. Keilhau's Biographie, von ihm selbst. Christiania, 1857, pp. 32.
De la Roquette: Notice sur la vie et les travaux du Prof. norvégien Keilhau, Paris, 1858, pp. 19.
Poggendorff 1, 1235—36.

Keller, C o n r a d, geb. 1848 Felben, Thurgau, gest. 1930 Zürich, Selbstmord.
Prof. Zoologie Zürich. Haustiere und ihre Geschichte.
K ü p f e r, M.: Nachruf: Vierteljahresschr. naturf. Ges. Zürich, 75, 1930, 306—319 (Portr. Bibliographie).
K e l l e r, C.: Lebenserinnerungen eines schweizerischen Naturforschers. Zürich, pp. 262 (Portr. Bibliogr.).

Keller, R o b e r t, geb. 24. IX. 1854.
Lehrer der Naturwissenschaften an der Kantonalschule Winterthur, Konservator des Museums ebendort.
Vergl. Festschrift zur Feier des 50jährigen Bestandes des Gymnasiums und der Industrieschule Winterthur. Teil III, 1912.
K e l l e r. R: Führer durch die pal. Samml. der Stadt Winterthur, 1920.

* **Kemp**, J a m e s F u r m a n, geb. 14. VIII. 1859 New York City, gest. 17. XI. 1926.
Nordamerikanischer Geologe. Stratigraphie, Biographien.
S c h u c h e r t, Ch.: Obituary, Amer. Journ. Sci., 13, 1927, 99—100.
E m e r s o n, B. K.: Obituary. Acad. Arts Sci. Poe 63, 464—1929.

Kendall, P e r c y F r y, geb. 1856 Clerkenwell, gest. 1936.
Geologe Univ. Leeds. Stratigraphie. Pliocänfossilien.
Obituary. QuJGS. London 92, 1936, CVIII—CX; Proc. Geologists' Assoc. 48, 1937, 109—110 (Qu.).

Kennedy, H o r a s T r i s t a m, geb. 1889 London, gest. im Weltkrieg am 6. VI. 1917 zu Ypern.
Mitarbeiter der Geol. Surv. Ireland. Stratigraphie.
G. A. J. C.: Obituary, Geol. Magaz., 1917, 335—336.

Kentmann, J o h a n n e s, geb. 21. IV. 1518 Dresden, gest. 15. VI. 1574 Torgau.
Sammler in Torgau, Mitarbeiter C. Gesner's.
Z a u n i c k, R.: J. K. Gedächtnisworte zu seinem 400jährigen Geburtstag, Mitt. Gesch. Med. Naturw., 18, 1919, 177—183.
E d w a r d s: Guide, 48, 50, 55.
W a g n e r, P.: Die min. geol. Durchforschung Sachsens in ihrer geschichtlichen Entwicklung. Sitz.-Ber. Isis, Dresden 1902 (1903), Abh. 63—138.
Allgem. Deutsche Biogr. 15, 603.

Kerforne, F e r n a n d, geb. 11. X. 1864 Quimperlé, gest. Nov. 1927 Rennes.
1892 Präparator, 1902 Privatdozent, 1919 Prof. Geol. zu Rennes.
Scutella, Trinucleus, Calymmene, Stratigraphie Silur, Ordovicium.
C o l l i n, G. Léon: Eloge funèbre de F. K. fondateur de la Société géol. et Min. de Bretagne. Bull. Soc. géol. Min. Bretagne Rennes, 8, 1927, 1930, 134—141 (Portr.).
M i l o n, Y v e s: F. K. Not. nécrol. Ebenda, 145—151 (Portr. Bibliographie mit 125 Titeln).
M u s s e t, R.: Necrol. Ebenda, 152 ff.

Kerner, F r i t z.
Phytopaläontologe.
K e r n e r, Fr.: Verzeichnis meiner ersten hundertfünfzig erdkundlichen Arbeiten. Verhandl. Geol. Anst. Wien, 1919, 292—302 (Bibliographie mit 152 Titeln).

Kerr, W a s h i n g t o n C a r u t h e r s, geb. 1827, gest. 1885.
Nordamerikanischer Geologe. Stratigraphie.
H o l m e s, J. A.: Biographical sketch of W. C. K. Journ. Elisha
Mitchell Sci. Soc. Raleigh N. C. Part 2, 1887, 1—24 (Biblio-
graphie mit 35 Titeln).

Kessler, C.
Studierte um 1830 die Fährten von Hildburghausen.

Kessler, P a u l, gest. 45 Jahre alt am 14. VII. 1927.
Habilitierte sich 1913 für Geol. Pal. Straßburg, später Tübingen.
Cephalopoda.
W e p f e r, E.: Nachruf: Jahresber. Mitt. Oberrhein. Geol. Ver. N.
F., 17, 1928, XVIII—XXII.
Nachruf: CfM., 1927, B. 344.

Ketley, C h a r l e s.
Mineningenieur und Sammler in den 60er Jahren. Sammlung z. T.
im British Museum.
Hist. Brit. Mus., I: 303.

Kettner, M a r i e, geb. 26. X. 1900 Olmütz, gest. 25. VII. 1933
Tatragebirge.
Gattin Radim Kettners. Devonkorallen und Silur.
P e r n e r, J.: Nachruf: Vestnik Státn. geol. ust. Českoslov.
Rep., 9, 1933, 245—248 (Portr. Bibliographie mit 6 Titeln).
Nachruf. Ann. Soc. géol. Pologne IX, 1933, 298—300 (Biblio-
graphie)

* **Kettner**, R a d i m.
Prof. Geol. Prag. Schrieb: O vyvoji geologie v Cechach in Vyvoj
ceske prirodovedy Praze, 1931, 129—165 (mit Portraits).

Keyes, C h a r l e s R o l l i n, geb. 1864.
Stratigraphie. Mollusca.
List of the scientific writings of —. Baltimore, 1909, pp. 23
(Bibliographie mit 415 Titeln).
N i c k l e s I, 592—600; II, 330—343.

Keyserling, A l e x a n d e r G r a f, geb. 15. VIII. 1815 Kabillen, gest.
8. V. 1891 Rayküll.
Begleiter Murchisons in Rußland. Stratigraphie u. Paläontologie
Rußlands (Mollusca, Nummuliten, Elasmotherium).
S c h m i d t, F., & N i k i t i n, S.: Nécrologie. Bull. Comité géol.
Russie, 10, 1891, No. 5, p. 1—11 (Bibliogr. mit 21 Titeln).
G e i k i e: Murchison, I: 295, 315, 323, 369.
Aus den Tagebuchblättern des Grafen —. Stuttgart 1894 (Biogr.).
Graf Alex. Keyserling, ein Lebensbild. Berlin, 1902, Bd. 1—2.

Keyssler, J o h a n n G e o r g, geb. 13. IV. 1689, gest. 21. VI. 1743.
Schrieb 1730 über das Museum zu Dresden u. über andere Samm-
lungen u. Fossilvorkommen, z. B. Württembergs.
E d w a r d s: Guide, 53.
L a u t e r b o r n: Der Rhein, I: 228.
Allgem. Deutsche Biogr. 15, 702.

Khanikoff, N i c o l a i W l a d i m i r o w i t s c h, geb. 5. XI. 1819
Gouv. Kaluga, gest. 15. XII. 1878 Rambouillet.
Sammelte 1856 Vertebraten in Maragha.
Z i t t e l: Gesch.
P o g g e n d o r f f 3, 717.

Kiaer, Johan Aschehong, geb. 11. X. 1869 Drammen, Norwegen, gest. 31. X. 1931 Oslo.
Studierte bei Zittel, 1909 Prof. Pal. Hist. Geol. Oslo. Pisces, Stratigraphie und Paläontologie des norweg. Kambrium u. Silur.
Heintz, A.: Prof. Dr. J. K. Palaeobiologica, 5, 1933, 1—6 (Portr. Bibliographie mit 41 Titeln).
Holtedahl, O., Heintz, A., Hoeg, O. A., Vogt, Th.: J. K. Norsk geol. Tidsskrift, 11, 1932, 415—436 (Portr. Bibliographie mit 43 Titeln).
Obituary, QuJGS., London, 88, 1932, p. LXIX.
Raymond, P. E.: Memorial tribute to J. K. Bull. Geol. Soc. America, 44, 1933, 411—419 (Bibliographie mit 41 Titeln).
Holtedahl, O.: Minnetale over Prof. Dr. J. K. Norske Vid. — Akad. Arbok 1932, 45—51 (Portr.).

Kidston, Robert, geb. 28. VI. 1852, gest. 13. VII. 1924 Gilfach Goch, S. Wales.
Demonstrator bot. Abteilung Univ. Edinburgh. Phytopaläontologie.
Seward, A. C.: Obituary, Geol. Magaz., 1924, 477—479.
Necrolog: Proc. Roy. Soc., 1927, I—IX, (Portr.).

*Kielmeyer, Carl Heinrich, geb. 22. X. 1765 Bebenhausen, gest. 24. IX. 1844.
Lehrer G. Cuvier's in Stuttgart. Anatom.
Jäger, G.: Ehrengedächtnis des königl. Württembergischen Staatsrathes von K. Acta Leopold., 1845, XIX—XCII.
— — Jahresh. Ver. vaterländ. Naturk. 1, 1845, 137—145.

Kiesow, Johann, geb. 27. V. 1846 Vorbein (Pommern), gest. 10. III. 1901 Danzig.
Oberlehrer in Danzig. Fossilien der norddeutschen Diluvialgeschiebe. Seine Sammlung in der preuß. geol. Landesanstalt.
Conwentz: Nachruf. Schriften naturf. Ges. Danzig (N. F.) 10, 4. Heft, 1902, XVIII—XIX.
Kuhse, F.: Die Geologie in der Naturf. Ges. in Danzig. Schriften Naturf. Ges. Danzig (N. F.) 16, 2. Heft, 1924, 65, 68—69.
Scient. Papers 10, 394; 16, 266 (Qu.).

Kilian, Wilfrid, geb. 15. VI. 1862 Schiltigheim, gest. 30. IX. 1925 Grenoble.
Prof. d. Geol. in Grenoble. Stratigraphie u. Paläontologie der Alpen, bes. der Unterkreide. Cephalopoda.
Jacob, Ch.: Not. nécrol. Bull. Soc. géol. France, (4) 26, 1926, 163—184; Trav. Laboratoire Géol. Univ. Grenoble 14, 2, 1927, 5—64; Annales Univ. Grenoble 4, 1927, 5—64 (Portr., Bibliographie).
Notice sur les travaux et les publications scientifiques de M. K. Lyon, 1913, pp. 230, plus II. (Taf. 2, Fig. 4).
Termier, P.: Discours prononcé aux obsèques de —. Lu à la mémoire de —. Grenoble, 1927.
Portr. Livre jubilaire, Taf. 10.

Kinahan, John Robert, geb. 15. III. 1828, gest. 2. II. 1863 Dublin.
Prof. Zool. School of Mines, Dublin. Kambrische Fauna von Bray Head u. Howth.
Obituary. Journ. and Proc. Linnean Soc. London 7 (1862—1863), 1864, XLII; Dublin Quart. Journ. Sci. 4, 1864, 30—33 (Qu.).

King, A l f r e d T.
Entdeckte fossile Fährten in Pennsylvanien.
Life of Lyell II: 102.
N i c k l e s 603 (Qu.).

King, C l a r e n c e, geb. 6. I. 1842 Newport, gest. 24. XII.
1901 Phoenix (Arizona).·
Nordamerikanischer Geologe. Stratigraphie.
E m m o n s, S. F.: Biographical memoir of —. Biog. Mem. Nat.
Acad. Sci., 6, 1909, 55 (Bibliographie mit 21 Titeln):
— — Obituary, Amer. Journ. Sci., (4) 13, 1902. 224—237 (Bi-
bliographie mit 16 Titeln).
O s b o r n: Cope, Master Naturalist, 29.

King, J o h n, gest. 72 Jahre alt 19. X. 1879.
Englischer Sammler.
H. B. W (o o d w a r d): Obituary, Geol. Magaz., 1879, 576.

King, W i l l i a m, geb. 1809, gest. 1886.
Prof. Geol. Queen's College Galway (Irland). Permfossilien
Englands, Eozoon.
List of the published writings of W. K. Galway, 1879 (Bibliogra-
phie mit 71 Titeln).
Dict. Nat. Biogr. 31, 170.

Kingsley, J o h n S t e r l i n g.
Zoologe, Sammler. Trilobita.
C l a r k e: James Hall of Albany, 419.
N i c k l e s 605.

Kingsmill, T h o m a s W.
Studierte in den 60er Jahren Stratigraphie Chinas.
Z i t t e l: Gesch.

Kinkelin, G e o r g F r i e d r i c h, geb. 15. VII. 1836 Lindau, gest.
13. VIII. 1913 Frankfurt a. M.
Studierte bei Oppel. 1863—66 Leiter einer Farbenfabrik in Berlin als Chemiker, dann Direktor einer med. Fabrik Staßfurt,
1867 Lehrer Naturgeschichte zu Zofingen, später Lehrer an
höheren Schulen in Frankfurt a. M. Mitarbeiter des Sen-
ckenbergischen Museums. Plistozäne Mammalia (Mosbach), Phytopal. Mainzer Becken.
D r e v e r m a n n, Fr.: Nachruf: 44. Ber. Senckenberg. Naturf.
Ges. 1913, 271—277 (Portr.).
Nekrolog: Zeitschr. Deutsch. Geol. Ges., 65, 1913, 537.
Festschrift Hundertjahrfeier Musterschule Frankfurt a. M. 1903,
251—252 (Teilbibliographie).
P o g g e n d o r f f 3, 719—720; 4, 749; 5, 631.

Kinsky, F r a n z J o s e p h, G r a f v o n, geb. 6. XII. 1739 Prag,
gest. 9. VI. 1805 Wien.
Schrieb 1775 über Crustaceen.
V o g d e s.
W u r z b a c h 11, 290—295.

Kiprianoff, V a l é r i e n A l e x a n d e r, geb. 5. X. 1818, gest. 1889.
Arbeitete über Vertebrata Rußlands. (Reptilia, Pisces).
N i k i t i n, S.: Not. nécrol. Bull. Comité géol. Russie, 8, 1889, No.
1, pp. 5 (Bibliographie mit 15 Titeln).

N i k i t i n, S.: Liste des publications paléontologiques et géologiques de V. A. K. Verhandl. Russ. K. Min. Ges. St. Petersburg, Ser. 2, 26, 1890, 400, p. 397—99 auch Biographie.

Kircher, A t h a n a s i u s, geb. 2. V. 1601, Geisa bei Eisenach, gest. 30. X. 1680 Rom.
Deutscher Mathematiker und Archäologe, Prof. am Collegium Romanum, Jesuit. Besaß eine berühmte Sammlung. Opus: Mundus subterraneus 1664.
Selbstbiographie aus dem lat. übersetzt von N. Senz, Fulda, 1901 (Ref. Mit. Gesch. Med. Naturw. I: 162).
Vergl. B o n a n n i: Museum Kircherianum, 1709.
Z i t t e l: Gesch.
W a'l s h, J. J.: Father K., scientist, orientalist and collector. Eccles. Review Philadelphia 31, 1904, 459—474.
P o g g e n d o r f f 1, 1258.

* **Kirchmaier**, G e o r g K a s p a r, geb. 29. VII. 1635 Uffenheim, gest. 28. IX. 1700 Wittenberg.
Publizierte de dracone, de Basilisci existentia.
W a l t h e r, J., Leopoldina, 5: 6.
P o g g e n d o r f f 1, 1261.

Kirchmaier, S e b a s t i a n, geb. 18. III. 1641 Uffenheim, gest. 16. X. 1700 Rothenburg.
Publizierte De corporibus petrificatis Wittenberg, 1664.
P o g g e n d o r f f 1, 1261.

Kirchner, T r a u g o t t W i l h e l m.
Archidiakonus in Sorau, Niederlausitz, publizierte de petrefactibus et fossilibus quae Soraviae et in vicinis agris reperiuntur, Sorau, 1834, pp. 15.

Kirkby, J a m e s W a l k e r, geb. 10. IV. 1834, gest. 30. VII. 1901.
Studierte oberpalaeozoische Stratigraphie u. Paläontologie von Durham und Fifeshire (Crustacea (bes. Ostracoda), Chitonidae, Pisces).
Obituary, Geol. Magaz., 1901, 480.
H o r n e: Obituary Notice. Transact. Geol. Soc. Edinburgh 8, 1905, 231—236 (Portr.).

* **Kirwan**, R i c h a r d.
Engl. Mineraloge zu Dublin, publizierte 1799 Geological essays.
O r m e r o d, G. W.: A classified index to the reports and transactions of the Devonshire Association, 1862—1885, Plymouth, 1886 (Biographie).
P o g g e n d o r f f 1, 1263.

Kitchin, F i n l a y L o r i m e r, geb. 13. XII. 1870 Whitehaven, gest. 20. I. 1934.
Paläontologe Geol. Surv. England. Brachiopoda, Lamellibranchiata Indiens, Stratigraphie von Südafrika, Texas, Tendaguru, Kent.
C h a t w i n, C. P.: Obituary, QuJGS., London, 90, 1934, LVII—LVIII.

Kittel, M a r t i n B a l d u i n, geb. 8. I. 1798 Aschaffenburg, gest. 24. VII. 1885 ebenda.
Studierte 1840 Stratigraphie des Spessarts.
Z i t t e l: Gesch.
P o g g e n d o r f f 3, 722.

Kittl, E r n s t A n t o n L e o p o l d, geb. 2. XII. 1854 Wien, gest.
1. V. 1913 Wien.
Direktor der Geol. Pal. Abteilung des Wiener Naturw. Hofmu-
seums. 1907 Prof. Pal. prakt. Geol. an der techn. Hochschule,
(CfM. 1908, 91). Mollusca. Mammalia. Cephalopoda, Strati-
graphie.
T r a u t h, F.: Nachruf: Mitt. Geol. Ges. Wien, 6, 1913, 358—362.
—: Zur Erinnerung an E. K. Mitt. Sekt. f. Naturk. Österr.
Touristen-Club 25, Nr. 8—9, 1913, 7 pp. (Bibliographie).
D r e g e r, J.: E. K. Verh. geol. Reichsanst. Wien 1913, 221—224
(Bibliographie).
Nachruf: Leopoldina, 49, 1913, 63.

Kjerulf, T h e o d o r, geb. 30. III. 1825 Christiania, gest. 25. X.
1888 ebendort.
1858 Prof. Geol. Christiania. Direktor Geol. Survey Norwegens.
Stratigraphie Skandinaviens.
L i n n a r s o n, G.: Th. K. Nordisk tidskr. för vetenskap. konst
och industri, 1880, 272—278.
S v e d m a r k, E.: Nachruf: NJM., 1889, I, pp. 2.
Obituary, Geol. Magaz., 1888, 574—575; Geol. För. Stockholm För-
handl., 10, 1888, 442—447 (Bibliographie).
B r ö g g e r, W. C.: K.s vetenskap. verksamket. Nordisk Tidskrift.
H i o r t d a h l, Th.: T. K. Naturen, 12, 1888, 353—362 (Portr.).

Klaassen, H i n d e r i c u s M a r t i n u s, geb. 1828 Kritzum, Han-
nover, gest. 22. I. 1910.
Kaufmann, der sich seit 1874 dem Sammeln von Croydon-Fossilien
widmete.
Obituary, Geol. Magaz., 1910, 191; QuJGS., London, 66, 1910, p.
LII.

Klaatsch, H e r m a n n, geb. 10. III. 1863 Berlin, gest. 5. I. 1916
Eisenach.
Prof. Anthropologie Breslau. Homo fossilis.
M ö t e f i n d t, K.: Nachruf: Naturw. Wochenschr., N. F., 15, 1916,
297—299.
W e g n e r, R. N.: Nachruf: CfM., 1916, 353—360.
— —: Nachruf. Anat. Anz. 48, 1916, 611—623 (Portr., Biblio-
graphie).

* **Klautzsch,** A d o l f, geb. 23. X. 1869 Brandenburg, gest. 23. X.
1927.
Geologe an der preuß. Geol. Landesanst. Stratigraphie.
W i c h d o r f f, H. Hess v.: Nachruf: Jahrb. Preuß. Geol. Lan-
desanst., 48, 1927, XLIV—XLIX (Portr. Bibliographie mit 30
Titeln).

Klähn, H a n s, geb. 1884 Mühlhausen, gest. 5. XII. 1933.
1921 Doz. Rostock. Foraminifera, Brachiopoda, Mammalia, allgem.
Paläontologie.
S c h u h: Nachruf: Geol. Rundschau, 25, 1934, 222—224.

Klebs, R i c h a r d, geb. 30. III. 1850 Suzczen, Kreis Lyck, gest.
20. VI. 1911.
Apotheker, dann Landesgeologe. Bernsteinforscher.
S c h r o e d e r, H.: Nachruf: Jahrb. Preuß. Geol. Landesanst., 32,
II, 1911, 383—389 (Bibliographie mit 30 Titeln).
T o r n q u i s t, A.: Nachruf: Schriften phys. ökon. Ges. Königsberg
i. Pr., 52, 1911, 31—37 (Portr. Bibliographie mit 11 Titeln).

Klein, A d o l p h v o n, geb. 30. IX. 1805 Stuttgart, gest. 3. IV.
1891 ebenda.
Dr., Generalstabsarzt in Stuttgart. Zoologe. Monographie der
Mollusken aus den tertiären u. quartären Süßwasserkalken
Württembergs (Jahresh. vaterländ. Naturk. Württemb. 2 (1847),
8 (1852), 9 (1853).
(Qu. — Originalmitt. von Otto Krimmel).

Klein, J a k o b T h e o d o r, geb. 15. VIII. 1685 Königsberg, gest.
27. II. 1759 Danzig.
Stadtsekretär in Danzig. Besitzer einer Bernsteinsammlung, jetzt
in Dresden. Sammler und Beschreiber von Fossilien. Echiniden.
Opus 1731 etc., Ref. Schroeter, Journ., 2: 89—110.
S c h u m a n n, E.: Geschichte der naturf. Ges. Danzig. Schriften
naturf. Ges. Danzig (N. F.) 8, 2, 1893, 60, 78—79 (Portr.,
Bibliographie).
Allgem. Deutsche Biogr. 16, 1882, 92—94.

* **Klein**, J o h a n n F r i e d r i c h C a r l.
Mineraloge.
Nekr.: Wolff, F. v., CfM., 1907, 654—661 (Bibl. 108).

Klipstein, A u g u s t W i l h e l m, geb. 7. VI. 1801 Hohensolms, gest.
15. IV. 1894 Gießen.
Bergwerksdirektor. 1831—65 Prof. Geol. Gießen. Studierte Mam-
malia von Eppelsheim. Ein Teil seiner Sammlung im British
Museum und in Budapest. Alpine Faunen, hess. Stratigr. und
Paläontologie.
H u m m e l, K.: Biogr. in: Hessische Biogr., 3, 1928, 63—68.
Hist. Brit. Mus., I: 303.
Nachruf: Verhandl. Geol. Reichsanst. Wien, 1894, 184—185.
P o g g e n d o r f f 1, 1275.

* **Klipstein**, P h i l i p p E n g e l, geb. 4. VIII. 1747 Darmstadt,
gest. 14. VII. 1808 ebenda.
Hessen-Darmstädtischer Kammerdirektor. Stratigraphie Hessen.
Freyberg.
Z i t t e l: Gesch.
P o g g e n d o r f f 1, 1275.

Kliver, M o r i t z, gest. 1893.
Markscheider u. Bergrat in Saarbrücken. Arthropod. d. Karb.
Todesnachricht. Verh. naturhist. Ver. Rheinl. u. Westfal. 51,
1894, Corrbl. 1—2 (Qu.).

Klobius, J u s t u s F i d u s.
Schrieb 1666 Ambrae historiam Wittenberg.
E d w a r d s: Guide, 39.

Kloeden, K a r l F r i e d r i c h, geb. 1786 Berlin, gest. 1856 ebendort.
1824—55 Direktor der Gewerbeschule Berlin. Pal. Brandenburg.
Z i t t e l: Gesch.
Allgem. Deutsche Biographie 16, 1882, 203—208 (Bibliographie
im Text).

Klouček, C e l d y, geb. 6. XII. 1855 Senomatech u Rakovnika,
gest. 11. X. 1935 Prag.
Stratigraphie u. Paläontologie des böhmischen Ordovizium.
K o l i h a, J.: Bedeutung des Prof. C. K. in der Stratigr. und
Paläont. des böhm. Ordovizium. (tschechisch). Časopis Nar. Musea
109. 1935, 73—79 (Portr., Bibliographie) (Qu.).

Knebel, W. von, verunglückte 1907 auf Island.
Habilitierte sich 1907 für Geol. Pal. in Berlin (CfM. 1907, 154).
Crustacea (Solnhofen).
Nachruf: CfM. 1907, 474.

Kner, Rudolf, geb. 24. VIII. 1810 Linz, gest. 27. X. 1869 Oed
nächst Gutenstein.
Prof. Zool. Wien. Ichthyologe. Fossile Fische.
S t e i n d a c h n e r, F.: Botanik u. Zoologie in Österreich 1850—
1900. Festschr. zool.-bot. Ges. Wien 1901, 414—418 (Portr.,
Bibliographie p. 434—436).
Nachruf. Almanach Ak. Wiss. Wien 20, 1870, 172—182 (Teil-
bibliographie im Text) (Qu.).

Knight, C h a r l e s.
Maler der berühmten Fossilienrekonstruktionen verschiedener nordamerikanischer Museen (New York, Chicago).
F o r b i n, V.: Un peintre paléontologiste: Ch. R. K. La Nature,
1932, 315—320 (Fig. 10).

Knight, W i l b u r C l i n t o n, geb. 13. XII. 1858 Rochelle Ill.,
gest. 28. VII. 1903 Laramie.
Prof. Geol. Univ. Wyoming, wo er eine große Vertebratensamm-
lung schuf. Reptilia, Pisces.
B a r b o u r, E. H.: Memorial of W. C. K. Bull. Geol. Soc. Ame-
rica, 15, 1904, 544—549 (Portr. Bibliographie mit 51 Titeln).
N e l s o n, Aven: W. C. K. Sci. n. s., 18, 1903, 406—409 (Biblio-
graphie mit 46 Titeln).
W i l l i s t o n, S. W.: W. C. K. Am. Geol., 33, 1904: 1—6 (Portr.,
Bibliographie mit 43 Titeln).

Knipe, H e n r y R o b e r t, geb. 1855, gest. 26. VII. 1918.
Populärer Schriftsteller, schrieb paläontologische Gedichte: From
Nebula to Man 1905, Evolution in the Past 1912.
Obituary, QuJGS., London, 75, LXXII; Geol. Magaz., 1918, 432.

Knoll, H e i n r i c h C h r i s t o p h F r i e d r i c h, geb. 1752 Langen-
salza, gest. 1786.
Schrieb über Elephant an den Fahnerschen Höhen, 1782.
Freyberg.

Knorr, G e o r g W o l f g a n g, geb. 1705 Nürnberg, gest. 1761.
Kupferstecher und Kunsthändler in Nürnberg, Mitarbeiter Walch's.
Opus 1750: Sammlung von Merkwürdigkeiten der Natur, 1755, und
Vergnügen der Augen und des Gemütes, 1757 (referiert in
Schroeter, Journ., I: 2: 28—34, 193—207).
Freyberg.
T o r n i e r: 1924: 12.
E d w a r d s: Guide, 41, 44.
L a u t e r b o r n: Der Rhein, I: 289.
Allgem. Deutsche Biogr. 16, 326—327.

Knowlton, F r a n k H a l l, geb. 2. IX. 1860 Brandon, Vermont,
gest. 22. XI. 1926 Ballston, Virginia.
Taxidermist, Botaniker, Geologe, 1887—96 Professor Botanik
Columbian- (nun George Washington-) University. Paläobotaniker
U. S. Geol. Survey. Phytopaläontologie.
B e r r y: Obituary, Am. Journ. Sci., (5) 13, 1927, 281.
W h i t e, D.: Memorial of —. Bull. Geol. Soc. America, 38, 53—
70 (Portr. Bibliographie mit 301 Titeln).

*__Kobell__, Franz von, geb. 19. VII. 1803, gest. 11. XI. 1882.
Prof. Mineralogie.
H a u s h o f e r, K.: F. v. K. Eine Denkschrift. München, Akademie, 1884, pp. 28 (Auszug NJM., 1883, I, pp. 4).
D a u b r é e: Not. nécrol. Bull. Soc. minéral. France, 5, 1882, 297—299.

__Kobelt__, W i l h e l m, geb. 20. II. 1840, gest. 26. III. 1916.
Conchyliologe.
D r e y e r, L.: Nekrolog: Jahresber. Ver. Nassauischen Ver. f. Naturkunde, 69, 1916, p. XXVIII—XLIII.
B o e t t g e r, C. R.: W. K. 49. Ber. Senckenberg. Naturf. Ges. 1919, 114—123 (Portr.)

__Koby__, F r é d é r i c L o u i s, geb. 1852, gest. 6. IV. 1930 Porrentruy.
Prof. an der Kantonschule in Porrentruy. Mitarbeiter Loriols. Stratigraphie des Schweizer Jura. Jura- und Kreidekorallen der Schweiz u. Portugals.
R o l l i e r, L.: Fr.-Ls. K. Verh. Schweiz naturf. Ges. 111, 1930, 480—486 (Bibliographie).
C e p p i: Nécrologie Actes Soc. jurassienne d'Emulation 34, 1929—30 (Qu.).

__Koch__, A l b e r t, C., gest. 27. XII. 1867.
Sammelte um 1840 Mastodon- und Zeuglodonreste von Missouri, die er unter den Namen Hydrarchos, Missourium in Europa ausstellte.
Hist. Brit. Mus., I: 304.
Nachruf: NJM., 1868, 256.
Über Missourium: NJM. 1845: 760, 1849: 293, 1872: 237, 1875:983.
vgl. C l a r k e: James Hall of Albany, 89.
L y e l l II, 59.
D i e t r i c h, W. O.: Hydrarchos Koch. Sitzber. Naturf. Freunde Berlin 1934, 99—104.
N i c k l e s 614—615.

__Koch__, A n t a l v o n B o d r o g, geb. 7. I. 1843, gest. 8. II. 1927 Budapest.
1872 Prof. Geol. Pal. Min. Universität in Kolozsvár, 1894—1913 in Budapest. Tertiär-Stratigraphie, Pisces, Reptilia, Mammalia.
P á l f y, M.: Nachruf: Földtani Közlöny, 58, 1929, Budapest, 7—14, 149—151 (Portr.).
— — Nachruf: Akadémia Emlékbeszédek, 20: 8, 1928, 1—40. (Bibl. Portr.).

__Koch__, C a r l, geb. 1. VI. 1827, gest. 18. IV. 1882.
Landesgeologe u. Prof. f. Naturwissensch. in Wiesbaden. Studierte in den 80er Jahren Taunus, Mainzer Becken. Trilobiten (Homalonotus).
K i n k e l i n, Fr.: Zum Andenken an Dr. C. K. Ber. Senckenberg. Naturf. Ges. 1881—82, 270—289.
D e c h e n, H. v.: C. K. Jahrbücher Nassauischen Ver. Naturk., 35; Leopoldina, 19, 74—77, 91—94 (Bibliographie).
— — Dr. C. K. Verhandl. Naturhist. Ver. preuß. Rheinl. Westfalen, 39, 1882, Corrbl. 35—52; Abhandl. Spezialkarte Preußen, 4, H. 2, 1—XXX, 1883 (Portr., Bibliographie).

__Koch__, C a r l L u d w i g, geb. 1778, gest. 23. VIII. 1857.
Kreisforstrat in Nürnberg. Bernsteinarthropoden zus. mit G. C. Berendt 1854.
Horn-Schenkling, Lit. entom. 1928/29, 649 (Qu.).

Koch, E d u a r d, geb. 10. VII. 1838, gest. 1. XII. 1897 Stuttgart.
Verleger paläontologischer Literatur. Besitzer einer schönen Sammlung bes. von Jurafossilien, jetzt im Naturalienkabinett Stuttgart.
E n g e l: Nachruf. Jahreshefte Ver. vaterländ. Naturk. Württemberg 54, 1898, XXXVIII—XLIV (Qu.).

Koch, F r i e d r i c h E d u a r d, geb. 28. IX. 1817 Sülz (Mecklenburg), gest. 2. XI. 1894 Schwerin.
Baurat. Mecklenburger Stratigraphie u. Tertiärfaunen (Sternberger Gestein).
G e i n i t z, E.: F. E. K. Archiv Ver. Freunde d. Naturgesch. in Mecklenburg 48 (1894), 1895, I—VIII (Portr., Teilbibliographie) (Qu.).

Koch, F r i e d r i c h K a r l L u d w i g, geb. 15. II. 1799 Rothehütte, gest. 12. III. 1852 Grünenplan.
Beschäftigte sich zuerst mit Hüttenkunde, dann Glasfabrikant in Grünenplan. Paläontologie des Jura u. der Kreide Nordwestdeutschlands.
P o g g e n d o r f f 1, 1288—1289 (Qu.).

Koch, G o t t l i e b K a r l D a v i d v o n, geb. 15. X. 1849 Hirschberg a. Saale, gest. 21. XI. 1914.
Direktor zool. Mus. Darmstadt. Coelenterata.
F ü r b r i n g e r, M.: Nachruf: Leopoldina, 51, 1915, 67—72.

Koch, G u s t a v A d o l f, gest. 75 Jahre alt, 27. V. ,1921 Gmunden.
Prof. Geol. Min. an der Hochschule für Bodenkultur Wien. Stratigraphie.
Nachruf: Verhandl. Geol. Staatsanst. Wien, 1921, 97—100 (Bibliographie mit 80 Titeln).

Koch, K a r l H e i n r i c h E m i l, geb. 6. VI. 1809, gest. 25. V. 1879.
Botaniker. Publizierte 1841 über Chirotherium-Fährten.
Freyberg.
Allgem. Deutsche Biogr. 16, 395—398 (Qu.).

Koenen, A d o l f v o n, geb. 21. III. 1837 Potsdam, gest. 5. V. 1915 Göttingen.
1873 Prof. Marburg, 1881 Prof. Göttingen (Nachfolger Karl v. Seebach's). Stratigr. Cystoidea, Crinoidea, Lamellibranchiata, Gastropoda, Cephalopoda, Trilobita, Leptostraca, Pisces. Reptilia.
P o m p e c k j, J. F.: Gedenkrede auf A. v. K. Zeitschr. Deutsch. Geol. Ges., 67, 1915, MB., 229—268 (Portr. Bibliographie mit 216 Titeln).
M e n z e l, H.: Verzeichnis der Schriften A. v. K's. Festschrift A. v. K. gewidmet 1907, I—XXXI (Bibliographie mit 185 Titeln).

Koenig, C h a r l e s, geb. 1774 Braunschweig, gest. 6. IX. 1851 London.
1813 Keeper British Museum Dep. Nat. Hist., 1837 Keeper Dep. Geol. Min. daselbst. Schrieb 1825 Icones fossilium sectiles, 1814 über den Guadeloupe-Menschen.
Hist. Brit. Mus.: I: XIV.
E d w a r d s: Guide, 64, 65.
Dict. Nat. Biogr. 31, 343.

Koenig, E m a n u e l, geb. 1. XI. 1658 Basel, gest. 30. VII. 1731 ebenda.

Schrieb 1686—1689 de glossopetris (ref. Schröter, Journ.: 3: 176,
4: 129—131).
P o g g e n d o r f f 1, 1293.

Koert, W i l l i, geb. 1. II. 1875 Hamburg, gest. 13. VI. 1927 Fulda.
Studierte bei Koenen, 1898 Assistent Koenen's, 1899 Mitarbeiter
der Preuß. Geol. Landesanst. Stratigraphie Mesoz. Tertiär,
Pecten.
K r a u s e, P. G.: Nachruf: Jahrb. Preuß. Geol. Landesanst., 48,
1927, XX—XXXVII (Portr. Bibliographie mit 40 Titeln).

Koken, E r n s t, geb. 29. V. 1860 Braunschweig, gest. 21. XI. 1912.
Studierte bei Seebach und A. Heim, Dames, Beyrich. Prof. Geol.
Pal. Tübingen. Mollusca, Reptilia, Pisces, Mammalia.
F r a a s, E.: Zum Gedächtnis an E. K. Jahreshefte Ver. vaterl.
Naturk. Württemberg, 69, 1913, XXVII—XL.
H u e n e, F. v.: Nachruf: NJM., 1912, II, pp. XIII (Portr. Biblio-
graphie mit 85 Titeln).
P o m p e c k j, J. F.: Nachruf: Palaeontographica, 59, 1913, pp.
IV.
S u e s s, F. E.: Nachruf: Mitt. Geol. Ges. Wien, 5, 1912, 482—483.
W a h n s c h a f f e: Nachruf: Zeitschr. Deutsch. Geol. Ges., 64,
1912, 551—553.
T o r n i e r: 1925: 77—78, 100.

*Kokscharow, N. J.
Mineraloge.
M ü n s t e r, A. E.: Die Feier des fünfzigjährigen Dienstjubiläums
des Direktors der Kaiserlichen Mineralogischen Gesellschaft zu
St. Petersburg, des Akademikers N. J. v. Kokscharow und eine
kurze Biographie des Jubilars. Verhandl. Russ. K. Min. Ges.,
24, 1887, 295—401.
Obituary. QuJGS. London 49, 1893, 64—65.

Kolbe, H e r m a n n J u l i u s, geb. 2. VI. 1855 Halle (Westf.).
Kustos am Mus. f. Naturkunde, Berlin. Entomologe. Coleopteren
d. schles. Braunkohle u. andere Fossilreste.
O h a u s, Fr.: Lebensbild. Entomol. Blätter 8, 1912, 4 pp. (Portr.,
Teilbibliographie) (Qu.).

Kolenati, F r i e d r i c h A n t o n R u d o l p h, gest. 17. VI. 1864.
Prof. Min. Geol. Zool. Bot. Naturgesch. am Polytechnikum Brünn.
Insecta (Bernstein).
Nekrolog: Leopoldina, 4, 141.
W u r z b a c h 12, 316—319 (Bibliographie).

Kolesch, K a r l, geb. 16. IV. 1860 Neustadt a. d. Orla, gest. 12.
VII. 1921.
Oberlehrer in Jena. Stratigraphie u. Paläontologie des Thüringer
Zechsteins u. der Trias (Qu.).

Koller, J a k o b A u g u s t, geb. 1867 Winterthur.
Pfarrer in Lindau-Efretikon, Jurasammler für das Museum zu
Winterthur.
K e l l e r, R.: Führer pal. Samml. Winterthur, 162—163.

Koninck, L a u r e n t G u i l l a u m e d e, geb. 3. V. 1809 Löwen, gest.
15. VII. 1887 Lüttich.
1833 Arzt, 1835 Lehrer der Chemie an der Universität Gent,
1838 Prof. Chemie Gent, 1847 Prof. Pal. Lüttich. Brachiopoda,
Crinoidea, Mollusca, Fauna des belg. Kohlenkalks.

D e w a l q u e: Nekrolog. Rev. univ. Mines.
D u p o n t, E.: Note sur L. G. de K. Ann. Acad. roy. Belg., 57,
1891, 437—483 (Portr. Bibliographie).
L e R o y: Necrolog: C. R. Univ. Liège, 1867, No. 3; Journ. de Liè-
ge, 19, IV, 1877 (diese auszüglich in Leopoldina, 26: 154—155).
M o u r l o n, M.: Notice sur les travaux paléontologiques de L. G.
de K. in: Faune du calcaire carbonifère de la Belgique par K.
Ann. Mus. roy. d'Hist. Nat. Belg., 14, 1887, 1—IX (Portr.,).
O e h l e r t, D. V.: Necrol. Bull. Soc. géol. France, (3) 16, 1888,
466—477, (Bibliographie mit 68 Titeln).
Obituary, Geol. Magaz., 1887, 432; QuJGS. London, 44, 1888,
Suppl., 51.
Nekrolog. Annales Soc. Géol. Belgique 14, 1887, CLXXXIX—
CCLV (Bibliographie).

Kopp, J o h a n n H e i n r i c h, geb. 17. IX. 1777 Hanau, gest. 28.
XI. 1858 ebenda.
Schrieb 1814 in Leonhard's Taschenbuch über die Bedeutung der
Versteinerungen.
P o g g e n d o r f f 1, 1303—1304.

Kormos, T i v a d a r, geb. 1881.
Ungarischer Paläontologe. Mammalia. (Oberpliozän).
K. T. szakirodalmi munkásságanak jegyzéke 1902—1915. (Biblio-
graphie mit 83 Titeln.)

Korn, J o h a n n e s, geb. 8. IX. 1862 Quedlinburg, gest. 31. VII.
1927.
Studierte bei Koken, 1896 Mitarbeiter Preuß. Geol. Landesanst.
Kristalline Geschiebe, auch Foraminifera, Stratigraphie.
M i c h a e l: Nachruf: Jahrb. Preuß. Geol. Landesanst., 48, 1927,
XXXVIII—XLIII (Portr. Bibliographie mit 20 Titeln).

Kornhuber, A n d r e a s, geb. 2. VIII. 1824 Kematen, gest. 21. IV.
1905 Wien.
Prof. Zool. Botanik an der technischen Hochschule Wien und Tier-
arzt. Reptilia, Mammalia.
V a c e k, M.: Nachruf: Verhandl. Geol. Reichsanst. Wien, 1905,
197—198.
Nachruf: Leopoldina, 41, 1905, 62.
O r t v a y, T.: Dr. A. K. Pozsonyi Orv.-termt. Egyl. 26 (1905),
1906, 1—17.
Nachruf. Verh. Zool.-bot. Ges. Wien 56, 1906, 103—125 (Portr.
Teilbibl. im Text).

Kovats, G y u l a, kézdiszentléleki, geb. 15. IX. 1815 Budapest,, gest.
22. VI. 1873 Budapest.
Kustos am Ung. Nationalmuseum. Prof. Budapest, Direktor bot.
Garten. Phytopalaeontologie.
W u r z b a c h 13, 68—70.

Kowalewsky, W o l d e m a r (W l a d i m i r O n u f r i e w i t s c h),
geb. Okt. 1842 Schustianka, gest. 16. IV. 1884 Moskau, Selbstmord.
Studierte u. a. bei Zittel. Privatdozent Pal. Moskau. Mammalia.
Phylogenie u. Anpassungsforschung der Vertebraten.
B o r i s s j a k, A. A.: W. K., sein Leben und seine Arbeit (rus-
sisch), Akademie Nauk, SSRR. Trudy Kom. por istoria Lenin-
grad, 1928, pp. 128 (Portr. 2, Fig. 6) (Ref. Mitt. Gesch. Med.
Naturw., 28: 40).
Dasselbe deutsch in Palaeobiologica, 3, 1928, 131—256 (Wien,
1930) (Portr. Bibliographie mit 12 Titeln).
F r a a s, O.: W. K. NJM., 1884, I, pp. 4.

B o g d a n o v, A.: Matériaux pour l'histoire de l'activité scientifique et industrielle en Russie, dans le domaine de la Zoologie et des sciences voisines de 1850 à 1887. Bull. Soc. Imp. des Amis des Sc. Nat. Moscou, 55, 1888, pp. 224.

Köcher.
Publizierte 1801, 1802 über Knochenhöhlen Thüringens.
Freyberg.

Köchlin-Schlumberger, J o s e p h, geb. 1796, gest. 1863.
Elsässer Geologe. Stratigraphie.
G r a d, Ch.: Études historiques sur les Naturalistes de l'Alsace. Bull. Soc. hist. nat. Colmar 14—15, 1874, 283—314 (Bibliographie).
Allgem. Deutsche Biogr. 16, 409—410.

* Körner, T.h e o d o r, geb. 23. IX. 1791 Dresden, erlitt zwischen Gadebusch und Schwerin am 15. VI. 1813 den Heldentod.
Dichter und Bergstudent.
S e r l o, W.: Th. K., der Bergstudent, Zeitschr. f. das Berg-, Hütten- und Salinenwesen im Preußischen Staate, 1933, B, 280—287 (Portr.).

Krafft, v o n D e l l m e n s i n g e n, A l b r e c h t, geb. 17. III. 1871 Rothenfels Unterfranken, gest. 22. IX. 1901 Calcutta.
Studierte bei Zittel und Waagen, 1897 Assistent bei E. Suess, 1898 Mitarbeiter der Geol. Survey Indien. Stratigraphie u. Faunen, bes. Indiens.
D i e n e r, C.: Zur Erinnerung an —. Jahrb. Geol. Reichsanst. Wien, 51, 1901, 149—158 (Bibliographie).

Kraglievich, L u c a s, geb. 3. VIII. 1886 Balcarce, Buenos Aires, gest. 13. III. 1932.
1916 Direktor Pal. Mus. Buenos Aires, 1930 Pal. Mus. Montevideo. Mammalia, Aves. (Stellte auf 21 n. fam., subfam., 74 n. genera, subgen., 137 n. sp., versetzte 87 spec. in neue Kategorien.)
M a r i o A. F o n t a n a C o m p a n y: La notable obra geopaleontologica del Prof. L. K. Rev. Arqueologia Argent., 5, 1931, pp. 36 (Portr.. Bibliographie mit 93 Titeln).
L a D i r e c c i o n: El paleontologo L. K. An. Mus. Hist. Nat. de Montevideo, 1932, III—VIII, Bibliographie mit 18 Titeln (bezüglich Uruguay).
P a r o d i, R.: L. K. su vida y su obra. Un folceto pp. 14, Buenos Aires, 1932 (Ref. Dassen: An. Soc. Cient. Argent. CXIV, 1932, 317).
S e n e t, R., L o z a n o, N., C a b r e r a, A., D o m i n g u e z, C. V.: Nekrolog: An. Soc. Cientif. Argent. CXIII, 1932, 179—190 (Portr.).

Krantz, A. und F. (August, Adam: gest. 6. IV. 1872, Fritz: gest. 1926 Bonn.).
Fossilienhändler in Bonn. Firma begründet am 14. XII. 1833, von 1833—37 in Freiberg, 1837—50 in Berlin, 1850— in Bonn.
Hist. Brit. Mus., I: 304.
CfM., 1926, B, 128.
Obituary. Geol. Magaz. 1872, 240 (vgl. auch Nachtrag).

Krapf, L u d w i g, geb. 1810 Derendingen (bei Tübingen), gest. 26. XI. 1881.
Missionar in Ostafrika. Entdeckte den Jura Ostafrikas (Perisphinctes krapfi).

16*

D a m m a n, E.: Ein deutscher Pionier in Ostafrika. Das Hochland
7, 1937, 110—113.
F r a a s, O.: Jahresh. Ver. vaterländ. Naturk. Württemberg 15,
1859, 356.
D a c q u é, E.: Beitr. Paläont. u. Geol. Österr.-Ungarn u. d.
Orients 23, 1910, 13/14 (Qu.).

Krašan, F r a n z, geb. 2. X. 1840 Schönpaß b. Görz, gest. Mai, 1907.
Gymnasialprofessor, zuletzt in Graz. Botaniker. Phytopaläontologe,
hat z. T. mit K. v. Ettingshausen zusammen publiziert.
K r a s s e r, F.: F. K. Mitt. Naturw. Ver. Steiermark 44 (1907),
1908, 156—166 (Portr., Bibliographie) (Qu.).

Krasser, F r i d o l i n, geb. 31. XII. 1863, Iglau, gest. 24. XI.
1922 Prag.
1906 Prof. Botanik techn. Hochschule Prag. Phytopaläontologie.
K e r n e r: Nachruf: Verhandl. Geol. Bundesanst. Wien, 1923, 45-49.
G r e g e r, J.: F. K. Ber. deutsche bot. Ges. 40, 1922: (112)—
(121) (Bibliographie).
K e i s s l e r, K.: F. K. Mitt. Geol. Ges. Wien 16 (1923), 1924,
295—299 (Teilbibliographie).

Kraus, F r., gest. im 67. Lebensjahr 12. I. 1897 Wien.
Spelaeologe.
Nachruf: Verhandl. Geol. Reichsanst. Wien, 1897, 54.

Kraus, G r e g o r, geb. 9. V. 1841 Orb, gest. 14. XI. 1915 Würzburg.
Prof. Bot. Erlangen, dann Halle, zuletzt Würzburg. Fossile Hölzer
des Tertiär, Keuper, Karbon u. Perm.
K n i e p, H.: G. K. Ber. deutsche bot. Ges. 33, 1915, Nekrologe
(69)—(95) (Portr., Bibliographie) (Qu.).

Krause, A u r e l, geb. 30. XII. 1848 Polnisch-Konopath (Kr.
Schwetz, Westpreußen), gest. 14. III. 1908 Berlin-Großlichterfelde.
Prof. an der Luisenstädtischen Oberrealschule Berlin.
Arbeitete über Beyrichien u. verwandte Ostracoden. Paläontologie
der divualen Silurgeschiebe. Stratigraphie der Kreide Pommerns. Sammelte Versteinerungen der norddeutschen Diluvialgeschiebe. Seine Sammlung jetzt in der preuß. geol. Landesanstalt. (Qu. — Originalmitt. der Tochter Else Krause).

Krauss, F e r d i n a n d v., geb. 9. VII. 1812 Stuttgart, gest.
15. IX. 1890 ebenda.
Direktor des Naturalienkabinetts Stuttgart. Zoologe. Arbeitete auch
über Versteinerungen der Kap-Kreide und Halitherium.
Nachruf. Jahreshefte Ver. vaterländ. Naturk. Württemberg 47,
1891, XXXV—XXXVIII (Teilbibliographie, Portr.) (Qu.).

Krefft, G e r h a r d, geb. 17. II. 1830 Braunschweig, gest. 19. II.
1881 Sidney.
Kurator des Australian Museum in Sydney.
Australische Vertebraten (Wellington-Höhle).
G r a b o w s k y, Fr.: G. K., ein Braunschweiger Naturforscher.
Braunschweigisches Magazin, 2, 1896, 36—40 (Bibliographie).
Leopoldina 18, 1882, 44 (Qu.).

Krejci, J o h a n n (Jan), geb. 28. II. 1825 Klatovech, gest. 1. VIII.
1887 Prag.
Prof. Min. Geol. Polytechnik., dann Univ. Prag. Stratigraphie.
K a t z e r: Nachruf: NJM., 1888, I., pp. 6 (mit part. Bibliographie).

K e t t n e r: 135—138, (Portr., 29, 30).
L a u b e, G. C.: Zur Erinnerung an —. Verhandl. Geol. Reichsanst. Wien, 1887, 275—276.

* **Kretschmar**, S a m u e l, gest. 16. IV. 1774 Dresden.
Arzt; besaß ein Naturalienkabinett.
Nachruf: Schroeter's Journ., 2: 509—510.

Križ, M a r t i n, geb. 14. XI. 1841 Lösch, Mähren, gest. 5. IV. 1916 Steinitz, Mähren.
Notar zu Steinitz. Spelaeologe, Mammalia, Homo fossilis.
K n i e s, J.: Dr. M. K. Wiener Prähist. Zeitschr., 3, 1916, 133—141 (Portr., Bibliographie mit 63 Titeln).
Z e l i z k o, J. V.: M. K. Verhandl. Geol. Reichsanst. Wien, 1916, 179—180.
Bibliographie in: Časopis moravsk. zemského musea Brně 1921, 601—633.

Krotov, P e t e r I w a n o w i t s c h, geb. 1852, gest. 1914.
Russischer Geologe, schrieb über Elasmotherium, Stratigr. und Paläontologie Rußlands.
F r e d e r i k s, J.: K. Bull. Com. géol. Russie, 33, 1914, No. 10, 1—17 (Portr., Bibliographie mit 77 Titeln).

* **Kröyer**, H e n r i k, gest. 14. II. 1870.
Inspektor des Naturhist. Mus. Kjöbenhavn, Herausgeber von Kröyer's Naturhist. Tidsskrift.
Nachruf: Leopoldina, 7: 9.
Dansk biogr. Lexikon (Bricka) 9, 583—587.

Krueger, J o h a n n F r i e d r i c h, geb. 1770 Strausberg b. Berlin, gest. 6. II. 1836 Quedlinburg.
Stiftsbaumeister Quedlinburg, schrieb 1822—23 Geschichte der Erde, übersetzte 1823 Blainville's Verst. Fische, 1825, Urweltl. Gesch. d. organischen Reiche.
P o g g e n d o r f f 1, 1323.

Kubinyi, A g o s t o n, geb. 30. V. 1799, gest. 19. IX. 1873.
Direktor des Nationalmuseum Pest und

Kubinyi, F e r e n c, geb. 21. III. 1796 Videfalva, gest. 8. III. 1874 Pest.
Mammalia, Phytopaläontologie.
N e n d t w i c h, K.: K. F. és A. Életrajzuk. Értekezések a Természettudományok köréböl, Pest, 7: 12, 1896, pp. 18.
W u r z b a c h 13, 288—291.

Kudernatsch, J o h a n n, geb. 6. VIII. 1819 Neujahrsdorf (Böhmen), gest. 14. IV. 1856 Wien.
Mitglied geol. Reichsanst. Wien u. Bergverwaltersadjunct. Stratigraphie der Alpen und des Banats. Cephalopoden des Lias (Adneth) u. Doggers.
P o g g e n d o r f f 2, 1324, 1579.
F o e t t e r l e, F.: Todesnachricht. Jahrb. Geol. Reichsanst. Wien 7, 1856, 375—376.
Allgem. Deutsche Biogr. 17, 292; W u r z b a c h 13, 296—297 (Bibliographie) (Qu.).

Kuhlmann, L u d w i g, geb. 20. VI. 1890 Hessen, Westfalen, erlitt Heldentod am 30. VII. 1916.
Assistent am Min. Pal. Mus. Münster; Gault.
Nachruf: CfM., 1916, 480.

Kundmann, J o h a n n C h r i s t i a n, geb. 1684, gest. 1751.
Arzt in Breslau. Schrieb 1737 Rariora naturae et artis (Ref.
Schroeter, Journ., 2: 110—115).
F r e y b e r g.
P o g g e n d o r f f 1, 1331.

Kunth, K a r l E r n s t A l b r e c h t, geb. 1842 Bunzlau, Schlesien,
gest. 21./22. I. 1871 Berlin.
Privatdozent Geol. Pal. Berlin, Korallen, Echinodermata, Crustacea.
Stratigraphie.
Nachruf: Verhandl. Geol. Reichsanst. Wien, 1871, 43—44.
T o r n i e r: 1925: 76—77.
L i e b e, Th.: Rede bei der Gedächtnisfeier in der Friedrichs-
Werderschen Gewerbeschule 11. Febr. 1871. Berlin. 12 pp.
P o g g e n d o r f f 3, 758.

Kurck, C l a s, Freiherr, geb. 26. VIII. 1849, gest. 21. VII. 1937.
Schwede. Quartärpaläontologie, Graptolithen.
G r ö n w a l l, K. A.: K. K. Geol. För. Förhandl. 59, 1937,
347—350 (Portr., Bibliographie) (Qu.).

Kurr, J o h a n n G o t t l o b v o n, geb. 15. I. 1798 Sulzbach a. d.
Murr, gest. 9. V. 1870 Stuttgart.
Prof. Naturgesch. Stuttgart. Foss. Pflanzen des Jura.
F l e i s c h e r: Nekrolog. Jahreshefte Ver. f. vaterländ. Naturkunde
Württemberg 27, 1871, 34—50 (Bibliographie im Text) (Qu.).

Kurtze, G. A d o l p h u s.
Schrieb 1839: Commentatio de petrefactis, quae in schisto bituminoso
Mansfeldensi reperiuntur.
Freyberg.

Kusta, J o h a n n, geb. 22. V. 1845 Rohovka bei Pocatek, gest. 2. IV.
1900 Prag.
Mittelschullehrer, Stratigraphie u. Paläontologie des Carbon u.
Perm Böhmens (Insecta).
Z e l i z k o, J. V.: Nachruf: Verhandl. Geol. Reichsanst. Wien,
1900, 182—183. Vestnik cseskoslov. musei spolku arch. 1900,
pp. 7.
Vyročni zpráva c. k. české realky pražské Novem Městě 1899—
1900, 33—37 (Bibliographie).

Kutorga, S t e p a n S e m e n o w i t s c h, geb. 12. II. 1805 Mstiss-
lawl, gest. 25. IV. 1861 St. Petersburg.
Prof. Zool. St. Petersburg. Stratigraphie und Paläontologie Rußlands (Trilobita, Brachiopoda u. a.).
P u s i r e w s k y, P.: Überblick über das Leben und die Arbeiten
des Prof. S. K., ehemaligen Direktor der Kaiserl. Miner. Gesellschaft zu St. Petersburg. Verhandl. Russ. K. Min. Ges., (2) 2,
341—354, 1867.
P o g g e n d o r f f 3, 760.
K ö p p e n, F. Th.: Bibliotheca Zoologica Rossica II, 1907, 140
(Qu.).

Kühn, C h r i s t i a n F r i e d r i c h, geb. Dezember 1711 Eisenach
gest. 28. IV. 1761.
Arzt zu Eisenach. Schrieb 1782 und 1783 über Höhle b. Eisenach
und Encrinitenplatte.
Freyberg.

Kynaston, H e r b e r t, geb. 19. VII. 1868 Durham, gest. 28. VI. 1915.
1895—1902 Mitglied Geol. Survey Scotland, 1903 Direktor Geol. Surv. Transvaal, dann Direktor Geol. Surv. U. S. Africa. Gosau-Stratigr.
W o o d w a r d, A. S.: Obituary, QuJGS., London, 72, LXI.

Kyrle, G e o r g, geb. 19. II. 1887 Schärding, gest. 16. VII. 1937 Wien.
Inhaber des Lehrstuhls f. Höhlenkunde an d. Univ. Wien. Diluvial-paläontologie.
M ü h l h o f e r, F.: Zur Gründung eines Lehrstuhles für Höhlen-kunde an der Univ. Wien. Mitt. Höhlen- u. Karstforschung 1930, 12—19 (Bibliographie bis 1929).
W a l d n e r, F.: Univ.-Prof. Dr. G. K. Ibidem 1937, 113—116 (Bibliographie bis 1936) (Qu.).

Lacépède, B e r n a r d G e r m a i n E t i e n n e d e L a V i l l e, comte d e, geb. 26. XII. 1756 Agen, gest. 6. X. 1825 Epinay.
Prof. der Naturgeschichte in Paris, schrieb 1807 über foss. Fisch des Montmartre.
T o r n i e r: 1924: 23.
Vergl. H o e v e n: 1926 (unter Cuvier).
Nouv. biogr. gén. 28, 462—475.

Lachmund, F r i e d r i c h, geb. um 1635 Hildesheim, gest. 1676 ebenda.
Publizierte 1669: Oryctographia Hildesheimensis.
P o g g e n d o r f f 1, 1339.

Lacoe, R a l p h D u p u y, geb. 14. XI. 1824, gest. 5. II. 1901 Pittston, Pennsylvania.
Kaufmann, Fabrikant, Bankier, Finanzier, Beamter, Freund von Lesquereux, sammelte fossile Pflanzen und Insekten (jetzt im U. S. Nat. Mus. Washington). Fährten.
H a y d e n, H. E.: R D. L. Proc. Wyoming Hist. Geol. Soc., 6, 1901, 39—54 (Portr.); Amer. Geol., 28, 1901, 335—344 (Portr., Bibliographie).
W h i t e, D.: Memorial of —. Bull. Geol. Soc. America, 13, 1901, 509—515 (Bibliographie mit 3 Titeln).

* **Lacroix**, A l f r e d.
Mineraloge. Als Sekretär des Institut de France schrieb er eine Anzahl von Biographien: Cuvier, A. Milne-Edwards, G. Gran-didier etc. gesammelt in Figures des savants.
Notice sur les travaux scientifiques de M. A. L. Paris, 1892, pp. 22, und 1903.

Laet, J o a n n e s d e (oder John de Laetius), geb. 1593, gest. 1649.
Schrieb 1647: De gemmis et lapidibus libri duo.
Edwards Guide: 39.
P o g g e n d o r f f 1, 1341.

Lahusen, J o s e p h, geb. 14. V. 1846 St. Petersburg, gest. 8. III. 1911.
Prof. am Kreisberginstitut in St. Petersburg. Paläontologie des russ. Jura u. der Kreide. Aucella, Strophomenidae u. a.
Nécrologie. Annuaire géol. et min. Russie 13, 1911, 115—116 (Portr., Bibliographie).
P o g g e n d o r f f 3, 765; 4, 828.
J a k o v l e v, N. N.: Nécrologie. Annales Inst. Mines St. Péters-bourg 3 (3—7), 1911, I—III (Portr.) (Qu.).

Laidlay, J o h n W a t s o n, geb. 27. III. 1808, gest. 8. III. 1885..
1825—41 Besitzer einer Seidenfabrik in 'Indien. Amateur-Malaco-
loge.
Obituary: Geol. Magaz., 1885, 286—288.

* **Laird**, J a m e s, gest. 1840.
Englischer Mineralog und Geologe.
W o o d w a r d, H. B.: Hist. Geol. Soc. London, 12—13.
Obituary. Proc. Geol. Soc. London 3, 1842, 525—526.

Laizer, L o u i s d e.
Publizierte 1835 über Vertebraten vom Puy de Dôme (Clermont-
Ferrand).
Scient. Papers 3, 806.

Lamanon, R o b e r t d e P a u l, chevalier de, geb. 1752 Salon
(Provence), gest. 10. XII. 1787 in der Südsee.
Franz. Naturforscher, der sich um 1780 mit frz. Vertebraten-
funden beschäftigte, u. a. auch aus dem Gips von Montmartre.
P o n c e: Éloge de L., lu dans la séance publique de la Société
libre des Sciences, Lettres et Arts de Paris, seance au Louvre, le
9 vendémiaire, an 6.
G e i k i e: Founders of geology, 209 f.
Biographie universelle 23, 2—3.

Lamarck, J e a n B a p t i s t e P i e r r e A n t o i n e d e M o n e t,
Chevalier de, geb. 1. IV. 1744 Bazentin (Somme), gest. 18.
XII. 1829 Paris.
Prof. Zool. Paris. Begründer der Evertebraten-Paläontologie. Mol-
lusca, Brachiopoda, Cephalopoda.
Aus der umfangreichen Literatur über Lamarck führe ich hier nur
folgende paläontologisch wichtige an:
D e a n, Bashford: Gossip about L. Sci. n. s., 20, 1904, 811—812.
— — A monument to L. Ebenda, n. s., 25, 1907, 795.
— — Recent references to L. Ebenda, n. s., 27, 1908, 477.
— — The Lamarck manuscript in Harvard. Am. Nat., 62, 1908,
143—151.
G e i k i e, A.: Lamarck and Playfair: a geological retrospect of
the year 1802. Geol. Magaz., 1906, 145—152, 193—202.
H a m y, E. Th. J.: Les débats de Lamarck etc. 1908.
L y e l l, life of —. I: 168, II: 365.
H o e v e n, 1926, s. unter Blainville.
K ü h n e r, Fr.: J. B. de L. Pädagog. Archiv, 51, 1909, 321—333.
— — Lamarck, die Lehre vom Leben, seine Persönlichkeit
und das Wesentliche aus seinen Schriften, kritisch dargestellt,
Jena, 1913, pp. VIII + 263, Bilder.
P e r r i e r, Ed.: L'oeuvre et la vie de L. Les Annales, 27, 1909,
No. 1355, 559 ff (Fig. 1).
— — Lamarck. Les grands hommes de France. Paris, Payot,
1925, pp. 128.
P a c k a r d, A. S.: Lamarck. New York, 1901.
L a n d r i e u, M.: Lamarck. Paris, 1909.
L e i b e r, A.: Lamarck. München, 1910.
R o u l e, L.: Lamarck, sa vie et son oeuvre. Bull. et Mém. Soc.
Anthrop. Paris, 10, 1929, 46—61.
S c h i e r b e l, K. A.: Van Aristoteles tot Pasteur. Leven en wer-
ken der groote biologen. Amsterdam, 1923, pp. 479 (Fig. 121).
T i t s, Désiré: Lamarck. Bull. Soc. Roy. Belg., 62, 1929—30, 178—
181.
A n o n y m: Journ. of Heredity, 21, 1930, 308—332 (Portr.).

T o r n i e r: 1924: 25—28.
E d w a r d s: Guide, 45, 46.
N o r d e n s k j ö l d: Gesch. d. Biol.
Z i t t e l: Gesch.
J o u b i n, L., Iconographie de Lamarck in: Centenaire de Lamarck:
Arch. Mus. national d'Hist. Nat. Paris, (6) 1930, pp. 80, Taf.
13 (Portr.).
K e n n a r d, A. S., A. E. S a l i s b u r y & B. B. W o o d w a r d:
The types of L's genera ofl shells as selected by J. G. Children
in 1823. Smithson. Misc. Coll., 82, 1—40, 1931.
L a m y, E.: Liste des arches conservées avec etiquettes de L.
dans la coll. du Mus. de Paris. Journ. Conchyliol., 52, 1904,
132—167, Taf. (Arca).
W h e e l e r, W. M., & T h. B a r b o u r: The Lamarck manuscripts
at Harvard Cambridge, Mass. 1931, pp. XIII + 202.
D a r m s t a e d t e r: Miniaturen, 39—42.

Lambe, L a w r e n c e M o r r i s, geb. 27. VIII. 1863 Montreal, gest.
12. III. 1919 Ottawa.
Lieutenant, dann Mitglied des Geol. Survey Canada. Paläo-
zoische Korallen, Kreide-Reptilien (Alberta), Mammalia, Pisces.
K i n d l e, E. M.: Memorial of —. Bull. Geol. Soc. America, :31,
1919-20, 88—97 (Portr., Bibliographie mit 81 Titeln).
Obituary, QuJGS. London, 76, LVI (Andrews, C. W.).
M a t t h e w, W. D.: Obituary, Nat. Hist., 19, 1919, 351.

* **Lambotte,** H e n r i, gest. 1873.
Malacologe.
D e n i s, H.: H. L. Not. biogr. Ann. Soc. roy. Malacologique Belg.,
8, 1873, I—XXIV (Portr. Bibliogr.).

Lambrecht, K á l m á n (K o l o m a n), geb. 1. V. 1889 Pancsova,
(Komitat Torontál) (Ungarn), gest. 7. I. 1936 Pécs (Fünfkirchen).
Arbeitete seit 1909 am Ung. Ornithol. Inst. bei Otto Herman. 1917
—1923 Mitgl. Ungar. Reichsanst. 1925 Privatdozent für Paläo-
geogr. Pécs. 1926—1934 Leiter d. Bibliothek d. Ung. geol. Reichs-
anst. Seit 1934 Bibliothekar am Ungar. Nationalmus. u. a. o.
Prof. f. Ethnogr. Pécs. Paläoornithologie. Homo fossilis.
A b e l, O.: K. L. Palaeont. Zeitschr. 18, 1936, 11—17 (Portr.,
Bibliographie) (Qu.).

Lamétherie siehe M é t h e r i e.

Lamplugh, G e o r g e W i l l i a m, geb. 8. IV. 1859 Driffield, East
Yorkshire, gest. 9. X. 1926.
Assistent-Direktor der Geol. Survey England und Wales, Mollusca,
Belemnites, Stratigraphie.
Eminent living geol. Geol. Magaz., 1918, 337—346 (Portr. Biblio-
graphie mit 80 Titeln).
B a t h e r, F. A.: Obituary, QuJGS., London, 83, 1927, LVI—
LVII; Geol. Magaz., 1927, 91—92.

* **Lancaster,** A.
Seismologie.
M o u r l o n, M.: Discours prononcé aux funérailles de M. A. L.
Ciel et Terre 1907—08, 28, 578—581, Bull. Acad. Roy. Belge
Cl. Sci. 1908, 173—176.
P o g g e n d o r f f 3, 769.

Lancisi, G i o v a n n i M a r i a, geb. 26. X. 1654 Rom, gest. 20.
I. 1720 ebenda.
Leibarzt des Papstes Clemens XI., publizierte 1717—19 Metallo-
theca Vaticana.
Z i t t e l: Gesch.
E d w a r d s: Guide, 51, 52, 55.
P o g g e n d o r f f 1, 1364.

Landerer, X a v e r, geb. 9. IX. 1809 München, gest. Aug. 1885
Athen.
Prof. der Chemie in Athen, publizierte 1848 über Petrefakten
Griechenlands (NJM.).
P o g g e n d o r f f 3, 770.

Landois, H e r m a n n, geb. 19. IV. 1835 Münster, gest. 29. I.
1905 ebenda.
Professor Zoologie u. Dichter in Münster, Ammonites seppenra-
densis, der größte bekannte Ammonit.
M a r c u s, E., P r ü m e r, K., R a d e, E.: Professor Landois,
Lebensbild eines westfälischen Gelehrten-Original. Leipzig, 1907,
pp. 123 (Fig. 5).
P o g g e n d o r f f 3, 770; 4, 834.

***Lane**, A l f r e d C h u r c h.
1899—1909 Direktor Geol. Surv. Michigan. Stratigraphie.
M a r t i n, II. M.: A brief history of the Geol. and hist. surv. of
Michigan. Michigan Hist. Magaz., 6, 1922, 727—728 (Portr.).

Lang, A r n o l d, geb. 18. VI. 1855 Oftringen, Aargau, gest. 30.
XI. 1914.
1889 Prof. Zool. Zürich. Schrieb Gesch. der Mammutfunde 1892
H e s c h e l e r, K.: Nachruf: Vierteljahresschrift naturf. Ges. Zürich, 60, 1915, 1—22 (Portr.).
— —: Prof. A. L. Verh. Schweiz. naturf. Ges. 1915, Nekrol.
1—31 (Portr., Bibliographie).

Lang, C a r l N i k o l a u s, geb. 1670 Luzern, gest. 1741.
Arzt, Ratsherr in Luzern, stiftete das Museum zu Luzern. Pu-
blizierte 1708 Historia lapidum figuratorum Helvetiae.
Z i t t e l: Gesch.
B a c h m a n n, H.: K. N. L. Der Geschichtsfreund 51, Stans
1896, 163—278 (Portr., Bibliographie).

Lang, F r a n z V i n z e n z, geb. 19. VII. 1821 Olten, gest. 21. I.
1899 Solothurn.
Direktor des Museums zu Solothurn, dessen Sammlungen er sehr
vermehrte, u. a. durch foss. Schildkröten von Solothurn (beschrieben von Rütimeyer).
L a n g, F.: Denkschrift zur Eröffnung von Museum und Saalbau
der Stadt Solothurn, 1902, 226—240 (Portr.).
Nachruf. Verh. Schweiz. Naturf. Ges. 82 (1899), 1900, 8 pp.

Lang, W. D., geb. 29. XII. 1878.
Seit 1928 Keeper Geol. Dep. British Museum. Paläozoische Ko-
rallen, Mesozoische Faunen. Bryozoa.
Autobiographie: Nature, London, 1931, 26. Dezember, p. 1085.

Lange, J o h a n n J o a c h i m, gest. 67 Jahre alt 1765 Halle.
Prof. Mathematik Halle. Schrieb zu Aug. Heinr. Decker's Mine-
ralienkabinett eine Vorrede (Halle 1753).
Freyberg.
Allgem. Deutsche Biogr. 17, 641.

Langenhan, A l w i n, gest. 25. IV. 1916 Friedrichroda, 65 J. alt.
Sammelte in Thüringen und Schlesien Versteinerungen. Veröffent-
lichte im Selbstverlag erschienene Tafelwerke über Trias und
Rotliegendes (Qu.).

* Langsdorf.
Arbeitete in den 30er Jahren am Buntsandstein Deutschlands.
Z i t t e l: Gesch.
Allgem. Deutsche Biogr. 17, 690.

Lankester, S i r E d w i n R a y, geb. 15. V. 1847, gest. 15. VIII.
1929.
Direktor des British Museum Nat. Hist. (bis 1909). Zoologe, foss.
Pisces.
H a r m e r, Sir Sydney F.: Obituary, Proc. Linn. Soc. London,
142, 1931, 200—211.
G o o d r i c'h, E. S.: Obituary, Nature, London, 124, 1929, 309—
310.
S c h u c h e r t, Ch.: Obituary, Amer. Journ. Sci., (5) 18, 1929.
T h o m s o n: Great biologists.
O s b o r n, H. F.: Sir E. Ray Lankester. Nature, London, 1929,
124: 345 ff.
Bibliographie für fossile Fische: D e'a n II, 11—12.

Lapeyrouse siehe P i c o t d e L.

Lapham, I n c r e a s e A l l e n, geb. 7. III. 1811 Ontario, gest.
14. IX. 1875 Milwaukee Wisc.
1873 Chef. Geol. Survey Wisconsin. Stratigraphie.
H o y, P. R.: Obit. Trans. Wisconsin Acad. Sci., 3, 1875—76,
264—267.
S h e r m a n, S. S.: I. A. L. A biographical sketch. 1876, pp. 80
(Auszug Amer. Journ. Sci. (3) 11, 1876, 333—334).
W i n c h e l l, N. H.: I. A. L. Am. Geol., 13, 1894, 1—38.
N i c k l e s 633.

Lapparent, A l b e r t A u g u s t e d e, geb. 30. XII. 1839 Bourges,
gest. 5. V. 1908.
Stratigraph, schrieb 1881—83 Traité de Géol., pp. 1261, V. Auf-
lage 1906.
Notice sur les travaux scientifiques de M. A. L. Paris, 1890
(Bibliographie mit 57 Titeln).
D e l g a d o, G. F. N.: Notice nécrol. Jorn. Sci. math., phys., e nat.
(2) 7, 1903—1910, XXI—XXVII.
L a c r o i x, A.: Notice historique sur A. de L. Paris, 1920, Acad.,
pp. 36 (Portr.).
Obituary, Geol. Magaz., 1908, 334; QuJGS., London, 65, 1909,
LXVIII.
B a r r o i s, Ch.: A. de L. et sa carrière scientifique. Revue quest.
sci., 1909, Juli, pp. 40 (Portr.).

Lapworth, C h a r l e s, geb. 1842 Faringdon, Berkshire, gest. 13.
III. 1920.
Graptolithen, Olenellus, Silur Stratigraphie.
Eminent living geol. Geol. Magaz., 1901, 289—303 (Bibliographie S.
303 mit 55 Titeln).
Obituary, Geol. Magaz., 1920, 198; QuJGS., London, 77, 1921,
LV—LXI.
L a p w o r t h, Ch.: Geological and paleontological memoirs (Ohne
Jahr. Bibliographie mit 33 Titeln.).

W a t t s, W. W.: The Geological Work of Ch. L. Special Supplement to vol. XIV Proc. Birmingham Nat. Hist. and Philos. Soc. 1921, 1—51 (Bibliographie bis 1917).

Lapworth, H e r b e r t, geb. 6. VI. 1875 Galashiels, Schottl. gest. 18. IX. 1933.
Wasser-Ingenieur, (Sohn Ch. L's.), Stratigr. Englands.
Nachruf: Proc. Geol. Assoc., 45, 1934, 99—100.
B o u l t o n, W. S.: Obituary, QuJGS., London, 90, 1934, LVII—LX.

Lartet, E d o u a r d A m a n d I s i d o r e H i p p o l y te, geb. 15. IV. 1801 Saint Guiraud bei Castelnau-Barbarens, dép. Gers, gest. 28. I. 1871 Seissan (Gers).
Jurist; erforschte die Fauna von Sansan, Simorre, Saint-Gaudens u. a. 1869 Prof. Pal. Paris (Nachfolger d'Archiac's). Mammalia, Homo fossilis.
F i s c h e r, P.: Note sur les travaux scientifiques d'É. L. Bull. Soc. géol. France, (2) 29, 246—266, 1872 (Bibliographie mit 45 Titeln) und Ann. Rep. Smiths. Inst., 1872, 172—184.
G a s t a l d i, B.: Cenni necrologici su E. L. Atti R. Accad. Sc. Torino, 7, 1871—72, 476—480.
G e r v a i s, P.: Notice sur E. L. Journ. de Zool., 1, 1872, 91—94.
Vie et travaux de É. L. Notices et discours publiés à l'occasion de sa mort. Paris, 1872, pp. 80 (Batbie, A., Mortillet G. de, Gervais, Gastaldi, Prestwich, Fischer, Hamy).
Obituary, QuJGS., London, 28, 1872, XLV—LIX.

Lartet, L o u i s, geb. 1840, gest. 1899.
Sohn Eduard Lartet's. Mitarbeiter Verneuils. Homo fossilis.
Obituary, Geol. Magaz., 1900, 429; QuJGS., London, 56, 1900, LIII.

* **Lasaulx**, A r n o l d v o n, geb. 14. VI. 1839, gest. 25. I. 1886.
Prof. Min. Geol.
B a u e r, M.: Nekrolog, NJM., 1886, I, pp. 6.
F o u q u é: Not. nécrol. sur M. von L. Bull. Soc. franç. Minéral., 9. 1886, 29—36.
R a t h, G. vom: Worte der Erinnerung an Prof. A. von L., gesprochen in der niederrheinischen Gesellschaft für Natur- und Heilkunde am 8. Febr. 1886, Verhandl. Naturhist. Ver. Preuß. Rheinl. Westf., 43, SB., 37—48, 1886 (Auszug Leopoldina, 22, 1886, 154—156, 176—180 mit Bibliographie).

* **Lasius**, G e o r g S i g i s m u n d, geb. 1752 Burgdorf, Hannover, gest. 1833 Oldenburg.
Ingenieur, Direktor der Landesvermessung in Oldenburg.
Stratigraphie Harz.
Z i t t e l: Gesch.
Allgem. Deutsche Biogr. 17, 733.

Laspe.
Schrieb 1839 über Chirotherium.
Freyberg.

Laspeyres, H u g o, geb. 3. VII. 1836 Halle a. d. Saale, gest. 22, VII. 1913 Bonn.
Prof. Min. u. Geol. Bonn. Mineraloge, auch Stratigraphie u. Phyllopoda.
W i l c k e n s, O.: Geologie der Umgegend von Bonn, 1927.
P o g g e n d o r f f 3, 777; 4, 841.

Last, J. T.
Sammelte in den 90er Jahren subfossile Knochen auf Madagaskar.
Hist. Brit. Mus., I: 304.

Lastic, S t. V a l, V i c o m t e d e.
Sammelte 1863 Knochenreste der Höhle Bruniquel.
Hist. Brit. Mus., I: 305.

* Laterrade, J e a n François.
Schrieb 1831 über das Einhorn in Bull. hist. nat. Soc. Lin. Bordeaux.

La Touche, J a m e s D i g u e s, geb. 7. IV. 1824, gest. 24. II. 1899.
Vikar von Stokesay. Stratigraphie.
Obituary, Geol. Magaz., 1899, 235—237.

Laube, G u s t a v C., geb. 9. I. 1839 Teplitz, gest. 12. IV. 1923 Prag.
Prof. Geol. Pal. deutsch. Univ. Prag bis 1910. Vertebrata, Chelonia, Pisces, Mollusca, Brachiopoda, Echinodermata.
K e t t n e r, 143—144 (Portr., Taf. 47).
W ä h n e r: Nekrolog. Lotos 72, pp. 14, Taf. 1 Prag 1924 (Bibliographie).
P o g g e n d o r f f 3, 779; 4, 842—843.

Lauby, A n t o i n e, gest. 1919.
Assistent Mus. d'hist. nat. Paris. Phytopaläontologie.
Notice nécrologique. Bull. Soc. géol. France (4) 19, 1919, 121 (Compte rendu); ibidem (4) 20, 1920, 4 (Compte rendu) (Qu.).

* Laufer, B e r t h o l d, geb. 11. X. 1874 Köln, gest. Sept. 1934 Chicago (Selbstmord).
Leitete Expeditionen nach Sibirien, arbeitete am American Museum Nat. Hist. und Chicago Field Museum. Schrieb: The ivory in China. Orientalist, Archäologe.
Obituary. Nature London, 134, 562.

* Laufer, E r n s t, geb. 31. VII. 1850 Eisenach, gest. 1893.
1879 Mitglied Preuß. Geol. Landesanstalt. Septarien, Stratigraphie, Diluvium.
W a h n s c h a f f e, F.: Nachruf: Jahrb. Preuß. Geol. Landesanst., 14, 1893, LIX—LXVI (Portr. Bibliographie mit 24 Titeln).

Lauhn, B e r n h a r d F r i e d r. R u d., geb. 8. V. 1712 Weimar, gest. 2. V. 1792.
Kgl. Kommissionsrat und Kreisamtmann zu Tennstedt, schrieb 1763 über Proboscidea.
Freyberg.
M e u s e l, Teutsche Schriftsteller 1750—1800, 8, 1808, 83—88.

* Launay, L o u i s d e, geb. 1860.
Schrieb 1905 La Science géologique. Mineraloge.
Notice sur les travaux scientifiques de M. Louis de L. Rennes, 1903—04, pp. 31 + 14.
Supplément sur les travaux scientifiques de L. depuis 1906. Paris, 1912, pp. 12.

Laur, M r s. A g n e s.
Sammelte in den 90er Jahren Polyzoa auf Rügen.
Hist. Brit. Mus., I: 305.

Laurent, L o̦ u i s, geb. 1873 Marseille.
Prof. des Institut Colonial in Marseille. Phytopaläont. Erwähnt
von Blayac im Nekrolog auf Vasseur. Bull. Soc. géol.
France, (4) 16, 1916, 261 substella.

Laurie, M a̦ l c o l m, geb. 1866 Edinburgh, gest. 16. VII. 1932.
Zoologe. Eurypterida.
Obituary. Proc. Roy. Soc. Edinburgh 52, 1931—32, 464—465 (Qu.).

Laurillard, C h̦ a r l e s L é o p o l d, geb. 21. I. 1783 Montbéliard,
gest. 28. I. 1853 Paris.
Konservator am Cabinet vergl. Anatomie Paris, Assistent Cuviers in
den 30er Jahren. Mammalia, Aves.
Vergl. die Biographien von Agassiz, Cuvier, Owen.
D u̦ v e r n o y, C.: Notice biographique. Mém. Soc. d'Emulation
Montbéliard 1, 1854, Compte rendu 61—76 (Qu.).

Lawley, R o̦ b e r t, geb. 20. X. 1818 Florenz, gest. 9. VII. 1881
Montecchio.
Privatmann in Toscana. Besitzer einer großen Sammlung. Pisces.
L e f è v r e, Th.: R. L., sa vie. et ses travaux. Ann. Soc. Roy. Mala-
colog. Belgique 17, 1882, V—XII (Bibliographie) (Qu.).

Layton, J a m e s.
Reverend, sammelte in den 50er Jahren Forest Bed Mammalia.
Hist. Brit. Mus., I: 305.

Lea, I s a a c, geb. 4. III. 1792 Wilmington, Delaware, gest. 8.
XII. 1886 Philadelphia.
Kaufmann, trat 1851 vom Geschäft zurück, um sich der Con-
chyliologie und Mineralogie widmen zu können. Seine Samm-
lungen (besonders Unioniden) befinden sich im Smithson. Inst.
Washington. Mollusca, Reptilia, Fährten.
A catalogue of the published works of —. from 1817 to 1876,
Philadelphia, 1876.
D a l l, Wm. H.: Some American Conchologists. Proc. Biol. Soc.
Washington, 4, 1886—88, 118—120.
S c u d d e r, N. P.: Bibliographies of American Naturalists, II:
I. L. Bull. U. S. Nat. Mus. No. 23, 1885 LIX + 278 pp. Portr.
(VII—LIX Biographical sketch of I. L., S. 1—171, Bibliographie
mit 279 Titeln).
Obituary, Pop. Sci. Mo., 1884, 404—411.
M e r r i l l, 1904: 320, 703.
L e i d y, J.: A biographical notice of —. Proc. Amer. Phil. Soc.
24, 1887, 400—403.

Lebesconte, P a̦ u l, gest. 1905.
Apotheker in Rennes. Sammler in der Bretagne. Seine Samm-
lung in Nantes. Stratigraphie der Bretagne.
Notice nécrologique. Bull. Soc. géol. France (4) 6, 1906, 302
(Qu.).

Lebour, G̦ e o r g e A l e x a n d e r L o u i s, geb. 1847, gest. 7. II.
1918.
1873—79 Lektor der geologischen Landesuntersuchung an der
Univ. Durham, Newcastle upon Tyne. 1880 Prof. Geol. Stratigraphie der Umgegend von Durham. Mollusca.
Obituary, Geol. Magaz., 1918, 287—288.

Leckenby, J o h n, geb. 20. IX. 1814 Ripon, gest. 7. IV. 1877. Bankbeamter, Sammler oolithischer Pflanzenreste. Coll. im Woodwardian Museum. Cambridge.
Obituary, Geol. Magaz., 1877, 382—383.

Le Conte, J o s e p h, geb. 26. II. 1823, gest. 6. VII. 1901 Yosemite Valley.
Mitarbeiter von L. Agassiz, 1852 Prof. Sci. Oglethorpe Univ. Midway Georgia, 1858 Prof. Chem. Geol. South Carolina Coll. Columbia, dann Univ. of California.
Schrieb Elements of geol. und: A century of geology. Smithson. Rep. 1900, 265—287. Fährten.
H'i l g a r d, E. W.: Biographical memoir of J. L. C. Biogr. Mem. Nat. Acad. Sci., 6, 1905, 147—218 (Portr.).
F a i r c h i l d, H. L.: Memoir of —. Bull. Geol. Soc. America, 26, 1915, 47—57, (Portr. Bibliographie mit 62 Titeln).
L a w s o n, A. C.: J. L. C. Sci. n. s., 14, 1905, 273—277 (Portr.).
The autobiography of J. Le Conte, edited by William Dallam Armes. New York, 1903, pp. XVII + 337.
C h r i s t y, S. B.: Biographical notice of J. L. C. Trans. Am. Inst. Min. Eng., 31, 1902, 765—793 (Portr., Bibliographie).

Lecoq, H e n r i, geb. 14. IV. 1802 Avesnes, gest. 4. VIII. 1871 Clermont-Ferrand.
Prof. Naturgesch. Clermont-Ferrand. Vulkane, auch etwas Paläont.
Notice sur les titres et les travaux scientifiques de Henri Lecoq, professeur d'Histoire Naturelle à la Faculté des Sciences de Clermont-Ferrand. Clermont-F., 1856, pp. 12.
C o s s o n, E.: Not. biogr. sur H. L. Lue à la 15-e séance publique annuelle de la Société des amis des Sciences le 27. Mai 1874. Paris, 1874, pp. 33 (Bibliographie).

Lee, J o h n E d w a r d, geb. 21. XII. 1808 Newland, Hull, gest. 18. VIII. 1887 Villa Syracusa, Torquay.
Schüler von John Phillips. Seine Sammlung, bestehend aus 21 000 Stücken, gelangte in das British Museum (Spongia, Goniatites, Trilobita etc.).
Obituary, Geol. Magaz., 1887, 526—528.
Hist. Brit. Mus., I: 305.

Lee, W i l l i s T h o m a s, geb. 24. XII. 1864 Brooklyn Susquehanna Co. Pennsylvania, gest. 16. VI. 1926 Washington.
1903 Mitglied U. S. Geol. Survey. Stratigraphie. Speläologie.
A l d e n, W. C.: W. T. L. Bull. Geol. Soc. America 38, 1927, 70—93 (Portr., Bibliographie).

Leeds, A l f r e d N i c h o l s o n, geb. 9. III. 1847 Eyeburg, Peterborough, gest. 25. VIII. 1917.
Erforschte mit seinem Bruder Charles Edward Leeds Fossilien des Oxford Clay der Umgebung von Peterborough. Nachdem Charles E. Leeds nach Neuseeland auswanderte, setzte Alfred Nicholson seine Grabungen mit seinem Sohn E. Thurlow Leeds und seiner Frau fort.
Nach A. S. Woodward war A. N. Leeds „the most successful pioneer in the modern methods of collecting and preserving fossil vertebrata skeletons". Publizierte nie, seine Typen wurden von Hulke, Seeley, Lydekker, Andrews, A. S. Woodward, Marsh, Baur beschrieben. (Omosaurus, Stegosaurus, Cetiosaurus, Pliosaurus, Peloneustes, Simolestes, Leedsia etc.).
Obituary, A. S. Woodward: Geol. Magaz., 1917, 478—480 (Portr.).
Hist. Brit. Mus., I: 305—306.

Leeds, C h a r l e s E d w a r d, geb. 11. VIII. 1845, gest. 27. III. 1912.
Bruder von Alfred Nicholson Leeds, Rechtsanwalt in York, Sammler,
emigrierte 1887 nach Neuseeland.
Obituary, Geol. Magaz., 1912, 287.

Leeson, J o h n R u d d.
Sammelte in den 90er Jahren Thames-Fossilien zu Twickenham für
das British Museum.
Hist. Brit. Mus., I: 306.

Lefebvre, A l e x a n d r e, geb. 14. XI. 1798 Paris, gest. 12. XII.
1868.
Lepidopterologe. Fossiler Schmetterling 1851.
Nécrologie. Ann. Soc. entomol. France (4) 8, 1868, 877—884 (Bibliographie) (Qu.).

Lehmann, F r a n z X a v e r, geb. 6. X. 1823 Oberharmersbach,
gest. 12. IX. 1889 Karlsruhe.
Prof. Lyceum Konstanz, schrieb 1854 über des Geheimen Hofrat
von Seyfrieds Collection.
L a u t e r b o r n : Der Rhein, 1934: 256.
W e e c h, F. v.: Badische Biographien 4, 1891, 248—251.

Lehmann, F r i e d r i c h, geb. 16. XII. 1862, gest. 17. VI. 1913.
Prof. Realgymnasium Siegen. Miocänlamellibranchiaten von Ding-
den (Verh. naturhist. Ver. preuß. Rheinl. 49 (1892) und
50 (1893)).
K u n z e, K.: Kalender f. das höh. Schulwesen Preußens 20, 2,
1913, 61 (Qu.).

* **Lehmann,** J o h a n n C h r i s t o p h, geb. 16. VI. 1675, gest. 19. I.
1739.
Prof. Medizin Leipzig und Prof. Physik ebendort.
Freyberg.

Lehmann, J o h a n n G o t t l o b, gest. infolge der Explosion einer
mit Arsenik gefüllten Retorte. 1767.
Lehrer d. Mineralogie, Bergrat, Prof. Chemie St. Petersburg. Stra-
tigraphie.
P o g g e n d o r f f 1, 1409—1410.
Allgem. Deutsche Biogr. 18, 140—141.
G e i k i e, The founders of Geology 96—98.
Freyberg.
Z i t t e l : Gesch.

Lehner, L e o n h a r d, geb. 5. V. 1901 Nürnberg, gest. 30. 9. 1928
ebenda.
Jura u. bes. Kreide Frankens. Die Lehnersche Sammlung jetzt
in der paläont. Staatssammlung Münchens. Die meisten Arbeiten
L.'s posthum von Dehm herausgegeben.
(Qu. — Originalmitt. von Joachim Schröder).

Le Hon siehe H o n.

Leibniz, G o t t f r i e d W i l h e l m v o n, F r e i h e r r, geb. 1646
Leipzig, gest. 1716.
Mathematiker, Philosoph, Historiker. Verfasser der Protogaea 1749.
(Referat über Protogaea: Schröter: Journ., 1: 34—38, 5: 66—69).
G e i k i e, A.: Founders of geology, p. 7.
Freyberg.
C o l e r u s, Egmont: Leibniz, 1934.

* Leichhardt, L u d w i g, geb. 23. X. 1813, gest. 1848.
Deutscher Australien-Forscher, verunglückte 1848 im Inneren Australiens.
Stratigraphie.
Z i t t e l: Gesch.
Allgem. Deutsche Biogr. 18, 210—214.

Leidy, J o s e p h, geb. 9. IX. 1823 Philadelphia, Pa., gest. 30. IV. 1891 Philadelphia.
Begründer der Vertebraten-Paläontologie Nordamerikas. Arzt, Chemiker. 1846 Demonstrator für Anatomie in der Franklin Medical School, 1852 stellvertretender Prof. Anatomie Pennsylvania Univ., 1853 Prof. ebendort. 1871 Prof. Naturgeschichte Swarthmore Coll. Mammalia, Reptilia.
E y e r m a n, John: A catalogue of the paleontological publications of J. L. Am. Geol., 8, 1891, 333—342 (Bibliographie mit 222 Titeln).
C h a p m a n, H. C.: Memoir of —. Proc. Acad. Nat. Sci. Philadelphia, 42, 1891, 342—388 (Bibliographie mit 553 Titeln).
R u s c h e n b e r g e r, W. S. W.: A Sketch of the fife of —. Proc. Amer. Philos. Soc., 30, 1892, 135—184 (Bibliographie).
B r o o k s, W. K.: Obituary, Pop. Sci. Mo., 70, 1907, 311—314 (Portr.).
F r a z e r, P.: Obituary, Am. Geol., 9, 1892, 1—5 (Portr.).
N o l a n, E. J.: (Biographie) Pop. Sci. Mo., 17, 1880, 684—691.
O s b o r n: Cope, Master naturalist, 28, 141.
— — J. L. founder of Vertebrate paleontology in America. Sci. n. s., 59, 1924, 173—176.
G e i k i e, A.: A long life work, 187.
Obituary, QuJGS., London, 48, 1892, Proc. 55—58.
M e r r i l l: 1904, 598, 703 u. öfter, Portr. fig. 101.
O s b o r n, H. F.: Biographical memoir of —. Biogr. Mem. Nat. Acad. Sci., 7, 339—396 (Portr. Bibliographie mit 613 Titeln).
C h a p m a n, H. C.: Address on the life and work of —. Privately printed.
H u n t, W.: In memoriam. Philadelphia, 1892, pp. 60.
— — An address upon the late —. Philadelphia 1892.
L e e, T h. G.: Biogr. notice of —. Proc. Amer. Acad. Arts Sci. 27, 1899—1900, 437—442.
P a r r i s h, J.: Biogr. notice of —. New Jersey Medical Reporter 6, 1893, 381—386.
S p i t z k a, Edw. A.: Skull and brain of —. Trans. Amer. Philos. Soc., 21, 1907, 175—308.
W a r d, H.: Not. biogr. Arch. Parasitologie 3, Paris, 1900, 269—279.

Leigh, C h a r l e s, geb. 1662, gest. um 1701.
Schrieb 1700 Natural History of Lancashire (Crinoidea etc.).
E d w a r d s: Guide, 12, 13, 15.
Dict. Nat. Biogr. 32, 431.

Leith, A d a m s, siehe **Adams.**

Le Mesle siehe M e s l e.

Lemoine, V i c t o r, geb. 1837, gest. 1897.
Prof. in Reims, dann in Paris. Fauna von Cernay. Rhynchocephalia, Aves (Reims), Mammalia.
G a u d r y, A.: Notice sur les travaux scientifiques de V. L. Bull. Soc. géol. France, (3) 26, 1898, 300—310 (Bibliographie).

Lennier, G u s t a v e, gest. 1905.
Konservator am Mus. in Le Havre. Paläontologie u. Stratigraphie
der Seinemündung.
Notice nécrologique. Bull. Soc. géol. France (4) 6, 1906, 301—302.
Scient. Papers 10, 563; 12, 440; 16, 710—711 (Qu.).

Lenz, J o h a n n G e o r g, geb. 2. IV. 1748 Schleusingen, gest.
1832.
Theologe, nach Walch's Tod (1779) Direktor von dessen Naturalienkabinett, hielt Vorlesungen über Mineralogie, Oryctogno-
sie, stiftete 1796 die Societät für die gesamte Mineralogie. Bergrat Weimar, Prof. und Aufseher der Großherzogl. Museen.
Schrieb 1800—1820 Handbuch der Mineralogie (Gießen).
Freyberg.
Allgem. Deutsche Biogr. 18, 276—277.

Lenz, O s k a r, geb. 13. IV. 1848 Leipzig, gest. 2. III. 1925 Soosz
bei Baden.
Mitglied Geol. Reichsanst. Wien, Prof. Geogr. Cernowitz, Prag.,
Stratigraphie Afrikas.
K e r n e r: Nachruf: Verhandl. Geol. Bundesanst. Wien, 1925,
93—95.
P o g g e n d o r f f 3, 796; 4, 867.

* **Leo**, W.
Um 1843 Vorstand des Fürstlich-Schwarzburgischen Bergamts.
Freyberg.

Leonard, A r t h u r G r a y, geb. 15. III. 1865 Clinton, New York,
gest. 17. XII. 1932.
1895 Prof. Geol. Western Coll. Toledo, Mitglied Geol. Survey
Iowa. 1906 Prof. Univ. N. Dakotas. Stratigraphie.
Q u i r k e, T. T.: Memorial of —. Bull. Geol. Soc. America, 44,
1933, 395—401 (Portr., Bibliographie mit 52 Titeln).

* **Leonardi** d a P e s a r o, C a m i l l o.
Publizierte 1502 Speculum lapidum Venetiis.
C e r m e n a t i, M.: Da Plinio a Leonardo, dallo Stenone allo Spal-
lanzani. Boll. Geol. Soc. Ital., 30, 1911, CDLXIII ff.

Leonardo D a V i n c i, geb. 1452, gest. 1519.
Einer der Ersten, der die Bedeutung der Versteinerungen erkann-
te. Aus der umfangreichen Leonardo-Literatur führe ich fol-
gende Arbeiten an, die ihn als Paläontologen und Geologen
würdigen:
C e r m e n a t i, M.: Leonardo e il napello della Valsassina. Rom,
1906.
— — Leonardo in Valsassina. Milano, 1910.
— — Da Plinio a Leonardo, dallo Stenone allo Spallanzani
Boll. Soc. Geol. Ital., 30, 1911, CDLI—DIV.
B a r a t t a: L. d. V. ed i problemi della Terra. Torino, 1903.
D i s s e l h o r s t, R.: Das biologische Lebenswerk des L. d. V.
Leopoldina, N. F., 5, 50—75.
D u h e m, P.: Etudes sur L. d. V. ceux qu'il a lus et ceux qui
l'ont lu. Paris, 1906, pp. VII + 359, 1909, pp. 478 (über Palissy,
Cardano, L. d. V.).
H o l m e s, Ch. J.: L. d. V. as a geologist. QuJGS. London, 78,
1922, LXXI.

Lorenzo, G.: L. d. V. e la geologia. Bologna, 1920. (s. auch Boll. Soc. Geol. Ital., 30, p. 1007 u. p. CDLI).
Salomon, W.: Geologische Beobachtungen des L. d. V. Sitzungsber. Heidelberger Akad. math. naturw. Kl., 1928, H. 8, pp. 13.
Jahreshefte Ver. vaterl. Naturk. Württemberg, 1930, LXIX.
Edwards: Guide, 30.

* **Leonhard**, Gustav von, geb. 22. XI. 1816 München, gest. 27. XII. 1878 Heidelberg.
Sohn K. C. von Leonhards, 1841 Privatdozent Heidelberg, 1853 a. o. Prof. Geol. ebendort, Redakteur des NJM. Stratigr. Baden.
Geinitz, H. B.: Nekrolog: NJM., 1879, 224 c—d.

* **Leonhard**, Karl Cäsar von, geb. 1779 Rumpenheim bei Hanau, gest. 23. I. 1862 Heidelberg.
Studierte Cameralia, 1810 Kammerrat, Domänendirektor, 1818 Prof. Min. Geognosie Heidelberg, Begründer des NJM.
Leonhard, K. C.: Aus unserer Zeit in meinem Leben. Stuttgart, 5 Abteilungen, 1854—56.
Obituary, Am. Journ. Sci., (2) 33, 1862, 453; QuJGS., London, 19, 1863, XXIX.
Geikie: Life of Murchison, II: 6.
Lustiges vom alten Leonhard, Der Geologe, S. 130.
Allgem. Deutsche Biogr. 18, 308—311.

Leonhard, Richard, geb. 25. V. 1870 Breslau, gest. 15. V. 1916 ebenda.
Privatdozent f. Geogr. in Breslau. Fauna d. ob. Kreide Oberschlesiens (Paläontographica 66, 1897).
Nachruf. 94. Jahres-Ber. Schles. Ges. f. vaterländ. Cultur 1916, I, Nekr. 22—25 (Qu.).

Leppla, August, geb. 12. VIII. 1859 Matzenbach, Bezirk Homburg, gest. 12. IV. 1924 Wiesbaden.
1888 Mitarbeiter Preuß. Geol. Landesanst. Stratigraphie.
Michael: Nachruf: Jahrb. Preuß. Geol. Landesanst., 45, 1924, LXI—LXXIII (Portr. Bibliographie mit 87 Titeln).

Lepsius, Karl Georg Richard, geb. 19. IX. 1851 Berlin, gest. 20. X. 1915.
1877 a. o., 1882 o. Prof. Geol. techn. Hochschule Darmstadt und Inspektor des Landesmuseums. Freund von Mojsisovics. 1881 Direktor Hess. Landesanst. Jura, Tertiär, Mainzer Becken, alpine Stratigraphie, Halitherium.
Klemm, G.: Nachruf: Notizblatt Ver. Erdkunde Darmstadt. 5, 1, 1916, 5—22 (Portr. Bibliographie mit 67 Titeln).
Nachruf: CfM., 1915, 664; Jahresber. Mitt. Oberrheinischen Geol. Ver., N. F., 5, 1916, 89—96 (Portr., Bibliographie).
Portr. in Haupt 1934, p. 49.

Lerche, J. Jakob, geb. 27. XII. 1703 Potsdam, gest. 23. III. 1780 St. Petersburg.
Publizierte 1700 Oryctographia Halensis.
Freyberg.
Poggendorff 1, 1430.

Leske, Nathanael Gottfried, geb. 22. X. 1751 Muskau, gest. 25. XI. 1786 Marburg.

Gab Klein's Echinologie 1778 in zweiter Auflage heraus. Ref.
Schröter, Journ. 5, 69—74.
Zittel: Gesch.
Poggendorff 1, 1435.

Lesley, J. Peter, geb. 1819, gest. 1903.
Direktor Geol. Surv. Pennsylv. Stratigraphie.
Life and letters of Peter and Susan Lesley, edited by their
daughter Mary Leslie Ames. Vol. 1—2, New York and Lon-
don, 1909, (Bibliographie mit 66 Titeln).
Stevenson, J. J.: Memoir of —. Bull. Geol. Soc. America, 15,
1904, 532—541 (Portr. Bibliographie mit 66 Titeln); Sci. n.
s., 18, 1—3, 1903.
Davis, W. M.: Biographical memoir of —. Biogr. Mem. Nat.
Acad. Sci., 8, 155—240, 1915 (Portr.).
Frazer, P.: Obituary, Am. Geol., 32, 133—136, 1903 (Portr.).
Halberstadt, B.: Obituary, Mines and Minerals, 23, 556,
1903 (Portr.).
Lyman, B. S.: Biographical notice of —. Trans. Am. Inst. Min.
Eng., 34, 726—739, 1904, sep. pp. 35, 1903.
Clarke: James Hall of Albany, p. 514—18.

Lesquereux, Leo, geb. 18. XI. 1806 Fleurier, Neuchâtel, Schweiz,
gest. 25. X. 1889 Columbus, Ohio.
Übersiedelte 1848 nach Nordamerika, wo er zuerst neben L.
Agassiz in Boston, dann neben Sullivant in Columbus arbeitete.
Phytopaläontologe des Geol. Surv. Pennsylvania, Ohio, Illinois,
Kentucky, Arkansas und unter Hayden, U.S. Geol. Surv.
Case, L. R. Mc.: Nekrolog: Pop. Sci. Mo., 30, 1887, 835—840;
38, 1889, 288.
Clarke: James Hall of Albany, 221—222.
Lesley, J. P.: Memoirs of L. L. Biogr. Mem. Nat. Acad. Sci.,
3, 187—212, 1895.
— — Obituary, Proc. Amer. Philos. Soc., 28, 1890, 65—70.
Lesquereux, L.: The flora of the Dakota group. A posthu-
mous work edited by F. H. Knowlton. Monographs US. Geol.
Surv., 17, 1891 (Biographie, p. 15—18).
Orton, Edw.: Obituary, Am. Geol., 5, 1890, 284—296 (Portr.).
Sternberg: Life of a fossil hunter.
Merrill: 1904: 498—499, 704 (Portr. Fig. 71).
— — 1920 (Portr. Taf. 7).
Darrah, W. C.: Leo Lesquereux. Botanical Museum Leaflets.
Harvard University Cambridge Mass. 2, No. 10, pp. 113—119.
Favre, L.: L. L. Bull. Soc. sc. nat. Neuchâtel 18, 1890, 3—37
(Bibliographie).
Annals of Botany 3, 1889—90, 467—470 (Bibliographie).

Lesser, Friedrich Christian, geb. 12. V. 1692, Nordhausen,
gest. 17. IX. 1754.
Pfarrer in Nordhausen, nebenbei Historiker und Naturforscher.
Hauptwerk Lithotheologie, 1735.
Freyberg (Portr.).
Ref. Schröter, Journ. 3, 54—73.
Poggendorff 1, 1436.

* **Lesson.**
Studierte 1828 mit der Duperrey-Expedition Korallenriffe.
Zittel: Gesch.

* Lessona, M i c h e l e.
Zoologe (Darwinist).
I s s e l, A.: Michele Lessona e Francesco Gasco. Cenno necrologico
Ann. R. Univ. Genova, 1895.

Lesueur (oder Le Sueur) C h a r l e s A l e x a n d e r, geb. 1778, gest.
1846.
Schüler Cuviers, Mitarbeiter J. Hall's. Mollusca.
C l a r k e: James Hall of Albany, 89.
O r d, G.: A Memoir of Ch. A. L. Am. Journ. of Sci. (2) 8,
1849, 189—216 (Bibliographie).

Leuchtenberg, N i k o l a u s M a x i m i l i a n, H e r z o g v o n, geb.
1843, gest. 1891.
Präsident Kaiserl. Min. Ges. St. Petersburg, schrieb 1843 über
Fossilien aus Carskoje-Selo.
Nekrolog: Bull. Com. géol. Russie, 10, 1891, No. 1, p. I—III
(Bibliographie mit 16 Titeln).

Leunis, J o h a n n, geb. 2. VI. 1802 Mahlerten b. Hildesheim,
gest. 30. IV. 1873 Hildesheim.
Domvikar, Prof. Naturgeschichte Hildesheim. Berücksichtigte in
seiner Synopsis der Zool. auch die Fossilien.
Nachruf: Leopoldina: 8, 1873, 82—85.

Leuze, A l f r e d, geb. 8. XII. 1845 Stetten, gest. 6. IX. 1899
Stuttgart.
Gymnasialprofessor. Mineralogie, Fossilisation.
R e t t i c h, A.: Nachruf. Jahreshefte Ver. vaterländ. Naturk. Würt-
temberg 56, 1900, XXVII—XXX (Bibliographie) (Qu.).

Leuze, J o h a n n e s, geb. 14. XII. 1883 Bagida, Togo, gest. 17./18. I.
1915 (Heldentod).
Assistent in Tübingen. Stratigraphie.
P o m p e c k j: Nachruf: Jahresh. Ver. vaterl. Naturk. Württemberg, 71, 1915, CII—CIV.

Levallois, J. B. J u l e s, geb. 5. III. 1799, gest. 24. IV. 1877.
Studierte um 1855 die Stratigraphie des Departement Meurthe.
Z i t t e l: Gesch.
P o g g e n d o r f f 1, 1439; 3, 802—03.

Leveillé, C h.
Studierte 1836 Kreide Belgiens.
Z i t t e l: Gesch.

Leverkühn, P a u l, geb. 12. I. 1867 Hannover, gest. 22. XI./
4. XII. 1905 Sofia.
Stabsarzt, Zoologe, spez. Ornithologe, Direktor Mus. Sofia, Aves.
T a s c h e n b e r g, O.: Nachruf: Leopoldina, 41, 109—111, 1905.

Lewis, E. R.
Prof. am Syrischen Protestantischen College Beyrout, sammelte um
1878 Kreideversteinerungen am Libanon. Pisces.
Hist. Brit. Mus., I: 306.

* Lewis, Ța y l e r.
Prof. Union College zu Schenectady, Orientalist, schrieb „Six
days of Creation, or the Scriptural cosmology".
C l a r k e: James Hall of Albany, 263.

Lewis, Thomas Taylor, geb. 1801 Ludlow, gest. 28. X. 1858
Bridstow.
Mitarbeiter Murchisons. Sammler in Aymestry.
Hist. Brit. Mus., I: 307.
Geikie, Life of Murchison I, 242.
Dict. Nat. Biogr. 33, 198.

Leymerie, Alexander, geb. 23. I. 1801, gest. 5. X. 1878.
Prof. Min. u. Geol. Toulouse. Stratigraphie u. Paläontologie Frankreichs, bes. dép. Aube, Yonne, Pyrenäen, Kreide.
Catalogue des travaux géologiques et minéralogiques publiés jusqu'
en 1870 par A. L. Paris-Toulouse, 1869, pp. 54.
Lartet, Louis: Vie et travaux de A. L. Bull. Soc. géol. France,
(3) 7, 1879, 530—556 (Bibliographie mit 122 Titeln).

Leysser, Friedrich Wilhelm von, geb. 7. III. 1731 Magdeburg, gest. 10. X. 1815 Halle.
Preußischer Kriegs- und Domänenrat in Halle a. S., schrieb 1783
u. 1806 über Versteinerungen.
Tornier: 1924: 32.
Poggendorff 1, 1447.

Lhotzky, John.
Sammelte 1837 paläozoische Evertebraten in Tasmanien.
Hist. Brit. Mus., I: 307.

Lhuyd (Lhwyd, Lhuidius), Edward, geb. 1660 Cardiganshire,
S. Wales, gest. 1709.
Keeper des Ashmolean Museum Oxford. Schrieb 1699 über Versteinerungen: Lithophylacii Britannici Ichnographia.
Hirst, T. Oakes: A welsh naturalist of the seventeenth century.
Vestnik Geol. Serv. Tscheskoslov. Rep., 5, 1929, 182.
Gunther, R. T.: Early Medicine and Biology in Oxford. Univ.
Press, 1926.
Edwards: Guide, 12, 31, 32.
Woodward, A. S.: Plot and Lhwyd and the dawn of geology.
Ashmolean Lecture am 22. V. 1933.

* **Liais**, Emmanuel, geb. 1826 Cherbourg, gest. 1900 Rio de
Janeiro.
Französischer Naturforscher; erforschte Brasilien.
Liste des mémoires et travaux de M. E. L. Cherbourg, 1858.
Notice sur les travaux scientifiques de M. E. L. Paris, 1866, pp. 48.
Poggendorff 3, 807—808; 4, 881.

Libavius, Andreas, gest. Coburg 1616.
Arzt und Chemiker, Direktor des Gymnasiums zu Coburg, schrieb
auch über Fossilien.
Freyberg.
Poggendorff 1, 1449.

Lidholm, Johann Svensson.
Konstruierte auf Linné's Veranlassung ein Profil in Schweden.
Stratigraphie.
Zittel: Gesch.

Liebe, Karl Leopold Theodor, geb. 11. II. 1828 Moderwitz
bei Gera, gest. 5. VI. 1894 Neustadt a. d. Orla.
Studierte bei Oken und Schleiden, 1855—61 Prof. Mathematik und
Naturwissenschaften am Gymnasium Gera, Mitarbeiter von H. B.
Geinitz u. Hr. Credner. Stratigr. Höhlenfaunen. Ornithologe.

Z i m m e r m a n n, E.: Nachruf: Jahrb. Preuß. Geol. Landesanst.,
15, 1894, LXXIX—CXLIV (Portr. Bibliographie mit 48 Titeln).
F ü r b r i n g e r, M.: Nachruf: Leopoldina, 30, 171—173, 182—188,
199—202 (mit cpl. Bibliographie, bes. Ornithologie).
F i s c h e r, E.: Dr. K. Th. L. Lebensbild eines Vogtländers. Leipzig, 1894, pp. 10 (Portr.; Aus: Unser Vogtland).
R o t h p l e t z, A.: Allgem. Deutsche Biogr. 51, 702—703.

Liebener, L e o n h a r d von Monte Cristallo, gest. 69 Jahre alt 9.
II. 1869.
Sammelte Fauna von St. Cassian.
Nachruf: Verhandl. Geol. Reichsanst. Wien, 1869, 44.

* Lieber.
K a y s e r, E.: Nachruf auf —. Geol. Rundschau, 7, 88 ff.

Liebknecht, J o h a n n G e o r g, geb. 23. IV. 1679 Wasungen
(Hessen), gest. 17. IX. 1749 Giessen.
schrieb 1729: Hassiae subterraneae specimen, clarissima testimo-
nia diluvii universalis.
L a u t e r b o r n: Der Rhein, I: 189.
S c h r ö t e r, Journ. 4, 131—139.
P o g g e n d o r f f 1, 1460.

Lienenklaus, E r n s t, geb. 8. IX. 1849 Wechte (Kr. Tecklenburg),
gest. 6. V. 1905 Ribbesbüttel b. Braunschweig.
Rektor u. Oberlehrer in Osnabrück. Tertiärostracoden Norddeutsch-
lands (bes. Nordwestdeutschlands), des Mainzer Beckens, des
Miocäns von Ortenburg (Niederbayern), des Mitteloligocäns im
Berner Jura und im Pariser Becken; Oligocänmollusken vom
Doberg bei Bünde.
Nachruf. 16. Jahresber. Naturwiss. Ver. Osnabrück (1903—1906),
1907, XXIX—XXXII (Bibliographie) (Qu.).

Lightbody, R o b e r t, gest. 1874.
Sammelte paläozoische Fossilien in der Umgebung von Ludlow.
Hist. Brit. Mus., I: 307.

Lignier, O c t a v e, gest. 1916.
Prof. Bot. Caen. Phytopalaeontologie (Bennettites).
Notice nécrologique. Bull. Soc. géol. France (4) 16, 1916, 41
(Compte rendu).
Scient. Papers 16, 781—782 (Qu.).

Liljevall, G e o r g, geb. 17. I. 1848, gest. 8. XII. 1928.
Schwedischer Präparator, Sammler und Künstler. Zeichnete die
Tafeln zu Werken von Lindström, Lovén, Bather u. a.
H e d s t r ö m, H.: Nekrolog: Geol. För. Stockholm Förhandl., 51,
1929, 116—120 (Portr.).

Lill von Lilienbach, K a r l, geb. 3. XI. 1798 Wieliczka, gest. 21.
III. 1831.
Studierte 1830 Trias der Alpen.
Z i t t e l: Gesch.
Allgem. Deutsche Biogr. 18, 651.

Lima, W e n c e s l a u d e S o u s a P e r e i r a d e, geb. 1858 Porto,
gest. 1920.

Mitarbeiter an der geol. Karte Portugals, später Staatsmann. Phytopaläontologie, Eurypterus.
Nachruf. Comunicaçoes Serv. geol. Portugal 15, 1924, III—VII (Portr., Bibliographie) (Qu.).

* Limbourg, J r. R. d.e.
Publizierte 1777 über die Geologie der Niederlande.
Z i t t e l: Gesch.

Lindaker, T. J.
Beschrieb 1791 Trinucleus (Käfermuschel) in Dresden.
V o g d e s.

Lindley, J o h n, geb. 1799, gest. Nov. 1865.
Prof. Botanik London. Phytopaläontologe. Schrieb mit W. Hutton 1831—37 „The Fossil Flora of Great Britain".
W o o d w a r d, H. B.: Hist. Geol. Soc. London, 88, 166.
Dict. Nat. Biogr. 33, 277—279.

* Lindström, A x e l F r e d r i k, geb. 27. XI. 1839 Stockholm, gest. 23. VI. 1911.
Staatsgeologe. Stratigraphie.
E (r d m a n n), E.: Nachruf: Geol. För. Stockholm Förhandl., 33, 1911, 401—405 (Bibliographie mit 19 Titeln).

Lindström, G u s t a f, geb. 27. VIII. 1829 Wisby, gest. .16. V. 1901 Stockholm.
Direktor pal. Abt. Rijksmuseum. Brachiopoda, Mollusca, ,Crinoidea, Cyathaspis, Korallen, Trilobita.
B a t h e r, F. A.: Obituary, Geol. Magaz., 1901, 333—336 (Portr.).
H o l m, G.: Nekrolog: Geol. För. Stockholm Förhandl., 34, 1912, 23—44 (Portr. Bibliographie mit 72 Titeln).
K i a e r, J.: Nekrolog: Naturen, 25, 1901, 209—215.
Obituary, QuJGS., London, 58, 1902, LI; CfM., 1901, 527—529.

Link, H e i n r i c h F r i e d r i c h, geb. 2. II. 1767 Hildesheim, gest. 1. I. 1851 Berlin.
Botaniker. Arbeitete um 1834 über Phytopaläontologie.
T o r n i e r: 1924: 42.
Allgem. Deutsche Biogr. 18, 714—720.

Link, (Lincke), J o h.a n n H e i n r i c h, geb. 17. XII. 1674 Leipzig, gest. 29. X. 1734 ebenda.
Apotheker in Leipzig, schrieb 1718 über Krokodile.
Freyberg.
Z i t t e l: Gesch.
J ö a h e r, Chr. G.: Allgem. Gelehrtenlexicon II, 1750, 2444; Forts. u. Ergänzung dazu von J. Chr. Adelung u. H. W. Rotermund 3, 1810, 1847—1848.

Linnarsson, J o n a s G u s t a v O s c a r, geb. 24. XI. 1841 Falköping, gest. 19. IX. 1881 Sköfde.
1869 Paläontologe des Geol. Survey Schweden. Silur, Cambrium Stratigr. Crustacea (Trilobita), Graptolithen, Brachiopoda.
L a p w o r t h, Ch.: The life and work of L. Geol. Magaz., ,1882, 1—7, 119—122, 171—176 (Portr., Bibliographie mit 57 Titeln).
N a t h o r s t, A. G.: Om G. L. och hans bidrag till den svenska kambrisk-siluriska formationes geologi och paleontologi. Geol.

För. Stockholm Förhandl., 5, 1880—81, 575—609 (Bibliographie mit 49 Titeln).
O o h e n: Nachruf: NJM., 1882, I, pp. 2.

Linné, K a r l, geb. 1707, gest. 1778.
Der große Systematiker beschrieb u. benannte auch Fossilien in seinen Werken: Museum Tessinianum u. Systema naturae. Außerdem fossile Korallen Gotlands und richtige Einordnung d. Trilobiten ins zool. System.
Linnés Pluto Svecicus och Beskrifning öfver stenriket. Utgiven af Carl Benedicks. Uppsala, 1907, pp. 48 + III + 91, Taf. 3.
N a t h o r s t, A. G.: O. v. L. sasom geolog. Stockholm, 1907, pp. 80, Taf. Fig. C. v. L. Betydelse sasom naturforskare och läkare.
— — Linné als Geologe. Jena, 1909 (Taf. Fig. Bibliographie mit 19 Titeln); Smithson. Rep. for 1908, 711—743.
S j ö g r e n, Hj.: O. v. L. sasom geolog. Stockholm, 1907, pp. 38.
— — O. v. L. als Mineraloge. Jena, 1909, pp. 42.
V o i t k a m p: 1869, s. Buffon.
L ö n n b e r g, E.: Linnés Föreläsningar öfver Djurriket Uppsala, 1913, pp. XIV + 607.
S c h u s t e r, J.: Linné und Fabricius in ihrem Leben und Werk, München, 1928. Münchner Beitr. z. Gesch. u. Lit. d. Naturw. Med. Sonderheft, 4, pp. CXXIII.

Linstow, O t t o v., geb. 23. IV. 1872, gest. 15. X. 1929.
Mitglied Preuß. Geol. Landesanstalt. Triasfauna von Lüneburg, tertiäre Asteroiden, diluviale Säugetiere, Geschiebefossilien u. a.; Stratigraphie.
Nachruf: Jahrb. Preuß. Geol. Landesanst., 50, 1929, p. LXXXV— CII, (Portr. Bibliographie mit 85 Titeln).

Lioy. P a o l o, geb. 31. VII. 1834 Vicenza, gest. 27. I. 1911 Vancimuglio.
Senator del Regno in Vicenza. Neben Schriften verschiedenen Inhalts auch Arbeiten über foss. Reptilien (Crocodile), Fische und Säugetiere (Rhinoceroszahn).
T o n i, G. B. de: Commemorazione. Atti Ist. Veneto scienze, lettere ed arti 70, I, 1910—1911, 101—156 (Portr., Bibliographie, Paläont. siehe p. 116—118) (Qu.).

Lipold, M a r k u s V i n c e n z, gest. 22. IV. 1883.
Bergdirektor in Idria. Stratigraphie.
Nachruf: Verhandl. Geol. Reichsanst. Wien, 1883, 133—134.
Scient. Papers 4, 49—51; 8, 241—242; 10, 606.

Lissajous, M a r c e l, gest. 1921 57 J. alt.
Musikprof. in Mâcon. Paläontologie des Mâconnais. Sammler. Seine Samml. in der Fac. Sci. Lyon.
Notice nécrologique. Bull. Soc. Géol. France (4) 22, 1922, 124— 125 (Qu.).

Lister, J o h n, geb. 18. VI. 1802 London, gest. 6. VIII. 1867 Aberystwyth.
Englischer Sammler.
D a v i s, J. W.: History of the Yorkshire Sci. Soc., 1889, 250—251.

Lister, M a r t i n, geb. 1638 Radcliff, gest. 1711.
1709 Leibarzt der Königin Anna. Hauptwerk Conchyliologie 1685 (mit 1085 Kupfertafeln) (referiert von Schröter, Journ.: I:

25—29, 4: 139—144, ferner Historia animalium Angliae etc. 1678 (ref. Schröter, Journ. 2, 115—118).
G u n t h e r, R. T.: Early Medical and Biological science. Oxford, 1926.
E d w a r d s: Guide, 31.
P o g g e n d o r f f 1, 1477—1478.
Dict. Nat. Biogr. 33, 350—351.

* **Littleton**, C h a r l e s.
Schrieb 1750 über „an undescribed petrified insect" (Trilobit). V o g d e s.

Locard, A r n o u l d, geb. 8. XII. 1841 Lyon, gest. 28. X. 1904 ebenda.
Malacologe.
G e r m a i n, L.: A. L. sa vie, ses travaux. Ann. Soc. Linn. Lyon, 52, 1905, 189—211 (Bibliographie mit 177 Titeln).
Not. nécrol. Bull. Soc. géol. France, (4) 5, 1905, 312—313.

Lochner von Hummelstein, M i c h a e l F r i e d r i c h, geb. 1662, gest. 1720. .
Publizierte 1716: Rariora Musei Besleriani (Ref. Schröter, Journ. 5: 72—81). Siehe auch Besler.
P o g g e n d o r f f 1, 1484.

Locke, J o h n, geb. 1792, gest. 1856.
Silur-Sammler.
C l a r k e: James Hall of Albany, 87.
W i n c h e l l, N. H.: Sketch of Dr. J. L. Amer. Geol., 14, 1894, 341—356 (Portr.).
N i c k l e s 669—670.

Lockhart.
Publizierte 1827: Notice sur les ossements fossiles d'Avarai, Orléans, 1854 über Mastodon (NJM.).

Loczy, L a j o s sen., geb. 4. XI. 1849 Arad, gest. 13. V. 1920 Balatonfüred.
Prof. Geographie Universität Budapest, 1908—1920 Direktor Kgl. Ungarischen Geologischen Anstalt. Stratigraphie China (Szécheny Expedition) und Ungarn (Balaton-See). Mammalia China, Evertebrata Ungarns.
C h o l n o k y, J.: L. L. Földrajzi Közlemények, 1921.
P a p p, K.: Emlékbeszéd L. L. ról. Szent István Akadémia Budapest, 1922, pp. 28.
L ó c z y, L.: irodalmi müködése. Akad. Értesitö 1918, pp. 9. (Bibliographie mit 139 Titeln.)
V e n d l, A.: Magyar Akadémiai Emlékbeszédek XX: 9. 1928, 1—43.

Loew, E.
Schrieb in Berlin 1835: Über das Zusammen-Vorkommen fossiler Tierknochen mit Kunstprodukten in den Kreuzberger Sandgruben bei Berlin (Karstens Archiv).

Loew, H e r m a n n, geb. 7. (19?) VII. 1807 Weißenfels, gest. 21. IV. 1879 Halle.
Schuldirektor in Meseritz. Entomologe. Fossile Dipteren.
Nachruf. Deutsche Entomol. Zeitschr. 23, 1879, 419—423.
Horn-Schenkling, Lit. entom. 1928—29, 744—750 (Teilbibliographie) (Qu.).

Logan, William Edmond, geb. 20. IV. 1798 Montreal Canada, gest. 22. VI. 1875. Castle Malgwyn, Llechryd, South Wales.
Studierte in Schottland, kehrte 1840 zurück nach Amerika. 1842—70 Direktor Geological Survey Canada. Stratigraphie. Eozoon, Entdecker der Gaspé-Fauna.
Harrington, B. J.: Life of Sir W. L. London, 1883, pp. 432 Portr. Fig. (Bibliographie mit 32 Titeln).
— — Obituary, Am. Journ. Sci., (3) 11, 1876, 81—93.
Obituary, Geol. Magaz., 1875, 382—384; QuJGS., London, 32, 1876, Proc. 76.
Bell, R.: Personal reminiscences of Sir W. L. Bull. Amer. Geol. Soc. America, 18, 1908, 622.
Geikie, A.: Life of A. C. Ramsay.
Harrington, B. J.: Obituary, Canad. Naturalist, n. s., 8, 1876, 31—46 (Portr.).
Clarke: James Hall of Albany, 302—309.
Woodward, H. B.: Hist. Geol. Soc. London, 42, 111, 132, 217 u. öfter.

Lohest, Marie Joseph Maximilien, geb. 8. IX. 1857 Lüttich, gest. 6. XII. 1926.
Mitarbeiter G. de Koninck's und J. Fraipont's. Stratigraphie Belgiens, Carbon. Pisces, Höhlenfaunen Homo fossilis. War Prof. in Lüttich.
Nekrolog: Annales Soc. géol. Belg. 50, 1928, B 57—B 84.
Fourmarier, P.: M. L. Liber memorialis. L'Université de Liège 1867 á 1935, 1936, II, 206—234 (Bibliographie).
Obituary. QuJGS. London 83, 1927, LV—LVI.

Lomas, Joseph, geb. 18. XI. 1860, gest. 17. XII. 1908.
Phytopaläontologie.
List of scientific papers. Liverpool Geol. Soc. Proc., 10, 1909, 336—339 (Bibliographie mit 74 Titeln).
Obituary. QuJGS. London 65, 1909, LXXVI—LXXVII; Geol. Magaz. 1909, 90.

Lommel, Johannes.
Inhaber des Heidelberger Mineralkontors in den 60er Jahren, Sammler (siehe Zittel, Gesch. 619).

Lommer, Christian Hieronymus, gest. 1787.
Sächsischer Bergmeister zu Annaberg, gab 1776: Eine Beschreibung der versteinerten Tiere so zu Lissa in Böhmen gefunden werden.
Tornier, 1924: 32.
Meusel, Teutsche Schriftsteller 1750—1800, 8, 342.

Lomnicki, Marian Alois R. von, geb. 9. IX. 1845, gest. 26. IX. 1915 Lemberg.
Kustos des Fürstlich Dzieduziczkych'schen Museums. Stratigraphie (Starunia), Miocän von Lemberg.
Zuber, R.: Nachruf: Verhandl. Geol. Reichsanst. Wien, 1915, 309—310.

* **Lomonosow**, Michael Wassiljewitsch, geb. 1711, gest. 1765 St. Petersburg.
Vernadsky, W.: Über die Bedeutung der Arbeiten L's auf dem Gebiete der Geologie und Mineralogie, Moskau, 1900, pp. 34.
Bogatschew, W.: Lomonosow, der erste russische Geolog. Schriften wiss. hist. Ges. Dorpat, 19, 1912, 1—28.
— —: Einige Worte über die Arbeiten von Lomonosow auf d. Gebiete der Min. u. Geol. St. Petersburg 1911, 1—97.
Poggendorff 1, 1493.

*Longchambon, Mic̆hel, geb. 20. VIII. 1886 Clermont-Ferrand, gest. 11. VIII. 1916.
Mineralogie.
Bertrand, L.: Not. nécrol. Bull. Soc. géol. France, (4) 19, 1919, 165—170 (Bibliographie mit 12 Titeln).

Longstaff, Jane geb. Donald, gest. 79 Jahre alt 19. I. 1935.
Frau des Entomologen G. B. Longstaff, studierte palaeozoische Gastropoden. War Mitglied des Council der Pal. Soc. Ihre ersten Publikationen erschienen unter ihrem Mädchennamen Jane Donald.
Obituary: Nature London, 135, 296, 1935.
Obituary: QuJGS., London, 91, 1935 XCVII—XCVIII.

Longueil.
Französischer Offizier, brachte 1739 Knochen, Stoß- und Backzähne aus einem Sumpf in der Nähe des Ohio nach Paris (Mastodon).
Zittel: Gesch.

Lonsdale, William, geb. Sept. 1794 Bath, gest. Nov. 1871 Bristol.
Kämpfte bei Waterloo. Später Sekretär u. Kurator der Geol. Soc. London. Korallen.
Bather, F. B.: Address W. Smith, 1926, p. 4.
Prestwich: Life of — 65.
— — Obituary, QuJGS., London, 28, 1872, XXXV—XXXVI.
Geikie: Life of Murchison, I: 128, 231, 373, II: 66 u. öfter.
Woodward, H. B.: Hist. Geol. Soc. London, 147—149 u. öfter.
Dict. Nat. Biogr. 34, 130.
Scient. Papers 4, 81—82.

Loomis, Frederick Brewster, gest. 24. VII. 1937 im Alter von 63 J.
Prof. Geol. u. Min. Amherst College. Paläontologie der Vertebraten (bes. Mammalia).
Nickles I, 673—674; II, 381—382.
Todesnachricht. Zeitschr. Deutsche Geol. Ges. 90, 1938, 60 (Qu.).

Lorenz, Theodor, geb. 8. I. 1875, gest. 23. V. 1909.
Habilitierte sich 1905 für Geol. Pal. Marburg. Stratigraphie der Alpen u. Ostasiens. Trilobita, fossile Algen.
Nachruf: CfM., 1909, 444.
Wilckens, O.: Nachruf. Ber. Niederrhein. geol. Ver. 1909, 61—68 (Portr., Bibliographie).

Loretz, Hermann, geb. 7. X. 1836 Obernhöfer Hütte bei Holzappel, Nassau, gest. 15. VII. 1917.
Bergbeamter, 1876 Mitglied Preuß. Geol. Landesanstalt. Stratigraphie.
Beyschlag, F.: Nachruf: Jahrb. Preuß. Geol. Landesanstalt, 38, 1917, II: 416—428 (Portr. Bibliographie mit 50 Titeln).

Loriol, Le Fort, Charles Louis Perceval de, geb. 24. VII. 1828 Frontenex bei Genf, gest. 23. XII. 1908.
Schüler Pictet's. Mollusca, Brachiopoda, Echinodermata.
Lambert, J.: Nekrolog: Bull. Soc. géol. France, (4) 10, 1910, 380—391 (Bibliographie mit 72 Titeln).
Sarasin, C.: Nekrolog: Actes Soc. helv. Sci. nat. 92, II: 1—13, 1909 (Portr., Bibliographie mit 82 Titeln).
Choffat, P.: Necrolog: Comm. Serv. geol. Portugal, 7, 1909, XXII—XXVII (Portr.).

S a r a s i n: Nachruf: Eclogae geol. Helv., 10, 576—589.
O s b o r n: Cope, Master Naturalist, 249.
Obituary, QuJGS., 65, 1909, LXXIII; CfM. 1909, 159; Geol. Magaz.
1909, 190—191.

Lortet, L o u i s C h a r l e s, geb. 22. VIII. 1836 Oullins (Rhône),
gest. 26. XII. 1909 Lyon.
Mediziner. Prof. Naturgesch. u. Direktor des Mus. d'hist. nat.
Lyon. Reptilia, Mammalia.
G a i l l a r d, Cl.: La vie et les travaux de L.-Ch. L. Arch. Mus.
d'hist. nat. Lyon 11, 1912, 1—31 (Portr., Bibliographie) (Qu.).

Lory, C h a r l e s, geb. 30. VII. 1823, gest. 1889.
Alpine Geologie.
Notice sur les travaux scientifiques de M. C. L. Grenoble, 1870,
pp. 15; II. Aufl. 1878, pp. 18; III. Aufl. 1881, pp. 47 Paris.
B e r t r a n d, M.: Éloge de M. C. L., Bull. Soc. géol. France, (3)
17, 664—679.
G o s s e l e t, J.: Étude sur les travaux de C. L. Bull. Soc. Belge,
géol., 4, 1890, Proc. verb., 56—73.
H o l l a n d e, D.: Notice sur C. L. Bull. Soc. Hist. Nat. Savoie, 3,
1889, 45—48.
Necrol. bibliogr. Bull. Soc. Statist. Isère, (3), 14, 1887, 364—397
(Bertrand's Nekrolog und Bibliogr.).
Publications (Grenoble Fac. des Sci. Trav. Lab. Géol. Grenoble, 3,
1894—95, 333—336, Lory's Bibliographie mit 10 Titeln).

Lossen, K a r l A u g u s t, geb. 5. I. 1841 Kreuznach, gest. 24. II.
1893.
1866—93 Mitglied Preuß. Geol. Landesanstalt. Stratigr.
B e r e n d t. Nachruf: Jahrb. Preuß. Geol. Landesanstalt, 14, 1893,
LXVII—LXXX (Portr.).
K a y s e r, E.: Nachruf: NJM., 1893, 1—18 (Bibl.).
T o r n i e r: 1925, 84.

Lotti, B e r n a r d i n o, geb. 4. V. 1847 Massa Maritima, gest. 15.
I. 1933 Rom.
Ingenieur. Mitglied des R. Ufficio Geologico, 1911—1919 Direktor
desselben. Stratigraphie Italiens.
C l e r i c i, E.: B. L. Boll. Soc. Geol. Ital. 52, 1933, CXLI—CLV
(Portr., Bibliographie).
d'A c h i a r d i, G.: Atti Soc. Toscana Sci. Nat. 42, 1933, 7—10
(Qu.).

* **Loughridge**, R o b e r t H i l l s, geb. 1843, gest. 1917.
Nordamerikanischer Stratigraph.
S m i t h E. A.: Memorial of —. Bull. Geol. Soc. America, 29,
1917, 48—55 (Bibliographie mit 37 Titeln).

Lovell, R o b e r t, geb. 1630 (?), gest. 1690.
Schrieb 1661 in Oxford Panzoologico-Mineralogia.
Casey-Wood.
Dict. Nat. Biogr. 34, 174.
P o g g e n d o r f f 1, 1503.

Lovén, S v e n, geb. 6. I. 1809 Stockholm, gest. 3. IX. 1895 ebendort.
Studierte bei Ehrenberg in Berlin, 1830 Dozent der Physiologie
in Lund, 1837 Spitzbergen-Expedition, 1839 Intendant der Ever-
tebratenabteilung am Schwedischen Staatsmuseum, 1841—92 Prof.
Naturgeschichte. Mollusca, Crustacea, bes. Echinodermata (fossil
und rezent).

L (ö f s t r a n d), G.: Nachruf: Geol. För. Stockholm Förhandl., 17, 1895, 627—638.
G. J. H.: Obituary, QuJGS., London, 52, 1896, LXXII—LXXIV.
G e i k i e: Life of Murchison, II: 31, 153.
T h é e l, Hj.: Sv. L. Lefnadsteckningar K. Sv. Vetensk. — Akad. 4 (Heft 3), 1903, 17—82 (Portr., Bibliographie).
B a t h e r, F. A.: Natural Science 7, 1895, 283—288.
Nachruf: Almanach Ak. Wiss. Wien 46, 1896, 287—290 (Bibliographie).

Lovisato, D o m' e n i c o, geb. 12. VIII. 1842, gest. 23. II. 1916.. Prof. d. Geol. u. Min. in Cagliari. Geologie u. Paläontologie (Echinodermen) von Sardinien.
E. F o s s a - M a n c i n i: L'opera scientifica di D. L. Boll. Soc. Geol. Ital., 43, 1924, 139—150 (Bibliographie).

Lowe, P e r c y R o y c r o f t, geb. 2. I. 1870.
Arzt, Ornithologe des British Museum. Aves.
Pensionierung: The Museums Journal, 34: 481, 1935.

Lowndes, M i s s.
Sammelte 1896 für das British Museum Gault-Fossilien in Dorset. Hist. Brit. Mus., I: 307.

Lowry, J o s e p h W i l s o n, geb. 7. X. 1803, gest. 15. VI. 1879.
Illustrierte Woodward's Manual of the Mollusca, Phillips' Geol. of Yorkshire u. a.
Obituary, Geol. Magaz., 1879, 335—336.
W o o d w a r d, H. B.: Hist. Geol. Soc. London, 36.

Lörenthey, I m r e, geb. 17. IV. 1867 Pest, gest. 1917.
Prof. Pal. Univ. Budapest, Foraminifera, Mollusca, Chelonia, Pannonstufe, bes. Crustacea.
V a d á s z, E.: Nachruf: Földtani Közlöny, 48, 1918, 40—52 (Portr. Bibliographie mit 37 Titeln).
P á l f y, M.: Magyar Akademiai Emlékbeszédek XVIII: 12.

* **Lubbock**, J o h n, L o r d A v e b u r y, geb. 30. IV. 1834 gest. 28. V. 1913.
Homo fossilis, Palethnologie.
Obituary, Geol. Magaz., 1913, 334; QuJGS., London, 70, 1914, LXIX ff; Nature, London, XCI, 1913, 350.
P r e s t w i c h: Life of — 97 u. öfter.

Luc, G u i l l a u m e A n t o i n e, geb. 1729 Genf, gest. 1812.
Fossile Muscheln. Siehe auch J. A. du Luc.

Luc, J e a n A n d r é d e, geb. 1727 Genf, gest. 1817 Windsor.
Beschäftigte sich mit seinem Bruder, Guillaume Antoine mit Physik, Chemie und Geol. 1768 Gesandter in Bern und Paris, 1770 Mitglied des großen Rates. Vorleser und Reisebegleiter der Königin Charlotte von England, 1798—1804 Honorarprofessor Göttingen, Polyhistor. Geologie, besonders der Alpen. Besaß eine berühmte Petrefaktensammlung.
V a n D e i n s e, A. B.: Würdigung. Nieuwe Rotterdamsche Courant, 85, No. 284, 1928, 12. Oktober, Abendblatt.
W o l f, R.: Biographien zur Kulturgeschichte der Schweiz 4, 1862, 193—210 (bes. 207—210).

Lucas, F r e d e r i c　A u g u s t u s, geb. 25. III. 1852 Plymouth Massachusetts, gest. 1929.
Osteologe. Leitende Stellungen am U. S. Nat. Mus., Carnegie, American Mus. Nat. Hist. etc. Reptilia, Aves, Mammalia.
L u c a s, F. A.: Fifty years of museum work. Autobiography, unpublished papers, and Bibliography. New York (Amer. Mus. Nat. Hist.), 1933, pp. 81 (Portr. Bibliographie mit 365 Titeln).
S c h u c h e r t, Ch.: F. Augustus Lucas. Amer. Journ. Sci., (5) 17, 1929.
O s b o r n: Cope, Master Naturalist, 259.

Lucy, W i l l i a m　C h a r l e s, geb. 20. VI. 1822 Stratford-on-Avon, gest. 11. V. 1898 London.
Sammelte in den 80—90er Jahren englische Jura-Kreide-Versteinerungen.
Hist. Brit. Mus., I: 307.
Obituary. QuJGS. London 55, 1899, LXIII—LXIV.

* **Ludwig**, C h. F r.
Schrieb 1804 Handb. der Mineralogie.
P o g g e n d o r f f 1, 1513.

* **Ludwig**, C h r i s t i a n　G o t t l i e b, geb. 1709 Brieg, gest. 1773.
Arzt und Prof. der Medizin zu Leipzig, schrieb 1749 Terrae musaei regii Dresdensis ... accedunt terrarum sigillatarum figurae.
Freyberg.
P o g g e n d o r f f 1, 1512—1513.

* **Ludwig**, H u b e r t.
Zoologe. Rezente Echinodermen.
Studierte 1877 Rhizocrinus.
Z i t t e l: Gesch.
Nachruf. Leopoldina 50, 1914, 10—16, 31—32 (Bibliographie).

Ludwig, R u d o l p h　A u g.　B i r m i n h o l d　S e b a s t i a n, geb. 24. X. 1812 Hetzlos (Unterfranken), gest. 11. XII. 1880 Darmstadt.
Fabrikinspektor, Salineninspektor, Bankbeirat (Darmstadt). Reisen nach Rußland. Geologie u. Paläontologie Hessens u. Westdeutschlands (Pflanzen, Mollusca, Crocodilia), Oberpaläozoikum Rußlands (Korallen, Bryozoen) u. a.
Z i t t e l: Gesch.
P o g g e n d o r f f 1, 1513.
Allgem. Deutsche Biographie 19, 612—615 (Bibliographie im Text) (Qu.).

* **Luedecke**, O t t o, geb. 8. VI. 1851 Teutschental, gest. 6. IX. 1910 Friedrichsroda.
Prof. Min. Halle.
W a l t h e r, J.: Nachruf: Leopoldina, 47, 1911, 16.
P o g g e n d o r f f 3, 841; 4, 921.

* **Lugeon**, M a u r i c e.
Prof. Universität Lausanne. Stratigraphie.
Notes et publications scientifiques de M. L. Lausanne, 1920, pp. 19 (Bibliographie mit 186 Titeln). — 3. Aufl., Lausanne, 1927, pp. 20 (Bibliographie mit 204 Titeln).

Lukaszewicz, J o s e f, geb. 1. XII. (a. St.) 1863 Bykowka, gest. 20. X. 1928.
a. o. Prof. phys. Geol. Wilna. Diluvialpaläontologie von Starunia (Galizien).

B o h d a n o w i c z, K.: J. L. Ann. Soc. géol. Pologne 7 (1930—31), 1931, 1—8 (poln.), 27—34 (franz.) (Portr., Bibliographie) (Qu.).

Lund, P e t e r W i l h e l m, geb. 14. VI. 1801, gest. 25. V. 1880.
Erforschte Südamerikas Höhlen.
R e i n h a r d t, J.: Naturforskeren P. W. L. hans liv og hans virksomhed. Dansk Vidensk. Selsk. Forhandl., 1880, 147—210.

Lundgren, S v e n A n d e r s B e r n h a r d, geb. 19. II. 1843 Malmö, gest. 7. I. 1897 Lund.
1867 Dozent, dann Prof. Pal. Geol. Lund. Rudista, Bernstein, Aptychus, Paradoxides, Brachiopoda, Inoceramus, Jura, Hemipneustes, Phytopaläontologie, Spondylus, Perm.
T ö r n q u i s t, Sv. L.: Nachruf: Geol. För. Stockholm Förhandl., 19, 1897, 327—351 (Portr. Bibliographie mit 47 Titeln).
Obituary, Geol. Magaz., 1897, 431.
Necrolog: Bull. Soc. géol. France, 1898, 288.

* **Lupin,** F r i e d r i c h, Freih. von, geb. 1771, gest. 1845.
Studierte um 1805 die Alpen des Allgäu.
Z i t t e l: Gesch.
P o g g e n d o r f f 1, 1519.

* **Luri,** B o r i s, geb. 1877, gest. 1905.
Russischer Geologe. Hat das Leben bei den Straßenkämpfen in St. Petersburg verloren.
Nekrolog. Annuaire géol. et min. Russie 7, 1904—05, 144—146.

Lusser, K a r l F r a n z, geb. 1790, gest. 1859.
Historiker und Geologe in Luzern. Stratigraphie.
L a u t e r b o r n: Der Rhein, 1934: 132.
P o g g e n d o r f f 1, 1519.

Luther, D. D a n a, geb. 1840, gest. 1893.
Müller und Geologe in Naples, N. Y.
C l a r k e, J. M.: D. Dana Luther, Miller and Geologist. 1840—1893. Bull. New York State Mus., No. 253, p. 117—120, 1924 (Portr.).
C l a r k e: James Hall of Albany, 535, 537.
N i c k l e s 682.

Luther, M a r t i n, geb. 1483, gest. 1546.
Reformator, berührte in einer seiner Tischreden auch die Pal.
F r e y d a n k, H.: M. L. und der Bergbau. Zeitschr. Berg-. Hütten- und Salinenwesen Preußens, 1933, B 310—B 337.
W a l t h e r, Joh.: Leopoldina, 5, p. 4 (Fig. 5).
E d w a r d s: Guide, 17.

Luxmoore, E. B o u v e r i e, geb. um 1829, gest. 27. III. 1893 Locarno.
Erforschte in den 80er Jahren die Höhlen des Clwyd-Tales.
Hist. Brit. Mus., I: 307.
Obituary. QuJGS. London 50, 1894, 43.

Lümmen, W.
Publizierte 1759 in Jena über Conchylien.
Freyberg.

Lütken, C h r i s t i a n F r e d e r i k, geb. 4. X. 1827 Soro, gest. 6.
II. 1901 Copenhagen.
Direktor des Zool. Mus. Copenhagen. Zoologe. Arbeit über Ganoiden
(Palaeontographica 1873). Echinodermata.
B (a t h e r), F. A.: Obituary, Geol. Magaz., 1901, 191.
Obituary. Science (N. S.) 13, 1901, 540—542.

Lycett, J., gest. 1882.
Studierte 1850 Jura Englands, spez. Mollusca.
Z i t t e l: Gesch.

Lydekker, R i c h a r d, geb. 1849, gest. 16. IV. 1915 Harpenden.
Mitarbeiter des Duke of Bedford und des British Museum, dessen
klassische Kataloge über Vertebraten, mit Ausnahme der Fische,
von L. bearbeitet wurden. Amphibia, Reptilia, Aves, Mammalia.
Verfaßte mit Nicholson: Textbook of Pal. Vertebrata.
Obituary, Geol. Magaz., 1915, 238—240; QuJGS., London, 72, 1916,
LV ff.
L a m b r e c h t, K.: Nachruf: Aquila Budapest, 22, 1915, 370—377
(Bibliographie mit 41 Titeln).

Lyell, C h a r l e s S i r, geb. 14. XI. 1797 Kinnordy, Forfarshire, gest.
22. II. 1875, London.
Bahnbrecher der modernen Geologie, Stratigraphie.
Life, letters and journals of Sir Ch. L. Bart. Edited by his Sister-
in-Law, Mrs. Lyell. Bd. I—II, London 1881 (Bibliographie mit
94 Titeln).
D a w s o n, J. W.: Recollections of Sir Ch. L. Montreal, 1875.
D a v i d s o n, Th.: Notice sur la vie et les travaux de Sir Ch. L.
Bull. Soc. géol. France, (3) 4, 1876, 407—415.
K o b e l l, F. v.: Nekrolog: Sitzber. math. phys. Klas. Bayer. Akad.
Wiss. München, 5, 1875, 135—138.
C r o s s e, H., & F i s c h e r, P.: Nécrol. Journ. de Conchyl., 24,
1876, 130—131.
P u l s z k y, F.: Emlékbeszéd Sir Ch. L. felett. Természettudomá-
nyi Közlöny, 8, 1876, 276—279.
N i e s, Fr.: Ch. L. und die Geologie. Gemeinnützige Wochen-
schrift, No. 31, 32 ff. Würzburg (o. J.).
B o n n e y, T. G.: Ch. L. and modern geology, 1895, pp. ,224
(Portr.).
F o r b e s, E.: Lyell and his speech. Lit. Gazette, 12. April, 1852.
R a m s a y, A. C.: Lyell and Tennyson. Saturday Review, 1861,
June 22, p. 631—632.
C l a r k e: James Hall of Albany, 39, 107 ff u. öfter.
G u n t h e r, R. T.: Early medical and biological science. Oxford,
1926.
Hist. Brit. Mus., I: 308.
Obituary, Geol. Magaz., 1875, 142—144; Nature, London, 11, 1875,
341—342; Am. Journ. Sci., (3) 10, 1875, 269—276; Quart. Journ.
Sc. Cincinnati, II. 1875, 355—363.
G e i k i e, A.: Scientific worthies, VI, Sir Ch. L. Nature, London,
12, 1875, 325—327 (Portr.).
Portr. W o o d w a r d, H. B.: Hist. Geol. Soc. London, Taf. 86.

Lyell, L a d y.
Obituary, Geol. Magaz., 1873, 288.

* **Lyman**, B e n j a m i n S m i t h, geb. 1835, gest. 1920.
Amerikanischer Geologe, der erste Direktor der Geol. Landesuntersuchung Japans 1875.

Z i t t e l : Gesch.
P o g g e n d o r f f 3, 846; 4, 929.

Lynch, W i l l i a m F r a n c i s, geb. 1. IV. 1801, gest. 17. X. 1865.
Sammelte Versteinerungen am Toten Meer.
Z i t t e l : Gesch.
Dict. Am. Biogr. 11, 524—525.

Lyon, S i d n e y S m i t h, gest. 1872.
Echinodermen Amerika｡ (Crinoidea, Blastoidea).
N i c̓ k l e s 685 (Qu.).

Lyons, H e n r y G e o r g e, geb. 11. X. 1864 London.
Kapitän, 1896 Begründer der ägyptischen Geol. Survey.
Z i t t e l : Gesch.
P o g̓ g e n d o r f f, 4, 930; 5, 780.

Maack, G. A u g u s t, geb. 1840?, gest. 6. VIII. 1873.
Assistent von Agassiz am Cambridge Mus. (Sect. für Paläontologie).
Lophiodon von Heidenheim (Mittelfranken). Schildkröten im oberen
Jura von Kelheim u. Hannover, Stratigraphie Südamerikas.
Todesnachricht: Der zoolog. Garten 14, 1873, 439.
Z i t t e l : Gesch.
Scient. Papers 8, 286; 12, 468 (Qu.).

Maas, G ü n t h e r H e i n r i c h J u l i u s M a x, geb. 20. X. 1871
Berlin, gest. 5. II. 1905 ebendort.
1895 Mitglied der Preuß. Geol. Landesanst. Stratigraphie.
M e n z e l, H.: Nachruf: Jahrb. Preuß. Geol. Landesanst., 27, 1906,
693—706 (Portr. Bibliographie mit 17 Titeln).

Maas, O t t o, geb. 30. VII. 1867 Mannheim, gest. 17. III. 1916
München.
a. o. Prof. Zool. München. Fossile Medusen (Solnhofen, Kreide
der Karpathen).
Nachruf. Archiv f. Entwicklungsmechanik der Organismen 42,
1917, 508—512 (Bibliographie) (Qu.).

Mac siehe auch M c.

Maccallum, S a n d y.
Sammler von Silurfossilien in Girvan für Murchison.
G e i k i e : Life of Murchison, II: 113.

* Mac Clintock.
Um 1850 Leiter einer Arktis-Expedition.
Z i t t e l : Gesch.

Macconochie, A r t h u r, geb. 1850 Dailly, Ayrshire, gest. 1922.
Fossilsammler Geol. Surv. Scotland, zuletzt Assistant for Survey
Collections. Entdecker neuer Fisch-, Olenellus- u. anderer Faunen.
Obituary. Transact. Edinburgh Geol. Soc. 11, 3, 1925, 395—397
(Qu.).

* Macculloch, J o h n, geb. 1773 Canalinseln, gest. durch einen Sturz
vom Wagen in Cornwall 1835.
Arzt, gab aber seine Praxis auf, um sich der Min.-Geol. widmen
zu können. Geologe der trigonometrischen Survey 1814. Stratigr. Schottlands.

Geikie: Murchison, I: 201—203, Portr. p. 202.
— — A long life work, 54.
Zittel: Gesch.
Portr. Woodward, H. B.: Hist. Geol. Soc. London, Taf. 36.

*Macfarlane, James, geb. 1819, gest. 1885.
Nordamerikanischer Stratigraph.
Lesley, J. S.: Obituary, Proc. Amer. Philos. Soc., 23, 1885, 287—289.
White, I. C.: Obituary, Am. Geol., 7, 1891, 145—149 (Portr.).

Mac Gee siehe **McGee.**

*Mackie, N. Alexander, geb. 1851, Leeds, gest. 1933.
Geologe.
Nachruf: Proc. Geol. Assoc., 45, 1934, 100—101.

Mackroth, Friedrich Eduard, geb. 20. XI. 1807 Gera, gest. 20. V. 1866.
Pastor in Thieschitz bei Gera, studierte Zechsteinpaläontologie.
Nachruf: NJM., 1866, 511.
Geinitz, H. Br.: Worte der Erinnerung usw. Sitzungsber. Naturw. Ges. Isis Dresden 1866, 64.

*Maclaren, Charles, geb. 1782, gest. 10. IX. 1866.
Stratigr.
Cox, R., & Nicol, J.: Select writings, political, scientific, topographical and miscellaneous of the late Ch. M. Editor of the „Scotsman" etc. With a memoir and photographs. Bd. I—II, Edinburgh, 1869.
Obituary, Geol. Magaz., 1866, 480.

*Maclure, William, geb. 1763, gest. 1840.
Schottischer Geol., der 1809 eine geol. Karte der Vereinigten Staaten veröffentlichte. Stratigr.
Morton, S. G.: A memoir of W. M. late President of the Academy of Nat. Sci. of Philadelphia. Philadelphia, 1841, pp. 37 (Portr. Bibliographie); Am. J. Sci., 47, 1844, 1—17 (Portr.).
Clarke: James Hall of Albany, 89, 106.
Merrill: 1904, 217, 218, 679, 705, Portr. Taf. 3.
Merrill: The first one hundred years of Am. Geol. New Haven, 1924.

Macpherson, José Don, geb. 1839 Cadiz, gest. 11. X. 1902 Madrid.
Tektoniker, schrieb über Archaeocyathus.
Hernandez-Pacheco, E.: El geologo Don J. M. y su influjo en la ciencia espana. 1927, pp. 18, Fig. 1.
Obituary, QuJGS., London, 59, LVII.
Barrois, Ch.: Notice nécrologique. Annales Soc. géol. du Nord 31, 1902, 312—317.

Madeley, William.
Sekretär der Dudley and Midland Geol. Soc. Sammelte in den 90er Jahren Korallen für das Brit. Mus.
Hist. Brit. Mus., I: 309.

Maffei, Scipione de, geb. 1. VI. 1675 Verona, gest. 11. II. 1755 ebenda.
Berühmter Gelehrter in Verona. Arbeit über Versteinerungen von Verona 1747.
Nouv. biogr. générale 32, 654—658.
Poggendorff II, 10 (Qu.).

18*

Maidwell, F r e d e r i c k T h o m a s, geb. 26. III. 1872 Gunnerside in Swaledale, gest. 1. V. 1921 Runcorn.
Instruktor in der Bablake Secondary School. Stratigraphie Coventry's; Fährten. Trias.
T. A. J.: Obituary, Geol. Magaz., 1921, 336; QuJGS., London, 1922, LXXVIII.

Maillard, G u s t a v e, geb. 29. I. 1860 Ollon (Vaud), gest. 14. VI. 1891.
Conservator in Annecy. Sammler, Fucoidea, Mollusca, Stratigraphie Purbeck.
M i c h e l - L é v y: Note sur les derniers travaux de M. M. Bull. Serv. Carte géol. France, No. 22, 1891, 199—200.
R e n e v i e r, E.: Not. biogr. sur G. M. Bull. Soc. Vaud. Sc. Nat., 28, No. 106, 1—8 (Bibliographie mit 28 Titeln).
— — Notice biographique sur G. M. suivie de la Monographie des Mollusques tertiaires terrestres et fluviatiles de la Suisse. Mém. Soc. Pal. Suisse, 18, 1892, III—X (Bibliographie).
R é v i l, J.: Notice sur les travaux de G. M. Bull. Soc. d'Hist. Nat. de Savoie, 1891, Sept.-Dec., pp. 16 (Bibliographie).

Maillet, B e n o î t d e, geb. 12. IV. 1656 St. Mihiel, gest. 30. I., 1738 Marseille.
Schrieb 1748 den Telliamed (Anagramm seines Namens) mit geol.-pal. Betrachtungen sehr fortschrittlicher u. moderner Art für seine Zeit.
E d w a r d s: Guide, 42. vgl. Telliamed.
Z i t t e l: Gesch.
Nouv. biogr. générale 32, 885.

Maironi da Ponte, G i o v a n n i, geb. 16. II. 1748 Bergamo, gest. 29. I. 1833 ebenda.
Prof. Naturgesch. am Lyceum in Bergamo. Neben rein geol. Arbeiten auch Beschreibung von Fossilien vom Monte Misma.
A i r o l d i, M.: Principali figure di precursori nella geologia lombarda 1, 1922, 173—181 (Bibliographie).
P o g g e n d o r f f 2, 18—19 (Qu.).

Majer, M o r i c, geb. 1815, gest. 1904.
Ungarischer Botaniker, S. O. Cistercensis. Sammler.
H o r v á t, A.: Egy elfelejtett pécsi botanikus. o. J.

Major, C. J. F o r s y t h, siehe **Forsyth Major**.

Major, J o h a n n D a n i e l, geb. 16. VIII. 1634 Breslau, gest. 3. VIII. 1693 Stockholm.
Lehrer der Arzneiwissenschaft zu Kiel, schrieb 1662 Dissertatio de lithologia curiosa sive de animalibus et plantis in lapidem versis, 1664 De cancris et serpentibus petrefactis.
Z i t t e l: Gesch.
P o g g e n d o r f f 2, 20.
Allgem. Deutsche Biogr. 20, 112.

Makowsky, A l e x a n d e r, geb. 17. XII. 1833 Zwittau, gest. 30. XI. 1908 Brünn.
1873 Prof. Min. Geol. d. deutschen Techn. Hochschule Brünn, Mollusca, Mammalia, Reptilien, Stratigraphie, Homo fossilis.
T i e t z e, E.: Nachruf: Verhandl. Geol. Reichsanst. Wien, 1908, 359—361.
Scient. Papers 4, 197; 8, 311—312; 10, 696; 16, 1018—1019.

Malaise, C o n s t a n t i n   H.-L., geb. 11. XI. 1834 Lüttich, gest. 24. IV. 1916 Gembloux.
Prof. d. Naturgeschichte in Gembloux. Stratigraphie u. Paläontologie Belgiens, bes. des Paläozoikum.
F o u r m a r i e r, P.: Notice sur C. M. Ann. Acad. roy. Belg., 1931, 97—169 (Portr., Bibliographie).
D e w a l q u e: Hist. biogr. Liège, p. 8—9.

Malherbe, R e n i e r, gest. 1891.
Belgischer Geologe. Carbon.
F i r k e t, A. D.: Discours prononcé sur la tombe de R. M. Ann. Soc. géol. Belg., 18, p. XXXII—XXXVII (Bibliographie mit 39 Titeln).

Mallada, L u c a s, geb. 1841 Huesca gest. 6. II. 1921 Madrid.
Mineningenieur, Mitglied des span. Geol. Inst.
Stratigraphie u. Paläontologie Spaniens.
N a v a r r o, L. F.: L. M. Bol. Soc. Esp. Hist. Nat. 21, 1921, 161—164 (Bibliographie) (Qu.).

* **Mallard,** E r n e s t, geb. 4. II. 1833, gest. 6. VII. 1894.
Ingenieur, Prof. Geol. Min. Physik.
Notice sur les travaux scientifiques de M. E. M. Paris, 1881, pp. 26; II. Aufl., 1890, pp. 86.
Necrolog: Bull. Soc. géol. France, (3) 23, 1895, 179—191; Ann. des Mines (9) 7, 1895, 267—303 (Bibliographie mit 118 Titeln).
L a c r o i x: Note sur le troisième fauteuil, Paris, Acad.; 52—61.

* **Mallet,** F r e d e r i c R i c h a r d, gest. 24. VI. 1921, 81 Jahre alt.
Geologe in Indien. Stratigr.
Obituary, QuJGS., London, 1922, XLVIII.

Mandelsloh, F r i e d r i c h, G r a f v o n, geb. 29. XII. 1795, Stuttgart, gest. 15. II. 1870.
Kreisforstmeister in Ulm. Jura u. Geologie Württembergs. Seine Sammlung im Naturalienkabinett Stuttgart.
F r a a s, O.: Nekrolog. Jahresh. Ver. vaterländ. Naturk. Württemberg 27, 1871, 28—33.
Allgem. Deutsche Biogr. 20, 171—172 (Qu.).

Mansel-Pleydell, J o h n C l a v e l l, geb. 4. XII. 1817, gest. 3. V. 1902.
Gutsbesitzer in Dorsetshire, sammelte Versteinerungen seiner Gegend (bes. Saurier u. Mammalia).
Hist. Brit. Mus., I: 309.
Obituary. Geol. Magaz. 1902, 335; QuJGS. London 59, 1903, LX. Scient. Pap. 8, 320—321; 12, 481; 16, 1046.
Obituary. Proc. Dorset Nat. Hist. Field Club 23, 1902, LXII—LXXII (Portr.).
Dict. Nat. Biogr. Second Supplement II, 562—563 (Qu.).

Mantell, G i d e o n A l g e r n o n, geb. 1790, gest. 1852.
Arzt zu Lewes in Sussex, dann Brighton, Clapham. Legte eine Privatsammlung an, die in das British Museum gelangte. Mollusca, Belemnites, Phytopaläontologie, entdeckte Iguanodon, schrieb 1838: The wonders of geology, 1844: The medals of creation.
S p o k e s, Sydney: Gideon Algernon Mantell, Surgeon and Geologist. London, 1907, pp. XV + 263, 7 Taf., 3 Fig. (Portr.).
F o r b e s. E.: Obituary, QuJGS., London, 9, 1853, XXII ff.

W o o d w a r d, H. B.: Hist. Geol. Soc. London, 122, 176 u. öfter,
	Portr. p. 122.
A reminiscence of G. A. M. by a member of the Clapham Athe-
	naeum, to which is appended an obituary by Prof. Silliman.
	London, 1853.
Hist. Brit. Mus., I: 310.
G e i k i e: Murchison, I: 137, 208.

Mantell, W a l t e r B a l d o c k D u r r a n t, geb. 1820, gest. 7. IX.
	1895.
	Sohn Gideon Algernon Mantell's. Übersiedelte 1840 nach Neusee-
		land, entdeckte Notornis, studierte Moas. War in Neuseeland
		Minister for native affairs, Generalpostmeister und Secretary
		for Crown Lands.
	Obituary, Geol. Magaz., 1896, 239; QuJGS., London, 52, 1896,
		LXXIV.
	Hist. Brit. Mus., I: 310.

Manzavinos, N i c o l a u s E m., geb. 13. II. 1856 Smyrna, gest.
	1895 ebendort.
	Hütteningenieur, sammelte Carbon- u. Trias-Versteinerungen in
		Kleinasien.
	Nachruf: Verhandl. Geol. Reichsanst. Wien, 1895, 340.

Manzoni, A n' g e l o, gest. 1895.
	Arbeitete in erster Linie über fossile Bryozoen, ferner über
		Echinodermen, Schwämme u. a.
	Scient. Papers VIII, 322; X, 712—713 (Qu.).

Maraschini, P i' e t r o, geb. 1724, gest. 26. IX. 1825.
	Studierte 1824 Stratigraphie von Vicenza, 1822 Trias von Recoaro.
	B a s s a n i: Biographie Boll. Soc. Veneto-Trentina Sci. Nat., 1,
		1879, 82—90.
	P o g g e n d o r f f 2, 38.

* Marati (Maratti), J o a n n e s F r a n c i s c u s, geb. 1697, gest. 1777.
	Abt von Vallombrosa, 1747—77 Prof. Botanik.
	N e v i a n i, A.: Di un libro poco noto sugli zoofiti e litofiti del
		Mediterraneo dell abate Fr. M. Boll. Soc. Zool., Ital., 1907, pp.
		19.
	M e l i: Boll. Soc. Geol. Ital., 23, 1904, CXXI.

Maravigna, C a' r m e l o, geb. Febr. 1782 Catania, gest. 23. V. 1851
	ebenda.
	Prof. Chemie Catania. Bernsteininsekten 1838, fossile Knochen
		von Syracus 1836.
	Enciclopedia italiana di sci., lett. ed arti 22, 209 (Qu.).

Marck, W. v o n d e r, gest. 1900.
	Dr. med. in Hamm i. Westf. Stratigraphie u. Paläont. West-
		falens (Pflanzen, Fische, Crustaceen, Cephalopoden u. a.).
	Bibliographie über foss. Fische: D e a n II, 100—101; III, 131—
		132 (Qu.).

Marcou, J o h n B e l k n a p, gest. 1912.
	Schrieb 1884: A review of the progress of North American Pale-
		ontology for the year 1884. Rep. Smithson. Inst., 1884, pp. 20.
	Weitere derartige Übersichten.
	N i c k l e s 705.

Marcou, J u l e s, geb. 20. IV. 1824 Salins, Frankreich, gest. 17.
IV. 1898 Cambridge, Mass.
Wanderte 1847 nach Amerika aus, arbeitete mit L. Agassiz. 1853
Mitglied der U. S. Geol. Survey, kehrte 1854 nach Europa zu-
rück, Prof. Geol. Polytechnik. Zürich. 1860—64 Paläontologe am
Museum für vergl. Anatomie Cambridge. Jura, Mollusca, Brachio-
poda, Stratigraphie Nordamerikas.
Liste bibliographique, par ordre des dates, des travaux géologiques
de J. M. Manuscript (Bibliographie mit 140 Titeln, zitiert von
Margerie).
M a r c o u, John Belknap: Bibliographies of American Natura-
lists. Bull. U. S. Nat. Mus., No. 30, p. 241—244. 1885.
—- — The „Taconic system" and its position in stratigraphic
geology. Proc. Amer. Acad. Arts Sci. n. s., 12, 1884, 174—256
(Bibliographie mit 7 Titeln).
C l a r k e: James Hall of Albany, 219, 351.
G e i k i e: Murchison, II: 325, 326.
M e r r i l l: 1904, 448, 705 u. öfter, fig. 58 (Portr.).
Prestwich life: 319, 335, 340, 380.
Notice nécrologique. Bull. Soc. géol. France, 1899, 153, ibidem
C. R. (4) 17, 3—15.
Obituary, Am. Journ. Sci., (4) 5, 1898, 398.
Portr. Livre jubilaire, Taf. 11.
F a v r e, L.: J. M. Bull. Soc. Neuchâteloise sci. nat. 26, 1898,
387—390.
M a r c o u, J.: Les géologues et la géologie du Jura jusqu'en
1870. Mém. Soc. d'Emulation du Jura (4) 4, 1888, 179—153
(persönl. Erinnerungen seiner Schweizer Frühzeit).
N i c k l e s 705—708.

Marcy, O l i v e r, geb. 13. II. 1820 Coleraine, Mass., gest. 19. III.
1899 Evanston, Illinois.
Instruktor der Mathematik. Prof. der Naturgeschichte Northwestern Univ. Gründete ein Museum, Fossilien des Niagara
limestone. „Quercus marcyana".
C r o o k, A. R.: Memorial of —. Bull. Geol. Soc. America, 11, 1899,
537—542; Am. Geologist 24, 1899, 67—72 (Portr.).

Marès, P a u l, geb. 1826, gest. 24. V. 1900 Mustapha-Alger.
Forschungsreisender in Algier, machte reiche Fossilaufsammlun-
gen, z. T. beschrieben von Coquand. Publizierte 1859 über eine
Hyänen-Höhle Algeriens.
Analyse des titres et travaux de M. P. M. Paris, 1883, pp. 18.
F i c h e u r, E.: Nécrol. Bull. Soc. géol. France, (3) 28, 525—26.

Marinelli, O l i n t o, geb. 11. II. 1874 Udine, gest. 1926.
Geologe, Stratigraphie julische Alpen. In 1. Linie Geograph.
G o r t a n i, M.: Commemorazione di O. M. Boll. Geol. Soc. Ital.,
45, 1926, LXII—LXV.

Marinoni, C a m i l l o, geb. Juni 1845, gest. 1883.
1873 Prof. Istituto tecnico Caserta, 1875 Prof. Ist. tecnico Udine.
Prähistorische Archäologie, Paläontologie. Mammalia diluvii.
T a r a m e l l i, T.: Commemorazione del Prof. Cav. C. M. Atti Soc.
Ital. Sci. Nat. Milano, 26, 1883, 125—136 (Bibliographie mit 38
Titeln).
Liste de ses publications sur l'Archéologie préhistorique. Bull.
di Paletnol. ital., 9, 1883, 32.

Marion, A n t o i n e - F o r t u n é, geb. 10. X. 1846 Aix, gest. 22.
I. 1900.
Prof. Zool. Marseille. Phytopaläontologe (Kreide- u. Tertiärfloren
Südfrankreichs). Mitarbeiter von Saporta.
Notice sur la vie et les travaux de A.-F. M. Annales Fac. des
Sci. Marseille XI, 1901, 1—36 (Portr., Bibliographie).
Notice nécrologique. Bull. Soc. géol. France (4) 1, 1901, 281 (Qu.).

Markgraf, R i c h a r d, gest. 1916.
Sammler von Versteinerungen in Ägypten.
S t r o m e r, E. v.: R. M. und seine Bedeutung für die Erforschung der Wirbeltierpaläontologie Ägyptens. CfM., 1916, 287—
288.

Marmora, A l b e r t o F e r r e r o de la, geb. 7. IV. 1789 Turin,
gest. 18. V. 1863.
Offizier. Geologie Sardiniens u. der Balearen.
P o g g e n d o r f f 1, 1354—1355, 3, 767; Enciclop. it. 20, 401 f
(Portr.).
Life of Lyell, I: sub 1829.
Scient. Papers 3, 811—812.

Marny siehe B a r b o t de M.

Marr, J o h n E d w a r d, geb. 14. VI. 1857 Morecambe, Lancashire,
gest. Okt. 1933.
1881 Lecturer Geology St. John Coll. Cambridge. 1917 Woodwardian
Prof. Cambridge. Studierte das Paläozoikum Böhmens, Skandina-
viens, Großbritaniens.
Eminent living geologists. Geol. Magaz. 1916, 289—295 (Portr.
Bibliographie mit 91 Titeln).
Obituary, Proc. Geol. Assoc., 45, 1934, 101—102; QuJGS., 90, 1934,
LX—LXIV.

Marsh, D e x t e r.
Silursammler in Nordamerika, Fährten 1848.
C l a r k e: James Hall of Albany, 87.

Marsh, O t h n i e l C h a r l e s, geb. 29. X. 1831 Lockport New York,
gest. 18. III. 1899 New Haven.
Neffe des Philanthropen Peabody. Studierte im Yale College New
Haven, dann in Berlin, Heidelberg, Breslau. 1866 Prof. Pal.
Yale College, Direktor Pal. Abteilung des Peabody Museums.
Organisierte Expeditionen nach den tertiären und mesozoischen
Fundorten Nordamerikas, Paläontologe des U. S. Geol. Survey.
Schrieb History and methods of paleontological discovery. Amer.
Journ. sci., (3) 18; Proc. Am. Assoc. Adv. Sci., 28: 1—42, Pop.
Sci., No. 16, 1880; Kosmos 1880; Nature, London, 20, 1879.
Pisces, Amphibia, Reptilia, Mammalia, Aves.
B e e c h e r, C. E.: Memoir of O. C. M. Bull. Geol. Soc. America,
11, 1900, 521—537 (Portr. Bibliographie mit 287 Titeln); Am.
Geol., 24, 1899, 135—157 (Portr. Bibliographie mit 287 Titeln),
Amer. Journ. Sci., (4) 7, 1899, 403—428 (Bibliographie mit 287
Titeln, Portr.).
B i g o t: Les collections de M. le Prof. Marsh. Bull. Soc. géol.
France, (3) 26, 1898—99, 45—46.
G e i k i e: A long life work, 187, 291.
L u l l, R. S.: Am. Journ. Sci., 46, 1918, 206—209.
M e r r i l l, G. P.: The Marsh Collection of vertebrate fossils. Am.
Geol., 25, 1900, 171—173.
— 1904: 705 u. öfter.
List of scientific publications of author. New Haven, 1882, pp. 29,
dto. New Haven, 1888, pp. 5.

Scientific publications of O. C. M. Bibliographies of the Officers of Yale University, 1893, pp. 15 (p. 88—102 Bibliographie mit 211 Titeln).
A m i, H. M.: Obituary, Ottawa Naturalist, 13, 1899, 135—136.
G r i n n e l l, G. B.: Sketch of Prof. O. G. M. Pop. Sci. Mo., 13, 1878, 612—613 (Portr.).
— — O. C. M. in: Leading American men of science, edited by David Starr Jordan, 1910, New York, p. 283—312 (Portr.).
H a g u e, A.: O. C. M., Ann. Rep. U. S. Geol. Survey, 21, pt. 1, 189—204, 1900.
J o l y, H.: Notice sur le Dr. Prof. O. C. M. Bull. Soc. d'Etud. Sci. d'Angers, n. s., 30, 114—117, 1901.
O s b o r n: Cope, Master Naturalist, 28, 29, 141, 157, 177, 181, 192, 196, 216, 243, 247, 256, 271, 280, 401, 402—413, 585.
W o o d w a r d, H.: Obituary, Geol. Magaz., 1899, 237—240 (Portr.).
W o r t m a n, J.: Obituary, Sci. n. s., 9, 561—565 (Portr.) 1899.
M c G e e, W. J.: Obituary, National Geogr. Magaz., 10, 1899, 181—182.
F a i r c h i l d: 53.
P a v l o w a, Maria: Nachruf: Bull. Soc. Imp. Nat., Moscou, 1899 (1900), 23—27.
P e r n e r, J.: Obituary, Vesmir, 29, 1899.
G e i k i e über Marsh: Scott, 423.
G e i n i t z, H. B.: Nachruf. Leopoldina, 35, 122—124.

Marsham, R o b e r t, geb. 15. XI. 1834, gest. April 1915.
Seit 1893 Marsham-Townshend. 1855—59 Attaché in Brasilien, entdeckte dort Kreide-Fische. Stratigraphie, Sammler.
Obituary, QuJGS., London, 72, LXI.

Marsigli, L u i g i F e r d i n a n d o, G r a f, geb. 10. VII. 1658 Bologna, gest. 1. XI. 1730 daselbst.
Schrieb 1726 über Proboscidierfunde in Ungarn. Fische vom Monte Bolca.
K u b a c s k a, A.: Die Grundlagen der Literatur über Ungarns Vertebraten-Paläontologie, Budapest, 1928, 58—59.
L a u t e r b o r n: Der Rhein, I: 176.
D e a n III, 284.
P o g g e n d o r f f 2, 59.

Marsson, T h e o d o r, geb. 8. XI. 1816 Wolgast, gest. 5. II. 1892 Greifswald.
Apotheker, Botaniker u. Paläontologe. Foraminiferen, Ostracoden, Cirripedier, Bryozoen der Rügener Kreide.
L. L.: Dr. Th. M. Mitt. naturw. Ver. Neu-Vorpommern u. Rügen 24, 1892 1—14 (Bibliographie).
Allgem. Deutsche Biogr. 52, 218—219 (Qu.).

* Marten, H e n r y J o h n, geb. 1826, gest. 3. III. 1892.
Ingenieur, Geologe.
Obituary, Geol. Magaz., 1892, 575.

Martin, H e n r i, gest. 9. VI. 1936 im 63. Lebensjahr.
Entdecker u. Beschreiber der Neanderthalerreste von La Quina. Homo fossilis von Le Roc.
Notice nécrologique. L'Anthropologie 46, 1936, 703—704 (Qu.).

Martin, H. T., gest. 15. I. 1931.
Kurator der Vertebraten, Museum Univ. Kansas. Uintacrinus, Pisces, Castoroides, Bison u. a.

Todesnachricht: CfM., 1931, B, 144.
Nïckles I, 716, II, 405.

Martin, Jules Jean-Baptiste, geb. 13. II. 1823 Argenteuil
(Yonne), gest. 17. X. 1898 Dijon.
Privatmann in Dijon. Stratigraphie u. Paläontologie des Rhaet u.
Lias der Côte d'Or.
Poggendorff 3, 876; 4, 965.
Notice nécrologique. Mém. Ac. Dijon (4) 7 (1899—1900), 1901,
V, XCIII (Qu.).

Martin, Karl, geb. 24. XI. 1851 Oldenburg.
Prof. Geol. Univ. Leiden, Stratigraphie, Proboscidea Java, Ichthyosaurus Ceram, Mollusca, tertiäre Faunen von Niederländ.-Indien.
Biographie mit Bibliographie: Jaarboek Geol. Mijnwesen Genootschap Nederl.
Wing Easton, N.: Biographie von Prof. K. M. Jaarboek Geol.
Mijnbouwk. Genootsch. Nederl. en Kolonien, 1922, 9—22 (Bibliographie).
Escher, B. G.: K. M. als directeur van het Rijksmuseum van
geol. Leidsche Geol. Mededeel., 5, 1—16, 1931 (Portr., Bibliographie).

Martin, William, geb. 1767, gest. 1810.
Lehrer, Sammler. Schrieb 1809 Petrificata Derbiensia.
Hist. Brit. Mus., I: 311.
Edwards: Guide, 64.
Dict. Nat. Biogr. 36, 300.

Martini, Friedrich Heinrich Wilhelm, geb. 31. VIII.
1729 Ohrdruf, gest. 27. VI. 1778 Berlin.
Studierte Korallen, Mollusken, Cephalop. d. Kurmark. Hauptwerk:
Neues systemat. Konchylienkabinet.
(opus 1784 und 1769, 1784 referiert in Schröter, Journal, I: 2:
60—96, 280—284, 29—38, 51—84, 2: 118 ff, 3: 73, 4: 209—244,
5: 229 ff).
Tornier: 1924: 10.
Poggendorff 2, 64.
Allgem. Deutsche Biogr. 20, 509.

Martinotti, Anna, gest. 1931.
Studierte Foraminiferen im Mus. Geol. Torino.
Zuffardi-Comerci, Rosina: A. M. Boll. Soc. Geol. Ital., 50,
p. CXXVIII—CXXX, 1931 (Bibliographie).

* **Martins**, Charles, geb. 6. II. 1806, gest. 10. III. 1889.
Arzt, Prof. der Botanik. Schrieb 1859 über geometrische Gesetze
des Skeletts.
Liste des travaux de M. Ch. M. 8, pp. (o. J.).
Travaux scientifiques de M. Ch. M. Paris, 1863, pp. 17.
Magnus, P.: Nekrolog: Leopoldina, 26, 1890, 27—29.

* **Martius**, Ernst Wilhelm, geb. 1756 Weißenstadt, gest. 1849
Erlangen.
Hofapotheker in Erlangen. Schrieb 1795: Wanderungen durch
einen Teil von Franken und Thüringen.
Poggendorff 2, 67.

Martius, Karl Friedrich Philipp von, geb. 17. IV. 1794
Erlangen, gest. 13. XII. 1868 München.

Prof. Botanik München. Schrieb 1822: De plantis ... ante-
diluvianis etc. (Ratisbonae).
Nachruf. Leopoldina 6, 1869, 103—111.

Marum, M a r t i n v a n, geb. 1750 Groningen, gest. 1838 Haarlem.
Schrieb 1790 über Mosasaurus, den er als einen Cetaceen deutete.
Z i t t e l: Gesch.
Notice biographique. Annuaire Acad. roy. Belgique 6, 1840, 140—
149 (Bibliographie).

* Marvine, A r c h i b a l d R o b e r t s o n, geb. 1848, gest. 1876.
P o w e l l, J. W.: Biographical notice of A. R. M. Bull. Philos.
Soc. Washington, 2, appendix (53—60) 1876 = Smithson. Misc.
Coll. 20.
Obituary, Am. J. Sci., (3) 11, 1876, 424.

* Marx, C. M.
Studierte 1835 Stratigraphie Badens.
Z i t t e l: Gesch.
P o g g e n d o r f f 2, 69—70; 3, 879.

Marzari-Pencati, G i u s e p p e G r a f v o n, geb. 1779, gest. 30.
VI. 1836.
Studierte um 1805 Stratigraphie des Fassatales und Predazzo's.
Geologie der Umgegend von Vicenza.
Z i t t e l: Gesch.
P a s i n i, L.: Notizie sulla vita e sugli studi del Conte G. M. —
P. Bibl. Ital. 33, Mailand 1836.
P o g g e n d o r f f 2, 71.

Maška, K a r l J a r o s l a v, geb. 28. VIII. 1851 Blansko, gest. 6.
II. 1916 Brünn.
Lehrer an der Realschule zu Neutitschein, Direktor in Teltsch.
Homo fossilis, Palethnologie, Mammalia diluviana.
K n i e s, J.: Nachruf: Wiener Prähist. Zeitschr., 3, 1916, 141—
151 (Portr. Bibliographie mit 79 Titeln).
K o r m o s, T.: Nachruf: Barlangkutatás (Höhlenforschung), 4,
1916, Budapest, 57—61, 93—96 (Portr. Bibliogr.).
Z e l i z k o, J. V.: Maska-Jubiläum, Praveku 1911, pp. 5 (Biblio-
graphie mit 8 Titeln).
Nachruf: Verhandl. Geol. Reichsanst. Wien, 1916, 35—36.

Massalongo, A b r a m o B a r t o l o m e o, geb. 13. V. 1824, gest. 25.
III. 1860.
Prof. Botanik Naturw. Lycealgymnas. Verona. Phytopaläontologe.
V i s i a n i, R. de: Relazione della vita scientifica del Dott. A. B.
M. Atti R. Ist. Veneto, (3) 6, 1860—61, 241—305.
Das wissenschaftliche Leben des Dr. A. B. M. geschildert von
Prof. R. di Visiani, übersetzt von A. v. Krempelhuber. Ver-
handl. zool.-bot. Ges. Wien, 18, 1868, 36—94.
M a s s a l o n g o, A.: Enumerazione delle piante fossili miocene fino
ad ora conosciute in Italia. Verona, 1853, (Bibliographie mit
21 Titeln).
— — Syllabus plantarum fossilium hucusque in formationibus
tertiariis Agri Veneti detectarum. Veronae, 1859 (Bibliographie
mit 65 Titeln).
C o r n a l i a, E.: Sulla vita e sulle opere di A. B. M. Atti Soc.
Sc. Nat., 2, 1859—60, 188—206 (Bibliographie).
F o r t i s: A. M. Riv. Storia Sc. Med. Nat., 15, Siena, 1924, pp.
7, Fig. 2 (Pisces).
R o e m e r, F.: (Über Coll. M.) N. J. M., 1857, 813—814.

Matern, H a n s C., geb. 16. IX. 1903 Frankfurt a. M., gest. 7. VI. 1933 ebenda.
Studierte u. promoviert (1929) in Frankfurt a. M., hierauf Hilfsassistent am Natur-Museum Senckenberg. Goniatiten, ober-devonische Ostracoden, oberdevonische Trilobiten, devonische und karbonische Conodonten, Präparation von Fossilien, Aktuopalä-ontologie, Stratigraphie des Oberdevon (diss. Abh. preuß. Geol. Landesanst. N. F. 134, 1931); alle anderen Arbeiten zwischen 1926 und 1933 ebendort, im Bull. Mus. roy. d'Hist. nat. Belgique, vor allem in der Senckenbergiana und in Natur und Museum.
(Qu. — Originalmitt. von Rud. Richter).

Mather, C o t t o n.
Gab 1714 Nachricht von einem Mammutfund bei Albany.
M e r r i l l: 1904, 214.
S c o t t: p. 412.

Mather, W i l l i a m W i l l i a m s, geb. 1804, gest. 1859.
Stratigraphie.
H i t c h c o c k, C. H.: Sketch of W. W. M. Am. Geol., 19, 1897, 1—15 (Bibliographie mit 86 Titeln).

Matheron, P h i l i p p e, geb. 19. X. 1807 Marseille, gest. 1899.
Ingenieur. Stratigraphie und Paläontologie der Provence, bes. mesozoische und tertiäre Evertebraten. Rudista, Dinosauria. Seine Sammlung befindet sich im Palais Longchamp (Mus. d'hist. nat.) zu Marseille (NJM., 1925, B, 75).
D e p é r e t, Ch.: Notice nécrologique sur Ph. M. Bull. Soc. géol. France, (3) 28, 1900, 515—525 (Bibliographie mit 40 Titeln).
O s b o r n: Cope, Master Naturalist, 249.

* **Mathesius**, J o h a n n, Magister, geb. 24. VI. 1504 Rochlitz, gest. 8. X. 1565 Joachimstal.
R ü g e r, L.: Magister J. M. Glückauf, 1932, 71—73.
K e t t n e r: 129.

* **Mathieu**, L. d e.
Kommerzialrat in Braunschweig, schrieb 1813 über die geologi-schen Pfeifen zu Mastricht.

Matthew, G e o r g e F r e d e r i c, geb. 12. VIII. 1837 St. John, gest. 17. IV. 1923 Hastings-on-Hudson, New York.
Vater William Diller Matthew's. Zollbeamter. Kurator Nat. Hist. Soc. New Brunswick. Paläozoikum, bes. cambrische Faunen (Trilobita, Brachiopoda, Ostracoda u. a.) von Neu-Braunschweig.
M a t t h e w, W. D.: Memorial of —. Bull. Geol. Soc. America, 35, 1924, 181—182.
N i c k l e s I, 722—726; II, 410.

Matthew, W i l l i a m D i l l e r, geb. 19. II. 1871 Saint John, New Brunswick, gest. 24. IX. 1930.
Mitarbeiter des American Mus. Nat. Hist. Prof. Paläontologie Univ. California. Mammalia, Aves, Reptilia.
O s b o r n, H. F.: Memorial of —. Bull. Geol. Soc. America, 42, 1931, 55—95 (Portr. Bibliographie mit 257 Titeln).
A b e l, O.: W. D. M. Paläobiologica, 4, 1931, 1—24 (Portr. Biblio-graphie).

Gregory, W. K.: A review of W. D. M.s contribution to mammalian paleontology. American Museum Novitates, No. 473, 1931, pp. 23.
— — Obituary, Nat. History, 30, 1930, 664—666 (Portr.).
— — W. D. M. paleontologist. Sci. n. s., 72, 1930, 642—645.
Schuchert, Ch.: Obituary, Amer. Journ. Sci., (5) 20, 1930, 483—484.
Stromer, E. v.: Nachruf: CfM., 1931, B, 266—268.
Granger, W.: W. D. Matthew Journ. of Mammalogy, 12, 189—194 (Portr.) 1931.

Mattioli, Pietro Andrea, geb. 23. III. 1500 Siena, gest. 1577 Trient.
Arzt. Schrieb 1552 als Erster über die Fische des Monte Bolca.
Zittel: Gesch.
Nouv. biogr. générale 34, 326—327.
Dean III, 286.

* **Mattirolo**, Ettore, geb. 30. IX. 1853 Terino, gest. 17. VIII. 1923.
Ingenieur. 1880—1911, Mitglied des Reale Uffizio Geologico. Stratigr
Parona, C. F.: Commemorazione Boll. R. Uffizio Geol. Ital., 50, 1925, 1—11 (Portr. Bibliographie mit 39 Titeln).

Maurer, Friedrich, geb. 26. VIII. 1824 Darmstadt, gest. 5. II. 1907 ebenda.
Privatgelehrter in Darmstadt. Paläontologie u. Stratigraphie des rhein. Devons. Seine Sammlung im Mus. Darmstadt.
Lepsius, R.: F. M. Notizbl. Ver. f. Erdkunde Darmstadt (4) 27, 1906, 54—58 (Bibliographie) (Qu.).

Maw, George, gest. im 79. Lebensjahr, 7. II. 1912 zu Kenley, Surrey.
Chemiker, Geologe, Botaniker, Künstler und Silur-Sammler. Studierte Stratigraphie Marokkos.
Watts, W. W.: Obituary, QuJGS., London, 68, 1912, LXII—LXIII.

Mawson, Joseph, geb. 1830, gest. 1927.
Eisenbahningenieur in Brasilien. Sammelte Kreidefossilien in Bahia.
Bather, F. A.: Obituary, QuJGS., London, 84, p. LX.
Hist. Brit. Mus.: I: 311.

Maximilian, Fürstbischof von Konstanz, geb. 17. XII. 1717, gest. 17. I. 1800 Meersburg.
Ließ 1784 Fossilien sammeln. Sein Sammler war u. a.: Pfeiffer, P. Die Sammlung (Oeninger Reste) war früher im Schloß Meersburg, jetzt in Karlsruhe.
Lauterborn: Der Rhein, 1934: 246.

Maximilian, Herzog von Leuchtenberg, s. Leuchtenberg.

May, Johann, geb. 24. XII. 1724, gest. 12. II. 1796.
Schrieb 1784 über Fossilien bei Eberstadt, Darmstadt.
Meusel, Teutsche Schriftsteller 1750—1800, 8, 554—555.

Mayer-Eymar, Carl David Wilhelm, geb. 29. VII. 1826 Marseille, gest. 25. II. 1907 Zürich.

Konservator u. Prof. Pal. Polytechnik. Zürich. Tertiär-Stratigraphie
u. -faunen.
D o u v i l l é, R.: Necrolog: Bull. Soc. géol. France, 1908, 209—
211.
R o l l i e r, L.: Travaux scientifiques du Prof. Dr. Ch. M-E. Actes
Soc. helv. Sci. nat. 1907, Fribourg, 1908, II: XL—LIX.
S a c c o, F.: Cenni biografici su C. M. E. Boll. Soc. Geol. Ital., 26,
1907, 585—602 (Portr. Bibliographie mit 127 Titeln).
Nachruf: Vierteljahresschrift naturf. Ges. Zürich, 52, 546—548;
Eclogae geol. Helvetiae, 10, 303—304.
D o l l f u s, G. F.: Nécrologie Journ. de Conchyliologie 56, 1908,
145—162.

Mayr, G u s t a v, geb. 12. X. 1830 Wien, gest. 14. VII. 1908 Rozzano.
Mittelschullehrer. Hymenopterologe. Ameisen von Radoboj und
des Bernsteins.
K e r n e r: Nachruf: Verhandl. Geol. Reichsanst., Wien, 1908, 239.
K o h l, Fr. Fr.: Dr. G. M. Verh. zool.-bot. Ges. Wien 58, 1908,
512—528 (Portr., Bibliographie) (Qu.).

Mazurier.
Chirurg, erklärte 1613 die Mastodonten der Dauphiné für Reste
des Cimberkönigs Teutobochus.
Z i t t e l: Gesch.

Mazzetti, G i u s e p p e, geb. 18. VIII. 1818 S. Martino di Montese,
gest. 21. XII. 1896 Modena.
Priester u. Naturforscher in Modena. Paläontologie der Umgebung
von Modena (Montese), bes. Echiniden.
P i c a g l i a, L.: G. M. Atti Soc. dei naturalisti di Modena (3)
15, 1898, XXVI—XXXII (Bibliographie).
Nachruf. Boll. Soc. Geol. it. 16, 1897, 4—5 (Bibliographie) (Qu.).

Mc . . . siehe auch **M a c** . . .

McClelland siehe C l e l l a n d.

McCormick, R o b e r t, geb. 1800, gest. 1890.
Marinechirurg, sammelte in West-Indien.
Hist. Brit. Mus., I: 308.
Dict. Nat. Biogr. 35, 11.

McCoy, S i r F r e d e r i c k, geb. 1823 Dublin, gest. 16. V. 1899
Melbourne.
1846 Mitglied der irischen Survey, dann Prof. Naturgeschichte
Univ. Melbourne. Studierte das engl. Paläozoikum. Foraminifera,
Mollusca, Echinodermata, Bryozoa, Brachiopoda, Vermes,
Crustacea, Pisces, Reptilia, Mammalia.
Obituary, Geol. Magaz., 1899, 283—287 (Bibliographie mit 69
Titeln); QuJGS. London 56, 1900, LIX—LX.
Proc. Roy. Soc. 75, 1905, 43—45.

McEnery, J o h n, geb. 1796, gest. 1841.
Kaplan zu Tor Abbey, untersuchte die Höhlen von Torquay.
Hist. Brit. Mus., I: 308.
Obituary. Proc. geol. Soc. London 3, 1842, 640.
C l a r k, Kevin: A pioneer of Prehistory. Blackfriars, 6, 1925,
603—613, 640—647, 726—738, Oxford (Geol. Magaz., 1926, 41—
42).

McGee, William John, geb. 17. IV. 1853 Farley, Dubuque Co.
Iowa, gest. 5. IX. 1912 Washington.
1878—82 Mitglied der Geol. Survey Iowa, 1883 Mitglied U. S.
Geol. Survey. Stratigraphie.
Keyes, Ch. R.: W. J. McGee, geologist, anthropologist, hydro-
logist. Ann. of Iowa, (3) 11, 1913, 180—187 (Portr.).
Knowlton, F. H.: Memoir of —. Bull. Geol. Soc. America, 24,
1912, 18—29 (Portr. Bibliographie mit 301 Titeln).
McGee, E. R.: Life of W. J. McGee, Farley, Iowa, 1915, pp.
240 (Bibliographie mit 111 Titeln).
Obituary, Eng. M. Journ., 94: 484, 1912; Amer. Journ. Sci., (4)
34, 1912, 496.
Portr. Fairchild, Taf. 128.

McHenry, Alexander, geb. 24. X. 1843, gest. 19. IV. 1919
Dublin.
1861 Fossiliensammler der Geol. Survey Irland, 1878 Assistent-
Geologist, 1890 Geologe ebendort. Stratigraphie Irland, Palaeo-
zoikum.
Obituary, Geol. Magaz., 1919, 336.

McLauchlan, Henry, geb. 1791, gest. 1881.
Englischer Stratigraph.
Woodward, H. B.: Hist. Geol. Soc. London, 101 u. öfter.
Scient. Papers 4, 166.

McMurtrie, James, geb. 1840 Dalquharra, Ayrshire, gest. 2. II.
1914 Bristol.
Leiter der Kohlenbergwerke der Waldegrave-Familie; sammelte
Carbonflora.
Obituary, Geol. Magaz., 1914, 192.
Hist. Brit. Mus., I: 308.

Medlicott, Henry Benedict, geb. 3. VIII. 1829 Loughrea
(Irland), gest. 6. IV. 1905 Clifton.
Bis 1887 Direktor Geological Survey of India. Stratigraphie.
The Retirement of Mr. M. Rec. Geol. Surv. India, 20, 1887, 121—
122, (Bibliographie mit 18 Titeln).
Blanford, W. T.: H. B. M. Rec. Geol. Survey India 32, 1905,
233—241.
Obituary. QuJGS. London 62, 1906, LX—LXI; Geol. Magaz.
1905, 240.

Meek, Fielding Bradford, geb. 10. XII. 1817 Madison, Indiana,
gest. 21. XII. 1876 im Smithsonian Inst. Washington City.
Mitglied D. D. Owen's Iowa-Surveys, dann 1848—49 Survey Wis-
consin, Minnesota, 1852—58 James Hall's Assistent, 1853 Mit-
glied der Hayden-Survey, lebte seit 1858 in Washington. Everte-
braten.
White, Ch. A.: Biographical sketch of F. B. M. Am. Geol., 18,
1896, 337—350 (Portr. Bibliographie mit 305 Titeln).
— — Memoir of —. Biogr. Mem. Nat. Acad. Sci., 4, 1902, 75—91
(Bibliographie mit 306 Titeln).
Obituary, Proc. Amer. Acad. Sci., n. s., 4, 1876-77, 321—323; Geol.
Magaz., 1877, 142—143; NJM., 1877, 224.
Clarke: James Hall of Albany, 243, 251.
Merrill: 1904, 607, 706 u. öfter, Portr. Taf. 32.
Marcou, J. B.: Bibliographies of American naturalists III.
Bull. US. Nat. Mus. No. 30, 1885 (Bibliographie mit 105 Titeln).

* **Meeson**, F r e d e r i k, gest. 1933.
Geologe.
Obituary, Proc. Geol. Assoc., 45, 1934, 102.

Megerle, K., siehe **Mühlfeld**.

* **Meider**.
Übersetzte 1802 Jameson's Reisen durch Schottland.
Z i t t e l: Gesch.

Meidinger, C a r l F r e i h e r r v o n, geb. 1. V. 1750 Trier, gest.
1820 Wien.
Schrieb um 1770 über einige slavonische Fossilien.
Nachruf: Schröter: Journ., 5: 562—564.
T o r n i e r: 1924: 33.
W u r z b a c h 17, 277—278.

Meinecke, J o h a n n C h r i s t o p h, geb. 22. VII. 1722 Quedlinburg,
gest. 9. VII. 1790 zu Oberwiederstedt (Mansfeld).
Pastor zu Oberwiederstedt (Mansfeld); schrieb 1774 über Mans-
feldische Fische.
F r e y b e r g: S. 24.
P o g g e n d o r f f 2, 103.

Meli, R o m o l o, geb. 23. IV. 1852, gest. 11. I. 1920.
Prof. angewandte Geol. Rom. Mollusca, Mammalia, Aves Italiens.
N e v i a n i: Commemorazione. Arch. Stor. delle Sci., 2, 1921, 283—
285.
P o r t i s: Necrolog. Ann. Univ. Roma, 1920—21.
Scient. Papers 10, 769; 17, 144—145.

Melion, J o s e f, geb. 17. III. 1813 Iglau, gest. 7. IV. 1905 Brünn.
Studierte in den 50er Jahren Stratigraphie Mährens und Schle-
siens. Tertiärconchylien.
Z i t t e l: Gesch.
T i e t z e, E.: J. M. Verh. geol. Reichsanst. 1905, 167—169 (Qu.).

Mell, P a t r i c k H u e s, geb. 24. V. 1850 Penfield, Georgia, gest.
12. X. 1918 Fredericksburg Virginia.
Sammler.
C a l h o u n, H. H.: Memorial of —. Bull. Geol. Soc. America, 30,
1919, 43—47 (Portr. Bibliographie mit 15 Titeln).

Melle oder **Melles**, J a c o b v o n, geb. 1659, gest. 1743.
Pastor. Belemniten, Echinod.
opus 1720 referiert in Schröter, Journ., 4: 150—153.
R a n g e, P.: Zwei paläontologische Arbeiten aus dem Beginn des
18. Jahrhunderts, Zeitschr. Deutsche Geol. Ges., 85, 1933, 684—
687, Taf. 2.
P o g g e n d o r f f 2, 112.

* **Melzi**, G i l b e r t o G r a f, geb. 4. III. 1868 Mailand, gest. 10. II.
1899 Genua.
Studierte Stratigraphie Afrikas und Ceylons.
T a r a m e l l i, T.: Elogio del compianto socio Conte G. M. Rendic.
R. Ist. Lombardo. (2) 32, 1899, 420—428.

Meneghini, G i u s e p p e G i o v a n n i A n t o n i o, geb. 30. VII.
1811 Padua, gest. 29. I. 1889 Pisa.

Schüler Tom. Catullo's. 1839 Prof. Physik, Chemie, Botanik an der Universität Padua, 1848 mußte er diese Stadt infolge seiner politischen Auffassung verlassen, 1849 Prof. Geologie Min. Pisa (Nachfolger Pilla's). Veröffentlichte 1857 Paläontologie Sardiniens. Faunen, Ammonites, Mammalia u. a.

D'A c h i a r d i, A.: Elogio funébre del prof. G. M. Il Popolo Pisano, 3. Februar, 1889.

B a s s a n i, Fr.: Alla venerata memoria di G. M. Rendic. R. Acc. Sc. fis. mat., Napoli 1889, 29—30.

C a n a v a r i, M.: Alla memoria del prof. G. M. Atti Soc. Tosc. Sc. Nat. fasc. extraord., S. 46, Pisa, 1889, pp. 54 (Portr.).

— — Nachruf: Verhandl. Geol. Reichsanst. Wien, 1889, 62—64.

— — Necrolog: Annuario R. Univ. di Pisa, 1889—90, 163—168.

D a m e s, W.: Nachruf: NJM., 1889, I, pp. 2.

L o t t i, B.: G. M. Geol. För. Stockholm Förhandl., 11, 1889, 173—174.

S c a c c h i, A.: Cenno necrologico di G. M. Rendic. Accad. Sci. nat. Napoli, (2) 3, 1889, 28—31.

S e g u e n z a, Gius.: Cenni necrologici e bibliografici su G. M. e Giuseppe Seguenza. Riv. Min. crist. Ital., 5, 1889.

S t a u b, M.: G. M. Földtani Közlöny Budapest, 19, 1889, 241—243.

T a r a m e l l i, T.: Commemorazione dell prof. senatore G. M. Rendic. R. Ist. Lombardo, (2) 22, 1889, 206—216.

Z i g n o, A.: Il prof. G. M. Cenni necrologici. Mem. Soc. Ital. Sci. Napoli, (3) 7, 1889, pp. 7.

C a p e l l i n i, G.: Commemorazione di G. M. Boll. Soc. Geol., Ital., 8, 1889, 17—37 (Bibliographie mit 151 Titeln).

Necrolog: Bull. Soc. Malacol. ital., 14, 1889, 1—9 (Bibliographie mit 40 Titeln), QuJGS., London, 45, 1889, suppl. 45.

Portr. mit MP.: Boll. Geol. Soc. Ital., 20, 1901, append.

Decimo Anniversario della Societa di Scienze Naturali e Cinquantesimo d'Insegnamento del Prof. G. M. Pisa, 1885 (Bibliographie mit 140 Titeln).

G i o r d a n o, F.: Necrolog. Bull. Com. Geol. Ital., 20, 1889, 56—65.

P i r o n a, G. A.: Commemorazione. Atti R. Ist. Veneto (7) 1, 1889—90, (53)—(89) (Bibliographie).

Menge, A n t o n, geb. 15. II. 1808 Arnsberg, gest. 26. I. 1880 Danzig.

Gymnasiallehrer in Danzig. Studierte Bernstein-Einschlüsse (Insekten, Pflanzen). Seine Sammlung im Danziger Provinzialmuseum.

Nachruf: Schriften Naturf. Ges. Danzig (N. F.) 5, Heft 1 und 2, 1881, XXXX—XXXXVIII.

S c h u m a n n, E.: Geschichte d. naturf. Ges. Danzig 1743—1892. Festschrift. Schriften Naturf. Ges. Danzig (N. F.) 8, Heft 2, 1893, 62—63, 97—98.

Menke, K a r l T h e o d o r, geb. 13. IX. 1791 Bremen, gest. 19. IV. 1861 Pyrmont.

Studierte in den 30er Jahren Stratigr. Waldecks.

Z i t t e l: Gesch.

P o g g e n d o r f f 3, 901.

Menzel, K a r l G u s t a v J o h a n n e s (Hans), geb. 5. VI. 1875 Schönewalde, Prov. Sachsen, gest. (verwundet) 25. VIII. 1914 Serres (Frankr.).

1901 Mitglied Preuß. Geol. Landesanst., Conchyliologie, Paludina, Jura, Stratigraphie, Homo fossilis.

L i n s t o w, O. v.: Nachruf: Jahrb. Preuß. Geol. Landesanst., 39, 1918, II: XVI—XXVI (Portr. Bibliographie mit 86 Titeln).

Menzel, P a u l, geb. 27. IV. 1864, Dresden, gest. 2. IV. 1927 ebendort.
Arzt, studierte bei H. B. Geinitz, Deichmüller, Engelhardt. Phytopaläontologie.
G o t h a n, W.: Nachruf: Jahrb. Preuß. Geol. Landesanst., 48, 1927, L—LV (Portr. Bibliographie mit 18 Titeln).
L o h r m a n n, E.: Nachruf. Sitzungsber. Naturw. Ges., Isis, 1927—28, V—IX (Bibliographie im Text).
K r ä u s e l, R.: Nachruf: Ber. Deutsch. Bot. Ges., 1927, 45 (1928) 72—78.

Mercalli, G i u s e p p e, geb. 20. V. 1850 Mailand, gest. 19. III. 1914.
Vulkanologe. 1878 Arbeit über fossile Murmeltiere.
B a s s a n i, Fr.: Commemorazione del professore G. M. Rendic. R. Accad. Sc. fis. mat. Napoli, 1914, 21—24.
S a c c o, F.: Necrolog, 1914.
G a l l i, I.: Elogio. Mem. Acc. Pont. Nuovi Lincei (2) 1, 1915, 41—80 (Portr., Bibliographie).

Mercati, M i c h a e l, geb. 1541, gest. 1593.
Sein Katalog zur Metallotheca vaticana wurde erst 1719 von Lancisi publiziert.
E d w a r d s: Guide, 51, 52, 55.
P o g g e n d o r f f 2, 121.

Mercatus siehe M e r c a t i.

Mercerat, A l c i d e s.
Mitarbeiter in den 90er Jahren Moreno's im La Plata Museum.
Aves, Mammalia, vergl. die Biographien Moreno's.
Scient. Papers 17, 167.

Mercey, N a p o l é o n d e, gest. 1908.
Studierte das Tertiär und die Kreide der Picardie.
D o u v i l l é, H.: Necrolog. Bull. Soc. géol. France, (4) 9, 1909, 204.
Scient. Papers 4, 346; 8, 382; 10, 779; 12, 501; 17, 168.

Merck, J o h a n n H e i n r i c h, geb. 1741, gest. 1791.
Schrieb 1782 über Proboscidea, Rhinoceros Hessen-Darmstadts.
Biographie bei L a u t e r b o r n: Der Rhein, I: 260—264.
Portr. H a u p t. 1934, p. 47.
Allgem. Deutsche Biogr. 21, 400—404.
P o g g e n d o r f f 2, 122.

Mercklin, C a r l E u g e n i e w i t s c h, geb. 7. IV. 1821, gest. 1904.
Expert f. Naturw. u. Mikroskopie Med.-Dep. Min. d. Innern St. Petersburg. Botaniker.
Publizierte 1855 Palaeodendrologicon Rossicum, St. Petersburg.
Weitere phytopaläont. Arbeiten.
Z i t t e l: Gesch.
Nekrolog. Annuaire géol. et min. Russie 7, 1904—1905, 248 (Bibliographie von 6 Titeln).
Nekrolog. Verh. russ. min. Ges. 42 (1904), 1905, Protokolle 67—69 (Bibliographie) (Qu.).

Merian, P e t e r, geb. 20. XII. 1795 Basel, gest. 8. II. 1883 ebendort.

Prof. Geol. Univ. Basel. Stratigraphie und Paläontologie des Mesozoikum und Tertiär.
B e n e c k e, E. W.: Nekrolog: NJM., 1883, I, pp. 2.
M ü l l e r, A.: Nekrolog: Actes soc. Helv. Sc. nat. 66, 1883, 108—133 (Bibliographie mit 25 Titeln).
R ü t i m e y e r: Ratsherr P. M. Programm zur Rektoratsfeier der Universität Basel, 1883.
Obituary, QuJGS., London, 40, 1884, Proc. 38; Leopoldina, 19: 90.
L a u t e r b o r n: Der Rhein, 1934, 114—116.
R ü t i m e y e r, L.: Kleine Schriften, II, 1898, 387—412.

Merkel, C h r i s t i a n V a l e n t i n, gest. Sept. 1793.
Publizierte: Schütte's Oryctographia Jenensis, Editio altera cum adnotationibus Val. Merkelii, Jenae 1761.
Freyberg.
M e u s e l, Teutsche Schriftsteller 1750—1800, 9, 84—86.

Mermet.
Schrieb in C. R. Ac. Paris 1841 über fossile Knochen zu Moncaup. Basses Pyrénées.

Mermier, E l i e, geb. 1857 Lausanne, gest. 1930.
Ingenieur. Tertiär des Rhônetals. Vertebraten (Aceratherium). Notice nécrologique. Bull. Soc. géol. France (5) 1, 1931, 143 (compte rendu) (Qu.).

Merriam, J o h n C a m p b e l l.
1929 Präsident des Carnegie Institute. Reptilien, Mammalia.
M a t t h e w, W. D.: J. C. M. new president of the Carnegie Institute. Nat. Hist., 19, 1929, 253—254.
N i c k l e s I, 738—741; II, 417—419.

* **Merrill**, F r e d e r i c k J a m e s H a m i l t o n, geb. 1861, gest. 1916.
Publizierte: Natural History Museums of the U. S. and Canada. Albany 1903.

Merrill, G e o r g e P e r k i n s, geb. 31. V. 1854 Auburn, Maine, gest. 15. VIII. 1929.
Mineraloge und Petrograph, Historiker der amerikanischen Geologie und Paläontologie. Schrieb: Contributions to a history of American state geological and natural history surveys (Bull. U. S. Nat. Mus. No. 109, 1920, pp. 549, Taf. 37); The first one hundred years of American geology. Yale University Press New Haven, 1924 pp. XXI + 773, Taf. 36, Fig. 130; Contributions to the history of American geology. Ann. Rep. U. S. National-Museum, 1904, 189—733, Taf. 37, Fig. 141. Katalog der Originale von Fossilien (Vertebraten, Pflanzen) im U. S. Nat. Mus.
S c h u c h e r t, Ch.: Memorial of —. Bull. Geol. Soc. America, 42, 1931, 95—122 (Portr. Bibliographie mit 198 Titeln). Ann. Rep. Smithsonian Inst., 1930, 617—634 (Portr.).
B e n j a m i n, Marcus: Obituary, Amer. Journ. Sci., (5) 18, 1929, 364.
B e n n, J. H.: Testimonial dinner to Dr. Merrill. Sci., 1929, 122—123.
F a r r i n g t o n, O. C.: G. P. M. Bull. Geol. Soc. America, 41, 1930, 27—29.

Mesle, G e o r g e s l e, gest. 31. XII. 1895, Bône, Algier.
Stratigraphie Tonkin, Tunis, Algier, Sammlungen im Museum
Paris.
G a u d r y, A.: Necrolog: Bull. Soc. géol. France, (3) 24, 1896,
4—5.

Métherie, J e a n C l a u d e de la, geb. 4. IX. 1743 La Clayette, gest.
1. VII. 1817 Paris.
Prof. der Naturgeschichte am Collège de France, Paris. Schrieb
1795 Théorie de la Terre. 1804 Considérations sur les êtres
organisés, Bd. I—III. Studierte u. a. Rudisten.
T o r n i e r: 1924: 33.
Z i t t e l: Gesch.
Biographie universelle 28, 122—123.
P o g g e n d o r f f 1, 1360; Scient. Papers 3, 816—818.

Metternich, K l e m e n s L. W., Fürst von, geb. 15. V. 1773 Koblenz,
gest. 11. VI. 1859 Wien.
Hatte Interesse für Paläontologie. Vergl. Geikie: Murchison, I:
165—166; Quenstedt, W.: Fossile Evertebraten etc. in Pax: Die
Rohstoffe des Tierreichs, S. 283.
S r b i k: Vortrag über Fürst Metternich und die Naturwissenschaften. Wiener Akademie. Neues Wiener Journal, 1924, Juni 1.

* Meunier, A m é d é V i c t o r, geb. 1817.
Popularisator, schrieb: Les animaux d'autrefois, ins Englische über-
setzt unter dem Titel Life in the primaeval world von W. H.
Adams, London, 1872, pp. 35, Taf.

Meunier, F e r n a n d, geb. 1868 gest. 13. II. 1926.
Privatgelehrter in Bonn, früher Custos im Museum zu Antwerpen.
Insecta.
Scient. Papers 17, 191—192.
W i l c k e n s, O., Geologie d. Umgegend v. Bonn 1927, 256.

Meunier, S t a n i s l a s, geb. 18. VII. 1843 Paris, gest. 23. IV.
1925 ebenda.
1892 Prof. am Mus. d'hist. nat. Paris. Mineraloge. Auch
Paläontologie: Mollusca, Foraminifera u. a.
Notice sur les travaux scientifiques de M. S. M. Lille, 1890, pp.
55 (Bibliographie mit 191 Titeln); II. Auflage Paris, 1910, pp.
176.
N e v i a n i, A.: Commemorazione di St. M. Mem. Pont. Acc.
sci. Nuovi Lincei (2) 8, 1925, 265—275 (Bibliographie, Paläont.
p. 274).
R a m o n d, G.: St. M. Arch. Mus. hist. nat. (6) 2, 1927, 49—79
(Portr., Bibliographie).

Meuschen, F. C., geb. 1719 Hanau, gest. ?
Legationsrat im Haag um 1800. Conchyliologie. Über Naturalien-
Sammlungen, auch Versteinerungen s. Schröter, Journ., I: 2:
38—54.
T o r n i e r: 1924: 33.
M e u s e l, Teutsche Schriftsteller 1750—1800, 9, 108—109.

* Meusel.
Schrieb 1792 über Bayreuths Marmore.
Freyberg.

* Meyen.
Studierte 1834 Radiolaria.
Z i t t e l: Gesch.
P o g g e n d o r f f 2, 133.

Meyer, A d o l f B e r n h a r d, geb. 11. X. 1840 Hamburg, gest. 5.
II. 1911 Berlin.
Direktor zool. u. anthropol.-ethnol. Mus. Dresden. Forschungs-
reisender u. Zoologe. Vogelfeder im Bernstein.
Wer ist's? 2, 1906, 781.
Biogr. Jahrb. u. deutscher Nekrolog 16, 1914, 52* (Qu.).

Meyer, C h a r l e s J o h n A d r i a n, geb. 23. V. 1832, gest. 16. VII.
1900.
1857 Beamter im Generals Office in Godalming, sammelte Grünsand-Fossilien, schrieb über Terebratella, Ophiura, Brachiopoda, Stratigraphie. (Sein Bruder: Christian H. Meyer sammelte Versteinerungen aus dem London-Ton).
Obituary, Geol. Magaz., 1901, 46 (Bibliographie mit 17 Titeln).

Meyer, C h r i s t i a n E r i c h H e r m a n n v o n, geb. 1801 Frank-
furt a. M., gest. 2. IV. 1869 ebendort.
Studierte in Heidelberg und München, wurde zum Prof. nach
Göttingen berufen, lehnte den Lehrstuhl aber ab und widmete
sich neben seinem Beruf: 1837 Kontrolleur und 1863 Kassier
beim Deutschen Bundestag, ganz der Paläontologie. Neben Apty-
chen, Crustaceen, Echinodermen: Pisces, Amphibia, Reptilia,
Aves, Mammalia. Begründer der Vertebratenpaläontologie
Deutschlands.
K o b e l l, Fr. v.: Nekrolog auf —. Sitzungsber. bayer. Akad. Wiss.
München, 1870, I: 403—407.
Z i t t e l, K. A.: Denkschrift auf —. München, 1870, pp. 50
(Bibliographie cpl.). Französischer Auszug desselben Nachrufes
Journ. de Zool., I, 1872, 95—96.
Anonym: Ch. E. H. v. M. Eine biographische Skizze. Bericht
Senckenberg. Naturf. Ges., 1868—69, 13—17.
H a u e r, Fr.: Zur Erinnerung an —. Verhandl. Geol. Reichsanst.
Wien, 1869, 130—131.
Life of Lyell, II: 242—243, 245.
T o r n i e r: 1924: 58.
O s b o r n: Cope, Master Naturalist, 401.
Obituary, QuJGS., London, 26, 1870, XXXIV—XXXVI.

Meyer, E r i c h, geb. 25. VII. 1874 Königsberg i. Pr., gest. 14. III.
1915 Heldentod bei Tucholka.
Studierte bei Koenen. Mitglied der Preuß. Geol. Landesanst.
Haeckelianer, Monist. Stratigraphie.
H a r b o r t, E.: Nachruf: Jahrb. Preuß. Geol. Landesanst., 39,
1918, II: LVII—LXIX (Portr. Bibliographie mit 17 Titeln).

Meyn, L u d w i g, geb. 1. X. 1820, gest. 4. XI. 1878.
Fabrikbesitzer, Chemiker, Mineraloge, Geologe. Geologie Schleswig-
Holsteins, auch pal. Aufsätze.
B e r e n d t, G.: Lebens-Abriß und Verzeichnis der Schriften Dr.
L. M. Abhandl. Geol. Spezialkarte Preußens, III: 3: 1—18
(Bibliographie, p. 37—52, Portr.) 1882.
B e y r i c h: Nachruf. Zeitschr. Deutsch. Geol. Ges., 30, MB, 682.
W ü s t, E.: L. M. zum 100. Geburtstag. Die Heimat (Kiel) 30,
1920, 146—149 (Portr.).

Miall, L o u i s C o m p t o n, geb. 1842 Bradford, gest. 21. II. 1921.
Normalschullehrer, Curator des Museums zu Leeds, 1876 Prof. Bio-
logie am Yorkshire Coll. Sci., dann Prof. Universität Leeds.
1904—05 Fullerian Professor Royal Inst. London. Carbon. Laby-
rinthodontidae, Pisces, Stegocephalia.
W (o o d w a r d), A. S.: Obituary, QuJGS., London, 78, 1922,
XLVI—XLVII.
Scient. Papers 8, 397—398; 10, 799; 12, 506; 17,ˌ 216.

Michael, R i c h a r d, geb. 25. I. 1869 Breslau, gest. 30. X. 1928.
1895 Mitglied Preuß. Geol. Landesanst. Stratigraphie Schlesiens,
Tertiär-Trias, Ammonites, Pisces, Mollusca, Mammalia, Phytopaläont.
K r u s c h, P.: Nachruf: Jahrb. Preuß. Geol. Landesanst., 49, II:
1928, LXXXI—XCIV (Portr., Bibliographie mit 108 Titeln).

Michailowski siehe M i k h a i l o v s k y.

Michalet, A l p h o n s e, gest. April 1912 Toulon.
Blumenhändler in Leipzig und Reynier-Six-Fours (Var), sammelte
in den 90er Jahren in Algerien und bei Toulouse Echiniden
aus dem Bathonien und Cenoman.
Hist. Brit. Mus., I: 312.
Notice nécrologique. Bull. Soc. ·géol. France (4) 13, 1913, 112
(Compte rendu).

Michalski, A l e x a n d e r O k t a v i a n o w i t s c h, geb. 1855, gest.
1904.
Chefgeologe Com. géol. St. Petersburg. Ammonites, Jura.
Nekrolog. Bull. Com. géol. Russie 23, 1904, Anhang 1—16 (Portr.,
Bibliographie).
K r i s c h t a f o w i t s c h, N.: Nekrolog. Annuaire géol. et min.
de la Russie 8, 1906, 125—128 (Portr., Bibliographie) (Qu.).

Michelin, J e a n - L o u i s H a r d o u i n, geb. 25. V. 1786, gest. 9.
VII. 1867.
Jurist. Echinida, Spongia, Coelenterata, Bryozoa.
H é b e r t: Notice biographique sur H. M. Bull. Soc. géol. France,
(2) 24, 1867, 780—786 (Bibliographie mit 28 Titeln).
L a u r e n t, Ch.: Notice sur M. J. L. M. Arch. biographiques et
necrologiques, 32, 1858, 73—76.

* **Michell**, J o h n, geb. 1724, gest. 1793.
1762 Woodwardian Professor der Geologie in Cambridge. Stratigraphie.
G e i k i e, A.: Memoir of John Michell. Cambridge Univ. Press.,
1918, pp. 107 (Bibliographie mit 6 Titeln).

Michelotti, G i o v a n n i, geb. 1814, gest. 21. XII. 1898 San Remo.
Mollusca, Echinodermata, Brachiopoda, Stratigr. Tertiär.
S a c c o, F.: Commemorazione. Boll. Soc. Malacol. Ital., 20, 125—
128 (Portr., Bibliographie mit 28 Titeln).
Life of Lyell, II: 263.

Mickwitz, K a r l A u g u s t v o n, geb. 12. X. 1849 Gut Permino
(Gouv. Smolensk), gest. 20. IV. 1910 Reval.
Ingenieur u. Stadtrevisor in Reval. Brachiopoda.
Nachruf. Korrespondenzbl. Naturf.-Ver. Riga 53, 1910, 1—2.
P o g g e n d o r f f 4, 1009; 5, 852 (Qu.).

Middendorff, A l e x a n d e r T h e o d o r, von, geb. 18. VIII. 1815
St. Petersburg, gest. 24. I. 1849 Hellenorm.
Russischer Forschungsreisender, bereiste in den 40er Jahren Sibirien,. sammelte Mammutreste.
Allgem. Deutsche Biogr. 52, 387—295.
P o g g e n d o r f f 2, 148; 3, 913; K ö p p e n II, 157.

Middleton, J a m e s, gest. 1875.
Englischer Chemiker, analysierte foss. Knochen.
E v a n s, J.: Obituary, QuJGS., London, 32, 1876, Proc., p. 89.
Scient. Papers 4, 381.

Mieg-Kroh, M a t h i e u, geb. 14. XI. 1849 Mühlhausen, gest. 1. I.
1911.
Leiter einer Teppichfabrik bis 1876, dann Konservator des Museums zu Mühlhausen. Stratigraphie vom Elsaß, Palethnologie.
D o l l f u s, G. F.: Not. nécrol. Bull. Soc. géol. France, (4) 12, 1912, 360—368 (Bibliographie mit 75 Titeln).
S t e h l i n, H. G.: Bibliographie des Dollfus'schen Nekrologs.
— —: Nachruf. Verh. naturf. Ges. Basel 22, 1911, 227—239.
W e h r l i n, A.: Notice biographique. Bull. Soc. industrielle Mulhouse 81, 1911, 211—227 (Bibliographie).

* **Mielzynsky**, I g n a z.
Schrieb 1832 über den Bernstein in Polen.

Mikhailovsky, G e o r g, geb. 28. IV. 1870, gest. 1912.
Prof. Geol. u. Pal. Dorpat. Stratigraphie u. Paläontologie des Miocäns u. Pliocäns von Südrußland.
S e m e l, Hugo: Die Universität Dorpat. Dorpat 1918, 145—146.
S c h w e t z, Th.: G. P. M. Annuaire géol. et min. Russie 15, 1913, 175—178 (Portr.) (Qu.).

Miller, H u g h, geb. 10. X. 1802 Cromarty, Schottland, gest. durch Selbstmord 1856.
Maurer zu Cromarty, dann Schriftsteller, Poet, Herausgeber des Organs der Freien Kirche: Witness. Sammelte und beschrieb Fische des Paläozoikum. Verfasser zahlreicher vorzüglicher populärer Paläontologien (The Old Red Sandstone, Footprints of the creator, Testimony of Rocks). Seine gesammelten Schriften erschienen in 12 Bänden. Mitarbeiter und Freund von Murchison, Robert Dick.
B a y n e, Peter: The life and letters of H. M. Bd. I—II (nur Bd. I erschienen). London, 1871, pp. VIII + 431 (Portr. Figs.).
G e i k i e, A.: H. M. Address given at the centenary celebration of his birth held in Cromarty on 22nd August 1902 in: Landscape in history and other essays London, 1905, p. 257—281.
— — A long life work, 18.
— — Life of J. D. Forbes, 196.
S m i l e s, S.: Robert Dick, Baker of Thurso, geologist and botanist. London, 1878, pp. XX + 436 (Ill. Portr.).
P o r t l o c k: Obituary, QuJGS., London, 13, 1857, LXXV—LXXVI.
Life of Sedgwick, II: 147—149, 159—162.
C l a r k e, J. M.: The centenary of H. M. Sci. n. s., 15, 1902, 631.
— — Address at the H. M. centenary. Memorial volume, Glasgow 1902.
— — The H. M. centenary. Am. Geol., 29, 249; Sci. n. s., 16, 1902, 556.
— — H. M. and his centenary. New England Magazine, n. s., 27, 1903, 551—563.

Notice of some remarks by the late H. M. Philadelphia, 1857, pp. 19.
Edinburgh's place in scientific progress. British Assoc. 1921.
T r a q u a i r: H. M. and his palaeoichthyological work. Trans. Geol. Soc. Glasgow, 12, 1903, 257—258.
W o o d w a r d, H. B.: Hist. Geol. Soc. London, 132.
M a c k e n s i e, W. M.: Hugh Miller, a critical Study, 1913.

Miller, J o h n o f T h u r s o.
Englischer Geologe in den 50er Jahren.
W o o d w a r d, H. B.: Hist. Geol. Soc. London, 194.

Miller, J. S.
Zoologe in Bristol. Schrieb 1821 Nat. Hist. Crinoidea, 1829 über Cephalopoda.
Z i t t e l: Gesch.
Scient. Papers 4, 388.

Miller, K o n r a d, geb. 21. XI. 1844 Oppeltshofen bei Ravensburg, gest. 25. VII. 1933.
Gymnasiallehrer in Stuttgart. Schwäb. Tertiärgastropoden.
S e e m a n n: Nachruf. Jahresh. Ver. vaterl. Naturk. Württemberg, 89, 1933, XLIV—XLVI (Portr. Bibliographie mit 25 Titeln).

Miller, S a m u e l A., geb. 28. VIII. 1837 Coolville, Athens Co., gest. 18. XII. 1897 Cincinnati, Ohio.
Pelmatozoa, Mollusca, Brachiopoda, nordamerik. Faunen. Katalog d. amerik. paläoz. Fossilien.
B (a t h e r), F. A.: Obituary, Geol. Magaz., 1898, 192.
B i l l i n g s, W. R.: Death of a distinguished american amateur geologist and paleontologist. Ottawa Naturalist, 11, 1898, 208.
N i c k l e s 751—753.

Millett, F o r t e s c u e W i l l i a m, geb. 1833, gest. 8. II. 1915.
Studierte pliocäne Foraminiferen von St. Erth.
C. D. S.: Obituary, Geol. Magaz., 1915, 288; QuJGS., London, 72, LXII.
Scient. Papers 17, 251.

*** Mills**, J a m e s E l l i s o n, geb. 1834, gest. 1901.
B r a n n e r, J. C.: Memoir of —. Bull. Geol. Soc. America 14, 1904, 512—517 (Bibliographie mit 9 Titeln).

Milne, J o h n, geb. 1850, gest. 1913.
Sammelte tertiäre Fossilien auf Sinai und in Ägypten, entdeckte 1875 Reste von Alca impennis auf den Funk-Inseln. Seismologe.
Eminent living geologists: Geol. Magaz., 1912, 343—346 (Bibliographie mit 113 Titeln).
Obituary. Geol. Magaz. 1913, 432; QuJGS. London 70, 1914, LXXI—LXXIII.

Milne-Edwards, A l p h o n s e, geb. 13. X. 1835, Paris, gest. 21. IV. 1900 ebendort.
Sohn H. Milne-Edwards', 1876 Prof. Zool. am Museum zu Paris, 1892 Direktor des Museums, Crustacea, Aves (Madagaskar), Verfasser der grundlegenden Monographie der Paläornithologie: Recherches sur les ois. foss. de France.
G a u d r y, A.: Discours prononcé aux funérailles de A. M. E. Paris Acad, 1900.

Grandidier, A.: A. M. E. La Géographie, 1900, 349.
Lacroix, Alfred: Notice historique sur A. M. E. Mémoires
l'Acad. Sci. de l'Inst. de France, 58 (ser. 2 e) 1926, Éloge histo-
rique, pp. LXXIV (Portr. Bibliographie mit 323 Titeln: Mamma-
lia 1—65, Aves 66—103, Biologie 104—116, Crustacea 117—216,
Faunistik 217—234, Expeditionen 235—250, Physiologie 251—
258, Botanik 259—261, Museum 262—272, Berichte 292, Nach-
rufe 293—304, Varia 305—310, didaktische Schriften 311—318,
Notizen 319—323).
Obituary, Geol. Magaz., 1900, 478; QuJGS., London, 57, 1901,
XLIX.
Perrier, E.: H. et A. M.-E. Nouv. Arch. Mus. Hist. Nat.
Paris (4) 2, 1900, XLI—LXIII (Portr., Bibliographie).

Milne-Edwards, Henri, geb. 23. X. 1800 Brügge, gest. 29. VII.
1885.
Arzt, Physiologe, 1832 Prof. Naturgeschichte am Lyceum Henri
IV, 1844 Prof. vergl. Physiologie Univ. Paris, Crustacea, Korallen.
Obituary, Geol. Magaz., 1885, 476 ff; QuJGS., London, 42, 1886,
Suppl. 47—49.
Berthelot: Obituary, Ann. Rep. Smithsonian Inst., 1893, 709—
727. Ann. Sci. Nat., 1892, 13, pp. 1—30.
Tornier: 1925: 84.
Perrier, E.: Nouv. Arch. Mus. Hist. Nat. Paris (4) 2, 1900,
XXIX—XLI.

* Milne-Home, David.
Richardson, R.: Obituary Trans. Edinburgh Geol. Soc., 6,
1890, 119—127 (Portr. Bibliogr.).

Milton, John Herbert, gest. im 63. Lebensjahr 8. III. 1925.
Lektor Merchant's Taylor School, Crosby. Stratigraphie des Carbon.
T. A. J.: Obituary, Geol. Magaz., 1925, 239—240.

Miquel, Friedrich Anton Wilhelm, geb. 24. X. 1811 Neuen-
haus (Hannover), gest. 23. I. 1871.
Prof. Bot. Utrecht. Fossile Pflanzen der Kreide von Limburg 1853.
Matthes, C. J.: Levensberigt van —. Jaarb. K. Ak. Wetensch.
Amsterdam 1872, 29—49 (Bibliographie) (Qu.).

Miquel, J.
Stratigraphie des Hérault.
Coulouma, J.: Un savant du Languedoc: M. Miquel de Barr-
oubio, (Hérault), Assoc. franç. Av. Sci. Congr. Rochelle, 1928.
317—320, Paris.

Mitchell, Elisha, geb. 1793, gest. 1857.
Geologie Nord-Karolina.
Merrill: 1904, 285—286, 706, Portr. fig. 18.
Obituary. Am. Journ. Sci. 24, 1857, 299.
Poggendorff 2, 158.

Mitchell, Hugh, geb. 22. VI. 1822, gest. 10. XI. 1894.
Reverend zu Craig, bei Montrose, sammelte Old Red Sandstein-
Versteinerungen aus der Umgebung von Forfarshire.
Obituary, Geol. Magaz., 1894, 575.
Hist. Brit. Mus., I: 312.
Scient. Papers 4, 408; 8, 411.

Mitchill, S a m u e l   L a t h a m, geb. 1764, gest. 1831.
Publizierte Beobachtungen über die in den Vereinigten Staaten
gefundenen Megatherium-Reste, New York, 1824; Eurypterus,
1826: Cat. org. rem. New York Lyceum Nat. Hist.
Dict. Am. Biogr. 13, 69—71.
N i c k l e s 757—758.

Mitchinson, J o h n, geb. 23. IX. 1833, gest. 25. IX. 1918.
Geistlicher. Sammler.
Obituary, Geol. Magaz., 1918, 527—528; QuJGS., London, 75, LXV.

Mitterer, A n d r e a s, gest. 1902 Häring (Tirol), 84 J. alt.
Oberbergverwalter in Häring. Verdienter Sammler. Schenkte seine
reiche Sammlung von Häringer Fossilien dem Mus. Ferdinandeum
u. dem geol.-pal. Inst. d. Univ. Innsbruck.
K l e b e l s b e r g, R. v.: Geologie v. Tirol 1935, 681 (Qu.).

Moberg, J o h a n   C h r i s t i a n, geb. 11. II. 1854 Solberga, Ystad;
gest. 30. XII. 1915.
1885—1900 Dozent Geol. Pal. Lund, 1900 Prof. Min. Geol. (Nachfolger Lundgrens). Stratigraphie Paläozoikum Schwedens, Graptolithen, Trilobita, Cirripedia, Cephalopoda.   J u r a   u. Kreide
Schonens.
G r ö p w a l l, K. A.: Nachruf: Geol. Fören. Förhandl. Stockholm,
39, 1917, 465—488 (Portr. Bibliographie mit 68 Titeln).
R a v n, J. P. J.: Nekrolog. Medd. D. Geol. For., 5, No. 5, 1916,
pp. 7 (Portr.) Kobenhavn.
Nachruf: CfM., 1916, 119—120.
Obituary, Geol. Magaz., 1916, 96.

* **Moberg,** K a r l   A d o l f, geb. 15. IX. 1840 Helsingfors, gest. 8. VI.
1901.
Chef der Finnischen Geol. Landesanst.
S (e d e r h o l m), J. J.: Nachruf: Geol. För. Stockholm Förhandl.,
23, 1901, 527—529.

Modeer, A d o l f, geb. 15. IV. 1739 Karlskrona, gest. 16. VII. 1799
Stockholm.
Ingenieur in Stockholm, schrieb 1785 über Trilobiten.
T o r n i e r: 1924: 33.
V o g d e s.
P o g g e n d o r f f 2, 164.

Moesch, C a s i m i r, geb. 1827, gest. 1898.
Konservator d. geol. Sammlung in Zürich, später d. zool. Samm-
lung. Stratigraphie u. Paläontologie des Jura (Aargau) u. der
Alpen. Seine Sammlung im naturhist. Mus. Bern.
Z i t t e l: Gesch.
B a l t z e r, A.: C. M. Actes Soc. Helv. Sc. Nat., 82, 1898: IX—
XIX (Teilbibliographie).

Mohr, P.
Um 1749 Petrefactensammler, Mineralienhändler in Eßlingen,
schrieb über Petrefakten der Trias und Jura.
H a a g: Gesch. Geol. Württemberg, 177.

* **Mohs,** F r i e d r i c h, geb. 29. I. 1773 Gernrode (Harz), gest. 29.
IX. 1839 Agordo (Italien).
Prof. d. Mineralogie in Graz, Freiberg, zuletzt in Wien. Publi-
zierte Beschreibung des Mineralienkabinetts vom Herrn van der
Null 1804 u. weitere min. Arbeiten.

F u c h s, W., H a l t m e y e r, G., L e y d o l t, Fr., R ö s l e r, G.:
Friedrich Mohs und sein Wirken in wissenschaftlicher Hinsicht.
Ein biographischer Versuch, entworfen und zur Enthüllungsfeier
seines Monumentes im St. Johanneums-Garten zu Graz heraus-
gegeben von —. Wien 1843, pp. 77.
W u r z b a c h 18, 443—448.

Mojsisovics, J o h a n n A u g u s t G e o r g E d m u n d, Edler von
Mojsvár, geb. 18. X. 1839 Wien, gest. 2. X. 1907 Mallnitz..
Vicedirektor der Geol. Reichsanstalt Wien, begründete Beiträge
zur Geol. Pal. Österreich-Ungarns und des Orients. Cephalo-
poda, Bivalven der Trias. Triasstratigraphie, bes. der Ostalpen.
D i e n e r, C.: E. v. M. Eine Skizze seines Lebensganges und
seiner wissenschaftlichen Tätigkeit. Beiträge Geol. Pal.
Öst.-Ung. u. d. Orients, 20, 1907, 272—284 (Portr. Bibliogra-
phie mit 148 Titeln).
T i e t z e, E.: Nachruf: Verhandl. Geol. Reichsanst. Wien, 1907,
321—331.
Obituary, Geol. Magaz., 1908, 189 ff (Bibliographie mit 18 Titeln).
D i e n e r, C. v.: E. v. M. Mitt. d. Deutsch. Österr. Alpenvereins,
1907, pp. 9.
Hist. Brit. Mus., I: 313.
H o e r n e s, R.: Nachruf. Almanach Kais. Akad. Wiss. Wien 58,
1908, 286—294 (Portr.).

Moll, J o s e p h P a n k r a t z K a s p a r.
Arbeitete mit Leopold von Fichtel über Foraminiferen 1803.
W u r z b a c h 19, 13—14 (Qu.).

* Molon, F r.
Liste de ses publications sur l'Archéologie préhistorique, Bull. di
Paletnol. ital., 11, 1885, 64 (Bibliographie mit 7 Titeln).

Molyneux, A r t h u r J o h n C h a r l e s, gest. 55 Jahre alt 28.
XII. 1920 Bulawayo.
Mineningenieur, Stratigraphie Südafrikas. Entdeckte chalcedoni-
sierte Fossilien in der Kalahari.
Obituary, Geol. Magaz., 1921, 240; QuJGS., London, 1921, LXX—
LXXI.

Molyneux, T h o m a s, geb. 14. IV. 1661 Dublin, gest. 1733.
Arzt. 1696 über Cervus megaceros; 1715 über foss. Elefanten-
reste.
Dict. Nat. Biogr. 38, 137—138.

Molyneux W i l l i a m, geb. 22. V. 1824 Nuneham Courtenay (Ox-
fordshire), gest. 24. X. 1882 Durban.
1861 Sekretär und Bibliothekar der Mechanics' Institut. Stafford.
Sammler (seine Sammlung wurde vom Museum Practical Geo-
logy in London angekauft), 1880 Geologe in Natal, 1881 Far-
mer in Natal, dann Geologe im Oranje Freistaat. Carbon-
Fische und Aviculopecten u. andere Karbonfossilien.
W a r d, J.: Obituary, Rep. N. Staffordshire Naturalists Field
Club 1883, 101—108.
Obituary, Geol. Magaz., 1883, 430—432 (Bibliographie mit 23
Titeln).

Monckton, H o r a c e W o l l a s t o n, geb. 1857, gest. 14. I. 1931.
Jurist. Sammler.

Woodward, A. S.: Obituary notice. Proc. Linn. Soc. London, 143, 1930—31, 186—188.
Obituary, QuJGS., London, 1931, LXVI.

Monestier, J o s e p h, geb. 1862 Millau, gest. 1935.
Notar. Liasfauna des Aveyron. Liasammoniten des Atlas.
Notice nécrologique. Compte rendu séances Soc. géol. France 1936, 69 (Qu.).

Monk, H e n r y.
Sammelte in den 90er Jahren zu Yeovil Oolith-Versteinerungen.
Hist. Brit. Mus., I: 313.

Monke, H e i n r i c h, geb. 21. VIII. 1859 Herford, gest. 8. IV. 1932 Berlin.
Dr. phil., erst in Bonn, hierauf in Görlitz, dann in Berlin, zunächst an der preuß. geol. Landesanst., zuletzt prakt. Geologe. Paläontologie und Stratigraphie des Lias von Herford (Verh. Naturh. Ver. Rheinl.-Westf. 45, 1888) u. Oberkambr. Trilobiten von Schantung (Jahrb. Preuß. geol. Landesanst. 23, 1905).
(Qu. — Lebensdaten Originalmitt. der Witwe).

*****Monnet**, A n t o i n e G r i m o a l d, geb. 1734 Champeix (Auvergne), gest. 23. V. 1817 Paris.
Publizierte 1780 geol. Karte Frankreichs.
M o n n e t: Les Bains du Mont-Dore en 1786. Voyage en Auvergne de Monnet, Inspecteur général des Mines, publié et annoté par Henry Mosnier. Mém. Acad. Sci. Belles Lettres et Arts de Clermont Ferrand, 29, 1887, 71—174 (Bibliographie).
P o g g e n d o r f f 2, 187—188.

Monterosato, T o m m a s o d i M a r i a, M a r c h e s e d i, geb. 1841, gest. 1. III. 1927 Palermo.
Molluskenforscher und -sammler. Postpliocäne Mollusken Italiens.
T o m l i n, J. R.: Marchese di M. Journ. of Conchology 19, 1930, 37—40 (Bibliographie).
D a u t z e n b e r g, Ph.: Nécrologie. Journ. de Conchyl. 72, 1928, 69—73 (Bibliographie) (Qu.).

Montfort, P. D e n y s d e, geb. um 1768 Paris, gest. 1820.
Schrieb 1808 über Protozoa, 1808—10 Conchyliologie, Cephalopoda, Belemniten.
Z i t t e l: Gesch.
Q u é r a r d, La France littéraire 2, 480—481 (Qu.).

Monti, G i u s e p p e, geb. 27. XI. 1682 Bologna, gest. 29. II. 1760 ebenda.
Prof. Naturgesch. Bologna. Schrieb über fossile Hölzer, Balanen, Mollusken, Fund eines Rhinozerosrestes.
P o g g e n d o r f f 2, 195—196.
B l a n c o n i, G.: Atti Soc. it. sci. nat. 4, 1862, 244—245 (Qu.).

*****Montlosier**, F r. D o m i n i q u e R e y n a u d, comte de, geb. 1755, gest. 1838.
Politiker, Mineraloge.
B a r a n t e, B. de: Académie de Clermont. Notice sur la vie et les ouvrages de M. le Cte de Montlosier, lue à la séance du 15. Sept. 1842, Clermont-Ferrand, pp. 32.
P o g g e n d o r f f 2, 197.

Montmollin, A u g u s t e d e, geb. 19. IV. 1808 Neuchâtel, gest. 5. I. 1898.
Privatmann in Neuchâtel. 1835 Arbeit über die Kreide des Schweizer Jura.
Z i t t e l: Gesch.
T r i b o l e t, M. de: A. de M. Bull. Soc. Neuchâteloise, sc. nat. 26, 1898, 367—386 (Portr.).
Nachruf. Verh. schweiz. naturf. Ges. 81, 1898, 320—324 (Qu.).

Montperreux siehe D u b o i s d e M.

Moodie, R o y L e e, geb. 30. VII. 1880 Bowling Green, Kentucky, gest. 16. II. 1934 Los Angeles.
Prof. Anatomie am College of dentistry zu Los Angeles, research associate am Los Angeles Museum, Mitarbeiter des New York State Museum. Bahnbrecher der Paläopathologie. Amphibia.
B r a y n, W. A.: Obituary, Sci. n. s., 79, 1934, 263.
Obituary, Museum Journal, 34, 1934, 63.
N i c k l e s I, 760—761; II, 435—436.

Moon, F r e d e r i c k W i l l i a m, geb. zu Galway Irland, gest. 21. II. 1925 auf der Bahn zwischen Benha und Kairo.
Bis 1906 Zivilingenieur, 1917 Ölgeologe im Geol. Surv. von Ägypten. Diatomaceae.
Obituary, Geol. Magaz., 1925, 380—382.

Moore, C h a r l e s, geb. 8. VI. 1815 Ilminster, gest. 8. XII. 1881 Bath.
Sammelte aus dem Rhät Microlestes Moorei: 70 000 Zähne von Lophodus, studierte die Haut von Ichthyosaurus. Brachiopoda.
W i n w o o d, H. H.: Ch. M. F. G. S. & his work. Proc. Bath Nat. Hist. and Antiquarian Field Club, 7, 1892, 232—292 (Portr. Bibliographie).
B a t h e r, F. A.: Address W. Smith, Bath, 1926, S. 5.
Obituary, Geol. Magaz., 1882, 94—96.
W o o d w a r d, H. B.: Hist. Geol. Soc. London, 164, 203.
Scient. Papers 4, 455—456; 8, 430; 10, 840; 12, 518.

Moore, J o h n C a r r i c k, geb. 1804, gest. 10. II. 1898.
Englischer Geol. Pal. Mollusca.
W o o d w a r d, H. B.: Hist. Geol. Soc. London, 190.
Obituary. Geol. Magaz. 1898, 381—384; QuJGS. London 54, 1898, LXXVII—LXXVIII (Bibliographie).

Moore, T h o m a s J o h n, geb. 1824, gest. 31. X. 1892.
Museumskonservator, Zoologe, vergl. Anatom, Geologe und Paläontologe.
Obituary, Geol. Magaz., 1892, 576.

Moreno, F r a n c i s c o J o s u e P a s c a s i o, geb. 31. V. 1852 Buenos Aires, gest. 22. XI. 1919.
1880 organisierte er das anthropologisch-archäologische Museum, zu Buenos Aires, 1884 Direktor des Museo La Plata, 1893—94 besuchte ihn Lydekker, 1896 A. S. Woodward. Südamerikanische Vertebraten.
W (o o d w a r d), A. S.: Obituary, Geol. Magaz., 1920, 95—96; QuJGS., London, 76, 1920, XLIX—L.
Doctor F. P. M. Rev. Museo de La Plata 28, 1924—1925, 1—18.
Scient. Papers 10, 846; 12, 519; 17, 348.

Morgan, J a c q u e s J e a n M a r i e d e, geb. 3. VI. 1857 Huisseau-sur-Cosson (Loir-et-Cher), gest. 12. VI. 1924.
Archäologe. Große Reisen, bes. nach Persien, Kreide, Mollusca, Megathyridae, Homo fossilis.
D o u v i l l é, H.: J. de M. Bull. Soc. géol. France, (4) 25, 1925, 437—447 (Bibliographie mit 33 Titeln).
G e r m a i n, L.: J. de M. Bull. Mus. nat. d'hist. nat. 30, 1924, 437—440 (Teilbibliographie).

Morgan, J o s e p h B i c k e r t o n, geb. 1859, gest. 8. III. 1894 Ventnor.
Assistant-Honorary Curator Powysland Museum Welshpool, 1892 Demonstrator Roy. Coll. Sci. London. Paläozoische Crustacea.
Obituary, Geol. Magaz., 1894, 240.

Morière, J u l e s (P i e r r e G i l l e s), geb. 8. IV. 1817 Cormelles Caen, gest. 20. X. 1888 Paris.
Prof. géol., bot., agriculture fac. sci. Caen. Stratigraphie und Paläontologie (bes. von Calvados). Crustaceen, Crinoiden, Mollusken, Pflanzen u. a.
Discours sur la tombe de —. Bull. Soc. Linnéenne de Normandie (4) 3 (1888—89), 1890, 2—11.
Nécrologie. Journ. de Botanique 3, 1889, 13—16 (bot. Bibliographie mit 9 palaeobot. Titeln) (Qu.).

Morland, M a r y.
Gattin William Buckland's, die seine Werke illustrierte.

Morlot, A d o l f v o n, geb. 22. III. 1820 Neapel, gest. 10. II. 1867 Bern.
Schweizer Geologe, publizierte 1848 über den Alpenkalk, Tertiär, 1854 benannte er das Diluvium: Quaternär (von Bronn zu Quartär verbessert).
Z i t t e l: Gesch.
Nachruf Mortillet: Matériaux pour l'hist. nat. et primit. de l'homme III, 1867, 179—80; Verhandl. Geol. Reichsanst. Wien, 1867, 70.
C h a v a n n e s, S.: Not. nécrol. Berne, 1867.
W u r z b a c h 19, 97—100 (Bibliographie).

Moro, A n t o n i o L a z z a r o, geb. 16. III. 1687 San Vito, gest. 13. IV. 1764 ebenda.
Publizierte 1740 Dei Crostacei etc.
E d w a r d s: Guide, 42.
T o r n i e r: 1924: 11—12.
G e i k i e, A.: Founders of geol., p. 5, 34, 120.
Z i t t e l: Gesch.
P o g g e n d o r f f 2, 210.

Morozzo.
Schrieb im 16.—17. Jahrhundert über Elefanten.
Z i t t e l: Gesch.

Morren, C h a r l e s, geb. 3. III. 1807 Gent, gest. 17. XII. 1858 Lüttich.
Botaniker, auch paläontologische Arbeiten. Korallen, Mammalia.
M o r r e n, Ed.: Notice sur Charles Morren. Annuaire Acad. roy. Belg., 26, 1860, 167—251 (Portr., Bibliographie mit 255 Titeln).

Morris, J o h n, geb. 19. II. 1810 Homerton bei London, gest. 7. I. 1886.
1854—77 Pharmazeut, Chemiker, dann Prof. Geol. Pal. University Coll. Evertebrata. Stratigraphie, Mollusca, Terebratula, Brachiopoda, Mammalia, Phytopaläontologie.
Eminent living geologists. Geol. Magaz., 1878, 481—487 (Portr. Bibliographie mit 60 Titeln).
T o p l e y, W.: The life and work of Prof. John Morris. Proc. Geol. Assoc., 9, 1885-86, 386—410.
Obituary, Geol. Magaz., 1886, 95; QuJGS., London, 42, Proc., 45.
W o o d w a r d, H. B.: Hist. Geol. Soc. London, 160.
Life of Prestwich, 228 u. öfter, Portr. p. 32.

Morse, E d w a r d S y l v e s t e r, geb. 1838, gest. 1925.
1865 Prof. Naturgesch. Bowdoin Coll. Zoologe. Auch Mollusca (s. Nickles II, 441).
C l a r k e: James Hall of Albany, 400.
Dict. Am. Biogr. 13, 242.

Mortillet, G a b r i e l de, geb. 29. VIII. 1820 Meilan, gest. 25. IX. 1898 Saint Germain-en-Laye.
Homo fossilis, Fauna diluviana.
C a r t a i l h a c, E.: Nécrologie. L'Anthropologie 9, 1898, 601—612 (Portr., Bibliographie).
M o r t i l l e t, P.: Liste des publications de Gabriel de M. Bull. Soc. anthrop. Paris, 2, 1901, 439—464 (Bibliographie mit 400 Titeln).

Mortimer, C r o m w e l l, gest. 1752 London.
Schrieb 1750 über Trilobiten in London.
V o g d e s.
Dict. Nat. Biogr. 39, 118—119.

Morton, G e o r g e H i g h f i e l d, geb. 9. VII. 1826 Liverpool, gest. 30. III. 1900.
Studierte Geologie Liverpools und N. Wales, sammelte 1845 Chirotherium-Fährten, Carbon-Versteinerungen.
M o r t o n, G. H.: The geology of the Country around Liverpool, including the North of Flintshire. II. Aufl. London, 1891 (Bibliographie).
Obituary, Geol. Magaz., 1900, 288.

Morton, J o h n, geb. um 1671, gest. 18. VII. 1726.
Schrieb Natural History of Northamptonshire, London, 1712.
E d w a r d s: Guide, 41, 44.
Dict. Nat. Biogr. 39, 153—154.

Morton, S a m u e l G e o r g e, geb. 26. I. 1799 Philadelphia, Pa., gest. 15. V. 1851.
Sollte Kaufmann werden, studierte Univ. Pennsylvania Medizin, dann in Europa. Arzt in Philadelphia, 1839—43 Prof. Anatomie Pennsylvania Medical College. 1849 Präsident Philadelphia Acad. Nat. Sci., Conchyliologe. Mollusca, Echinodermata u. a.
D a l l, Wm. H.: Some American Conchologists. Proc. Biol. Soc. Washington, 4, 1886—88, 105.
M e i g s, Ch. D.: A memoir of S. G. M. Philadelphia, 1851 (Auszug in Amer. Journ. Sci., (2) 13, 1852, 153—178), pp. 48 (Bibliographie).
M e r r i l l: 1904, 288, 706 (Portr., Taf. 10).

Moscardo, L o d o v i c o.
Italienischer Naturforscher, publizierte Note overo memorie del
Museo Moscardo, Padova, 1656.
E d w a r d s: Guide, 52, 55.
D e a n III, 289.

* **Moseley**, H e n r y N o t t i d g e, gest. 10. XI. 1891.
Schrieb über Korallen.
B (a t h e r), F. A.: Obituary, Geol. Magaz., 1891, 575.

Mougeot, J o s e p h A n t o i n e, geb. 8. V. 1815 Bruyères (Vosges),
gest. 20. II. 1889 ebenda.
Arzt. Phytopaläontologie und Vertebraten des Buntsandsteins,
schrieb mit Schimper: Monographie des Plantes fossiles du grès
bigarré de la chaîne des Vosges, Leipzig 1844.
Z i t t e l: Gesch.
Annals of Botany III, 1889—90, 484—485 (Bibliographie) (Qu.).

Moulin, H e n r i, geb. 10. IV. 1862 Carouge, gest. 1932.
Geistlicher. Neokom von Valangin.
J e a n n e t, A.: H. M. Verh. Schweiz. Naturf. Ges. 114, 1933,
480—482 (Bibliographie) (Qu.).

Mourlon, M i c h e l F é l i x, geb. 11. V. 1845 Brüssel, gest. 26. XII.
1915 Boitsfort.
Conservator am Museum zu Brüssel, 1897 Direktor Serv. géol.
Belgiens. Stratigraphie.
Obituary, QuJGS., London, 72, 1916, LIII.
R u t o t, A.: Notice sur —. Ann. Acad. Roy. Belg. 100, 1934, 209—
258 (Portr. Bibliographie mit 313 Titeln).

Mousson, J o h a n n R u d o l f A l b e r t, geb. 17. III. 1805 Solothurn, gest. 1890.
Prof. Technische Hochschule Zürich, Sammler, Stratigraphie. Mollusca.
W o l f, R.: Notizen zur schweizerischen Kulturgeschichte, Vierteljahresschrift naturf. Ges. Zürich, 35, 406—427 (Bibliographie
im Text).
Nekrolog: Neue Zürcher Zeitung und Actes soc. Helv., 73, 1889-90,
238—247.
L a u t e r b o r n: Der Rhein, 1934: 131—132.

Moysey, L e w i s, geb. 1869, gest. 26. II. 1918 bei Glenant
Castle im Kanal.
Militärarzt, sammelte Carbon in Nottingham, Palaeoxyris, Chimaeren-
Eihülle, Entomostraca, Arthropoda. Seine Sammlung gelangte in
das Museum of practical geology.
E. A. N. A.: Obituary, Geol. Magaz., 1918, 189—192 (Biblio-
graphie); QuJGS., London, 75, 1919, LII—LIII.

Möbius, K a r l A u g u s t, geb. 7. II. 1825 Eilenburg (Prov. Sachsen),
gest. 26. IV. 1908.
Prof. Zool. Berlin u. Direktor des zool. Museums. Zoologe. Auch
Studien über Eozoon, Mammalia (Balaenoptera, Bos primigenius,
Cervus elaphus etc.).
D a h l, Fr.: K. A. M. Zool. Jahrbücher. Supplement 8 (Fest-
schrift Möbius), 1905, 1—22 (Portr., Bibliographie).
C o n w e n t z: Nachruf. Schriften Naturf. Ges. Danzig (N.F.)
12, 1909, XVIII—XX (Qu.).

Möller, Valerian Ivanovič von, geb. 26. XI. 1840 St. Petersburg, gest. 4. VI. 1910.
Prof. Pal. Berginstitut St. Petersburg. Trilobita, Brachiopoda, Fusulinen (u. andere Foraminiferen).
Karpinskij, A. P.: V. I. M. Bull. Ac. Imp. Sci. St. Petersburg (6) 4, 1910, 1063—1068 (Bibliographie).
Nekrolog. Bull. Com. géol. 29, 1910, 1—11 (Bibliographie) (Qu.).

Mörch, Otto Andreas Lawson, geb. 17. V. 1828 Lund, gest. 25. I. 1878 Nizza.
Conchyliologe, nordische Kreide- u. Tertiärmollusken.
Collin, J.: Konchyliologen O. A. L. M. En biografisk skizze med den afdödes portraet og en fortegnelse over hans literäre arbeider. Kjöbenhavn, 1878, pp. 38 (Bibliographie).
Nekrolog. Malakozool. Blätter 25, 1878, 92—96.
Scient. Papers 8, 434; 10, 827—828; 12, 514.

Möricke, Wilhelm, geb. 26. VI. 1861 Hohenbuch (Württemberg), gest. 9. XI. 1897.
Privatdozent in Freiburg. Krebse von Stramberg. Jura- und Tertiärfossilien Chiles.
Steinmann, G.: W. M. Jahreshefte Ver. vaterländ. Naturk. Württemberg 54, 1898, XXXIV—XXXVII (Bibliographie).
Weech, Fr. v.: Badische Biographien 5 (1891—1901), 1906, 574—575 (Bibliographie) (Qu.).

Möring.
Studierte im 18. Jahrhundert Phytopaläontologie.
Zittel: Gesch.

Mösch, C., siehe Moesch, C.

Mudge, Benjamin Franklin, geb. 1817 Maine, gest. 1879.
Nordamerikanischer Geologe. Mammalia, Fährten, Aves, Evolutio, Homo fossilis.
Williston, S. W.: Obituary, Am. Geol., 23, 1899, 339—345 (Portr., Bibliographie mit 29 Titeln).
Merrill: 1904, 525—526, 706, Portr. fig. 76.
Osborn: Cope, Master Naturalist, 160.

Mukerji, Sushil Kumar, geb. März 1896 Indien, gest. 5. VIII. 1934 Lucknow.
Indischer Botaniker. Phytopalaeontologie.
Sahni, B.: Obituary. Journ. Indian Botanical Soc. 13, 1934, 245—249 (Portr. Bibliographie).

Muller, Georges, gest. Okt. 1893.
Deutscher Madagaskar-Forscher und Sammler von Aepyornis-Resten.
Grandidier, A.: Note sur la mort tragique de G. M. à Madagascar. Paris C. R. Congr. Soc. Géogr., 3. Nov. 1893 und Revue historique et litéraire de l'Ile Maurice; Archiv Colonielle, 16. Janvier 1894, p. 17.

Munier-Chalmas, Ernest-Philippe-Auguste, geb. 7. IV. 1843 Tournus (Saône-et-Loire), gest. 8. VIII. 1903 Saint-Simon.
Prof. Pal. Faculté des Sci. Paris. Algae, Tertiär Stratigraphie, Foraminifera, Rudista, Ammonites, Gastropoda, Brachiopoda u. a.

Notice sur les travaux scientifiques de M. M. Ch. Lille, 1903, pp.
120 (Bibliographie mit 149 Titeln).
D o l l f u s, G.: Nécrologie. Journ. de Conchyliologie 52, 1904,
100—106.
Notice nécrologique. Bull. Soc. géol. France (4) 4, 1904, 477—478
(Qu.).

Muñiz, F r a n c i s c o J a v i e r, geb. 21. XII. 1795 San Isidro
Buenos Aires, gest. 1871.
Arzt, Politiker studierte Dasypus, Glyptodon, Megatherium, To-
xodon u. a. Mammalia Argentiniens.
L o z a n o, N.: Nachruf: An. Soc. Cient. Argent., CXIV, 1932,
122—142 (Portr.).

Murchison, S i r R o d e r i c k I m p e y, geb. 19. II. 1792 Tarradale,
Rosshire, gest. 22. X. 1871.
Direktor der Geol. Survey Englands. Stratigraphie u. Paläontologie
des Paläozoikum, bes. des Silur.
G e i k i e, A.: Life of —. London, I, 1875, pp. XIII + 387, II, pp.
VII + 375 (Portr. Bibliographie mit 183 Titeln).
— — Obituary Nature, London, 5, 1871-72, 10—12 (Portr.).
H e l m e r s e n, G. v.: Nachruf: Bull. Acad. Imp. St. Petersburg,
17, 1872, 295—307.
K o b e l l, F. v.: Nekrolog: Sitzungsber. math.-phys. Classe bayer.
Akad. München, 2, 1872, 96—99.
D a n a, J. D.: Sedgwick and Murchison. Cambrian and Silurian.
Amer. Journ. Sci., (3) 39, 1890, 167—180.
W o o d w a r d, H. B.: Hist. Geol. Soc. London, 78—79, 98, 169 u.
öfter, Portr. Taf. 78.
F a i r c h i l d: 20—21.
C l a r k e: James Hall of Albany, 158—162 u. öfter.
K o c h, A.: Nachruf: Földtani Közlöny Budapest, I, 192—193.
Obituary, Geol. Magaz., 1871, 481—490 (Portr. Bibliographie mit
124 Titeln); QuJGS., London, 28, 1872, XXIX—XXXV.
Hist. Brit. Mus., I: 314.
G e i k i e: Founders of geology, 246 ff.
Life of Sedgwick, I: 321, II: 218—219, 252, 283 u. öfter.

Murchison, L a d y (Charlotte), gest. 9. II. 1869.
Obituary, Geol. Magaz., 1869, 227—228.
G e i k i e, A.: Notice of the death of Lady M. Trans. Edinburgh
Geol. Soc., 1, 1870, 265—266.
Vergl. G e i k i e: Life of Murchison.

Murie. J a m e s, geb. 1832, gest. 1925.
Zoologe. 1871 Sivatherium, 1878 Stromatopora (zus. mit. H. A.
Nicholson) (Qu.).

Murr, J o s e f, gest. 4. I. 1932 Innsbruck.
Gymnasialprof. in Trient u. Feldkirch. Flora der Höttinger
Breccie.
K l e b e l s b e r g, R. v.: Geologie v. Tirol 1935, 682.
Nachruf. Studi Trent. Sc. nat. 13, 1932, 57—60 (Portr.) (Qu.).

Murray, A l e x a n d e r, geb. 1810, gest. 1884.
Stratigraphie.
B e l l, R.: Alexander Murray, Canadian Record of Sci., 5, 1892,
77—96.
N i c k l e s 770—771.

Murray, S i r J o h n, geb. 1841, gest. 1914.
Sammelte auf Malta und mit der Challenger Expedition Mollusca.
Hist. Brit. Mus., I: 314.
T o r n i e r: 1925: 85.
K e r r, J. G.: Obituary, Proc. Roy. Soc. Edinburgh, 35, 1914—15,
305—317 (Bibliographie mit 64 Titeln).

* **Muschkétoff**, I v a n W a s s i l i e w i t s c h, gest. 25. I. 1902 St. Pe-
tersburg.
Professor des Berginstitutes. Stratigraphie.
Nachruf: Verhandl. Geol. Reichsanst. Wien, 1902, 119.
Iwan Wassiliewitsch Muschkétoff. Nachruf: CfM., 1902, 210—211
(Bibliographie mit 45 Titeln).
Liste bibliographique des oeuvres de —. Gorny Journ., 1902: I:
324 –329 (Bibliogr.).

* **Mühlberg**, F r i e d r i c h, geb. 19. IV. 1840 Aarau, gest. 25. V. 1915
daselbst.
1862–1911 Lehrer Naturgeschichte in Aarau. Stratigraphie.
S c h m i d t, C.: Nachruf: Verhandl. naturf. Ges. Basel, 27, 1916,
1—4.
M ü h l b e r g, Max: Nachruf: Mitt. Aargauschen naturf. Ges., 14,
1917, 1—46, Verhandl. Schweiz. naturf. Ges., 97, 1915, I, 112—156
(Bibliographie mit 149 Titeln).

Mühlfeld, K a r l M e g e r l e v o n, geb. 1765, gest. 1840.
Custos Naturialienkab. Wien. Schrieb 1807 Min. Taschenbuch u.
Oryktologie. „Megerlea".
T o r n i e r: 1924: 32—33.
W u r z b a c h 17, 261.

Müller, A l b r e c h t, geb. 13. III. 1819, gest. 3. VII. 1890 Basel.
Prof. Geol. Stratigraphie.
Sch. C.: Nachruf: Actes soc. Helv. sci. nat. 73, 1889—90, 247—251.
R ü t i m e y e r, L.: Erinnerung an Prof. A. M. Verh. Naturf. Ges.,
Basel 9, 1893, 409—419 (Bibliographie).

Müller, F e r d i n a n d v o n, geb. 30. VI. 1825 Rostock, gest. 9. X.
1896 Melbourne.
Regierungsbotaniker von Victoria. Auch 2 Arbeiten über die
tertiäre Flora Australiens.
Nachruf. Leopoldina 33, 1897, 15—17, 142—150 (Bibliographie)
(Qu.).

* **Müller**, H e i n r i c h, geb. 20. IV. 1887 Gießen, gest. 8. IX. 1914
auf dem Kriegsschauplatz ım Elsaß.
1912 Mitglied Preuß. Geol. Landesanst. Stratigraphie.
B e y s c h l a g, F.: Nachruf: Jahrb. Preuß. Geol. Landesanst., 39,
1918, II: IX—XV (Portr. Bibliographie).
P o m p e c k j, J. F.: Jahresh. Ver. Vaterl. Naturk. Württemberg,
71, 1915, CVI—CVII.

Müller, J o h a n n e s, geb. 14. VII. 1801 Coblenz, gest. 28. IV. 1858
Berlin.
Prof. d. Anatomie Berlin. Tornier nennt ihn den „deutschen
Cuvier". Echinodermata, Pisces, Mammalia.
T o r n i e r: 1924: 43—44.
T h o m s o n, J.: The great biologists, London, 1932, 86—88.
D u B o i s - R e y m o n d, E.: Gedächtnisrede. Abh. K. Akad. Wiss.
Berlin (1859), 1860, 25—190 (Bibliographie).
V i r c h o w, R.: J. M. Gedächtnisrede bei der Trauerfeier d. Univ.
Berlin. Berlin 1858, 48 pp.

Müller, J o s e f M., geb. 12. XI. 1802 Aachen, gest. 5. VIII.
1870 ebenda.
Prof. am Gymnasium zu Aachen. Monographie der Fossilien
der Aachener Kreide.
G ü m b e l, v.: Biographie. Allgem. Deutsche Biogr. 22, 637—
638 (Qu.).

Müller, K a r l C h r i s t i a n G o t t f r i e d L u d w i g, geb. 14.
VIII. 1862 Gillersheim, Prov. Hannover, gest. 20. III. 1906.
1888 Mitglied Preuß. Geol. Landesanst. Mollusca, Belemnites, Stratigr.
K r u s c h, P.: Nachruf: Jahrb. Preuß. Geol. Landesanst., 27,
1906, 681—692 (Portr. Bibliographie mit 44 Titeln).

Müller, O t t o F r i e d r i c h, geb. 2. III. 1730 Kopenhagen, gest.
26. XII. 1784 ebenda.
Publizierte 1785 Entomostraca seu insecta testacea quae in aquis
Daniae et Norwegiae reperit, Lipsiae et Hafniae, pl. 21.
V o g d e s.
M e u s e l, Teutsche Schriftsteller 1750—1800, 9, 424—427.

Müller, P h i l i p p L u d w i g S t a t i u s, geb. 25. IV. 1725, gest.
5. I. 1776 Erlangen.
Archdiakon zu Erlangen. Professor der Naturgeschichte und der
deutschen Literatur. Mollusca. Sammler.
opus 1770 referiert in Schröter, Journ., I: 1: 166—169, 4: 153,
5: 95—106.
Nachruf: Schröter's Journal, 3: 497—504.
T o r n i e r: 1924: 33.
Allgem. Deutsche Biogr. 22, 668—669.

(Müller-)Steinla siehe unter S t e i n l a.

Münster, G e o r g G r a f, geb. 17. II. 1776 Langelage (Westfalen),
gest. 1844 Bayreuth.
Kammerherr in Bayreuth. Herausgeber von: Beiträge zur Petre-
faktenkunde, 1843. Seine klassische Sammlung befindet sich in
München. Vergl. über Coll. Münster, NJM., 1836: 121, 1827: 1:
377, 1842: 97. Pisces, Reptilia, Mollusca, Brachiopoda, Crustacea
u. a.
Freyberg.
Z i t t e l: Gesch.
G ü m b e l, C. W. v.: Allgem. Deutsche Biogr. 23, 27—29.
W e i ß, G. W.: Bayreuth als Stätte alter erdgeschichtlicher
Entdeckungen. Bayreuth 1937, 12—17 u. öfter (Portr.).

* **Münster,** S e b a s t i a n, geb. 1489 Ingelheim a. Rhein, gest.
1552 Basel.
Schrieb 1544 Cosmographie. Basel.
L a u t e r b o r n: Der Rhein, I: 98.
R i e h l, H a n t z s c h zitiert ebenda.
G a l l o n i, L.: Les géographes Allemands de la Renaissance, 1890.

Mylius, G o t t l i e b F r i e d r i c h, geb. 7. IV. 1675 Halle, gest. 6.
VIII. 1726.
Kurfürstlich Sächsischer Sekretär und Oberschöppenschreiber in
Leipzig. Schrieb Memorabilia Saxoniae 1709, referiert in Schrö-
ter, Journal, 3: 86—93.
Freyberg: 68.
Allgem. Deutsche Biogr. 23, 143.

* **Mylius**, H u g o, geb. 16. XII. 1876 Frankfurt a. M., gest. 6. II.
1918 München.
Stratigraphie.
L e u c h s, K.: H. M. Mitt. Geogr. Ges. München, 13, 1918—
19, 363—365 (Bibliographie mit 14 Titeln).

* **Mylne**, R o b e r t   W i l l i a m, geb. 14. VI. 1816, gest. 2. VII. 1890.
Ingenieur-Geologe.
Obituary, Geol. Magaz., 1890, 384.

Nager.
' Mineralienhändler in den 30er Jahren zu Luzern.

Nasmyth, A l e x a n d e r.
Schrieb 1839 über die Struktur fossiler Zähne. '
Scient. Papers 4, 571.

Nathorst, A l f r e d   G a b r i e l, geb. 7. XI. 1850 Väderbrunn, gest.
20. I. 1921.
Prof. u. Intendant Naturh. Reichsmus. Stockholm. Phytopal.
Medusae, Problematica, Paläozoikum. Schrieb mit Hulth, J. M.,
und G. de Geer: Swedish expeditions in Spitzbergen from: 1758
—1908, Ymer 1909, pp. 99 Stockholm; übersetzte Neumayr's
Erdgeschichte ins Schwedische (Jordens historia. Stockholm, 1894).
H a l l e, T. G.: Minnesteckning. Geol. För. Stockholm Förhandl.,
43, 1921, 241—311 (Portr., Bibliographie mit 377 Titeln).
A n d e r s s o n, Gunnar: Nekrolog: Ymer Stockholm, 41, 1921,
47—55 (Portr.).
F o r s s t r a n d, Carl: Nekrolog. Ebenda, 56—66.
H a l l e, T. G.: Nekrolog: Fauna och Flora, 16, 1921, 33—40
(Portr.).
S e w a r d, A. C.: Obituary, Botanical gazette Chicago, 71, 1921,
464—465 (Portr.).
A. C. S.: Obituary, QuJGS., London, 1921, p. LXV—LXVI.
Nathorst's Jubiläum (70jähriges), Geol. Magaz., 1920, 481.

Nau, B e r n h a r d   S e b a s t i a n   v o n, geb. 1766 Mainz, gest.
15. II. 1845 ebenda.
Konservator der mineralogischen Sammlung München. Phytopaläontologe. Schrieb 1818—1822: Über Pflanzenabdrücke und Versteinerungen aus dem Kohlenwerk St. Ingbert.
T o r n i e r: 1924: 34, 58.
(J u n g k): Hundert Jahre Rhein. Naturf. Ges. in Mainz 1834—
1934. Privatdruck o. O. u. o. J., p. 24—27 (Portr.).
Allgem. Deutsche Biographie 23, 294—295 (Qu.).

Naumann, C a r l   F r i e d r i c h, geb. 30. V. 1797, gest. November
1893.
Prof. Min. Leipzig. Stratigraphie.
Nachruf: NJM., 1874, 147—154; Leopoldina, 9, 1874, 83—87.

Naumann, E d m u n d, geb. 11. IX. 1854 Meissen, gest. 1927.
Prof., dann Leiter der Geol. Landesanst. in Tokio. Privatdoz. in
München, zuletzt in der Industrie tätig in Frankfurt a. M.
Fossile Elephantiden Japans u. Südostasiens. Stratigraphie Japans.
P o g g e n d o r f f 3, 959; 4, 1059.
Todesnachricht: Zeitschr. Deutsche geol. Ges. 79, 1927, Monats-
ber. 49 (**Qu.**).

*Necker de Saussure, L o u i s A l b e r t, geb. 1786, gest. 1861.
F o r b e s, D. J.: Biographical account of Prof. L. A. N. of Geneva,
Proc. Roy. Soc. Edinburgh, 5, 1862—63, 53—76.
S a u s s u r e, H. de: Nécrologie de M. L. N. Revue et Magasin de
Zool. Paris, 1861.
P o g g e n d o r f f 2, 262.

*Nees von Esenbeck, C h r i s t i a n G o t t f r i e d, vgl. Goethe.
Allgem. Deutsche Biogr. 23, 368—376.

*Nees von Esenbeck, T h e o d o r F r i e d r i c h Lu d w i g, geb. 26.
VII. 1787, gest. 12. XII. 1837.
Prof. Botanik und Pharmazie in Bonn, schrieb 1831 über den Je-
naer Urstier.
Freyberg.
Allgem. Deutsche Biogr. 23, 376—380.

Negri, A r t u r o, gest. 11. XII. 1896 Padua.
Paläontologie des Venetianischen. Trionychia.
Necrologia. Boll. Soc. geol. it. 16, 1897, 2—3 (Bibliographie).
T a m a s s i a, A.: A. N. Atti Ist. Veneto Sci. 55, 1896/97, 55—57
(Bibliographie) (Qu.).

Nehring, A l f r e d, geb. 29. I. 1845 Gandersheim, Braunschweig,
gest. 30. IX. 1904 Berlin.
Gymnasiallehrer in Wolfenbüttel, dann Prof. Landwirtschaftl.
Hochschule Berlin. Fauna des Diluviums, schrieb: Über Tundren
und Steppen. Aves, Mammalia. Bearbeitete eine Reihe von Höh-
lenfaunen Deutschlands.
Z e l i z k o, J. V.: Nachruf: Pravek prähist. arch. cesky, 1904, pp.
7 (Portr.).
T o r n i e r, 1923: 43—44, 1925: 101—103.
F r i e d e l, E.: A. N. als Erforscher unserer Heimat. Branden-
burgia 13, 1905, 289—301 (Teilbibliographie).
P o g g e n d o r f f 3, 960; 4, 1061.
Scient. Papers 10, 904—906; 12, 535; 17, 471—474.

Neickel, C a s p a r F r i e d r i c h.
Schrieb Museographia, Leipzig & Breslau, 1727.

Neill, P a t r i c k, geb. 1776, gest. 5. IX. 1851 Canonmills b. Edin-
burgh.
Schrieb 1819 über fossile Biberreste (Wernerische Ges.).
Scient. Papers 4. 587.
Leipziger Repertorium (Gersdorf) 39, 1852, 126.

*Nessig, W i l h e l m R o b e r t, geb. 1861, gest. 1932.
Dresdner Geologe.
F i s c h e r, W.: Nachruf. Sitz. Ber. Isis Dresden 1932—33 (40—41)
(Bibliographie) — zitiert nach Z a u n i c k, 1934.

Nesti, F i l i p p o.
Italienischer Paläontologe, schrieb Anfang des 19. Jh. über Pro-
boscidea und Nashörner Italiens.
Z i t t e l: Gesch.
Life of Lyell, I: unter 1828.
Scient. Papers 4, 590.

Netschaew, A l e x a n d e r V a s s i l i e v i c s, geb. 1864, gest. 26.
VIII. 1915.

Brachiopoda, Perm Rußlands.
Janischewski, M.: Nekrolog: Bull. Com. géol. Russie, 1915,
No. 5, pp. 21 (Portr. Bibliographie).

Nettelroth, Henry, geb. 6. VI. 1835 Hannover, gest. 2. IX. 1887
Louisville, Kentucky.
Ingenieur, nach der Schlacht von Langensalza wanderte er nach
Amerika aus, wo er in Louisville als Zivilingenieur lebte. Sam-
melte für das U. S. Nat. Mus. Brachiopoda, Gastropoda, Ce-
phalopoda, Pelecypoda, Pteropoda, Corallia. Studierte paläo-
zoische Mollusca.
Bassler: The Nettelroth collection of invertebrate fossils in the
U.S. Nat. Mus. Smithson Misc. Coll., 52, 121—152 (Portr.).

Neugeboren, Johann Ludwig, geb. 2. VIII. 1806 Mühlbach,
gest. 20. IX. 1887 Hermannstadt.
Geistlicher, Custos des Brukenthal-Museums, studierte in den 40—
70er Jahren Evertebraten von Lapugy, Bujtur, Rákosd, Szakadát,
Korod, bes. Foraminiferen, auch Pisces, Mammalia, Phytopaläontologie.
Bielz, E. A.: J. L. N. Verh. u. Mitt. siebenbürg. Ver. f.
Naturw. Hermannstadt 38, 1888, 1—7 (Bibliographie).
Siehe auch: Neugeboren, J. L.: Geschichtliches über die
siebenbürg. Paläontologie u. Literatur derselben. Arch. Ver. siebenbürg. Landeskunde (N. F.) 3, 1858, 431—464.

Neumayr, Melchior, geb. 24. X. 1845 München, gest. 29. I. 1890
Wien.
Studierte bei Oppel, Gümbel, Waagen in München, 1868 Mitglied
Geol. Reichsanstalt Wien, 1873 Prof. Pal. Wien, (heiratete die
Tochter von E. Suess). Paläontologie d. Evertebraten, bes. Ce-
phalopoda, Hauptwerke: Stämme des Tierreichs (unvollendet),
Erdgeschichte (übersetzt von Nathorst ins Schwedische). Be-
gründer der Abstammungslehre für die Wirbellosenpaläontologie.
Paläogeographie.
Benecke: Nekrolog: NJM., 1890, I, pp. 20.
Canavari, M.: Cenno necrologico del Prof. M. N. Proc. Verb.
Soc. Tosc. Sc. Nat., 7, 53, 1890.
Nathorst, A. G.: Minnesteckning, Geol. För. Stockholm För-
handl., 12, 1890, 130—132.
Penck, A.: Nekrolog. Mitteil. Deutsch. Österr. Alpenvereins,
1890, 38—40.
Stur, D.: Nachruf: Verhandl. Geol. Reichsanst. Wien, 1890, 63—
64.
Toula, Fr.: Zur Erinnerung an M. N. Nachruf. Vorträge des
Vereins zur Verbreitung naturw. Kenntnisse, Wien, 30, H. 11,
1890, pp. 38 (auch in Ann. géol. la Péninsule Balk. 3: 1—9,
1891) (Bibliographie mit 30 Titeln, Balkan).
Zsujovics, J.: M. N. Belgrad, 1891, pp. 4 (Portr.).
Obituary, QuJGS. London, 46, 1890, Proc. 54—56.
Uhlig, V.: M. N. Jahrb. k. k. geol. Reichsanst. 40, 1891, 1—20
(Bibliographie).

Neviani, Antonio, geb. 1857.
Bryozoen.
Pubblicazioni (1883—1905) Roma, 1905, pp. 14 (Bibliographie mit
112 Titeln).
Beutler, Bryoz. 35—36.

Newberry, J o h n S t r o n g, geb. 22. XII. 1822 Windsor, Connecticut, gest. 7. XII. 1892 New Haven, Connecticut.
1851—54 Arzt in Cleveland, 1855—66 Geologe, 1866 bis 1892 Prof. Geol. Pal. Columbia College, New York City. 1869—84 Staatsgeologe Ohios. Reiste 1849—50 in Europa. Paläozoische Fische, Phytopaläontologe.
B r i t t o n, N. L.: J. S. N. Bull. Torrey Bot. Club, 20, 89—98, 1893 (Portr.).
D a w s o n, J. W.: Obituary, Canadian Record Sci., 5, 1893, 340.
F a i r c h i l d, H. Le Roy: A memoir of Prof. J. S. N. Trans. New York Acad. Sci., 12, 1892—93 (Portr.) und Hist. N. Y. Acad. Sc., 1887, 152—173.
K e m p, J. F.: Bibliography of Prof. J. S. N. Trans. New York Acad. Sci., 12, 1892—93, 173—186 (Bibliographie).
— — Memorial of —. Bull. Geol. Soc. America, 4, 1892, 393—406 (Portr. Bibliographie mit Gruppen: Archäologie, ökonomische Geologie, allgemeine Geologie, Paläozoologie, Paläobotanik, Physiographie); School of Mines Quarterly 14, 1893.
P u m p e l l y, R.: Obituary, Proc. Amer. Acad. Arts Sc., n. s., 20, 1892—93, 394—398.
S t e v e n s o n, J. J.: J. S. N. Amer. Geol., 12, 1893, 1—25 (Portr. Bibliographie).
W h i t e, C. A.: Biographical memoir of —. Biogr. Mem. Nat. Acad. Sci., 6, 1909, 1—24 (Portr., Bibliographie).
M e r r i l l: 1904, 480, 541, 707 u. öfter (Portr. Taf. 23).
Obituary, Geol. Magaz., 1893, 94—95; 14th Ann. Rep. U.S. Geol. Surv., 1892—93, I: 61—64.
M a r c o u, J. B.: Bibliographies of American Naturalists III. Bull. U. S. Nat. Mus., No. 30, 1885, p. 245—46.
Portr. F a i r c h i l d, Taf. 61.

* **Newbery**, J a m e s C o s m o.
D u n n, E. J.: Biographical sketch of the founders of the Geol. Survey of Victoria Bull. Victoria Geol. Survey, No. 23, 1910, 47—48 (Bibliographie mit 22 Titeln).

Newton, A l f r e d, geb. 11. VI. 1829, gest. 7. VI. 1909.
Ornithologe. Prof. Zool. Cambridge. Aves.
H e r m a n, O.: In memoriam A. N. Aquila, Budapest, 16, 1909, XLVIII—LXVIII.
Scient. Papers 8, 498—499; 10, 917—918; 17, 508 (nur wenig Pal.).

Newton, E d w i n T u l l e y, geb. Mai 1840 London, gest. 28. I. 1930 daselbst.
Studierte bei Huxley, 1882—1905 Paläontologe der Geol. Survey Englands. Pisces, Reptilia, Mammalia, Forest Bed fauna, Elgin fauna.
W (o o d w a r d), A. S.: Obituary, Notice Fellows Roy. Soc. London, 1931, 5—7 (Portr.); QuJGS., London, 86: LIX, Geol. Magaz., 1930, 186—187.
Scient. Papers 10, 918; 17, 508—509.

Newton, H e n r y, geb. 1845, gest. 1877.
Nordamerikanischer Geologe. Stratigraphie.
N e w t o n, H., & J e n n e y, W. P.: Report on the geology and resources of the Black Hills of Dakota. Washington, 1880 (p. IX—XII Biographie H. N.'s von Newberry, J. S.).
N i c k l e s 781.

Newton, R i c h a r d   B u l l e n, geb. 23. II. 1854, gest. 23. I. 1926.
1868—80 Assistant Naturalist der Geol. Survey England, 1880—
1920 Mitarbeiter des British Museum. Mollusca.
L. R. C.: Obituary. Geol. Magaz., 1926, 144; QuJGS., London, 82,
XLIX. Jubiläum Geol. Magaz., 1920: 241—242.
Obituary. Journ. of Conchology 18, 1926, 11—12.

Nicholson, H e n r y   A l l e y n e, geb. 11. IX. 1844, gest. 19. I. 1899.
1871—74 Prof. Naturgesch. Toronto, 1874 Prof. vgl. Anatomie
Durham, 1875—82 Prof. Universität St. Andrews Edinburgh, dann
Aberdeen. Coelenterata, Molluscoidea, Stromatoporidae, Bryozoa,
Graptolithen u. a. Manual of Pal., 1879, I—II.
Scientific works and memoirs of H. A. N. St. Andrews, 1877, pp.
12 (Bibliographie mit 100 Titeln).
H i n d e, G. J.: Obituary; Geol. Magaz., 1899, 138—144 (Portr.).
Necrolog: Bull. Soc. géol. France, 1900, 513.
Hist. Brit. Mus.. I: 314.
C l a r k e: James Hall of Albany, 469.
N i c k l e s 782—784 (Teilbibliographie).

Nicklès, R e n é, geb. 25. V. 1859 Nancy, gest. 10. XI. 1917 Dom-
martemont.
Studierte bei Hébert, Munier-Chalmas, Prof. Geol. Nancy, spanische und französische Faunen, Ammoniten, Stratigraphie.
D e l c a m b r e, Colonel: Necrolog: Bull. Soc. géol. France, (4) 21,
1921, 172—188 (Bibliographie mit 97 Titeln).

Nicol, J a m e s, geb. 1810 Manse of Traquair, gest. 1879.
1847 Assistent-Sekretär Geol. Soc., London, 1853—79 Prof. Naturgeschichte Universität Aberdeen. Stratigraphie.
L a p w o r t h: Obituary, QuJGS., London, 1880, Proc. 33—36.
The Nicol Memorial. Geol. Magaz., 1920, 387—392 (Portr.).

Nicol, W i l l i a m, geb. 1768, gest. 1851.
Erfinder der Nicol-Prisme, studierte Dünnschliffe von Fossilien,
die sich im Brit. Mus. befinden. Fossile Hölzer.
Hist. Brit. Mus., I: 315.
P o g g e n d o r f f 2, 282.
Scient. Papers 4, 615.

Nicolet, A d o l p h e - C é l e s t i n, geb. 27. VII. 1803 Chaux-de-
Fonds, gest. 13. VI. 1871.
Apotheker, Stratigraphie, Jura-Neokom.
F a v r e, L.: Not. biogr. Bull. Soc. Sc. nat. Neuchâtel, 9, 1871,
106—114 (Bibliographie im Text).
K o h l e r, X., & F a v r e, L.: Biographie de C. N. 1872.

Nicolis, E n r i c o d e, geb. 1841, gest. 4. VII. 1908.
Präsident Soc. Geol. Italiana. Sammler von Faunen, Jura, Tertiär-
Stratigraphie.
P a r o n a, C. F.: Necrolog: Boll. Geol. Soc. Ital., 28, 1909, p.
CXXVII—CXL (Portr. Bibliographie mit 51 Titeln).

Nicollet, J e a n N., geb. 1786 Sluse (Savoyen), gest. 11. IX.
1843 Washington.
Stratigraphie.
W i n c h e l l, N. H.: Obituary, Amer. Geol., 8, 1891, 343—352
(Portr.).
— — Additional facts about N. Ebenda, 13, 1894, 126—128.
M a r c o u, J. B.: Bibliographies of American Naturalists III.
Bull. U. S. Nat. Mus., No. 30, 1885, p. 273.
N i c k l e s 784.

Nicols, T h o m a s, gest. nach 1659.
Lebte in Cambridge. Opus 1675 und 1734 referiert in Schröter,
Journ., 5: 102—110.
Dict. Nat. Biogr. 41, 54.

Nicolucci, G i u s t i n i a n o, geb. 12. III. 1818 Isola del Liri,
gest. 16. VI. 1904 Neapel.
Prof. Anthrop. Neapel. Anthropologe u. Ethnologe. Auch fossile
Foraminiferen u. Mammalia.
S c i u t i, M.: Commemorazione. Atti Acc. Pontaniana 52, 1922,
224—247 (Bibliographie, darin pal. Tit. 239—240) (Qu.).

Niedzwiedzki J u l i a n, geb. 18. X. 1845 Przemysl, gest. 1918.
Prof. techn. Hochschule Lemberg. Stratigraphie Galiziens. Fora-
minifera.
Nachruf. Verh. geol. Reichsanst. 1918, 37—38.
P o' g g e n d o r f f 3, 970; 4, 1073 (Qu.).

Nieremberg, J u a n E u s e b i u s, geb. 1590 Madrid, gest. 7. IV.
1658 ebenda.
Schrieb Historia naturae ... lapides et alia mineralia. Antwerpiae
1635.
Catalogo Mostra, 19.
Biogr. universelle 30, 590—591.

Nies, F r i e d r i c h, geb. 1839 Leipzig, gest. 22. IX. 1895 Hohenheim.
Studierte bei Leonhard in Heidelberg, 1863 Volontär der Sächsischen geol. Aufnahme, Assistent Sandberger's in Würzburg,
1868 Dozent Geol. Min., 1874—1895 Prof. Min. Geol. Hohenheim.
Mineraloge, auch Stratigraphie, Verkieselung von Fossilien.
F r a a s, E.: Nekrolog: Jahreshefte Ver. vaterl. Naturk. Württemberg, 52, 1896, XXXIX—XL.

Nieszkowski, J o h a n n, geb. 7. II. 1833 Lublin.
Studierte in Dorpat. Arzt in Brest-Litowsk, dann Privatgelehrter.
Schrieb 1857 über russische Trilobiten und Hemiaspiden.
Z i t t e l: Gesch.
Scient. Papers 4, 623.
H a s s e l b l a t t, A. & O t t o, G.: Album Academicum Kais.
Univ. Dorpat 1889, Nr. 6042 (Qu.).

*__Niethammer__, G o t t l o b A u g u s t, geb. 16. XI. 1882, gest. 1. XI.
1915.
Stratigraphie. Kartierte auf Java.
S c h m i d t, C.: Worte der Erinnerung. Verhandl. naturf. Ges.
Basel, 29, 1918, 105—109, 119 (Bibliographie mit 5 Titeln).

Nikitin, S e r g i u s N i k o l., geb. 4. II. 1850 Moskau, gest. 1909
St. Petersburg.
Chefgeologe des russ. geol. Komitees. Carbon Centralrußlands,
Jura, Ammoniten.
S c h m i d t, Fr.: Analyse de travaux de M. S. N. suivie d'une
liste de ses publications scientifiques. C. R. Soc. Imp. Russ.
Géogr., 1894, 5—16 (Bibliographie mit 75 Titeln).
Bibliographie in Bull. Com. géol. Russie, 28, 1909, 35—51 (Biblio-
graphie mit 188 Titeln).
Biographie. ibidem 1—35 (Portr.).

Niles, William Harmon, geb. 18. V. 1838 Northampton (Mass.), gest. 12. IX. 1910 Boston.
Prof. Geol. Massachusetts Inst. of Technology, Boston. Stratigraphie.
Barton, G. H.: Memoir of —. Bull. Geol. Soc. America, 22, 1911, 8—14.
— — Bibliography of —. Ebenda, 23, 1912, 34—35 (Portr.).

* Nilsson, Lars Albert, geb. 1860 Dalhems, Gotland, gest. 5. III. 1906.
M (u n t h e), H.: Nekrolog. Geol. För. Stockholm Förhandl., 28, 1906, 178—180.

Nilsson, Sven, geb. 8. III. 1787 Alfastorp, Skane, gest. 30. XI. 1883 Lund.
Prof. in Lund. Amphibia, Pisces, Sauria, Mammalia, Stratigraphie der Kreide.
Nachruf: Geol. För. Stockholm Förhandl., 7, 1884—85, 143—144 (Bibliographie mit 28 Titeln).
Life of Lyell, II: unter 1847.
Tornier: 1924: 58.
Retzius, G.: Sv. N. Lefnadsteckn. K. Svenska Vetensk. Akad. 4, 2 (1901), 1899—1912, 35—89 (Portr., Bibliographie).

Ninz, Johann.
Bergführer um 1860 in St. Leonhard (Tirol). Sammler der Gegend von St. Cassian.
Klebelsberg, R. v.: Geologie v. Tirol 1935, 682 (Qu.).

Nodot, Léonard, geb. 1802 Dijon, gest. 1859 ebenda.
Uhrmacher, dann Privatgelehrter, Konservator u. Hauptschöpfer des Mus. in Dijon. Rekonstruktion u. Beschreibung von Schistopleurum (südamerik. Edentate).
Morelet, A.: Eloge de —. Mém. Ac. Dijon (2) 8, 1860 Sect. des Sciences 196—207 (Bibliographie im Text) (Qu.).

Noetling, Fritz, geb. 17. VII. 1857 Mannheim, gest. 1928 oder 1929 Baden-Baden.
Privatdozent in Königsberg, dann Mitglied Geol. Survey of India, zuletzt Hofrat in Baden-Baden. Tertiärfauna des Samlands. Senonbrachyuren, indische Faunen (Brachiopoda, Ammonites u. a.) u. weitere bes. Evertebratenarbeiten.
Poggendorff 4, 1081; Zeitschr. D. Geol. Ges. 81, 1929, 80, 282.
Tornier 1925, 85 (Qu.).

Nopcsa, Franz, Baron, geb. 3. V. 1877 Szacsal, gest. 25. IV. 1933 Wien (Selbstmord).
Studierte bei E. Suess. Privatgelehrter, 1925—1930 Direktor Kgl. Ungarischen Geologischen Anstalt. Albanologie, Geologie, Dinosauria, überhaupt Reptilia, Paläophysiologie.
Lambrecht, K.: Franz Baron Nopcsa †, der Begründer der Paläophysiologie. Pal. Zeitschr., 15, 201—221 (Portr., Bibliographie mit 254 Titeln).
Baldacci, A.: Fr. N. Rendic. Sess. R. Accad. Sci. Ist. Bologna, 1932—33, pp. 9.
Woodward, A. S.: Obituary notice. QuJGS. London, 90, 1934, XLVIII—XLIX.
Suess, F. E.: Nachruf. Mitt. Geol. Ges. Wien, 26, 1933, 215—221.

*Nordenskjöld, N i l s.
Mineraloge.
E i c h w a l d, Ed. v.: Staatsrat Dr. N. v. N. und Wirklicher
Staatsrat Dr. Alexander von Nordmann, nach ihrem Leben und
Wirken. Verhandl. Russ. K. Min. Ges. St. Petersburg, (2) 5,
1870, 169—277.

Nordenskjöld, N i l s A d o l f E r i k, geb. 18. XI. 1832, gest. 12.
VIII. 1901.
Leiter der Schwedischen Arktis-Expeditionen (Vega, Spitzbergen,
Grönland, Sibirien). Ausbeutung der fossilen Pflanzenlager Spitz-
bergens und der Kreide Grönlands.
N a t h o r s t, A. G.: A. E. N. Geogr. Anz. Gotha, 1901.
— — Polarfärder, Ymer, 22: 141, Stockholm, 1902.
— — A. E. N. sasom geolog. Ymer. 22, 207—224.
W i e s e l g r e n, H.: Nils A. E. N. Ymer, 22, 109—140, 1902
(Portr.).
S j ö g r e n, Hj.: Minnesteckning. Geol. För. Stockholm Förhandl.
34, 1912, 45—100 (Portr. Bibliographie).
H a m b e r g, A.: A. E. N. Sein Leben und seine Tätigkeit.
CfM. 1903, 161—175, 193—210.
H u l t h: Swedish Arctic and Antarctic exped. 1758—1910.
L e s l i e: Arctic voyages of — 1858—1879 (mit Autobiographie).

Nordenskjöld, O t t o, geb. 6. XII. 1869, gest. 2. VI. 1928.
Leiter der schwed. Südpolarexpedition. Ausbeute fossiler Fische.
Necrolog: Geol. För. Stockholm · Förhandl., 52, 1930 (hier p.
752—753 Literatur über O. N.).

Nordmann, A l e x a n d e r v o n, geb. 12./24. V. 1803 Ruotsen-
salmi, an der Küste Finnlands, gest. 25. VI. 1866.
Studierte an der Univ. Abo, dann in Berlin, wo er mit Chamisso,
Burmeister, Schlechtendal, Beyrich, Fischer von Waldheim,
Lovén und Siebold ·befreundet war. 1830—1848 Prof. Natur-
geschichte am Lyceum Richelieu in Odessa, nimmt teil an De-
midoffs Südrußland-Expedition 1837, Prof. Zool. Univ. Helsing-
fors. Mammalia Südrußlands (Tirasspol, Odessa usw.).
B r a n d t, J. F.: Bemerkungen zu der von Herrn Ed. v. Eich-
wald verfaßten Biographie Al. v. Nordmann's. Verhandl. Russ.
K. Min. Ges. St. Petersburg, (2) 6, 1871, 73—80.
E i c h w a l d, Ed. v.: Staatsrat Nils von Nordenskjöld und Wirk-
licher Staatsrat Al. v. Nordmann, nach ihrem Leben und
Wirken. Ebenda, (2) 5, 1870, 169—277.
H j e l t, O.: Minnes Tal öfver A. v. N. Helsingfors, 1867 (schwe-
disch und deutsch).
L e h m a n n: Bull. Com. géol. Finnl., 6, No. 101, 14.
S t e v e n, Chr.: Biographie Bull. Soc. nat. Moscou, 1865, I, 125.
Nachruf: NJM., 1866, 880; Leopoldina, 5: 137.
T o r n i e r: 1924: 58.

Northampton, M a r q u i s o f, geb. 1790, gest. 1851.
Studierte Ammoniten, Foraminiferen, Kreide. Seine Sammlung
befindet sich zu Castle Ashby.
L y e l l, Ch.: Obituary, QuJGS., London, 7, 1851, XXX—XXXI.

Norton, H e n r y, gest. 80 Jahre alt Februar 1892.
Rechtsanwalt zu Norwich, Orientalist, Philosoph. Hydrobia, Forest-
Bed-Faunen, Stratigraphie. Schrieb 1880: Notes on the Palaeontology of the ancients (Greeks and Romans). Proc. Norwich Geol. Soc., 1880, 110.

Obituary, Eastern Daily Press, 24. Febr. 1892; Geol. Magaz., 1892, 192.

Norwood, J o s e p h G r a n v i l l e, geb. 20. XII. 1807 Woodford County, Ky., gest. 6. V. 1895, Columbia.
Arzt, 1840—43 Prof. Chirurgie Madison Med. Inst. Indiana, 1843 —47 Prof. Medizin St. Louis University. 1847—51 Assistent-Geologist bei D. D. Owen in Wisconsin, Iowa, Minnesota, 1851— 58 Staatsgeologe Illinois. 1858—60 Assistent-Geologist Missouri, 1860—70 Prof. Geol. Chemie und Naturgeschichte Missouri Univ. Pisces, Evertebrata.
B r o a d h e a d, G. C.: Biography of —. Amer. Geol., 16, 1895, 69—74 (Portr. Bibliographie).
M e r r i l l: 1904, 707.

***Nose**, C a r l W i l h e l m, geb. 1753 Braunschweig, gest. 22. VI. 1835.
Schrieb 1789—90: Orographische Briefe über das Siebengebirge, 1791 über Sauerländische Gebirge.
Z i t t e l: Gesch.
W i l c k e n s, O.: Geologie der Umgegend von Bonn, 1927.
Allgem. Deutsche ,Biogr. 24, 24.

Nouel, gest. im 86. Lebensjahr 1888.
Direktor des Museums zu Orléans, Vertebrata.
G a u d r y, A.: Notice Bull. Soc. géol. France, (3) 16, 1887—88, 456.

Noulet, J e a n B a p t i s t e, geb. 11. V. 1802, gest. 1890.
Prof. Ecole de médecine in Toulouse. Botaniker, Archäologe, Conchyliologe, auch paläont. Arbeiten: Mollusca, Reptilia, Phyto-paläontologie u. a. von Südwestfrankreich.
C a r t a i l h a c, E. u. andere: Le Prof. J.-B. N. Mém. Acad. Sci. Toulouse (11) 6, 1918, 421—483 (Portr., Bibliographie') (Qu.).

Novak, O t t o m a r P r a v o s l a v, geb. 16. XI. 1851 Königgrätz, gest. 28. VII. 1892 Litten bei Revnitz.
Assistent am Böhmischen Museum, Pal. Abteilung, 1884 Prof. Pal. Prag. Bryozoa, Trilobita, Isopoda, Echinodermata, Pteropoda, Graptolithen, Stratigraphie Palaeozoikum, Kreide.
K a t z e r, Fr.: Nachruf, NJM., 1893, 1, pp. 6 (Bibliographie mit 21 Titeln).
Obituary, Geol. Mag., 1893, 190—191.
K e t t n e r: 145 (Portr. Taf. 76).

Nöggerath, J o h a n n J a k o b, geb. 10. X. 1788 Bonn, gest. 13. IX. 1877 ebendort.
1814—15 Bergkommissar in französischen Diensten, 1818 Prof. Min. Geol. Bonn. Phytopaläontologie, Knochenhöhlen, Fährten.
D e c h e n, H. v.: Zum Andenken an —. Verhandl. naturh. Ver. Preuß. Rheinlande, 34, 1877, Corrbl., 79—97 (Portr.).
— — Nachruf: Kölnische Zeitung, No. 271, 1. Blatt, Sept. 29, 1877; Bonner Zeitung, 3., 4., 5. Okt. 1877, p. 1079, 1083, 1087, Sep. Bonn, 1877, pp. 32; Leopoldina, 13: 147—154, 1877.
Aufruf zum N.-Denkmal, Leopoldina, 13, 176.
T o r n i e r: 1924: 58.

Nüesch, J a k o b, geb. 11. VIII. 1845 Hemmenthal, Schweiz, gest. 8. X. 1915 Schaffhausen.
Lehrer am Gymnasium zu Schaffhausen. Diluvialfaunen, Homo fossilis.

S t a m m, H.: Dr. J. N. Erinnerung aus seinem Leben. Schleitheim 1915, pp. 176 (Portr.).
Verzeichnis der gedruckten und der im Manuskript vorhandenen Arbeiten von J. N. Schaffhausen, 1910 (Bibliographie mit 58 Titeln).
S t u d e r, Th.: Nachruf: Verhandl. Schweiz. naturf. Ges., 98, 1916, 39—47 (Portr., Bibliographie).

Nyman, E r i k O l o f A u g u s t, geb. 13. X. 1866 Linköping, gest. 1900.
Schwedischer Botaniker. Studierte Quartärflora.
S (o e d e r m a r k), E.: Nachruf: Geol. För. Stockholm Förhandl., 22, 1900, 511—512.

Nyst, P i e r r e H e n r i, geb. 16. V. 1813 Arnhem, gest. 6. IV. 1880 Molenbeek b. Brüssel.
Verwaltungsbeamter, später Konservator d. malakozool. Abt. des Brüsseler Mus. d'hist. nat. Mollusca.
D u p o n t, Ed.: Notice sur la vie et les travaux de P. H. N. Annuaire Acad. roy. Belg., 48, 1882, 307—324 (Portr.).
D e w a l q u e, G.: Biographie nationale Belg. 16, 1901, 42—46 (Teilbibliographie).
Notices biogr. et bibliogr. Acad. Roy. de Belgique 1874, 75—77 (Teilbibliographie).

Obermüller & Tasche.
Fossilienhändler in den 40er Jahren zu Paris.

Oehlert, D a n i e l V i c t o r, geb. 1. IX. 1849 Laval, gest. 17. XII. 1920.
Studierte bei Gaudry, Hébert, P. Fischer (Sorbonne). Crinoidea, Brachiopoda, Trilobita. Devon-Faunen.
B i g o t, A.: Necrolog: Bull. Soc. géol. France, (4) 22, 1922, 201—218 (Portr. mit Frau, Bibliographie mit 91 Titeln).

Oehlert, P a u l i n e, gest. März 1911.
Gattin von D. Oehlert und seine enge Mitarbeiterin.
Siehe Nachruf unter D. Oehlert.

Oertel, W a l t e r, geb. 28. VII. 1889 Ebersberg (Oberbayern), gest. XII. 1924.
Dozent an der Forstakademie Hannoversch Münden. Testudinata. Stratigraphie des norddeutschen Lias und des Schweizer Jura.
Nachruf: CfM., 1925, B, 32.
Jahres-Verz. Deutsch. Univ. ersch. Schrift. 28, 1913, 94.

Oeynhausen, K a r l A u g u s t L u d w i g v o n, geb. 4. II. 1795 Grevenburg bei Steinheim, Bistum Paderborn, gest. 1. II. 1865.
Stratigraphie Schlesien, Pommern, Westfalen, Rheinland, Buntsandstein, Tertiär. Reiste mit Dechen 1826—27 in England und Schweden.
D e c h e n - H a i d i n g e r: Nachruf: Jahrbuch Geol. Reichsanst. Wien, 15, Verhandl. 122—123.
G e i k i e: Murchison, I: 140, 157, 275.
Allgem. Deutsche Biogr. 25, 31—33.

Ogérien, f r è r e, gest. 14. XII. 1869 New York, 43 J. alt.
Ordensgeistlicher in Lons-le-Saunier. Stratigraphie des Jura.
Biogr. Notizen in: M a r c o u, J.: Les géologues et la géologie du Jura jusqu'en 1870. Mém. Soc. d'émulation du Jura (4) 4 (1888) 1889, 191—194 (Qu.).

Ogle, J o s e p h B.
Sammelte um 1890 mitteleozäne Mollusca.
Hist. Brit. Mus., I: 315.

Oken, Lorenz, geb. 1779, gest. 1851.
Prof. Naturgeschichte Jena, München, Zürich, Naturphilosoph, Evolutionsproblem (Wirbeltheorie des Schädels, idealistische Morphologie).
Ecker, Al.: L. O. Eine biographische Skizze. Gedächtnisrede, zu dessen 100jähriger Geburtstagsfeier gesprochen in der öffentlichen Sitzung der 52. Versammlung deutscher Naturforscher und Ärzte zu Baden-Baden am 20. Okt. 1879. Stuttgart, 1880, pp. 220.
Heer, O.: Escher von der Linth, 162.
Allgem. Deutsche Biogr. 24, 216—226.

Oldham, Charles Aemilius, gest. 30. III. 1869 Dublin 38 Jahre alt.
Bruder von Thomas Oldham, gehörte seit 1856 dem Stabe der Geol. Survey Indiens an.
Obituary, Geol. Magaz., 1869, 240.

Oldham, Thomas, geb. Mai 1816 Dublin, gest. 17. VII. 1878 Rugby.
Ingenieur in Edinburgh, 1845 Prof. Geol. Dublin (Nachfolger J. Phillips), 1846 Direktor Geol. Survey Irlands, 1851 Direktor Geol. Survey Indiens. Stratigraphie, Phytopaläontologie.
Obituary, QuJGS., London, 35, 1879, Proc., 46; Geol. Magaz., 1878, 382—384 (Bibliographie).
Zittel: Gesch.

Olearius, Adam, geb. 1603 Aschersleben, gest. 22. II. 1671 Gottorp.
Verwalter der Kunstkammer in Gottorp mit Didus u. allerlei Versteinerungen.
Kröjer Tidskr. naturvid. Kjöbenhavn, 1842, IV, 71—74. Opus 1674 referiert in Schröter, Journ., 5: 110 ff.
Poggendorff 2, 322.

Olfers, Ignaz Franz Maria von, geb. 30. VIII. 1793 Münster (Westf.), gest. 23. IV. 1871 Berlin.
Publizierte: Die Überreste vorweltlicher Riesentiere in Beziehung zu ostasiatischen Sagen und chinesischen Schriften. Abhandl. Akad. Wiss. Berlin, 1838, 1841 (Mammut).
Allgem. Deutsche Biogr. 24, 290—291.

Olivi, Johann Baptista.
Betrachtete zu Cremona 1584 die Fossilien als Lusus naturae. Schrieb: De reconditis et praecipuis collectaneis a F. Calceolario Veron. in museo adservatis. Verona 1584.
Zittel: Gesch.
Edwards: Guide, 12. vergl. Calceolarius.

d'Omalius d'Halloy, Jean Baptiste Julien, geb. 16. II. 1783 Lüttich, gest. 15. I. 1875.
Schüler von Fourcroy, Vauquelin, Thénard, Haüy, Lacépède, Faujas de Saint Fond, Brongniart, Cuvier, Lamarck u. Geoffroy St. Hilaire. Erforschte 1804—14 die Geologie Frankreichs, Begründer der Geologie Belgiens. 1815 Gouverneur der Provinz Namur, 1848 Mitglied des belgischen Senats und Präsident der Akademie der Wissenschaften in Brüssel. (Zur Etymologie des Familiennamens: Halloy = hameau voisin de Ciney, bei Namur in Belgien) Stratigraphie.
Dupont, Ed.: Annuaire Acad. roy. Belg., 42, 1876, 181-296 (Portr. Bibliographie mit 98 Titeln, darunter Geologie Belgiens 32, aus-

ländische 32, Geographie 3, Homo 3, Ethnographie 15, Varia 3, Transformismus 4, Metaphysik, Theologie 3, Biographien 2, Administrative Angelegenheiten 1).

D u p o n t, Ed.: D'Omalius d'Halloy. Mus. Roy. Hist. Nat. Belg. Bruxelles, 1897, pp. 96, Portr. Karte (neue Auflage. Bibliographie mit 106 Titeln).

D e w a l q u e, G.: Discours prononcé aux funérailles de M. d'O. d'H. au nom de la Soc. géol. de Belg. Liège, Annuaire Soc. géol. Belg., 2, 1875, LIII—LIV.

D e S é l y s - L o n g c h a m p s: Liste des travaux publiés par M. J. B. J. d'O. d'H. Bull. Soc. géol. France, (3) 3, 1875, 166—168 (Bibliogr.).

G o s s e l e t, J.: Notice nécrologique sur J. B. J. d'O. d'H. Ebenda, (3), 6, 1878, 453—467; Ann. Soc. géol. du Nord, 6, 1879, 457—477.

V a u x, Ad. de: Discours prononcé à l'inauguration de la statue de J. B. J. d'O. d'H. Ann. Soc. géol. Belg., 9, 1881—82, LVIII—LXIII.

E v a n s, J.: Obituary, QuJGS., London, 31, 1875, XLV—XLVI.

G e i k i e: Murchison, I: 164, 178, II: 2.

Omboni, G i o v a n n i, geb. 30. VI. 1829 Abbiategrasso, gest. 1. II. 1910 Padua.

1867—1906 Prof. Min. Geol. Padua. Wenig Paläontologisches: Insecta u. a.

D a l P i a z, G.: Necrol. Boll. Soc. Geol. Ital., 29, 1910, XCVI—CVI (Bibliographie mit 68 Titeln, Portr.).

Nachruf: Leopoldina, 46, 1910, 64.

Oort, E. D a n i e l V a n, gest. 1933.

Direktor des Museums Leiden. Halitherium.

Nachruf: Ornithologische Monatsberichte 1933.

Ooster, W i l l i a m A l e x a n d r e, geb. 1816, gest. ?

Bearbeitete Schweizer Faunen (Brachiopoden, Cephalopoden, Nummuliten u. a.). Verfaßte zusammen mit seinem Schwager Fischer-Ooster 1870: Protozoe helvetica.

Scient. Papers 4, 685; 8, 532; 10, 957 (Qu.).

Oppel, A l b e r t, geb. 19. XII. 1831 Hohenheim, gest. 22. XII. 1865 München.

Studierte bei Quenstedt in Tübingen. 1858 Adjunkt an der pal. Sammlung in München (Nachfolger Wagners), 1859 Prof. in München. Ammonites, Jura.

D e s l o n g c h a m p s, Eug.: Not. nécrol. sur M. le dr. Oppel. Bull. Soc. Linnéenne de Normandie, (2) 1, 1866, 78—82.

M a r t i u s, v.: Nekrolog: Sitzungsber. bayr. Akad. München, 1866: I: 380—386 (Bibliographie).

H o c h s t e t t e r, F.: Nekrolog: Augsburger Allg. Zeitung, Januar 1866.

K u r r, V.: Nekrolog. Jahreshefte Ver. vaterl. Naturk. Württemberg, 23, 1867, 26—30.

Obituary, Geol. Magaz., 1866, 95; QuJGS., London, 23, 1867, XLVIII.

Nachruf: NJM., 1866, 128; Jahrb. Geol. Reichsanst. Wien, 16, 59—67.

Life of Lyell: II: 236.

G ü m b e l, C. W. v.: Allgem. Deutsche Biogr. 24, 388—390.

Oppenheim, L e o P a u l, geb. 28. V. 1863, gest. 19. I. 1934.
Privatgelehrter in Groß-Lichterfelde. Tertiär. Sammler. Tertiäre
marine Faunen, Anthozoa, Nummuliten, Echinodermen, Mollusca, Crustacea.
D i e t r i c h, W. O.: Nachruf: CfM., 1934 B, 286—288 (1934 B, 144).

Oppenheimer, J o s e f, geb. 24. XI. 1883 Raussnitz, Mähren, gest.
12. I. 1932.
Privatdozent Technische Hochschule Brünn, Jura und Devon, Paläontologie Mährens.
M o' h' r, H.: Nachruf: Verhandl. naturf. Ver. Brünn, 64 (1932),
1933, XV—XVIII (Bibliographie mit 32 Titeln).
T r a' u t h, F.: J. O. Mitt. Geol. Ges. Wien 26, 1933, 212—214.

Oppliger, F r i t z, geb. 29. IX. 1861 Aarburg, gest. 3. VIII. 1932.
Lehrer, Spongia.
P e y e r, B.: Nachruf: Verhandl. Schweizer. naturf. Ges. Thun,
1932, 509—510 (Bibliographie mit 4 Titeln).
Nachruf: Vierteljahresschrift naturf. Ges. Zürich, 77, 1932, 276—277.

d'Orbigny, A l c i d e C h a r l e s V i c t o r, geb. 6. IX. 1802 Coueron,
Loire inf., gest. 30. VI. 1857 Paris.
Studierte bei Cordier, reiste 1826 im Auftrage des Pariser Museums in Brasilien, Patagonien, Chile, Bolivien, Peru. 1853 Prof.
am Jardin des Plantes. Palaeontologia generalis.
Notice analytique sur les travaux de M. A. d'O. Paris 1838, pp. 28
— — Paris, 1844, pp. 48.
— — sur les travaux zoologiques et paléontologiques de M. A.
d'O. Paris, 1850, pp. 47; 1851, pp. 56; 1856, pp. 58.
Catalogue des livres d'Histoire Naturelle, ouvrages et manuscrits
relatifs à l'Amerique composant la Bibliothèque de feu A. d'O.
Prof. de Pal. au Mus. · d'Hist. Nat. Paris, 1858 (Bibliographie).
G a u d r y, A.: A. d'O. ses voyages et ses travaux. Revue des Deux
Mondes, 1859, Febr. 15., pp. 35.
F i s c h e r, P.: Notice sur la vie et sur les travaux d'A. d'O. Bull.
Soc. géol. France, (3) 6, 1878, 434—453 (Bibliographie mit 68
Titeln).
B e l t r é m i e u x, Ed.: Le Naturaliste d'Orbigny en Esnandes.
1889, pp. 4 (Portr.).
P o r t l o c k: Obituary, QuJGS., London, 14, 1858, Proc. LXXIII
—LXXIX.

Ormerod, G e o r g e W a r e i n g, geb. 12. X. 1810 Astley, gest.
6. I. 1891 Teignmouth.
Jurist, redigierte den Index des QuJGS., London. Stratigraphie.
Obituary, Geol. Magaz., 1891, 144.
P o g g e n d o r f f 3, 990.
Scient. Papers 4, 696; 8, 536—537; 10, 962.

Orosius, P a u l u s, gest. um 418.
Spanischer Schriftsteller, schrieb über Sündflut.
E d w a r d s: Guide, 17.

Orpen, J o s e p h M i l l e r d, geb. 1828, gest. 1923.
Sammler von Karroo-Reptilien in Südafrika.
B r o o m, R.: The mammal-like reptiles of South Africa. London,
1932, p. 335.

Orsini, A n t o n i o, gest. 18. VI. 1870 Ascoli-Piceno, 82 J. alt.
Naturforscher u. Geolog. Sammler im Centralapennin. Seine Auf-
sammlungen zum größten Teil in Pisa.
C a n a v a r i: Boll. Soc. Geol. It. 18, 1899, XXVI—XXXI (Qu.).

Orth, A l b e r t, geb. 15. VI. 1835 Lengefeld (Waldeck), gest.
23. VIII. 1915 Berlin.
Prof. Landwirtschaftl. Hochschule Berlin. Bodenkundler. Schenkte
eine große Sammlung fossiler Baumstämme (aus dem Rotliegenden von Chemnitz—Hilbersdorf) dem Mus. f. Naturk. Berlin
und dem Mus. in Chemnitz.
W i t t m a c k, L.: Nachruf. Ber. Deutsch. bot. Ges. 33, 1915,
(60)—(65) (Portr.) (Qu.).

Ortlieb, J e a n, geb. 25. VIII. 1839 Colmar, gest. 12. I. 1890
Brüssel.
Chemiker. Tertiärstratigraphie.
D e l v a u x, E.: Discours prononcé sur le cercueil de J. O. Liège,
1890, pp. 5.
G o s s e l e t & H e n n e q u i n: Discours prononcés aux funérail-
les de M. Ortlieb. Ann. Soc. géol. du Nord, 18, 1890, 182—187.
G o s s e l e t, B i s t e r, H e n n e q u i n, D e l v a u x: Discours au
funéraille de O. Bull. Soc. Belg. Geol. Pal. Hydrol., 4, 1890,
280—288.
F a u d e l: J. O. Mitt. Naturhist. Ges. Colmar (N. F.) 1, 1889—90,
165—177 (Portr., Bibliographie).

Ortmann, A r n o l d E d w a r d, geb. 8. IV. 1863 Magdeburg, gest.
3. I. 1927 Pittsburgh.
Prof. d. Zool. Pittsburgh, Curator f. Invertebratenzool. am Carnegie Museum. Conchyliologe. Crustacea.
H o l l a n d, W. J.: A. E. O. Annals Carnegie Museum 17, 1926—
1927, 207—209.
N i c k l e s 795 (Qu.).

Orton, E d w a r d, geb. 9. III. 1829 Deposit N. Y., gest. 16. X. 1899
Columbus (Ohio).
Geistlicher, Normalschullehrer in Albany, Präsident Ohio Univers.
u. Staatsgeologe. Stratigraphie.
G i l b e r t, G. K.: Memoir of —. Bull. Geol. Soc. America, 11,
1900, 542—550 (Portr.); Sci. n. s., 11, 1900, 6—11.
A l l e y n, Lucy: Bibliography of —. Amer. Geol., 25, 1900, 204—
210 (Bibliographie mit 116 Titeln); Biographie mit Portr.
ibidem 197—204.
C l a r k e: James Hall of Albany, 401, 537.
M e r r i l l: 1904, 546 (Taf. 28).
S t e v e n s o n, J. J.: E. O. Journ. of Geol., 8, 205—213, 1900.
Sketch of E. O. Pop. Sci. Mo., 56, 607—613 (Portr.) 1900.
Ohio State University: In memoriam E. O., 1899, pp. 62.

Osborn, H e n r y F a i r f i e l d, geb. 8. VIII. 1857 Fairfield, Connecticut, gest. 6. XI. 1935 Castle Rock, N. Y.
1881 Prof. Biologie Princeton, 1883 Prof. vergl. Anatomie ebendort, 1891 Prof. Zoologie Columbia University bis 1910, 1899
Präsident American Mus. Nat. Hist. New York, 1900 Vertebraten-
Paläontologe US. Geol. Surv. Evolution, Amphibia, Reptilia,
Aves, Mammalia. Schrieb Biographien von Cope, Leidy etc.
Scientific publications of —. Ann. New York Acad. Sci., 13, 1900,
65—72 (Bibliographie mit 125 Titeln).

R i p l e y, H. E.: Bibliography of the published writings of — for the years 1877—1915. New York 1916. pp. 74 (Bibliographie mit 514 Titeln (Supplemente 1916—1920).
Fifty-two years of research, observation and publication 1877—1929. New York 1930, pp. 160 (Bibliographie mit 877 Titeln, Taf. Portr.).
W (o o d w a r d), A. S.: Eminent living geologists. Geol. Magaz., 1917, 193—196 (Portr.).
G' r e g o r y, W. K.: The master builder: H. F. O. Nat. Hist., 33, 1933, 251—256, Figs.
— — Dr. H. F. O., retiring president of the American Museum of Natural History. Sc. Mo., 36, 1933, 284—286 (Portr.).
G e i k i e: A long life work, 291.
O s b o r n: Cope, Master naturalist, 29, 402, 446.
W o o d w a r d, A. S.: H. F. O. Obituary Notices Roy. Soc., London 2, 1936, 12. Nr. 5. 67—71. QuJGS. London 92, 1936. XCII—XCV.
A b e l, O.: H. F. O. Palaeont. Zeitschr. 18, 1936, 5—10.
R i c h t e r, R.: Nachruf. Natur u. Volk 66, 1936, 51—53.

Osswald, J o h a n n e s, geb. Juni 1851.
Gymnasialprofessor in Rostock. Bryozoen d. mecklenburg. Kreidegeschiebe. (Arch. Ver. Freunde Naturgesch. Mecklenburg 43 (1890).
K u n z e, K.: Kalender f. d. höh. Schulwesen Preußens (Qu.).

Oswald, F e r d i n a n d, geb. 6. 5. 1795 Schmiedeberg, gest. 18. 12. 1854 Öls.
Apotheker und Ratsherr zu Öls. Sammelte die Fauna der silurischen Diluvialgeschiebe von Sadewitz bei Öls, die 1861 von Ferd. Roemer monographisch bearbeitet wurde.
Necrolog: Programm d. Ölsnischen Gymnasiums 1857. — Siehe auch Deutsches Geschlechter Buch, 51, 1927 (Portr.), p. 272. Ferd. Roemer, Das Mineralogische Museum d. K. Universität Breslau, 1868, p. 3.
(Qu. — Originalmitt. von Eberhard Stechow).

* **Otley**, J o n a t h a n, gest. 1877.
W a r d, J. C.: J. O. the geologist and guide. Trans. Cumberland Assoc. Adv. Sc., II, 1877, 125—169.

Ottmer, E d u a r d J u l i u s O t t o, geb. 27. VIII. 1846 Braunschweig, gest. 13. V. 1886 ebenda.
1870 Prof. Min. Geol. Techn. Hochschule Braunschweig (Nachfolger von J. H. Blasius). Stratigraphie.
B l a s i u s, W.: Nekrolog: NJM., 1886, II, pp. 2.

Otto, E r n s t v o n, geb. 16. XII. 1799 Bautzen, gest. 26. XII. 1863 Dresden.
1826—1856 Rittergutsbesitzer auf Possendorf bei Dresden. Paläontologie der sächsischen Kreide (Pflanzen, Würmer, Mollusken).
R e i c h e n b a c h, H. G. L.: Nekrolog. Sitzber. naturw. Ges. Isis Dresden (1864), 1865, 8—9.
Bibliographie in J e n t z s c h, A.: Die geol. u. min. Lit. des Königreichs Sachsen, Leipzig 1874, Register p. XIV (Qu.).

Oustalet, E m i l, geb. 24. VIII. 1844 Montbéliard, gest. 23. X. 1905, Prof. Mammalogie und Ornithologie am Museum zu Paris (Nachfolger von Alphonse Milne-Edwards). Insecta.
Necrolog: Bull. Geol. Soc. géol. France, 1906, 299.
Obituary, Geol. Magaz., 1906, 48.
Nouv. Arch. Mus. d'hist. nat. (4) 8, III—XVIII (Bibliographie, 3 pal. Titel).

Owen, D a v i d D a l e, geb. 1807, gest. 1860.
Staatsgeologe, Sohn des Begründers der utopistischen New Harmony
Colony. Stratigraphie.
W i n c h e l l, N. H.: Sketch of the Life of D. D. O. Amer. Geol.,
4, 1889, 65—72 (Portr.).
M a r c o u, J. B.: Bibliographies of American Naturalists III.
Bull. U. S. Nat. Mus., No. 30, 1885, p. 247—251.
C l a r k e: James Hall of Albany, 89, 94, 139.
M e r r i l l: 1904, 349, 411, 443, 507 (Portr. Taf. 18).
N i c k l e s 804—805.

Owen, S i r R i c h a r d, geb. 20. VII. 1804 Lancaster, gest. 18. XII.
1892 bei London.
Studierte in Edinburg und London Medizin, 1828 Assistent am
College of Surgeons in London, 1834 Prof. vergl. Anatomie, 1856
Direktor, dann Superintendent British Museum Natural Hi-
story. Pal. generalis, vergl. Anatomie, besonders Amphibia,
Reptilia, Aves (Dinornithes), Mammalia (Australien, Süd-
amerika).
Scientific worthies XVI: R. O. Nature, 22, 1880, 577—579 (Portr.).
W (o o d w a r d), H.: Obituary, Geol. Magaz., 1893, 49—54 (Portr.
Bibliographie).
Life of Richard Owen, edited from his Letters and Diaries by
his Grandson Richard Owen, the scientific matter by C. Davies
Sherborn, with an appendix showing Owen's position in anato-
mical science by T. H. Huxley. London, 1894, vol. I—II, pp.
409 + 393 (Bibliographie mit 641 Titeln).
Obituary, Nat. Sci., 2, 1893, 16—30, 129—134 (Sherborn, Crane A.,
A. S. Woodward). Illustrated London News, 101, No. 2861, 24.
XII., 1892, p. 799 (Portr.).
K o k e n: Nachruf: Naturw. Rundschau, 1893.
H ä b e r l i n, C.: Nachruf: Leopoldina, 29, 1893, 114—118 (Teil-
bibliographie).
Life of Bunbury, I: 217, 1906.
W o o d w a r d, H. B.: Hist. Geol. Soc. London, 177.
Hist. Brit. Mus., I: 315.
Z i t t e l: Gesch.

Owen, R i c h a r d, geb. 1810, gest. 1890.
Amerikanischer Geologe.
M e r r i l l: 1904, 474, 708 (Portr. fig. 66).
W i n c h e l l, N. H.: A Sketch of Richard Owen. Amer. Geol., 6,
1890, 133—145 (Portr.).
S t a n l e y - B r o w n, J.: Geological writings of Richard Owen.
Bull. Geol. Soc. America, 5, 1894, 571—572 (vergl. Bd. II:
610). (Seine Bibliographie wurde mit der von Sir Richard
Owen verwechselt; vergl. Fairchild, 113).
J o r d a n, D. S.: R. O. Pop. Sci. Mo., 51, 1897, 259—265.

Owles, J. J.
Sammelte 1878 plistozäne Mammalia bei Great Yarmouth.
Hist. Brit. Mus., I: 315.

Öyen, P e t e r A n n a e u s, geb. 16. VIII. 1863 Trondheim, gest.
30. V. 1932.
Konservator am paläont. Mus. Univ. Oslo. Stratigraphie des
Quartär, auch paläont. Notizen (Mammut, Lithothamnien u. a.).
H o l m s e n, G.: P. A. Ö. Arbok Norske Vid.-Ak. 1932, 75—82
(Portr.).
H o e l, A.: Bibliographie. Norsk Geol. Tidsskr. 13, 1933, 304—
310 (Qu.).

Pabst, W i l h e l m, geb. 30. VIII. 1856 Gotha, gest. 21. IX. 1908 Jena.
Gymnasialprof. u. Kustos nat. Sammlung herzogl. Mus. Gotha. Tierfährten des deutschen Rotliegenden.
P o g g e n d o r f f 4, 1108.
Todesnachricht. Leopoldina 44, 1908, 89 (Qu.).

Pacht, R a i m u n d, geb. 27. IX. 1822 Livland, gest. 2. VII. 1854 St. Petersburg.
Conservator min. Cabinet Ak. Wiss. St. Petersburg. Stratigraphie der Gegend von Woronesch, Stratigraphie u. Paläontologie des Devons von Livland (Dimerocrinites).
H a s s e l b l a t t, A. & O t t o, G.: Album Academicum d. Kais. Univ. Dorpat 1889, Nr. 4153.
Scient. Papers 4, 732 (Qu.).

Packard, A l p h e u s S p r i n g, geb. 1839, gest. 1905.
Amerikanischer Paläontologe, studierte Arthropoden.
C o c k e r e l l, Th. D. A.: Biographical memoir of —. Biogr. Mem. Nat. Acad. Sci., 9, 1920, 181—236 (Portr.).
N i c k l e s 807—808.

Packe, C h r i s t o p h e r, geb. 1686, gest. 1749.
Veröffentlichte 1743 Chorographical chart of East Kent, das als Quelle für Conybeare diente.
W o o d w a r d, H. B.: Hist. Geol. Soc. London, 41.
E d w a r d s: Guide, 43, 44.

Page, D a v i d, geb. 24. VIII. 1814 Lochgelly, gest. 9. III. 1879 Newcastle.
Präsident der Geol. Society Edinburgh. Stratigraphie. Paläontt. Notizen.
R i c h a r d s o n, R.: Obituary notice. Trans. Edinburgh Geol. Soc., 3. 1880. 220—221.
W ü n s c h, E. A.: Professor David Page, and his work as a geological writer. Trans. Geol. Soc. Glasgow, 6, 1876—80, 182-185.
Scient. Papers 4, 737; 8, 551.

Pagenstecher, H e i n r i c h A l e x a n d e r, geb. 18. III. 1825 Heidelberg, gest. 5. I. 1889 Hamburg.
Direktor naturhist. Mus. Hamburg. Zoologe. 1860 Arbeit über fossile Schwämme.
Ber. Ver. f. Naturk. Kassel 34—35, 1889, XX—XXI (Qu.).

Paglia, E n r i c o, gest. 1889.
Italienischer Stratigraph.
T a r a m e l l i: Cenni necrologici del —. · Rendic. R. Ist. Lombardo, (2) 22, 1889, 112.

Pahlen, A l e x i s Baron von der, geb. 23. V. 1850 (alten Stils) Wait (Estland), gest. 7. VIII. 1925 (neuen Stils) Stettin.
Privatgelehrter. Schrieb: Monographie . . . der Brachiopoden-Gattung Orthisina 1877. Finder des Bothriocidaris pahleni Fr. Schmidt (Mém. Ac. imp. Petersburg (7) 21 (Nr. 11) (1874, 36).
H. v. W.: Nachruf. Beiträge zur Kunde Estlands 11, Reval 1925, 81—83.
(Qu. — Originalmitt. des Sohnes Arend v. d. P.).

Paillette, A n t o i n e - A d r i e n, gest. März 1858.
Stratigraphie, unter anderem von Südeuropa.
Discours prononcé le 29. Mars 1858, sur la tombe de M. A. A. P.
Paris, o. J. (par Viquesnel & Villet d'Aoust).
Scient. Papers 4, 740.

Palassou, A b b é, gest. 1820.
Arbeitet Ende des 18. Jahrhunderts 40 Jahre lang in den Pyrenäen, schrieb Essai sur la minéralogie des Monts Pyrénées, Paris 1782, dann Mémoires pour servir à l'histoire naturelle des Pyrénées et des pays adjacents 1815—1819. Stratigraphie.
Z i t t e l: Gesch.
P o g g e n d o r f f 2, 346.

Palfy, M o r i c, 1863—1930.
Ungarischer Geologe. Stratigraphie.
V e n d l, A.: Emlékbeszéd. Akadémiai Emlékbeszédek, XXI: 14.

Palissy, B e r n a r d, geb. 1510, gest. 1589.
„Der französische Töpfer", hochverdient um die Keramik, schrieb 1580 Discours admirables über Fossilien (Mansfelder Schiefer, Pisces), Forscher, Künstler, Naturforscher.
P a l i s s y: Oeuvres, publiées d'après les textes originaux avec notice historique et bibliographique et une table analytique par Anatole France. Paris 1880.
D u h e m, P.: Études sur Léonard da Vinci. Ceux qu'il a lus et ceux qui l'ont lu. Serie I, pp. 396, 1906, Kapitel VI: Leonardo da Vinci, Cardan et Bernard Palissy.
F l o u r e n s: Memoir of Cuvier. Ann. Rep. Smithsonian Inst., 1868, 129.
H a n s c h m a n n, A. Br.: Bernard Palissy, der Künstler, Naturforscher und Schriftsteller als Vater der induktiven Wissenschaftsmethode des Bacon von Verulam. Ein Beitrag zur Geschichte der Naturwissenschaften und der Philosophie. Leipzig, 1903, pp. 231 (Portr.).
S t e t t n e r, Thomas: Aufsätze und Plaudereien. Ansbach, 1928, pp. 161 (p. 43—61: Ein Stück Selbstbiographie B. P's.).
F i g u i e r, L.: Vie des savants illustres de la renaissance. Paris, 1868, 157—212 (Portr.).
F a i r c h i l d: 10.
Z i t t e l: Gesch.

Palla, E d u a r d, geb. 3. IX. 1864 Kremsier (Mähren), gest. 7. IV. 1922 Graz.
Prof. Bot. Graz. 1887 über Pflanzenreste der Höttinger Breccie.
F r i t s c h, K.: E. P. Ber. deutsche bot. Ges., 40, 1922, (86)—(89) (Bibliographie) (Qu.).

Pallas, P e t e r S i m o n, geb. 22. IX. 1741 Berlin, gest. 8. IX. 1811 daselbst.
Ließ sich nach einem Besuch in England 1763 im Haag nieder, leitete die Expedition der Russ. Akademie 1768—74 nach Sibirien (Rhinozeros, Mammuth).
d'A r c h i a c: Cours de Paléontologie stratigraphique, 1862.
C u v i e r, G.: Eloge historique de P. S. P. in: G. C u v i e r, Eloges historiques. Paris, 161—194.
G e i k i e, A.: Founders of geology, 81 ff.
K o e p p e n, Th.: Travaux scientifiques de P. S. P. Journ. du Ministère de l'Instruction publique, 1895.
R u d o l p h i, K. A.: Verzeichnis der Schriften von P. S. P. Beitr. zur Anthrop. und allg. Naturgesch., 1812, 1—78 (Biographie, Bibliographie 65—78, Portr.).

T h i e n e m a n n, August: P. S. P. und der Stammbaum der Organismen. Zool. Anzeiger, 36, 1911, 417—429.
Z i t t e l: Gesch.
K ö p p e n, F. Th.: Bibliotheca zoologica rossica II, 1907, 170—171.
P o g g e n d o r f f 2, 348.
Allgem. Deutsche Biogr. 25, 81—98.

Palmer, R u p e r t W i l l i a m, geb. 4. VII. 1890, gest. 12. X. 1922.
Stratigraphie, Vertebrata Indiens.
P a s c o e, E. H.: Obituary, Rec. Geol. Surv. India, 1923, 241-42.

* Pančič, J o s e p h, gest. 25. II./4. III. 1888 Belgrad.
Prof. der Botanik in Belgrad, Stratigraphie.
Nachruf: Verhandl. Geol. Reichsanst. Wien, 1888, 123.

Pander, C h r i s t i a n H e i n r i c h, geb. 12./24. VII. 1794 Riga, gest. 10./22. IX. 1865 St. Petersburg.
Paläozoische Faunen, Conodonten, Pisces, Mammalia. Veröffentlichte mit d'Alton Skelettdarstellungen 1823—41.
E r m a n, A.: Über Dr. Panders paläontologische und geologische Arbeiten. Erman's Arch. z. wiss. Kunde von Rußland, 18, 1859, 384 ff.
B e y r i c h: Nachruf: Zeitschr. Deutsch. Geol. Ges., MB., 18: 1.
Nachruf: Leopoldina, 7: 8.
Z i t t e l: Gesch.
P o g g e n d o r f f 2, 351—352; 3, 1002.
L o e s c h, E.: H. Chr. P., sein Leben und seine Werke. Biol. Zentralbl. 40, 1920, 481—502 (Bibliographie).
P a n d e r, A. et N i k i t i n, S.: Chr. v. P. Nécrologue à propos du centenaire de la naissance de M. P. Bull. Com. géol. Russie 14, 1895, 235—239 (Bibliographie).

Pantanelli, D a n t e, geb. 4. I. 1844 Siena, gest. 2. XI. 1913.
Studierte bei Meneghini, 1882 Prof. Geol. Min. Universität Modena. Mollusca, Radiolaria, Chelonia, Diodon, Tertiär- und Quartärstratigraphie.
S t e f a n i, C. de: Necrol. Boll. Soc. Geol. Ital., 33, 1914, XXXIII—XXXVIII (Portr. Bibliographie mit 56 Titeln).
Necrol. Proc. verb. Soc. Tosc. Sci. Nat., 22, 1913.
Nekrolog. Atti Soc. nat. Modena (4) 15, 1913, 106—120 (Portr., Bibliographie).
P a r o n a, C. F.: D. P. Boll. R. Com. geol. d'Ital. 44, 1914, 81—100 (Portr., Bibliographie).

Pantocsek, J ó z s e f, geb. 15. X. 1846 Nagyszombat, gest. 4. IX. 1916 Tavarnok.
Arzt, Diatomaceenforscher in Pozsony.
P a p p, K.: Nekrolog: Földtani Közlöny, 47, 85—86.

Paquier, V i c t o r L u c i e n, geb. 28. X. 1870 Saint-Egrève (Isère), gest. Dez. 1911.
Prof. Geol. Toulouse. Stratigraphie. Rudisten.
Nécrologie. Bull. Soc. géol. France (4) 12, 1912, 58—60.
Scient. Papers 17, 700—701.
M e n g a u d, L.: V. L. P. Bull. Soc. hist. nat. Toulouse 45, 1912, 11—18 (Portr.) (Qu.).

Pareto, L o r e n z o, geb. 6. XII. 1800 Genua, gest. 19. VI. 1865 daselbst.

Studierte tertiäre Stratigraphie von Italien, Savoyen und der
Schweiz.
I s s e l, A.: Manoscritta di L. P. Rendic. R. Accad. Lincei Sci.
fis. mat., (5) 27, I, 1918, 273—277 (Bibliographie).
Obituary. QuJGS. London 23, 1867, XLVII—XLVIII.

Parish, W o o d b i n e, Sir, geb. 1796, gest. August 1882.
Generalkonsul zu Buenos Aires, sammelte Megatheriumreste für
das British Museum u. die Geol. Soc. London. Fundbericht 1834.
Obituary, QuJGS., London, 39, 1883, Proc., 39.
W o o d w a r d, H. B.: Hist. Geol. Soc. London, 128.

Parker, J a m e s, geb. 1833, gest. 10. X. 1912.
Sammelte im Oolith von Oxford Reptilien (Teleosaurus). Speläo-
loge.
W (o o d w a r d), A. S.: Obituary, Geol. Magaz., 1912, 528; QuJGS.
London, 69, 1913, LXVIII.

Parker, T h o m a s J e f f e r y, geb. 17. X. 1850 London, gest. 7.
XI. 1897 Neuseeland.
Prof. Neuseeland. Moaforscher.
Obituary. Nature 57, 1897, 225—227; Proc. R. Soc. London 64,
1899, I—VII (Qu.).

Parker, W i l l i a m A l b e r t, geb. 1855, gest. 14. I. 1918 Rochdale.
Lehrer zu Rochdale, sammelte carbonische Arachnoidea und Crusta-
cea.
W (o o d w a r d), H.: Obituary, Geol. Magaz., 1918, 95.

Parker, W i l l i a m K i t c h e n, geb. 23. VI. 1823 Dogsthorpe bei
Peterborough, gest. 3. VII. 1890 Cardiff.
Studierte bei Todd im Kings College. (Vater von Thomas Jeffery
Parker.) 1873 Hunterian Professor. Studierte Foraminifera, Aves
(Archaeopteryx, Ornis der Zebbug-Höhle auf Malta).
Obituary, Smithsonian Report, 1890, 771—774.
Obituary, Nature, London, 42, 1890, 297—299 (Portr.).
Hist. Brit. Mus., I: 315.
P a r k e r, Th. J.: W. K. P., a biographical sketch. 1893 (Bi-
bliographie).
Scient. Papers 4, 759; 8, 563; 10, 991—992.

Parkinson, C y r i l, gest. in seinem 65. Lebensjahre 20. VIII.
1919.
Sammler.
L a m p l u g h: Obituary notice. QuJGS. London, 76, 1920, LVIII.

Parkinson, J a m e s, gest. 1824.
Arzt zu Hoxton, Verfasser zahlreicher medizinischer und politi-
scher Bücher, sowie der seinerzeit grundlegenden Briefsamm-
lung: Organic remains of a former world (1804—1811), ferner
der Outlines of Oryctology (1822).
W o o d w a r d, H. B.: History Geol. Soc. London, 13, 45, 83.
E d w a r d s: Guide, 64.
Z i t t e l: Gesch.
Dict. Nat. Biogr. 43, 314—315.

Parks, W i l l i a m A r t h u r, geb. 11. XII. 1868 Hamilton (Ontario),
gest. 3. X. 1936.
Prof. Pal. Toronto u. Direktor R. Ontario Mus. of. Pal. Paläozoische Faunen Canadas (Stromatoporiden, Echinodermen u.
a.), Dinosaurier von Alberta.

Moore, E. S.: Memorial of W. A. P. Proc. geol. Soc. Amer.
for 1936 (1937), 229—236 (Portr., Bibliographie).
Obituary. Am. J. Sci. (5) 32, 1936, 470—471 (Qu.).

Parolini, Alberto Cav. geb. August 1788 Bassano, gest. 15. I.
1867.
Begründer des Naturhistorischen Museums zu Bassano, dem er u. a.
auch die Collectio Brocchi schenkte. (NJM. 1867, 511).

Parona, Carlo Fabrizio, geb. 8. V. 1855 Melegnano (Mailand).
Prof. Geol. Turin. Evertebratenfaunen.
Poggendorff 3, 1005; 4, 1118; 5, 941 (Qu.).

Parrot, Georg Friedrich, geb. 5. VII. 1767 Mömpelgard, gest.
8. (20.) VII. 1852 auf der Reise nach Helsingfors.
Prof. Physik Dorpat, dann Mitglied der St. Petersburger Akademie.
Ossements fossiles du lac de Burtneck (Mém. Ac. St. Pétersburg (6)
4 (Sciences naturelles), 1838, 1—94, 7 Taf.) (dev. Placodermen-
und Fischreste Livlands).
Allgem. Deutsche Biogr. 25, 184—186.
Poggendorff 2, 365—367 (Qu.).

Parsons, James, geb. 1705 Barnstaple, gest. 4. IV. 1770 London.
Englischer Naturforscher, publizierte 1757 über fossile Früchte
des Londontons (Sheppey).
Edwards: Guide, 18—20.
Dict. Nat. Biogr. 43, 403—404.

Partsch, Paul, geb. 11. VI. 1791 Wien, gest. 3. X. 1856.
Direktor des Hofmineralienkabinettes Wien. Tertiäre Faunen Öster-
reichs. Congeria Balaton.
Fitzinger, L. J.: Nekrolog des k. k. Custos und Vorstandes
des K. K. Hof-Mineralien-Kabinetts P. P. Österr. Kaiserl.
Wiener Zeitung, 11. Okt. 1856. Sep. Wien, 1856, pp. 15.
Geikie: Murchison, I: 167.
Nachruf. Almanach Akad. Wiss. Wien 8, 1858, 107—141 (Bi-
bliographie).

Pasini, Lodovico, geb. 4. V. 1804 Schio, gest. 22. V. 1870
ebenda.
Stratigraphie Italiens (Gegend von Vicenza). Besitzer einer großen
Sammlung in Schio.
Bassani: Nekrolog, Boll. Soc. Veneto-Trentino Sc. Nat., 1870.
Pirona: Commemorazione. Atti Ist. Veneto (3) 15, 1869—70,
2073—2100.
Roemer: Über Collectio Pasini, NJM., 1857, 812.
Scient. Papers 4, 770; 8, 567.

Passeri, Giovanni Battista, geb. 10. XI. 1694 Farnese b. Rom,
gest. 4. II. 1780 Pesaro.
Archaeolog, schrieb auch über Versteinerungen 1753.
Nouv. biogr. générale 39, 307 (Qu.).

Passy, Antoine, geb. 23. IV. 1792 Paris gest. 8. X. 1873 ebenda.
Arbeitete 1832 über Stratigraphie von Seine-Inférieure, (Jura),
1874 über dép. de l'Eure.
Notice sur les travaux scientifiques de M. A. P., Paris, 1851, pp. 4.
Passy, A.: Description géologique du département de l'Eure, avec
un appendice contenant des notes sur l'Orographie, l'Hydrologie,
la Géologie, l'Agriculture, l'Industrie et la Botanique de chaque

commune. Évreux 1874 (Seite I—XX: Cosson, E.: Notice biographique sur M. Antoine-François Passy lue à la séance trime-
strielle de l'Institut de France le 15. Avril 1874. Seite XXI—
XXVIII: Blosseville, De: Notice biogr. sur M. A. P. lue
à la séance générale de la Société libre d'Agriculture, Sciences,
arts et Belles-Lettres de l'Eure du 21. décembre 1873. Seite
XXIX—XXXII: Bibliographie).
P o g g e n d o r f f 3, 1007.

Patrunky, H., geb. 30. XI. 1854 Neusalz a. O., gest. 27. II. 1930
Berlin.
Eisenbahningenieur. Norddeutsche Silurgeschiebe und ihr Fossil-
inhalt. Sammlung in der preuß. geol. Landesanstalt.
Nachruf. Zeitschr. f. Geschiebeforsch. 6, 1930, 96 (Bibliographie).
(Qu.).

Patten, W i l l i a m, geb. 15. III. 1861 Watertown (Mass.), gest.
27. X. 1932 Hanover, New-Hampshire.
Prof. Biologie Dartmouth College. Zoologe. Paläozoische Fische.
Obituary. Science (N. S.) 76, 1932, 481—482.
N i c k l e s 816 (Qu.).

Pattison, S a m u e l R o w l e s, geb. 1809, gest. 27. XI. 1901 Kensington.
Rechtsanwalt, Mitarbeiter de la Beche's und J. Phillips'. Phytopaläontologe, Sammler.
Obituary, Geol. Magaz., 1902, 48.

* **Patton**, A n d r e w.
C o u t t s, J.: Notice of the late Mr. A. P. East Kilbride. Trans.
Geol. Soc. Glasgow, 8, 1884—88, 171—173.

Paul, K a r l M a r i a, geb. 17. VII. 1838 Wien, gest. 10. II. 1900 daselbst.
1861 Mitglied Geol. Reichsanstalt Wien. Stratigraphie Kreide.
T i e t z e, E.: Nachruf: Verhandl. Geol. Reichsanst. Wien, 1900,
105.
— — Zur Erinnerung an —. Jahrb. Geol. Reichsanst. Wien, 50,
1900, 527—558 (Portr. Bibliographie mit 156 Titeln).

Paula e Oliveira, F r a n c i s c o d e, gest. 25. V. 1888, 36 J. alt.
Offizier und Mitglied Comm. géol. Portugal. Homo fossilis von
Mugem.
Nécrologie. Commun. Commissão Trab. Geol. Portugal 2, 1888—
1892, VIII—IX (Qu.).

Paulucci, M a r c h e s a M a r i a n n a, geb. 3. II. 1835 Florenz, gest.
7. XII. 1919 Reggello bei Florenz.
Malakologin, Botanikerin, Ornithologin. Beschrieb auch einen
fossilen Murex (M. veranyi).
A r r i g o n i d e g l i O d d i, E.: Della vita e delle opere della
Marchesa M. P. Malacologa Italiana. Atti R. Ist. Veneto sci.,
lett. ed arti 80, 2, 1920—21, 59—70 (Bibliographie) (Qu.).

Pávay, A l e x i s v o n, gest. 14. IV. 1874.
Mitglied geol. Anstalt Ungarn. Fossile Seeigel.
Nachruf. Földtani Közlöny 4, 1874, 205—206 (Qu.).

Pavlow, A l e x i s P e t r o v i c s, geb. 1854, gest. 1929 zu Tölz in
Deutschland.

1878—80 Lehrer in Tver, 1880 Vorstand der geol. Abteilung Mus.
Moskau. 1886 Prof. Geol. Pal. Moskau. Mesozoische Faunen
Rußlands, Cephalopoda, Homo fossilis.
G r e g o r y, J. W.: Obituary, QuJGS., London, 1930, LIV—LV.
B o g´d a n o v, A.: Matériaux pour l'histoire de l'activité scienti-
fique et industrielle en Russie, dans le domaine de la Zoologie
et des sciences voisines, de 1850 à 1887. 'Bull. Soc. Imp. des
Amis des Sc. Nat. Moscou, 55, 1888, 224 pp.

Pavlow, M a r i a, geb. 25. VI. 1854 Koselez (Gouv. Tschernigow)\.
Gattin von A. P. P. Prof. Pal. Moskau. Mammalia Rußlands.
Schrieb 1922: Les données historiques sur le développement des
connaissances paléontologiques des mammifères tertiaires et post-
tertiaires trouvés en Russie. Bull. Soc. Nat. Moscou, n. s., 31,
sect. géol., 117—148.
B o g´d a n o v s. unter A. P. Pavlow.

* **Paykull**, S i g u r d R e i n h o l d, geb. 24. XII. 1849, gest. 12. IV.
1884 Stockholm.
Nekrolog: Geol. För. Stockholm Förhandl., 7, 1884—85, 236.

Peabody, G e o r g e, gest. 4. XI. 1869.
Stifter des Peabody-Museums zu New Haven, Onkel O. C. Marsh's.
Nachruf: NJM., 1870, 128.
Obituary. Am. J. Sci. (2) 48, 1869, 442—445.

Peach, B e n j a m i n N e e v e, geb. 6. IX. 1842 Cornwall, gest. 29.
I. 1926.
Sohn Ch. W. Peach's, Mitglied der Geol. Survey Schottlands.
Arthropoda, Radiolaria, Brachiopoda.
J. H.: Obituary, QuJGS., London, 82, 1926, XLVII—XLIX; Geol.
Magaz., 1926, 187—190.
G r e e n l y, E.: B. N. P. Transact. Edinburgh Geol. Soc. 12, 1932,
1—11 (Portr.).
Scient. Papers 10, 1009; 17, 749.

Peach, C h a r l e s W i l l i a m, geb. 30. IX. 1800 Wansford, gest.
28. II. 1886.
Zollbeamter, Sammler, Freund Robert Dick's; schrieb 1841 The
organic fossils of Cornwall, wo er im Unterdevon Pteraspida
entdeckte und diese als Fischreste erkannte. Schrieb 1854: The
remains of land plants and shells in the Old Red Sandstone of
Caithness.
S m i l e s, S.: Robert Dick, Baker of Thurso, Geologist and Botanist
London, 1878, p. 244 ff (Portr.).
T a y l o r, A.: Obituary notice of C. W. P. Trans. Edinburgh Geol.
Soc., 5, 1887, 327—329.
Obit., Geol. Magaz., 1886, 190—192.
W o o d w a r d, H. B.: Hist. Geol. Soc. London, 109, 193, 194, 262.
Hist. Brit. Mus., I: 316.
Scient. Papers 4, 791—793; 8, 576—577; 10, 1009; 12, 563; 17,
749.

Peale, A l b e r t C h a r l e s, geb. 1. IV. 1849 Heckshersville, Pa., gest.
1914.
1898 Vorstand d. paläobot. Sammlungen am U. S. National Museum.
Stratigraphie.
M e r r i l l: 1904, 708 u. öfter, Portr. fig. 104.
N i c k l e s 817—818.

Peale, Re m'b r a n d t, geb. 22. II. 1778, gest. 3. X. 1860 Phila-
delphia.
Schrieb 1802 über Mastodon (entdeckt von seinem Vater Charles
Willson P. 1741—1827).
M e r r i l l: 1904, 213.
O s b o r n, H. F.: The Mastodons of the Hudson Highlands. Nat.
Hist., 1923, 3—24.
Z i t t e l: Gesch.
Dict. Amer. Biogr. 14, 348—350.

Pearce, C h a n i n g, geb. 18. VII. 1811, gest. 11. V. 1847.
Englischer Arzt und Sammler, sammelte im Oolith, Bradford
clay und Forest marble, tauschte gegen Apiocrinites Parkinsoni,
baute sich ein Museum. Belemnoteuthis, Crinoidea.
W o o d w a r d, H. B.: Visit to the Geological Museum of Dr. J.
Chaning Pearce, at the Manor House, Brixton. Proc. Geol. Assoc.
9, 1885—86, 165—168 (Bibliographie).
O b i t u a r y, Proc. Geol. Soc. London, 4, 1848, p. XXI.
Scient. Papers 4, 794.

Pecchioli, V i t t o r i o, geb. 1790, gest. 3. XI. 1870.
Sammler im toskanischen Pliocän. Mollusca.
Cenno necrologico. Boll. R. Com. Geol. d'It. 1, 1870, 317—318 (Qu.).

Peck, Re i n h a r d, geb. 3. II. 1823 Görlitz, gest. 28. III. 1895.
Apotheker, dann Privatmann u. Leiter des Mus. Naturf. Ges. in
Görlitz. Fauna u. Flora des Silur, Rotliegenden, Zechsteins,
Muschelkalks u. der Kreide der Oberlausitz.
P o g g e n d o r f f 3, 1011—1012.
Nachruf. Abh. Naturf. Ges. Görlitz 21, 1895, 181—183 (Portr.)
(Qu.).

* Peel, R o b e r t, geb. 1788, gest. 1850.
Sir, Ministerpräsident Englands, hatte besonderes Interesse für
Stratigraphie. Vergl. Obituary von Lyell: QuJGS., London, 7,
1851, XXIX.

Peetz, H e r m a n n v o n, geb. 1867 St. Petersburg, gest. 1908.
Russischer Geologe. Stratigraphie und Paläontologie Rußlands.
(Devon-Faunen, Brachiopoda, Blastoidee u. a.).
K a r a k a š, N. I.: Nekrolog. Annuaire géol. et min. de Russie 11,
1909, 65—67 (Portr., Bibliographie) (Qu.).

Pellat, E t i e n n e - P h i l i p p e - E d m o n d, geb. 29. VII. 1832
Paris, gest. 1. VII. 1907 La Tourette bei Tarascon.
Beamter im frz. Innenministerium. Stratigraphie. Sammler im
Jura des Boulonnais (bearbeitet zus. mit Loriol), der Kreide von
Brouzet (Gard), Orgon (Bouches-du-Rhône) u. a. Seine reiche
Sammlung nach Deutschland verkauft.
Nécrologie. Bull. Soc. géol. France (4) 8, 1908, 157—158.
P o g g e n d o r f f 3, 1014; 4, 1130.
Scient. Papers 4, 805; 8, 582; 10, 1014—1015; 12, 565; 17, 766—
767 (Qu.).

Pelourde, F., gest. 16. II. 1916.
Präparator am Mus. d'hist. nat. Paris. Phytopaläontologie.
Notice nécrologique. Bull. Soc. géol. France (4) 16, 1916, 26, 66
(Compte rendu) (Qu.).

Pengelly, W i l l i a m, geb. 12. I. 1812, East Looe, Cornwall, gest. 17. III. 1894.
Inhaber einer Pestalozzi-Schule, Freund von Falconer, Busk, Lyell, Prestwich, Lartet, Christy, Evans, R. Jones, Boyd-Dawkins. Leitete die Ausgrabungen der Brixham und Kent's Höhlen. Sammelte auch Devon und Trias. Seine Sammlung gelangte durch Baroness Burdett-Coutts in das Museum der Univ. Oxford.
P e n g e l l y, Hester: A memoir of W. P., of Torquay, geologist, with a selection from his correspondence. edited by H. P. London, 1897, pp. 341 (Bibliographie mit 119 Titeln).
R i c h a r d s o n, R.: Obituary notice of W. P. Trans. Edinburgh, Geol. Soc., 7, 1894, 74—76.
F. W. R.: Obituary, Natural Science, 4, 1894, 389—391.
Obituary, Geol. Magaz., 1894, 238; QuJGS., London, 51, 1895, LIII. Hist. Brit. Mus., I: 316—317.

Penhallow, D a v i d P e a r c e, geb. 25. V. 1854 Kittery Point, Maine, gest. 20. X. 1910 auf See, auf dem Wege nach England. 1883—1910 Prof. Botanik an der McGill Universität Montreal. Phytopaläontologe.
B a r l o w, A. E.: Memoir of —. Bull. Geol. Soc. America, 22, 1911, 15—19 (Portr. Bibliographie mit 24 Titeln).

Pennant, T h o m a s, geb. 1726 Downing, Flintshire, gest. 1798.
Sammelte Korallen, Mollusca, Brachiopoda, Crustacea, Vertebrata, publizierte 1757 über Korallen, 1771 über einen Mammuth-Zahn und weitere Arbeiten.
R. B. N (e w t o n): The Thomas Pennant collection of fossils. Geol. Magaz., 1913, 192 (im British Museum).
E d w a r d s: Guide, 63.
G u n t h e r, R. T.: Early medical and biological science. Oxford, 1926. Dict. Nat. Biogr. 44, 320—323.

Penrose, R i c h a r d A l e x a n d e r F u l l e r t o n jr., geb. 17. XII. 1863 Philadelphia, gest. 31. VII. 1931.
Prof. prakt. Geol. Univ. Chicago, schrieb The early days of the department of geology at the university of Chicago. Journ. of Geol., 37, 1929, 320—327. Prakt. Geol., auch Stratigraphie.
C h a m b e r l i n, R .T.: R. A. F. P. jr. Journ. Geol., 39, 756—760, 1931 (Portr.).
S c h u c h e r t, Ch.: Obituary, Amer. Journ. Sci., 22, 1931, 479—480.
S t a n l e y - B r o w n, J.: Memorial of —. Bull. Geol. Soc. Amer., 43, 1932, 68—108 (Portr., Bibliographie).
Portr. F a i r c h i l d, Taf. 202.

Pentland, J o s e p h B a r c l a y, geb. 1797, gest. 1873.
Studierte in Paris bei Cuvier, sammelte Vertebratenreste.
Hist. Brit. Mus., I: 317.
Dict. Nat. Biogr. 44, 350—351.
Scient. Papers 4, 821.

* **Percival**, J a m e s G a t e s, geb. 1795, gest. 1856.
Amerikanischer Poet und Geologe. Stratigraphie.
C o g s w e l l, F. G.: J. G. P. and his friends, 1902.
C l a r k e: James Hall of Albany, 287.
M e r r i l l 1904, 329, 708 und öfter, Portr. fig. 25.

Pereira da Costa, F r a n c i s c o A n t o n i o, geb. 11. X. 1809 Lissabon, gest. 3. V. 1889.
Prof. Min. Geol. Polytechnikum u. Direktor min. Mus. Lissabon. Gastropoden des Tertiärs von Portugal. Homo fossilis.

Nachruf. Commun. Commissão Trab. Geol. Portugal 2, 1888—1892, VI—VII.
Poggendorff 3, 303 (Qu.).

Pergens, E d u a r d, geb. 23. X. 1862, gest. 11. IV. 1917.
Bryozoa der Kreide u. des Tertiär. Die Sammlung im Naturhist. Mus. te Maastricht.
C r e m e r s, J.: Nekrolog. Natuurhist. Maandblad 9, Maastricht 1920.
S.t e e n h u i s, J. F.: Dr. E. P. als kenner van Bryozoen. Natuurhist. Maandblad 23, Maastricht 1934, 33—36, 51—52 (Portr., Bibliographie) (Qu.).

Perkins, G e o r g e H e n r y, geb. 25. IX. 1844 Cambridge, Mass., gest. 12. IX. 1933.
Prof. Geol. Univ. von Vermont. Vermont State Geologist. Cetacea. Lignit-Fossilien.
F a i r c h i l d, H. L.: Memorial of —. Proc. Geol. Soc. Am. 1933, 235—241 (Portr., Bibliographie) (Qu.).

Perna, A l e x a n d e r J a k o v l e v i c s, geb. 6. XII. 1879, gest. 3/16. XII. 1916 Finnland.
Goniatiten. Stratigraphie des Paläozoikum.
J a k o w l e w, N.: Nekrolog: Bull. Com. géol. Russie, 35, 1916, No. 8, pp. 5 (Portr. Bibliographie mit 7 Titeln).

Perner, J a r o s l a v, gest. 1929.
Professor Geol. Pal. Prag. Foraminifera, Radiolaria, Graptolithen, Eozoon, Gastropoda, Helicoprion, Arethusina, Pisces, Silur, Mammut.
K o l i h a, J.: Die Bedeutung Prof. Dr. J. P.'s in der tschechischen Pal. Geol. Vestnik statn. geol. ustav., 5, 51—59, 1929 (Portr. Bibliographie mit 101 Titeln).
K l o u c e k, C.: Nachruf: Ebenda, S. 60.

Peron, A l p h o n s e, geb. 29. XI. 1834 Saint-Fargeau (Yonne), gest. 2. VII. 1908 Auxerre.
Offizier. Arbeitete über Seeigel, Ammoniten, Gastropoden, Lamellibranchiaten, Jura- und Kreidefaunen bes. Algeriens. Seine Sammlung jetzt in der Sorbonne u. im Mus. d'hist. nat. Paris.
T h'o m a s, Ph.: Notice biographique sur A. P. Bull. Soc. Sci. hist. et nat. de l'Yonne 62 (1908), 1909, 189—217 (Portr., Bibliographie).
D o u v i l l é: Notice sur A. P. Comptes rendus Ac. Sci. Paris 147, 1908, 93—95 (s. auch Bull. Soc. sci. hist. et nat. de l'Yonne 62 (1908), 1909, LIII—LVI) (Qu.).

Perrando Deo Gratias, D o n P'i e t r o, gest. 19. I. 1889.
Mitarbeiter Pareto's, E. Sismondas, Michelotti's, Hébert's, Taramelli's. Speläologe. Sammler. Seine Sammlung (reich an Tertiärfossilien) schenkte er dem Mus. in Genua.
I s's e l, A.: Commemorazione. Boll. Soc. Geol. Ital., 8, 1889, 56—58.

* Pertsch, J o h a n n L u d w i g.
Gymnasiallehrer in Coburg, schrieb 1795 über das Gymnasialmuseum zu Coburg.
Freyberg.

Pervinquière, L é o n, geb. 1873, gest. 11. V. 1913.
Mitarbeiter Carte géol. France. Cephalopoda Tunis, Ammonites, Gastropoda, Lamellibranchiata. Archäologie.
T h e v e n i n, A.: Not. nécrol. Bull. Soc. géol. France, (4) 14, 1914, 478—486 (Bibliographie mit 19 Titeln).

Peschel, Karl Friedrich, geb. 27. V. 1793 Dresden, gest. 24. II. 1852 ebenda.
Hauptmann und Oberlehrer Kgl. Militär-Bildungsanst. Dresden.
Sammler. „Cerithium peschelianum".
Poggendorff 2, 410—411.
Neuer Nekrolog der Deutschen 30 (1852), 1854, Nr. 38 (p. 129—136).
(Qu. — Mitt. von R. Zaunick).

Peterhans, Emil, geb. 7. II. 1899, gest. 11. II. 1931.
Stratigraphie u. Geologie der Préalpes romandes. Liasbrachiopoden, fossile Algen.
Gagnebin, C.: Nachruf: Actes Soc. Helv. Sci. Nat. 112, 423— 427 (Portr.) (auch Privatdruck mit Bibliographie u. Portr.).

Peters, Karl, geb. 13. VIII. 1825 Liebshausen, Böhmen, gest. 7. XI. 1881 Rosenburg bei Graz.
Enkel von F. Reuss. Arzt, 1855 Prof. Min. Universität Budapest, 1861 in Wien, 1863 in Graz. Stratigraphie. Foraminifera, Mollusca, Chelonia, Mammalia.
Benecke, E. W.: Nekrolog: NJM., 1882, I, 335—336.
Hauer, F. v.: Nachruf: Jahrb. Geol. Reichsanst. Wien, 31, 1881, 425—430 (Bibliographie mit 43 Titeln); Verhandl. Geol. Reichsanst. Wien, 1881, 309.
Tornier: 1925: 81.
Nachruf. Almanach Ak. Wiss. Wien 32, 1882, 280—290 (Bibliographie).

Peters, Wilhelm Karl Hartwig, geb. 22. IV. 1815 Coldenbüttel bei Eiderstedt, gest. 21. VI. 1883 Berlin.
Prof. Zool. Berlin. Notizen über foss. Gecko, Tertiärvertebraten aus dem Vicentinischen.
Alberti, Schlesw.-Holst. Schriftsteller 1866—1882 II, 123.
Tornier 1925, 81 (Qu.).

Peterson, Olof August, geb. 2. I. 1865 Hellgum, Schweden, gest. 12. XI. 1933.
Paläontologe des Carnegie Museum. Mammalia.
Todesnachricht: CfM., 1934 B, 400.
Obituary: Ann. Carnegie Mus., 22, 1934, I—VII (Portr. Bibliographie mit 50 Titeln).

Pethö, Gyula, geb. 9. IX. 1848 Miskolc, gest. 13. X. 1902.
Mitarbeiter der Kgl. Ungarischen Geol. Reichsanstalt Budapest, Hypersenon-Fauna, Pétervárad, Pikermi-Fauna zu Baltavár.
Schafarzik, F.: Emlékbeszéd P. Gy. felett. Nachruf. Földtani Közlöny, 33, 1903, 1—16, 119—133 (Portr. Bibliographie mit 50 Titeln).
Böckh, J.: Nachruf: Verhandl. Geol. Reichsanst. Wien, 1902, 299 —301.

Petiver, James C., geb. 1658, gest. 1718.
Publizierte über seine Collection 1695—1764 (Gazophylacium).
Edwards: Guide, 59.
Dict. Nat. Biogr. 45, 85—86.
Dean III, 298—299.

Petković, Vladimir K., geb. 1873, gest. 1934.
Prof. Geol. Belgrad. Stratigraphie von Serbien.
Nachruf. Bull. Serv. géol. du royaume de Yougoslavie (4) (1934), 1935, 3—10 (Portr., Bibliographie) (Qu.).

* Pettersen, K̦a r l, gest. 64 Jahre alt 10. II. 1890.
Norwegischer Geologe. Stratigraphie.
F̦o s l i e, A.: K. P. En biografisk skisse. Tromsö Mus. Aars-
hefter, 12, 1890.
Nekrolog: Geol. För. Stockholm Förhandl., 12, 1890, 193—196.

Petzhold, A l̦e x a n d e r, geb. 29. I. 1810 Dresden, gest. 23. IV. 1889
Freiburg i. Br.
Prof. Landwirtsch. u. Technologie in Dorpat. Phytopalaeontologie
(1841 über Calamiten).
Po̦g g e n d o r f f 2, 420—421; 3, 1031 (Qu.).

* Peyssonel, J̦e a n A n d r é, geb. 16. VI. 1694 Marseille.
L a c r o i x, A.: Notice historique sur des membres et correspon-
dents Guayana, Paris Acad., 1932, p. 99.

* Pfaundler, A. v̦o̦n.
Schrieb um 1805 über Predazzo Fassatal.
Z i t t e l: Gesch.
K l̦e b e l s b e r g, R. v.: Geologie v. Tirol 1935, 683—684.

Philippi, E m̦i l, geb. 4. XII. 1871 Breslau, gest. 26. II. 1910
Assuan.
Habilitierte sich für Geol. Pal. in Berlin 1901, wurde 1906 Nach-
folger Johannnes Walther's in Jena. Mollusca.
Șo l g e r, Fr.: Nachruf. In: Osw. Marschall, Vorlesungen von
Dr. phil. E. Ph. Jena 1913, V—XII (Portr., Bibliographie).
Po̦g̦g e n d o r f f 4, 1154; 5, 968 (Qu.).

Philippi, R u d o l p h A m a n d u s, geb. 14. IX. 1808 Charlotten-
burg, gest. 23. VII. 1904 Santiago de Chile.
Botaniker, 1835 Lehrer der Naturgeschichte am Polytechnikum zu
Cassel, 1853—74 Prof. in Chile, bis 1897 Direktor des Naturhist.
Museums in Santiago. Mollusca, Stratigraphie, Faunen Chiles.
O c h s e n i u s, C.: Nachruf: Leopoldina, 42, 1906, 16—20, 39—40,
53—56, 59—66 (Bibliographie mit 349 Titeln, davon 31 Geol.
Pal.).
T o r n i e r: 1924: 59.
G̦o̦țs c h l i c h, B., Biografía del Dr. R. A. Ph. Santiago (Chile)
1904, 184 pp. (Portr., Bibliographie).
N a c h r u f: Verh. Deutsch. wissensch. Ver. Santiago de Chile 5,
1904, 233—271 (Portr., Bibliographie).

Phillips, J o h n, geb. 25. XII. 1800 Marden, Wiltshire, gest. 24. IV.
1874 (Unfall).
Neffe von William Smith. Ordnete 1824 das Museum zu York,
dann war er in den Museen̦ von London, Dublin, Oxford tätig,
1834 Prof. King's College in London, 1844 Prof. Geol. Dublin,
1856 Prof. Geol. Oxford (Nachfolger Wm. Bucklands). Pelmatozoa, Brachiopoda, Mollusca, Belemniten, Dinosauria.
D a v i s, J. W.: Biographical notice of an eminent Yorkshire Geologist: J. P. Proc. Geol. & Polytechn. Soc. West Riding Yorkshire, 8, 1883, 3—20.
— — History of the Yorkshire Geol. & Polytechn. Soc., 1837—
1887, Halifax, 1889, 119—135.
Șh e p p a r d, T.: J. Ph. Proc. Yorkshire Geol. (N.S.) 22, 1933,
153—187 (3 Portr., Bibliographie).
Eminent living geologists: J. P. Geol. Magaz., 1870, 301—306
(Portr.).

Obituary, QuJGS. London, 31, 1875, XXXVII ff.; (Evans Sir
John): Geol. Magaz., 1874, 240; Amer. Journ. Sci., (3) 7, 1874,
608.
Prestwich life, 248, 250.
W o o d w a r d, H. B.: Hist. Geol. Soc. London, 113, 120 u. öfter,
Portr. auf Taf. p. 112.
Z i t t e l: Gesch.
E d w a r d s: Guide, 48.

Phillips, Mrs. E. L o r t.
Sammelte 1896 Fossilien in Somaliland.
Hist. Brit. Mus., I: 317.

Phillips, W i l l i a m, geb. 1773, gest. 1828.
Verfasser von: A selection of facts from the best authorities ar-
ranged so as to form an outline of the Geology of England and
Wales. London, 1818.
W o o d w a r d, H. B.: Hist. Geol. Soc. London, 13—14 (Portr.,
Taf. 14).
Z i t t e l: Gesch.
Obituary. Proc. Geol. Soc. London 1, 1834, 113.
P o g g e n d o r f f 2, 434.

Philpot, M i s s.
Besaß eine Sammlung aus Lyme Regis in den 30er Jahren. (vgl.
Buckland: Geol., übersetzt von Agassiz, Taf. 29).

Phleps, O t t o, geb. 12. IX. 1868 Hermannstadt, gest. 20. IX. 1928
daselbst.
Realschullehrer in Hermannstadt, Privatgeologe und Custos an der
Min. Geol. Sammlung des Siebenbürgischen naturw. Ver. Mam-
malia.
A. M.: Nachruf: Verhandl. Siebenbürg. Ver. Naturw. Hermann-
stadt. 79—80, 1931, II: 1—9 (Portr. Bibliographie mit 16
Titeln).

Picard, E s m o n t, geb. 2. XII. 1820 Schlotheim, gest. 29. VI.
1906 ebenda.
Amtsanwalt. Fauna des Muschelkalks (Sphaeroma, Aspidura,
Lamellibranchiaten) (Zeitschr. f. d. ges. Naturw. 11. Halle
1858). Seine Sammlung in Königsberg.
(Qu. — Originalmitt. des Enkels Edmund Picard.)

Picard, K a r l, geb. 10. III. 1845 Schlotheim, gest. 31. V. 1913
Sondershausen.
Rektor in Sondershausen. Sohn des vorigen.
Paläontologie des Thüringer Muschelkalks. Seine Sammlung in
der Preuß. Geol. Landesanstalt Berlin.
Scient. Papers 11, 14; 17, 867.
(Qu. — Originalmitt. des Sohnes Edmund Picard).

Pichler, A d o l f, geb. 4. IX. 1819 Erl, Tirol, gest. 15. XI. 1900
Innsbruck.
Prof. Geol. Univ. Innsbruck. Stratigraphie.
D a l l a T o r r e: Prof. A. v. P. als Naturforscher. Bote für Tirol
und Vorarlberg, 1899 (Bibliographie).
S r b i k, R. R. v.: A. P. als Geologe (1819—1900). Ber. Naturw.
med. Ver. Innsbruck 42, 1931, 56 pp. (Bibliographie).
K l e b e l s b e r g, R. v.: Geologie von Tirol 1935, 685—686.

Pickering, J.
Sammelte in den 90er Jahren plistozäne nicht-marine Mollusca aus
Grays und Kennet.
Hist. Brit. Mus., I: 317.

Pickup, William, gest. im 73. Lebensjahr 21. VIII. 1933.
Minendirektor, sammelte Carbonfossilien in England.
Hickling, G.: Obit., QuJGS., London, 90, 1934, LXV—LXVI.

Picot de Lapeyrouse, Philippe Baron, geb. 20. X. 1744 Toulouse,
gest. 18. X. 1818 ebenda.
Prof. in Toulouse. Publizierte 1781: Description de plusieurs
espèces nouvelles d'Orthoceratites et d'Ostracites. Erlangen.
(= Rudisten).
Du Mège A. L. Ch. A.: Notice sur la vie et les écrits de Philippe Picot, baron de Lapeyrouse. (Extr. Biographie Toulou-
saine, II), Toulouse, 1822, pp. 12.
Nouv. biogr. générale 29, 523—526.

Pictet de la Rive, François Jules, geb. 27. IX. 1809 Genf,
gest. 15. III. 1872 daselbst.
37 Jahre lang Prof. Zoologie und vergl. Anatomie in Genf, Ab-
geordneter in Bern, schenkte seine Sammlung der Stadt Genf.
Schüler von Decandolle, Cuvier, Geoffroy St. Hilaire, Blain-
ville und von Audouin. Brachiopoda, Insecta, Mollusca u. a.
Verf. des Traité de Paléont. 1844.
Soret, J. L.: Not. biogr. Arch. Sc. phys. et nat. n. s. 43, 1872,
342—413 (Bibliographie).
Gervais, P.: Pictet de la Rive. Journ. de Zool., 1, 1872, 98—99.
Kobell, F. v.: Nekrolog: Sitzungsber. math. phys. Cl. bayer.
Akad. München, 3, 1873, 121—124.
Jaccard, A.: Les géologues contemporains (Biographies natio-
nales par E. Secretan. Lausanne, 3, 1879, 179).
Obituary, Geol. Magaz., 1872, 192; QuJGS., London, 29, 1873, XLV.
Nachruf: Verhandl. Geol. Reichsanst. Wien, 1872, 122; Leopoldina,
7, 79.
Sterchi.

Pidancet, Pierre Marie Just, geb. 15. V. 1823 Besançon,
gest. 19. IV. 1871 Poligny.
Leiter des Mus. von Besançon, später von Poligny. Stratigraphie.
Chopard, S.: Nécrologie: Bull. Soc. d'Agric. Sc. Arts de Poligny,
11, 1870, 304—305.
Marcou, J.: Les géologues et la géologie du Jura jusqu'en
1870. Mém. Soc. d'Émulation du Jura (4) 4, 1888, 172—178.

Pierce, James.
Publizierte 1823, 1827 über Stratigr. von New York und Penn-
sylvanien.
Zittel: Gesch.
Nickles 833—834.

Piette, Louis Edouard Stanislas, geb. 11. II. 1827 Aubigny,
Ardennes, gest. 26. V. 1906.
Juge de paix in Gers. 1882 Juge tribunal in Mans, Angers,
1891 Naturforscher in Aubigny. Mesozoische Faunen, Gastro-
poda, Homo fossilis, Archäologie.
Liste des ouvrages de M. Piette, relatifs à la géologie et l'archéo-
logie préhistorique des Pyrénées. Explorations Pyrénéennes
Bull. Soc. Ramond, 26, 1891, 323—325 (Bibliographie mit 29
Titeln).

B o i s t e l: Nekrolog: Bull. Soc. géol. France, (4) 7, 1907, 115—117.
G a u d r y, A.: L'oeuvre de Piette. Rev. scient. (5) 6, 697—699, 1906.
D o u x a m i, H.: E. P. Ann. Soc. géol. du Nord 37, 1908, 22—27 (Teilbibliographie).

Pietzcker, F r a n z, geb. 5. XI. 1885 Tübingen, erlitt Heldentod 1. X. 1914.
1913 Mitglied Preuß. Geol. Landesanst. Ammoniten.
Z i m m e r m a n n, E.: Nachruf: Jahrb. Preuß. Geol. Landesanst., 39, 1918, II: XXX—XXXIII.
Nachruf: CfM., 1914, 736.
P o m p e c k j, J. F.: Nachruf: Jahresh. Ver. vaterl. Naturk. Württemberg, 71, 1915, CVII—CVIII.

Pilar, G e o r g, gest. 19. V. 1893.
Prof. Geol. Zagreb. Phytopaläontologie.
T i e t z e, E.: Nachruf: Verhandl. Geol. Reichsanstalt Wien, 1893, 186—187.

Pilla, L e o p o l d o, geb. 20. X. 1805 Venafro, gest. in der Schlacht bei Curtatone 29. V. 1848.
Lebte zuerst in Neapel, dann Prof. Geologie Pisa. Fiel als Mitglied des freiwilligen Studentencorps. Correspondierte mit Abich, Archiac, Beaumont, Catullo, Collegno, Coquand, Gemmellaro, Guidoni, Murchison, Savi, Sismonda, Spada. Stratigraphie Italiens.
B a s s a n i, Fr.: In memoria di L. P. Rendic. R. Accad. Sc. fis. mat. Napoli, 44, 1905, 477—492 (Portr.).
C a n a v a r i, M.: Per il Centenario della nascita di L. P. Boll. Geol. Soc. Ital., 24, 1905, LXXV—LXXXII (Portr.).
C o q u a n d, H.: Nécrol. Paris, 1849, pp. 4.
Venafro nel primo centenario della nascita di L. P. 1805—1905. Napoli, 1905, pp. 23, Fig. 4 (Collabor. Gattini, Coquand, Issel, Bassani etc.).
I. Centenario della nascita di L. P. Memorie di commilitoni e di geologi raccolta de Nicolo Marucci. Campobasso, 1905, pp. 63, Fig. 7 (Collabor. Issel, Lovisato, Rovereto).
Biographie par Marucci, p. 1—8, Bibliographie, p. 58—59 in L. Pilla: L'excursionista meridionale, I. 1905, Avellino 1—6, 33-41.
T a r a m e l l i, T.: In ricordo di L. P. Rendic. Accad. Lincei Sc. fis. mat., (5) 14, 1905, 499—501.
P i l l a: Cenno biografico su Nicola Covelli Lettera l'Accad. Pontiana, 14, III, 1830, pp. 43, Napoli.
— — Matteo Tondi Necrol. Progr. del orig. geol. ital., 15, 1836, 37—74.
E dissertatione Nicolai Stenonis de solido intra solidum naturaliter contento excerpta in quibus doctrinas geologicas quae hodie sunt in honore facile est reperire curante L. P. Florenz, 1842.
Autobiographie in Univ. Pisa.
C a m p a n i, G.: Biografia del Prof. L. P. Siena, 1849.

Pillet, L o u i s, geb. 1819 Chambéry, gest. 1894.
Advokat in Chambéry. Stratigraphie.
R é v i l, J.: Notice sur les travaux géologiques de L. P. Bull. Soc. d'Hist. nat. de Savoie 1894, pp. 17 (Bibliographie mit 77 Titeln).
Notice nécrologique. Bull. Soc. géol. France (3) 23, 1895, 168—169.

Pini, E r m e n e g i l d o, geb. 17. VI. 1739 Mailand gest. 3. I. 1825.
Prof. Univ. Arcimbolda. Widmet in seinem Werk 1790: Sulle
rivoluzioni del globo terrestre auch ein Kap. den Versteinerungen.
G ü n t h e r: Aus der Sturm- und Drangperiode der Geognosie.
Mitt. Gesch. Med. Naturw., 11, 449—458.
R o v i d a, C e s a r e: Elogio di Ermenegildo Pini. Milano, 1830.
Zitiert in: Cermenati: Plinio-Spallanzani. Boll. Soc. Geol. Ital., 30,
1911, p. CDXCV ff.
W u, r z b a c h 22, 315—317.

Piper, G e o r g e H a r r y, geb. 8. IV. 1819 London, gest. 26. VIII.
1897.
Sammler, dessen Coll. in das British Museum gelangte. Strati-
graphie.
Obituary, Geol. Magaz., 1898, 94; QuJGS., London, 54, 1898,
LXIV.
Hist. Brit. Mus., I: 317.

Pirona, G i, u l i o A n d r e a, geb. 20. XI. 1822, gest. 28. XII.
1895 Udine.
Prof. Naturgesch. am Gymnasium in Udine. Stratigraphie,
Faunen des Jura u. der Kreide. Rudisten.
Necrologia. Atti Ist. Veneto LXI, 1, 1901—1902, 215—222 (Biblio-
graphie) (Qu.).

* **Pissis**, A, i m é (Amadeo), geb. 17. V. 1812 Brioude, Haute-Loire,
gest. Januar 1889 Santiago de Chile.
Geodät in Bolivien. Stratigraphie.
S t e l z n e r, A. W.: Nachruf: NJM., 1889, II: pp. 2.

Planchon, J u l e s E m i l e, geb. 21. III. 1823 Ganges (Hérault),
gest. 1. IV. 1888 Montpellier.
Prof. Montpellier. Botaniker. Foss. Flora von Meximieux 1862.
Annals of Botany II, 1888/89, 423—428 (Qu.).

Plancus, J a, n u s, ident mit B i a n c h i.

Plant, J o, h n, geb. Oktober 1819 Leicester, gest. 1894.
Major, arbeitete im Peel Park Museum zu Salford. Carbon Pisces.
Sketch of the life and work of —. Geol. Magaz., 1892, 286—
288 (Portr.).
Hist. Brit. Mus., I: 317—318.
Obituary. QuJGS. London 50, 1894, 52.
Scient. Papers 4, 932; 8, 632; 11, 30—31; 17, 918.

Planté, G a, s t o n, geb. 22. IV. 1834 Orthez (Basses-Pyrénées),
gest. 21. V. 1889 Paris.
Physiker. Entdecker von Gastornis parisiensis.
Notice nécrologique. Bull. Soc. géol. France (3) 18, 1889—90,
377.
P o g g e n d o r f f 3, 1047—1048 (Qu.).

Platt.
Schrieb 1764 über Belemniten.

* **Platt**, F r a n k l i n, geb. 1844, gest. 1900.
F r a z e r, P.: Memoir of —. Bull. Geol. Soc. America, 12, 1901,
454—455.

* Playfair, J,o h n, geb. 1748, Benvie, Forfarshire, gest. 1819 Edinburgh.
Mathematiker, 1773 Pfarrer in Benvie, 1785 Prof. Math. Edinburgh, 1805 Prof. Philosophie. Stratigraphie Englands.
G e i k i e, A.: A long life work 143.
G e i k i e: Murchison, I: 102.
The works of J. P. with a memoir of the author. Edinburgh, 1822, vol. 4.
Memoir of Prof. J. P. Encyclop. Britann., 1823, pp. 31.
Edinburghs place in scientific progress., 1921.

Pleydell, J o h n C l a v e l l M a n s e l - P l e y d e l l siehe M a n s e l-
P l e y d e l l.

Plieninger, W i l h e l m H e i n r i c h T h e o d o r v o n, geb. 17. XI.
1795 Stuttgart, gest. 26. IV. 1879 daselbst.
1817—22 Theologe, 1823 Prof. in der Mädchenschule Stuttgart,
dann Kustos und Referent im Agrikulturamt. Pisces, Reptilien,
Mammalia.
Nachruf: Leopoldina, 15, 1879, 165—167 (Bibliographie mit 35
Titeln).

Plinius, d e, r ä l t e r e, geb. 23 od. 24, gest. 79.
B a i l e y, K. C.: The „lapides palmati" mentioned in the Hist.
Nat. of the Elder Pliny. Nature, London, 128, 1931, 672 (Fig.).
C e r m e n a t i: Da Plinio a Leonardo, dallo Stenone allo Spallanzani. Boll. Soc. Geol. Ital., 30, 1911, CDLVII ff.
Vergl. Z i t t e l: Gesch.

Plot, R o b e r t, geb. 1640, gest. 1696.
Schrieb 1676 Natural History of Oxfordshire, 1686 The Nat. Hist.
of Staffordshire.
E d w a r d s: Guide, 11—12.
G u n t h e r, R. T.: Early medical and biol. sci., Oxford, 1926.
Dict. Nat. Biogr. 45, 424—426.

Počta, F i l i p p, geb. 19. XI. 1859 Prag, gest. 7. I. 1924 daselbst.
Prof. Geol. Pal. böhmischen Universität Prag. Spongia, Rudista,
Korallen u. a. Fortsetzer von Barrande's Système silurien.
K o l i h a, J.: Vyznam prof. Dra F. Pocty pro paleontologia. (Über
die Bedeutung des Prof. F. P. für die Paläontologie) Casopis
nar. mus., 98, 1924, 49—57 (Portr.).
M a t o u s e k, O.: F. P. Sbornik Cesko spolecnosti, 30, 1924
(Bibliographie).
P u r k y n e, C.: Dr. F. P. Nekrolog. Publik. Böhm. Akad., 1925,
pp. 6 (Portr.).
S o k o l, R.: Dr. F. P. Rocnik Karlovy Univ., 1923, 45—47 (Portr.).

* Pohl, J. E.
Schrieb 1816: Syst. Überblick der Reihenfolge einfacher Fossilien.
Nebst Beifügung der üblichen Deutschen und Französischen
Synonymen.
P o g g e n d o r f f 2, 484.

Pohlig, H a n s, geb. 30. XII. 1855, gest. 14. V. 1937 Bonn.
Prof. in Bonn. Maragha, Mammalia, Asteroidea, Unio.
Hist. Brit. Mus., I: 318.
Scient. Papers 11, 39; 17, 939—940.
P o g g e n d o r f f 4, 1177.

Poignand, M a l c o l m, geb. 1850, gest. 2. III. 1913 Walsham-le-Willows, Suffolk.
Arzt, Jurasammler in Dorset.
Obituary, Geol. Magaz., 1913, 191.

Pomel, N i c o l a s A u g u s t e, geb. 21. IX. 1821 Issoire, gest. 2.
VIII. 1898 Algier.
Wurde wegen seiner politischen Stellungnahme nach Algerien
deportiert. Direktor Serv. géol. Algier. Arbeitete über Mammalia u. Stratigraphie der Auvergne. Stratigraphie u. Paläontologie Algiers, bes. Echinodermata, Spongiae, Mammalia.
G a u t i e r, P.: A. P. un géologue Auvergnien. Clermont-Ferrand,
1899, pp. 10 (Bibliographie mit 12 Titeln).
F i c h e u r, E.: Necrol. Bull. Soc. géol. France, (3) 27, 1899,
191—223 (Bibliographie mit 137 Titeln).
W o l f, C.: Necrol. Acad. Sci., 19, XII. 1898.
Hist. Brit. Mus., I: 318.

Pompeckj, J o s e f F e l i x, geb. 10. V. 1867 Groß-Kölln, Ostpreußen, gest. 8. VII. 1930 Berlin.
Studierte bei Branca, 1904 Prof. Geol. Landwirtschaftliche Hochschule Hohenheim, 1907 Prof. Geol. Königsberg, 1907 Prof.
Göttingen, 1913—17 Prof. Tübingen, 1917—1930 Berlin. Paläontologia universalis.
B r.o i l i, Fr.: J. F. P. Palaeontographica, 74, 1931, pp. 3 (Portr.).
D i e t r i c h, W. O.: J. F. P. Geol.-Pal. Abhandlungen, N. F.
18, 1931, I—X (Portr.).
H e n n i g, E.: Nachruf: CfM., 1930, B, 353—366 (Portr. Bibliographie von Roethe mit 95 Titeln).
J a n e n s c h, W.: J. F. P. Sitzungsber. naturf. Freunde Berlin,
1930, 281—286.
R i e d e l, L., S t a c h, E., S o l g e r, F., R o e t h e: J. F. P. Berlin, 1930, pp. 29 (Portr. Bibliographie.).
T o r n i e r: 1925: 103.
Q u e n s t e d t, W.: Die Stellung P's. in der Geschichte der Paläontologie, Manuskript. 1935.
B r ä u h ä u s e r, M.: J. F. P. Jahresh. Ver. vaterländ. Naturk.
Württemberg 86, 1930, XXXIII—XXXVII (Portr.).

Ponsort, B a r o n.
Sammelte in den 50er Jahren Kreidefische bei Mont Aimé.
Hist. Brit. Mus., I: 318.

Pontier, G., gest. 12. XI. 1933 Lumbres.
Arzt in Lumbres (Pas-de-Calais). Quartärfaunen (Elephanten).
D u.b a r, G.: Eloge de —. Ann. Soc. géol. du Nord 58, 1933, 207—210.
Notice nécrologique. Bull. Soc. géol. France (5) 4, 1934, 125
(Compte rendu) (Qu.).

Pontoppidan, E r i c h, geb. 1698, gest. 1764.
Publizierte 1753: Forsog pa Norges naturlige historie (Deutsch
1753: Versuch einer natürlichen Historie von Norwegen, worinnen die Luft, Grund und Boden, Gewässer, Gewächse, Metalle,
Mineralien, Steinarten etc. beschrieben werden. Bd. 1—2. Übersetzt von J. A. Scheiben, Kopenhagen.).
Z i t t e l: Gesch.
Dansk Biogr. Lexikon 13, 210—218.

Ponzi, Giuseppe, geb. 20. V. 1805 Rom, gest. 30. XI. 1885 ebenda.
Prof. Geol. Rom. Insecta, Faunen von Rom und Umgebung. Prähistorie.
Blaserna, P.: Catalogo delle publicazioni scientifiche edite dal Prof. G. Ponzi. Atti R. Accad. Lincei, (4), Rendic. 1, 1885, 829—832 (Bibliographie mit 92 Titeln).
Liste de ses publications sur l'Archéologie préhistorique. Bull. di Paletnol. ital., 11, 1885, 195—196 (Bibliographie mit 20 Titeln).
Necrologia. Boll. Soc. geol. it 5, 1886, 14—15.

Popovics, Vazul Sándor, gest. 29 Jahre alt 24. II. 1877.
Mittelschullehrer in Ujvidék. Stratigraphie der Fruska Gora.
Nachruf: Földtani Közlöny, 6, 85.

Poppelack, Joseph, gest. 79 Jahre alt 2. III. 1859.
Sammelte in den 30er Jahren Fossilien des Wiener Beckens für M. Hoernes. Mollusca.
Haidinger: Nachruf: Jahrb. Geol. Reichsanst. Wien, 10, 1859, 42.

* **Portioli**, Attilio, gest. 61 Jahre alt 21. X. 1891 Mantua.
Palethnologie.
Nekrolog: Rassegna geol. ital., 2, 1892, 107 (Bibliographie mit 5 Titeln).

Portis, Alessandro, geb. 17. I. 1853 Torino, gest. 21. XII.1931.
Studierte in Göttingen, 1879 Dozent Pal. Torino, 1888 Prof. Pal. Geol. Rom (Nachfolger Ponzi's), Geol. Bibliogr. Italiens, Batrachia, Reptilia, Testudinata, Aves, Mammalia. Phytopaläontologie.
Martelli, Cerulli, Clerici: Nekrolog: Boll. Geol. Soc. Ital., 51, 1932, XX—XXVI, XLV—XLVII (Portr., Bibliographie mit 69 Titeln).
Merciani, G.: Nekrolog: Atti Soc. Toscana Sci. nat. Pisa, Proc. Verb., 41, 1932, 6—9.

Portlock, Joseph Ellison, geb. 1794, gest. 14. II. 1864 Lota bei Dublin.
Offizier. Stratigraphie u. Paläontologie von Londonderry (Pisces, Trilobita, Brachiopoda u. a.).
Obituary. QuJGS. London 21, 1865, XL—XLV.
Scient. Papers 4, 991 (Qu.).

Posewitz, Tivadar, geb. 2. XII. 1850, gest. 14. VI. 1917.
Mitglied d. Ungarischen Geol. Reichsanstalt Budapest. Stratigraphie.
Papp, K.: Nachruf: Földtani Közlöny, 48, 1918, 83—84 172—173 (Portr.).

* **Post**, Hampus von, geb. 15. XII. 1822 Gotland, gest. 16. VIII. 1911.
Stratigraphie (Quartär, bes. Torf-, Moor- usw. Bildungen).
Sernander, Rutger: Minnesteckning. Geol. För. Stockholm Förhandl., 34, 1912, 139—177 (Portr., Bibliographie).

Potier, Alfred, geb. 11. V. 1840, gest. 8. V. 1905.
Französischer Ingenieur, studierte Kreide, Terebratulina der Champagne. Mitglied des Serv. géol. Carte France. Stratigraphie. In 1. Linie Physiker.

L a p p a r e n t, A.: Not. nécrol. Bull. Soc. géol. France, (4) 6, 1906, 315—324.
Notice sur les travaux scientifiques de M. Alfr: P. Paris, 1891, pp. 39.
L i é n a r d, A.: A. P., sa vie, ses travaux. Ann. des Mines, (10) Mem. 13. 1908, 194—210 (Bibliographie mit 78 Titeln).

Potonié, H e n r y, geb. 16. XI. 1857 Berlin, gest. 28. X. 1913 Groß-Lichterfelde.
Verfasser des Lehrbuches der Pflanzenpaläontologie (1897), Mitglied der Preuß. Geol. Landesanstalt. Phytopaläontologe.
A n g e r b a c h, A. L.: H. P. als Naturphilosoph. Naturw. Wochenschr., 28, 1913, 776—779.
B r a n c a, W.: Leben und Wirken H. P.s. Naturw. Wochenschr., N. F., 12, 1914, 753—757.
G o t h a n, W.: Nachruf: Jahrb. Preuß. Geol. Landesanst., 34, 1913, II: 535—559 (Portr. Bibliographie mit 213 Titeln).
— —: H. P. Ber. deutsche bot. Ges. 31, 1913, (127);—(136); (Portr., Teilbibliographie).
T o r n i e r: 1925: 78—79, 103.
K a u n h o w e n, F.: Zum Gedächtnis —. Zeitschr. d. D. Geol. Ges., 1914, 385—406 (Portr. Bibliographie mit 220 Titeln).

**Pott, G i o v a n n i E n r i c o.
Publizierte 1746: Lithogeognosie; Fortsetzung, Potsdam u. Berlin 1751, 1754.
P o g g e n d o r f f 2, 509—510.

Pouech, A b b é, gest. 1892.
Paläontologie u. Stratigraphie von Ariège.
Notice nécrologique. Bull. Soc. géol. France (3) 21, 1893, 94 (Qu.).

Poullet, A b b é.
Publizierte 1837: Des fossiles et de leur signification. Inauguraldissertation, Paris, pp. 30.

Poussin, C h a r l e s L o u i s J o s e p h X a v i e r de la V a l l é e, geb. 6. IV. 1827 Namur, gest. 15. III. 1903 Brüssel.
Mineraloge, Stratigraphie.
M a l a i s e, C.: Notice sur —. Ann. Soc. Geol. Belg., 31, 1903—04, B 99—124 (Portr. Bibliographie mit 110 Titeln).
H e n r y, L.: Nekrolog: Revue générale, Mai 1903.
B r o e c k, Van den, E.: Ch. P. sa vie et ses travaux. Bull. Soc. belge géol. Mem., 1903, 155—201.
K a i s i n, F.: Ch. P. sa vie, ses travaux. Rev. quest. sci., (3) 4, October 1903, Louvain, 360—377.

Powell, J o h n W e s l e y, geb. 24. III. 1834 Mount Morris N. Y., gest. 23. IX. 1902 Haven (Maine).
Direktor der Geol. Survey U. S. Stratigraphie.
B r e w e r, W. H.: Obituary, Amer. Journ. Sci., (4) 14, 1902, 377—382.
D'a l l, W. H.: Obituary, Bull. Philos. Soc. Washington, 14, 300—308, 1905.
G'i l b e r t, G. K.: J. W. P. A memorial to an American explorer and scholar. Chicago, 1903, pp. 75 (The Open Court, 16: 705-716, 1902, 17: 14—25, 86—94, 162—174, 228—239, 281—290, 342—347, 348—351, 1903. Portr.).
— — Powell as geologist. Proc. Washington Acad. Sci., 5, 1903, 113—118.
— — Obituary, Sci. n. s., 16, 1902, 561—567 (Portr.), Ann. Rep. Smithson. Inst., 1902, 1903, 633—640 (Portr.).

Merrill, G. P.: Obituary, Am. Geol., 31, 1903, 327—333 (Portr.).
— — 1904: 620, 709 u. öfter.
Fairchild: 45—46.
Osborn: Cope, Master-Naturalist, 29.
Warman, P. C.: Catalogue of the published writings of J. W. P. Written and edited by his wife. Proc. Washington Acad. Sci., 5, 1903, 131—187 (Bibliographie mit 251 Titeln).
Anonym: Obituary, Pop. Sci. Mo. 20, 390—397 (Portr.).
Nachruf: Verhandl. Geol. Reichsanst. Wien, 1902, 289—290.

Powrie, James.
Sammelte in den 60er Jahren paläozoische Fische für das British Museum.
Hist. Brit. Mus., I: 319.
Scient. Papers 4, 1006; 8, 654—55.

Pozzi, Santiago, gest. 27. X. 1929 La Plata.
Sammler und Präparator am Museo de La Plata u. am Museum in Buenos Aires.
Kraglievics, L.: S. P. Physis, 10, 1930—31, Buenos Aires 213—215.

*** Pötzsch**, Christian Gottlieb, geb. 1732, gest. 1805.
Dresdner Geologe und Mineraloge.
Kläbe, J. G. Aug.: Neuestes gelehrtes Dresden (Leipzig 1796), 120—122.
Haymann, Chr. J. G.: Dresdens ... Schriftsteller und Künstler. Dresden 1809, 138—144 — beide zitiert nach Zaunick, 1934, 597.
Poggendorff 2, 479.

Pratt, Samuel Peace, geb. 6. XI. 1789, gest. 1863.
Polyhistor, widmete sich 1812 der Geologie und Paläontologie. Siedelte 1823 nach Bath über, wo er 16 Jahre lang lebte. Der Großteil seiner Sammlung befindet sich im British Museum.
Obituary, QuJGS., London, 20, 1864, XXXVII.
Bather, F. A.: Address W. Smith, Bath, 1926, S. 4.
Woodward, H. B.: Hist. Geol. Soc. London, 165.
Hist. Brit. Mus., I: 319.

Presl, Jan Svatopluk, geb. 4. IX. 1791 Prag, gest. 6. IV. 1849 daselbst.
Prof. Zool. Min. Prag. Insecta, Rhinozeros, Mammalia u. a.
Kettner: 133 (Portr., Taf. 15).
Biogr. u. Bibliogr. in: Weitenweber siehe K. B. Presl.
Wurzbach 23, 270—275.

Presl, Karl Borivoj, geb. 17. II. 1794 Prag, gest. 2. X. 1852 Prag.
Prof. allgem. Naturgesch. u. Technologie in Prag. Phytopaläontologe (Text zu Sternbergs Flora d. Vorwelt).
Kettner: 132—133 (Portr., Taf. 16).
Weitenweber, W. R.: Denkschrift über die Gebrüder Johann Swatopluk und C. Borivoy Presl. Abhandl. k. böhm. Ges. Wiss., (5) 8, 1854, pp. 27 (Bibliographie).
Wurzbach 23, 275—279.

Prestwich, C i v i l, gest. 27. XII. 1866.
Schwester und Mitarbeiterin J. Prestwich's.
Prestwich life, 102, 202.

Prestwich, S i r J o s e p h, geb. 12. III. 1812 Pensbury, Clapham,
gest. 23. VI. 1896 Darent Hulme, Kent.
1874 Prof. Geol. Oxford (Nachfolger John Phillips'). Stratigraphie, bes. des engl. Tertiär. Palethnologie. (Seine Frau,
die Nichte Falconer's gest. 31. VIII. 1899.)
Life and letters of Sir Joseph Prestwich. Written and edited by
his wife. London-Edinburgh, 1899, pp. XVI + 444 (Portr. Biblio-
graphie mit 140 Titeln).
E v a n s, J.: Obituary, Proc. Roy. Soc., 60, 1896, XII—XVI.
Eminent living geologists: J. P. Geol. Magaz., 1893, 240—246
(Portr.).
Obituary, QuJGS., London, 53, 1897, XLIX.
R a m o n d: Necrolog. Bull. Soc. géol. France, (3) 25, 1897
285—294.
Hist. Brit. Mus., I: 319.
Portr. W o o d w a r d, H. B.: Hist. Geol. Soc. London, Taf. 162.

Preudhomme de Borre, A l f r e d, geb. 1833, gest. 1905.
Belgischer Entomologe. Fossile Insekten von Mons 1875. Ter-
tiärschildkröten (Qu.).

Prévost, L o u i s C o n s t a n t, geb. 4. VI. 1787 Paris, gest. 17. VIII.
1856 Molières.
Studierte bei Cuvier u. Al. Brongniart, begleitete 1804—12
Brongniart auf verschiedenen Reisen in Frankreich. 1815 Fa-
brikdirektor zu Hirtenberg bei Wien, studierte dort das Wiener
Becken, kehrte 1818 nach Paris zurück. 1821 Prof. am Athe-
naeum Min. Geol. 1830 Prof. Geol. Sorbonne, begründete mit
Desnoyers, Deshayes, Boué die Société géol. de France. Strati-
graphie, Pariser Becken, Wiener Becken.
Notes relatives à la présentation dans la section de Minéralogie
et de Géologie de l'Académie des Sciences. Paris (1827), pp. 7.
Candidature pour la chaire d'Histoire naturelle du Collège de
France M. C. P. Paris, 21. Août 1832, pp. 27.
Candidature de M. C. P. (Section de Géologie et de Minéralogie.
Acad. Sci.) Paris, 1835, pp. 52.
Notice sur ses travaux. 1809—1847. Paris, pp. 47.
Notice supplémentaire sur les travaux de M. C. P. 1840—1847,
Paris, 1847, pp. 20.
Funérailles, de M. C. P.: Discours de M. de Senarmont, De-
lafosse, Deshayes et Delesse. Paris (o. J.)
G o s s e l e t, J.: Constant Prévost. Coup d'oeil rétrospectif sur la
Géologie en France pendant la première moitié du XIX—e
siecle. Ann. Soc. Géol. du Nord, 25, 1—34, Lille, 1896 (Portr.).
Obituary, QuJGS. London, 13, 1857, LXX—LXXV.
R o q u e t t e, de la: Not. nécrol. sur M. C. P. lue ass. gén. Soc.
Géogr., 19, XII. 1856, pp. 25 (Bibliographie mit 61 Titeln).
Lyell life, I: 134, 137 302 u. öfter.
G e i k i e: Murchison, I, 148.
Sedgwicks life: I, 371.
Portr. Livre jubilaire Taf. 19.

Price, H i l t o n F r e d e r i c k G e o r g e, geb. 20. VIII. 1842 Lon-
don, gest. 14. III. 1909 daselbst.
Rostellaria, Gault. Vgl. Földtani Közlöny, 1909, 555.
Obituary. Geol. Magaz. 1909, 239—240 (Bibliographie); QuJGS.
London 66, 1910, LI.

Priem, F e r n a n d, geb. 10. XI. 1857 Bergues bei Dunkerque, gest. 4. IV. 1919.
Studierte bei Gaudry. Prof. am Lyceum Henry IV. Pisces.
Obituary, Geol. Magaz., 1919, 288.
Dean II, 286—287; III, 156 (Bibliographie).

Primics, G y ö r g y, geb. 28. IV. Závidfalva, Komitat Bereg, gest. 9. VIII. 1893 Belényes.
1878 Assistent Univ. Kolozsvár bei A. Koch, 1887 Custos am Erdélyi Muzeum in Kolozsvár, 1893 Mitglied Kgl. Ungarischen Geologischen Reichsanstalt. Ursus spelaeus, Homo fossilis. In 1. Linie Mineraloge.
K o c h, A.: Nachruf: Földtani Közlöny, 24, 1894, 269—275, 317— 319 (Bibliographie mit 44 Titeln).

Prinsep, J a m e s, geb. 29. VIII. 1799 London, gest. 22. IV. 1840 ebenda.
Analysierte in den 30er Jahren fossile Knochen.
P o g g e n d o r f f 2, 532.
Dict. Nat. Biogr. 46, 395—396.

Prinzinger, H e i n r i c h, geb. 11. XI. 1822 Zell am See, gest. 14. VII. 1908 Salzburg.
Salinenchef. Stratigraphie.
T i e t z e, E.: Nachruf: Verhandl. Geol. Reichsanst. Wien, 1908, 237—239.
K l e b e l s b e r g, R. v.: Géologie von Tirol 1935, 687.

Pritchard, A n d r e w, geb. 14. XII. 1804 London, gest. 24. XI. 1882 Highbury.
Publizierte London 1841: A history of infusorial animalcules, living and extinct. (4. Auflage 1861).
Dict. Nat. Biogr. 46, 402—403.
P o g g e n d o r f f 3, 1071.

Probst, J o s e p h, geb. 23. II. 1823 Ehingen a. D., gest. 9. III. 1905 Biberach.
Kämmerer. Pisces. Cetacea, Mollusca, Phytopaläontologie.
E n g e l: Kämmerer Dr. J. P. Jahresh. Ver. vaterl. Naturk. Württemberg, 61, 1905, XXXVII—XLV.
S c h ü t z e, E.: Städtische Sammlung der Stadt Biberach, I. Die geol. Samml. des Pfarrers —. Biberach 1907, pp. 30, Taf., Fig., Portr.
Scient. Papers 5, 25; 8, 665; 11, 71; 17, 1025.

Procházka, J a n S v a t o p l u k, geb. 1891 Prag, gest. 1933.
Phytopaläontologie, Diatomaceae.
K e t t n e r, R.: Nachruf: Vestnik Státn. Geol. Ustav Ceskosl. Rep. 9, 1933, 24—26 (Portr.).
V é t t e r, Q.: J. S. P. Priroda 27, 1934, 180—184 (Bibliographie).

Procházka, V l a d i m i r J o s e f, geb. 26. IX. 1862 Tisnove, gest. 30. X. 1913 daselbst.
Stratigraphie.
T i e t z e, E.: Nachruf: Verhandl. Geol. Reichsanst. Wien, 1913, 360—361.
K e t t n e r: (Portr., Taf. 96.).
Z e l i z k o, J. V.: J. P. S. P. Casopis moravskeho zemsk. musea Brno 1914, 235—271 (Bibliographie).

Prosser, C h a r l e s S m i t h, geb. 24. III. 1860 Columbus, gest. 1916.
1888 Assistent-Paläontologe der U. S. Geol. Survey, 1892—94 Prof. Geol. Topeka, 1895—99 Assistent des New York Geol. Survey,

1899 Assistent-Prof. Geologie Ohio State Univ. Stratigraphie des Paläozoikum.
C l a r k e, J. M.: Obituary, Sci., n. s., 44, 1916, 557—559.
C u m i n g s, E. R.: Memorial of —. Bull. Geol. Soc. America, 28, 1917, 70—80 (Portr. Bibliographie mit 81 Titeln).

Prout, H i r a m A., gest. 1862.
Studierte palaeozoische Bryozoen.
M a r c o u, J. B.: Bibliographies of American Naturalists. III. Bull. U. S. Nat. Mus. No. 30, 1885, p. 273—274.
N ï c k l e s 850.

* Pröscholdt, H.
Schrieb: Geschichte der Geologie in Thüringen (von 1756—1880). Programm der Realschule in Meiningen, 1881, 3—30.

Puggaard, H a n s C h r i s t o p h e r W i l h e l m, geb. 23. V. 1823 Kopenhagen, gest. 14. VIII. 1864 Caen.
Dänischer Geologe. Geol. u. Pal. der Insel Moen (Kreide).
B r i c k a, Dansk bipgr. lexikon 13, 307 (Qu.).

Pumpelly, R a p h a e l, geb. 1837, gest. 1923.
Prakt. Geologe. Sammelte in China Karbonpflanzen. Stratigraphie.
My reminiscences. New York, 1918, Bd. I—II, pp. 844.
M e r r i l l: 1904: 522 (Portr. Fig. 75, S. 523).
W ï l l i s, B.: Memorial of —: Bull. Geol. Soc. Am. 36, 1925, 45—84 (Portr., Bibliographie).

* Purdue, A l b e r t H o m e r, geb. 1861, gest. 1917.
A s h l e y, G. H.: Memorial of —. Proc. Indiana Acad. Sci., 1918, 247—257, 1919.
— — Bull. Geol. Soc. America, 29, 1918, 55—64 (Portr., Bibliographie mit 93 Titeln).
G l e n n, L. Ch.: Obituary, Bull. Tennessee Geol. Surv., 8, 1918, 3—6.

Purkyně, C y r i l, geb. 27. VII. 1862, gest. 5. II. 1937.
Direktor der Geologischen Landesanstalt der Tschechoslovakei. Diluvium, Karbonstratigraphie u. -flora.
K e t t n e r, R.: Prof. Dr. C. P. sedmdesatnikem. Sbornik Ceskosl. spolecnosti, 38, 170—175, Praze, 1932, pp. 6 (mit engl. Resumé, Portr.).
— — C. S. Priroda 1932, Brno, pp. 4 (Portr.).
K o u t e k, J.: C. P. sedmdesatníkem. Vestnik Státn. geol. Ustav. CS. Rep., 8, 1932, 129—136 (Portr., Bibliographie).

Pusch, G e o r g G o t t l i e b, geb. 15. XII. 1790 Kohren, gest. 2. X. 1846 Warschau.
Bergrat in Polen, schrieb 1837 Polens Paläontologie, oder Abbildung und Beschreibung der vorzüglichsten und der noch unbeschriebenen Petrefakten aus den Gebirgs-Formationen in Polen, Volhynien und den Karpathen. Stuttgart 1837, pp. 218 (Evertebraten und Vertebraten). Auch weitere Arbeiten zur Paläontologie Polens.
Obituary. QuJGS. London 3, 1847, XXVII—XXX.
P o g g e n d o r f f 2, 545.
Scient. Papers 5, 46.
K ö p p e n, F. Th.: Bibliotheca zoologica rossica II, 1907, 180 (Qu.).

Putterill, A r t h u r W i l l i a m, geb. 1852.
Sammler von Karroo-Reptilien in Südafrika.
B r o o m, R.: Mammal-like Reptiles of South Africa, London, 1932,
338—339.

Quatrefages d e B r é a u, J e a n L o u i s A r m a n d d e, geb. 10.
II. 1810, gest. 12. I. 1892 Paris.
Prof. d. Anat. Mus. d'hist. nat. Paris. Homo fossilis.
M i l n e - E d w a r d s, A.: Discours prononcé aux obsèques de M. de
Qu. Bull. Soc. Zool., 17, 1892, 21—25 (Portr.); Revue scienti-
fique, 49, 1892, 121—123.
— — A la mémoire de Jean Louis Armand de Quatrefages de
Bréau, pp. 4 (Quarto).
Portr. H a d d o n Hist.. of Anthropology, p. 23—24.
C a r t a i l h a c, E.: A. de Qu. L'Anthropologie 3, 1892, 1—18
(Portr., Bibliographie).

Quenstedt, F r i e d r i c h A u g u s t, geb. 9. VII. 1809 Eisleben, gest.
21. XII. 1889 Tübingen.
Studierte 1830 in Berlin, wo er die Schlotheim'sche Sammlung ord-
nete. 1837 Prof. Tübingen. Schrieb 1852 Handbuch der Petre-
faktenkunde (1885 III. Auflage), 1846—49 Petrefaktenkunde
Deutschlands bis 1884. Der Jura 1858 (1856—57). Gesamt-
paläontologie, bes. Stratigraphie u. Paläontologie des schwäb. Jura.
F r a a s, O.: Nekrolog: Jahresh. Ver. vaterl. Naturk. Württemberg,
47, 1891, XXXIX—XLIV; NJM., 1890, I, pp. 7.
G e i n i t z, H. B.: Nekrolog. Leopoldina, 26, 1890, 120—121.
Obituary, Geol. Magaz., 1890, 237—38; QuJGS., London, 46, 1890,
Proc. 51—52.
T o r n i e r, 1924: 59.
Lyell life, II: sub 1856, p. 236.
K o k e n, E.: Nachruf: Naturw. Rundschau, 1890.
V o i t, C. v.: Nekrolog. Sitzungsber. math.-phys. Cl. Ak. Wiss.
München 20, 1890, 430—434.
R o t h p l e t z, A.: Allgem. Deutsche Biogr. 53, 179—180.
K o k e n, E.: Ansprache. 50. Vers. Deutsche geol. Ges. Tübingen.
Zeitschr. Deutsche geol. Ges. 57, 1905, Monatsber. 295—96.
K r i m m e l, O.: F. A. Qu. Aus der Heimat 50, 1937, 189—196
(Portr., Teilbibliographie im Text).
H e n n i g, E.: F. A. Qu. Jahresh. Ver. vaterländ. Naturk. Würt-
temberg 1936, XXXI—XLI (Teilbibliographie im Text).

Quiquerez, A u g u s t e, geb. 8. XII. 1801, Porrentruy, gest. 13.
VII. 1882 Bellerive bei Delémont.
Mineninspektor im bernischen Jura. Mitarbeiter Amanz Gresslys.
K o h l e r, X.: Nachruf: Actes soc. Helv. sci. nat. 66, 1882-83,
146—154 (Bibliographie mit 203 Titeln).

Quirini.
Schrieb 1676 De testaceis fossilibus Musei Septiliani.
E d w a r d s: Guide, 12.
Z i t t e l: Gesch.
L y e l l, Ch.: Principles of Geology I, 1835 (4. ed.), 43—44.

Quitzow, A u g u s t A l f r e d W i l h e l m, geb. 5. II. 1881 Seehau-
sen, Altmark, gest. 30. XII. 1914 auf dem Polnischen Schlacht-
feld.
1907 Mitglied Preuß. Geol. Landesanstalt. Mioz. Oberschles. Carbonfauna. Herausgeber d. Geologenkalender.
M i c h a e l: Nachruf: Jahrb. Preuß. Geol. Landesanst., 39, 1918,
II: XLIV—XLIX (Bibliographie mit 24 Titeln, Portr.).

Raab (Raabe), J a c o b J o d o c u s, .geb. 12. I. 1629 Koburg,̗
gest. 11. I. 1708 Gotha.
Leibarzt des Herzogs von Gotha, wechselte mit J. Christ. Schnet-
ters einen Brief über das unweit Altenburg ausgegrabene úni-
cornu, oder ebur fossile. Jena, 1704.
Freyberg.
Jöchers Gelehrtenlexicon angefangen und fortgesetzt von J. Chr.
Adelung u. H. W. Rotermund 6, 1819, 1178—1179 (Bibliographie).

* **Rachoy**, J o s e f, gest. 15. IV. 1902 Karmel bei Tersische in Krain.
Bergverwalter und Sammler.
V a c e k: Nachruf: Verhandl. Geol. Reichsanst. Wien, 1902, 186.

Raciborski, M a r i a n, geb. 16. IX. 1863 Brzostawa bei Opotów, gest.
27. III. 1917 Zakopane.
Prof. Bot. Krakau. Botaniker, auch Phytopaläontologie.
G.o e b e l, K.: M. R. Ber. Deutsche botan. Ges. 35, 1917, (97)—
(107) (Bibliographie, paläobot. Titel p. (104)—(105)) (Qu.).

Radde, G u s t a v, geb. 27. XI. 1831 Danzig, gest. 15. III. 1903
Tiflis.
Ornithologe u. Forschungsreisender. Sammelte auch Fossilien auf
seinen Reisen im Kaukasus u. Nachbargebieten.
B l a s i u s, R.: G. R. Ein Lebensbild. Journ. f. Ornith., 1904, 1—
49 (Bibliographie. Portr.).
D r u d e, O., & T a s c h e n b e r g, O.: G. R. Sein Leben und
Werk. Leopoldina, 39, 121—128, 135—146 (mit completter Bi-
bliographie).

Radimsky, W e n z e l, gest. 27. X. 1895 Sarajevo.
Berghauptmann, Custos am Museum zu Sarajevo., Stratigraphie.
Nachruf: Verhandl. Geol. Reichsanst. Wien, 1895, 338—339.

Radkewitsch, G r i g o r i A l e x a n d r o w i t s c h, geb. 1865, gest.
1900.
Laborant Geol. Mus. Univ. Kiew. Stratigraphie u. Paläontologie
der Kreide u. des Tertiärs in der Gegend von Kiew.
.Nekrolog. Annuaire géol. et minéral. de la Russie 4, 1900—1901,
97—98 (Bibliographie) (Qu.).

Radovanovíc, S v e t o l i k A., geb. 1863, gest. 1928.
Jurafaunen Serbiens.
Nachruf. Annales géologiques Péninsule balkanique 10, 2, 1931,
1—10 (Portr., Bibliographie) (Qu.).

Rafinesque-Schmaltz, C o n s t a n t i n e, geb. 22. X. 1783 Galata,
gest. 18. IX. 1840 Philadelphia.
Privatgelehrter und Forscher. Medusen, Mollusca u. a.
M e r r i l l: 1904, 271.
N i c k l e s 854.
Dict. Am. Biogr. 15, 322—324 (Qu.).

Ragazzoni, G i u s e p p e, gest. 1898.
Homo fossilis. Geol. von Brescia. Begründer des Museo Ragazzoni
in Brescia.
Vergl. Cacciamali, G. B.: Necr. Zamara G. Boll. Soc. Geol. Ital., 36,
1917, 367.
Necrologia. Commentari dell'Ateneo di Brescia 1898, 181—190.
Inaugurazione del ricordo monumentale a G. R. Boll. Soc. Geol.
Ital. 20, 1901, LIII—LXII (Portr.).

Raimondi, Antonio, geb. 1826, gest. 1890.
Regierungsgeologe in Peru. Karte von Peru.
B a l t a, J.: Labor di Raimondi. in Raimondi, A.: El Peru, Bd. 4,
1902, XXVII—XXXVII (Bibliographie mit 113 Titeln).

Raincourt, J e a n   B a p t i s t e   P r o s p e r,   M a r q u i s   d e, gest.
1885.
Kleinere paläont. Studien (Pariser Becken).
Notice nécrologique. Bull. Soc. géol. France (3) 14, 1886, 464.
Scient. Papers 8, 689; 11, 96; 18, 35 (Qu.).

Rajus vgl. R a y.

Rakusz, G y u l a, geb. 21. V. 1896, gest. 6. I. 1932.
1928 Mitglied Kgl. Ungarischen Geologischen Anstalt. Asteroidea,
Anodonta, Brachiopoda, Stratigraphie, Carbon.
F e r e n c z i, I: Nachruf: Földtani Közlöny, 63, 1933, 1—7.
(Portr. Bibliographie mit 12 Titeln).

Rames, J e a n   B a p t i s t e, geb. 26. XII. 1832 Aurillac (Cantal),
gest. 22. VIII. 1894.
Apotheker. Stratigraphie. Homo fossilis.
B o u l e, M.: Notice sur —. Bull. Soc. géol. France, (3) 23, 1895,
192—202 (Bibliographie mit 17 Titeln).

Ramond d e C a r b o n n i è r e s, L o u i s   F r a n ç o i s, geb. 4. I. 1753
Straßburg, gest. 1827 Paris.
Prof. in Tarbes, 1800—1806 Mitglied des Corps législatif, dann
Staatsrat. Stratigraphie der Pyrenäen.
Z i t t e l: Gesch.
P o g g e n d o r f f 2, 565; Bibliographien s. M a r g e r i e 264—265.

Ramsauer, G e o r g.
Bergmeister in Hallstatt. Sammelte Versteinerungen des Salz-
kammergutes, bes. triadische Cephalopoden. Seine reichen Am-
monitensammlungen wurden von der Österr. geol. Reichsanst.
und vom Oberösterr. Museum in Linz angekauft.
Jahrb. geol. Reichsanst. Wien 2 (Heft 2), 1851, 148—150.
S c h a d l e r, J. in Jahrb. Oberösterr. Musealverein 85, Linz 1933,
374, 375 (Qu.).

Ramsay, A n d r e w   C r o m b i e   S i r, geb. 31. I. 1814 Glasgow, gest.
9. XII. 1891.
Kaufmann, dann Mitarbeiter Murchisons, 1851 Lektor geol. School
of Mines, 1872 Direktor Geol. Survey (Nachfolger Murchison's).
Stratigraphie.
G e i k i e, A.: Memoir of Sir A. C. R. 1895, pp. XI + 397 (Portr.
Bibliographie mit 81 Titeln).
Eminent living geologists: Sir A. C. R. Geol. Magaz., 1882, 289—
293 (Portr.).
G e i k i e, J.: The late Sir A. C. R. Trans. Edinburgh Geol. Soc.,
6, 1891—92, 233—240 (Portr.).
Y o u n g, J.: The late Sir A. C. R., Director General of the Geo-
logical Survey of Great Britain. Trans. Geol. Soc. Glasgow, 9,
256—263.
Obituary, Geol. Magaz., 1892, 48.
C l a r k e: James Hall of Albany, 348.
Z i t t e l: Gesch.
Portr. W o o d w a r d, H. B.: Hist. Geol. Soc. London, Taf. 234.

* Rankins, J o h n.
20 Jahre lang Resident in Hindostan u. Rußland, schrieb 1826 Historical researches on the wars and sports of the Mongols and Romans. London. (Geschichte fossiler Überreste. Ref. Leonhard, Taschenbuch, 21, 1827, I: 559).

Ranzani, C a m i l l o, geb. 22. VI. 1775 Bologna, gest. 29. IV. 1841 ebenda.
Prof. in Bologna, schrieb: De tribus vegetabilibus fossilibus 1839, De maxilla in agro bononiensi reperta 1837.
Lyell life, I: sub 1828.
T o r n i e r: 1924: 60.
B i a n c o n i, G.: Atti Soc. it. sci. nat. 4, 1862, 245.
Nouv. biogr. générale 41, 600—601.

Raspail, E u g è n e, geb. 12. IX. 1812 Gigondas (Vaucluse), gest. 25. IX. 1888 ebenda.
Beschrieb 1842 einen neuen Saurier von Gigondas.
P o g g e n d o r f f 2, 571 (Qu.).

Raspail, F r a n ç o i s V i n c e n t, geb. 29. I. 1794 Carpentras, gest. 8. II. 1878 Arcueil (Seine).
Schrieb Hist. nat. des Ammonites suivie de la description des espèces fossiles, Paris, 1842.
Notice sur F. V. Raspail, pp. 40 (o. J.).
Nouv. biogr. générale 41, 671—679.
R a s p a i l, X.: Vie et l'œuvre scientifique de F. V. R. 1926 (Bibliographie) (Qu.).

* Raspe, R u d o l p h E r i c h, geb. um 1736 Hannover, gest. 1794 Mucross (Irland).
Herausgeber der philosophischen Werke Leibnizens, schrieb 1763: Specimen historiae naturalis globi terraquei.
E d w a r d s: Guide, 42.
Z i t t e l: Gesch.
Allgem. Deutsche Biogr. 23, 2—3.

Rath, G e r h a r d v o m, geb. 20. VIII. 1830, gest. 23. IV. 1888.
Professor Bonn. Mineraloge, Petrograph, Vulkanologe. Pisces 1859.
D e s C l o i z e a u x: Notice sur M. Gerhard vom Rath. Bull. Soc. fr. Min., 11, 1888, 255—261 (Bibliographie).
L a s p e y r e s, H.: G. v. R. Eine Lebensskizze. Verhandl. naturh. Ver. Preuß. Rheinlande, 45, 1888, 30—81 (Bibliographie).
L e h m a n n, J.: Zur Erinnerung an —. NJM., 1888, Bd. II.
R e i n, J.: Nekrolog: Leopoldina, 25, 1889, 82—85.
B r u h n s, W., & B u s z, K.: Sach- und Orts-Verzeichnis zu den mineralogischen und geologischen Arbeiten von G. v. R. Leipzig, 1893, pp. 197.

Rathbun, R i c h a r d, geb. 25. I. 1852 Buffalo, gest. 16. VI. 1918 Washington.
1875—78 Mitglied der Geol. Kommission Brasiliens, 1878—96 U. S. Fish Comm., 1898 Sekretär des Smithsonian Institut. Brachiopoda, Trilobita, Mollusca.
Obituary, Amer. Journ. Sci., (4) 46, 1918, 757—763 (Bibliographie mit 30 Titeln).
C l a r k e: James Hall of Albany, 412.

Rauff. H e r m a n n, geb. 26. XII. 1853 Berlin.
Prof. Geol. u. Pal. Techn. Hochschule Berlin-Charlottenburg. Schwämme, Receptaculites.

s. W i l c k e n s, O.: Geologie der Umgegend von Bonn, 1927.
Poggendorff 3, 1092; 4, 1214.

Raulin, F é l i x V i c t o r, geb. 8. VIII. 1815 Paris, gest. 1905.
1838 Präparator am Mus. hist. nat. bei Cordier, 1846 Prof. Botanik,
Geologie, Mineralogie Bordeaux. Mollusca, Stratigraphie.
D o u v i l l é, H.: Not. nécrol. Bull. Soc. géol. France, (4) 6, 1906,
325—339 (Bibliographie mit 105 Titeln).
Notice sur les travaux scientifiques de M. V. R., Bordeaux, 1861,
pp. 12.
Nachruf: CfM., 1905, 154.

Raumer, K a r l v o n, geb. 1783 Wörlitz (Anhalt), gest. 1865 Erlangen.
Studierte Jura und Cameralia, Naturphilosophie und unter Werner
Geognosie. 1811 Prof. Min. Breslau, machte 1814 den Befrei-
ungskrieg als Freiwilliger mit, wurde wegen einer Beteiligung
an burschenschaftlichen Bestrebungen 1819 nach Halle versetzt,
dort aber vielfach angefeindet, so daß er 1823 seine Professur
niederlegte und in einer streng religiösen Privatschule in
Nürnberg eine Lehrstelle annahm. 1827 Prof. Naturgeschichte
und Mineralogie Erlangen. Stratigraphie.
Z i t t e l: Gesch.
Poggendorff 2, 575; 3, 1092—1093.

* Ravioli, C a m i l l o, gest. 1890.
Homo fossilis.
Nekrolog: Rassegna geol. ital., I, 1891, 496—497.

Ray, J o h n (oder Rajus, auch Wray), geb. 1628, gest. 1705.
Einer der ersten Kenner des Speziesbegriffes. Korrespondierte mit
Lhuyd, kannte Hooke und Steno. Zoologe.
Edwards Guide: 37, 40.
Z i t t e l: Gesch.
Dict. Nat. Biogr. 47, 339—344.

Razoumowsky, G r a f G r e g o r v o n, geb. 10. XI. 1759, gest. 3.
VI. 1837.
Schrieb 1789 über Faunen und Stratigraphie des Jura (Histoire
naturelle du Jorat et de ses environs. Lausanne), 1816 Coup
d'oeil géognostique sur le Nord de l'Europe et particulière-
ment de la Russie, 1783 Voyage minéralogique et physique de
Bruxelles à Lausanne, 1787 Von den Übergängen der Natur in
das Mineralreich Dresden.
Z i t t e l: Gesch.
Poggendorff 2, 578—579.
Scient. Papers 5, 113.

* Reade, T h o m a s M e l l a r d, geb. 7. V. 1832, gest. 26. V. 1909.
Architekt, Stratigraphie.
List of scientific papers and works. London, 1890 (Bibliographie
mit 112 Titeln).
Second list of scientific papers and works London, 1905 (Biblio-
graphie mit No. 113—182).
Obituary, Geol. Magaz., 1909, 336 (Bibliographie mit No. 183—196).

Réaumur, R e n é A n t o i n e F e r c h a u l t d e, geb. 28. II. 1683
La Rochelle, gest. 17. X. 1757 Bermondière.
Schrieb 1720 über die organischen Reste der Faluns der Touraine,
kannte fossile Knochen aus Simorre, Gers.

Fischer: Obituary of Lartet. Rep. Smithsonian Inst., 1872, 173.
Zittel: Gesch.

Reck, Hans, geb. 24. I. 1886 Würzburg, gest. 4. VIII. 1937
Lourenço Marquez.
Prof. in Berlin, Vulkanologe. Aufsammlungen fossiler Reptilien
in Ost- und Südafrika für das Mus. für Naturkunde, Berlin.
Lebensweise der Trilobiten.
Obituary. Nature 140, 1937, 351.
Todesnachricht. Geol. Rundschau 28, 1937, 455 (Qu.).

Redfield, John Howard, geb. 10. VII. 1815 Middletown (Conn.),
gest. 27. II. 1895 Philadelphia.
Botaniker (Conservator am Herbarium der Ac. Nat. Sci. Philadelphia). Fossile Fische.
Meehan, Th.: Memoir of J. H. R. Proc. Ac. Nat. Sci. Philadelphia 1895, 292—301.
Nickles 864 (Qu.).

Redfield, William C., geb. 1789, gest. 1857.
Meteorologe, auch Paläontologe. Pisces, Mollusca, Mammalia.
Rogers, W. B.: On the scientific work of W. C. R. Proc. Boston
Soc. Nat. Hist., 6, 1857, 186—191.
Olmstedt, D.: Biograph. memoir of W. C. R. Am. J. Sci. (2)
24, 1857, 355—373 (Portr., Bibliographie).

Redtenbacher, Anton, geb. 17. IX. 1841 Steyr, gest. 1. VIII.
1911 Wien.
Kurze Zeit Assistent an der Geol. Reichsanst. Wien, später Privat-
mann in Wien. Gosaucephalopoden nordöstl. Alpen (Abh. Geol.
Reichsanst. Wien 5, 1873), Kreidestratigraphie u. Diluvialpalä-
ontologie.
Nekrolog. Mitt. Ges. f. Salzburger Landeskunde 51, 1911, 440
(Qu.).

Reed, William, geb. 1810, gest. 9. V. 1892 York.
Arzt und Sammler, schenkte seine aus 100 000 Stücken (Mollusca,
Mammalia, Plantae) bestehende Sammlung 1878 dem Museum
zu York.
Obituary, Geol. Magaz., 1892, 283—286, Yorkshire Herald, 10.
Mai 1892.

Reed, William H., geb. 9. VI. 1848 Hartford, Conn., gest. 24.
IV. 1916.
Sammler für Marsh, später für das Carnegie Museum. Entdecker
des Diplodocus carnegiei.
Annals Carnegie Mus. X, 1916, 2—3 (Qu.).

Reeve, James, geb. 1833 Norwich, gest. 19. XII. 1920 daselbst.
73 Jahre lang tätig am Norfolk und Norwich Museum, zuletzt
als Curator, Crag-Mollusca.
Obituary, Geol. Magaz., 1921, 143—144; QuJGS., London, 77,
1921, LXXI—LXXII.
Vergl. auch Geol. Magaz. 1910, 141—143.

* **Reeve, Lovell,** geb. 19. IV. 1814 Ludgate Hill, gest. 18. XI. 1865.
Mollusca. Schrieb Monographie der rez. Mollusken in 20 Bänden.
Hamilton, W. J.: Obituary, QuJGS. London, 22, 1866, XXXIII
—XXXIV.

* Regelmann, C.
Schrieb 1917: Schwabens geologische Durchforschung. Mitt. des württembergischen Landesverbandes des Keppler-Bundes, 1917, 13—25 (Geschichte, seit 1540).
Nekrolog. Jahresber. u. Mitt. Oberrhein. geol. Ver. (N.F.) 10, 1921, 9—12 (Bibliographie).

* Regenfuß, F r a n z M i c h a e l.
Opus 1758 (Kopenhagen) ref. Schröter, Journ., 5: 115—148.

Rehbinder, B o r i s, geb. 1867, gest. 1922.
Stratigraphie poln. Jura. Kreidefaunen.
Y a k o v l e v, N.: Nekrolog. Bull. Com. géol. Russie 42 (1923), 1925, 373—376 (Portr., Bibliographie) (Qu.).

Rehm, H e i n r i c h, geb. 20. X. 1828 Ederheim bei Nördlingen, gest. I. IV. 1916 München.
Medizinalrat. Pilzforscher. Beschrieb den interglazialen Pilz Rosellinites schusteri (bei J. Schuster: Ber. Bayr. Bot. Ges. 12, 1909, 15).
Nachruf. Ber. Bayr. Bot. Ges. 16, 1917, 10—13 (Portr., Bibliographie) (Qu.).

Reichardt, W o l f g a n g, geb. 31. III. 1909, gest. 14. I. 1937 Jena.
Assistent in Jena. Stratigr. u. Pal. der Trias u. des Rotliegenden von Thüringen. Stratigr. u. Pal. der karnischen Alpen.
Nachruf. Beiträge zur Geol. von Thüringen V, 1938, 1 (Bibliographie) (Qu.).

Reichel, C h r i s t o p h C a r l, geb. 28. III. 1724 Dresden, gest. 1762 Meißen.
Dr. med. und Physikus in Meißen, schrieb: De Vegetabil. petrific. Wittenberg, 1750 (Ref. Schröter: Journ., 3: 94—95).
Freyberg.
M e u s e l, Teutsche Schriftsteller 1750—1800, 11, 114—115.

* Reichetzer, F r.
Schrieb Anleitung zur Geognosie, 1812.
Z i t t e l: Gesch.
W u r z b a c h 25, 180.

Reid, C l e m e n t, geb. 6. I. (nach QuJGS., 73, 1917 LXI; nach Geol. Magaz., 1917, 47: 6. VII.) 1853, gest. 10. XII. 1916 One Acre, Milford-on-Sea.
1874 Mitglied Geol. Survey England. Stratigraphie SW. Englands, Norfolk, Cromer, Yorkshire, Lincolnshire, Sussex, Wight, Tegelen. Phytopaläontologie. (Großneffe von Faraday).
G. W. L.: Obituary, QuJGS., London, 73, 1917, LXI—LXIV; Geol. Magaz., 1917, 47—48.
Scient. Papers 11, 132; 12, 609; 18, 108—109.

Reinach, A l b e r t B a r o n v o n, geb. 7. XI. 1842 Frankfurt a. M., gest. 12. I. 1905 daselbst.
Bankier, Stifter des Reinach-Preises der Senckenberg. Ges., studierte bei F. Sandberger, B. Cotta. Zog sich 1887 nach Eppstein im Taunus zurück, wo er sich der Geol. widmete. Mitarbeiter Kinkelins. 1892 Mitarbeiter der Preuß. Geol. Landesanstalt. Testudinata.
K i n k e l i n, F.: Zum Andenken an —. Leopoldina, 41, 1905, 107—109 (Bibliographie mit 24 Titeln).

23*

O p p e n h e i m, P.: Necrolog, Bull. Soc. géol. France, (4) 6, 1906, 351—352.
K i n k e l i n, F.: Nachruf: Ber. Senckenberg. Naturf. Ges., 50, 1905, I: 63—74 (Bibliographie mit 22 Titeln).
L e p p l a, A.: Nachruf: Jahrb. Preuß. Geol. Landesanst., 26, 1905, 663—675 (Portr. Bibliographie mit 21 Titeln).

Reinecke, J o h a n n C h r i s t o p h M a t t h i a s, geb. 1769 Halberstadt, gest. 7. XI. 1818.
Gymnasialdirektor in Coburg. Schrieb: Maris protogaei Nautilos et Argonautas vulgo Cornua Ammonis in Agro Coburgico et vicino reperiundos. Coburgi 1818.
P o m p e c k j, J. F.: J. C. M. Reinecke, ein deutscher Vorkämpfer der Deszendenzlehre aus dem Anfange des 19. Jahrhunderts. Pal. Zeitschr., 8, 1927, 39—42.
Freyberg.
Z i t t e l: Gesch.: Seine Arbeit 1818 „gehört zu den besten älteren Arbeiten über Ammoniten".
M e u s e l, Gelehrtes Deutschland 19. Jh. 6, 278; 10, 460; 11, 633; 19, 286.

*Reinhardt, J o h a n n J a c o b, gest. 58 Jahre alt 6. IX. 1772.
Badischer Geheimrat. Schrieb über Marmor.
Nachruf: Schröter, Journ., I: 250—251.

Reinhardt, J o h a n n e s T h e o d o r, geb. 3. XII. 1816 Kopenhagen, gest. 23. X. 1882.
Inspektor am kgl. naturhist. Museum Kopenhagen. Zoologe. Quartäre Faunen Südamerikas (Lundsche Sammlungen von Lagoa Santa).
Dansk biogr. Lexikon (Bricka) 13, 1899, 609—611.
D a h l, Bibl. zool. danica 1910, 6—8 (Bibliographie) (Qu.).

Reinsch, P a u l F r i e d r i c h, geb. 1836 Kirchenlamitz (Fichtelgebirge), gest. 31. I. 1914 Erlangen.
Lehrer, dann Privatgelehrter. Botaniker (Algen), Palaeobotanik (Mikroflora) der Steinkohle. Foraminiferensammlung aus dem Jura (jetzt in München).
G l ü c k, H.: P. F. R. Ber. deutsche bot. Ges. 32, 1914, Nekr. (3)— (17) (Bibliographie, palaeobot. Titel (16)—(17)) (Qu.).

Reis, O t t o M a r i a, geb. 30. III. 1862 Worms, gest. 17. IV. 1934 München.
Oberbergdirektor in München. Pisces, Mollusca, Kalkalgen, Wettersteinfauna, Stratigraphie Bayerns.
F i n k, W.: Oberbergdirektor Dr. O. M. R. In: A. Wurm, Die Nürnberger Tiefbohrungen, ihre wissenschaftl. und geotechn. Bedeutung. München 1929, 45—50 (Bibliographie).
S c h u s t e r, M.: Nachruf. Abh. geol. Landesuntersuch. am bayr. Oberbergamt 16, 1935, 3—5 (Bibliographie ab 1929).
Portr. in: O. M. R e i s, Die Gesteine der Münchner Bauten und Denkmäler. München 1935 (Qu.).

Reisel, S a l o m o n, geb. 24. X. 1625 Hirschberg, gest. 20. VI. 1702 Stuttgart.
Leibmedicus in Cannstatt, schrieb über die dortigen Ausgrabungen.
Schrieb 1670: De Serpente in stomacho cervi petrefacto. Ref. Schröter, Journ., 3: 168 ff.
P o g g e n d o r ff 2, 600; Q u e n s t e d t, F. A.: Über Pterodactylus suevicus 1855, 6.

Reiser, K a r l A u g u s t, geb. 18. IV. 1853, gest. 8. V. 1922 Kempten.
Stratigraphie. Seine Sammlungen in Kempten.
A m p f e r e r, O.: Nachruf. Verhandl. Geol. Bundesanst. Wien,
1922, 91—92.

Reiske, J o h a n n e s, geb. 25. V. 1641 Gera, gest. 20. II. 1701 Wolfenbüttel.
Schrieb 1688: Dissertatio de cornu Hammonis, 1684 u. 1687
über Glossopetren von Lüneburg.
Z i t t e l: Gesch.
P o g g e n d o r f f 2, 601.
Allgem. Deutsche Biogr. 28, 128—129.

Remelé, A d o l f K a r l, geb. 17. VII. 1839, Ürdingen a. Rhein, gest.
16. XI. 1915.
Prof. d. anorganischen Naturwissenschaften Forstakademie Eberswalde. Mammalia, norddeutsche Diluvialgeschiebe und ihre Fauna.
Seine Sammlung jetzt im Besitz der preuß. geol. Landesanst.
K r a u s e, P. G.: Zum Gedächtnis an —. Zeitschr. Deutschen Geol.
Ges., 1916, MB, 94—101 (Bibliographie mit 66 Titeln).

Renault, B e r n a r d, geb. 4. III. 1836 Autun, gest. 16. X. 1904
Paris.
Französischer Phytopaläontologe.
G a u d r y, A.: Notice sur B. R. La Nature, Paris, 29. Oct. 1904.
Z e i l l e r, R.: B. R. Revue générale des sci. pures et appliquées,
1904, No. 23, 15. Dezember.
Portr. C o n s t a n t i n, 1934, p. CLVI.
S c o t t, D. H.: Life and Work of B. R. Journ. Microscop. Soc.,
1906, 129—145 (Portr., Teilbibliographie).

Renevier, E u g è n e, geb. 26. III. 1831 Lausanne, gest. 4. V. 1906.
Studierte bei Pictet und Hébert. 1857 Prof. Pal. Geol. Lausanne
(Nachfolger Morlot's). Stratigraphie und Faunen (Jura—Tertiär)
der Schweiz.
Académie de Lausanne. Installation de M. Alex. Maurer, E. Renevier, Aug. Rambert, Lausanne, 1882.
L u g e o n, M.: Not. nécrol. sur —. Actes soc. Helv. Sci. nat.
1906, 89, LXXXVII—CV (Portr., Bibliographie).
V a c e k, M.: Nachruf: Verhandl. Geol. Reichsanst. Wien, 1906,
243—244.
Nekrolog: Bull. Soc. belge Géol. Pal. Hydrol., 20, 1906, Proc. Verb.,
111—112.
L u g e o n: Necrol. Bull. Soc. géol. France, (4) 7, 1907, 130—135.
Obituary, QuJGS., London, 63, 1907, LII ff.; Geol. Magaz., 1906,
287.

Rengger, A l b r e c h t, geb. 1764, gest. 1835.
Arzt, Politiker, während der Helvetik Minister des Innern. Jura.
L a u t e r b o r n: Der Rhein, 1934: 132.
Z i t t e l: Gesch.
Allgem. Deutsche Biogr. 28, 215—220.

* **Rénou**.
Studierte 1845 Stratigraphie Algiers.
Z i t t e l: Gesch.
P o g g e n d o r f f 3, 1107—08; 4, 1231.

* **Rensselaer**, S't e p h e n v a n, geb. 7. XI. 1765 New York, gest.
26. I. 1839 Albany, N. Y.

Förderer der Geologie (Eaton u. a.). Rensselaer Polytechnic
Institute in Troy, N. Y.
C l a r k: James Hall of Albany, 24 ff.
Amer. Journ. of Science 36, 1839, 156—164.

Repossi, E m i l i o, geb. 1876 Milano, gest. 25. X. 1931 Torino.
1900 Prof. Min. Museo Civico Storia Naturale Milano, 1920 Prof.
Min. Cagliari, 1924 in Turin. Mineraloge. Mixosaurus.
C o l o m b a, L.: Nekrolog: Atti R. Accad. Sci. Torino, 67, 1932,
554—557.
F e n o g l i o, M.: Nekrolog: Boll. Soc. Geol. Ital., 50, 1931,
LXXXI—LXXXVI (Bibliographie mit 50 Titeln).

Requien, E s p r i t, gest. 1852 Bonifacio (Korsika).
Lebte in Avignon, schuf das dortige Museum.
Notice nécrologique. Bull. Soc. géol. France 1852, 489; 1853,
178 (Qu.).

Reusch, H a n s, geb. 5. IX. 1852 Bergen, gest. 27. X. 1922 (Eisen-
bahnkatastrophe).
Stratigraphie.
V o g t, J. H. C.: Nachruf: Norsk geol. Tidskrift, 7, III—VI
(Portr.).
R e k s t a d, J.: Nekrolog: Norges Geol. Undersökelse, 1923, pp. 26.

Reuss, A u g u s t E m a n u e l, R i t t e r v o n, geb. 8. VII. 1811
Bilin, gest. 26. XI. 1873 Wien.
Sohn von Franz Ambros Reuss. 1849 Prof. Prag. 1863 Prof. Min.
Wien. Polyparia, Ostracoda, Mollusca, Crustacea, Foraminifera,
Bernstein, Koprolith, Anthozoa, Lepadidae, Phytopaläontologie,
Bryozoa.
G e i n i t z, H. B.: Nekrolog: Leopoldina, 9, 67—72 (Bibliographie
mit 111 Titeln).
L a u b e, G. C.: Zur Erinnerung an —. Mitt. Prag, 1874, pp. 15.
K e t t n e r: 133—134 (Portr., Taf. 21).
Obituary, QuJGS. London, 30, 1874, XLVII ff.
L a u b e: Mitt. Ver. Gesch. der Deutschen in Böhmen, 12 (Biblio-
graphie).
W u r z b a c h 25, 350—354 (Bibliographie).
Nachruf. Almanach Akad. Wiss. Wien 24, 1874, 129—151 (Bi-
bliographie).

Reuss, F r a n z A m b r o s, geb. 1761 Prag, gest. 1830 Bilin.
Badearzt in Bilin. Schrieb Lehrb. der Mineralogischen Geographie
Böhmens, Bd. 1—2. 1794—97. Stratigraphie.
Z i t t e l: Gesch.
K e t t n e r: 130—131.
W u r z b a c h 25, 354—356 (Bibliographie).
P e m s e l, F.: Dr. F. A. R. Bilin 1930. 20 pp.

Révil, J o s e p h, geb. 1849 Chambéry, gest. 10. II. 1931 ebenda.
Stratigraphie u. Geologie von Savoien.
Liste des publications géologiques de M. J. R. Trav. Univ. Lab.
géol. Grenoble, 10, 1912—13, 184—189 (Bibliographie mit 73
Titeln).
M o r e t, L.: J. R. Trav. Lab. Géol. Univ. Grenoble 17, 1, 1933,
42—47.
— —: J. R. Bull. Soc. géol. France (5) 2, 1932, 399—416
(Portr., Bibliographie).

* Reyer, E.
Schrieb: Die Ecole des mines und die geol. Fachbibliotheken in Paris. Verhandl. Geol. Reichsanst. Wien, 1879, 59—66.
Poggendorff 3, 1114—1115; 4, 1238; 5, 1042.

Reynès, Pierre, gest. 1877 im Alter von 46 J.
Conservator Mus. d'hist. nat. Marseille. Sammler. Ammonites.
Stratigraphie Aveyron u. Südostfrankreich.
Notice nécrologique. Bull. Soc. geol. France (3) 6, 1878, 432 (Qu.).

* Rhode, F. L.
Schrieb: Gedrängte Übersicht der Revolutionen der Erd-Kruste und der in den Schichten der Erde begraben liegenden Tier- und Pflanzen-Schöpfungen der präadamitischen Vorwelt. Darmstadt, 1842, pp. 39 (Kritik, NJM., 1842, 455).

Riaz, Auguste de, gest. 7. VIII. 1920 Lyon.
Sammler und Paläontologe. Kreide Südostfrankreichs, Ammonites.
Notice nécrologique. Bull. Soc. géol. France (4) 21, 1921, 79—80 (Compte rendu).
Scient. Papers 18, 164 (Teilbibliographie) (Qu.).

Ribeiro, Carlos, geb. 21. XII. 1813, gest. 13. XI. 1882.
Portugiesischer Geologe. Stratigraphie. Homo fossilis.
Choffat, P.: Biographies de géologues portugais. Comm. Serv. geol. Portugal, 12, 1917, 275—281 (Bibliographie mit 54 Titeln).
— — Not. nécrol. Bull. Soc. géol. France, 1883, 321—329 (Bibliographie); Revista de Obras publicas e Minas, 22, 251—272.
Delgado, J. F. Nery: Nachruf: NJM., 1883, II, pp. 4.
— — Elogio historico do general C. R. Lisboa, Rev. Obras publ. e minas, 36, pp. 65, 1905 (Portr.).
Portr. in Simoes: Com. Serv. Geol. Port. 14, 1923, Taf. 11.

Ricci, Vito Procaccini, geb. 30. I. 1765 Montesanvito, gest. 6. II. 1845.
Italienischer Paläontologe in den 30er Jahren. Mammalia, Phytopal. und anderes.
Scient. Papers 5, 25—26; 8, 665.
Poggendorff 2, 628 (Qu.).

* Riccioli.
Schrieb 1661: Geographia et Hydrographia reformata. Bononiae.
Zittel: Gesch.
Poggendorff 2, 628.

Rice, William North, geb. 1845, gest. 13. XI. 1928 Delaware, Ohio.
Geologe, Wesleyan Professor Middletown, Conn., 1903—16 Superintendent Connecticut Nat. Hist. Survey. Evolutionsproblem. (As he himself humorously expressed it, he was amphibious with respect to the elements science and religion).
Longwell, Ch. R.: Memoir of —. Obituary, Amer. Journ. Sci., (5) 17, 1929, 100.
Westgate, L. G.: Memorial. Bull. Geol. Soc. Am. 40, 1929, 50—57 (Portr., Bibliographie).

Rich, William.
Fossilienhändler in London und Bristol, Mitarbeiter seiner Schwester Miss A. Rich in den 60—70er Jahren.
Hist. Brit. Mus., I: 320.

Richardson, B e n j a m i n, gest. 1832.
Geistlicher, Mitarbeiter von William Smith.
W o o d w a r d, H. B.: Hist. Geol. Soc. London, 5.
Obituary. Proc. Geol. Soc. London 1, 1834, 438.

Richardson, J o h n S i r, geb. 1787 Dumfries, gest. 5. VI. 1865
Lancrigg, Grasmere.
Schiffsarzt, Mitglied der Franklin-Expedition, Mammalia, Phytopa-
läontologie.
Obituary, Geol. Magaz., 1865, 335—336.
M i t c h e l l, W. St.: Notes on early geologists connected with the
neighbourhood of Bath. Proc. Bath Nat. Hist. and Antiquarian
Field Club, 2, 1872, 303.
Dict. Nat. Biogr. 48, 233—235.

Richardson, W i l l i a m, geb. 1740 Irland, gest. 1820.
Reverend, schrieb 1808 über Versteinerungen im Basalt (!).
Z i t t e l: Gesch.
Dict. Nat. Biogr. 48, 253.

Richarz, P. S t e p h a n S V D., geb. 1874 Richrath b. Köln, gest.
13. VII. 1934 bei Mangyin (Schantung).
Stratigraphie bes. Österreichs, Säugetiere.
W a a g e n, L.: P. St. R. Mitt. geol. Ges. Wien 27, 1935, 147—
150 (Bibliographie) (Qu.).

Richter, E r n s t J u l i u s, gest. 11. V. 1868.
Bergfaktor, sammelte 30 Jahre lang Fossilien um Zwickau.
M i e t z s c h, H.: Die Ernst Julius Richter-Stiftung, min. u. geol.
Sammlung der Stadt Zwickau. Zwickau, 1875, pp. 8.

* Richter, F. K.
Schrieb 1812 Taschenbuch zur Geognosie Freiberg.
Z i t t e l: Gesch.
P o g g e n d o r f f 2, 637.

Richter, J o h a n n C h r i s t o p h, geb. 29. X. 1689 Leipzig, gest.
6. III. 1751 ebenda.
1743: Museum Richterianum.
P o g g e n d o r f f 2, 634.
Siehe auch H e b e n s t r e i t.

Richter, P a u l B o g u s l a v, geb. 1854, gest. 9. X. 1911.
Phytopaläontologe in Quedlinburg.
Seine Sammlung jetzt im Reichsmuseum, Stockholm.
Obituary, Geol. Magaz., 1911 528 (Teilbibliographie).
N a t h o r s t, A. G.: P. B. Richters paläobotanische Sammlungen,
Paläobot. Zeitschr. 1, 1912, 50—51.

Richter, R e i n h a r d, geb. 28. X. 1813 Reinhardsbrunn, gest. 15./
16. X. 1884 Jena.
Schullehrer und Direktor in Saalfeld. Pisces, Myophoria, Phycodes,
Carbon, Lias-Stratigraphie, überhaupt Pal. u. Stratigr. Thürin-
gens.
S c h m i d, E. E. u. K. Th. L i e b e, NJM., 1885, I, pp. 5.
G e i n i t z, H. B.: Zur Erinnerung an —. Leopoldina, 21, 1885,
118—120 (Teilbibliographie).
Allgem. Deutsche Biogr. 28, 497—499.

Richthofen, F e r d i n a n d, Freih. von, geb. 5. V. 1833 Karlsruhe (Schlesien), gest. 6. X. 1905 Berlin.
Studierte Löss Chinas. Stratigraphie Chinas u. der Ostalpen. Seine paläont. Aufsammlungen im paläont. Inst. d. Univ. Berlin.
T i e s s e n, E.: Die Schriften von Ferd. Freiherr v. Richthofen. Leipzig 1906, pp. 18 (Männer der Wissenschaft, H. 4. Bibliographie mit 207 Titeln).
L ó c z y, L. sen.: Nachruf. Földtani Közlöny, 36, 1906, 175—181.
W a h n s c h a f f e: Nachruf: Zeitschr. Deutsch. Geol. Ges., 57, 1905, 401—416 (Portr.).
T o r n i e r: 1925: 85.

Ricordeau, gest. 1875 Auxerre.
Sammler von Kreideversteinerungen. Sammlung in Auxerre.
Notice nécrologique. Bull. Soc. géol. France (3) 3, 1875, 511 (Qu.).

Riedel, A d o l f, geb. 12. V, 1890 Braunschweig, gest. 21. XI. 1914 Hardecourt (Nordfrankreich) (Heldentod).
Ceratiten ob. Muschelkalk (erschienen 1916) (Qu.).

Ries, J o h a n n P h i l i p p, geb. 1751, gest. 1794.
Hessen-Kasselischer Bergrat zu Veckerhagen. Schrieb 1790 über einige merkwürdige Abdrücke in bituminösem Mergelschiefer.
Freyberg.
P o g g e n d o r f f 2, 641.

Rigaux, E d m o n d, geb. 11. I. 1839 Boulogne-sur-mer, gest. 24. III. 1915 ebenda.
Französischer Geologe des Boulonnais. Devon-Jura, Brachiopoda, Echinodermata, Gastropoda. Seine Sammlung im Mus. von Boulogne.
D u t e r t r e, A. P.: Edmond Rigaux, géologue Boulonnais. Not. biogr. Ann. Soc. géol. du Nord, 47, 1922, 23—30 (Bibliographie mit 16 Titeln).
B a r r o i s, A.: Hommage à l'oeuvre d'Edmond Rigaux. Ebenda, 47, 1922, 30—31, Lille, 1922.
S a u v a g e, H. E.: E. R. Bull. Soc. académique Boulogne-sur mer 10 (1913—1921), 1922, 420—425 (Bibliographie).

* Rigollot.
Paleolithforscher in Amiens in den 50er Jahren. Gegner von Boucher de Perthes, später sein Anhänger.
Prestwich life: 122, 123, 144.

Rio, N i c o l o C o n t e d a, geb. 1. VIII. 1765 Padua, gest. 13. II. 1845 ebenda.
Mineraloge. Einiges über Versteinerungen.
Z i g n o: Notice lue à la Soc. géol. de France, le 16. Juin 1845 à l'occasion du décès de M. le Conte de Rio, Paris, pp. 3, Annexe Bull. Soc. géol. Fr., (2) 3, 1845—46.
P o g g e n d o r f f 2, 522.
Scient. Pap. 5, 210.

Riolan, J e a n, geb. 1577 Paris, gest. 19. II. 1657 ebenda.
Deutete im 17. Jahrh. Fossilien der Dauphiné gegenüber Habicot als Elefantenreste.
Z i t t e l: Gesch.
Nouv. biogr. générale 42, 305—306.

Ripley.
Fossiliensammler und Händler in den 40er Jahren zu Whitby.
Hist. Brit. Mus., I: 320.

Ripon, G e o r g e F r e d e r i c k S a m u e l R o b i n s o n, M a r -
q u i s v o n, geb. 24. X. 1827 London, gest. 1909.
Vizekönig Indiens, Sammler in den Sivalik-Hügeln.
D a v i s, J. W.: Hist. Yorkshire Geol. Polytechn. Soc. Halifax,
1889, 369—373.
Obituary. QuJGS. London 66, 1910, LIII.

Risso, A n t o i n e, geb. 8. IV. 1777 Nizza, gest. 24. VIII. 1845
ebenda.
Zoologe in Nizza. Mollusca der Umgebung Nizzas.
G e i k i e: Murchison, I: 151.
Z i t t e l: Gesch.
Biographie universelle 36, 57—58.
Q u é r a r d, La France littéraire 12, 443—445 (Bibliographie)
(Qu.).

Ristori, G i u s e p p e, gest. 29. XII. 1905.
1883 Assistent für Geol. Pal. am Athenaeum zu Florenz, studierte
bei Zittel, Dames, Suess, Mojsisovics. 1890 Dozent Geol. Turin,
1892 Assistent und später auch Dozent in Florenz. Crustacea,
Testudinata, Crocodilia, Mammalia, Phytopaläontologie.
S t e f a n i, C. de: Nekrolog: Boll. Soc. Geol. Ital., 25, 1906,
XXXIX—XLIII (Bibliographie mit 52 Titeln).

Ritter, A l b r e c h t, geb. 1683 Holzhausen im Gothaischen, gest. um
1748.
Konrektor zu Ilefeld. Schrieb 1734: Commentatio de fossilibus et
naturae mirabilibus Osterodanis; 1736: Comm. de Zoolitho-Den-
droidis in genere ac in specie de Schwarzburgico-Sondershusanis.
F r e y b e r g.
P o g g e n d o r f f 2, 651.
Allgem. Deutsche Biogr. 28, 670.

* **Ritter,** C h r i s t i a n W i l h e l m.
Dr. med. Arzt in Altona, später in Krempe. Schrieb 1801 über
Höhlen.
Freyberg.
P o g g e n d o r f f 2, 652.

* **Riva,** C a r l o, geb. 1872, gest. 1902.
S a l o m o n, W.: Nachruf: CfM., 1902, 674—675 (Bibliographie
mit 19 Titeln).
(Portr. Boll. Geol. Soc. Ital., 30, 1911.)

* **Riva-Palazzi,** G i o v a n n i, geb. 30. VII. 1838 Milano, gest. 26. III.
1912.
Offizier. Stratigraphie.
T a r a m e l l i: Nekrolog. Boll. Geol. Soc. Ital., 32, 1913, LXXXV—
XCVI (Portr.).

Rivière, A u g u s t e, geb. 5. V. 1809 Domène (Isère), gest. 1877
Paris.
Aide-naturaliste Mus. d'hist. nat. Paris. Geol. u. Pal. Frank-
reichs.
Liste des travaux scientifiques de M. A. R. 1849, pp. 5.

Liste des principaux travaux de M. A. R. Paris, 1861, pp. 15.
Q u é r a r d, La France littéraire 12, 467—469 (Bibliographie).

Roberg, L a r s, geb. 24. I. 1664 Stockholm, gest. 21. V. 1742
Upsala.
Schrieb 1715 Dissertatio academica de fluviatile Astaco. Upsala
(Trilobita).
V o g d e s.
P o g g e n d o r f f 2, 662.

Roberts, G e o r g e E d w a r d, geb. 1831, gest. 20. XII. 1865
Kidderminster.
Clerk der Geol. Soc. London. Pal. Mitteilungen über Fische,
Korallen u. a.
Obituary. Geol. Magaz. 1866, 48; QuJGS. London 22, 1866, XXXVI.
Scient. Papers 5, 226; 8, 758 (Qu.).

Roberts, T h o m a s, geb. 1856, gest. 24. I. 1892.
Woodwardian Ass. Prof. Echinodermata, Conoceras, Stratigraphie.
H u g h e s, T. McKenny: Obituary, Geol. Magaz., 1892, 140—142.

Robertson, D a, v i d, geb. 28. XI. 1806, gest. 20. XI. 1896.
Studierte posttertiäre Ablagerungen. Entomostraca.
S t e b b i n g, Th. R. R.: The Naturalist of Cumbrae. A true
Story: being a life of David Robertson. London, 1891, pp. 398
(Bibliographie).
Obituary. QuJGS. London 53, 1897, LXIV; Geol. Mag. Dec. V.,
vol. 4, 94—96.

Robineau-Desvoidy, A n d r é J e a n B a p t i s t e, geb. 1. I. 1799
Saint-Sauveur, gest. 25. VI. 1857 Paris.
Arzt in Saint-Sauveur (Yonne). Neocome Crustaceen von Saint-
Sauveur 1849.
Nécrologie. Ann. Soc. entomol. France (3) 5, 1857, CXXXII—
CXXXV (Bibliographie) (Qu.).

Roche, A u g u s t e, geb. 9. IV. 1827 Braisne-sur-Vesle (Aisne),
gest. 25. X. 1905 Autun.
Kaufmann, Fabrikbesitzer, Sammler von Koprolithen, Phytopal.
(Stand in Verbindung mit A. Gaudry, Sauvage, Brocchi, Zeiller,
Renault).
B o n n e t, Ed.: Description sommaire de la collection A. R. et notice
biographique sur son auteur. Bull. Mus. d'Hist. Nat. Paris, 1906,
175—178.
Nécrologie. Bull. Soc. hist. nat. Autun 19, 1906, 1—41.

* Roche, C. v o n L a-.
Schrieb mit Oeynhausen und H. Dechen: Geognostische Umrisse
der Rheinländer zwischen Basel und Mainz, Essen 1825.
Z i t t e l: Gesch.

Rochebrune, A l p h o n s e T r é m e a u d e, geb. 1834 Saint-Savin
(Vienne), gest. ?
Aide-naturaliste am Mus. d'Hist. Nat. Paris. Fossile Chitonen,
Schlangen (Qu.).

Rodighiero, A n d r e a, geb. 20. VII. 1892 Tortona, gest. 11. II. 1917
Santa Margherita.
Neokomstratigraphie u. -paläontologie Westvenetiens.
S t e f a n i, C. d e: A. R. Palaeontographia italica 25, 1919, 37—
38 (Qu.).

Rodler, A l f r e d, geb. 3. IV. 1861 St. Thoma in Böhmen, gest. 14. IX. 1890 Wels.
Assistent f. Geol. Univ. Wien. Urmiasee-Fauna. Mitarbeiter Weithofers.
T e l l e r, F.: Nachruf: Verhandl. Geol. Reichsanst. Wien, 1890, 259—260.
Nekrolog. Mitt. Geogr. Ges. Wien 33, 1890, 421—423 (Bibliographie).

Roedel, H u g o, geb. 10. XI. 1858 Frankfurt a. O.
Schrieb: Zur Geschichte der naturwissenschaftlichen Forschung in Frankfurt a. O. Festschrift zur 400. Wiederkehr der Grundsteinlegung Univ. Frankfurt, 1906, 87—114 (Geol. 104—110).
Sedimentärgeschiebe. — Wer ist's? 9, 1928, 1280.

Roeder, C h a r l e s, geb. 22. VII. 1848 Gera, gest. 9. IX. 1911.
1869 Clerk in Manchester, Agent u. Kaufmann. Sammelte Carbonfossilien. Seine Sammlung befindet sich im Manchester Museum.
J. W. J.: Obituary, Geol. Magaz., 1912, 190.
Scient. Papers 18, 255.

Roemer, C a r l F e r d i n a n d, geb. 5. I. 1818 Hildesheim, gest. 14. XII. 1891 Breslau.
„Vater der Geologie von Texas", Bruder F. A. Roemer's. Studierte bei Dechen, G. Rose, Lichtenstein und Joh. Müller in Berlin, Freund von Beyrich und Ewald. Reiste 1845 nach Amerika, wo er in Texas arbeitete. 1848 Dozent Min. Pal. in Bonn, 1855 Prof. Geol. Breslau, schrieb 1870 Geol. von Schlesien. Spongia, Graptolithen, Rugosa, Ostracoda, Eurypterida, Brachiopoda, Bryozoa, Mollusca, Cephalopoda, Echinodermata, Pisces, Chiroptera, Phytopalaeont., Fährten, Reptilien, Ophidia, Mammalia. Publizierte 1852—54 Lethaea geognostica.
D a m e s, W.: Nachruf: NJM., 1892, I, pp. 32 (Bibliographie mit 344 Titeln).
S i m o n d s, F. W.: A geologist of the last century: F. R. Geol. Magaz., 1902, 412 ff (Portr.).
— — Publications of Dr. von R. upon subjects relating to North America. Am. Geol., 29, 1902, 138—140 (Bibliographie mit 29 Titeln); Biographie, ibidem 131—138.
S t r u c k m a n n, C.: Nachruf: Leopoldina, 28, 31—32, 43—46, 63—67 (Bibliographie im Text).
C l a r k e: James Hall of Albany, 172, 173, 445, 472.
G ü r i c h, G.: F. R. Schlesische Biographien, 277 ff., 1922.
M e r r i l l: 1904, 487.
Obituary, Geol. Magaz., 1892, 92; QuJGS., London, 48, 1892, 58-60.
T o r n i e r: 1925: 86.
S p r e n g e l l: Nachruf auf —. Jahrb. naturw. Ver. Lüneburg, 12, 1893, 40—42.
Allgem. Deutsche Biogr. 53, 451—458.
P o g g e n d o r f f 2, 674—675; 3, 1131—1132.

Roemer, F r i e d r i c h A d o l f, geb. 14. IV. 1809 Hildesheim, gest. 25. XI. 1869 Clausthal.
Studierte Jus, geologisierte aber als Justizbeamter und schrieb 1836—43 als Autodidakt über die Versteinerungen der norddeutschen Kreide, Jura und des Harzgebirges, 1844 Bergamtsassessor in Clausthal, 1851 Vorstand der dortigen Bergakademie. Seine Sammlung im Mus. in Hildesheim.
R o e m e r, F(erdinand): Nekrolog auf F. A. R. Zeitschr. Deutsch. Geol. Ges., 22, 1870, 96—102.
Allgem. Deutsche Biogr. 29, 120—122.
P o g g e n d o r f f 2, 674; 3, 1131.

Roemer, H e r m a n n, geb. 4. I. 1816 Hildesheim, gest. 24. II. 1894 ebenda.
Bruder Fr. A. Roemer's. Schrieb über Stratigr. Hildesheims 1851, 1883.
T o r n i e r: 1925: 86.
Nachruf. Zeitschr. f. prakt. Geol. 1894, 167.
S t r u c k m a n n: Nachruf. 44—47. Jahresber. Naturhist. Ges. Hannover 1893—1897, 1897, 42—45.
Scient. Papers 5, 267; 11, 203; 12, 624 (Qu.).

Rofe, J o h n, geb. 14. X. 1801 London, gest. 11. IV. 1878.
Gasfabrik-Ingenieur Preston, Crinoidea, Blastoidea. Sammler. Coll. im British Museum.
H. W.: Obituary, Geol. Magaz., 1878, 239—240 (Bibliographie mit 10 Titeln).
Hist. Brit. Mus., I: 320—321.

Roger, O t t o, geb. 1841 Rapperswyl, gest. 8. XI. 1915 Augsburg.
Obermedizinalrat in Augsburg. Konservator für Paläontologie an der Augsburger Sammlung. Mammalia.
Nachruf. Naturwiss. Ver. f. Schwaben u. Neuburg 42, 1919, XLII —XLIII.
Scient. Papers 18, 267 (Qu.).

Rogers, H e n r y D a r w i n, geb. 1808, gest. 29. V. 1866.
Prof. Naturgeschichte Univ. Glasgow. Studierte Carbon Englands und der Vereinigten Staaten. In 1. Linie Tektonik. Fährten.
G r e g o r y, J. W.: H. D. Rogers, an address to the Glasgow University Geological Society 20th January 1916. With bibliography by Colin M. Leitch. Papers Glasgow Univ. Geol. Dept., 3, No. 1, 1916, pp. 38 (Bibliographie mit 68 Titeln).
M e r r i l l: 1904, 372, 390, 709 u. öfter (Portr. Taf. 14).
Z i t t e l: Gesch.
Obituary, Geol. Magaz., 1866, 335—336.
Sketch of H. D. R. Pop. Sci. Mo., 48, 1896, 406—411 (Portr.).
vergl. R o g e r s, W. B.

Rogers, W i l l i a m B., geb. 1804, gest. 1882.
Bruder H. D. Roger's. Stratigraphie.
Life and letters of William Barton Rogers, edited by his wife. Boston. Bd. I—II, pp. 427, 451 (Portr.), 1896.
W a l k e r, F. A.: Memoir of —. Biogr. Mem. Nat. Acad. Sci., 3, 3—13, 1895 (Bibliographie mit 18 Titeln).
H a y e s, J. L.: The late Prof. Rogers. The Sunday Herald, 4. Juni 1882.
Obituary, Proc. Amer. Acad. Arts Sci. n. s., 10, (18), 1883, 428—438.
R u s c h e n b e r g e r, W. S. W.: A Notice of W. B. R. Proc. Am. Phil. Soc. 31, 1893, 254—257.
— — A Sketch of the Life of Robert E. Rogers with Biographical Notices of his Father and Brothers. Proc. Amer. Philos. Soc., 23, 1885, 104—146 (Bibliographie von Wm. B. R. und H. D. R.).
C l a r k e: James Hall of Albany, p. 59.
R o b e r t s, J. K.: W. B. R. and his contribution to the geology of Virginia. Proc. Geol. Soc. Am. for 1935, 1936, 305—310.

Rohon, J o s e p h V i c t o r, gest. 1923.
Zuletzt Prof. böhm. Univ. Prag. Fische des Paläozoikum und des Jura Rußlands.
D e a n II, 356—357; III, 162 (Qu.).

Roissy, Augustin Félix Pierre Michel de, geb. 6. XI. 1771, Paris, gest. 17. V. 1843.
Cephalopoda.
Blainville, de: Notice sur M. de R. Bull. Soc. géol. France, 14, 1843, 596—600.

Rolland du Roquan, R. O., geb. 1812, gest. 1863.
Mollusca.
Crosse, H., & Fischer, P.: Nécrologie. Journ. de Conchyliol., 1865, 95.

Rolle, Friedrich, geb. 16. V. 1827 Homburg, gest. 10. II. 1887 ebenda.
Lebte in der Steiermark, Wien und Homburg. Stratigraphie und Paläontologie Österreichs, des Taunus und Norddeutschlands. Korallen, Lamellibranchiaten, Pflanzen, Mikrofauna; Vorkämpfer Darwins in Deutschland.
Jacobi, L.: Das Grab Dr. F. R.'s in Homburg v. d. Höhe. Verh. k. k. geol. Reichsanst. Wien 1891, 166—167
Allgem. Deutsche Biogr. 29, 76—78.
Wurzbach 26, 299—300 (Teilbibliographie) (Qu.).

Rollier, Louis, geb. 19. V. 1859 Nods, Jura Bernois, gest. 1931.
Assistent-Conservator Coll. géol. Zürich (Nachfolger Mayer-Eymars). Brachiopoda, Nummulinen, Mollusca, Stratigraphie des Jura und der Alpen. Publizierte Gressly's Jugendbriefe.
Suter, H., & B. Peyer: L. R. zum 70. Geburtstag, mit Autobiographie Rolliers. Vierteljahresschrift naturf. Ges. Zürich, 74, 1929, 198—212 (Portr., Bibliographie mit 129 Titeln).
Nachruf: Verhandl. Schweiz. naturf. Ges., 113, 1932, 465—466.

Romanovskij, Ghennadi Danilovič, geb. 1830, gest. 22. IV. 1906.
Prof. Berginstitut St. Petersburg. Mitglied des russ. Com. géol. Stratigraphie und Paläontologie Rußlands (Bryozoa, Mollusca, Brachiopoda, Pisces u. a.).
Krischtafowitsch, N.: Necrologie. Annuaire géol. et min. de Russie 10, 1908—1909, 234—240 (Portr., Bibliographie) (Qu.).

Rominger, Carl Ludwig, geb. 31. XII. 1820 Schnaitheim, Württemberg, gest. 27. IV. 1907 Ann Arbor.
Arzt und Paläontologe. Studierte 1839 bei Quenstedt in Tübingen, Assistent für Chemie daselbst, wanderte 1848 aus politischen Gründen nach Nordamerika aus, wo er in Cincinnati 25 Jahre lang als Arzt praktizierte. 1870—83 Direktor Geol. Survey Michigan. Korallen, Bryozoa.
Merrill, G. P.: Obituary, Smithsonian Misc. Coll., 52, 1908, 79—82 (Portr. Bibliographie mit 17 Titeln).
— — 1904, 540, 710.
Clarke: James Hall of Albany, 397-8, 452-3.
Martin, H. M.: A brief history of the geol. and biol. survey of Michigan. Michigan Hist. Magaz., 6, 1922, 699—703 (Portr.).

Ronay, Jácint, geb. 13. V. 1814 Székes Fehérvár, gest. 17 IV. 1889 Pozsony.
Kath. Bischof, schrieb eine populäre Paläontologie.
Vadász, E.: Rónay Jácint mint földtani iró. Uránia, 19, 1918, 250—254.

Rose, C a l e b   B u r r e l l, geb. 10. II. 1790 Eye, Suffolk, gest. 29.
I. 1872 Yarmouth.
Arzt, Sammler. Kreide-Stratigraphie. Coll. im Norfolk und Nor-
wich Mus.
Obituary, Geol. Magaz., 1872, 191.
W o o d w a r d, H. B.: A memoir of C. B. R. Trans. Norfolk &
Norwich Naturalists Soc., 5, 1893, 387—403 (Portr. Bibliographie
mit 23 Titeln).

* **Rose**, G u s t a v, geb. 18. III. 1798 Berlin, gest. 15. VII. 1873 eben-
dort.
Prof. Min. Berlin, reiste 1835 in Rußland, 1850 in der Sahara,
kartierte Niederschlesien 1862—69.
Z i t t e l: Gesch.
P o g g e n d o r f f 2, 692—694; 3, 1141—1142.

Rosen, B a r o n   F r i e d r i c h, geb. 2. III. 1834 St. Petersburg,
gest. 14. III. 1902 Kasan.
Prof. Min. Kasan. Stromatoporenstruktur 1867.
N a c h r u f: Annuaire géol. et min. de Russie V, 1902, 224—233
(Portr., Bibliographie) (Qu.).

Rosenmüller, J o h a n n   C h r i s t i a n, geb. 1771 Hessberg bei
Hildburghausen, gest. 28. II. 1820 Leipzig.
Dr. med. Prof. Anatomie, Physiologie Leipzig. Schrieb 1794: De
Ossibus fossilibus animalis, 1799: Beschreibung merkwürdiger
Höhlen, 2. Bd. 1805 und anderes über Höhlenfaunen. Samml. in
Berlin.
Freyberg.
Z i t t e l: Gesch.
P o g g e n d o r f f 2, 695—96.
Allgem. Deutsche Biogr. 29, 221—222.

Rosinus, M i c h a e l   R e i n h o l d, gest. 1725 38 Jahre alt.
Schrieb 1718: Tentaminis de Lithozois ac Lithophytis olim marinis
jam vero subterraneis Prodromus. Hamburg; referiert in Schröter, Journ., 3: 98—103, I. 85 [Crinoidea etc.].
E h r h a r t, B a l t h a s a r: De Belemnitis suevicis dissertatio.
Augsburg 1727, 28—30 (Verzeichnis seines literarischen Nachlasses) (Qu.).

* **Rosiwal**, A u g u s t, gest. im 63. Lebensjahr 9. X. 1923.
1918 Prof. Geol. Min. technische Hochschule Wien.
Nachruf: Verhandl. Geol. Bundesanst. Wien, 1923, 161.

Rossi, A r t u r o, gest. 32 Jahre alt 24. II. 1891 Possagno.
Stratigraphie.
Nekrolog. Rassegna geol. ital., 1, 1891, 487—489 (Portr. Biblio-
graphie mit 10 Titeln).

Rossignol.
Sammelte in Quercy, Collection im Mus. d'Hist. Nat. Paris.
Vergl. Atti Soc. It. Sci. nat. Milano, 42, 1903, 382—418.

Rossmässler, E m i l   A d o l f, geb. 3. III. 1806 Leipzig, gest. 8. IV.
1867 ebenda.
Prof. Tharandt. Mollusca. Schrieb 1856: Die Geschichte der Erde,
Frankfurt, pp. 396. Phytopaläontologie.

Festschrift. Aus d. Heimat 19, Stuttgart 1906, 1—190 (Portr.,
Bibliographie).

Rosthorn, F r a n z E d l e r v o n, geb. 18. IV. 1796 Wien, gest. 17.
VI. 1877.
Hüttenmann, Geologe. Stratigraphie der südöstlichen Alpen.
Sammler.
S u e s s, E.: F. E. v. R. Verh. geol. Reichsanst. Wien 1877,
193—195.
C.: F. v. R. Carinthia 67, 1877, 265—277 (Qu.).

Roth, J o h a n n e s R u d o l f, geb. 4. IX. 1815 Nürnberg, gest.
25. VI. 1858 Hasbeja (am Berge Hermon).
Forschungsreisender. Ausgrabungen in Pikermi.
Schrieb mit A. Wagner 1853 über. Pikermi (Mammalia). Fossile
Spinnen von Solnhofen.
W a g n e r, A.: Denkrede auf J. R. R. Gelehrte Anzeigen k. bayer.
Ak. Wiss. 48, 1859, Sp. 25—46 (Bibliographie).
Allgem. Deutsche Biogr. 53, 530—533 (Qu.).

Róth, L a j o s v o n T e l e g d, geb. 10. IX. 1841 Brasso, gest. 16. IV.
1924 Budapest.
Mitglied der Kgl. Ung. Geol. Anstalt. Stratigraphie.
S c h r é t e r, Z.: Nachruf: Földtani Közlöny, 59, 1929, 5—7.

Roth, S a n t i a g o, geb. 14. VI. 1850 Herisau, Kanton Appenzell,
gest. 4. VIII. 1924 Buenos Aires.
Studierte bei Vogt, A. Heim. Wanderte, in den 60er Jahren nach
Buenos Aires aus, sammelte 1875—76 in Patagonien, 1885 am
Rio Negro, 1895 Vorstand der pal. Abteilung des La Plata
Museum. Paläontologie Südamerikas, bes. Mammalia der Pampas.
K r a g l i e v i c s, L.: En memoria del doctor S. R. geologo y palé-
ontologo. Physis, 7, 1925, 412—417 (Portr.).
S c h i n z, H.: Not. zur Kulturgesch. der Schweiz, No. 69. Viertel-
jahresschr. naturf. Ges. Zürich, 70, 1925, 282—288.
S c h i l l e r, W.: Nachruf: Geol. Rundschau, 16, 1925, 325—327
(Portr.).
Nekrolog: Rev. Mus. La Plata, 30, 1927, 165—169 (Portr.).
M a c h o n, F.: S. R. Verh. Schweiz. Naturf. Ges. 106, 1925, 35—
41 (Portr., Bibliographie).

Rothpletz, A u g u s t, geb. 25. IV. 1853 Neustadt a. d. Hardt, gest.
27. I. 1918 Oberstdorf.
Studierte in Heidelberg und Zürich. 1875—81 Mitarbeiter Credner's
an der geol. Kartierung Sachsens, 1884 Dozent München, dann
1904 Prof. Geol. Pal. München (Nachfolger Zittel's). Algen, Brachiopoda, Hydrozoa, Stratigraphie.
B r o i l i, F.: A. R. zum Gedächtnis. NJM., 1919, p. I—XX (Portr.
Bibliographie mit 99 Titeln).
— — Nekrolog. Mitt. Geogr. Ges. München, 13, 1918-19, 359—
363 (Portr.).
— — Nachruf. Jb. Bayr. Ak. Wiss. München 1918, 59—65.
S a l o m o n, W.: Biographie in Deutsches Biogr. Jahrbuch, 1917-20,
318—19.
P o m p e c k j, J. F.: Nachruf: Zeitschr. Deutsch. Geol. Ges. MB.,
1918, 16—34 (Bibliographie mit 51 Titeln).

A m p f e r e r, O.: Nachruf: Verhandl. Geol. Reichsanst. Wien, 1918, 59—62.

Rottermund, C o m' t e d e.
Collectio Rottermund (Canadische Fossilien) gelangte 1857 in das Pariser Museum. (Bull. Soc. géol. France, (2) 4, 1857, 419—27). N i c k l e s 894.

Rouault, M a r i e, geb. 1813 Rennes, gest. 16. II. 1881 daselbst.
Schäfer, dann Barbier in Rennes, Begründer und erster Direktor des geol. Museum der Stadt Rennes. Stratigraphie, Paläozoische Faunen (Trilobiten).
H o u l b e r t, C.: Le Musée d'Histoire naturelle de la ville de Rennes. Guide historique et descriptif. Origines et accroissement des principales collections 1794—1928. Rennes, 1933, pp. 111— 156 (Portr.).
R o u a u l t, M.: Oeuvres posthumes, publiées par les soins de P. Lebesconte. Paris-Rennes, 1883, pp. 57 (Taf.).
B é n é z i t, Ch.: M. R. Separat aus La Vérité April 4 und 11, 1850, Rennes, pp. 15.
R o u a u l t, Marie: Sep. aus Journal de Rennes, 5. Mai 1853. pp. 8.
L e j e a n, G.: Notice biographique sur M. R. Sep. aus Voleur, Cabinet de Lecture, 15. Avril 1854, pp. 8.
K e r g o m a r d, J.: Essai biographique sur M. R. Sep. aus Sylphide, 30. Aout 1861, pp. 27.
O r a i n, Ad.: Notice biographique sur M. R. Revue des Sci. Naturelles de l'Ouest, 1891, 175—180.
F i s c h e r: Necrol. Bull. Soc. géol. France, (3) 10, 1881—82, 298. Scient. Papers 5, 304; 18, 323.

Rouelle, G u i l l a u m e F r a n ç o i s, geb. 1703 Mathieu, gest. 3. VIII. 1770 Passy b. Paris.
Arbeitete im 18. Jahrhundert an der Stratigraphie Frankreichs.
Z i t t e l: Gesch.
G e i k i e: Founders of geology, 208—209.
P o g g e n d o r f f 2, 704.

Rouillier, C h a r l e s F r., geb. 8. IV. 1814 Nishnij-Nowgorod, gest. 9./10. V. 1858 Moskau.
Prof. Zool. Univ. Moskau. Geologie u. Paläontologie der Umgebung von Moskau.
B o g d a n o v, A.: Ch. Fr. R. et ses prédécesseurs dans la chaire de Zoologie de l'Université de Moscou. Bull. Soc. Imp. des Amis des Sc. Nat., 43, 1885, livr. 2, pp. I—X, 1—215 (Russisch) (Bibl.)
K ö p p e n, F. Th.: Bibliotheca zoologica rossica II, 1907, 186.
Scient. Papers 5, 306—307 (Qu.).

Rouville, P a u l G e r v a i s d e, geb. 25. V. 1823 St. André-de-Valborgne (Gard), gest. 29. XI. 1907 Montpellier.
Prof. d. Geol. u. Min. in Montpellier. Stratigraphie von Hérault.
D e l a g e, A.: Not. nécrol. Bull. Soc. géol. France, (4) 8, 1908, 211—222 (Bibliographie mit 103 Titeln).

Roux, W i l l i a m, gest. 1889 Genf.
Mitarbeiter von Pictet (Kreidemollusken).
Notice nécrologique. Bull. Soc. Géol. France (3) 17, 1888—89, 666 (Qu.).

Rovasenda, C o n t e L u i g i d i, geb. 16. IV. 1826 Verzuolo bei Saluzzo, gest. 5. IV. 1916.

Offizier. Begründete in Sciolze das Museum Rovasendano. Foraminifera, Echinida, Bryozoa, Brachiopoda, Vermes, Crustacea, Mollusca, Pisces.
S a c c o, F.: Nekrolog: Boll. Geol. Soc. Ital., 36, 1917, 355—365 (Portr.).

Rowe. A r t h u r W a l t o n, geb. 27. IX. 1858, gest. 17. IX. 1926.
Amateur. Sammelte und bearbeitete Micraster.
K i t c h i n, F. L.: Obituary, Geol. Magaz., 1927, 93—94.
Obituary, QuJGS., London, 83, LVII.

Rowley, R o b e r t R o s w e l l, geb. 4. I. 1854 Louisiana, Missouri, gest. 26. I. 1935.
Superintendent of Schools in Louisiana. Stratigraphie und Paläontologie von Missouri. Sammler.
Hist. Brit. Mus., I: 321.
N i c k l e s 895.
Obituary. Journ. of Paleont. 10, 1936, 228 (Qu.).

Rowney, T h o m a s H e n r y, geb. 1817, gest. 1894.
Prof. Chemie Queen's College Galway (Irland), studierte das Eozoon-Problem.
Z i t t e l: Gesch.
P o g g e n d o r f f 3, 1149.
N i c k l e s 895—896.

Rozet, A n t o i n e, geb. 1798, gest. 17. IX. 1858 La Bouchardière (Indre-et-Loire).
Arbeitete 1820 über Stratigraphie vom Elsaß, 1828 Boulonnais.
Liste des travaux du Capitaine Rozet, candidat à la place vacante dans la section de Géologie et de Minéralogie. Paris, 1847, pp. 15; 1852, pp. 16.
Addition à la notice des travaux scientifiques de M. R. Paris, 1857, pp. 6.
G a u d r y, A.: Notice sur la vie et les travaux du Commandant Rozet lue à la Soc. géol. France, séance 21 février 1859. Paris, pp. 12 (Bibliographie).

* Rozières.
Studierte 1824—26 Stratigraphie Ägyptens.
Z i t t e l: Gesch.

Röhl, E r n s t v o n, geb. 1. V. 1825 Breslau, gest. 18. IX. 1881.
Offizier (Major). Sammler in Westfalen, Rheinprov. u. lothr. Jura. Pflanzen des westf. Karbon (Paläontographica 18, 1868).
M a r c k, W. v o n d e r: E. v. R. Nachruf. Corrbl. naturhist. Ver. Rheinl. Westf. 1882, 53—55 (Qu.).

* Rösler, G. F.
Schrieb 1788: Beiträge zur Naturgeschichte des Fürstentums Württemberg.
Z i t t e l: Gesch.
P o g g e n d o r f f 2, 675—676.

Rössner, J o h a n n C h r i s t o p h, geb. um 1750 Geisenhöhn, gest. ?
Pfarrer in Machnowka (Ukraine). Schrieb 1783 über Molassefossilien von Ortenburg (Bayern). Vertritt noch die Auffassung von den Fossilien als Naturspielen.
M e u s e l, Das gelehrte Deutschland 6, 1798, 414 (Qu.).

Rubidge, R i c h a r d N a t h a n i e l, gest. 8. VIII. 1869 Port Elizabeth, 48 J. alt.
Arzt, Geologe. Sammelte in Südafrika für das Museum der Geol. Soc. London.
Obituary, Geol. Magaz., 1869, 526—528.

* Rubio.
Nekrolog: Boll. Inst. Geol. Espana, (3) 12, 1931, VIII—X (Portr.).

* Rudler, F r e d e r i c k   W i l l i a m, geb. Juli 1840, gest. 23. I.
1915 Tatsfield, Surrey.
1861 Assistent-Curator am Museum of Practical Geology in London, 1879—1902 Bibliothekar ebendort. Mineraloge. Schrieb:
Pres. address Geol. Assoc.: Fifty years progress in British Geology. Seine aus 2 000 Bänden und 4 000 Separata bestehende
Bibliothek befindet sich im Univ. Coll. of Wales, Aberystwyth.
E. T. N (e w t o n): Obituary, Geol. Magaz., 1915, 142—144 (Portr.).
R u d l e r, O. G.: Bibliothek Rudler: Ebenda, 1918, 96.

Rudolph, A u g u s t J u l i u s, gest. 1884.
Bahnwärter in der Nähe von Plauen. Sammler von Plänerpetre-
fakten, jetzt im mineral. Mus. Dresden.
G e i n i t z, H. B.: Nachruf. Sitzber. naturw. Ges. Isis (1884), 1885,
20 (Qu.).

Rudolph, K a r l, geb. 1881 Teplitz, gest. 2. III. 1937 Prag.
Vertreter der Vegetationsgeschichte am bot. Inst. Deutsche Univ.
Prag. Phytopaläontologie (Pollenanalyse, Psaronien).
F i r b a s, F.: Nachruf. Forschungen u. Fortschritte 13, 1937, 215—
216.
S c h a d e, A.: Sitzungsber. und Abh. Naturw. Ges. Isis Dresden
(1936/37), 1938 (Qu.).

Rufford, P h i l i p J a m e s, geb. 26. I. 1852 Great Alne, War-
wickshire, gest. 19. VI. 1902 St. Leonards on Sea.
Ingenieur, sammelte Wealden-Fossilien für das Brassey-Institute
in Hastings und das Brit. Mus.
Obituary, Geol. Magaz., 1902, 432; QuJGS., London, 59, 1903, LXI.
Hist. Brit. Mus., I: 321.

Rumpf, L u d w i g, geb. 22. XI. 1793 Bamberg, gest. 17. I. 1862.
Prof. Min. Geognosie Chemie, Pharmazie Würzburg. Schrieb über
Fährten, Phytopaläontologie Frankens.
Nachruf: Leopoldina, 3, 45.
Freyberg.
P o g g e n d o r f f 3, 1153.

Rumph, G e o r g Eberhard, geb. 1628 Hanau, gest. 15. VI.
1702 Amboina.
Dr. med., ältester Kaufmann und Ratsherr zu Amboina. Schrieb:
Amboinsche Raritätenkammer, Amsterdam 1705; 1711; III. Aufl.
1741, deutsch 1766. Referiert in Schröter, Journ., 3: 103—118;
4: 245.
Rumphius Gedenkboek (Koloniaal Museum). Haarlem 1902. IX.
+ 221 pp. (Bibliographie).
P o g g e n d o r f f 2, 720—721.

* Ruska, J.
Schrieb: Das Steinbuch des Aristoteles mit literaturgeschichtlichen
Notizen, nach der arabischen Handschrift herausgegeben. Heidel-
berg, 1912, pp. 208.

* Ruskin, J o h n, geb. Februar 1819, gest. 20. I. 1900.
Hatte auch Interesse für Geologie.
Geol. Magaz., 1900, 94 ff.

24*

* **Russegger,** J o s e f.
Studierte 1835—41 Stratigraphie Vorderasiens, 1841—49 Ägyptens.
Z i t t e l: Gesch.
Almanach Ak. Wiss. Wien 14, 1864, 108—163 (Bibliographie).
P o g g e n d o r f f 2, 724—725.

* **Russell,** I s r a e l C o o k, geb. 1852, gest. 1906.
Stratigraphie Nordamerikas.
G i l b e r t, G. K.: Obituary, Journ. of Geol., 14, 1906, 663—667.
L a n e, A. Ch.: I. C. R. Proc. Amer. Acad. Arts, 53, 1918, 855—
858.
P i r s s o n, L. V.: Obituary, Amer. Journ., Sci., (4) 21, 1906, 481.
W i l l i s, Bailey: Memoir of —. Bull. Geol. Soc. America, 18,
1907, 586—592 (Bibliographie mit 121 Titeln).

Rutland, D u k e o f.
Schenkte dem Brit. Mus. 1840—47 Plesiosaurus und Stigmaria.
Hist. Brit. Mus., I: 321.

Rutot, A i m é - L o u i s, geb. 6. VIII. 1847 Mons, gest. 3. IV. 1933
Brüssel.
Bergingenieur. Konservator am Mus. Roy. d'Hist. Nat. Brüssel.
Stratigraphie und Faunen des Tertiär und Quartär.
Nécrologie. L'Anthropologie 43, 1933, 633—635.
P o g g e n d o r f f 4, 1290—1291.
Notices biogr. et bibliogr. Ac. Roy. Sci. Belgique 1907—1909, 252—
276 (Teilbibliographie).
B a r r o i s, Ch.: Notice sur l'oeuvre de A. R. Ann. Soc. géol. du
Nord 58, 1933, 179—182 (Qu.).

Rüst, D a v i d, geb. 28. VI. 1831 Nienburg a. d. Weser, gest. 6. VI.,
1916 Hannover.
Sanitätsrat, Militärarzt, dann Privatgelehrter. Paläontologe und
Botaniker. Paläontologie der Radiolarien (u. Diatomeen).
Nachruf. 62.—68. Jahresber. Naturhist. Ges. Hannover 1919, 7—8
(Qu.).

Rütimeyer, L u d w i g, geb. 26. II. 1825 Biglen im Emmenthal, gest.
25. XI. 1895 Basel.
Studierte Theologie, Medizin, 1853 Prof. vgl. Anatomie Bern, 1855
Prof. Zool. vgl. Anat. Basel. Haustiere, Testudinata, Mammalia.
R ü t i m e y e r, L., Gesammelte kleine Schriften. Bd. I, allgemei-
nen Inhalts aus dem Gebiete der Naturwissenschaften. Nebst
einer autobiographischen Skizze. Herausgegeben von H. G.
Stehlin, Bd. I. Basel, 1898, pp. 400 (Portr.); Bd. II, 441—
455 (Bibliographie).
B u r c k h a r d t, R.: Nekrolog: Allg. Schweiz. Zeitung, No. 281—
283, Basel, 1895.
W ü s t, E.: L. R. als Begründer der historischen Paläontologie. Pal.
Zeitschr., 8, 1927, 34—39.
Z i t t e l: Gesch.
S c h m i d t, C.: Nachruf: Verhandl. schweiz. Naturf. Ges., 1895,
78, 213—256 (Bibliographie).

Ryba, F r a n z, geb. 2. VII. 1867 Chotebori, Böhmen, gest. 18. V.
1918 Pribram.
Prof. Min. Geol. Pal. an der montanistischen Hochschule Pribram.
Schüler O. Novák's. Phytopaläontologie.
Nachruf: Verhandl. Geol. Reichsanst. Wien, 1918, 128—130 (Bi-
bliographie im Text).
K e t t n e r: 153, (Portr. Taf. 103).

Ryckholt, B a r o n P. de.
Belgischer Paläontologe. Chitonidae, Gastropoda, Cephalopoda.
M o u' r l o n, M.: Géologie de la Belgique II, 1881, 367—368
(Bibliographie von 6 Titeln.) (Qu.).

Rzehák, A n t o n, geb. 26. V. 1855 Neuhof, Mähren, gest. 31. III.
1923.
Prof. Min. Geol. an der technischen Hochschule Brünn, Prag.
Stratigraphie Tertiär, Foraminifera, plistozäne Vertebrata, Homo
fossilis.
B e c k, H.: Nachruf: Verhandl. Geol. Bundesanst. Wien, 1923,
129—131.
O p p e n h e i m e r, J. Nachruf. Verh. naturf. Ver. Brünn 59 (1922
—24), 1925, XI—XXVI (Bibliographie).

Sacco, F e d e r i c o, geb. 5. II. 1864 Fossano.
Prof. Pal. Turin. Mollusca, Brachiopoda, Reptilia u. a. Stratigraphie.
S a c c o, F.: Bacino terziario e quaternario del Piemonte (Pro-
spectus), 1890, pp. 4 (Bibliographie mit 88 Titeln).
Elenco delle pubblicazioni (1883—1933) del — Torino, 1934, pp.
16 (Bibliographie mit 94 pal. Titeln und 25 biographischen, ferner geologischen Titeln.)).

Sadebeck, A l e x a n d e r, geb. 26. VI. 1843 Berlin, gest. 9. XII. 1879
Hamburg.
1872—79 Prof. Kiel. Plistozäne Mammalia, pommerscher und balti-
scher Jura.
T o r n i e r: 1925: 86.
Allgem. Deutsche Biogr. 30, 163—164.
NJM. 1880, I: Nachruf. 2 pp. (Qu.).

Saemann, L o u i s, geb. 11. XI. 1821 Görlitz. Schlesien, gest. 13.
VIII. 1866.
Fossiliensammler, angestellt bei Krantz in Bonn, dann selbständiges
Comptoir in Paris 1850. Lias, Stratigraphie, Kreide. Mollusken.
D a u b r é e: Necrolog. Bull. Soc. géol. France, (2) 24, 1867, 417—
420 (Bibliographie mit 5 Titeln im Text).

Safford, J a m e s M e r r i l l, geb. 1822, gest. 1907.
Nordamerikanischer Geologe. Faunen von Tennessee.
M c G i l l, J. T.: Obituary, Trans. Tennessee Acad. Sci., 2, 1917,
48—54 (Bibliographie mit 34 Titeln).
S t e v e n s o n, J. J.: Memoir of —. Bull. Geol. Soc. America, 19,
1908, 522—527 (Portr. Bibliographie mit 52 Titeln).

Sage, B a l t h a z a r G e o r g e s, geb. 7. V. 1740 Paris, gest. 9. IX.
1824 ebenda.
Apotheker. Prof. an der Münze Paris, Mitglied der Akademie.
Chemiker. Auch pal. Mitt. über Ammoniten, Belemniten, Terebra-
teln u. a.
P o g g e n d o r f f 2, 732—734.
Scient. Papers 5, 361—363 (Qu.).

Sagra, R a m o n d e l a, geb. 7. XII. 1801 Coruña, gest. 25. V.
1871 Cortaillod (Neuchâtel).
Schrieb 1843 über Geol. von Cuba.
Z i t t e l: Gesch.
P o g g e n d o r f f 2, 735; 3, 1161.

Saint-John, O r e s t e s   H a w l e y, geb. 12. I. 1841 Rock Creek, Ohio, gest. 20. VII. 1921.
Studierte bei L. Agassiz zu Cambridge, zus. mit Ch. F. Hartt, A. Hyatt usw. Stratigraphie von Iowa. Pisces.
K e y e s, Ch. R.: Memorial of —. Bull. Geol. Soc. Am. 33, 1922, 31—44 (Portr. Bibliographie mit 32 Titeln).

* Sainte-Claire-Deville, C h a r l e s, geb. 26. II. 1814, gest. 10. X. 1876.
Französischer Geologe, Petrograph und Vulkanologe.
Notices sur les travaux scientifiques publiés par M. Ch. D. Paris, 1847; II. Aufl. 1851; III. Aufl. 1856, pp. 39.
F o u q u é: Not. nécrol. sur —. Bull. Soc. géol. France, (3) 5, 1877, 435—447 (Bibliographie mit 103 Titeln).
—   —   Éloge de M. Ch. St.-Cl. D. de l'Institut. Société de secours des Amis des Sciences, C. R. 18. séance publ. ann. Paris, 1877, 25—53.
R e n o u, E.: Notice sur la vie et les travaux scientifiques de Ch. St.-Cl. D. Ann. Soc. Météorolog. France, 1877, 78.
D u m a s, J. B.: Éloges historiques de Ch. et Henri St.-Cl. D. Paris, 1884, pp. 39 (Institut de France).

Salée, A c h i l l e, geb. 1883, gest. 1932.
Canonicus. Direktor Inst. géol. Löwen. Korallen Belgiens. Stratigraphie Afrikas.
K a i s i n, F.: Le chanoine Achille Salée. Revue d. quest. sci. (4) 22, 1932, 3—29.

Salmond, W i l l i a m, gest. 1838.
Sammler zu York, sammelte in der Kirkdale Höhle (Proc. Geol. Soc., 3: 67).

Salomon, W i l h e l m, geb. 15. II. 1868.
1901 a. o. Prof Geol. Pal. Heidelberg, 1913 Ordinarius ebendort, 1934 Prof. Ankara. Stratigraphie u. Paläontologie bes. der Südalpen.
P h i l i p p, H.: W. Salomon-Calvi zum 65. Geburtstag. Salomon-Festschrift Geol. Rundschau, 1933, VII—XI (Portr.).
P o g g e n d o r f f 4, 1301.

Salter, J o h n   W i l l i a m, geb. 15. XII. 1820, gest. 2. VIII. 1869.
Illustrator, der die Tafeln zu Sowerby's Min. Conchol. und Murchison's Silurian System gravierte. 1842 Mitarbeiter des Woodwardian Museum zu Cambridge, 1848—63 Mitglied der Geol. Survey England. Studierte Trilobiten, paläozoische Invertebraten.
Obituary, Geol. Magaz., 1869, 432, 477—480; QuJGS. London, 26, 1870, XXXVI—XXXIX.
C l a r k e: James Hall of Albany, 430.
G e i k i e: Life of A. C. Ramsay.
—   —   Life of Murchison, II: 259.
Scient. Papers 5, 382—384; 8, 819—820.

Salwey, H u m p h r y, geb. 1803, gest. 21. I. 1877 The Cliff, Ludlow.
Sammler in Shropshire und Herefordshire.
J. H.: Obituary, Geol. Magaz., 1877, 144.

Sampson, V a u g h a n.
Studierte 1814 Geol. Irlands.
Z i t t e l: Gesch.

Sandberger, F r i d o l i n C a r l L u d w i g, geb. 22. XI. 1826 Dillen-
burg, Nassau, gest. 11. IV. 1898 Würzburg.
1849 Leiter des naturhistorischen Museums Wiesbaden, 1855 Prof.
Geol. am Polytechnikum zu Karlsruhe, 1863 Prof. Min. Geol.
Würzburg. Brachiopoda, Mollusca, Devon, Mainzer Becken.
B e c k e n k a m p, J.: Prof. F. v. S. Gedächtnisrede. Sitzungs-
ber. phys.-med. Ges. Würzburg 1898, 80—120 (Portr., Biblio-
graphie mit 327 Titeln).
Allgem. Deutsche Biogr. 53, 701—702.
P o g g e n d o r f f 2, 747—748; 3, 1168—1169; 4, 1303—1304.

Sandberger, G u i d o, geb. 29. V. 1821 Dillenburg, gest. 22. I. 1880.
Gymnasiallehrer zu Wiesbaden. Goniatiten, Mollusca, Mainzer
Becken. Die Brüder Sandberger verkauften die Originale zu den
Versteinerungen des Rheinischen Schichten-Systems um 800 Fl.
= 458 Preuß. Thaler (NJM., 1860, 794), erhielten den Wol-
laston-Preis (QuJGS., London, 11, 1855, XXVI—XXVII).
Allgem. Deutsche Biogr. 30, 340.
P o g g e n d o r f f 2, 747; 3, 1168.

Sanders, W i l l i a m, geb. 12. I. 1799 Bristol, gest. 12. XI. 1875.
Stratigraphie der Umgegend von Bristol.
R. E (t h e r i d g e): Obituary, Geol. Magaz., 1875, 627—628.
E. B. T (a w n e y): Obituary, Proc. Bristol Naturalists Soc., (2) 1,
1876, 503—506 (Bibliographie).

* **Santesson**, K. O. B., geb. 1845, gest. 25. IV. 1893.
Minengeologe.
Nekrolog: Geol. För. Stockholm Förhandl., 15, 1893, 395—396
(Bibliographie mit 11 Titeln).

Saporta, G a s t o n M a r q u i s d e, geb. 28. VII. 1823, gest. 26. I.
1895.
Studierte im Jesuiten-Kolleg zu Freiburg mit Matheron. Phyto-
paläontologie.
G a u d r y, A.: Le Marquis de Saporta. La Nature, Paris, 2. Févr.
1895.
— — Un naturaliste français: Le marquis de Saporta. Revue
des Deux Mondes, 15. Jan. 1896, 303—328 (Bibliographie mit
218 Titeln).
Notice sur les travaux scientifiques du Cte de Saporta. Paris, 1875
(Bibliographie).
Obituary, Geol. Magaz., 1895, 286; QuJGS. London, 52, 1896, LIII;
Canadian Rec. Sci., 6, 1895, 367—369.
L i m a, Wenceslau de: Marquis de Saporta. Homenagem. Comm.
Trab. geol. Portugal, No. 3, 1895, pp. XI (Portr. Mp.).
Z e i l l e r, R.: Le Marquis de Saporta: sa vie et ses travaux. Bull.
Soc. géol. France, (3) 24, 1896, 197—232 (Bibliographie).
Portr. O o n s t a n t i n, 1934, p. CLV.

* **Sarasin**, É d o u a r d, geb. 1843, gest. 1917.
D e l a R i v e, L.: Notice sur la vie et les travaux d'É. S. Arch.
sci. phys. nat., (4) 44, 1917, 321—344 (Bibliographie mit 66
Titeln).

Sars, M i c h a e l, geb. 30. VIII. 1805 Bergen, gest. 22. X. 1869.
1854 Prof. Zoologie Christiania. Quartärfossilien.
Nachruf: NJM., 1870, 128.
P o g g e n d o r f f 3, 1174.
M i l n e - E d w a r d s: M. S. Bull. Soc. philom. Paris (6) 7,
1870—71, 15—19.

* Sartorius, G e o r g C h r i s t i a n, geb. 19. III. 1774 Ostheim v. d. Rhön, gest. 26. VI. 1838 Eisenach.
Bauinspektor in Wilhelmstal und Eisenach. Stratigraphie Thüringens.
S a r t o r i u s, G. Ch.: Lebenserinnerungen, Eisenach, 1926.
Freyberg.
P o g g e n d o r f f 2, 752.

Sartorius v o n W a l t e r s h a u s e n, W o l f g a n g, geb. 17. X. 1809 Göttingen, gest. 16. X. 1876 daselbst.
Prof. Göttingen. Vulkanologie. Auch Reptilia.
L i s t i n g, J. B.: Zur Erinnerung an S. v. W. Göttinger Nachricht, 1876, 547—559.
L a s a u l x, A. von: Der Aetna. Nach den Manuscripten des verstorbenen Dr. Wolfgang Sartorius, Freiherrn von Waltershausen herausgegeben, selbständig bearbeitet und vollendet von —.
Leipzig, Bd. I, S. XI—XVI (Portr. Biogr.).
Allgem. Deutsche Biogr. 30, 394—395.
Scient. Papers 5, 409; 8, 835.

Saull, W i l l i a m D e v o n s h i r e, geb. 1784, gest. 26. IV. 1855.
Kaufmann zu London, der sich in den 30er Jahren ein Geol.-Pal. Museum einrichtete.
Hist. Brit. Mus., I: 322.
Dict. Nat. Biogr. 50, 313.

Saumaise, J a c q u e s d e, seigneur de Savigny, geb. um 1570, gest. ?
Sammelte Fossilien in Yonne, die von J. de Laet, De gemmis et lapidibus II, Kap. XXIX, p. 189 abgebildet wurden.
L a m b e r t, J.: Un Seigneur de Savigny, premier paléontologiste de l'Yonne au XVIIe siècle. Bull. Soc. sci. hist. et nat. Yonne 62 (1908), 1909, 185—187 (Qu.).

Saussure, H o r a c e B e n e d i c t d e, geb. 1740 Genf, gest. 1799.
Geologe, Alpinist, Stratigraphie, Paläontologie des Juragebirges.
S e n e b i e r, J.: Mémoire historique sur la vie et les écrits de H. B. de S., Genéve 1801.
F a v r e, A.: H. B. de S. et les Alpes. Fragments tirés de documents en partie inédits. Lausanne, 1870, pp. 15. (Extr. Biblioth. univ., 36, Genève, 1869.).
B o u v i e r, L.: De Saussure, sa vie, ses ouvrages et ses observations, dans les Alpes. Genève, 1878, 32 pp.
D u p a r c, L.: Les idées de H. B. de S. sur la Géologie de quelques montagnes de la Savoie. Mém. Soc. Phys. et d'Hist. nat. de Genève, vol. suppl. 1890, Centenaire de la fondation de la société. Genève, 1891, pp. 15.
F r e s h f i e l d, Douglas W. & Henry F. M o n t a g n i e r: The life of H. B. de S. London, 1920, pp. 479 (Fig. 19, Karte 2).
L a u t e r b o r n: Der Rhein, I: 245—246.

* Sauvage, F r a n ç o i s C l é m e n t, geb. 4. IV. 1814 Sedan, gest. 11. XI. 1872.
Studierte 1842 Stratigraphie der Ardennen.
Z i t t e l: Gesch.
D a u b r é e: Notice nécrologique. Ann. des mines (7) 3, 1873, 183—206.

Sauvage, H e n r i É m i l e, geb. 22. IX. 1842 Boulogne, gest. 3. I. 1917.

1875 Assistent für Ichthyologie am Pariser Museum, später Konservator Mus. Boulogne-sur-Mer. Pisces, Reptilia, Evertebraten.
Obituary, QuJGS., London, 74, 1918, LI.
C é p è d e, C.: La vie et l'oeuvre d'E. S. Bull. Soc. académique de Boulogne-sur-mer 11, 3 (1923), 1922—26, 209—295 (Portr., Bibliographie).

Sauvages, P i e r r e A u g u s t i n B o i s s i e r de La C r o i x d e, geb. 28. VIII. 1710 Alais, gest. 19. XII. 1795 ebenda.
Abbé, entdeckte 1740 Rudisten in den Cevennen, schrieb: Observations de Lithologie pour servir à l'histoire naturelle du Languedoc et à la théorie de la Terre. Mém. Acad. Sci. Paris, 1755—56.
Z i t t e l: Gesch.
Biographie universelle 38, 87.
P o g g e n d o r f f 2, 758.

Sauveur, D i e u d o n n é - J e a n - J o s e p h, geb. 5. X. 1797 Lüttich, gest. 1. XI. 1862 ebenda.
Phytopaläontologie des belg. Karbon.
Nécrologie. Bull. Ac. roy. Belgique 14, 1862, 339—342.
Bibliographie académique. Bruxelles 1854, 37 (Qu.).

Savage, J o s e p h, geb. 1823, gest. 1891.
Nordamerikanischer Geologe. Mastodon, Stratigraphie.
H'a y, R.: In Memoriam J. S. Trans. Kansas Acad. Sci., 13, 1892, 65—68 (Bibliogr.).

Savi, Paolo, geb. 11. VII. 1798 Pisa, gest. 5. IV. 1871 ebenda.
1820 Dozent Zoologie Univ. Pisa, 1823 Prof. Zool. daselbst. Vertebrata (Monte Pisano), Miozäne Lignite. Stratigraphie Toscanas. Tertiär.
d'A c h i a r d i, A.:, Biographie di P. S. Pisa, 1871, pp. 12.
M e n e g h i n i, G.: Biografia di P. S. Mem. Mat. Fis. Soc. Ital. Sci., (3) 4, 1882, LXXIII—LXXXV (Bibliographie mit 100 Titeln).
— — Della scuola geologica di P. S. Boll. alla R. Univ., Pisa, 1881—82.

Savin, A l f r e d C.
Sammler, sammelte in den 70—80er Jahren Forest Bed-Vertebraten in Norfolk
Hist. Brit. Mus., I: 322.

Savin, L é o n - H é l i, geb. 12. III. 1851 St.-Chartres (Vienne), gest. 3. VIII. 1907.
Offizier, Kommandant des 99. Infanterie-Regiments. Sammelte Kreide- und Eozän-Echiniden.
L a m b e r t, J.: Necrolog. Bull. Soc. géol. France, (4) 8, 1908, 233—236 (Bibliographie mit 5 Titeln im Text).

Savonarola. G i r o l a m o, geb. 1452, gest. 1498.
Der Florentiner Märtyrer schrieb Compendium totius philosophiae, in der er die Erklärung des Fossilisationsprozesses gab.
E d w a r d s: Guide, 11.

* Savoye, É m i l e - E u g è n e, gest. 1887.
L e c o c q: Notice sur —. Ann. Soc. géol. du Nord, 14, 1886-87, 178—180.

Saxby, S t e p h e n M.
Sammler in den 40er Jahren zu Mountfield, bei Bonchurch, Isle of Wight.
Hist. Brit. Mus., I: 323.

Say, T h o m a s, geb. 1787, gest. 1834.
Amerikanischer Zoologe und Paläontologe, Echinodermata, Blastoidea, Mollusca.
W e i s s, Harry B., & Grace M. Z i e g l e r: Thomas Say, early American Naturalist Springfield Illinois (Referiert von T. D. A. Cockerell: Sci., 73, 1931, 264—265.).
N e w t o n, R. B.: List of Say's Types of Maryland (U. S. A.) Tertiary Mollusca in the British Museum. Geol. Magaz., 1902, 303—305.
N i c k l e s 911.

Sayn, G u s t a v e, geb. 1862 Straßburg, gest. 25. VIII. 1933 Montvendre.
Privatmann. Stratigraphie u. Faunen von Südostfrankreich. Ammoniten bes. der Unterkreide. Seine Sammlungen in Grenoble und Lyon.
R o m a n, F.: G. S. Bull. Soc. d'Arch. et de Stat. de la Drôme 1934, 22 pp. (Portr., Bibliographie); auch: Travaux Lab. Géol. Fac. Sci. Univ. Lyon 1934, 22 pp.
Notice nécrologique. Bull. Soc. géol. France (5) 4, 1934, 121—122 (Qu.).

Scacchi, A r c a n g e l o, geb. 8. II. 1810 Gravina, gest. 11. X. 1893.
Prof. Min. Neapel. Mineralogie u. Vulkanologie. Auch Mollusca, Brachiopoda.
Parole del Socio Cossa in commemorazione di A. S. Atti Accad. Torino, 29, 1893-94, 4—9.
F r a n c o, P.: Necrolog: Giornale di Min. Cristall. Petrogr., 5, 1894, 1—22 (Portr. Bibliographie mit 107 Titeln).
P. Z (e z i): Cenno necrologico. Boll. Com. Geol. Ital., 24, 1893, 403—405.
Onoranze alla memoria di A. S. nel I. centenario della sua nascita Suppl. fasc. Rendic. R. Accad. Sci. fis. math. Napoli, (3) 16, 1910, XLIX, pp. 43 (Portr. Bibliographie mit 111 Titeln). (Bassani, p. 3—5, Musacchi, G. 7—8, Zambonini; 9—33).
A g n e l l i, L.: Notici cronologici di A S., ebenda, p. 49—77.

Scalia, S a l v a t o r e, geb. 12. XI. 1874 Mascalucia, gest. 21. VII. 1923 ebenda.
Assistent und Dozent in Catania. Faunen Siziliens u. Mexikos.
C h e c c h i a - R i s p o l i, G.: Necrologia. Riv. it. di Paleont. 29, 1923, 37—41 (Portr., Bibliographie) (Qu.).

Scarabelli, G i u s e p p e G o m m i F l a m i n i, geb. 16. IX. 1820 Imola, gest. 28. X. 1905.
Studierte bei Pilla und Meneghini in Pisa, 1860—66 Erster Sindaco von Imola, Vertebrata, Phytopaläontologie, Palethnologie.
B a s s a n i, Fr.: Commemorazione del Socio Senatore G. S. G. F. Rendic. R. Accad. Lincei Cl. Sci. fis. math. nat., (5) 15, 1906, 246—262 (Bibliographie mit 49 Titeln).
T o l d o, G.: Necrolog: Boll. Soc. Geol. Ital., 25, 1906, XXX—XXXVIII (Bibliographie mit 40 Titeln).

Scaramucci, J o. B a p t i s t a.
Arzt zu Urbino, lebte gegen Ende des 17. Jahrhunderts. Schrieb
Meditationes Familiares ad Clariss. Ant. Magliabechium in epi-
stolam ei conscriptam de Sceleto Elephantino a celeberrimo Wilh.
Ern. Tenzelio. Ubi quoque Testaceorum petrificationis de-
fenduntur et alia subterranea phenomena examini subiiciantur.
Urbini 1697.
Freyberg.

Schaaffhausen, H e r m a n n, geb. 18. VII. 1816 Coblenz, gest. 26.
I. 1893 Bonn.
Arzt, Anthropologe. Schrieb über Rhinoceros tichorhinus, Elephas
primigenius, Equiden, Ovibos moschatus, Eozoon, Homo fossilis.
Speläologie.
R o t h, E.: Nachruf: Leopoldina, 29, 168—173, 185—189, 199—203
(Bibliographie mit 356 Titeln).

Schacko, G u s t a v, geb. 8. II. 1824 Berlin, gest. 29. V. 1917 ebenda.
Feinmechaniker, unbesoldeter Kommunalbeamter in Berlin. Paläontologe u. Malakozoologe. Mikropaläontologie, bes. Foraminiferen
und Ostrakoden namentlich der oberen Kreide und des Septarientons. Sammlung im Paläont. Mus. der Univ. Berlin.
R e i n h a r d t, O.: Ein Jubiläum (G. Sch. 90. Geburtstag). Nachrichtsbl. Deutsche Malakozool. Ges. 46, 1914, 1—3; Todesnachricht ibidem 49, 1917, 144.
B e u t l e r, Foraminiferenlit. 97 (Teilbibliographie).
(Qu. — Originalmitt. der Tochter Helene Sch. u. des Neffen
Richard Sch.).

* **Schadelook**, A u g u s t u s M a r t i n, geb. 5. IV. 1707 Rützenhagen
Pommern, gest. 3. IV. 1774 Nürnberg.
Prediger, Schulinspektor, Sammler.
Nachruf. Schröter, Journ., 2: 516—519, 337—345.

Schaeff, E r n s t, geb. 25. VIII. 1861 Itzehoe, gest. Anfang Juli
1921.
Dr. phil., zuletzt Direktor Zool. Garten u. Lehrer f. Zool. tier-
ärztl. Hochschule Hannover. Diluviale Murmeltiere, Periplaneta
im Diluvium.
Wer ists? 7, 1914, 1449; 8, 1922, 1786.
Scient. Papers 18, 481—482 (Qu.).

Schafarzik, F e r e n c, geb. 20. III. 1854 Debrecen, gest. 5. IX. 1927
Budapest.
Mitglied der Kgl. Ungarischen Geol. Anstalt, dann Prof. Geol. Po-
lytechnikum Budapest. Stratigraphie.
R o t h, K. von Telegd: Nachruf: Földtani Közlöny, 58, 1928, 1-11
152—160 (Portr.).
V e n d l, A.: Nachruf: Math. naturw. Berichte aus Ungarn, 34,
1926—27, 5—6.
P á l f y, M.: Dr. Sch. F. emlékezete Erinnerung an F. Sch. Hidro-
logiai Közlöny, 7—8, 1929.

Schafhäutl, K a r l F r a n z E m i l, geb. 16. II. 1803 Ingolstadt, gest.
25. II. 1890.
1842 Conservator der geognostischen Staatssammlung in München,
1843 Prof. Geognosie, Bergbau und Hüttenkunde daselbst. Stratigraphie u. Paläontologie der bayr. Alpen, bes. Eocän vom
Kressenberg.
Z i t t e l: Gesch.

Voit, C. v.: Nekrolog. Sitzungsber. math.-phys. Cl. Ak. Wiss.
München 20, 1890, 397—415.
Almanach k. bayr. Akad. Wiss. 1884, 293—304; 1890, 127—128
(Bibliographie).

Schalch, F e r d i n a n d, geb. 1848, gest. 1918.
Badischer Landesgeologe. Geol. u. Stratigr. südl. Baden u. Schaff-
hausen. Seine große Sammlung jetzt in Schaffhausen.
P e y e r, B.: Nachruf: Atti Soc. Helv. Sc. Nat. 100 Congr. Lugano,
1919, 25—30 (Portr., Bibliographie).
Z i t t e l: Gesch.
D e e c k e, W.: Nachruf. Mitt. bad. geol. Landesanst. 9, 1923,
257—274 (Portr., Bibliographie).

Schardt, H a n s, geb. 18. VI. 1858 Basel, gest. 1931.
1911 Prof. Geol. Zürich, Stratigraphie.
S c h i n z, H.: Nachruf: Vierteljahresschrift Naturf. Ges. Zürich,
76, 1931, 509—513 (Bibliographie seit 1928).
S u t e r, H.: Prof. W. H. Sch. zu seinem 70. Geburtstag am 18. VI.
1928. Ebenda, 73, 1928, 375—391 (Portr. Bibliographie mit 192
Titeln).
Nachruf: Actes Soc. Helv. Sci. Nat., 112, 1931 411—422 (Bibliogr., Portr.).

Scharenberg, J o h a n n C h r i s t o p h W i l h e l m, geb. 1815, gest.
1857.
Privatdozent. Paläontologie Schlesiens (Graptolithen).
Vergl. Kat. Brit. Mus. S. 1825 (Qu.).

Scharff, R o b e r t F r a n c i s, geb. 1858 Leeds, gest. 11. IX. 1934.
Englischer Zoologe und Pal. Mammalia, Spelaeologie.
Obituary: Nature, London, 134, 487, 1934.

Schauroth, K a r l F r e i h e r r v o n, geb. 16. X. 1818 Coburg, gest.
21. III. 1893 ebenda.
Direktor des herzogl. Naturaliencabinets in Coburg. Stratigraphie
und Paläontologie von Coburg, Vicentino.
Z i t t e l: Gesch.
Nachruf. Verh. geol. Reichsanst. Wien 1893, 211—212 Teilbibliographie) (Qu.).

Schäffer, J a c. C h r i s t i a n, geb. 30. V. 1718 Querfurt, gest. 5. I.
1790 Regensburg.
Superintendent der evangelischen Gemeinde zu Regensburg, schrieb
über Versteinerungen. Sammler.
T o r n i e r: 1924: 34.
P o g g e n d o r f f 2, 768.
Physik. Arb. einträcht. Freunde Wien (Born) 2. Jhg. 3. Quart.
1788, 218—221 (Bibliographie).

* Scheffer, J o h a n n.
opus 1673 ref. Schröter, Journ.: 3: 119—126.

Schellwien, E r n s t, geb. 3. IV. 1866 Quedlinburg, gest. am 13.
V. 1906 Königsberg.
1900 Prof. Geol. Pal. Königsberg. Brachiopoda, Foraminifera,
Cephalopoda, Permocarbon.
G e y e r, G.: Nachruf: Verhandl. Geol. Reichsanst. Wien, 1906,
244—245.
Nachruf: Leopoldina, 42, 1906, 99.

Nachruf. Schriften physikal.-ökonom. Ges. Königsberg 47, 1906, III—VI (Portr.).
Poggendorff 4, 1320; 5, 1108.

* Schenck, J. Th.
Schrieb 1670 de cerebro bovis petrificati ref. Schröter, Journ.: 3: 168.

Schenk, August, geb. 17. IV. 1815 Hallein, gest. 30. III. 1891.
1845 a. o., 1850 ord. Prof. Botanik Würzburg, 1868 Prof. Botanik Leipzig. Phytopaläontologie. Schrieb Phytopal. in „Zittel".
Zittel: Gesch.
Drude, O.: A. Sch. Ber. deutsche bot. Ges. 9, 1891, (15)—(26) (Portr., Bibliographie).
Allgem. Deutsche Biographie 53, 749—751.

Scheuchzer, Johann Jakob, geb. 2. VIII. 1672 Zürich, gest. 23. VI. 1733.
Studierte Medizin, Mathematik, Astronomie, 1710 Prof. Mathematik, 1712 Feldarzt bei den Zürcher Truppen im Toggenburgerkrieg, 1713 Führer der Reformpartei, 1729 Prof. Naturgesch. Karolinum, 1733 Stadtarzt in Zürich, Prof. Mathematik und Physik, Chorherr. Schrieb 1697: De generatione conchitarum, 1700: De Dendritis aliisque lapidibus, De cerva cornuta, 1702: Specimen lithographiae Helvetiae curiosae, 1706: Catalogus concharum fossilium etc., Beschreibung der Natur-Geschichten des Schweizerlandes, 1708: Piscium querelae et vindiciae, 1709: Herbarium diluvianum, 1716 Museum diluvianum, 1717: Ex Lexico diluviano specimen de Cornu Ammonis, 1722: These de diluvio, 1723: Herbarium Diluvianum, 1726: Homo diluvii testis, 1731: Physica sacra und Kupfer-Bibel, ferner 1740: Sciagraphia lithologica curiosa s. Lapidum figurat. nomenclator.
Hoeherl, F. X.: Johann Jakob Scheuchzer, der Begründer der physischen Geographie des Hochgebirges. Münchner Geogr. Studien München, 1901, pp. VIII 108 (Inauguraldissertation).
Steiger, R.: Johann Jakob Scheuchzer. (1672—1733). I. Werdezeit bis 1699. Schweizer Studien zur Geschichtswissenschaft, Bd. 15, H. 1. Zürich, 1927, pp. 152 (Inauguraldissertation, mit Bibliographie über Scheuchzer).
— — Verzeichnis des wissenschaftlichen Nachlasses von Johann Jakob Scheuchzer. Vierteljahresschrift Naturf. Ges. Zürich, 78, 1933, 1—75 (Portr. Bibliographie mit 173 Titeln, sowie handschriftlich, No. 198, Biographisches u. Autobiographisches, No. 199—203).
Sterchi: Biogr.
Edwards: Guide, 18, 55.
Tornier: 1924: 11.
Freyberg.
Lauterborn: Der Rhein, I: 169—176 (zitiert dort Studer B. 1863, Chr. Walkmeister 1897, Hoeherl 1901).

Schiavo.
Italienischer (Venezianer) Geologe und Paläontologe im 18. Jahrh. Tertiär.
Zittel: Gesch.

Schiel, Jacob, geb. 31. X. 1813 Stromberg (b. Kreuznach), gest. ?
Chemiker. Vorübergehend geol. Aufnahmen u. Fossilaufsammlungen in Nordamerika.

M a r c o u, J. B.: Bibliographies of American Naturalists. III.
Bull. U. S. Nat. Mus., No. 30, 1885, p. 253.
P o g g e n d o r f f 3, 1187.

Schimper, K a r l F r i e d r i c h, geb. 15. II. 1803 Mannheim, gest.
21. XII. 1867 Schwetzingen.
Freund von L. Agassiz u. A. Braun. Entwicklung des Lebens der
Vorwelt.
L a u t e r b o r n: Der Rhein, 1934, 269—324, hier weitere Literatur.
V o l g e r, G. H. O.: Leben u. Leistungen des Naturforschers K.
Sch. Frankfurt 1889, 56 pp.

Schimper, W i l h e l m P h i l i p p, geb. 12. I. 1808 Dossenheim bei
Zabern, Elsaß, gest. 20. III. 1880 Straßburg.
1835 Assistent, dann Direktor am Museum zu Straßburg, 1866
Prof. Min. Geol. daselbst. Phytopaläontologie.
D e s o r: Nachruf: NJM., 1880, II, pp. 7.
G r a d, Ch.: Études historiques sur les Naturalistes de l'Alsace.
Guillaume Philippe Schimper, sa vie et ses travaux 1808—1880.
Bull. Soc. Hist. Nat. Colmar, 20—21, 1879—80, 351—392 (Biblio-
graphie, Portr.).
Nachruf: Leopoldina, 16, 1880, 180—181 (Bibliographie mit 25
Titeln).
Obituary, QuJGS. London, 37, 1881, Proc. 491.
Z i t t e l: Gesch.
L a u t e r b o r n: Der Rhein, 1934, 272.
G ü m b e l, C. W. v.: Allgem. Deutsche Biographie 31, 277—279.

Schlagintweit, G e b r ü d e r, (H e r m a n n, gest. 19. I. 1882,
A d o l f, gest. 27. VIII. 1857, R o b e r t, gest. 6. VI. 1885).
Arbeiteten in den 50er Jahren über Geol. Bayerns und Asiens.
Forschungsreisende.
Z i t t e l: Gesch.
Allgem. Deutsche Biogr. 31, 337—347.
Leopoldina 18, 1882, 46—47; 21, 1885, 115.

Schlechtendal, D i e t r i c h v., geb. 28. X. 1834 Halle, gest. 5.
VII. 1916 ebenda.
Assistent, später Bibliothekar am geol. Inst. d. Univ. Halle. Fossile
Insekten und tertiäre Pflanzen.
T a s c h e n b e r g, O.: Nachruf. Leopoldina 52, 1916, 55—60,
62—68; 53, 1917, 62—64 (Bibliographie) (Qu.).

Schlegel, H e r m a n n, geb. 1804, gest. 1884.
Direktor des Museums zu Leiden. Schrieb: Über den Mosasaurus
und die Riesen-Schildkröten von Mastricht. C. R. Paris, 1854.
Aves (Didus etc.).
Hermann Schlegel. Lebensbild eines Naturforschers. Herausgegeben
von H. Köhler. Altenburg, 1886, pp. IV + 78; dasselbe s. auch
Mitt. aus dem Osterlande (N. F.) 3, 1886, 1—78 (Portr., Biblio-
graphie).
O s b o r n: Cope, Master Naturalist, 117.

Schlehan, G u s t a v, gest. 4. IV. 1879 Laibach.
Bergbeamter, Sammler.
Nachruf: Verhandl. Geol. Reichsanst. Wien, 1879, 155.

Schleiden, M a t t h i a s J a k o b, geb. 5. IV. 1804 Hamburg, gest.
23. VI. 1881 Frankfurt a. M.

1839 Prof. Botanik Jena, 1863 Prof. Bot. u. Anthrop. Dorpat. Auch
Phytopaläontologie.
Portrait in Natur und Museum, 1931, 437.
Biographie von Möbius u. Stahl (1904).
Z i t t e l: Gesch.
Nachruf. Bot. Centralbl. 7, 1881, 150—156, 183—190 (Teilbiblio-
graphie).

Schloenbach, A l b e r t, geb. 4. II. 1811 Sülbeck, gest. 23. II.
1877 Liebenhalle.
Obersalineninspektor in Liebenhalle b. Salzgitter. Stratigraphie.
P o g g e n d o r f f 3, 1195.

Schloenbach, G e o r g J u s t i n C a r l U r b a n, geb. 10. III. 1841
Salzgitter Hannover, gest. 13. VIII. 1870 Berzászka.
1867 Mitglied Geol. Reichsanst. Wien, 1870 Prof. Min. Geol. Pal.
Prag. Mesozoische Faunen (Kreide), bes. Brachiopoda, Cepha-
lopoda.
T i e t z e, E.: Zur Erinnerung an —. Jahrb. Geol. Reichsanst.
Wien, 21, 1871, 59—66 (Bibliographie).
H é b e r t: Liste des travaux publiés par M. Schloenbach. Bull.
Soc. géol. France, (3) 1, 1873, 300—301 (Bibliographie mit 29
Titeln).
Allgem. Deutsche Biographie 31, 527—528.

Schlosser, M a x, geb. 5. II. 1854 München, gest. 7. X. 1932 daselbst.
1884 Assistent Marsh's, dann Custos am pal. Mus. München, Mammalia, Aves (Plistozäne), Evertebratenfaunen, Stratigraphie.
B r o i l i, F.: Nachruf: CfM., 1933 B, 69—78 (Bibliographie mit
58 Titeln).
O s b o r n: Cope, Master Naturalist, 383, 401.

Schlotheim, E r n s t F r i e d r i c h, B a r o n v o n, geb. 2. IV. 1765
Almenhausen, Thüringen, gest. 28. III. 1832 Gotha.
Herzoglich Sächs. Gothaischer Kammerpräsident und Kammerherr,
seit 1822 Vorstand des Herzogl. Museums, Minister, Oberhof-
marschall. Seine Sammlung gelangte nach Berlin. Hauptwerk:
Die Petrefaktenkunde auf ihrem jetzigen Standpunkt durch Be-
schreibung seiner Sammlung etc. Gotha 1820—23. Evertebrata,
Vertebrata, Phytopaläontologie.
F r e y b e r g, B. v.: E. F. Baron v. Sch. Aus der Heimat, 45, 1932,
288—292 (Portr.).
F r e y b e r g: 16, 21, 22, 25 (Portr.).
Z i t t e l: Gesch.
T o r n i e r: 1924: 60.
Proc. Geol. Soc. London, 3, 75.
G ü m b e l, C. W. v.: Allgem. Deutsche Biographie 31, 550—551.

Schlueter, C l e m e n s A u g u s t, geb. 3. VII. 1835 Coesfeld, Westfalen, gest. 25. XII. 1906 Bonn.
1873 a. o. Prof. Geol. Pal. Bonn, 1882—1906 o. Prof. daselbst.
Cephalopoda, Inoceramus, Crustacea, Pisces, Echinodermata, Corallen, Reptilien, Spongien, Gastropoden. Stratigraphie (bes.
Kreide).
S t e i n m a n n, G.: Nachruf: Sitzungsberichte Niederrheinische
Ges. f. Natur- und Heilkunde, Bonn, 1907, 96—112 (Bibliographie mit 149 Titeln).

Schlumberger, C h a r l e s, geb. 29. IX. 1825, gest. 13. VII. 1905.
1855 chargé de la recette des bois de la marine, Nancy, 1879
Mitarbeiter des Laborat. Pal. Mus. d'hist. nat. Foraminifera,
Ceratodus, Aptychen.
D o u v i l l é, H.: Not. nécrol. Bull. Soc. géol. France, (4) 6, 1906,
340—350 (Portr. Bibliographie mit 57 Titeln).
C h o f f a t, C.: Nécrol. Com. Serv. Geol. Portugal, 6, 1907, 211—213
(Portr. Bibliographie mit 3 Titeln).

Schlunck, J o h a n n e s, geb. 9. II. 1876 Walsleben (Altmark), gest.
8. III. 1915 Heldentod bei Trojany.
1903 Mitglied der Preußischen Geol. Landesanst. Stratigraphie,
Jura, Diluvium.
W i e g e r s, F.: Nachruf: Jahrb. Preuß. Geol. Landesanst., 39,
1918, II, L—LVI (Portr. Bibliographie mit 17 Titeln).

Schmalhausen, J o h a n n e s T h., geb. 3./15. IV. 1849 St. Petersburg,
gest. 7./19. IV. 1894.
Prof. Botanik in Kiew. Phytopaläontologie.
Nekrolog: Bull. Com. Géol. Russie, 13, 1894, No. 6—7, pp. 4
(Bibliogr.).
Gedächtnissitzung. Mém. Soc. Nat. Kiev 15, 1896, VII—XXXIX
(Portr., Bibliographie).
R e g e l, R. v.: J. Th. Sch. Ber. deutsche bot. Ges. 12, 1894,
(34)—(39) (Bibliographie) (Qu.).

Schmerling, P h i l i p p e C h a r l e s, geb. 24. II. 1791 Delft, gest.
6. XI. 1836 Lüttich.
Belgischer Paläontologe. Faunae plistoc. Spelaeologie. Homo fossilis.
M o r r e n, Ch.: Notice sur la vie et les travaux de Philippe
Charles Schmerling. Annuaire Acad. roy. Belg., 4, 1838, 130—150
(Bibliogr.).

Schmid, E r n s t E r h a r d, geb. 22. V. 1815 Hildburghausen, gest.
16. II. 1885 Jena.
1843 Prof. Jena, 1856 Ordinarius ebendort. Stratigraphie Thürin-
gens, Fährten, Mollusca, Pisces u. a.
L i e b e, K. Th.: Nachruf: NJM., 1885, I, pp. 5.
Freyberg.
Z i t t e l: Gesch.
G ü m b e l, C. W. v.: Allgem. Deutsche Biographie 31, 659—661
(Bibliographie im Text).

Schmid, J. A.
Schrieb 1710 De Lapide Ilmenauiensi cancri figuram in sinu ge-
rente.
Freyberg.

Schmidel (Schmiedel), K a s i m i r C h r i s t o p h, geb. 21. XI.
1718 Bayreuth, gest. 18. XII. 1792 Ansbach.
Sammler im 18. Jahrhundert zu Ansbach. Schrieb auch über
Versteinerungen.
Z i t t e l: Gesch.
P o g g e n d o r f f 2, 813—814.
M e u s e l, Teutsche Schriftsteller 1750—1800, 12, 311—315 (Qu.).

Schmidl, A d o l p h A., geb. 18. V. 1802 Königswart, gest. 20. XI.
1863 Buda.
Prof. Geographie Polytechnikum Buda (Ung.). Spelaeologie.
H a i d i n g e r: Nachruf: Jahrb. Geol. Reichsanst. Wien, 13, 1863,
Verhandl. 131—132.
W u r z b a c h 30, 199—205.

Schmidt, A d o l f, geb. 29. VIII. 1812 Berlin, gest. 25. VI. 1899 Aschersleben.
Diatomeenforscher. Sammler im Lias Halberstadts (von W. Dunker bearbeitet).
Nachruf. Leopoldina 35, 1899, 162.
Nekrolog. Nachrichtsbl. Deutsche Malakozool. Ges. 1900, 1—3 (Qu.).

Schmidt, C a r l, geb. 1862 Brugg in Aargau, gest. 21. VI. 1923 Basel.
1891—1923 Prof. Geol. Basel. Stratigraphie der Pyrenäen und des Malayischen Archipels sowie der Schweiz.
A m p f e r e r, O.: Nachruf: Verhandl. Geol. Bundesanst. Wien, 1923, 131—132.
B u x t o r f, A.: C. Sch. Verh. Schweiz. Naturf. Ges. 104, 1923, 44—54 (Portr., Bibliographie).

Schmidt, F r i e d r i c h, geb. 15. I. 1832 Kaisma (Livland), gest. 8./12. XI. 1908.
Russischer Pal. Trilobita, Brachiopoda, Echinodermata, Leperditiae, Pisces. Silur.
D y b o w s k i: Fr. B. Sch. Botaniker, Geologe und Paläontologe. Kosmos, Lemberg, 34, 1909, 105—110 (Portr.).
D o s z: Nachruf: Korrespondenzblatt Riga, 52, 1909, 15—28.
S o k o l o v, D. M.: Über Akademiker F. Schmidt's Fossiliensammlung aus dem Amurlande. Trav. Mus. Géol. Pierre le Grand d' Acad. Sci. St. Petersburg, 1912, 6, 153—166.
Nekrolog. Bull. Com. Géol. St. Petersbourg 27, 1908, 1—38 (Portr., Bibliographie).
T o l m a t s c h e f f, I.: Fr. Schm. Nécrologue. Annuaire géol. et min. de la Russie 10, 1908—1909, 277—299 (Portr., Bibliographie).

Schmidt, F. A.
Schrieb 1846: Petrefakten-Buch, oder allg. und besondere Versteinerungskunde. Stuttgart.

Schmidt, F r i e d r i c h C h r i s t i a n, geb. 15. V. 1755 Gotha, gest. 26. XII. 1830 ebenda.
Amtsverweser daselbst. Schrieb 1779 Hist.-min. Beschreibung der Gegend um Jena etc.
Freyberg.
P o g g e n d o r f f 2, 815.

* **Schmidt**, J. C. L.
Studierte 1823 das Gebirge Rheinland-Westfalens.
Z i t t e l: Gesch.

Schmidt, O s k a r, geb. 21. II. 1823 Torgau, gest. 17. I. 1886.
Prof. Zool. Graz, dann Straßburg. Diluviale Säugetiere.
G r a f f, L. v.: Gedächtnisrede. Mitt. Naturw. Ver. Steiermark 24 (1887), 1888, 3—24 (Portr., Bibliographie) (Qu.).

Schmitt, W., gest. 31. X. 1929 Dessau im 58. Lebensjahr.
Arzt. Mikrofauna der norddeutschen Geschiebe.
Todesnachricht: Zeitschr. f. Geschiebeforsch. 6, 1930, 48 (Bibliographie mit 2 Titeln) (Qu.).

Schmitz, G a s p a r.
Geistlicher, begründete Musée Houiller Belge zu Lüttich. Vergl. A.
Belgian Coal Measure Museum. Colliery Guardian 79, 799 (Ref.
Geol. Zentralbl., I: 499). Karbonflora.
Scient. Papers 18, 553.

* **Schneider**, O.
Schrieb: Zur Bernsteinfrage, insbesondere über sicilischen Bern-
stein und das Lynkurion der Alten. Naturw. Beiträge zur geogr.
Kulturgesch. Dresden, 1887, 177—213.
P o g g e n d o r f f 3, 1203; 4, 1341—42; 5, 1121.

Schnetter, J. C h r i s t i a n.
Schrieb 1704 über Unicornu von Altenburg.
Freyberg.

Schnur, J o h a n n, gest. 26. I. 1860 im 58. Lebensjahr.
Oberlehrer an der Höheren Bürger- und Provinzial-Gewerbeschule
zu Trier. Monographie der devonischen Brachiopoden der Eifel
(Palaeontographica 3, 1853). Seine Sammlung heute in Bonn.
Todesnachricht: Trier'sches Schulblatt (herausgeg. v. Lehrer-Ver.
Trier) 12, 1860, 39.
Scient. Papers 5, 518 (Qu.).

Schoenlein, J o h a n n L u k a s, geb. 30. XI. 1793 Bamberg, gest.
23. I. 1864 ebenda.
Bedeutender Arzt und Kliniker, zuletzt bis zu seinem Abschied
1859 Direktor der med. Klinik Berlin. Sammler von Keuper-
pflanzen. 1865 Abb. foss. Pflanzen aus dem Keuper Frankens,
herausgeg. von A. Schenk. Sammlung im Pal. Mus. der Univ.
Berlin.
Allgem. Deutsche Biogr. 32, 315—319 (Qu.).

Schoetensack, O t t o, geb. 12. VII. 1850, gest. 23. XII. 1912
Ospedaletti.
a. o. Prof. Heidelberg. Anthropologe. Homo heidelbergensis.
S o b o t t a, J.: O. Sch. Anatom. Anz. 43, 1913, 189—191 (Teil-
bibliographie).
B u s c h a n, G.: O. Sch. Arch. f. Anthrop. (N. F.) 12, 1913, I—IV
(Bibliographie) (Qu.).

Scholz, E r i c h, geb. 11. IX. 1884 Torgelow bei Stettin, gest.
29. VIII. 1914 Heldentod bei Hohenstein.
Stratigraphie.
K o e r t, W.: Nachruf: Monatsber. Deutsch. Geol. Ges., 67, 1915,
1—4 (Bibliographie mit 7 Titeln).

Scholz, M a x, geb. 17. I. 1832 Bunzlau, gest. 21. I. 1892 Greifswald.
1852—56 Jurist, Prof. Greifswald. Stratigraphie.
D e e c k e, W.: Nachruf: NJM., 1892, II, pp. 2.

Schomburgk, S i r R o b e r t H e r m a n n, geb. 1804, gest. 1865.
1841 Mitglied der Boundary Comission for British Guayana. Samm-
ler.
Hist. Brit. Mus., I: 323.
P o g g e n d o r f f 3, 1207.
N i c k l e s 916.

Schoolcraft, H e n r y R o w e, geb. 28. III. 1793 Albany County,
N. Y., gest. 10. XII. 1864 Washington.

Forschungsreisender; auch Fährten, fossiler Baum.
W i n c h e l l, N. H.: Henry Rowe Schoolcraft. Amer. Geol., 5, 1890,
1—9 (Bibliographie mit 12 Titeln).
M e r r i l l: 1904, 240, 262, 710, Portr. fig. 6.

* Schott, H e i n r i c h, gest. 71 Jahre alt 5. III. 1865.
Direktor des Tiergartens Schönbrunn.
H a u e r: Nachruf: Jahrb. Geol. Reichsanst., 15, 1865, Verhandl. 78.
W u r z b a c h 31. 245—251.

Schottin, K a r l.
Arzt und Hofrat in Köstritz, schrieb 1829 über fossile Knochen in
Köstritz.
Freyberg.

Schottler, W i l h e l m, geb. 25. III. 1869 Mainz, gest. 10. XI. 1932
Darmstadt.
1904—24 Mitglied Hess. Geol. Landesanst., 1924—32 Direktor der-
selben. Cyrenenmergel, Mastodon.
K l e m m, G.: Zur Erinnerung an —. Notizblatt Ver. Erdkunde
Darmstadt, (5) 14, 1931—32, 3—7 (Bibliographie mit 97 Titeln).

Schönfeld, G e o r g, geb. 1878, gest. 1926.
Dresdner Lehrer. Fossile Hölzer, Branchiosaurus, Diatomaceen.
M e n z e l, P.: Nekrolog. Sitz.-Ber. Isis Dresden 1926 (27) V—IX.

Schönn, R u d o l f, gest. 67 Jahre alt 12. X. 1889.
Lithograph, illustrierte Hoernes (Mollusca) u. andere paläont.
Arbeiten.
Nachruf: Verhandl. Geol. Reichsanst. Wien, 1889, 254.

Schöpf, J o h a n n D a v i d, geb. 8. III. 1752 Wunsiedel, Fichtel-
gebirge, gest. 1800.
Arzt in Nordamerika. Stratigraphie.
W i l l i a m s, G. H.: J. D. Sch. and his contributions to North
American Geology. Bull. Geol. Soc. America, 5, 1894, 591—593.
F i k e n s c h e r: Das gelehrte Fürstentum Bayreuth, 1795.
M e u s e l: Lexikon der vom Jahre 1750 bis 1800 verstorbenen
Teutschen Schriftsteller, 12, 1812, 364 (Bibliographie).
C l a r k e: James Hall of Albany, 105.

Schrammen, A n t o n.
Zahnarzt und Sammler in Hildesheim. Spongia.
O'C o n n e l, Marjorie: The Schrammen Collection of cretaceous Sili-
cispongia in the American Museum of Natural History Bull.
Am. Mus. Nat. Hist. 41, 1919, 1—261.

Schrank, F r a n z v o n P a u l a v o n, geb. 21. VIII. 1747 Schär-
ding, gest. 23. XII. 1835 Ingolstadt.
Schrieb 1813, 1827 über die Vorzeit.
T o r n i e r: 1924: 61.
M a r t i u s, C. Fr. Ph. v.: Akadem. Denkreden 1866, 33—54.

Schreber, J o h a n n C h r i s t i a n D a n i e l, geb. 1739 Weißensee,
gest. 1810.
Prof. Medizin Erlangen, Kaiserlicher Rat und Präsident der K.
Akademie der Naturforscher. Schrieb: Lithographia Halensis
1758.
Freyberg.
T o r n i e r: 1924: 34.
P o g g e n d o r f f 2, 841—842.

Schreiber, A n d r e a s, geb. 15. II. 1824, gest. 30. VIII. 1907
  Magdeburg.
  Dr. phil., Professor, Oberlehrer am Realgymnasium in Magde-
  burg bis 1886. Brachiopoden, Bryozoen, Mollusken des Oligocän
  von Magdeburg. Stratigraphie der Gegend von Magdeburg.
  Scient. Papers 8, 887; 12, 664; 18, 581—582.
  (Qu. — Originalmitt. von A. Bogen, Direktor des Mus., f. Natur-
  und Heimatkunde Magdeburg).

Schrenck, A l e x a n d e r G u s t a v v o n, geb. 4. (16.) II. 1816 Gut
  Trisnow (Gouv. Toula), gest. 25. VI. (7. VII.) 1876 Dorpat.
  Botaniker und Geologe. Forschungsreisender, Prof. in Dorpat.
  Stratigr. des Silur von Liv- und Estland 1854—57.
  P o g g e n d o r f f 3, 1211—1212 (Qu.).

Schrenck, L e o p o l d v o n, geb. 24. IV. (6. V.) 1826 Chotenj (Gouv.
  Charkow), gest. 8. (20.) I. 1894 St. Petersburg.
  Russischer Akademiker. Zoologe. Arbeiten über Rhinoceros Mercki,
  Mammutfunde.
  B l a s i u s, R.: L. v. Sch. Ornis 8, 1896, 532—544 (Bibliographie).
  P o g g e n d o r f f 3, 1212 (Qu.).

Schroeder, H e n r y C a r l, geb. 31. V. 1859 Pillau bei Königsberg,
  gest. 24. X. 1927.
  Studierte bei Noetling in Königsberg. 1882 Mitglied Preuß. Geol.
  Landesanst. Cephalopoda, Stegocephalia, Reptilia, Mammalia.
  S c h m i e r e r, Th.: Nachruf: Jahrb. Preuß. Geol. Landesanst., 48,
  1927, LVI—LXX (Portr. Bibliographie mit 53 Titeln).

Schröder, R i c h a r d, geb. 11. XI. 1853 Wilsnack, gest. 21. X.
  1916 München.
  Dr. phil., zuletzt Direktor der Oberrealschule in Großlichterfelde,
  im Ruhestand in München. Malakozoologe. Bearbeitete die quartären Mollusken des Münchener Gebiets (Nachrichtsbl. D.
  Malakozool. Ges. 47, 1915), bes. die Sammlung C. v. Loeffel-
  holz.
  H e s s e, P.: Nekrolog. Nachrichtsbl. D. Malakozool. Ges. 49,
  1917, 41—44 (Qu.).

Schröter, C a r l, geb. 19. XII. 1855 Esslingen.
  Prof. Botanik Zürich. Fossile Hölzer der Arctis. Taenidium aus
  dem Flysch.
  R ü b e l, E.: C. Schr. Veröffentl. geobot. Inst. Rübel Zürich III,
  1925, 1—36 (Portr., Bibliographie) (Qu.).

Schröter, J o h a n n S a m u e l, geb. 25. II. 1735 Rastenberg, gest.
  24. III. 1808.
  1756 Rektor in Dornburg, 1763 Pfarrer in Thangelstädt, 1772
  Stiftsprediger in Weimar, 1773 daselbst erster Diakonus, 1785
  Superintendent in Buttstedt, Museumsverwalter in Weimar. Begründete und redigierte das erste referierende Organ der Min.
  Geol. Pal.: Journal für die Liebhaber des Steinreichs und der
  Konchyliologie (1773—1780), das besonders wertvoll wegen der
  Referate der ältesten paläontologischen Publikationen ist. Besaß selbst ein Kabinett. Hauptwerke: Lithographische Beschreibung von Thangelstädt und Rettwitz, Jena 1768, Versuch einer
  systematischen Abhandlung über die Erdkonchylien, sonderlich
  derer, welche um Thangelstädt gefunden werden, Berlin 1771,
  Lithologisches Reallexikon, in welchem so wohl die Lithographie
  als auch die nötigsten Wahrheiten der Lithogeognosie enthalten

sind. Berlin 1772—88 (8 Bände), Vollständige Einleitung in die Kenntnis und Geschichte der Steine und Versteinerungen, Altenburg 1774—84, Mineralogisches und Bergmännisches Wörterbuch. Frankfurt a. M.. 1789—91.
Freyberg (auch Portr.).
T o r n i e r: 1924: 14, 15.
Allgem. Deutsche Biographie 32, 569—570.
P o g g e n d o r f f 2, 846.

* Schubert, G. H.
Schrieb 1813 Handbuch der Geognosie.
Z i t t e l: Gesch.
Allgem. Deutsche Biogr. 32, 631—635.

Schubert, R i c h a r d, geb. 1876, gefallen im Weltkrieg bei Uscie 3. V. 1915.
Mitglied der Geol. Reichsanst. Wien. Foraminifera, Mollusca, Otolithen.
A m p f e r e r, O.: Zur Erinnerung an —. Jahrb. Geol. Reichsanst. Wien, 65, 1915, 261—276 (Bibliographie mit 112 Titeln).
K o c h, Ferdo: Nachruf: Glasnik, Agram, 1915, 240.
T i e t z e, E.: Nachruf: Verhandl. Geol. Reichsanst. Wien, 1915, 153—154.
W a a g e n, L.: Nachruf: Montanistische Rundschau, 1915 (Portr.).

Schuchert, C h a r l e s, geb. 3. VII. 1858 Cincinnati.
Amerikanischer Geologe und Palaeontologe. Palaeogeograph. 1889 Assistent bei O. Ulrich und J. Hall, Nachfolger Beecher's an der Yale-Universität New Haven, Brachiopoda, Stelleroidea etc.
Un portrait de Ch. Sch. le célèbre paléontologue et paléogéographe américain. Le Mois, Synth. act. mond. etc., Paris 1935, 270—272.
Presentation of the Penrose Medal to Ch. Sch. Proc. Geol. Soc. Am. 1934, 50—55 (Portr.).
N i c k l e s I, 918—920; II, 539—541.

Schulz, G u i l l e r m o.
Schrieb 1835 über Geol. von Asturien.
Z i t t e l: Gesch.

Schulze, C h r i s t i a n F r i e d r i c h, geb. 1730, gest. 1775.
Arzt, Phytopalaeontologie.
Z a u n i c k, R.: Dresden und die Pflege der Geologie. Zeitschr. deutsch. Geol. Ges., 86, 1934, 595—596.
P o g g e n d o r f f 2, 863.

Schulze, E r w i n, geb. 1. III. 1861 Quedlinburg.
Flora der subhercynischen Kreide (diss. 1888).
Datum aus diss. 1888 (Qu.).

Schumacher, E u g e n, geb. 10. VI. 1851 Trachenberg, gest. 23. II. 1922 Lautenbach.
Mitglied geol. Landesanst. Elsaß-Lothringen. Stratigraphie, Lößfauna.
Nachruf: Jahresber. Mitt. Oberrheinischen Geol. Ver. N. F., 12, 1923, IX—XIII (Bibliographie).

Schumann, K a r l, geb. 17. VI. 1851 Görlitz, gest. 22. III. 1904 Berlin.

Kustos bot. Mus. Berlin u. Privatdoz. f. Bot. Univ. Berlin.
Botaniker. Rhizocauleen 1893.
V o l k e n s, G.: K. Sch. Ber. Deutsche Bot. Ges. 22, 1904, Nekr.
(52)—(59) (Bibliographie) (Qu.).

Schuster, J u l i u s, geb. 7. IV. 1886 München.
Dozent a. d. Univ. Berlin. Historiker der Naturwissenschaften,
Botaniker u. Paläobotaniker.
Schrieb 1921: 100 Jahre Phytopaläontologie in Deutschland. Naturw. Wochenschrift, 1921, 305—310; Die Anfänge der wissenschaftlichen Erforschung der Geschichte des Lebens durch Cuvier
und Geoffroy Saint Hilaire. Arch. f. Gesch. Math. Naturw. Technik, 12, 1930, 269—336.
Bibliographie 1900—1927 (Portr.) (Leipzig 1927).

Schübler, G u s t a v, geb. 15. VIII. 1787 Heilbronn, gest. 8. IX.
1834 Tübingen.
Schrieb: Über die Ähnlichkeit der Versteinerungen des Gryphiten-
kalks usw. 1824, Geologie u. Paläontologie Württembergs. Vor-
gänger F. A. Quenstedts auf dem Tübinger Lehrstuhl.
Freyberg.
Allgem. Deutsche Biographie 32, 639—640.
P o g g e n d o r f f 2, 853—854 (Qu.).

Schütte, J o h a n n H e i n r i c h, geb. 1694 Soest, Westfalen, gest.
20. I. 1774 Cleve.
Arzt, Landphysikus des Herzogtums Kleve und der Grafschaft
Mark. Schrieb: Oryctographia Jenensis, 1720, II. Aufl. 1761. Be-
lemniten, Steinspiele (ref. Schröter: Journ., 3: 126—132, 2:
504—505).
Nachruf: Schröter, Journ., 2: 503—505.
F r e y b e r g.
P o g g e n d o r f f 2, 855—856.

Schütze, E w a l d, geb. 9. X. 1873 Remkersleben bei Magdeburg,
gest. 17. IV. 1908.
Studierte bei Koenen, 1900 Assistent in Stuttgart Naturalienkabinett, Phytopaläontologie, Jura-Faunen, Mollusca, Spongia, Echinodermata. Schrieb: Städtische Sammlung der Stadt Biberach. I:
Die geol. pal. Sammlungen des Pfarrers Probst. Biberach, 1907,
pp. 30.
F r a a s, E.: Nachruf: Ber. Oberrhein. Geol. Ver., 42, 1909, 40—41
(Bibliographie mit 10 Titeln).

Schwager, C o n r a d, geb. 20. II. 1837 Protivin (Bezirkshaupt-
mannsch. Pisek, Böhmen), gest. 2. V. 1891 München.
Schüler Oppels, Hilfsarbeiter an der bayer. geogn. Landesuntersuchung, hierauf (1873) Assistent u. 1890 Adjunkt an der
Paläont. Staatssammlung in München. Mitarbeiter Zittels. Foraminifera, Ostracoda. System der Foraminiferen in Zittels Hand-
büchern.
B e u t l e r, Foraminiferenlit. 102—103.
(Qu. — Originalmitt. von J. Schröder (Todesdatum, Lebenslauf).
a. d. Akten des pal. Inst. München, vom Standesamt München (Todesdatum, Geburtsort) u. von W. Junk auf Grund der
Mitt. des Pfarramts Protivin (Geburtsdatum)).

Schwalbe, G u s t a v, geb. 1. VIII. 1844 Quedlinburg, gest. 24. IV.
1916 Straßburg.

Prof. Anatomie Straßburg. Homo fossilis, Anthropoidea.
F i s c h e r, E.: Nachruf. Zeitschr. f. Anthr. u. Morph. 20, 1917,
I—VIII.
K e i b e l, F.: Nachruf. Anat. Anz. 49, 1916, 210—221 (Portr.,
Bibliographie) (Qu.).

Schwarz, E r n e s t H u b e r t L e w i s, geb. 27. II. 1873 London,
gest. 19. XII. 1928 St. Louis, Senegal.
1895 Mitglied der Geol. Survey Cap Colony. Stratigraphie.
Obituary, QuJGS., London, 85, LXII—LXIII.

Schweinfurth, G e o r g, geb. 29. XII. 1836 Riga, gest. 19. IX. 1925
Berlin.
Afrikaforscher. Stratigraphie Ägypten, Palethnologie. Homo fos-
silis. Seine Fossilaufsammlungen befinden sich im paläont. Inst.
d. Univ. Berlin.
M ö t e f i n d t, G.: G. Schweinfurth zum 80. Geburtstag. Naturw.
Wochenschr., N. F., 16, 1917, 57—61.
Selbstbiographie in: Berühmte Autoren des Verlages F. A. Brock-
haus, Leipzig, 1914.
B u s s e, W.: Georg S. Ber. d. deutsch. Botan. Ges., 43, 1925
(74)—(111) (Bibliographie).

Schwenkfeld, C a s p a r, geb. 14. VIII. 1563 Greiffenberg, gest.
9. VI. 1609 Görlitz.
Arzt in Görlitz. 1601 Stirpium et fossilium Silesiae Catalogus.
Z i t t e l: Gesch.
P o g g e n d o r f f 2, 877.

Schwertschlager, J o s e p h, geb. 5. VI. 1853 Eichstätt, gest. 15.
XI. 1924 ebenda.
Priester, Dr. phil., 1882—1923 Hochschulprof. f. Chemie und
beschreib. Naturwissenschaften am bischöfl. Lyceum in Eich-
stätt. Botaniker, Philosoph, Geologe. Bionomie der Solnhofener
Schichten. Seine bedeutende Sammlung bes. von Solnhofener
Fossilien bildet heute die Sammlung der Phil.-theol. Hoch-
schule Eichstätt.
Nekrolog. Jahres-Ber. Bischöfl. philos.-theol. Hochschule Eichstätt
für 1924—25, 1925, 9—12 (Bibliographie).
L a n g, J.: Dr. J. Sch. Ber. Bayer. Bot. Ges. 18, 1925, XV—
XVI (Portr., Bibliographie im Text).
(Qu. — Mitt. von Franz Mayr u. Joh. Stigler).

Schwippel, K a r l, geb. 4. VI. 1821 Prag, gest. 19. VII. 1911 Wien.
Schulrat. Schrieb über die Geschichte der Geol. und Pal. (s.
Vorwort). Stratigraphie.
V a c e k, M.: Nachruf. Verhandl. Geol. Reichsanst. Wien, 1911,
250—252 (Bibliographie mit 17 Titeln).

Scilla, A g o s t i n o, geb. 1639, gest. 1700.
Sizilianischer Maler, besaß eine Sammlung, bildete 1670 Fisch-
zähne u. andere Fossilien ab. Schrieb: De corporibus marinis
lapidescentibus etc. 1670.
S e g u e n z a, Gius.: Agostino Scilla e la moderna geologia. Dis-
corso letto nell Liceo Maurolico il 17. Marzo 1868. Messina, pp.
31.
E d w a r d s: Guide, 32, 40, 61.
Z i t t e l: Gesch.
P o g g e n d o r f f 2, 879.

* **Sclater**, Philip Lutley, geb. 4. XI. 1829, gest. 27. VI. 1913.
Ornithologe des British Museum. Schrieb mit Sherborn: Index generum. Aves, Zoogeographie.
Obituary, Geol. Magaz., 1913, 382—384.

Scopoli, Johann Anton, geb. 3. VI. 1723 Cavalese (Tirol), gest. 8. V. 1788 Pavia.
1766—76 Prof. Montan. Akademie Selmecbánya, dann Professor in Pavia, schrieb 1769 Einleitung zur Kenntnis und Gebrauch der Fossilien. ref. Schröter, Journ., 3: 132—145. Naturforscher, berührt auch Fossilien, wenn auch Gegner der Versteinerungskunde.
Tornier: 1924: 35.
Cermenati, M.: Boll. Soc. geol. it. 30, 1911, CDXC f.

Scortegagna, Francesco Orazio, geb. 31. VIII. 1767 Lonigo gest. 27. XII. 1851 ebenda.
Arzt. Kleinere pal. Arbeiten über Nummuliten, Fische, Crocodile, Säugetierreste.
Rumor, S.: Gli scrittori vicentini III, 1908, 98—100 (Bibliographie) (Qu.).

Scott, Dukinfield Henry, geb. 28. XI. 1854 London, gest. 29. I. 1934 East Oakley House, Basingstoke.
Studierte in Würzburg. 1885 Prof. Botanik am Royal Coll. Sci., Honorary Keeper Jodrell Laboratory. Phytopaläontologie.
Seward, A. C.: Obituary, Nature, London, 133, 317—319, 1934; QuJGS. London, 90, 1934, LXVI—LXVIII.
Sahni, B.: Obituary. Current Science, 2, 1934, 392—394, Portr. 2.
Obituary. Annals of Botany 49, 1935, 823—840 (Portr., Bibliographie).
Gothan, W.: Nekrolog. Ber. Deutsche bot. Ges. 52, 1934, (206)—(209) (Portr., Teilbibliographie).

Scouler, John, gest. 1874.
Englischer Naturforscher. Crustacea.
Keddie, W.: Biographical Notice of the late J. S. some time President of the Society Trans. Geol. Soc. Glasgow, 4, 1874, 194—205.

* **Scrope**, George Poulett, geb. 1797, gest. 1876.
Englischer Geologe u. Vulkanologe.
Gunther, R. T.: Early medical and biol. Sci. Oxford, 1926.
Woodward, H. B.: Hist. Geol. Soc. London, 39, 83 (Portr.).
Obituary. Geol. Magaz. 1876, 96; QuJGS. London 32, 1876, 69.

Scudder, Samuel Hubbard geb. 13. IV. 1837 Boston, Mass., gest. 1911.
Amerikanischer Entomologe und Paläontologe, 1862 Assistent bei L. Agassiz, 1864—70 Sekretär der Boston Soc. Nat. Hist., 80—87 Präsident, Paläontologe der U. S. Geol. Survey. Arthropoda.
Cockerell, Th. D. A.: Samuel Hubbard Scudder. Sci. n. s., 34, 1911, 338—342.
— — Scudder's work on fossil insects. Psyche, 18, 1911, 181—186.
Dimmock, G.: The writings of S. H. S. in: Dimmocks Special Bibliography, No. 3, pp. 28, Cambridge, Mass., 1879.
Obituary, Appalachia, 12, 1911, 276—279 (Portr.).
Merrill: 1904, 710.
Mayor, A. G.: Mem. Nat. Ac. Sci. 17, 1920, 81—104 (Portr., Bibliographie).

Scupin, H a n s, geb. 29. IV. 1869 Ottendorf (Schlesien), gest.
22. XI. 1937 bei Berlin.
Prof. Geol. u. Min. in Dorpat, zuletzt Honorarprof. in Halle.
Brachiopoden, Fische, Kreidepaläontologie, Stratigraphie Schlesiens und der Prov. Sachsen.
Todesnachricht. Zeitschr. Deutsche geol. Ges. 89, 1937, 664.
P o g g e n d o r f f 4, 1376 (Qu.).

Secco, A n d r e a, gest. 56 Jahre alt 24. XII. 1889.
Italienischer Senator und Geologe. Stratigraphie.
T a r a m e l l i : Commemorazione del socio senatore A. S. Boll.
Geol. Soc. Ital., 9, 1890, 179—183.

Sederholm, J o h a n n e s, geb. 20. VII. 1863 Helsingfors, gest.
26. VI. 1934 ebenda.
Finnischer Geologe u. Petrograph. Proterozoische Lebensspuren
(Corycium enigmaticum).
D e G e e r, G.: J. S. Geol. Fören. Förhandl. 56, 1934, 495—496.
H a c k m a n, V.: J. J. S. Terra (Geog. Sällsk. Finland) 46,
1934, 129—133 (Portr.).
— —: J. J. S. Bull. Comm. géol. Finlande No. 112, 1935,
1—34 (Portr., Bibliographie) (Qu.).

Sedgwick, A d a m, geb. 22. III. 1785 Dent, Yorkshire, gest. 27. I.
1873 Cambridge.
Canonicus der Norwich Cathedral und Woodwardian Prof. Geol.
Cambridge. Studierte Theologie und Mathematik, 1809 Hilfslehrer am Trinity College, 1818 Prof. Geol. Cambridge. Stand in
regem wissenschaftlichen Verkehr mit Conybeare, Buckland, Cuvier, vor allem aber mit Murchison, mit dem er Österreich,
Deutschland bereiste und das britische Paläozoikum studierte.
Stratigraphie des Paläozoikum.
C l a r k, J. W., & H u g h e s, Th. M.: The life and letters of the
Reverend A. S., Bd. I, London, 1890, pp. XIII + 539, Bd. II,
pp. VII + 640 (Portr. Bibliographie mit 155 Titeln).
Eminent living geologists: R. A. S. Geol. Magaz., 1870, 145—149
(Bibliogr., Portr.).
D a n a, J. D.: Sedgwick and Murchison: Cambrian and Silurian.
Amer. Journ. Sci., (3) 39, 1890, 167—180.
P a t t i s o n, S. R.: Adam Sedgwick, New Biogr. Series, No. 88.
Religious Treat Society.
W o o d w a r d, H. B.: Hist. Geol. Soc. London, 93—96, 149—152
u. öfter, Portr. p. 62.
D a v i s, J. W.: History of the Yorkshire Geological and Polytechnic Society, 1837—1887, Halifax, 1889, 136—149.
Life of Sir C. J. F. Bunbury, I, 1906, 95.
Obituary, QuJGS. London, 29, 1873, XXX—XXXIX.
G e i k i e, A.: Founders of geology, 256 ff.
Z i t t e l : Gesch.
L y e l l, life I: 373—74 u. öfter.
G e i k i e : Murchison, I: 139, 230, 255, 277—279, 305, II: 61,
168, 201 u. öfter (Portr. I, p. 138).

Seebach, K a r l A l b e r t L u d w i g v o n, geb. 13. VIII. 1839, gest.
21. I. 1880.
Studierte bei F. Roemer, Beyrich, 1863 Prof. Göttingen. Crustacea,
Mollusca, Crinoidea, Zoantharia, Stratigraphie.
K l e i n, C.: Zur Erinnerung an —. Abhandl. K. Ges. Wiss. Göttingen, 1880, pp. 11 (Bibliographie).
Nachruf: NJM., 1880, I: suppl. 1—8 (Bibliographie mit 34 Titeln).
Obituary, Geol. Magaz., 1880, 287—288.

* Seeger, F. E.
Schrieb: Ein Besuch im prähistorischen Périgord. Himmel und Erde, 24, 1912, 167—174.

Seeley, H a r r y G o v i e r, geb. 18. II. 1839 London, gest. 8. I. 1909 London.
Prof. Geol. Besuchte 1889 die Cap-Kolonie, um Karroo-Fossilien zu sammeln. Reptilia.
Eminent living geologists: Geol. Magaz., 1907, 241—253 (Portr., Bibliographie mit 176 Titeln).
Obituary, QuJGS. London, 65, 1909, LXXII.
P a p p, K.: Nachruf: Földtani Közlöny, 39, 1909, 556—560.
O s b o r n: Cope Master Naturalist, 253.
Hist. Brit. Mus., I: 323.

Seely, H e n r y M a r t y n, geb. 1828, gest. 1917.
Amerikanischer Geologe, Spongia.
P e r k i n s, G. H.: Memorial of —. Bull. Geol. Soc. America, 29, 1918, 65—69 (Portr. Bibliographie mit 35 Titeln).

* Segré, C l a u d i o, geb. 10. IV. 1853 Bozzolo (Mantua), gest. 16. III. 1928.
Direktor des italienischen Uffizio geologico.
A i c h i n o, Giov.: Nachruf: Nekrolog Boll. Uffizio geol. Ital., 53, 1928, No. 14, p. 1—7 (Portr. Bibliographie mit 37 Titeln).

Seguenza, G i u s e p p e, geb. 8. VI. 1833 Messina, gest. 3. II. 1889 Messina.
Prof. Geol. Min. Messina. Foraminifera, Brachiopoda, Cirripedia, Mollusca, Stratigraphie (bes. Tertiär).
B a s s a n i, Fr.: Alla venerata memoria di G. S. Rendic. R. Accad. Sc. fis. mat. Napoli (2) 3, 1889, 57—58.
C a f i c i, J.: Necrolog: Boll. Soc geol. Ital., 8, 1889, 46—56 (Bibliographie mit 71 Titeln).
Nachruf: Boll. Soc. Malacologica ital., 14, 1889, 10—12 (Bibliographie mit 25 Titeln).
Obituary, QuJGS., London, 45, 1889, suppl. 45.

Seguenza, L u i g i, geb. 21. IV. 1873 Messina, gest. 28. XII. 1908 bei dem Erdbeben von Messina.
Assistent am Ateneo zu Messina neben seinem Vater, 1904 Dozent. Pisces, Mammalia, Mollusca, Miozän.
C h e c c h i a - R i s p o l i: Necrolog: Boll. Soc. geol. Ital., 28, 1909, CXLI—CXLVI (Portr. Bibliographie mit 19 Titeln).
Necrolog: Bull. Soc. géol. France, 1909, 205.

Seguin, F r a n ç o i s, geb. in Maringues, gest. 7. I. 1878 Clermont.
Pastetenbäcker in Argentinien, wurde unter dem Einfluß von Aug. Bravard Sammler von Pampasfossilien.
cf. Revue d'Auvergne 3, 1886, 215—216 substella (Qu.).

* Selb, J.
Studierte 1812 Stratigraphie von Graubünden, 1805 Buntsandstein.
Z i t t e l: Gesch.
P o g g e n d o r f f 2, 899.

Selenka, E m i l, geb. 1842 Braunschweig, gest. 20. I. 1902 München.
Prof. Zool. Erlangen, dann Honorarprof. München. Crocodilia (Palaeontographica 16, 1867).
Todesnachricht. Zool. Anzeiger 25, 1902, 152 (Qu.).

Selwyn, Alfred Richard Cecil, geb. 28. VII. 1824 Kilmington, Somersetshire, gest. 19. X. 1902 Vancouver.
1845—52 Assistent der Geol. Survey Great Britain, 1853 Geologe in Victoria, Australien; 1869 Direktor Geol. Survey Canada (Nachfolger Logan's). Stratigraphie.
A m i, H. M.: Sketch of the life and work of the late A. R. C. S. Amer. Geol., 31, 1—21, 1903 (Portr. Bibliographie mit 50 Titeln); Proc. Trans. Roy. Soc. Canada, (2) 10, 4, 1905, 173—205 (Portr., Bibliographie mit 160 Titeln).
— — The late A. R. C. S. his work in Canada. Canad. Mining Rev., 24, 175—176, 1905.
— — Memorial of —. Sci. n. s. 25, 1907, 763—764; Bull. Geol. Soc. America, 18, 1908, 614.
B a r l o w, A. E.: Obituary, Ottawa Naturalist, 16, 1902, 171-177. Obituary, Geol. Magaz., 1903, 96.
Eminent living geologists: Geol. Magaz., 1899, 49—55 (Teilbibliographie, Portr.).
D u n n, E. J.: Biographical sketch of the founders of the Geological Survey of Victoria: Selwyn. Bull. Victoria Geol. Surv., 23, 1910, 10—17 (Bibliographie mit 89 Titeln, Portr.).

Selys-Longchamps, Michel Edmond, Baron de, geb. 25. V. 1813 Paris, gest. 11. XII. 1900 Lüttich.
Zoologe, auch fossile Insekten.
M o u r l o n, M.: Necrolog: Bull. Soc. belge Géol. Pal. Hydrol., 14, 1900, Proc. Verb., 315—318.
P l a t e a u, F.: Notice sur la vie et les travaux de —. Annuaire Ac. R. Sci. Belgique 68, 1902, 45—157 (Portr., Bibliographie).

Semenow, Peter Petrowitsch, geb. 2. I. 1827 St. Petersburg, gest. 12. III. 1914 ebenda.
Russ. Geograph u. Forschungsreisender (Tien-Schan). Fauna des schles. Kohlenkalks 1854, devon. Schichten mittl. Rußland 1864 (zus. mit V. v. Möller).
P o g g e n d o r f f 3, 1276—1277.
S e m e n o w - T i a n - S h a n s k y, P. P., sa vie et son oeuvre, publié sous la rédaction de A. A. Dostoievsky. 265 pp. (russisch). Leningrad 1928 (Portr., Bibliographie) (Qu.).

Semper, Otto, geb. 13. IX. 1830 Altona, gest. 9. III. 1907 Wiesbaden.
Studierte Paläontologie u. Stratigraphie Norddeutschlands.
Schrieb: Katalog einer Sammlung von Sternberger Petrefakten. Arch. Ver. Freunde Naturgesch. Mecklenburg, 15, 1861, 266 ff. Tertiärconchylien. Seine Sammlung im min.-geol. Inst. d. Univ. Hamburg.
Z i t t e l: Gesch.
Scient. Papers 5, 641; 8, 934—35.
G o t t s c h e, C.: Nachruf. Verh. Naturwiss. Ver. Hamburg (3) 15 (1907), 1908, LIX (Qu.).

* **Senarmont**, d e.
Notice des travaux de M. H. de Senarmont. Paris, 1848, pp. 13; II. Aufl., 1851, pp. 19.
B e r t r a n d, J.: Éloge de M. de Senarmont. Lu le 16 Avril 1863, à la Séance annuelle de la Société des Amis des Sciences 1863, pp. 30.
P o g g e n d o r f f 2, 902—903; 3, 1236.

Sendel, Nathaniel, geb. 1686, gest. 25. IV. 1757.
Arzt in Elbing.

Schrieb 1742 Historia succinorum corpora aliena involventium et
naturae opera pictorum et caelatorum ex regiis augustorum cime-
liis Dresdae conditis aeri insculptorum conscripta, Lipsiae.
E d w a r d s: Guide 44.
H o r n - S c h e n k l i n g, Lit. entom. 1928—29, 1114.

Senoner, A d o l f, geb. 1806 Klagenfurt, gest. 30. VIII. 1895.
Schrieb: Das naturhistorische Museum des Herrn Villa in Mailand.
Jahrb. Geol. Reichsanst., 7, 1856, 763.
Nachruf. Verh. geol. Reichsanst. 1895, 294.

Serres, M a r c e l d e, geb. 3. XI. 1783 Montpellier, gest. 22.
VII. 1862 ebenda.
Prof. Min. Geol. Montpellier. Höhlenforscher, Vertebrata des Pli-
stozäns, Mollusca, Insecta. Phytopaläontologie u. a.
R o u v i l l e, P. G. de: Éloge historique de M. de S. Professeur de
Minéralogie et de Géologie à la Faculté des Sciences de Mont-
pellier. Montpellier, 1863, pp. 55 (Bibliographie).
Faculté des Sciences de Montpellier: Cinquantième anniversaire de
la nomination de M. M. de S. au professorat. Montpellier, 1859,
pp. 4.
G e r v a i s, P.: Notice sur —. Mém. Acad. Montpellier Sect. des
Sci., 5, 1861—63, 303—308.
Scient. Papers 5, 651—659; 8, 937.
Biographie universelle 39, 128—131.

Seunes, J e a n, geb. 6. XI. 1849 Casseneuil (Lot-et-Garonne), gest.
1920.
Prof. Geol. Univ. Rennes. Stratigraphie der Pyrenäen, bes. Kreide.
Echinida.
Notice nécrologique. Bull. Soc. géol. France (4) 21, 1921, 79.
P o g g e n d o r f f 4, 1387.
Scient. Pap. 18, 704—705 (Qu.).

* Severinus, P e t r u s.
Dänischer Naturforscher, schrieb 1571 Idea medecinae Philosophicae.
Cap. VII: De principiis corporum.
G e i k i e, A.: Founders of geol. 6.

* Seymour, M i ß M a u d e, geb. 1887, gest. 6. XI. 1918.
Bibliothekarin in der Geol. Soc. London. Stellte Geol. Literatur
zusammen.
Obituary, Geol. Magaz., 1918, 560.

Shaler, N a t h a n i e l S o u t h g a t e, geb. 1841, gest. 1906.
Nordamerikanischer Geologe. Stratigraphie, Brachiopoda.
The autobiography of —, with a supplementary memoir by his
wife. Boston and New York, 1909, pp. 481 (Bibliographie mit
234 Titeln).
W o l f f, J. E.: Memoir of —. Bull. Geol. Soc. America, 18, 1907,
592—609 (Portr., Bibliographie mit 202 Titeln).
D a v i s, W. M.: Prof. N. S. S. Amer. Journ. Sci., (4) 21, 1906,
480—481.
— — Prof. Shaler and the Lawrence Scientific School. Harvard
Eng. J., 5, 1906, 129—138.
H o b b s, W. H.: N. S. S. Trans. Wisc. Acad. Sci., 15, 1907, 924—
927 (Portr.).
M e r r i l l: 1904, 565, 711.

Sharman G e o r g e, geb. 27. IX. 1832, gest. 28. III. 1914.
1882—97 Paläontologe der englischen Geol. Survey. Brachiopoda.
Obituary, Geol. Magaz., 1914, 240.

Sharp, S a m u e l, geb. 18. VII 1814 Romsey, Hampshire, gest. 28.
I. 1882 Great Harrowden Hall.
Herausgeber des Stamford Mercury. Sammler im Oolith zu Lincolnshire u. Northamptonshire.
J. W. J.: Obituary, Geol. Magaz., 1882, 144.
Hist. Brit. Mus., I: 323.
Obituary. Journ. Northampton Nat. Hist. Soc. and Field Club
2, 1882—1883, 71—73.

Sharpe, D a n i e l, geb. 1806 Nottingham Place, Marylebone, gest.
1856.
Sammler und Autor über Stratigraphie Portugals. Gastropoda,
Rudista, Ammonoidea, Brachiopoda, Crustacea, Phytopaläontologie.
d e S e r p a P i n t o, R.: Daniel Sharpe e la geologia portugesa.
An. Fac. Ci. Portugal, 17, 1—15, 1932 (Fig. 2).
Obituary, QuJGS., London, 13, 1857, XLV—LXIV.

Shelburne, E a r l o f.
Schenkte dem Brit. Mus. 1767 Mastodon amer.
Hist. Brit. Mus. I: 324.

Sherborn, C h a r l e s D a v i e s, geb. 1861.
Mitarbeiter des British Museum Nat. Hist. Schrieb: A bibliography of the Foraminifera, recent and fossil from 1565—1888
with notes explanatory of some of the rare and little-known
publications. London, 1888, pp. 152, An index to the genera and
species of the Foraminifera. Smithson. Misc. Coll. 37, I, 1893, II,
1896, pp. 485, Index animalium, 1758—1800, pp. LIX + 1195 u.
Fortsetzungen.
A list of contributions to various subjects. London, 1906, pp. 9.

Shipman, J a m e s, geb. 30. IV. 1848, gest. 21. XI. 1901.
Buchdrucker, Herausgeber des Nottingham Daily Express, schrieb
1887: Holiday notes of a geologist. Stratigraphie Nottinghamshire.
Obituary, Geol. Magaz., 1902, 95.

Shrubsole, G e o r g e W i l l i a m, geb. 1827, gest. 22. VII. 1893.
Geologe und Archäologe, Curator Grosvenor Museum. Polyzoa
palaeoz.
Obituary, Geol. Magaz., 1893, 480.
Hist. Brit. Mus. I: 324.

Shrubsole, W i l l i a m H o b b s, geb. 3. VIII. 1837 Faversham,
gest. Mai 1927.
Sammelte London Clay Fossilien.
Obituary, QuJGS. London, 84, LVI—LVII (Bather).
Hist. Brit. Mus., I: 324.

Shufeldt, R o b e r t W i l s o n, geb. 1. XII. 1850 New York, gest.
21. I. 1934 Washington.
Arzt, Naturforscher (Osteologie, Ornithologe), Aves.
L a m b r e c h t, K.: R. W. S. Ornithologische Monatsberichte, 42,
1934, 47—50.
Bibliographie in Shufeldt: Anatomy of birds. Bull. New York
State Mus., No. 130, 1909, 357—367 (160 Tit).
N i c k l e s I, 945; II, 557.

Shumard, B e n j a m i n F r a n k l i n, geb. 24. XI. 1820 Lancaster,
Pa., gest. 14. IV. 1869 St. Louis Mo.
Arzt, 1850 Mitarbeiter geol. Untersuchung von Oregon, 1853
Geologe und Paläontologe Missouri geol. Survey, 1858—61 Texas

geol. Surv. Blastoidea, Mollusca, Brachiopoda, Trilobita u. andere Evertebraten.
Winchell, N. H.: B. F. Sh. Amer. Geol., 4, 1889, 1—6 (Portr. Bibliographie mit 29 Titeln).
Obituary, Amer. Journ. Sci., (2) 48, 1869, 294—296.
Merrill: 1904, 711.

Shumard, George Gettz, geb. 1826, gest. 1867.
Bruder von B. F. Sh. Geologe auf Expeditionen 1852 u. 1855.
Merrill: 1904, 434, 444.
Nickles 947.

Sickler, Friedrich Karl Ludwig, geb. 28. XI. 1773 Gräfentonna, gest. 8. VIII. 1836 Hildburghausen.
Konsistorialrat und Direktor des Gymnasiums zu Hildburghausen.
Entdeckte u. schrieb über Chirotherium-Fährten (vgl. NJM. 1835).
Freyberg.
Poggendorff 2, 922—923.

Sieber, Johann, gest. 30. V. 1880 im 23. Lebensjahr.
Cand. phil. Tertiärflora, Diatomeen.
Laube in: Sieber, Zur Kenntnis d. nordböhm. Braunkohlenflora. Sitzber. Ak. Wiss. Wien, math.-nat. Cl. 82, 1888, 96 (Qu.).

Siegert, Leo, geb. 16. II. 1872 Greiz, gest. 7. IV. 1917 Mons.
1900 Mitglied der Preuß. Geol. Landesanst. Stratigraphie, Perm, Diluvium.
Wunstorf, W.: Nachruf: Jahrb. Preuß. Geol. Landesanst., 39, 1918, II: LXXXI—CIII (Portr. Bibliographie mit 18 Titeln).

Siemiradzki, Joseph, geb. 24. III. 1858 Charkow (Ukraine), gest. 12. XII. 1933 Warschau.
Prof. d. Pal. in Lemberg 1902—1932. Stratigraphie u. Faunen des Jura, bes. Ammoniten.
Czarnocki, J.: J. S. Bull. Serv. géol. Pologne 8, 1934, 1—15 (Bibliographie mit 126 Titeln).
Nachruf. Ann. Soc. geol. Pologne X, 1934, 587—588.
Poggendorff 3, 1246; 4, 1395—1396 (Qu.).

Sikora, F., gest. 1902.
Sammler in Madagaskar.
Hist. Brit. Mus., I: 324.

Silliman, Benjamin, geb. 8. VIII. 1779, gest. 24. XI. 1864 New Haven.
Begründer des Amer. Journ. of Science, Mineraloge u. Chemiker.
Notizen über paläont. Funde.
Fisher, G.: Life of B. S. late Professor of Chemistry etc. in Yale College chiefly from his mss. reminiscences, diaries and correspondence, Bd. I—II, London, 1866, pp. 815.
Obituary, Amer. Journ. Sci., (2) 39, 1865, 1—9; Canadian Naturalist and Geologist, 1, 1864, 461—469.
Caswell, Al.: Memoir of —. Biogr. Mem. Nat. Acad. Sci., 1, 1877, 99—112.

* **Silliman**, Benjamin jr., geb. 1816, gest. 1885.
Nordamerikanischer Geologe.
Wright, A. W.: Biogr. Mem. Nat. Acad. Sci., 7, 1911, 115—141 (Bibliographie mit 87 Titeln).

* Silvestri, O r a z i o, gest. 17. VIII. 1890.
Prof. Geol. u. Min. Catania. Vulkanolog.
Obituary, Geol. Magaz., 1890, 576.
Necrolog: Boll. R. Com. Geol. Ital., 21, 1890, 544—545; Giornale
di Min. Crist. Petrogr., 1, 1890, I—III (Bibliographie min. mit
20 Titeln).

Simmons, J e r e m i a h.
Sammler in England in den 70er Jahren.
Hist. Brit. Mus., I: 324.

Simonelli, V i t t o r i o, geb. 1860.
Ital. Faunen (Rhinocerontiden, Fische, Anthozoen, Pteropoden, Foraminiferen u. a.).
Memorie Accad. Lunigianese Sci. La Spezia 1929, 25—36 (Bibliographie) (non vidimus Qu.).

Simonowitsch, S p i r i d o n v o n, geb. 1847.
Arbeitete über Bryozoen des Essener Grünsands, Asteroiden, später
Mineningenieur in Tiflis.
Scient. Pap. 8, 959 (Qu.).

Simonson, A.
Sammelte Pisces auf Oesel in den 90er Jahren.
Hist. Brit. Mus., I: 324.

Simony, F r i e d r i c h, geb. 30. XI. 1813 Hrachowteinitz, Böhmen,
gest. 20. VII. 1896 St. Gallen (Steiermark).
1849 Custos des Klagenfurter Museums, 1851 Prof. Geographie
Wien. Sammler.
D i e n e r, C.: Zur Erinnerung an —. Mitt. Geogr. Ges. Wien,
1896, 761—769.
— — Nachruf: Alpenstieg, No. 468, 18, II, 1896, pp. 5 (Portr.).
F o r s t e r, A. E.: Verzeichnis der im Druck veröffentlichten Ar-
beiten von —. Wien, 1893, pp. 15.
Nachruf: Verhandl. Geol. Reichsanst. Wien, 1896, 302—303.

Simpson, G e o r g e B a n c r o f t, geb. 1844, gest. 1901.
Zeichner u. Mitarbeiter von J. Hall. Korallen, Bryozoa.
C l a r k e, J. M.: Obituary, New York State Mus. Bull., No. 52,
1902, 457—460, Ann. Report for 1901, Append., 1903, 452—460.
— — James Hall of Albany, 407, 408, 522, 523.
N i c k l e s 951—952.

Simpson, G e o r g e G a y l o r d.
Bibliography from 1925 to Feb. 1. 1935 mit 116 Titeln. New
York 1935.

Simpson, M a r t i n, geb. 20. XI. 1798 Whitby, gest. 31. XII. 1892
Tischler in Whitby, dann Lehrer, Kurator des Whitby-Museum.
Ammonites, Lias.
S h e p p a r d, T.: Martin Simpson, a Yorkshire Geologist. 1800—
1892. Anniv. Meet. Yorkshire Geol. Soc., 1917.
C. D. S(herborn): Obituary, Geol. Magaz., 1893, 144.
S h e p p a r d, T.: Martin Simpson and his geological memoirs.
Proc. Yorkshire Geol. Soc. n. s., 19, 298—315 (Bibliographie
mit 25 Titeln).

* **Simpson**, W i l l i a m, geb. 1859, gest. 1915.
B r a n s s o n, F. W.: In memoriam —. Proc. Yorkshire Geol. Soc.,
n. s., 19, 325—326 (Bibliographie mit 16 Titeln).
Obituary. QuJGS. London 72, 1916, LXIII.

Sinclair, W i l l i a m J o h n, geb. 13. V. 1877 San Francisco, gest.
25. III. 1935 Princeton, N. J.
1916 Assistent Prof. Princeton, 1930 Prof. Palaeozoologie. Vertebrata, bes. Mammalia.
Obituary: Nature London, 135, 1935, 645.
N i c k l e s I, 952—953; II, 561.

Sinzov, I w a n T h e d o r o w i t s c h, geb. 30. III. 1845, gest.
9. VII. 1914.
Russischer Pal. Foráminifera, Ammonites, Kreide u. a.
A n d r u s o v, N.: Necrolog: Bull. Com. géol. Russie, 33, 1914,
No. 10, pp. 1—11 (Portr. Bibliographie mit 68 Titeln).

Sismonda, A n g e l u s, geb. 20. VIII. 1807 Corneliano d'Alba,
gest. 31. XII. 1878.
1827 Assistent, dann Prof. in Torino (Nachfolger Borson's), Num-
muliten, Jura.
R o c c a t i, Al.: In ricordo di Angelo Sismonda, Raccolta di lettere
a lui diretti dei collegi Paolo Savi, Ch. Lyell, B. Studer, L. E.
Beaumont, e J. Fournet coordinata. Torino, 1922, pp. 117
(Portr.).
R i c o t t i, E.: Brevi notizie di A. S. Atti R. Accad. Sci. Torino, 14,
1878—79, 327—335.
S p e z i a, G.: Cenni biografici sul prof. A. S. Annuario R. Univ.
Studi, Torino, 1879—80.
Necrolog: Boll. R. Com. geol. Ital., 9, 1878, 547—548.
Nachruf: Leopoldina, 15, 1879, 56—58 (Bibliographie mit 38
Titeln).
Life of Lyell, II: 145.
Life of J. D. Forbes, 255.
Necrolog: Atti R. Accad. Lincei, (3) 3, 1879, (Transunti) 52—
54 (Bibliographie).

Sismonda, E u g e n i o, geb. 29. IV. 1815 Corneliano d'Alba, gest.
1870.
Prof. Torino in den 40er Jahren. Echinida, Mammalia, Pisces, Crustacea, Phytopaläontologie.
Necrolog: Boll. Com. Geol. Ital., 1870, 144—145.
S o b r e r o: Notizia biografica di E. S. Atti Acc. Sci. Torino 6,
1870—71, 327—357.

Sivers, H e i n r i c h J a k o b, geb. 8. IV. 1708 Lübeck, gest. 8. VIII.
1758 Linköping.
Theolog, Dichter, Naturforscher. Schrieb: Specimina curiosorum
Niendorpensium, darin Beschreibung von Belemniten, Bernstein,
lapides stellares.
Allgem. Deutsche Biogr. 34, 432—436 (Qu.).

Skutil, J o s e p h.
Schrieb: Une ancienne trouvaille paléontologique à Dijon. L'Homme
préhistorique, 15, 1928, 241—242 (vergl. Tilliot).

Slack, H e n r y J a m e s, geb. 23. X. 1818, gest. 16. VI. 1896 Ash-
down Cottage, Forest Row, Sussex.

Herausgeber des Westminster Quarterly und 1860—74 des Weekly Times, Coccolithes.
Obituary, Geol. Magaz., 1896, 575—576.

* Slade, D a n i e l   D e n i s o n.
E a s t m a n: Memorial notice. New England Historical Quarterly Register, 1897, 51, 9—14.

Slade, I s r a e l.
Fossiliensammler in Nordamerika in den 30er Jahren.
C l a r k: James Hall of Albany, 88—89.

Sladen, P e r c y   W a l t e r, geb. 30. VI. 1849 Yorkshire, gest. 11. VI. 1900 Florenz.
Englischer Zoologe und Paläontologe, Echinodermata.
Nachruf: CfM., 1900, 300.
Obituary. Proc. Yorkshire geol. polytechn. Soc. 14, 1902, 261—264 (Bibliographie).
Obituary. QuJGS. London 57, 1901, LVII—LVIII.

Slatter, A n n   T a y l o r (Miss).
Schwester von T. J. Slatter. Sammlerin in den 90er Jahren. Korallen Gloucestershire.
Hist. Brit. Mus., I: 325.

Slatter, T h o m a s   J a m e s, geb. 1834, gest. 1895.
„clerk und manager" Gloucestershire-bank. Sammler. Korallen.
Hist. Brit. Mus., I: 325.
Obituary. Geol. Magaz. 1895, 479; QuJGS. London 52, 1896, LXX—LXXI.

Slavik, A l f r e d, geb. 20. IV. 1847 Krusovicich, gest. 1907 Prag.
Prof. Min. Geol. Prag. Techn. Hochschule. Stratigraphie Böhmens.
K e t t n e r: 149 (Portr. Taf. 64).
Scient. Papers 11, 429; 12, 687; 18, 785.

Slimon, R o b e r t, gest. 12. X. 1882 Lesmahagow im 80. Lebensjahr.
Sammelte paläoz. Crustaceen, jetzt in Glasgow, Edinburgh und London.
Hist. Brit. Mus., I: 325.
In Memory of Dr. Sl. Geol. Magaz. 1910, 143—144 (Qu.).

Sloane, S i r   H a n s, geb. 1660, gest. 1753.
Arzt in London, eigentlicher Begründer des British Museum Nat. Hist. Besaß eine reiche Sammlung von Fossilien.
Hist. Brit. Mus., I: 325.
E d w a r d s: Guide 59—61.
Dict. Nat. Biogr. 52, 379—380.

Slone, Mrs. E.
Verkaufte dem British Museum 1848 Chirotherium-Fährten aus der Trias von Cheshire.
Hist. Brit. Mus., I: 326.

Slosarski, A n t o n i, geb. Juli 1843, gest. 27. VIII. (8. IX.) 1897.
Posttertiäre fossile Säugetiere.
Nekrolog. Annuaire géol. et min. Russie 2, 1897—98, 137.
Scient. Papers 11, 430 (Qu.).

Smets, G é r a r d geb. 1857.
Belgischer abbé. Testudinata.
Scient. Pap. 18, 792 (Qu.).

Smeysters, J o s e p h, geb. 24. III. 1837 Liège, gest. 1909.
Mineningenieur. Notizen über Karbonfossilien.
L i b e r t, J.: J. S. sa vie, son oeuvre. Ann. Soc. Geol. Belg., 36,
1908—09, B. 339—352 (Portr. Bibliographie mit 70 Titeln).

Smith, G e o r g e L u t h e r, geb. 1852, gest. 1930.
Stratigraphie von Jowa.
Proc. Jowa Ac. Sci. 37, 1930, 37—38.
N i c k l e s I, 958; II, 563 (Qu.).

Smith, G r a f t o n E l l i o t, geb. 5. VIII. 1871 Grafton (Neu-
Süd-Wales), gest. 1. I. 1937.
Prof. Anatomie London. Homo fossilis.
Obituary. Man 37, 1937, (51)—(53). (Portr.) (Qu.).

Smith, H e r b e r t H., geb. 1851 Manlius, New York, gest. durch
Unfall 22. III. 1919.
Mitarbeiter James Hall's.
C l a r k e: James Hall of Albany, 418.

Smith, J a m e s, of Jordan Hill, geb. 15. VIII. 1782 Glasgow,
gest. 17. I. 1867.
Känozoische Stratigraphie.
W o o d w a r d, Hist. Geol. Soc. London, 143.
Obituary, Geol. Magaz., 1867, 141—142.
C r o s k e y, H. W.: Address in memory of — of Jordan Hill, late
President of the Society. Trans. Geol. Soc. Glasgow, 2, 1867, 228
—234.

Smith, J a m e s E d w a r d, geb. 2. XII. 1759 Norwich, gest.
17. III. 1828 ebenda.
Englischer Botaniker, Mitarbeiter Parkinson's bei der Bearbeitung
der englischen Fossilien in den Jahren 1804—1820.
Z i t t e l: Gesch.
Dict. Nat. Biogr. 53, 61—64.

Smith, J a m e s P e r r i n, geb. 1864, gest. 1. I. 1931.
Studierte in Göttingen bei Koenen und Zittel, 1892—1922 Prof.
d. historischen Geol., Pal. u. Min. an der Leland Stanford jun.
Univ. Californien. Evertebratenfaunen, bes. Cephalopoda (vor
allem des Carbon und der Trias).
A r t h a b e r, G.: Nachruf: CfM., 1932 B, 317—319 (Bibliographie).
P l u m m e r, F. B.: Memorial of —. Journ. of Paleontology, 5, 1931,
168—170 (Portr.).
S c h u c h e r t, Ch.: Obituary, Amer. Journ. Sci., (5) 22, 1931, 95.

Smith, J o s h u a T o u l m i n, geb. 29. V. 1816 Birmingham, gest.
28. IV. 1869 Lancing (Sussex).
Studierte in den 40er Jahren Spongien.
History Brit. Mus., I: 326.
Proc. geol. ass. London 21, 1910, 68—69 (Portr., Teilbibliographie).
Dict. Nat. Biogr. 53, 94—95 (Qu.).

Smith, M. H. Mrs.
Sammlerin in den 30er Jahren zu Mayo House, Tunbridge Wells.
Arbeitete selbst mit dem Mikroskop, bis sie erblindete.
Hist. Brit. Mus., I: 326.

* **Smith**, R. A.
Schrieb: A bibliography of Museums and museum work. Washington, 1928, pp. 302.

Smith, W i l l i a m, geb. 23. III. 1769 Churchill, Oxfordshire, gest. 1839 Northampton.
„Der Vater der englischen Geologie." 1787 Geometer, dann Ingenieur beim Kohlenkanal in Somerset. 1801—1819 lebte er in London, 1828 Verwalter der Güter des Sir John Johnstone. 1838 Mitglied der Commission für Baumaterialien des Parlamentsgebäudes. Begründer der paläontologischen Stratigraphie.
B a t h e r, A. F.: Address delivered on July 10th 1926 by F. A. Bather on William Smith, the Father of English Geology. Bath, 1926, pp. 14 (Taf. 3).
P h i l l i p s, John: Memoirs of Wm. S. London, 1844 (Bibliographie mit 12 Titeln).
S h e p p a r d, Thomas: Wm. Smith: his maps and memoirs. Proc. Yorkshire Geol. Soc., 19, 1917, p. 75—253 (48 Taf.) (Bibliographie mit 102 Titeln).
S e d g w i c k, A.: Address Proc. Geol., 1, 270—279.
G e i k i e, A.: Founders of geology, 224 ff.
E d w a r d s: Guide, 45.
F i t t o n, W. H.: Memoir. Edinburgh Rev., 29, 1818, 310—337.
C o x, L. R.: On British Fossils named by W. S. Ann. Mag. Nat. Hist., (10) 6, 287—304 (Taf.).
G u n t h e r, R. T.: Early Medical and biological science. Oxford, 1926.
W i l l i a m s o n, W. C.: Reminiscences of a Yorkshire Naturalist, edited by his wife. 1896, 13.
W o o d w a r d, H. B.: Hist. Geol. Soc. London, 4—5, 56—58, 120 u. öfter, Taf. p. 92 (Portr.).
The centenary of Wm. Smith's Birth. Geol. Magaz., 1869, 356—359.
M i t c h e l l, W. St.: A Book about Wm. S. and the Somersetshire Coal Canal with an Account of the Origin of Stratigraphical Geology in England. Geol. Magaz., 1873, 31.
— — A Monument to Wm. S. Geol. Magaz., 1892, 94—96, 144.
Z i t t e l: Gesch.
G e i k i e, Murchison, I, 104—105, 131—132, 174, 190, 193—94, 215 (Portr. p. 190).
Sedgwick life, I, 367.
C o n y b e a r e: Introduct. to his outlines of the Geology of England. 1822, 45.
P h i l l i p s: Mag. Nat. Hist. n. s. 1839, 213.
Obituary: Proc. Geol. Soc. 3, 248—254.

Smithe, F r e d e r i c k, geb. 1822, gest. 9. XII. 1900.
Reverend, Vicar von Churchdown, Gloucestershire. Lias-Faunen.
Obituary, Geol. Magaz., 1902, 143—144.

* **Smyth**, W a r i n g t o n W i l k i n s o n, geb. 1817, gest. 19. VI. 1890.
Englischer Geologe.
Obituary, Geol. Magaz., 1890, 383—384.

Snow, F r a n c i s H u n t i n g t o n, geb. 29. VI. 1840 Fitchburg (Mass.), gest. 20. IX. 1908 Delafield.
Prof. Naturgeschichte Univ. Kansas. Reptilia, Fährten.
W i l l i s t o n, S. W.: Fr. H. S. the man and scientist. Sci. Bull. Univ. Kansas, 7, 1908, 128—134.

Transact. Kansas Acad. Sci. 22, 1909, 28—34 (Bibliographie).
Dict. Am. Biogr. 17, 385.
N i c k l e s, 968—969.

Soenderop, F r i t z H e r m a n n G u s t a v, geb. 29. II. 1876 Star-
gard, Pommern, gest. 3. IV. 1914.
1902 Mitglied der Preuß. Geol. Landesanst. Interglazial-Faunen.
Oligocän.
S c h n e i d e r, O.: Nachruf: Jahrb. Preuß. Geol. Landesanst., 1914,
II: 543—554 (Portr. Bibliographie mit 11 Titeln).

Sohm. P a t e r B o n i f a z, geb. 14. VIII. 1847 Alberschwende
(Vorarlberg), gest. 13. IX. 1923 Stift Fiecht bei Schwaz.
Conviktlehrer im Stift Fiecht bei Schwaz (Tirol). Verdienter
Sammler, bes. von Versteinerungen der Nordtiroler Kalkalpen
(Achenseegegend). Seine Aufsammlungen zum größten Teil im
naturhist. Cabinet des Stiftes Fiecht.
K l e b e l s b e r g, R. v.: Geologie von Tirol 1935, 690.
Nachruf: Korrespondenz des Priestergebetsvereins im theol. Kon-
vikte zu Innsbruck 58, Nov. 1923, 18—19 (Qu.).

* **Sokol,** R u d o l f, geb. 26. VII. 1873 Savské, gest. 3. II. 1927 Prag.
Dozent Univ. Prag.
K e t t n e r: (Portr., Taf. 108).
Z e l e n k a: R. S. Vestnik statn. geol. ust. československ. Rep. 3, 1927,
21—23.

Sokolow, D i m i t r i N i k o l a e w i t s c h, geb. 1867, gest. 13. II.
1919.
Studierte Aucella, Ammoniten u. andere mesoz. Versteinerungen.
Nachruf: Bull. Com. Géol. Russie 44, 1925, 733—738 (Portr.,
Bibliographie).

Sokolow, N i k o l a u s A l e x e j e v i c h, geb. 3. X. 1856 St. Peters-
burg, gest. 1907 ebenda.
Chefgeologe Geol. Com. St. Petersburg. Tertiäre Faunen Ruß-
lands.
Bibliographie in Bull. Com. Géol. Russie, 26, 1907, 16—23 (Bi-
bliographie mit 79 Titeln); Biographie u. Portr. ibidem 1—15.
Nachruf: Sitz.-Ber. Naturf. Ges. Dorpat, 16, 1907, XI—XXII.
Nekrolog. Bull. Ac. Imp. Sci. St.-Pétersbourg (6) 1, 1907, 83—90
(Bibliographie).
Nekrolog. Annuaire géol. et min. de la Russie 9, 1907—08, 199—
221 (Portr., Bibliographie).

Solander, D a n i e l C h a r l e s gest. 28. II. 1736 in Schweden,
gest. 16. V. 1782 London.
Schüler Linnés, Mitarbeiter des British Museum. Schrieb 1766:
Fossilia Hantoniensia. Tertiäre Conchylien.
E d w a r d s: Guide, 59, 61.
Dict. Nat. Biography 53, 212—213.

Soldani, A m b r o g i o, geb. 16. VI. 1736 Pratovecchio (Arezzo),
gest. 14. VII. 1808 Monasterio degli Angeli Firenze.
Camaldolianer. Lebte in Florenz. Foraminifera, Bryozoa.
B r o c c h i, G. B.: Conchyl. foss. subapennine, I: LVII e LXIV.,
1814; II. Aufl. 1843.
B i a n c h i, G.: Elogio storico di A. S. Siena, 1808.
B o c c a r d o: Nuova encyclopedia italiana, 20, 1180, 1886, Torino.

D e A n g e l i s: A. S. Bibliografia Univ., 54, p. 84, Venezia.
G i u l i, Giuseppe: A. S. Biografi degli ital. illustri, 6, 289, Ve-
    nezia, 1838.
P a s s i g l i, D.: Dizionario biogr., 5, 121, Firenze, 1848—49.
P i l l a, L.: Cenno storico sui progressi della orittografia e della ge-
    ognosia in Italia. In Progresso delle Sci. Lettere ed Arti III, Na-
    poli, 181, 1832.
R i c c a, Mass.: Discorso sopra le opere del P. D. Ambrogio Sol-
    dani, abate generale dei Camaldolesi. Siena, 1810, pp. 39.
L o m b a r d i, A.: Storia della letteratura italiana, II, 60, Mo-
    dena, 1828.
S i l v e s t r i, Alfr.: Illustrazioni Soldamiane etc. Atti Acc. Pontif.
    Nuovi Lincei, 52, 1899, 119—125.
S i l v e s t r i, O.: Sulla illustrazione delle opere del P. A. S. e
    della fauna microscopica fossile del terreno pliocenico italiano.
    Atti X. Congr. Sci. Ital. Siena, 1862.
—   —, Ambrogio Soldani e le sue opere. Atti Soc. Ital. Sc. Nat.
    15, 273—289, Milano, 1872.
N e'v i a n i, A.: Briozoi viventi e fossili illustrati da Ambrogio
    Soldani nell' opera Testaceographia ac Zoophytographia, 1789
    —1798. Boll. Soc. Geol. Ital., 25, 1906, 765—785.
F o r n a s i n i, C.: Foraminiferi illustrati da Soldani e citati dagli
    autori. Boll. Soc. Geol. Ital., 5, 131—254, 1886 (Bibliographie
    mit 45 Titeln).
M a n a s s e, E.: Commemorazione di Ambrogio Soldani. Atti R.
    Accad. dei Fisiocritici, No. 5—6, 1908, 1—14, Siena.
L i e b u s: Journ. of Paleontology, 6, 1932, 208—210.

Sollas, W i l l i a m J o h n s o n, geb. 30. V. 1849 Birmingham, gest.
    26. X. 1936.
Prof. Geol. u. Pal. Oxford. Schwämme, auch Echinodermen u. a.
    Untersuchung von fossilen Resten in Serienschnitten (Pisces,
    Reptilia u. a.). Homo fossilis.
P o g g e n d o r f f 3, 1265; 4, 1414; 5, 1187.
Obituary. QuJGS. London 93, 1937, CIX—CXV; Proc. Geologists'
    Ass. 48, 1937, 110—112 (Qu.).

Solms-Laubach, H e r m a n n G r a f z u, geb. 23. XII. 1842, gest.
    24. XI. 1915.
Der aus einer bis 1806 souveränen Familie stammende Forscher
    war Prof. der Botanik in Göttingen und Straßburg (Nachfolger
    De Bary's), Phytopaläontologie.
Obituary, QuJGS., London, 72, 1917, XLVIII—L; Nature, London,
    13. Januar 1916; Geol. Magaz., 1916, 143—144; Proc. Roy. Soc.,
    90, p. XIX—XXVI (Portr.).
J o s t, L.: Nachruf. Ber. deutsche bot. Ges. 33, 1915, (95)—(112)
    (Portr., Bibliographie).

Solomka-Sotiriadis, E u g e n i a, geb. 7. X. 1862 Jaroslawl, gest.
    1899.
Stromatoporen des russ. Devon. Jura- und Kreidekorallen der Krim.
Nécrologie. Annuaire géol. et min. de la Russie 3, 1898—99, 137.
Scient. Papers 18, 843 (Qu.).

Somner, W i l l i a m, geb. 1598 Canterbury, gest. 30. III. 1669
    ebenda.
Schrieb 1669 über Rhinoceros antiquitatis.
E d w a r d s: Guide, 61, 58.
Dict. Nat. Biogr. 53, 260—61.

Sordelli, F e r d i n a n d o, gest. 79 Jahre alt 17. I. 1916.
Italienischer Forscher, Prof. Zoologie, vgl. Anatomie in Mailand.
Insecta, Phytopalaeontologia.
C e l o r i a, G., A r t i n i, E., & T a r a m e l l i: Commemorazione
di —. Rendic. R. Ist. Lombardo, (2) 49, 1916, 54—59.

Soreil, G u s t a v e - J o s e p h, geb. 11. VI. 1842 Strument-Grande
(Beausaint), gest. 19. VI. 1907 Maredred.
Belgischer Ingenieur, Carbon-Stratigraphie.
M a l a i s e, C.: Notice biographique. Ann. Soc. Géol. Belg., 34,
1906—07, B, 149—156 (Portr. Bibliographie mit 14 Titeln).

Sorignet, A., A b b é.
Schrieb: Oursins fossiles de deux arrondissements du département
de l'Eure. Evreux 1850, pp. 84.

Soulavie, J e a n L o u i s G i r a u d, geb. 1752 Argentière (Ardèche),
gest. 1813.
Abbé zu Nîmes, Großvicar in Châlons, dann französischer Minister-
resident in Genf als Jakobiner. „In seinem Hauptwerk Histoire
naturelle de la France méridionale Bd. I—VII (Nîmes 1780—
1784) sucht er die Ergebnisse seiner geol. Forschungen noch mit
der Bibel und den Lehren der katholischen Kirche in Einklang
zu bringen, doch zeigen seine Ideen über die Entwicklung der
organischen Wesen bereits eine bedenkliche Übereinstimmung
mit dem Telliamed." (Zittel, Gesch.). Stratigraphie.
M a z o n, A.: Histoire de Soulavie (Naturaliste, Diplomate, Historien) Bd. I—II, Paris, 1893 (Bibliographie).
G e i k i e, A.: The founders of Geology 1897, 204—207.
Nouv. Biogr. génerale 44, 231—233.

Sowerby, G e o r g e B r e t t i n g h a m, geb. 12. VIII. 1788 Lambeth,
gest. 26. VII. 1854.
Der zweite Sohn James Sowerby's, Mitarbeiter seines Vaters.
Hist. Brit. Mus., I: 327.
Dict. Nat. Biogr. 53, 304—305.

Sowerby, J a m e s, geb. 1757, gest. 1822.
Verfasser von Mineral Conchology of Great Britain, das von seinem
Sohn, James de Carle Sowerby, beendet wurde. Mollusca.
Hist. Brit. Mus., I: 327.
Dict. Nat. Biogr. 53, 305—307.

Sowerby, J a m e s d e C a r l e, geb. 5. VI. 1787, gest. 26. VIII. 1871.
Sohn James Sowerby's. Arrangierte als 20jähriger die Sammlung
der Marchioness of Bath, Miss Codrington. 1846 Curator am
Museum der Geol. Soc. London, dann Sekretär der Botanic
Soc. Mollusca. Mitarbeiter von Sedgwick, Murchison, Buckland
etc.
Obituary, Geol. Magaz., 1871, 478—479 (Bibliographie mit 16
Titeln).
G e i k i e: Murchison, I: 241.
Dict. Nat. Biogr. 53, 307—308.

Sömmerring, S a m u e l T h o m a s v o n geb. 28. I. 1755 Thorn,
gest. 2. III. 1830 Frankfurt a. M.
Anatom in Mainz, später in München. Schrieb 1811 über Ornitho-
cephalus, 1817 über Crocodilus priscus in Bayern, 1816 Lacerta
gigantea, 1819 Chiroptera, 1821 Proboscidea, Rhinoceros antiquitatis, Tapirus.

Hist. Brit. Mus., I: 327.
T o r n i e r, 1924: 61.
Nova Acta Acad. Leopold. Carol. XV, 2, 1831, XXIX—XXXVI
(Bibliographie).
Allgem. Deutsche Biogr. 34, 610—615.
P o g g e n d o r f f 2, 953—954.

Spada, J o h. J a c o b, geb. um 1680 Verona, gest. um 1744.
Italienischer Geologe. Opus 1739 ref. Schröter, Journ., 3: 142—145.
Fossilien von Verona.
D e a n III, 318; Biographie universelle 40, 2.

Spada-Lavini, A l e s s a n d r o C o n t e, geb. 27. IX. 1798 Terni,
gest. 27. I. 1876.
Italienischer Geologe.
M e n e g h i n i, G.: Commemorazione scientifica del Conte A. S.
L. Pisa, 1876 (Bibliographie).

Spallanzani, L a z z a r o, geb. 12. I. 1729 Scandiano bei Modena,
gest. 12. II. 1799 Pavia.
Studierte Theologie, Prof. der Metaphysik in Reggio und Modena,
dann Prof. Naturgeschichte Pavia. Zoologe. Schrieb Lettera rela-
tiva a diversi oggetti fossili e montani, 1781.
C a p e l l i n i, G.: Sulle ricerche e osservazioni di Lazzaro Spallanzani a Porto Venere e nei dintorni della Spezia. Boll. Soc.
Geol. Ital., 21, 1902, LXXV—LXXXIX (hier weitere Literatur).
Allegati raccolti diligentemente nei tometti di L. S. relativo al
viaggio nel mediterraneo nel 1783. Ebenda LXXXIX—CXVI.
C e r m e n a t i, M.: Da Plinio a Leonardo, dallo Stenone allo Spallanzani. Ebenda, 30, 1911, CDLXXXIX f.
G i b e l l i, V.: Lazzaro Spallanzani. Commemorazione in occasione
della festa letteraria del R. Liceo Foscolo-Pavia, 1871, pp. 62.
I s s e l, A.: Spallanzani nel Finale Ligustico nell opera del Primo
centenario della morte di L. S. Reggio Emilia, 1899.
I m e n e z d e l a E s p a d a, M.: Un autografo del abate Spallanzani. Ann. de la Soc. Espanola de Hist. Nat., 1, 1872, 163—181.
C o r r a d i, A.: I Manoscritti di L. Sp. serbati nella Biblioteca
communale di Reggio nell Emilia. Rendic. R. Ist. Lombardo, (2)
5, 1872, 821—862.

Spandel, E r i c h, geb. 5. XII. 1855 Pößneck, gest. Juni 1909 Nürn-
berg.
Zeitungsverleger. Foraminifera, Echinodermata.
K i n k e l i n, F.: Zum Andenken an E. Sp. 43.—50. Jahresber.
Offenbacher Ver. f. Naturk. 1909, Nachtrag 1—8 (Portr.,
Bibliographie im Text) (Qu.).

Späth, F r.
Revierförster bei Eichstätt. Sammler in den 60er Jahren.
Correspondenzblatt zool.-min. Ver., Regensburg, 20, 1866, 112.

Spencer, J o s e p h W i l l i a m W i n t h r o p, geb. 26. III. 1851
Dundas (Ontario), gest. 9. X. 1921 Toronto.
Geologe in Canada. Neben hauptsächlich geol. Arbeiten auch Strati-
graphie u. Paläontologie (Niagara fossils).
P o g g e n d o r f f 3, 1272; 4, 1418—1419; 5, 1192.
N i c k l e s 971—975 (Qu.).

Spener, C h r i s t i a n M a x i m i l i a n, geb. 31. III: 1678 Frankfurt a. M., gest. 1714 Berlin.

Kgl. Preußischer Hof-Medicus, schrieb de Crocodilo in lapide scissili expresso aliisque Lithozois, 1710 (= Protorosaurus), 1718 über weitere Versteinerungen (Sammlungskatalog).
Freyberg.
D e a n III, 318.
J ö c h e r, Chr. G.: Allgem. Gelehrtenlexicon 4, 1751, 712—713 (Qu.).

Spengler, L o r e n z, geb. 1720 Schaffhausen, gest. 20. XII. 1807.
Kunstverwalter in Kopenhagen, schrieb im Jahre 1784 über isländische Versteinerungen.
T o r n i e r: 1924: 35.
Dansk biogr. Lexikon 16, 1902, 209—212.

Speyer, O s c a r, geb. 4. VII. 1827 Hersfeld, gest. 5. I. 1882 Berlin.
Gewerbeschullehrer in Kassel, später Landesgeologe in Berlin.
Tertiärfaunen (Ostracoden, Mollusken u. a.).
Nekrolog. Ber. Ver. f. Naturk. Cassel 29—30 (1881—1883), 1883, 6—7 (Bibliographie) .(Qu.).

Spinner, F r a n c i s E l i a s, geb. 21. I. 1802. gest. 31. XII. 1890.
General.. Mollusca in Nordamerika.
C l a r k e: James Hall of Albany, 511—512.
Dict. Am. Biogr. 17, 460.

Spitz, A l b r e c h t, geb. 7. VII. 1883 Iglau, gest. 4. IX. 1918 durch Unfall.
Gastropoda, Stratigraphie u. Paläontologie der Alpen.
A m p f e r e r, O.: Nachruf: Jahrb. Geol. Reichsanstalt Wien, 1918, 68, 161—170 (Portr. Bibliographie mit 24 Titeln).
D y h r e n f u r t h, G.: A. Sp. Beilage Lief. XLIV (N.F.) Geol. Karte d. Schweiz, 1919, 8 pp. (Portr., Bibliographie).

Spix, J o h a n n B a p t i s t v o n, geb. 9. II. 1781 Höchstadt a. d. Aisch, gest. 5. V. 1826 München.
Zoologe, Forschungsreisender. Schrieb über Pteropus vampyrus (Denkschr. Akad. München, 1816—17, 121—124) von Solnhofen.
Allgem. Deutsche Biogr. 35, 231—232.

Spleiss, D a v i d, geb. 27. I. 1659 Schaffhausen, gest. 11. XII. 1716 ebenda.
Prof. in Schaffhausen, schrieb 1701 Oedipus osteolithologicus (= Cannstatter Ausgrabung von 1700).
L a u t e r b o r n: Der Rhein, I: 190.
W o l f, R.: Biographien zur Kulturgeschichte der Schweiz 1, 1858, 265—266.
Q u e n s t e d t, F. A.: Ueber Pterodactylus suevicus 1855, 8 (Qu.).

Spratt, T h o m a s A. B., geb. 1811, gest. 1888.
Vice-Admiral, geologisierte am Mittelmeer, grub die Reste der Zebbug-Höhle auf Malta aus.
Hist. Brit. Mus., I: 328.
Obituary. QuJGS. London 45, 1889, 42—44.
Dict. Nat. Biogr. 53, 424—425.

Sprengel, A n t o n, gest. 1851.
Schrieb 1828 Commentatio de Psarolithis (Baumstämme) **ligni** fossilis genere Halae.
Z i t t e l: Gesch.

Springer, F r a n k, geb. 17. VI. 1848 Wapello, Iowa, gest. 22. IX. 1927 Overbrook.
Jurist in New Mexico, studierte mit Wachsmuth Crinoidea.
S c h u c h e r t, Ch.: Memorial of F. S. Bull. Geol. Soc. America, 39, 1928, 65—80 (Portr. Bibliographie mit 58 + ca. 40 Titeln); Amer. Journ. Sci., (5) 14, 1927, 507—508.
Personal record on F. S. Las Vegas, New Mexico. In: Contribution Silurian Crinoids Smiths. Inst. Publication, 2871, 144—166, 1926.
K e y e s, Ch. R.: Springer of the Crinoids. Pan Amer. Geol., 48, 1927, 321—334.
The Springer Memorial service at Santa Fé and Las Vegas on October, 22, 1927. Santa Fé, Mexico.
Vergl. K e y e s, Ch. R.: Epoch in history of American science (biogr. sketches of Sp. and Wachsmuth). Ann. Iowa, (3) 2, 1896, 345—364 (Portr.).
Hist. Brit. Mus., I: 328.
Obituary, QuJGS., London, 84, LIV.

Spurrell, F l a x m a n.
Englischer Sammler, mit seinem Sohn Flaxman C. J. Spurrell in den 90er Jahren. Plistozäne Mammalia von Kent. Palethnologie.
Hist. Brit. Mus., I: 328.

Stabile, G i u s e p p e, geb. 1827 Lugano, gest. 25. IV. 1869.
Italienischer Malacologe. Mollusca der Umgebung von Lugano
S c r d e l l i, F.: Sulla vita scientifica del Socio Abate G. S. Atti Soc. Ital. Sci. Nat. Milano, 12, 1869, 173—179 (Bibliographie mit 11 Titeln).

Stache, G u i d o, geb. 28. III. 1833 Namslau, gest. 11. IV. 1921 Wien.
1892 Direktor Geol. Reichsanst. Wien, paläozoische Faunen der Ostalpen, liburnische Stufe, Foraminiferen, Phytopaläontologie.
T i e t z e: Grabrede. Verh. Geol. Bundesanstalt Wien, 1921, 59-61.
K e r n e r, F. v.: Zur Erinnerung an —. Jahrb. Geol. Staatsanstalt 1921, 85—100 (Bibliographie).

Staff, H a n s v o n, geb. 1883, gest. 1915.
Fusulinen, Trilobiten.
H e n n i g, E.: Nachruf: CfM., 1915, 689—695 (Bibliographie).

Stahl, C a r l F r i e d r i c h.
Schrieb 1824 über Württembergs Versteinerungen.
Freyberg.
H a a g, p. 179.
Q u e n s t e d t, F. A.: Ueber Pterodactylus suevicus 1855, 24.

Stahl, G e o r g E r n s t, geb. 21. X. 1660 Ansbach, gest. 14. V. 1734 Berlin.
Vergl. Sendschrift an Büttner in Schröter's Journ., 3: 145—149. Erkennt die wahre Natur der Versteinerungen.
P o g g e n d o r f f 2, 979.

Stahl, J e a n B e n j a m i n, geb. 1816 Straßburg, gest. 21. XI. 1893 Paris.
Arbeitete für L. Agassiz und Blainville, Präparator des Mus. Paris, sorgfältige Präpariermethoden.
G a u d r y, A.: Discours prononcé aux funérailles de J. B. S. Rev. Sci., 52, 2. Dez. 1893, 730.

Stainier, X a v i e r, geb. 28. VI. 1865 Brye (Hainaut).
Prof. Gent. Stratigraphie Belgiens, auch pal. Arbeiten (Coeloma
rupeliense, Karbonflora u. -fauna u. a.).
Teilbibliographie in: Liber memorialis Univ. Gand II, 1913,
360—368.

Standing.
In den 1900er Jahren Sammler auf Madagascar.
Geol. Magaz., 1907, 528.

* **Stanley-Brown**, J o s e p h, geb. 19. VIII. 1858 Washington, gest.
Januar 1929.
Mitarbeiter der Geol. Survey U. S.
F a i r c h i l d: 172-173 (Portr.).

Staring, W i n a n d C a r e l H u g o, geb. 5. X. 1808, gest. 4. XI.
1877.
Schrieb 1862: Über die Mosasaurus- und Chelonier-Reste aus der
Mastrichter Kreide im Teyler Museum. Geol. u. Pal. der
Niederlande.
B a r e n, J. van: Nieuw Nederl. biogr. Woordenboek 1, 1911,
1490—1492 (Qu.).

Starr, F r e d e r i c k.
Nordamerikanischer Sammler in den 70er Jahren.
C l a r k e: James Hall of Albany, 470, 471.

Staszic, S t a n i s l a s, geb. 1755, gest. 1826.
Staatsmann, Geologe. 1815 Géognosie des Carpathes.
Z i t t e l: Gesch.
M o r o z e w i c z, J.: St. St. Bull. serv. géol. Pologne 3, 1925—26,
325—348 (Portr., weitere biogr. Lit.).

Statuti, A u g u s t o, geb. 21. VIII. 1829 Rom, gest. 1. X. 1911.
Italienischer Malacologe.
N e v i a n i, A.: Necrolog: Boll. Soc. Geol. Ital., 31, 1912,
CXXXIII—CXXXVII (Portr. Bibliographie mit 19 Titeln).
O'l i v i e r i, G.: Cenni biografici. Mem. Acc. Pont. N. Lincei, 30,
1912.

Staub, M ó r i c, geb. 18. IX. 1842 Pozsony, gest. 14. IV. 1904.
Pädagoge, Mitarbeiter der Kgl. Ung. Geol. Reichsanstalt, Phyto-
paläontologie.
M á g o c s y - D i e t z, S.: Emlékbeszéd, Magyar Tudományos Aka-
démia Budapest, 13: 3, 1906, pp. 44 (Bibliographie mit 239
Titeln).
K o c h, A.: Gedenkrede. Földtani Közlöny 35, 1905, 61—76
(ungar.), 127—139 (deutsch) (Bibliographie).

Stearns, R'o b e r t E d w a r d s C a r t e r, geb. 1827, gest. 1909.
Nordamerikanischer Malacologe.
D'a l l, W. H.: Biographical sketch of —. Smithsonian Misc. Coll.,
56, 1—15, Portr., 1911 (Bibliographie mit 156 Titeln).
N i c k l e s 981.

Steenstrup, J o h a n n e s J a p e t u s S m i t h, geb. 8. III. 1813, gest.
20. VI. 1897 Kopenhagen.
Prof. der Zoologie in Kopenhagen. Diluviale Faunen, Nautilus
von Faxe.
L ü t k e n, C.: Japetus Steenstrup, hans Liv og Virksamhed. Overs.
Kgl. d. Vidensk. Selsk. Forh., 5, 1897, Kjöbenhavn.
N a t h o r s t, A. G.: Mindeskrift for J. S. Kjöbenhavn, 1913, pp.
22, Fig. 4.
S v e d m a r k, E.: Necrolog nach J. O. Boving-Petersen. Geol. För.
Stockholm Förhandl., 19, 1897, 492—493.
W a n k e l: Die prähistorische Jagd in Mähren. Olmütz, 1892, p.
18 (Portr.).
T o r n i e r, 1925: 86.
Obituary, QuJGS., London, 54, 1898, LIV.

Steenstrup, K n u d J o h a n n e s V o g e l i u s, geb. 7. IX. 1842,
gest. 6. V. 1913.
Neffe von Japetus Steenstrup, dänischer Staatsgeologe. Reisen
und Sammeltätigkeit in Grönland.
Nekrolog: Geol. För. Stockholm Förhandl., 35, 1913, 333—358
(Portr.), Zeitschr. Deutsch. Geol. Ges., 1913, 345.
B o g g i l d, O. B.: Nekrolog: Dansk. geol. foren. Meddel., 4, 1912—
15, 211—214 (Bibliographie mit 51 Titeln).

Stefanescu, G r e g o r i u, geb. 1838, gest. 1911.
Prof. Univ. Bukarest. Mammalia.
P o p e s c u - V o i t e s t i, I: G. S. si activitatea sa stiintifica.
Anuarul Inst. geol. României 5 (1911), 1912, I—XX (Portr.,
Bibliographie mit 120 Titeln).
Notice nécrologique. Bull. Soc. géol. France (4) 12, 1912, 55—56
(Compte rendu).
Obituary. QuJGS. London 68, 1912, LII.

Stefani, C a r l o d e, geb. 9. V. 1851 Padua, gest. 12. XII. 1924;
Jurist, Prof. der Nationalökonomie Univ. Siena, dann Prof. der
Geol. u. phys. Geogr. in Florenz. Mollusca, Stratigraphie, Phyto-
paläontologie.
C a m p a n a, D. del: Necrolog: Acc. lunigianesa Sci. G. Capellini
Mem., 7, fasc. 1, La Spezia, 1926, 37—73 (Portr. Bibliographie
mit 407 Titeln).
G o r t a n i, M.: Necrolog: Rendic. R. Accad. Sci. Ist. Bologna, 1924-
25, pp. 3.
Necrolog: Boll. Geol. Soc. Ital., 44, 1925, CXXX—CXLVI (Portr.
Bibliographie); Riv. geogr. ital., 1924, 260—263.

* **Stefani**, S t e f a n o d e, gest. 7. VI. 1892.
Necrolog: Bull. di Palethnol. ital., 18, 1892, 99—100 (Bibliographie).

Stefano, G i o v a n n i d i, geb. 25. II. 1856 Santa Ninfa (Prov.
Trapani), gest. 1918.
Prof. R. Univ. Palermo. Brachiopoda, Faunen und Stratigraphie
von Sizilien und Ägypten.
G e m m e l l a r o, M.: G. di St. Riv. it. di Paleont. 24, 1918;
26—32.
Scient. Papers 11, 483; 12, 701; 18, 925 (Qu.).

* **Steffens**, H.
Naturphilosoph, schrieb: Beiträge zur inneren Naturgeschichte der
Erde, Freiburg, 1801.
P o g g e n d o r f f 2, 988—89.

Stein, J o h. P h i l. E m i l F r i e d r i c h, geb. 17. V. 1814 (auto-
biogr. Notiz in Kontribuentenliste Zool. Mus. Berlin, nicht 1816)
Berlin, gest. 2. IV. 1882.
Apotheker, später Assistent am Zool. Mus. Berlin. Entomologe.
Bernsteininsekten 1877 u. 1881.
Nachruf. Berliner Entomol. Zeitschr. 26, 1882, III.
Horn-Schenkling, Lit. entom. 1928/29, 1181—1182 (Qu.).

Steindachner, F r a n z, geb. 11. XI. 1834 Wien, gest. 10. XII.
1919 ebenda.
Intendant des naturhist. Hofmuseums Wien. Ichthyologe. Fossile
Fische Österreichs.
W u r z b a c h 39, 57—61 (Bibliographie).
Autobiograph. Notizen in: Botanik u. Zoologie in Österreich 1850—
1900. Festschr. zool.-bot. Ges. Wien 1901, 419—422 (Biblio-
graphie 436—440).
Nachruf. Almanach Ak. Wiss. Wien 70, 1920, 114—117 (Qu.).

Steininger, J o h a n n, geb. 10. I. 1794 St. Wendel, gest. 11. X.
1874 Trier.
Prof. Gymnasium zu Trier. Paläontologie des rheinischen Devon.
Stratigraphie des Rheinlandes u. Luxemburgs. Sammlung z. T.
in der preuß. geol. Landesanst., zum großen Teil aber verloren
gegangen.
F o l l m a n n, O.: Der Trierer Geologe J. St. (1794—1874).
Trier, Druckerei Jacob Lintz, 1—16 (Bibliographie mit 23
Titeln, davon 8 ganz oder teilweise paläontologisch).
P o g g e n d o r f f 2, 998; 3, 1289 (Qu.).

(Müller-)Steinla, M o r i t z   F r a n z   A n t o n   E r i c h, geb. 21.
VIII. 1791 Steinlah bei Salzgitter, gest. 21. IX. 1858 Dresden.
Prof. d. Kupferstecherkunst Dresdener Kunstakademie. Besaß eine
Dresdener Turonpläner-Petrefaktensammlung, heute im Dres-
dener Museum (Zwinger).
Z a u n i c k, R.: Sitzber. u. Abh. naturw. Ges. Isis Dresden 1936—
37. Dresden 1938 (Qu.).

Steinmann, G u s t a v, geb. 9. IV. 1856 Braunschweig, gest. 7.
X. 1929 Bonn.
Prof. Geol. Pal. Freiburg i. Br., Bonn, allgem. Paläontologie,
Stratigraphie und Paläontologie Südamerikas, Hydrozoen, Kalk-
algen u. a.
W i l c k e n s, O.: Zur Erinnerung an —. Pal. Zeitschr., 12, 1930,
1—5 (Portr.).
C o r n e l i u s, St. P.: Nachruf: Verhandl. Geol. Bundesanst. Wien,
1929, 233—235.
B r o g g i, J. A.: Necrolog: Boll. Soc. Geol. Peru, 5, 9—10, Lima,
1933.
W a n n e r: Nachruf: CfM., 1930, B, 1 ff.
Bibliographie: in Steinmann, Festschrift der Geol. Rundschau, 12,
1921, 99—108 (Bibliographie).
W i l c k e n s, O.: G. St. Sein Leben und Wirken. Geol. Rundschau
21, 1930, 389—415 (Portr., Bibliographie).
D a c q u é, E.: G. St. Deutsches Biogr. Jahrb. 11 (1929), 1932,
292—295.

* **Stejneger**, L e o n h a r d, geb. 30. X. 1851 Bergen (Norwegen).
Mitarbeiter des U. S. National Museum. Aves.
O s b o r n: Cope, Master Naturalist, 319.

Stelliola, N i c o l a u s   A n t o n i u s, geb. 1547 Nola, gest. 11. IV. 1623 Neapel.
Soll Verfasser von Ferrante Imperato's Hist. Nat., 1599, sein (Schröter Journ. 2, 88—89).
P o g g e n d o r f f 2, 1000.
Biogr. universelle 40, 201—202.

Stelluti, F r a n c e s c o, geb. 1577, gest. 1646.
Schrieb Trattato del Legno Fossile Minerale Rome, 1637 (Phytopal.).
E d w a r d s: Guide, 11.
P o g g e n d o r f f 2, 1000.
Biogr. universelle 40, 202—203.

Stelzner, A l f r e d   W i l h e l m, geb. 1840 Dresden, gest. 25. II. 1895 Wiesbaden.
1864 Mitarbeiter der Geol. Reichsanstalt Wien, 1871 Prof. Geol. Min. Cordoba, 1874 Prof. Geol. Bergakademie Freiberg. Foraminiferenisolierung, Fossilisation.
Nachruf: Verhandl. Geol. Reichsanst. Wien, 1895, 114—115.
Z i t t e l: Gesch.
B e r g e a t, A.: A. W. St. Zeitschr. f. prakt. Geol. 1895, 221—224 (Teilbibliographie).
Nachruf. Leopoldina 31, 1895, 139—141 (Teilbibliographie).

Steno, N i c o l a u s, (oder Niels Stensen, Stenonis, oder Steen, auch Stenson), geb. 1631 Kopenhagen, gest. 25. XI. 1687 Schwerin (gest. nach Zaunick 26. XI. (6. XII. neuen Stils) 1686, geb. 1638).
Studierte in Kopenhagen und Paris Medizin und Anatomie, bereiste Holland, Frankreich, Deutschland, ließ sich in Padua nieder, Leibarzt des Großherzogs Ferdinands II. in Florenz, Erzieher der Söhne von Kosmos III. 1772 Prof. Anatomie Kopenhagen, dann apostolischer Generalvikar für Niedersachsen in Hannover, Münster, Hamburg und Schwerin. Seine Leiche ruht in der Kathedrale St. Lorenzo zu Florenz. Schrieb 1669: De solido intra solidum naturaliter contento.
M e t z l e r, Joh.: S. J. (Bonn): Nikolaus Steno. Aus dem Leben eines nordischen Gelehrten und Bischofs. Historisch-politische Blätter für das katholische Deutschland, 148, 81—99, 174—192, 261—277, 1911.
M e t z l e r, Joh.: Die apostolischen Vikariate des Nordens. Paderborn, 1919, p. 49—65.
P l e n k e r, W.: Bibliographie des Stenonis, 1884.
Z a u n i c k, R.: Mitt. Gesch. Med. Naturw., 20: 286, 23: 19.
C a p e l l i n i, G.: Di Nicola Stenone e dei suoi studi geologici in Italia. II. Auflage, Bologna, 1870.
(Vorläufer einer Dissertation über feste Körper, die innerhalb anderer fester Körper von Natur aus eingeschlossen sind, von Nikolaus Steno, Florenz 1669, übersetzt von K. Mieleitner in Ostwald's Klassiker der ex. Wiss., 1923, pp. 68, Taf. Vergl. Mitt. Gesch. Med. Naturw., 23: 19.)
C e r m e n a t i: Da Plinio a Leonardo, dallo Stenone allo Spallanzani. Boll. Geol. Soc. Ital., 30, 1911, CDLXXVII ff.
P i l l a, L.: E dissert. N. Steno Firenze, 1842.
M a n n i   D o m e n i c o   M a r i a: Vita del letterato N. Stenone di Danimarca, Firenze, 1775.
F a b r i o n i, Angelo: Vitae Italorum doctrina Excellentium qui saeculi XVII et XVIII florerunt, Pisa, 1779.
L y e l l, Ch.: Principles of Geology I, 1835 (4. ed.), 39—41.

G e i k i e, A.: Founders of geology, 5.
E d w a r d s: Guide, 33, 39.
Z i t t e l: Gesch.

Stenzel, K a r l G u s t a v, geb. 21. XI. 1826 Breslau, gest. 1905.
Lehrer in Dresden. Botaniker. Fossile Palmen, Farne u. a. Mitarbeiter Göpperts.
G o t h e i n, E b.: Nachruf. Jahresber. schles. Ges. f. vaterländ.
Cultur 83 (1905), 1906, 14—25 (Bibliographie) (Qu.).

*__Stephan__, E r z h e r z o g, gest. 10. II. 1867 Schloß Johannburg.
Mineraloge, Sammler.
W u r z b a c h 7, 150—155.

Stephens, W i l l i a m J o h n, geb. 1829, gest. 22. XI. 1890.
Prof. Naturgesch., später Geol. u. Pal. Univ. Sydney. Labyrinthodontia.
Obituary. Journ. and Proc. R. Soc. New South Wales 25, 1891, 6—8.
Scient. Papers 11, 492; 18, 945 (Qu.).

*__Sterchi__, J a k o b.
Schrieb: Kurze Biographien hervorragender Schweizerischer Naturforscher. Bern, 1881.
Hist.-biogr. Lexikon d. Schweiz 6, 543.

Sternberg, C h a r l e s H a z e l i u s, geb. 15. VI. 1850 Middleburg,
N. Y.
Sammler und Fossilienhändler in Nordamerika.
Autobiographie. The life of a fossil hunter. pp. XIII + 286, 1909.
— — Hunting Dinosaurs on Red Deer River, Alberta, Canada
(A Sequel) San Diego, 1932, pp. 254.
O s b o r n· Cope, Master Naturalist, 261, 272.
N i c k l e s I, 983—984, II, 581.

Sternberg, K a s p a r M a r i a G r a f v o n, geb. 6. I. 1761 Prag,
gest. 20. XII. 1838.
Schöpfer des böhmischen Nationalmuseums, Phytopaläontologe.
Leben des Grafen Kaspar Sternberg, von ihm selbst beschrieben,
nebst einem akademischen Vortrag über der Grafen Kaspar und
Franz Sternberg's Leben und Wirken für Wissenschaft und
Kunst, herausgegeben von F. Palacky. Prag, 1868, pp. 242 (Bibliographie mit 74 Titeln).
S a u e r, A.: Briefwechsel zwischen J. W. v. Goethe und Kaspar
Graf von Sternberg, 1820—1832.
Obituary, Proc. Geol. Soc. London, 3, 72—74.
B r a t r a n e k, F. Th.: Briefwechsel zwischen Goethe und St. Wien,
1866.
K e t t n e r: 131—132 (Portr., Taf. 8).
C a r u s: Lebenserinnerungen.
Freyberg.
W u r z b a c h 38, 252—266.

Sterzel, J o h a n n T r a u g o t t, geb. 4. IV. 1841, gest. 15. V. 1914
Chemnitz.
Lehrer und Direktor der städt. naturw. Sammlungen in Chemnitz.
Phytopaläontologie (Flora des Carbon u. Rotliegenden).
Nachruf: Ber. Naturwiss. Ges. Chemnitz 19 (1911—1915), 1916,
7—11 (Portr., Bibliographie).
G o t h a n, W.: Sachsen u. die Paläobot. in Deutschland. Zs. deutsche Geol. Ges. 86, 1934, 466 (Qu.).

Steuer, A l e x a n d e r, geb. 28. III. 1867 Dresden, gest. 23. III. 1936.
Oberbergrat u. Prof. Geol. Techn. Hochschule Darmstadt. Stratigraphie. Mollusca Mainzer Becken, Ammonites Argentinien.
Kürschners Deutscher Gelehrtenkalender 1935 (Qu.).

Stevenson, J o h n J a m e s, geb. 10. X. 1841 New York, gest. 10. VIII. 1924.
1871—72 Assistent Newberry's, 1875 Mitglied Geol. Survey Pennsylvania, 1882 Prof. New York. Stratigraphie.
W h i t e, J. C.: Memoir of —, Bull. Geol. Soc. America, 36, 1925, 100—115 (Portr. Bibliographie mit 158 Titeln).
Portr. F a i r c h i l d, Taf. 77.

Stiehler, A u g u s t W i l h e l m, geb. 6. VIII. 1797 Neumarkt b. Merseburg, gest. Mai 1878 Quedlinburg.
Jurist (Gräfl. Stolbergscher Regierungsrat u. preuß. Landrat) in Wernigerode, später in Quedlinburg. Phytopaläontologie (Credneria, Bromeliaceen, Moose, Pilze, Flechten, Monocotyledonen, Pflanzen der Harzgegend u. a.). Seine Sammlung in der Univ. Halle.
Allgem. Deutsche Biogr. 36, 184—185.
Scient. Papers 5, 832; 8, 1018 (Qu.).

Stifft, C h r i s t i a n E r n s t, geb. 26. VIII. 1780 Dillenburg, gest. 5. IV. 1855 Biebrich.
Schrieb: Geognostische Beschreibung des Herzogtums Nassau, Wiesbaden 1831.
Z i t t e l: Gesch.
S a n d b e r g e r, G.: Chr. E. St. Jahrb. Ver. f. Naturk. Nassau 1855, 4 pp.
P o g g e n d o r f f 2, 1011.

Stirling, E d w a r d C h a r l e s, geb. 8. IX. 1848 Südaustralien, gest. 20. III. 1919.
Prof. Physiologie Adelaide. Sammelte und beschrieb Genyornis (Aves).
Hist. Brit. Mus., I: 329.
The Emu 21, 1922, 237; 37, 1937, 42.
Who was who 1916—1928, London 1929, 1000—1001 (Qu.).

Stizenberger, E r n s t, geb. 14. VI. 1827 Konstanz, gest. 27. IX. 1895 ebenda.
Arzt, Botaniker.
Schrieb 1851: Übersicht der Versteinerungen Badens.
L a u t e r b o r n: Der Rhein, 1934: 256.
Allgem. Deutsche Biogr. 54, 534—535 (Qu.).

Stobaeus, K i l i a n geb. 6. II. 1690 Schonen, gest. 13. II. 1742 Lund.
Beschrieb den ersten Ammoniten und die sog. Brattenburgischen Pfennige aus der Kreide Schonens. Opus 1752—53 ref. Schröter Journ., 3: 150—180, I: 2: 97—115.
H o f b e r g, Svenskt biogr. Handlex. 2, 537—538 (Portr.).

Stock, T h o m a s.
Sammler in England. Schrieb 1881 über Kammplatten Fritzsch's und Traquair's. Pisces.
Hist. Brit. Mus., I: 329.
Scient. Papers 11, 503.

Stokes, C h a r l e s, geb. 1783, gest. Dezember 1853.
Englischer Börsianer, Amateur-Sammler. Trilobita, Zoophyta, Or-
thocerata. Phytopal.
F o r b e s, E.: Obituary, QuJGS., London, 10, 1854, XXVI—XXVII.
Lyell life, I: 247.
Hist. Brit. Mus., I: 329.

Stoliczka, F e r d i n a n d, geb. Mai 1838 Hochwald, Mähren, gest.
19, VI. 1874 „among the snowy passes of the Himalaya,
returning from Yarkand".
Studierte bei Suess und Hoernes, 1861 Mitglied Geol. Reichsan-
stalt Wien, 1862 erhielt er einen Ruf nach Indien zur Geol.
Surv. als Paläontologe. Gastropoda, Bryozoa, Kreidefaunen (der
Ostalpen und bes. Indiens).
B a l l, V.: Scientific results of the Second Yarkand Mission.
Memoir of the Life & Work of Ferdinand Stoliczka, Paläonto-
logist to the Geological Survey of India from 1862 to 1874.
London, 1886 (Bibliographie), (Auszug in Nature, 34, 574).
C r o s s e, H., & F i s c h e r, P.: Not. biogr. Journ. de Conchyl., 23,
1875, 97—98.
S t e a r n s, R. E. C.: Remarks on the death of F. S. Proc. Calif.
Acad. Sc., 5, 1873—74, 363—364, 1875.
D u p o n t, Evenor: Not. biogr. sur —. Trans. Royal Soc. of Mau-
ritius, n. s., 8, 1875, 139—142.
Obituary, Geol. Magaz., 1874, 382—384; QuJGS., London, 31,
1875 XLVII.
Verh. Geol. Reichsanst. Wien 1874, 253, 279—285.

Stoller, J a k o b, geb. 21. IV. 1873 Amstetten Württemberg, gest.
15. XI. 1930 Weimar.
Studierte bei Koken, 1902 Mitglied Preuß. Geol. Landesanstalt.
Phytopal.
B ü l o w, K. v.: Nachruf: Jahrb. Preuß. Geol. Landesanst., 51,
II: LXXXVII—XCVIII (Portr. Bibliographie mit 53 Titeln).

Stoltz, K a r l, geb. Wonsheim, gest. 69 Jahre alt 21. II. 1927 Darmstadt.
Prof. am Realgymnasium Mainz, Darmstadt. Foraminifera.
S c h o t t l e r, W.: Nachruf: Notizblatt Ver. Erdkunde, Darmstadt,
(5) 9, 1926, 7—8 (Bibliographie mit 7 Titeln).

Stopes, H e n r y, geb. 17. II. 1852 Colchester, gest. 5. XII. 1902.
Englischer Sammler, Crag-Fossilien, Palaeolith.
Obituary, Geol. Magaz., 1903, 142.

Stoppani, A n t o n i o, geb. 15. VIII. 1824 Lecco, gest. 1. I. 1891.
Geistlicher, beteiligte sich am Krieg 1848 gegen Österreich, 1862
Prof. Geol. technische Hochschule zu Mailand, 1877—82 Prof. am
Ist. di studi sup. in Florenz, kehrte 1882 zurück nach Mai-
land und wurde Direktor des städtischen naturh. Museums.
Vertebrata, Evertebrata.
B a s s a n i, Fr.: Alla venerata memoria di A. S. Rendic. R. Ac-
cad. Sc. fis. mat. Napoli, (2) 5, 1891, 13—15.
Liste des publications de A. S. sur l'Archéologie préhistorique. Bull.
di Paletn. Ital., 17, 1891, 52.
Necrolog: Boll. R. Com. Geol. Ital., 22, 1891, 74—76; Rassegna
delle sci. geol. ital., 1, 1891, 147—151 (Portr. Bibliographie mit
60 Titeln).

T a r a m e l l i, T.: Discorso all' inaugurazione di una lapide a ricordo dell' abate Prof. —. Annuario R. Univ. 1894—1895.
— — Antonio Stoppani e la geologia della Lombardia. Pavia 1891.
— — Parole a ricordo di A. S. Annuario Soc. Alpin., Tip. Roveretana, 1891.
— — Elogio di —. Riv. Archeologica, Como 1892.
— — Commemorazione di A. S. Boll. Geol. Soc. Ital., 30, 1911, CXCIV—CCXXVII, Portr. p. CXCV, le corone alle tombe dello Stoppani e del Riva, Ebenda, CCXXVII—CCXXXI, Portr.

Storms, R a y m o n d, geb. 1854 Brüssel, gest. März 1900 Nizza.
Belgischer Paläontologe, Pisces, Tertiärfaunen.
R e n a r d, A. F.: Necrolog: Bull. Soc. Belg. Geol. Pal. Hydrol., 15, 1901, Memoires, 201—213 (Bibliographie mit 13 Titeln).

Storrie, J o h n, geb. 1844 Muiryett Lanarkshire, gest. 2. V. 1901.
Curator des Cardiffer Museums, Buchdrucker, Silur-, Triasfossilien, Mastodonsaurus. Sammler.
Obituary, Geol. Magaz., 1901, 479—480 (vergl. Biogr. und Portr.
Public Library Journal of Cardiff, Juni 1901).

Stow, G. W., geb. 1822, gest. 1882.
Englischer Geologe. Stratigraphie S.-Afrika.
Y o u n g, R. B.: Life and work of —. 1908.
Obituary. QuJGS. London 39, 1883, 40.

Stöhr, E m i l, gest. 1881.
Zuletzt „Directeur des mines" in München. Stratigraphie u. Paläontologie von Sizilien (Radiolarien).
Scient. Papers 5, 837; 8, 1022; 11, 504; 18, 972.
Ganz kurze Todesnotiz: Bull. Soc. géol. France (3) 10, 1882, 297.

Strachey, R i c h a r d, Sir, geb. 24. VII. 1817 Sutton Court, gest. 12. II. 1908 London.
Studierte 1848—49 Himalaya-Stratigraphie. Sammler.
Hist. Brit. Mus. I: 329.
NJM., 1905, II, 319.
Obituary. Geol. Magaz. 1908, 191; QuJGS. London 64, 1908, LIX— LXI.

Strahan, A u b r e y, geb. 20. IV. 1852 Sidmouth, gest. 4. III. 1928 Goring.
1875 Mitglied der Geol. Survey Englands, 1915 Direktor derselben. Stratigraphie Englands.
Eminent living geologists. Geol. Magaz., 1915, 193—198 (Portr. Bibliographie mit 68 Titeln).
Obituary. Geol. Magaz. 1928, 239; QuJGS. London 85, 1929,' LVIII—LIX.

* Strange, J.
Englischer Ministerpräsident, schrieb 1775 über Basalt.
Z i t t e l: Gesch.

Strangways, W i l l i a m T h o m a s H o w e r F o x, E a r l o f I l c h e s t e r, geb. 1795, gest. 1864.
Schrieb 1822 Outline of the Geology of Russia. Palaeozoikum.
Z i t t e l: Gesch.
Obituary. QuJGS. London 21, 1865, XLIX—L.

Strasburger, E d u a r d, geb. 1844 Warschau, gest. 19. V. 1912
Bonn.
Prof. Botanik Bonn. 1874 Arbeit über den Farn Scolecopteris.
K a r s t e n, G.: E. Str. .Ber. Deutsche Bot. Ges. 30, 1912,.
61—86 (Portr., Bibliographie) (Qu.).

* **Streng**, A u g u s t, gest. 1930.
Mitglied Hess. Geol. Landesanst.
S c h o t t l e r, W.: Nachruf: Notizblatt Ver. Erdkunde Darmstadt,
(5) 13, 1931, 11—15.

Strickland, H u g h E d w i n, geb. 1811, gest. durch Unglück 1853.
Stratigraphie Englands, Monographie von Didus ineptus.
Memoirs of H. F. Str. by Sir William Jardine. 1858 (Biographie
p. CCVII—CCXXVII, Bibliographie).
W o o d w a r d, H. B.: Hist. Geol. Soc. London, 153.
G e i k i e: Murchison, II: 151.
Obituary, QuJGS., London, 10, 1854, XXV.

Strobel, P e l l e g r i n o, geb. 1821 Mailand, gest. 8. VI. 1895
Parma.
Prof. Geol. u. Min. Parma. Palethnologe. Prähistorische Faunen.
Fossile Wale.
Nachruf. Arch. di Antrop. e Etnol. 25, 1895, 386—391 (Teilbi-
bliographie).
Necrologia. Boll. Soc. Geol. It. 14, 1895, 266 (Qu.).

Strombeck, A u g u s t v o n, geb. 27. XII. 1808 Groß-Sisbecke,
gest. 28. VII. 1900 Braunschweig.
Berghauptmann. Geologie und Paläontologie Braunschweigs. Kreide
und Jura Nordwestdeutschlands. Sammlung in der Techn. Hoch-
schule Braunschweig.
Nachruf: Leopoldina 36, 1900, 155—156.
P o g g e n d o r f f 2, 1030; 3, 1306; 4, 1456.
Scient. Papers 5, 859—861; 8, 1035; 18, 1009 (Qu.).

Ström, H a n s, geb. 25. I. 1726, gest. 1797.
Schüler Werners, Pastor in Voldern (in Norwegen) schrieb 1793
über nordische Petrefakten.
T o r n i e r: 1924: 35.
P o g g e n d o r f f 2, 1028.

Struckmann, C a r l E b e r h a r d F r i e d r i c h, geb. 16. III. 1833
Osnabrück, gest. 23. XII. 1898 Hannover.
Domänenpächter. Stratigraphie u. Paläontologie des Jura u. Weal-
den der Umgebung von Hannover. Quartär. Seine Sammlung im
Provinzialmuseum Hannover.
Nachruf: Leopoldina 34, 1898, 174.
Nekrolog: 48. u. 49. Jahresber. Naturhist. Ges. Hannover 1897
—99 (1900), 8—10; Abh. u. Ber. 44 Ver. f. Naturk. Kassel
1899, XII—XIII.
Scient. Papers 5, 864; 8, 1036; 11, 522; 12, 710; 18, 1011—
1012 (Qu.).

Struever, G i o v a n n i, geb. 1842, gest. 1915.
Prof. Min. Rom. Pisces, im übrigen Mineraloge.
R o s a t i, Aristide: Necrolog: Boll. Soc. Geol. Ital., 34, 1915,
XLIII—LIV (Bibliographie mit 56 Titeln).
— — CfM., 1915, 321—330 (Bibliographie mit 56 Titeln,
Portr.).

Z a m b o n i n i, F.: Necrolog: Boll. Com. Geol. Ital., 44, 1913—14, 337—349 (Portr., Bibliographie mit 46 Titeln).
P o r t i s, A.: In memoriam di G. S. Ann. R. Univ. Roma, 1914-15.

Strunz, J o h a n n, gest. 1919.
Baumeister in Bayreuth. Sammler bes. von Reptilien des Muschelkalks. Seine Sammlung zum großen Teil im Frankfurter Senckenbergmuseum. Anomosaurus strunzi, Pectenosaurus strunzi, Nothosaurus strunzi.
W e i ß, G. W. Bayreuth als Stätte alter erdgeschichtlicher Entdeckungen. Bayreuth 1937, 38—40, 43 (Portr.) (Qu.).

* **Struve,** v o n.
Schrieb 1823 über Stratigr. Thüringens.
F r e y b e r g.

Strübin, K a r l, geb. 12. VI. 1876 Liestal, gest. 17. IV. 1916.
Lehrer in Liestal. Stratigraphie u. Paläontologie des Basler Jura.
B u x t o r f, A.: Nachruf. Verh. Schweiz. naturf. Ges. 98, I, 1916, Nekrologe 20—27 (Portr., Bibliographie) (Qu.).

Strzelicky oder Strzelecki, P a u l E d m u n d, G r a f v o n, geb. 1796, gest. 1873.
Deutscher Explorator, Sammler.
Hist. Brit. Mus., I: 330.
P o g g e n d o r f f 3, 1308.

Stuckenberg, A l e x a n d e r, geb. 7. IX. 1844 Wyschnij-Wolotschok (Gouv. Twer), gest. 31. III. (13. IV.) 1905 Kasan.
Prof. Geol. Univ. Kasan, schrieb über Devonfaunen und Materialien zu den Biographien Eichwald's und Kupfer's, Kasan 1901. Mammalia, Coelenterata, Bryozoen u. a.
Nachruf: CfM., 1905, 310.
P a w l o w, A.: Nekrolog. Bull. Soc. Imp. Nat. Moscou (N.S.) 19 (1905), 1906, 30—33 (Proc. verb.).
A. A. St. Annuaire géol. et min. de la Russie 8, 1905, 3—23 (Portr., Bibliographie).

Studer, B e r n h a r d, geb. 21. VIII. 1794 Büren, gest. 2. V. 1887 Bern.
Studierte Theologie, dann Naturwissenschaften in Göttingen, Freiberg, Berlin und Paris, 1816 Lehrer der Math. Physik an dem Gymnasium in Bern, 1834 Prof. Min. Univ. Bern, Mitarbeiter Escher von der Linth's. Stratigraphie der Schweiz.
R ü t i m e y e r, L.: Nachruf, NJM., 1887, II; pp. 12 (auch in Rütimeyer's gesammelten kleinen Schriften).
D a u b r é e: Notice sur les travaux de M. Studer. C. R. Acad. Paris, 104, 1887, 1203—1205.
L i n d t, R.: Nekrolog: Schweizer Alpen-Zeitung, 15. Juni 1887.
R ü t i m e y e r, L.: Nekrolog: Allgem. Schweiz. Zeitung, 14.—18. Mai 1887; Actes Soc. Helv. Sci. Nat., 70, 1887, 177—204.
W o l f, R.: Nekrolog: Vierteljahresschr. naturf. Ges. Zürich, 32, 1887, 90—104.
F a t i o, V.: Not. nécrol. Rapport du Président de la Soc. Phys. d'Hist. Nat. de Genève, 1887, Mem., 30, 1890, XXIX—XXXV.
Obituary, QuJGS., London, 44, 1888, Suppl. 49.
Z i t t e l: Gesch.
L a u t e r b o r n: Der Rhein, 1934, 110—113, hier weitere Literatur von Gümbel und Heim.

27*

Studer, T h e o p h i l, geb. 27. XI. 1845 Bern, gest. 12. II. 1922 Bern.
1872 Konservator, 1878—1922 Direktor Zool. Sammlung naturhist.
Museum Bern, 1876—1922 Prof. Anatomie, Zoologie daselbst.
Plistozäne Faunen.
B a l t z e r, F.: Nachruf: Mitt. naturf. Ges. Bern, 1922, 127—162.
B a u m a n n, F.: Nachruf: Mitt. Verhandl. Schweiz. naturf. Ges.,
103, 1922, 50—67 (Bibliographie, Portr.).

Stukeley, W i l l i a m, geb. 7. XI. 1687 Holbeach (Lincolnshire),
gest. 3. III. 1765 London.
Englischer Naturforscher, schrieb 1719 über Plesiosaurus dolicho-
deirus (Philos. Transact.) und Itinerarium curiosum (II. Aufl.
1776), das die Quelle Conybeare's in Oxford bildete.
E d w a r d s: Guide, 61.
W o o d w a r d, H. B.: Hist. Geol. Soc., London, 2, 40.
Dict. Nat. Biogr. 55, 127—129.
P o g g e n d o r f f 2, 1041.

Stur, D i o n y s, geb. 5. IV. 1827 Beczkó, Komitat Trencsén, gest. 9.
X. 1893 Wien.
1849 Mitglied der Geol. Reichsanst. Wien, 1877 Vicedirektor, 1885
Direktor derselben. Phytopaläontologie, Stratigraphie.
V a c e k, M.: Nachruf: Jahrb. Geol. Reichsanst. Wien, 44, 1894,
1—24 (Bibliographie mit 277 Titeln).
S t a u b, M.: Nachruf: Földtani Közlöny, 24, 1894, 353—359
(Bibliographie mit 45, auf Ungarn bezüglichen Titeln).
K e t t n e r: 142 (Portr. Taf. 31).
Obituary, QuJGS., London, 50, 1894, Proc. 55.

Stutchbury, S a m u e l, gest. 12. II. 1859 61 J. alt.
Curator Bristol Institution, später Geol. Survey Australia. Avicula,
Reptilia, Pachyodon.
Obituary. QuJGS. London 16, 1860, XXIX.
Scient. Papers 5, 881 (Qu.).

Stutz, U l r i c h, geb. 15. XI. 1826 Ruedsberg, gest. 9. VI. 1895
Basel.
Stratigraphie der Alpen und des Jura.
S c h m i d t, C.: Nachruf: Verhandl. Schweizer. Naturf. Ges., 1895,
pp. 8 (Bibliographie mit 9 Titeln).

* Stübel, A l f o n s.
Vulkanologie.
Z i t t e l: Gesch.
B r a n c a, W.: Nachruf: Zeitschr. Deutsch. Geol. Ges., 56, 1904,
189—191.

Stürtz, B e r n h a r d, geb. 1845, gest. 13. III. 1928.
Fossiliensammler und Händler in Bonn, publizierte selbst über
paläozoische Asteroiden (Monographien), über pflanzenartige
Scheinfossilien u. über Tertiärstratigraphie von Bonn.
Hist. Brit. Mus., I: 330.
Index biologorum 1928; Todesnachricht: CfM. Abt. A 1928, 160.
Bibliographie der Asteroidenarbeiten in: Verh. naturh. Ver. Rheinl.
Westf. 56, 1899, 238 (Qu.).

Stürzenbaum, J ó z s e f, geb. 12. III. 1845 Pest, gest. 4. VIII.
1881 daselbst.
1874 Mitglied der Ungar. Geol. Reichsanstalt. Stratigraphie. Foraminifera.
S c h m i d t, S.: Nachruf: Földtani Értesitö, 2, 1882, 117—120.

Stütz, A n d r e a s, geb. 22. VIII. 1747 Wien, gest. 12. II. 1806
Wien.
Direktor des Naturalienkabinetts Wien. Schrieb 1807 Oryctographie
Unterösterreichs (posthum). 1783 Zoolithen des Naturalienkabi-
netts.
Z i t t e l: Gesch.
W u r z b a c h 40, 182—183 (Bibliographie).

Suckow, G e o r g A d o l f, geb. 1751, gest. 1813.
Verglich und erkannte die Verwandtschaft der Carbon-Calamiten
1784.
E d w a r d s: Guide, 43.
P o g g e n d o r f f 2, 1046—47.

Suess, E d u a r d, geb. 20. VIII. 1831 London, gest. 26. IV. 1914
Wien, Grab in Márczfalva.
Prof. Geol. Wien. Verfasser des Antlitzes der Erde. Graptolithen,
Brachiopoda, Cephalopoda, jungtertiäre Säugetiere u. a., Strati-
graphie. In 1. Linie Tektoniker.
D i e n e r, C.: Gedenkfeier. Mitt. Geol. Ges. Wien, 7, 1914,
1—32 (Portr., Bibliographie).
L ó c z y, L. sen.: Nachruf: Földtani Közlöny, 45, 1915, 1—19
(Portr.).
K o b e r: E. Suess: Antlitz der Erde. Neue Freie Presse, 29. IV.
1924.
T e l m a n n, Fr.: Erinnerungen an E. S. Neues Wiener Journal,
21. V. 1924.
M i c h a e l, R.: Nachruf: Zeitschr. Deutsch. Geol. Ges., 66, 1914,
Monatsber., 260—264.
P i a z D a l: Nota commemorativa. Atti R. Ist. Veneto Sci., 73,
1914.
N a t h o r s t, A. G.: Nekrolog: Geol. För. Stockholm Förhandl., 37,
1915, 137—142 (Portr.).
T e r m i e r, P.: E. S. L'oeuvre et l'homme. C. R. Acad. Sci.,
158, 1245—1246, 1914; Rev. gén. sci., 25, 1914, 396.
T e r m i e r, P.: Sketch of the life of E. S. Smithsonian Report,
1914, 709—718.
H o b b s, N. H.: Obituary, Journ. of Geol., 21, 1914, 811 ff. Portr.
T i e t z e, E.: Einige Seiten über E. S. Jahrb. Geol. Reichsanst.
Wien, 1916, 333—556, Verh. 1914, 177—178.
D o l l f u s, G. F.: Ref. Das Antlitz d. Erde. Revue critique de
Paléozool., 23, 1919, 2—16 (Würdigung von E. S. als Palä-
ontologe).
Obituary, QuJGS., 71, 1915, LIII.
S u e s s, E.: Aus meinem Leben, Wien, 1916.

* **Sundelin**, U n o, gest. 1926.
Quartärgeologie.
P o s t, L. v.: Nekrolog: Geol. För. Stockholm Förhandl., 48,
1926, 457—459 (Bibliographie mit 15 Titeln).

Suschkin, P e t e r P e t r o w i t s c h, geb. 8. II. 1868 Tula, gest. 17
IX. 1928 Kislowodsk, Kaukasus.
Prof. Zool. Charkow Simferopól, 1921 Konservator der ornithologi-
schen Abteilung am Zool. Museum Moskau. Tetrapoda, Ornitho-
loge.
B o r i s s i a k, A. N.: L'oeuvre de P. P. Sushkin dans le domaine
de la Paléozoologie des Vertébrés (Russisch) Trav. Mus. géol.
Acad. Sci. URSS., 6, 1—8 (Portr.) 1930.
S t r e s e m a n n, E.: P. P. S. zum Gedächtnis. Journ. f. Ornitho-
logie, 77, 1929, 188—197 (Portr. Bibliographie mit 87 Titeln).

Sutcliffe, W i l l i a m H e n r y, geb. 25. IX. 1855 Ashton-under-Lyne, gest. 18. VIII. 1913 Weymouth.
Fabrikbesitzer in Manchester. Sammler fossiler Pflanzenreste, Homo fossilis.
Obituary, Geol. Magaz., 1913, 479—480; Morning Post, 29. VIII. 1913.

Sutherland, P e t e r C.
Arzt an Bord der Lady Franklin and Sophia. Franklin-Expedition 1850—1851. Sammler.
Hist. Brit. Mus., I: 330.

* Swain, E r n e s t, geb. 1843 Wood Lane, Shepherd's Bush, gest. 20. XII. 1916 Chorley Wood.
Amateur-Sammler, besaß ein eigenes Museum und große Bibliothek. Publizierte nie.
Obituary, Geol. Magaz., 1917, 95.

Swallow, G e o r g e C l i n t o n, geb. 1817 Buckfield, Oxford county, gest. 20. IV. 1899 Evanston, Illinois.
Nordamerikanischer Stratigraph.
B r o a d h e a d, G. C.: Obituary, Amer. Geol., 24, 1899, 1—6 (Bibliographie mit 20 Titeln).
M e r r i l l: 1904, 527, 712 u. öfter, Portr. fig. 77.

Swanston, W i l l i a m, geb. 10. IV. 1841 Westindien, gest. 24. XII. 1932.
Sekretär und Präsident des Belfast Naturalists Field Club. Sammler für das Belfast Museum. Stratigraphie, Silur.
C h a r l e s w o r t h, J. K.: Obituary, QuJGS. London, 90, 1934, LXVIII—LXIX.

Swedenborg, E m a n u e l, geb. 1688, gest. 1772.
Königl. Schwedischer Oberbergamtsassessor, Religionsstifter, Mystiker. Faunen Skandinaviens. Brachiopoda, Phytopaläontologie, Vertebrata.
N a t h o r s t, A. G.: Emanuel Swedenborg sasom geolog. Geol. För. Stockholm Förhandl., 28, 1906, 357—400 (Bibliographie mit 10 Titeln).
— — E. S. as a geologist. Misc. contrib. by A. H. Stroh, I, 1—47, Stockholm, 1908.
L a m m, Martin: Swedenborg. Eine Studie über seine Entwicklung zum Mystiker und Geisterseher. Aus dem Schwedischen übersetzt, 1922, pp. VIII + 379.
Z e n z é n, N.: Om den S. K. Swedenborgsstammen och det Swedenborgska marmorbordet. Svenska Linné-Sällskapets Arskrift XIV 1931, 85—101, 5 Fig.
— Om Swedenborgska marmorbordet hos kommerskollegium. Med hammer och fackla, 5, 1934, 104—110, Fig. 1.

Sweet, G e o r g e, geb. 1844 Salisbury, England, gest. 1920.
Besitzer einer Töpferei in Melbourne. Sammler Kreide, Carbon Queenslands.
Obituary, Geol. Magaz., 1920, 384.

Symonds, W i l l i a m S., geb. 1818, gest. 15. IX. 1887.
Reverend, erforschte Bonebed der oberen Ludlow rocks, schrieb 1859: Old bones, or notes for young naturalists, II. Aufl. 1864, Crustacea, Stratigraphie.

La Touche, J. D.: W. S. S. Rector of Pendock. A sketch of his
life. Gloucester, 1888, pp. 32 (Portr. Bibliographie).
Obituary, Geol. Magaz., 1887, 574—576; QuJGS., London, 44, 1888,
Suppl., 43.

Szabo, J ó z s e f, geb. 14. III. 1822 Kalocsa, gest. April 1894.
Prof. Min. Univ. Budapest. Stratigraphie.
K o c h, A.: Nachruf: Földtani Közlöny, 25, 1895, 273—302, 321—
327 (Bibliographie).

Szajnocha, W l a d i s l a w, geb. 1857, gest. 1928.
Prof. Geol. Pal. Krakau, schrieb Fossiles recueillis par Lenz
sur la Côte occidentale de l'Afrique du Sud 1884—85 und
Gabinet Geologiczny Universyteco Jagielloskiego. Krakau, 1900.
Brachiopoda, Mollusca, Pisces, Phytopaläontologie u. a. Strati-
graphie.
Nachruf. Ann. Soc. géol. Pologne 5, 1928, 353 (Portr.). Biblio-
graphie ibidem 3, (1925—1926), 1926, 54—58 (Qu.).

Tallavignes.
Unterschied 1847 in den Nummulinenbildungen der Pyrenäen „Ibe-
rien" und „Alaricien'.'
Z i t t e l: Gesch.

Talmage, J a m e s E., geb. 21. IX. 1862, gest. 27. VI. 1933.
Mormonischer Geistlicher, Prof. Geol. Utah. Stratigraphie.
W i l l i s, B a i l e y: Obituary, QuJGS., London, 90, 1934, LXIX—
LXX.

Taramelli, T o r q u a t o, geb. 15. X. 1845 Bergamo, gest. 31. III.
1922.
Prof. Geol. Pavia. Stratigraphie. Echinida, Liasfauna.
P a r o n a, C. F.: Necrolog: Boll. R. Com. geol. Ital., 48, no. 8,
pp. 37, 1920—21 (Portr. Bibliographie mit 346 Titeln).
— — L'opera scientifica del prof. T. T. ricordata da un Vecchio
Allievo. Pavia, 1919.
G o r t a n i, M.: Necrolog: Boll. Soc. Geol. Ital., 41, 1922, LVIII—
LXIV (Portr.).
Commemorazione. Rendiconti R. Ist. Lombardo Sci. e Lettere
(2) 55, 1922, 217—230 (Portr., Bibliographie).

Targioni-Tozzetti, G i o v a n n i, geb. 11. IX. 1712 Florenz, gest.
7. I. 1783 ebenda.
Naturforscher in Toscana, schrieb: Viaggi in diverse parte della
Toscana 1751, Prodromo della topographia fisica della Toscana
1754. Proboscidea.
Z i t t e l: Gesch.
Biographie universelle 41, 16—17.

Tasche, H., vergl. Obermüller & Tasche.

Tate, R a l p h, geb. 1840, gest. 20. IX. 1901 Adelaide.
Neffe des Geologen Georg Tate, 1861 Lehrer der Naturgeschichte
am Phil. Inst. Belfast, 1875 Prof. in Adelaide. Studierte
Lias von Belfast, Kreide Irlands, Mollusca, Brachiopoda, Echi-
nidae, Stratigraphie.
Obituary, Geol. Magaz., 1902, 87—95 (Bibliographie mit 164
Titeln).

Taube, Daniel Johann, geb. 1727 Celle, gest. 8. XII. 1799.
Arzt in Celle. Versteinerungen von dort.
Opus 1767 ref. Schröter, Journ., 3: 161—167.
Meusel, Teutsche Schriftsteller 1750—1800, 14, 9—10.

Taurer-Gallenstein siehe Gallenstein.

Tausch von Glöckelsthurn, Leopold, geb. 15. II. 1858 Pest,
Ungarn, gest. 2. I. 1899 Wien.
1883—1885 Assistent bei Neumayr, 1885 Mitglied der Geol. Reichs-
anst. Wien, Mollusca, Stratigraphie.
Dreger, Jul.: Zur Erinnerung an —. Jahrb. Geol. Reichsanst.
Wien, 48, 1898, 719—724 (Bibliographie mit 45 Titeln).

Tawney, Edward Bernard, geb. 1841, gest. 30. XII. 1882.
Terebratula, Jura, Stratigraphie.
Hughes, T. McKenny: Obituary, Geol. Magaz., 1883, 140
—144.
Woodward, H. B.: Hist. Geol. Soc. London, 202.

Taylor, Henry William, gest. 1853.
Englischer Sammler in den 50er Jahren.
Hist. Brit. Mus., I: 331.
Obituary. QuJGS. London 10, 1854, XXVIII.

Taylor, John Ellor, geb. 21. IX. 1837 Levenshulme, Manchester,
gest. 28. IX. 1895.
Curator des Ipswich Museum, Journalist, Verleger zu Manchester. Norwich Crag Mollusca.
Obituary, Geol. Magaz., 1895, 528.

Taylor, Norman, geb. 1834, gest. 1894.
Mitglied Geol. Survey von Victoria. Stratigraphie. „Magellania
taylori, Didymograptus taylori".
Dunn, E. J.: Biographical sketch of the founders of the Geological Survey of Victoria. Bull. Victoria Geol. Surv., 23, 1910, 23—
25 (Bibliographie mit 37 Titeln).

Taylor, Richard Cowling, geb. 1789, gest. 1851.
Publizierte 1829 eine Liste der fossil shells from British strata.
Phytopaläontologe.
Woodward, H. B.: Hist. Geol. Soc. London, 114.
Clarke: James Hall of Albany, 79.
Obituary. QuJGS. London 8, 1852, XXIII—XXIV.
Nickles 1006—1007.

Taylor, Silas, geb. 16. VII. 1624 Harley (Shropshire), gest.
4. XI. 1678 Harwich.
Sammler. Siehe: The history and antiquities of Harwich and Dover-
court, II. Aufl. 1732.
Edwards: Guide, 44.
Dict. Nat. Biogr. 15, 203—204.

Taylor, William, gest. 18. VI. 1921 Elgin, 72 J. alt.
Sammler im Elgin-Sandstein von Fisch- und Reptilresten, die
meisten jetzt im Brit. Mus.
Mackie, W. T.: Transact. Geol. Soc. Edinburgh 11, 2, 1923,
243—245 (Qu.).

Tchihatchev, Peter Alexander, geb. 1808 Gatschina, gest. 13. X. 1890 Florenz.
Stratigraphie Kleinasien.
Liste chronologique des publications de —. Bull. Soc. Imp. Russe de Géogr., 27, 1892, 610—614.
Stebnitsky, J.: Notice biographique. Ebenda 1—10.
Daubrée, A.: Not. nécrol. Bull. Soc. géol. France, (3) 19, 662—664.
Köppen II, 219—220.

Teilhard de Chardin, Pierre.
Französischer Jesuit. Mammalia, Homo fossilis.
Osborn, H. F.: Explorations, researches and publications of Pierre Teilhard de Chardin, 1911—1931. American Museum Novitates, No. 485, 1931, pp. 11, Taf.

Teisseyre, Wawrzyniec, geb. 10. VIII. 1860 Krakau.
Prof. in Lemberg. Paläontologie u. Stratigraphie von Podolien, Rußland, Rumänien (Cephalopoden, Blastoideen, Cystoideen u. a.).
Poggendorff 4, 1482—1483.
Scient. Papers 19, 50 (Qu.).

Teller, Edgar Eugene, geb. 3. VIII. 1845 Buffalo, N. Y., gest. 19. VII. 1923.
Kaufmann. Studierte Devon-Faunen, Pisces, Gastropoda.
Mrs. Teller: Necrolog: Bull. Geol. Soc. America, 35, 1924, 182—184.
Nickles 1008.

Teller, Friedrich, geb. 28. VIII. 1852 Karlsbad, gest. 10. I. 1913.
1877 Mitglied Geol. Reichsanst. Wien, Mollusca, Ceratodus, Anthracotherium, Tapir, Stratigraphie.
Diener, C.: Nachruf: CfM., 1913, 119—122.
Treche, E.: Nachruf: Jahrb. Geol. Reichsanst. Wien, 1913, 49—52.
Geyer, G.: Zur Erinnerung an F. T. Jahrb. Geol. Reichsanst. Wien 1913, 193—206 (Portr., Bibliographie).

Telliamed, Anagramm von De Maillet, vergl. de Maillet.

Tenison-Woods, Julian Edmund, geb. 15. XI. 1832 London, gest. 7. X. 1889 Sydney.
Generalvikar von Adelaide. Wanderte 1857 nach Australien aus. Tertiäre Faunen, Phytopaläontologie Australiens.
Obituary, Geol. Magaz., 1890, 288.
Liversidge, A.: Obituary, Journ. and Proc. Roy. Soc. N. S. Wales, 24, 1890, 1—38 (Bibliographie).
Annals of Botany 3, 1889—90, 494—495 (Bibliographie).

Tennant, James, geb. 8. II. 1808 Upton, gest. 23. II. 1881. Mineraloge und Lektor Geol. Min. Sammler.
Hist. Brit. Mus., I: 331.
Obituary. QuJGS. London 38, 1882, 48—49; Geol. Magaz. 1881 238—239.

* Tenore, Gaetano, geb. 18. XI. 1826 Napoli, gest. 14. XII. 1903. Mineningenieur, schrieb 1871 Elogio funebre di Leopolda Pilla.
Bassani, Fr.: Necrologia. Boll. Soc. Geol. Ital., 23, 1904, CLXXIV—CLXXXIV (Bibliographie mit 40 Titeln).

426   Tenore—Tesson   Pars 72

* Tenore, M i c h e l e:
M e l i, Romolo: I primi abbozzi di carta geologica del Napolitano
pubblicata da M. T. nel 1827. Boll. Soc. geog. Ital., (5) 6,
1917, 773—790 (Bibliographie mit 19 Titeln).

Tentzel, W i l h e l m   E r n s t, geb. 11. VII. 1659 Greussen, gest.
24. XI. 1707 Dresden.
Kgl. und. Kursächsischer Rat und Historiograph, schrieb über den
„Elephantenfund“ zu Gräfentonna, 1696, 1697.
Freyberg: 13—16.
P o g g e n d o r f f 2, 1080—1081.
Allgem. Deutsche Biogr. 37, 571—572.

* Termier, P i e r r e, geb. 3. VII. 1859 Lyon, gest. 23. X. 1930
Grenoble.
1885—94 Prof. Min. Schule St. Étienne, 1894 Prof. Min. École des
Mines, 1911 Direktor der französischen geol. Landesuntersuchung.
Tektonik. Schrieb zahlreiche Nachrufe (so auf Mallard, Parran,
Damour, M. Bertrand, Suess, W. Kilian), ferner: A La
Gloire de la Terre, Souvenirs d'un géologue. Paris 1922, pp.
423; La Joie de Connaître, 1926, pp. 333; La vocation de savant,
1929, pp. 263.
R a g u i n, E.: P. T. Bull. Soc. géol. France, (5) 1, 1931, 429—
495 (Portr. Bibliographie mit 343 Titeln).
Necrol. Boll. R. Uffizio geol. Ital., 55, 1930, No. 12, p. 1—4.
L i n d g r e n, W.: Memorial tribute to P. T. Bull. Geol. Soc. Ame-
rica, 43, 1932, 116—118 (Portr.).
Notice sur les travaux scientifiques de M. P. T. Paris, 1903, pp. 44.
Supplément à la notice sur les travaux scientifiques et résumé gé-
néral de ces travaux Paris, 1908, pp. 36.
K e t t n e r, R.: Necrolog, 1931, pp. 14 (Portr.).

Terquem, O l r y, geb. 26. IX. 1797 Metz, gest. 19. VI. 1887.
Apotheker. Lingula, Mollusca, Stratigraphie, Foraminifera, Crustacea.
S c h l u m b e r g e r: Not. nécrol. Bull. Soc. géol. France, (3) 16,
1887—88, 459—465 (Bibliographie mit 30 Titeln).

Terrigi, G u g l i e l m o, geb. 20. VI. 1831 Monte Porzio Catone, gest.
21. XI. 1892 Rom.
Militärarzt, 1870 Lektor der Naturgeschichte Scuola Tecnica Rom,
1877 an der Scuola normale. Foraminifera, Rhizopoda.
O l e r i c i: Necrologia. Boll. Geol. Soc. Ital., 12, 1893, 84—89
(Bibliographie mit 17 Titeln).

Teschemacher, J a m e s   E n g l e b e r t, geb. 11. VI. 1790 Notting-
ham, England, gest. 8. XI. 1853 Boston, Mass.
Kaufmann, wanderte 1832 nach Amerika aus. Phytopaläontologe.
M e r r i l l: 1904, 712.
N i c k l e s 1009.
P o g g e n d o r f f 2, 1083.

* Tesdorp, W.
Schrieb: Gewinnung, Verarbeitung und Handel des Bernsteins in
Preußen von der Ordenszeit bis zur Gegenwart. Jena, 1887, pp.
147.

Tesson.
Sammler in den 50er Jahren in Caen, Freund Deslongchamps'.
Hist. Brit. Mus., I: 331.

Testa, D o m e n i c o.
Italienischer Naturforscher, der mit Fortis 1793 eine lebhafte
Kontroverse über die Fische vom Monte Bolca führte.
D e a n II, 533.
L y e l l, Principles of Geology 4. ed. 1835, I, 77 (Qu.).

Thackeray, F r a n c i s S t. J o h n, gest. 87 Jahre alt 14. VII. 1919.
Cousin des bekannten Schriftstellers, Sammler.
Obituary, QuJGS., London, 76, LVIII.

Theobald, G o t t f r i e d L u d w i g, geb. 21. XII. 1810 Allendorf bei
Hanau, gest. 15. IX. 1869.
Naturforscher, bes. Ornithologe. Geologie von Graubünden.
S z a d r o w s k y, H.: G. L. Th. Ein Lebensbild. Jahresb. naturf.
Ges. Graubünden, 15, 1869-70, pp. 55.
W a l k m e i s t e r, C.: Prof. G. Th. und die geologische Erfor-
schung des Cantons Graubünden. Ber. naturw. Ges. St. Gallen,
1892—93, pp. 34.

Theodori, C a r l (von), geb. 21. XI. 1788 Landshut (Niede-
bayern), gest. 2. XI. 1857 München.
Dr. phil. hon., 1813—1834 Cabinetssekretär des Herzogs Wilhelm
in Bayern (in Bamberg), seit 1834 in München als geh. Sekretär u. Kanzleirat des Herzogs Maximilian in Bayern, auch
Maler, Radierer u. Lithograph, lebte gegen 20 Jahre im Sommer
in Schloß Banz, dessen schöne Sammlung von Liasfossilien er
begründete, wovon er bes. Ichthyosaurus u. Flugsaurier beschrieb. Jurastratigraphie von Banz.
T h e o d o r i, C.: Geschichte u. Beschreibung des Schlosses Banz.
2. Aufl. München 1857, S. V, 58 ff., 65 (Tafeln nach Zeich-
nungen u. einem Gemälde von Th.).
S c h e n k e n b e r g (gen. Schenkelberg), F. C. A.: Die lebenden
Mineralogen, Stuttgart 1842, 98, 118—119.
O e t t i n g e r, É.-M.: Moniteur des Dates. Suppl. 2. Bd. Leipzig
1873, S. 249 (Geburtsort).
Scient. Papers 5, 950.
(Qu. — Originalmitt. von Dürnhofer an Ernst Qu.).

Theophrast, geb. um 371 v. Chr., gest. um 286 v. Chr.
Aus Lesbos, schrieb auch über Fossilien.
Z i t t e l: Gesch.

Thevenin, A r m a n d, geb. 15. II. 1870 Nancy, gest. im Weltkrieg
1918.
Französischer Paläontologe. Studierte Tetrapoda Frankreichs,
Faunen Madagascars, Amphibia, Reptilia.
G e n t i l, L., & J o l e a u d, L.: Not. nécrol. Bull. Soc. géol. France,
(4) 19, 1919, 129—147 (Portr. Bibliographie mit 48 Titeln).

Thieme, O t t o, geb. in Weimar.
Arzt in Burlington, Iowa. Studierte bei J. Müller, Burmeister,
Link. Emigrierte nach Amerika. Sammler.
C l a r k e: James Hall of Albany, 352—353.

Thiéry, P a u l, gest. 12. VIII. 1927 57 J. alt.
Ingenieur. Mitarbeiter geol. Karte Frankreich. Echinidae.
Notice nécrologique. Bull. Soc. géol. France (4) 28, 1928, 104;
ibidem (4) 27, 1927, 145—146 (Qu.).

Thiollière, V i c t o r, geb. 1801, gest. 1859.
Französischer Paläontologe. Pisces.
F o u r n e t, J.: Sur les travaux géologiques de M. V. Thiollière.
Mém. Acad. Lyon Sect. Sci., II, 1847, 97—113.
D e a n II, 536—537; Scient. Papers 5, 954—955; 8, 1074.

Thirria, C h a r l e s E d o u a r d, geb. 25. II. 1796 Beauvais, gest.
24. I. 1868.
Generalinspektor der französischen Minen. Stratigraphie.
L e v a l l o i s: Notice sur la vie et les travaux de —. Bull. Soc.
géol. France, (2) 26, 1868-69, 693—714 (Bibliographie mit 14
Titeln).
M a r c o u, J.: Les géologues et la géologie du Jura jusqu'en
1870. Mém. Soc. d'émulation du Jura (4) 4, 1888, 156—159.

Thiselton-Dyer, W i l l i a m T u r n e r, geb. 28. VII. 1843
Westminster, gest. 23. XII. 1928 Witcombe.
Botaniker. Direktor Kew Garden. Auch Mitt. über Coniferae
von Solnhofen, Karbonlycopodiaceen, foss. Holz aus dem Eocän.
Dict. Nat. Biogr. Twentieth Century 1922—1930, 830—832.
Scient. Papers 7, 588 (Qu.).

Thomae, K a r l, geb. 9. I. 1808 Dienethal, gest. 4. VI. 1885
Wiesbaden.
Studierte 1845 Tertiärconchylien des Mainzer Beckens.
Z i t t e l: Gesch.
Allgem. Deutsche Biogr. 38, 62—64 (Qu.).

Thomas, A b r a m O w e n, geb. 21. III. 1876 Lanbrynmuir, Wales,
gest. 13. I. 1931.
Studierte bei Williston, 1918-22 Exp. Barbados, 1927 Prof. Univ.
Iowa, Crinoidea, Trilobita, Echinodermata, Mammalia, Foraminifera, Mollusca, Brachiopoda.
L e e s, J. H.: Memorial of —. Bull. Geol. Soc. America, 43, 1932,
108—114 (Portr. Bibliographie mit 42 Titeln).

Thomas, I v o r, geb. 24. XI. 1877, gest. 30. III. 1918.
Lehrer an der Glanamman Council School, studierte bei E. Kayser.
1905 Mitglied des Geol. Survey Englands, dep. Pal. bis 1912.
Brachiopoda, Carbon.
Obituary, QuJGS., London, 75, LXVII—LXVIII.

Thomas, P h i l i p p e, geb. 4. V. 1843 Duerne (Rhône), gest. 12. II.
1910.
Militärveterinär. Stratigraphie u. Faunen von Tunis u. Algier
(Mammalia u. a.).
Nécrologie: Bull. Soc. sci. hist. et nat. Yonne 64 (1910), 1911,
XXI—XXVIII (Bibliographie).
Notice nécrologique: Bull. Soc. géol. France (4) 11, 1911,
107—108 (Compte rendu) (Qu.).

Thompson, B e e b y, geb. 23. XII. 1848 Creaton (Northamp-
tonshire), gest. 12. XII. 1931.
Jura von Northamptonshire. Sammler.
Obituary. QuJGS. London 88, 1932, LXXXIV—LXXXV.
Scient. Pap. 12, 729; 19, 93—94 (Qu.).

Thompson, Z a d o c k, geb. 1796, gest. 1856.
Nordamerikanischer Geologe in Vermont. Stratigraphie.

Houghton, G. F.: Obituary Amer. Journ. Sci., (2) 22, 1856, 44—49.
Kneeland, S. Jr.: Sketch of the life of —. Proc. Boston Soc. Nat. Hist., 5, 1856, 312—313.
Perkins, G. H.: Sketch of the life of —. Amer. Geol., 29, 1902, 65—71 (Bibliographie mit 21 Titeln, Portr.).

* **Thomson**, Alexander Gordon Milne, geb. 1866 Landerneau, Finistère, gest. 5. XII. 1919.
Ingenieur; Old Red Sandstone.
Obituary, QuJGS., 1921, LXIX—LXII.

Thomson, Charles Wyville, geb. 5. III. 1830, gest. 10. III. 1882.
Führer der Challenger-Expedition, Prof. Nat. Hist. Edinburgh.
Zoologe, auch foss. Formen berücksichtigt (Spongien, Echinodermen, Crustaceen).
Zittel: Gesch.
Obituary. QuJGS. London 39, 1883, 40—41.
Report scient. results voyage H. M. S. Challenger IV, Zoology, 1882, V—IX (Teilbibliographie) (Qu.).

Thomson, James, geb. 18. XII. 1823 Kilmarnock, gest. 14. V. 1900.
Teppichweber, Agent, Sammler. Carbon-Korallen, Fische.
Obituary, Geol. Magaz., 1900, 479—480.
Scient. Papers 8, 1079; 11, 590.

Thomson, James Allan, geb. 27. VII. 1881 Dunedin, gest. 6. V. 1928 Neuseeland.
1911 Paläontologe des New Zealand Geol. Survey, 1914 Direktor des Dominion Museum. Brachiopoda.
Gregory, J. W.: Obituary, QuJGS., London, 85, LXIII—LXIV.
Oliver, W. R. B.: J. A. Th. A Memorial. New Zealand Journ. Sci. and Technology 10, 1928, 65—70 (Portr., Bibliographie).

* **Thomson**, Vaughan.
Studierte in den 30er Jahren Crinoiden Englands.
Zittel: Gesch.

Thorell, s. Torell.

* **Thoulet**, J.
Notice sur les travaux scientifiques publiés par M. J. Thoulet, Professeur à la Faculté des Sciences de Nancy. Nancy, 1888, pp. 26 (Bibliographie mit 62 Titeln).
Poggendorff 3, 1345—1346; 4, 1500; 5, 1255.

Thurmann, Jules, geb. 5. XI. 1804 Neubreisach, Elsaß, gest. 25. VII. 1855 an Cholera.
1836—43 Direktor an der Normalschule des Jura-Départements und Prof. Math. Naturw. Gymnasium Pruntrut, zog sich 1843 ins Privatleben zurück. Stratigraphie u. Paläontologie des Jura.
Contejean, Ch.: Not. biogr. C. R. Soc. d'Émulation Montbéliard, 1856, pp. 16.
Joachim, J.: Jules Thurmann. Autobiographie publiée par —. Bull. Soc. d'Hist. Nat. Colmar, n. s., 22, 1929-30, 17—43 (Portr., Bibliographie).
Jaccard, A.: Les Géologues contemporains. Biographies nationales, publiées par E. Secretan, tome 3, Lausanne 1880, 179 ff.
Lauterborn: Der Rhein, 1934, 116—119.

Kohler, Hav.: J. Th. Act. Soc. helvét. sci. nat. 40, 1855, 242—253 (Bibliographie).
Marcou, J.: Les géologues et la géologie du Jura jusqu'en 1870. Mém. Soc. d'Emulation du Jura (4) 4, 1888, 159—164.

Tiddeman, Richard Hill, geb. 11. II. 1842, gest. 20. II. 1917 Oxford.
1864—1902 Mitglied Geol. Surv. England und Wales. Stratigragraphie. Höhlenforscher.
Obituary: Naturalist, London 1917, 142 (Portr.).
Obituary. Geol. Magaz. 1917, 238—239 (Teilbibliographie); QuJGS. London 74, 1918, LIV—LVI.

Tietze, Emil, geb. 15. VI. 1845 Breslau, gest. 4. III. 1931.
Reiste 1873—75 in Persien, 1870 Mitglied der Geol. Reichsanstalt Wien, 1902 Direktor derselben. Stratigraphie, wenig Paläontologie (Devon- und Liasfauna, Aptammoniten).
Hammer, W.: Zur Erinnerung an —. Jahrb. Geol. Reichsanst. Wien, 81, 1931, 403—446 (Portr. Bibliographie mit 281 Titeln).
Mathews, E. B.: Memorial tribute to —. Bull. Geol. Soc. America, 43, 1932, 115 (Portr.).

* Tietze, Oskar Adolf Eduard, geb. 3. II. 1874 Ensdorf, Trier, gest. 30. X. 1920 Eberswalde.
Stratigraphie.
Kaunhowen: Nachruf: Jahrb. Preuß. Geol. Landesanst., 41, 1920, II: XXIII—XXX (Portr. Bibliographie mit 29 Titeln).

* Tilas, Daniel, geb. 1712, gest. 1772.
Schwedischer Geologe. Vergl. Zenzén, N.: Ein Briefwechsel im Jahre 1671 zwischen Daniel Tilas und Probst Abraham Miödh. Geol. För. Stockholm Förhandl., 49, 1927, 259—272.
Poggendorff 2, 1106.

Tilesius, Wilhelm Gottlieb von, geb. 17. VII. 1769 Mühlhausen, Thüringen, gest. 17. V. 1857 ebenda.
Arzt, K. russischer Hofrat und Prof. Schrieb über Höhlen 1799, De Skeleto mammonteo sibirico etc. 1815.
Freyberg.
Poggendorff 2, 1107.

Tilliot, J. B. Lucotte de, geb. 1668 Dijon, gest. 1750 ebenda.
Schrieb 1722 Diversités curieuses.
Skutil, Jos.: Une ancienne trouvaille paléontologique à Dijon. L'Homme préhistorique, 15, 1928, 241—242.
Biographie universelle 41, 548—549.

Tillyard, Robin John, geb. 31. I. 1881 Norwich (England), gest. 13. I. 1937 nahe Canberra (Australien).
Australischer Entomologe. Fossile Insekten des Perms von Kansas u. des Perms u. der Trias von Australien.
Dunbar, C. O.: Obituary. Am. J. Sci. 33, 1937, 317—318.
Nickles II, 608—609 (amer. Bibliographie).
Musgrave, A.: Bibliography of Australian Entomology 1775—1930, Sydney 1932, 359—391 (austral. Bibliographie).
Obituary. QuJGS. London 93, 1937, CXV—CXVII (Qu.).

Tilton, John Littlefield, geb. 11. I. 1863, gest. 17. XI. 1930.
Prof. d. Geol. West Virginia Universität. Stratigraphie und
Paläontologie von West Virginia.
Reger, D. B.: Memorial of —. Bull. Geol. Soc. Amer. 42, 147—
159 (Portr., Bibliographie).

Titius, Johann Daniel, geb. 2. I. 1729 Konitz, gest. 16. XII.
1796 Wittenberg.
Prof. in Wittenberg, schrieb 1766: De rebus petrefactis earum-
que divisione observationes variae.
Tornier: 1924: 35.
Poggendorff 2, 1111.

Tobler, August, geb. 29. IV. 1872, Basel, gest. 23. XI. 1929 Hut-
tingen.
Ölgeologe in Ostindien, dann Vorsteher d. geol. Samml. am Mus.
Basel. Stratigraphie, Foraminifera.
Stehlin, H. G.: Nachruf: Verhandl. naturf. Ges. Basel, 42, 1931,
177—195 (Portr. Bibliographie mit 54 Titeln).
Buxtorf, A.: Nachruf: Basler Nachrichten, 25. XI. 1929.
Stehlin, H. G.: Nationalzeitung, 20. XI. 1929.
Kugler, H. G.: Nachruf: Verhandl. Schweiz. Naturf. Ges. St.
Gallen, 111, 1930, 448—458 (Portr., Bibliographie).

Toll, Baron Eduard von, geb. 12. III. 1858 Reval, ver-
schollen in Sibirien 1902.
Russischer Naturforscher, Geologe, leitete 1885—1902 Expeditionen
nach Sibirien. Geologie u. Paläontologie Sibiriens (Mammut,
Trilobita u. a.).
Bassett, Digby: The Mammoth and Mammoth-Hunting in North-
East Siberia. London, 1926, 80, 146 ff., 211 ff.
Pfizenmayer, E. W.: Mammutleichen und Urwaldmenschen in
Nordost-Sibirien. Leipzig, 1926, 131 u. öfter.
Zittel: Gesch.
Nachruf. Zeitschr. deutsche geol. Ges. 56, 1904, Monatsber. 92.
Poggendorff 4, 1512.
Scient. Papers 19, 151.

Tollius, Adrianus.
Schrieb 1647 Gemmarum et lapidum historia quam olim edidit
Anselmus Boetius de Boot.

Tombeck, Henri Etienne, geb. 1827 Joinville (Haute-Marne),
gest. 1878.
Prof. Math. Paris. Jurastratigraphie. Mitarbeiter von Loriol.
Notice nécrologique. Bull. Soc. géol. France (3) 7, 1879, 521.
Scient. Papers 6, 4; 8, 1097; 11, 618 (Qu.).

Tomes, Robert Fisher, geb. 1823 Weston-on-Avon, gest. 10.
VII. 1904.
Vice-Chairman of the Chipping Campden School Board, Chairman of
the Board of Guardians of Stratford-on-Avon 1866—79, 1879
Alderman to the County Council von Worcester. Korallen,
Gryphaea.
Richardson, L.: Obituary, Geol. Magaz., 1904, 565—568 (Biblio-
graphie mit 21 Titeln).

Tommaselli, G i u s e p p e, geb. 30. VIII. 1733 Soave b. Verona,
    gest. 2. XII. 1818 Verona.
Schrieb über Fische vom Monte Bolca.
P o g g e n d o r f f 2, 1116.
D e a n II, 547 (Qu.).

Tommasi, A n n i b a l e, geb. 25. IV. 1858 Mantua, gest. 5. VIII.
    1921.
Dozent in Udine, dann in Pavia. Brachiopoda, Mollusca, Faunen,
    bes. der Trias.
G o r t a n i, M.: Necrologia. Boll. Geol. Soc. Italia, 41, 1922,
    LXV—LXVIII (Portr. Bibliographie mit 35 Titeln).

Topley, W i l l i a m, geb. 13. III. 1841 Greenwich, gest. 30. IX. 1894.
    1862 Mitglied der Geol. Survey Englands, 1875 der Durham Univ.
    am Newcastle Coll. Sci. Schrieb Biographie von John Morris.
    Stratigraphie.
Obituary. Geol. Magaz., 1894, 570—575 (Portr.).

* **Topsell**, E d w a r d, gest. 1638.
Schrieb 1607 über „unicornu, winged dragons" etc.
Casey Wood: 599.
Dict. Nat. Biogr. 57, 59—60.

Torell, O t t o M a r t i n, geb. 5. VI. 1828 Varberg, gest. 11. IX. 1900.
    1866 Prof. Lund, 1871—97 Direktor der schwedischen Geol. Lan-
    desuntersuchung. Mollusca, Cambrium, Stratigraphie, Homo fos-
    silis.
H o l m s t r ö m, Leonard: Nekrolog. Geol. För. Stockholm För-
    handl., 23, 1901, 391—461 (Portr. Bibliographie mit 48 Titeln).
B a t h e r, F. A.: Obituary, Geol. Magaz., 1902, 238—39 (Portr.).
W a h n s c h a f f e, Felix: Erinnerung an —. Naturw. Wochen-
    schr., 16, 1901, 69—73; Zeitschr. Deutsch. Geol. Ges., (Verh.),
    1900, 98—99.
N a t h o r s t: Nekrolog: Geol. För. Stockholm Förhandl., 22, 1900,
    479—480.
A n d e r s o n, G.: Nekrolog: Tekn. Tidskrift, 30, 1900, 253.
V o g t, J. H. L.: Nekrolog: Morgenbladet, 10. Oct. 1900, Kristiania.
W i e s e l g r e n, H.: Nekrolog: Kalludern Soca, 1901, 240—250.

Tornabene, F r a n c e s c o, geb. 18. V. 1813 Catania, gest. 16. IX.
    1897 ebenda.
Prof. Bot. Univ. Catania. Fossile Flora des Aetna.
Enciclopedia italiana di sci., lett. ed arti 34, p. 48.
Scient. Papers 6, p. 9 (Qu.).

Tornau, F r i e d r i c h K a r l A u g u s t, geb. 11. I. 1877 Berlin, gest.
    14. XI. 1914 Breslau (Folgen einer Kriegsverletzung).
1901 Mitgl. Preuß. Geol. Landesanstalt. Diluv. Fossilien.
K a u n h o w e n, F.: Zum Gedächtnis —. Zeitschr. Deutsch. Geol.
    Ges., 66, 1914, Monatsber., 410—414 (Portr., Bibliographie mit
    11 Titeln).
M i c h a e l, R.: Nachruf. Jahrb. preuß. geol. Landesanst. 39, II,
    1918, XXXVI—XLIII (Portr., Bibliographie).

Torrubia, J o s e f, gest. 1768.
Pater, schrieb im Jahre 1754 über spanische Fossilien. Deutsche
    Übersetzung 1773 ref. Schröter, Journ., I: 4, 274—279.
V o g d e s.
Z i t t e l: Gesch.
Biographie universelle 41, 708.

Toucas, J o s e p h A r i s t i d e, geb. 14. IV. 1843 Beausset (Var)₁ gest. 16. VI. 1911.
Offizier, studierte Stratigraphie, Kreide Frankreichs. Hippurites, Radiolites.
P e r v i n q u i è r e, L.: Necrolog: Bull. Soc. géol. France, (4) 12, 1912, 377—384 (Bibliographie mit 74 Titeln, Portr.).

Toula, F r a n z, geb. 20. XII. 1845 Wien, gest. 3. I. 1920 Wien.
Prof. Min. u. Geol. Techn. Hochschule Wien 1884—1917, Karbonfaunen der Arktis, Faunen des Wiener Beckens u. Siebenbürgens, der Ostalpen, von Kleinasien, Mittel- und Südamerika. Balkangeologie.
R o s i w a l, A.: Nachruf. Verh. geol. Staatsanst. Wien 1920, 41 —49 (Teilbibliographie).
E i s e n b e r g, L., Das geistige Wien II, 1893, 493—496 (Teilbibliographie).
T o u l a, F.: Verzeichnis seiner wissenschaftl. Arbeiten. Freunden und Kollegen zur Erinnerung. Nach 1915 (Bibliographie mit mehr als 500 Titeln).
P o g g e n d o r f f 3, 1361; 4, 1516—1517; 5, 1265 (Qu.).

Tournal, P a u l, geb. 10. I. 1805 Narbonne, gest. 12. II. 1872 ebenda.
Höhlen von Bize (Mammalia, Homo fossilis), Miocänfossilien.
R o u v i l l e, P. G. de: Not. biogr. sur —, secrétaire de la Commission archéologique et fondateur du Muséum de Narbonne. Narbonne, 1872.
Notice sur M. T. mort 12 février 1872, Journ. de Zool., 1, 1872, 97.
Nécrologie. Bull. Soc. Hist. Nat. Toulouse 7, 1872—73, 119—121.
Scient. Papers 6, 14—15; 8, 1104.

Tournouer, A n d r é, gest. 1930.
Sammelte Tertiärvertebraten in Patagonien für das Mus. d'hist. nat. Paris (von Gaudry beschrieben).
Notice nécrologique. Bull. Soc. géol. France (5) 1, 1931, 142 (Qu.).

Tournouer, J a c q u e s R a o u l, geb. 10. VIII. 1822 Paris, gest. 28. V. 1882 daselbst.
Französischer Paläontologe. Nummulinen, Echinidae, Mollusca, Halitherium, Equus stenonis.
F i s c h e r, P.: Notice sur les travaux scientifiques de R. T. Bull. Soc. géol. France, (3) 13, 1885, 340—354, (Bibliographie mit 104 Titeln).

Tourrette, M a r c - A n t o i n e - L o u i s C l a r e t d e l a, geb. 1729 Lyon, gest. 1793 ebenda.
Münzrat zu Lyon. Opus (über Belemniten) ref. Schröter, Journ., 2: 265—322.
Nouv. biogr. générale 29, 848—849.

Townsend, J o s e p h, geb. 1788, gest. 1876.
Reverend, Mitarbeiter William Smith's.
W o o d w a r d, H. B.: Hist. Geol. Soc. London, 5, 17.
M i t c h e l l, W. Stephen: Notes on early geologists connected with the neighbourhood of Bath. Proc. Bath Nat. Hist. and Antiquarian Field Club, 2, 1872, 303.

Törmer, J u l i u s A n t o n, gest. 15. XII. 1868 Dresden.
Generalmajor a. D. Sammler von Petrefakten.
(Qu. — Originalmitt. von R. Zaunick aus dem Archiv der
naturw. Ges. Isis Dresden).

* Törnebohm, A l f r e d E l i s, geb. 16. X. 1838, gest. 21. IV. 1911.
Direktor der schwedischen Geol. Landesuntersuchung. Stratigraphie.
H ö g b o m, A. G.: Nekrolog: Geol. För. Stockholm Förhandl., 34,
1912, 101—137 (Portr. Bibliographie).

Törnquist, S v e n L e o n h a r d, geb. 6. III. 1840 Uddevalla, gest.
6. IX. 1920 Lund.
Studierte bei Torell in Lund. 1867 Lektor zu Gefle, 1882 zu Lund,
1902 Prof. daselbst. Graptolithen, Trilobiten.
Obituary, Geol. Magaz., 1920, 527—528; QuJGS., London, 78,
LXIV; 1921, LXXVII.
Scient. Papers 8, 1102; 11, 615; 12, 736; 19, 148.

Trabucco, G i a c o m o, geb. 15. IV. 1845, gest. 15. VII. 1924.
Prof. d. Naturgeschichte R. Ist. Tecnico Genua. Stratigraphie,
Faunen Italiens.
S t'e f a n i n i, G.: Necrologia. Boll. Soc. geol. it. 44, 1925,
CLVII—CLXVI (Portr., Bibliographie) (Qu.).

Tradescant, J o h n, geb. 4. VIII. 1608 Meopham (Kent), gest.
22. IV. 1662.
Schrieb Museum Tradescantianum or a collection of rarities preser-
ved at South Lambeth, near London. London, 1656.
E d w a r d s: Guide, 53.
Dict. Nat. Biogr. 57, 145—147.

Traquair, R a m s a y H e a t l e y, geb. 30. VII. 1840 Manse of Rhynd,
Perthshire, gest. 22. XI. 1912 The Bush Colinton Midlothian.
Half als 16jähriger der Fossilienhändlerin Mrs. Somerville in
Edinburgh. Studierte 1857 Medizin in Edinburgh, 1862—63 Pro-
sektor, 1863—66 Demonstrator d. Anatomie Univ. Edinburgh,
1866 Dozent College Cirencester, Botanik, 1867 Prof. Zool.
Royal College Dublin, 1873 Keeper Museum Edinburgh, bis
1906, und Lektor am Brit. Mus. Pisces, Trilobita. Schrieb:
Hugh Miller and his palaeoichthyological work. (Trans. Geol.
Soc. Glasgow, 12, 257—58, 1903).
Eminent living geologists. Geol. Magaz., 1909, 241—250 (Portr.,
Bibliographie mit 128 Titeln) (Geol. Magaz., 1908, 47.).
D o l l o, L.: Nekrolog: Bull. Soc. Belg. Géol. Pal. Hydrol., 26, 1912,
Proc. Verb., 277.
Obituary, Geol. Magaz., 1913, 47; QuJGS., London, 69, 1913,
LXIII ff.; Scotsman, 23. Nov. 1912.

Trask, J o h n B o a r d m a n, geb. 1824, gest. 1879.
Nordamerikanischer Geologe. Stratigraphie. Mollusca.
V o g d e s, A. W.: A bibliographical sketch of — first state geologist of California. Trans. San Diego Soc. Nat. Hist., 1, 1907,
27—30 (Portr., Bibliographie mit 21 Titeln).
S t e a r n s, R. E. C.: Dr. John B. Trask, a pioneer of Science
on the west coast. Sci. n. s., 28, 1908, 240—243.

Trautschold, H e r m a n n A d o l f o w i t s c h, geb. 1817, gest. 1902.
Prof. Geol. u. Min. Petrowski-Akad. Moskau. Geologie and
Paläontologie Rußlands, bes. des Jura.

K r i s t a f o v i c, N.: Nekrolog: Ann. géol. min. Russie, **6**, 1903,
71—79 (Portr., Bibliographie mit 166 Titeln).
P a v l o v, A. P.: H. A. T. Bull. Soc. Nat. Moscou (N.S.) **16**
(1902), 1903, 32—37 (Proc.-verb.) (Teilbibliographie).

Traxler, L á s z l o, geb. 1868, gest. 1898.
Ungarischer Spongienforscher.
S t a u b, M.: Nachruf: Földtani Közlöny, **29**, 1899, 3—6.

Trebo, A n t o n.
Kurat in St. Cassian. Verdienter Sammler.
K l e b e l s b e r g; R. v.: Geologie von Tirol 1935, 693 (Qu.).

Trebra, F r i e d r i c h W i l h e l m H e i n r i c h v o n, geb. 1740, gest.
1819.
1769 Bergmeister in Marienberg, 1780 Viceberghauptmann in
Clausthal, 1801 Oberberghauptmann in Freiberg. Bergmann,.
Harzstratigraphie.
Freyberg.
Z i t t e l, Gesch.
Allgem. Deutsche Biogr. 38, 550—551.

Trentanove, G i o r g i o M o r a n d o, geb. 23. IV. 1874 Luco, Borgo
S. Lorenzo (Florenz), gest. 28. IV. 1914.
Stratigraphie.
D e l C a m p a n a, D.: Necrolog: Boll. Soc. Geol. Ital., **33**, 1914,
XXXIX—XLII (Portr.).

Trevelyan, J o h n S i r.
Richtete sich in den 30er Jahren zu Wallington ein Museum ein,
das Fische, Mollusca und Echinodermen enthielt und über das
L. Agassiz schrieb.
Hist. Brit. Mus., I: 332.

Trevelyan, Sir W a l t e r C a l v e r l e y, fifth baronet of Nettle-
combe, geb. 1797, gest. 1879.
Sohn von John Trevelyan, baute dessen Museum weiter aus, publizierte auch.
Hist. Brit. Mus., I: 332.
Vergl. O r m e r o d, G. W.: A classified index to the reports and
transactions of the Devonshire Association, 1862—85. Plymouth,
1886, Necr. von Trevelyan.
Obituary. QuJGS. London 36, 1880, Proc. 36—37.

Tribolet, G e o r g e s, geb. 20. XII. 1830 Neuchâtel, gest. Mai 1873.
Geologe in Neuchâtel. Ammonites, Neokom-Stratigraphie.
T r i b o l e t, M. de: Not. nécrol. sur G. de Tribolet. Bull. Soc. Sc.
Nat. Neuchâtel, 9, 1873, 502—509 (Bibliographie mit 22 Titeln).
— —: G. de T. Verh. schweiz. naturf. Ges. 56 (1873), 1874,
373—381 (Bibliographie).

Tribolet-Hardy, F r é d é r i c M a u r i c e, geb. 5. IX. 1852 Neuchâtel,
gest. 1929.
Prof. Min. Neuchâtel. Geol. u. Stratigraphie des Jura u. der
Alpen. Crustaceen, Mollusken.
M o n t m o l l i n, M. de & J e a n n e t, A.: Nécrologie. Bull.
Soc. Neuchateloise sci. nat. 54 (1929), 1930, 103—133 (Portr.,
Bibliographie).
J e a n n e t, A.: Fr.-M. de Tr.-H. Verh. Schweiz. Naturf. Ges.
111, 1930, 422—443 (Portr., Bibliographie) (Qu.).

Triger, J a c q u e s J u l e s, geb. 11. III. 1801 Mamers (Sarthe), gest.
an einem Schlaganfall nach seinem Vortrag in der Soc. géol.
France, 16. XII. 1867.
Civilingenieur. Stratigraphie.
C a i l l a u x, A.: Notice sur la vie et les travaux de —. Bull. Soc.
géol. France, (2) 25, 1868, 547—559.

Tristram, H e n r y B a k e r.
Sammelte in den 60er Jahres Pisces aus der Kreide des Libanon.
Hist. Brit. Mus., I: 333.

Troost, G e r a r d, geb. 15. III. 1776 Herzogenbusch, Holland,
gest. 14. VIII. 1850 Nashville.
Wanderte 1810 nach Amerika aus. Prof. Univ. Nashville. Silur
Tennessee bes. Crinoidea.
G l e n n, L. Ch.: G. Tr. Amer. Geol., 35, 1905, 72—94 (Portr.
Bibliographie mit 55 Titeln).
M e r r i l l: 1904, 282, 303 f., 366, 713.
R o e m e r, F.: Nachruf: NJM., 1851, 71.

Troschel, F r a n z H e r m a n n, geb. 10. X. 1810 Spandau, gest.
4. XI. 1882 Bonn.
Prof. d. Zoologie in Bonn, schrieb über Pisces von Winterberg
1851, Siebengebirge 1854, Saarbrücken 1857, Seesterne, Pseudopus,
Rotter Braunkohle 1859, Mammalia Rott 1859.
T o r n i e r: 1924: 61.
D e c h e n, H. v.: Zur Erinnerung an F. H. T. Corrbl. naturhist.
Ver. preuß. Rheinl. u. Westf. 1883, 35—54.
Scient. Papers 6, 54—56; 8, 1119; 11, 650 (Qu.).

Trouessart, E d o u a r d L o u i s, geb. 25. VIII. 1842 Angers,
gest. 30. VI. 1927.
Arzt. Prof. Zool. Mus. d'hist. nat. Paris.
Schrieb Catalogue des Mammifères vivants et fossiles und weitere
pal. Notizen.
B o u r d e l l e, E.: E.-L. T. Arch. Mus. d'hist. nat. (6) 3, 1928,
1—18 (Portr., Bibliographie).

Tscherning, F r. A u g., geb. 18. VII. 1819 Tübingen, gest. 22. VI.
1900 ebenda.
Forstdirektor, Dr. Fand die erste von F. A. Quenstedt beschriebene,
in der Tübinger Sammlung befindliche Triasschildkröte (Psam-
mochelys keuperina Quenst. = Proganochelys quenstedtii Baur)
u. veröffentlichte eine Notiz über den Fundort.
(Qu. — Originalmitt. von Otto Krimmel).

Tschernyschew, T h é o d o s e (Féodoss), geb. 12. IX. 1856 Kiew,
gest. 15. I. (1. II.) 1914.
1882 Mitglied d. russischen Geol. Landesuntersuchung, 1903 Direktor
derselben. Stratigraphie. Faunen, Silur, Devon, Karbon, Perm.
Brachiopoda, Schwämme u. a.
B o g d a n o v i c s: Nekrolog: Bull. Com. géol. Russie, 33, 1914,
1—70 (Portr. Bibliographie).
D e G e e r, G.: Necrolog: Geol. För. Stockholm Förhandl., 36, 1914,
381—384 (Portr.).
K a y s e r, E.: Nachruf: Geol. Rundschau, 5, 1914, 151—154.
K i a e r, J.: Mindetale over akademiker F. N. Tsch. For. Vid.
Selsk. Kristiania (1914) 1915, 20—23.
Séance tenue à la mémoire de Th. T. Matériaux pour la Géol.
de Russie 27, 1916, V—XLIV (Portr., Bibliographie).

Tscherski, I w a n D., geb. 3. V. 1845 Gouv. Vitebsk, gest. 25.
VI. 1892 Omolonsk (Sibirien).
Naturforscher in Ostsibirien. Geologe u. Paläontologe. Faunen,
bes. posttertiäre Mammalia.
T s c h e r n y s c h e w, Th., & N i k i t i n, S.: Necrolog: Bull. Com.
Géol. Russie, 11, 1892, Nekrol. 1—15 (Bibliographie).
I w a n o w s k y, A.: Necrolog: Bull. Soc. Nat. Moscou, 1893, 355-
363 (Bibliographie mit 49 Titeln).
K o u z n e t z o w, J.: Necrolog: Revue des Sci. nat. Petersburg,
1893, 1—38 (Bibliographie).

Tschurtschenthaler, L u d w i g, geb. 25. VIII. 1822 Sexten, gest.
22. IV. 1895 Neustift.
Augustiner Chorherr zu Neustift, vorher Lehrer d. Naturgesch.
am Gymnasium in Brixen. Eifriger Sammler. Trias Südtirols.
K l e b e l s b e r g, R. v.: Geologie von Tirol 1935, 694 (Qu.).

Tuccimei, G i u s e p p e, geb. 11. II. 1851 Rom, gest. 20. IX. 1915
Prof. Mammalia, Stratigraphie.
M e l i, R.: Necrologia. Boll. Soc. Geol. Italia, 35, 1916, LXXXIX—
LCVIII (Portr. Bibliographie mit 63 Titeln).

Tudecius, A l o y s i u s.
Schrieb de oculis serpentibus Misc. curios. 1628—29 (ref. Schröter, Journ., 3: 172).

Tullberg, S v e n A x e l T h e o d o r, geb. 1852 Landskrona, gest.
15. XII. 1886 Lund.
Paläontologe der schwedischen geol. Landesuntersuchung. Trilobita.
Graptolithen, Stratigraphie.
Nachruf: Geol. För. Stockholm Förhandl., 8, 1886, 526—528 (Biblio-
graphie mit 17 Titeln).

Tuomey, M i c h a e l, geb. 1805, gest. 1857.
Nordamerikanischer Geologe. Mollusca.
R o g e r s, W. B.: Sketch of the life of —. Proc. Boston Soc. Nat.
Hist., 6, 1857, 185—186.
V o g d e s, A. W.: Annotated list of the writings of —. Amer.
Geol., 20, 1897, 210—212 (Bibliographie mit 22 Titeln).
S m i t h, E. A.: Sketch of the life of —. ibidem 205—209.

Tutkowski, P a u l A p o l o n o w i t s c h, geb. 1. III. 1858 Lipowetz
(Ukraine), gest. 3. VI. 1930.
Vorsitzender der physiko.-mathemat. Abt. der Ukrainischen Akad.
d. Wiss. in Kiew. Geologe u. Paläontologe. Foraminifera.
R e s n i t s c h e n k o, W. W.: Akademiker P. T. Zbirnik pam'jati
akademika P. A. Tutkovskogo I, 1932, 1—37 (Portr., Biblio-
graphie).
Scient. Papers 19, 239—240 (Qu.).

Twitchell, M a y v i l l e W i l l i a m, geb. 14. X. 1868 Washington,
gest. 3. IV. 1927.
Assistant State Geologist von New Jersey. Echinodermata (zus.
mit W. B. Clark).
K ü m m e l, H. B.: M. W. T. Bull. Geol. Soc. Am. 39, 1928,
47—51 (Portr., Bibliographie) (Qu.).

Tylor, A l f r e d, geb. 6. I. 1824, gest. 31. XII. 1884.
Ingenieur, studierte Iguanodon-Fährten, Homo fossilis.

Obituary, Geol. Magaz., 1885, 142—144 (Bibliographie mit 12 Titeln).
Bibliographie: Geol. Magaz., 1875, 474—476.

* Tylor, Sir E d w a r d B u r n e t t, geb. 2. X. 1832 Camberwell, gest. 2. I. 1917.
Prof. der Anthropologie Univ. Oxford.
Obituary, Geol. Magaz., 1917, 96; Nature, London, 11. Jan. 1917, S. 373.

Ubaghs, C a s i m i r, geb. 10. X. 1829 Aachen, gest. 4. II. 1894.
Fossilienhändler in Valkenburg bei Mastricht, schrieb über Chelone Hoffmanni, Bryozoa, Mollusca, Homo fossilis, Megalosauridae, Kreide Limbourg, Mastricht.
E r e n s, A.: Notice biographique sur —. Bull. Soc. Belg. Geol. Pal. Hydrol., 9, Proc. Verb., 102—107, 1895, (Bibliographie mit 32 Titeln).
(Comptoir in Fauquemont bei Mastricht, NJM., 1855, 255, 1879, 224 b.)

Udden, J o h a n A u g u s t, geb. 19. III. 1859 Lekasa, Schweden, gest. 5. I. 1932.
1888—1911 Prof. Geol. Naturgeschichte' Augustana College, 1897—1903 Mitglied der geol. Landesuntersuchung Iowa, Texas U. S. Geol. Survey. Stratigraphie, Megalonyx, Fucoiden, Foraminifera, Proboscidea, Fährten.
B a k e r, Ch. L.: Memorial of —. Bull. Geol. Soc. America, -44. 1933, 402—413 (Portr. Bibliographie mit 111 Titeln).

Uhlig, V i c t o r, geb. 2. I. 1857 Karlshütte-Leskowetz, Oest.-Schlesien, gest. 4. VI. 1911 Karlsbad.
1874 Demonstrator an der Univ. Graz, 1877—83 Assistent Neumayrs in Wien, 1883 Mitglied Geol. Reichsanst. Wien, 1900 Prof. Pal. Wien (Nachfolger Waagen's), 1901 Prof. Geologie (Nachfolger von E. Suess), Foraminifera, Cephalopoda, Brachiopoda, Stratigraphie u. Faunen (unter anderem Indiens).
S u e s s, F. E.: V. U. Ein Bild seiner wissenschaftlichen Tätigkeit. Mitt. Geol. Ges. Wien, 4, 1911, 449—482 (Bibliographie mit 99 Titeln, Portr.).
A m p f e r e r. O.: Nachruf: Verhandl. Geol. Reichsanstalt Wien, 1911, 209—212.
B r a n c a, W.: Nachruf: Zeitsch. Deutsch. Geol. Ges., 63, 1911 Monatsber., 385—396 (Bibliographie mit 72 Titeln).
S c h a f a r z i k, F.: Nachruf: Földtani Közlöny, 62, 1912, 221—232 (Portr.).

Ulrich, E d w a r d O s c a r, geb. 1857.
Zu Newport, Ky., arbeitete über Polyzoa des nordamerikanischen Palaeozoikums, Ostracoda, Conodonta u. a. Evertebraten.
Hist. Brist. Mus., I: 333.
N i c k l e s I, 1031—1033; II, 624—625.

* Ulrich, G e o r g e H e n r y F r e d e r i c k, geb. 1830, gest. 1900.
D u n n, E. J.: Biographical sketch of the founders of the Geological Survey of Victoria. Bull. Geol. Surv. Victoria, 23, 1910, 27—29 (Bibliographie mit 36 Titeln).

Unger, F r a n z, geb. 30. XI. 1800 Amthof, Steiermark, gest. 13. II. 1870 Graz.
Arzt, Prof. der Botanik Johanneum Graz. 1849 Prof. Wien. Phytopaläontologie.

Leitgeb, H.: Nachruf: Mitt. naturw. Ver. Steiermark, 2, 1870, 270—294 (Portr. Bibliographie mit 161 Titeln).
Reyer, Alex.: Leben und Wirken des Naturhistorikers —. Graz, 1871, pp. IV + 100.
Leitgeb, H.: Nachruf. Botan. Zeitung 28, 1870, 241—264 (Bibliographie); Almanach K. Ak. Wiss. Wien 20, 1870, 201— 229 (Bibliographie).

Ussher, William Augustus Edmond, geb. 8. VII. 1849, gest. 19. III. 1920.
Mitarbeiter der Geol. Survey England. Stratigraphie.
Obituary, QuJGS., London, 1921, LXXIII—LXXIV.

Vacek, Michael, geb. 28. IX. 1848 Pirnitz bei Iglau, Mähren, gest. 6. II. 1925.
1875 Mitglied der Geol. Reichsanstalt Wien, 1903 deren Vice-direktor. Jura-Fauna, Ammonites, Mammalia, Stratigraphie.
Geyer, G.: Nachruf: Jahrb. Geol. Reichsanst. Wien, 75, 1925, 237—247 (Portr. Bibliographie mit 70 Titeln).

Vaillant, Léon Louis, geb. 11. XI. 1834 Paris, gest. 24. XII. 1914.
Prof. Zool. Mus. d'hist. nat. Paris. Auch foss. Reptilien, Fische.
Necrolog: Arch. Mus. d'Hist. Nat. Paris, (6) 4, 1929, 1—14 (Portr., Bibliographie).
Notice nécrologique Bull. Soc. géol. France (4) 15, 1915, 42—44.

Valenciennes, Achille, geb. 6. VIII. 1794 Paris, gest. 13. IV. 1865 ebenda.
Französischer Zoologe, Schüler und Mitarbeiter Cuvier's, L. Agassiz's. Mollusca, Pisces, Reptilia, Mammalia.
Crosse & Fischer: Necrolog. Journ. de Conchyl. 14, 1866, 99.
Lebensbericht von —. Nederl. Tijdschr. Dierk. 1866, 71—72.
Van der Hoeven: Abm. Dagverhaal van Prof. Dr. Jan van der Hoeven van zijn reis in 1824 naverteld door zijn kleinzoon. Rotterdamsche Jaarboek, 1926, pp. 88, 2 Bilder (über beide Cuvier, Geoffroy St. Hilaire, Blainville, Laurillard, Lacépède, Valenciennes).
Nécrologie. Mém. d'Agricult., d'Economie rurale et domestique 1867, 45—59.
Scient. Papers 6, 95—97; 8, 1141.

* Valentine, R. L., geb. 16. IV. 1890 Portora School, bei Enniskillen, erlitt 30. IV. 1916 Heldentod auf dem französischen Kampfplatz.
Lieutenant, Stratigraphie.
Obituary. Geol. Magaz. 1916, 287.

Valentini, Michael Bernhard, geb. 26. XI. 1657 Giessen, gest. 18. III. 1729 ebenda.
Schrieb 1707 De fossilibus Hassiae, 1704 Museum Museorum.
Edwards: Guide, 55.
Lauterborn: Der Rhein, I: 189.
Allgem. Deutsche Biogr. 39, 468—469.
Poggendorff 2, 1166.

* Valentyn, Franz.
Prediger auf der ostindischen Insel Amboina. Opus 1773: Ambo-nische Raritätenkammer, ref. Schröter, Journ., 4: 206—209.
Nieuw Nederl. Biogr. Woordenboek 5, 989—990.

Valet, A·u g u s t F r i e d r i c h, geb. 23. X. 1811 Ulm, gest. 26. IX. 1889 Ravensburg.
Apotheker in Schussenried. Sammler der dortigen diluvialen Fauna u. Industrie.
F r a a s, O.: A. F. V. Jahresh. Ver. vaterländ. Naturk. Württemberg 46, 1890, 29—31 (Qu.).

Vallée Poussin vergl. Poussin.

Vallisneri, A n t o n i o, geb. 1661 Rocca di Trasilico, gest. 1730.
Verfasser von De Corpi marini che su monti si trovano. Venezia, 1721.
E d w a r d s: Guide, 42, 44.
Z i t t e l: Gesch.
G e i k i e: Founders of geology, 5.
L y e l l, Ch.: Principles of Geology 1, 1835 (4. ed.), 58—59.
Biographie universelle 42, 507—510.

Valmont de Bomare siehe B o m a r e.

Van Beneden s. Beneden, van.

Van Breda, J a c o b G i s b e r t u s S a m u e l, geb. 24. X. 1788 Delft, gest. 2. IX. 1867 Harlem.
Prof. in Leyden, besaß eine ansehnliche Sammlung (Oeningen, Mastricht, Eichstätt). Sein Schwiegervater war Peter Camper. Die ganze Sammlung, deren Katalog den Titel: Aperçu général de la Collection Paléontologique Van Breda" führt, gelangte in das British Museum. Maestrichter Kreidefossilien (Vertebraten).
Hist. Brit. Mus., I: 333.
M a t t h e s, C. J.: Levensberigt van J. G. S. v. B. Jaarboek Kon. Ak. Wetensch. Amsterdam 1867, 22—32 (Bibliographie).

Vandelli, D o m e n i c o, geb. 1735, gest. 1816.
Ital. Naturforscher.
Erwähnt in Cermenati: Da Plinio a Leonardo, dallo Stenone allo Spallanzani. Boll. Geol. Soc. Ital., 30, 1911, CDLXXXV ff.
D e s i o, A.: Sopra uno studio naturalisti co inedita di Domenico Vandelli (1735—1816) sul lago di Como e sulla Valsassina. Ann. Universo Anno 3, Firenze 1922, 607—615, Fig. 1.

Van Deloo siehe D e l o o, van.

Van den Broeck siehe B r o e c k, v a n d e n.

Van der Hoeven siehe H o e v e n, van der.

Van Ingen, G i l b e r t, geb. 30. VII. 1869 Poughkeepsie N. Y.,₁ gest. 7. VII. 1925 Princeton.
Kurator für Evertebraten-Paläontologie in Princeton. Stratigraphie u. Paläontologie des nordamerik. Paläozoikum.
H o w e l l, B. F.: Memorial of —. Bull. Geol. Soc. Am. 42, 1931, 159—163 (Portr., Bibliographie) (Qu.).

Vanuxem, L a r d n e r, geb. 23. VII. 1792 Philadelphia Pa., gest. 25. I. 1848 Bristol Pa.
1820—26 Prof. der Chemie und Geologie am Columbia College.
Studierte in Paris. Stratigraphie New York-System.
Biographie: Pop. Sci. Mo., 1895, 833—840.
M e r r i l l: 1904, 713, 291 (Portr. Taf. 12).
C l a r k e, James Hall of Albany 53, 55.
N i c k l e s 1045—1046.

Pars 72 Vasconcellos—Veltheim 441

* **Vasconcellos de Pereira Cabral**, F r e d e r i c o A u g u s t o d e.
Portugiesischer Geologe. Stratigraphie.
C h o f f a t, P.: Biographies de géologues portugais. Comm. Serv.
geol. Portugal, 12, 1917, 275 (Bibliographie mit 3 Titeln).
D e l g a d o: Bibliographie. Ebenda, 1, 1883—87, 333 (Bibliographie
mit 7 Titeln).

Vasseur, G a s t o n, geb. 5. VIII. 1855 Paris, gest. 9. X. 1915.
Studierte bei Lacaze-Duthiers, Hébert, Gervais, Freund von Yves
Delage. 1888 Prof. Geol. Marseille. Stratigraphie d. Pariser
Beckens, Bretagne, Provence, Mollusca, Mammalia, Pisces.
B l a y a c: Not. nécrol. sur —. Bull. Soc. géol. France, (4) 16,
1916, 249—285 (Portr. Bibliographie mit 113 Titeln).
R e p e l i n, J.: Notice sur la vie et les travaux de —. Ann. Fac.
Sci. Marseille, 24, 1—27 (Bibliographie mit 110 Titeln).
Notice sur les travaux scientifiques de —. Paris, 1892, pp. 32
(Bibliographie, mit 26 Titeln).
B e r n i o l l e, J. B.: L'oeuvre archéologique de —. Bull. Soc. Arch.
Provence.

Vater, H e i n r i c h, geb. 5. IX. 1859 Bremen, gest. 10. II. 1930.
Prof. Min. u. Geol. Forstakademie Tharandt. Fossile Hölzer
1884, Stratigraphie derselben 1897.
K r a u ß, G., G r o ß k o p f, W. & D a n z l, J.: H. V. Tharandter
Forstl. Jahrb. 80, 1929, 226—248 (Portr., Bibliographie).
Todesnachricht. Tharandter Forstl. Jahrb. 81, 1930, 117 (Qu.).

Vaughan, A r t h u r, geb. 1868 London, gest. 3. XII. 1915 Oxford.
Studierte bei Bonney. 1910 Lektor Geol. Oxford. Stratigraphie,
Lias, Carbon, Jura, Rhaet, Brachiopoda, Corallia England.
S. H. R.: Obituary, Geol. Magaz., 1916, 92—96 (Portr. Biblio-
graphie mit 32 Titeln).
Obituary, QuJGS., London, 72, 1916, LVII—LVIII.

Vaughan, T h o m a s W a y l a n d, geb. 1870.
Korallen, Foraminiferen.
V a u g h a n, T. W.: Contributions to the geology and paleontology
of the West Indies. Publications Carnegie Inst. Washington,
No. 291, 1919 (Bibliographie mit 17 Titeln).
N i c k l e s I, 1046—1049, II, 630—633.

* **Vaux**, A d o l p h e d e, gest. 11. VI. 1899.
Belgischer Geologe. Stratigraphie.
S o r e i l: Necrolog: Ann. Soc. Geol. Belge, 26, CXLII—CXLIV.

Velenovsky, J o s e f, geb. 22. IV. 1858 Cekanicích u Blatné.
Prof. Phytopaläontologe.
V i n i k l a r, L.: Vyznam profesor Dra Josefa Velenovskeho ve fyto-
paleontologi. Vestn. Státn. Geol. Ustav Ceskoslov. Rep., 4, 1928,
79—84 (Portr., Bibliographie mit 12 Titeln).
C e j p, K.: K sedmde sátým narozeninam Prof. Dra Josef Velenovskeho (Au soixante-dixième anniversaire de prof. —). Myko-
logia, 5, 1928, pp. 8 (Portr. Bibliographie).

* **Veltheim**, A u g u s t F e r d i n a n d, Graf von, geb. 18. IX.
1741 Harbke b. Helmstedt, gest. 2. X. 1801 Braunschweig.
Verfasser von: Grundriß einer Mineralogie Braunschweig 1781
(Fol.) Stratigraphie.
Z i t t e l: Gesch.
P o g g e n d o r f f 2, 1191—92.

Venette, N i c o l a s, geb. um 1632 La Rochelle, gest. 1698 ebenda.
Schrieb: Traité des Pierres Amsterdam 1701, Ref. Schröter, Journ.,
5: 220.
Biographie universelle 43, 111—112.

Verbeek, R o g i e r D i e d e r i k M a r i u s, geb. 7. IV. 1845
Doorn b. Utrecht, gest. 9. IV. 1926 Den Haag.
Chefingenieur des Bergwesens von Niederl.-Indien. Stratigraphie
dieses Gebietes (auch Pal., bes. Foraminiferen).
Festschrift Verh. Geol. Mijnbouwk. Genootsch. Nederl. Kolonien,
1926.
Obituary. QuJGS. London 83, 1927, LIV.
P o g g e n d o r f f 3, 1386; 4, 1559—1560.
W i n g E a s t o n, N.: Ter Gedachtenis van Dr. R. D. M. V.
(1845—1926). Jaarb. Mijnwezen Nederlandsch-Indië 55 (1926),
Algemeen Gedeelte, 1927, 1—34 (Portr.) (Qu.).

Verneuil, P h i l i p p e E d o u a r d P o u l l e t i e r d e, geb. 13. II.
1805 Paris, gest. 29. V. 1873.
Studierte Jus, war Advokat und Beamter im Justizministerium, zog
sich aber ins Privatleben zurück und widmete sich ausschließlich
der Geologie. Bereiste 1836 die Krim, 1840 Rußland, 1846 Nordamerika. Stratigraphie u. Paläontologie des Paläozoikum, Brachiopoda.
D a u b r é e: Not. nécrol. sur —. Bull. Soc. géol. France, (3) 3,
1874-75, ·317—328 (Bibliographie mit 77 Titeln).
B a r r a n d e: Notice sur la collection léguée par M. — Ann. des
Mines, (7) 4 (1873), 1874, 327—338.
C r o s s e & F i s c h e r: Necrolog: Journ. de Conchyl., 22, 1874,
131—134.
Liste des publications de —. Paris, 1853, pp. 4.
D a u b r é e, A.: Institut de France. Académie des Sciences. Dis-
cours ... prononcé aux funérailles de —. Paris, 1873.
— — Eulogy, June 4, 1873. Amer. Journ. Sci., (3) 6, 1873, 279—
284.
V i l a n o v a, J.: Noticia necrologica de —. An. Soc. Espanola Hist.
Nat., 4, 1875, Actas, 101—105.
Obituary, Geol. Magaz., 1873, 429; QuJGS., London, 30, 1874,
XLIV ff.
G e i k i e: Murchison, I: 282—283, 290, 317 u. öfter.
C l a r k e: James Hall of Albany, 83, 153 ff., 164, 219, 398—9, 445,
485
Portr. Livre jubilaire, Taf. 20.

Verri, A n t o n i o, geb. 17. II. 1839, gest. 17. IV. 1925.
Stratigraphie.
Necrolog: Boll. Geol. Soc. Ital., 44, 1925, CXLVII—CLV (Portr.
Bibliographie).

Verrill, A d d i s o n E m e r y, geb. 9. II. 1839 Greenwood Me., gest.
10. XII. 1926 Santa Barbara.·
1869—1920 Mitherausgeber des Amer. Journ. Sci. Studierte bei
L. Agassiz, Curator der Boston Soc. Hist. Nat., 1868—70 Prof.
vergl. Anatomie Wisconsin, dann Prof. Yale Univ. Zoologe.
Korallen.
C o e, W. E.: A. E. Verrill and his contributions to zoology. Amer.
Journ. Sci., (5) 13, 1927, 377—387 (Portr. Bibliographie mit
350 Titeln).
F i s h e r, J.: Biographies of the present officers of Yale Univ.
1893, (bis 1892).

C o e, W. R.: Biographical memoir. Nat. Acad. Sci. Washington, 1931, 14, p. 66 (Portr.).
A century of Science in America Yale, 1918.

Verster, F.
Holländischer Naturforscher, schrieb 1786 Bericht wegens twee oliphants beenderen, Haarlem.
Jonker, p. 4.

Vest, W i l h e l m v o n, geb. 27. IX. 1834 Hermannstadt, gest. 1914.
Finanzkonzipist in Hermannstadt, dann in Prag. Malakozoologe. Jungtertiäre Mollusken, bes. Lamellibranchiaten.
S c h u l l e r, F.: Schriftsteller-Lexikon der Siebenbürger Deutschen 4, 1902, 485 (Teilbibliographie).
Todesnachricht. Verh. u. Mitt. Siebenbürg. Ver. f. Naturw. Hermannstadt 64 (1914), 1915, 152 (Qu.).

Vetter, B e n j a m i n, geb. 25. VI. 1848 Osterfingen (Kanton Schaffhausen), gest. 2. I. 1893 Blasewitz.
Prof. Zool. techn. Hochschule Dresden. Pisces, Dinosauria.
Nachruf: Leopoldina 29, 1893, 52—53.
Nekrolog in: B. V e t t e r, Die moderne Weltanschauung u. der Mensch. 3. Aufl. Jena 1901, VI—VIII.
Scient. Papers 11, 691—92; 12, 755; 19, 335 (Qu.).

Vialet.
Opus 1721 zitiert von Blainville: Belemniten, No. 72.

Vicary, W i l l i a m, geb. 26. VII. 1811 Newton Abbot, Devonshire, gest. 22. X. 1903.
Kaufmann zu North Tawton „as a tanner" bis 1852, lebte dann in Exeter. Sammler Grünsand-Korallen.
Obituary, Geol. Magaz., 1904, 143 (Bibliographie mit 4 Titeln).

Vidal, L u i s M a r i a n o, geb. 1842 Barcelona, gest. 10. I. 1922 ebenda.
Ingenieur. Direktor geol. Karte Spaniens. Stratigraphie u. Paläontologie Kataloniens u. der Balearen.
Nachruf. Bol. R. Soc. Esp. Hist. Nat. 22, 1922, 149—150.
Scient. Papers 8, 1153; 11, 693—694; 12, 755, 19, 342 (Qu.).

Viennot, P i e r r e, geb. 1891, gest. 1931.
Französischer Foraminiferologe.
B e r t r a n d, Léon: Pierre Viennot, Bull. Soc. géol. France, (5) 2, 1932, 417—428 (Bibliographie).
B a r r a b é, L.: Not. nécrol. sur —. Ass. amicale des anciens élèves de l'École normale supérieure, 1932, 61—66.
J a c o b, Ch.: Notice: C. R. Sommaire Soc. géol. France, 1932, 137.

* **Vilanova y Piera**, J o s é, gest. 1884.
Noticia biografica de —. An. Soc. Esp. Hist Nat., 13, Actas 44—45, 1884.

Vilanova y Piera, J u a n, geb. 5. V. 1822 Valencia, gest. 7. VI. 1893 Madrid.
Prof. Paläont. Madrid. Stratigraphie. Prähistorie.
Q u i r o g a: Noticia necrologica. El profesor D. Juan Vilanova y Piera. An. Soc. Esp. Hist. Nat. 22, Actas 132—137, Portr. 1893.

Villa, A n t o n i o, gest. 26. VI. 1885, und G i o v a n n i B a t t i s t a, gest. Okt. 1887.
Sammler und Naturforscher in Mailand. Stratigraphie von Brianza. Sammlung im Mus. Civico, Mailand.
Elenco cronologico dei Lavori scientifici dei fratelli Antonio e Giovanni Battista Villa. Boll. delle Tyricottiere No. 39—41, 1878 (Bibliographie mit 28 Titeln).
Vergl. Senoner.
A i r o l d i, M.: Principali figure di precursori nella geologia lombarda. Atti Soc. Ligustica sci. e lett. 3, 1924, 60—65 (Bibliographie, (geol)).
Necrologia. Bull. di Paletn. ital. (2) 1, 1885, 128.
S t o p p a n i, A.: A. V. Atti Soc. It. Sci. Nat. 28 (1885), 1886, 138—141.
Necrologia. G. B. V. Atti Soc. It. Sci. Nat. 30 (1887), 1888, 403.

* Villenfagne d'Ingihoul, H i l a r i o n N o e l b a r o n d e.
C h è n e d o l l é, de: Notice sur Hilarion Noel baron de Villenfagne d'Ingihoul. Ann. Acad. roy. Belg., 3, 1837, 94—103.

Vincent, G é r a r d, gest. 14. IV. 1899 im 75. Lebensjahr.
Konservator Mus. d'Hist. Nat. Brüssel. Tertiärfaunen u. -stratigraphie Belgiens.
M o u r l o n, M.: Nécrologie. Annales Soc. Malacolog. de Belgique 34, 1899, LXI—LXVII (Bibliographie) (Qu.).

Vine, G e o r g e R o b e r t, gest. 1893.
Englischer Naturforscher, studierte Polyzoa.
Hist. Brit. Mus., I: 334.
Scient. Papers 11, 704; 19, 364—365.

Viquesnel, A u g u s t e, geb. 5. III. 1800 Cires-les-Mello (Oise), gest. 8. II. 1867.
Unternahm 1836 Reise nach Serbien, Moesien und Macedonien, 1838 nach Albanien, Epirus und Thessalien, Türkei. Stratigraphie.
d'A r c h i a c: Notice sur la vie et les travaux d' —. Bull. Soc. géol. France, (2) 25, 1868, 526—547 (Bibliographie mit 36 Titeln).
— —, H. M a r t i n & V i r l e t: Discours prononcé sur la tombe de —. le 11. février 1867.
Portr. Livre jubilaire, Taf. 16.

Virchow, R u d o l f, geb. 13. X. 1821 Schivelbein (Pommern), gest. 5. IX. 1902 Berlin.
Prof. path. Anatomie Berlin. Begründer der Zellularpathologie. Mammalia, Homo fossilis.
S c h w a l b e, I.: Virchow-Bibliographie 1843—1901. Berlin 1901.
Nachruf. Janus VII, 1902, 501—504 (Teilbibliographie) (Qu.).

Virlet d'Aoust, T h é o d o r e, geb. 18. V. 1800 Avesnes, gest. 1895.
Schrieb mit Boblaye Monographie über Peloponnes 1833, 1836 über Chirotherium.
G o s s e l e t, J.: Allocution présidentielle prononcée dans la séance générale du 18. Avril. Bull. Soc. géol. France, (3) 23, 1895, 167—173.

Visiani, R o b e r t o d e, geb. 9. IV. 1800 Sebenico, gest. 4. V. 1878 Padua.
Prof. Bot. Padua. Phytopaläontologie.

P i r o n a, G.-A.: Della vita scientifica del prof. R. de V. Atti R. Ist. Veneto (5) 5, 1878—79, 637—672 (Bibliographie)' (Qu.).

Viviani, D o m e n i c o, geb. 1772 Legnaro, gest. 15. II. 1840 Genua.
Italienischer Phytopaläontologe. Mitarbeiter Pilla's.
I s s e l, A.: Domenico Viviani e Giuseppe De Notaris. Genova, 1882.
Lyell life, I: sub 1829.
T o r n i e r, 1924: 61.
P o g g e n d o r f f 2, 1213.

Voelkel, J o s e f, geb. 5. X. 1828 Kolonie Louisenhain b. Eckers-dorf (Schlesien), gest. 18. I. 1906 Neurode (Schlesien).
Obersteiger. Eifriger Petrefaktensammler (u. a. für Goeppert).
„Anthracomartus voelkelianus, Voelkelia refracta".
Nekrolog. Jahresber. Schles. Ges. Vaterländ. Cultur 84 (1906), 1907, 48—55 (Qu.).

Vogdes, A n t h o n y W a y n e, geb. 23. IV. 1843 West Point NY., gest. 8. II. 1923 San Diego, Californien.
Brigadier-General, sammelte Crustaceen, Trilobita. Publizierte Bibliographie der paläozoischen Crustaceen.
D u m b l e, E. T.: Memorial of —. Bull. Geol. Soc. America, 35, 1924, 37—42 (Portr. Bibliographie mit 31 Titeln) u. p. 184.

Vogel, R u d o l p h A u g u s t i n, geb. 1724 Erfurt, gest. 5. IV. 1774.
Professor in Göttingen. Opus 1762, ref. Schröter, Journ., 3: 188—192.
Nachruf: Schröter, Journ., 2: 508—509.
P o g g e n d o r f f 2, 1217.

* **Vogelsang,** H e r m a n n, geb. 11. IV. 1838 Minden, gest. 6. VI. 1874 Delft.
Prof. Min. Geol. an dem Polytechnikum' zu Delft (Schwager Zirkel's), Verfasser von: Philosophie der Geologie.
L a s a u i x, A. v.: Nachruf: Bonner Zeitung, 11. Juni 1874 (NJM. 1874, 559).
— — Nekrolog: Verhandl. Naturh. Ver. preuß. Rheinlande Westfalens, 31, 1874, Corrblatt, 109—112.
Z i t t e l: Gesch.
B e h r e n s, H.: Levensbericht van H. V. Jaarboek der K. Akademie van Wetenschapen 1885. Amsterdam 1886.
G ü m b e l, W. v.: H. V. Allgemeine Deutsche Biogr. 40, 154—155, Leipzig 1896.
H a a r m a n n, E.: Um das geologische Weltbild. Stuttgart 1935, 91—92, Portr. S. 3.

Vogt, K a r l, geb. 5. VII. 1817, gest. 5. V. 1895.
Prof. der Zoologie in Genf, Mitarbeiter von L. Agassiz und Desor, dessen Biographie er schrieb. War im Juni 1848 in Stuttgart 12 Tage lang Reichsregent, flüchtete nachher nach der Schweiz. Schrieb ein Lehrbuch der Geol. und Paläontologie, Homo fossilis, Archaeopteryx.
T a s c h e n b e r g, O.: Das Leben und die Schriften Carl Vogts. Leopoldina, 56, 1920, 10—12, 18—24, 51—54, 57—62, 73—74 (Bibliographie mit 15, über Vogt geschriebenen Biographien).
M a y, Walther: Karl Vogt zu seinem 100. Geburtstag, Die Natur, 5, 1917, 449—452.

— — Prometheus, 28, 1917, 609—613; Umschau, 21, 1917, 525—
529; Das freie Wort, 17, 1917, 172—178; Westermanns Monats-
hefte, 61, 1917, 646—650; Der Freidenker, 1917, 113—15.
V o g t, Felix: Vom Reichsregenten zum Affenvogt. Zum 100. Geburtstag Karl Vogts, 5. Juli 1817—5. Mai 1895. Der Bund
(Eidgen.) Zentralblatt u. Berner Zeitung, 68, No. 309—311,
5.—6. Juli.
K e l l e r, K.: Erinnerungen aus dem Leben eines Schweizer Naturforschers. Zürich, 1928.

Vogt, M o r i t z J o h a n n, geb. 30. VI. 1669 Königshof im Grab-
feld (Böhmen), gest. 17. VIII. 1730 Stift Plaß (Böhmen).
Oistercienser. opus: Bohemia et Moravia subterranea mit einem
Kap. über die Entstehung der Fossilien (vis plastica).
L a n g r o v á, Vl.: M. V. usw. Publ. Fac. Sci. Univ. Charles Prag
139, 1935, 1—18.
W u r z b a c h 51, 226 (Qu.).

Voigt, F r i e d r i c h S i g i s m u n d, geb. 1. X. 1781, gest. 10. XII.
1850.
Prof. Medizin und Botanik Jena, Geheimer Hofrat. Schrieb über
Chirotherium.
Freyberg.
Allgem. Deutsche Biogr. 40, 204.

Voigt, J o h a n n C a r l W i l h e l m. geb. 1752 Allstädt Weimar,
gest. 1821 Ilmenau.
1786 Bergsekretär in Weimar, später Bergrat in Ilmenau. Strati-
graphie.
Z i t t e l: Gesch.
Freyberg (Portr.).
Allgem. Deutsche Biogr. 40, 205.
P o g g e n d o r f f 2, 1225—1226.

* **Voigt**, J o h a n n H e i n r i c h, geb. 1751 Gotha, gest. 6. IX.
1823 Jena.
Prof. Physik Mathematik Jena, schrieb über Burgtonna, Gotha.
Freyberg.
P o g g e n d o r f f 2, 1224—1225.

Voith, I g n a z, E d l e r v o n, geb. 1. III. 1759 Winklarn
(Oberpfalz), gest. 11. II. 1848 Regensburg.
Schrieb 1809 über fränkischen Jura. Notizen über foss. Knochen,
Verkieselung usw.
Z i t t e l: Gesch.
Allgem. Deutsche Biogr. 40, 222.
P o g g e n d o r f f 2, 1227.

Volborth, A l e x a n d e r v o n, geb. 23. I. 1800 Mohilew, gest.
8. IV. 1876 St. Petersburg.
Arzt, Staatsrat in St. Petersburg. Studierte russische Cystoidea,
Trilobita, Brachiopoda.
Z i t t e l: Gesch.
P o g g e n d o r f f 2, 1228; 3, 1399.
Scient. Papers 6, 195; 8, 1170; 19, 397 (Qu.).

Volckmann, G e o r g A n t o n, geb. 1636 Liegnitz, gest. 21. III.
1721 ebenda.
Naturforscher zu Liegnitz, schrieb 1720 Silesia subterranea.

Neumann, H.: Liegnitzer Naturforscher, I. Forscher des 17. und 18. Jahrhunderts. Mitt. Gesch. Altertumsver. Liegnitz, 8, 1920—21 (1922), 251—262.

Volger, Otto, geb. 30. I. 1822 Lüneburg, gest. 18. X. 1897 Sulzbach im Taunus.
Prof. Geol. u. Min. Senckenberg Inst., später Privatmann. Geologie u. Mineralogie, auch Arbeit über „Teleosteus primaevus", Cephalopoden.
Poggendorff 2, 1228—1229; 3, 1399 (Qu.).

Vollrath, Paul, gest. 30. IV. 1929.
Privatdozent techn. Hochschule Stuttgart. Paläogeographie, Stratigraphie Württembergs, Alpengeologie, Ceratodus.
Nachruf. Jahreshefte Ver. vaterländ. Naturk. Württemberg 85, 1929, LIII—LV (Bibliographie) (Qu.).

Volta, Giovanni Serafino.
Schrieb Monographie der Fische des Monte Bolca, 1796.
Dean II, 590; III, 192.

Voltz, Fr.
Studierte in den 40er Jahren Stratigraphie und tertiäre Faunen Hessens und vom Main-Rheintal.
Zittel: Gesch.

Voltz, Philippe Louis, geb. 15. VIII. 1784 Straßburg, gest. 29. III. 1840 Paris.
Studierte in Paris, bereiste die Alpen und Belgien, 1815 Ingenieur des Mines in Straßburg, 1835 Generalinspektor der Bergwerke in Paris. Belemniten, Aptychen, Cephalopoda, Actinocamax, Nerineae, Mastodon, Exogyra.
Dufrénoy: Sur la vie et les travaux de M. Voltz. Bull. Soc. géol. France, 12, 1840, 24—32 (Bibliographie mit 20 Titeln).
Garnier, F.: Not. nécrol. sur —. Ann. des Mines, (4) 10, 1846, 237—252.
Zittel: Gesch.

vom Rath s. Rath.

von der Marck siehe Marck.

Vosinsky, A.
Russischer Naturforscher, schrieb 1848 über Mammut.

* **Völter**, Daniel, geb. 20. VIII. 1814 Metzingen, gest. 22. IV. 1865 Eßlingen.
Schrieb: Deutschland und die angrenzenden Länder. Eine orographisch-geognostische Skizze. Eßlingen, 1857.
Allgem. Deutsche Biogr. 40, 406.

Waagen, Wilhelm, geb. 23. VI. 1841 München, gest. 24. III. 1900 Wien.
1880 Prof. Min. Geol. am deutschen Polytechnikum Prag, 1890 Prof. Pal. Wien. Coelenterata, Cystoidea, Mollusca, Cephalopoda (Ammonites subradiatus u. a.), Jura. Paläontologie Indiens.
Tietze, E.: Nachruf: Verhandl. Geol. Reichsanst. Wien, 1900, 178—182.
Uhlig, V.: Nachruf: CfM., 1900, 380—392 (Bibliographie).
Obituary, Geol. Magaz., 1900, 432; QuJGS., London, 57, 1901, LXIX ff.

Wachsmuth, C h a r l e s, geb. 13. IX. 1829 Hannover, gest. 7.
II. 1896 Burlington, Iowa.
Siedelte 1852 nach Amerika über, wo er merkantil tätig war, bis
ihn Gesundheitsgründe nach dem Westen zu gehen zwangen, wo
er mit Springer sich dem Studium der Crinoiden widmete. War
jahrelang Assistent bei L. Agassiz im Mus. Comp. Zool. Cambridge.
B a t h e r, F. A.: Obituary, Geol. Magaz., 1896, 189—192 (vergl.
1898, 276 ff).
C a l v i n, S.: Memoir of —. Bull. Geol. Soc. America, 8, 1897,
374—376 (Bibliographie mit 21 Titeln).
K e y e s, Ch. R.: Biographical sketch of —. Amer. Geol., 17, 1896,
131—136 (Portr.).
— — Epoch in history of American Science (Biographical sket-
ches of — and Frank Springer). Annals of Iowa, (3)2, 1896,
345—364 (Portr.).
— — Memorial of —. Proc. Iowa Acad. Sci., 4, 1897, 13—16
(Portr.).
M e r r i l l: 1904, 713.
Hist. Brit. Mus., I: 334.
Z i t t e l: Gesch.

* Wadsworth, M. E.
Direktor der State Mining School und Staatsgeologe in Michigan.
List of publications of M. E. Wadsworth 1877—1885. Harvard Coll.
Cambridge, Mass., 1885, pp. 3.
M a r t i n, M.: A brief history of State Geological and nat. hist.
survey of Michigan. Hist. Magaz. Michigan, 6, 1922, 703—710
(Portr.).

Wael, E m i l i e n d e, geb. 1812 Antwerpen, gest. 1861.
Belgischer Stratigraph.
Vergl. Bull. Soc. Belge Géol. etc. 15, 1901, 592 substella.

Wael, N o r b e r t C h a r l e s L o u i s d e, geb. 27. IV. 1817 Ant-
werpen, gest. 25. VIII. 1901 Anhée, Prov. Namur.
Belgischer Stratigraph.
E r t b o r n, baron O. van: Not. nécrol. sur —. Bull. Soc. Belge
Géol. Pal. Hydrol., 15, 1901, Proc. Verb., 588—593.

Wagler, J o h a n n G e o r g, geb. 28. III. 1800 Nürnberg, gest.
23. VIII. 1832 München (verunglückt).
Prof. Zool. München. Stellte die Gattung Eurysternum auf.
Schrieb: Natürliches System der Amphibien mit vorangehender
Klassifikation der Säugetiere etc. Stuttgart, 1830, pp. 354.
Allgem. Deutsche Biogr. 41, 776 (Qu.).

Wagner, J o h a n n A n d r e a s, geb. 21. III. 1797 Nürnberg,
gest. 19. XII. 1861 München.
Prof. Zoologie, Paläontologie Univ. München. Vertebrata, Aves
(Archaeopteryx = Reptil). Spelaeologie. Pikermi-Faunen. Rep-
tilien, Pisces.
Nachruf: Leopoldina, 3: 12.
M a r t i u s, C. v.: Denkrede. Sitzungsber. math.-phys. Cl. bayer.
Ak. Wiss. 1862, I, 16 pp. (Teilbibliographie).
Allgem. Deutsche Biogr. 41, 776—777; Poggendorff 2, 1240—1241.
Scient. Papers 6, 224—228.

Wagner, P e t e r C h r i s t i a n, geb. 10. VIII. 1703 Hof, gest. in
Bayreuth 8. X. 1764.

Arzt in Bayreuth, Stadtphysikus Erlangen, Geheimer Rat und Direktor des Medizinalkollegs Bayreuth; schrieb de lapidibus judaicis Hal. 1724.
Freyberg.
Z i t t e l: Gesch.
P o g g e n d o r f f 2, 1240.

Wagner, W i l l i a m, geb. 1796, gest. 1885.
Begründer des Wagner Free Institute zu Philadelphia. Pliocänfossilien.
D a l l, W. H.: Notes on the paleontological publications of Professor —. Trans. Wagner Inst. Sci., 5, 1898, No. 2 (Bibliographie mit 2 Titeln).
Dict. Amer. Biogr. 19, 313—314.

Wahlenberg, G ö r a n, geb. 1780, gest. 1851.
Prof. in Upsala, Laplandforscher. Schrieb: Petrificata telluris Suecanae, 1822. Graptolithen.
T o r n i e r: 1924: 61.
Z i t t e l: Gesch.
P o g g e n d o r f f 2, 1242—1243.
Biografi öfver G. W. K. Vetensk. Ak. Handlingar (1851'), 1853, 431—505 (Bibliographie).

Wahnschaffe, F e l i x, geb. 27. I. 1851 Kaltendorf bei Öbisfelde, gest. 20. I. 1914.
Studierte bei H. Credner in Leipzig, 1875 Mitglied der Preuß. Geol. Landesanstalt. Mollusca, Phytopaläontologie des Quartärs.
K e i l h a c k, K., u. B e y s c h l a g: Gedächtnisrede. Jahrb. Preuß. Geol. Landesanst., 35, 1914, II, 513—542 (Portr. Bibliographie mit 109 Titeln).
D e G e e r, G.: Nekrolog: Geol. För. Stockholm Förhandl., 36, 1914, 525—528 (Portr.).
K r u s c h, P.: Zum Gedächtnis —. Zeitschr. Deutsch. Geol. Ges., 66, 1914, Monatsber. 65—80 (Bibliographie mit 110 Titeln, Portr.).
L i n s t o w, O. von: Nachruf auf —. Zeitschr. f. Gletscherkunde, 9, 1914, 207—217 (Bibliographie mit 132 Tit.).
T o r n i e r: 1925: 87.

Walch, J o h a n n E r n s t I m m a n u e l, geb. 30. VIII. 1725 Jena, gest. 1. XII. 1778.
Professor der Dichtkunst und Beredsamkeit in Jena. Besaß eine berühmte Sammlung, die von Knorr publiziert wurde. Hauptwerke: Das Steinreich, Systematischer Entwurf 1762—64, neue Aufl. 1769, Die Naturgeschichte der Versteinerungen, Fortsetzung zu Knorr's Sammlung der Merkwürdigkeiten der Natur 1768—73, Von den Sternbergischen Versteinerungen, Beschreibung der Coll. Walch in Tornier, 1924: 13—14.
Freyberg (auch Portr.).
Z i t t e l: Gesch.
S c h r ö t e r: Journ., I: 45—50, 3: 196—240, 5: 564—581.
Allgem. Deutsche Biographie 40, 652—655.

Walcott, C h a r l e s D o o l i t t l e, geb. 31. III. 1850 New York Mills, Oneida Co. N. Y., gest. 9. II. 1927 Washington.
1883 Paläontologe der U. S. Geol. Surv., 1894 Direktor ders., 1907 Sekretär Smithson. Inst.; Trilobita, Brachiopoda, Cambrische Faunen u. Stratigraphie, Lebensspuren des Algonkium.

D a r t o n, N. H.: Memorial of —. Bull. Geol. Soc. America, 39, 1928, 80—116 (Portr. Bibliographie mit 225 Titeln).
S c h u c h e r t, Ch.: Obituary, Sci., 65, 1927, 455—456; Proc. Am. Acad. Arts, Sci., 62, 1928, 276—285.
T (r o e d s s o n), G. T.: Necrolog: Geol. För. Stockholm Förhandl., 49, 1927, 290—292 (Portr.).
C a l m a n, W. T.: Dr. C. D. Walcott's researches on the appendage of Trilobites. Geol. Magaz., 1919, 359—363 (Taf. Fig.).
S m i t h, G. Otis: Necrolog: Amer. Journ. Sci., (5) 14, 1927, 1—6; Smiths Rep., 1927, 555—561 (Taf. 2).
Eminent living geologists, Geol. Magaz., 1919, 1—10 (Bibliographie mit 67 Titeln), vergl. Appleton's Pop. Sci. Mo., 52, 1898, 547.
J. E. M.: Obituary, Geol. Magaz., 1927, 189—190.
I l l i n g. V. C.: Walcott's Cambrian geology and paleontology. Geol. Magaz., 1917, 25—27 (Smithson. Misc. Coll., 1910—25).
Sketch of —. Pop. Sci. Mo., 52, 1898, 547—553 (Portr.).
C l a r k e: James Hall of Albany, 414 u. öfter.
Memorial meeting Smithsonian Misc. Coll., 80, 12, 1928, pp. 37 (Portr. Bibliographie mit 231. Titeln) (Taft, W. H., Merriam, J. C., Ames, J. S., Smith, G. O., Abbott, C. G.).
M e r r i l l: 1904, 672 (Portr. Fig. 139).
M a r c o u, J. B.: Bibliographies of American Naturalists. III. Bull. U. S. National Museum, No. 30, 1885, p. 183—199 (Bibliographie mit 27 Titeln).

Waldheim, F i s c h e r, vergl. Fischer de Waldheim.

Walford, E d w i n, A., gest. März 1924.
Jura-Sammler, Sammlung im Museum der Univ. Oxford.
Obituary, QuJGS., London, 81, LXXV.

Walker, Sir B y r o n E d m u n d, geb. 1848, gest. 26. III. 1924.
Bankier, Amateur-Sammler.
Obituary, QuJGS., London, 81, LXXIII.
C l a r k e: James Hall of Albany, 471.

Walker, J o h n F r a n c i s, geb. 25. XI. 1839 York, gest. 23. V. 1907.
Sammelte Grünsand-Fossilien von Cambridgeshire. Brachiopoda, Coprolithe. Artproblem.
Obituary, Geol. Magaz. 1907, 380—384 (Bibliographie mit 22 Titeln).

* **Wallace**, A l f r e d R u s s e l, geb. 8. I. 1823, gest. 7. XI. 1913.
Englischer Naturforscher, Mitbegründer des Darwinismus.
Obituary, QuJGS., London, 70, 1914, LXXXIII.

Wallerius, J o h a n G o t t s c h a l k, geb. 11. VII. 1709 Stora Mellösa i Nerike, gest. 16. XI. 1785 Upsala.
Prof. Chemie, Metallurgie, Pharmazie Upsala. Mineraloge. Beschreibt auch Fossilien in seiner Mineralogia 1747.
S v e d m a r k, E.: Nagra anteckningar om —. Geol. För. Stockholm Förhandl., 7, 1884-85, 741—751 (Portr. Bibliographie mit 120 Titeln).

* **Walmstedt**, L a r s E d v a r d, geb. 14. X. 1819 Upsala, gest. 3. II. 1892 daselbst.
Prof. Min. Geol. Upsala. Mineraloge.
S (v e d m a r k), E.: Naekrolog: Geol. För. Stockholm Förhandl., 14, 1892, 189—190.

Walter zu Herbstenburg, J o h. P e t e r.
Fürstbischöfl. Hofkanzler in Brixen. Sammler. Seine Sammlung
seit 1832 im Mus. Ferdinandeum, Innsbruck.
K l e b e l s b e r g, R. v.: Geologie von Tirol 1935, 695 (Qu.).

Waltershausen, W o l f g a n g S a r t o r i u s, s. Sartorius.

Walther, J o h a n n e s, geb. 20. VII. 1860 Neustadt a. d. Orla, gest.
4. V. 1937 Hofgastein.
1890 Prof. Jena, 1906 Prof. Geol. Pal. Halle a. S., 1927 Gastdozent
John Hopkins Univ. Baltimore. Schrieb: Allgemeine Paläontologie und: Aus der Gesch. der Univ. Wittenberg, Leop., 5, 1929,
1—8. Fauna v. Solnhofen, Crinoidea u. a. Allgem. Paläontologie.
W e i g e l t, Joh.: Der Lebensgang von —. Leopoldina, 6, 1930,
1—10 (Portr. Bibliographie mit 91 Titeln).
— —: — und die Kaiserl. Leopold. Carol. Deutsche Akad. d.
Naturf. Ebenda 11—13.
— —: J. W. Zeitschr. Deutsche geol. Ges. 89, 1937, 647—
656 (Portr., Bibliographie).

Walther, v.
Kreissekretär in Bruneck (Tirol). Sammler.
K l e b e l s b e r g, R. v.: Geologie von Tirol 1935, 695 (Qu.).

Walton, F r a n c i s, gest. 22. V. 1925 65 J. alt.
Arzt in Hull. Stratigraphie von Yorkshire u. Lincolnshire.
Obituary. QuJGS. London 82, 1926, LIV—LV (Qu.).

Wangenheim von Qualen, F., gest. 10. VII. 1864 im Alter
von 73 Jahren.
Russischer Naturforscher, Perm, Phytopaläontologie.
Schrieb: Lebensbilder aus Rußland von einem alten Veteranen,
Riga, 1863, pp. 211.
Scient. Papers 6, 261—262; 8, 1192 (32 Titel).

Wankel, H e i n r i c h, geb. 15. VII. 1821 Prag, gest. 5. IV. 1897.
Knappschaftsarzt in Blansko (Mähren). Homo fossilis. Quartäre
Höhlenfaunen.
W u r z b a c h 53, 70—74.
Todesnachricht Zeitschr. f. Ethnologie 29, 1897, 161 (Verh.).
Scient. Papers 6, 262; 8, 1192; 11, 746; 19, 465 (Qu.).

Ward, H e n r y A u g u s t u s, geb. 9. III. 1834, gest. 4. VII. 1906.
Nordamerik. Sammler. Schuf ein eigenes Museum, jetzt im
Field Mus. of Nat. Hist.
F a i r c h i l d, H. L.: H. A. W. Proc. Rochester Acad. Sci. Arts, 5,
1919, 241—251 (Portr.).
Hist. Brit. Mus., I: 334.
C l a r k e, James Hall of Albany 345, 387, 441.
Dict. Amer. Biogr. 19, 421—422.

Ward, J o h n, geb. 11. VIII. 1837 Fenton, N. Staffordshire, gest. 30.
XI. 1906.
Kaufmann und Sammler von Carbon-Fischen und Labyrinthodonten.
Seine Funde haben Egerton, Huxley, Young, Davis, Traquair,
A. S. Woodward beschrieben. Stratigraphie, Phytopaläontologie.
A. S. W (o o d w a r d): Obituary, Geol. Magaz., 1907, 141—143
(Bibliographie mit 16 Titeln).
Hist. Brit. Mus., I: 335.

Ward, L e s t e r F r a n k, geb. 18. VI. 1841 Joliet, Illinois, gest. 18.
IV. 1913 Washington.
Paläontologe des U. S. Geol. Survey, dann Prof. Soziologie Univ.
Providence. Phytopaläontologie (Laramie Group u. a.).
C a p e, E. P.: Lester F. W. a personal sketch. New York
1922, pp. XI + 208.
Obituary, Geol. Magaz., 1913, 336.
H o l l i c k, A.: L. F. W. Science (N. S.) 38, 1913, 75—77.
N i c k l e s 1066—1068.

Warren, J o h n C o l l i n s, geb. 1. VIII. 1778 Boston, gest. 4.
V. 1856.
Schrieb: Remarks on some fossil impressions in the sandstone rocks
of Connecticut River. Boston, 1854, pp. 54. Vertebrata (Mastodon).
W a r r e n, E d w.: The life of J. C. W. 1860.
Notice of Dr. J. C. W. Proc. Boston Soc. Nat. Hist. 6, 1856,.
73—83 (Bibliographie).
Dict. Amer. Biogr. 19, 480—481 (Qu.).

Watelet, A d o l p h e, geb. 24. IX. 1811 Paris, gest. 1880.
Studierte das Pariser Becken. Mollusca, Phytopaläontologie.
L e f è v r e, Theod.: Not. biogr. sur —. Ann. Soc. malacol. Belg.,
15, 1880, XL—XLVIII (Bibliographie).
F o s s é d'A l r c o s s e: Notice sur la vie et les oeuvres de M.
Watelet. Bull. Soc. Archéol. Hist. et Scientif. de Soissons, (2)
11, 1880, 55—62 (Portr.).

* **Waterhouse**, J o h n, geb. 3. VIII. 1806 Halifax, Yorkshire, gest. 13.
II. 1879.
Yorkshire-Geologe. Stratigraphie.
D a v i s, J. W.: History of Yorkshire Geol. Polytechn. Soc., 1837—
1887, Halifax, 1889, 248—250.

Waters, A r t h u r W i l l i a m, gest. 1929.
Bryozoa, bes. des Känozoikum von Italien, Australien u. Neu-
seeland.
Obituary. QuJGS. London 86, 1930, LIX.
Scient. Papers 11, 757—758; 19, 488 (Qu.).

Watson, W h i t e.
Schrieb 1811: A delineation of the Strata of Derbyshire.
E d w a r d s: Guide, 64.

* **Watts**, W i l l i a m W h i t e h e a d, geb. 1860 Broseley, Shropshire.
Prof. Geol. Imperial Coll. Sci. Tech. South Kensington. Strati-
graphie. Schrieb: Geology for beginners, The centenary of the
Geol. Soc. London, QuJGS., London, spec. No. 1907, pp. 166.
Eminent living geologists. Geol. Magaz., 1915, 481—487 (Portr.
Bibliographie mit 68 Titeln).

Wähner, F r a n z, geb. 23. III. 1856 Goldenhöhe, Nordböhmen, gest.
4. IV. 1932 Prag.
1885—1901 Kustos Naturh. Mus. Wien, 1901—1926 Prof. Min.
Geol. Techn. Hochschule u. Deutsche Univ. Prag. Stratigraphie,
Cephalopoda.
S p e n g l e r, E.: Nachruf. Ann. Naturh. Hofmus. Wien, 46, 309—
312, Wien 1933 (Bibliographie); Lotos 80, 1—2, Prag 1932.

Weaver, T h o m a s, geb. 1773, gest. 2. VII. 1855 Pimlico.
Verglich mit Buckland 1821 die Sedimentgesteine Englands,
Deutschlands und Frankreichs. Stratigraphie. Cervus megaceros.
Z i t t e l: Gesch.
Obituary. QuJGS. London 12, 1856, XXXVIII—XXXIX.
Dict. Nat. Biogr. 60, 94.
Scient. Papers 6, 285—286.

Weber, C a r l A l b e r t, geb. 13. I. 1856 Spandau, gest. 11. IX.
1931 Bremen.
Botaniker an der Moor-Versuchs-Station, Bremen. Fossile Flora
u. Stratigraphie glazialer, inter- u. postglazialer Ablagerungen.
P a u l, H.: Nachruf. Abh. Naturw. Ver. Bremen 28 (Festschr.),
1931—32, I—XVIII (Portr., Bibliographie) (Qu.).

Weber, C. O t t o, geb. 29. XII. 1827, gest. 11. VI. 1867.
Phytopaläontologe in Bonn.
Lyell life, II sub 1857.
W i l c k e n s, O.: Geologie der Umgegend von Bonn, 1927.
Allgem. Deutsche Biogr. 41, 343—345.

Weber, H e l l m u t h A l b e r t, gefallen 6. IX. 1916 westl. Berny-
en-Santerre.
Sohn von C. A. Weber. Quartärflora.
Biogr. Angaben in seiner posthum herausgegebenen Arbeit: Über
spät- u. postglaziale . . . Ablagerungen usw. Abh. Naturw.
Ver. Bremen 24, 1918, 189—266 (Portr. im Sonderdruck) (Qu.).

Weber, J u l i u s, geb. 4. IX. 1864 Zürich, gest. 16. I. 1924.
1889 Prof. am Technikum zu Winterthur. Stratigraphie.
K e l l e r, R.: Führer durch die pal. Sammlung Winterthur, 165—
166.
S c h a r d t, H.: Prof. Dr. J. W. Verh. Schweiz. Naturf. Ges. 105,
1924, Nekr. 53—57 (Portr., Bibliographie).
H e ß s, E.: Prof. Dr. J. W. Mitt. naturwiss. Ges. Winterthur
15, 1924, 69—80 (Portr., Bibliographie).

Webster, T h o m a s, geb. 1773 Orkney, gest. 1844.
Englischer Architekt. Stratigraph, schrieb: On the freshwater for-
mations of the isle of Wight. Trans. geol. Soc. 2. „Alcyonia"
G e i k i e, A.: Founders of geology, 239 ff.
W o o d w a r d, H. B.: Hist. Geol. Soc. London, 48.
Dict. Nat. Biogr. 60, 126.

Wedelius, G e o r g W o l f g a n g, geb. 1645 Golsen i. d. Lausitz,
gest. 1721.
Arzt und Prof. der Medizin Jena. Schrieb: de unicornu et ebore
fossili, Jena, 1699.
Freyberg.
Allgem. Deutsche Biogr. 41, 403.

Wegner, T h e o d o r, geb. 9. IX. 1880 Emsdetten, gest. 15. XI. 1934
Dortmund.
Prof. Geol. u. Pal. Münster (Westf.). Faunen u. Geologie bes.
der Kreide Westfalens.
L ö s c h e r, W. u. a.: Nachruf. Die Heimat (Beilage zur Emsdet-
tener Volkszeitung) 13, 1935, 12 pp. (Portr., Bibliographie mit
76 Titeln) (Qu.).

Weigner, S t a n i s l a w V i c t o r, geb. 1886 Tarnopol, gest. 1.
IX. 1935.

Zuerst Staatsgeologe in Krakau, dann Ölgeologe. Cenomanfauna
u. -stratigraphie von Galizien.
Nachruf. Ann. Soc. géol. Pologne 11, 1935, 125—132 (Portr.,
Bibliographie) (Qu.).

Weinkauff, H. C., geb. 29. IX. 1817 Kreuznach, gest. 14. VIII.
1886 ebenda.
Studierte tertiäre Konchylien des Mainzer Beckens in den 50er
Jahren, bestimmte 1860 die Stellung des marinen Septarientons
zwischen dem Meeressand von Weinheim und dem Cyrenen-
mergel
Z i t t e l : Gesch.
Nécrologie. Journ. de Conchyl. 35, 1887, 91—92.
Scient. Papers 6, 304; 8, 1211—1212; 12, 773.

Weinsheimer, O t t o, geb. 1857.
Bearbeitete neben Kaup und H. v. Meyer die Dinotherien von Ep-
pelsheim.
Z i t t e l : Gesch.

Weinzierl, L a u r a   L a n e, geb. zu Louisville, Ky., gest. 28. IX
1928.
Studierte Faunen von Texas.
A p p l i n, E. R.: Memorial to L. L. W. Journ. of Paleont., 2,
1928, 383.

Weismann, G o t t l i e b, geb. 13. VIII. 1798 Niederstetten, gest.
22. XII. 1859 Stuttgart.
Apotheker in Metzingen. Sammler schwäbischer Fossilien. Seine
Sammlung im Besitz des Ver. f. vaterländ. Naturk. Würt-
temberg.
K u r r, v.: Nekrolog. Jahreshefte Ver. f. vaterländ. Naturk.
Württemberg 17, 1861, 40—43 (Qu.).

Weiss, C h r i s t i a n   E r n s t, geb. 12. V. 1833 Eilenburg, gest. 4.
VII. 1890 Schkeuditz.
Landesgeologe u. Lektor Min. Bergakademie Berlin. Phytopalä-
ontologie.
S t e r z e l : Nachruf: Jahrb. Preuß. Geol. Landesanst., 11, 1890,
CIX—CXXXIII; NJM., 1891, I, pp. 24.
T o r n i e r : 1925: 87.

Weiss, C h r i s t i a n   S a m u e l, geb. 26. II. 1780 Leipzig, gest.
1. X. 1856 Eger.
1810 Prof. Mineralogie Berlin. Schrieb: Über eine Reihe inter-
essanter Erscheinungen an verschiedenen Ananchyten und Spa-
tangen, 1836 u. über diluviale Säugetiere.
M a r t i u s, C. F. Ph. von: Denkrede auf —. Gehalten in der öffentlichen Sitzung der königl. bayer. Akad. d. Wiss. am 28.
Nov. 1856. München, 1857, pp. 22.
W e b s k y, W e i s s, R a m m e l s b e r g, H a u c h e c o r n e, B e y-
r i c h: Gedenkworte am Tage der Feier des hundertjährigen Geburtstages von — den 3. März 1880, gesprochen von den Herren — — — pp. I—XXX. Zeitschr. deutsche geol. Ges. 1880
(Anhang).
T o r n i e r : 1924: 37.

Weller, S t u a r t, geb. 26. XII. 1870 Maine, Broome C., gest. 5.
VIII. 1927.

Prof. Univ. Chicago. Crinoidea, Brachiopoda. Schrieb Bibliographie
of Carbon Evertebrata Bull. U. S. Geol. Survey, 153, 1898, pp.
653, A century of progress in paleontology, Journ. of Geol.,
1899, 496—508, The Stokes Collection of Antarctic Fossils, Ebenda,
11, 1903, 413—419.
C h a m b e r l i n, Thomas C., & Raymond C. M o o r e: Memorial
of —. Bull. Geol. Soc. America, 39, 1928, 116—126 (Portr.
Bibliographie mit 85 Titeln).
S c h u c h e r t, Ch.: Obituary, Amer. Journ. Sci., (5) 14, 1927, 332.

Welsch, J u l e s, geb. 17. II. 1858 Algier, gest. 1929.
Prof. Min. u. Geol. Univ. Poitiers. Stratigraphie West-Frank-
reichs.
Notice nécrologique. Bull. Soc. géol. France (4) 29, 1929, 201
(Compte rendu).
P o g g e n d o r f f 4, 1618; 5, 1353 (Qu.).

Weltner, W i l h e l m, geb. 26. X. 1854 Römnitz (Mecklenburg),
gest. 11. IV. 1917 Berlin.
Kustos am zool. Mus. Berlin. Fossile Schwämme (Cystispon-
gia) in seiner Doktordiss. (1882).
C o l l i n, A n t.: W. W. Ein Nachruf. Mitt. Zool. Mus. Berlin
9, 1, 1918, 63—70 (Bibliographie) (Qu.).

Weltrich, A p o l l o n i u s P e t e r, geb. 30. 4. 1781 Kulmbach, gest.
23. 8. 1850 ebenda.
Rentamtmann in Kulmbach. Entdecker der dortigen Rhätpflanzen.
S c h u s t e r, J.: Weltrichia u. die Bennettitales. Kungl. Sv. Vet.
Ak. Hand. 46, Nr. 11, 1911, p. 3, 47 (Qu.).

Wentzel, J o s e f geb. 25. III. 1858 Warnsdorf (Böhmen).
Privatdoz. f. Pal. Prag, dann Realschulprof. in Laibach. Korallen
(Tabulata), Stromatoporen.
P o g g e n d o r f f 4, 1619 (Qu.).

Wepfer, E m i l, geb. 1882 Pordenone, Italien, gest. 14. VI. 1930.
Assistent an der Badischen Geol. Landesanst. bei Deecke, 1918—
1922 Prof. in Freiburg, 1923 Mitglied der Württembergischen
geol. Landesanstalt, Dozent an der Techn. Hochschule Stuttgart.
Ammoniten, Mastodonsaurus, Cyclotosaurus.
B r ä u h ä u s e r, M.: Nachruf: Jahreshefte Ver. Vaterl. Naturk.
Württemberg, 1930, XXXVIII—XLII (Bibliographie mit 26
Titeln, Portr.).
S o e r g e l, W.: E. W. Jahresber. u. Mitt. Oberrhein. geol.
Ver. (N. F.) 20, 1931, XIII—XX (Portr., Bibliographie).

Weppen, J o h a n n A u g u s t, geb. 28. I. 1741 Northeim, gest.
18. VIII. 1812 Wickershausen.
Amtmann in Wickershausen, schrieb: Über Zoolithen-Höhlen 1806,
sowie Nachricht von einigen besonders merkwürdigen Versteinerungen und Fossilien seines Kabinetts. Leonhard's Taschenbuch,
1808, 2: 158—179.
Freyberg.
Allgem. Deutsche Biogr. 41, 742—743.

* **Werner**, A b r a h a m G o t t l o b, geb. 25. IX. 1750 Wehrau, Oberlausitz, gest. 30. VI. 1817 Dresden.
Studierte in Freiberg und Leipzig, 1775 Lehrer der Mineralogie
und Inspektor der Sammlungen d. Bergakademie Freiberg. Eingehende Würdigung und Aufzählung seiner Schüler bei Zittel,
Gesch., 85 ff.

Leonhard, K. C. v.: Zu Werner's Andenken, gesprochen in der
Versammlung der königl. Akademie der Wiss. München, 25. Okt.
1817, Frankfurt a. M., 1817, pp. 32.
Cuvier, G.: Éloge historique de G. Werner, 1818. (Aus Cuvier:
Éloges hist. des Membres de l'Acad. Roy. des Sciences, lus dans
les Séances publiques de l'Institut Royal de France, II.)
Frisch, S. G.: Lebensbeschreibung A. G. W.s. Nebst 2 Abhand-
lungen über Werner's Verdienste um Oryktognosie und Geognosie
von Ch. S. Weiss. Leipzig, 1825.
Configliachi, L.: Memorie intorno alla vita ed alle opere dei
due naturalisti Werner ed Haüy lette al I. R. Accad. di Sci.
Lett. ed Arti Padova. Padova, 1827, pp. 50.
Haidinger, W.: Die Werner-Feier am 25. Sept. 1850 in Öster-
reich. Jahrb. Geol. Reichsanst. Wien, 1851, 1—39.
Gerlach, F. W. A.: Obituary Notices of —. Freiberg, 1817.
Becher, Fr. L.: Die Mineralogen Georg Agricola zu Chemnitz
und A. G. Werner zu Freiberg im neunzehnten Jahrhundert.
Winke zu einer biographischen Zusammenstellung aus Sachsens
Culturgeschichte, Freiberg, 1819, pp. 67.
Blöde, K. A.: Nekrolog: Schrift. Min. Ges. Dresden 2, 1819.
Fischer, W.: Zur Würdigung —'s. Abhandl. naturf. Ges. Gör-
litz, 32, 1932, 21—51 (Portr. Taf. 3).
Herr, O.: Nachruf: Ebenda, 29, 1926, 62—70.
Beck, R.: Eine kritische Würdigung des Begründers der mo-
dernen Geologie. Jahrb. f. Berg- und Hüttenkunde in Sachsen,
1917, 1—49 (Bibliographie mit 33 Titeln).
Geikie, A.: Founders of geology, 102 ff.
Werneristen: Geikie: Murchison, I: 101—108, 244.
Freyberg.
Schiffner: Aus dem Leben alter Freiberger Akademiker: 5.
A. G. Werner. Blätter der Bergakademie Freiberg, No. 11,
1934, 9—15, Fig. 2.

Wessel, Paul Philipp Friedrich, geb. 20. I. 1826 Culm,
gest. 20. VI. 1855 Bonn.
Privatdozent in Bonn. Phytopaläontologie (zus. mit O. Weber).
Wilckens, O.: Geol. d. Umgebung v. Bonn, 1927.
Poggendorff 2, 1304.
Gersdorf, E. G., Leipziger Repertorium deutsch. u. aus-
länd. Lit. 14, 1, 1856, 311.

* West, E. P.
Nordamerikanischer Geologe.
Williston, S. W.: Obituary, Trans. Kansas Acad. Sci., 13,
1893, 68—69.

Westendarp, Charles.
Elfenbeinhändler in London in den 70—80er Jahren. Sammelte
Fossilien in Weimar und Ostafrika.
Hist. Brit. Mus., I: 335.

Westmoreland, J.
Sammelte Fossilien im Red Chalk von Hunstanton in den 90er
Jahren.
Hist. Brit. Mus., I: 335.

Weston, Joseph.
Sammler von Carbon-Fischen in Staffordshire.
Hist. Brit. Mus., I: 335.

Weston, T h o m a s C h e s m e r, geb. Okt. 1832 Birmingham, England, gest. 10. V. 1910 Minneapolis.
1859—94 Mitarbeiter der Geol. Survey Canada. Sammler, Eozoon.
B e l l, R.: Memoir of —. Bull. Geol. Soc. Amer., 22, 1911, 32—36 (Portr.).
N i c k l e s 1086.

Westwood, J o h n O b a d i a h, geb. 1805 Sheffield, gest. 2. I. 1893.
1861 Prof. Zool. Oxford. Entomologe, auch fossile Insecta.
Obituary, Geol. Magaz., 1893, 143.

Wetherby, A l b e r t G a l l a t i n, geb. 1833, gest. 1902.
Crinoiden, Crustaceen u. andere Fossilien des Silur u. Karbon von Nordamerika.
N i c k l e s 1086 (Qu.).

Wetherell, N a t h a n i e l T h o m a s, geb. 1800, gest. 22. XII. 1875 Highgate.
Arzt, Mitglied des London Clay Club, Mollusca.
Obituary, Geol. Magaz., 1876, 48 (Bibliographie mit 6 Titeln); QuJGS., London, 32, 1876, Proc. 90.
Hist. Brit. Mus., I: 335.

Wettstein, A l e x a n d e r, geb. 9. XII. 1861 Hedingen, verunglückte 15. oder 16. VII. 1887.
Pisces. Glarner Schiefer.
H e i m, A.: Dr. A. W. Verunglückt durch Sturz an der Jungfrau 15. oder 16. Juli 1887. Vierteljahresschr. Zürcher Naturf. Ges., 32, 1887, 227—233; Neue Zürcher Zeitung, Juli 1887.

Wettstein, R i c h a r d v o n, geb. 30. VI. 1863 Wien, gest. 10. VIII. 1931 Trins (Tirol).
Prof. Bot. Wien. Phylogenie d. Pflanzen. Flora d. Höttinger Breccie.
J a n c h e n, E.: R. W. Österr. bot. Zeitschr. 82, 1933, 1—195 (Portr., Bibliographie, pal. Titel siehe p. 134) (Qu.).

Weyenbergh, H e n d r i k, geb. 6. XII. 1842 Haarlem, gest. 25. VII. 1885 Bloemendaal bei Haarlem.
Prof. Zool. Cordoba (Argentinien). Entomologe. Fossile Insekten von Solnhofen.
Nachruf. Wiener entomol. Zeitung 4, 1885, 225—227.
Scient. Papers 8, 1224—1225; 11, 770—771; 12, 773 (Qu.).

Whaits, J o h n H., geb. 1870.
Sammler von Karroo-Reptilien in Südafrika.
B r o o m, R.: The mammal-like Reptiles of S. Africa, London, 1932, 339—340.

Wheatley, C h a r l e s M.
Sammler in den 60—70er Jahren in Amerika.
C l a r k e: James Hall of Albany, 87.
N i c k l e s 1087.

* **Wheeler**, G e o r g M o n t a g u e, geb. 1842, gest. 1905.
Leiter geogr. u. geol. Expeditionen in Nordamerika.
M e r r i l l: 1904, 616.
O s b o r n: Cope, Master Naturalist, 29.

* **Whewell**, W i l l i a m, geb. 1794, gest. 6. III. 1866.
1827—1832 Prof. Min. Cambridge, Reverend. Stratigraphie.

S t a i r D o u g l a s, Mrs.: Life of —. II. Aufl. London, 1882, pp.
591 (Portr.).
T o d h u n t e r, J.: W. W. Bd. I—II, 1876.
Obituary. Geol. Magaz. 1866, 192; QuJGS. London 23, 1867,
XXXII—XXXV.

Whidbey, J.
Sammelte Mammalia aus den Höhlen von Oreston bei Plymouth um
1820.
Hist. Brit. Mus., I: 336.

Whidborne, G e o r g e F e r r i s, geb. 1846, gest. 14. II. 1910 Ham-
merwood, East Grinstead.
Reverend. Stratigraphie Devon.
Obituary, Geol. Magaz., 1910, 141; Morning Post 17. II. 1910.

* **Whiston,** W i l l i a m, geb. 1666, gest. 1753.
1695 Kaplan des Bischofs von Norwich, 1701 Prof. Mathematik
Cambridge. „Mehrere ketzerische Schriften veranlaßten 1710 seine
Entlassung von der Universität." Schrieb: A new theory of the
earth, London, 1696.
Z i t t e l: Gesch.
P ø g g e n d o r f f 2, 1311.

Whitaker, W i l l i a m, geb. 1836, gest. 16. I. 1925.
1857—96 Mitglied des Geol. Survey United Kingdom. Tertiäre und
quartäre Stratigraphie.
Eminent living geologists. Geol. Magaz., 1907, 49—58 (Portr.
Bibliographie mit 182 Titeln).
Obituary, Geol. Magaz., 1925, 240.

White, C h a r l e s A b i a t h a r, geb. 26. I. 1826 North Dighton
Mass., gest. 29. VI. 1910 Washington.
Studierte in Iowa. 1866—70 Mitglied des Iowa Geol. Survey,
1867—73 Prof. Iowa State University, 1873—75 Prof. Bowdoin
Coll. Maine, 1874—92 Geologe und Paläontologe verschiedener
nordamerikanischer Landesuntersuchungen, 1876 Mitarbeiter des
U. S. National Museums. Faunen Nordamerikas, Brasiliens,
bes. Mollusca.
D a l l, W. H.: Biographie in Biogr. Mem. Nat. Acad. Sci., 7,
1911, 223—243 (Portr. Bibliographie mit 234 Titeln).
M a r c o u, J. B.: Bibliographies of American Naturalists. III.
Bull. U. S. Nat. Museum, No. 30, 1885, 113—181 (Bibliographie
mit 151 Titeln).
S t a n t o n, T. W.: Supplement to the annotated catalogue of the
published writings of —. Proc. U. S. Nat. Mus., 20, 1898, 627—
642.
S t a n t o n, T. W.: Final supplement to the catalogue of the publi-
shed writings of —. Proc. U. S. Nat. Mus., 40, 1911, 197—199
(Bibliographie mit No. 212—239).
K e y e s, Ch. R.: Life and work of —. Ann. Iowa, (3) 11, 1914,
497—504 (Portr.).
M e r r i l l: 1904, 713.
Obituary, QuJGS., London, 68, 1912, LI.

White, C h a r l e s D a v i d, geb. 1. VII. 1862 Palmyra N. Y.,
gest. 6. II. 1935 Washington.
Geologe U. S. Geol. Survey, Curator für Paläobotanik bei der
Smithson. Institution. Phytopaläontologie des Paläozoikums, prä-
kambr. Algen.

B e r r y, E. W.: D. W. Am. Journ. Sci. (5) 29, 1935, 390—391.
S c h u c h e r t, Ch.: Biographical Memoir of —. Nat. Ac. Sci.
U. S. Biographical Memoirs 17, 1936, 189—221 (Portr., Bibliographie).
M e n d e n h a l l, W. C.: D. W. Proc. geol. Soc. Amer. for 1936
(1937), 271—291 (Portr., Bibliographie) (Qu.).

White, T h e o d o r e G r e e l y, geb. 6. VIII. 1872 New York, gest.
7. VII. 1901 daselbst.
Studierte ordovizische Faunen.
K e m p, J. F.: Memoir of —. Bull. Geol. Soc. America, 13, 1902,
516—517 (Bibliographie mit 7 Titeln); Ann. New York Acad.
Sci., 14, 1902, 148—149.
R i e s, Heinrich· Obituary, Amer. Geol., 28, 1901, 269—270 (Bibliographie mit 7 Titeln).

Whiteaves, J o s e p h F r e d e r i c k, geb. 26. XII. 1835, gest. 8.
VIII. 1909 Ottawa.
Assistent-Direktor des Geol. Survey Canada. Marine Evertebraten,
Pisces.
B o u r i n o t, J. G.: Bibliography of the members of the Royal Soc.
of Canada, Proc. Trans. Roy. Soc. Canada, 12, 1894.
Eminent living geologists. Geol. Magaz., 1906, 432—442; (Portr.
Bibliographie mit 129 Titeln).
Obituary, Geol. Magaz., 1909, 432; QuJGS., London, 66, 1910,
XLIX.
S c h u c h e r t, Ch.: Obituary, Amer. Journ. Sci., (4) 28, 1909, 508.

* **Whitehurst**, J o h n.
Schrieb: Inquiry into the Original state and formation of the
earth, 1778.
Z i t t e l: Gesch.
P o g g e n d o r f f 2, 1312.

Whitfield, R o b e r t P a r r, geb. 27. V. 1828 New Hartford,
Oneida County NY., gest. 6. IV. 1910.
1856—76 Assistent bei James Hall of Albany. 1872 Mitglied der
United States Geol. Survey, 1872—78 Lehrer und Prof. Geol.
Rensselaer Polytechnic Institute Troy, dann Curator Amer. Mus.
Nat. Hist. Evertebraten: Mollusca, Scorpione, Brachiopoda u. a.
C l a r k e, J. M.: Memoir of —. Bull. Geol. Soc. America, 22, 1911,
22—32 (Portr. Bibliographie mit 110 Titeln).
M a r c o u, J. B.: Bibliographies of American Naturalists. III.
Bull. U. S. Nat. Mus., No. 30, 1885, 201 ff.
H u s s a k o f, Louis: Bibliography of —. Ann. New York Acad.
Sci., 20, 1911, 391—398 (Bibliographie mit 135 Titeln).
G r a t a c a p, L. P.: Obituary, Sci. n. s., 31, 1910, 774—775;
Amer. Journ. Sci., (4) 29, 1910, 565—566.
— — Biographical memoir of —. Ann. New York Acad. Sci., 20,
1911, 385—398.
H o v e y, E. O.: Obituary, Amer. Mus. Journ., 10, 1910, 119—121
(Portr.).
C l a r k e: James Hall of Albany, 354—355, 407, 408.
M e r r i l l: 1904, 714 u. öfter, Portr. fig. 110.

Whitney, J o s i a h D w i g h t, geb. 23. XI. 1819 Northampton,
Mass., gest. 19. VIII. 1896 Lake Sunapee bei New London.
Prof. Geol. Harvard Coll. Cambridge. Stratigraphie.
B r e w s t e r, E. T.: Life and letters of —, Boston, 1909, pp. 411
(Portr. Bibliographie mit 135 Titeln).

Nachruf: Verhandl. Geol. Reichsanst. Wien, 1896, 322.
M̦errill: 1904, 516, 714 u. öfter.
Nickles 1107—1110.

Whittlesey, Charles, geb. 4. X. 1808 Southington, Conn., gest. 18.
X. 1886 Cleveland, Ohio.
Colonel. Stratigraph und Archäologe.
Baldwin, C. C.: Colonel —. Tract. No. 68, Western Reserve Hist.
Soc., 2, 1887, 404—434 (Portr.).
Winchell, Alex.: Memorial of —. Amer. Geol., 1889, 257—268
(Portr. Bibliographie mit 29 Titeln).
Merrill: 1904, 543—544, 714, Portr. fig. 82.

Whymper, Edward, geb. 27. IV. 1840, gest. 16. IX. 1911.
Alpinist, Explorator, Sammler in Grönland.
Obituary, Geol. Magaz., 1911, 527.
Hist. Brit. Mus., I:. 336.

Wickes, W. H.
Sammelte um 1900 Najadites in Bristol.
Hist. Brit. Mus., I: 336.

Widhalm, Ignaz Martinowitsch, geb. 20. IX. 1835 Regensburg, gest. 25. XI. 1903 Odessa.
Laborant Zool. Mus. Univ. Odessa. Aves, Pisces von Odessa.
Nécrologie. Annuaire géol. et minéral. de Russie 7, 1904—1905,
38 (Qu.).

* **Wiebel (Wibel)**, Karl, geb. 2. II. 1808 Wertheim, gest. 16.
IV. 1888 ebenda.
Schrieb 1848 eine hist. geol. Monographie von Helgoland.
Zittel: Gesch.
Poggendorff 3, 1439.

Wiechmann, Carl Michael, geb. 15. III. 1828 Rostock, gest.
31. XII. 1883 ebenda.
Dr. h. c. Oberoligocäne Mollusken, bes. aus dem Sternberger
Gestein.
Nachruf. Archiv Ver. Freunde d. Naturgesch. Mecklenburg 38,
1884, 238—239. (Geburtsdatum alphab. Bandkat. preuß. Staats-
bibl.) (Qu.).

Wiedersheim, Robert, geb. 21. IV. 1848 Nürtingen, gest. 12.
VII. 1923 Schachen a. Bodensee.
Prof. d. Anatomie in Freiburg. Labyrinthodon.
Medizin. Selbstdarstellungen I, 1923, 207—227 (Portr., Teil-
bibliographie) (Qu.).

Wiegmann, Arend Friedr. Aug., geb. 1802, gest. 1841.
Schrieb 1835 über Chirotherium (Referat).
Freyberg.

Wilckens, Martin, geb. 3. IV. 1834 Hamburg, gest. 10. VI,
1897 Wien.
Prof. f. Tierphysiologie u. Tierzucht Hochschule f. Bodenkultur
Wien. Fossile Pferde (Maragha).
Nachruf. Leopoldina 33, 95—96.
Kukula 1892, 1013; 1893, 184 (Bibliographie) (Qu.).

Wilcox o f S w a n a g e.
Sammelte Reptilien, Chelonia aus dem Purbeck von Swanage in den
50er Jahren.
Hist. Brit. Mus., I: 336.

Wilkens, C h r i s t i a n F r i e d r i c h, geb. 1721, gest. 9. XI.
1784.
Pastor in Kottbus um 1770. Schrieb: Nachrichten von seltenen
Versteinerungen 1769. Ref. S c h r ö t e r: Journ. I, 2, 190—192.
T o r n i e r: 1924: 35.
M e u s e l, Teutsche Schriftsteller 1750—1800, 15, p. 157 (Qu.).

Wilkinson, C h a r l e s S m i t h, geb. 1843, gest. 23. VIII. 1891.
Englischer Geologe in Australien. Sammler, sonst prakt. Geologie.
Obituary, Geol. Magaz., 1891, 571—573 (Portr.); Minings Journal,
17. Oct. 1891.
R u s s e l l, H. C.: Anniv. Address. Journ. Proc. Roy. Soc. N. S. W.,
26, 1891, 1—50 (Bibliogr.).
D u n n, E. J.: Biographical sketch of the founders of the Geologi-
cal Survey of Victoria. Bull. Geol. Surv. Victoria, 23, 1910, 31
(Bibliographie mit 16 Titeln, Portr.).

* **Wille**, G. A.
Studierte 1821 Taunus und Vogelsgebirge.
Z i t t e l: Gesch.

Willemoes-Suhm, R u d o l p h v o n, geb. 11. IX. 1847 Glückstadt,
gest. 13. IX. 1875 an Bord des Challenger.
Zoologe. Pisces (Coelacanthus).
S i e b o l d, C. v.: Nachruf. Zeitschr. f. wissensch. Zool. 26, 1876,
XCIV—XCVI (Bibliographie) (Qu.).

Williams, H e n r y S h a l e r, geb. 6. III. 1847 Ithaca, gest. 31.
VII. 1918 Havanna, Cuba.
Studierte bei Dana, 1879 Dozent Geolog. Pal. Cornell Univer-
sity, 1886 Prof. daselbst, 1892 Prof. New Haven Yale college
(Nachfolger Dana's und Sillimans), kehrte 1904 nach Cornell
Univ. zurück, 1912 Pension. Paläozoische Faunen, bes. des Devon.
Stratigraphie.
C l e l a n d, H. F.: Memorial of —. Bull. Geol. Soc. America, 30,
1919, 47—65 (Portr. Bibliographie mit 370 Titeln).
S c h u c h e r t, Ch.: An appreciation of his work in stratigraphy.
Amer. Journ. Sci., (4) 46, 1918, 682—687.
W e l l e r, S. S.: Obituary, Journ. of Geol., 26, 1918, 698—700.
Obituary, Geol. Magaz., 1918, 528; QuJGS., London, 75, LX.
Bibliographies of the present officers of Yale University. New
Haven, 1893, 153—155 (Bibliographie mit 50 Titeln).
G r e g o r y, H. E.: H. S. W. at Yale. Science (n. s.) 49, 1919,
63—65.
Portr. F a i r c h i l d, Taf. 173.

* **Williams**, J o h n.
Englischer Bergwerksdirektor, Gegner Huttons, schrieb 1777 Briefe
über das schottische Hochland, 1789 eine Naturgeschichte des Mi-
neralreichs.
Z i t t e l: Gesch.
P o g g e n d o r f f 2, 1330.

Williamson. J o h n. geb. 1774, gest. 1877.
Cousin William Deans, Vater W. C. Williamsons, Gärtner, widmete
sich unter dem Einfluß W. Smith's der Geol. Yorkshire. Phytopaläont.

W i l l i a m s o n, W. C.: John Williamson, the Yorkshire Geologist
1883.
Hist. Brit. Mus., I: 337.

Williamson, W i l l i a m C r a w f o r d, geb. 24. XI. 1816 Scarborough,
gest. 23. VI. 1895 Manchester.
1851 Prof. Owen's College. Phytopaläontologe. Pisces.
W i l l i a m s o n, W. C.: Reminiscences of a Yorkshire naturalist
edited by his wife. London, 1896, pp. 228 (Bibliographie mit 144
Titeln).
— — General, Morphological and Histological Index to the
Author's Collective Memoirs on the Fossil Plants of the Coal
Measures. Mem. & Proc. Manchester Lit. & Philos. Soc., 4, 1891,
53—68, 7, 1893, 91—127.
Obituary, Geol. Magaz., 1895, 383—384.
W o o d w a r d, H. B.: Hist. Geol. Soc. London, 119—120.
Hist. Brit. Mus., I: 337.

Williston, S a m u e l W e n d e l l, geb. 10. VII. 1852 Roxbury bei
Boston, gest. 30. VIII. 1918.
Studierte bei Mudge, Kansas Univ. Assistent neben Marsh, 1886—
1890 Prof. Anatomie am Yale College, 1890 Prof. Geol. Anatomie
Kansas, Lawrence, 1902 Prof. Paläontologie Univ. Chicago.
Reptilien, Amphibien und rezente Dipteren.
L u l l, R. S.: Sam. W. Williston. Mem. Nat. Acad. Sci., 17, 1924,
115—141 (Portr. Bibliographie mit 138 paläontologischen Titeln).
O s b o r n, H. F., M c C l u n g, A l d r i c h, S t i e g l i t z, B a i l e y,
W a r d: In memoriam Sigma XI Quarterly 7, 1919, pp. 40
(Portr.).
S c h u c h e r t, Ch.: Obituary, Amer. Journ. Sci., (4) 47, 1919,
220—224.
O s b o r n, H. F.: Memoir of —. Bull. Amer. Geol. Soc. America,
30, 1919, 66—76 (Portr.).
A. S. W(o o d w a r d): Obituary, Geol. Magaz., 1918, 559—560.
Obituary, QuJGS., London, 75, 1919, LV.
Bibliography of —. New Haven, 1911, pp. 19 (Portr.).

Wills, C. F.
Sammelte Vertebraten aus dem Plistozän Madagaskars in den 90er
Jahren.
Hist. Brit. Mus., I: 337.

Wills, J a m e s.
Missionar auf Madagaskar, sammelte Aepyornis und Hippopotamus-
Reste in den 90er Jahren.
Hist. Brit. Mus., I: 337.

Wilson, E d w a r d, geb. 30. X. 1848 Mansfield, gest. 21. V. 1898.
Schrieb Fossil types in the Bristol Museum Geol. Magaz., 1890,
Curator des Bristol Museum. Mitarbeiter von Hudleston. Gastro-
poda u. andere Evertebraten.
Obituary, Geol. Magaz., 1898, 288.
Hist. Brit. Mus., I: 337.
Obituary. QuJGS. London 55, 1899, LXVI—LXVIII.
Scient. Papers 8, 1248; 11, 821; 12, 786; 19, 646.

Wilson, J o h n B r a c e b r i d g e, geb. 1828 Topcroft (Norfolk),
gest. 22. X. 1895 Geelong.
Schulleiter in Geelong b. Melbourne. Botanische u. zoologische
Studien. Fossile Bryozoen.

Obituary, Victorian Naturalist 12, 1896, 81; Journ. of botany 34, 1896, 48.
B e u t l e r, Lit. Bryozoen 55 (Qu.).

Wiltshire, T h o m a s, geb. 21. IV. 1826 London, gest. 27. X. 1902.
Reverend, Prof. Geol. Kings Coll. London, studierte bei Sedgwick.
Kreide-Faunen, Homo fossilis, Palethnologie.
H. W.: Obituary, Geol. Magaz., 1903, 46—48.

* **Winch**, N a t h a n i e l J o h n, geb. 1769, gest. 5. V. 1838 New-castle.
Kaufmann in Newcastle upon Tyne, Yorkshire, Northumberland, Botaniker, Stratigraph.
Obituary, Proc. Geol. Soc. London, 3, 67 (Bibliographie).

Winchell, A l e x a n d e r, geb. 31. XII. 1824 Northeast Dutchess Co.
NY., gest. 19. II. 1891 Ann Arbor, Michigan.
Bruder N. H. Winchell's, „Vater der Geol. Soc. America". Stro-matoporida, Mammalia, Stratigraphie, Homo fossilis. Prof. Geol.
Pal. Ann Arbor.
W i n c h e l l, N. H.: Memorial of —, Bull. Geol. Soc. America, 3, 1892, 3—13 (Bibliographie ebenda, 5, 1894, 557—564).
O r t o n, E., H i s e, C. R. van: Eulogium of —. Bull. Geol. Soc, America, 3, 1892, 56—58.
A l l e n, R. C.: A brief history of the Geological and biological survey of Michigan. Michigan Hist. Magaz., 6, 1922, 682—683 (Portr.).
F a i r c h i l d: Hist. Geol. Soc. America, 1888—1930 (Portr. Fron-tispiece).
W i n c h e l l, N. H.: An editorial tribute. Amer. Geol., 9, 1892, 71—148, 273—276 (Portr. Bibliographie mit 69 Titeln).
M e r r i l l: 1904, 505, 714 u. öfter, Portr. Taf. 24.

Winchell, N e w t o n H o r a c e, geb. 17. XII. 1839 Northeast Dut-chess Co. NY., gest. 2. V. 1914 Minneapolis.
1872 Mitglied der Geol. Survey Minnesota, 1879 Prof. daselbst, Brachiopoda u. andere Fossilien. Stratigraphie. Homo fossilis.
Begründer u. Herausgeber des Amer. Geologist.
Schrieb: The history of geological surveys in Minnesota. Bull.
Geol. and Nat. Hist. Surv. Minn. St. Paul, 1889, pp. 38, A sketch of geological investigations in Minnesota, Journ. Geol., 2, 1894, 692—707.
Portr. F a i r c h i l d, Taf. 80.
C l a r k e, J. M.: Obituary, Sci. n. s., 40, 1914, 127—130.
U p h a m, W.: Memoir of —. Bull. Geol. Soc. America, 26, 1915, 27—46 (Portr. Bibliographie mit 327 Titeln).
Obituary, Geol. Magaz., 1914, 336.
B a i n, H. F.: N. H. Winchell and the American Geologist. Ec. Geol., 11, 1916, 51—62.
S c h u c h e r t, Ch.: Obituary, Amer. Journ. Sci., (4) 37, 1914, 566.

Windoes, J a m e s o f C h i p p i n g N o r t o n, geb. 1839 Woodstock, gest. 26. IX. 1897.
Handschuhfabrikant, Sammler im Lias von Oxfordshire.
H. B. W (o o d w a r d): Obituary, Geol. Magaz., 1897, 527—528; Banbury Guardian, 30. Sept. 1897.

Winge, H e r l u f, geb. 19. III. 1857, gest. 10. XI. 1923.
Dänischer Zoologe, studierte Mammalia von Lagoa Santa (Bra-silien).

B r i n k m a n n, A.: Nachruf: Naturen, 47, 1923, 337—340.
J o r g e, A. Padberg Drenkpol: Necrolog: Bol. Mus. Nac. Rio de
Janeiro, 3, 1927, 1—14 (Portr.).
J e n s e n, A. S.: H. W. Naturens Verden 1924, 97—1p4 (Portr.).
(dän.); dasselbe englisch in: Vidensk. Medd. Dansk naturhist.
Foren. 78, 1924, V—XIII (Portr.); Bibliographie ibidem 82,
1926, 1—41.

Winkler, G u s t a v G e o r g, geb. 2. VIII. 1820 Audorf, gest. 26. I.
1896.
Prof. Min. u. Geogn. Polytechnikum München. Stratigraphie u.
Paläont. der bayrischen Alpen.
P o g g e n d o r f f 3, 1452.
Allgem. Deutsche Biogr. 43, 451—452 (Qu.).

Winkler, T i b e r i u s C o r n e l i u s, geb. 28. V. 1822 Leeuwarden,
gest. 18. VII. 1897 Haarlem.
Custos des Teyler Museum zu Haarlem. Crustacea, Pisces,
Reptilia. Schrieb: Cat. syst. de la Coll. pal. Haarlem, 1863-76-81.
Obituary, QuJGS., London, 54, 1898, LV.
L a u t e r b o r n: Der Rhein, 1934: 255—256.
Nieuw Nederlandsch Biogr. Woordenboek 6, 1924, 1313—1314.

* **Wintle**, W i l l i a m J a m e s, geb. 1861, gest. 25. VII. 1934.
Englischer Schriftsteller und Malacologe.
C. D. S(herborn): Obituary, Proc. Malac. Soc., 21, 1934, 149.

Wirtgen, P h i l i p p W i l h e l m, geb. 4. XII. (IX.) 1806 Neuwied,
gest. 7. IX. 1870 Coblenz.
Dr. phil. h. c., Lehrer in Coblenz, Botaniker. Paläontologie des
rheinischen Devon.
D r o n k e: Dr. Ph. W. Verh. naturh. Ver. Rheinl. u. Westf. 28,
1871, Correspondenzbl. 8—14.
Allgem. Deutsche Biogr. 43, 525—527.
Scient. Papers 6, 400—401 (Qu.).

Wisniowski, T a d e u s z, geb. 1865 Stanislawow, gest. 1933 Warschau.
Prof. Geol. u. Min. Polytechnikum Lemberg. Stratigraphie und
Fauna d. karpath. Kreide.
K r a j e w s k i, St.: T. W. Bull. Serv. Géol. Pologne 8, 1934,
16—28 (Bibliographie mit 66 Titeln).
Nachruf. Ann. Soc. géol. Pologne 10, 1934, 586—587 (Qu.).

Wissmann, H e i n r i c h L u d o l f, geb. 23. XII. 1815 Meensen
b. Göttingen, gest. ?
Schrieb die Einleitung zur Monographie der Versteinerungen von
St. Cassian, 1841 (von Graf Münster). Goniatiten. Muschel-
kalkversteinerungen.
Z i t t e l: Gesch.
P o g g e n d o r f f 2, 1343.

Wistar, C a s p a r, geb. 13. IX. 1761 Philadelphia, gest. 22. I. 1818
ebenda.
Prof. Anatomie Univ. Pennsylvania. Vertebrata 1799 u. 1818.
P o g g e n d o r f f 2, 1343.
S c o t t 415 (Qu.).

Witchell, E d w i n, geb. Juni 1823, gest. 20. VIII. 1887 Stroud.
Advokat, Sammler. Stratigraphie, Mollusca.
Obituary, Geol. Magaz., 1887, 479—480 (Bibliographie mit 9
Titeln); Stroud News, 16. August 1887.

Witham, H e n r y.
Schrieb: The internal structure of fossil vegetables Edinburgh, 1833.
Weitere phytopaläont. Arbeiten. Siehe Scient. Papers 6, 404.

Wittlinger.
Dorfchirurg in Heiningen (schwäb. Jura), Sammler. Seine Sammlung in der Univ. Tübingen.
Q u e n s t e d t, F. A.: Ueber Pterodactylus suevicus 1855, 25—26 (Qu.).

Wohlgemuth, J u l e s, gest. 31. III. 1893 39 J. alt.
Stratigraphie Jura Ostfrankreich.
B a d e l, E.: Jules Wohlgemuth, directeur de l'École professionelle de l'Est. Sa vie, sa mort, ses funérailles. Nancy, 1893, pp. 32.
N i c k l è s, R.: Notice sur les travaux scientifiques de —. Bull. Soc. Sci., Nancy (2) 14 (1895), 1896, 59—64.
Notice nécrologique. Bull. Soc. géol. France (3) 22, 1894, LI—LII.

Woldrich, J o h a n n N e p o m u k, geb. 15. VII. 1834 Zdikove, gest. 3. II. 1906, Prag.
Prof. Geol. Univ. Prag. Plistozäne Faunen, Homo fossilis, Palethnologie.
K e t t n e r: 146 (Portr. Taf. 39).
Z e l i z k o, J. V.: Nachruf. Osveta Praha, 1906, 349—351.
Scient. Papers 6, 420; 8, 1261; 11, 837—838, 12, 790, 19, 684 —685.
P o g g e n d o r f f 4, 1661—1662.

Wolfart, P e t e r, geb. 11. VII. 1675 Hanau, gest. 3. XII. 1726 Cassel.
Prof. Physik und Anatomie zu Hanau, Kassel, Rat und Leibarzt des Landgrafen von Hessen-Kassel. Schrieb: Historia naturalis lapidum, imprimis figuratorum i. e. Naturgeschichte des Nieder-Fürstentums Hessen. Cassel 1719.
Freyberg.
L a u t e r b o r n: Der Rhein, I: 189.
P o g g e n d o r f f 2, 1358.

Woltersdorf, J o h a n n L u c a s, geb. 25. VI. 1721 Friedrichsfelde b. Berlin, gest. 22. XII. 1772 Berlin.
Prediger der St. Gertrauden-Kirche in Berlin, besaß ein Kabinett, schrieb in seinem Systema minerale Berlin 1748 über Trilobiten-Mollusca = Conchites trilobus u. andere Versteinerungen.
Nachruf: Schröter, Journ., I: 2: 141—142.
P o g g e n d o r f f 2, 1364.
Allgem. Deutsche Biogr. 44, 184.

Wolterstorff, W i l l y, geb. 16. VI. 1864.
Konservator am Museum f. Natur- u. Heimatk., Magdeburg.
Zoologe. Pleistocäne Conchylien, Karbonfauna v. Magdeburg—Neustadt, Frösche.
Wolterstorff-Festschr. Blätter für Aquarien- u. Terrarienkunde 45 (Nr. 11), 1934, 178—197 (Bibliographie) (Qu.).

Wood, E d w a r d, geb. 24. V. 1808, gest. 16. VIII. 1877.
Fabrikbesitzer zu Richmond, Yorkshire, sammelte Crinoidea und Brachiopoda aus dem Carbon von Swaledale.
Obituary, Geol. Magaz., 1877, 480.
Hist. Brit. Mus., I: 338.

Wood, J o s e p h.
Sammelte in den 60er Jahren Mammalia bei Walthamstow.
Hist. Brit. Mus., I: 338.

Wood, M.
Sammelte in den 50er Jahren Apiocrinus aus dem Bradford Clay.
Hist. Brit. Mus., I: 338.

Wood, S e a r l e s V a l e n t i n e, geb. 14. II. 1798 Woodbridge, gest.
26. X. 1880.
Seemann, sammelte Mollusca aus dem Crag, Mitarbeiter Lyell's,
schrieb die Monographie der Crag-Mollusken.
E t h e r i d g e, R.: Obituary, QuJGS., London, 37, 1881, Proc. 37.
Obituary, Geol. Magaz., 1880, 575—576.
Hist. Brit. Mus., I: 338.
Scient. Papers 6, 434; 8, 1268—1269; 11, 844.

Wood, S e a r l e s V a l e n t i n e J u n i o r, geb. 4. II. 1830 Hasketon,
Suffolk, gest. 14. XII. 1884.
Sohn des erstgenannten, setzte die Sammlungen seines Vaters fort.
Paläontologe, Geol. Surv. Norfolk. Mollusca.
Obituary, Geol. Magaz., 1885, 138—142 (Bibliographie mit 59
Titeln).
Hist. Brit. Mus., I: 339.

Wood-Mason, J.a m e s, geb. 1846 Gloucestershire, gest. 6. V. 1893
auf See.
Prof. vergl. Anatomie Medical College Bengal. Entomologe, auch
Arbeiten über mesozoische Reptilien Englands.
Obituary.. The Entomologist's Monthly Magazine 29, 1893, 145—
146; Leopoldina 29, 1893, 159.
Scient. Papers 8, 351 (Qu.).

Woods, s. T e n i s o n - W o o d s.

Woodward, A n t h o n y, gest. 1915.
Schrieb: The Bibliography of the Foraminifera, recent and fossil
incl. Eozoon and Receptaculites 1565—jan. 1. 1886 Ann. Rep.
Geol. Nat. Hist. Survey Minnesota, 14, 1885, p. 167—331, 1886.
Foraminifera.
N i c k l e s 1147.

Woodward, A r t h u r S m i t h S i r, geb. 23. V. 1864 Macclesfield.
Mitglied des British Museum Nat. Hist., 1901 Keeper des Geol.
Department, schrieb unter anderem: Catalogue of the fossil
fishes in the British Museum, Bd. I—IV. Reptilia, Pisces, Mam-
malia, Homo fossilis.
List of the scientific writings of —, Decade I, 1882—1892, pp. 7,
Hertford, 1893 (Bibliographie mit 100 Titeln).
Eminent living geologists. Geol. Magaz., 1915, 1—5 (Portr.).
D e a n II, 645—653, III, 199—200 (Teilbibliographie).

Woodward, B e r n a r d B a r h a m, gest. 77 Jahre alt 27. X. 1930.
Neffe von Henry Woodward und von Samuel Pickworth Woodward.
1873 Curator der Geol. Soc. London, Bibliothekar des British
Museum Nat. Hist. bis 1920. Malacologie.
S h e r b o rn, C. D.: Bernard Barham Woodward. Proc. Linn. Soc.,
143, 1931, 201—202.
Obituary, QuJGS., London, 1931, LXX.
C. D. S(herborn): Obituary. The Naturalist, 1930, 437—438. Mit
einer Übersicht der Familie Woodward.

Woodward, B e r n a r d H e n r y, geb. 1846.
Direktor des Nat. Hist. Mus. und Art Gallery zu Perth, W. Australien, trat 1915 zurück. Mammalia, Mammoth Cave, Australien.
Geol. Magaz., 1915, 192.

Woodward, H a r r y P a g e, geb. 16. V. 1858 Norwich, gest. 7. II. 1917, Perth, W. Australien.
Studierte bei Judd, 1883—86 Geologe in Südaustralien, 1887—95 in West-Australien, 1895 Mineningenieur zu Perth. Sohn Henry Woodward's, Enkel Samuel Woodward's, Cousin Horace B. Woodward's.
Eminent living geologists. Geol. Magaz., 1897, 385—388 (Portr.).
Obituary, Geol. Magaz., 1917, 239—240.

Woodward, H e n r y, geb. 24. XI. 1832 Norwich, gest. 6. IX. 1921 Bushey, Herts.
1858 Assistent am British Museum. Dep. Geol., 1880—1901 Keeper. Crustacea, auch Mollusca u. a. Begründete 1864 the Geological Magazine.
Obituary, Geol. Magaz., 1921, 433, 481—484.
O l d h a m, R. D.: Obituary, QuJGS., London, 78, 1922, XLV-XLVI.
List of the principal scientific papers, monographs and addresses by —. Hertford, 1877 (Bibliographie mit 114 Titeln).
The Times, 1921, Sept. 8.
Scient. Papers 6, 437; 8, 1270—1272; 11, 847—849; 19, 709—710.

Woodward, H o r a c e B o l i n g b r o k e, geb. 20. VIII. 1848 London, gest. 6. II. 1914.
Sohn Samuel P. Woodward's. 1863—67 Sekretär der Geol. Soc. London, 1867—1908 Geologe des Geol. Surv. England. Schrieb: Geology of England and Wales. 1876; 2. ed. 1887 und History Geol. Soc. London, 1908, pp. XX + 336. Stratigraphie.
Obituary, Geol. Magaz., 1914, 142—144 (Portr.); QuJGS., London, 70, 1914, LXXIII.
Scient. Papers 8, 1272—1273; 11, 849; 12, 792—793; 19, 710—711.

Woodward, J o h n, geb. 1. V. 1665 Derbyshire, gest. 25. IV. 1728 London.
Vallisneri nennt ihn sarkastisch den großen Protektor der Sintflut. Schrieb 1695: An essay toward a Natural History of the Earth, 1692 Prof. am Gresham Coll. London, seine Sammlung kam nach Cambridge. Sein heftigster Gegner war Camerarius.
Sedgwick life, I: 166 ff.
E d w a r d s: Guide, 53.
Z i t t e l: Gesch.
Dict. Nat. Biogr. 62, 423—425.

Woodward, S a m u e l, geb. 3. X. 1790 Norwich, gest. 14. I. 1838.
Bankier, Kaufmann. Sein Enkel war Horace Bolingbroke W. Mastodon. Stratigraphie von Norfolk. Publizierte 1830: A Synoptical table of British organic remains.
W o o d w a r d, H. B.: A memoir of —. Trans. Norfolk & Norwich Naturalists' Soc., 2, 1879, 563—593 (Bibliographie mit 30 Titeln), ferner auch in: A geologist of a Century ago: — Geol. Magaz., 1891, 1—8 (Bibliographie mit 30 Titeln, Portr.).
— — Hist. Geol. Soc. London, 114.

Woodward, S a m u e l P i c k w o r t h, geb. 17. IX. 1821 Norwich, gest. 11. VII. 1865 Herne Bay.

Sohn Samuel Woodward's. 1845 Prof. Botanik Geologie Roy. Agric. Coll. Cirencester, 1848 Assistent am British Mus. dep. geol. Mollusca.
W o o d w a r d, H. B.: A memoir of —. Trans. Norfolk & Norwich Nat. Soc., III, 3, 1882, 279—312 (Bibliographie mit 70 Titeln). Obituary, QuJGS., London, 22, 1866, XXXIV. Scient. Papers 6, 437—438; 8, 1273.

Woodworth, J a y B a c k u s, geb. 2. I. 1865 Newfield, NY.; gest. 4. VIII. 1925.
1893 Instruktor f. Geol. Harvard Univ., 1901 Prof., Carbonfauna, Fährten.
K e i t h, A.: Memoir of —. Bull. Geol. Soc. America, 37, 1926, 134—141 (Portr. Bibliographie mit 47 Titeln).

* Woolacott, D a v i d, geb. 1. VII. 1872 Sunderland, gest. 4. VIII. 1924.
Lektor der Geol. am Armstrong Coll. Plistozän.
G. H.: Obituary, Geol. Magaz., 1925, 142—143.

Wooller.
Schrieb 1758 in Philos. Trans. 50 über Teleosaurus.
Z i t t e l: Gesch.

Worthen, A m o s H e n r y, geb. 31. X. 1813 Bradford Orange county, Vt., gest. 6. V. 1888 Warsaw.
Kaufmann in Warsaw, Illinois, Assistent J. H. Norwood's im State Geol. Surv. Ill., 1853 Assistent James Hall of Albany's, dann Geologe Geol. Surv. Ill. und Curator Nat. Hist. Mus. Carbonfaunen, Crinoidea, Echinida, Pisces.
W h i t e, Ch. A.: Memoir of —. Biogr. Mem. Nat. Acad. Sci., 3, 1895, 339—362 (Bibliographie mit 38 Titeln).
— — & B l i s s, N. W.: The private life and scientific work of —. Illinois Geol. Surv., 8, 1890, App. 3—37 (Portr., Bibl.).
U l r i c h, E. O.: Obituary, Amer. Geol., 2, 114—117 (Portr.) 1888.
M e r r i l l: 1904, 496, 715 u. öfter, Portr. fig. 70.
Hist. Brit. Mus., I: 339.
Obituary, Geol. Magaz., 1888, 431.

Wortman, J a c o b L a w s o n, geb. 25. VIII. 1856 nahe Oregon City, gest. 26. VI. 1926 Brownsville (Texas).
1890 Mitglied Amer. Mus. N. H., später am Carnegie Mus. u. in Yale. Mammalia.
O s b o r n, H F.: — a biographical sketch. Nat. Hist., 26, 1926, 652-653 (Portr.).
— — Cope, Master Naturalist, 272.
H o l l a n d, W. J.: Necrol. Ann. Carnegie Mus., 17, 1927, 199—201.
N i c k l e s I, 1152—1153; II, 685.

Wöhrmann, S i d n e y F r e i h e r r v o n, geb. 4. VIII. 1862 Livland.
Lebt 1938 in Riga. Studierte in Dorpat u. München. diss. 1889. Alpine Trias (Fauna u. Stratigraphie der Raibler Schichten), Lamellibranchiaten (Trigoniden u. Najaden, Jahrb. geol. Reichsanst. Wien 43, 1893).
H a s s e l b l a t t, A. & Otto, G.: Album Academicum d. Kais. Univ. Dorpat, Dorpat 1889, Nr. 11696.
Scient. Papers 19, 682.
S r b i k, R. v.: Geol. Bibliographie d. Ostalpen II, 1935, 778 (Teilbibliographie) (Qu.).

Wörth, F r a n z I w a n o w i t s c h, gest. 8. II. 1856 im 70. Lebensjahr.
Sekretär der mineral. Ges. St. Petersburg. Eifriger Sammler
silurischer u. devonischer Petrefakten der Umgebung von St.
Petersburg.
N e k r o l o g: Verh. mineral. Ges. St. Petersburg (1857—58), 1858,
163—165; ibidem (2) 2, 1867, 305—311 (Qu.).

Wrede, K a r l F r i e d r i c h, geb. 4. III. 1766 Cantreck (Pommern),
gest. 13. VI. 1826 Königsberg.
Prof. Königsberg i. Pr., war auch pal. tätig.
T o r n i e r: 1924: 35.
P o g g e n d o r f f 2, 1369.

Wright, A l b e r t A l l e n, geb. 27. IV. 1846 Oberlin (Ohio), gest.
2. IV. 1905 ebenda.
Prof. Geol. u. Naturgesch. Oberlin College. Dinichthys.
W i l d e r, F. A.: Memoir of —: Bull. Geol. Soc. Am. 17, 1906,
687—690 (Bibliographie).
W r i g h t, G. F.: Obituary. Am. Geologist 36, 1905, 65—68 (Portr.,
Bibliographie) (Qu.).

Wright, B r y c e M.
Fossilienhändler in den 70er Jahren in England.
Hist. Brit. Mus., I: 339.

* **Wright**, C h a r l e s E., geb. 1843, gest. 1888.
Mineningenieur, 1885—88 Geologe der Michigan Survey. Strati-
graphie.
M a r t i n, H. M.: A brief history of the geol. and biol. surv. of
Michigan. Michigan Hist. Magaz., 6, 1922, 703—710 (Portr.).
L a w t o n, C. D.: Sketch of the life and character of —. Amer.
Geol., 2, 1888, 307—311 (Portr.).

Wright, G e o r g e F r e d e r i c k, geb. 22. I. 1838 Whitehall, N. Y.,
gest. 20. IV. 1921 Oberlin.
Geistlicher, Lehrer, Glazialgeologe. Archäologe. Homo fossilis.
W r i g h t, G. F.: Story of my life & work. Oberlin Bibliotheca
Sacra Company, 1916, pp. XV + 459 (Bibliographie mit 442
Titeln).
U p h a m, W.: Memoir of —. Bull. Geol. Soc. America, 33, 1922,
15—30 (Portr. Bibliographie mit 192 Titeln).

Wright, J o s e p h, gest. 89 Jahre alt 7. IV. 1923 Belfast.
Foraminifera, Carbon.
Obituary, QuJGS., London, 80, LX—LXI.
B e u t l e r, Foraminiferenlit. 125—126 (Teilbibliographie).

Wright, T h o m a s, geb. 9. XI. 1809 Paisley, Renfrewshire, gest.
1884.
Arzt, Ammonites, Echinida (in Monographs Pal. Soc.).
Obituary, Geol. Magaz., 1885, 93—96 (Bibliographie mit 35 Titeln).
Hist. Brit. Mus., I: 339.

Wroost, V o l k m a r, geb. 10. IV. 1912 Hamburg, gest. 19. V. 1936
an der Steilküste bei Saßnitz.
Fossilisation (Verkieselung).
R i c h t e r, R.: V. W. Abh. Senckenberg. Naturf. Ges. 432, 1936,
2 (Qu.).

Wulfen, F r a n z H a v e r, Freiherr von, geb. 5. XI. 1728 Belgrad, gest. 17. III. 1805 Klagenfurt.
Kathol. Geistlicher, Prof. d. Phys., Math. u. Philos. in Klagenfurt.
Botaniker. Fossilien v. Bleiberg in Kärnten (Ammonites floridus).
W u r z b a c h 58, 265—269 (Bibliographie u. weitere biogr. Lit.) (Qu.).

Wundt, G e o r g v o n, geb. 5. VIII. 1845 Ludwigsburg, gest. 6. III. 1929.
Oberbaurat, studierte Ries, Jura.
B e c k, C.: Nachruf: Jahresh. Ver. vaterl. Naturk. Württemberg, 85, 1929, LVI—LVIII (Portr.).

Wünsch, E. A., geb. 1822, gest. 19. XI. 1895 Carharrack, Scorrier, Cornwall.
Geologe in Glasgow; entdeckte 1865 fossile Baumstämme in vulkanischer Asche zu Arran.
Obituary, Geol. Magaz., 1896, 94.

Wüst, E w a l d, geb. 29. IX. 1875 Halle (Saale), gest. 19. IV. 1934 Kiel.
Studierte in Halle und Straßburg, Assistent bei Fritsch in Halle, 1903 Dozent Halle, 1910 a. o. Prof., 1920 o. Prof. Geol. Pal. Kiel. (Nachfolger von H. Haas), Mammalia, Plistozän.
W e t z e l, W.: Nachruf: Die Heimat (Organ des Reichsbundes volkstüml. Heimat, Landschaft Schleswig-Holstein), 44, 1934, No. 6, 161—164 (Portr.).
Nachruf: CfM., 1934 B, 288.
B e c k s m a n n: Nachruf. Schrift. Naturw. Ver. f. Schlesw.-Holstein 20, 1934, 541—551 (Portr., Bibliographie).
B e u r l e n, K.: E. W. Paläont. Zeitschr. 17, 1935, 5—9 (Portr.).

Wyatt-Edgell, H e n r y A d r i a n, geb. 17. V. 1847, gest. 6. XI. 1866 Belfast.
Studierte bei d'Orbigny (Paris). Sammelte Llandeilo-Fossilien. Trilobita.
Obituary, Geol. Magaz., 1867, 46—47.

Wyman, J e f f r i e s, geb. 11. VIII. 1814 Chelmsford, Mass., gest. 4. IX. 1874 Bethlehem N. H.
Prof. Anatomie Physiologie Hampden Sidney Coll. Richmond, dann Harvard Coll. Mastodon u. andere Vertebraten.
P a c k a r d, A. S.: J. W. Biogr. Mem. Nat. Acad. Sci., 2, 1886 (Bibl.).
Obituary, Amer. Journ. Sci., 8, 1874, 323—324.
M e r r i l l: 1904, 715.
N i c k l e s 1160 (Bibliographie).

Wynne, A r t h u r B e a v o r, geb. Oktober 1835, gest. 1906.
Mitglied der Geol. Survey Irlands, dann Geol. Surv. India. Stratigraphie.
Obituary, QuJGS., London, 64, 1908, LXII.

Yates, J a m e s, geb. 30. IV. 1789 Liverpool, gest. 7. V. 1871 Lauderdale House, Highgate.
Britischer Geistlicher, Privatgelehrter. Phytopaläontologie.
W. C.: Obituary, Geol. Magaz., 1871, 480.
Obituary. Proceed. R. Soc. London 20, 1872, I—III.
Scient. Papers 6, 465—466; 8, 1286.

Young, G e o r g e, geb. 15. VII. 1777, gest. 8. V. 1848 Whitby.
Schrieb 1822 Monographie über Yorkshire-Stratigraphie (Jura).
Z i t t e l: Gesch.
Dict. Nat. Biogr. 63, 374—375.

Young, J o h n, geb. 1823 Lennoxtown, gest. 13. III. 1900.
Keeper im Hunterian Museum zu Glasgow. Crustacea, Foraminifera,
Brachiopoda, Mollusca, Polyzoa u. andere Karbonfossilien.
T. R. J (o n e s): Obituary, Geol. Magaz., 1900, 382—384.
Scient. Papers 8, 1288; 11, 869—870; 12, 796—797; 19, 744—745.

Zaddach, E r n s t G u s t a v, geb. 7. VI. 1817 Danzig, gest. 5. VI.
1881 Königsberg.
Prof. d. Zoologie in Königsberg. Bernstein (Tertiärgebirge Sam-
lands) u. seine Einschlüsse (Amphipode).
A l b r e c h t, P.: Gedächtnisrede. Schriften physikal.-ökonom. Ges.
Königsberg 22 (1881), 1882, 120—128.
P o g g e n d o r f f 2, 1389; 3, 1476 (Qu.).

Zahalka, Č e n e k, geb. 1856 Přibram.
Kreidestratigraphie u. Paläontologie Böhmens. Spongien.
Z á z v o r k a, V.: Prof. Dr. techn. věd. h. c. C. Z. pětasedmdesát-
nikem. Věstnik statn. geol. ust. českosl. Rep. 7, 1931, 27—31.
Scient. Papers 11, 874; 19, 754—755 (Qu.).

Zamara, G i u s e p p e, geb. 21. IX. 1837 Calcinato (Brescia), gest. 10.
X. 1917 Brescia.
Artillerieoberst, arbeitete im Museo Ragazzoni (Brescia).
C a c c i a m a l i, G. B.: Necrolog: Boll. Soc. Geol. Ital., 36, 1917,
366—368.

Zambonini, F e r r u c c i o, geb. 17. XII. 1880, gest. 1932.
Prof. Mineralogie Neapel. Schrieb über L'opera scientifica di Ar-
cangelo Scacchi. Disc. R. Univ. Napoli, 1910, L'opera scientifica
di Quintino Sella, 1927.
M i l l o s e v i c h, F.: Commemorazione del —. Atti R. Accad. Lincei Rendic., (6) 15, 1932, 767—776 (Portr. Bibliographie mit
110 Titeln).

Zannichelli, G i a n G i r o l a m o, geb. 1662 Modena, gest. 11.
I. 1729 Venedig.
Apotheker in Venedig. Sammelte und beschrieb Fossilien (Fische,
Pflanzen).
P o g g e n d o r f f 2, 1392—1393.
Biogr. universelle 45, 383—384 (Qu.).

Zareczny, S t a n i s l a w, geb. 1848, gest. 1909.
Stratigraphie u. Paläontologie der Umgebung Krakaus u. Galiziens.
Nachruf. Kosmos (Lemberg) 35, 1910, 1—11 (Bibliographie) (non
vidimus) (Qu.).

* **Zäunemann**, S i d o n i a H e d w i g, geb. 15. I. 1714 Erfurt, gest.
1740, verunglückt bei einem Ritt nach Ilmenau.
Von der Universität Göttingen 1737 zur preisgekrönten Poetin er-
nannt, schrieb: Das Ilmenauische Bergwerk, wie solches den 23.
und 30. Jänner des 1737ten Jahres befahren („mit poetischer
Feder uf Bergmännisch entworfen"), Erfurt, 1737.
Freyberg.
Allgem. Deutsche Biogr. 44, 723—725.

Zeiler, F., gest. 1874.
Bergrat (Regierungsrat) in Coblenz. Paläontologie des rheinischen
Devons.
Todesnachricht. Verh. naturhist. Ver. Rheinl. u. Westf. Correspon-
denzbl. 1875, 41 (Qu.).

Zeiller, C h a r l e s R e n é, geb. 14. 1847 Nancy, gest. 27. XI. 1915.
Vizepräsident Conseil général des Mines, Inspecteur général des
mines. Phytopaläontologie.
Notice sur les travaux scientifiques de M. — Ingénieur-en-Chef
des Mines, Paris, 1895, pp. 62 (Bibliographie mit 140 Titeln).
B o n n i e r, G.: Necrolog: Rev. gén. de bot., 28, 1916, 353—367,
29, 1917, 5—20, 33—55, 73—88 (Bibliographie mit 639 Titeln,
Portr.).
D o u v i l l é, H.: Not. nécrol. Bull. Soc. géol. France, (4) 17,
1917, 301—320 (Portr. Bibliographie mit 134 Titeln).
S t o p e s, Marie C.: René Zeiller, master palaeobotanist. Geol. Ma-
gaz., 1916, 47—48.
S e w a r d: Obituary, Nature, London, 1916.
— — Obituary, QuJGS., London, 72, 1916, L—LIII.
C a r p e n t i e r: René Zeiller, son oeuvre paléobotanique, Bull.
Soc. botanique France, 75, 1928, 46—67 (Portr. Bibliographie).
Portr. Livre jubilaire, Taf. 13, C o s t a n t i n, 1934, p. CLVII.

Zeise, O s k a r, geb. 22. VI. 1860 Altona-Elbe, gest. 18. IV. 1925
Altona.
Studierte bei Dames, Zittel, Branco. 1891 Mitglied Preuß. Geol.
Landesanst. Radiolaria, Spongia.
G a g e l, C.: Nachruf: Jahrb. Preuß. Geol. Landesanst., 46, 1925,
LXXX—LXXXV (Portr. Bibliographie mit 15 Titeln).

Zejszner, L u d w i k, geb. 3. I. 1807 Warschau, gest. 3. I. 1871
Krakau, ermordet.
1829 Prof. Min. Krakau, 1837—50 Prof. in Warschau, dann
Privatmann. Stratigraphie u. Paläontologie Polens.
K r e m e r, A.: L. Z. Sprawozdanie Komisyi fizyograficznej Craco-
vie, 1871, 163—171 (Bibliographie mit 145 Titeln).
H é b e r t: Necrolog: Bull. Soc. géol. France, (3) 1, 1873, 296—
298 (Bibliographie mit 46 Titeln).
W u r z b a c h 59, 296—297.
P o g g e n d o r f f 3, 1479—1480.

Zekeli, L u c a s F r i e d r i c h, geb. 12. I. 1823 Schäßburg (Siebenbürgen), gest. 4. VII. 1881 Eisenach.
Studierte in Halle u. Wien Theologie, Philosophie u. Naturwissenschaften. 1848 ev. Prediger in Siebenbürgen. 1850 Geologe an der
geol. Reichsanst. in Wien. Promoviert zum Dr. phil. in Halle
mit einer Arbeit über Inoceramus in den Gosaugebilden (Jahresber. nat. Ver. Halle 4 (1851), (1852). 1852—1859 Privatdoz. f. Geol.
u. Pal. an der Univ. Wien. Dann kurze Zeit Prof. an der Wiener
Handelsakademie u. zuletzt Direktor der ev. Schulanstalt Ober-
schützen in Ungarn. Von 1866 bis 1881 ordentl. Lehrer am
Friedr.-Wilh.-Gymnasium in Berlin. Mollusken (Gastropoden,
Lamellibranchiaten) besonders der Gosauschichten in den Ostalpen,
vor allem Monographie der Gosaugastropoden (Abh. geol. Reichs-
anst. 1. Wien 1852).
R a n k e: Schulprogr. Friedr.-Wilh.-Gymnasium Berlin 1866 (Schul-
nachrichten), S. 34 (Lebenslauf).
K e r n, H.: Jahresber. Friedr.-Wilh.-Gymnasium Berlin, 1882
(Schulnachrichten), S. 32 (Nachruf).
Scient. Papers 6, 496 (Qu.).

* **Zelenka,** L a d i s l a v, geb. 24. VI. 1900 Kostelni Radoun, gest. 1.
X. 1931.
Mitglied der tschechischen Geol. Landesanstalt. Stratigraphie.
Z o u b e k, V.: Nachruf: Vestnik Statn. geol. Ustav Ceskosl. Rep.,
7, 349—350, 1931.
K e t t n e r: (Portr. Taf. 120).

Zelizko, J o h a n n V r a t i s l a v, geb. 1874.
Tschechischer Naturforscher. Arbeiten zur Paläontologie Böhmens.
Bibliografie vlastnich publikaci od rok 1897 az do roku 1933.
1934, pp. 19, Portr.

Zenker, J o n a t h a n K a r l, geb. 1. III. 1799, gest. 6. XI. 1837.
Prof. Jena. Schrieb: Beiträge zur Naturgeschichte der Urwelt. 1833.
Mollusca, Brachiopoda, Phytopaläontologie u. a.
Freyberg.
Allgem. Deutsche Biogr. 45, 62.
P o g g e n d o r f f 2, 1404.
Scient. Papers 6, 500.

Zeno, F r a n z, geb. 6. I. 1734 Olmütz, gest. 14. VI. 1781 Prag.
Schrieb 1769 über Prager Versteinerungen; ref. Schröter, Journ.,
I: 119.
W u r z b a c h 59, 325.
P o g g e n d o r f f 2, 1405.

*Zepharovich, V i c t o r R i t t e r v o n, geb. 13. IV. 1830 Wien, gest.
24. II. 1890 Prag.
1858 Prof. Min. Krakau, 1861 Prof. Graz, 1864 Prof. in Prag
(Nachfolger von Reuss), 1871 Prof. Min. Geol. an dem deutschen
Polytechnikum Prag.
V r b a, C.: Nachruf: NJM., 1890, II, pp. 8 (Bibliographie mit 93
Titeln).

Zeuschner siehe Z e j s z n e r.

* Zezi, P i e t r o, geb. 3. XII. 1884 Cremona, gest. 29. XII. 1914,
Ingenieur, Oberinspektor des Corpo reale delle Miniere.
N'o v a r e s e, V.: Necrolog: Boll. Com. geol. Ital., 45, 1915, 1—6
(Portr.).

* Ziegler, J a k o b M e l c h i o r, geb. 1801 Winterthur, gest. 1. IV.
1883 Basel.
Prof. der Mathematik. Stratigraphie.
H o t z, R.: J. M. Ziegler, Teilweise nach eigenen Mitteilungen
desselben. Actes soc. Helv. sci. nat. 66, 1883, 134—145.
G e i l f u s, G.: Das Leben des Geographen —. Nach handschrift-
lichen Quellen, Ein Denkmal der Freundschaft. Winterthur, 1884,
pp. VIII + 140 (Portr.).

Zieten, C a r l H a r t w i g v o n, geb. 1. II. 1785 Neu-Brandenburg,
gest. 20. VI. 1846 Stuttgart.
Major, schrieb 1830—34: Die Versteinerungen Württembergs.
Z i t t e l: Gesch.
Q u e n s t e d t, F. A.: Ueber Pterodactylus suevicus 1855, 26—27.
Nekrolog: Jahresh. f. vaterländ. Naturk. Württemberg 3, 1847,
249—252.
P o g g e n d o r f f 2, 1410.
Allgem. Deutsche Biogr. 45, 225 (Qu.).

Zietz, A m a n d u s C h r i s t i a n H e i n r i c h, geb. 1839 in Schles-
wig-Holstein, gest. 1921 Kingswood (Südaustralien).
Lehrer, dann Kurator am Kieler Museum, zuletzt Assistant
Director am South Australian Museum in Adelaide. Ausgrabung
der Fauna von Lake Callabonna u. Beschreibung (zus. mit E. Ch.
Stirling). Diprotodon, Genyornis.
Obituary. The Emu 21, 1922, 237. ibidem 37, 1937, 43.
Scient. Papers 18, 965; 19, 786 (Qu.).

Zigno, Achille Baron de, geb. 14. I. 1813 Padua, gest. 15. I. 1892 Padua.
1846 Bürgermeister von Padua, dann Abgeordneter. Paläontologie bes. Norditaliens (Testudinata, Mammalia, Phytopaläontologie).
Bassani, Fr.: Alla venerata memoria di —. Rendic. R. Accad. Sci. fis. mat., Napoli, 1892, 22—23.
Issel, A.: Necrolog: Rassegna geol. Ital., 2, 1892, 109—111, 324—327 (Portr. Bibliographie mit 111 Titeln).
Nicolis, E.: Commemorazione del barone —. Arena, 31. gennaio 1892, Verona.
Omboni, G.: Cenni biogr., Padova, 1892, pp. 55 (Bibliographie mit 100 Titeln).
— — Necrolog: Boll. Soc. geol. Ital., 11, 1892, 624—657 (Bibliographie mit 103 Titeln).
Stur, D.: Nachruf: Verhandl. Geol. Reichsanst., Wien, 1892, 57—58.
Necrolog: Boll. R. Com. Geol. Ital., 23, 1892, 96—99 (Bibliographie).
Lyell life, II: 245.
Geikie, Murchison, II: 82.
Obituary, QuJGS., London, 48, 1892, Proc. 60.
Heckel, J. J.: Über eine von Cav. A. de Zigno eingesendete Sammlung versteinerter Fische, Sitzungsber. Akad. Wien, 1853, 11, 122—138.

Zimmermann, Karl Gottfried, geb. 29. I. 1796 Hamm bei Hamburg, gest. 6. IV. 1876 Hamburg.
Arzt in Hamburg. Paläontologie der Umgebung Hamburgs.
Schröder, Lexikon d. hamburg. Schriftteller 8, 1883, 232—237 (Bibliographie)
Allgem. Deutsche Biogr. 45, 280 (Qu.).

Zimmern, Wilhelm Werner, Graf von, geb. 6. I. 1485 Meßkirch, gest. 7. I. 1575.
Besaß 1540 eine Versteinerungssammlung.
Lauterborn: Der Rhein, I: 189.
Quenstedt, F. A.: Ueber Pterodactylus suevicus 1855, 2.
Haag, p. 174.
Allgem. Deutsche Biogr. 45, 302—306 (Qu.).

Zinck (nicht Zinke), Georg Gottfried, gest. 19. XI. 1813 Kahla.
Schrieb 1804 über Coburgische Foss.
Freyberg.
Meusel, Gelehrtes Deutschland 21, 1827, 810.

Zinkeisen, Julius.
Schrieb 1838 über Braunkohle und Stratigraphie Thüringens.
Freyberg.

Zipser, Christian Andreas, geb. 25. XI. 1783 Györ, gest. 20. II. 1864.
1803 Lehrer in Brünn, 1810 Lehrer Mädchenschule Besztercebánya 50 Jahre lang, schrieb 1817 Handbuch der Min., auch Notizen über ungar. Fossilien.
Kubinyi, Fr. v.: —, Ein Lebensbild. Pest, 1866, pp. 29 (Portr.), (auch ungarisch, pp. 20, Portr.).
Haidinger: Nachruf, Jahrb. Geol. Reichsanstalt, Wien, 14, 1864, Verhandl. 32—33.
Tornier: 1924: 61.
Wurzbach 60, 173—175 (Bibliographie).

Zittel, K a r l A l f r e d, geb. 25. IX. 1839 Bahlingen, Baden, gest.
5. I. 1904 München.
1863 Prof. Geol. Pal. Karlsruhe, 1866 München. Gesamtpaläontologie, bes. Spongien, Mollusken.
B a r r o i s, Ch.: Not. nécrol. Bull. Soc. géol. France, (4) 4, 1904,
488—493.
B r a n c o (Branca), W.: Nachruf: Zeitschr. Deutsch. Geol. Ges.,
56, 1904, 1—7.
J a e k e l, O.: Karl A. v. Zittel, der Altmeister der Paläontologie.
Naturw. Wochenschr., N. F., 3, 1904, 359—361.
K l a u t z s c h, A.: Nachruf: Naturw. Rundschau, 19, 1904, 65—66.
L ö r e n t h e y, I.: Nachruf: Földt. Közl., 36, 1906, 371—388,
435—439 (Portr.).
P o m p e c k j, J. F.: Nachruf: Paläontographica, 50, 1904, 1—28
(übersetzt ins englische von Schuchert in Ann. Rep. Smithson.
Inst. for 1904, Washington 1905, 779—786, Portr.) (im deutschen
mit Bibliographie).
R o t h p l e t z, A.: Nachruf: Beilage zur Allgemeinen Zeitung, 14.
Jan. 1904; Mitt. Deutsch. Österr. Alpenverein, 15. I. 1904; Gedächtnisrede Münchner Akademie, 15. III. 1905.
V a c e k, M.: Nachruf: Verhandl. Geol. Reichsanst., Wien, 1904,
45—47.
Obituary, QuJGS., London, 60, 1904, LV' ff.; Geol. Magaz., 1904,
94—96 (Bibliographie mit 63 Titeln, Portr.).

Zlatarski, G e o r g, geb. 25. I./7. II. 1854 Tirnovo, gest. 9. VIII.
1909 Sofia.
Prof. Min. Sofia. Stratigraphie.
L a c r o i x: Notice Bull. Soc. géol. France, (4) 10, 1910, 338—
339.
Nachruf: Leopoldina, 45, 1909, 120; Földtani Közlöny, 1909, 563.
Almanach Sofijsk. Univ. 1888—1929, 253—255 (Bibliographie).

* Zobel.
Gab 1831 geogn. Beschreibung Niederschlesiens.
Z i t t e l: Gesch.

Zuffardi, P i e t r o, geb. 27. III. 1885 Fornovo di Taro, gest. 28.
VII. 1916.
Studierte Ammoniten, Proboscidea. Stratigraphie.
P a r o n a, C. F.: Necrolog: Boll. Soc. geol. Ital., 35, 1916, CVII—
CXIII (Portr. Bibliographie mit 20 Titeln).

Zugmayer, H e i n r i c h, gest. 77 Jahre alt, 25. VII. 1917 Marienbad.
Seniorchef der Wiener Metallwaren-Firma. Brachiopoda, Stratigraphie.
V a c e k, M.: Nachruf: Verhandl. Geol. Reichsanst. Wien, 1917,
201—202 (Bibliographie mit 4 Titeln).

Zückert, J o h a n n F r i e d r i c h, geb. 1737, gest. 1778.
Arzt in Berlin; schrieb 1763 über Mansfeldischen Schiefer.
Freyberg.
M e u s e l, Teutsche Schriftsteller 1750—1800, 15, 472—474.

Zwanziger, G u s t a v A d o l f, geb. 29. VII. 1837 Schloß Neuhof
bei Neustadtl (Krain), gest. 10. VI. 1893 Klagenfurt.
Zuletzt Hilfsbeamter am Landesmuseum in Klagenfurt. Botaniker
u. Paläobotaniker. Tertiär- und Carbonflora Kärntens.

H. S.: G. A. Z. Carinthia II, 83, 1893, 185—192.
S a b i d u s s i, H.: Briefe von Botanikern. Carinthia II, 98, 1908, 21—28 (Qu.).

Zwinger, F r i e d r i c h, geb. 1707, gest. 1776.
Prof. in Basel. Sammler. Arbeit über Mollusca.
R u t s c h, R.: Originalien der Basler Geol. Samml. zu Autoren des 16.—18. Jh. Verh. Naturf. Ges. Basel 48, 1937, 24 (Qu.).

Supplementum I.

W. und A. Quenstedt.

(² vor dem Namen (= 2. Erwähnung, z. B. ² **Bistram**) bedeutet Ergänzung zu einem bereits aufgeführten Paläontologen).

Aichhorn, S i g m u n d, geb. 19. XI. 1814 Wien, gest. 29. XI. 1892 Graz.
Realschulprofessor, Prof. Min. u. Geogn. am Joanneum in Graz. Verdient um die paläontologischen Sammlungen des Joanneum. Fossile Höhlenfauna.
R u m p f, J.: Zur Erinnerung an Dr. S. A. Mitt. naturw. Ver. Steiermark 29 (1892) 1893, 246—261 (Portr.).

Airoldi, M.a r c o, geb. 1900 Bergamo, gest. 31. X. 1937 Genua.
Assistent f. Geol. in Genua. Fossile Corallinaceen.
R\o v e r e t o, G.: M. A. Boll. Soc. Geol. It. 56, 1937, CXXXVII— CXXXIX (Portr., Bibliographie).

Allman, G.e o r g e J a m e s, geb. 1812 Cork, gest. 24. IX. 1898 Ardmore, Parkstone, Dorset.
Prof. Nat. Hist. Edinburgh. Zoologe (bes. Coelenteraten). Graptolithen, Ophiuride u. a.
Dict. Nat. Biogr. Suppl. I, 40—41.
G. J. A. Nature 59, 1898—1899, 202—204, 269—270.

Barcena, M.a r i a n o, gest. 10. IV. 1899.
Direktor des Meteorol. Central-Observatoriums von Mexiko. Notizen zur Paläontologie Mexikos (Sphaeroma u. a.).
Obituary: U. S. Monthly Weather Review 27 (1899), 1900, 158.
N i c k l e s 68—69.

Baumberger, E r n s t, geb. 6. IX. 1866 Leuzigen, gest. 5. Xl. 1935.
Lehrer in Basel. Stratigraphie u. Paläontologie der Unteren Kreide des Schweizer Jura, der Alpen und Sumatras (bes. Ammoniten), ferner des Tertiärs (subalpine und subjurassische Molasse).
R u t s c h, R.: E. B. Verh. Schweiz. Naturf. Ges. 117, 1936, 393 —405 (Portr., Bibliographie).

Behm, L u d w i g Ed. Em., gest. 1879 (Ende) oder 1880.
Dr. med., Geh. Medizinalrat, Direktor des Hebammenlehrinstituts in Stettin. Geologie der Gegend von Stettin, bes. Stratigraphie des Stettiner Tertiärs. Sammler. Seine Sammlung heute im Mus. Stettin, in der Preuß. Geol. Landesanst. Berlin u. im Märk. Mus. Berlin.
Register Zeitschr. Deutsche Geol. Ges. 1—50, 1903, 3 (Bibliographie von 5 Titeln); Scient. Papers, bes. 1, 247 (Vorname falsch, Nr. 3 nicht hierher gehörig) usw.
Medicinal-Kalender f. d. Preuß. Staat auf d. J. 1881, 2. Abt. Berlin 1881, 203 (Todesjahr); ibidem 1880, 65.
(Originalmitt. über den Verbleib der Sammlung von Walter Neben).

² Beissel, I. (Nachtrag zu S. 30).
Gest. zu Aachen. Posthume Arbeit über Kreideforaminiferen.
Sammlung teils im Städt. Mus. Aachen, teils in der Preuß.
geol. Landesanst. Berlin.
Vergl. Beissel, I.: Die Foraminiferen der Aachener Kreide.
Herausgeg. von E. Holzapfel, Abh. K. Preuß. geol. Landesanst.
(N. F.) 3, 1891, 1—2.

Benson, Margaret, gest. 20. VI. 1936.
Prof. Botanik Royal Holloway College. Phytopaläontologie.
Obituary: Amer. Journ. Sci. (5) 32, 1936, 158.

Bettany, George Thomas, geb. 1850 Penzance (Cornwall), gest.
1892.
1877—1886 Lecturer in botany at Guy's Hospital Medical School.
Fossile Flußpferde.
Kirk, J. F.: Suppl. to Allibone's Critical Dictionary of Engl.
Lit. I, 1891, 141.

Bieber, Vinzenz, gest. 18. XII. 1909 Marburg (Steiermark) im
59. Lebensjahr.
Assistent am geol. Inst. Univ. Prag,. seit 1883 Gymnasiallehrer am
Staatsobergymnasium in Olmütz, zuletzt an der Oberrealschule
in Marburg, Schulrat.. Frösche u. Dinotherium aus dem böhm.
Tertiär, Geologie Böhmens.
Todesnotiz: Verh. geol. Reichsanst. Wien 1910, 6.
Scient. Papers 9, 236; 13, 539.

ª Bistram, Alexander Freiherr von (Nachtrag z. S. 41).
Geb. 14. IX. 1859 Doblen, gest. 3. VII. 1905 Sessau (ermordet)
Majoratsherr auf (Gut) Waddax (Kurland).
Stavenhagen, O. & v. d. Osten-Sacken, W.: Genealo-
gisches Handbuch d. kurländ. Ritterschaft. Görlitz [1936], 523.

Blayac, Joseph, geb. 15. VIII. 1865 Montpellier, gest. 17. XI.
1936 ebenda.
Prof. Geol. Montpellier. Stratigraphie u. Paläontologie von Algier,
Südwestfrankreich u. der Umgebung von Montpellier.
Thoral: J. B. Bull. Soc. géol. France (5) 7, 1937, 209—230
(Portr. Bibliographie).

Blum, Johann Reinhard, geb. 28. X. 1802 Hanau, gest. 21.
VIII. 1883.
Prof. Min. Heidelberg. Mineraloge. Fossile Eier (von Glandina)
aus dem Tertiär der Wetterau (NJM. 1849, 673—675).
Rosenbusch, H.: J. R. B. NJM. 1883, II, 1—8 (Biblio-
graphie).

Blytt, Axel, geb. 19. V. 1843 Kristiania, gest. 18. VII. 1898 ebenda.
Prof. Bot. Univ. Kristiania. Phytopaläontologie im Zusammenhang mit Floren- und Klimawechsel im Quartär.
Holtermann, C.: A. B. Ber. Deutsche Bot. Ges. 17, 1899,
(225)—(230) (Bibliographie).

Bofill y Poch, Arturo, geb. 13. IV. 1846, gest. 16. VI. 1929.
Direktor des naturhist. Mus. in Barcelona. Paläontologie Spaniens,
bes. Kataloniens (z. T. zus. mit J. Almera).
Haas, F.: A. B. y P. Archiv f. Molluskenkunde 63, 1931, 83—85.
Scient. Papers 13, 642—643, 73.

² **Boodt**, A. B. de. (Nachtrag zu S. 47).
K i c k x , J.: Esquisses sur les ouvrages de quelques anciens naturalistes belges. Bull. Ac. roy. Belgique 19, II, 1852, 203—224 (228) (Bibliographie).

² **Born**, A x e l (Nachtrag zu S. 48).
Todesnachricht: Mitt. d. Forschungsges. f. d. Straßenwesen e. V. 1935, Nr. 3, S. 4.

Boulenger, G e o r g e A l b e r t , geb. 1858, gest. 23. XI. 1937.
Mitarbeiter an der Reptilsammlung des Brit. Mus., zuletzt am bot. Garten Brüssel. Zoologe, auch fossile Reptilia, Amphibia, Pisces.
Obituary notice: Amer. Journ. Sci. (5) 35, 1938, 159.

² **Bourguignat**, J. R. (Nachtrag zu S. 51).
Geb. 29. VIII. 1829 Brienne-Napoléon (Aube), gest. 3. IV. 1892 St. Germain-en-Laye.
K o b e l t : Nachruf. Nachrichtsbl. Deutsche Malakozool. Ges. 24, 1892, 207.
Nachruf: Journ. de Conchyliologie 41, 1893, 80—81 (Teilbibliographie).

² **Bukowski**, G e j z a v. (Nachtrag zu S. 67).
Geb. 25. XI. 1858 Bochnia (Galizien), gest. 1. II. 1937 ebenda.
Seit 1919 Chefgeologe am Geol. Inst. von Polen. Stratigr. u. Pal. Kleinasiens, Dalmatiens, Polens (Jura von Czenstochau, Gegend von Bochnia).
G ö t z i n g e r , G.: Zur Erinnerung an G. v. B. Jahrb. Geol. Bundesanst. Wien 87, 1937, 1—10 (Portr., Bibliographie).

² **Bunbury**, Sir C. J. F. (Nachtrag zu S. 67).
The life of Sir C. J. F. Bunbury, Bart., with an introductory note by Sir J. Hooker. Edited by Mrs. H. Lyell. 2 vol. London 1906.

² **Chantre**, E. (Nachtrag zu S. 78).
G u b e r n a t i s , A. de: Dictionnaire international des écrivains du jour. Florenz 1888, 588—589.

² **Cobbold**, E. St. (Nachtrag zu S. 85).
E. St. C. Transact. Caradoc and Severn Valley Field Club 1936, 13 pp. (Portr., Bibliographie).

Cordus, V a l e r i u s , geb. 18. II. 1515 Simmeshausen (Hessen), gest. 25. IX. 1544 Rom.
Arzt und Botaniker. Entstehung der Kohle.
P o g g e n d o r f f 1, 478.

Cramer, C a r l E d u a r d , geb. 4. III. 1831 Zürich, gest. 24. XI. 1901 ebenda.
Prof. Bot. Polytechnikum Zürich. Fossile arkt. Hölzer in O. Heer, Flora fossilis arctica.
S c h r ö t e r , C.: Nekrolog. Verh. Schweiz. Naturf. Ges. 84, 1901, CVIII—CXXXIII (Bibliographie); dasselbe Ber. Deutsche Bot. Ges. 20, 1902, 28—43.

² **Cuvier**, L. Ch. F. D. G. (Nachtrag zu S. 98 ff.).
D e h é r a i n , Henri: Catalogue des manuscrits du Fonds Cuvier (Travaux et correspondance scientifiques) conservés à la bibliothèque de l'Institut de France. Paris 1908.

Czech, C a r l, geb. 29. I. 1830 Rauden bei Ratibor, gest. 27. XII. 1907 Dresden.
Gymnasialprofessor in Düsseldorf von 1857—1895. Fossile Insekten 1855 u. 1858.
Todesdatum: Marcellia, Riv. int. di Cecidologia 11, 1912, 105.
Biograph. Angaben: Jahresber. Städt. Gymnasium und Realgymnasium zu Düsseldorf 1908, 29.

Deicke, H e r m a n n, geb. 1827, gest. 29. VIII. 1899.
Prof. Dr., Oberlehrer f. Naturw. u. Math. am Gymnasium u. Realschule Mülheim (Ruhr) 1853—1884. Fauna (bes. Brachiopoden u. Mollusken) u. Stratigraphie der Tourtia von Mülheim (23. u. 25. Jahresber. Realschule Mülheim a. d. Ruhr 1876 u. 1878; ferner Verh. naturh. Ver. Rheinl. u. Westf. 37, 1880 Correspondenzblatt). Sammlung heute in Bonn.
Z i e t z s c h m a n n, G.: Ber. Gymnasium u. Realschule Mülheim (Ruhr), Schuljahr 1899—1900, Mühlheim 1900, 11 (Nachruf).
K u n z e, K.: Kalender f. d. höh. Schulwesen Preußens. Schuljahr 1900, 2. Teil. Breslau 1900, IV (Geburtsjahr).
Verh. naturh. Ver. Rheinl. u. Westf. 57, 1900, 4 (Sammlung).

² **Döderlein**, L. (Nachtrag zu S. 119).
S t r o m e r, E.: L. D. zum Gedächtnis. Paläont. Zeitschr. 19, 1938, 169—171 (Bibliographie seiner pal. Arbeiten).

Dokturowsky, W. S., geb. 1884, gest. 20. III. 1935.
Prof. Dr., Direktor des Wiss. Exp. Torf Instituts in Moskau. Bodenkunde. Quartärbotanik Rußlands.
Chronica Botanica 2, Leiden 1936, 288—289 (Portr., Daten); ibid. 1, 1935, 275.

Dunikowsky, E m i l H a b d a n k, gest. 1924.
Prof. an der Univ. Lemberg. Spongien (bes. des Cenoman u. Paläozoikum), Foraminiferen (bes. der Karpathen), Radiolarien, Ichthyosaurus. Stratigraphie der Karpathen.
Todesnotiz: Verh. geol. Bundesanst. Wien 1925, 6.
Kosmos, Lemberg (Lwow) 1925, 365.
Scient. Papers 9, 752; 12, 208; 14, 728.

² **Ehrenberg**, Ch. G. (Nachtrag zu S. 126).
Seine Sammlung im geol.-paläont. Museum der Universität Berlin.

Eisel, R o b e r t, geb. 24. XI. 1826, gest. 10. IV. 1917.
Kaufmann, Museumsdirektor in Gera. Heimatforscher, Prähistoriker und Geologe. Paläontologie und Zonenfolge der Graptolithen Thüringens und Sachsens, Zechsteinfauna (bes. Productus) und Stratigraphie (bes. des Zechsteins) der Gegend von Gera. (Gliederung der Zechsteinformation in d. Umgebung von Gera in H. B. Geinitz, Dyas, Bd. 2). Von Eisel gesammeltes Material (Graptolithen, Zechsteinfauna) in zahlreichen Sammlungen.
Bibliographie: Geol. Zentralbl. Generalreg. 1—30; Scient. Papers 2, 471—472; 7, 606.
A u e r b a c h, A.: R. E. 57.—67. Jahresber. Ges. Freunde d. Naturw. Gera (Reuß), 1914—1924, 9—12.

² **Emmrich**, H. (Nachtrag zu S. 128).
Lehrer f. Naturw. u. Chemie Realschule Meiningen, zuletzt Direktor derselben.

P r o e s c h o l d t, H.: Biographie des Hofraths Dr. H. E. Programm zur öffentl. Prüfung der Zöglinge der Realschule in Meiningen 18. u. 19. März 1880, Meiningen 1880, 23—26 (Bibliographie mit 23 Titeln).
Nachruf: ibidem 1879, 33.

Engler, A d o l f, geb. 25. III. 1844 Sagan, gest. 10. X. 1930 Berlin-Dahlem.
Prof. Bot. Univ. Berlin. Pflanzengeographie mit Betonung der Paläobotanik.
D i e l s, L..: A. E. Ber. Deutsche Bot. Ges. 48, 1930, (146)— (163) (Portr., Bibliographie).

Fiebelkorn, M a x, geb. 5. III. 1869 Stöffin bei Neuruppin, gest.. 6. VI. 1912 Berlin.
Dr. phil., seit 1896 Schriftleiter der Tonindustrie-Zeitung, Schriftführer im Vorstand d. Verbandes Deutsch. Tonindustrieller usw. Prakt. Geol. u. Technol. Paläont. u. Stratigr. des Doggers (Die norddeutschen Geschiebe der oberen ' Juraformation. Zeitschr. Deutsche Geol. Ges. 45, 1893, diss. Berlin). Stratigraphie Norddeutschlands.
Nachruf: Tonindustrie-Zeitung 1912, Nr. 75 (Portr., Teilbibliogr. im Text).
R o e d i g e r, M,.: Dr. M. F. Zeitschr. Ver. f. Volkskunde Berlin 1912, 441.
W. r e d e, R.: Das geistige Berlin 1898, 46.
Scient. Papers 14, 988.
(Angaben über den Tod. Originalmitt. der Witwe).

2 Follmann, O. (Nachtrag zu S. 142).
M o r d z i o l: O. F. als Geologe. Naturw. Ver. Koblenz. Festschrift 1851—1926. Vereinsber.. Koblenz 1926, XXI—XXIV (Portr.).

Forti, A c h i l l e, gest. 11. II. 1937 Verona, 57 Jahre alt..
Algenforscher in Verona. Fossile Diatomeen und Algen.
Necrologia. Boll. Soc. Geol. Ital. 56, 1937, XXV.

Frischmann, L u d w i g, geb. 31. V. 1812 Bamberg, gest. 5. IX. 1876.
1844 Konservator herzogl. Leuchtenbergisches Naturalienkabinett, Eichstätt u. Prof. Naturgesch. bischöfl. Lyceum daselbst. 1860 zweiter Konservator Min. Sammlung München u. Lehrer f. Naturgesch. Max-Joseph-Stift daselbst. Schrieb: Versuch einer Zusammenstellung der bis jetzt bekannten fossilen Thier- und Pflanzen-Überreste des lithograph. Kalkschiefers in Bayern. (Programm). 1853; ferner: Über Geophilus proavius von Eichstätt (Zeitschr. Deutsche Geol. Ges. 2, 1850, 290).
R o m s t ö c k, Franz Sales: Personalstatistik und Bibliographie des bischöfl. Lyceums in Eichstätt. Ingolstadt 1894, 122—123.

Gellhorn, O, t t o von, geb. 26. VIII. 1829 Leutmannsdorf bei Schweidnitz, gest. 16. VI. 1896 Kühschmalz.
Kgl. preuß. Bergrat, lebte in Frankfurt a. d. Oder, zuletzt in Berlin. Flora, Stratigraphie und Fauna (Insektenfraßgänge) der märkischen Braunkohle.
Gothaisches Genealogisches Taschenbuch der Uradeligen Häuser 1907, 245.
Bibliographie: Scient. Papers 15, 255; Register Zeitschr. Deutsche Geol. Ges. 1—50, 1903, 32; Helios 10, 1893, Inhaltsverzeichnis Bd. I—X, S. XIV.

Geyer, A u g u s t i n A n d r e a s, geb. 14. VII. (oder 17. VIII.)
  1774 M.-Schorgast, gest. 12. I. 1837 Banz.
Seit 1815 Pfarrer in Banz. Sammler von Liasfossilien, begründete
  mit Theodori die Sammlung von Banz.
W a c h t e r, Fr.: General-Personal-Schematismus der Erzdiözese
  Bamberg 1007—1907, Bamberg 1908, 152 (Lebenslauf). .
T h e o d o r i, C.: Geschichte u. Beschreibung des Schlosses Banz.
  2. Aufl. München 1857, 58, 65.
S c h e n k e n b e r g (gen. Schenkelberg), F. C. A.: Die lebenden
  Mineralogen. Stuttgart 1842, 118.

Grigorjew, N i c o l a s W a s s i l i e w i t s c h, geb. 29. X. 1865, gest.
  4. (16.) VII. 1899 Spewakowka (am Donetz).
Geologen-Gehülfe im russ. geol. Komitee. Phytopaläontologie.
Nekrolog: Ann. géol. et min. Russie 1900—1901, 26—29 (Bibliographie mit 3 Titeln).
T s c h e r n y s c h e w, Th.: Nekrolog. Bull. Com. géol. 1899, (Nr.
  7), 1—8.

[2] **Hagenow**, F. v. (Nachtrag zu S. 182).
Die Hagenowsche Sammlung heute im Stettiner Museum.
K r ü g e r, L.: Festschr. z. Eröffnung d. Städt. Mus. zu Stettin am
  23. VI. 1913. Stettin 1913, 27.

Hamilton, A u g u s t u s, geb. 1854 Poole (Dorset), gest. 12. X.
  1913 Neuseeland.
Australische Versteinerungen (Foraminiferen, Bryozoen, Vögel).
Scient. Papers 10, 123; 15, 603.
(Lebensdaten: Originalmitt. des Deutsch. Entomol. Inst. der Kaiser
  Wilhelm-Ges. Berlin-Dahlem).

Hamm, H e r m a n n, geb. 3. X. 1858 Osnabrück, gest.
Dr. med. et phil., Sanitätsrat, Knappschaftsarzt in Osnabrück.
  diss. 1881: Die Bryozoen des Mastrichter Ober-Senon. Berlin.
(Lebenslauf aus der diss. 1881).

Hanstein, R e i n o l d v., geb. 21. XI. 1858 Berlin, gest. 10. IV. 1924.
Dr. phil., Oberlehrer f. Naturw. u. Studienrat am Königstädti-
  schen Realgymnasium zu Berlin. Die Brachiopoden der oberen
  Kreide von Ciply. Bonn 1879 (diss.).
Philologen-Jahrbuch (Kunzes Kalender) 31, 1924, 2. Teil, XXVII.

Harada, T o y o k i t s i, gest. 1. XII. 1894 Tokio.
Vizedirektor japan. geol. Reichsanst. Stratigraphie der südl. Alpen.
Nachruf: Verh. geol. Reichsanst. Wien 1895, 57—58.

Hauff, A l w i n H e i n r i c h, geb. 24. II. 1829 Schöntal (Würt-
  temberg), gest. 16. II. 1894 Holzmaden.
Schieferölfabrikant in Holzmaden. Sammler von Liasposidonien-
  schieferversteinerungen. Vater von B. Hauff.
Nachruf: Blätter des Schwäb. Alpvereins 6, 1894, 56.
(Originalmitt. des Sohnes W. v. Hauff).

[2] **Haug**, E. (Nachtrag zu S. 190).
J a c o b, Ch.: La vie et l'oeuvre d'E. H. 1861—1927. Rev.
  générale des sci. 39, 1928, 261—271.

Haupt, A n d r e a s, geb. 22. II. 1813 Bamberg, gest. 30. I.
  1893 ebenda.

Dr. theol. et phil., Priester, 1838—1886 Kustos des Naturalien-
kabinetts in Bamberg, Prof. am erzbischöfl. Lyceum, geistl.
Rat. Stratigraphie Frankens.
W a c h t e r , Fr.: General-Personal-Schematismus der Erzdiözese
Bamberg 1007—1907, Bamberg 1908, 188—189 (kurze Biographie).
K o s c h , W.: Das Katholische Deutschland 1, Augsburg 1933,
1403 (Teilbibliographie).
Scient. Papers 3, 223; 7, 924—925.

Haushalter, C a r l L u d w i g, geb. 1834 München, gest. 1872 ebenda.
Studierte das Bergfach, Dr. phil. in München. Beamter in der
Salinen-, später in der Zollverwaltung. Merkwürdige fossile
Thierüberreste aus der Algäuer Molasse. München 1855 (diss.)
(Mammalia, Aves, Pisces, Mollusca). Fauna des Tithons von
Neuburg (9. Ber. Naturh. Ver. Augsburg 1856).
(Originalmitt. des Neffen Carl H. durch Ernst Qu.).

Heiden, H e i n r i c h, gest. 21. IV. 1925.
Dr. phil. Lehrer in Rostock. Diatomeenforscher. Diatomeen der
deutschen Kieselgurlager.
Kurze biogr. Notiz in: H e i d e n, H.: Die Bacillarien der wichtigsten Kieselgurlager Deutschlands. Herausgeg. von J. Stoller.
Vereinigte Deutsche Kieselguhrwerke G. m. b. H. Hannover
(25 Jahr-Festschrift). Hannover 1925, 27.

Heidenhain, F r a n z, geb. 6. II. 1845 Marienwerder.
Schrieb über Graptolithen führende Diluvial-Geschiebe der nord-
deutschen Ebene 1869 (diss. Berlin).
(Daten aus dem Lebenslauf der diss.).

2 Hermann, R. (Nachtrag zu S. 198).
Geb. 19. II. 1882 Berlin. (Vergl. Lebenslauf in diss.: Die östl.
Randverwerfung des fränk. Jura. Berlin 1907).
Sammlung im Paläont. Mus. d. Univ. Berlin.

Hickel, R o b e r t, geb. 6. X. 1861, gest. 27. II. 1935 Versailles.
1904—1931 Maître de Conférence an der Ecole Nationale d'Agriculture zu Grignon. Botaniker, bes. Dendrologe. Pliocänflora
des Oberrheintals.
Chronica Botanica 2, Leiden 1936, 124 (Portr.).

Holzbaur, gest. 1856.
Präzeptor in Bopfingen. Jurastratigraphie der Gegend von Aalen
und Bopfingen (Württemberg) (Ber. naturh. Ver. Augsburg 8,
1855).
Todesnachricht: Ber. naturh. Ver. Augsburg 10, 1857, 6.

2 Hosius, A. (Nachtrag zu S. 210).
R a ß m a n n, E.: Nachrichten von dem Leben u. den Schriften
Münsterländischer Schriftsteller des 18. u. 19. Jahrh. Münster
1866, 157 (Teilbibliogr.), Neue Folge, Münster 1881, 99—100
(Teilbibliogr.).

Howe, M a r h a l l A v e r y, geb. 6. VI. 1867 Newfane, Vermont,
gest. 24. XII. 1936.
Mitglied u. zuletzt Direktor des bot. Gartens in New York.
Fossile Kalkalgen.
V a u g h a n, Th. W.: M. A. H. Journ. of Paleont. 11, 1937, 368—
370 (Bibliographie).
N i c k l e s I, 535; II, 287.

Ilowaisky, D a v i d I w a n o w i t s c h, geb. 1878, gest. 12. II. 1935.
Prof. am Moskauer Erdölinst. Jura u. Kreide der russischen
Tafel. Juraammoniten, Brachiopoden.
Nekrolog: Bull. Soc. des Naturalistes de Moscou (2) 43, sect.
géol. 13, 1935, 303—304 (Portr., Bibliographie).

Jenull, F r a n z, gest. Februar 1925.
Bergverwalter der Mayr-Melnhofschen Montanwerke. Entdecker
der karbonen Pflanzenreste auf der Wurmalm in der steirischen
Grauwackenzone.
Todesnotiz: Verh. geol. Bundesanst. Wien 1926, 4.

Jenzsch, G u s t a v J u l i u s S i e g m u n d, geb. 26. V. 1830 Dresden, gest. 29. XI. 1877 Meißen.
Zuletzt gothaischer Bergrat. Mineraloge. Schrieb 1868 über ver-
meintliche Fossilien in kristallinen Massengesteinen.
P o g g e n d o r f f 1, 1194; 3, 690.

Kade, G u s t a v H e i n r i c h, geb. 6. VIII. 1812 Owinsk bei
Posen, gest. 25. I. 1860 Meseritz.
Oberlehrer f. Math. u. Naturwiss. Realschule in Meseritz (Prov.
Posen) 1836—1860. Paläontologie der Diluvialgeschiebe von
Meseritz, besonders devonische Fische. (Hauptarbeiten: Programm
Meseritz 1852 u. 1858).
Nachruf: Programm K. Realschule Meseritz 1860, VIII.
Bibliographie: Scient. Papers 3, 599; Register Zeitschr. Deutsche
Geol. Ges. 1—50, 1903, 43; Repertorium NJM. 1850—59, 43.
(Todesdatum: Originalmitt. von Vincent (Meseritz) durch Bauhuis
(Berlin)).

Kattwinkel, W i l h e l m, geb. 27. III. 1866 Kierspe i. W., gest.
21. I. 1935 Partenkirchen.
Dr. med. Universitätsprof. Entdecker der Oldoway-Fauna in
Deutsch-Ostafrika.
Wer ist's? 9, 1928, 769; 10, 1935, 1815.
Kurze biogr. u. bibliogr. Angaben: Reichshandbuch der deutschen
Ges. 1, Berlin 1930 (Portr.).

Klemm, E b e r h a r d, gest. 1894 oder 1895.
Eisenbahn-Betriebsbauinspector in Geislingen, später in Stuttgart.
Schrieb über Spongien des Weißen Jura Württembergs (Jahresh.
Ver. vaterländ. Naturk. Württemberg 39, 1883).
Jahresh. Ver. vaterländ. Naturk. Württemberg 52, 1896, IV (Todes-
jahr).

Krahuletz, J o h a n n, gest. 11. XII. 1928 im 81. Lebensjahr.
Professor in Eggenburg. Sammler, Begründer des Krahuletz-
Museums in Eggenburg.
Kurze Todesnotiz: Verh. geol. Bundesanst. 1929, 3.

² **Krantz**, A u g u s t (Nachtrag zu S. 243).
Geb. 1809 Neumarkt (Schlesien). Beschrieb 1857 (Verh. naturh.
Ver. Rheinl. u. Westf. 14) die unterdevonische Fauna von Men-
zenberg.
(Geburtsdaten: Originalmitt. von R. Zaunick).

² **Krantz**, F r i t z (Nachtrag zu S. 243).
Gest. 12. III. 1926.
(Todesanzeige, mitgeteilt von M. Belowsky).

Krimmel J u l i u s O t t o, geb. 5. VIII. 1853 Reutlingen, gest. 31. VIII. 1937 Stuttgart.
Dr. rer. nat., Prof. Studienrat, zuletzt am höh. Lehrerinnenseminar und Katharinenstift in Stuttgart. diss. Tübingen: Über den Braunen Jura Epsilon 1886. Sammlung in Reutlingen.
Nachruf: Schwäbischer Merkur, Stuttgart 3. Sept. 1937.
(Originalmitt. der Tochter Ottilie K.).

Kurtz, F r i t z, geb. 6. III. 1854 Berlin, gest. 23. VIII. 1920 Córdoba.
Prof. Bot. Univ. Córdoba (Argentinien). Phytopaläontologie (Pflanzen des norddeutsch. Diluvium, der Rhön, Argentiniens). Seine Sammlung in der Univ. Córdoba.
H a r m s, H.: F. K. Ber. Deutsche Bot. Ges. 38, 1920, (78)—(85) (Portr., Bibliographie).

[2] **Lancisi**, G. M. (Nachtrag zu S. 250).
Vergl. Mercati (S. 290).

Leube, G u s t a v, geb. 23. V. 1808 Ulm, gest. 15. XI, 1881 ebenda.
Apotheker und Zementfabrikant in Ulm. Stratigraphie der Gegend von Ulm (Geogn. Beschreibung der Umgegend von Ulm. Ulm 1839). Sammler.
V e e s e n m e y e r: Nekrolog. Jahresh. Ver. vaterländ. Naturk. Württemberg 39, 1883, 36—47.

Lindahl, J o s u a, geb. 1844, gest. 1912.
Arbeitete über Megalonyx und Heteracanthus.
N i c k l e s 663.

Lingelsheim, A l e x a n d e r von, geb. 27. IX. 1874 Arolsen, gest. 5. III. 1937 Breslau.
Dr. phil., a. o. Prof. Univ. u. Dozent Techn. Hochschule Breslau. Pharmakognost und Botaniker. Tertiärpflanzen, bes. Hölzer Ostdeutschlands, Ungarns.
Nachruf: 109. Jahresber. Schles. Ges. Vaterländ. Cultur (1936), 1937, 10—11.

[2] **Manzoni**, Conte A n g e l o (Nachtrag zu S. 278).
Gest. 14. VII. 1895 Ravenna.
Todesnotiz: Verh. Geol. Reichsanst. Wien 1896, 12.

Mártonfi, L a j o s (L u d w i g), geb. Szilágysomlyó (Siebenbürgen), gest. 20. XII. 1908 Szamosujvár (Siebenbürgen).
Assistent bei Prof. Ant. Koch, später Direktor des kath. Gymnasiums in Szamosujvár. Foraminiferen von Siebenbürgen, Anthracotherium.
Nachruf: Földtani Közlöny 1908, 692.
Scient. Papers 12, 490; 17, 64.
(Originalmitt. von S. Jaskó).

Martynov, A n d r e i V a s s i l i e v i t c h, gest. 29. I. 1938, 59 J. alt.
Entomologe am Institut für Paläozoologie Ak. Wiss. Moskau. Fossile Insekten.
Obituary: Science (N. S.) 87, 1938, 131; Am. J. Sci. (5) 35, 1938, 319.

Mattyasovszky von Mátyásfalva, J a c o b, geb. 15. X. 1846 Salicele Buzzolino (Italien), gest. 1925.
1872—1887 Sectionsgeologe Kgl. Ung. geol. Landesanst., später Besitzer der berühmten Porzellanfabrik Mattyasovszky-Zsolnay in Fünfkirchen. Brachiopoden des Leithakalkes, Problematicum (Glenodictyum) aus dem Flysch.

Jahresber. Ungar. Landesanst. 1887.
Biogr. Lexikon Révai, Budapest 1916.
(Originalmitt. von S. Jaskó).

Maury, C a r l o t t a J o a q u i n a, gest. 3. I. 1938 im 64. Lebensjahr.
Paläontologin · für die brasilianische Regierung und Geologin für
Ölgesellschaften. Stratigraphie und Paläontologie Amerikas, bes.
Westindiens. Tertiärmollusken.
Obituary notice: Amer. Journ. Sci. (5) 35, 1938, 159.
N i c k l e s I 729—730; II, 412.

Meyer, G e o r g, geb. 2. III. 1856 Königsberg i. Pr.
Hilfsgeologe geol. Landesuntersuchung Elsaß-Lothr. Devonfauna
(Der mitteldev. Kalk von Paffrath. Bonn 1879. diss. Lebens-
lauf). Korallen der diluvialen Silurgeschiebe Preußens und des
Doggers von Elsaß-Lothr., Karbon der Vogesen.
Scient. Papers 10, 792; 17, 203.

Milaschewitseh, K o n s t a n t i n O s s i p o w i t s c h.
Lebte in Moskau, später Direktor des Gymnasiums in Melitopol,
Direktor der Konstantinrealschule und zuletzt (Zoolog. Adreß-
buch 1911) des Gymnasiums in Sebastopol. Korallen des schwäb.
Jura, Fossilien Rußlands, bes. des Jura.
Adreßbuch der Zoologen etc. Rußlands. St. Petersburg 1901, 127.
Scient. Papers 8, 403; 10, 809; 12, 509.

Morgenroth, E d u a r d, geb. 10. XI. 1861.
Zuletzt Oberstudienrat in Berlin. diss..: Die fossilen Pflanzenreste im Diluvium der Umgebung von Kamenz in Sachsen. Halle
1883.
Philologen-Jahrbuch (Kunzes Kalender) 33. Jahrgang.

Murk, J o h a n n, geb. 20. VI. 1806, gest. 19. XI. 1859 Forchheim.
Dr. phil., Priester, Pfarrer in Banz von '1837—1845, Kustos der
Sammlung in Banz, Sammler, bes. von Ichthyosauriern (I. tri-
gonodon Theodori) aus dem Liasposidonienschiefer.
W a c h t e r, Fr.; General-Personal-Schematismus der Erzdiözese
Bamberg 1007—1907, Bamberg 1908, 337 (Lebenslauf).
T h e o d o r i, C.: Geschichte u. Beschreibung des Schlosses Banz.
2. Aufl. München 1857, 58.
S c h e n k e n b e r g (gen. Schenkelberg), F. C. A.: Die lebenden
Mineralogen. Stuttgart 1842, 118—119.

Nöldeke, K a r l, geb. 11. V. 1815 Hannov. Münden, gest. 22. IV.
1898 Celle.
Oberappellationsrat in Celle, Florist. Flora der Kieselgure der
Lüneburger Heide. Sammler. Sammlung heute in Göttingen.
B u c h e n a u, Fr.: K. N. Abh. Naturw. Ver. Bremen 16, 1900,
228—233 (Bibliographie).
— — : K. N. Ber. Deutsche Bot. Ges. 16, 1898, (37)—(43)
(Bibliographie).

² **Oppenheim**, L. P. (Nachtrag zu S..321).
Sammlung in Jerusalem.
(Originalmitt. von R. Rutsch).

Platz, P h i l i p p, geb. 1. V. 1827 Wertheim, gest. 30. VI. 1900
Karlsruhe.

Dr., unterrichtete von 1849—1862 an d. höh. Bürgerschule in Emmendingen, seit 1863 in Karlsruhe (1868—92 am Real-gymnasium). Geologe. Versteinerungen des Buntsandsteins, Stratigraphie Badens.

Nekrolog: Mitt. Bad. Geol. Landesanst. 4, 1903, I—IV.

Bibliographie: Ber. Oberrhein. geol. Ver. 35, 1902, 35—36.

Polinski, W l a d y s l a w, geb. 1885 Warschau, gest. 2. VI. 1930. Prof. Zool. Hochschule f. Landwirtsch. Warschau. Malakozoologe. Diluviale Mollusken, bes. Polens.

R o s z k o w s k i, W.: W. P. Archiv f. Molluskenkunde 63, 1931, 72—80 (Bibliographie).

Weitere Nachrufe u. Bibliographien bei Arnim, Internat. Personalbibl. 1936, 382.

² **Proescholdt,** H e r m a n n (Nachtrag zu S. 348).

Geb. 8. IV. 1852 Saalfeld, gest. 1898.

Dr. phil., Assistent bei Suess in Wien, von 1875—1895 Reallehrer an der Realschule in Meiningen. Geologie Thüringens, Stratigraphie u. Paläontologie des Muschelkalks (Beitr. Kenntnis Unt. Muschelk. Franken u. Thüringen, Progr. Realsch. Meiningen 1879, diss. Jena).

Lebenslauf: Programm . . . d. Realschule in Meiningen 1876, 7—8; ibidem 1879, 33; ibidem 1896.

Kat. Brit. Mus. 4, 1913, 1618 (Todesjahr).

Scient. Papers 12, 590; 17, 1028.

Rebel, H a n s, geb. 2. IX. 1861 Hietzing.

Zuletzt Direktor des Naturhist. Hofmuseums, Wien. Entomologe. 1898 fossile Lepidopteren aus dem Miocän von Gabbro.

H. R. zum 70. Geb. Ann. Naturhist. Hofmus. Wien 45, 1931, I—V (Portr., Bibliographie).

² **Reck,** H. (Nachtrag zu S. 354).

S a p p e r, K.: H. R. Zeitschr. f. Vulkanologie 17, 1936—38, 225 —232 (Portr., Bibliographie).

Redenbacher, A., gest. im Zeitraum von 1861—1863.

Gerichtsarzt in Pappenheim, zuletzt in Hof. Seine Sammlung von Versteinerungen des Solnhofener Schiefers heute im Pal. Mus. der Univ. Berlin. Beschrieb Insekten und Reptilreste des Soln-hofener Schiefers (Zeitschr. Deutsche Geol. Ges. 5, 1853, 660—662).

R e d e n b a c h e r, Dr. Hugo, prakt. Arzt zu Hof: Verzeichnis der im Besitze der Dr. A. R.'schen Relicten zu Hof befindlichen fossilen Thier- und Pflanzen-Überreste aus dem lithogr. Schiefer in Bayern. Hof 1863

F r i s c h m a n n, L.: Versuch einer Zusammenstellung usw. 1853, S. II, 9 usw. (Siehe Frischmann).

Vergl. Zeitschr. Deutsche Geol. Ges. 13, 1861, 527.

Reimann, H a n s, geb. 10. IX. 1888 Lähn, gest. 1914 (vermißt im Weltkrieg).

Schrieb: Die Betulaceen und Ulmaceen des schlesischen Tertiärs, Breslau 1912 (diss.) (auch überarbeitet von Kräusel herausgegeben (Jahrb. Preuß. Geol. Landesanst. 38, 2, 1920).

Jahresverzeichnis der an den Deutschen Universitäten erschienenen Schriften 27, Berlin 1913, 125.

(Todesjahr: Originalmitt. von R. Kräusel).

2 Requien, E. (Nachtrag zu S. 358).
D'Hombres-Firmas: Notice nécrologique sur Esprit Requien.
7 pp. Nîmes 1852.

Retowski, Otto von, geb. 30. XI. 1849 Danzig, gest. 29. XII.
1925.
Gymnasiallehrer in Theodosia (Krim), zuletzt Kustos der numismat.
Abt. der Eremitage St. Petersburg. Malakozoologe. Sammler.
Fauna (bes. Mollusca) des Tithons der Krim (Bull. Soc. Imp.
Nat. Moscou 1893) und Aptychus (NJM. 1891, II).
Lindholm, W.: O. v. R. Archiv f. Molluskenkunde 58, 1926,
237—238.
Scient. Papers 12, 613; 18, 146.

Riefstahl, Erich, geb. 28. II. 1862 Berlin, gest. 12. XII. 1920
München.
Dr. phil., Bildnis- und Landschaftsmaler. Studierte von 1881—
87 Med. u. Naturw., besuchte später die Kunstakademie Mün-
chen. Schrieb: Die Sepienschale und ihre Beziehungen zu den
Belemniten (Palaeontographica 32, 1886, diss. München).
Vollmer, Hans: Allgem. Lexikon der bildenden Künstler von der
Antike bis zur Gegenwart 28, Leipzig 1934, 325.

Roeder, Hans Albert, geb. 11. VI. 1859 Lichtenberg bei Berlin.
Schrieb: Beitrag zur Kenntnis des Terrain à Chailles etc. Straß-
burg 1882 (diss.) (Lamellibranchiaten).
(Daten aus der Diss. 1882).

Rühl, Fritz, gest. 1901.
Pfarrer in Issing bei Landsberg (Oberbayern). Stratigraphie
und Paläontologie des Tertiär und Quartär von Bayrisch Schwaben (Ber. Naturw. Ver. Schwaben u. Neuburg 32, 1896).
Totenliste. Jahresh. Ver. vaterländ. Naturk. Württemberg 58,
1902, LII.

Sarres, Johann Heinrich, geb. 17. VII. 1834 Pattscheid
(Kreis Solingen).
Schrieb über Fossilien aus dem Posidonienschiefer (Kulm) von
Elberfeld 1857 (diss. Berlin).
(Daten aus dem Lebenslauf der diss.).

Sattler, Bernhard, 1915 oder 1916 in Deutsch-Ostafrika töd-
lich verunglückt.
Pflanzer. Entdecker der Dinosaurierlagerstätte am Tendaguru in
Deutsch-Ostafrika.
Kurzer Nachruf: Leopoldina 52, 1916, 75 (enthält verschiedene
fehlerhafte Angaben).

Schäfer, Rudolf, geb. 1863 Feuchtwangen, gest. 27. XII. 1899
München.
Dr. phil., Kustos an der Paläontologischen Staatssammlung in
München, arbeitete eine Zeit lang am Britischen Museum, zu-
letzt als Hydrogeologe tätig. Gastropoden und Stratigraphie der
alpinen Trias (Über die geolog. Verhältnisse d. Karwendels.
München 1888 (diss.)), Karbonische Korallen (GM. 1889).
Scient. Papers 18, 481.
(Originalmitt. der Schwägerin (Frau Sanitätsrat Sch., München)
durch Ernst Quenstedt).

2 Schäffer, J. Ch. (Nachtrag zu S. 380).
Fürnrohr, O.: Die Naturforscher-Familie Schäffer in Regensburg. Ber. naturw. Ver. Regensburg 11, Regensburg 1908.

Schlicht, E u g e n von, geb. 1808 Hohenziatz (bei Burg), gest.
31. I. 1889 Potsdam im Alter von 80 Jahren 11 Monaten.
Gutsbesitzer in Steglitz bei Burg (bei Magdeburg), später kgl.
preuß. Ökonomierat, lebte zuletzt in Potsdam, wo er sich besonders für die Seidenraupenzucht in der Mark Brandenburg
interessierte. Die Foraminiferen des Septarienthones von Pietz-
puhl. Berlin 1870. Seine Sammlung in der preuß. geol. Landesanst.
(Lebensdaten: Originalmitt. von E. Griep aus Potsdamer Gerichts-
akten und aus der Potsdamer Tageszeitung von 1889).

Schrüfer, T h e o d o r, geb. 24. XI. 1836 Bamberg, gest. 16. VII.
1908 ebenda.
Dr. phil., Priester, 1865—1904 Lyzealprof. f. Chemie u. Natur-
gesch. in Bamberg, geistlicher Rat. Paläontologie des fränk.
Jura, Stratigraphie des fränk. Jura u. Keupers.
R o m s t ö c k, Franz Sales: Personalstatistik u. Bibliographie des
bischöfl. Lyceums in Eichstätt. Ingolstadt 1894, 151—152 (Le-
benslauf, Teilbibliographie von 6 Titeln).
W a c h t e r, Fr.: General-Personal-Schematismus der Erzdiözese
Bamberg 1007—1907. Bamberg 1908, 2. Bd., 452 (Lebenslauf,
Teilbibliographie von 6 Titeln).
(Todesdatum: Originalmitt. von Camillus Thäle).

Schwerd, F r i e d r i c h E u g e n, geb. 5. IX. 1829 Speyer, gest.
2. II. 1905 Koblenz.
Geh. Oberpostrat, Oberpostdirektor. Sammler, erst in der Gegend
von Minden, später in der von Koblenz. Seine große Sammlung,
bes. von unterdevonischen Fossilien, heute in Koblenz.
Naturw. Ver. Koblenz, Festschr. 1851—1926. Koblenz 1926, Vereinsber., VI—VII.
(Originalmitt. des Sohnes Friedrich Sch.).

Seeland, F e r d i n a n d, geb. X. 1822 Kicking bei Melk (Nieder-
österreich), gest. 3. III. 1901 Klagenfurt.
Oberbergrat, Berginspektor der Österr. alpinen Montanges., Prä-
sident des naturhist. Mus. von Kärnten, Geologe. Stratigraphie
Kärntens und Kroatiens (Radoboj).
G e y e r, G.: F. S. Verh. geol. Reichsanst. Wien 1901, 91—93.
B r u n l e c h n e r: Oberbergrat F. S. Carinthia II 1901, 33—42
(Portr., Bibliographie).

Stark, P e t e r, geb. 8. V. 1888 Karlsruhe, gest. 9. XI. 1932.
Zuletzt Prof. Bot. Univ. Frankfurt a. M. Botaniker. Phytopaläontologie (Flora des Buntsandsteins im Kraichgau, Eiszeitflora
u. -fauna Badens, Pollenanalyse).
O v e r b e c k, F.: P. St. Ber. Deutsche Bot. Ges. 50, 1932,
(203)—(219) (Portr., Bibliographie).

Stein, R i c h a r d, geb. 6. V. 1834 Rheydt.
Schrieb über die Stratigraphie der Gegend von Brilon 1860 (diss.
Berlin).
(Daten aus dem Lebenslauf der diss.).

Stewart, S a m u e l A l e x a n d e r, gest. 15. VI. 1910, 84 Jahre alt.
Irischer Botaniker u. Geologe. Irische Mollusken.
Irish Naturalist 19, 1910, 201 f.
Todesnotiz: Ver. geol. Reichsanst. Wien 1911, 4.

² Streng, A. (Nachtrag zu S. 418).
Die Angaben auf S. 418 sind zu streichen, statt dessen muß es heißen:
Streng, August, geb. 4. II. 1830 Frankfurt a. M., gest. 7. I. 1897 Gießen.
Prof. Min. Gießen. Mineraloge. Pflanzenreste des Quartär von Hessen.
Poggendorff 2, 1026; 3, 1305; 4, 1454—1455.
Schottler, W.: A. St. zum Gedächtnis. Notizbl. Ver. f. Erdkunde Darmstadt (5) 13 (1930), 1931, 11—15 (Bibliographie).

Thuma, Franz, gest. 1923.
Bergbaubeamter in Brüx. Sammler. Mollusken des böhm. Miocän (Verh. geol. Reichsanst. Wien 1916).
Todesnotiz: Verh. geol. Bundesanst. Wien 1924, 7.

Weigel, Stephan, gest. 15. IX. 1924.
Gendarmeriewachtmeister. Sammler in Mähren u. Österr.-Schlesien (bes. Foraminiferen). Der Hauptteil seiner Sammlung im Museum von Neutitschein (Mähren).
Nekrolog: Verh. geol. Bundesanst. Wien 1925, 5—6.

Weishäupl, Georg, gest. 1846.
Kustos am oberösterreich. Landesmus. Linz. Ausgrabung von Seesäugetieren bei Linz 1839.
Ber. Mus. Francisco-Carolinum 25, 1865, XIII.
Schadler, J.: Geschichte d. min.-geol. Sammlungen. Jahrb. Oberösterr. Musealver. 85, 1933, 366.

Wetzler, August, gest. 1880 oder Anfang 1881.
Apotheker in Günzburg. Paläontologie und Stratigraphie des Tertiär u. Jura der Gegend von Günzburg (Ber. Naturh. Ver. Augsburg 8, 1855 und 12, 1859), die er auf Fossilien ausbeutete. Sammlung heute in München.
Totenliste. Jahresh. Ver. vaterländ. Naturk. Württemberg 38, 1882, 38.

Wiesbaur, Johann Baptist, geb. 1836, gest. 8. XI. 1906 Schloß Leschna bei Groß-Lukow in Mähren.
Pater S. J., Prof. am Obergymnasium in Duppan. Botaniker. Flora und Fauna des Leithaconglomerats (Verh. geol. Reichsanst. Wien 1874).
Todesnotiz: Verh. geol. Reichsanst. Wien 1907, 6.

Wiman, Karl, geb. 10. III. 1867.
Prof. Pal. u. hist. Geol. Univ. Upsala. Graptolithen, Trilobiten, Karbonbrachiopoden, Stegocephalen, Reptilien Spitzbergens, weitere Reptilien, Stratigraphie und Paläontologie des balt. Silur.
Bibliographia Wimaniana. Bull. Geol. Inst. Univ. Upsala 27, 1937, V—X (Portr., Bibliographie).

Wolf, Heinrich, geb. 21. XII. 1825 Wien, gest. 23. X. 1882. Chefgeologe an der Österr. geol. Reichsanst. Prakt. Geologie, Stratigraphie Österreichs.
Hauer, F. v.: H. W. Verh. geol. Reichsanst. Wien 1882, 253—255.
Bibliographie (fast vollständig) im Generalregister Verh. geol. Reichsanst. Wien 1863—1894.

Würtenberger, Thomas, geb. 21. XII. 1836 Dettighofen (Klettgau), gest. 25.—26. VII. 1903 Emmishofen.

Mitarbeiter der staatl. bad. Landesvermessung, später Ziegelei-
besitzer in Emmishofen bei Konstanz. Tertiärflora des Thur-
gaus u. der Bodenseegegend, Stratigraphie der Molasse. Jüngerer
Bruder des Landwirts und Geologen Franz Joseph W. in Dettighofen (Jurastratigraphie des Klettgaus), dessen Sohn Leopold
W. (Studien über Stammesgesch. d. Ammoniten 1880, Jurastratigraphie des Klettgaus) in Dettighofen war. Die Sammlung F.
J. W. wurde vom bad. Staat angekauft.
Nachruf in: W ü r t e n b e r g e r, Th.: Die Tertiärflora des Kan-
tons Thurgau, herausgeg. von [seinem Sohn] Oskar Würtenberger. Mitt. Thurg. Naturf. Ges. 17, Frauenfeld 1906, 3—6 (Portr.,
Bibliographie mit 8 Titeln).

Yxem, E.
Mechaniker in Quedlinburg in den 50 er u. 60 er Jahren. Paläontologie der Harzgegend. Entdeckte Liebespfeile fossiler Schnek-
ken (NJM. 1861, 676).
Scient. Papers 6, 475; Dean II, 664.

² **Zigno**, A. de (Nachtrag zu S. 474).
Seine Sammlung heute in der Univ. Padua.

Zuber, R u d o l f, geb. 1858, gest. 7. V. 1920.
Prof. Geol. Lemberg. Kreidefossilien (bes. Meduse aus dem Kreide-
flysch der Karpathen in Verh. Reichsanst. Wien 1910), Kreide-
und Tertiärstratigraphie der Karpathen und des Punjab.
Todesnotiz: Verh. geol. Staatsanst. Wien 1921, 5.

Zwiesele, H e i n r i c h, geb. 23. XII. 1867 Stuttgart, gest. 1925.
Dr. phil., Prof., Fachoberlehrer (gewerbl. Wanderlehrer). Malako-
zoologe. Stratigraphie und Fauna (bes. Mollusken) des mittl.
Lias (Der Amaltheenthon bei Reutlingen. Bern 1898. diss.).
G e y e r, D.: H. Z. Archiv f. Molluskenkunde 58, 1926, 9—10.
S c h m i d, B. & T h e s i n g, C.: Biologenkalender 1914, 357 (Teil-
bibliographie).
Jahresh. Ver. vaterländ. Naturk. Württemberg 81, 1925, XIV,
XVII.

Corrigenda

S. 1 Zeile 2 von unten lies: Hohenzollern, statt: Hohenhollern.
S. 5 Zeile 10 von oben lies: Obituary. QuJGS. London 11, 1855,
    XLI—XLII, statt: Murchison, Obituary. Proc. Geol. Soc.
    3: 647.
S. 5 Zeile 14 von oben lies: Cheikho, statt: Cheiko.
S. 5 Zeile 15/16 von oben lies: (Al Marchriq 11, 1908, 751—765).,
    statt: (al Marchriq. Bd. 11, 751—765, 1908.
S. 10 Zeile 3 von unten lies: W e s t e r g a r d, statt: W e s t e r-
    g a u d.
S. 12 Zeile 2 von unten lies: d'Alfonso, statt: d'Alfonse.
S. 13 Zeile 26 von oben lies: T.h o m p s o n, d'Arcy, statt: T h o m p-
    s o n d'A r c y.
S. 17 Zeile 17 von unten lies: W i l l, Andreas: Nürnbergisches Ge-
    lehrten-Lexikon, Nürnberg 1755—58. Fortsetzung von C.
    N o p i t s c h, Altdorf 1802—1808, statt: A n d r e a s W i l l
    in Nopitsch: Würzburger Gelehrten-Lexikon.
S. 19 Zeile 16 von unten lies: Miscellanea historica regni Bohemorum,
    statt: Miscellanea historia regni Bohemia.
S. 19 Zeile 14 von unten lies: 2, 665, statt: 1, 94.
S. 23 Zeile 1 von oben lies: **Barrère**, statt: * **Barrère**
S. 23 Zeile 23 von oben lies: * **Barth**, H e i n r i c h statt: * **Barth**,
    . H e i n r i c h v o n.
S. 24 Zeile 4 von oben lies: fis. e mat., statt: Sci. fis. e mat.
S. 35 Zeile 15 von oben lies: L'opera scientifica del —. Riv. geograf.
    italiana, statt: L'opera scientifiche al —. Riv. geograph.
    Italia.
S. 36 Zeile 9 von unten lies: Figures de Savants, statt: Figures des
    savants.
S. 40 Zeile 20 von oben lies: Nederlandsch, statt: Nederlandsh.
S. 42 Zeile 28 von unten lies: naverteld, statt: naverteldt.
S. 42 Zeile 25 von unten lies: Errera, Isabelle, statt: Errera Izabell.
S. 47 Zeile 8 von oben lies: Lhuys, statt: Lyuys.
S. 48 Zeile 1 von oben lies: (Archaeornis), Glyptodon, statt: (Archae-
    ornis) (Glyptodon.
S. 48 Zeile 21 von oben lies: (Qu. — Z. T. Originalmitt. der Witwe
    und von G. Krollpfeiffer), statt: (Qu.).
S. 49 Zeile 17 von unten lies: * **Boucher** d e C r è v e c o e u r, statt:
    * **Boucher**, d e C r è v e c o e u r.
S. 50 Zeile 18 von oben lies: Würdigung. Bull. Soc. géol. France,
    (3) 8, 1880, II—III, statt: Necrolog: Bull. Soc. géol.
    France, 1883, III ff. Progr. géol.
S. 53 Zeile 19 von oben lies: Emlékbeszédek, statt: Emlékbeszédei.
S. 57 Zeile 23 von oben lies: nell' Adunanza, statt: nel l'Aduanza.
S. 59 Zeile 23 von oben lies: concittadino, statt: concittando.
S. 60 Zeile 9 von unten lies: C o s t a n t i n, statt: C o n s t a n t i n.
S. 61 Zeile 26 von unten lies: R a m s a y, A. C., statt: R a m s a y,
    Al.
S. 67 Zeile 10 von oben lies: Nadault, statt: Nadaul.

S. 68 Zeile 23 von oben lies: Erinnerungen an R. B., statt: Forschungen von R. B.
S. 68 Zeile 20 von unten lies: Costantin, statt: Constantin.
S. 72 Zeile 12 von oben lies: Nieuw Nederlandsch, statt: Nieuw. Nederlandsch.
S. 82 Zeile 7 von unten lies: Heusser, statt: Heuser.
S. 83 Zeile 13 von oben lies: memoir of —. Bull., statt: Memoir of Bull.
S. 90 Zeile 5 von oben lies: cross reference, statt: cross-reference.
S. 90 Zeile 5/6 von oben lies: Publications, statt: Publitions.
S. 90 Zeile 7 von oben lies: 39—72, 233—256, 439—466; 15: 31—96, statt: 39—77, 233—256, 15: 81—96.
S. 96 Zeile 14 von unten lies: Geol. För. Förhandl., statt: Geol. För. Tidsk.
S. 98 Zeile 2 von unten lies: (6) 9, statt: (6) 8.
S. 99 Zeile 10 von oben lies: animal, 63—67, statt: animale, 55—67.
S. 99 Zeile 13 von oben: Brianchon etc. ist zu streichen.
S. 99 Zeile 20 von oben lies: W. F. G. Behn, statt: W. F. T. Behn.
S. 99 Zeile 21 von oben lies: Mrs. T. Ed. Bowdich, statt: Mrs. Ed. T. Bodwich.
S. 99 Zeile 21—24 von oben: Mrs. Lee etc. .... Lacordaire. Paris, 1833. ist zu streichen.
S. 99 Zeile 26 von oben lies: extraits du carnet, statt: extrait de carnet.
S. 100 Zeile 32 von unten lies: Duvernoy, G. L., statt: Laurillard, C. L.
S. 100 Zeile 31—32 von unten: Laurillard (recte Duvernoy) etc. ... Cuvier. Paris, 1833. ist zu streichen.
S. 100 Zeile 18 von unten lies: Figures de Savants, statt: Figures des Savans.
S. 100 Zeile 14 von unten lies: Schierbeek, statt: Schierbeck.
S. 102 Zeile 12 von unten lies: Geol. Fören., statt: Geol. Förn..
S. 104 Zeile 24 von unten lies: Sedgwick's, statt: Segdwick's.
S. 115 Zeile 5 von oben lies: Originalmitt., statt: Mitt.
S. 116 Zeile 18 von unten lies: Miocäns, statt: Miöcäns.
S. 123 Zeile 24 von unten lies: Whitfield, statt: Whitefield.
S. 127 Zeile 20 von oben lies: (Bibliographie) (Qu.), statt: (Bibliographie).
S. 128 Zeile 24 von oben lies: Pop. Sci. Mo., statt: Obituary, Pop. Sci. Mo.
S. 128 Zeile 14 von unten lies: List, statt: Liste.
S. 130 Zeile 5 von oben lies: Vetenskaps, statt: Vetenskap.
S. 132 Zeile 20 von unten lies: Grand'Eury, statt: Grand-Eury.
S. 133 Zeile 19 von oben lies: le domaine, statt: la domaine.
S. 142 Zeile 11 von oben lies: Landesakademie, statt: Landakademie.
S. 147 Zeile 4 von unten lies: W. J. Hamilton, statt: J. W. J. Hamilton.
S. 153 Zeile 12 von unten lies: henblik paa det 17. aarhundrede, statt: kenblik paa del 17. aarhundrede.
S. 158 Zeile 21 von unten lies: storico, statt: storrico.
S. 158 Zeile 10 von unten lies: Principles of Geology I, statt: Principles of Geology.
S. 161 Zeile 13 von oben lies: Vies des savants de la renaissance, statt: Vies de savants de renaissance.
S. 161 Zeile 15 von oben lies: Münchner Beiträge, statt: Münchner Bücher.
S. 167 Zeile 6 von unten lies: 1894, statt: 1874.
S. 169 Zeile 16 von unten lies: Quérard, statt: Guérard.
S. 172 Zeile 14 von oben lies: London, statt: Lonndon.

S. 174 Zeile 14 von oben: Galerie etc. . . . 1866. ist zu streichen.

S. 182 Zeile 6 von unten lies: Memorial of A. H. Bull., statt: Memorial of A. H Bull.

S. 187 Zeile 11 von oben lies: W i l l i s t o n, S. W.: Biographical, statt: W i l l i s t o n, S. W. :— Biographical.

S. 187 Zeile 3 von unten lies: Harris, statt: Harrison.

S. 189 Zeile 21 von oben lies: Assistant-Geologist, statt: Assistent-Geologist.

S. 195 Zeile 8 von unten lies: C o s t a n t i n, statt: C o n s t a n t i n.

S. 205 Zeile 19 von oben lies: Saschtschita, statt: Saschtschta.

S. 206 Zeile 7 von oben lies: Quérard, statt: Guérard.

S. 215 Zeile 20 von unten lies: **Hutchinson,** H e n r y, statt: **Hutchinson** H e n r y.

S. 226 Zeile 6 von unten lies: — raad. Amsterdam 1864, pp. 48 (Portr.), statt: — raad Port. Amsterdam, 1864, pp. 48.

S. 236 Zeile 17 von oben lies: L i n n a r s s o n, statt: L i n n a r s o n.

S. 239 Zeile 9 von oben lies: Jahrbücher Nassauischer Ver., statt: Jahresber. Ver. Nassauischen Ver.

S. 243 Zeile 20 von oben lies: **Krafft** v o n D., statt: **Krafft**, v o n D.

S. 244 Zeile 21 von unten lies: diluvialen, statt: divuialen.

S. 244 Zeile 18 von unten lies: anstalt. — v. B r e s k a: Gedächtnis-rede. 44. Jahresbericht über die Luisenstädtische Ober-realschule zu Berlin von Direktor Dr. M. Marcuse. Berlin 1909, 21—25. (Qu. — Z. T. Originalmitt., statt: anstalt. (Qu. — Originalmitt.

S. 247 Zeile 17 von unten lies: A. Grandidier, statt: G. Grandidier.

S. 248 Zeile 21 von unten lies: Les débuts, statt: Les débats.

S. 248 Zeile 9 von unten lies: Lamarck. Mém. Soc. Zool. 21, Paris 1909, statt: Lamarck. Paris, 1909.

S. 248 Zeile 5 von unten lies: S c h i e r b e e k, statt: S c h i e r b e l.

S. 249 Zeile 6 von oben lies: 6 (6) 1930, statt: (6) 1930.

S. 250 Zeile 18 von oben lies: Originals, statt: Original.

S. 257 Zeile 19 von oben lies: life, statt: fife.

S. 265 Zeile 19 von oben lies: Djurriket. Uppsala, statt: Djurriket Uppsala.

S. 268 Zeile 9 von unten lies: **Loriol** Le F o r t, statt: **Loriol,** Le F o r t.

S. 276 Zeile 21 von unten lies: lombarda. Atti Soc. Ligustica sci. e lett. 1, statt: lombarda, 1.

S. 277 Zeile 24 von oben lies: fauteuil, sect. de Minéralogie, Paris, Acad. 1928, 52—61, statt: fauteuil, Paris, Acad., 52—61.

S. 281 Zeile 5 von oben lies: Prof. O. C. M., statt: Prof. O. G. M.

S. 289 Zeile 19/20 von oben lies: P a n e b i a n c o, R.: Cenni necro-logici e bibliografici su G. M. Riv. Min. Crist. Ital. 5, 1889, 89—93, statt: S e g u e n z a, Gius.: Cenni necrologici e bi-bliografici su G. M. e Giuseppe Seguenza. Riv. Min. crist. 5, 1889.

S. 289 Zeile 28 von unten lies: Società Toscana di Scienze Naturali, statt: Societa di Scienze Naturali.

S. 289 Zeile 25 von unten lies: Boll. Com. Geol., statt: Bull. Com. Geol.

S. 292 Zeile 8 von unten lies: um 1750, statt: um 1800.

S. 296 Zeile 7 von oben lies: M a c k e n z i e, W. M.: Hugh Miller, a critical Study, 1905, statt: M a c k e n s i e, W. M.: Hugh Miller, a critical Study, 1913.

S. 300 Zeile 8 von unten lies: B i a n c o n i, G., statt: B l a n c o n i, G.

S. 304 Zeile 19 von unten lies: Actes Soc. Helv. sci. nat., statt: Actes soc. Helv.

S. 309 Zeile 9 von oben lies: * **Nager**, statt: **Nager**.
S. 325 Zeile 16 von oben lies: Amerikanischer Geologe u. Entomologe, statt: Amerikanischer Paläontologe.
S. 325 Zeile 1 von unten lies: Z. T. Originalmitt., statt: Originalmitt.-
S. 339 Zeile 15 von unten bis 9 von unten enthält keine biographischen Angaben über Pilla.
S. 341 Zeile 10 von oben lies: Edinburgh's place in scientific progress 1921, statt: Edinburghs place in scientific progress., 1921.
S. 342 Zeile 15 von oben lies: W o l f, C.: Nécrol. Compte rendu Acad. Sci. Paris 127, 1898, 1056—1057, statt: W o l f, C.: Necrol. Acad. Sci., 19, XII. 1898.
S. 348 Zeile 11 von oben lies: **Pröscholdt**, H., statt: * **Pröscholdt**, H.
S. 357 Zeile 25 von oben lies: C o s t a n t i n, statt: C o n s t a n t i n.
S. 371 Zeile 16 von unten lies: **Rumph (Rumpf)**, G e o r g, statt: **Rumph**, G e o r g.
S. 375 Zeile 11 von unten lies: C o s t a n t i n, statt: C o n s t a n t i n.
S. 378 Zeile 16 von unten lies: Musaccchio, statt: Musacchi.
S. 378 Zeile 15 von unten lies: Notizie cronologiche di A. S. in: L. A g n e l l i, Discorsi . . . pel cinquantesimo anno d'insegnamento del comm. sen. A. S. Gravina 1891, 49—77, statt: A g n e l l i, L.: Notici cronologici di A. S., ebenda, p. 49—77.
S. 380 Zeile 19 von unten lies: 211—212 (Teilbibliographie, statt: 211—212 Teilbibliographie.
S. 391 Zeile 8 von oben lies: Cape Colony, statt: Cap Colony.
S. 391 Zeile 16 von unten lies: Z. T. Originalmitt., statt: Mitt.
S. 404 Zeile 18 von oben lies: (Qu. — Z. T. Originalmitt. von Hugo Sauter).
S. 405 Zeile 12 von oben lies: Soldaniane, statt: Soldamiane.
S. 413 Zeile 5 von unten lies: M a n n i, D o m e n i c o M a r i a, statt: M a n n i D o m e n i c o M a r i a.
S. 421 Zeile 8 von unten lies: Prof. Zool. Charkow, Simferopol, statt: Prof. Zool. Charkow Simferopól.
S. 430 Zeile 1 von oben lies: K o h l e r, Xav., statt: K o h l e r, Hav.
S. 431 Zeile 24 von unten lies: D i g b y, Bassett, statt: B a s s e t t, Digby.
S. 441 Zeile 9 von unten lies: sedmdesátým, statt: sedmde sátým.
S. 445 Zeile 16 von unten lies: Wetenschappen, statt: Wetenschapen.
S. 450 Zeile 15 von oben lies: Geol. Magaz., 1917, 25—27., statt: Geol. Magaz., 1917, 25—27 (Smithson. Misc. Coll., 1910—25).
S. 453 Zeile 18 von unten lies: Founders of geology, 239, statt: Founders of geology, 239 ff.
S. 480 Zeile 16 von oben lies: Mülheim 1900, statt: Mühlheim 1900.

History of Geology

An Arno Press Collection

Association of American Geologists and Naturalists. **Reports of the First, Second, and Third Meetings of the Association of American Geologists and Naturalists, at Philadelphia, in 1840 and 1841, and at Boston in 1842.** 1843

Bakewell, Robert. **An Introduction to Geology.** 1833

Buckland, William. **Reliquiae Diluvianae:** Or, Observations on the Organic Remains Contained in Caves, Fissures, and Diluvial Gravel. 1823

Clarke, John M[ason]. **James Hall of Albany:** Geologist and Palaeontologist, 1811-1898. 1923

Cleaveland, Parker. **An Elementary Treatise on Mineralogy and Geology.** 1816

Clinton, DeWitt. **An Introductory Discourse:** Delivered Before the Literary and Philosophical Society of New-York on the Fourth of May, 1814. 1815

Conybeare, W. D. and William Phillips. **Outlines of the Geology of England and Wales.** 1822

Cuvier, [Georges]. **Essay on the Theory of the Earth.** Translated by Robert Kerr. 1817

Davison, Charles. **The Founders of Seismology.** 1927

Gilbert, G[rove] K[arl]. **Report on the Geology of the Henry Mountains.** 1877

Greenough, G[eorge] B[ellas]. **A Critical Examination of the First Principles of Geology.** 1819

Hooke, Robert. **Lectures and Discourses of Earthquakes and Subterraneous Eruptions.** 1705

Kirwan, Richard. **Geological Essays.** 1799

Lambrecht, K. and W. and A. Quenstedt. **Palaeontologi:** Catalogus Bio-Bibliographicus. 1938

Lyell, Charles. **Charles Lyell on North American Geology.** Edited by Hubert C. Skinner. 1977

Lyell, Charles. **Travels in North America in the Years 1841-2.** Two vols. in one. 1845

Marcou, Jules. **Jules Marcou on the Taconic System in North America.** Edited by Hubert C. Skinner. 1977

Mariotte, [Edmé]. **The Motion of Water and Other Fluids.** Translated by J. T. Desaguliers. 1718

Merrill, George P., editor. **Contributions to a History of American State Geological and Natural History Surveys.** 1920

Miller, Hugh. **The Old Red Sandstone.** 1857

Moore, N[athaniel] F. **Ancient Mineralogy.** 1834

[Murray, John]. **A Comparative View of the Huttonian and Neptunian Systems of Geology.** 1802

Parkinson, James. **Organic Remains of a Former World.** Three vols. 1833

Phillips, John. **Memoirs of William Smith, LL.D.** 1844

Phillips, William. **An Outline of Mineralogy and Geology.** 1816

Ray, John. **Three Physico-Theological Discourses.** 1713

Scrope, G[eorge] Poulett. **The Geology and Extinct Volcanos of Central France.** 1858

Sherley, Thomas. **A Philosophical Essay.** 1672

Thomassy, [Marie Joseph] R[aymond]. **Géologie pratique de la Louisiane.** 1860

Warren, Erasmus. **Geologia:** Or a Discourse Concerning the Earth Before the Deluge. 1690

Webster, John. **Metallographia:** Or, an History of Metals. 1671

Whiston, William. **A New Theory of the Earth.** 1696

White, George W. **Essays on History of Geology.** 1977

Whitehurst, John. **An Inquiry into the Original State and Formation of the Earth.** 1786

Woodward, Horace B. **History of Geology.** 1911

Woodward, Horace B. **The History of the Geological Society of London.** 1907

Woodward, John. **An Essay Toward a Natural History of the Earth.** 1695

Date Due